中国建筑工业出版社
学术著作出版基金项目

钢筋混凝土结构
机理与设计

REINFORCED CONCRETE MECHANISM AND DESIGN

白绍良　傅剑平　张　川　著

中国建筑工业出版社

图书在版编目（CIP）数据

钢筋混凝土结构机理与设计 ＝ REINFORCED CONCRETE MECHANISM AND DESIGN / 白绍良，傅剑平，张川著. ——北京：中国建筑工业出版社，2023.10

ISBN 978-7-112-29034-5

Ⅰ.①钢… Ⅱ.①白… ②傅… ③张… Ⅲ.①钢筋混凝土结构-研究②钢筋混凝土结构-结构设计 Ⅳ.①TU375

中国国家版本馆 CIP 数据核字（2023）第 150614 号

责任编辑：万　李　范业庶
责任校对：张　颖

钢筋混凝土结构机理与设计
REINFORCED CONCRETE MECHANISM AND DESIGN
白绍良　傅剑平　张　川　著

＊

中国建筑工业出版社出版、发行（北京海淀三里河路 9 号）
各地新华书店、建筑书店经销
北京科地亚盟排版公司制版
建工社（河北）印刷有限公司印刷

＊

开本：787 毫米×1092 毫米　1/16　印张：39　字数：970 千字
2025 年 2 月第一版　　2025 年 2 月第一次印刷
定价：**138.00** 元
ISBN 978-7-112-29034-5
（41738）

前 言

　　本书三位作者有幸从 20 世纪 80 年代后期至今先后为原重庆建筑工程学院、原重庆建筑大学和重庆大学的结构工程博士、硕士学科点主讲"钢筋混凝土结构理论"课程。与此同时，还有幸先后参加了《混凝土结构设计规范》1989 年版、2002 年版和 2010 年版的修订工作；并在国家及有关部委研究基金支持下获得了一系列针对中国混凝土结构学科发展和设计规范的更新及完善所需的科学研究成果。在主讲该门课程的过程中，结合规范修订的工作体会以及研究和学习心得陆续完成了这本参考书的初稿，现经努力把它整理成正式稿出版。本书展现了作者的学术思路和作者所在学术团队以及国内外有关研究界近年来被设计规范及工程界认可的学术研究成果，以供广大结构工程设计界、高校研究生和本科生参考。

　　根据我们的体会，在本书内容的安排上尽量体现了以下思路：

　　1. 核心任务是理解钢筋混凝土结构由其材料构成所形成的独特受力方式、传力机构及由此形成的受力性能和从中归纳出的设计方法。

　　2. 合理安排的构件、子结构甚至整体结构的各类受力试验是获得对这种结构传力机理及受力性能认识的第一性手段，与有效试验结果符合良好的计算机模拟分析方法则有助于对这种结构性能认识的全面化和规律化；由此上升到对传力模型的认识方能为设计方法提供有力依据。

　　3. 构造问题近年来已从简单的"经验做法"上升到可以用传力模型解释的钢筋混凝土结构设计方法中的一个很重要的组成部分；与此相适应，本书对构造问题给予了相应重视并从传力机理角度进行了阐述。

　　4. 作为设计导则的各类设计规范和规程，其内容从学术意义上说是已有学术研究成果可用内容的"集大成"，但其规定仍处在发展过程中；本书作者希望以这种态度为读者提示有关设计规范和规程的内容和背景。

　　5. 在作者掌控的范围内，本书力求介绍各国学术界对有关问题的尽可能新的认识，同时希望读者培养出自己及时追踪国际学术前沿信息的能力和学术及技术创新的能力。

　　6. 本书的落脚点只有一个，就是用对这种结构受力机理和性能的更全面认识去支持设计工作，希望能有助于结构设计人增强其合理判断和解决设计工作中层出不穷难题的能力，使设计达到更高的质量。

　　7. 本书把涉及钢筋混凝土结构二阶效应和稳定的一般性问题及本书作者所在学术团

队近期研究成果专列一章（第8章），以求弥补这一领域系列论述的空缺。

本书中直接引自设计标准的规定或条文说明一律用楷体刊印。

最后，谨向多年来支持、指导和鼓励本书作者研究和教学工作的前辈和同行，以及一起合作过的广大研究生表示最诚挚的谢意。我们会继续努力。

重庆大学土木工程学院

白绍良　傅剑平　张川

目　录

11

结构混凝土

结构混凝土是指用于结构体系中的或单个构件中的起传力作用的混凝土，以有别于其他非结构用途的混凝土。

混凝土结构包括素混凝土结构、钢筋混凝土结构和预应力混凝土结构。本书内容主要涉及钢筋混凝土结构。近年来也尝试用凝结在树脂材料中的碳纤维、合成纤维或玻璃纤维等做成的配筋来取代钢筋，因此也把使用包括钢筋在内的各类配筋的混凝土结构泛称为"配筋混凝土结构"。但因各种原因，除钢筋外，其余配筋形式至今尚未开发到在工程中广泛应用的地步。

钢筋混凝土结构是一种由混凝土和浇筑在其中的钢筋这两类结构材料相互配合形成的性价比高且工程适应能力强的结构。其受力特点是，在通过凝胶体的胶结能力和钢筋表面的形状处理在钢筋和混凝土之间形成符合需要的粘结能力，且钢筋和混凝土具有相近的温度线膨胀系数的前提下，当结构进入较充分受力状态时，由混凝土主要承担结构构件中的压应力（含主压应力），而钢筋则主要承担其中的拉力、协助混凝土分担压力，并发挥其拉、压屈服后的塑性变形能力，以及间或对混凝土发挥被动约束作用，从而能较充分地调动这两类结构材料各自的受力优势。

1.1 需要关注的结构混凝土的各类性能

在结构设计中应全面关注混凝土性能的各个方面。

1. 受力性能

（1）强度性能

强度是结构混凝土的最基本要求。通过配合比设计可以生产出不同强度的混凝土。在配合比设计中，主要调控的是水泥的强度和用量，水胶比（单位体积混凝土拌合物内水的重量与所用的以水泥为主的各类胶凝材料重量的比值），骨料的成分、强度和级配以及填充料和添加剂的品种和数量。在结构设计中，应根据结构不同部位相应构件的受力和使用需要选用不同强度的混凝土。为了便于选用，《混凝土结构设计标准》GB/T 50010—2010（2024 年版）规定了混凝土的可用强度等级。所生产出的混凝土则按其在标准条件下养护28d 的 150mm 边长立方体试块所测得的立方体抗压强度来评定其所属的强度等级。具体测定方法见《混凝土质量控制标准》GB 50164—2011。在设计中使用的则为混凝土的轴心抗压强度和轴心抗拉强度，这两项强度是从立方体抗压强度经换算公式算出的。

（2）一次性瞬时加载下的变形性能

与其他结构材料相比，混凝土的变形性能较为复杂。首先，可将其变形分为与受力无关的在硬结过程中形成的以特定规律随时间增大的硬结收缩变形和在各种受力状态下发生的与应力相对应的应变，后者可统称为受力变形。在表达受力变形时，一般以混凝土在轴压和轴拉过程中经实测获得的一次性瞬时加载下应力-应变曲线作为表达其变形性能的主要手段，同时注意到其在压应力持续作用下的徐变性能（应变按特定规律持续增长的过程）和在多次循环受力状态下变形模量的退化规律。混凝土在受压一次性瞬时加载下的应力-应变曲线一般可区分为应力较小阶段的弹性上升段和应力较大阶段非弹性变形逐步加重发育的非弹性上升段以及超过抗压强度后的下降段三个区段。其中，弹性上升段的抗变形能力可用混凝土的弹性模量 E_c 表示。但应该注意，随着混凝土强度等级的提高，其弹性模量虽相应有所提高，但提高幅度有限。这是因为混凝土骨料的变形模量变化不大，而起提高混凝土强度作用的水泥凝胶体的变形模量虽会随其强度相应明显提高，但凝胶体在混凝土体积中所占比例有限。

（3）徐变性能

混凝土在压应力作用下除产生一次加载的瞬时压应变外，若压应力持续作用，混凝土的压应变还将随时间逐步增大，但增量随时间逐步变小并最终（例如约两年后）停止增长。这种后续变形称为徐变，属于不可恢复的塑性应变。因徐变将使结构及构件的变形具有后续增量，并在共同承担压力的钢筋和混凝土之间形成压应力重分布（压力随时间从混凝土逐步向钢筋转移），以及在预应力混凝土构件中导致预应力筋的一部分应力损失，故亦属在结构设计中需要关注的混凝土性能。

（4）耗能性能

混凝土在压应力较大时会表现出非弹性受力特征，在压应力的加卸载过程中能耗散掉一部分输入结构的能量。这种耗能能力对结构的抗震性能是有利的。但从总体上看，各类钢筋混凝土构件的耗能能力主要由钢筋的屈服后塑性交替变形提供，受压混凝土对形成耗能能力只起辅助作用。

（5）抗疲劳性能

桥梁结构中直接承受桥面车辆荷载的构件以及单层排架结构房屋中直接承受桥式吊车荷载的吊车梁中的受压混凝土会在结构整个使用期限内经受这些荷载数十万次、数百万次，甚至上千万次的循环加卸载作用，这将导致相应受压混凝土的强度与一次性瞬时加载下的强度相比有所下降，其应力-应变曲线的走势也将发生相应的退化。

2. 硬结收缩性能和温度变形性能

如上面提到的，混凝土在硬结过程中将产生体积收缩，称为硬结收缩。收缩增量先大后小直至停止，收缩期长达一年以上。混凝土在周边环境温度升降中也将发生体积胀、缩，应变量约为 $10^{-5}/{}^\circ C$，与钢筋的温度应变量大致相同。混凝土的硬结收缩总应变量的大小因条件而异，在近似估计时可取相当于 $25^\circ C$ 的温度应变。当混凝土的硬结收缩和温度缩、胀能够自由发生时，这两类变形一般不会给结构或构件的受力及使用性能带来不利影响。但若结构构件的硬结收缩或温度缩、胀受到制约，就会在结构相应部位形成强制内力状态。对于形成的强制压力，构件一般尚有承担裕度；若为强制拉力，因混凝土抗拉强度低，则易在构件中形成离散型贯通截面的裂缝，对耐久性及外观不利，应注意通过相应设计措施对这类裂缝的出现或裂缝宽度进行控制。

3. 抗气候性及侵蚀性作用的能力

为了保证钢筋混凝土结构的耐久性，除其他设计措施外，应按设计标准要求控制混凝土的水胶比、氯离子含量、可能形成碱骨料反应的骨料成分以及最低强度等级。由于混凝土抗较强侵蚀性作用的能力弱，故在可能遭受海风或海水侵蚀、沙漠或戈壁风蚀、海浪冲击、海冰冲撞、冻害以及强侵蚀性介质作用时，均应采取专门措施对混凝土进行防护。

4. 混凝土因所具碱性性质而具有的防止钢筋锈蚀的能力

混凝土生成后因水泥水化物中含有氢氧化钙等结晶体而具有的天然碱性性质，是避免只能在酸性环境中发生的钢筋锈蚀过程的最好保障。应通过设计措施（如使混凝土保护层具有必要厚度和对构件中与钢筋相交的混凝土裂缝宽度进行限制等）使这一有利性能始终保持。

5. 耐火性

混凝土具有一定的抗火烧能力，应注意在骨料中不包含可能削弱这一性能的成分。受混凝土保护，可推迟结构构件中钢筋在火烧过程中的升温，延长钢筋混凝土结构的耐火烧时间，防止因钢筋升温过高丧失强度而导致结构坍塌（钢筋强度从温度超过 300℃ 起开始降低，至 600℃ 时完全丧失强度）。

6. 抗渗性

内外有水压差的池壁、井壁混凝土通常应满足相应抗渗等级要求。提高混凝土抗渗性主要依靠加强其密实性。

7. 隔热性

普通混凝土的隔热性不好。改性后，如骨料采用烧结陶粒、浮石（火山灰类材料），或使用加气混凝土，隔热性会有明显改善，但这些措施都与强度要求有一定矛盾。

8. 隔声性

普通混凝土对直接敲击的传声性好，但对空气中传播的声音有一定的阻隔能力。

9. 隔辐射能力

在对其骨料和胶结料的成分进行专业调整后，混凝土也能成为一种能有效隔断 X 射线和核辐射的材料，称"屏蔽混凝土"或"重混凝土"；其性价比比使用金属屏蔽材料高，从而常用于核反应堆的安全壳以及其他有辐射设施的防护墙或防护楼盖。

1.2 混凝土的组成及细观结构

如图 1-1 所示，混凝土主要由被水化后的水泥凝胶体胶结在一起的粗、细骨料构成。

意大利 Cologna 出土的 2000 年前古罗马水槽材料的剖面如图 1-2 所示。说明用胶凝材料（水化后能硬结并形成强度的材料）将天然粒料粘结成新材料的做法已有很长历史。现代意义上的水泥是 19 世纪中叶方才生产出来的，但与 2000 年前的做法相比，除去胶凝材料不同之外，材料基本结构没有实质性区别。

由石灰、黏土、石膏烧结而成的熟料经磨细后（粒径一般小于 125μm）成为硅酸盐水泥。未水化前硅酸盐水泥颗粒电镜照片如图 1-4(a) 所示（请注意照片上的标尺）。

水泥水化后生成凝胶体。它的物理、化学性能对混凝土的性能具有关键影响。水泥水化后的生成物也统称"水化物"。硅酸盐水泥水化物的主要成分一般是：

水化硅酸钙（凝胶体）——占水化物体积的 50％ 左右；

水化铁酸钙（凝胶体）；

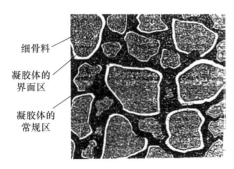

细骨料

凝胶体的
界面区

凝胶体的
常规区

图 1-1　混凝土的常规构成
（图中未显示混凝土粗骨料）

图 1-2　发掘出的 2000 年前古罗马水槽材料剖面

氢氧化钙（结晶体）——占水化物体积的 25％ 左右，主要是它使水化物具有碱性性质；

水化铝酸钙（结晶体）；

水化硫铝酸钙（结晶体）。

20 世纪 70 年代，英国科学家首次通过电镜看到了硅酸盐水泥颗粒的水化过程及水化生成物。其过程是：①水泥颗粒水化后首先在其表面生成一层凝胶体膜（图 1-3a）；②凝胶体膜具有透水性，外面的水穿过凝胶体膜与水泥颗粒继续水化，在膜内形成新的凝胶体，因凝胶体体积比原水泥大，故将在多处将膜胀破并向外冒出；③冒出物从破孔处逐渐向外堆积形成逐渐伸长的凝胶体管（图 1-3b、c）；由各相邻水泥颗粒向周边伸出的凝胶体管将相互交错贯穿，各凝胶体管的空心最后也将被后续生成的凝胶体灌满；在此过程中各类结晶体也将陆续独立析出。与这一过程对应的电镜照片即如图 1-4(b)、（c）所示；④最后形成凝胶体与结晶体的混合物（图 1-4d）。

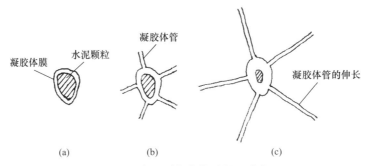

凝胶体膜　水泥颗粒

凝胶体管

凝胶体管的伸长

(a)　　　　　　　　　(b)　　　　　　　　　(c)

图 1-3　水泥颗粒水化过程（示意）

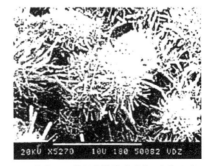

(a) 水化前的水泥颗粒 (硅酸盐水泥)　　　(b) 水化后开始长出管状生成物 (水化6h后)

图 1-4　硅酸盐水泥水化过程的电镜照片（一）

4

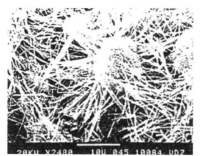
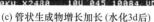

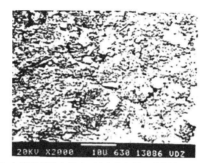

(c) 管状生成物增长加长 (水化3d后)   (d) 水化过程基本结束 (凝胶体与结晶体混合) (28d后)

图 1-4 硅酸盐水泥水化过程的电镜照片 (二)

从以上描述可以得出的印象是，凝胶体虽然会把骨料胶结在一起，但上述基本结构决定了其胶结能力不是很强，且抗拉强度本就偏弱，这是导致混凝土抗拉强度不高的主要原因。而且到目前为止，除施加预应力和使用纤维混凝土外，未找到其他从混凝土材料本身出发的更为有效的改善办法。另外，水化生成物中的孔隙也是客观存在的。如图 1-5 所示，孔隙按大小分为两个档次，一种是凝胶固体中的微孔洞，其孔径较小；另一种是凝胶固体群落中较大的毛细孔，多是由多余的游离水蒸发后留下的，孔径相对较大。孔隙的孔径分布见图1-6(a)、(b)。这些孔隙导致了混凝土密实性的降低；同时，也是混凝土受力后的微裂隙发育的出发点。有关受力后微裂隙的发育问题请见下面的专门说明。

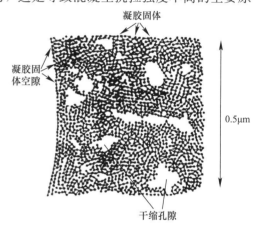

图 1-5 水化生成物中的孔隙分布示意

另一个涉及混凝土组成的问题是水胶比（单位体积内水重/胶凝材料重）。如图 1-7 所示，若水胶比过小，水不足以满足水化需要，使每个水泥颗粒最后仍残留有一个或大或小的未水化的固体核，相当于浪费了水泥；若水胶比过大，游离水过多（水化用不完），蒸发后在混凝土中形成毛细孔，降低了混凝土的密实性，不利于形成强度，不利于防腐蚀和防渗透。

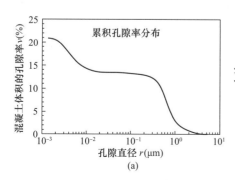
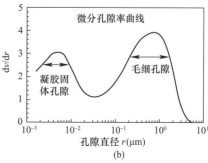

图 1-6 孔隙直径分布规律

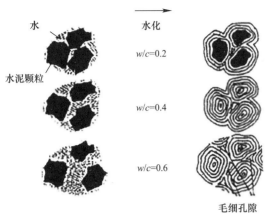

图 1-7　水胶比对混凝土生成物的影响

通常，施工中多加水的原因常是为了加大混凝土的流动性，特别是泵送混凝土（流动性大的混凝土人工振捣时也省力）。目前是通过加"减水剂"的方法在不加大用水量的情况下改善流动性，从而使流动性要求不致削弱强度和密实性。

再一个涉及混凝土组成成分的是填充料。填充料的作用，或者是取代一部分水泥，以节约成本；或者是填充凝胶固体孔隙，以提高混凝土的强度或密实度。按惰性强弱（或反过来按活性强弱）可以把填

充料分为表 1-1 中的前三类。

凝胶体的固体成分　　表 1-1

成分类别	反应能力	细度
石英类填充料 石灰石类填充料 黏土类填充料	惰性	$10^{0.3} \sim 10^{0.7} \mu\text{m}$
天然火山灰 粉煤灰 硅灰	火山灰性反应	
淬化后的高炉矿渣	准水化	
水泥烧结料	水化	

注：表内各固体成分的活性自上向下按表内分档逐步加大。

除去表 1-1 中全惰性的几种填充料之外，其他几类有活性的填充料都是较常用的。它们与水泥不同的是，水泥水化速度快，活性或半活性填充料的水化速度慢。从图 1-8 以及图 1-9 的电镜照片可以看出，只有时间足够长之后，有活性的填充料方能充分水化。

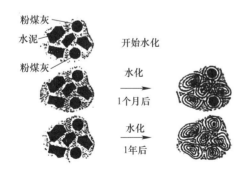

图 1-8　加了粉煤灰填充料的水泥水化过程

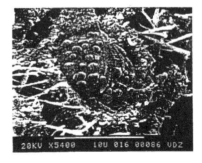

图 1-9　水泥水化充分、粉煤灰颗粒（填充料）水化尚不充分时的电镜照片（6 个月后，管状物为水泥水化物，中间为粉煤灰颗粒）

目前我国《混凝土结构设计标准》GB/T 50010—2010(2024 年版）中使用的混凝土强度等级是 C20～C80 级。在 20 世纪 80 年代以来的研究工作中常把 C55 及以下的混凝土称

为普通混凝土，把 C60 及以上的混凝土称为高强混凝土。目前，在国内实验室条件下做出 C110～C120 的混凝土已没有大的问题。工程中已可将混凝土强度等级提高到例如 C100（混凝土强度越高施工质量监控要求越高，且 C80 以上混凝土的大面积使用经验尚需积累，故规范目前规定的混凝土强度等级只到 C80）。在国外某些试验性工程中已用到 C140～C180 左右的混凝土。

如要将混凝土强度提高到 C80 以上，首先遇到的不利因素是骨料，因为不论是卵石、碎石还是砂，其强度都只相当于 C40～C80 的混凝土（山砂和碎石强度偏低，河砂和卵石强度偏高；石灰岩等类粒料的强度偏低，花岗岩、玄武岩等类粒料的强度偏高）。因此，要使混凝土强度超过骨料强度，只有使凝胶体的强度高过骨料强度。

提高凝胶体强度的重要手段除提高水泥强度等级及用量之外，还可以添加能够水化的活性填充料。目前，C60 及以上的混凝土就可能已经需要加入一定份额的具有活性的填充料（如硅灰）。而更高强度的高强混凝土则更少不了这类填充料的作用。因此，应提高对填充料的重视。

在更高强度的混凝土中常不再使用粗骨料，因为粗骨料只会拉低混凝土的强度（细骨料因与凝胶体结合好，它的拉低强度的作用要小些）。

由于高强混凝土除强度高以外，密实性也明显提高，从而使碳化深度的发展变慢，钢筋更不容易锈蚀。而且混凝土的收缩量也明显减小，徐变性质也明显减弱。所以，国际学术界也称这类混凝土为高性能混凝土。

最后，还应提及的是普通混凝土中粗细骨料的级配问题；级配合理时，即粗细骨料颗粒大小搭配合理时，达到同样强度所需的水泥浆用量最省。

还应注意，在普通混凝土中，水泥强度等级越高，达到同样强度混凝土所需水泥越少。而水泥用量越多，水的用量也需相应增多，水化物（或混凝土）在硬结过程中的体积收缩就越大。此外，对于微膨胀剂（UEA）的使用要慎重，应尽可能使其导致的混凝土膨胀过程与混凝土的收缩过程在时间上具有某种程度的同步性。明显的先胀（UEA 作用）后缩（凝胶体表现）或先缩后胀都可能对混凝土性能更为不利。

1.3 混凝土结构的耐久性设计

1.3.1 耐久性设计的内容及目标

耐久性是钢筋混凝土结构设计中需要考虑的一项重要性能需求。其含义是通过满足耐久性设计的各项要求，使结构在其设计使用年限内，当材料随时间逐步出现一定的性能劣化时，仍能保持其承载力、正常使用性能及正常外观。在 20 世纪 90 年代以前，因我国大规模经济建设开始以来修建的建筑物服役时间尚不长，耐久性问题尚未充分暴露，同时缺乏有关耐久性的设计经验积累，故当时的设计规范未给出任何规定。20 世纪 90 年代以后，陆续有越来越多的耐久性问题随建筑结构使用时间的加长而逐渐暴露，引起了管理部门和工程界的重视。这导致 2002 年完成修订的《混凝土结构设计规范》GB 50010—2002 首次给出了有关耐久性的规定，并在该规范 2010 年的修订版中对这部分规定作了局部调整。在此期间，还于 2008 年颁布了适用于各类土木建筑工程混凝土结构的《混凝土结构耐久性设计标准》GB/T 50476—2019。

从混凝土结构的角度看，保证耐久性所需关注的主要有以下四个方面的内容：

（1）防止结构构件表面的混凝土因各类侵蚀和气候现象（包括冻融循环）而产生酥裂、粉化或剥蚀、崩裂。

（2）推迟构件表层混凝土自外向内的碳化过程，或加大混凝土保护层厚度，使碳化在结构设计使用年限内不致达到钢筋表面，从而避免在同时存在水和氧气的条件下外层钢筋开始全面锈蚀。同时，还应避免因外加剂以及骨料中含有氯盐而导致钢筋全面锈蚀。

（3）控制作用内力裂缝（指各类作用内力在结构构件混凝土内形成的拉应力导致的裂缝）和其他裂缝［指由于混凝土硬结收缩变形或（和）温度降低引起的收缩变形受到限制而引发的强制拉应力所导致的裂缝］的宽度，以推迟或避免与这些裂缝相交钢筋的锈蚀。

（4）保持结构混凝土的性能稳定，例如在水工结构和建筑结构基础工程中防止与水长期接触的混凝土因碱骨料反应等病害而从内部开裂。

关注以上四个方面的最终目的是防止混凝土截面的减小或混凝土质量的退化（如内部非受力开裂）和防止钢筋的锈蚀（因锈蚀既会削弱钢筋截面，又会因铁锈体积相当于铁的8倍左右而胀裂保护层混凝土），从而防止结构构件的强度和刚度退化以及外观劣化（表面可见宽度较大的裂缝及质量劣化迹象会明显增大使用者的不安全感）。

针对以上四个防护方面还需要进一步提示的是：

（1）针对表层混凝土所受的不是过于严重的侵蚀，采取提高混凝土密实性的措施是有效的（如通过提高混凝土强度，其中主要是通过提高水泥用量来增强密实性；通过减小水胶比，即减少水化过程中多余的水分蒸发后留下的微孔穴以提高密实性；或通过在混凝土中添加磨细填充料以提高密实性）。对于较强腐蚀，只能通过铺设防腐蚀面层或面砖来抵御（注意，面砖灰缝也应使用抗腐蚀材料）。混凝土表面冻害的重要原因之一是，毛细孔洞中的水受冻后结冰过程中体积膨胀时因孔洞之间通道不畅，无法外溢而将表层混凝土胀裂（例如，我国东北地区曾发生过多起水饱和路面因温度骤降，一夜间表层数十毫米厚混凝土全部呈厚鳞片状剥裂的事故）；在混凝土中加入"引气剂"，使毛细洞孔之间通道变畅，能有效防止这种冻害。

（2）水泥（例如硅酸盐水泥）水化生成物中的氢氧化钙结晶在溶液中呈碱性。这种碱性环境保证了钢筋表面不会出现只能在酸性溶液中完成的导致锈蚀的电离过程（在pH值大于10时锈蚀电离过程无法发生），故也将这种防护效果称为钢筋表面的"钝化"。但在混凝土长期服役过程中，空气中的二氧化碳等会经微孔隙侵入混凝土，在同时有水分子侵入的条件下形成酸性溶液（例如碳酸根），从而使混凝土从表层向内逐步失去碱性。这一现象称为混凝土的碳化（carbonation）。一旦碳化深度达到钢筋表面，这些外层钢筋就会在同时有氧气和水渗入的情况下开始锈蚀的电离过程。与混凝土裂缝处钢筋的局部锈蚀不同，这种情况下的锈蚀是全面的。锈蚀较轻时会在钢筋表面形成黄色锈膜，再严重时变为薄锈层，更严重时变成锈壳。例如，如图1-10（a）所示，某钢筋混凝土厂房的露天钢筋混凝土柱在受侵蚀性气体作用6年后，纵筋及箍筋的严重锈蚀已把沿钢筋的表层混凝土胀裂。取出的一段箍筋直径已从6mm锈成直径最小处只有3.5mm（图1-10b）。该厂房柱混凝土制备时添加的含氯离子过重的外加剂（速凝剂）是导致钢筋严重锈蚀的另一个原因。

防止钢筋因混凝土碳化而锈蚀的办法，除增加混凝土的密实性外，应是使混凝土保护层的厚度不小于建筑结构设计使用年限内混凝土的预计碳化深度。不同环境条件和混凝土质量条件下的碳化深度与时间的关系，可通过快速碳化试验的测试结果经换算得出。

（3）因混凝土的抗拉能力很低，故当结构受力使正截面受拉区混凝土拉应变或剪、扭区混凝土斜向主拉应变超过其极限拉应变后，就会在受拉混凝土中以一定间距形成一根根离散型裂缝。而当温度降低形成的收缩和混凝土的硬结形成的收缩受到制约时，所产生的强制拉应力也会导致混凝土开裂。这

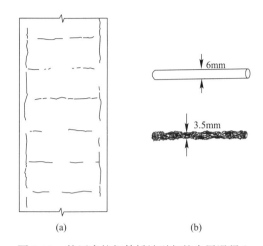

图 1-10 某厂房柱钢筋锈蚀引起的表层混凝土开裂，6 年后 6mm 直径箍筋最细处只剩 3.5mm

些裂缝都会与纵向钢筋或箍筋相交。已有考察结果表明，当裂缝宽度未超过 0.2mm 时，即使构件长期受雨雪浸淋，或构件处在高湿度室内环境，因裂缝过细，与裂缝相交的钢筋经数十年后依然不会明显锈蚀。但当裂缝宽度超过 0.2mm 后，外界水分和侵蚀性介质就会与氧气一起从裂缝处直接侵入到钢筋表面，这种情况下的钢筋就会从裂缝处开始锈蚀，且锈蚀会随时间从裂缝处沿钢筋向其两侧表面扩展，锈蚀的发育过程与前面第（2）点所述相同，从而影响耐久性。因此，从耐久性角度需对混凝土各种裂缝的宽度进行限制。

（4）"碱骨料反应"可能有多种原因，例如当骨料中含有活性 SiO_2 时，它会与水泥水化后生成的碱性物质发生反应并生成胶体。该胶体吸水膨胀后会将混凝土从内部胀裂。防止碱骨料反应的方法首先是使用没有碱活性的骨料。若无法避免在骨料中含有碱活性成分，就必须对混凝土中水泥的含碱量进行控制（选择水泥品种，控制水泥用量）。但请注意，降低水泥的含碱量又相当于降低了其生成的凝胶体对钢筋的防锈能力。

1.3.2 建筑结构的设计使用年限

混凝土结构耐久性措施的严格程度主要取决于结构的预计使用年限及混凝土暴露环境的侵蚀性强度，现首先对设计使用年限作必要说明。

根据结构的工作特点和建筑的重要性程度，可将结构的预期使用年限分档。在 1998 年颁布的国际标准《结构可靠性总则》ISO 2394：1998 中首次正式提出"设计工作年限"（design working life）的概念，并给出了分类标准。我国国家标准《建筑结构可靠性设计统一标准》GB 50068 的 2001 年版和 2018 年版中将其称为"设计使用年限"，规定的分类标准与 ISO 2394：1998 相同，见表 1-2。根据该国家标准的定义，在设计使用年限内，只需对结构进行正常维护而不需要大修就能按预期目的使用和始终保持预定的使用功能（承载能力、抗变形能力、耐久性以及外观）；或者说，设计使用年限是建筑结构在正常设计、正常施工、正常使用和正常维护条件下所能达到的最低使用年限。其中，正常维护对混凝土结构而言是指必要的检测、防护和一般性修理。

《建筑结构可靠性设计统一标准》GB 50068—2018 规定的设计使用年限　　表 1-2

类别	设计使用年限（年）
临时性结构	5
易于替换的结构构件	25
普通房屋和构筑物	50
标志性建筑和特别重要的建筑结构	100

在耐久性设计中取设计使用年限作为所考虑的设计措施的目标使用年限。在《混凝土结构设计标准》GB/T 50010—2010（2024 年版）中是将耐久性设计措施按设计使用年限 50 年和 100 年分别给出的，见下面第 1.3.4 节。

需要说明的是，这一"设计使用年限"更多地应视为标准制定者共同认可的技术约定，它是以"正常设计""正常施工""正常使用"和"正常维修"为前提的；但因设计规范并非"正常施工""正常使用"和"正常维修"的责任方，故"设计使用年限"并不能直接作为建筑结构这种商品的"保质期"使用。

1.3.3　混凝土结构的环境类别

在混凝土结构耐久性设计中，混凝土的暴露状况，即所受侵蚀的严重程度是按环境类别划分的。《混凝土结构设计标准》GB/T 50010—2010（2024 年版）第 3.5.2 条给出的环境类别如表 1-3 所示。它与欧洲混凝土委员会-国际预应力混凝土联合会（CEB-FIP）《模式规范》（Model Code）MC90 中的规定是基本一致的。

《混凝土结构设计标准》GB/T 50010—2010(2024 年版) 规定的混凝土结构环境类别　　表 1-3

环境类别	条件
一	室内干燥环境； 无侵蚀性静水浸没环境
二 a	室内潮湿环境； 非严寒和非寒冷地区的露天环境； 非严寒和非寒冷地区与无侵蚀性的水或土壤直接接触的环境； 严寒和寒冷地区的冰冻线以下与无侵蚀性的水或土壤直接接触的环境
二 b	干湿交替环境； 水位频繁变动环境； 严寒和寒冷地区的露天环境； 严寒和寒冷地区冰冻线以上与无侵蚀性的水或土壤直接接触的环境
三 a	严寒和寒冷地区冬季水位变动区环境； 受除冰盐影响环境； 海风环境
三 b	盐渍土环境； 受除冰盐作用环境； 海岸环境
四	海水环境
五	受人为或自然的侵蚀性物质影响的环境

注：1. 室内潮湿环境是指构件表面经常处于结露或湿润状态的环境；
　　2. 严寒和寒冷地区的划分应符合现行国家标准《民用建筑热工设计规范》GB 50176 的有关规定；
　　3. 海岸环境和海风环境宜根据当地情况，考虑主导风向及结构所处迎风、背风部位等因素的影响，由调查研究和工程经验确定；
　　4. 受除冰盐影响环境是指受到除冰盐盐雾影响的环境；受除冰盐作用环境是指被除冰盐溶液溅射的环境以及使用除冰盐地区的洗车房、停车楼等建筑；
　　5. 暴露的环境是指混凝土结构表面所处的环境。

除去表注中已经作出的说明外,对表1-3还需作以下提示:

(1)我国南方大部分地区虽然常年空气湿度相对偏高,但一般室内环境仍应属于表1-3中的一类环境,即室内干燥环境,而不属室内潮湿环境。属于室内潮湿环境的,根据2002年版《混凝土结构设计规范》GB 50010—2002条文说明的解释,只有公共浴室和公共厨房;一般住宅内的浴室亦可按室内潮湿环境考虑。

(2)《混凝土结构设计标准》GB/T 50010—2010(2024年版)对耐久性设计的具体规定只涉及环境类别一、二、三类。根据该设计标准在条文说明中的建议,四类环境的混凝土结构可按《港口工程混凝土结构设计规范》JTJ 267—1998进行耐久性设计,五类环境的混凝土结构则应按《工业建筑防腐蚀设计标准》GB/T 50046—2018进行耐久性设计。

1.3.4 混凝土结构的耐久性设计措施

因影响混凝土结构耐久性的因素如第1.3.1小节所述来自多个方面,故只有通过多种措施方能实现耐久性设计的总体目标。这些措施在《混凝土结构设计标准》GB/T 50010—2010(2024年版)中是分在不同章节中给出的。为了便于读者理解,现将其汇总为以下四类措施:

(1)对结构混凝土材料的耐久性基本要求;

(2)对混凝土保护层的要求;

(3)对混凝土结构裂缝宽度的控制;

(4)结构和构件的其他耐久性设计措施。

现根据《混凝土结构设计标准》GB/T 50010—2010(2024年版)的规定对以上四类措施分别作简要提示。其中,各类措施都是首先针对设计使用年限50年给出的,然后再补充给出针对设计使用年限为100年的追加要求。

1. 结构混凝土材料的耐久性基本要求

《混凝土结构设计标准》GB/T 50010—2010(2024年版)第3.5.3条给出的结构混凝土材料的耐久性基本要求如表1-4所示。

《混凝土结构设计标准》GB/T 50010—2010(2024年版)第3.5.3条给出的
结构混凝土材料的耐久性基本要求 表1-4

环境等级	最大水胶比	最低强度	水溶性氯离子最大含量(%)	最大含碱量(kg/m³)
一	0.60	C25	0.30	不限制
二a	0.55	C25	0.20	
二b	0.50(0.55)	C30(C25)	0.15	3.0
三a	0.45(0.50)	C35(C30)	0.15	
三b	0.40	C40	0.10	

注:1. 氯离子含量系指其占胶凝材料用量的质量百分比,计算时辅助胶凝材料的量不应大于硅酸盐水泥的量;
2. 预应力构件混凝土中的水溶性氯离子最大含量为0.06%,其最低混凝土强度等级宜按表中的规定提高不少于两个等级;
3. 素混凝土结构的混凝土最大水胶比及最低强度等级的要求可适当放松;但混凝土的最低强度等级应符合本标准的有关规定;
4. 有可靠工程经验时,二类环境中的最低混凝土强度等级可为C25;
5. 处于严寒和寒冷地区二b、三a类环境中的混凝土应使用引气剂,并可采用括号中的有关参数;
6. 当使用非碱活性骨料时,对混凝土中的碱含量可不作限制。

该设计标准第 3.5.5 条还规定：

3.5.5　在一类环境中，设计使用年限为 100 年的混凝土结构应符合下列规定：

1 钢筋混凝土结构的最低强度等级为 C30；预应力混凝土结构的最低强度等级为 C40；

2 混凝土中的最大氯离子含量为 0.06%；

3 宜使用非碱活性骨料，当使用碱活性骨料时，混凝土中的最大碱含量为 3.0kg/m³；

4 混凝土保护层厚度应符合本标准第 8.2.1 条的规定；当采取有效的表面防护措施时，混凝土保护层厚度可适当减小。

对于处在二、三类环境中的设计使用年限为 100 年的混凝土结构，因至今尚缺乏保证耐久性的较成熟经验，故只能交由具体结构设计人考虑。

对于以上规定拟再作下列提示：

（1）从表 1-4 可以看出，控制最大水胶比是从减少水化多余水分蒸发后形成的毛细孔穴的角度来提高混凝土密实性；规定最低混凝土强度等级则是从保持最少水泥用量角度来保证混凝土的密实性。混凝土中的氯离子主要来自各类外加剂，少数情况下来自骨料。氯离子含量过高会导致在碳化达到钢筋表面之前在有水和氧存在的条件下的钢筋全面锈蚀。

（2）我国国内目前虽尚无大范围的 100 年耐久性工程经验，但已有七八十年使用经验，故所给出的一类环境下设计使用年限为 100 年时混凝土耐久性基本要求的追加规定是有一定把握的。

2. 对混凝土保护层的要求

根据《混凝土结构设计标准》GB/T 50010—2010（2024 年版）的约定，保护层是指从位于构件截面周边的钢筋外缘到与钢筋垂直方向构件外边面的混凝土最小厚度。混凝土保护层的厚度除应满足耐久性设计的要求外，还需满足钢筋锚固的需要。

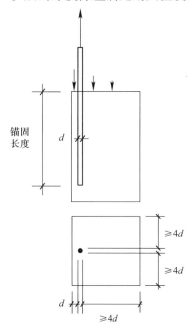

图 1-11　规范使用的用来确定钢筋锚固长度的试件

根据试验确定的带肋钢筋与其周边混凝土之间的粘结机理（对粘结机理的讨论见第 3 章），一根钢筋埋入混凝土中的锚固段的抗拔出能力与其周边混凝土的厚度有关。厚度越小，对锚固段的约束效应越差。为了反映实际结构中钢筋锚固段可能遇到的偏不利周边情况，《混凝土结构设计标准》GB/T 50010—2010（2024 年版）约定，规范取用的钢筋锚固能力以图 1-11 所示的标准锚固试件获得的试验结果为依据。该试件锚固钢筋有一侧的混凝土保护层仅为一倍钢筋直径厚，其他各边则均不小于 4 倍锚筋直径。这一约定反过来则要求在钢筋混凝土结构中各处的混凝土保护层厚度均不应小于该处位于构件截面边缘的受力钢筋的直径。

《混凝土结构设计标准》GB/T 50010—2010（2024 年版）第 8.2.1 条对结构构件中混凝土保护层厚度的规定为：

8.2.1　构件中普通钢筋及预应力筋的混凝土保护层厚度应满足下列要求。

1 构件中受力钢筋的保护层厚度不应小于钢筋的公称直径 d；

2 设计使用年限为 50 年的混凝土结构，最外层钢筋的保护层厚度应符合表 8.2.1（本书表 1-5）的规定；设计使用年限为 100 年的混凝土结构，最外层钢筋的保护层厚度不应小于表 8.2.1（本书表 1-5）中数值的 1.4 倍。

该标准第 8.2.2 条还规定：

8.2.2　当有充分依据并采取下列措施时，可适当减小混凝土保护层的厚度。

1 构件表面有可靠的防护层；

2 采用工厂化生产的预制构件；

3 在混凝土中掺加阻锈剂或采用阴极保护处理等防锈措施；

4 当对地下室墙体采取可靠的建筑防水做法或防护措施时，与土层接触一侧钢筋的混凝土保护层厚度可适当减小，但不应小于 25mm。

《混凝土结构设计标准》GB/T 50010—2010（2024 年版）第 8.2.1 条
规定的混凝土保护层最小厚度（mm）　　　　　　　　　　　　表 1-5

环境等级	板、墙、壳	梁、柱、杆
一	15	20
二 a	20	25
二 b	25	35
三 a	30	40
三 b	40	50

注：1. 混凝土强度等级不大于 C25 时，表中保护层厚度数值应增加 5mm；
　　2. 钢筋混凝土基础宜设置混凝土垫层，基础中钢筋的混凝土保护层厚度应从垫层顶面算起，且不应小于 40mm。

对于以上规范规定需作的补充提示是：

（1）实测结果表明，在一类的室内正常环境下，混凝土的碳化速度比潮湿环境下还要快一些。但因室内正常环境下没有水分的充足供应，即使碳化深度已达钢筋表面，钢筋仍不会开始锈蚀。这已为 20 世纪 80 年代由丁大钧带队完成的锈蚀普查所证实（普查中，在使用了 20～30 年的混凝土结构构件上砸开一部分保护层对钢筋锈蚀状况作了系列详细考察）。因此，一类环境中的保护层厚度不是按 50 年碳化深度确定的，而是根据多年经验取用的比碳化深度偏小的值。二 a 类环境下规定的保护层厚度与 50 年碳化深度基本一致。试验结果还证实，在更严酷的环境条件下，碳化深度并不随环境类别的提高而增大。因此，从二 b 类环境起，规范对保护层厚度随环境类别的提升而增大的规定已不再是来自碳化深度方面的考虑，更多的是出于加强对更严酷侵蚀的防护。

（2）板、墙、壳类构件为平坦表面，碳化所需的二氧化碳是垂直侵入的（单方向），见图 1-12（a）；而在梁和柱的棱角处，二氧化碳则从两个正交方向侵入（图 1-12b）。实测表明（分子渗透理论也证明），后一种情况下碳化速度比前一种情况快约 $\sqrt{2}$ 倍。因此，梁、柱保护层选得偏厚。而柱的保护层比梁更厚则是因为柱混凝土为立式浇筑，密实度有可能不如梁内混凝土；且无面层的柱，其混凝土在工作环境中被磨损和碰撞的机会更多。

（3）混凝土强度等级的提高会改善混凝土的密实度，这对碳化速度虽有推迟效应但不显著。《混凝土结构设计规范》GB 50010 自 2010 年版起决定原则上不再考虑混凝土强度等级对保护层厚度的影响。但在表 1-5 注 1 中对使用强度等级不大于 C25 混凝土的结构构件，仍要求保护层厚度增大 5mm，以考虑混凝土强度偏低时抵御碳化的能力依然偏弱的事实。

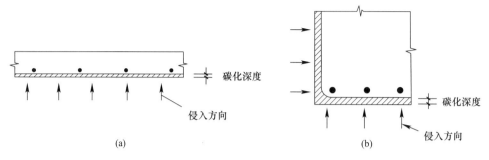

图 1-12　板、墙、壳类构件和梁、柱角部碳化的不同进展速度

（4）从 2010 年版起，《混凝土结构设计规范》GB 50010 除去在其上列第 8.2.1 条第 1 款中出于锚固需要规定所有受力钢筋的保护层厚度不应小于钢筋的公称直径 d 之外，对于所有钢筋从耐久性要求出发的保护层厚度规定已改为统一由最外层钢筋外边算起，不再区分是受力钢筋还是分布钢筋。这种做法不仅设计操作方便，而且避免了某些误判，如有人曾把实为受力钢筋的剪力墙墙肢内分散布置的水平钢筋和竖向钢筋错当成非受力的"分布筋"看待。修订后的保护层实际厚度总体来说比 2002 年版规范的规定值略有增大。

（5）《混凝土结构设计标准》GB/T 50010—2010（2024 年版）第 8.2.3 条还规定："当梁、柱、墙中纵向受力钢筋的保护层厚度大于 50mm 时，宜对保护层厚度采取有效的构造措施。当在保护层内配置防裂、防剥落的钢筋网片时，网片钢筋的保护层厚度不应小于 25mm。"需要说明的是，这项做法最早见于欧洲规范，在我国规范修订过程中，修订组专家对于是否引用这种做法存在不同意见。这是因为，当在较厚的保护层混凝土中加设钢筋网片后（图 1-13），即使保证了网片钢筋保护层厚度不小于 25mm，但正如设计标准该条条文说明提到的："为了保证防裂钢筋网片不致成为锈蚀的通道，应对其采取有效的绝缘和定位措施。"这表明，这类附加钢筋网片的锈蚀将早于构件钢筋，从而可能导致网片以外混凝土的剥落。本书作者不看好这种措施，并认为混凝土强度等级符合设计标准要求的较厚表层混凝土的稳固性是有保证的，未见有其自行剥落的有关报道。即使因撞击而局部脱落，只要及时修补和认真控制修补用高强砂浆的质量，当前工艺水平

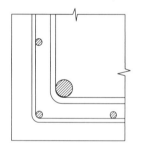

图 1-13　欧洲规范建议的对过厚保护层使用的防护钢丝网（本书作者不推荐使用这类做法）

进展迅速的修复技术已能保证修复后混凝土柱的强度和耐久性。故这条规定的保留价值不大。

（6）上面引出的设计标准第 8.2.2 条的有关规定不够严谨，按道理应对其中第 1、2、3 点减小混凝土保护层的尺度给出量化规定。

3. 对混凝土结构裂缝宽度的控制

因混凝土的抗拉强度远低于其抗压强度，在受力较充分的钢筋混凝土构件中混凝土的受拉开裂难以避免，故在构件的正常使用极限状态下允许有裂缝存在；但不论从外观角度还是耐久性角度均需对裂缝宽度进行控制。从耐久性角度看，一旦裂缝过宽并穿过钢筋，

外界的水分、空气中的氧气和常含的二氧化碳、二氧化硫以及氯化物等就将沿裂缝侵入并到达钢筋表面。因这些侵入物的酸性溶液性质而使裂缝处钢筋经电离过程而开始锈蚀。锈蚀范围将随时间沿钢筋表面侵入两侧混凝土并缓慢沿钢筋持续扩展。锈蚀也会从黄色锈膜向薄锈层和锈壳发展。

混凝土的开裂原因是多方面的。除去大体积混凝土因施工中水泥水化热过大和散发不畅所形成的混凝土表面裂缝应通过改进施工工艺解决之外，结构中的裂缝主要起因可归纳为以下两大类。一类是由于混凝土的硬结收缩以及气温下降引起的体积缩小受到制约，在构件内产生强制拉应力；当拉应力较大时，将导致混凝土开裂。另一类则是作用于结构的各类荷载在轴心受拉、受弯、偏心受拉和偏心受压构件的正截面受拉区或主拉应力区形成的拉应力导致的混凝土开裂，也称"受力裂缝"。其中，又可区分为正截面受拉区裂缝和受剪、扭作用时的主拉应力斜裂缝。

在目前的钢筋混凝土结构设计中，根据裂缝产生的原因和对开裂机理的把握程度，对裂缝宽度分别采用以下不同手段进行控制。

(1) 对于作用内力能够较准确计算，同时对开裂规律也有相对准确了解的各类构件中由荷载作用引起的正截面裂缝（也称"弯曲裂缝"），《混凝土结构设计标准》GB/T 50010—2010(2024 年版) 给出了有一定成熟度的裂缝宽度计算方法（见第 5.6.4 节的说明，按正常使用极限状态下的荷载准永久组合并考虑长期作用影响来进行计算），所得裂缝宽度不应超过表 1-6 ［即《混凝土结构设计标准》GB/T 50010—2010(2024 年版) 表 3.4.5］给出的限值。

结构构件的裂缝控制等级及最大裂缝宽度限值 w_{lim} (mm)　　　表 1-6

环境类别	钢筋混凝土结构		预应力混凝土结构	
	裂缝控制等级	w_{lim}	裂缝控制等级	w_{lim}
一	三级	0.30 (0.40)	三级	0.20
二 a				0.10
二 b		0.20	二级	—
三 a、三 b			一级	—

注：1. 对处于年平均相对湿度小于 60% 地区一类环境下的受弯构件，其最大裂缝宽度限值可采用括号内的数值；
　　2. 在一类环境下，对钢筋混凝土屋架、托架及需作疲劳验算的吊车梁，其最大裂缝宽度限值应取为 0.20mm；对钢筋混凝土屋面梁和托梁，其最大裂缝宽度限值应取为 0.30mm；
　　3. 在一类环境下，对预应力混凝土屋架、托架及双向板体系，应按二级裂缝控制等级进行验算；对一类环境下的预应力混凝土屋面梁、托梁、单向板，应按表中二 a 类环境的要求进行验算；在一类和二 a 类环境下需疲劳验算的预应力混凝土吊车梁，应按裂缝控制等级不低于二级的构件进行验算；
　　4. 表中规定的预应力混凝土构件的裂缝控制等级和最大裂缝宽度限值仅适用于正截面的验算；预应力混凝土构件的斜截面裂缝控制验算应符合本标准第 7 章的有关规定；
　　5. 对于烟囱、筒仓和处于液体压力下的结构，其裂缝控制要求应符合专门标准的有关规定；
　　6. 对于处于四、五类环境下的结构构件，其裂缝控制要求应符合专门标准的有关规定；
　　7. 表中的最大裂缝宽度限值为用于验算荷载作用引起的最大裂缝宽度。

(2) 对于弯-剪或偏拉-剪、偏压-剪作用下由主拉应力引起的斜裂缝，因发生机理及裂缝格局远比上述正截面裂缝复杂，虽已有不少研究者提出了多种斜裂缝宽度计算方法，但尚未能全面达到类似于正截面裂缝宽度的计算准确度。而大量构件抗剪强度试验结果表明，按目前我国设计标准规定的方法配置了以箍筋为主要形式的抗剪钢筋的各类受力构件（主要是受弯和偏心受压构件）在正常使用极限状态下形成的斜裂缝，其宽度一般均未超过 0.2mm。因此，《混凝土结构设计标准》GB/T 50010—2010(2024 年版) 与国外主要同类规范类似，不再考虑以显式方式计算弯-剪、偏拉-剪和偏压-剪状态下的斜裂缝宽度以及由扭转引起的斜裂缝宽度。

（3）对于通过施工措施（如设置后浇带）和对建筑结构按设计标准设置伸缩缝仍不能完全消除的由温度、收缩强制拉应力形成的裂缝，《混凝土结构设计规范》GB 50010 自其2002 年版起增加规定了一系列配筋构造措施（具体措施见第 1.17.1 节及第 1.17.2 节），以期通过这些措施进一步防止混凝土开裂或减少强制应力裂缝的宽度。在这种背景下，设计标准对于一般结构设计不要求验算温度、硬结收缩强制应力裂缝的宽度，也是因为这类验算获得的裂缝宽度计算结果参考价值尚不是很高。

4. 结构和构件的其他耐久性措施

《混凝土结构设计标准》GB/T 50010—2010(2024 年版) 第 3.5.4 条还对以上三大类耐久性措施仍未包括的其他措施进行了汇总，其中包括：

1 预应力混凝土结构中的预应力筋应根据具体情况采取表面防护、孔道灌浆、加大混凝土保护层厚度等措施，外露的锚固端应采取封锚和混凝土表面处理等有效措施；

2 有抗渗要求的混凝土结构，混凝土的抗渗等级应符合有关标准的要求；

3 严寒及寒冷地区的潮湿环境中，结构混凝土应满足抗冻要求，混凝土抗冻等级应符合有关标准的要求；

4 处于二、三类环境中的悬臂构件宜采用悬臂梁-板的结构形式，或在其上表面增设防护层；

5 处于二、三类环境中的结构构件，其表面的预埋件、吊钩、连接件等金属部件应采取可靠的防锈措施，对于后张预应力混凝土外露金属锚具，其防护要求见本标准第10.3.13 条；

6 处在三类环境中的混凝土结构构件，可采用阻锈剂、环氧树脂涂层钢筋或其他具有耐腐蚀性能的钢筋、采用阴极保护措施或使用可更换的构件等措施。

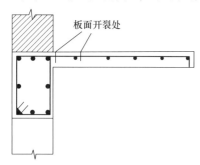

图 1-14　板式悬挑雨篷（在二、三类环境中尽可能不使用此类做法）

其中值得提示的是，在以往使用的悬臂板式雨篷构件中，因板受负弯矩作用，根部上表面易于开裂（图 1-14），在受雨水浸泡的条件下，板面上部外伸负弯矩钢筋可能腐蚀较重，从而发生过悬臂板从根部折断下坠的事故。不过，在有些事故中，同时还与板顶面钢筋在施工中被踩下弯，从而不能充分发挥抗负弯矩能力有关。不论原因如何，设计标准均建议将处在二、三类环境中的此类悬臂板改用梁板结构模式，即在悬臂梁上设现浇板；悬臂梁可设于板下，也可设于板上。这时，因负弯矩最终由梁承担，板的受力模式改变，在悬臂板根部上表面出现裂缝的可能性会明显下降。

设计标准提出的在图 1-14 所示板式悬挑雨篷上增设防护层的做法，经工程实践证明对防止图示开裂和改善这类构件耐久性的作用不明显，本书作者不推荐使用。

此外，作为钢筋防腐蚀措施之一，环氧树脂涂层钢筋在我国土木建筑工程中处于二、三类侵蚀环境的钢筋混凝土结构中的使用量已逐步增多（图 1-15），对改善结构耐久性发挥了作用。具体生产、使用规定见我国行业标准《环氧树脂涂层钢筋》JG/T 502—2016。但应提醒注意的是，表面涂有环氧树脂的钢筋与混凝土之间的粘结性能会有一定弱化，导致钢筋锚固长度、搭接长度和延伸长度的增大，进一步说明见第 3.4.4 节。

图 1-15　目前推入市场使用的环氧树脂涂层钢筋

1.4　世界范围内使用的两类不同的混凝土抗压强度指标体系

因混凝土在结构中主要发挥其抗压能力优势，故从 20 世纪初开始使用混凝土结构以来，各国均以其抗压强度作为划分其强度等级或区分其强度高低的依据。由于工程中的混凝土强度测试均在基层一般实验室完成，故要求测试用试块应制作方式简单、试验时便于对中，且对试验中不可避免的偶然偏心不过于敏感。为此，当时在世界范围内出现了美国使用的圆柱体试块［高 12in.（303.6mm）、直径 6in.（151.8mm）］和欧洲奥地利、瑞士等国首先使用的立方体试块（当时试块边长为 200mm，到 20 世纪后期改为 150mm）这两种测试抗压强度的试块形式，并分别称用其测得的抗压强度为"圆柱体抗压强度"（美国 ACI 318 规范用 f_c' 表示）和"立方体抗压强度"［我国《混凝土结构设计标准》GB/T 50010—2010(2024 年版)用 f_{cu} 表示］。直到今天，世界各国根据选择仍在分别使用这两种形式的试块来测定混凝土的抗压强度。

同一盘混凝土制作的这两种试块在相同养护条件、相同龄期和相同测试条件下测得的抗压强度是不相同的；根据世界范围内完成的对比试验结果，已经给出了这两类抗压强度的换算关系。例如，欧洲规范 EC 2 和《国际结构混凝土协会 2010 年混凝土结构模式规范》（*fib Model Code for Concrete Structures* 2010）都给出了在 300mm 高、150mm 直径的圆柱体抗压强度标准值 f_{cck}（这两本规范称"特征值"）和 150mm 边长立方体抗压强度标准值 f_{cuk} 之间的换算关系为：

$$f_{cck} = 0.8 f_{cuk} \tag{1-1}$$

由于在这两本规范的使用范围内对这两类抗压强度的评定都采用相同的统计定义，都取 95% 偏低分位值，即平均值减去 1.645 倍标准差作为强度评定标准，因此，也可理解为在上述两类抗压强度的平均值，即 $\bar{f}_{cc}$ 和 $\bar{f}_{cu}$ 之间也存在与式（1-1）相同的换算关系，即：

$$\bar{f}_{cc} = 0.8 \bar{f}_{cu} \tag{1-2}$$

但是，当美国规范取平均值减去 1.34 倍标准差作为圆柱体抗压强度标准值（美国规范称"规定值"）评定的统计标准时，美国 f_c'（规定值）与我国或欧洲规范 f_{cuk} 之间的换算关系就应以式（1-2）为基础另行推导。限于篇幅，这里不再专门给出推导过程。

还需指出，不论使用哪种形式的试块，均约定为了试验方法一致和简单，不在试块与其上面的试验机加压头以及试块与其下面的试验机支承面之间涂抹或设置任何减少互相摩擦的润滑材料或隔离层。

而在能否把这样测得的抗压强度直接作为各类结构构件设计中的混凝土抗压强度使用的问题上，使用上述两种测试方法的有关国家的设计标准则作出了各不相同的判断。

以美国 ACI318 规范为代表的使用混凝土圆柱体抗压强度的设计规范认为，因圆柱体的长径比已达到 2.0，其实测强度虽然也受试件与试验机部件之间摩擦阻力的影响而可能略偏高，但误差可在各类构件截面设计方法表达式中消化，故建议直接取圆柱体抗压强度 f'_c 作为构件设计用混凝土抗压强度。这意味着，在使用混凝土圆柱体抗压强度的规范中，区分混凝土强度高低的抗压强度指标和设计用的混凝土抗压强度指标是一致的。

使用立方体抗压强度划分混凝土强度等级国家的研究界则发现，当用同一盘混凝土制作出高宽比不同（例如从 1.0～4.0）的立方体和棱柱体，并在相同养护条件、相同龄期和相同试验条件（尽可能严格对中且试验升压速度相同）下完成抗压强度试验时，其所得的抗压强度会随高宽比的增大而降低。在对这些混凝土试块的受力状态用有限元法进行模拟分析后确认，由于试验机的钢质加压头和钢质承台面受压后的侧向应变（膨胀）率远小于混凝土试块的侧向应变（膨胀）率，这些加压头和承压台就会借助其与混凝土试块界面中的摩擦力从试块上表面和下表面对试块施加从各个侧向向试块中部作用的约束力，从而在一定程度上限制了上、下界面附近混凝土的侧向膨胀。而根据下面第 1.5 节的说明，这种侧向约束力将限制上、下界面附近一定高度内试块混凝土中微裂隙的发育，从而提高混凝土试块的强度。由于在上述对比试验中立方体试块的高宽比最小，受这种约束的影响最充分，故其抗压强度提高幅度最大；随着试块高宽比的增大，这种侧向约束对试块高度中部混凝土的影响逐步减弱，从而导致由试块高度中部混凝土控制的试块抗压强度相应逐步降低。

在综合考虑一方面尽可能减轻试块上、下界面侧向约束的干扰，另一方面又不致因试块高宽比过大而加大试件制作时的垂直度误差和试验中的对中难度等多种因素后，最后在各本使用立方体抗压强度划分混凝土强度等级的设计规范专家组之间，逐步形成的统一认识是取以高宽比为 3.0 的棱柱体试块（例如 150mm×150mm×450mm）测得的棱柱体抗压强度［我国《混凝土结构设计标准》GB/T 50010—2010（2024 年版）称"轴心抗压强度"，用 f_c 表示］作为构件截面设计用的混凝土抗压强度指标。

这样，在这些取用立方体试块测定混凝土强度等级的设计规范中就形成了把立方体抗压强度专用于在检验中判定混凝土强度等级，而以棱柱体抗压强度（轴心抗压强度）作为设计用混凝土抗压强度指标的局面。这些设计规范就需要给出混凝土的强度等级以及各强度等级对应的轴心抗压强度供结构设计人在设计中使用。这些轴心抗压强度值则是根据已完成的数量足够的各用同一盘混凝土制作的立方体试块和高宽比为 3.0 的棱柱体试块在相同养护及试验条件下测得的强度对比结果给出的，详见第 1.20.2 节的进一步说明。

还需提示的是，在我国《钢筋混凝土结构设计规范》的 1966 年版、1974 年版以及《混凝土结构设计规范》的 1989 年版中，曾借鉴苏联同类设计规范的做法，在结构构件的承载力设计中再将混凝土的抗压强度指标分为两类，即轴心受压及小偏心受压正截面承载力设计以及受剪、扭承载力设计使用的混凝土轴心抗压强度 f_c 和受弯、大偏心受压及大偏心受拉正截面承载力设计使用的混凝土弯曲抗压强度 f_{cm}，并取 f_{cm} 与 f_c 之间的关系为：

$$f_{cm} = 1.25 f_c \tag{1-3}$$

到《混凝土结构设计规范》GB 50010 的 2002 年版修订时，考虑到设计方法的简化，并参考当时欧洲有关设计规范的做法，决定取消混凝土弯曲抗压强度，即在全部承载力设计中均取用混凝土轴心抗压强度这一唯一抗压强度指标。这样做也有利于适度提高原来使用"弯曲抗压强度"的构件正截面承载力的可靠性水准。这一修改后的做法一直使用至今。

在实际工程中或试验研究中，为了节约混凝土，也常用 100mm 边长的立方体试块来测定混凝土的抗压强度，这时需将测得的结果乘以系数 0.95 来换算成边长为 150mm 试块的测试结果，这一类换算系数是根据已经完成的足够数量的对比试验结果获得的。

1.5 混凝土的单轴受压微裂隙发育机理及应力-应变规律

首先说明两个一般性概念：

弹性——材料在应力（σ）作用下所产生的应变（ε）在应力去除后可以完全恢复的属性称为"弹性"（elastic）；若应变不能完全恢复，则称为"非弹性"（inelastic）。

线性——凡应力与应变关系为线性，即应力-应变曲线为直线的材料称为"线性"（linear）材料，否则为"非线性"（nonlinear）材料。

从理论上说，弹性、非弹性、线性、非线性可以形成四种组合：

图 1-16(a) 所示为线弹性应力-应变关系，例如应力未超过弹性极限的钢材，加载及卸载应力-应变曲线均为直线且相互重合，卸载后无任何残余应变（未恢复的应变）存在。

图 1-16(b) 所示为假想的线性-非弹性材料（似乎没有哪种材料具有这种性能），加载和卸载线均为直线，但卸载后应变不能完全恢复。

图 1-16(c) 所示为非线性-弹性应力-应变关系，即加载、卸载 σ-ε 关系均为非线性，但应变可以完全恢复。如记忆合金（一种特定的镍钛合金）即具有这种属性。

图 1-16(d) 所示为非线性-非弹性应力-应变关系，即加载、卸载 σ-ε 关系均不是直线，且卸载后应变不能完全恢复，如受压到较大压应力后的混凝土。在技术文献中，完整的说法应是"混凝土具有非线性-非弹性性能"，但为了简单，也可以针对不同需要只说"非线性"，或只说"非弹性"。

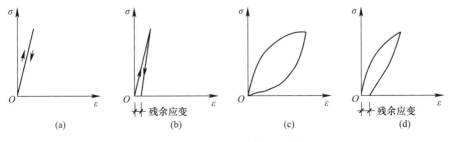

图 1-16 材料的不同 σ-ε 属性

到 20 世纪 80 年代初期，各国学术界就已经接受了混凝土的受压非线性-非弹性性质是来自其中的微裂隙发育过程的这一理论推断。到 90 年代中后期，又对如何用微裂隙理论解释不同强度混凝土的 σ-ε 性能有了新的认识。其中，需要强调的是，就微裂隙发育而言，普通强度混凝土与高强混凝土的区别主要在于前者的骨料强度大于胶结料（水泥水化生成物），而后者则是胶结料强度大于骨料。

1.5.1　普通强度混凝土单轴受压的微裂隙发育机理及应力-应变规律

普通强度混凝土受压应力作用后，随压应力的增大，其微裂隙的发育大致可分为以下几个阶段：

（1）如前面所述，水泥水化生成物本身就是多孔隙的（既有凝胶固体内的孔隙，又有毛细孔隙，见前面图 1-5）。当凝胶体"凝缩"（凝结过程中的凝胶体本身体积缩小）和"干缩"（因失水而导致的凝胶体体积收缩，有研究者认为，这种体积收缩与毛细管表面张力变化有关）时，在这些孔隙的薄弱部位（拉应力集中部位）就已经出现了非常细而短的拉断裂缝。这种裂缝称为"非受力收缩微裂缝"（no-load shrinkage cracks）。这些裂缝的空间分布是均匀的，方向是随机的，它们对混凝土在应力低时的性能没有明显影响。因此，如图 1-18(a) 所示，当应力未超过混凝土抗压强度的大约 30％时，混凝土的受压表现为线性弹性。

（2）当混凝土中的压应力进一步增大后，欧洲的研究者曾用图 1-17(a) 所示的分析模型（只考虑细骨料——图中的圆颗粒，而且假定细骨料的弹性模量高于胶结料），通过弹性有限元分析算得了其中的应变（应力）场（图 1-17a 和 b）。从中可以看出，云纹最密，也就是拉应力最高（图 1-17a）的地方是在各骨料颗粒的两侧，这也就是图 1-17(b) 中主压应力线弯折最明显处。这时，压力在混凝土中的传递路径相当于从一颗骨料传给另一颗骨料。如果用一个骨料颗粒来表示，则其周边的应力状态即如图 1-17(c) 所示。正是由于细骨料两侧中点拉应力最大，一旦超过抗拉强度，将在这里的胶结料内产生裂缝。当时的研究者称这种裂缝为"粘结裂缝"（bond cracks）。用这个名称主要是想表示裂缝出在粘结相对较薄弱的细骨料与胶结质的界面上。裂缝的方向总是与压力作用方向大致平行。这种微裂缝亦可称为"受力微裂缝"。

需要强调的是，第一阶段"非受力收缩微裂隙"的长度是 $10\mu m$ 级的，也就是 $1/100mm$ 级的。而这里细骨料颗粒侧边的粘结裂缝则是 $1/10mm$ 级的，相对来说比前一种微裂缝要长得多，也宽得多，但仍是肉眼不可见的。这种"粘结裂缝"才是会逐渐影响混凝土性能的微裂隙。

"粘结裂缝"大致发生在压应力达到混凝土抗压强度的 30％～40％时。此后，随着压应力增大，"粘结裂缝"会逐渐增多，伸长、加宽，从而使混凝土成为一个内部带有均匀随机分布微裂隙的非连续体，大量微裂隙的方向原则上与压力作用方向平行。这时的混凝土体的受力性质会发生以下实质性变化：

（1）由于平行压力方向微裂隙逐步增多、加宽，混凝土的横向变形会比由弹性材料泊松比预计的横向变形逐步变大。其必然结果是沿竖向压力作用方向的变形模量逐步下降，应力-应变曲线将由直线变为曲线，且曲线的弯曲程度越来越大（图 1-18b），或切线模量和割线模量都将随应力增大而逐步变小（当然，切线模量与割线模量的变小规律是不相同的，参见后面的图 1-37a、b）。

（2）可以把形成了微裂隙以后的混凝土体积分为实体部分（骨料以及胶结料中的实体

部分）和微裂缝两部分。实体部分在应力逐渐变大后表现为弹塑性材料，即其受压应变中有一部分（弹性部分）在压应力消失后可以完全恢复，另一部分（塑性部分）则不能恢复。而由微裂缝引起的侧向变形增大和沿受力方向的变形增长在卸载过程中也需分为可恢复部分和不可恢复部分（卸去混凝土压应力后，微裂缝两侧实体被推开的变形会有所恢复，使微裂缝回缩，由它引起的受力方向的附加变形的相应部分也就能够恢复）。可恢复部分占比重略小，不可恢复部分占比重略大。而且一个重要特点是，微裂缝的恢复具有滞后特征。

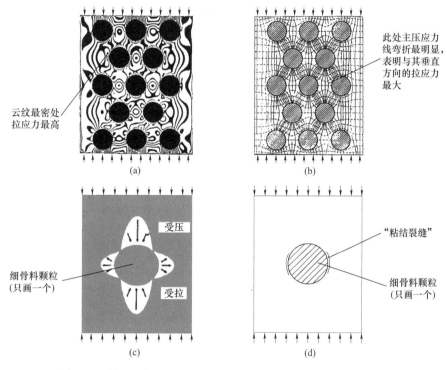

图 1-17　普通混凝土细骨料颗粒之间胶结料中的应力场（云纹图）、
主应力线以及"粘结裂缝"的形成

以上特点导致混凝土在应力超过抗压强度的 $30\%\sim40\%$ 后加载应力-应变曲线逐渐变弯，卸载应力-应变曲线也不再是直线，而且由于微裂缝的恢复滞后，使卸载线朝相反方向弯曲。

在图 1-18(c) 的可恢复变形中，包括实体部分和微裂缝的可恢复变形；残余应变则为实体部分的塑性变形和微裂缝的不可恢复变形。一般认为，在不可恢复的应变中前一部分占的比重小，后一部分占的比重大。

（3）随着应力进一步增长到受压强度的 $50\%\sim60\%$ 时，"粘结裂缝"已发展到相互在胶结体中局部连通并进一步加宽的地步。随着微裂缝进一步发展，混凝土在体内分布有较多胶结体微裂缝的情况下达到最大抗压能力（图 1-18c 中的 P 点）。这时如果使用的是棱柱体抗压试件，就相当于达到了轴心抗压强度的一个实测值 f_c'。对应的应变用 ε_0 表示，称为"与峰值应力对应的应变"。

（4）若抗压试验的棱柱体试件受的是越来越大的不能卸去的轴压力，则当棱柱体应力达到图 1-18(c) 中的 P 点后，棱柱体就会迅速压溃，如图 1-18(c) 中的虚线所示，σ-ε 线

21

几乎垂直下降。但如果在试验时采用数控试验机，并采用位移控制试验方案，即在应力达到最大值后，令压应变进一步增大，但试验机的压力又恰好能与这时不断下降的混凝土抗压能力相适应地同步下降，就可以测出混凝土 σ-ε 曲线的下降段。

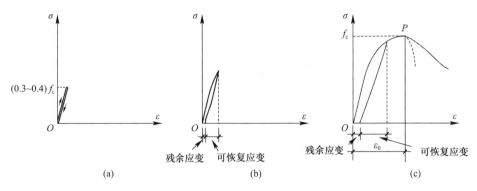

图 1-18　混凝土单轴受压时的加载、卸载应力-应变关系

还要专门指出的是，在 20 世纪 90 年代中期以后，数控试验机的位移控制加载成功实现之前，要测出混凝土或者岩石材料的下降段是非常困难的。例如，清华大学王传志、过镇海等经过多次试验才在我国首次测得了混凝土的 σ-ε 曲线下降段，用的方法是在棱柱体两侧各加一个油压千斤顶，在试验机油泵不停止进油和这两个千斤顶逐渐回油的情况下方才能较勉强测得应力-应变曲线的下降段。目前使用的例如电液伺服式 INSTRON8800 试验机，其控制程序已能顺利完成下降段的实测。

棱柱体混凝土试件经历下降段曲线的过程也就是混凝土中微裂缝进一步发展直至混凝土完全压散的过程（请注意，这里用"压散"取代前面突然破坏时用的"压溃"，是想表示"压散"是一个混凝土逐渐破碎，压应变越来越大，压碎区最后完全成碎块和碎渣状散掉，并逐渐失去抗压能力的过程）。混凝土棱柱体试块在这个变形过程中的表现大致如图 1-19 所示意（大致相当于 C30 级混凝土）。其中，在变形达到曲线的 h 点之前试块表面看不到任何裂隙或剥裂迹象；过 h 点后，表层开始有很小的碎片剥落，随后可见裂缝和破裂的发育，如图 1-19(d)～(f) 所示。

在图 1-20 中给出了轴心抗压强度 20～60N/mm^2 的混凝土棱柱体试块经计算机控制的电液伺服式试验机加载所测得的受压应力-应变曲线的不同主导走势。之所以在这里使用"主导走势"一词，是因实际测得的同强度混凝土的每条应力-应变曲线的走势均有一定差异，图中给出的是经综合后的各强度混凝土的平均走势。从图中随强度不同而变化的应力-应变曲线可以看出以下主要规律：

（1）普通混凝土的应力-应变曲线均由上升段和下降段构成。两段的分界点对应的曲线最大应力值即为混凝土的轴心抗压强度（棱柱体抗压强度）f_c。

（2）上升段的起始段为微裂隙尚未发育的弹性段，大约从零应力到 30％～40％的 f_c；随着此后微裂隙的逐步发育，曲线的非弹性特征发育逐步明显（即曲线的切线模量从弹性模量逐步下降，直到达到峰值点时降为零）；从图 1-20 可以看出，随着混凝土强度等级的提高，由上升段初始段确定的混凝土弹性模量将逐步增大（即初始段倾角的正切值将逐步增大）。

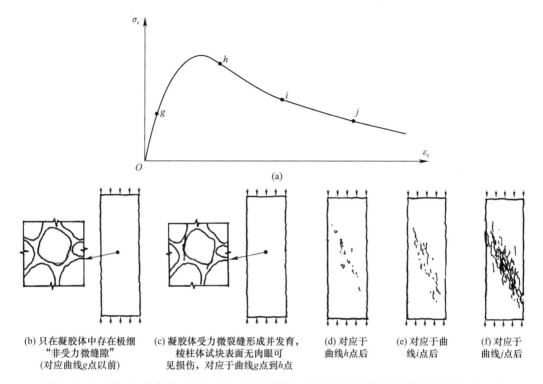

(b) 只在凝胶体中存在极细　　(c) 凝胶体受力微裂缝形成并发育，　　(d) 对应于　　(e) 对应于曲　　(f) 对应于
　　"非受力微缝隙"　　　　棱柱体试块表面无肉眼可　　曲线h点后　　线i点后　　曲线j点后
（对应曲线g点以前）　　　见损伤，对应于曲线g点到h点

图 1-19　与应力-应变曲线上相应应变对应的混凝土试块中的微裂缝及可视破损的发育过程

（3）与峰值应力对应的应变 ε_0 的数值会随强度的提高而逐步略有增大，例如在普通混凝土的强度范围内会从 0.002 增大到 0.0023 左右。

（4）随着混凝土强度的提高，其受压应力-应变曲线下降段初始段的下降梯度会逐步增大，这导致混凝土的强度越高，下降段后段在相同应变下的应力越低。结合下面第 1.5.3 节对高强混凝土应力-应变关系的讨论可知，下降段的这种走势变化与从低强度混凝土的"压散"式缓慢受压破坏到高强度混凝土的"劈裂"型突然压溃的变化是相互呼应的，反映了不同强度混凝土中微裂隙发育的不同特征。

1.5.2　普通强度混凝土的横向变形和体积变化特征

上面所述的微裂缝发育过程直接影响到混凝土单轴受压后的横向变形特征。

一般弹性材料，如材料力学所指出的，都有横向变形特征，即当沿 x 方向受压时，沿与其正交的 y 和 z 方向均出现横向膨胀。但横向膨胀应变（ε_2、ε_3）的绝对值明显小于纵向压应变（ε_1）的绝对值。通常把 $|\varepsilon_2|/|\varepsilon_1|$ 或 $|\varepsilon_3|/|\varepsilon_1|$

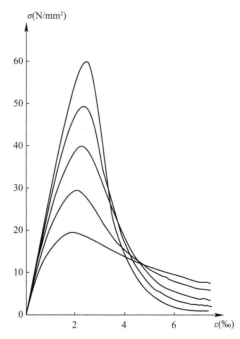

图 1-20　不同强度普通混凝土棱柱体试块轴心受压试验测得的应力-应变曲线的主导走势

称为材料的泊松比。普通混凝土在应力小于 0.3 倍抗压强度的无受力微裂隙状态下，横向应变只有纵向应变的 1/6 左右，或者说，泊松比为 0.16～0.22 左右。这可以理解为，泊松比反映的是弹性实体的横向变形比例。随着混凝土中微裂隙的形成和发育，因微裂隙大部分平行于压力作用方向，故微裂隙宽度和数量增长所导致的沿 y 轴和 z 轴方向的应变增长必然加入到横向变形中，从而加大横向应变。而且，这部分横向应变在总横向应变 ε_2 和 ε_3 中所占比重将随压力增大逐步有所增长。从图 1-21 可以看出这一趋势。当竖向应力 σ_1 达到抗压强度时，$\varepsilon_3/\varepsilon_1$ 已增大到 0.4～0.5 的地步。当竖向 σ-ε 曲线进入下降段后，$\varepsilon_3/\varepsilon_1$ 还将进一步持续增大。

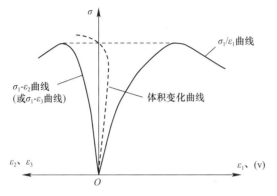

图 1-21　混凝土横向应变及体积变化规律

请注意，这里的横向应变虽然也是伸长应变，但不是拉应力作用下的拉应变。因此，当混凝土沿横向作用有另外的拉应力时，横向应变应是竖向压应力 σ_1 产生的横向应变和横向拉应力产生的横向应变之和。

混凝土的体积变化可以用体积变化率 γ_v 来表达。γ_v 可近似取为：

$$\gamma_v \approx \varepsilon_1 + 2\varepsilon_2 \tag{1-4}$$

在上式中，压应变以负值代入，膨胀应变以正值代入。所以当混凝土单轴受压时，最初体积是逐步减小的（见图 1-21 中的虚线）；随着 $\varepsilon_2/\varepsilon_1$ 的增大，在 σ_1 达到抗压强度的 70%～80% 后，体积减小的幅度开始随 σ_1 的增长而变小，再变为不增不减，最后转为体积增大。

1.5.3　高强混凝土的单轴受压微裂隙发育机理及应力-应变规律

混凝土强度等级达到 C50 后，一般就要开始注意选择强度高的骨料了（如花岗岩碎石或玄武岩碎石以及石英砂）。在达到 C70 以上时，胶结体的强度将高于粗、细骨料的强度。到 C90 及以上时，就可能要考虑不再使用粗骨料。因此，高强混凝土实际上是指胶结体的强度大于骨料强度的混凝土。如果仍取与图 1-17 相同的基本分析模型，但与该图相反，假定胶结体弹性模量大于骨料弹性模量，则得出的应变场云纹图和主压应力线表明（图 1-22a 和 b），压应力主要将在刚度大的胶结体中"蛇形"向下传递（类似于绕过骨料）。这种应力状态将如图 1-22(d) 所示在每个骨料颗粒上、下端的胶结体中产生最大的横向拉应力。因此，最初的受力微裂隙将在骨料上部和下部胶结体中产生。由于在这种受力状态下，骨料颗粒上、下的横向拉应力在同样的 σ_1/f_c 值下比图 1-17 产生在骨料左、右胶结体中的拉应力小，加之高强混凝土抗拉强度较高，故高强混凝土中的微裂隙要到抗压强度的 50% 以上方才出现。这些裂隙也是与压应力作用方向平行的，而且因骨料强度低于胶结体强度，微裂隙形成后就会很快贯穿骨料颗粒。因此，微裂隙的发育速度会明显快于普通混凝土，并使高强混凝土中的裂缝发育具有根数少、速度快的劈裂型特点。

以 C100～C110 混凝土为例，在压应力达到抗压强度的 85% 以上时，这些微裂隙方才逐步贯通发展，并在达到抗压强度时使棱柱体发生爆裂性破坏（C70 以上混凝土棱柱体试

验时周围要设置有机玻璃防爆罩，以免碎片伤人）。爆裂后的混凝土块体呈条形尖刀状
（图 1-23）。

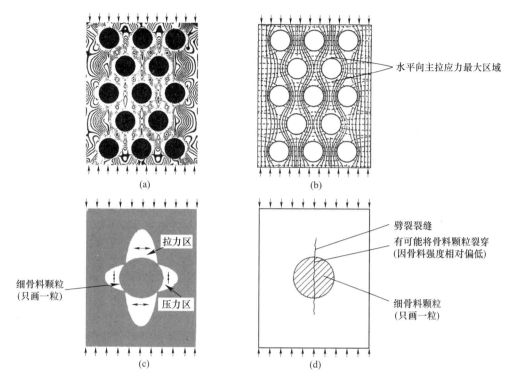

图 1-22　高强混凝土细骨料颗粒之间胶结体中的弹性应变场（云纹图）及主压应力线

高强混凝土受压 σ-ε 曲线的特点是上升段的弹性段将占大部分，只在应力很高时，随
着微裂隙的发育才表现出一定的弹塑性特点；曲线的下降段则具有陡降直线的特点（参见
后文图 1-61）。

从高强混凝土与普通混凝土破碎形式的差异上，也可以看出高强混凝土中微裂隙的
"出现迟"和"一旦出现沿竖向迅速连贯和发育"的特点。

1.5.4　高强混凝土的横向变形特征

以 C90～C110 的混凝土为例，其 $\varepsilon_3/\varepsilon_1$ 在应力-应变曲线大部分上升段为弹性的范围
内始终保持在 0.10～0.15 左右，比普通混凝土在弹性阶段时的泊松比要小。到混凝土受
压至接近其抗压强度时，高强混凝土的 $\varepsilon_3/\varepsilon_1$ 比值将比普通混凝土更要小得多（图 1-24），
这在某些方面成了高强混凝土的一大劣势。这是因为例如在抗震钢筋混凝土结构构件中通
常需要通过箍筋对受压混凝土的约束效应来提高受压区混凝土的极限压应变 ε_0（图 1-28）
及其抗压强度。而箍筋对混凝土的约束作用属被动约束，即混凝土受压后的横向变形撑胀
箍筋，使箍筋伸长，并产生拉应力，再由其反作用力对混凝土形成约束。因此，混凝土的
横向膨胀越大，箍筋约束效应发挥得就越充分。而高强混凝土因其横向膨胀能力小，即使
放了约束箍筋，箍筋对它也不易形成足够大的约束力，从而无法有效提高被约束混凝土的
ε_0 及 f_c 和减小其应力-应变曲线下降段的梯度。这是把高强混凝土用于抗震钢筋混凝土结

构时遇到的主要难题之一。日本研究界虽成功利用强度在 $1000\mathrm{N/mm^2}$ 以上的冷加工钢材箍筋实现了对高强混凝土的被动约束效应，但到目前为止在我国尚未见这种做法的广泛应用。

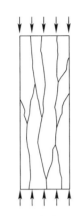

图 1-23　已完成的 C110 混凝土棱柱体轴压试验发生的爆裂型破坏示意

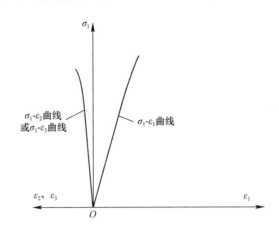

图 1-24　高强混凝土的 σ_1-ε_3 关系

1.6　受约束混凝土

从以上介绍的单轴受压混凝土的微裂隙发育机理可知，当沿压力作用方向发育的微裂隙所导致的混凝土侧向膨胀受到阻碍时，即混凝土受到侧向约束时，会反过来改善混凝土在轴压方向的性能。这种改善对于保持混凝土在单轴受压方向具备所需的受力性能具有重要实用价值，是钢筋混凝土结构设计，特别是其抗震设计中的重要内容之一。

1.6.1　"主动约束"与"被动约束"

若把混凝土圆柱体放在一定深度的水中，或放在三轴油压室中，则混凝土圆柱体将在各个表面受到液体压力作用，这种压力的大小不受混凝土变形的影响，可以始终保持稳压，称之为"主动侧压力"，或"主动约束"（图 1-25）。

如果在混凝土圆柱中配置螺旋箍（图 1-26），则在圆柱未受轴心压力时，螺旋箍与所围混凝土之间并不作用任何力。若令圆柱承受轴心压力，则随轴心压力的增大，如前面所述，混凝土将沿径向产生横向膨胀（相当于圆柱直径增大），并强制螺旋箍一起胀大。而螺旋箍的这种伸长将在箍中产生沿箍长度方向的拉应力。这时，若从任意截面取出半个圆周的螺旋箍作为脱离体（图 1-27a），则可知螺距 s 高度内的混凝土给箍筋的径向挤压力（膨胀压力）将与箍筋环向拉力相平衡。于是可将图中沿半个圆周积分所得的竖向合力 $\sigma_{\mathrm{cr}}sD$ 根据平衡条件写成：

$$\sigma_{\mathrm{cr}}sD = 2\sigma_{\mathrm{s}}A_{\mathrm{s}} \tag{1-5}$$

式中　D——螺旋箍直径；

　　　σ_{cr}——混凝土在螺距高度内的单位环向长度上的侧压力；

　　　σ_{s}——钢筋拉应力；

A_s——一根螺旋箍的截面面积。

作为反作用力，受拉箍筋对混凝土形成的径向压应力也应为 σ_{cr}（图 1-27b）。根据平衡条件可写出：

$$\sigma_{cr} = \frac{\sigma_s A_s}{rs} \tag{1-6}$$

式中 r——圆箍半径。

这意味着只有当混凝土圆柱体受轴心压力后方才产生侧向膨胀，从而引起箍筋沿环向伸长，箍筋产生拉力后方才形成对混凝土的侧压力；而且混凝土所受轴向压应力越大，侧向膨胀越大，箍筋对混凝土的侧压力也就越大。如前面所述，因普通混凝土的横向膨胀比值随应力增大按轻度递进式增长，故箍筋拉力的增长比混凝土轴压力增长略偏快。

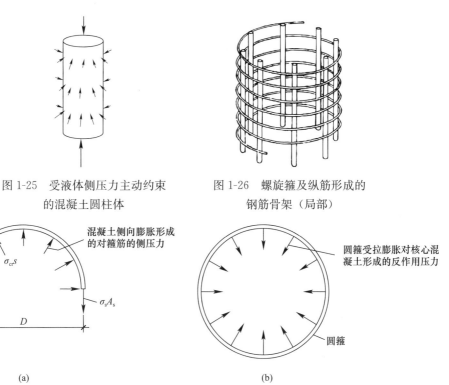

图 1-25　受液体侧压力主动约束　　图 1-26　螺旋箍及纵筋形成的
的混凝土圆柱体　　　　　　　　钢筋骨架（局部）

(a)　　　　　　　　　　　　　　(b)

图 1-27　径向膨胀压力与箍筋拉力的平衡关系

由于箍筋对混凝土的侧压力是由混凝土竖向受压后的侧向膨胀引起的，故称这种约束为"被动约束"。试验证明，当混凝土受力较充分时，例如压应变已达到 0.004～0.005 时（已进入 σ-ε 曲线下降段），环形箍筋有可能达到屈服。箍筋屈服时，它对混凝土的约束能力即达到上限。

箍筋的约束效应只施于受约束的核心混凝土［《混凝土结构设计标准》GB/T 50010—2010(2024 年版) 第 6.2.16 条约定，混凝土被约束核心截面面积 A_{cor} 取间接钢筋内表面范围内的混凝土截面面积，这里的"间接钢筋"指的是起约束作用的箍筋］，保护层混凝土则不受约束。

还需指出的是，因螺旋箍沿柱轴线方向有间距，故各螺旋之间的约束效应要靠被约束混凝土内形成的拱效应来维持（参见图 1-28g 中的虚线所示意），故螺距越大约束越不均匀。因此，用于约束的螺旋箍间距宜适度偏小选用（过小虽然约束更均匀，但不利于施工）。同时也应看到，沿约束箍筋较均匀布置的构件周边纵筋也可在一定程度上改善箍筋螺距之间约束效应的这种不均匀性，即在箍筋之间起某种"分配梁"的作用。这表明纵筋数量和布置方式也会对约束起一定的次要作用，但到目前为止研究界对这种作用的量化尚未提出可行方案。

两端搭接良好或两端焊接的单根封闭圆箍所起的约束作用与螺旋箍相同。

《混凝土结构设计标准》GB/T 50010—2010（2024 年版）第 9.3.2 条对单根圆箍端头搭接做法提出了较苛刻的要求，即圆箍两个端头的搭接长度不应小于受拉锚固长度（第 8.3.1 条），且末端均应设有 135°弯钩，弯钩末端平直段长度不应小于箍筋直径的 5 倍。

根据该标准第 8.3.1 条受拉锚固长度的计算方法，端头带弯钩的光圆钢筋受拉锚固长度为：

$$l_a = 0.16 \frac{f_y}{f_t} d$$

当混凝土选为 C30、箍筋用 HPB300 级钢筋时，$f_y = 270 \text{N/mm}^2$，$f_t = 1.43 \text{N/mm}^2$：

$$l_a = 0.16 \frac{270}{1.43} d = 30.2d$$

当箍筋为 $\phi 8$ 时，$l_a = 242\text{mm}$。从这一计算结果可以看出，圆形约束箍筋搭接接头方案用钢量较多，但便于在施工时一根根在钢筋骨架上就位和绑扎。圆箍采用焊接接头虽可节约钢材（因焊接接头长度比搭接接头长度明显偏小），但在施工中必须与螺旋箍相似，从纵筋顶部将其套在纵筋之外后方能下降绑扎就位。

1.6.2　矩形箍的约束效应

工程中常用的混凝土受压构件截面常为矩形（例如柱），所用箍筋也是以矩形为主。以图 1-28（a）所示轴心受压方柱为例，当混凝土受压侧向膨胀时，若压力向外推挤箍筋的直边，因其细而长，侧向弯曲刚度很小，很容易侧向推弯（图 1-28a 中虚线）。因此，箍筋四边直段对核心区混凝土形成不了有效侧向约束。但当混凝土向角部方向膨胀时，侧向变形则会受到箍筋折角部位的有效约束。这是因为箍筋直段构成对折角的两个正交拉杆，如图 1-28（b）所示；由于箍筋的抗拉刚度很大，这两个拉杆使折角部分很难被向外推开，从而能反过来对侧向膨胀的混凝土形成有效约束。于是，可以设想，侧向膨胀的混凝土如图 1-28（c）所示，将类似于被四个平放的拱支承在方箍的四角。而传入核心区的约束压力也自然主要来自四角，并在核心区形成如图 1-28（d）所示的"有效约束区"。

新西兰和美国的研究者得出一个结论，即在圆柱处，圆箍以内全为"有效约束区"，所以约束效果最好；而在图 1-28 的方柱内，"有效约束区"只占核心区的一大部分，所以约束效果不如圆柱（已通过试验证明）。因此，似乎可以以"有效约束区"与"核心区"的面积比作为衡量约束有效程度的标准。

另外，如果如图 1-28（e）所示，在方柱中加设正交拉筋，或如图 1-28（f）所示，加设菱形箍（当然，在拉筋弯钩处和菱形箍转折处还必须加设纵筋），则拉筋和菱形箍的转折处也都会成为强有力的侧向约束"支点"，并为核心混凝土提供附加的侧向约束压力，因此将提高约束效果。这可从图 1-28(e) 和图 1-28(f) 的"有效约束面积"比图 1-28(d) 的"有效约束面积"占"核心面积"的比重更大来得到反映。根据工程经验，为了保证约束效果，同时又便于钢筋绑扎，拉筋允许一端为 135°弯钩，另一端为 90°弯钩（反向）（图 1-28e 和图 1-30b）。

沿构件纵向也可以设想如图 1-28(g) 所示形成"有效约束区"。若把纵横向结合起来，即可形成"有效约束体积"的概念。（1982 年由 Sheikh 和 Uzumeri 首次提出）。

正如前一节已经指出的，就为混凝土提供约束而言，横向箍筋（不论圆箍、矩形箍、菱形箍还是拉筋）提供的约束作用总是第一位的。纵筋在形成约束骨架方面是不可少的，例如在所有的矩形箍、菱形箍转折处和拉筋弯钩处都必须布置纵筋，沿圆箍周边内侧的纵筋根数也建议不少于 8 根（最少允许 6 根），否则无法提供有效约束效应，但其作用总是第二位的。评价横向钢筋的约束效应可以圆箍为出发点（约束效应 100%），再通过有效约束面积与核心面积的比值来间接反映各类矩形箍以及其与菱形箍、拉筋等形成的复合箍的约束效应。但如前面已经提到的，对纵筋的辅助约束效应到目前为止尚未提出有效的量化评价办法。

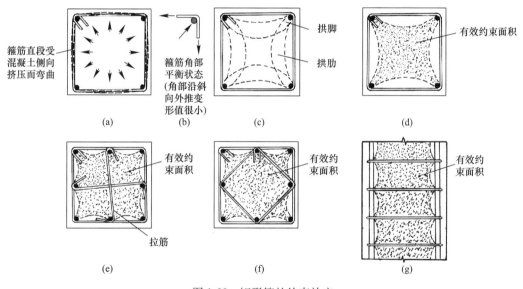

图 1-28　矩形箍的约束效应

还需提示的是：

（1）在方形截面受压构件内使用如图 1-29 所示的以圆箍（或螺旋箍）为主、方箍为辅的配箍形式是颇为有利的，因这种做法可发挥圆箍（或螺旋箍）的被动约束优势，又能通过方箍保护截面四角的混凝土。但到目前为止，《混凝土结构设计标准》GB/T 50010—2010(2024 年版) 尚未给出使用此类配箍方案时箍筋所需用量的确定方法，可能迟滞了这一做法在工程设计中的应用。

（2）沿构件截面周边有效约束点（相当于水平拱的拱脚）的分布应尽可能均匀，间隔不宜过大。在形状较细长的矩形截面的长边中部，宜如图 1-30(a)、(b) 所示加设附加矩形箍或拉箍。

（3）试验表明，各类箍筋的被动约束效果会随混凝土强度的提高而减弱，这是因为混凝土强度越高其侧向应变率越低。

以上给出的都是一些较为简单的约束箍筋形式。在实际工程中，特别是当遇到较大截面的柱时，其配箍常用形式多为更加复杂的"复合箍筋"，请见钢筋混凝土建筑结构抗震设计领域有关著作中的专门讨论。

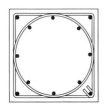

图 1-29　方箍与圆箍共用方案

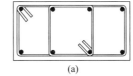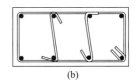

图 1-30　长矩形截面中约束箍筋的布置要求

1.6.3　受约束混凝土的应力-应变关系

在混凝土结构应用早期就曾对图 1-25 所示的在三轴室内受均匀三向主动压力 σ_2 的混凝土圆柱体做过轴压试验，发现竖向抗压能力随 σ_2 的增大而迅速提高。当时在所试验的 σ_2 变化范围内得出了以下线性关系：

$$f_c^* = f_c' + 4.1\sigma_2 \tag{1-7}$$

式中　f_c'——无侧向压力时的混凝土圆柱体抗压强度；

　　　σ_2——侧向均匀液压应力；

　　　f_c^*——有侧压力时提高后的竖向抗压强度。

强度提高的原因可以解释为，侧向均匀压力推迟了混凝土受轴向压力后微裂缝的发育。但当时尚未对混凝土受主动约束应力作用时的应力-应变关系进行过测定。

随后，各国又有多家研究机构对受箍筋约束的轴心受压混凝土的应力-应变关系作了测定。从定性上可以得出图 1-31 所示的变化规律。其主要特点可归纳为：

（1）在箍筋屈服强度 f_{yv}、箍筋间距 s 和混凝土强度 f_c 不变的前提下，体积配箍率 ρ_v 越大（体积配箍率为单位混凝土体积内的箍筋体积与该单位混凝土体积之比，按我国习惯，不计入并行的箍筋段以及箍筋的末端弯钩，单位混凝土体积取为从箍筋内边缘计算的核心混凝土体积），受约束混凝土的抗压强度就越高，下降段就越趋于平缓，混凝土的受压弹性模量也相应有所提高；而且，混凝土在达到

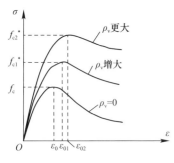

图 1-31　受箍筋约束混凝土的 σ-ε 曲线随 ρ_v 变化的趋势示意

峰值应力时的压应变也有所增大。

（2）混凝土强度越高，要想使其强度提高相同幅度，所需箍筋的体积配箍率就越大。这看来是与混凝土强度越高侧向膨胀应变相对越小有关。

（3）箍筋强度越高，为了使混凝土强度提高相应幅度所需的箍筋数量可以近似按其强度增大比例下降。

各国研究机构根据自己的试验结果对受约束混凝土的应力-应变规律给出了不同的

（有某种近似性的）表达方案，可参见下面第 1.13.1 节的有关讨论。同时需要指出的是，以上所述受约束混凝土的受力规律及应力-应变特征都是从轴心受压的受约束混凝土试验中获得的。对于这些规律是否能用于受压不均匀的构件受压区混凝土，亦请见下面第 1.13.1 节的进一步讨论。

1.7 混凝土受压的卸载-再加载应力-应变关系

在结构受力过程中，结构构件中的轴力和弯矩大小及方向都可能在时间过程中不断变化。构件某个截面中某个位置的混凝土自然也会处在压应力变化过程中。而当竖向荷载不是过大，水平力（如地震作用）较大时（左、右交替作用），截面一侧的混凝土甚至可能从受压变为受拉开裂，再变为裂缝闭合后重新受压，如此循环。因此，混凝土受压的加-卸载性能也需予以关注。

图 1-32 中给出了 Karsan 和 Jirsa 20 世纪 70 年代初在美国测得的混凝土受力到骨架线上不同应变状态时的卸载-再加载规律。本书作者所完成的试验也证实了相似的卸载-再加载应力-应变特征。这里的"骨架线"是指一次加载到底的 σ-ε 曲线。

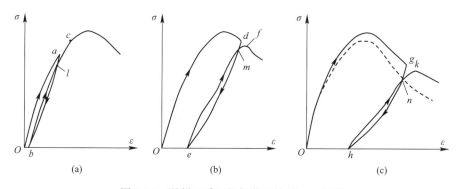

图 1-32　混凝土受压的卸载-再加载 σ-ε 规律

从图中可以看出的轮廓性规律有：

（1）卸载点（如图中 a、d、g 点）所达到的应变越大，卸载线的梯度就越小，即卸载变形模量越小，而且卸载线都有上段梯度较大、下段梯度变小的趋势；

（2）卸载点的应变越大，卸载到应力为零后不能恢复的残余应变（图中 Ob、Oe、Oh）就越大；

（3）卸载点的应变越大，卸载到应力为零后，再加载线会从在图 1-32（a）中的弯向 σ 轴一侧，变为在图 1-32（b）中的略呈 s 形，再变为在图 1-32（c）中的基本弯向应变轴一侧；

（4）不论卸载点应变大小，再加载如果达到了原骨架线（图 1-32a～c 中的 c、f、k 点），则继续受力的 σ-ε 曲线将基本上沿骨架线向前发展，即一次加载的 σ-ε 曲线成为加-卸载曲线的外包线；

（5）卸载线和再加载线都有一个交点（图中的 l、m、n 点），称为共用点（common point）；若把共用点连成线，即可得图 1-32（c）中的虚线所示的"共用点曲线"。

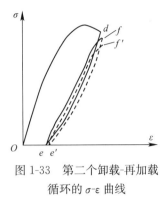

图 1-33　第二个卸载-再加载
循环的 σ-ε 曲线

Karsan 和 Jirsa 的试验和 2004 年重庆大学傅剑平、慕遂峰、吴从超的试验还证明，如果卸载-再加载到图 1-32(b) 中的 f 点后再卸载到零，然后再加载，则 σ-ε 曲线就将进一步变为图 1-33 中上升虚线所示的形式，即第二循环的卸载-再加载线均弯向 ε 轴，且应力为零时残余应变会略有加大（从图中 e 点加大到 e' 点）；第二次再加载到与 f 点相同的应变时，会发生相应的应力下降（从 f 点降到 f' 点）。当然，混凝土在工程中的实际卸载-再加载过程比这里所述的更为多样化。例如，不一定卸载到应力为零，再加载也不一定再达骨架线。对这些情况也已做过试验，基本规律是类似的，这里不再详述。

1.8　长期加载对受压应力-应变关系的影响

在作用于建筑结构上的荷载中，绝大部分恒载（自重）是持续作用的。在各类可变荷载中，楼面活载也有一部分是持续作用的，如图书馆、资料库、档案馆的资料柜及其中图书资料重量，但也有相当一部分如设备、家具、人群重，则是可有可无、可大可小的。由于长期作用荷载形成的压力对混凝土受力性能有特定影响，故在结构设计中应注意区分长期作用和短期作用的荷载。

已完成过以不同的加载速率进行的混凝土棱柱体轴心受压试验，例如德国的 H. Rüsch 在 20 世纪 60 年代完成的不同加载速率试验，结果如图 1-34 所示。其中，曲线①、②、③、④分别为以每分钟施加应变 0.0001、每小时施加应变 0.0001、每天施加应变 0.0001 和每 100 天施加应变 0.0001 所得到的应力-应变曲线。

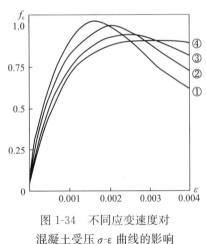

图 1-34　不同应变速度对
混凝土受压 σ-ε 曲线的影响

该试验得出的主要结论是，随着应变率降低，与峰值应力对应的应变将相应增大，峰值应力则将相应下降。其原因主要是混凝土徐变的影响（对于徐变的进一步说明见下面第 1.18 节），即徐变将使混凝土中的微裂隙有进一步发展，从而导致峰值应变的增大和峰值应力的减小。

由于如上面所述，在结构构件所受轴力中有相当一部分为持续作用，因此在混凝土抗压强度取值中要考虑持续荷载所导致的降低抗压强度的不利影响。例如，《混凝土结构设计标准》GB/T 50010—2010(2024 年版) 条文说明中给出的 C50 及以下混凝土的轴心抗压强度标准值的取值规定为：

$$f_{ck} = 0.88 \times 0.76 f_{cu,k} = 0.88 \times 0.76 (\bar{f}_{cu150} - 1.645 \sigma_{f_{cu}})$$

$$= 0.67 \bar{f}_{cu150} (1 - 1.645 \sigma_{f_{cu}}) \tag{1-8}$$

其中的系数 0.88 即主要考虑了持续荷载对混凝土抗压强度的降低作用，进一步讨论请见下面第 1.20.3 节。

1.9 混凝土的受压弹性模量和变形模量

弹性模量 E 体现的是某种材料受力后抵抗变形的能力大小。根据胡克定律：

$$E = \sigma / \varepsilon \tag{1-9}$$

于是，当 σ 一定时，E 越大，ε 越小。这说明，材料弹性模量越大，若所受的应力相同，则形成的应变越小。如图 1-35 所示，当混凝土与柱纵筋粘结在一起并共同受压时，通常可假定这两类材料的压应变相等。若钢筋弹性模量取为 200000N/mm^2，则当例如 C30 混凝土的设计用弹性模量取为 30000N/mm^2 时，表明钢筋中的应力在混凝土处在弹性状态时为混凝土中应力的 $200000/30000 = 6.67$ 倍。

如前面所述，混凝土为非弹性-非线性材料，故通常取其受压应力-应变曲线过零点切线的 $\tan\alpha_0$（α_0 为切线倾角）作为其弹性模量 E_c。由于初始弹性模量不便于测定，故我国设计标准借鉴国际经验约定以混凝土棱柱体在很小应力和 $0.3 f_c$ 之间加卸载 10 次后所得第 11 次加载线的 $\tan\alpha_0$ 作为混凝土的实测 E_c 值。在图 1-36 中给出了《混凝土结构设计规范》GB 50010 管理组收集到的已有混凝土弹性模量的试验结果（图中离散点）。根据这些试验结果得出的弹性模量 E_c（N/mm^2）回归式为：

$$E_c = \frac{10^5}{2.2 + \dfrac{34.7}{f_{cu}}} \tag{1-10}$$

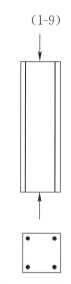

图 1-35 共同
受压的钢筋
与混凝土
（箍筋未画出）

式中 f_{cu}——用测定弹性模量的试块同一盘混凝土制作的立方体试块测得的立方体抗压强度实测值。

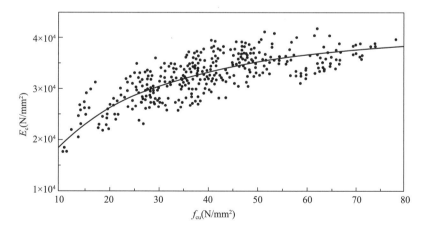

图 1-36 混凝土弹性模量变化规律

用式（1-10）求得的 E_c 相当于各强度等级混凝土初始弹性模量的平均值水准。《混凝土结构设计标准》GB/T 50010—2010（2024 年版）第 4.1.5 条给出的 E_c 则是在取 f_{cu} 为 $f_{cu,k}$，即取为各强度等级立方体抗压强度名义值（标准值）时，按式（1-10）算得的，故所体现的是考虑了可靠性因素后 E_c 的某种程度的偏低值，本书称其为"设计用弹性模量"。

因混凝土的受压应力-应变曲线为非线性，若对曲线上升段的不同应力点作 σ-ε 曲线的切线，并取各切线的倾角为 α'，则这些切线的 $\tan\alpha'$ 将随应力增大而不断减小，通常称 $\tan\alpha'$ 为混凝土的"切线模量" E_c'，可写成：

$$E_c' = \frac{\mathrm{d}\sigma}{\mathrm{d}\varepsilon} = \tan\alpha' \tag{1-11}$$

见图 1-37(a)，当应力达到峰值时，$E_c' = 0$；超过峰值进入曲线下降段后，E_c' 变为负值。

若在 σ-ε 曲线各点作到原点的割线（图 1-37b），并将割线倾角 α'' 的正切称为"割线模量" E_c''，则可写出：

$$E_c'' = \tan\alpha'' \tag{1-12}$$

在混凝土结构的非弹性分析中，可根据分析需要分别取用切线模量和割线模量来表达混凝土受压的非线性特征。切线模量可以准确追踪 σ-ε 曲线走势，但峰值点后变为负值，在计算机程序设计中需作专门处理。割线模量则能表示 σ-ε 曲线走到哪一点时，混凝土从开始受压到该点的总体 σ、ε 状态，而且进入下降段后，$\tan\alpha''$ 虽然进一步下降，但始终保持正值，在计算机程序设计中无需作专门处理。

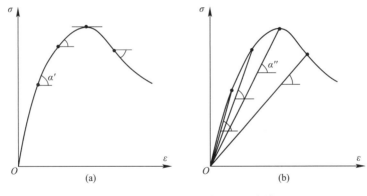

图 1-37　混凝土的切线模量和割线模量

需要提请注意的是，混凝土的弹性模量随强度等级提高的速度越来越慢。例如，C30 混凝土的设计用弹性模量取值为 $E_c = 30000\mathrm{N/mm^2}$，C60 混凝土的设计用弹性模量取值为 $E_c = 36000\mathrm{N/mm^2}$，强度提高了一倍，弹性模量只提高了 20%；而从 C40 到 C80，E_c 则只提高了 17%。这说明，强度越高的混凝土，它的抗变形能力远未得到像强度那样的提高。其原因主要在于，不同强度等级混凝土中粗、细骨料石材的强度和弹性模量值虽有差别，但变化幅度通常不大，而混凝土的不同强度则如前面所述，主要是通过凝胶体结硬后凝胶体的变形性能和粗、细骨料的变形性能共同决定的，故虽然凝胶体的抗变形能力随其强度提高有相应增长，但因凝胶体的份额在混凝土体积中始终不占主导地位，故其变形性能也只能对所制成混凝土的变形性能起局部作用。以上概念性判断对于高强混凝土也是基本适用的。故当工程中有必要提高结构的层间水平刚度或构件的挠曲刚度时，通过增大构件截面尺寸来加大其惯性矩，会远比提高混凝土的强度等级从而增大其弹性模量更为有效。

1.10　混凝土的抗拉强度及抗拉应力-应变关系

混凝土因前面所述的细观构造导致其抗拉强度明显低于其抗压强度。而且，强度等级越高，抗拉强度与抗压强度的比值越小。例如，根据《混凝土结构设计标准》GB/T 50010—2010(2024 年版)的规定，对 C25 混凝土，抗压强度平均值与抗拉强度平均值之比为 9.40；对 C40、C60 和 C80 混凝土，这一比值则分别为 11.17、13.51 和 16.17。

到目前为止，世界各国曾用三种方法测定混凝土的抗拉强度。

（1）梁式试件

试验采用图 1-38(a) 所示的两点加载的素混凝土梁式试件。根据由试验测得的试件弯断时的弯矩 M，按弹性假定即可由下式算得混凝土的"抗折强度"f_r，也称"拉裂模数"（modulus of rupture）。

$$f_r = \frac{6M}{bh^2} \tag{1-13}$$

（2）轴拉试件

试验方案如图 1-38(b) 所示。在轴心拉力 N 作用下，试件混凝土通常会在图示的无锚筋段被拉断。此时即可直接由下式算得混凝土的轴心抗拉强度 f_t：

$$f_t = \frac{N}{A} \tag{1-14}$$

式中　N——拉断轴力；

　　　A——试件混凝土截面面积。

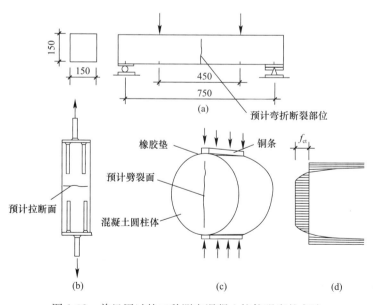

图 1-38　曾经用过的三种测定混凝土抗拉强度的方法

（3）圆柱体劈裂抗拉试件

具体试验方法如图 1-38(c) 所示，即把圆柱体试件（6in 直径，12in 高；即大约

150mm 直径，300mm 高）倒下来，上、下各沿其长度放置橡胶垫和铜条，并沿铜条施加均匀压力。这时，将在圆柱体的中间垂直面中形成与该垂直面正交的两端压应力高、中部为均匀拉应力的受力状态（图 1-38d）。圆柱体试件最终被均匀拉应力拉裂，形成劈裂破坏。此时的混凝土抗拉强度 f_{ct} 根据分析结果可按下式计算：

$$f_{ct} = \frac{2P}{\pi l d} \tag{1-15}$$

式中　P——试件上作用的压力；

　　l 和 d——圆柱体试件的长度和直径。

对比表明，第一种方法得出的 f_r 比第三种方法的 f_{ct} 明显偏高。例如，美国和加拿大研究人员对这两个强度分别取为：

$$f_r = 0.69\sqrt{f'_c} \tag{1-16}$$

$$f_{ct} = 0.53\sqrt{f'_c} \tag{1-17}$$

式中　f'_c 和 f_{ct}、f_r 均为实测结果的平均值。f_r 则大致相当于 f_{ct} 的 1.3 倍。

而对圆柱体劈裂强度 f_{ct} 与轴拉强度（图 1-38b）f_t 之间的关系则有多种说法，例如加拿大的对比结果认为 f_t 约为 $0.86 f_{ct}$。各国比较一致的看法是 f_t 比 f_{ct} 略偏小。

美国和加拿大的设计标准规定用劈裂试验结果确定混凝土的抗拉强度；而我国设计标准则选择用轴拉试验结果确定抗拉强度，且取：

$$f_t = 0.395 f_{cu150}^{0.55} \tag{1-18}$$

式中　f_t 和 f_{cu150} 均相当于实测值的平均值。上式取值与加拿大的式（1-17）算出的 f_{ct} 在中等强度时相当接近。

各国有关研究单位曾用图 1-38（b）中的轴拉试验经电液伺服式试验机测定了混凝土受拉的应力-应变关系。试验结果表明，不同强度等级的混凝土，其受拉应力-应变曲线也由上升段和下降段两部分构成，如图 1-39 所示。其上升段的偏低应力部分具有较明显的弹性特征，只有当拉应力较大时，上升段才出现微弯。其下降段的起始段下降速度快，随后转为偏平缓。与混凝土的受压应力-应变曲线不同的是，其下降段末端与 ε 轴有明确交点，表明其拉断状态。

有关研究者也对形成这一应力-应变关系的原因提出了各自的看法。比较有代表性的看法是，混凝土从开始受拉到某种拉应力作用水准之前均为弹性拉伸，但超过这一拉应力水准后，受拉过程（直至拉断）就全部是试件内随机分布的垂直于拉力方向微裂隙发育过程的表现。这后一段的微裂隙发育过程可以具体表达为：

（1）当拉应力达到一定程度时，在试件内将出现随机分布的（分布较均匀）与拉力方向垂直的微裂缝（图 1-40a）；

（2）随拉应力进一步增大，某个抗力最弱截面的微裂缝会开始进一步发育（即加长、加宽，并形成一条控制性裂缝），此时抗拉强度达到峰值；

（3）抗拉强度达到峰值后，控制性裂缝将逐步发育并达到局部贯通的地步，形成局部破裂面（图 1-40b、d）；局部破裂面面积逐步增大，直至截面完全拉断（图 1-40c）。这也就是受拉应力-应变曲线下降段的发育过程。在这个过程中，试件控制性裂缝所在部位的应变有明显增长，其他部位已张开的微裂缝则又大部分重新闭合。

当混凝土受拉且处于弹性阶段时，其弹性模量可取等于同强度等级的受压弹性模量 E_c。

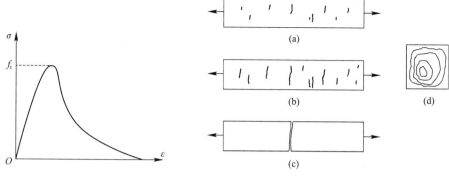

图 1-39 普通混凝土的受拉应力-应变曲线　　图 1-40 轴拉混凝土试件的拉断过程示意

1.11 混凝土的双轴及三轴强度准则

当一个混凝土单元体处在二维或三维弹性受力状态时，每个主轴方向作用的应力不仅在该主轴方向形成相应应变，还将在其他两个主轴方向因泊松效应形成相应应变。根据弹性力学，当只沿 1 轴作用有压应力 σ_1 时，在 1 轴方向的应变 ε_1 为：

$$\varepsilon_1 = \sigma_1 / E_c \tag{1-19}$$

而 2、3 轴方向的泊松效应应变分别为 ε_{012} 和 ε_{013}，这里下标中的 0 表示不是由应力直接产生的应变，下标中的第二个数字表示产生该应变的应力作用轴线，第三个数字表示产生泊松效应应变的轴线方向。于是可写出：

$$\varepsilon_{012} = \varepsilon_{013} = \nu \sigma_1 / E_c \tag{1-20}$$

式中　E_c——混凝土的弹性模量；

　　　ν——泊松比。

当一个弹性混凝土单元体如图 1-41 所示同时沿 1、2 两轴受压应力 σ_1 和 σ_2 作用时（σ_2/σ_1 可为不同值），则沿 1、2、3 主轴方向产生的应变可写成：

$$\varepsilon_1 + \varepsilon_{021} = \frac{\sigma_1}{E_c} - \frac{\nu \sigma_2}{E_c} \tag{1-21}$$

$$\varepsilon_2 + \varepsilon_{012} = \frac{\sigma_2}{E_c} - \frac{\nu \sigma_1}{E_c} \tag{1-22}$$

$$\varepsilon_{013} + \varepsilon_{023} = -\frac{\nu \sigma_1}{E_c} - \frac{\nu \sigma_2}{E_c} \tag{1-23}$$

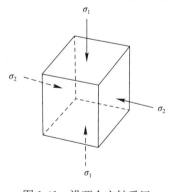

图 1-41　沿两个主轴受压的混凝土单元体

这表明，在材料弹性模量 E_c 不变的条件下，压应力 σ_1 和 σ_2 的泊松效应将分别减少 2 方向和 1 方向的压应变（若 $\sigma_1 = \sigma_2$，则每个方向的压应变将分别减少 1/6 左右），同时，沿 1、2 轴的压应变还会在 3 轴方向形成膨胀应变。在假定混凝土的受压和受拉弹性模量相等的情况下，若沿某个主轴作用的压应力改为拉应力，则只需将沿作用应力轴的应变和其他二轴的对应泊松效应应变反号。

当一个混凝土单元如图 1-42 所示同时沿三个主轴受压应力 σ_1、σ_2 和 σ_3 作用时（σ_2/σ_1 和 σ_3/σ_1 可分别为不同值），则沿主轴 1、2、3 方向的应变可分别写成：

$$\varepsilon_1 + \varepsilon_{021} + \varepsilon_{031} = \frac{\sigma_1}{E_c} - \frac{\nu\sigma_2}{E_c} - \frac{\nu\sigma_3}{E_c} \tag{1-24}$$

$$\varepsilon_2 + \varepsilon_{012} + \varepsilon_{032} = \frac{\sigma_2}{E_c} - \frac{\nu\sigma_1}{E_c} - \frac{\nu\sigma_3}{E_c} \tag{1-25}$$

$$\varepsilon_3 + \varepsilon_{023} + \varepsilon_{013} = \frac{\sigma_3}{E_c} - \frac{\nu\sigma_1}{E_c} - \frac{\nu\sigma_2}{E_c} \tag{1-26}$$

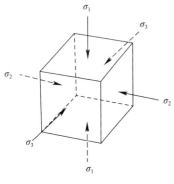

图 1-42 沿三个主轴受压
的混凝土单元体

当混凝土受力增大并进入非弹性状态后,特别是由于混凝土的抗拉强度明显低于抗压强度而将沿垂直于主拉应力方向过早开裂后,以上弹性规律将不再适用。在对混凝土二维和三维受力性能研究的早期,由于尚未找到合理表达二维或三维非弹性应力-应变关系的理论方法,故研究工作主要集中于,通过单调加载试验寻找混凝土在二维或三维受力状态下,当各主轴方向作用应力的正、负号及数值(应力比)改变时,其强度(峰值应力)的变化规律,并把这方面的研究成果统称为"混凝土强度理论",把强度变化规律统称为"混凝土的强度准则"。因这部分研究成果也是混凝土二维及三维受力状态下非弹性受力规律的一个重要组成部分,故对其简要介绍如下。

在混凝土的二维强度理论研究中,国际量测技术学会(RILEM)曾统一规定,试验使用从 $1m^3$ 混凝土立方体中心部分锯出的 $200mm \times 200mm \times 100mm$ 方板状标准试件(图 1-43),并在反力框内用沿试件两个主轴方向的油压作动器经传力部件对方板状试件的四个边施加均匀压应力或均匀拉应力。试验中可以划分为图 1-43 所示的三类受力状态,即拉-拉状态、拉-压状态和压-压状态,并分别在每类状态中用不同的应力比完成试验(即在每次试验中保持两个主轴方向的应力比不变),直至试件发生压溃或拉断,从而获得相应的强度值。

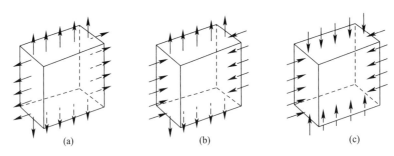

图 1-43 二维应力-应变状态下的三种基本加载状态

在加压时,为了尽量减少试验机钢质加压头对加压面下混凝土侧向变形的阻碍作用,以往采取的做法例如有把作动器加压头前面加"钢刷"(即把一个钢块如图 1-44 所示用锯床在其前端双向锯成刷子状,混凝土受压侧向膨胀时,"刷子毛"可以随之向外弯曲);或在压力头与试块之间加铺涂了硅蜡膏的橡胶片(摩擦系数 0.04),或加两层聚四氟乙烯片中间涂石蜡(摩擦系数 0.05),以及加两层塑料薄膜中间涂机用黄油等。

20 世纪 60～70 年代，各国研究界曾集中对混凝土的双轴强度规律做了一系列试验研究，其中有代表性的有德国 H. Kupfer、美国 T. C. Y. Liu 以及日本野口博（Hiroshi Noguchi）分别完成的研究工作。这些试验结果具有一定的相似性。通常，多用图 1-45 所示的双向应力坐标表示试验结果，并取各方向应力与试验混凝土轴心抗压强度的相对值 σ_1/f_c 和 σ_2/f_c 作为坐标值，即达到单轴抗压强度时坐标值为 1.0。通常习惯用向上和向右表示受拉，向下和向左表示受压。可以判定，试验结果应是以从第一象限到第三象限的 45°线为对称轴的。

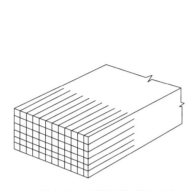

图 1-44 "钢刷"式加压头

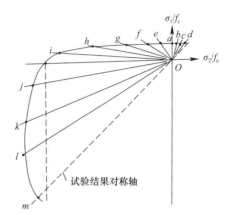

图 1-45 混凝土双轴强度试验结果的通用表达方式

试验所得的主要规律为：

（1）在双轴受拉情况下（图 1-45 中第一象限），Oa 方向为单轴受拉，Ob、Oc、Od 方向上的黑点示意性地表示在试验中取用的不同 σ_2/σ_1 条件下的双轴受拉试验结果。这些试验结果表明，在这类试验状态下发生的仍然都是沿拉应力偏大的主轴方向的拉断，拉断应力始终接近混凝土的单轴抗拉强度（示意的拉断情况见图 1-46a）。

（2）在图 1-45 第四象限的拉-压状态下，当一个方向受拉，另一个方向的压应力比例从零逐步增大时（例如图 1-45 中的 Oe、Of、Og 线），直到 Oh 线为止，试件发生的仍是沿拉应力轴的拉断（图 1-46b）。

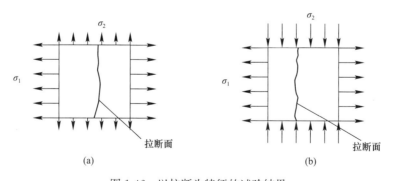

图 1-46 以拉断为特征的试验结果

（3）在拉-压状态下，直至压应力比值超过图 1-45 中的 Oh 线，例如当为图中 Oi 线时，也就是压应力与拉应力的比值（绝对值）已经很大时，试件方才发生沿压应力作用方向的压溃。

（4）在图 1-45 第三象限的双轴受压状态下，随着压应力比值 σ_1/σ_2 的逐步增大（例如

图 1-45 中的 Oj、Ok 线），混凝土压溃时的抗压强度将逐步比单轴抗压强度加大，直至 σ_2/σ_1 达到 0.5～0.6 左右时达到最大（此时按 2 轴方向量测的抗压强度约为轴心抗压强度的 1.25～1.35 倍）。若比值 σ_2/σ_1 进一步加大，压溃强度反而又逐步略有减小（如图 1-45 中的 Ol 线），直至 $\sigma_2/\sigma_1=1.0$ 时，沿 2 轴或 1 轴方向量测的压溃强度仍比单轴抗压强度约大 17%～20%。导致双轴受压状态上述强度变化规律的主要原因是，当 σ_1 方向加压后，如前面所述，混凝土将沿 2、3 方向膨胀（材料侧膨胀及微裂缝发育）；如果 2 方向有压应力 σ_2，则 2 方向膨胀受阻，使 1 方向抗压能力随 σ_2（压应力）增大而相应提高。但若 σ_2 较大，它虽能阻碍 σ_1 在 2 方向引起的膨胀，但 σ_1 和 σ_2 将共同使 3 方向（无应力）的膨胀进一步加大，从而使 1 方向抗压能力的提高幅度又有所回落。

在图 1-47(a) 中给出了 H. Kupfer 团队获得的双轴强度试验结果和据此拟合出的强度变化曲线。在图 1-47(b) 中则给出了拉-压受力区放大了表示的试验结果。从中可以看出，在这个区域内，试验结果具有比拉-拉区和压-压区更大的离散性。在该图中，除去回归出的均值曲线外，还给出了该区域偏大强度值和偏小强度值的变化规律。

由试验得出的混凝土二维强度准则，特别是拉-压区和压-压区的强度变化规律，也从另一个角度证明了侧向拉应力引起的拉应变会加速本轴压应力下微裂隙的发育，从而会降低本轴混凝土的抗压强度；而侧向压应力则因迟滞了本轴压应力下微裂隙的发育而使本轴混凝土抗压强度有所增长。

20 世纪 70～90 年代，各国有关研究单位还对混凝土在不同三维受力状态下的强度变化规律进行了试验研究。因试验中需用沿三个主轴方向设置的作动器（液压油缸）对混凝土立方体试件同时以不同比值施加沿三个主轴方向的均匀压力或拉力，且应在试验过程中始终保持试块的空间位置基本不动，故试验装置复杂，难度较大。

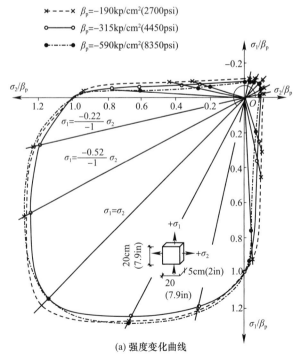

(a) 强度变化曲线

图 1-47　H. Kupfer 的二维强度试验结果（一）

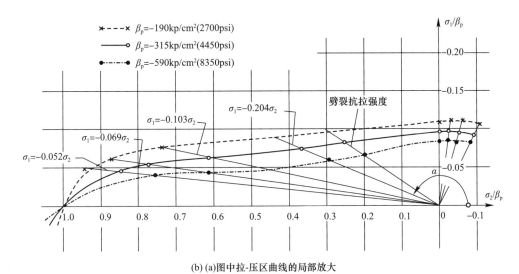

（b）(a)图中拉-压区曲线的局部放大

图 1-47　H. Kupfer 的二维强度试验结果（二）

由这类试验中直接获得的试验结果归纳出的三轴强度准则是一个如图 1-48（b）中实线所示的类似于抛物面的空间曲面（在图中曲面开口朝向右上方）。该曲面可在某种程度上理解成图 1-48（a）所示双轴强度准则曲线 $B'A'C'$ 段的"空间化"，即图 1-48（b）中空间曲面的开口边界线 BC 大致相当于图 1-48（a）中双轴强度准则曲线的 B' 点和 C' 点，而曲面三向受拉区的端点 A 则大致相当于双轴准则拉-拉区的端点 A'。三维曲面之所以在三向受压区各轴压应力都不是过小的区域（即曲面 BC 边线以外的区域）内没有实测结果，是因为在前期试验中，处在这类三向受压状态下的混凝土试块，在直到试验机达到其最大油压时都仍无法直接识别到混凝土的压溃，即混凝土表现出在极大的三维压应力下似仍未被"压碎"，故只能将这部分破坏面暂时留作空缺。直到 20 世纪 90 年代，包括清华大学王传志团队在内的不同国家有关团队方才发现，当把混凝土在规定比例的三维压应力作用下压到足够高的应力状态后，卸载后从试验机中取出的混凝土立方体试块虽仍然成形，但只要经过一定强度的抖动或敲击，试块混凝土将立即成粉状溃散，表明骨料及胶结体均已压成粉碎，即混凝土已发生"结构性压溃"。因此，这些团队推断，应能找到例如图 1-48（b）中用虚线表示的那部分强度准则曲面〔图中 D 点表示曲面在三轴受压区域的顶点，它应大致与图 1-48（a）中双轴强度准则曲线上的 D' 点相呼应〕。只不过至今试验结果过少，尚无法为这部分曲面给出具有较充分依据的表达式。

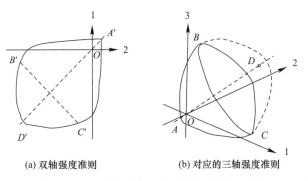

（a）双轴强度准则　　　　　（b）对应的三轴强度准则

图 1-48　混凝土三轴强度准则与双轴强度准则的大致相互呼应关系

1.12　配有正交钢筋网的二维受力构件中沿裂缝走向的混凝土抗压强度变化规律

　　虽然混凝土的双轴强度准则能展示混凝土在双轴应力正负不同和比值不同的各种情况下的强度变化规律，但在各类需要作为二维问题考察的结构构件所处的实际受力状态下，如梁类、柱类、墙肢类和梁柱节点类构件的受剪状态或受扭状态下，实际形成的主拉应变和主压应变一般都处在类似级量。但因混凝土的抗拉强度远低于其抗压强度，故混凝土总会较早沿垂直于主拉应力作用方向受拉开裂。开裂后，相应区域的主拉应力通常改由钢筋网的两组正交钢筋分担。于是，与抗拉强度有关的强度准则就已无法在结构性能分析、判断中进一步发挥作用。

　　为了展示在实际钢筋混凝土构件中出现的在混凝土沿垂直于主拉应力方向开裂，由正交钢筋分担主拉应力，而裂缝之间的沿裂缝方向作用的主压应力继续由混凝土承担的受力状态，在图 1-49～图 1-51 中分别给出了一个沿下边缘受悬吊均布荷载（如楼盖竖向荷载）作用的简支深梁，一个承受水平左、右交替作用的相对较大剪力的悬臂式剪力墙肢和一个 T 形截面异形柱与 T 形截面梁相连接的端节点中的弯-剪斜裂缝（图 1-49、图 1-50）和剪切斜裂缝（图 1-51）的分布情况。

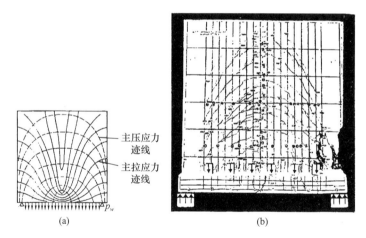

图 1-49　竖向荷载作用在下面通长支托上
的简支深梁的主应力迹线和对应的裂缝图

　　在这种受力状态下，如图 1-52 所示，正交钢筋将分别将其所受的一少部分拉应力经粘结效应传给裂缝之间斜向受压的混凝土，因此混凝土仍处在一种拉-压双轴受力状态下。为了了解这种受力状态下的混凝土抗压强度，20 世纪 70 年代到 80 年代，先由加拿大多伦多大学的 Collins 和 Vecchio 团队起步，后有美国休斯敦大学徐增全（Thomas T. C. Hsu）团队参加，开展了较为全面的研究工作。研究中所用的试件及装置以及主要试验结果如图 1-53 所示（注意图中用人形对比表示的试件及装置的尺度）。试验中，一方面用一系列穿心式数控液压油缸对穿过试件的钢筋施加拉力，另一方面用另外一系列数控液压油缸对裂缝间混凝土施加平行裂缝走向的压力。这类试验也称"配筋混凝土的软化性能试验"。

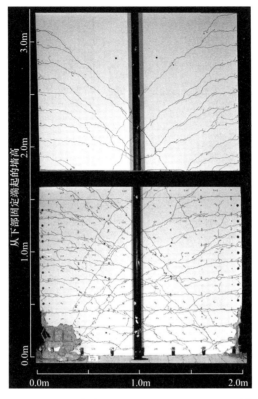

图 1-50 受水平力左、右反复作用后的悬臂剪力墙片（矩形截面）的裂缝图

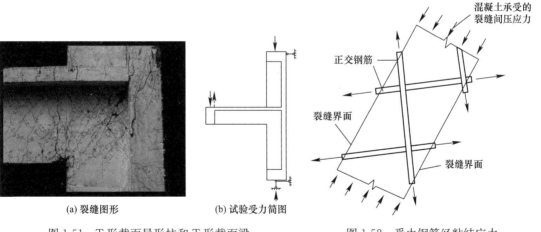

(a) 裂缝图形　　　　　(b) 试验受力简图

图 1-51　T 形截面异形柱和 T 形截面梁
连接形成的异形柱端节点的试验
受力简图和裂缝图形

图 1-52　受由钢筋经粘结应力
传来的侧向拉力作用的斜压混凝土
（另一种拉-压双轴受力状态）

试验结果表明，受压方向混凝土的抗压强度随着由与其相交的钢筋拉力换算出的正交当量平均主拉应变 ε_1 的增大而下降。Collins 和 Mitchell 提出的公式是：

$$f_{c1} = \frac{0.33\sqrt{f'_c}}{1 + \sqrt{500\varepsilon_1}} \tag{1-27}$$

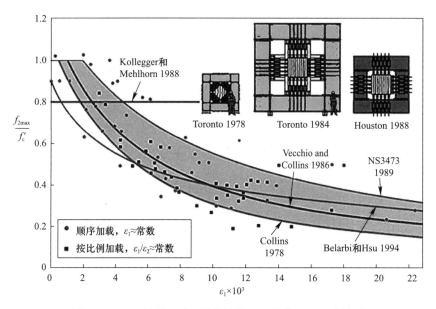

图 1-53　用于混凝土受压软化性能试验的装置及试验结果

徐增全和 Belarbi 提出的公式是：

$$f_{c1} = \frac{0.31\sqrt{f_c'}}{(12500\varepsilon_1)^{0.4}} \tag{1-28}$$

这两个式子与试验结果的对比见图 1-53。

Collins 团队认为，这一现象可称为混凝土的软化现象，并认为软化后的混凝土只是峰值应力降低，峰值应力对应的应变可以不变（即峰值应力由图 1-54 中的 C 点降到 B 点）。

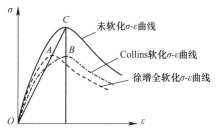

图 1-54　Collins 和徐增全对软化后 σ-ε 曲线的不同建议

而徐增全则认为，随着软化后峰值应力的降低，峰值应变也将按比例降低（即峰值点在软化后应由图 1-54 的 C 点降到 A 点）。

上述混凝土的受压软化 σ-ε 关系已在随后发展起来的"斜压场理论"中得到应用，可参阅本书的第 6.6 节。有兴趣的读者，还可参阅已翻译成中文的徐增全的专著《钢筋混凝土统一理论》或 Collins、Mitchell 和 Vecchio 等人的有关论文。

1.13　混凝土受力性能的模型化

钢筋混凝土结构在所需承受的较高荷载作用下，其构件中内力较大的部位会进入明显的非弹性受力状态。为了能更准确预测结构构件进入非弹性状态后的性能，除进行构件性能试验之外，从 20 世纪 60 年代开始，在计算机技术及软件编制技术的支持下，逐步形成了钢筋混凝土结构或构件的非弹性分析方法，或称非弹性性能的模拟技术，模拟效果正从较为粗略向逐步更为精准发展，模拟任务也从单个构件向整体结构扩展，从单调静力加载状态向非弹性动力反应过程扩展。

在结构非弹性分析中需要两类基本模型，一类为"分析模型"，即所用有限元法的基本类型和单元划分；另一类为"材料性能模型"或"构件性能模型"，即材料的受力性能模型或构件的受力性能模型。前面讨论的混凝土单轴受压及受拉应力-应变规律和二维、三维强度准则（在二维强度准则中还包括软化理论得出的特定二维条件下的强度准则）均属于混凝土的受力性能模型。前面所述的受力性能规律及强度准则与这里所说的受力性能模型之间的区别在于，前者指的是由试验结果归纳出的物理性能，而后者则指用适当的数学表达式表达的这类物理规律，以便将其直接引入相应软件进行非弹性性能分析。

任何一项非弹性性能分析都依靠以下四类基本条件，即：

(1) 计算机的运算能力；

(2) 分析软件选择的求解方法的效率和减小误差累积的能力；

(3) 分析模型的合理选择；

(4) 材料或构件性能模型的合理选择。

这四类条件需要相互协调、配合，方能得出在已有条件下的既较为合理、可行，又达到一定精度的优化分析结果；若任何一类或几类基本条件较好，但其他条件不足，都难以使分析结果达到期望的精度。

到目前为止，在混凝土受力性能领域中试验研究工作做得相对较充分的是混凝土单轴受压的应力-应变规律，包括加、卸载规律以及在箍筋被动约束条件下的单轴受压应力-应变规律。因混凝土抗拉强度很低，单轴受拉应力-应变规律对结构构件非弹性性能的影响程度远不如单轴受压规律，但也有一定的试验研究积累。因此，已提出的单轴受压（或包括受拉）应力-应变模型数量较多。在双轴及三轴强度准则和应力-应变规律方面也有一定的试验结果积累；这些积累也是对混凝土双轴及三轴受力性能判断的重要依据。由于混凝土的单轴受压（或包括受拉）应力-应变模型仍是在各类构件正截面有限元模拟分析中以及各类杆件（包括可近似视为杆件的构件，如高层建筑结构中的剪力墙墙肢及核心筒墙肢）性能模拟中使用的纤维模型或多竖杆模型中取用的主导受力模型，故本节将主要介绍在不同应用条件下使用的混凝土单轴应力-应变模型。随后也将对钢筋混凝土结构二维及三维非弹性分析思路作简要介绍。

1.13.1　混凝土的单轴受压及受拉应力-应变模型

1. 钢筋混凝土构件正截面受力性能非弹性模拟分析的基本思路

混凝土的单轴受压及受拉应力-应变模型首先是用于各类构件正截面的非弹性受力性能模拟。在讨论弹性材料构件正截面性能的材料力学弯曲理论中就已经指出，当例如图 1-55（a）和（c）所示的弹性材料矩形截面梁纯弯区段中的一个长度单元受弯矩作用后，其截面中性轴以上和以下区域将分别受压和受拉。为了求解梁截面在弯矩作用下的应力状态，首先假定截面内的应变呈线性分布（图 1-55d）。这也就相当于确定了截面的变形协调条件。在已知弹性材料的应变和应力之间存在图 1-55（b）所示的胡克定律关系（线弹性关系）后，即可从应力-应变关系和截面的力平衡条件（在纯弯条件下截面压力等于拉力，截面拉、压力形成的力矩等于作用于截面的弯矩 M）求得截面的应力分布（图 1-55e）。例如，材料力学中给出的矩形截面弹性梁截面上、下边缘处最大压应力和拉应力绝对值 $|\sigma_c|$ 和 $|\sigma_t|$ 与作用弯矩 M 之间的关系式即为：

$$|\sigma_c| = |\sigma_t| = \frac{Mh}{2I} \tag{1-29}$$

式中　h——截面高度；

　　　I——沿弯矩作用方向的截面惯性矩，对于矩形截面梁 $I = bh^3/12$。

　　上面提到的应变沿弯矩作用方向线性分布的假定是弯曲理论中的关键假定，已经为弹性材料梁的试验实测结果所证实。由于该假定可理解为图1-55(c)中梁长度单元的左、右边截面在梁弯曲变形后虽已从垂直变为倾斜，但依然保持平面，故这一假定也称"平截面假定"；也有人将其表达为"构件弯曲前为平面的一个横截面在弯曲后依然保持平面的假定"。

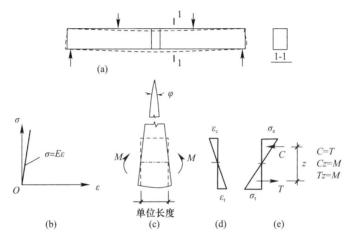

图 1-55　材料力学中梁弯曲理论的基本假定

　　从以上梁弯曲理论还可总结出，只要已知材料的应力-应变关系和应变在构件截面中沿弯矩作用方向的分布规律，即可利用截面应力与作用内力的平衡条件解得截面中的应力分布状态。这意味着，当材料的应力-应变关系变为非弹性后，只要已知材料的非弹性应力-应变关系的数学表达式，同样可以利用应变在截面中的线性分布假定以及截面平衡条件求得正截面在某个弯矩增量作用下的应力增量分布状态。对于钢筋混凝土构件，这意味着需要先行给出混凝土和钢筋受压及受拉应力-应变关系的数学表达式，即应力-应变模型。

　　以上这一正截面分析思路不仅适合于受弯正截面，也适合于轴力与弯矩同时作用的偏心受压及偏心受拉正截面，和只有轴力作用的轴心受拉和轴心受压正截面，以及有弯矩沿截面两个主轴同时作用的双弯曲正截面和双向偏心受拉及双向偏心受压正截面。同时，也适用于各种截面形状的构件。

　　在图1-56(a)、(b)和图1-56(c)、(d)中分别示意性地给出了混凝土的单轴压、拉应力-应变规律和下面第2章将要说明的钢筋压、拉应力-应变规律。从中可以看出，混凝土的最大特点是抗拉强度远小于抗压强度，且受压时的弹性范围有限，受拉时的弹性范围更小；而且压、拉应力-应变曲线均由各有自己规律的上升段和下降段构成，受拉下降段与应变坐标轴有交点，受压下降段则无交点。钢筋的压、拉应力-应变关系通常全由屈服前的弹性段和屈服后的塑性段构成。因钢筋混凝土构件除轴心受拉和小偏心受拉截面外，破坏均由受压区混凝土控制，而混凝土压溃时对应的钢筋拉、压应变一般均未超过钢筋应力-应变曲线的平台段或超过平台段不多，故钢筋的应力-应变模型常可取成图1-56(c)、(d)中的双折线（为了程序运算稳定，需赋予第二折线以很小的上升坡度）。在图 1-56 中，钢筋的应变与混凝土的应变是大致以相同的比例画出的，但钢筋应力则取用了比混凝土明显偏小的比例。

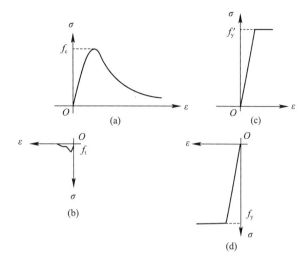

图 1-56　混凝土与钢筋的拉、压应力-应变规律示意（图中对钢筋拉、压应力的比例作了人为压缩）

由于钢筋混凝土构件正截面是在钢筋与同高度混凝土纤维应变相等的条件下由受拉及受压钢筋与受压及受拉混凝土共同受力的，而混凝土与钢筋的拉、压应力-应变特征又有上述重大差异，故与单一弹性材料构件在弯矩增大过程中其截面应力分布特点基本不变（只是应力随弯矩同步增大）不同，其截面应力分布特征是随弯矩增大而逐步变化的。若仍以一个受正弯矩作用的适筋梁截面为例，则如大学本科钢筋混凝土结构教材中已经指出的，随着作用弯矩的逐步增大和截面中拉、压应变的逐步增长（应变线性分布规律不变），适筋梁正截面将经历以下几个主要受力阶段：

（1）当作用弯矩很小时，截面内受拉及受压的混凝土均处在弹性状态；这时混凝土中的应力类似于图 1-55(e) 也呈线性分布，钢筋与其同高度的混凝土纤维应变相同。但因钢筋的弹性模量 E_s 比混凝土的弹性模量 E_c 大出数倍，故钢筋应力比同高度混凝土的应力大 E_s/E_c 倍。

（2）因混凝土抗拉强度明显低于其抗压强度，故随弯矩及曲率增大，将从截面受拉边缘纤维起有越来越多应变偏大的混凝土纤维进入非弹性受力状态；截面其余钢筋及混凝土纤维则仍处于弹性状态。

（3）随弯矩及曲率进一步增大，受拉边缘混凝土因超过拉裂应变而开裂（因裂缝为离散分布，故从这一阶段起，考察重点将改在某个开裂后的正截面，裂缝间各正截面的受力性能将在下面第 3.2.2 节中说明）。随弯矩增大，截面受拉区自外向中性轴方向陆续有更多混凝土纤维拉裂；拉裂各纤维原承担的拉力转由受拉钢筋承担，受拉钢筋拉应力将以更快速度增长。在此前后，从截面受压边缘起也会有更多混凝土纤维进入非弹性受力状态。截面其余应变较小的钢筋及混凝土纤维则仍处于弹性状态。

（4）若弯矩进一步增大，受压区混凝土非弹性纤维增多，受拉区大部分混凝土纤维开裂，受拉钢筋将超过屈服并进入屈服后的塑性伸长状态；受压钢筋则一直与同一高度处的混凝土纤维处在等应变状态，即其应力比同高度混凝土纤维大 E_s/E_c' 倍。（其中 E_c' 为同高度混凝土纤维的割线弹性模量）。当受压钢筋的应变随后增大到受压屈服应变时，受压钢筋也将进入受压屈服后的塑性变形状态。

（5）随受拉钢筋、受压钢筋及受压混凝土应变进一步增大，截面受压区高度因受压区压应力非弹性分布更趋饱满而逐步减小，直到截面达到最大抗弯能力；此时对应的截面受压边缘混凝土压应变即为常说的"极限压应变"ε_{cu}。

（6）随着截面曲率进一步增大，受拉钢筋进一步伸长，受压区高度进一步减小，截面受压边缘混凝土压应变将增大到"压溃应变"，受压混凝土自边缘区开始逐步压溃，截面发生弯曲破坏。这表明，截面受压边混凝土的"压溃应变"和"极限压应变"是两个不同的概念，请读者注意不要混用。

虽然以钢筋混凝土适筋梁为例的构件正截面在上述各个受力阶段具有不同的应力分布特征，但只要已知钢筋和混凝土的受拉及受压应力-应变规律，即可在约定的曲率增量下，按逐步增大的曲率一次次算出从开始受弯直到截面弯曲破坏为止的各个不同受力阶段的截面应力分布状况。这种计算通常称为"钢筋混凝土构件正截面受力状态的非弹性模拟分析"，或"基于纤维模型的截面非弹性有限元分析"。

这种分析的前提条件是已知构件截面形状，尺寸，拉、压纵筋的布置位置及数量，以及钢筋与混凝土的单轴拉、压应力-应变规律。为了计算方便，这种分析一般是以先设定截面曲率 φ，再倒算出对应的作用弯矩 M 以及相应的截面应力分布状态的顺序完成。在对一个构件内某个控制截面的整个受弯过程完成这类系列计算后，即可同时得到该控制截面的模拟弯矩-曲率曲线，并从不同受力阶段的截面应力分布状况看到上面所述的正截面的不同受力特征。下面仅以一个作用正弯矩已相对较大、受拉区已充分开裂（在计算中忽略截面受拉区靠近中性轴部位残存的很小的混凝土受拉区），但受拉钢筋尚未屈服的单筋矩形截面为例，简要说明在已知截面曲率 φ 的条件下，计算截面对应作用弯矩和应力分布状态的步骤。

（1）如图 1-57(a) 所示，先给定截面曲率 φ，再初步选择一个截面受压区高度 x_c。从 φ 经下式可算得受压区各高度的应变 ε_{ci}（图 1-57b）和受拉钢筋形心处的应变 ε_s：

$$\varepsilon_{ci} = \varphi x_{ci} \tag{1-30}$$

$$\varepsilon_s = \varphi(h_0 - x_c) \tag{1-31}$$

式中　x_{ci}——受压区所考虑高度到中性轴的距离（图 1-57b）；

　　　h_0——截面有效高度（图 1-57h）。

（2）根据受压区各高度的应变 ε_{ci} 即可从给定的混凝土单轴受压应力-应变关系表达式（图 1-57f）找到对应的压应力 σ_{ci}，将不同高度处的 σ_{ci} 标到受压区内即得图 1-57(c) 和 (g) 所示的受压区混凝土的应力分布；这也就相当于将从零应变到 ε_{cmax}（截面受压边缘应变，见图 1-57b）之间的应力-应变曲线（图 1-57f）移植（几何学也称"仿射"）到截面受压区高度内。

（3）经解析法或数值法求得受压区合压力 C 以及 C 的作用点高度。其中的解析法即指直接积分法；数值法是指将构件正截面混凝土沿高度划分为若干单元（即若干条带），并以各单元面积形心处对应的应力 σ_{ci} 作为其均匀分布应力，再用工程力学中的求合力法和求力矩和的方法算得 C 和 C 的作用点高度，如图 1-57(h) 所示。

（4）由受拉钢筋应变 ε_s 经钢筋受拉应力-应变曲线（图 1-56d）求得受拉钢筋应力 σ_s，得钢筋拉力 $T = A_s \sigma_s$，其中 A_s 为受拉钢筋总截面面积。

（5）判断受压区混凝土合压力 C 和受拉钢筋拉力 T 是否满足以下截面平衡条件：

$$C = T \tag{1-32}$$

若不满足，说明上面第一步设定的受压区高度与平衡条件不符。这时需根据 C 与 T 的相对大小对 x_c 的取值进行调整，并重复以上第二步到第五步的计算，直到以足够小的误差满足式（1-32）为止。

（6）利用以下任意一式求得此时作用于截面的弯矩 M：

$$M = Cz \quad 或 \quad M = Tz \tag{1-33}$$

式中　z——根据最终算得的满足式（1-32）截面平衡条件的受压区混凝土合压力 C 作用
点确定的 C 与 T 之间的内力臂（图 1-57i）。

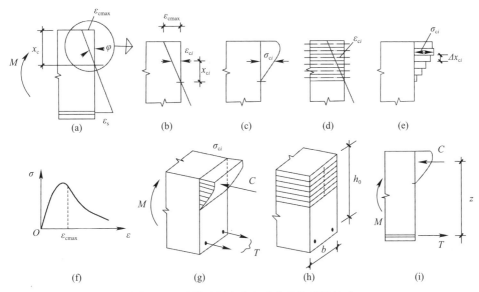

图 1-57　正截面受力状态的非弹性模拟技术

当然，以上模拟分析过程亦可用"增量法"的思路来实现，即可将截面曲率 φ 改为微小增量 $\Delta\varphi$，并从截面开始受弯起按 $\Delta\varphi$ 算出截面各纤维对应的应变增量和应力增量以及截面弯矩增量 ΔM 并逐步累积，即可得到在曲率 φ 逐步增长过程中该截面应变和应力分布的变化过程以及 M 的增长规律，即该截面直到破坏为止的受力状态变化特点以及弯矩-曲率关系曲线，从而也就实现了对该截面非弹性受力全过程的模拟。当然，在这种模拟分析思路下，各 $\Delta\varphi$ 增量状态下的 $\Delta\sigma$ 和 $\Delta\varepsilon$ 关系亦应改用切线模量的思路表达。

为了说明正截面非弹性模拟技术所能发挥的效力，下面再以一个同时承受沿截面两个主轴作用的大小不同的弯矩 M_x、M_y 以及轴力 N 的框架柱矩形截面为例，说明这一模拟技术在这种情况下的实施思路。

如图 1-58 所示，当一个沿截面周边配置纵筋的矩形截面双向偏心受压柱受 M_x、M_y 和 N 同时作用时，不仅 M_x 和 M_y 的比例和大小可能发生变化，轴力 N 也会大小不同。当如图 1-58(a)、(b)、(c) 所示，双向弯矩作用状态从只有 M_x 作用而 M_y 为零逐步通过减小 M_x 和加大 M_y 向只有 M_y 作用而 M_x 为零的状态过渡时，若作用的轴力较小，截面混凝土受压区的形状及分布范围就会从图 1-58 的（d）图经（e）、（f）、（g）图变到（h）图所示状态；若作用轴力进一步增大，受压区面积就会相应增大，在上述双向弯矩的不同比例下，受压区就会从图 1-58 中的（i）图经（j）、（k）、（l）图变到（m）图；若轴力再次增大，受压区面积则将随双向弯矩比例的变化从图 1-58 中的（n）图经（p）、（q）、（r）图变到（s）图所示状态。当柱截面作用的双向弯矩 M_x 和 M_y 的方向反向时，截面中混凝土受压区的位置也将与图 1-58 所示的方向相反。

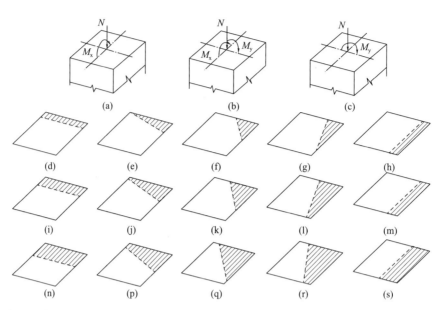

图 1-58　在不同轴压力及双向弯矩作用下双向偏心受压柱正截面混凝土受压区可能出现的不同形状及大小

为了模拟图 1-58 所示的可能形成的各种较为复杂的截面受力状态，只需将截面混凝土及钢筋如图 1-59(a) 所示划分为足够数量的面积单元，并将每个单元形心点在构件长度方向的延伸视为一条混凝土纤维或钢筋纤维，即可在给定混凝土和钢筋单轴拉、压应力-应变模型的前提下，用前面图 1-57 所示的受单向弯矩作用的梁正截面非弹性模拟方法的类似思路求解这类双偏心受压正截面在任意 N、M_x 和 M_y 作用下的受力状态（即对应的截面应变分布状态及应力分布状态）。

例如，当已知截面及配筋特征以及钢筋和混凝土的强度及其拉、压应力-应变模型后，即可先设定轴力 N 以及 M_x 和 M_y 的比值；再在设定截面曲率后，通过调整中性轴上某个设定点与截面中点的距离和中性轴的"定义倾斜角"这两个参数（用计算机辅助的双参数逐次逼近法）得到符合 M_x、M_y 比值的中性轴位置和倾角，并进一步利用平衡条件求得 M_x 和 M_y 的数值。经过这种求解步骤即可获得在任意 N 和任意 M_x、M_y 作用下这一截面的应变分布和应力分布状态。以上所有计算步骤通常只能借助数值法完成。

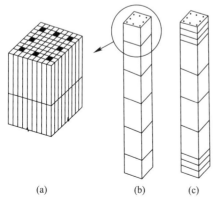

图 1-59　双向偏心受压矩形截面的单元划分及柱类杆件纤维模型的建立

若如图 1-59(b) 或 (c) 所示，将一根钢筋混凝土框架柱沿其长度方向划分为若干个长度单元，并以每个长度单元中间截面的受力状态作为该长度单元的代表，则在该柱的整体模拟分析中即可通过杆系有限元法求得该杆件在给定受力条件下的弯矩分布状态及变形状态。这种方法所用的模型在钢筋混凝土结构非弹性静力分析法和非弹性动力反应分析法中经常使用，并称为"纤维模型"。

在划分柱类构件的长度单元时，通常是将杆件端部纵筋有可能进入屈服后变形的区段划分为一个单元，再把柱两端这类"屈服后"长度单元之间的准弹性柱长划分为较少数单元（图 1-59b）。

还值得一提的是，以上描述的对正截面非弹性性能的模拟分析法也曾遭到某些质疑，其中主要有：

（1）混凝土的应力-应变关系是从独立的棱柱体试件的轴压试验中获得的，但其所用的部位则是各类构件的正截面受压区，即应力不均匀分布区。这时相邻的受力状态不完全相同的纤维之间是否会存在相互影响。

（2）试验结果表明，在构件受拉区开裂后的受力状态下，只有按以平均裂缝间距划分的单元区段（图 1-60 中的 *abcd* 区段）测得的各截面高度的应变方才基本符合平截面假定。在裂缝截面，受拉钢筋的应变常可能略大于按平截面假定得到的应变。这种差异会不会影响正截面非弹性模拟分析法的准确性。

但通过更多的构件受力性能试验获得的实测结果（包括处于适筋受弯状态的梁和大偏心受压柱的试验实测结果）证明了实测结果与正截面非弹性模拟分析结果在主导趋势上具有一致性，且误差均在工程应用的可接受范围内。这说明上述担心虽然可能存在，但不致影响这一模拟方法的广泛承认和使用。正如《混凝土结构设计标准》GB/T 50010—2010（2024 年版）第6.2.1 条的条文说明中指出的，这种非弹性模拟分析方

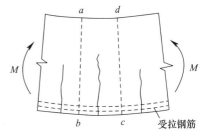

图 1-60　构件按平均裂缝间距
划分的单元区段

法"可以将各种类型正截面（包括周边配筋截面）在单向或双向受力情况下的承载力计算贯穿起来，提高了计算方法的逻辑性和条理性，使计算公式具有明确的物理概念"。这种方法也"有助于用计算机程序实现钢筋混凝土构件正截面的全过程分析"。

2. 用于一般正截面非弹性性能模拟分析的无约束混凝土单轴应力-应变模型

在用非弹性分析法模拟钢筋混凝土构件正截面受力性能时，首先需要的是给出混凝土和钢筋的单轴应力-应变模型，也就是用数学式表达的应力-应变关系。一般认为，用来全面模拟构件正截面性能的较为完整的混凝土应力-应变模型应包括考虑和不考虑各种形式箍筋对受压混凝土的侧向被动约束效应的单轴应力-应变模型和单轴受拉应力-应变模型，以及单轴受压到某个应变状态后的卸载和再加载应力-应变模型。从理论上说，在混凝土受拉未超过峰值应力之前也是存在卸载和再加载可能性的；但在受拉超过峰值应力后，因混凝土已被拉裂，讨论再加载已没有意义。

所提出的任何一套混凝土的应力-应变模型都至少要满足以下两方面的基本要求：一方面是模型必须有足够数量的混凝土相应应力-应变性能的试验结果作为依据，并能反映这些试验结果在主要因素影响下的变化规律，同时表达式不致过于复杂；另一方面，则要用该模型预先完成对各类构件正截面性能的模拟分析，并证明所模拟的正截面性能或主要由正截面性能体现的构件性能与截面或构件性能的试验结果具有较好的一致性。而这后一个要求对于模型的选用所起的作用可能更为关键。

在对例如图 1-57 和图 1-58 所示的一般构件从开始受力到达到相应正截面最大承载能力的单调受力过程进行模拟时，常可不考虑箍筋对混凝土的被动约束效应，且没有卸载和再加载过程，故可使用相对较为简单的混凝土单轴受力应力-应变模型。下面给出这类模型中的三个例子。这也是为了使读者了解，不同强度等级混凝土单轴受压和受拉应力-应

51

变曲线上升段和下降段是可以用不同的数学表达式来体现的。

（1）Thorenfeldt 模型

1987 年，瑞典的 Thorenfeldt 等在挪威召开的一次"高强混凝土工程应用"国际学术研讨会上发表了他们建议的能够较准确描述圆柱体抗压强度从 15～135MPa 混凝土的单轴受压应力-应变规律的统一模型（未给出相应单轴受拉模型）。该模型所用的基本表达式为：

$$\frac{\sigma_c}{f_c'} = \frac{n(\varepsilon_c/\varepsilon_0)}{n-1+(\varepsilon_c/\varepsilon_0)^{nk}} \tag{1-34}$$

其中取：

$$n = 0.8 + f_c'/17 \tag{1-35}$$

且当 $\varepsilon_c/\varepsilon_0 \leqslant 1.0$ 时，取 $k=1.0$

当 $\varepsilon_c/\varepsilon_0 > 1.0$ 时，取：

$$k = 0.67 + f_c'/62 \geqslant 1.0 \tag{1-36}$$

ε_0 则取为：

$$\varepsilon_0 = \frac{f_c'}{E_c}\left(\frac{n}{n-1}\right) \tag{1-37}$$

式中　f_c'——混凝土圆柱体抗压强度；

　　　E_c——应力-应变曲线的原点弹性模量；

　　　ε_0——与峰值应力对应的应变。

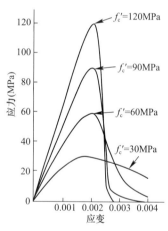

图 1-61　瑞典 Thorenfeldt 等人提出的应力-应变模型模拟的不同强度混凝土的应力-应变曲线

该模型给出的不同强度混凝土的应力-应变曲线如图 1-61 所示。与前面图 1-20 所示从大量实测结果归纳出的不同强度混凝土的受压应力-应变曲线相比可以看出这一模型给出的结果与实测结果的良好一致性。本书首先给出这一模型的目的，并不是向读者推荐使用这一模型，而是想展示，只要构思巧妙，就可以利用唯一一套公式来表示看起来差异很大的各种强度混凝土的应力-应变曲线的上升段和下降段。

（2）我国《混凝土结构设计标准》GB/T 50010—2010（2024 年版）附录 C.2 给出的模型

我国《混凝土结构设计标准》GB/T 50010—2010（2024 年版）在其附录 C.2 中给出了由清华大学过镇海、叶列平主持提出的适用于 C20～C80 级混凝土的单轴受拉应力-应变模型和单轴受压应力-应变模型，示意图见图 1-62，以及受压到某个状态后的卸载和再加载应力-应变模型，示意图见图 1-63。限于篇幅，这里不再引出对应的数学表达式，有兴趣的读者可直接查阅该设计标准。

这套模型是在综合大量混凝土单轴受力试验结果的基础上提出的，能反映试验获得的主导规律，是近期我国研究界在一般构件正截面非弹性模拟中常用的模型，模拟结果与试验结果呼应性较好。其主要不足是未能反映箍筋对受压混凝土的约束效应，难以用于各类受箍筋被动约束的构件性能模拟。

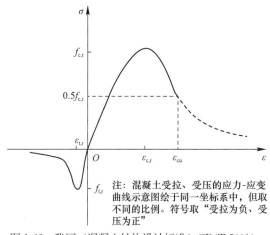

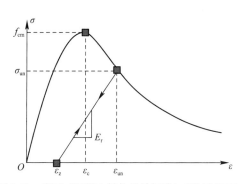

图 1-62　我国《混凝土结构设计标准》GB/T 50010—
2010（2024 年版）附录 C.2 给出的混凝土单轴
受拉、受压应力-应变模型示意图

图 1-63　我国《混凝土结构设计标准》GB/T 50010—
2010（2024 年版）附录 C.2 给出的混凝土单轴
受压卸载和再加载应力-应变模型示意图

（3）Kent-Park 模型

Kent-Park 模型是新西兰的 Kent 和 Park 于 1971 年提出的［首次发表于美国土木工程师学会（ASCE）会刊 1971 年第 7 期］，其主要特点是能比较简单地考虑箍筋对受压混凝土的约束作用且表达式简单。更多的是由于后一个原因使这个模型也成为不少研究者用来模拟一般正截面性能的首选模型（未包括单调受拉模型）。到 1982 年，Park、Priestley 和 Gill 又对这一模型作了改进。改进后的模型常称 Park 模型（首次发表于 ASCE 会刊 1982 年第 4 期）。这两个模型的示意图见图 1-64（k 为提高系数）。限于篇幅，这里同样不再给出其数学表达式，关心的读者请查阅原发表期刊。

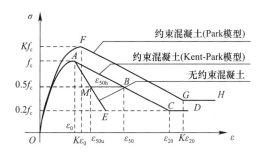

图 1-64　Kent-Park 模型或 Park
模型的应力-应变曲线示意图

虽然这一模型考虑了箍筋对受压混凝土的约束效应，但用它来模拟抗震钢筋混凝土构件的滞回性能，效果却不如在它之后提出的下面将要提及的几种模型。到目前为止，更多的人使用 Kent-Park 模型或 Park 模型是利用其表达式简单的优点来模拟一般构件正截面的非弹性性能。

3. 用于约束混凝土的单轴应力-应变模型

在工程中大量使用的按一维杆系模型考虑的结构构件，其性能主要由其中各个正截面的受力状态控制，剪切和扭转变形在总变形中所占的比重相对较小。当这类构件经受重力荷载及水平荷载的组合作用时，其受力性能将由以下两种主要特征决定：

（1）每个构件中作用弯矩相对较大的区段有可能进入受拉、受压纵筋屈服后的塑性状态，且发生的塑性曲率增量可能较大；

（2）这些部位引起构件受力的弯矩都可能是正、反向多次交替作用的，故上述变形也将沿正、反向交替发生。

而且，在这类构件的屈服区常为了保证所需的塑性变形能力而加设起被动约束作用的箍筋，因此，用来模拟这类构件正截面性能的混凝土单轴应力-应变模型就必须如前面所述是"成套的"，即其中既要能考虑不同形式箍筋的被动约束效应，又要能考虑循环受力过程中混凝土的卸载和再加载应力-应变特征。

到目前为止，国内外已提出多种包括上述各项功能的应力-应变模型。其中，受到较广泛关注的例如有：发表在美国 ASCE 会刊 1982 年第 12 期的 Sheikh 模型，发表在美国混凝土学会（ACI）会刊 1987 年第 7、8 期上的 Saatcioglu 模型，以及发表在美国 ASCE 会刊 1988 年第 8 期的 Mander 模型等。各国研究界在利用这几类模型对各种抗震钢筋混凝土构件（特别是不同轴压比下的柱类构件）的低周交变受力性能进行模拟后发现，与已有试验结果相比，符合程度均相对较好，其中尤以用 Mander 模型完成的模拟结果与试验结果符合的程度更好。

在图 1-65(a)、(b) 中给出了 Mander 应力-应变模型的示意图。其中，图 1-65(a) 表示的是，若从图中 A 点卸载到应力为零，再进入受拉（该纤维第一次受拉），然后又卸载到拉应力为零，并重新进入受压时，应力-应变曲线的走法示意。而图 1-65(b) 则表示，当受压卸载尚未到应力为零就已经重新加载时，这一模型应力-应变曲线的走法示意。

限于篇幅，本书不再给出 Sheikh 模型和 Saatcioglu 模型的约束混凝土单轴应力-应变关系示意图和这三类模型的应力-应变关系数学表达式，有兴趣的读者请查阅原发表文献。

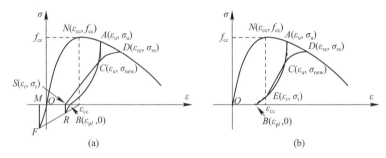

图 1-65　Mander 建议的约束混凝土单轴应力-应变曲线示意图

4. 用于延性正截面承载力设计表达式的受压区混凝土简化应力-应变模型

如本书在后面第 5.2 节中还要专门讨论的，各类钢筋混凝土结构构件的正截面受力特征可以分为三类，第一类是轴心受压和小偏心受压截面以及超筋的受弯截面，其截面承载力是由受压混凝土决定的。因其中即使是偏心距最大的小偏心受压截面以及超筋的受弯截面，其受拉纵筋在承载力极限状态下也不可能进入受拉屈服状态，故这类构件不具有延性性质，属脆性破坏类截面。第二类是正截面承载力全由纵筋受拉控制的轴心受拉和小偏心受拉截面。因此类正截面中的混凝土不发挥承载作用，纵筋均可能达到受拉屈服和可能进入屈服后的塑性变形状态，故其性能自然属于延性截面。第三类正截面则包括上述两类截面之外的适筋受弯正截面以及大偏心受压截面和大偏心受拉截面。这类截面的受力特点是，在达到截面承载力之前受拉纵筋将首先达到屈服；随截面曲率进一步增大，中性轴向受压边方向移动，截面混凝土受压区高度减小，受压区边缘混凝土应变增大到 ε_{cu} 时截面达到其最大承载力；在更大曲率增长过程中，受压混凝土自受压边缘起逐步压溃，截面承担的弯矩缓慢下降。这一大类截面因受拉钢筋屈服后形成塑性伸长，故也属于延性截面，但延性大小不等。其典型弯矩-曲率曲线如图 1-66 所示。

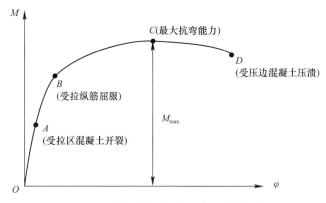

图 1-66　延性正截面的典型弯矩-曲率关系

这意味着，第三类正截面的承载力设计所对应的是图 1-66 所示弯矩-曲率曲线上 C 点的受力状态，即截面最大承载力状态。在这一状态下，对正截面可作以下假定：

（1）将截面受拉区混凝土的作用忽略不计；

（2）认为受拉钢筋已达屈服，即受拉钢筋拉力为 $f_y A_s$，其中 f_y 为钢筋受拉屈服强度设计值，A_s 为受拉钢筋截面面积，见图 1-67(a)；

（3）认为受压钢筋也已达屈服，即其压力为 $f_y' A_s'$，其中 f_y' 为钢筋受压屈服强度设计值，A_s' 为受压钢筋截面面积，见图 1-67(a)；

（4）如果能找到与图 1-66 中曲线上 C 点对应的混凝土受压区边缘压应变 ε_{cu}，就可以近似用混凝土单轴受压应力-应变曲线中从零应变到 ε_{cu} 的一段来描述混凝土在受压区的应力分布规律，其理由已在前面结合图 1-57 作过说明。

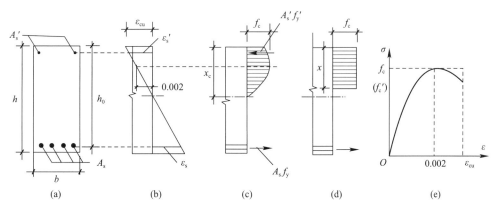

图 1-67　延性正截面在其最大承载力状态下的受力特征

注：(b) 为 (a) 的应力分布图。

为了找到与正截面最大承载力对应的截面受压边缘混凝土压应变 ε_{cu} 的具体数值，美国研究界早在 20 世纪 70 年代已尝试在给出混凝土单轴应力-应变规律的简化模型（见后面的图 1-71a）之后，用在试验中测得的梁类构件和柱类构件的最大抗弯能力和图 1-67(c) 中的平衡条件反算出每个试验构件的 ε_{cu} 值，再根据这些 ε_{cu} 值选择出确定正截面承载力时使用的经规范规定的统一 ε_{cu} 值。

在图 1-68 中作为例子给出了加拿大研究界用适筋梁和大偏心受压柱的实测 M_{max} 值反推出的不同强度混凝土的 ε_{cu} 值。从中可以看出 ε_{cu} 的离散性较大，但多数散布在 0.003～

0.005 的范围内，而且混凝土强度越高，离散性会稍有收敛。

在以上推算中还发现，当构件截面特征相同时，M_{max} 值的稍许变化都会使推算出的 ε_{cu} 值变化较大。这反过来表明，用取值有某些差异的 ε_{cu} 值算出的特征相同截面的 M_{max} 值会相差不大。例如，若取一个截面高、宽分别为 700mm 和 250mm 的矩形截面梁，并假定受压区高度为 $0.35h_0$（属适筋梁范围），则用 $\varepsilon_{cu}=0.0035$ 和 $\varepsilon_{cu}=0.003$ 算得的 M_{max} 相差未超过 2%。

在各国混凝土结构设计标准中，美国 ACI 318 规范首先取用了 $\varepsilon_{cu}=0.003$。从图 1-68 可以看出这是反算结果中的一个偏低值。加拿大规范 CAN3-A23.3-M84 从 1984 年版起也取用了这个值。随后，欧洲 EC 2 规范则取用 $\varepsilon_{cu}=0.0035$，加拿大规范 CSA A23.3 从 1994 年版起也把 ε_{cu} 改用了这个略偏高的值。我国规范则从 1989 年版起取 ε_{cu} 介于这两者之间，即取 $\varepsilon_{cu}=0.0033$（当混凝土强度等级大于 C50 后，ε_{cu} 值随强度等级提高逐步有所减小），详见《混凝土结构设计标准》GB/T 50010—2010(2024 年版) 的式（6.2.1-5）。正如上面所说，这种 ε_{cu} 的取值差异对正截面最大抗弯能力 M_{max}（或 M_u）的计算结果影响很小。

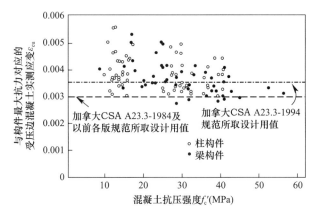

图 1-68　加拿大研究界由梁、柱实测 M_{max} 反算出的不同强度混凝土的
ε_{cu} 值与加拿大前、后两个规范版本取用的 ε_{cu} 值的对比

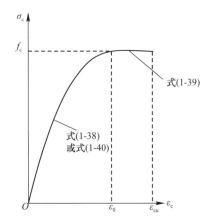

图 1-69　我国《混凝土结构设计标准》
GB/T 50010—2010(2024 年版)
用于正截面抗弯能力计算的
受压混凝土 σ-ε 关系

在给定 ε_{cu} 的取值后，设计标准还必须给出从应变为零到应变为 ε_{cu} 之间的应力-应变模型，即这一段应力-应变曲线的数学表达式，以便用它来表示受压区混凝土应力的分布规律，见图 1-67（c）和（e）。下面分别给出我国、美国、加拿大以及欧洲设计标准使用的这种介于零应变和 ε_{cu} 之间的只在延性正截面承载力设计中使用的用来描述受压区应力分布的进一步简化的混凝土单轴受压应力-应变模型。

（1）我国《混凝土结构设计标准》GB/T 50010—2010(2024 年版) 第 6.2.1 条规定的受压区混凝土的应力-应变模型（图 1-69）

当混凝土强度等级为 C50 及以下时：

若 $\varepsilon_c \leqslant \varepsilon_0$，$\sigma_c = f_c \left[1 - \left(1 - \dfrac{\varepsilon_c}{\varepsilon_0} \right)^2 \right]$　　　　（1-38）

若 $\varepsilon_0 < \varepsilon_c \leqslant \varepsilon_{cu}$, $\qquad\qquad\qquad\qquad \sigma_c = f_c \qquad\qquad\qquad\qquad$ (1-39)

式中取 $\varepsilon_0 = 0.002$, $\varepsilon_{cu} = 0.0033$;

当混凝土强度等级为 C55~C80 时:

若 $\varepsilon_c \leqslant \varepsilon_0$, $\qquad\qquad \sigma_c = f_c \left[1 - \left(1 - \dfrac{\varepsilon_c}{\varepsilon_0} \right)^n \right] \qquad\qquad$ (1-40)

若 $\varepsilon_0 < \varepsilon_c \leqslant \varepsilon_{cu}$, 取式 (1-39) 不变。

其中,

$$n = 2 - \frac{1}{60}(f_{cu,k} - 50) \tag{1-41}$$

$$\varepsilon_0 = 0.002 + 0.5(f_{cu,k} - 50) \times 10^{-5} \tag{1-42}$$

$$\varepsilon_{cu} = 0.0033 - (f_{cu,k} - 50) \times 10^{-5} \tag{1-43}$$

在以上各式中, $f_{cu,k}$ 为混凝土立方体抗压强度标准值, 在按混凝土强度等级给出 ε_0 和 ε_{cu} 时, $f_{cu,k}$ 也就是各强度等级的标志值; ε_0 为轴心受压混凝土的与应力峰值对应的应变; ε_{cu} 为与图 1-66 中最大抗弯能力状态对应的混凝土压应变。如果把用于 C55~C80 级混凝土的 n、ε_0 和 ε_{cu} 分别从式 (1-41)、式 (1-42) 和式 (1-43) 中算出, 即得表 1-7。

我国《混凝土结构设计标准》GB/T 50010—2010(2024 年版) 对
C55~C80 混凝土取用的 n、ε_0 和 ε_{cu} 值　　　　　　　　　　表 1-7

混凝土强度等级	C55	C60	C65	C70	C75	C80
n	1.917	1.833	1.75	1.667	1.583	1.5
ε_0	0.002025	0.00205	0.002075	0.0021	0.002125	0.00215
ε_{cu}	0.00325	0.0032	0.00315	0.0031	0.00305	0.003

从表 1-7 中可以看出, 以上规定反映了强度较高的混凝土随着强度等级提高 ε_0 适度增大、ε_{cu} 适度减小的趋势。

在图 1-70 中画出了 C50 和 C80 级混凝土因 n 不同而得出的不同的 σ-ε 曲线上升段, 从中可以看出, C80 上升段中弹性段所占份额更大。这与本书前面图 1-20 和图 1-61 所示 σ-ε 关系是一致的。

(2) 美国和加拿大规范的规定

美国 ACI 318 规范条文中对受压混凝土的 σ-ε 关系未作具体规定, 只是指出 "不论采取什么样的 σ-ε 关系, 只要能合理反映试验所得正截面承载能力就都是允许的"。而在为工程界准备的手册中, 则一直使用 20 世纪 50 年代由 E. Hognestad 提出的图 1-71(a) 所示的二次抛物线加下降直线的 σ-ε 关系。Hognestad 认为, ε_0 取 0.002, ε_{cu} 取 0.003 对于大致相当于我国 C15~C60 的混凝土是合适的; 峰值应力则建议取用 $0.85f'$。对峰值应力取值的这一建议在某种程度上具有可靠度含义, 类似于我国规范对于由 f_{cu} (立方强度) 直接换算得到的轴心抗压强度 f_c 再乘一个 0.88 系数的做法。σ-ε 曲线下降段斜直线则取成到 $\varepsilon_{cu} = 0.003$ 时从峰值应力下降 15%。

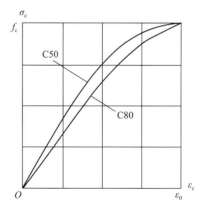

图 1-70　我国设计标准 σ-ε 关系中不同等级混凝土的上升段曲线比较

加拿大规范在 1994 年修订版中继续使用 Hognestad 模型，但有两点改动，一是对峰值应力取 $0.9f'_c$（f'_c 为圆柱体抗压强度），二是对 ε_{cu} 改用 0.0035。

在加拿大规范校核抗弯能力时使用的实用设计法中，也用过图 1-71(b) 所示的全用一条曲线表示上升段和下降段的模型，其方程为：

$$\sigma_c = \frac{2f'_c(\varepsilon_c/\varepsilon_0)}{1+(\varepsilon_c/\varepsilon_0)^2} \tag{1-44}$$

加拿大研究界则提醒，上式严格来说只适用于 C20～C40 的混凝土。

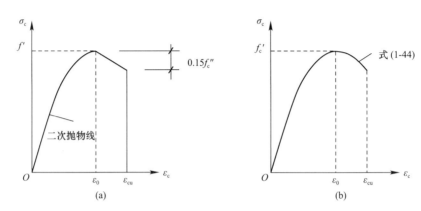

图 1-71　美国和加拿大规范用于正截面承载力设计的两种混凝土受压 $\sigma\text{-}\varepsilon$ 模型

（3）欧洲规范 EC 2（Eurocode 2）的规定

欧洲《混凝土结构设计》EC 2 规定正截面承载力计算时受压区混凝土的 $\sigma\text{-}\varepsilon$ 关系可按下面式（1-45）取用。在简化计算时，亦允许在峰值应力之后用一条水平直线取代，见图 1-72。

$$\frac{\sigma_c}{f_c} = \frac{kn - n^2}{1 + (k-2)n} \tag{1-45}$$

式中

$$k = 1.1E_c\varepsilon_0/f_c \tag{1-46}$$

n 则为 $\varepsilon_c/\varepsilon_0$，$\varepsilon_0$ 取为 0.0022。

式（1-45）反映了不同强度等级混凝土的不同 $\sigma\text{-}\varepsilon$ 曲线特征。例如，C30 和 C60 混凝土的 $\sigma\text{-}\varepsilon$ 曲线（只画上升段）的差异即如图 1-73 所示。式（1-46）的 E_c，当用于平均强度

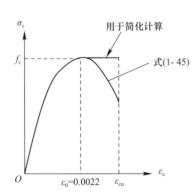

图 1-72　欧洲 EC 2 规范使用的用于正截面承载力计算的混凝土 $\sigma\text{-}\varepsilon$ 曲线

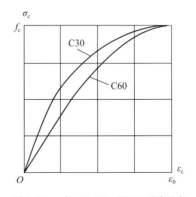

图 1-73　式（1-45）用于不同强度混凝土时的 $\sigma\text{-}\varepsilon$ 曲线上升段示意

水准的一般性能模拟时按表 1-8 取 $E_c = E_{cm}$；当用于截面承载力设计值的模拟时，取 $E_c = E_{cm}/\gamma_c$，$\gamma_c = 1.5$。其中 E_{cm} 为混凝土对应于 $0.4f_c$ 的割线模量平均值。EC 2 规范对不同强度等级混凝土取用的 ε_{cu} 值各不相同，亦请见表 1-8。

欧洲 EC 2 规范的 E_{cm} 和 ε_{cu} 取值　　　　　　表 1-8

混凝土强度等级	C15	C20	C25	C30	C40	C45	C50	C55	C60
E_{cm}(N/mm^2)	26000	27500	29000	30500	32000	33500	35000	36000	37000
ε_{cu}	0.0036	0.0035	0.0034	0.0033	0.0032	0.0031	0.0030	0.0029	0.0028

有些设计标准，如我国和美国的混凝土结构设计标准，还如图 1-67(d) 所示，进一步将图 1-67(c) 所示受压区混凝土的应力分布图按受压区合压力大小不变和位置不变的原则，换算成等应力分布（矩形应力图块）。我国设计标准经换算后取延性截面混凝土的压应力为混凝土的轴心抗压强度 f_c，取等应力受压区高度 x 为：

$$x = \beta_1 x_c \tag{1-47}$$

式中　x_c——曲线形应力分布对应的受压区高度，见图 1-67(c)；

　　　β_1——混凝土强度等级不超过 C50 时取为 0.8，混凝土强度等级为 C80 时取为 0.74，其间按线性内插法取值。

以上给出的我国、美国、加拿大、欧洲设计标准用来确定延性正截面承载力时描述正截面受压区混凝土应力分布的应力-应变模型，与前面用于截面或构件非弹性性能模拟的应力-应变模型相比，自然属于作了进一步简化的模型。使用这种简化模型的目的，只是为了使正截面承载力计算更为简便，且其精度对于工程设计已经足够。

5. 计算受弯构件开裂弯矩时需对受拉区混凝土应力-应变规律作出的调整

已有试验实测结果表明，当构件正截面曲率较小、受拉区各混凝土纤维处在轴拉应力-应变关系的上升段时，只要受拉弹性模量取值合理（一般取等于同一强度等级混凝土的受压弹性模量 E_c），正截面性能的模拟结果即与试验实测结果呼应良好。

但当所模拟截面的受拉区纤维逐步进入受拉应力-应变模型的下降段后，模拟结果会与试验结果出现越来越明显的差异。这种差异最早是在把模拟分析所得开裂弯矩（即受拉区即将开裂前正截面所能承担的弯矩）与试验实测结果对比时发现的。经研究认为，其原因可能在于，正截面非弹性模拟方法受拉纤维所用的应力-应变模型是由混凝土轴拉试验结果归纳出的；如前面所述，其下降段反映的是这类轴拉构件某个截面先从最薄弱点开始拉裂，随之开裂范围扩展，最终全截面拉断的过程，即"由点到面"的过程（参见前面的图 1-40 及对应的文字说明）。但正截面受拉区因应变有梯度，开裂总是从受拉边缘开始，并随曲率增大向截面内（即向中性轴方向）扩展，即裂缝开展的特点是"由边向内"，而不是"由点到面"。在试验中也发现，当即将开裂截面受拉边缘纤维已达受拉峰值应力时，该处并不开裂，要待该边缘应变进一步增长到足够程度后，方才开始裂开。

20 世纪 80 年代后期，清华大学过镇海团队和中国建筑科学研究院蔡绍怀团队，通过受弯构件正截面开裂性能的系列试验结果，提出了下列几项用来模拟截面开裂时对构件截面受拉区混凝土应力-应变规律、或者说应力分布模型的修改建议：

（1）受拉应力-应变曲线上升段可假定为弹性；

（2）减少受拉应力-应变曲线下降段的下降梯度；

（3）假定受拉边缘纤维的应变达到与受拉峰值应力对应应变的 2 倍时，该边缘混凝土纤维方开始裂开。

作为对比，在图 1-74(a) 和（b）中分别给出了由混凝土轴拉试验结果归纳出的受拉应力-应变曲线示意图和按以上三项调整假定给出的受拉应力-应变模型。在图 1-74(c) 和（d）中则分别给出了受拉区使用图 1-74(b) 的应力-应变模型时，受拉边缘即将开裂状态下的截面应变分布及应力分布。这时，因截面曲率对受压区混凝土而言依然较小，故受压区尚处在弹性状态（应力分布假定为三角形）。此时的截面抗弯能力即为"开裂弯矩" M_{cr}。这意味着，若在正截面性能非弹性全过程模拟分析中用图 1-74(b) 的混凝土受拉应力-应变模型完全取代图 1-74(a)（或前面图 1-39）中的混凝土单轴应力-应变规律，模拟结果会更接近构件的真实开裂弯矩。这时，截面受拉纵筋的拉应力仍应按钢筋处的截面应变经图 1-56(d) 所示的钢筋应力-应变规律确定。

以上方法同样适用于偏心受压截面及大偏心受拉截面的受拉区性能模拟。

从受力机理来看，以上模拟方法主要适用于构件中弯曲裂缝（垂直裂缝）截面的开裂前、后性能模拟，也近似适用于弯剪斜裂缝（即在构件弯-剪区段内由弯曲裂缝转朝斜向延伸而形成的裂缝）开裂前、后的性能模拟，但对剪力或扭矩作用下形成的主拉应力斜裂缝的开裂前、后性能，则仍宜使用由轴拉试件获得的应力-应变模型（图 1-74a），或其经简化后的多折线模型进行模拟。

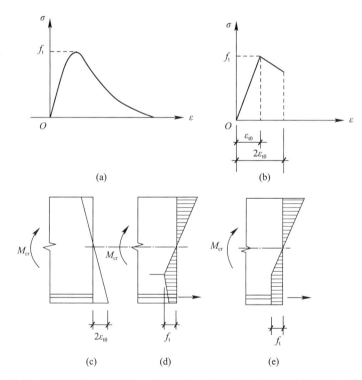

图 1-74　对构件正截面受拉区开裂前、后受力状态模拟用的混凝土受拉应力-应变模型的修正

我国《混凝土结构设计标准》GB/T 50010—2010(2024 年版) 为了给出构件开裂弯矩 M_{cr} 的计算方法，又对图 1-74(d) 中的受拉区混凝土应力分布模型作了进一步实用化处理，即使用图 1-74(e) 所示的三角形加矩形的应力分布模型，对应的应变分布中仍取受拉

边缘应变为峰值拉应力对应应变的 2 倍。这意味着在受拉区应力分布中三角形和矩形各占受拉区一半高度。由此即可导得该标准式（7.2.3-6）的 M_{cr} 计算公式。若将该式写成适用于钢筋混凝土正截面的一般形式则为：

$$M_{cr} = \gamma f_t W_0 \tag{1-48}$$

式中　W_0——构件换算截面对受拉边缘的弹性抵抗矩；

　　　γ——截面抵抗矩的塑性影响系数。

截面抵抗矩的塑性影响系数也就是按图 1-74(e) 的截面应力分布用构件换算面积算得的开裂弯矩与在完全弹性假定下用构件换算截面和受拉边缘达到混凝土抗拉强度 f_t 算得的开裂弯矩的比值，其具体取值方法见该设计标准第 7.2.4 条，这里限于篇幅不再详述。

上面提到的"构件换算截面"是在全弹性假定条件下分析由钢筋和混凝土这两种材料组成的构件截面时使用的一种手段。其具体做法是，对于如图 1-75 所示的双筋矩形截面，在已知截面尺寸和上、下纵筋数量 A'_s 和 A_s 以及钢筋和混凝土弹性模量 E_s 和 E_c 的条件下，可将钢筋按与其同等高度处的混凝土应变相同的条件和所承担的拉应力相等的原则换算成相应的混凝土面积。因在应变相同时，单位面积钢筋的拉力为单位面积混凝土拉力的 n 倍，其中：

$$n = E_s / E_c \tag{1-49}$$

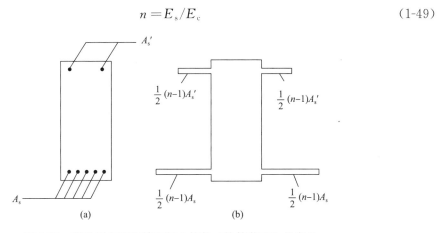

图 1-75　弹性假定下钢筋混凝土构件"换算截面"的定义

故钢筋在抗弯截面中的作用就相当于面积为 nA'_s 或 nA_s 的混凝土的作用。因由钢筋换算成的混凝土面积必须仍保持在其原有截面高度处，故只有将 $(n-1)A'_s$ 或 $(n-1)A_s$ 的面积在钢筋所在高度处从截面两侧挑出，见图 1-75(b)。

6. 在二维及三维非弹性分析中使用塑性损伤理论时需对混凝土单轴受拉应力-应变曲线作出的调整

还需指出的是，当在钢筋混凝土构件二维及三维非弹性性能模拟分析中使用塑性损伤理论时，也是把混凝土的单轴受拉应力-应变规律作为模拟主拉应力方向开裂前后混凝土受力性能的基本模型。这时，为了简化计算程序，会如图 1-76 中 $OABCD$ 线所示将混凝土受拉应力-应变曲线简化为多折线；同时，还需在此基础上适度减小折线下降段的下降梯度（例如将图 1-76 中的 $OABCD$ 线调整为 $OAB'C'D'$ 线，称为"拉伸硬化曲线"；且当所考虑区域内的配筋率不是过小时，通常取与 D' 点对应的应变为与 A 点对应的应变的 10

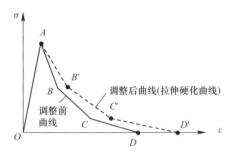

图 1-76　在塑性损伤理论中使用的
混凝土轴拉应力-应变曲线及
对其进行调整形成的"拉伸硬化曲线"

倍）。这样做的用意是想反映在有配筋的混凝土体中，当主拉应力裂缝以一定间距形成后，裂缝之间的混凝土在垂直裂缝方向仍能协助钢筋承担一定的拉力，故与假定混凝土完全不受拉的状态相比，相当于增大了 σ-ε 曲线下降段与每个应变对应的应力值。而这种效应会随垂直于裂缝方向应变的增大而逐步削弱（有关配筋混凝土构件裂缝间混凝土协助承担拉力的说明请见本书第 3.2.2 节）。

若将图 1-76 中减小曲线下降段下降梯度的措施与图 1-74（b）中过镇海模型减小下降段梯度的措施相比，则可以看出，虽然看起来都是减小下降段的下降梯度，但后者是为了更好地模拟构件正截面受拉开裂前的性能，而前者则是为了体现混凝土受主拉应力作用开裂后裂缝间混凝土协助抗拉的效应。这提醒模型的使用者一定要关注所用模型（包括其调整措施）的物理背景和模型提出者的用意，以避免误解和误用。

1.13.2　对钢筋混凝土结构二维及三维非弹性分析思路的简要介绍

在目前使用的钢筋混凝土建筑结构体系的各类结构构件中，大部分构件，其中包括常用的相对偏细长的框架梁和框架柱、高层及超高层结构中剪力墙或核心筒的组合截面墙肢和相对偏细长的连梁等，其受力和变形都是以正截面性能（即考虑轴力或忽略轴力的弯曲性能）为主导成分的，剪切变形在构件总变形中所占份额很小。当需要通过分析了解这些构件进入非弹性受力状态后的性能时，如前面第 1.13.1 小节所述，都可以通过一维有限元分析法对其非弹性性能进行模拟。其中，不论使用纤维模型、多弹簧模型、多竖杆模型，还是更为简化的集中塑性铰模型，其分析模型一般都是取用杆系有限元模型；性能模型（或称材料模型）则都只需使用混凝土和钢筋这两种材料的单轴拉、压应力-应变规律（或称"一维本构模型"）或在这一规律基础上给出的杆端弯矩-转角规律。当有必要时，则可通过加设剪切杆和剪切弹簧和给定剪切弹簧的剪力-剪切角规律来反映剪力及剪切变形对构件非弹性受力性能的影响。

在结构性能研究或结构设计中真正需要通过二维或三维非弹性有限元分析来了解结构构件非弹性受力表现的只限于若干特定受力情况。

可能需要动用二维非弹性有限元分析来了解其进入非弹性状态后受力性能的特定情况例如有：

（1）构件中作用剪力与作用弯矩的比值（剪弯比）足够大，剪切变形在总变形中所占比重较大的构件或构件部位，例如层数很少的低矮剪力墙墙肢（请注意，根据已有分析结果，绝大多数高层及超高层结构底部楼层的剪力墙或核心筒的墙肢因剪弯比不大，故均不属于此种受力状态）、短框架柱、小跨高比的框架梁或连梁以及框架的梁柱节点区等。

（2）构件内传力途径较为复杂的具有二维受力特征的构件，例如有较大不规则开孔的剪力墙或核心筒的墙肢或转换层大梁，以及底部楼层改由框架支撑的剪力墙（框支剪力墙）内的墙体与框架的过渡区段等。

（3）其他所有具有明显二维受力特征的复杂受力状态下的结构构件或构件部分。

而可能需要动用三维非弹性有限元分析来了解其进入非弹性受力状态后性能的特定情况则例如有外形及受力较为复杂的大型机电设备的大体积混凝土基础、各类结构构件中的复杂局部受压传力区、同时受弯矩、剪力和较大扭矩作用的梁类构件、平面形状复杂且不对称的核心筒以及核电站反应堆安全壳或其他壳体结构等。

在钢筋混凝土结构的二维或三维非弹性静力分析方法中，分析模型一般均可继续沿用弹性有限元分析使用的模型，如二维分析壳元模型和三维分析的实体等参元模型；而在性能模型或材料模型中除钢筋继续使用其单轴拉、压应力-应变规律外（可根据情况按单根或单排、单束建模，或按弥散模型建模），整个方法的难点就在于要给出混凝土在双轴或三轴受力状态下，当各轴作用拉、压应力不同且各轴应力比不断变化时的受压和受拉应力-应变规律（或称混凝土的二维及三维本构模型）。

严格来说，要给出混凝土的二维或三维本构模型，就需要在有效系列试验实测结果的基础上以数学表达式的方式给出以下三方面的规律：首先，应给出混凝土拉、压应力-应变曲线的峰值应力在各轴作用拉、压应力不同且各轴应力比不断变化条件下的变化规律，这也就是前面第 1.11 节中所讨论的混凝土的"强度准则"；其次，还应给出混凝土的二维或三维受力发生上述同样变化的条件下与峰值应力对应的应变值的变化规律，这或可称为"与强度对应的应变准则"；最后，还需要给出混凝土的二维或三维受力发生上述同样变化的条件下应力-应变曲线的上升段和下降段的走势（曲线形状）可能发生变化的规律。而在上述"与强度对应的应变准则"中还应体现在二维或三维受力发生上述同样变化的条件下混凝土的非弹性横向变形系数的变化规律。可以想象，与给出不同强度等级混凝土单轴拉、压应力-应变曲线的数学表达式相比，给出在各种二维受力条件下的这类表达式就已经要复杂得多；而给出在各种三维受力条件下的这类表达式自然会极其复杂。

从 20 世纪中期国际学术界关注混凝土的双轴及三轴受力性能开始，到 20 世纪 80 年代后期，通过各学术团队已完成的试验结果已经给出了能为研究界普遍接受的混凝土二维强度准则（例如见前面图 1-47），随后又给出了混凝土三维强度准则的基本轮廓（例如见前面图 1-48），但因试验遇到的应变测试难度，即使使用了电液伺服式试验装置，各国知名研究团队对于在二维及三维各种受力条件下与强度对应的应变值方面以及在二维及三维各种受力条件下的拉、压应力-应变曲线走势方面至今仍未见有成熟实测结果发表。

但为了应对实际应用需求，各国有关研究团队还是在二维和三维本构关系试验结果严重不全的前提下为混凝土的二维和三维本构模型提出了不同的建立思路和表达模式。本书在这里不拟展开介绍。

我国《混凝土结构设计规范》GB 50010 在其 2002 年版的附录 C 中首次给出了有关混凝土单轴和多轴本构模型的建议。其中除分别按上升段和下降段给出了混凝土的单轴受压和受拉应力-应变曲线的表达式外，还给出了在双轴和三轴受力状态下的混凝土强度准则；对于双轴和三轴受力状态下的混凝土应力-应变模型，该附录只给出了"可采用非线性弹性的正交异性模型，也可采用经过验证的其他本构模型"的原则性表态。以上模型和强度准则是规范修订组委托清华大学过镇海和叶列平在当时已有研究成果的基础上提出的。

到该规范 2010 年版修订时，规范修订组又委托同济大学李杰在其研究工作基础上提出了对上述附录 C 内容的扩展和修订建议；最后形成的修订内容包括：

（1）给出了钢筋在单向加卸载和拉、压反复受力状态下的应力-应变规律；

（2）在保留混凝土双轴和三轴强度准则规定的前提下，对于混凝土的单轴受压和受拉的应力-应变规律和双轴受力条件下各轴不同拉、压状态和不同应力比情况下的应力-应变规律改为给出用损伤演化参数 d_1 的变化来连贯表达其上升段和下降段的表达式；但对三轴受力条件下的这类表达式则因条件尚不够充分而只能暂时留作空缺；

（3）给出了钢筋与混凝土之间粘结-滑移加卸载规律的表达式。

在我国建筑结构设计界使用的由国内外编制的结构分析商品软件中，对钢筋混凝土构件或构件部位的二维及三维非弹性有限元分析使用的多是建立在 20 世纪 90 年代国外提出的混凝土塑性损伤理论基础上的非弹性有限元分析方法，有兴趣的读者可参阅美国 W. F. Chen（陈惠发）的著作《土木工程材料的本构方程》（中译本，华中科技大学出版社）以及 ABAQUS 软件理论手册（Dassault Simulia，ABAQUS Theory Manual，2010）。

综合以上简述不难看出，在混凝土的静力分析使用的二维及三维本构模型领域仍存在较大的研究和开拓空间。

本书作者还想借此机会指出的是，由于已有研究分析结果已充分证明，在高层和超高层建筑结构中，剪力墙或核心筒的墙肢在工程常见的受力状态下均处于以弯曲变形为主的受力状态下，因此，在目前使用的不少结构分析通用商业软件中，对这类构件的弹性及非弹性分析采用二维有限元分析模型（壳元模型）建模的做法与这些结构构件的上述实际受力特点并不完全符合，且按二维非弹性有限元分析获得的分析效果可能还不如例如采用多竖杆模型（加剪切弹簧）时的分析效果。另外，即使在这些构件的二维非弹性分析中继续使用壳单元作为分析模型，在性能模型中改用在本书第 6 章中提及的基于修正斜压场理论的钢筋混凝土本构模型也可能会比现用的基于塑性损伤理论的混凝土本构模型获得更符合墙肢类构件实际性能的分析效果，特别是在剪切效应相对偏大，斜裂缝发育有可能较为充分的低矮墙肢类构件中。

1.14 混凝土的疲劳强度及有关构件的疲劳强度验算

各类桥梁结构以及工业和仓储建筑结构中的吊车梁会在整个使用寿命中经受车辆荷载或吊车荷载的频繁重复作用。统计结果表明，桥梁结构中的桥面梁以及工业和仓储建筑中的吊车梁在其整个使用寿命中可能经历的直接作用在其上的活荷载循环次数可达数百万次甚至上千万次。因在这些构件中循环作用活荷载形成的内力在组合内力中占有较大份额（即构件自重所占份额较小），从而可能在弯矩较大的正截面中发生受压边混凝土的疲劳受压破坏或受拉纵筋的疲劳受拉破坏，或在剪力较大部位发生斜压混凝土的疲劳受压破坏或斜裂缝处受拉箍筋的疲劳受拉破坏，并导致构件失效。

由于循环作用的活荷载内力值均小于用于桥面梁或吊车梁承载能力设计的最不利状态下的活荷载内力值，故这类构件都是先按最不利组合内力值进行常规截面设计，然后再按循环荷载组合内力以及材料的疲劳强度进行疲劳强度复核（即疲劳验算）。当不能满足疲劳验算要求时再对截面或配筋进行调整。

混凝土的疲劳性能试验多数是以等幅循环加载下的轴压或轴拉形式完成的（即整个循环加载过程中各循环的最大应力和最小应力保持不变）；在早期试验中也曾利用梁式构件完成过少量混凝土的弯拉疲劳性能试验。单轴疲劳性能试验需在专用的疲劳试验机上完成。试验机会在规定的最大应力和最小应力之间对混凝土试块进行不间断的循环加载，直至试块破坏。因循环加载频率过高会使试验性能失真，而频率偏低又会使每一次疲劳试验时间过长，故一般选用频率为 $1\sim3\mathrm{Hz}$。这样，一个试块的一次疲劳试验也将持续（日夜不间断）数天到十余天。

从已有混凝土单轴受压等幅疲劳性能试验结果中发现，当混凝土在最大应力低于一次加载峰值应力 f_c 的条件下循环加载时，试块混凝土会随着循环加载上限应力不同和下限应力与上限应力比值（称为"应力比" ρ_c^f）不同而在达到不同的循环次数后发生疲劳破坏。或者说，当应力比不变时，要求混凝土耐受的循环加载次数越大，其疲劳强度（即循环加载的上限应力）就会越小，即比一次加载的 f_c 越偏低。也可以说，若应力比偏小，即最大应力与最小应力相差越大，达到相应循环次数的疲劳强度（即上限应力）也将越低。而且，随着循环次数的增大，混凝土的弹性模量会逐步下降。例如，在两百万次循环后，可降至初始弹性模量 E_c 的三分之一左右。我国《混凝土结构设计标准》GB/T 50010 将这种降低后的弹性模量称为混凝土的"疲劳变形模量" E_c^f，其取值见《混凝土结构设计标准》GB/T 50010—2010（2024 年版）表 4.1.7，这里不再引出。混凝土的疲劳强度之所以会具有以上规律，源自循环加载中微裂隙的发育累积，即所谓的"损伤累积"。由于疲劳试验采用的等幅加载方式，使混凝土受压不可能进入应力-应变关系的下降段，这导致混凝土受压疲劳破坏具有比一次加载更为明显的突发性和脆性。

我国《混凝土结构设计标准》GB/T 50010—2010（2024 年版）只针对钢筋混凝土吊车梁和预应力混凝土吊车梁这一类受弯构件给出了疲劳验算规定，见该规范第 6.7 节。对于钢筋混凝土吊车梁，疲劳验算内容分为正截面和斜截面验算两部分，其中的验算特点及内容是：

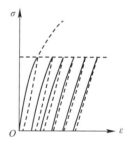

图 1-77　多次循环受力后混凝土应力-应变关系的变化（图中各条上升和下降的应力-应变曲线不是连续曲线，而是相互间隔数万到数十万次循环的各个单次加-卸载循环曲线）

（1）考虑到构件正截面受拉区在循环荷载下一般均已开裂，而斜截面则可能开裂也可能未裂，加之通过混凝土受压疲劳试验可知，如图 1-77 所示，混凝土在多次受力循环后，其应力-应变曲线重新具有理想弹性特点（但弹性模量已降低），因此，可将构件正截面假定为受拉区开裂，拉力全由弹性钢筋承担，压力则由应力分布图形为三角形的弹性混凝土以及弹性受压钢筋承担的这样一种由两种弹性材料构成的组合截面。当认为平截面假定继续成立时，即可用前面第 1.13.1 小节所讨论的"换算截面"概念来计算构件的截面受力状态。也就是说，例如一个如图 1-78（b）所示的吊车梁双筋 T 形截面（受拉区已开裂），即可视为如图 1-78（c）所示的换算成混凝土的截面。但应注意，当用换算截面算得某钢筋高度的混凝土应力后，应将该应力乘以系数 α_E^f 后方能得到该处的钢筋应力；系数 α_E^f 为钢筋弹性模量与混凝土疲劳变形模量的比值。

（2）在吊车梁的疲劳验算中，确定计算所需弯矩和剪力时，吊车只考虑一台，并取其最大荷载标准值，按其作用最不利位置计算相应内力。吊车荷载的循环次数按两百万次考虑。

（3）在钢筋混凝土吊车梁的正截面疲劳验算中应满足以下两项要求：

1）按换算截面求得的受压区边缘纤维的混凝土压应力不应超过混凝土轴心抗压疲劳

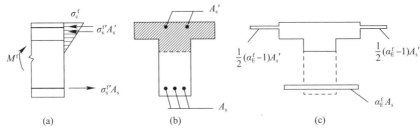

图 1-78　受弯构件正截面疲劳验算中使用的混凝土换算截面

强度设计值 f_c^f；f_c^f 取等于混凝土的轴心抗压强度设计值乘以受压疲劳强度修正系数 γ_p；系数 γ_p 由《混凝土结构设计标准》GB/T 50010—2010（2024 年版）表 4.1.6-1 查得，这里不再引出。从该表中可以看出，该系数与疲劳应力比 ρ_c^f 相关，而疲劳应力比则按该设计标准式（4.1.6）计算。

2）按换算截面求得正截面受拉纵筋在该截面最大弯矩和最小弯矩下的拉应力；再由这两个拉应力求得其差值；这一差值称为"应力幅"，其值应不超过设计标准规定的"应力幅限值"（见该设计标准表 4.2.6-1）。

（4）在钢筋混凝土吊车梁的斜截面受剪疲劳验算中应按以下要求操作：

1）当按规范给出的简化方法［设计标准式（6.7.8）］算得的截面中性轴处的剪应力未超过该设计标准式（6.7.7-1）规定的限制条件时，箍筋按构造要求配置。

2）当中性轴处的剪应力超过设计标准式（6.7.7-1）的限制条件时，箍筋数量应配置到使其应力幅不超过设计标准表 4.2.6-1 规定的钢筋应力幅限值的地步。

涉及钢筋疲劳性能的有关问题将在第 2.4 节中进一步说明。

1.15　混凝土的硬结收缩及其对结构的影响

1.15.1　概述

混凝土在硬结过程中都要产生体积收缩，称为"硬结收缩"（在其他文献中都将这一现象简称为"混凝土的收缩"，但为了与混凝土因其他原因，如温度变化等产生的体积收缩相区分，本书对硬结过程中的体积收缩始终使用"硬结收缩"的名称），它来源于水泥水化物在凝结中形成的收缩（凝缩）和水泥水化后的游离水蒸发后因毛细压力变化而产生的混凝土体积收缩（干缩）。因此，从内部原因看，水泥用量大、加水多和养护条件差是增大硬结收缩的三个主要原因。

混凝土的硬结收缩变形如果不受到限制（或称"不受外界约束"）就不会在除大体积混凝土以外的一般结构混凝土中形成附加应力，通常也就不会对结构形成危害。若一旦收缩变形受到限制，就会在结构混凝土中形成附加的收缩拉应力。由于混凝土抗拉强度低，一旦收缩拉应力过大，或再和温度降低引起的收缩变形受到限制所产生的拉应力相叠加，就会导致混凝土开裂。这是近年来在工程质量问题中占比重颇大的一类问题。

20 世纪 80 年代以前，我国混凝土结构、特别是楼盖结构，大部分采用装配式结构或装配整体式结构。装配式结构是指例如楼盖梁、板均在预制构件厂生产（板为空心板或槽形板），在现场安装后只作砂浆灌缝；楼盖面层用细石混凝土制作，但不考虑起结构作用，且在面层中不配钢筋网。装配整体式结构例如可以采用图 1-79 所示的叠合梁-预制板-现浇结构层（厚度不小于 35mm，配不少于 $\phi4@200$ 钢筋网）方案；这类方案通过现浇结构层使结构实现"部分整体化"。其中的叠合梁是指梁的下半部为预制，箍筋向上伸出，在施工过程中支承楼板、面层重量及施工荷载；梁上半部在板放好后现浇（也可以和面层一起现浇），最后形成整个梁截面来进一步承担追加的恒载和使用阶段的楼面可变荷载。不论采用装配式或装配整体式结构，因梁、板构件预制，在预制场期间混凝土的硬结收缩已大部分产生（硬结收缩过程先快后慢，总的可达一年以上，但前一、两个月形成的收缩量在整个收缩量中占有较大比重，见图 1-80），而且组装完成后的结构因构件之间的缝隙虽填有砂浆，但不完全密实，对后期收缩也不会造成过大阻碍，因此从总体上看，因硬结收缩导致的质量问题较少。80 年代以后，随施工工艺变化，结构混凝土朝现浇方向转化，设计和施工中的减小收缩措施未跟上，由收缩受到阻碍而导致的开裂现象在工程质量问题中占的比重日益上升。这促使我国设计界和施工界在 80 年代后期到 90 年代初期认真采取了若干措施，目前由混凝土硬结收缩形成的质量问题从趋势上看已得到控制。

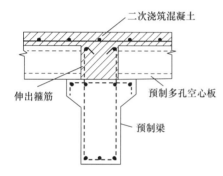

图 1-79　装配整体式楼盖示例（叠合梁方案）

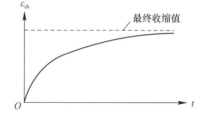

图 1-80　硬结收缩应变的增长过程

混凝土最终硬结收缩量的大小受混凝土成分和硬结及工作环境中的诸多因素影响，很难准确估计。影响因素及估算方法可参见例如 MacGregor 的 *Reinforced Concrete*，*Mechanics and Design* 一书。作为极粗略的估计值，可取为 25℃温度变化（降温）引起的收缩应变。因为混凝土的温度应变约为 $1\times10^{-5}/℃$，所以对应于 25℃温度变化的硬结收缩应变约为 $\varepsilon_{sh}=25\times10^{-5}$。

1.15.2　硬结收缩应力——因混凝土硬结收缩受到限制而在结构中形成的强制应力

混凝土的硬结收缩虽然是三维的，但如图 1-81 所示，在一根梁内主要是沿长度方向的混凝土硬结收缩会受到限制（图 1-81a）；而在一块平板内则主要是沿平面的两个边长方向的硬结收缩有可能受到限制（图 1-81b）。

如果一根梁两端完全固定，即梁在其长度方向不能产生任何伸长或缩短，则一旦混凝土产生硬结收缩，收缩变形将不能形成。这相当于把自由收缩后的混凝土梁（图 1-82b）重新拉长到其两端固定条件下的长度（图 1-82c）。这时在梁的各个截面中形成的拉应力即为硬结收缩引起的强制拉应力。此时梁可视为轴心受拉，若假定混凝土处在弹性状态，则硬结收缩强制应力 σ_{sh} 即为：

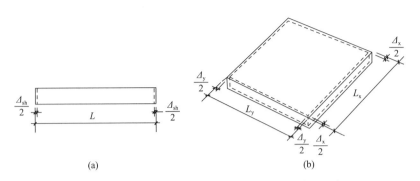

图 1-81　梁类构件与板类构件内主要硬结收缩量示意

$$\sigma_{sh} = E_c \varepsilon_{sh} \tag{1-50}$$

式中　ε_{sh}——自由硬结收缩应变；如图 1-81 所示可取：

$$\varepsilon_{sh} = \Delta_{sh}/L \tag{1-51}$$

式中　Δ_{sh}——混凝土自由硬结收缩时在梁长范围内的总收缩量。

　　如果梁两端不是完全固定，而是在产生收缩拉力后被各向内拉出一个位移 $\Delta'/2$（图 1-83），这就相当于完全自由收缩后的梁不用被拉长到向每侧各伸长 $\Delta_{sh}/2$，而是只伸长 $\Delta_{sh}/2 - \Delta'/2$，因此梁中收缩拉应力也就会小于式（1-50）的 σ_{sh}，梁混凝土被收缩应力拉裂的可能性就会降低。

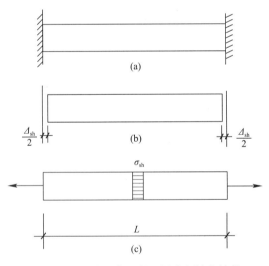

图 1-82　两端固定混凝土梁中硬结收缩拉
应力（强制应力、约束应力）的形成

　　因此，除去通过少用水泥特别是强度等级高的水泥、少用水、选好骨料级配以及加强混凝土养护等措施减少硬结收缩之外，该硬结收缩是否会导致结构混凝土开裂在很大程度上与构件所处的端约束状态有关。例如，工程中常见的与两根柱及其下面的较大独立基础整体连接的基础梁，出现收缩裂缝的质量问题就较为常见。其原因看来是承受很大压力的柱和单独基础是很难侧向变形的，而且基础梁是多跨连续的（图 1-84）。也就是说，每跨基础梁两端的固定程度很好。

　　同样，两端与侧向刚度很大的剪力墙或核心筒壁相连的底层连梁或楼盖梁也常有可能出现混凝土硬结收缩裂缝（一般均沿垂直方向开裂，且沿梁长方向分布较均匀）。

　　与地基或混凝土垫层直接接触的面积过大的基础底板或筏式基础，一次浇筑面积过大的现浇楼盖，一次浇筑长度过大的挡土墙、剪力墙、隧道侧壁、水池池壁都会因与其接触的岩体不收缩或有其他侧向刚度大的结构构件的阻碍，甚至受自身平面内刚度大的钢模板阻碍，形成由混凝土硬结收缩受到阻碍而引起的裂缝。这些裂缝一般都出现在垂直于收缩构件长度的方向。

图 1-83　两端弹性约束情况（收缩强制应力减小）

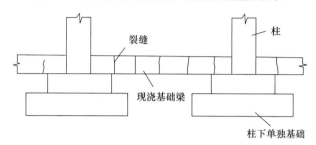

图 1-84　基础梁常见的收缩裂缝

1.15.3　两端无约束的配有纵筋的混凝土构件的收缩

如图 1-85(a) 所示，有一根配有通长纵筋的混凝土构件，混凝土截面面积为 A_c，纵筋截面面积为 A_s。假定纵筋与混凝土之间粘结良好，即构件如果有长度变化，且混凝土又尚未开裂，则纵筋和混凝土的长度变化可假定相等。因钢筋无收缩性能，因此当混凝土发生体积收缩时，将强制钢筋与其共同缩短，从而在钢筋中形成压应力 σ'_s。由于此时构件未受外力作用，故混凝土中根据平衡条件必然会形成对应的拉应力 σ^*_{sh}，而且混凝土中的总拉力应等于纵筋中的总压力，即（图 1-85d）：

$$\sigma^*_{sh} A_c = \sigma'_s A_s \tag{1-52}$$

若再考虑此时的变形协调关系，即当混凝土的自由收缩值（图 1-85b）为 Δ_{sh}，或其硬结收缩应变为 $\varepsilon_{sh} = \Delta_{sh}/L$ 时（其中 L 为构件长度），有纵筋构件的钢筋压缩变形为 Δ'_{sc}（对应应变为 $\varepsilon'_{sc} = \Delta'_{sc}/L$），则混凝土受拉伸长变形 Δ^*_{sh}（对应应变为 $\varepsilon^*_{sh} = \Delta^*_{sh}/L$）与 Δ_{sh} 之间就必然存在下列关系：

$$|\Delta_{sh}| = |\Delta'_{sc}| + |\Delta^*_{sh}| \tag{1-53}$$

或

$$|\varepsilon_{sh}| = |\varepsilon'_{sc}| + |\varepsilon^*_{sh}| \tag{1-54}$$

加之

$$\varepsilon'_{sc} = \sigma'_s/E_s, \quad \varepsilon^*_{sh} = \sigma^*_{sh}/E_c \tag{1-55}$$

故将式（1-55）代入式（1-54）后即可得：

$$|\varepsilon_{sh}| = \left|\frac{\sigma^*_{sh}}{E_c}\right| + \left|\frac{\sigma'_s}{E_s}\right| = \left|\frac{\sigma'_s A_s}{E_c A_c}\right| + \left|\frac{\sigma'_s}{E_s}\right| = \sigma'_s\left[\left|\frac{A_s}{E_c A_c}\right| + \left|\frac{1}{E_s}\right|\right] \tag{1-56}$$

从上式可以看出，当混凝土的自由收缩量 ε_{sh} 以及混凝土和钢筋的弹性模量 E_c、E_s 和构件截面面积 A_c 为已知时，纵筋截面面积 A_s 越大，σ'_s 必然越小；这意味着构件的缩短量就越小，混凝土的拉长量就越大，即混凝土中的强制拉应力 σ^*_{sh} 也就越大。这表明混凝土被硬结收缩拉应力拉裂的可能性增大。但因为纵筋毕竟被压缩，故与前面图 1-82 构件两端完全固定的情况相比，这种两端无约束但有纵筋的构件所引起的混凝土收缩拉应力还是要小一些。

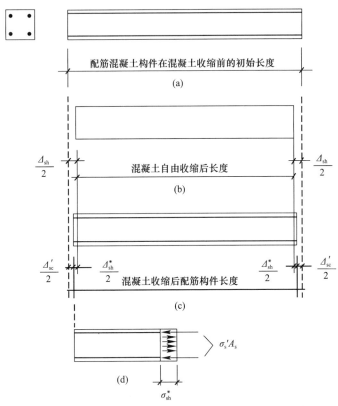

图 1-85　在有纵筋无端约束构件中混凝土收缩的影响

1.15.4　纵筋减小混凝土收缩裂缝宽度的作用

首先需要想清楚的是，若如图 1-86 所示，配有纵筋的构件两端完全固定，且纵筋在构件两端以外的混凝土中锚固良好，则可以断定，当混凝土产生收缩时，因纵筋长度原则上没有变化，故纵筋中将无应力产生。而混凝土中则产生与图 1-82 所示情况相同大小的收缩拉应力 σ_{sh}。

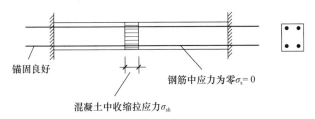

图 1-86　两端固定且配有纵筋构件中的收缩应力

如果构件两端如图 1-83 所示为弹性约束，则可以判定，当两端约束刚度从无穷大（完全刚性约束）降到零时，构件混凝土收缩后的应力状态将从图 1-86 所示的状态逐步过渡到图 1-85 所示的状态（完全无约束状态）。中间状态的受力特征请读者自行判断，这里不再赘述。

下面讨论纵筋对收缩裂缝宽度的影响。如图 1-87(a) 所示，当一根两端完全固定的素混凝土构件因收缩过大、收缩拉应力过高（超过混凝土抗拉强度）而在构件的某个部位开裂，并形成贯穿构件截面的裂缝后，所有的收缩变形都将恢复，即裂缝两侧构件分别向两侧回缩，因此裂缝宽度 w 应为：

$$w = \varepsilon_{sh} L \tag{1-57}$$

式中　ε_{sh}——收缩应变；

　　　L——构件长度。

且不论构件长度大小，都只有一根裂缝。当 ε_{sh} 一定时，构件越长，w 越大。

若两端固定的构件配有纵筋，则当因收缩拉应力过大而形成贯穿构件截面的唯一一条裂缝时，裂缝两侧构件试图回缩时就必然强迫钢筋压缩。这时就将形成如图 1-87(b) 所示的处在裂缝及其附近的一小段钢筋被拉长，产生相对较大的拉应力，而左、右两段与混凝土仍然粘结良好的钢筋则被压短，其中形成相对较小但分布均匀的压应力的受力状态（图 1-87c）。此时，两侧构件混凝土中必然还将形成与钢筋压应力相平衡的拉应力。而中间裂缝附近钢筋的伸长加上左、右两段钢筋的压缩（绝对值相加）就应恰好等于图 1-87(a) 中的裂缝宽度，即下列关系大致成立：

$$\bar{\varepsilon}_{st} L_1 + 2\bar{\varepsilon}_{sc} L_2 = w \tag{1-58}$$

$$\bar{\varepsilon}_{st} L_1 \approx w_1 \tag{1-59}$$

式中　$\bar{\varepsilon}_{st}$——中间受拉段纵筋的平均拉应变；

　　　$\bar{\varepsilon}_{sc}$——两侧两段纵筋的平均压应变；

　　　w_1——配有纵筋情况下的实际裂缝宽度。

长度 L_1 和 L_2 的定义如图 1-87(c) 所示。

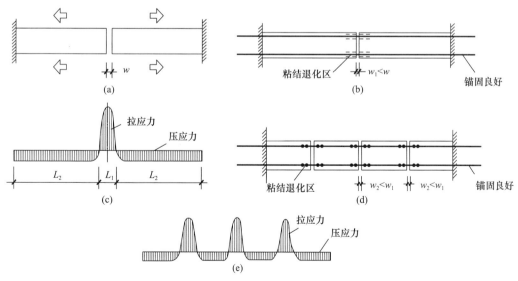

图 1-87　纵筋减小收缩裂缝宽度的作用

由于硬结收缩是逐渐增大的，图 1-87(a) 构件混凝土中的收缩应力也将逐步加大，当收缩应力增大到超过构件某个最薄弱截面的抗拉强度时，第一根收缩裂缝就将出现，从而形成图 1-87（c）所示的受力状态。若收缩进一步增长，则在图 1-87（b）左、右两段构件中钢筋的压应力和混凝土的拉应力还会增大（此时中间的裂缝宽度也会进一步稍有增大）。若左、右两段构件中的混凝土拉应力又超过了混凝土抗拉强度，则会在左、右两个 L_2 长度内进一步形成收缩裂缝，于是将形成图 1-87（d）所示的裂缝状态和图 1-87（e）所示的钢筋应力分布。这时，原有构件长度中点的裂缝，其宽度反而会相应减小，即出现三条裂缝宽度趋于均匀化的现象。

根据与图 1-85 所示类似的道理，当纵筋数量增加时，裂缝宽度会进一步减小，但裂缝之间混凝土的收缩拉应力会有所增大，这可能导致出现更多条裂缝。根据推理可知，在收缩应变 ε_{sh} 不变的前提下，裂缝根数越多，每根裂缝就越细。

以上分析说明，如果在钢筋混凝土结构构件中沿混凝土硬结收缩较大且收缩受约束较严重的方向，在构件截面中均匀布置钢筋，这些钢筋虽然从理论上说不能防止混凝土开裂，但可以明显发挥限制裂缝宽度和把收缩变形分配到多条裂缝中去的作用。而且，钢筋数量越多，或钢筋直径越小，这种作用就越明显；这还可从下面第 5.6.4 节的讨论中找到更多的解释。

我国的工程经验也一再证明，在混凝土硬结收缩现象较普遍存在的一般构件中，通过合理布置抗收缩和温度变形影响的构造钢筋，确能有效避免混凝土开裂（实际上应该说是把裂缝宽度限制在肉眼不易发现的范围内）或至少相对减小了裂缝开展宽度。以上利用图 1-87 所作的分析可视为对这一工程经验作出的概念性解释。

1.15.5 工程中常见的硬结收缩裂缝

综合以上几节所述可知，只要结构中混凝土的自由硬结收缩受到周边结构以及与收缩直接接触的地基土、岩体、其他既有结构或施工钢模板的限制、阻碍，就会在混凝土中形成收缩拉应力，并可能导致结构构件开裂。例如，与地基接触的箱形基础底板或筏式基础底板混凝土的收缩受到不收缩的基岩限制时，会在底板下部形成图 1-88（a）所示的竖直方向的收缩裂缝，裂缝不一定贯穿底板。又例如，基础底板已先期浇筑，随后间隔时间较长后再浇筑与它整体连接的剪力墙（墙较长），则因底板的硬结收缩已大部分先期发生，墙体混凝土的硬结收缩就会受不再收缩的底板制约而在墙下部引起竖向收缩裂缝（图 1-88b）。再例如，在一层剪力墙浇筑完毕较长时间后再浇筑楼盖时，也会在面积较大的楼板上出现收缩裂缝（常贯通板截面，见图 1-88c）。另外，体量较大（截面高且厚）的转换层大梁也可能在拆模后立即发现梁上出现多条竖向裂缝。这可能因梁两端结构约束较强而引起，也可能因梁的钢模板纵向刚度较大而引起（图 1-88d）。

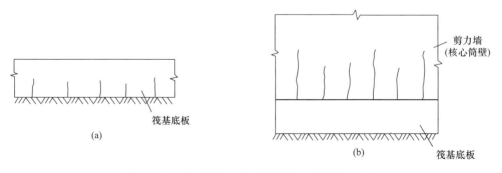

剪力墙
（核心筒壁）

筏基底板

筏基底板

(a)

(b)

图 1-88 几种可能形成收缩裂缝的工程情况（一）

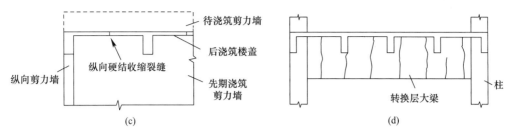

图 1-88　几种可能形成收缩裂缝的工程情况（二）

硬结收缩受限所产生的拉应力还可能与温度降低时结构的缩短同样受限制而形成的温度拉应力相叠加，而形成可能导致混凝土开裂的更不利局面。

1.16　结构中的温度内力

在钢筋混凝土结构从建造到服役期结束的整个时间段内，结构所经历的变形除去各类荷载引起的瞬时变形和由持续作用的荷载引起的追加徐变变形外（对徐变变形的说明见下面第 1.18 节），还会经历由混凝土硬结收缩引起的变形以及温度变化引起的变形。这后两类变形均属材料的体积变形。上一节已对硬结收缩变形的规律和影响作了简要说明；本节将对结构中的温度内力规律及其影响作简要讨论；在下面第 1.17 节中再综合介绍针对硬结收缩和温度内力负面影响的工程对策。

若以图 1-89 所示单层单跨框架为例，当结构整体降温使梁、柱产生缩短时（降温也使梁、柱截面缩小，但因其数值很小，对结构受力无直接影响，故通常不予考虑），柱的缩短原则上可以自由发生，梁在缩短时则因柱被其向内拉弯，柱的弯曲刚度形成的柱顶水平反作用力就将把梁从自由温度收缩状态拉长，故梁实际发生的缩短量将比其自由缩短量偏小。这时框架形成的变形状态即如图 1-89(a) 中虚线所示。与这一变形状态对应的由温度降低引起的温度内力主要是梁内由柱顶水平反力形成的轴拉力和较小的正弯矩，以及柱内因柱顶向内强制位移而形成的弯矩（图 1-90a）和剪力。

当温度升高时，情况恰好相反。除柱可以原则上向上自由伸长外，梁的向外伸长也会受到柱的相应阻碍，从而在梁内形成温度轴压力和负弯矩，在柱内形成与降温时方向相反的弯矩及剪力。这时结构的变形状况如图 1-89(b) 中的虚线所示。

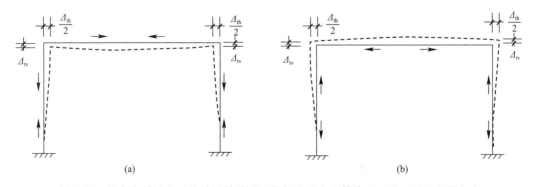

图 1-89　用夸张手法表示的单层单跨平面框架在发生整体降温和升温后的变形状态

从这一简单结构可以得到有关结构中温度内力的以下较重要的结论：

（1）在整体升温或降温的弹性结构中，随着升温或降温幅度的增大，结构中因构件温度变形受到制约而形成的温度内力也将按比例增大。

（2）在一般建筑结构中，整体升温或降温在建筑结构中引起的内力（或更准确称为"温度变形强制内力"）产生的主要原因是水平构件的温度伸长或缩短受到竖向构件侧向刚度的限制。因此，水平构件中的温度内力主要是轴压力或轴拉力以及与竖向构件刚接形成的弯矩和有可能同时出现的剪力；竖向构件中对应的温度内力则为相应的弯矩和剪力。而且，在温度变化幅度不变时，水平构件的拉、压刚度越大，竖向构件的挠曲刚度越大，根数越多，各构件中的温度内力也将越大。

（3）钢筋混凝土结构一般具有足够的承载能力潜力来承受竖向构件中由温度变化形成的弯矩和剪力（当然，当由温度变化引起的弯矩、剪力过大时，也需在设计中专门考虑），但因混凝土抗拉能力过低，水平构件中因温度下降而产生的轴拉力过大时将使水平构件的混凝土开裂（即多根裂缝贯通水平构件截面），常需通过相应措施避免裂缝过宽。当然也应看到，水平构件因拉力过大而开裂后，或竖向构件因弯矩过大而开裂后，会导致构件拉、压刚度或弯曲刚度下降，从而使结构中的温度内力相应减小。

（4）混凝土的硬结收缩与结构构件在温度下降时的缩短在结构中引起的内力，其规律及不良后果是一致的，因此可以统一研究其规律和统一制定抵消或减小其负面影响的工程措施。在我国《混凝土结构设计标准》GB/T 50010 中常把这两种效应合称"温度、收缩应力"。但硬结收缩和温度下降引起的缩短从发生时间上是有差别的：硬结收缩的大部分发生在结构投入使用前，后续硬结收缩则只持续最多两年左右；而温度变形则随季节变化年复一年循环发生，直到结构拆除。这也是在决定针对这两类变形的后果采取的对策时需要关注的问题之一。

在图 1-90 中进一步给出了一个单跨、一个三跨和一个五跨的单层框架在结构整体温度下降 30℃ 时在全弹性假定下形成的温度内力。限于篇幅，在图中只给出了各柱端的弯矩值和各跨框架梁中的轴拉力值，并在各相应轴力图的方框中给出了对应节点的向内水平位移（假定柱高为 6m，各跨梁跨度为 9m，柱、梁截面尺寸分别为 600mm × 600mm 和 800mm × 300mm，混凝土为 C30，柱底假定为固定）。

从该图可以看出，柱的温度缩短原则上可以自由发生，而梁的温度缩短将强使各柱柱顶向内水平位移，且水平位移值因各跨梁的温度缩短量自中间跨向左、右各跨的累积而必然从中间柱向外逐步增大，故柱顶的水平反力以及柱内的温度弯矩和剪力也会从中间柱向外端柱逐步增大。而柱顶水平反力的累积效果则使框架梁内温度拉力自外跨向内跨逐步增大。随着框架从单跨向五跨变化，因产生温度缩短的水平梁的累积总长度增加，且柱的根数也相应增多，故柱内温度内力和梁内温度轴力的最大值均以递增速度逐步增大。

根据以上单层结构温度内力分析结果可以推断，当结构层数增多后，只要是结构整体升温和降温，就会由于各竖向构件在底层下端为固定，在以上各层均为弹性约束，而使温度内力从底层向上逐步有所减弱，但水平构件和竖向构件的变形协调关系和力的平衡关系则与单层结构中类似。

还有必要提及的是，虽然如前面所述，各竖向构件侧向刚度的全面增大会使结构温度内力相应增大，但若只有中部竖向构件侧向刚度增大（如在结构平面中部布置侧向刚度很大的核心筒），则根据上述温度内力机理，其余部分结构中的温度应力并不会明显增长。

但若结构外围竖向构件的侧向刚度增大（如在结构平面内把刚度很大的剪力墙布置在平面周边角部或垂直于平面边缘的方向，或者把其自身平面内刚度很大的柱间支撑布置在排架结构的端开间），则将相应增大中间各水平构件中的温度轴力。

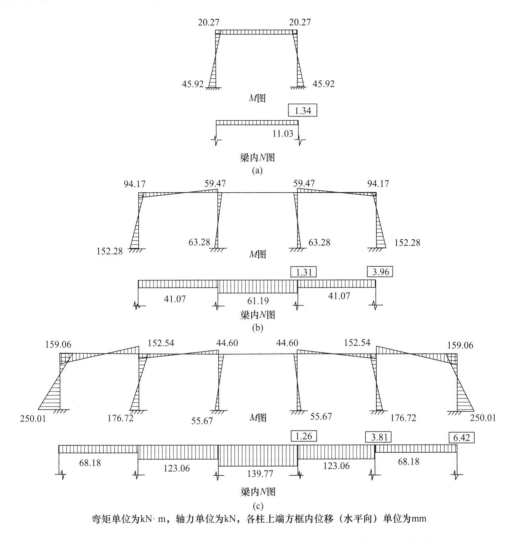

弯矩单位为kN·m，轴力单位为kN，各柱上端方框内位移（水平向）单位为mm

图 1-90 单跨、三跨和五跨单层钢筋混凝土平面框架内由温度整体降低30℃所形成的温度内力

当然，以上对结构中温度内力分布格局的讨论是以结构整体同时升温或降温为前提的。实际结构在经外墙和门窗封闭后，外围结构构件和内部结构构件在大气温度变化时的温度升、降幅度将不再同步，建筑物内部夏季是否制冷和冬季是否采暖对内部和外围构件所处温度受力状态也有明显影响。屋顶受暴晒和暴晒后暴雨淋洒以及地表以下结构的温度变化幅度明显小于露出地表结构部分的温度变化幅度等因素，也可能分别对顶部楼层结构构件和接近地表的底部楼层结构构件造成温度效应损害。在高层建筑中，因冬季内部采暖和夏季内部制冷形成的外围与内部竖向构件之间的温度差异，也会在结构的竖向及水平结构构件中形成温度内力和造成相应的温度效应损害。这些都是结构设计者需要意识到的。

要想通过分析较准确估算结构中的温度内力，一方面要对分析对象各部分构件所处的真实温度状态有较准确估计，另一方面要对结构受力后（包括温度内力）各构件的刚度退化状态有恰如其分的预测，因此并非易事。一般认为，在对具体温度变化条件作了认真判断后，在弹性假定下完成的结构温度内力分析能为结构设计人提供对结构温度受力状态的宏观规律性认识，但对其量化结果的准确性不宜作过于乐观的评价。

还需提及的是，混凝土的温度线膨胀系数在 $(1.0\sim1.5)\times10^{-5}/℃$ 的范围内变化，而钢筋的温度线膨胀系数为 $1.2\times10^{-5}/℃$，因此，值得庆幸的是，当温度变化时，钢筋和混凝土两者之间不会产生过大的变形差，从而避免了因过大变形差所引起的负面效应和对钢筋与混凝土之间粘结性能的损伤。

1.17　针对温度内力裂缝及混凝土硬结收缩裂缝的综合工程措施

由于结构中的温度效应和混凝土的硬结收缩效应在竖向构件中引起的主要是弯矩与剪力，而竖向构件都受有一定的轴向压力作用，故这两类效应在竖向构件中引起的损伤一般并不明显。而在水平构件中，这两类效应引起的轴拉力导致的混凝土中贯穿构件截面的裂缝则成为常见的工程质量问题。除此之外，当结构温度变形较大时，还会使主体结构外围梁、柱间的相应填充墙体因剪切变形过大而形成主拉应力斜裂缝。当填充墙上有门、窗洞口时，这种斜裂缝更容易从洞口对角沿斜向向外发育。在图 1-91 中示意性画出了某单层工业厂房端开间外墙因屋面结构夏季受热向外伸长过大，带动墙体产生过大剪切变形，而在砖墙窗洞角部形成的主拉应力斜裂缝。

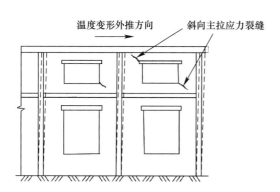

图 1-91　某单层钢筋混凝土结构厂房外纵墙端开间柱间砖墙在窗洞角部形成的温度斜裂缝

从我国的建筑工程经验看，由温度效应和混凝土硬结收缩效应引起的结构水平构件开裂和结构梁、柱之间的填充墙体开裂，曾在 20 世纪后三十年的工程质量事件中占有不小比例。在开展了全国范围内有关质量事故的认真调研并总结了这些质量问题产生的原因后，2002 年版的《混凝土结构设计规范》GB 50010—2002 除去充实和完善了关于结构伸缩缝最大间距的规定之外，还重点补充了各类构件针对温度、收缩应力问题的配筋构造措施，并给出了修建伸缩缝间距超标结构时所应采取措施的原则性建议。该规范的 2010 年版又对这些措施作了局部完善或调整。在同期的有关施工验收规范中，也从混凝土配制工艺角度针对硬结收缩引起的工程质量问题提出了较为系统的应对措施。经近年来的工程实践检验，证明了这些措施的有效性。这些措施可大致分为针对温度效应不利后果的措施和针对混凝土硬结收缩不利后果的措施两大类。而当针对某项工程选用了某几项措施后，其中有些措施也常能同时对这两类不利后果发挥抑制作用。

在所有这些针对温度、硬结收缩应力问题的措施中，从发挥作用的方式上又可以分为两类。一类以"抵抗"温度和硬结收缩内力为主，另一类以"释放"温度硬结收缩变形为主。属于"抵抗"一类的，例如有通过在构件内沿温度、收缩拉力作用方向加配抗轴拉力纵向钢筋，也称"温度、收缩配筋"，使构件生成的裂缝根数增多，但宽度变小（见前面第 1.15.3 和 1.15.4 小节的说明）；又例如对预计温度拉力较大的多跨框架梁或楼盖现浇板通过设在截面形心附近的通长后张无粘结预应力筋（直线布置，见后面图 1-92）对结构先行施加一定的预压应力，使温度、收缩拉力需先抵消预压应力后再使构件受拉。属于"释放"一类的，例如有在大面积基础底板或楼盖施工中设置的先不浇筑混凝土的后浇带，其作用是使产生硬结收缩的结构区段长度在收缩发生最集中的硬结早期变短，以减小对硬结收缩的阻力和所产生的硬结收缩水平拉力，或者说使收缩变形更好地得到释放（后浇带混凝土在随后一定时间后浇筑）；又例如在平面尺度过大的建筑结构中设置完全分隔基础以上结构的竖向温度伸缩缝，其效果是使伸缩缝之间结构中的温度、收缩内力减小，也可以说使伸缩缝之间结构的温度、收缩变形在伸缩缝处得到部分释放。

下面拟按"主要针对温度效应不利后果的工程措施"和"主要针对硬结收缩内力不利后果的工程措施"这两大类逐一列出可以考虑的应对措施。

1.17.1　主要针对温度效应不利后果的工程措施

由于混凝土的硬结收缩中的大部分发生在结构正式投入使用之前，故对于硬结收缩不利后果最为有效的多是在施工阶段采取的措施，且确由硬结收缩引起的裂缝也便于一次性修补；而真正在结构使用寿命内保证使用质量的仍是针对温度效应不利后果的各项措施。

1. 对结构体系平面尺度的限制

从前面图 1-90 所示不同跨数结构的温度内力变化规律可以清楚看出，随着结构水平长度的增大和竖向构件侧向刚度对水平构件轴向变形阻力的增大，结构中的温度内力随之增大，且以中部水平构件和端部竖向构件的增幅最大。虽然实际结构中内部和外围构件所处的温度环境不完全相同，但这一基本规律始终适用。且工程经验也大量证实，结构平面尺度越长，外侧竖向构件的水平刚度越大，在使用过程中形成的温度效应不利后果就越为明显。因此，可以想到的降低温度效应不利影响的有效措施首先就是根据结构竖向构件水平刚度的大小，对不同类型结构的平面尺度作出限制。这项措施对减小混凝土硬结收缩内力的负面效应也可起到一定作用。

自 20 世纪 40 年代起，西欧国家及苏联设计规范就已经给出了从控制温度效应不利后果出发针对不同类型结构的最大平面尺寸限制条件。我国混凝土结构设计规范也从 20 世纪 60 年代的最早版本开始给出了各类结构中的各结构单元平面尺度的限制条件，称为"结构伸缩缝最大间距"。这可以理解为，当结构沿任意平面主轴方向超过这一尺度时，就需通过设置垂直这一平面主轴的竖向通缝将结构自基础顶面以上分割为平面尺度不再超过限制条件的独立结构平面单元。（竖向通缝之所以不需贯穿基础，是因为实测结果表明，深入地下不大深度后，四季温度变化幅度就已经很小。）当然，这也就是在不设竖向通缝时结构的允许最大平面尺度。这些尺度是在对不同类型结构在长期使用过程中是否发生由温度效应引起的不利后果（主要指温度裂缝）的观察结果中归纳总结出的，其含义是，当满足对伸缩缝最大间距的限制条件时，只要在设计中满足了规范规定的各类常规构造要求（包括温度、收缩配筋的数量和锚固要求），就原则上可以保证在整个使用寿命期内不发生由温度效应导致的明显不利后果。

下面直接引出我国《混凝土结构设计标准》GB/T 50010—2010(2024 年版) 有关结构伸缩缝最大间距的三条规定。

8.1.1 钢筋混凝土结构伸缩缝的最大间距可按表8.1.1确定。

钢筋混凝土结构伸缩缝最大间距 (m)　　　　　　　表8.1.1

结构类别		室内或土中	露天
排架结构	装配式	100	70
框架结构	装配式	75	50
	现浇式	55	35
剪力墙结构	装配式	65	40
	现浇式	45	30
挡土墙、地下室墙壁等结构	装配式	40	30
	现浇式	30	20

注：1 装配整体式结构的伸缩缝间距，可根据结构的具体情况取表中装配式结构与现浇式结构之间的数值；
　　2 框架-剪力墙结构或框架-核心筒结构房屋的伸缩缝间距，可根据结构的具体情况取表中框架结构与剪力墙结构之间的数值；
　　3 当屋面无保温或隔热措施时，框架结构、剪力墙结构的伸缩缝间距宜按表中露天栏的数值取用；
　　4 现浇挑檐、雨罩等外露结构的局部伸缩缝间距不宜大于12m。

8.1.2 对下列情况，本标准表8.1.1中的伸缩缝最大间距宜适当减小：

1 柱高（从基础顶面算起）低于8m的排架结构；

2 屋面无保温、隔热措施的排架结构；

3 位于气候干燥地区、夏季炎热且暴雨频繁地区的结构或经常处于高温作用下的结构；

4 采用滑模类工艺施工的各类墙体结构；

5 混凝土材料收缩较大，施工期外露时间较长的结构。

8.1.3 如有充分依据，对下列情况本标准表8.1.1中的伸缩缝最大间距可适当增大：

1 采取减小混凝土收缩或温度变化的措施；

2 采取专门的预加应力或增配构造钢筋的措施；

3 采取低收缩混凝土材料，采取跳仓浇筑、后浇带、控制缝等施工方法，并加强施工养护。

当伸缩缝间距增大较多时，尚应考虑温度变化和混凝土收缩对结构的影响。

针对以上规定需作以下补充提示：

（1）我国混凝土结构设计规范中的结构伸缩缝最大间距规定的总体格局是在1974年版的《钢筋混凝土结构设计规范》TJ 10—74中确定的。根据当时组织的规模较大的结构普查，确认了虽然我国南北方气候差异较大，但北方建筑为抵御严寒一般保暖措施较好，且冬季采暖，常年室内温差多未超过25℃；而南方则因无保暖要求，冬季室内采暖不充分，加之夏季炎热，年温差虽未超过北方，但依然不小。露天结构则因北方寒冷、南方阳光暴晒，故南、北实际年温差相差并不过于悬殊。因此，决定不再区分各地气候条件，而对全国取用统一的结构伸缩缝最大间距规定。对剪力墙结构温度、收缩裂缝的全国普查则是在2002年版规范修订前完成的。

（2）设计标准表8.1.1中"室内"一栏指的是屋面设有保温或隔热层时的结构；否则应按表注3的规定选用"露天"栏的数值。当排架结构屋面未设保温或隔热层时，伸缩缝间距宜在"室内"栏的基础上酌情减少10%～30%。北方采暖地区的非采暖建筑应按"露天"一栏选用伸缩缝间距。

（3）从设计标准表 8.1.1 可以看出，由于框架结构竖向构件侧向刚度大于排架结构，而剪力墙结构又大于框架结构，故伸缩缝最大间距取值也是从排架结构到框架结构再到剪力墙结构逐步变小的。

（4）装配式结构因不论是在框架梁、柱的现场拼装接头部位还是楼盖预制板和墙板的拼缝灌浆处的连接刚度均相对偏弱，故可为温度变形或混凝土硬结收缩变形提供一定缓冲，这是装配式结构的伸缩缝最大间距比现浇结构取值偏大的主要原因。

还需指出的是，一旦建筑结构的平面尺度超出设计标准规定的伸缩缝最大间距，就需要在结构内沿某个平面轴线设置竖向的贯通上部结构的温度伸缩缝。通常的做法是，在设缝处并排设置两排平面结构，如两榀平面排架、两榀平面框架等，并在两榀结构之间留出缝宽。设缝导致的最大麻烦是在保证缝宽随季节变化的前提下通过建筑构造进行遮盖，如外墙缝从外侧需要遮挡风雨和保持可接受的外观，从内侧则需要外观遮盖；内墙缝两侧需要外观遮盖；屋面缝上面需防渗漏，下面需外观遮盖；楼盖缝上面需保证行走平整，下面需外观遮盖。而且，所有这些建筑装修构造均应经久耐用。因此，在高层建筑的主体部分设置构造如此麻烦的伸缩缝并非优选方案，这也是高层建筑主体部分均做成塔楼式以使其平面尺度在各主轴方向均不超出伸缩缝最大间距的主要原因。同样，出于对设置伸缩缝复杂性的考虑（包括增加造价和维修费用，不易保证长期使用质量），近年来在一些平面尺度超过伸缩缝最大间距的大型建筑（包括层数达到例如十余层的建筑以及某些高层建筑的裙楼部分）中尝试使用不设伸缩缝的做法，已建成结构的最大平面尺度已达约 250m。其中采取的主要措施是：①在基础底板、地下室长墙以及各层楼、屋盖现浇楼板施工中采用后浇带工艺；②对楼、屋盖超长框架梁施加构造预应力；③对现浇板、框架梁及剪力墙等适度加配温度、收缩钢筋。其中的①、③项为必选措施，第②项为备选措施。建成后的使用效果证明这些措施的综合应用是成功的。

2. 对楼盖施加抗温度、收缩拉力的构造预应力筋

由于温度、硬结收缩在水平结构构件中形成的不利效应主要是轴向拉力，故沿相应方向水平构件形心施加预应力以便在构件截面中建立较均匀的预压应力，使温度、硬结收缩拉力必须先抵消这一预压应力方能使混凝土受拉，将不失为一种减轻温度、硬结收缩引起的构件开裂的有效方法。如图 1-92(a) 所示，在现浇楼盖内可沿每根框架梁形心设置后张通长无粘结预应力钢筋，再在混凝土浇筑及硬结后，通过两端张拉预应力筋建立预应力；也可如图 1-92(b) 所示，对板柱体系的现浇板在形心位置以相对较大的间距（例如 1～1.5m）设置通长的无粘结预应力筋，同样通过两端张拉预应力筋在板内建立预应力。使用无粘结预应力筋也是为了尽可能减小张拉过程中预应力筋与周围混凝土的摩擦阻力，以保证预应力在整个楼、屋盖板面积内的预压效果。利用同样方法也可对剪力墙在可能因温度拉力形成竖向裂缝的部位（如底部外墙和顶层内、外墙）施加预压应力。虽然预应力只能在结构混凝土获得一定强度后张拉，但这一措施仍可对后期混凝土硬结收缩、温度收缩所引起的构件拉应力起到抵消作用，因此这项措施也可兼顾温度内力和硬结收缩内力的负面效应。这一措施已在我国超长混凝土结构中多次使用，对防止温度、收缩裂缝有明显效果。

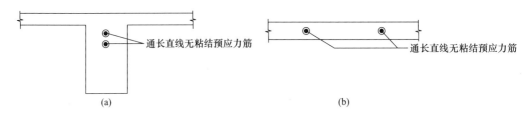

图 1-92　在框架梁及现浇板内设置防温度、收缩裂缝的后张
无粘结预应力筋的位置（构件截面中的普通配筋未画出）

3. 温度、收缩构造配筋

如前面第 1.15 节已经指出的，钢筋混凝土梁、板内通长纵向钢筋和墙体内分散布置的水平钢筋都能以它们在承担荷载内力之余的抗拉潜力起到使构件在温度和（或）硬结收缩拉力下推迟开裂或减小裂缝宽度的作用。因此，就这个意义而言，这些钢筋都在发挥温度、收缩构造钢筋的作用。尽管如此，还有两个涉及温度、收缩钢筋的问题需要另行考虑。第一个问题是，随着建设事业逐年发展，会发现所出现的某些工程质量问题（如构件开裂问题）的起因是原有各类构件配筋构造要求中存在针对温度、收缩不利效应的薄弱环节或缺口，需要及时弥补或调整规范规定。第二个问题是，在建筑结构平面尺寸超出规定而又不准备设置伸缩缝的情况下，作为专门考虑的防温度、收缩裂缝的工程措施之一，可能需要在设计标准中规定的各类构件配筋构造规定（包括最小配筋率规定）的基础上进一步增加水平构件（屋盖和楼盖的梁、板）的纵向钢筋和墙体水平分布钢筋的用量，特别是抗温度、收缩内力薄弱部位的此类配筋的用量。在这里想特别提请结构设计人注意分清以上这两个问题的不同层次。

下面将着重说明上述第一个问题。这是因为在我国《混凝土结构设计规范》GB 50010 的 2002 年版修订工作中，曾认真总结了自 20 世纪 70 年代后期逐步大量修建现浇钢筋混凝土建筑结构（包括高层结构）以来，由温度、收缩引起的质量问题所暴露出的各类构件在配筋构造上的薄弱环节和缺口，并认真对相应规范条文作了补充或修改。在 2010 年的版本中保留了这些补充或修改。现将这些补充或修改的内容逐一列出，并辅以必要的提示，以期更加引起结构设计人的重视。

该规范第 9.1.8 条对温度、收缩拉应力较大的现浇板区域作了专门规定，现引用如下：

9.1.8　在温度、收缩应力较大的现浇板区域，应在板的表面双向配置防裂构造钢筋。配筋率均不宜小于 0.10%，间距不宜大于 200mm。防裂构造钢筋可利用原有钢筋贯通布置，也可另行设置钢筋并与原有钢筋按受拉钢筋的要求搭接或在周边构件中锚固。

楼板平面的瓶颈部位宜适当增加板厚和配筋。沿板的洞边、凹角部位宜加配防裂构造钢筋，并采取可靠的锚固措施。

对于上面引出的设计标准第 9.1.8 条，还需作以下几点补充提示：

（1）该条强调了在未配筋的板表面加配温度收缩钢筋的要求。例如，如图 1-93 所示，不论在单向板还是双向板中，跨中区域的板上表面常是不配筋的。若温度、收缩应力较大，就需要在这些部位补配钢筋网，做法上可以把支座负弯矩钢筋拉通布置，也可以加设专门填补这个空档的钢筋网。若采用后一种做法，后填钢筋应与原有钢筋具有足够的搭接长度。因此，可能还不如前一种做法更方便，更节省。

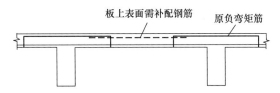

图 1-93 预计温度、收缩应力较大的单向板或双向板需补配构造钢筋的部位

（2）第 9.1.8 条根据我国的工程经验给出了温度、收缩钢筋的最低数量。请注意，0.1％的配筋率是指板上表面或板下表面一个方向的配筋率。已经配置的受力钢筋和分布钢筋可以计入温度收缩钢筋之内。根据我国混凝土结构裂缝问题资深研究人王铁梦的解释，因硬结收缩主要出现在施工期间，此时不论现浇板还是梁、柱都还没有满负荷受力，因此受力钢筋和分布钢筋是有潜力可挖的。

（3）该条文还强调了温度、收缩钢筋与其他钢筋的一个重要区别，即温度、收缩拉应力是可能出现在现浇板内任何一个截面的，因此凡作这类用途使用的钢筋都应按全长充分受拉考虑。即第一，在这个区域内此类钢筋数量应保持不变；第二，搭接、锚固都应按充分受拉处理。

该设计标准第 9.2.13 条对梁腹板侧面构造钢筋给出了比以前更加严格、具体的规定，现引出如下：

9.2.13 梁的腹板高度 h_w 不小于 450mm 时，在梁的两个侧面应沿高度配置纵向构造钢筋。每侧纵向构造钢筋（不包括梁上、下部受力钢筋及架立钢筋）的间距不宜大于 200mm，截面面积不应小于腹板截面面积（bh_w）的 0.1％，但当梁宽较大时可以适当放松。此处，腹板高度 h_w 按本标准第 6.3.1 条的规定取用。

根据这一条的规定，在梁侧面将形成一个由箍筋和这一条规定的构造纵筋构成的钢筋网。工程经验证明，它对防止梁侧面的温度、收缩裂缝是有效的。

在国外，新西兰学术界甚至提出可以把受力所需的受拉钢筋改为沿梁下部的截面周边布置（图 1-94）。当纵向受力钢筋根数较多时，这样布置比传统的水平多层布置法更容易保证混凝土的浇筑质量，而且可以取代梁侧面一部分纵向构造钢筋。当然，这种做法会使受拉纵筋合拉力作用点相应上升，受拉钢筋用量会稍有增加。

我国《混凝土结构设计规范》还从其 1989 年版起针对当时开始普遍使用的钢筋混凝土墙肢类构件给出了限制其温度及硬结收缩裂缝的水平及竖向分布钢筋最小配筋率的初步构造规定。该规范的 2002 年版又在总结国内两次普查获得的规律性认识基础上对相关条文作了改进，并原则上使用至今。下面引出《混凝土结构设计标准》GB/T 50010（2024 年版）第 9.4.4 条的有关规定及该条的条文说明。

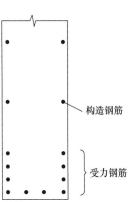

图 1-94 新西兰规范建议的一种新布筋方案

9.4.4 墙水平及竖向分布钢筋直径不宜小于 8mm，间距不宜大于 300mm。可利用焊接钢筋网片进行墙内配筋。

墙水平分布钢筋的配筋率 ρ_{sh}（$\dfrac{A_{sh}}{bs_v}$，s_v 为水平分布钢筋的间距）和竖向分布钢筋的配

筋率 ρ_{sv}（$\dfrac{A_{sv}}{bs_h}$，s_h 为竖向分布钢筋的间距）不宜小于 0.20%；重要部位的墙，水平和竖向分布钢筋的配筋率宜适当提高。

墙中温度、收缩应力较大的部位，水平分布钢筋的配筋率宜适当提高。

条文说明 9.4.4　为保证剪力墙的受力性能，提出了剪力墙内水平、竖向分布钢筋直径、间距及配筋率的构造要求。可以利用焊接网片作墙内配筋。

对重要部位的剪力墙：主要是指框架-剪力墙结构中的剪力墙和框架-核心筒结构中的核心筒墙体，宜根据工程经验提高墙体分布钢筋的配筋率。

温度、收缩应力的影响是造成墙体开裂的主要原因。对于温度、收缩应力较大的剪力墙或剪力墙的易开裂部位，应根据工程经验提高墙体水平分布钢筋的配筋率。

对以上条文规定和条文说明还需作下列提示。

随着自 20 世纪 60 年代起我国建筑工程中钢筋混凝土墙肢类构件使用数量的逐步增长，出现的问题是此类构件在温度拉力下的开裂较为多见。为此，当时建设部下属有关司局曾先后两次批准由中国建筑科学研究院组织有关专家完成了与此有关的全国性调查研究。其中本书前面曾经提到的 20 世纪 80 年代的第一次调研，虽针对的是建筑结构伸缩缝的合理取值，但在其调查结论中已经突出强调了墙肢构件竖向及特别是水平分布筋的配筋率对控制墙体温度裂缝的关键作用。这次调研直接导致了在《混凝土结构设计规范》GBJ 10—89 中首次给出了墙肢类构件分布筋最小配筋率的条文规定（一般部位不小于 0.15%，加强部位不小于 0.2%，现在看来取值偏小）。20 世纪 90 年代完成的第二次全国性调研则全是为了收集从防止温度拉力导致的墙体开裂角度所需分布筋最小配筋率合理取值的成功经验；其调研结果为《混凝土结构设计规范》GB 50010 的 2002 年版修订墙肢类构件分布筋最小配筋率的条文规定提供了主要依据。此版规范制定的条文规定一直沿用至今未作原则性变动（见上面的条文规定引文）。

这两次调研中获知的有代表性的工程案例及经验例如有：

（1）早在我国工程中开始普遍使用墙肢类构件之前，国家有关部委就曾在当时推动"墙体改革计划"期间（该计划的目的是寻找代用方法减少当时黏土砖的烧制以保护农田）就曾在广西壮族自治区和吉林省分别修建了少量四层全现浇钢筋混凝土住宅楼，其中的内、外墙体全部取用沿中面配置单层分布钢筋网的方案（竖向及水平分布筋的用量均不足 0.1%）。其结果是南北两地的墙体都在建成后一年多的时间内较普遍开裂，据当时住户回忆，外墙面最大裂缝已宽到"内外透风"的地步（估计宽度已达 2mm 以上）。这批建筑随后已被拆除。

（2）北京地区 20 世纪 70 年代早期修建的高层剪力墙结构，其墙肢的配筋率均在 0.1% 到 0.2% 之间；例如在此背景下修建的 16～18 层的剪力墙结构"前三门工程"在建成一段时间后即出现墙体的一般性开裂和较严重开裂；其中严重开裂发生在顶层端部开间（由屋盖受热膨胀的外推力引起）。到 1978 年，北京市高层建筑通用图已将墙体一般部位分布筋配筋率提高到 0.2%～0.31%，到 1981 年以后又提高到 0.32% 以上。在此期间修建的 8～12 层剪力墙结构的"外交公寓工程"（内、外墙体分布筋配筋率均用到 0.4% 以上）在建成后一直未见墙体开裂。

（3）在调研中获得的广东省到 20 世纪 90 年代为止的经验是，剪力墙一般部位防一般性开裂的最低分布筋配筋率可取为 0.2%，要求严格时宜取到 0.3% 以上；温度拉应力可能偏大部位宜取到 0.4% 或更高。

调查中获知的较一致认识是，在墙体中应拒绝单层网的分布筋配筋方案（施工中难以准确控制钢筋网的位置，且单层网在配筋率相同条件下的防开裂效果不及沿墙两个表面分别布置的双层网）；一般墙肢建议采取双层网分布筋布置方案；在较厚墙体及核心筒壁中宜采用多层网的配筋方案。同时不应忽视钢筋网之间以不致过大的间距布置的拉筋的较重要作用。

在上面引出现行设计标准中条文规定的同时，还引出了对应的条文说明，是因为条文规定的内容适用于墙肢类构件"一般部位"的分布筋配置数量，而条文说明则给出了在此基础上需要提高分布筋用量的墙肢部位；其中一类是"重要部位"的墙肢，即在结构体系中发挥关键作用的墙肢；另一类则是温度拉应力可能较大的墙肢部位，如顶部楼层的内、外墙（特别是端部开间）和顶部伸出屋盖作围栏使用的墙体以及底部几层的墙体（特别是其中较长的墙体）。这种划分不同部位的规定方法有助于针对不同需要为各部位确定所需的分布筋配筋率和对分布筋总配筋量的控制。

近年来，随着有关设计标准和设计规程给出的非抗震及抗震设计条件下墙肢类构件分布筋配筋率规定的逐步完善以及各地设计经验的积累，各地和有关设计单位已给出了能防止墙肢类构件开裂的更为有效的系列做法；例如，我国不少四类抗震等级城市墙肢类构件一般部位分布筋的各向最小配筋率已提升至 0.25% 左右，请读者关注。

我国《混凝土结构设计规范》GB 50010 还从其 2002 年版起增加了对基础筏板配筋的专门规定，这也就是该规范 2010 年版以及 2015 年和 2024 年版中第 9.1.9 条的规定，现引出如下：

9.1.9 混凝土厚板及卧置于地基上的基础筏板，当板的厚度大于 2m 时，除应沿板的上、下表面布置的纵、横向钢筋外，尚宜在板厚不超过 1m 的范围内设置与板面平行的构造钢筋网片，网片钢筋直径不宜小于 12mm，纵横方向的间距不宜大于 300mm。

这项规定预计会对防止这类厚板出现硬结收缩裂缝发挥一定的有利作用。除此之外，根据国内有关设计单位的看法，认为上述这类附加水平钢筋网还会对这类厚板的受剪承载力发挥某种有利作用；这导致我国《混凝土结构设计标准》GB/T 50010—2010（2024 年版）第 6.3.3 条给出的板类构件受剪承载力公式也是以在此类厚板厚度范围内加配这类水平钢筋网作为前提条件的。进一步讨论请见本书第 6.2.4 节。

1.17.2 主要针对混凝土硬结收缩效应不利后果的工程措施

在前面第 1.15.5 节中已举例说明了因混凝土硬结收缩而常在结构中引起的混凝土开裂现象。为了避免这类裂缝对工程质量的干扰，除去从混凝土的成分和工艺上采取有利于控制硬结收缩量的措施以及严格养护条件之外，还可以考虑采取以下措施。

1. 在大面积现浇基础底板或大面积现浇楼盖的施工中设置后浇带

后浇带是指在大面积混凝土基础底板或现浇楼盖和屋盖施工中沿收缩量预计较大的方向隔一定距离设一道例如 1.0~1.5m 宽的暂不浇筑混凝土的条带（图 1-95），待 1.5~3 个月后再将后浇带混凝土补浇（补浇混凝土时可加入适量微膨胀剂，或在混凝土中拌入适量的钢纤维，以防后浇带混凝土开裂）。其目的在于使后浇带之间面积不太大的混凝土体的硬结收缩先行发生。因后浇带的间距得到控制，预计这部分面积不大的混凝土体尚不至于产生收缩裂缝。1.5～3个月后，预计后浇带之间混凝土的硬结收缩已发生了很大部分，再浇筑后浇带混凝土后，大面积结构预计也不会再因后续不太大的硬结收缩造成混凝土开裂。

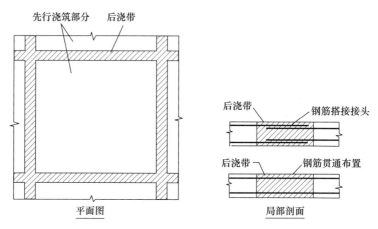

图 1-95 后浇带平面布置示意及穿过后浇带钢筋的构造做法

穿过后浇带的梁、板纵筋有两种做法。一种是设搭接接头。这样更能保证后浇带两侧混凝土的自由收缩，但会多用钢筋。另一种是穿过后浇带的钢筋不断开。这种做法对后浇带之间混凝土的硬结收缩会形成少许阻力，但目前我国工程界多采用这种做法，似乎不利影响并不很突出。有关后浇带的更细节问题可参考较近期的施工专著、教材或其他文献。

应注意的是，当面积较大的钢筋混凝土楼盖或屋盖采用后浇带工艺时，其下面的主要支撑应维持到后浇带混凝土达到一定强度后再行拆除，以免后浇带两侧已浇筑的混凝土楼盖部分产生明显的挠度差。

除去采用后浇带方案外，我国一些工程也采用过按国际象棋盘划分方格并跳仓浇筑混凝土的做法。

2. 在长度较大的壁板或顶板、底板内设置预留缝

在工程中，例如大型贮液池的池壁和较长的工业企业或城市地下交通或管网的廊道中，也可以采用隔一定距离设置贯通式预留缝的做法来防止收缩裂缝（即引导硬结收缩较自由地发生在两条预留缝之间的混凝土内，体现为预留缝随时间逐渐变宽）。预留缝用橡胶止水带（两端浇在混凝土壁板中，中间圆环部分可以拉长或压扁，见图1-96）或铜止水带隔水。预留缝不再填实。

3. 先允许开裂随后进行修补的方案

有些国内外工程单位认为对于地下廊道这种预计收缩应力不小，但温度应力不大（因处于地下，使用过程中温度变化很小）的特定混凝土壁或混凝土板，因为混凝土的硬结收缩是在相对较短的时间段内发生的，而且只发生一次，因此

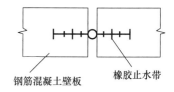

图 1-96 预留缝及止水带
（混凝土板内配筋未画出）

可采取适度加配钢筋，任其收缩开裂的工程设计思路。待混凝土硬结收缩基本完成后，再由有经验的工程修复公司例如用压力灌浆（灌树脂类材料）的办法对出现的收缩裂缝进行

一次性修补。

4. 在混凝土内添加微膨胀剂

对某些有防裂要求的局部混凝土，可以采用在新拌混凝土中添加微膨胀剂（UEA）的做法，使混凝土在硬结过程中体积稍有膨胀，产生预压力（自应力），从而可以抵消部分温度、收缩拉应力，防止收缩裂缝。但在使用 UEA 时应对其性能有较准确了解。即了解它使混凝土发生膨胀的时间过程。因为最好是微膨胀与硬结收缩能有较好的同步性，否则可能达不到预期效果，甚至产生更不利后果。

综上所述可知，设计和施工工程师应对温度和收缩应力的形成有较清楚的理解（从力学和机理方面），而且有较好的工程判断和识别能力（因工程结构往往较复杂，温度和硬结收缩内力的分析模型不易清晰建立，且影响因素较多）以及工程经验（一旦出现裂缝，能较准确识别出引起开裂的原因，并能选择适宜的修复方案）。因此，正确处理好这类问题需要工程师的综合水平和能力。

1.18 混凝土的徐变及其在受压纵筋与混凝土之间引起的应力重分布

如前面已提到的，混凝土受某个压应力 σ_c 作用后，将立即产生相对应的应变，即瞬时应变。若压应力保持不变，则压应变将在此基础上随时间逐渐增大（图 1-97），增长过程先快后慢，并在一两年后趋近于一个最终值。最终的徐变应变在最不利条件下可达瞬时应变的 1 倍左右，即最终的总应变为瞬时应变的 2 倍左右。到目前为止，各国研究界已根据混凝土的长期受压试验结果给出了描述不同混凝土徐变应变发育规律的各种数学表达式。本书不拟罗列这些表达式，需要的读者请查阅有关文献。

图 1-97 混凝土的压应变-时间关系曲线

根据混凝土的非线性变形发育机理可知（且已经实测结果证实），当混凝土强度等级不变时，所加持续压应力越高，形成的徐变也将相应增大；在混凝土硬结过程中，所加持续压应力的时间越迟，发生的最终徐变值则将越小；而随着混凝土强度的提高，最终徐变量和瞬时压应变量都会有所缩小。

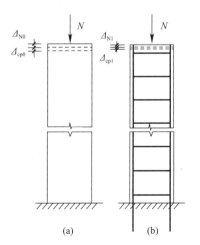

图 1-98 素混凝土柱与钢筋混凝土柱的徐变影响

混凝土的徐变将在受力构件受压区的纵向钢筋和混凝土之间引起明显的内力重分布，并有可能引发一些工程问题。为了便于说明这一问题，先以图 1-98 的轴心受压柱为例。图 1-98（a）中的素混凝土柱受压后（轴压力为 N），将在截面压应力 σ_{N0} 作用下产生瞬时应变 ε_{N0}，柱将相应缩短 $\Delta_{N0} = \varepsilon_{N0} H$（$H$ 为柱高）。随时间推移，若最终徐变应变为 ε_{cp0}，则徐变引起的附加缩短为 $\Delta_{cpo} = \varepsilon_{cp0} H$，总缩短为 $\Delta_0 = \Delta_{N0} + \Delta_{cp0}$。

若在图 1-98（b）的配筋柱中施加相同轴力 N，并假定钢筋与混凝土粘结良好，因而同步压缩，则因有钢筋存在，且钢筋的弹性模量 E_s 比混凝土与这一受力状态对应的割线模量 E_c'' 大若干倍，故轴力 N 作用后的柱瞬时压应变 ε_{N1} 将比图 1-98（a）素混凝土柱的 ε_{N0} 小。这时钢筋和混凝土中的瞬时应力 σ_{s1} 和 σ_{c1} 与柱瞬时压应变 ε_{N1} 的关系可以分别写成：

$$\sigma_{c1} = \varepsilon_{N1} E_c'' \tag{1-60}$$

$$\sigma_{s1} = \varepsilon_{N1} E_s \tag{1-61}$$

在已知 E_s 和 E_c'' 的情况下，σ_{c1} 与 σ_{s1} 之间的关系可以写成：

$$\sigma_{c1} = \sigma_{s1} \frac{E_c''}{E_s} \quad 或 \quad \sigma_{s1} = \sigma_{c1} \frac{E_s}{E_c''} \tag{1-62}$$

如果先设图 1-98（b）配筋柱中混凝土在 σ_{c1} 持续作用下最终形成的徐变应变为 ε_{cp1}（与图 1-98a 的素混凝土柱相比虽然 N 相同，但 σ_{c1} 与 σ_{N0} 不相同，所以 ε_{cp1} 小于图 1-98a 中的 ε_{cp0}），则由于钢筋无徐变性能，混凝土的徐变相当于将强制钢筋与其共同进一步增大压应变，这必然使仍处于弹性状态的钢筋的压应力相应增大。但因轴压力 N 未变，这意味着在徐变过程中混凝土的压应力会随钢筋压应力的增大而逐步有所减小。这使得混凝土的最终徐变量将小于未考虑钢筋时的徐变量 ε_{cp1}。若假定此时由混凝土徐变引起的与钢筋一起形成的附加压应变为 ε_{cp2}，则由它在钢筋中引起的压应力增量 σ_{cps} 即为：

$$\sigma_{cps} = \varepsilon_{cp2} E_s \tag{1-63}$$

钢筋中的总压应力即为：

$$\sigma_{s2} = \sigma_{s1} + \sigma_{cps} \tag{1-64}$$

这时若把混凝土中压应力的负增长表示为 σ_{cpc}，则混凝土应力 σ_{c2} 即为：

$$\sigma_{c2} = \sigma_{c1} - \sigma_{cpc} \tag{1-65}$$

由于作用轴压力 N 未变，故徐变形成后下列平衡条件成立：

$$N = A_c \sigma_{c2} + A_s \sigma_{s2} \tag{1-66}$$

$$\sigma_{cpc} A_c = \sigma_{cps} A_s \tag{1-67}$$

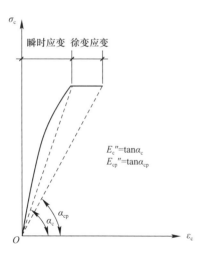

图 1-99 徐变前后混凝土
割线模量的变化

这意味着，在混凝土发生徐变的过程中，作用压力 N 中的一部分，即 $\sigma_{cps} A_s$ 或 $\sigma_{cpc} A_c$ 已由混凝土转给钢筋承担，从而使钢筋压应变增大，即与混凝土发生徐变后的压应变相协调。混凝土中因一部分压力转给钢筋承担，其压应力降低，因此它最终产生的徐变应变 ε_{cp2} 比不考虑内力重分布状态下预计的徐变应变 ε_{cp1} 偏小。这种混凝土与钢筋之间的内力重分布或应力重分布也可以理解为，混凝土产生徐变后，其割线模量进一步减小为 E_{cp}''（图 1-99），因此从式（1-62）可知，混凝土压应力会相应减小，钢筋压应力会相应增大。

工程中已多次发生长期受压的钢筋混凝土柱在荷载卸去后柱混凝土反而沿水平方向开裂的异常现象。例如，某工厂的高位大容量水塔在满装水使用四年后，因需清洁水箱而放空水箱，各层柱均出现如图 1-100（b）所示的较均匀分布的水平裂缝。

产生这一现象的原因在于，水箱中的水重所产生的柱轴力在总轴力中占有很大比重，结构恒载产生的轴力所占的比重较小；在卸去水重产生的大部分轴力之前，柱纵筋和混凝土之间已因混凝土的徐变产生了上述内力重分布现象；在卸去水重产生的轴力 N_w 后，柱纵筋及混凝土都试图恢复其相应应变，但因钢筋在内力重分布过程中弹性压应力及压应变相应增大，而混凝土压应力和压应变相应减小，导致钢筋试图恢复的应变比混凝土的偏大，故在卸去水重后的受力状态下，若纵筋与混凝土之间的粘结保持完好，则纵筋

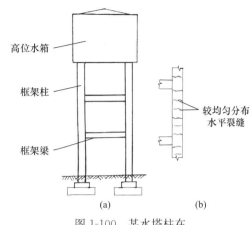

图 1-100　某水塔柱在卸载后形成的水平裂缝

和混凝土都只能恢复相同大小的应变；根据平衡条件，这将在纵筋内形成残余压应变，而在混凝土内形成残余拉应变。若原水重下混凝土形成的徐变应变大，纵筋配筋率偏多，混凝土内形成的残余拉应变就会相对较大，在抵消结构恒载压应变后，所余拉应变仍可能大到将柱混凝土拉裂而产生水平裂缝的地步。一旦水平裂缝形成，纵筋中的残余压应变将会进一步释放，但仍需保留结构恒载引起的压应力和压应变。这意味着混凝土沿水平向开裂后，结构恒载引起的柱轴力在裂缝截面将全由纵筋承担。

在所有受压力持续作用的各类构件的受压区中，由混凝土的受压徐变所引起的钢筋与混凝土之间的内力重分布都是存在的。同样，当混凝土与其他没有徐变或徐变小的材料（例如灰缝较薄的砌体）共同受压时，也会因混凝土徐变而在混凝土与另一类材料之间产生内力重分配。这应是结构工程设计人需要关注的一个基本概念。

1.19　混凝土的强度等级及其选用

为了便于根据各类结构不同部位、不同构件的受力需要选用所需强度的混凝土，我国《混凝土结构设计标准》GB/T 50010—2010（2024 年版）第 4.1.3 条规定将混凝土强度划分为 13 个等级，即 C20、C25、C30、C35、C40、C45、C50、C55、C60、C65、C70、C75 和 C80。这意味着在设计中只能按这些等级选用混凝土的强度；混凝土的生产者则应根据设计要求制备出相应强度等级的混凝土，也就是使所制备的混凝土做成的 150mm 边长的立方体试块在标准条件下养护 28d 后测得的抗压强度符合国家标准《混凝土质量控制标准》GB 50164—2011 对该强度等级的控制要求（例如，对 C30 混凝土，即要求一定批量同等级混凝土所留一定组数试块测得的抗压强度的 95％偏低分位值不小于 30N/mm^2）。由于强度等级越高的混凝土使用的水泥强度等级越高和（或）水泥用量越大，对骨料的质量和级配的要求也越高，且可能需要添加某些外加剂，故强度越高单方造价也相应提高。因此，在决定使用更高强度的混凝土时，应关注给工程成本带来的影响。

《混凝土结构设计标准》GB/T 50010—2010（2024 年版）并未给出各类结构不同部位、不同构件选用混凝土强度等级的具体指导性建议，只给出了不同条件下需要满足的强度等级下限，其中包括：

（1）首先需要满足该规范第3.5.3条从保证结构耐久性角度给出的强度等级下限，具体可见本书第1.3.4节的表1-4。

（2）钢筋混凝土结构使用的混凝土强度等级最低为C25；这意味着C20只能用于素混凝土结构以及非结构类混凝土，如垫层、面层的混凝土。

（3）采用强度等级500级及以上的钢筋时，混凝土强度等级不应低于C30；这主要着眼于更好保持此类需发挥出更高强度（也就是需发挥出更大应变）的钢筋在各种受力状态下与混凝土之间的必要粘结能力，且不致使用过长的钢筋锚固长度和搭接接头长度。

（4）"预应力混凝土楼板结构的混凝土强度等级不应低于C30，其他预应力混凝土结构构件的混凝土强度等级不应低于C40。"这主要是因为：①通过张拉预应力筋在预应力筋和混凝土中分别建立的预拉应力和预压应力在时间过程中会不可避免地产生应力损失，从保持预应力效果的角度自然希望此类损失尽可能小。在这种预应力损失中，由混凝土受预压应力后的徐变形成的损失占有较大比例（例如30%～40%甚至更大），而在预加应力值不变的条件下，混凝土强度越低，这项损失就会越大。②预加应力会在其施加部位（一般为构件端部）形成局部高压应力区。若混凝土强度过低，当采用后张法建立预加应力时，会使构件端部难以保持其局部抗压能力，并可能形成混凝土劈裂或局部压碎等质量问题；当采用先张法建立预加应力时，会使预应力的传递长度和预应力筋的锚固长度过大，甚至难以经粘结将预应力有效传入构件（即传力段的预应力筋可能出现粘结失效）。

（5）"承受重复荷载的钢筋混凝土构件，混凝土强度等级不应低于C30。"这一规定的目的主要是保证混凝土的疲劳强度和控制构件在经历例如数百万次以上重复荷载后的挠曲变形，同时也是为了保持钢筋与混凝土之间的疲劳粘结应力。

（6）在抗震钢筋混凝土结构中另有对混凝土强度等级的更多规定，请见《混凝土结构设计标准》GB/T 50010—2010（2024年版）第11.2.1条。

各国设计标准之所以都未对结构设计中混凝土强度等级的选择给出更多的指导性建议，是因为结构各部位不同构件的混凝土强度等级选择，属于结构设计确定总体方案阶段需要综合考虑并作出决策的诸多方案性问题之一，且这些问题是相互影响的。由于结构设计的目的是在合理控制投资的前提下使结构满足其工作性能的各项要求，即：

（1）承载能力要求；

（2）侧向刚度要求（用水平荷载下的各层层间位移角进行控制），还包括对较大跨度水平构件的挠度控制要求；

（3）裂缝宽度控制要求；

（4）抗震性能控制要求；其中，在方案设计阶段需要着重关注的是控制竖向结构构件，即框架柱以及剪力墙与核心筒壁墙肢的"最大轴压比"和控制在当地足够强的地面运动下的非线性动力反应侧向位移。

故在方案设计阶段，需在综合考虑以上各项要求的基础上作出决策的主要是以下三个方面的问题，即：

（1）结构类型的选择及结构布置方案的确定（其中包括选定结构的高宽比以及沿各主轴方向核心筒、剪力墙的数量，剪力墙纵、横墙肢的组合以及框架的柱网布置，并应着重顾及其他设计工种，特别是建筑及通风工种需要满足的要求）；

（2）不同部位不同构件的截面初选；

（3）钢筋等级的选择和不同部位、不同构件所用混凝土强度等级的初选。

以上三个方面的决策中，以第一方面的决策最为关键，对保证结构各项性能起主导作用。在结构类型及结构布置初步确定后，再根据结构各部位不同构件的预估受力状态，对构件截面尺寸以及钢筋和混凝土的强度等级经综合权衡作出选择。下面拟按构件类型分别说明混凝土强度等级选择中可能需要关注的问题。

1. 板类构件

在不少设计情况下（如大量使用的住宅及公共建筑中），因楼盖活荷载不大，单向或双向多跨连续板的厚度常由构造需要确定（例如根据电线用 PVC 管的埋管需要取板厚为100mm）。这时，板内受拉钢筋用量常由最小配筋率要求确定。在这种情况下，已无选用更高混凝土强度等级的必要，故仅需根据耐久性要求取混凝土强度等级为 C25 就完全可以了。

当板的跨度较大或荷载较大，从而需要按计算完成板各控制截面的截面设计时，在截面作用弯矩已知的情况下，截面设计中的三个主要变量即为板厚、混凝土强度等级和所需的受拉钢筋数量。在这三个变量之间，板厚与钢筋用量之间的关联性较强，这是因为板厚增大带来截面内力臂的相应增大（图 1-101），从而使所需配筋量相应减小；但在混凝土强度等级和配筋量之间，关联性远不如这般明显，这是因为如图 1-101 所示，板截面受压区高度很小，混凝土强度等级的提高虽可减小受压区高度，但带来的内力臂增大和配筋量节省微乎其微，故在这类情况下，板类构件中依然没有必要使用更高强度等级的混凝土，只要满足耐久性要求就已足够。

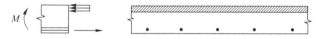

图 1-101 现浇板正截面的受力特征

只有当工业建筑楼盖有通过锚栓或锚筋固定生产设备的要求时，才可能有必要对现浇板选用强度稍高的混凝土。

一般现浇板因作用剪力相对较小，多不需进行受剪强度验算，故也不会从这一角度提出使用更高强度混凝土的要求。只有当楼盖上作用有较大集中荷载，或在板柱体系的现浇板内需要进行受冲切验算时，有可能需要根据受剪验算要求或受冲切验算要求适度提高混凝土的强度等级。

现浇板，包括板柱体系的板，一般都会通过选用合适板厚和必要的配筋量而省去挠度计算和裂缝宽度验算，因此通常也不会从刚度和裂缝控制角度提出对混凝土使用更高强度的要求。

在抗震设计中，楼盖现浇板除去承担楼盖竖向荷载外，会比在非抗震建筑中发挥更充分的水平隔板效应。但因现浇板不属于结构体系中抗侧向力的主导构件，故其混凝土强度等级一般只要满足抗震设计基本要求（见《混凝土结构设计标准》GB/T 50010—2010（2024 年版）第 11.2.1 条）就已经足够。但在有大开洞的楼盖以及结构转换层及其以上若干相邻楼层的楼盖中，则有必要考虑是否由于需要通过隔板效应传递很大的水平剪力而存在提高其混凝土强度等级的必要性。

2. 框架梁及剪力墙（或核心筒）连梁类构件

在框架结构以及框架-剪力墙结构或框架-核心筒结构的框架部分，各层框架梁均具有在靠近支座的区段承担组合负弯矩为主，在跨中区段承担组合正弯矩为主的受力特征；跨内水平荷载剪力为等剪力，竖向荷载剪力则在支座截面为最大，故组合剪力仍以支座截面为最大。不论层数多少，各层框架梁内的竖向荷载弯矩、剪力值均无量级上的差异，但水平荷载弯矩、剪力值则均自上向下随楼层逐步增大。

从框架梁正截面受力特征看，如图 1-102 所示，其支座截面在组合负弯矩作用下，下部受压区为矩形，且因跨中下部钢筋锚入支座，故下部受压区有受压纵筋协助混凝土受压，截面多可按"双筋矩形"设计；跨中截面在组合正弯矩作用下，因上部受压区有现浇板协同受力，故截面可按"单筋 T 形"设计，其受压区通常宽度大、高度很小。

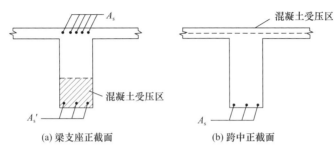

(a) 梁支座正截面　　　　　　　　(b) 跨中正截面

图 1-102　梁支座正截面及跨中正截面典型受力特征

在框架梁的正截面设计中，在钢筋等级已经选定的情况下，三个主要设计参数仍是梁高、混凝土强度等级和受拉纵筋数量。为了不致因梁截面高度过大，增大结构总高度而提高造价，在梁高选择上多会在既不影响承载力和结构刚度、又不致使梁截面配筋率过高的前提下偏严控制，特别是在高层框架-剪力墙结构中或框架-核心筒结构中。

如图 1-102 所示，梁跨中正截面的受压区特征与图 1-101 所示的现浇板正截面受力特征类似，故混凝土强度等级的升、降对其所需的受拉纵筋数量影响很小；而在支座截面，混凝土强度等级的升、降虽会对内力臂和受拉纵筋的需要量有比跨中截面稍大的影响，但从节约成本角度，提高混凝土强度等级的效果并不明显。这一结论也适用于较细长的剪力墙（或核心筒）连梁。因此，在一般框架梁中取用不高于 C30 的混凝土是正常的，但在以下情况下仍有可能需要考虑更高的混凝土强度等级：

（1）在跨高比偏小的框架梁或剪力墙（或核心筒）连梁中，作用剪力有可能会大到超过梁截面受剪能力上限的地步，故可能需要进一步提高混凝土强度以满足受剪承载力上限的要求。

（2）若结构体系高宽比较大，或结构布置导致的侧向刚度偏弱（特别是处在较高的抗震设防烈度区的某些建筑结构），有可能需要靠提高框架梁、柱的混凝土强度，即提高混凝土弹性模量来进一步改善体系的侧向刚度；但如前面第 1.9 节已经提到的，从提高结构侧向刚度的角度看，增大结构构件截面会比提高混凝土强度等级具有更好的效果，当确需考虑提高混凝土强度等级时，结构设计人应注意对由此措施增大了的工程造价作出估算和评价。

（3）随着抗震设防烈度区的提高，设计标准对梁端组合负弯矩下的截面下部受压区高度的限制逐步更加严格（为了满足梁端对延性能力的需要）。虽然此时所要求的下部受压纵筋用量也逐步提高，但仍有可能需要同时提高梁的混凝土强度等级以满足受压区高度的限制条件。

（4）在对结构起重要作用的转换层大梁等构件中，设计人员也常会出自对体系整体安全性的考虑适度提高这类构件的混凝土强度等级。

3. 框架柱及剪力墙（或核心筒壁）墙肢类构件

在各类多、高层建筑结构中，框架柱和墙肢是竖向承重构件的两种主要类型，且均属偏心受压截面（极个别情况会形成偏心受拉截面）。这类构件中作用的组合弯矩、剪力和轴压力通常会自上向下逐层增大。从偏心受压截面的受力特征看，只要截面尺寸的增大不受限制，就可以通过自上向下逐步增大柱截面尺寸或墙肢厚度以及纵筋和箍筋配筋量（或纵筋与水平分布筋配筋量）的办法来保证这些构件的正截面承载能力和受剪承载能力。但因框架柱截面的扩大会侵占建筑使用面积，而自上向下逐步增大墙厚也不利于保持各楼层每户建筑使用面积的一致，故在设计中多采取把柱和墙肢的混凝土强度取成自上部的 C25 向下隔一定楼层加一级的做法，以减轻上述矛盾。

在高宽比或结构布置导致体系侧向刚度偏弱时，也有可能需要在其他办法已充分利用的条件下，通过进一步提高竖向构件的混凝土强度来弥补侧向刚度的不足。

当在结构中出现高宽比偏小的"短柱"时，其中的作用剪力会相对较大，有可能超出截面的抗剪能力上限。这时，有可能需要通过适度提高混凝土强度等级来保证受剪承载力。

在有抗震设计要求的结构中导致框架柱和墙肢自上向下混凝土强度逐步增大的另一项关键要求是，为了保证竖向构件在当地较强地面运动下的延性能力而必须满足对构件截面设计"轴压比"上限的控制要求。在某些高层建筑的底部楼层，当不希望柱截面尺寸过多挤占建筑使用面积时，可能出现即使把混凝土强度等级提高到 C60～C80 仍无法满足"轴压比"控制条件的情况。这时，改用型钢混凝土柱可能是出路之一。

还需指出的是，从近年来我国工程实际情况看，在基建投入仍偏紧张和房屋售价依然不是过高的中、小城镇，混凝土强度等级的选择仍总体偏紧，即只要全面满足设计要求就不再进一步提高混凝土强度等级。而在大、中型城市，特别是在高层建筑和有一定重要性的建筑中，多把楼盖梁、板的混凝土强度等级用到 C30。其客观原因是当把混凝土强度等级从 C25 提高到 C30 时，造价提升比例不大，可以承受。从主观方面看，也是出于设计人对高层结构，特别是结构布置较为复杂的结构体系在受力过程中可能出现的不确定性的担心和对结构整体性及动力反应性能的维护。这样做，自然也有利于包括梁、板在内的整个楼层混凝土在施工中的一次性连续浇筑。但要提请设计人关注的是，在现浇板混凝土强度等级提高后，应注意由于混凝土硬结收缩也相应增大而带来的不利影响。

另外，在施工中一次性浇筑的混凝土应具有相同的强度等级。因此，当对各层楼盖梁、板选用相同强度等级的混凝土时，将给施工带来便利。同样，从方便施工出发，不同楼层的剪力墙（或核心筒壁）连梁的强度等级亦应随同该层墙肢变化。但当底部楼层的框架柱和剪力墙（或核心筒壁）墙肢需选用更高强度等级的混凝土时，则可能需要例如施工中在离柱边或墙边不远的框架梁内设置竖向钢丝网片，以便先浇筑柱或墙肢的较高强度混凝土（钢丝网阻挡混凝土在振捣时向梁内流淌），再浇筑楼盖偏低强度的混凝土。

在国外有影响的设计规范中，欧洲规范 EC 2 的混凝土强度等级划分与我国的相似。美国 ACI 318 规范则未明确给出混凝土强度等级的划分，但从该规范以及与该规范有联系的技术文件中可知，美国在工程设计中使用的混凝土圆柱体抗压强度是从 2500psi（17.2N/mm^2）起步，以 500psi 为一档上升到 6000psi（41.4N/mm^2），再以 1000psi 为一档，上升到 10000psi（69.0N/mm²）。

1.20 混凝土的强度指标及各指标的不同取值水准

1.20.1 概述

目前我国《混凝土结构设计标准》GB/T 50010—2010(2024 年版) 为每个强度等级的混凝土各给出了三个强度指标，即立方体抗压强度 f_{cu}、轴心抗压强度 f_c 和轴心抗拉强度 f_t。由于按每个强度等级制作出的混凝土其真实强度均具有相应的离散性，故每个强度等级的各个强度指标又可根据需要分别取用其对应于三个统计水准的统计特征值，即"平均值"、低于平均值的"标准值"以及比标准值更低的"设计值"。在工程中涉及的，也就是下面将要逐一说明的有立方体抗压强度的平均值 $\bar{f}_{cu}$ 和标准值 f_{cuk}，轴心抗压强度和轴心抗拉强度的平均值 $\bar{f}_c$ 和 $\bar{f}_t$、标准值 f_{ck} 和 f_{tk} 以及设计值 f_c 和 f_t。

这种对每个强度等级的混凝土分别使用三项强度指标的做法形成于 20 世纪前期的欧洲，随后传到苏联，再在 1949 年后由苏联传到我国。如前面第 1.4 节已经提到的，这种做法的由来是因为立方体试块在试验中对于对中精度不很敏感，便于用在现场混凝土强度检测工作。但随后经试验发现，用棱柱体试块（高宽比为 3：1）测得的比立方体抗压强度偏低的轴心抗压强度能更好地体现结构构件受压混凝土的抗压强度，但棱柱体试块要求的试验精度高，不适于在大量强度检测中使用。于是只能一方面保留便于现场应用的立方体试块及立方体抗压强度作为评价混凝土强度等级的依据，另一方面取轴心抗压强度和轴心抗拉强度作为设计中使用的表达混凝土真实强度性能的指标，并通过足够数量的实验室对比试验找到立方体抗压强度分别与轴心抗压强度和轴心抗拉强度的换算关系，再利用这种换算关系以及强度标准值和设计值的取值定义给出各个强度等级对应的轴心抗压强度和轴心抗拉强度的标准值和设计值供设计使用。

混凝土棱柱体抗压强度低于其立方体抗压强度的原因已在前面第 1.4 节中说明，这里不再重复。

同样从 20 世纪前期开始，美国则提出用直径为 6in（151.8mm）、高度为 12in（303.6mm）圆柱体试块的轴心抗压试验获得的强度（称"圆柱体抗压强度"，用 f_c' 表示）既作为检验和识别混凝土强度的指标，又作为设计中使用的体现结构构件中受压混凝土强度的指标。另外，当在设计中需要使用混凝土的轴心抗拉强度时，美国规范则用 $k\sqrt{f_c'}$ 来表示轴心抗拉强度，其中 k 为相应换算系数；从而使美国设计规范从字面上看就只使用圆柱体抗压强度这一项唯一的混凝土强度指标。这无疑比我国使用三项强度指标的做法简单得多。

1.20.2 我国设计标准三项混凝土强度指标平均值之间的换算关系及其工程应用

1. 由对比试验获得的对应关系表达式

我国设计标准使用的混凝土轴心抗压强度与立方体抗压强度之间的对应关系以及轴心抗拉强度与立方体抗压强度之间的对应关系是分别根据足够组数的对比试验得到的两项强度的比值经回归分析得出的。例如，轴心抗压强度与立方体抗压强度的对比试验，是用同一盘混凝土制作出一组三个棱柱体试块（例如 150mm×150mm×450mm）和三个立方体试块（例如 150mm×150mm×150mm），在标准条件下养护 28d 后分别完成轴压试验。将算出的三个棱柱体实测抗压强度平均值除以算出的三个立方体实测抗压强度平均值，即得一组试验的比值，即图 1-103 中由对比试验结果获得的一个试验点。将已收集到的从不同强度混凝土获得的试验强度比逐一画在同一个坐标系内后，经验证发现，在混凝土强度未超过 C50 的情况下，比值 f_c/f_{cu} 符合线性变化规律，即 f_c/f_{cu} 值的变化规律可用一条斜直线表示；而在 C50 和 C80 之间，则需将这条斜线的坡度适度提高，即总的 f_c/f_{cu} 关系可用一条双折线表示（见图 1-103 中的实线）。这一双折线的表达式可以写成：

$$\bar{f}_c = \alpha_{c1}\bar{f}_{cu} \tag{1-68}$$

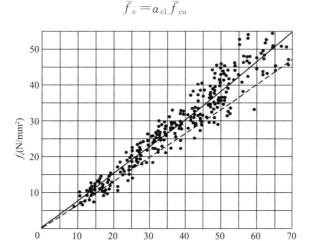

图 1-103　由对比试验结果获得的混凝土轴心抗压强度与立方体抗压强度的对比关系

当 $f_{cu,k} \leqslant 50\text{N/mm}^2$ 时，取 $\alpha_{c1} = 0.76$；

当 $50\text{N/mm}^2 \leqslant f_{cu,k} \leqslant 80\text{N/mm}^2$ 时，取 $\alpha_{c1} = 0.76 + 0.002(f_{cu,k} - 50)$

由于上式是经回归分析得出的，故可认为该式体现的是轴心抗压强度与立方体抗压强度之间的平均比值关系。

同样，通过对比试验亦可找到轴心抗拉强度平均值 $\bar{f}_t$ 与立方体抗压强度平均值 $\bar{f}_{cu}$ 之间的对比关系。只不过我国《混凝土结构设计标准》GB/T 50010—2010(2024 年版) 约定，轴心抗拉强度全由两端带对中锚筋的混凝土棱柱体试块的轴拉试验（图 1-38b）获取，而不使用立方体试块的劈裂试验获得的抗拉强度试验结果。收集到的轴心抗拉强度与立方体抗压强度绝对值比值的试验结果如图 1-104 所示。因 f_t/f_{cu} 变化规律不符合线性回归条件，经非线性回归得 $\bar{f}_t$ 与 $\bar{f}_{cu}$ 绝对值比值的指数函数回归式为：

$$\bar{f}_t = 0.395(\bar{f}_{cu})^{0.55} \tag{1-69}$$

该式的走势如图 1-104 中实线曲线所示，所体现的也是轴心抗拉强度与立方体抗压强度的绝对值之间的平均对比关系。

在这里需要强调的是，轴心抗压强度与立方体抗压强度之间的线性关系和轴心抗拉强度与立方体抗压强度之间的指数函数关系（即随立方体抗压强度的增长，或者说混凝土强度等级的提高，轴心抗拉强度的增长相对变慢），会成为在各类构件的各种截面承载力表达式中是取用轴心抗压强度还是取用轴心抗拉强度作为混凝土强度表达指标的重要理由。

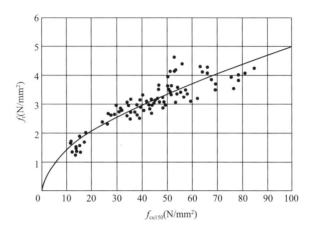

图 1-104　由对比试验结果获得的混凝土轴心抗拉强度与立方体抗压强度绝对值的对应关系

2. 平均值强度指标的工程应用

由式（1-68）和式（1-69）分别给出的 $\bar{f}_c$ 与 $\bar{f}_{cu}$ 之间的对应关系和 $\bar{f}_t$ 与 $\bar{f}_{cu}$ 之间的对应关系，是进一步确定设计中使用的轴心抗压强度和轴心抗拉强度标准值和设计值的出发点，也是这两个平均值对应关系的最重要工程价值。虽然 $\bar{f}_{cu}$、$\bar{f}_c$ 和 $\bar{f}_t$ 这三项指标并未在我国设计标准中直接出现，但在以下两种场合仍有较重要应用价值：

（1）当钢筋混凝土构件性能试验中需要用试验结果经回归分析获得某项构件承载力性能指标的变化规律时，表达相应构件性能指标的混凝土强度指标应取为与试验试件同条件浇筑和养护的立方体试块测得的 28d 龄期的 f_{cu150} 值。这意味着，由这种强度指标表达的构件性能指标变化规律具有材料强度的平均值水准。当把这种变化规律改用强度设计值表达并用于设计后，方才符合设计规定的可靠度水准。但在以往某些试验研究成果中，也曾见有人虽也留了混凝土试块并测得了 f_{cu150} 值，却取用混凝土相应强度的标准值来建立表达构件性能指标变化规律的表达式。这种做法不仅使建立的性能指标表达式偏于不安全，无疑也是对各项强度指标不同统计水准取值的误解和误用。以上看法代表了《混凝土结构设计规范》GB 50010 的 2002 年版修订组有关专家经讨论后的一致意见。

（2）当在研究工作中用结构非弹性动力反应分析法确定抗震结构在例如经历结构所在地罕遇水准地面运动的反应性能和受力状态时，因不涉及结构设计可靠性概念，故国外研究界均主张在根据各构件实际截面尺寸及配筋建立分析所用的性能模型（如材料的应力-应变模型或构件的弯矩-转角模型和剪力-剪切角模型）时，均取用材料强度的平均值。这是为了体现这种状态下材料的实际普遍性强度水准。但在我国目前用于超限抗震结构的这类性能分析中，多建议取用材料强度的标准值来建立构件的性能模型。这种做法所得的分析结果会比使用材料平均值偏于安全，即例如算得的结构层间位移会比使用强度平均值时偏大，因此只能视为一种已经考虑了某种可靠性因素后的设计处理手法。但在研究结构反应性能规律所用的非线性动力反应分析中，本书作者仍推荐使用材料强度的平均值。同时也想提请结构设计者注意，取用材料标准值与平均值时所用的结构性能评价标准，例如罕遇水准下结构各层层间位移角的控制标准，也应是不同的，不应混用。

1.20.3 我国设计标准中混凝土强度指标标准值的取值

1. 立方体抗压强度标准值 f_{ck} 的定义

我国设计标准和欧洲规范 EC 2 均规定，当检验一批例如按 C30 等级制备的混凝土强度是否合格时，是从这批混凝土所留的不少于规定组数的立方体试块（标准条件养护，28d 龄期）通过受压试验测得的立方体抗压强度样本中算出抗压强度的平均值和标准差，并以平均值减去 1.645 倍标准差后仍不低于 30N/mm² 作为合格标准。从统计学可知，当统计样本符合正态分布时，平均值减去 1.645 倍标准差求得的是 95％偏低分位值，即从概率角度意味着一般将有 95％的子样强度高于此值，只有 5％的子样强度低于此值。于是，就将 30N/mm² 视为 C30 级混凝土立方体抗压强度的"标准值"，也就是与规定了统计定义的检验标准对应的强度值，并用 $f_{cu,k}$ ［k 引自德语的"特征"（kennzeichnend）一词］表示。因此，也可以说 $f_{cu,k}$ 是具有 95％保证率的立方体抗压强度。于是可以写出：

$$f_{cu,k} = \bar{f}_{cu} - 1.645\sigma_{fcu} = \bar{f}_{cu}(1 - 1.645\delta_{fcu}) \tag{1-70}$$

式中 σ_{fcu} 为统计数据的标准差；δ_{fcu} 为 f_{cu} 的变异系数，等于 $\sigma_{fcu}/\bar{f}_{cu}$；我国使用的 δ_{fcu} 取值见表 1-9。

还需要说明的是，之所以不用统计平均值，而用某个偏低分位值作为材料强度的检验标准，是因为后一种做法有助于推动混凝土制作质量的改进。这是因为如图 1-105 所示，如果有两批混凝土，一批离散性大（图中虚线），另一批离散性小（图中实线），但它们的平均值减 1.645 倍标准差都恰好等于 30N/mm²，这说明它们都恰好满足了 C30 级混凝土的要求。但离散性大的一组强度平均值要高得多，说明生产它用的水泥比另一组多，成本高，生产效益差。故这一措施会起到鼓励混凝土制备单位强化其质量控制措施，生产出强度离散性小，即更能节省材料、节约成本的混凝土的作用。

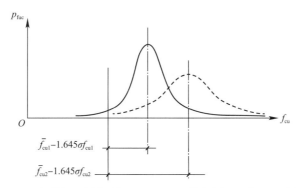

图 1-105 两组离散性不同但 $\bar{f}_{cu} - 1.645\sigma_{fcu}$ 值相同的混凝土强度统计样本

2. 轴心抗压强度标准值 f_{ck} 的定义及取值

在认定同一强度等级混凝土的三项强度指标具有相同离散性的前提下，可以从式（1-70）写出混凝土轴心抗压强度标准值 f_{ck} 与立方体抗压强度标准值之间的关系为：

$$f_{ck}^* = \bar{f}_c(1 - 1.645\delta_{fcu})$$

$$= \alpha_{c1}\bar{f}_{cu}(1 - 1.645\delta_{fcu})$$

$$= \alpha_{c1} f_{cuk} \tag{1-71}$$

并将式中的 f_{ck}^* 称为"原始的"混凝土轴心抗压强度标准值，式中 α_{c1} 取值同前面式（1-68）。

但我国《混凝土结构设计标准》GB/T 50010—2010（2024 年版）在其具体使用的 f_{ck} 中还在 f_{ck}^* 的基础上从保证结构可靠性的角度增加了两个系数，即常数 0.88 和系数 α_{c2}。于是，规范中实际取用的混凝土轴心抗压强度标准值即为：

$$f_{ck} = 0.88 \alpha_{c1} \alpha_{c2} f_{cuk} \tag{1-72}$$

对于使用常数 0.88，1982 年在北京香山召开的《混凝土结构设计规范》修订工作会议中首次作出这一决定时给出的正式理由是：

（1）在混凝土结构构件承受的内力中，有相当一部分是由持续作用荷载形成的，而已有试验结果表明，在持续荷载作用下，混凝土的轴心抗压强度会比短期加载下有一定程度的下降；

（2）因养护条件不同，实际生产的混凝土构件中的混凝土强度常可能略低于由其所留立方体试块测得的强度。

综合考虑这两项因素，并参考当时国外规范的取值经验后，决定取用系数 0.88。

在《混凝土结构设计标准》GB/T 50010—2010（2024 年版）的相应条文说明中则采用了更综合的方式来说明取用常数 0.88 的理由，即："考虑到结构中混凝土的实际强度与立方体试块测得的混凝土强度之间的差异，根据以往的经验，结合试验数据分析并参考其他国家的有关规定，对试件混凝土强度的修正系数取为 0.88。"本书特意给出不同时期的两种说法是为了给读者提供更多参考。

系数 α_{c2} 则是不少国家混凝土结构设计标准都取用的，主要考虑强度等级较高的混凝土破坏时的脆性特征对结构受力性能的不利影响。其取值原则是：

当强度等级不高于 C40 时，取 $\alpha_{c2} = 1.0$；

当强度等级高于 C40 时，取

$$\alpha_{c2} = 1.0 - 0.00325(f_{cu,k} - 40) \tag{1-73}$$

例如，C70 混凝土由式（1-68）算得的 $\alpha_{c1} = 0.80$，由式（1-73）算得的 $\alpha_{c2} = 0.90$，于是可得：

$$f_{ck} = 0.88 \times 0.80 \times 0.90 \times 70 = 44.352 \text{N/mm}^2$$

《混凝土结构设计标准》GB/T 50010—2010（2024 年版）表 4.1.3-1 对 C70 混凝土取用的轴心抗压强度标准值为 44.5N/mm²。

在前面的图 1-103 中用在 C50 处具有折点的一条双折斜线（图中虚线）表示了我国《混凝土结构设计标准》GB/T 50010（2024 年版）中混凝土轴心抗压强度标准值 f_{ck} 的取值随混凝土强度等级的变化趋势；同时，从图中也可以看出不同强度等级混凝土的轴心抗压强度平均值（图中双折实线）与其标准值之间的相对关系。

3. 轴心抗拉强度标准值 f_{tk} 的定义及取值

在混凝土轴心抗拉强度标准值中同样考虑了常数 0.88 和系数 α_{c2}，这是在理由显得有些牵强的情况下规范默认的统一处理手法。于是，根据强度标准值对应的统计水准以及混凝土各强度指标离散性相同的前提条件即可写出：

$$f_{tk} = 0.88\alpha_{c2}\bar{f}_t(1 - 1.645\delta_{fcu}) \tag{1-74}$$

代入前面式（1-69）给出的 $\bar{f}_t$ 与 $\bar{f}_{cu}$ 之间的关系后即得：

$$f_{tk} = 0.88\alpha_{c2}0.395\left(\frac{f_{cu,k}}{1 - 1.645\delta_{fcu}}\right)^{0.55}(1 - 1.645\delta_{fcu})$$

$$= 0.348\alpha_{c2}(f_{cu,k})^{0.55}(1 - 1.645\delta_{fcu})^{0.45} \tag{1-75}$$

从上式和前面式（1-71）可以看出，在确定各强度等级混凝土的轴心抗拉及轴心抗压强度标准值时都需用到变异系数 δ_{fcu}，其中 $\delta_{fcu} = \sigma_{fcu}/\bar{f}_{cu}$。我国《混凝土结构设计标准》GB/T 50010 到目前为止使用的是在其 2002 年版条文说明中给出的根据 20 世纪 80 年代初全国部分省、自治区、直辖市的统计结果得出的各强度等级混凝土的变异系数取值，见表 1-9。

根据 20 世纪 80 年代我国部分地区统计结果得出的混凝土强度变异系数 δ_{fcu} 表 1-9

强度等级	C15	C20	C25	C30	C35	C40	C45	C50	C55	C60～C80
δ_{fcu}	0.21	0.18	0.16	0.14	0.13	0.12	0.12	0.11	0.11	0.10

于是，若仍以 C70 混凝土为例，即可从式（1-73）中算得 $\alpha_{c2} = 0.90$，由表 1-9 查得 $\delta_{fcu} = 0.10$，并算出其轴心抗拉强度标准值为 $f_{tk} = 0.348 \times 0.9 \times 10.35 \times 0.922 = 2.98\text{N/mm}^2$。而《混凝土结构设计标准》GB/T 50010—2010（2024 年版）表 4.1.3 给出的 C70 混凝土的轴心抗拉强度标准值为 2.99N/mm^2。

1.20.4 与混凝土强度取值有关的结构设计可靠性概念及混凝土强度标准值的用途

在本节及下一节讨论混凝土轴心抗压强度及轴心抗拉强度标准值和设计值的设计应用之前，有必要先简略说明涉及结构设计可靠性的有关概念。

首先，在结构设计中会把各项设计要求按其对可靠性要求的严格程度分为两类，即针对承载能力极限状态的设计要求（如保证各类构件具有足够强度和稳定性的要求）和针对正常使用极限状态的设计要求（主要是对结构各楼层层间位移角的控制和对水平构件挠度的控制以及对某些构件开裂性或裂缝宽度的控制）。前者因涉及结构在各类荷载及作用下的整体安危，故对可靠性要求严格；后者因只涉及结构工作性能优劣，故对可靠性水准的要求比前者偏低。

不论针对哪一类极限状态的设计要求，所要考察的都是作用内力（弯矩、轴力、剪力、扭矩）与相应的构件抗力之间的关系。例如，在针对承载能力极限状态的设计要求中，需要考察的可能是一根梁的某个控制截面中的作用弯矩与截面经设计所具备的抗弯能力之间的关系；而在针对正常使用极限状态的设计要求中，需要考察的可能是一根梁的作用弯矩与其经设计所具备的刚度之间的关系，因为从正常使用性能控制角度，需使梁具备足够的刚度以便在弯矩作用下其挠度不超过所要求的限值。在结构可靠性理论中，把以上所考察的关系统称为作用方物理量（用 S 表示）与对应的抗力方物理量（用 R 表示）之间的关系，即要求：

$$S \leqslant R \tag{1-76}$$

但因在任意一项可靠性考察中作用量和抗力量均具有其固有的离散性，即由于各类不确定性的存在，作用量和抗力量均具有随机变量属性，也就是其可能具备的不同数值的出现概率均具有各自的分布规律（靠近均值的值出现的概率偏大，比均值越偏大和越偏小的值出现的概率逐步下降）。于是，式（1-76）的基本要求就需要进一步表达为，为了保证结构可靠，应使 R 可能出现的值的主要分布范围比 S 可能出现的值的主要分布范围在 $p(S)$、$p(R)$-S、R 坐标中明显偏右（图 1-106，其中的 $p(S)$ 和 $p(R)$ 分别为不同的 S 值和 R 值的出现概率），也就是使"S 大于 R"事件出现的概率足够小，或者说构件截面的失效概率足够小。但如前面所述，因导致的危险性性质不同，故针对承载能力极限状态的失效概率应比针对正常使用极限状态的失效概率偏小一个档次，即可靠性偏严一个档次。

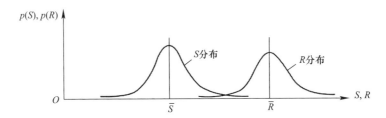

图 1-106　满足结构可靠性要求的 S 分布与 R 分布之间的关系

　　为了在结构设计中体现上述思路，我国《工程结构可靠性设计统一标准》GB 50153—2008 及《建筑结构可靠性设计统一标准》GB 50068—2018 在广泛调查研究及结构可靠性分析理论的支持下规定了具体实施方法。

　　在针对承载能力极限状态设计要求的实施方案中，首先由《建筑结构荷载规范》GB 50009—2012 确定了作用于结构的各项荷载的标准值及其作用方式；再从可靠性要求角度规定了用于各项荷载的分别以不同程度大于 1.0 的"荷载分项系数"，即规定了把各项荷载进一步增大的程度；同时，还规定了各项荷载的组合规则。在此基础上，上述两本可靠性设计统一标准在用结构可靠性分析对以往的一批成功设计项目的实际可靠性水准进行验证后，以从中得出的针对承载力极限状态设计要求的实际失效概率水准作为这两本统一标准对今后结构承载力设计失效概率的主要取值参照水准；再以失效概率取值及各类荷载标准值取值、荷载分项系数取值和荷载组合规则为基础，经结构可靠性分析得出了在结构承载力设计中使用的抗力项中各类结构材料强度的足够偏低的取值标准，称为材料强度的"设计值"。各类材料强度的设计值均明显低于其强度标准值，并称各材料强度标准值与其设计值的比值为"材料分项系数"。

　　从以上实施方案可以看出，该方案的主要特点是，通过"荷载分项系数"使"作用方"物理量取值足够偏大，再通过材料强度"设计值"使"抗力方"物理量取值足够偏小，这时再要求抗力方物理量不小于作用方物理量，就必须选用足够大的构件截面和足够多的配筋，从而能使结构的失效概率小到所要求的地步。于是，这一实施方案的两个最主要特点是：

　　（1）"荷载分项系数"和"材料分项系数"是控制结构在针对承载力极限状态的各项设计要求中满足可靠性要求的两组最重要的指标；

　　（2）荷载分项系数和材料分项系数的取值与失效概率规定值之间的关系是以结构可靠性分析（一次二阶矩法）作为理论依据来确定的。

　　但是在针对正常使用极限状态设计要求的实施方案中，目前各国设计规范都还未达到像在上述针对承载能力极限状态设计要求的实施方案中那样的理论化程度，也就是尚未给出明确的失效概率取值水准及与这一取值水准相对应的作用方和抗力方物理量的取值规定，而只是采用传统的经验性做法，即在"作用方"直接取用不乘"荷载分项系数"的荷载标准值及规定的组合原则来确定组合内力；在"抗力方"则取截面的设计尺寸及配筋量以及材料强度的"标准值"作为设计中使用的参数。由于作用方未被"荷载分项系数"进一步放大，"抗力方"又取用比"设计值"偏高的"标准值"，故在针对正常使用极限状态的设计内容中对应的失效概率自然将比针对承载能力极限状态的设计内容中偏高，即可靠性要求相应偏松。

在对目前设计规范使用的可靠性设计思路作了以上简要介绍后，可把混凝土三项强度指标中标准值的具体用途归纳为：

（1）立方体抗压强度标准值 $f_{cu,k}$ 主要用于确定混凝土的强度等级，具体规定见《混凝土质量控制标准》GB 50164—2011；同时 $f_{cu,k}$ 也用来表达某些材料性能参数，如用在混凝土弹性模量的表达式中，见前面对式（1-10）的有关说明。在使用时，$f_{cu,k}$ 均直接取强度等级的标志值，例如 C30 混凝土的 $f_{cu,k}$ 即取 30N/mm²。

（2）混凝土轴心抗拉强度标准值 f_{tk} 主要用于各类钢筋混凝土构件的正截面开裂弯矩计算公式及裂缝宽度计算公式以及特定环境类别下预应力混凝土构件受拉边的应力控制及构件内的主拉应力控制，见《混凝土结构设计标准》GB/T 50010—2010（2024 年版）的式（7.2.3-6）、式（7.1.2-2）、式（7.1.1-4）、式（7.1.6-1）和式（7.1.6-2）。这些计算公式或控制条件均属于针对正常使用极限状态的设计内容。

（3）混凝土轴心抗压强度标准值 f_{ck} 在针对正常使用极限状态的设计内容中的应用只见于对预应力构件中主压应力的控制条件〔《混凝土结构设计标准》GB/T 50010—2010（2024 年版）的式（7.1.6-3）〕。在抗震框架的"强柱弱梁"条款中以及抗震结构性能化设计中也会用到混凝土的轴心抗压强度标准值，具体理由请见有关文献或著作的说明。

1.20.5 我国规范中混凝土强度指标设计值的取值及用途

根据上一小节所介绍的结构设计中可靠性实施方案的整体构架，材料强度（包括混凝土各项强度和钢筋各项强度）设计值的取值是在结构所受各项荷载的标准值及荷载分项系数以及各项荷载效应的组合规则已经选定的前提下，根据从保证结构承载能力可靠性角度选定的结构构件失效概率，通过结构可靠性分析直接算出的。由于混凝土各项强度的离散性比钢筋各项强度的离散性明显偏大，加之混凝土和钢筋强度标准值的统计定义也不完全相同，故经结构可靠性分析算得的混凝土强度设计值比其标准值偏低的程度明显大于钢筋强度设计值比其标准值偏低的程度，即混凝土的材料分项系数大于钢筋的材料分项系数。根据结构可靠性分析（一次二阶矩法）的分析结果（其中取脆性失效的可靠性指标为 $\beta = 3.7$）并参考了以往混凝土抗压强度起主导作用的构件截面设计经验，我国规范取用的混凝土轴心抗压强度设计值 f_c 和轴心抗拉强度设计值 f_t 分别为：

$$f_c = f_{ck}/1.4 \tag{1-77}$$

$$f_t = f_{tk}/1.4 \tag{1-78}$$

以上二式中的 1.4 即为混凝土的"材料分项系数"。有关钢筋强度取值问题将在第 2 章第 2.6 节中讨论。

混凝土的轴心抗压强度设计值与轴心抗拉强度设计值是在各类构件承载能力设计中广

泛使用的关键强度指标。其中，轴心抗压强度设计值主要用于各类构件正截面承载力计算、混凝土局部承压能力验算以及受剪承载力上限和受扭承载力上限的表达式中（因最大受剪和受扭能力主要取决于混凝土的抗主压应力强度）。而轴心抗拉强度设计值则主要用于各类构件的受剪承载能力（含受冲切承载能力）以及受扭承载能力计算中。其原因在于，根据常用设计条件下受剪、受冲切和受扭失效状态下的混凝土受力机理，受剪、受冲切和受扭承载力计算公式中混凝土项的大小随强度等级的变化规律用轴心抗拉强度的变化规律表达会更符合这些抗力的试验结果，或混凝土抗力的形成机理。

若仍以 C70 级混凝土为例，则用上一小节作为实例计算出的轴心抗压强度标准值和轴心抗拉强度标准值经式（1-77）和式（1-78）分别计算出的这两项指标的设计值即为：

$$f_c = f_{ck}/1.4 = 44.5/1.4 = 31.79 \text{N/mm}^2$$
$$f_t = f_{tk}/1.4 = 2.99/1.4 = 2.14 \text{N/mm}^2$$

《混凝土结构设计标准》GB/T 50010—2010(2024 年版) 表 4.1.4 取这两个强度值分别为 31.8N/mm² 和 2.14N/mm²。

需要提请注意的是，在美国 ACI 318 规范中不采用强度设计值的概念，而是将所有承载力都按材料标准值计算，然后再乘以小于 1.0 的强度调节系数 ϕ 把承载力进一步下降到从可靠性角度需要的水准。在不同构件的各类承载力计算中，系数 ϕ 的取值是不同的，它所反映的承载力降低效果，从总体规律上看大致类似于我国设计标准中由混凝土和钢筋的材料分项系数所体现的承载力降低效果。欧洲规范 EC 系列则与我国设计标准类似，取用材料强度的设计值来满足结构可靠性对构件承载力取值水准的要求，但具体标准不同，即欧洲规范将上面式（1-77）和式（1-78）中的系数 1.4 取为 1.5。

2

钢　筋

2.1　概述

钢筋混凝土结构中使用的钢筋，其材质分别为低合金钢（400 级和 500 级）或碳素钢（300 级）。为了有别于用作预应力筋的钢筋、钢丝和钢绞线，我国《混凝土结构设计标准》GB/T 50010—2010(2024 年版) 称这些类钢筋为"普通钢筋"。这几类普通钢筋都具有相对较高的屈服强度（且每个强度等级钢筋的拉、压屈服强度相等）和相对较高的弹性模量（各强度等级普通钢筋的弹性模量相差不大，均在 $2.0 \times 10^5 \sim 2.1 \times 10^5 \, \mathrm{N/mm^2}$ 之间，见《混凝土结构设计标准》GB/T 50010—2010(2024 年版) 表 4.2.5），而且在屈服前几乎为理想弹性，在屈服后均具有较强的塑性变形能力，因此是弥补混凝土受力性能的不足、保证钢筋混凝土结构发挥其性能优势的关键材料。

但毕竟钢筋与混凝土的受力性能差别很大；不过幸运的是，通过合理设计，这两种材料都能在不同受力状态的共同工作中较充分发挥出各自的潜力，实现物尽其用，优势互补。对于各类普通钢筋及常用强度等级的混凝土，这种较协调的共同工作特征表现在：

（1）在钢筋与混凝土共同受压时，因处在各类正截面受压纵筋同一位置附近的混凝土在该正截面达到最大承载力时发挥出的压应变多与受压纵筋达到屈服强度时的应变相近，故在绝大多数截面内，纵筋的抗压屈服强度都会得到较充分发挥。

（2）当受拉纵筋与混凝土在各类正截面中共同受拉时，因混凝土抗拉强度很低，构件受拉区都会在荷载达到一定程度后出现以一定间距分布的垂直于受拉纵筋的裂缝。但通过合理设计和各条裂缝间受拉区混凝土与受拉纵筋之间的粘结能力，仍能使受拉纵筋在承载力极限状态下达到屈服强度的同时，也使正常使用极限状态下的受拉裂缝宽度不致超过从耐久性和外观角度规定的限值（参见第 1 章第 1.3.4 节）。

（3）在构件作用剪力较大部位的受剪钢筋（包括梁、柱类构件的箍筋或斜向受剪钢筋以及墙肢类构件的水平分布钢筋）、在构件作用扭矩较大区段的受扭纵筋和箍筋以及有冲切剪力作用部位的受冲切箍筋或栓钉也都绝大部分能在相应部位达到最大受剪能力、受扭能力或受冲切能力之前达到其抗拉屈服强度。

（4）带肋钢筋（400 级和 500 级）与其周边混凝土具有较好的粘结能力，即较好的界面受剪能力。

（5）钢筋的温度线膨胀系数为 $1.2 \times 10^{-5} / ℃$，混凝土的温度线膨胀系数为 $(1.0 \sim 1.5) \times 10^{-5} / ℃$，这种相差不大的线膨胀系数保证了在钢筋与混凝土的界面上不会形成过大的温度剪应力。

在钢筋与混凝土能够实现有效共同工作的前提下，通常可把钢筋在钢筋混凝土结构中的作用概括为：

（1）在结构的各个部位（包括各类构件内的各个部位和各类构、部件的连接区）以钢筋为主承担所有可能出现的拉力，特别是在混凝土开裂后。

（2）在各类构件的受压部位与混凝土共同承担压力。

（3）保证各类构件正截面的非脆性破坏特征以及抗震钢筋混凝土结构的屈服后延性能力、塑性耗能能力和结构整体性。

需要指出的是，虽然从总体上看钢筋与混凝土的协同工作性能良好，但当所用钢筋的屈服强度增大到一定程度时，其强度的充分发挥也可能受到来自混凝土性能方面的一些限制，这种限制主要来自以下三个方面：

（1）当钢筋在构件正截面受压区作为受压纵筋与混凝土共同受压时，一般可以认为钢筋的压应变与和它处在同一中性轴距离的混凝土压应变相等。于是，钢筋在截面达到正截面承载能力时所能发挥出的压应变大小将取决于该钢筋在截面中所处的位置以及该钢筋所在位置的混凝土达到的压应变大小。图 2-1(a)、(b)、(c) 分别给出了在常用的 C25～C50 的混凝土强度等级范围内，当相应截面达到轴心受压（图 2-1a）、小偏心受压（图 2-1b）以及大偏心受压、受弯和大偏心受拉（图 2-1c）状态下的承载能力极限状态时的有代表性的受压区应变分布。从中可以看出，受压钢筋的压应变将从轴心受压时的 0.002 逐步增长到大偏心受压、受弯和大偏心受拉时的略低于 0.0033（例如 0.003～0.0031）。而 300 级、400 级和500 级钢筋的受压屈服强度设计值分别为 $270N/mm^2$、$360N/mm^2$ 和 $435N/mm^2$。考虑到300 级钢筋的弹性模量为 $2.1×10^5 N/mm^2$，而 400 级和 500 级钢筋的弹性模量为 $2.0×10^5 N/mm^2$，则其相对于抗压强度设计值的压应变将分别为 0.0013、0.0018 和 0.00218。这意味着，不论在图 2-1(a)、(b)、(c) 所示的哪一种受力状态下，300 级、400 级钢筋的抗压屈服强度设计值都能充分发挥；500 级钢筋的抗压强度设计值虽能在大偏心受压、受弯和大偏心受拉状态下以及小偏心受压状态中的偏心距偏大情况下能得到充分发挥，但在小偏心受压而偏心距很小的情况下以及轴心受压情况下则得不到充分发挥。考虑到受压构件的承载能力设计中都需要考虑附加偏心距 e_a，即在正式正截面设计中均不再出现轴心受压截面（根据我国《混凝土结构设计规范》管理组的正式解释，规范中规定轴心受压构件的设计方法仅仅是为了在初步设计中对受压构件的截面及配筋进行估算），且在小偏心受压状态下 500 级受压钢筋抗压强度设计值达不到充分发挥的情况（即偏心距很小的情况）

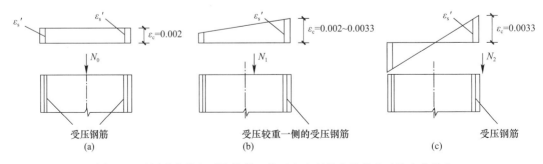

图 2-1　不同受力状态下的构件正截面在达到最大承载力时的应变状态

在工程中出现的机会相对较少，故在《混凝土结构设计规范》2015年局部修订时规定，在一般情况下，各强度等级钢筋的抗压强度设计值均能充分发挥（对500级钢筋稍嫌勉强），只是"对轴心受压构件，当采用HRB500、HRBF500级钢筋时，钢筋的抗压强度设计值f'_y应取为400N/mm²"。

（2）在各类构件的受剪部位、受扭部位和受冲切部位，横向钢筋（包括受剪箍筋及受剪斜向配筋、墙肢中的水平分布筋、受扭箍筋以及受冲切箍筋和栓钉）都会因在剪切斜裂缝中受拉、在受扭斜裂缝中受拉和在冲切破坏面内受拉而分别参与形成受剪、受扭或受冲切承载力。但试验结果表明，在常用构件发生的剪压型破坏中，当斜裂缝尚未恶性加宽，即箍筋应变只达到一定数值时，构件已因剪压区混凝土剪坏而丧失抗剪能力；同样，在受扭和受冲切情况下，构件也都会在扭转斜裂缝和冲切斜裂缝尚未恶性加宽，即横向钢筋应变只达到一定数值时发生扭转破坏或冲切破坏。因此，若受剪箍筋、斜筋或水平分布筋、受扭箍筋以及受冲切箍筋或栓钉所用钢材强度过高，其强度在这些受力状态下就得不到充分发挥。为此，我国、美国、欧洲等设计标准都对上述受力状态下横向钢筋的最大可用强度作了限制。例如，我国《混凝土结构设计标准》GB/T 50010—2010（2024年版）第4.2.3条规定："横向钢筋的抗拉强度设计值f_{yv}应按表中（指该设计标准表4.2.3-1）f_y的数值取用；当用作受剪、受扭、受冲切承载力计算时，其数值大于360N/mm²时应取360N/mm²。"也就是说，400级及以下钢筋的抗拉强度设计值在这类情况下是能够被充分利用的；但若使用500级钢筋，则其抗拉强度设计值435N/mm²就只能用到360N/mm²，相当于有17%的强度设计值未得到充分利用。《混凝土结构设计标准》GB/T 50010—2010（2024年版）第4.2.1条在推荐用于箍筋的钢筋等级中包括了HRB500和HRBF500钢筋。根据该设计标准的条文说明，这一推荐是因为当把500级钢筋用于约束混凝土的间接配筋时，500级钢筋的高强度是可以得到充分发挥的。由于我国全部国土面积内的各个地区均需同时考虑持久设计状况和地震设计状况的设计要求，即上述这些类钢筋中的大部分，主要是梁、柱构件端部箍筋都将同时发挥受剪和约束作用，故当在此类情况下约束箍筋的需要量对箍筋用量起控制作用时，使用500级钢筋作为箍筋还是有积极效果的。

（3）随着受弯正截面所用受拉钢筋屈服强度的提高，由于钢筋的弹性模量未变，它在承载能力极限状态下发挥出屈服强度时形成的拉应变就将相应增大。由于正常使用极限状态下构件正截面所受弯矩通常为承载能力极限状态弯矩的70%左右，故正常使用极限状态下的受拉钢筋应力和应变也将相应增大。这将导致受拉区裂缝宽度的相应增大。由于如前面第1.3.4节所述，设计规范从结构耐久性角度和外观角度对正常使用极限状态下受长期荷载作用时的裂缝宽度给出了限制，因此，使用强度较高的钢筋（例如500级钢筋）时，就很可能使裂缝宽度超过限制条件。一旦出现这种情况，若通过减小纵筋直径、增加纵筋根数的办法仍未能满足裂缝宽度限制条件，就只有通过增大受拉钢筋用量来达到这一控制目的，而这又将使受拉钢筋的屈服强度在承载能力极限状态下得不到全面、充分发挥。

强度较高钢筋可能遇到的以上这些影响其强度充分发挥的因素提醒人们，即使生产工艺还有可能制作出屈服强度比500级更高的普通钢筋，它在钢筋混凝土结构中可能遇到的上述限制将使其屈服强度更不容易得到充分发挥。

近几年，我国的钢材产能已居世界首位，但铁矿资源严重不足，铁矿石大量依靠进口，不利于国家安全；同时，所形成的从炼铁到炼钢、轧钢的整个大规模产业链还造成了过大的碳排放和其他污染物排放压力，故节约钢材势在必行。因建筑业属于用钢大户，故《混凝土结构设计标准》GB/T 50010 理应在国家主管部门推动节约钢材的政策指导下，在其条文规定中体现这一思路。为了使读者较全面理解设计标准在推动节约钢材的过程中遇到的问题，在这里需再作以下讨论。

若以一根不存在失稳风险的轴心受压钢筋混凝土短柱为例，其承载能力表达式可以写成：

$$N_u = A_c f_c + A'_s f'_y \tag{2-1}$$

式中　N_u——柱的抗轴压能力；

　　　f_c、f'_y——混凝土的轴心抗压强度和钢筋的抗压强度设计值；

　　　A_c、A'_s——混凝土净截面面积和受压钢筋的截面面积。

而一根钢筋混凝土梁单筋正截面的抗弯能力表达式则可写成：

$$M_u = A_s f_y z \tag{2-2}$$

式中　M_u——截面受弯承载力；

　　　A_s——受拉钢筋截面面积；

　　　f_y——钢筋抗拉强度；

　　　z——截面混凝土受压区合压力和受拉钢筋拉力之间的内力臂。

从以上两式都不难看出，当构件截面作用内力以及混凝土强度和截面尺寸不变时，钢筋抗压或抗拉强度越高，所需钢筋截面面积或者说按计算所需的配筋量就会越少。因此，从这二式看，钢筋强度增大的百分比也就大约相当于节约钢材的百分比。故应承认，从原则上说，使用强度更高的钢筋是在建筑结构中节约钢材的最直接途径（强度更高的钢筋虽然每吨制作成本会稍有上升，但与节约量相抵后，工程造价通常不会明显变化，或还略有下降）。

从整个结构体系的设计角度看，虽然提高钢材强度会节约一定钢材，但是，从实际能实现的节约效果看，却并不能达到以上两式所表达的节约比例。这是出于以下两个方面的原因。

1. 构造方面的原因

（1）钢筋的锚固长度和搭接接头长度将随钢筋强度提高而按比例加长（见下面第3.4.2节、第3.4.4节和第5.3.8节）。由于锚固长度和搭接接头长度在总用钢量中占有不可忽视的比例，故其增大必然会对节约钢材造成负面影响。

（2）有相当一部分结构构件的配筋（或构件中的某部分钢筋）因计算需要量小于从构造角度要求的配置数量而按构造要求（例如最小配筋率要求）配置，或本身就属于按构造要求配置的钢筋（如现浇板中的分布筋），导致其配置数量常与钢筋强度无关。对于这部分钢筋，提高钢筋强度自然达不到节约钢材的效果。由于这部分钢筋在结构各类构件中所占比例颇大（如大量的活荷载不是很大的商住楼及高层公共建筑现浇楼盖及屋盖板的受力筋和分布筋，剪力墙结构、框架-剪力墙结构和框架-核心筒结构中、上部楼层墙肢的水平和竖向分布筋，以及设防烈度较低的广大地区的框架结构中、上部楼层柱的纵筋及箍筋以及墙肢水平截面两端集中布置的纵筋及箍筋等），故在估计使用更高强度钢筋的节约效果时必须把这些情况排除在外。

2. 钢筋与混凝土共同工作性能方面的原因

上面已对这些情况作过讨论，现再归纳如下：

(1) 与混凝土共同受压的强度过高的钢筋在有些构件中其强度可能得不到充分发挥。

(2) 强度过高的横向钢筋，其强度在受剪、受扭及受冲切承载力中可能得不到充分发挥。

(3) 用作构件受拉钢筋的强度较高的钢筋可能因正常使用极限状态下的裂缝宽度限制要求而增大用量，从而使钢筋在承载能力极限状态下不能充分发挥强度，并减弱了节约效果。

因此，对提高钢筋强度能够带来的节约钢材效果应作全面的、实事求是的考察。

借此机会还想特别提请结构设计界关注的是，从《混凝土结构设计标准》GB/T 50010—2010(2024 年版) 第 7.2.3 条给出的钢筋混凝土受弯构件受拉区混凝土开裂后的非弹性刚度 B_s 的计算公式可以看出，受弯（包括大偏心受压）构件的刚度在其他参数不变的情况下是直接与 E_sA_s 成比例的（E_s 为受拉钢筋弹性模量，A_s 为受拉钢筋截面面积）。这意味着，当构件纵筋采用了强度更高的钢筋后，因钢筋用量 A_s 将随强度提高而成比例下降，而钢筋的弹性模量 E_s 却在强度提高后保持不变，因此，钢筋强度越高，乘积 E_sA_s 越小，构件受拉区开裂后的刚度也将相应下降。在多、高层建筑结构的设计中，保证结构侧向刚度的层间位移角控制条件是结构性能控制中的关键内容之一。在结构全面使用强度更高的钢筋之后，若大部分构件的纵筋配筋量按计算确定，则如上面所述，结构侧向刚度将全面下降，从而实际上可能达不到性能控制要求。这一问题之所以至今尚未引起建筑结构设计界的足够关注，是因为我国正常使用极限状态下的层间位移角控制条件是按构件毛截面（不考虑纵筋配置数量）的弹性刚度计算的，从而掩盖了以上问题。

我国钢筋混凝土结构中使用的主导钢筋（即一般指框架梁、柱和剪力墙、核心筒的墙肢、连梁中的纵向钢筋）的强度曾经历过两次提升。第一次是从 1989 年版的《混凝土结构设计规范》GBJ 10—89 以 335 级钢筋作为主导钢筋品种过渡到 2002 年版的《混凝土结构设计规范》GB 50010—2002 以 400 级作为主导钢筋品种。这次调整因 400 级钢筋的强度尚不是太高，故从节约钢材的效果上看，只有上述构造方面中的负面因素已开始在起一部分不利作用，钢筋与混凝土共同工作性能导致的负面因素尚未达到发挥作用的地步。因此 400 级钢筋在 2002 年版《混凝土结构设计规范》GB 50010—2002 使用后的推广过程中发挥了相应的节约钢材的作用。第二次是从 2010 年版《混凝土结构设计规范》GB 50010—2010 后开始的推广 500 级钢筋的过程。由于 500 级钢筋的强度更高，遇到了比 400 级钢筋偏多的限制。但通过规范对相应设计要求作出的局部调整（例如后面第 5.6.4 节所述，规范放松了对裂缝宽度的计算要求，即计算出的裂缝宽度较 2002 年版规范变小），使得认可并使用 500 级钢筋的范围逐步扩大，预计也会达到一定的节约钢材的效果。

美国 ACI 318 规范至今仍以 60000psi 级钢筋（屈服强度标准值 414N/mm²）为钢筋混凝土结构使用的主导钢筋品种。美国市场上虽早有 80000psi 级钢筋（屈服强度标准值 552N/mm²）供应，但直到最新一版 ACI 318 规范（ACI 318-19），仍因对使用这类钢筋的结构构件的性能研究不足而未将其纳入规范。欧洲规范 EC2 则早在 20 世纪 90 年代就已将 500 级钢筋纳入规范，并允许设计人员在与我国规范规定类似的限制条件下按需要尽可能使用。

本书作者认为，从结构设计角度，一方面要以积极态度面对强度等级较高钢筋的推广使用；另一方面则应从钢筋混凝土结构的基本受力性能出发，意识到更高强度等级钢筋在普通钢筋混凝土结构中应用时可能遇到的障碍，并对使用较高强度等级钢筋所能达到的节约钢材效果有一个实事求是的估量。同时还应切实关注使用强度等级更高的钢筋给结构侧向刚度带来的不利影响。

2.2 普通钢筋的强度等级、品牌及推荐使用场合

因本书内容暂不涉及预应力混凝土，故本章也不涉及作为预应力筋使用的高强钢筋及钢丝、钢绞线。

根据现行国家标准《钢筋混凝土用钢》GB/T 1499.1～1499.3 和《混凝土结构设计标准》GB/T 50010—2010（2024 年版）的规定，停止了 335 级钢筋的使用，于是，用于钢筋混凝土结构的普通钢筋按强度高低（以受拉屈服强度为准）即保留以下三个等级。

（1）300 级钢筋（只有 HPB300 一个品种，公称直径 6～14mm）；

（2）400 级钢筋（含 HRB400、HRBF400 和 RRB400 三个品种，公称直径 6～50mm）；

（3）500 级钢筋（含 HRB500、HRBF500 两个品种，公称直径 6～50mm）。

在以上三个强度等级的钢筋中，300 级为热轧碳素钢筋，表面为无肋纹的光面，称"光圆钢筋"；400 级和 500 级钢筋为低合金钢筋，表面带肋纹，称"带肋钢筋"；我国这后两个强度等级带肋钢筋目前使用的表面肋纹均如图 2-2(b) 所示，即肋纹由两条贯通钢筋全长的位于截面圆周对边的纵肋以及位于纵肋之间的一条条与钢筋轴线有一定交角的斜向横肋构成；每条横肋均为变高度，即其高度均在其自身长度中点处最大，越向两端越小，直至两端处为零，且各条横肋末端均与纵肋之间留有一段无肋的小距离（为了改善钢筋的抗疲劳强度）；工程界也称这种横肋肋型为"月牙肋"。钢筋表面所设纵肋有助于防止钢筋在轧制过程中的扭转，而横肋则是改善钢筋表面与周围混凝土之间粘结能力的关键措施。这意味着，300 级光圆钢筋与其周边混凝土之间的粘结性能比其余两个强度等级带肋钢筋明显偏弱；故当 300 级钢筋用于受拉时，均需在其末端事先弯好 180°标准弯钩，以提高其端部在混凝土中的受拉锚固能力（确定只受压的光圆钢筋，其端头可不设 180°标准弯钩）。

(a) 早期使用过的等高肋带肋钢筋　　(b) 目前使用的变高横肋(月牙肋)带肋钢筋

图 2-2　带肋钢筋曾用和现用的表面肋型

还需指出的是，我国最早按苏联标准生产的带肋钢筋使用的是如图 2-2(a) 所示的等高肋（即纵、横肋高度均不变）。这种等高肋钢筋的粘结性能虽优于上述月牙肋钢筋，但其主要缺点在于，在轧制过程中钢筋有可能因每条横肋与纵肋连接处肋间凹陷偏深而卡在轧辊上从而造成轧钢现场事故，且因其纵、横等高肋交点处易引起应力集中而导致钢筋的

疲劳抗拉强度下降。为此，到 20 世纪 80 年代，我国冶金工业界在借鉴欧洲经验后，决定将带肋钢筋的肋型全部改为图 2-2（b）所示的使用至今的变高横肋（月牙肋）方案。这种肋型的钢筋能完全消除等高肋方案钢筋的上述两大弊端，虽然会使带肋钢筋的粘结能力较等高肋钢筋有所下降，但粘结能力依然够用。此外，与等高肋带肋钢筋相比，使用变高横肋还将适度节约钢材。

在上面列出的各强度等级钢筋中，用"HPB"和"HRB"表示的品种是用正常的热轧工艺生产的，具有较好的屈服后塑性变形能力、可焊性、机械连接性能和对施工中冷加工的适应能力。400 级和 500 级钢筋中的"HRBF"品种则是在控温下轧制的细晶粒钢筋，虽也能满足各项性能指标，但性能裕量不如 HRB 品种的同级钢筋；因国内仍有钢厂生产，故也纳入了设计标准。在 400 级钢筋中还有一个"RRB"品种，即"余热处理钢筋"。这类钢筋是经高温淬水和余热处理制成的。因其靠近表皮部分受高温淬水影响强度偏高，延性偏差，中心部分强度偏低，延性尚好，即截面材性不均匀；因此不论延性、可焊性、机械加工性能以及在施工中适应冷加工的能力均不如 HRB 品种钢筋，故只宜用于对变形要求不高的构件和对冷加工性能要求不高的施工条件，如基础、一般楼盖现浇板、受力要求不高的墙体以及次要的中小型构件等。这一品种的钢筋也是因有少量企业仍在生产才列入设计标准。可以预计，随着近年来对落后产能的淘汰，HRBF 和 RRB 品种钢筋的继续供货时间已不会太久。

本书作者还想指出的是，当经主管部门批准，国家标准《钢筋混凝土用钢 第 2 部分：热轧带肋钢筋》GB 1499.2—2007 和《混凝土结构设计规范》GB 50010—2010 先后作出了开始使用 500 级钢筋和将 335 级钢筋的直径限制在 6～14mm 的规定之后，曾在我国当时钢筋混凝土结构工程的钢筋供方市场上形成了一个比以前更能适应设计需要且更为合理的钢筋供货格局；其具体表现为：

首先，300 级钢筋是在钢筋成分和冶炼工艺基本不作调整的前提下，将原 235 级钢筋的强度标准提升后形成的；这有助于挖掘较低强度钢筋的强度潜力。这一强度等级钢筋按较小直径供货，主要用于一般现浇板内按构造配置的受力钢筋和分布钢筋，一般中、上部楼层剪力墙内按构造要求布置的水平和竖向分布钢筋，以及一般梁、柱和墙肢中配置的较小直径箍筋等。

把原有的 335 级钢筋的供货规格限制在 14mm 直径及以下的中、小直径范围是一项明智决策。这一决策使设计人可以把结构构件中有较重要作用的较小直径钢筋从使用 300 级光圆钢筋改为使用 335 级带肋钢筋，如某些荷载偏大的工业建筑现浇板或发挥较重要水平隔板效应的楼盖现浇板内的受力钢筋，关键剪力墙和核心筒墙肢的水平及竖向分布钢筋，梁、柱端约束区的约束箍筋，作用剪力及作用扭矩偏大部位的箍筋及受扭纵筋，大截面梁的侧边构造钢筋等，从而能明显改善较小直径钢筋与混凝土之间的粘结能力。

400 级和 500 级钢筋则主要以直径 16～40mm 的规格供货（40mm 以上直径钢筋虽可生产，但在工地绑扎就位时用人工搬运已显过于笨重，故只建议在有特殊需要时使用，此时需在现场安排专用起吊搬运机具来协助钢筋就位）。这两个强度等级的钢筋主要用作框架梁、柱与剪力墙和核心筒墙肢及连梁的纵向受力钢筋以及大尺度框架柱的柱端约束钢筋。其中的 500 级钢筋应主要用于裂缝宽度限制条件不起控制作用的构件。使用 500 级钢筋除节约钢材外，还会缓解使用 400 级钢筋时某些构件中的钢筋拥挤程度。

而在上述两本国家标准的 2024 年版中，经主管部门批准，规定停止使用上述较小直径的 335 级钢筋后，这部分市场已迅速被直径 6～14mm 的 400 级带肋钢筋所取代。但如上面所述，因原使用较小直径 335 级钢筋的工程场合，其配筋量绝大部分是由构造要求确定的，故在较小直径 400 级钢筋填补了停用 335 级钢筋形成的这一空缺后，并不能取得进一步节约钢材的效果，反而使工程造价有所提高。这应是一个值得决策方总结的问题。

2.3 普通钢筋的单调加载受力性能

从 300 级到 500 级的普通钢筋，只要未经冷加工，就都具有以下共同特点，即同一根钢筋的受拉屈服强度和受压屈服强度数值相同，受拉和受压弹性模量数值相等；拉、压屈服前为理想弹性，拉、压屈服后如图 2-3 所示均先进入屈服后平台段，再进入强化段。由于平台段结束时的应变常已达 2% 上下，故一般受弯及偏心受压类构件在达到最大抗力时的受拉钢筋应变多仍处在平台段内，只有少数钢筋可能进入强化段。

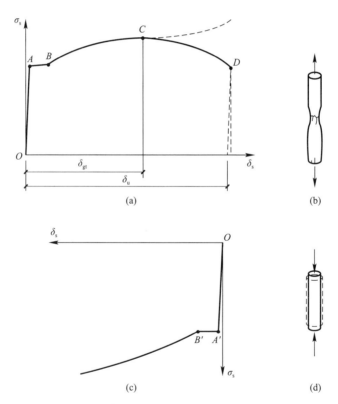

图 2-3 普通钢筋的拉、压应力-伸长率（压缩率）特征

从图 2-3(a) 所示钢筋受拉应力-伸长率曲线可以看出，随着伸长率的进一步增大，钢筋将达到其拉应力最大点（图中 C 点），《混凝土结构设计标准》GB/T 50010 称这一点的钢筋应力为其"极限强度"（注意：只有在受拉试验中能获得极限强度）。随后，钢筋试件将在其最薄弱部位随伸长率进一步增大逐步形成越来越明显的颈缩现象，并在伸长率增大到图中 D 点时在颈缩最严重处被拉断。因根据规定拉应力均按实测拉力除以试件初始名

义截面计算，故虽然颈缩部位钢筋应力实际仍在提高，但按规定算得的应力却因颈缩部位截面变小而出现下降。这表明，这段曲线（*CD* 段）并未表达钢材的真实应力-应变规律。若改按颈缩部位实际最小截面计算拉应力，则钢筋的实际应力-应变曲线在 *C*、*D* 点之间将呈现图中虚线所示意的上升趋势。当然。这段虚线在一般钢筋混凝土结构构件中并无工程意义。

图 2-3(c) 所示为钢筋受压试件获得的压应力-压缩率曲线。其中，受压屈服强度与图 2-3(a) 中的受拉屈服强度数值相同，两图中的弹性模量也具有同样数值，屈服平台也长度相仿。所不同的是，在受压试件足够短粗从而不发生失稳的条件下，随着压应力的增长，除压应变相应增大外，试件截面也将因钢材侧向膨胀而逐步增大（图 2-3d），故受压应力-压缩率曲线只会持续上升而找不到最大压应力点。

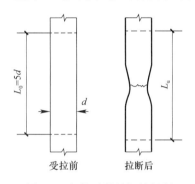

图 2-4　钢筋试件的初始标距长度 L_0 和拉断后塑性伸长了的标距长度 L_u

从图 2-3(a) 可以看出，普通钢筋的屈服后塑性变形能力很强。例如，HPB300 级钢筋的屈服应变只有 $0.0014 \sim 0.0019$，但拉断时的伸长率可达 $0.20 \sim 0.26$。随着钢筋等级的提高，其屈服后塑性变形能力相应有所下降。以往，钢筋的屈服后塑性变形能力是用受拉试件拉断时的极限延伸率 δ_u（图 2-3a）来衡量的。具体做法是，将颈缩后拉断的两段钢筋试件断口对拢后，量得包括塑性伸长在内的卸载之后的标距长度 L_u，再减去初始标距长度 L_0，所得的长度差与 L_0 的比值即为极限延伸率 δ_u（L_0 和 L_u 的示意见图 2-4）：

$$\delta_u = \frac{L_u - L_0}{L_0} \tag{2-3}$$

从 2010 年版的《混凝土结构设计规范》GB 50010—2010 起，根据 2007 年修订的国家标准《钢筋混凝土用钢》GB/T 1499—2007 的规定，已将各钢筋品牌屈服后塑性变形的相对大小改用图 2-3(a) 受拉应力-伸长率曲线最大应力点（对应应力即为钢筋的极限抗拉强度）对应的伸长率 δ_{gt} 来衡量，并称该伸长率为"最大力总延伸率"（之所以加"总"字，是表示该伸长率为整个标距的均匀伸长率）。这样做可以避免颈缩现象对伸长率量测的干扰，同时也是为了与国际接轨。我国《混凝土结构设计标准》GB/T 50010—2010（2024 年版）对普通钢筋规定的 δ_{gt} 限值见该标准的表 4.2.4，现引出如下。见表 2-1。

我国《混凝土结构设计标准》GB/T 50010—2010(2024 年版) 规定的
普通钢筋的最大力总延伸率最低值　　　　　　　　　　　　　　　　表 2-1

钢筋品牌	HPB300	HRB400 HRBF400 HRB500 HRBF500	HRB400E HRB500E	RRB400
δ_{gt}(%)	10.0	7.5	9.0	5.0

注：表中 HRB400E 和 HRB500E 为国家标准《钢筋混凝土用钢》GB/T 1499.1~1499.3 推出的最大力延伸率偏高，从而有利于提高钢筋混凝土结构构件延性及塑性耗能能力的推荐用于抗震钢筋混凝土结构的热轧带肋钢筋品种，但到目前为止《建筑抗震设计标准》GB/T 50011—2010(2024 年版) 对这两种钢筋品种在抗震结构中的应用尚未给出具体引导性规定。

与美国为 60000psi（414N/mm²）级钢筋规定的 δ_{gt} 值相比，表中对 400 级钢筋规定的 δ_{gt} 值明显偏低，而我国 400 级钢筋的实测应力-伸长率性能表明，这类钢筋所具有的最大力总延伸率至少都在 9.0% 以上，绝大部分可达 12%～14% 甚至更高。在上表中统一把 400 级和 500 级钢筋的 δ_{gt} 值取成 7.5%，目的应在于不想展示 500 级钢筋 δ_{gt} 值比 400 级钢筋明显偏低的事实，以免干扰 500 级钢筋的推广。本书作者认为，宜按各等级钢筋的真实性能为 400 级和 500 级钢筋分别规定不同的 δ_{gt} 值，以利于钢筋质量的合理、有效控制。

还需着重指出的是，图 2-3(a) 所示的用目前通用测试方法获得的钢筋受力性能曲线，虽其纵、横坐标的物理量分别与力学意义上的"应力"和"应变"相同，但图示曲线并不能称为钢筋的应力-应变曲线，而只能称为其"标定应力-延伸率（或压缩率）曲线"，或"标定应力-相对变形曲线"。这是因为按照约定，其中的标定应力是用试验中对钢筋试件施加的各级拉力或压力（试验实测值）始终除以试件未受力前所量测的或所设定的截面面积（例如公称截面面积）求得的；而延伸率（或压缩率）则是用每级加载下试件纵向量测标距内测得的伸长量（或压缩量）除以标距初始长度获得的。而从这种测试方法所用的"标定应力"方面看，因钢筋试件在纵向受力时所具有的横向变形特征，即泊松效应，试件的截面面积在拉力增大过程中是在逐步缩小的，而在压力逐渐增大过程中则是在逐步增大的；特别是当受拉试件拉断前出现颈缩现象后，对试件受力后期应力-应变性能起控制作用的截面面积更是处在迅速缩小的过程中。而从应力-应变关系的严格力学含义看，应力本应是按实际对试件施加的各级拉力或压力除以该级受力状态下试件考虑了泊松效应和颈缩现象后的实际控制截面面积来计算的；当然，颈缩过程中快速缩小的控制截面面积的跟踪测定即使是利用近期最新观测技术也仍然是一项有难度的任务。再从通用测试方法测定延伸率或压缩率的方面看，只要在试件的测试过程中沿量测标距的应变分布是均匀的，则用上述通用方法测得的延伸率或压缩率就将与工程力学中应变的含义完全相等；而近期测试结果发现，在钢筋试件受力的弹性段和强化段，沿试件量测标距的应变分布还是较为均匀的，但在钢筋试件受力的平台段和颈缩段，沿试件量测标距的应变分布就都是不均匀的，且其不均匀状态还随伸长量的增大而不断变化。其中，如图 2-5 所示，在受拉试件的平台段，应变分布的不均匀性是因试件钢材的屈服现象总是从图示的某个较窄的横向条带

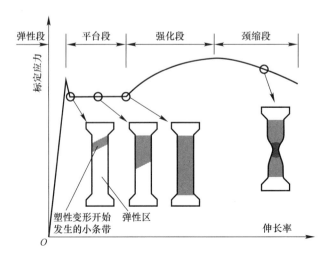

图 2-5　在钢材试件受拉试验中的四个阶段应变沿试件分布的示意图

首先发生再逐步扩展到整个试件长度；而当受拉试件伸长到进入颈缩段时，其塑性应变则将集中发生在越来越短的长度内，直至试件在其截面变得最小处被拉断；这种颈缩现象在试件受拉试验时是肉眼可见的。

根据已有研究测试结果，若要以已经获取的大量钢材标定应力-延伸率实测曲线为基础寻求较为真实的钢材应力-应变规律，则可取用以下思路：

（1）考虑到对颈缩过程精确测试的难度以及结构非弹性模拟分析一般不涉及颈缩段的钢材性能，故所建立的应力-应变曲线可以考虑只覆盖弹性段、平台段和强化段；

（2）在应变沿试件长度可视为均匀分布的弹性段和强化段内，只需已知钢材的对应泊松比值，即可通过试件截面尺寸的变化率从标定截面面积求得相应受力状态下横向变形后的截面面积，或者说从标定应力求得力学意义上的应力；对于平台段，则需根据试验测试结果找到其平均泊松比值，以便使用同样方法求得力学意义上的应力。对这三个受力区段则均可直接取实测延伸率或压缩率作为力学意义上的应变。

根据到最近为止已获取的较精确实测结果，以热轧低碳钢筋为例，其弹性阶段的泊松比多在 0.27 到 0.30 之间变动；受拉平台段的泊松比变化范围偏大，多在 0.28 到 0.64 之间变动；而整个屈服后区段的平均泊松比也比弹性段明显偏高，即在 0.55 到 0.59 之间变化。

在图 2-6 中还给出了本书作者近期在现场随机抽取的两根 HRB 500 级名义直径为 12mm 的钢筋试件经受拉试验获得的名义拉应力与延伸率的关系曲线（因试验采用原样带肋钢筋直接拉伸的试验方法，故图中纵坐标取为实测拉力除以试件名义截面面积所得的名义拉应力），目的是使读者对我国目前推广使用的强度等级较高钢筋屈服应变的大小、屈服平台的长短、最大应力与屈服应力实际比值的大小、钢筋"最大力总伸延率"的大小以及极限延伸率的大小等性能特征获得直观的量化印象。

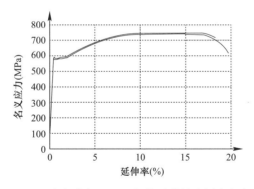

图 2-6　两根 HRB 500 名义直径 12mm 钢筋试件的实测名义应力-延伸率曲线

2.4　普通钢筋的其他基本性能

除上节所述的单调拉、压性能外，从工程应用角度还需关注普通钢筋的以下性能。

1. 构件疲劳承载力设计中涉及的钢筋低应变高周疲劳性能

在钢筋混凝土结构可能经受的各种受力过程中，能使钢筋经历明显循环受力过程的主要有以下两类典型情况。一类是如前面第 1.14 节已经提到的，钢筋会在例如桥梁结构的桥面梁中或工业及仓储建筑的吊车梁中经历最大应力一般不超过屈服强度、但循环次数可高达数百万次到上千万次的多为单向受力的循环受力过程。另一类则是抗震结构在一次地震中经历的由其所在地较强地面运动激起的多次侧向晃动；在这类激烈晃动过程中，相应构件屈服区的纵向钢筋将可能经历超过屈服应变不同程度的弹性-塑性循环受力过程，而且很可能是拉、压交替循环（双向均可能超过屈服），但循环次数一般只有数次到数百次。于是，国际学术界就把第一类循环受力下的钢筋受力性能称为"低应变高周疲劳性能"（"低应变"指应变未超过屈服，"高周"指循环次数很大），而把第二类循环受力下的钢筋受力性能称为"高应变低周疲劳性能"，或简称"低周疲劳性能"。这两类循环受力性能是有原则性差别的。下面将在第1.14节所述吊车梁疲劳强度验算的基础上再对钢筋的低应变高周疲劳性能作简要说明。钢筋的高应变低周疲劳性能则请参阅混凝土结构抗震设计的有关著作及文献。

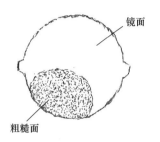

图 2-7　高周疲劳破坏
的钢筋断口

钢筋的低应变高周疲劳破坏是钢材晶格内部微损伤的累积发育过程导致的。若以钢筋受拉循环为例，则在经历足够次数受力循环后，钢筋将在表面存在原始微损伤从而导致应力集中处形成微小裂口；该裂口将随循环次数增长逐步向截面内扩展；当裂面发育到占截面比重足够大时，未裂部分会在某次循环到最大应力时突然脆性拉断（无塑性变形及颈缩现象）。每个高周疲劳破坏的钢筋断口均具有图 2-7 所示特征，即大部分断头截面面积为受力过程中已被拉断的光亮镜面（镜面因反复拉开-压紧过程形成），少部分为最终被拉断的粗糙脆性断口。镜面效应是破坏面在逐步破裂后的循环受力过程中形成的特有现象。

已经完成的钢筋疲劳性能试验结果表明，在需要达到的循环次数已定的情况下（例如对于吊车以中等频繁程度工作的建筑中的吊车梁，要求钢筋达到的循环受力次数为二百万次），钢筋的疲劳强度只与其"疲劳应力比"（即每个循环下限应力与上限应力之比）有关。

我国《混凝土结构设计标准》GB/T 50010—2010(2024 年版) 为钢筋混凝土吊车梁规定的疲劳验算思路已在前面第1.14 节中作了说明，这里不再重复。其中要求正截面中的受拉钢筋（受压钢筋不要求进行疲劳验算）以及剪力较大情况下的斜截面箍筋在循环受力中的"应力幅"（即循环中的上限应力与下限应力之差）不大于规范规定的"应力幅限值"[见《混凝土结构设计标准》GB/T 50010—2010(2024 年版) 表 4.2.6-1]，而应力幅限值又与"疲劳应力比"相关。需要说明的是，由于在应力比已定的情况下，相当于上限应力的疲劳强度和相当于上限应力与下限应力之差的应力幅是可以相互换算的，故钢筋的疲劳验算是以与应力比有关的疲劳强度为控制指标还是以与应力比有关的应力幅限值为控制指标，其控制效果是相同的。

2. 钢筋的耐火烧性能和在较高温度下的防护

钢材的性能虽然总体良好，但也有不利缺口。缺口之一是前面提到的其弹性模量不随强度等级的提高而增长。另一个缺口则是其屈服强度将如图 2-8 所示从温度超过 200℃起随进一步升温而越来越快速下降，到 600℃时已几乎完全丧失强度。不过，一旦降温，其强度又会迅速恢复。但要注意：

（1）升温到大约 500℃ 以上再降温后，升温前经冷加工获得的性能（如冷拉后的较高屈服强度和冷拔后的更高极限抗拉强度）将会全部消失，冷却后的钢筋性能将原则上恢复到冷加工前的原始状态。

（2）未经冷加工的钢筋在降温过程中若遇骤冷，钢材就可能获得冷加工效果（冷却后强度比母材提高，但屈服后的塑性变形能力则会明显减弱，甚至不再具有明显屈服点）。救火时经冷水喷淋后的钢材极易发生此类性能变化。

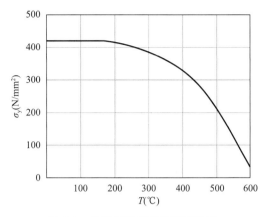

图 2-8　普通钢筋屈服强度随温度
升高而下降的趋势

钢材力学性能的这种随温度变化的特征虽使钢材的轧制工艺成为可能，但在一次火灾中，只要扑救不及时，直接受下方火焰灼烧或热气炙烤的裸露钢梁或钢桁架就会在不太长的时间内迅速升温。一旦型钢内外温度升到例如 500℃ 以上时，钢构件就会因不再具备原有承载力而突然弯折、坍塌。

钢筋混凝土构件中的钢筋因有混凝土包覆，在炙烧中的升温速度明显比裸露的钢结构构件偏慢，加之混凝土有比钢材明显更好的抗灼烧能力，故在大规模火灾事故中，钢筋混凝土框架梁、大跨屋面梁等常能耐受一定时间的灼烧而不垮。这是钢筋混凝土结构相对于钢结构的一项突出优势。但在较长时间的高温炙烧下，有些保护层偏薄的遮阳、雨篷及天沟等构件仍会因钢筋强度下降而弯折、坠落。

对于遭受火灾后未发生整体坍塌的钢筋混凝土结构都应进行灾后性能评估，以确定其是否具有修复后再继续使用的能力和价值。对于具有继续使用价值的结构，则应根据灾害程度确定其修复方案。

灾后性能评价主要关注以下方面：

（1）根据现场火灾的燃烧过程对结构各部位各类构件达到的温度、高温持续作用的时间进行确认，并用现场观察到的各类构件的炙烧损伤程度对上述温度及持续时间进行验证。

（2）根据已有的各有关研究机构完成的混凝土和钢筋的灼烧试验结果及各类构件在火烧实验室的性能试验对结构各构件的残存强度作出判定。在此基础上，还可利用估计的不同构件的残存强度通过非弹性模拟分析来预测结构的残存承载力。结合残存承载力识别结果及结构各部位不同构件的灼伤程度，根据现有修复补强技术水准，综合判定结构的修复再利用价值。

（3）结构在被火烧过程中相应构件（主要是被烧楼盖的水平构件）会产生很大的水平伸长，并将外侧竖向构件向外推出。若竖向构件受力已超过弹性，其非弹性外推变形在火熄降温后将作为残余变形不再恢复。灾后应首先量测外侧竖向构件的侧向变形，并在上述结构灾后评价中把这一变形作为决定结构是否能继续使用的因素之一。

（4）在结构受热向外伸长过程中，沿伸长方向布置的填充墙将可能因水平剪切变形过大而产生过宽的斜向主拉应力裂缝。若结构决定继续使用，这类墙体一般可以考虑拆除重做。

（5）对决定修复再利用的结构完成修复设计。

在工业建筑内的各种炉体附近，结构构件也有可能长期处于较高烘烤或辐射温度作用下。当钢筋混凝土构件的持续温度未超过 180℃ 时，预计尚不致影响构件的长期承载力；但若超过这一温度，则不论从钢筋还是混凝土对温度的反应来看，均宜在构件表面设置隔热层或采取其他隔热措施，以保证构件的持续受力性能。

3. 钢筋的耐低温性能

严寒地区结构构件的温度可以降低到 −40℃ 或更低。在 20 世纪 50～60 年代，我国严寒地区曾因钢材质量问题发生过在低温下工业厂房薄腹大梁垮塌的事故，其原因在于大梁主筋所用钢材的磷、硫含量高而导致的低温脆断。目前生产的钢材，其磷、硫含量已得到有效控制，故不再存在这类危险。

4. 其余性能要求

根据现行国家标准《钢筋混凝土用钢》GB/T 1499.1～1499.3，除去钢筋成分符合要求以及用每批 2 根取样检验普通钢筋的屈服强度和最大力总延伸率（2 根试样均必须满足规定指标）之外，还需完成 180° 弯曲试验和先 90° 后反向 20° 的反向弯曲试验（各 1 个试件）以及晶粒度试验（2 个试件）等指标的检验，这里不再详述。同时，还应特别关注钢筋的可焊性，特别是对于 400 级和 500 级钢筋。

2.5　钢筋单调受力性能的模型化

如第 1 章已经指出的，在钢筋混凝土结构或构件的非弹性模拟分析中，因各类受力钢筋只考虑沿其轴线方向受拉力或压力作用，故只按一维建立应力-应变模型就已能满足分析要求。由于试验实测结果表明，即使构件截面已进入纵筋屈服后的非弹性变形状态，纵筋的应变也很少能超过 3‰～5‰，即虽已超过应力-应变关系的平台段，但超过幅度（即进入强化段的程度）并不严重。因此，在一般非弹性模拟分析中（包括抗震性能模拟分析中），多满足于取用图 2-9(a) 所示的双折线应力-应变模型；其中的第二折线取水平线（为了计算机运算稳定，通常对水平线取一极小向上倾角）；第一折线的弹性模量 E_s 可按《混凝土结构设计标准》GB/T 50010—2010(2024 年版) 表 4.2.5 取用；钢筋屈服强度在模拟结构真实性能时宜取用所用钢筋的实测屈服强度值，若无实测结果，可按该类钢筋平均值水准取值。图 2-9(a) 的应力-应变关系双折线模型同时适用于受拉和受压状态。

当确有必要更准确模拟钢筋在较大应变下的应力-应变性能时，亦可取用图 2-9(b) 所示的三折线模型。其中第二折线（平台段）的长度和第三折线（强化段）的倾角都应参照钢筋的实测标定应力-伸长率曲线合理选定。这类三折线模型同样可以同时适用于受拉和受压状态。

当在作用剪力较大的构件部位使用改进斜压场模型进行性能模拟时，有可能需要考虑图 2-10 所示的钢筋沿垂直于其轴线方向的受剪受力状态，即所谓的受"销栓力"作用状态。到目前为止，已见到有关研究者提出了将钢筋的销栓抗剪性能以及沿裂缝的骨料咬合抗剪性能统一考虑后建立的沿裂缝方向的非弹性剪力-剪切角模型，但尚未见有研究者提出单独考虑钢筋销栓抗力的非弹性剪力-剪切角模型。

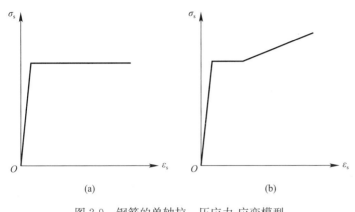

图 2-9　钢筋的单轴拉、压应力-应变模型

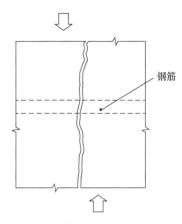

图 2-10　沿裂缝方向的钢筋销栓效应

2.6　用于设计的和用于非弹性分析的钢筋强度指标

在钢筋混凝土结构中，不论普通钢筋受拉还是受压，均以屈服强度作为其强度取值标准。这是因为，要想利用钢筋应力-应变曲线所展示的比屈服强度更高的强度，钢筋都必须经历平台段的较大应变进入强化段；这意味着，要以构件相应部位或区段的较大变形为代价；同时，试验结果也表明，当构件达到其在多数情况下由受压混凝土的压溃所控制的最大承载力时，钢筋应变最多刚刚进入强化段不久，所达应力也比屈服强度高出不多。

根据钢筋混凝土结构的可靠性设计需要和非弹性性能模拟的需要，各等级钢筋的屈服强度也应有平均值、标准值和设计值这三个从大到小的取值水准。但与混凝土处不同，钢筋具有以下两项特点。

（1）与混凝土具有从低到高连续排列的强度等级不同，普通钢筋只有三个由生产企业之间的协调机构根据国家政策、工程结构需要、钢材成分和生产工艺条件商定的等级：即300级、400级和500级。并约定以其商定的屈服强度作为质量评定（出厂检验和现场验收检验）标准。

（2）与混凝土处规定检验以立方体试块（150mm边长）在标准条件下养护28d测得的立方体抗压强度的95%偏低分位值不低于强度等级标准值为质量合格标准不同，钢筋的质量检验至今仍基本沿袭20世纪50年代初由苏联引入的检验标准，即：

1）从一批成分及生产工艺相同的钢筋中任意截取两根试件（不在同一根钢筋上），若其实测抗拉屈服强度均不低于该等级钢筋的屈服强度标准值，即认为该批钢筋质量合格。

2）若上述检验不合格，则允许再从同一批钢筋中依以下二法中的一法进行抽样检验：

① 从该批钢筋中再任意截取四根试件（不包括前次已截取试件的钢筋），若四根实测抗拉屈服强度均不低于该等级钢筋的屈服强度标准值，则仍认为该批钢筋质量合格；

② 也可从前次已截取了两根试件的钢筋上再分别截取一个试件，若这两根试件实测抗拉屈服强度均不低于该等级钢筋的屈服强度标准值，则同样可以认为该批钢筋质量合格。

以上检验方法引自现行国家标准《钢筋混凝土用钢》GB 1499.1～1499.3 和《型钢验收、包装、标志及质量证明书的一般规定》GB/T 2101。

20 世纪 90 年代，我国《建筑结构设计统一标准》管理组曾专门邀请中国有关统计学专家对上述检验制度下钢筋屈服强度标准值的统计含义进行研究，但最后因找不到广泛认可的统计规律而结束研究考察。因此，可以确认，到目前为止，尚未找到我国钢筋屈服强度标准值的统计规律。此后，《混凝土结构设计规范》管理组又组织人力对有关钢铁生产企业相应强度等级钢筋在一定时期内的屈服强度检验结果进行统计评价，得出了普通钢筋屈服强度"应具有不小于 95％的保证率"的笼统性结果，见《混凝土结构设计标准》GB/T 50010—2010(2024 年版) 第 4.2.2 条的条文说明。

在上述以各级钢筋出厂检验标准作为屈服强度标准值取值依据的基础上，《混凝土结构设计标准》GB/T 50010—2010(2024 年版) 取用的钢筋屈服强度设计值与在第 1.19.4 节中所述的混凝土强度设计值的取值原则类似，也是通过对各类钢筋混凝土结构构件的可靠性分析确定的。与混凝土处不同的是，因钢筋强度的离散性比混凝土明显偏小，故钢筋强度标准值与设计值的比值统一取为比混凝土处的 1.4 偏小的 1.1；对于新采用的 500 级钢筋，则适度提高安全储备，取该比值，即"材料分项系数"为 1.15。于是，例如 400 级钢筋的抗拉屈服强度设计值即为 $400/1.1 = 363.6 N/mm^2$，设计标准表 4.2.3-1 中取 $f_y = 360 N/mm^2$；500 级钢筋的抗拉屈服强度设计值即为 $500/1.15 = 434.8 N/mm^2$，设计标准表 4.2.3-1 中取 $f_y = 435 N/mm^2$。但对普通钢筋的抗压强度设计值的取值，设计标准则还要求考虑（如前面第 2.1 节所述）在钢筋与混凝土共同受压时，钢筋能发挥出的压应力要受混凝土能耐受的最大压应变的限制。对 400 级及以下的钢筋，其抗压屈服强度设计值尚不受此项规定的影响，即取为与受拉屈服强度设计值相同的数值。对于 500 级钢筋，根据《混凝土结构设计标准》GB/T 50010—2010(2024 年版)，在大部分构件中仍勉强取其抗压强度设计值等于其抗拉强度设计值 $435 N/mm^2$；但在轴心受压构件中，则只能规定取其抗压强度设计值为 $400 N/mm^2$。

还需要说明的是，在 2010 年版的《混凝土结构设计规范》GB 50010 中增设了第 3.6 节"防连续倒塌设计原则"，其中要求在进行偶然作用下结构防连续倒塌验算中的构件抗力计算时，普通钢筋的强度取为其极限强度标准值。因此，在该规范的表 4.2.2-1 中增加了对各等级普通钢筋极限强度（即对应于图 2-3a 中 C 点的应力）标准值的规定。由于这一验算取值思路直接取自美国相应规范，我国规范未作针对性解释，故本书对这项取值也暂不拟多作评价。

3

钢筋与混凝土之间的粘结性能及与其有关的一般性构造规定

3.1 概述

混凝土硬结后会和其中的钢筋胶结在一起。但钢筋混凝土结构中所说的"粘结"（bond）更主要指的并不是这种胶结现象，而是泛指钢筋与混凝土界面上沿钢筋长度方向存在的抗剪能力。因此，用"粘结"一词表示这种抗剪能力并不确切，只能认为是称谓上的借用。若也用"作用方"和"抗力方"来考察粘结现象，则作用方即指结构受力过程中各处钢筋与混凝土交界面上形成的沿钢筋轴线方向的"作用粘结应力"，或者说作用剪应力（粘结性能研究界约定，钢筋表面积均按公称表面积，即由钢筋公称直径确定的表面积取值）；而抗力方则指由钢筋与混凝土之间的不同界面特征形成的沿钢筋长度方向的界面抗剪能力，或者说粘结能力。在粘结应力作用下，钢筋与混凝土之间会沿界面产生沿钢筋长度方向的相对滑动，称为"粘结滑移"。在同样粘结应力下，若粘结滑移偏大，则可视为"粘结刚度"偏弱；反之，则可视为"粘结刚度"偏强。

钢筋与混凝土之间的这种粘结能力是保证钢筋和混凝土这两种受力性能截然不同的材料在各类结构构件中的多种受力状态下共同工作和保证钢筋混凝土结构构件之间有效连接和传力的基本条件，从而也是保持结构的承载能力、刚度及整体性以及控制受拉裂缝宽度所必需的基本性能。

已有考察结果表明，在各类钢筋混凝土结构构件内以及构件之间的连接区内，可能在钢筋与混凝土的界面上形成粘结应力的一般有以下四种典型情况：

（1）在各类结构构件中因弯矩值沿构件轴线方向的变化而在纵筋表面形成的粘结应力，简称"因弯矩梯度引起的纵筋粘结应力"；

（2）各类结构构件正截面受拉区混凝土开裂后，在裂缝与裂缝之间的纵筋表面引起的粘结应力，简称"正截面受拉区裂缝间的纵筋粘结应力"；

（3）纵筋锚固长度、延伸长度、贯穿节点长度以及搭接长度上的粘结应力；

（4）在各类结构构件内，当剪力或扭矩所引起的主拉应力斜裂缝贯穿箍筋或墙肢、壁板内的分布筋时，在这些钢筋表面引起的粘结应力。

而构成钢筋和混凝土界面粘结抗力的物理因素则因钢筋表面是"光圆"还是"带肋"而不同（严格来说还与肋纹特征有关，但因我国普通钢筋的肋纹均为规格化的"月牙肋"，故在下面的讨论中将不涉及其他肋纹形状的钢筋。若在工程中使用其他国家生产的表面肋形不同的钢筋，则应关注肋纹特征的差别给粘结性能带来的影响）。

光圆钢筋表面的粘结抗力首先来自混凝土硬结后形成的与钢筋表面之间的化学粘附力（这也就是真正意义上的"粘结"），但因该粘附力很弱，只要粘结应力稍大，钢筋与混凝土之间稍有滑移，粘附作用就将破裂；随后的粘结抗力则由钢筋并不光滑的表面与混凝土之间沿钢筋长度方向的摩擦阻力提供；但摩擦阻力提供的粘结抗力依然有限，故光圆钢筋的粘结能力总体较弱。为了使其在受拉时不致因粘结能力不足而从混凝土中拔出，传统的做法是在所有的用来作受拉钢筋使用的光圆钢筋两端都事先弯好180°标准弯钩，见图3-1。当钢筋受拉较重时，弯钩处由混凝土在其弯弧内侧及尾段上部提供的反作用机械阻力就能防止钢筋端部从混凝土中滑出过多。当确认光圆钢筋在构件中只受压力时，其端部可不设弯钩。在配置弯钩的受拉光圆钢筋锚固端周围的混凝土中应按构造配置垂直于该钢筋轴线方向的封闭箍筋，以保证图3-1所示混凝土对钢筋的有效机械阻力，并防止发生后文图3-22所示的由弯弧压力造成的弯弧内侧混凝土沿弯钩平面的劈裂。

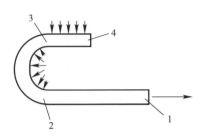

图 3-1　光圆钢筋端部 180°标准弯钩
在钢筋受拉时受到的混凝土机械阻力
（图中 1~4 含义见第 3.3.4 节）

使用带肋钢筋（图 2-2b）的主要目的就是为了改善钢筋与混凝土界面的粘结性能。与光圆钢筋处相同的是，带肋钢筋与混凝土界面上的化学粘附力也只能在钢筋与混凝土之间产生很小的粘结滑移之前提供不大的粘结抗力；钢筋表面与混凝土之间的摩擦阻力提供的粘结抗力也是有限的；这类钢筋表面的主要粘结抗力在达到最大粘结抗力之前均来自混凝土对各道横肋的机械阻力；在达到峰值粘结抗力后的更大粘结滑移过程中则来自沿横肋外包络面的破碎混凝土颗粒之间的摩擦阻力。对这种粘结抗力形成方式的进一步说明见下面第 3.3.2 小节。

3.2　在钢筋与混凝土界面中引起粘结应力的四种典型情况

3.2.1　由弯矩梯度引起的纵筋与混凝土界面中的粘结应力

以图 3-2(a) 所示的受两个对称集中荷载作用的单筋矩形截面简支梁为例，其弯矩图和剪力图即分别如图 3-2(b)、(c) 所示。若假定作用荷载较小，梁内尚未形成正截面受拉区裂缝和主拉应力斜裂缝，则可按弹性假定考察梁的正截面受力。这时，在梁跨度中部的纯弯区段内各正截面受力状态相同；而在梁跨左、右弯矩有梯度的区段，也就是有截面剪力作用的区段，不同位置正截面中的应力状态则会因作用弯矩不同而发生变化。若如图 3-2(a) 所示，从梁左侧有弯矩梯度的区段取出一个长度单元，则如图 3-2(d) 所示，在假定中性轴位置不变的条件下，长度单元右侧因作用弯矩比左侧截面大了 ΔM，故右侧截面中各混凝土纤维中的压应力和拉应力以及受拉钢筋中的拉应力都会比左侧截面中略大。若从中将受拉纵筋段取出，则如图 3-2(e) 所示，钢筋段右端拉力将比左端拉力大 ΔT，故该拉力差就只能由钢筋与混凝土界面上沿钢筋长度方向的剪应力，即粘结应力 τ 来平衡（图 3-2e 所画粘结应力 τ 为混凝土作用于钢筋的粘结应力，而钢筋作用于混凝土的反作用粘结应力则应反向）。在假定粘结应力在钢筋段界面上均匀分布的前提下（图 3-2f），

即可得粘结应力 τ 与两截面纵筋拉力差 ΔT 之间的关系为：

$$\Delta T = \tau \pi d \Delta x \tag{3-1}$$

式中 Δx——梁单元段长度；

d——纵筋公称直径。

当梁上荷载增大而使较细长简支梁正截面受拉区产生如图 3-2(g) 所示的多条以垂直裂缝为主的弯曲裂缝后，若仍从有弯矩梯度的区段取出两条裂缝之间的一段单元梁长，则如图 3-2(h) 所示，可近似认为正截面受拉区拉力全由纵筋承担，受压区混凝土的压应力分布也已表现出某些非弹性特征。因单元梁段右侧截面弯矩大于左侧截面，故在假定中性轴高度不变的前提下，右侧截面各混凝土纤维的压应力和受拉纵筋的拉应力都会比左侧截面略偏大。若从中将纵筋段取出，则除 ΔT 会比在开裂前的弹性受力阶段进一步增大外，需由粘结应力 τ 维持平衡的基本格局以及粘结应力 τ 与拉力差 ΔT 之间的关系都仍将保持上述弹性条件下的基本关系不变。

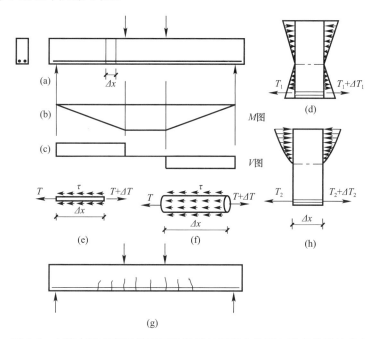

图 3-2 在简支梁有弯矩梯度区段纵筋与混凝土界面上形成的粘结应力

从图 3-2 简支梁受力情况可以清楚看到，正是由于梁左、右两侧弯矩变化区段所形成的粘结应力，才使梁受拉纵筋中的应力从在梁两端为零逐步增大到在跨度中部发挥出较大的拉应力。从这个意义上说，梁两侧的两段纵筋也可以视为中部纵筋的锚固传力段。可以设想，若下部纵筋与混凝土之间无粘结，则当作用荷载使混凝土梁产生挠曲变形，即各截面依作用弯矩大小而形成下部混凝土纤维伸长，上部混凝土纤维压缩的受力状态时，因下部纵筋无法经粘结效应与混凝土共同伸长，也就不可能参与各正截面的受力，即纵筋将形同虚设。由此可以看出粘结效应在保持纵筋与构件混凝土共同受力以承担作用荷载方面所发挥的关键作用。

将以上分析结果推广，即可断定，在工程常用的板、框架梁、框架柱、剪力墙墙肢、核心筒墙肢、剪力墙和核心筒的连梁以及独立基础和基础底板等类结构构件中，只要沿构件轴线方向作用弯矩有梯度，则不论构件是处在受拉区混凝土开裂前还是开裂后阶段，纵筋表面都始终会存在为了满足纵筋受力平衡而需要的粘结应力。这种粘结应力会随构件相应区段弯矩梯度的增长，即截面作用剪力的增长而增大。当构件中配有受压纵筋时，构件有弯矩梯度段的受压纵筋表面也将形成这类粘结应力。但考察结果表明，在大量相对较细长的框架梁、柱以及墙肢、连梁等类构件中，这类粘结应力数值都不大，不致引起粘结损伤。但在某些弯矩梯度较大的构件区段内，或者说纵筋拉力变化梯度较大的区段内（如在高宽比偏小的短粗框架柱或剪力墙肢以及跨高比偏小的框架梁或连梁内），当纵筋受力较为充分时，这类粘结应力也有可能大到能引起较明显粘结损伤的地步（如沿纵筋形成粘结劈裂裂缝，参见下面图 6-111 和图 6-113）。

3.2.2 正截面受拉区裂缝间的纵筋与混凝土界面上的粘结应力

在各类构件正截面受拉区混凝土开裂后，按照裂缝形成机理，在裂缝之间都会有一定的间距。在裂缝之间的纵筋与混凝土的界面上除去前面图 3-2(e) 所示的由弯矩梯度导致的粘结应力外，还会出现由裂缝处的纵筋向裂缝间的受拉区混凝土传递拉力而形成的粘结应力。这两种成因的粘结应力将在裂缝间的纵筋段上叠加。

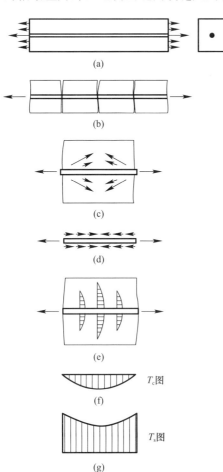

图 3-3 轴心受拉模型构件内裂缝间的钢筋经粘结效应向混凝土的传力

为了说明裂缝处纵筋向裂缝间的受拉区混凝土传递拉力而在裂缝间的纵筋和混凝土的界面上形成粘结应力的理由，先取图 3-3(a) 所示的对中配置了一根纵筋的矩形截面轴心受拉模型构件为例。当作用轴拉力不大时，钢筋将与混凝土一起分担作用的轴拉力。这时，若假定钢筋及混凝土均处在弹性状态，则因拉应变相同，故钢筋拉应力始终为混凝土拉应力的 E_s/E_c 倍，其中 E_s、E_c 分别为钢筋和混凝土的弹性模量。当轴拉力增大到使混凝土达到其极限拉应变时，混凝土将首先在沿构件长度方向相对最弱的截面处开裂，形成第一条贯穿截面的裂缝。随着拉力稍有增长，构件中即会形成相隔一定间距的多条贯穿构件截面的正截面裂缝（图 3-3b）。各条裂缝之间的间距值虽有随机性变化，但仍大致相近，其规律将在下面第 5.6.4 小节进一步讨论。在受拉混凝土开裂后，因拉应力在裂缝处得到释放，两条裂缝间的混凝土本拟回弹到伸长前拉应变为零的状态，但因混凝土与钢筋粘在一起，而钢筋已受拉伸长，使混凝土无法完全自由恢复其拉应变，或者说，此时各条裂缝间的混凝土处在被钢筋通过粘结从零应力状态重新拉长的状态。这种受力状态也可以理解为如图 3-3(c) 所示，在左、右裂缝截面中单独受拉的纵筋将把一部分拉力经由钢筋与混凝土之间的粘结应力逐步从左、右两侧传入两条裂缝间的混凝土。混凝土中沿钢筋方向的拉应力就会如图 3-3(e) 所示从左、右两侧向裂缝间距中部扩展（拉应力分布范围及拉应力值均逐步有所增大）。这意味着，每两条裂缝之间的混凝土都会被钢筋拉长并协助纵筋承担一部分拉力，钢筋拉力也就从裂缝截面向裂缝之间逐步减小。两条裂缝间由混凝土分担的拉力 T_c 和钢筋所余拉力 T_s 沿构件长度方向的变化规律即大致如图 3-3(f) 和图 3-3(g) 所示。而且，在两条裂缝间，每个截面的混凝土拉力 T_c 与纵筋拉力 T_s 之和都将等于裂缝截面的纵筋拉力。在这种情况下，由于纵筋在裂缝截面单独承担拉力，故该截面的抗拉刚度最弱。而裂缝间各截面的抗拉刚度则随混凝土协助纵筋承担拉力比例的上升而有所提高，故也有研究者称这种现象为裂缝间混凝土对构件刚度的强化效应。

在上述受力状态下，每两条裂缝间的纵筋都将从两侧经粘结效应向裂缝间混凝土传输拉力，故纵筋段左、右两半段上的粘结应力如图 3-3(d) 所示是反向的（图中所画为混凝土作用给纵筋的粘结应力）。随着构件所受轴拉力的增大，裂缝截面钢筋应力及应变将按比例增大，每两条裂缝间经粘结效应传入混凝土的拉力也会相应增大。但试验观察和沿钢筋的应变测试结果证明，当构件轴拉力增大到足够程度时，接近裂缝处钢筋与混凝土界面中的粘结应力将达到其峰值（即粘结强度）。若构件拉力进一步增大，钢筋进一步伸长，钢筋与混凝土之间的粘结能力就会从裂缝截面开始向裂缝之间逐步退化；直到在钢筋受拉进入屈服之后，粘结传力将退化到接近消失的地步。这时，裂缝之间的混凝土就到了几乎不再能协助钢筋承担拉力的地步。这说明，裂缝之间钢筋与混凝土之间的粘结有一个随钢筋伸长而从逐步充分发挥作用到又逐步退出工作的过程，即裂缝间混凝土协助钢筋承担的拉力也有一个随钢筋伸长先逐步加大再逐步减退的过程。

在图 3-4 中，进一步给出了一根受拉区混凝土已开裂的相对较细长的简支梁。若将上面针对一根轴心拉杆讨论的裂缝间纵筋经粘结效应向混凝土传递拉力的机理用于这根简支梁，则可发现，在梁受拉区混凝土的各条正截面裂缝之间，如图 3-4(b) 所示，纵筋也会将其在裂缝截面所受拉力的一部分经两条裂缝间钢筋与混凝土之间的粘结效应传给裂缝间的混凝土，使其在裂缝之间协助受拉纵筋承担一部分拉力（在刚刚开裂后，承担拉力的相对份额会随弯矩和纵筋拉力的加大而逐步增大；但当弯矩和纵筋拉力进一步增大后，承担拉力的相对份额又会随裂缝间钢筋表面的粘结能力退化而逐步减小）。这时，裂缝间纵筋与混凝土界面上的粘结应力如图 3-4(c) 所示，也是在纵筋左段和右段上反向的。与轴心受拉构件处的唯一重要区别是，在轴心受拉构件中，纵筋的拉

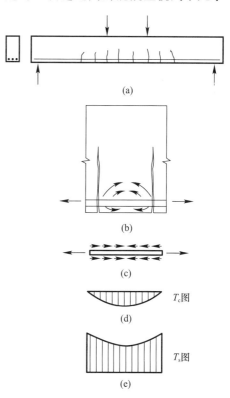

图 3-4　细长简支梁正截面受拉裂缝之间
纵筋经粘结效应向混凝土传递部分拉力

力是各向均匀传入混凝土的（图 3-3c）；而在梁内，纵筋拉力将主要传入朝中性轴一侧的混凝土，只有较少拉力传入保护层混凝土（图 3-4b）。这会造成受弯构件与轴心受拉构件裂缝间纵筋向混凝土传力性能的一定差别，有关问题将在后面第 5.6.4 小节中进一步讨论。

以上针对轴心受拉构件和简支受弯构件所说明的裂缝间纵筋与混凝土经粘结效应传力的机理从原则上说适用于所有的简支或连续的受弯构件、偏心受压构件、偏心受拉构件以及轴心受拉构件中正截面受拉区每两条裂缝之间纵筋向混凝土的粘结传力。

3.2.3 纵筋锚固长度、延伸长度、贯穿节点长度以及搭接长度上的粘结传力

在相当多的构件中，除去上面所述的两类形成粘结效应的状态外，还有一些情况，纵筋往往完全需要依靠粘结效应方能充分受力或传力，这些部位包括在构件端截面以外伸入相邻构件混凝土内的各类纵筋锚固段、框架梁或连续梁支座附近负弯矩受拉纵筋向梁跨中方向的延伸长度段、穿过框架中间节点的梁柱纵筋贯穿段和穿过框架端节点及中间节点的柱纵筋贯穿段以及钢筋搭接接头的搭接段。这些部位均属于纵筋的高粘结应力区，现分述如下。

1. 钢筋锚固段的粘结传力

当纵筋伸到某些构件的端截面后，常因该截面仍作用有很大的弯矩而必须充分受力。这时就需要将纵筋伸到端截面以外的相邻构件混凝土中一个足够长度，以便通过这段长度上的粘结抗力保证该钢筋在构件端截面中充分受力（这里的"充分受力"对于受拉钢筋是指其受力到超过屈服强度，甚至达到其应力-应变曲线的强化段；对于受压钢筋则是指与混凝土共同受压到超过屈服强度，直至混凝土压溃）。同时，使其在构件端截面中充分受拉时，从相邻构件混凝土中的拔出量不致过大；在充分受压时，不致"顶穿"相邻构件背部的表层混凝土。而从反作用角度则可理解为通过伸入相邻构件钢筋长度上的粘结应力能把该钢筋在构件端截面中所受的拉力或压力有效传入相邻构件的混凝土内，而相邻构件也需要通过设计及配筋构造保证有能力接受经粘结应力传来的钢筋力。这段从构件端截面伸入相邻构件混凝土的钢筋外伸段即称为相应钢筋的"锚固段"，其所需长度称为"锚固长度"。锚固段所具有的抗拔出能力或抗压入能力称为"锚固强度"；锚固段所具有的保证该钢筋在充分受力截面拔出量或压入量不致过大的能力即为"锚固刚度"。

图 3-5（a）表示了当框架梁上部纵筋伸到框架端节点内边的梁端截面时，因该截面常有较大负弯矩作用，故该纵筋作为在梁端截面充分受拉的钢筋就必须伸入节点区混凝土一定长度（锚固长度）。在图 3-5（c）中画出了该纵筋在梁端截面中充分受力时的拉力与锚固段上的粘结应力之间的平衡关系。

图 3-5（b）则画出了当框架柱纵筋伸到基础顶面的柱底截面时，因该截面受正、负弯矩及轴力作用，故两侧柱纵筋将可能分别受拉和受压到充分受力状态，故柱纵筋也需再向基础混凝土内延伸一个锚固长度，以便通过锚固段的粘结能力保证柱纵筋在柱底截面充分受力。在图 3-5（d）中给出了柱纵筋在柱底截面充分受力时所受的拉力和压力与锚固段上粘结应力的平衡关系。（图 3-5c 和 d 中的粘结应力暂按均匀分布表示。）

从图 3-5（a）和图 3-5（b）可以看出，纵筋锚固长度的大小将取决于钢筋充分受力时拉力和压力的大小以及钢筋与混凝土之间的粘结能力强弱，同时还应考虑设计可靠性需要。锚固长度的确定方法请见下面第 3.4.2 节和 3.4.4 节的进一步说明。

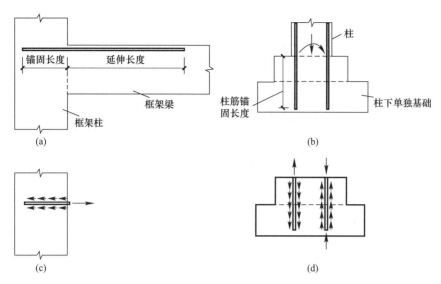

图 3-5　框架端节点处梁上部钢筋的锚固长度和向梁跨内的延伸
长度以及柱底纵筋在柱下独立基础中的拉、压锚固长度

除去框架各端节点处的梁筋会出现上述锚固需求外，框架顶层中节点处的柱筋以及顶层端节点处的内侧柱筋，剪力墙或核心筒连梁端的纵筋，剪力墙、核心筒和框架柱底端的纵筋（包括竖向分布筋），剪力墙或核心筒纵、横墙肢连接部位的水平分布筋以及次梁端和现浇板端的纵筋等，也都会有此类锚固需求。因此，纵筋的锚固是钢筋混凝土结构配筋构造中的重要项目之一。有关问题会在下面章节中进一步逐一讨论。

2. 框架梁或连续梁负弯矩钢筋延伸长度内的粘结传力

承担竖向荷载效应的连续梁和承担竖向及水平荷载效应的框架梁在除去连续梁端跨外端简支支座的各跨两端靠近支座的区段都会主要受负弯矩作用，且负弯矩都会从梁端向跨内方向逐步递减至零。这时，梁上部承担负弯矩拉力的纵筋也将从梁端向跨中方向延伸，并常在超出负弯矩区段后的某个位置截断。《混凝土结构设计标准》GB/T 50010—2010（2024 年版）把这类钢筋从梁端到截断点所需的长度称为其"延伸长度"（图 3-5a）。当梁上部负弯矩钢筋根数较少时，可考虑全部钢筋伸到同一位置截断，称"一次截断"；当钢筋根数较多时，为了节约钢筋，也可选择根据从支座向跨中各部位抗弯能力需求和粘结抗力需求而分批在不同位置截断，称"分批截断"，即各批钢筋分别具有各自的延伸长度；但批数不宜过多，以免增加施工布筋难度。当梁负弯矩区段对应的组合剪力相对较小时，在梁支座附近的负弯矩区出现的主要是梁上部受拉区的一条条垂直裂缝，负弯矩钢筋在梁各个部位所受应力大小由相应正截面中作用的组合弯矩大小确定。当组合剪力相对较大时，会在节点或支座附近形成扇形分布的斜裂缝区（例如见后面图 3-8a）。这时，不同部位负弯矩受拉钢筋中的应力还会因斜裂缝截面中的"斜弯效应"而增大；而且，随着梁负弯矩区相对长度（一般用负弯矩区长度 l_m 与梁截面有效高度 h_0 的比值表示）的不同，扇形斜裂缝区的分布范围也有差别，从而也会影响上部负弯矩受拉钢筋中的应力因斜弯效应而增大的范围。

根据以上受力特点，这类上部负弯矩受拉钢筋延伸长度的确定原则应是在了解了该钢筋受以上因素影响所形成的沿梁长度方向的应力分布规律后，使钢筋不仅在各个部位具有足够的截面面积来承担相应拉力，还需从各个部位向梁跨中方向都具有足够的锚固长度，以使其在各部位确能发挥出所需的拉应力。在选择这类钢筋的锚固长度时，还应考虑上部负弯矩受拉钢筋锚固段所处的特定锚固环境对锚固能力的不利影响。从这里也可以看出，如果说构件端截面纵筋伸入相邻构件的锚固长度全由该端截面一个截面的受力需要确定，则负弯矩受拉钢筋向跨内方向的延伸长度就必须满足整个延伸长度范围各部位钢筋的受力和锚固需要。有关延伸长度的确定方法请见下面第 3.5.3 节的讨论。

3. 框架节点内梁、柱纵筋贯穿段上的粘结传力

先以图 3-6(a) 所示的框架中间层中节点为例来说明贯穿节点的梁、柱纵筋上可能出现的较高粘结应力。

当框架承担的水平荷载相对较小时，其中间层中节点两侧梁端都会受负弯矩作用，即左、右梁端负弯矩中的同等大小部分将在节点处相互平衡，这使得上、下柱端的作用弯矩值也必然较小。此时，在贯穿节点的梁、柱纵筋段中因应力梯度小，粘结应力通常也不会很大，在设计中多不需作专门考虑。但当框架承担的水平荷载较大时，该节点周边将会形成图 3-6(a) 所示的内力作用格局。而在贯穿节点的共计四段梁、柱筋贯穿段上就会形成图 3-6(b) 所示的受力格局。由于这时每个贯穿段两端所受的力均为同向，故必然需要贯穿段上较大的粘结应力来保持平衡。这使得这些贯穿段均成为结构中的高粘结应力段，并可能需要通过专门的设计措施来保证其粘结能力。

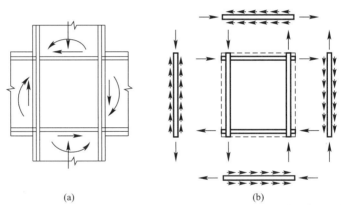

(a)　　　　　　　　　　(b)

图 3-6　承受较大水平荷载效应的框架中间层中节点内梁、柱纵筋贯穿段的粘结传力

除去在中间层中节点处会出现上述粘结应力高的梁、柱纵筋贯穿段外，框架顶层中节点的梁筋贯穿段同样也属于这类高粘结应力段。此外，在框架各个中间层端节点处，柱筋贯穿段的粘结应力也相对较高。

4. 钢筋搭接接头段的粘结传力

《混凝土结构设计标准》GB/T 50010—2010(2024 年版) 规定的钢筋接头方式共有三类，即机械连接接头、焊接接头和绑扎搭接接头。其中的绑扎搭接接头如图 3-7 所示，是直接由两根需要连接的钢筋沿长度方向相互交搭一定长度的搭接段构成的。这两根钢筋的搭接段可以相并，并相互绑扎；也可相互不绑扎，但不宜相隔过远。这类

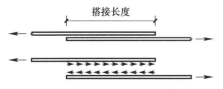

图 3-7　钢筋搭接接头段的粘结传力示意

接头因施工操作方便，虽比其他两类接头方式用钢量偏多，仍是常用的接头方式之一。

从图 3-7 可以看出，这种接头的传力主要靠一根钢筋将其所受拉力或压力经接头段的粘结应力逐步传给两根搭接段之间的混凝土，再由混凝土经粘结应力将力逐步传给另一根钢筋的搭接段。与钢筋的锚固段靠钢筋与混凝土整个界面上的粘结应力将力逐步传给混凝土不同，相互搭接的两根钢筋虽然也会调动其周围一定范围内的混凝土参与传力，但较主要的仍是要靠两根钢筋搭接段相向一侧的粘结效应传递剪应力，故其所需传力长度较同条件锚固长度处偏大。而且因搭接段依靠与混凝土的粘结效应传力时将产生相互错动（粘结滑移），故其接头刚度不如其他两类接头方式。

有关搭接接头所需长度以及构件同一截面中有搭接接头钢筋的百分比对构件性能的影响等问题将在下面第 3.5.8 小节中进一步说明。

3.2.4 被剪力或扭矩引起的主拉应力斜裂缝贯穿的箍筋与混凝土之间的粘结效应

在图 3-8(a) 中示意性地画出了一根连续梁的支座负弯矩区和跨中正弯矩区在作用弯矩及作用剪力较大时可能形成的两个扇形分布裂缝区，同时用虚线画出了梁内纵筋和箍筋，并假定箍筋采用图 3-8(b) 所示的双肢封闭式箍筋。

从图中可以看出，有些箍筋是只有一次穿过斜裂缝（如图中 a 点、d 点或 e 点），也有些箍筋则是两次穿过斜裂缝（如图中同时在 b 点和 c 点处穿过斜裂缝的箍筋）。穿过斜裂缝的箍肢只有当从裂缝截面向两侧都有足够强的锚固能力时，方能在裂缝处发挥出所需的足够大的拉应力，例如达到甚至超过屈服强度。如图 3-8(c) 所示，穿过裂缝的箍肢的锚固能力是由两部分作用提供的，一部分是箍肢直段上的粘结应力，另一部分是箍筋的弯折段压迫混凝土形成的抗力。当箍筋使用光圆钢筋时，直段粘结应力提供的锚固力很小，几乎全要靠弯弧对其内侧混凝土的抵压力提供粘结抗力；而当箍筋使用带肋钢筋时，直段提供的锚固力比例会明显上升。当箍肢与斜裂缝两次相交时，除去这两个交点以上和以下的箍肢段和弯折段将发挥对这两个截面的锚固作用外，两个交点之间的一段箍筋上还将形成类似于图 3-3 和图 3-4 所示的裂缝间粘结应力。

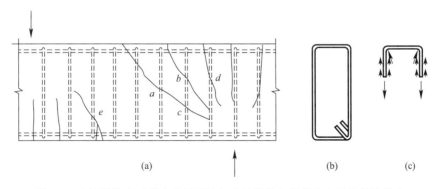

图 3-8 连续梁剪弯区段内和斜裂缝相交的箍筋与混凝土之间的粘结效应

从以上所述的在钢筋与混凝土界面上形成粘结应力的各种典型情况不难看出，粘结应力在钢筋混凝土结构各类构件和构件连接区内几乎是无处不在的，并在构成钢筋混凝土结构基本受力性能中发挥着不可或缺的作用。了解这些作用对于正确设计钢筋混凝土结构是至关重要的，也是合理确定各类构造措施的重要依据。而且，也正是因为通过大量试验了解了钢筋与混凝土界面上的粘结机理及粘结应力-粘结滑移规律，方才能从力学角度对大量构造措施及其机理给出解释，甚至有可能用例如有限元法对其机理进行模拟。

3.3 钢筋与混凝土之间的粘结应力-粘结滑移性能

3.3.1 带肋钢筋粘结性能及机理的试验方法

对钢筋与混凝土之间粘结性能的试验是从 20 世纪 60 年代开始的。其中的大部分试验都是用把钢筋埋在混凝土试块中做成的试件来完成的。当然，也有很多粘结性能是在构件或局部结构的试验中识别和测定的。到目前为止，各国研究界使用的把钢筋埋在混凝土内的试件主要有以下两类。一类是用来测定钢筋在混凝土中锚固性能和设计用钢筋锚固长度的拉拔试验用试件（图 3-9）；另一类是专门用来测定钢筋与混凝土之间粘结应力-粘结滑移关系的短粘结长度试件（图 3-12）。

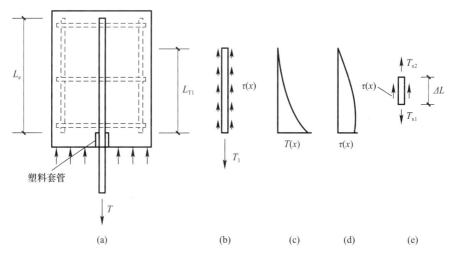

图 3-9　拉拔试验试块内沿钢筋的力平衡状态

在第一类拉拔试验使用的试件中，可以把某种强度等级的不同直径的钢筋以不同的长度（埋入长度）埋入试件的不同强度等级的混凝土中，并用一般材料试验机在抵住试块混凝土的同时将钢筋沿其轴向从试块混凝土中向外拔。在这类试验中，埋入钢筋的各个侧边应有足够厚度的混凝土（例如不小于埋入钢筋直径的 4～5 倍），且一般都会在埋入钢筋周围加设钢筋骨架，以防试块混凝土劈裂。为了不使对混凝土试块施加的支承压力在锚筋拉拔端附近对钢筋形成过大的侧压力，从而人为加大这段钢筋的锚固能力，还常在钢筋拉拔端不太长的范围内加设塑料套管来形成一个较短的无粘结段。钢筋的埋入长度 L_e 则从无粘结段终点算起（图 3-9a）；同时，还应通过例如穿心球铰等装置保证拉拔力始终沿钢筋轴线作用，并在伸出试块混凝土的钢筋上安设专用支架，以便能利用位移传感器量测钢筋相对于试块混凝土的滑出量。在图 3-10 中作为示例给出了中国建筑科学研究院邵卓民等在研究钢筋锚固性能时所用的拉拔试验装置。

在图 3-9（a）所示的拉拔试验中，随着钢筋拉力从零开始增长，将从埋入段 L_e 的起点开始激起钢筋与混凝土之间的粘结应力。试验结果表明，随着拉力的增大，自钢筋埋入段起点开始所形成的有粘结应力段将逐步加长。例如，在某个拉拔力 T_1 作用下粘结应力作用长度为 L_{T1} 时，由于钢筋与混凝土的界面上有粘结应力 $\tau(x)$ 作用，且粘结应力作用方向与拉拔力相反，故钢筋内的拉力必然从拉拔端向埋入长度内递减，并在 L_{T1} 的末端降至零。由于钢筋应力将引起钢筋应变，故在 L_{T1} 范围内某一点的钢筋伸长即为从该点到 L_{T1} 末端之间钢筋应变（应变沿这段钢筋为不均匀分布）的累积；同时，该点钢筋的伸长也就是钢筋相对于周围混凝土的粘结滑移（前提是假定周围混凝土沿钢筋轴线方向无应变）。随着粘结滑移从 L_{T1} 段末端向拉拔端的逐步增大，根据下面将

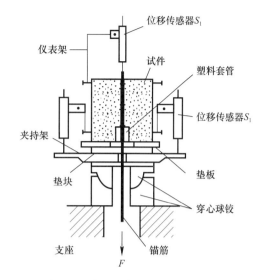

图 3-10　我国研究界在钢筋锚固性能拉拔试验中使用的试验装置

要讨论的钢筋与混凝土界面上的粘结应力-粘结滑移关系，可以判断粘结应力 $\tau(x)$ 也是从 L_{T1} 末端向拉拔端不断增大的，而且沿 L_{T1} 长度钢筋表面的粘结应力之和恰能与此时钢筋的拉拔力保持平衡。读者可从图 3-9(b) 中看到在拉拔力 T_1 作用下钢筋长度 L_{T1} 上的粘结应力 $\tau(x)$ 与拉拔力的平衡关系。在图 3-9(c) 和（d）中则示意性地给出了此时钢筋拉力 T 沿长度 L_{T1} 的变化，以及粘结应力 $\tau(x)$ 的大小沿长度 L_{T1} 的大致变化规律。在图 3-9(e) 中则给出了从 L_{T1} 长度上取出的任意一个长度单元 ΔL，从中可以看出由粘结应力 $\tau(x)$ 引起的单元长度两端拉力的变化，即：

$$T_{x1} - T_{x2} = \tau(x)\Delta L \pi d \tag{3-2}$$

式中的 $\Delta L \pi d$ 即为长度单元的公称表面积，d 为钢筋公称直径。

在图 3-11(a) 和（d）中还分别给出了一个埋入长度较短的拉拔试验试件和一个埋入长度过大的拉拔试验试件。在图 3-11(a) 的短埋入长度试件中，当钢筋拉拔应力尚未达到其屈服强度时，形成粘结效应的长度 L_{T1} 已达到埋入长度的全长。随着拉拔力的增大，钢筋就将沿埋入段全长发生滑动。这时沿钢筋埋入长度各点的滑移量就将由两部分构成（图 3-11b），一部分是埋入段的整体滑动，或称"刚体滑动"，其值等于埋入段末端的滑移值 s_1；另一部分则为由钢筋的拉应变从埋入段末端逐步向前累积而形成的朝拉拔端增大的滑移值 $s_2(x)$。这时，钢筋的拉拔力如图 3-11(c) 所示，将与埋入段各点的粘结应力之和相平衡（某个点的粘结应力应与该点的粘结滑移符合粘结应力-粘结滑移规律）。而在埋入长度过长的拉拔试件中，直到拉拔端拉力达到钢筋的屈服拉力，粘结影响区仍未扩展到埋入段末端。这时粘结影响段内的滑移就只有从影响区末端起由钢筋拉应变逐渐向前累积而形成的越来越大的伸长 $s(x)$（图 3-11e），拉拔端拉力就全由粘结影响段上的粘结应力来平衡。

由于在拉拔试验中钢筋埋入长度上的粘结应力和粘结滑移均为不均匀分布，故难以用这类试件直接测定钢筋与混凝土界面上的粘结应力-粘结滑移关系（τ-s 关系）。为此，各研究团队改用图 3-12 所示的短入长度试件来测定粘结应力-粘结滑移关系。在例如美国

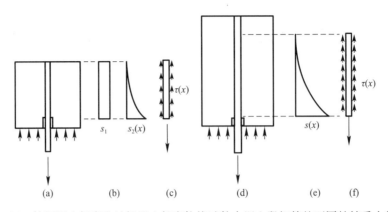

图 3-11　较短埋入长度和过长埋入长度拉拔试件中埋入段钢筋的不同粘结受力特征

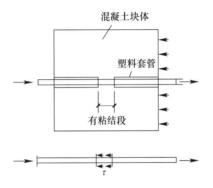

图 3-12　用来测定粘结应力-粘结滑移关系的短粘结段试件

华盛顿大学 N. M. Hawkins 的试验中，通过在埋入段左、右两段钢筋外围加设塑料套管，使钢筋与混凝土在中间段的有粘结长度只有 2.5～4 个横肋间距，并在试验中从试块两侧的钢筋两端分别同时沿同一方向施加压力和拉力，希望通过这种方式能在钢筋的短粘结段上形成粘结应力和粘结滑移接近均匀分布的受力状态。钢筋与混凝土的相对滑动是在试块外测定的，但测得的滑移应减去一侧无粘结段钢筋的伸长或压缩量。用这类试件既可测定单向 τ-s 关系，也可测定低周往复加载下的 τ-s 关系。

在测定锚固或粘结性能的上述两类拉拔试验中以及用来观测各条裂缝之间钢筋粘结性能的轴心受拉构件试验中，各国研究者还曾使用过的一种对各阶段粘结损伤发育状态的观测手段是，在浇筑试块混凝土时先在钢筋两侧紧挨钢筋埋入两根与钢筋平行的铜丝，并在混凝土中凝前抽出铜丝，从而如图 3-13 所示，在钢筋两侧各形成了一个预留细孔道。在粘结试验分别进行到不同的受力状态时，即可用注射器分别向孔道内强力注入不同颜色的液体。这些液体将侵入到相应受力阶段发生在钢筋与混凝土界面附近的裂缝内或混凝土的破碎区内。再用金刚石锯片沿钢筋中线锯开试件，即可暴露出侵入了不同彩色液体的裂缝或混凝土破碎区，并依此判断不同受力阶段在钢筋与混凝土界面附近的粘结损伤发育特征。

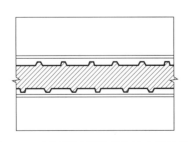

图 3-13　在钢筋两侧预埋和抽出铜丝所形成的用来注入彩色液体的预留孔洞

3.3.2　带肋钢筋的粘结受力过程及粘结应力-粘结滑移规律

如前面已经指出的，在带肋钢筋与混凝土的界面上，化学粘附力只在粘结应力很小时发挥阶段性作用，随着粘结滑移稍稍增大，该作用就将完全失效。钢筋与混凝土界面上的纯摩擦力也只在粘结效应中占很小比重。粘结抗力将主要由钢筋表面的横肋在混凝土中试图向前运动时混凝土的机械阻力提供。而当处在横肋间的混凝土以及横肋外包络面以外的相应混凝土因受力过大而破碎后，在滑移进一步增大时逐步退化的粘结抗力则将改由沿横肋外包络面的穿过破碎区混凝土的摩擦阻力提供。在钢筋与混凝土的这一相对运动过程中所形成的粘结应力-粘结滑移关系，体现的则是粘结能力随相对滑移的增大先持续增长，在达到峰值后又随相对滑移的进一步增大而逐步退化的整个过程。

下面结合图 3-14(a)～(h) 分阶段说明由图 3-12 所示短粘结段单调拉拔试验在钢筋周边有构造箍筋约束，或周边混凝土有足够厚度时获得的粘结性能观测结果（图 3-14 中画了阴影线的钢筋被向右从混凝土中拔出）。

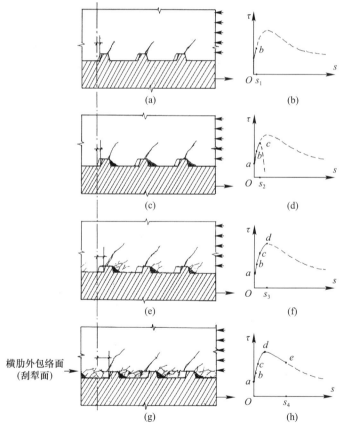

图 3-14　带肋钢筋粘结滑移增大过程中横肋间混凝土的损伤发育及其与 τ-s 曲线的对应关系
（适用于直径为 16～25mm 的带肋钢筋，且钢筋周边应设有约束箍筋或外围混凝土应具有足够厚度）

钢筋开始滑动后，每个横肋的前锋面会对其前面的混凝土作用很大的压应力。如果把处在两个横肋之间的混凝土视为一个伸入钢筋横肋之间的深度不大，但横肋之间距离相对偏大的短悬臂（图 3-15），则在图示的横肋前锋面压力 P 作用下，必然会在主拉应力最大

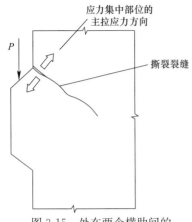

图 3-15 处在两个横肋间的
"混凝土短悬臂"的受力状态及
出现的内折角裂缝（后藤裂缝）

的"横肋间混凝土短悬臂"的内折角处形成撕裂裂缝。这也就是当各个横肋向前滑移到图 3-14(b) 中的 b 点左右时，在几乎每个横肋前锋面外边缘处出现的由该处出发并向前上方延伸的斜裂缝（图 3-14a）。这种斜裂缝是日本的后藤幸正在中间埋有一根带肋钢筋的轴心受拉构件试验中首次观察到的，故也称"后藤裂缝"。后藤幸正使用的恰是前面所述的方法，即在轴拉试件受拉到相当于图 3-14(b) 中超过 b 点的状态时，向钢筋两侧的预留微孔道内用压力注入相应颜色的彩色液体；当受拉构件最终发生了沿钢筋的粘结劈裂破坏后，即可在劈裂面上看到各条横肋前锋角处向外伸出的由相应彩色显示的短小斜裂缝。当横肋前逐一形成了后藤斜裂缝后，钢筋的抗拉拔刚度会因此有一定下降，即图 3-14(d) 中的 τ-s 曲线上升梯度会在 b 点后有所减小。还请注意的是，因钢筋各条横肋的前锋面边线是一条空间弧线，故后藤裂缝的空间形状大致具有截头圆锥面的特征。

随着钢筋拉拔力进一步增大，横肋前锋面对其前面混凝土的挤压力也相应增大，导致图 3-14(c) 中各横肋前面内凹角处涂黑了的那部分混凝土在受到各方约束的条件下已被横肋施加的极高挤压力压碎成粉末状后再被压实。有研究者估计，这里的局部压应力已达到混凝土轴心抗压强度的 6～7 倍。本书作者曾在类似试验后将这种压实的小棱条状混凝土从钢筋横肋前剥离，在用铁器稍事碾压后该小棱条状混凝土即碎成粉末状；这证明小棱条混凝土确已在此前受高压而粉碎。当在试验中经预留细孔道注入彩色液体时，液体能将这部分混凝土完全染色，也证明这部分混凝土已完全压碎成粉末状。

这时，图 3-14(c) 中各横肋前涂成黑色的被压实的混凝土粉末条带在各横肋前构成了新的与钢筋轴线之间倾角更小的前锋面，这将使横肋对其前面混凝土的挤压力经斜面效应形成更大的径向分力，也就是如图 3-16(a) 所示的对钢筋周边混凝土的膨胀力，从而会在钢筋周边混凝土中形成图 3-16(b) 所示的环向拉应力。当钢筋周边有一侧或多侧混凝土厚度不大且未设围绕钢筋的约束箍筋时，随着这一环向拉应力的增大，钢筋周边的混凝土就会沿最薄弱截面突然纵向劈裂（图 3-16c），称为混凝土沿钢筋的纵向"粘结劈裂"。一旦发生此类粘结劈裂（即 τ-s 曲线达到图 3-14d 中的 c 点），钢筋在混凝土中就会失去绝大部分粘结能力（即如图 3-14d 所示，τ-s 曲线会在达到 c 点后发生 τ 的陡降），故常把图 3-14(d) 中与 c 点对应的粘结应力 τ 称为由沿钢筋的纵向粘结劈裂导致的"第一粘结强度"，并将这类粘结失效称为"第一类粘结失效方式"。但试验结果表明，若钢筋周边各侧混凝

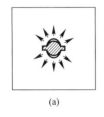
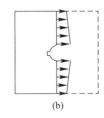
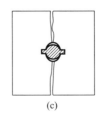
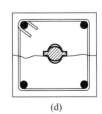

(a)　　　　　(b)　　　　　(c)　　　　　(d)

图 3-16 较高粘结应力下带肋钢筋周边混凝土中形成的粘结劈裂裂缝

土均有足够厚度，粘结劈裂现象就或者不会发生，或者即使发生，劈裂裂缝也只在靠近钢筋的有限范围内发育，而不会将构件截面裂通；钢筋的拉拔力因此可以进一步增大，τ-s 曲线则如图 3-14(f) 所示，可从 c 点进一步上升，但粘结刚度（即 τ-s 曲线的上升梯度）则会因劈裂裂缝的发生而进一步有所退化。

同样，当钢筋周边的混凝土在一侧或多侧不够厚时，只要配置一定数量的封闭式约束箍筋，周边混凝土虽仍会在钢筋拉拔力增长到足够大时发生劈裂，但因有箍筋继续承担原由混凝土承受的环向拉力，劈裂裂缝就不会恶性张开（图 3-16d），钢筋与混凝土之间的粘结仍会继续保持有效，拉拔力和粘结应力 τ 就会从图 3-14(f) 中的 c 点继续上升，只是粘结刚度将进一步发生某些退化。

若在具备以上两项条件之一时进一步增大钢筋拉拔力，则处在图 3-14 中用涂黑三角形表示的粉末压实区更前面的横肋之间的混凝土就会因压力过大而被沿斜向逐步压碎（图 3-14e）。当压碎范围扩展到横肋的外包络面（即由各横肋外边缘线连成的圆柱面）以外后，会沿横肋外包络面形成一个新的粘结抗力薄弱面（图 3-14g）。此时，钢筋将带着各横肋间的已被压碎的混凝土发生相对于横肋外包络面以外混凝土的相对滑移。在滑移使这一错动面上的抗力达到最大值时，钢筋与混凝土之间的粘结强度也就达到极限，也就是达到了图 3-14(f) 中 τ-s 曲线的峰值点 d。这一粘结强度常称为"第二粘结强度"，这种粘结失效方式则称为"第二类粘结失效方式"。

沿着横肋外包络面相互错动的混凝土颗粒会在滑移进一步增大过程中逐步破碎（图 3-14g），颗粒变小，粘结抗力随之缓慢下降，并使图 3-14(h) 所示 τ-s 曲线下降段的下降梯度逐步变小；最后，当 τ 下降到一定程度后，τ-s 曲线会变为沿水平向发育，即始终保有一个残余粘结抗力，直到钢筋从混凝土中完全拔出。这种沿横肋外包络面的粘结失效也称"刮犁式粘结失效"。

从以上对带肋钢筋与混凝土之间粘结损伤过程及 τ-s 曲线走势的描述中得出的有实用价值的启发是，为了充分发挥带肋钢筋的粘结能力，改善此类钢筋与混凝土之间的粘结性能，节省钢筋锚固长度、延伸长度和搭接接头长度的用钢量，各国在钢筋混凝土结构设计中都取用带肋钢筋的"第二粘结强度"作为设计用粘结强度。这就要求在设计中为所有的钢筋高粘结应力区提供或者外围混凝土的足够厚度、或必要的约束箍筋，而这在钢筋混凝土结构各类构件及其接头区的设计中通常是不难做到的。到目前为止，各国已对这类措施积累了较丰富的经验并在设计规范中作出了相应构造规定。

需要指出的是，当高粘结段的钢筋有一侧或多侧外围混凝土厚度不足时，虽然布置了所需的约束箍筋，但当构件受力较充分时，仍会形成沿高粘结应力钢筋的粘结劈裂裂缝。例如，在剪力墙或核心筒的小跨高比连梁中，因弯矩变化梯度大，即截面作用剪力较大，连梁上、下纵筋均属高粘结应力钢筋，加之上、下纵筋的保护层厚度尚未达到能不形成劈裂裂缝的程度，故虽然上、下纵筋外均设有足够的约束箍筋，仍会如图 3-17 所示，在连梁受力充分时，沿上、下纵筋形成粘结劈裂裂缝。只要这类裂缝的宽度未恶性增大，就仍属情况正常。

另外，当在各类构件内为粘结应力可能较高的纵筋配置约束箍筋时，应注意纵筋的粘结劈裂裂缝可能形成的部位，使约束箍筋能有更多的箍肢穿过可能形成的劈裂裂缝，以达到更佳的约束效果。例如，当某根钢筋混凝土柱的纵筋在柱端部位有可能进入高粘结应力状态时，若如图 3-18(b) 所示只在截面角部布置纵筋，则会因粘结劈裂裂缝有可能在图中 a、d 点处沿水平方向形成，也可能在图中 b、c 点处沿竖向形成，故沿截面周边布置的单个箍筋的箍肢都将穿过劈裂裂缝，从而能较充分发挥约束纵筋的作用。但若纵筋沿截面一边成排布置，则根据试验结果，各根纵筋的整体劈裂效果（图 3-18a）会使劈裂裂缝沿该柱边方向发生，且贯通柱截面；这时布置图 3-18(c) 所示的两个双肢箍（即共有四根箍肢穿过劈裂裂缝）对约束劈裂裂缝的发育可能更为有利。

图 3-17　按我国《混凝土结构设计标准》GB/T 50010—2010(2024 年版) 图 11.7.10-1 配筋的小跨高比连梁在经历位移延性系数最终超过 4.0 的多次循环加载后形成的裂缝分布状态（注意沿上、下纵筋的粘结劈裂裂缝）

（试验由本书作者所在团队完成）

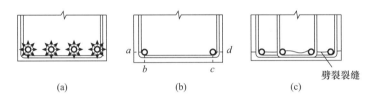

图 3-18　不同箍筋布置方案对不同形式劈裂裂缝的约束效果

3.3.3　带肋钢筋 $\tau\text{-}s$ 关系的模型化

如上一小节所述，由拉拔力导致的钢筋横肋间混凝土的特定损伤发育规律决定了带肋钢筋与混凝土界面的粘结应力-粘结滑移关系，即 $\tau\text{-}s$ 关系。其中，τ 一般定义为按钢筋公称表面积计算的界面剪应力，s 为所考虑位置钢筋与混凝土之间沿钢筋轴线方向的相对滑动量。请注意，一旦钢筋与混凝土之间出现相对滑移，严格来说分析对象已不再符合连续介质力学的基本假定。但为了继续使用基于连续介质力学的各项工程力学方法，就只有把 $\tau\text{-}s$ 关系近似视为在厚度为零的剪切单元内的剪应力-剪应变关系，或如图 3-19 所示的厚度假定为零的剪切弹簧的力-位移关系。

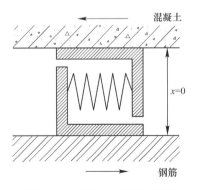

图 3-19　模拟 $\tau\text{-}s$ 关系的假定厚度为零的剪切弹簧

在一般的结构非弹性分析中，多不考虑粘结性能的影响；在确有必要时，也多是采用在其他力-变形关系中增加粘结分量的方法来近似考虑高粘结性能的不利影响。例如，纵筋在梁柱节点区的粘结滑移可通过梁端的附加弯矩-转角关系来表达。

在专门需要模拟非弹性粘结性能的研究分析工作中，可根据用前述短埋入长度试件（图 3-12）测得的 $\tau\text{-}s$ 曲线（图 3-20a 中的实线曲线）归纳出图 3-20(a) 中虚线所示的多折线 $\tau\text{-}s$ 关系模型。其中，第一折线（与坐标 y 轴重合）近似反映化学粘附力失效前的性能，第二折线则反映钢筋周边混凝土粘结劈裂前的性能，第三折线反映从第一粘结强度到第二粘结强度之间的性能，第四折线反映刮犁过程的粘结强度退化过程，第五折线则反映最后大滑移下的残存粘结能力。第二折线本还可细分为后籐裂缝出现前、后刚度不同的两段，但为了模型简化，也可用一段折线带过。

欧洲规范 EC 2 还推荐了如图 3-20(b) 所示的 $\tau\text{-}s$ 关系。从与图 3-14 中所示的实测粘结滑移曲线对比可知，这一取法在 τ 达到第二粘结强度后与实测结果差异过大，本书作者不建议使用。在这里专门提及欧洲的这一 $\tau\text{-}s$ 模型，是因为它曾被某些欧、美研究者用于对粘结性能的模拟分析。

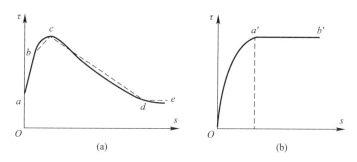

图 3-20　由试验结果归纳出的 $\tau\text{-}s$ 模型及欧洲规范 EC2 推荐的与试验结果符合程度不好的 $\tau\text{-}s$ 模型

3.3.4　光圆钢筋带标准弯钩锚固段的拉力-滑出量关系

如本章开始处已经指出的，因光圆钢筋靠其表面与混凝土的化学粘附力及其表面微弱的不平滑程度与混凝土之间的摩擦提供的粘结抗力是有限的，故在其所有受拉终端（锚固段、延伸段或搭接段端头）均应做成标准弯钩，见图 3-1。当把这类钢筋的端头一段埋入混凝土试块时，钢筋即如图 3-1 所示由其埋入直段（图中 1～2 点之间）、弯钩的弯弧段（图中 2～3 点之间）和弯钩的尾部直段（图中 3～4 点之间）所组成。若也用这种试件进行钢筋的拉拔试验，则当拉拔力 P 较小时，抗力将首先由埋入的直段提供（以摩擦力为主）。这时，如图 3-21 所示，拉拔力 P 和拉拔端钢筋从混凝土中的滑出量 s 之间的关系曲线是一段粘结刚度较好（曲线上升梯度较大）的斜直线。随着摩擦力从拉拔端向内逐步发育到最大值（图中曲线出现刚度退化的 k 点），拉拔力的超出部分将改由弯弧段承担，即抗力由弯弧内侧混凝土局部受压的抗力提供。但因弯弧在对混凝土施加局部压力时会逐步发生陷入混凝土内的变形，故这时的 $P\text{-}s$ 曲线的刚度将如图所示逐步退化，但弯弧内侧混凝土可以提供可观的抗力，故 $P\text{-}s$ 曲线可一直上升到拉拔端钢筋屈服。

需要指出的是，当弯弧压迫其内侧混凝土时，也会使混凝土受到垂直于压力方向的劈裂力，因此如图 3-22 所示的德国研究者完成的早期拉拔试验所表明的，当弯弧段侧边混凝土厚度不是很大且未配约束箍筋时，侧边混凝土就会因弯弧内侧的劈裂力作用而剥裂、脱落（见图中落地的原弯弧侧边的混凝土块）。因此，在光圆钢筋带标准弯钩的锚固端的侧边也需要厚度足够的混凝土（例如大于 $3.5d$，d 为钢筋直径），或配置必要数量的构造约束箍筋。

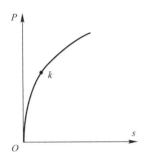

图 3-21 带标准弯钩的光圆钢筋锚固端的拉拔力（P）-拔出量（s）关系曲线

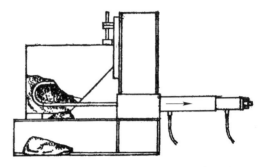

图 3-22 侧边混凝土厚度不够且未配约束箍筋的光圆钢筋端部标准弯钩侧边混凝土的劈裂后剥落

（引自德国钢筋混凝土协会文集第 300 号"对德国钢筋混凝土结构规范 DIN 1045 1978 年版第 18 章配筋规定的说明"）

3.4 钢筋混凝土建筑结构中的粘结能力设计体系及钢筋的基本锚固长度

3.4.1 钢筋混凝土建筑结构设计中粘结能力设计的总体思路及设计内容综述

1. 粘结能力设计的核心思路及方法

在各国混凝土结构设计标准的早期版本中，因对钢筋与混凝土之间的粘结性能及其对结构整体受力性能的影响尚未作过系统的研究分析，但从工程经验中获知，需要通过设计保证相应钢筋在所需部位的锚固；现浇板和连续梁的支座负弯矩钢筋需要伸向跨内足够长度后方能截断；钢筋的搭接接头也需要有必要长度等。这些做法当时只能以经验性的"构造规定"的形式在设计标准中作出约定。

从 20 世纪中期以来，各国研究界先后对钢筋与混凝土之间的粘结性能完成了范围广泛和逐步深入的系列试验研究，对于各类粘结问题的规律性及其对整个结构体系性能的影响也已获得了更加全面的认识，从而能在结构设计中形成一套有关钢筋混凝土结构粘结能力设计的思路体系。这一体系的核心思路和表达方法可简要表述如下。

（1）在结构构件及其相互连接部位的钢筋高粘结应力区一旦发生粘结失效，都将导致严重的承载力灾害。例如，柱或墙肢竖向钢筋在基础中的锚固段一旦因长度不足而失效或拔出，会导致结构的部分损毁甚至整体倾倒；梁纵筋在梁柱端节点区内锚固段的失效或拔出会导致梁该端完全丧失抵抗各类内力的能力，并使该跨梁完全退出工作等。这些都说明，粘结失效给结构带来的损伤后果绝不亚于构件的正截面承载力失效或斜截面受剪承载力失效，因此应属承载力极限状态需要考虑的重要组成部分，或者说应属于结构体系承载力设计的重要内容之一，而不仅是以往理解的"构造措施"。这表明对于粘结承载力同样也应采用结构可靠性理论从高粘结区钢筋所受的作用拉力（或压力）与粘结能力的关系角度进行评价，且多数研究界人士认为，高粘结区的可靠性水准还应取得比一般构件内以脆性方式失效的截面承载力的可靠性水准更高；其理由是，例如钢筋受拉锚固端的拔出式失效不仅为脆性，且会使原相互连接的结构部分完全断开，其后果可能比"坏而不断"的某些具有脆性特征的正截面受弯失效或某些具有脆性特征的斜截面受剪失效更偏不利。除此之外，从正常使用极限状态的角度，粘结性能也是一个不容忽视的因素。这是因为，例如，所有的钢筋锚固段、钢筋的贯穿梁柱节点段以及钢筋的搭接接头段的粘结滑移都将导致相应构件弯曲刚度或整体结构侧向刚度的退化；又例如，在使用带肋钢筋后，由于粘结性能的改善，会使所有构件受力后形成的混凝土裂缝（包括正截面受拉区裂缝和剪、扭斜裂缝）的间距和裂缝宽度与使用光圆钢筋时相比明显变小。

（2）在前面第 3.2 节中已对各类结构构件内及其连接部位处形成的各类粘结效应从成因上作了归纳和分类。作为结构设计人，则应全面了解所设计的结构中各种粘结效应的总体分布态势，并把握住以下两点。一是由构件内作用弯矩梯度和各类裂缝发育在各类构件纵筋和箍筋表面引起的粘结效应，通常可通过设计标准规定的一般性配筋构造以及对所用混凝土强度下限的规定和对裂缝宽度的限制而得到有效管控，不致产生对结构性能的严重影响；故结构设计人只需知道其存在并在设计中给予一般性关注。二是设计中关注的重点应放在所识别出的结构中的各类"高粘结应力区"，诸如钢筋的各类锚固段和搭接传力段；梁、板内负弯矩纵筋伸向跨内的延伸长度段、构件纵筋在框架节点中的贯穿段以及短梁（含小跨高比连梁）和短柱（含低矮墙肢）的纵筋全长等部位，并通过设计措施保证这些部位的有效粘结性能及粘结传力，其中包括粘结强度、粘结刚度（即粘结滑移程度）以及经粘结传递的钢筋表面剪应力传入钢筋周边区域后汇入其中平衡环境的方式及其传递途径的有效性（不使粘结传力区的混凝土产生明显损伤）。

（3）为了便于设计操作，各国设计标准多是以在规定的偏不利试验受力条件下（例如钢筋锚固段一侧混凝土保护层的厚度处于下限状态，锚固段周边的约束箍筋数量取为设计标准规定的下限用量）获得的系列试验结果为依据，归纳出埋在不同强度等级混凝土内的不同等级钢筋的考虑了结构可靠性需求的受拉直线锚固长度 l_a 作为结构设计中各类涉及粘结传力措施的基本尺度，即其他以钢筋长度表示的保证粘结性能的多数措施均以 l_a 的倍数形式出现。

2. 结构设计中可用来调控粘结能力的各项影响因素

根据上面所述的三项基本思路，即可为每个所设计的结构建立起一个全面控制其中钢筋与混凝土之间粘结性能的有效设计体系。为了充实这一设计体系，下面进一步列出对各项保障粘结能力的措施具有普遍意义的影响因素。这也是想为结构设计人提供能用来在设计中调控各类粘结能力措施的手段。

（1）由于带肋钢筋与混凝土之间的粘结能力显著优于同直径且混凝土强度等级和钢筋等级相同的光圆钢筋的粘结能力（受拉光圆钢筋在端部加设规定的标准弯钩只能提高其端部锚固能力，但无法全面提高沿其全长的粘结性能），故尽可能用带肋钢筋取代光圆钢筋是全面改善钢筋混凝土结构中钢筋与混凝土之间粘结性能的第一个重要措施。除去结构主要构件的纵筋宜优先使用带肋钢筋外，还特别推荐对框架柱的箍筋、受力较充分以及受温度收缩应力较明显的剪力墙或核心筒墙肢中的分布钢筋和约束箍筋以及在结构体系空间受力状态下发挥沿其平面传递水平力的膈板作用和发传递温度应力作用的各层楼盖现浇板内的钢筋尽可能使用带肋钢筋。

（2）若以钢筋的某个受拉直线锚固段为例，在已知钢筋等级及混凝土强度等级的条件下，若假定粘结强度沿钢筋表面均匀分布，则因粘结段所需抵抗的钢筋拉力由钢筋的屈服强度和截面面积决定，而粘结能力则由锚固段内的钢筋表面积及粘结强度决定；故经平衡条件可知［见下面式（3-4）和式（3-5）］，这时所需的锚固段长度与钢筋直径成正比关系，即所用钢筋直径越大，所需锚固段长度也将成比例增大。这表明，在所需钢筋数量（截面面积）已知的条件下，选择直径相对偏小，根数相对偏多的配筋方案对粘结传力显然更为有利；或者说可以相应减小锚固段的用钢量。这一规律自然也适用于结构中的其他各高粘结应力区。当然，选用的钢筋根数过多将增大施工中绑扎钢筋的工作量，且当结构构件截面尺寸有限时也会造成布筋拥挤。

借此机会还想指出的是，相邻钢筋之间保有一定的间距也是保持所需粘结传力能力的一项重要条件。这是因为已有试验结果表明，当钢筋成排布置或成有间距的集束型布置时，若各根钢筋之间间距过小，其总粘结能力就将变成不再由各根钢筋表面积形成的粘结能力总和来体现，而变成粘结失效沿这一排或这一束纵筋的外包表面积发生；即在同等锚固长度的条件下，总粘结能力会以较大幅度降低。

另外，当梁、柱纵筋贯穿相应梁柱节点时，由于节点尺寸已定，故保证钢筋贯穿段粘结能力的措施就从其他部位规定所需的最小粘结传力长度（如锚固长度）变为限制贯穿段钢筋的最大直径。

（3）适度提高所在部位的混凝土强度等级是改善钢筋粘结性能的另一个有效措施；这是因为在钢筋表面特征确定后，由粘结机理决定了其粘结能力是随混凝土强度的提高而相应增大的（该规律更宜用混凝土抗拉强度的变化规律表示）。

（4）钢筋等级的提高导致其屈服强度增大，从而增大该钢筋在粘结传力区所需传递的最大作用力，即增加了粘结传力区的负担，从而使例如钢筋锚固段所需长度相应增大；这相当于抵消了一部分由钢筋等级提高而收获的节约钢材的效果。另外，钢筋强度等级的提高也将加重混凝土中各类裂缝的发育程度，从而加重了裂缝之间的粘结传力负担。

（5）当构件纵筋处于被封闭箍筋被动约束的状态时，试验结果证实，提高箍筋的约束程度（提高箍筋等级及箍筋数量），如前面第 3.3.2 小节所述，不仅会使纵筋高粘结应力区从受力维持到发生粘结劈裂之间的粘结强度相应加大，而且峰值应力后的粘结能力退化也会相应放缓。

（6）已经试验证实的是，钢筋高粘结应力区周边混凝土厚度的普遍增大也会对其粘结能力形成有利影响，其原因在于加大了周边混凝土的抗粘结劈裂能力。

3. 钢筋混凝土建筑结构粘结能力设计体系中重点设计内容综述

为了给钢筋混凝土结构设计人全面把控粘结能力设计体系提供参考，下面拟按结构构件类别分别对其需在设计中重点关注的粘结能力设计问题（主要指各高粘结应力区的识别和处理思路）作必要的归纳和提示。

（1）细长框架梁、连续梁、悬臂梁及连梁类构件

当框架梁内上、下纵筋采用沿梁跨贯通布置方案时，设计中需考虑的粘结能力问题包括：

① 因钢筋混凝土框架梁、柱按刚接设计，故在各层框架端节点处，梁上、下纵筋均应有效锚入节点（这种情况也出现在某跨梁上、下纵筋到框架中节点处不再继续前伸的情况）。不论是在端节点尺寸宽裕时锚固端采用直线锚固方式，还是在端节点尺寸偏紧时使

用带 90°弯折的锚固方式或符合专用规程要求的带锚固板的锚固方式，其锚固端均属高粘结应力区，其锚固能力设计应满足以下三项基本要求，即锚固强度足够，锚固刚度足够，且锚固端应能将其传入节点区的钢筋拉力或压力有效汇入节点区内的平衡环境而不会导致端节点区的明显损伤，从而实现梁、柱端的内力在端节点处的平衡。

② 在梁上、下纵筋贯穿框架各中节点处，因中节点左、右两端在同一荷载组合状态下的作用弯矩大小不等，甚至符号相反，而使每根纵筋贯穿段两端形成轴力差，使贯穿段有可能成为较高粘结应力段；且水平荷载越大，贯穿段的粘结应力越高。贯穿段的这种粘结传力效应也是保证在框架各中节点处实现梁、柱端内力平衡的关键因素。当粘结应力足够高时，例如在较大地震水平力作用下，常需对框架各中节点内梁纵筋（特别是上部纵筋）直径与贯穿段长度的比值给出上限规定，以避免贯穿段发生明显粘结损伤。在框架顶层中节点处，因柱不再向上延伸，故上部梁筋贯穿段在水平荷载占比偏大时的粘结条件更为不利（因上部表层混凝土厚度小），更易产生沿梁上部纵筋贯穿段的粘结劈裂。有研究者提出在此处各根钢筋贯穿段长度内加焊环形钢膈板的方法来减少其粘结滑动和劈裂风险。这一做法因存在其他不足而未被设计规范接受；这说明仍有必要通过试验研究进一步寻找改善此处粘结能力的其他有效方法。

③ 在多跨框架梁或多跨铰支的连续梁内，受钢筋供货长度限制，梁上下纵筋需设置接头。其中的搭接接头也属于钢筋的高粘结应力区。为了减轻搭接接头的负担和避免搭接接头干扰梁各跨端部屈服区的发育，上部纵筋搭接接头建议设在各跨跨度中部，下部纵筋搭接接头建议设在离开中节点边一定距离的梁跨内部位。

在水平荷载占比不是过大的框架梁以及连续梁内，因各跨支座附近的负弯矩区范围不大，负弯矩值朝各跨跨内方向线性下降较快，故设计中可能会考虑在梁支座上部负弯矩受拉纵筋向跨内延伸过程中在适当部位将受弯不再需要的这类纵筋先后分批截断（当上部纵筋根数较多时）或一次性截断（当上部纵筋根数较少时）。在确定这类纵筋截断点的位置时的指导思路是，从每根钢筋向跨内方向延伸段上的每个点到其截断点的这段长度都必须能提供足够的锚固能力，以使钢筋能在该点发挥出受弯所需的拉应力（其中包括剪切斜裂缝出现后由"斜弯效应"导致的更大拉应力）。因此这种向跨内方向延伸的负弯矩受拉纵筋的偏截断端的一段也在发挥锚固作用，同样属于高粘结应力区。确定这类钢筋截断点位置的设计内容，一般也称为梁内负弯矩钢筋的"延伸长度"问题。

另外，以往在梁类构件中采用弯起钢筋作为受剪钢筋时，若纵筋弯起或弯下后不再继续前伸，也需在弯起或弯下段末端设置水平向的锚固段。

已有试验研究结果还显示，钢筋混凝土悬臂梁，特别是主要荷载作用在最外端的悬臂梁，对其上部受拉纵筋的截断或弯下位置以及上部纵筋在悬臂末端的向下弯折长度均颇为敏感，在这里提请结构设计人给予专门关注。

在框架-核心筒结构中常有框架梁的内侧一端需与核心筒壁直交连接。这时，若中、下部楼层的核心筒壁较厚，其出平面方向的双向受弯强度和双向弯曲刚度足够时，梁上、下纵筋即可按上面所述锚入框架端节点区的方式直接锚入核心筒壁。但若上部楼层核心筒壁变薄，则不论在结构分析中对框架梁此端约束条件作何假定，都应特别注意按设计标准或规程的建议采取相应设计措施，一方面加强筒壁出平面方向的强度和刚度，另一方面切实保证梁纵筋伸入筒壁后的锚固效果。

在剪力墙或核心筒的偏细长连梁内，上、下纵筋一般均沿全跨通长布置，故其中涉及的高粘结应力区就只有纵筋在连梁两端墙肢中的锚固。因墙肢截面高度一般足够，锚固端自然也都采用直线锚固方式。

（2）小跨高比框架梁、小跨高比连梁以及深梁类构件

小跨高比框架梁和小跨高比连梁是指截面高度与跨度之比偏大的框架梁或连梁，其特点是这类梁内的最大作用剪力与最大作用弯矩之比偏大。从粘结能力设计角度除应关心把梁上、下纵筋、腹板两侧纵筋以及可能用到的受剪对角斜向钢筋均伸出梁两端并有效锚固在相邻构件中之外，还因梁长度相对较短，当剪力和弯矩引起的负弯矩扇形裂缝区形成后，因沿斜裂缝的"斜弯效应"会使处在斜裂缝区内上、下部梁纵筋中的拉应力随梁受力增加而全面加大，这导致从扇形裂缝区前端到对面梁端的不长一段上、下部纵筋中的应力从接近受拉屈服以较大梯度变到接近受压屈服，从而在这段钢筋表面形成高粘结应力区，并增大了沿这段梁纵筋发生粘结劈裂的风险。为了减轻这类粘结损伤，在此类梁内宜对其纵筋选用直径偏小、根数偏多的配置方案，同时沿梁跨全长适度加密箍筋，并选用强度等级适度偏高的混凝土。

在单跨简支深梁及多跨连续深梁内，因与一般细长梁类构件相比，其跨内正弯矩区正截面内的上部受压区高度很大，下部受拉区高度很小；而连续支座附近负弯矩区正截面内的上部受拉区高度很大，下面受压区则高度偏小。由此导致在深梁类构件的设计中从粘结能力设计角度有以下两类问题需要关注：

① 简支或连续深梁各跨下部受拉纵筋需承担的总拉力不小，但受拉区高度偏小；加之考虑到单跨深梁支座或连续深梁端支座处能为下部受拉纵筋提供的锚固空间并不宽裕，且在该支座上部还有较大的斜向主压应力从深梁腹板混凝土传来，故《混凝土结构设计标准》GB/T 50010—2010（2024年版）参考国内外设计经验，建议深梁下部受拉纵筋采用多排且每排两根的配置方案，见该标准附录G的图G.0.8-1，且每根纵筋在端支座处采用沿水平方向弯折180°后再加直线尾段的特殊锚固方式。但因设计标准未给出对这类锚固端的具体规定，故建议可按深梁截面厚度所允许的最大可能确定180°弯折的内半径值，且其尾部直段长度不小于20d（d为钢筋直径）；同时，从进入支座边缘算起，以上建议的锚固做法的总锚长尚不应小于钢筋的受拉锚固长度。这种受拉纵筋的配置及锚固方式既利用了所选钢筋直径偏小、根数偏多的提高锚固能力的思路，又利用了在端支座狭小空间内通过平放的180°弯折段提高锚固能力的优势，且恰好能使由腹板传来的斜向主压应力以侧向压力的方式作用于平放的弯折纵筋，从而发挥了其提高该纵筋锚固能力的作用，实属构思巧妙。而且，这一配筋方式还起到了使深梁在跨内形成更多条垂直裂缝，从而减少裂缝宽度的附带作用。在深梁中间支座处，下部纵筋可贯通布置；当需接长时，以选用错开布置的机械连接接头为好。

② 在连续深梁支座区的正截面上部高度较大的受拉区内，沿高度分散布置的负弯矩受拉纵筋亦应朝左、右方分别伸向各跨跨内必要长度后再行截断，其思路与细长多跨梁内负弯矩受拉钢筋确定朝各跨跨内方向延伸段终点的思路相似。这些纵筋向各跨跨内方向延伸段的末段也属于发挥锚固作用的高粘结应力区。这类钢筋的布置及截断长度规定请见《混凝土结构设计标准》GB/T 50010—2010（2024年版）附录G的图G.0.8-2和图G.0.8-3。这些规定是在原武汉水利电力学院钱国梁团队连续深梁试验研究成果的基础上提出的，但未见试验中有对此类钢筋粘结性能测试结果的报导。

（3）多跨连续板类构件

在到 20 世纪 70 年代为止设计的建筑结构中，因结构层数不多，根据当时的技术条件，多采用砖石墙体加钢筋混凝土楼、屋盖或砖石墙、柱外墙加钢筋混凝土"内框架"和屋楼、盖的混合结构体系。当楼、屋盖采用预制钢筋混凝土板时，其中的粘结能力设计仅仅涉及板的受力纵筋在板端简支支座处的锚固问题；而在当时占比很少的现浇钢筋混凝土楼、屋盖板内，因结构的水平荷载全考虑由沿水平力作用方向的砖墙承担，即楼、屋盖只考虑承担竖向荷载，故其多跨连续现浇板内需要关注的粘结能力设计问题除现浇板在周边支座处的锚固措施外，就只有支座负弯矩受拉钢筋向各跨跨中延伸的截断点位置问题；从概念上说，这一问题的解决思路与钢筋混凝土框架梁或连续梁内支座附近负弯矩受拉纵筋的延伸长度问题是一致的；所不同的是，在此类板内不需考虑水平荷载弯矩的不利影响（即各支座附近负弯矩作用范围相对较小）；同时因板内作用剪力较小，不需考虑沿斜裂缝的斜弯效应对负弯矩受拉钢筋延伸长度的不利影响。故此类多跨连续板内（不论是单向板还是双向板）支座负弯矩受拉钢筋的延伸长度与框架梁处相比都会相对偏短。在当时的设计中，板负弯矩受拉钢筋伸向各跨内的截断点位置都是以从支座边向跨内方向的外伸长度达到该跨跨度的某个百分比来规定的，而规定值则多是从当时国外已有设计手册中借鉴来的。至今未见有国内外对这类延伸长度的分析研究成果发表。对这类连续板上、下板筋在板周边支承构件中的锚固也只按简支要求提出了并不严格的锚固长度规定。

而随着此后采用各类结构体系的多、高层混凝土建筑结构的大量修建，其中的现浇钢筋混凝土楼、屋盖现浇板在整个结构体系中所起的作用已出现实质性的改变和提升，即除去继续承担竖向荷载外，现浇板还将发挥以下关键作用：

① 在结构体系各侧向刚度不同的竖向结构部分（如框架-核心筒结构体系的框架部分与核心筒部分或板柱-剪力墙结构体系的板柱部分与剪力墙部分）之间传递保证其侧向共同工作（即在侧向变形协调条件下分担水平作用）的膈板剪力（或相应主拉、压应力）的作用；

② 在转换层及其上、下的若干个楼层内传递所转换水平力（现浇板平面内的作用剪力）的作用；

③ 将相应楼、屋盖自重在地震地面运动激励中形成的水平地震作用沿现浇板平面作为平置深梁传给结构体系的竖向结构部分；

④ 在各层楼盖的偏周边区域内承担在其平面内作用的温度拉、压力的作用。

为了保证上述各项作用的可靠发挥，相应楼、屋盖的现浇板除厚度已多增加到 100mm 及以上，混凝土强度等级亦有相应提高，且板内配筋也多已做成上、下两层钢筋网满铺（焊接网或绑扎网）之外，从粘结能力设计角度，出于保证结构体系上述整体受力性能的需要，还应重点关注：

① 板内满铺钢筋网应贯穿各楼层各轴线的梁类构件、墙肢及筒壁类构件，同时，其相应钢筋应伸入柱截面必要锚固长度；

② 双向钢筋网片或网内单根钢筋在接头处应保证搭接传力能力；板上开洞周边应采取相应的加强措施；

③ 特别重要的是在结构平面周边，板筋应伸入梁类、墙肢类及柱类构件，并保证其受拉锚固能力。

工程实践证明，忽视以上针对现浇板的粘结能力设计所采取的各项措施常是导致重大工程事故或灾害的重要原因之一。

（4）框架柱和排架柱类构件

从粘结能力设计角度对框架柱类构件应关注的主要问题有：

① 底层柱纵筋在基础中的有效锚固对整体结构的承载力至关重要。

② 因柱纵筋一般均在一个楼层高度内贯通布置；且当同一根柱沿多个楼层截面尺寸不变，各相邻楼层纵筋需要量变化不大时，纵筋亦可沿多个楼层贯通布置，并只在柱截面尺寸变化处、纵筋数量变化处和需要接长处设置接头；当采用靠高粘结应力传力的搭接接头时，应尽可能使搭接接头位置避开柱端可能需要形成的纵筋屈服区。

③ 因框架每个节点上、下表面柱截面的作用弯矩、轴力不等，柱纵筋贯穿节点段的上、下端轴力值也有一定的或较大的差异（从同号但大小不等直到两端异号且分别达到屈服），故贯穿段均靠其表面粘结能力将这种轴力差传入节点，这是保证各节点梁、柱端内力平衡的重要因素，不容忽视。对柱纵筋尽可能避免采用直径过大，根数过少的配置方案和对框架柱选用强度等级偏高的混凝土都是改善贯穿段粘结能力的有效措施。从这个角度看，曾有研究者提出的为了方便施工可以利用周边梁、板对节点的侧向约束作用适当降低节点混凝土强度等级的建议是不可取的。

④ 顶层中节点处的柱纵筋和顶层端节点处的内侧柱纵筋应妥善锚固在相应节点内。考虑到此类柱角纵筋在该处有两个侧边的混凝土都只有一倍保护层厚，故对例如带 90°弯折锚固端的直锚段应适当加长，对弯折后尾段可适度减短［见《混凝土结构设计标准》GB/T 50010—2010(2024 年版) 第 9.3.6 条］。

⑤ 为了抵抗框架顶层端节点处从梁端到柱端连续作用的负弯矩，顶层边柱顶外侧负弯矩受拉纵筋应与该节点处顶层端跨梁外端上部负弯矩受拉纵筋实现有效的搭接传力，其搭接长度因受力条件不同而不等于一般钢筋的直线搭接接头长度。根据已有系列试验结果建议的具体搭接做法和搭接长度规定见《混凝土结构设计标准》GB/T 50010—2010(2024 年版) 第 9.3.7 条。

对于预制吊装的设有支承吊车荷载的短悬臂的钢筋混凝土排架柱，粘结能力设计的关注点应放在：

① 设在柱顶的与屋盖主要承重构件（屋面梁或屋架）经焊接相连的预埋件，其锚筋应与排架柱上柱纵筋上端经粘结实现有效传力，故在必要时应适度加大预埋件锚筋的长度。

② 注意保证上柱内侧纵筋在下柱中的妥善锚固以及沿短悬臂边缘布置的钢筋两端分别在上柱和下柱中的妥善锚固。

③ 通过基础杯口配筋及杯口与柱插入段之间灌缝的质量，及柱下端在杯口中的插入长度来保证下柱纵筋在基础中的妥善锚固。

（5）短框架柱类构件

与在小跨高比框架梁处类似，短框架柱，即柱长与柱截面高度之比足够小的框架柱，也会因作用剪力与作用弯矩之比颇大且柱长颇小，而在剪力和弯矩共同引起的扇形裂缝区前端到对面柱端之间的纵筋表面形成高粘结力区和相应的粘结损伤［沿纵筋的粘结劈裂或沿纵筋的针脚状密排短斜裂缝（参见图 6-111）］。减缓此类粘结损伤的措施与上列小跨高比梁处类似，这里不再重复。

（6）剪力墙或核心筒的墙肢构件

目前高层建筑结构常用的多是不带边框梁、柱的由纵、横墙段构成的组合墙肢，其墙段配筋主要由墙段两端的被箍筋约束的集中纵筋和沿墙面布置的水平和竖向分布筋构成。在高层建筑结构常用的此类墙肢中需从粘结能力设计角度考虑的问题主要有：

① 墙段两端集中布置的纵筋及沿墙段长度布置的竖向分布钢筋均应妥善锚入基础，以保证整个结构体系的安全性（对竖向分布筋提出同样要求是因在墙肢正截面受力中考虑了这些钢筋参与受力 [见《混凝土结构设计标准》GB/T 50010—2010（2024 年版）第 6.2.19 条]）。

② 墙段两端集中布置的纵筋在向上延伸过程中的接头布置问题与柱纵筋处类似，这里不再重复。竖向分布筋向上延伸时，遇墙厚变化、加长需要或数量变化时亦需设置接头，其中包括常用的经粘结传力的搭接接头；为了便于施工，一般可允许搭接接头设在相应楼层楼板上表面起的位置。水平分布筋的加长搭接则宜采用错开布置方案。

③ 为了保证组合截面墙肢的整体工作，应保证水平分布筋伸到纵横墙段 T 形接头处正交墙段对边后通过 90°弯折形成妥善锚固；在各一字形墙端，亦应保证水平分布筋直伸到墙端面，且最好带有水平向 90°弯折段。在纵横墙段 L 形接头处，除应保证内侧水平分布筋各自伸入正交墙段对边经 90°弯折后的妥善受拉锚固外，还应保证外侧水平分布筋在转角处的妥善受拉搭接传力。

④ 当墙面开有矩形洞口时，应注意保证洞口各边附加钢筋在伸过洞口角部后的足够锚固长度；当为圆形洞口时，应保证洞口周边附加钢筋的有效接头传力（此原则同样也适用于上述楼盖板和屋盖现浇板面上的不大的洞口）。

（7）桁架结构中的轴心拉、压构件

根据设计经验，钢筋混凝土或预应力混凝土桁架应在杆件节点处设置扩大的节点区；除应沿扩大节点区外缘布置加强钢筋，并保证加强筋两端伸入上、下弦杆内必要的埋入长度外，粘结能力设计的重点是保证桁架各腹杆纵筋伸入相应节点区的足够锚固能力（其锚固长度根据经验建议从各相应杆件轴线交汇点截面计起）以及上弦纵筋搭接接头的有效传力。下弦非预应力纵筋在桁架端部常采用与桁架两端的钢锚板焊接的方式锚固。

（8）钢预埋件及后锚固钢筋

钢预埋件上的锚筋及后锚固技术中植入钻孔并经灌浆成型的浆锚式钢筋也都是通过粘结效应实现传力的，即均属高粘结应力段，故也应属于整个粘结能力设计体系的组成部分。

3.4.2　带肋钢筋基本锚固长度的确定思路

如上一小节已经提到的，各国设计规范为了方便设计操作，在处理钢筋混凝土结构中的粘结能力设计问题时采取的一项较为一致做法是，通过已完成的钢筋直锚段的系列拉拔试验（图 3-9）结果，找到在给定锚固条件下能反映不同等级钢筋在不同强度等级混凝土中所需锚固长度（考虑了设计可靠性要求）的确定方法，并称由其确定的锚固长度为钢筋的受拉"基本锚固长度"用 l_{ab} 表示；再对基本锚固长度乘以各项必要的修正系数后，即得钢筋的受拉直线锚固长度 l_a；并以其（必要时尚应乘以修正系数 ζ_a）作为给出各类粘结能力设计问题中所需粘结传力长度时使用的基本尺度。

下面先给出带肋钢筋基本锚固长度 l_{ab} 的确定步骤。

1. 给出受拉直线锚固长度临界值的定义

我国《混凝土结构设计规范》GB 50010 从其 2002 年版起给出的受拉直线锚固长度临界值，或称"临界锚固长度"的定义是，当钢筋的拉拔应力达到其抗拉实际屈服强度时仍能保持抗拉拔能力和锚固刚度（例如拉拔端钢筋实测滑出量不超过 0.2mm）的最短锚固长度。

2. 完成多参数变换的拉拔试验系列，从中归纳出 τ_u 表达式

在中国建筑科学研究院邵卓民等为《混凝土结构设计规范》GB 50010—2002 完成的锚固长度研究项目中，是用不同等级的钢筋以不同长度埋入不同强度等级的混凝土试块中制成拉拔试验试件，并在不同试件中变换锚筋周边配置的约束箍筋数量和锚筋在试块中的轴线位置（即在锚筋一侧形成不同的外层混凝土厚度）；再从足够数量的变换以上各项参数的试件所完成的拉拔试验结果中找出恰能符合上述临界锚固长度定义的锚固长度值；再按图 3-23 所示模型，在近似假定粘结应力均匀分布的前提下（如前面所述，粘结应力沿锚固长度的分布通常都不是均匀的，这样做是因为在这项研究任务中 τ_u 只视为表达临界锚固长度的一个手段），按拉拔钢筋达到其实测屈服强度计算出锚固长度上的临界平均粘结应力 τ_u。从我国上述系列试验结果归纳出的 τ_u 表达式为：

$$\tau_u = (0.82 + 0.9d/l_{au})[1.6 + 0.7c/d + 15.7d_{sv}^2/(cs_{sv})]f_t \tag{3-3}$$

式中　　d——锚筋公称直径；

　　　　l_{au}——锚筋埋入长度；

　　　　c——锚筋各侧混凝土最小厚度；

　　　　d_{sv}——锚筋周边约束箍筋直径；

　　　　s_{sv}——约束箍筋间距（约束箍筋均取用单个矩形封闭箍筋）；

　　　　f_t——混凝土的轴心抗拉强度。

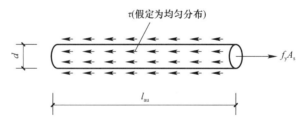

图 3-23　在确定我国设计标准临界锚固长度对应的 τ_u 值时
使用的钢筋拉拔力-粘结应力简化模型

需要说明的是，根据前面所述的带肋钢筋的粘结机理，当锚筋周围有箍筋约束时，最大粘结能力是由刮犁过程开始前横肋外包络面上已初步破碎的混凝土的抗直剪能力（即沿一个大致呈圆筒形的界面的抗错动能力）提供的，而从粘结性能试验结果分析可知，这种抗直剪能力与混凝土强度之间的关系是与抗拉强度，而不是抗压强度成比例的，故式（3-3）中混凝土强度的影响用 f_t 表达。

3. 在规定的约束箍筋数量及侧边混凝土最小厚度的条件下给出临界锚固长度 l_{au} 表达式

为了进一步简化锚固长度的取值，《混凝土结构设计规范》GB 50010 从其 2002 年版起约定锚筋一侧最小混凝土厚度，即式（3-3）中的 c 取为一倍钢筋直径，即 $c=d$ 或 $c/d=1.0$；同时约定，式（3-3）中约束箍筋直径和间距按下面引出的设计标准第 8.3.1 条第 3 款的最小值确定。

根据图 3-23 所示基本受力模型，即当截面面积为 A_s 的钢筋达到其屈服强度 f_y 时的拉拔力等于由锚固长度 l_{au} 和平均粘结应力 τ_u 确定的粘结抗力时，即可写出：

$$A_s f_y = \tau_u \pi d l_{au}$$
$$\pi d^2 f_y / 4 = \tau_u \pi d l_{au} \tag{3-4}$$
$$l_{au} = [f_t / (4\tau_u)](f_y / f_t)d$$

若取 $\alpha_{au} = f_t / 4\tau_u$，并称其为"临界锚固长度系数"，则我国设计标准中的临界锚固长度 l_{au} 即可写成：

$$l_{au} = \alpha_{au} \frac{f_y}{f_t} d \tag{3-5}$$

请注意，在确定上式中的 α_{au} 时，τ_u 计算公式，即式（3-3）中的 c/d 和 d_{sv}、s_{sv} 值均应按上述约定取值。

4. 在锚固长度中考虑可靠性要求后得出基本锚固长度 l_{ab} 的表达式

在锚固长度最终取用的设计用值中同样需要考虑可靠性要求。《混凝土结构设计标准》GB/T 50010—2010（2024 年版）的具体考虑思路是，将拉拔力视为"作用方"，将粘结能力视为"抗力方"。在"作用方"主要考虑钢筋屈服强度的离散性，在"抗力方"则主要考虑由混凝土的轴心抗拉强度表达的粘结能力的离散性以及其他导致抗力离散性的影响因素。这意味着，要按拉拔钢筋屈服强度足够偏高和粘结能力以及其他相关抗力因素足够偏低来确定设计用锚固长度。其中，取用可靠指标 $\beta=3.95$ 来控制这两方分别"偏高"和"偏低"的适宜程度，或者说锚固长度的可靠程度。由于在各类钢筋混凝土构件的截面设计中对于以延性方式失效的截面取可靠指标 $\beta=3.2$，对于以非延性方式失效的构件则取用偏高的可靠指标，但也只有 $\beta=3.7$，因此，锚固长度 β 所取的上述值高于截面设计的 β 取值，说明了对锚固长度赋予了比构件截面设计更高的可靠性水准。这是因为负责规范制定的专家组意识到锚固长度在钢筋混凝土结构中起着维持构件与构件之间连接传力能力和传力刚度的更为关键的作用，同时又是保证钢筋混凝土结构良好整体性的主要措施。

在考虑可靠性要求后，《混凝土结构设计规范》GB 50010—2010 规定了受拉直线锚固长度设计取值的表达式，也就是"基本锚固长度" l_{ab} 的表达式为：

$$l_{ab} = \alpha \frac{f_y}{f_t} d \tag{3-6}$$

在规定式中 f_y 和 f_t 取各自的设计值的同时，对带肋钢筋取锚固长度系数 α 为 0.14。将式（3-6）与前面式（3-5）对比后可以看出，系数 α 即为考虑了可靠性要求后的系数 α_{au}。在《混凝土结构设计标准》GB/T 50010—2010（2024 年版）中称 α 为"外形系数"。本书作者认为，根据以上定义，"外形系数"这一名称与 α 系数的实质不符，故本书称其为锚固长度系数。

3.4.3 光圆钢筋的基本锚固长度

端部带标准弯钩的光圆钢筋受拉锚固长度也是以系列拉拔试验结果为依据确定的，基本思路与上述带肋钢筋处相同。值得提醒的是，在按图 3-23 所示类似思路获得 τ_u 表达式时，带弯钩光圆钢筋锚固端的粘结应力约定只取到图 3-21 中与 k 点对应的值。这是因为超过 k 点后锚固端的粘结能力虽仍有很大潜力，但因这时的抗力主要由混凝土施加给标准弯钩的抗挤压反力提供，弯钩钢筋陷入混凝土后会导致拉拔端滑出量过大。

《混凝土结构设计规范》GB 50010 从其 2002 年版起对带标准弯钩的受拉光圆钢筋仍取式（3-6）来表达其基本锚固长度。根据试验结果，并考虑可靠性要求，在式中 f_y 和 f_t 均取各自设计值的前提下，式中 α 系数对端头带标准弯钩的光圆钢筋取为 0.16。

3.4.4 设计标准有关钢筋锚固长度条文的引文及本书对该引文的提示

现将《混凝土结构设计标准》GB/T 50010—2010(2024 年版）中与受拉钢筋及受压钢筋锚固长度有关的第 8.3.1 条、第 8.3.2 条、第 8.3.4 条和第 8.3.5 条的条文引出如下。

8.3.1 当计算中充分利用钢筋的抗拉强度时，受拉钢筋的锚固应符合下列要求：

1 基本锚固长度应按下列公式计算：

普通钢筋

$$l_{ab} = \alpha \frac{f_y}{f_t} d \tag{8.3.1-1}$$

预应力筋

$$l_{ab} = \alpha \frac{f_{py}}{f_t} d \tag{8.3.1-2}$$

式中 l_{ab}——受拉钢筋的基本锚固长度；

f_y、f_{py}——普通钢筋、预应力筋的抗拉强度设计值；

f_t——混凝土轴心抗拉强度设计值，当混凝土强度等级高于 C60 时，按 C60 取值；

d——锚固钢筋的直径；

α——锚固钢筋的外形系数，按表 8.3.1 取用。

锚固钢筋的外形系数 α 表 8.3.1

钢筋类型	光圆钢筋	带肋钢筋	螺旋肋钢丝	三股钢绞线	七股钢绞线
α	0.16	0.14	0.13	0.16	0.17

注：光圆钢筋末端应做 $180°$ 弯钩，弯后平直段长度不应小于 $3d$，但作受压钢筋时可不做弯钩。

2 受拉钢筋的锚固长度应根据锚固条件按下列公式计算，且不应小于 200mm：

$$l_a = \zeta_a l_{ab} \tag{8.3.1-3}$$

式中 l_a——受拉钢筋的锚固长度；

ζ_a——锚固长度修正系数，对普通钢筋按本规范第 8.3.2 条的规定取用，当多于一项时，可按连乘计算，但不应小于 0.6；对预应力筋，可取 1.0。

梁柱节点中纵向受拉钢筋的锚固要求应按本规范第 9.3 节（Ⅱ）中的规定执行。

3 当锚固钢筋的保护层厚度不大于 $5d$ 时，锚固长度范围内应配置横向构造钢筋，其

直径不应小于 $d/4$；对梁、柱、斜撑等构件间距不应大于 $5d$，对板、墙等平面构件间距不应大于 $10d$，且均不应大于 $100mm$，此处 d 为锚固钢筋的直径。

8.3.2　纵向受拉普通钢筋的锚固长度修正系数 ζ_a 应按下列规定取用：

　　1　当带肋钢筋的公称直径大于 $25mm$ 时取 1.10；

　　2　环氧树脂涂层带肋钢筋取 1.25；

　　3　施工过程中易受扰动的钢筋取 1.10；

　　4　当纵向受力钢筋的实际配筋面积大于其设计计算面积时，修正系数取设计计算面积与实际配筋面积的比值，但对有抗震设防要求及直接承受动力荷载的结构构件，不应考虑此项修正；

　　5　锚固钢筋的保护层厚度为 $3d$ 时修正系数可取 0.80，保护层厚度不小于 $5d$ 时修正系数可取 0.70，中间按内插取值，此处 d 为锚固钢筋的直径。

8.3.4　混凝土结构中的纵向受压钢筋，当计算中充分利用其抗压强度时，锚固长度不应小于相应受拉锚固长度的 70%。

　　受压钢筋不应采用末端弯钩和一侧贴焊锚筋的锚固措施。

　　受压钢筋锚固长度范围内的横向构造钢筋应符合本标准第 8.3.1 条的有关规定。

8.3.5　承受动力荷载的预制构件，应将纵向受力普通钢筋末端焊接在钢板或角钢上，钢板或角钢应可靠地锚固在混凝土中。钢板或角钢的尺寸应按计算确定，其厚度不宜小于 $10mm$。

　　其他构件中受力普通钢筋的末端也可通过焊接钢板或型钢实现锚固。

　　对以上引出的设计标准条文拟作以下提示：

　　（1）设计标准第 8.3.1 条第 1 款和第 2 款是对钢筋设计用受拉锚固长度取值的直接规定。其中请读者注意锚固长度在任何情况下均不应小于 $200mm$ 的规定。这一规定主要针对的是钢筋直径较小和混凝土强度较高的情况。其目的是在考虑钢筋下料长度允许误差和摆放钢筋时沿长度方向的允许误差后，使真实出现的锚固长度不致过小。

　　（2）设计标准第 8.3.2 条给出的是该标准允许的或认为必要的对锚固长度取值的修正，其中既有必要的加长，也有允许的减短。在这些规定的修正系数中，带肋钢筋公称直径大于 $25mm$ 时取用的 1.1 是因为更大直径钢筋的横肋高度与钢筋直径的比值会有所下降，横肋形成的粘结抗力相应有所降低。环氧树脂涂层则如本书第 1 章已经指出的，会降低钢筋的粘结能力，故通过对比试验得出修正系数为 1.25。施工过程中易受扰动的钢筋主要指采用滑模工艺施工的剪力墙或核心筒壁内的水平钢筋，这是因为通常在混凝土达到中凝后向上滑升模板时，有可能使接近混凝土表面的水平钢筋受到扰动而发生轻度松动。

　　（3）特别值得指出的是，第 8.3.2 条第 4 款提出的可以按钢筋设计计算面积与实际配筋面积的比值折减锚固长度的规定虽也见于某些国外设计规范，但却是有经验的设计人都不建议采用的。这是因为，例如有相当数量的框架柱的纵筋数量和剪力墙墙肢边缘构件的纵筋数量都是按最小配筋率要求确定的，即都大于设计计算所需面积，而最小配筋率则多是从保证构件必要的非脆性性能和结构体系整体受力需要角度提出的，显然也应使按最小配筋率要求确定的纵筋具有足够的锚固长度，而不应予以折减。

　　（4）用图 3-24(a) 所示的钢筋埋入段末端以外尚有足够厚度混凝土的受压锚固性能试验和图 3-24(b) 所示的相同埋入长度的钢筋直穿试块混凝土的受压锚固性能试验的结果进行对

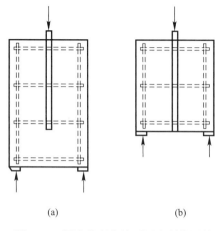

图 3-24 用来发现末端顶压有利作用的
钢筋受压锚固对比试验

比后证明，当实际工程中出现的是类似于图 3-24(a)所示的情况时，钢筋的受压锚固抗力既靠钢筋与混凝土界面的粘结效应提供，也靠钢筋末端顶压混凝土所引起的混凝土抗局部顶压能力提供，且后者在受压带肋钢筋的锚固能力中占主要部分；在光圆钢筋（受压时末端不设弯钩）受压锚固能力中占的比重更大。同时，也有研究者认为，受压钢筋因泊松效应引起的侧向膨胀（直径变大）与受拉钢筋的侧向收缩（直径变小）相比也更有利于界面粘结效应的发挥。在《混凝土结构设计标准》GB/T 50010—2010（2024 年版）中取用的等于 70% 受拉锚固长度的受压锚固长度与有关国外规范的取法相似。建议这一取值的专家组在这一取值中只是偏于安全地部分考虑了端头顶压的有利效果。但这也提醒设计界在按受压确定钢筋的锚固长度时，需注意其末端以外应确有足够厚度的混凝土存在。

还需指出的是，由于工程中大多数框架柱、剪力墙或核心筒的墙肢和连梁，其控制截面在不同内力组合条件下既可能受负弯矩、又可能受正弯矩作用，导致截面一侧纵筋可能处在受拉状态、也可能处在受压状态。对于这类纵筋，其锚固长度均应按更不利的受拉状态确定。因此，在工程设计中完全按受压确定锚固长度的情况并不多见。

（5）我国设计标准习惯于用钢筋公称直径的倍数来表示锚固长度。为了使读者了解设计标准式（8.3.1-1）给出的光圆钢筋和带肋钢筋受拉直线锚固长度的大小，本书在表 3-1 中给出了 HPB300 级光圆钢筋和 HRB400 级和 HRB500 级带肋钢筋在不同强度等级混凝土中的锚固长度 l_{ab} 值（用钢筋公称直径 d 的倍数表示）。结构设计者记住 l_{ab} 的大致数值及变化范围对处理配筋构造问题是非常有用的。

不同等级钢筋用规范式（8.3.1-1）算得的受拉基本锚固长度 l_{ab} 值
（用钢筋直径 d 的倍数表示）   表 3-1

混凝土强度等级		C25	C30	C35	C40	C45	C50	C55	C60
钢筋等级	HPB300	34.0d	30.2d	27.5d	25.3d	24.0d	22.9d	22.0d	21.2d
	HRB400	39.6d (43.6d)	35.2d (38.7)d	32.1d (35.3d)	29.5d (32.5d)	28.0d (30.8d)	26.7d (29.4d)	25.7d (28.3d)	24.7d (27.2d)
	HRB500	45.2d (49.7d)	40.1d (44.2d)	36.6d (40.2d)	33.6d (36.9d)	31.9d (35.1d)	30.4d (33.4d)	29.3d (32.2d)	28.1d (31.0d)

注：表中括号内数字适用于公称直径大于 25mm 的带肋钢筋的受拉锚固长度。

（6）如前面已经指出的，我国上述钢筋锚固长度规定是在自行完成的足够数量试验结果的基础上按国际学术界公认的较严格思路确定的。在 GBJ 10—89 版规范首次使用这套锚固长度规定时，就曾通过对比确认，所取临界锚固长度值与欧洲 EC 2 规范取值相近，考虑设计可靠性的思路及方法相同。近几年有欧洲研究人又对世界各国（未包括中国）钢筋锚固长度试验结果作了新一轮归纳统计，并再次确认欧洲规范取用的锚固长度与这一统计结果呼应良好。这也再次间接验证了中国所取用锚固长度的合理性。该研究人还同时指出，美国 ACI 318 规范目前取用的钢筋锚固长度比欧洲规范明显偏长（平均约长 25％到 30％）；该研究人在国际知名学术刊物上提请美国规范可能需要从人类可持续发展角度（节约钢材原材料及生产所费能源）考虑对锚固长度作适度折减。

3.5　框架梁、柱纵筋和连续梁纵筋与粘结性能有关的构造措施

由作为竖向构件的钢筋混凝土柱和作为水平构件的钢筋混凝土梁经刚性连接构成的结构体系称为框架，其中的梁称为框架梁，柱称为框架柱；而支承在例如砌体柱上（即不考虑与竖向构件刚性连接）的多跨钢筋混凝土梁则为连续梁。

下面对框架梁、柱和连续梁设计中涉及纵筋的与粘结性能有关的构造措施逐一作必要说明。说明的方法是先引出《混凝土结构设计标准》GB/T 50010—2010（2024 年版）的相应条文，再给出必要的提示。

3.5.1　简支梁端下部纵筋伸入支座的锚固长度

现将《混凝土结构设计标准》GB/T 50010—2010（2024 年版）第 9.2.2 条的条文引出如下。

9.2.2　钢筋混凝土简支梁和连续梁简支端的下部纵向受力钢筋，从支座边缘算起伸入支座内的锚固长度应符合下列规定：

1　当 V 不大于 $0.7f_tbh_0$ 时，不小于 $5d$；当 V 大于 $0.7f_tbh_0$ 时，对带肋钢筋不小于 $12d$，对光圆钢筋不小于 $15d$，d 为钢筋的最大直径；

2　如纵向受力钢筋伸入梁支座范围内的锚固长度不符合本条第 1 款要求时，可采取弯钩或机械锚固措施，并应满足本标准第 8.3.3 条的规定；

3　支承在砌体结构上的钢筋混凝土独立梁，在纵向受力钢筋的锚固长度范围内应配置不少于 2 个箍筋，其直径不宜小于 $d/4$，d 为纵向受力钢筋的最大直径；间距不宜大于 $10d$，当采取机械锚固措施时箍筋间距尚不宜大于 $5d$，d 为纵向受力钢筋的最小直径。

注：混凝土强度等级为 C25 的简支梁和连续梁的简支端，当距支座边 1.5h 范围内作用有集中荷载，且 V 大于 $0.7f_tbh_0$ 时，对带肋钢筋宜采取有效的锚固措施，或取锚固长度不小于 $15d$，d 为锚固钢筋的直径。

对以上规范条文拟作下列提示。

梁端支座视为简支的情况多数只出现在多层房屋墙、柱采用砌体，楼盖为钢筋混凝土梁板结构的情况下。

这时梁纵筋伸入简支支座的锚固长度通常可取为小于钢筋充分受力时的受拉锚固长度。但锚固长度的具体取值取决于梁简支端截面作用剪力的大小（锚固长度从梁的有效支座边算起）。当剪力符合 $V \leqslant 0.7f_tbh_0$ 的条件时，试验结果表明，梁支座附近有足够把握不形成剪切斜裂缝。而从正截面受力角度，简支支座处作用弯矩为零，下部纵筋中拉力也应接近于零，故锚固长度可以取得偏小。而当 $V > 0.7f_tbh_0$ 后，支座附近将有可能形成弯剪斜裂缝，其中最外侧一条裂缝的下部起点通常会离支座边不远（图 3-25a）。这时，若考察最外侧一条斜裂缝截面，则可知其中取用的力矩基准点与图 3-25（a）中集中荷载处的正截面是一致的，即均为图中 A 点（截面压力合力作用点）。这说明在这一斜裂缝截面中的作用弯

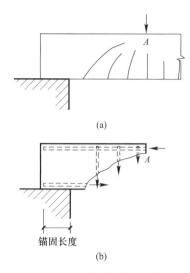

(a)

(b)

锚固长度

图 3-25　由斜弯效应在靠近
简支支座的斜裂缝截面纵筋中
引起的较高拉应力

矩与集中荷载作用点处的正截面中相同，即弯矩数值不小。从图 3-25（b）中可以看出，在斜裂缝截面中，除去被截到的箍筋会提供不大的抗弯能力外，主要抗弯能力是由下部纵筋提供的。这意味着，在离支座边不远处，下部纵筋中的拉应力即有可能达到屈服强度的例如 40% 以上。为此，自然有必要将这类纵筋伸入简支支座的锚固长度取得不致过短，以使其在最靠近支座的斜裂缝中确有能力发挥出上述拉应力，而不会被从支座中拔出。以上斜裂缝截面纵筋应力偏大的效应在设计界也常称为"斜弯效应"。

欧洲研究界曾用图 3-26（a）所示的专用试件尝试再现斜裂缝形成后的简支梁端受力状态。从图 3-26（b）所示的试件支座中由带肋纵筋引起的水平劈裂裂缝能够间接证实，此时伸入简支支座的梁下部纵筋依然需要足够的锚固长度。（请注意，试件支座段未设约束箍筋，这是不利的，但锚入的纵筋受到了竖向荷载及竖向支座反力对其施加的侧向压力的有利作用。）

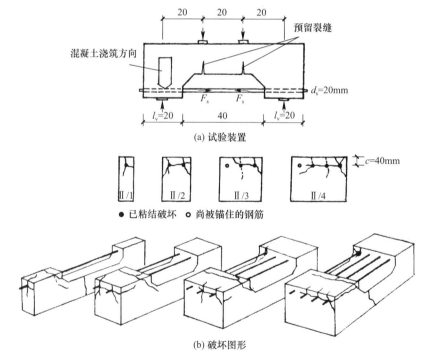

图 3-26　欧洲研究界在 20 世纪 70 年代完成的模拟斜裂缝形成后纵筋在简支支座中受力状态的试验结果
（引自德国钢筋混凝土协会文集第 300 号"对德国钢筋混凝土结构规范 DIN 1045 1978 年版第 18 章配筋规定的说明"）

上列规范引文第 9.2.2 条第 2 款给出的则是当纵筋伸入支座后因支座长度受限而不能使用直线锚固方式时的代用方法，即可以使用设计标准第 8.3.3 条建议的任何一种简易的能减小水平锚固长度的措施。但本书作者发现，当此处改用设计标准第 8.3.3 条的任何一种锚固措施时，根据该条的规定，钢筋伸入简支支座的水平投影长度均不应小于 0.6 倍钢筋基本锚固长度 l_{ab}；但若梁混凝土强度等级例如为常用的 C30，钢筋取用 HRB400 级，则根据前文所列设计标准的式（8.3.1-1）可得 $l_{ab}=35.2d$，这里的锚固钢筋伸入支座的水平投影长度即不应小于 $0.6\times35.2d=21.12d$，反而比本条第 1 款规定的锚固长度更长。这一不协调现象尚有待设计规范作进一步处理。

规范第 9.2.2 条通过"注"给出的情况是更容易产生图 3-25(a) 所示的靠近支座的斜裂缝的情况，故对这种情况下的下部梁筋提出了比条文中更偏严格的锚固要求。

3.5.2 框架梁及连续梁下部纵筋在中间支座处的锚固要求

下面首先引出《混凝土结构设计标准》GB/T 50010—2010(2024 年版) 第 9.3.5 条的条文。

9.3.5 框架中间层中间节点或连续梁中间支座，梁的上部纵向钢筋应贯穿节点或支座。梁的下部纵向钢筋宜贯穿节点或支座。当必须锚固时，应符合下列锚固要求：

1 当计算中不利用该钢筋的强度时，其伸入节点或支座的锚固长度对带肋钢筋不小于 $12d$，对光面钢筋不小于 $15d$，d 为钢筋的最大直径；

2 当计算中充分利用钢筋的抗压强度时，钢筋应按受压钢筋锚固在中间节点或中间支座内，其直线锚固长度不应小于 $0.7l_a$；

3 当计算中充分利用钢筋的抗拉强度时，钢筋可采用直线方式锚固在节点或支座内，锚固长度不应小于钢筋的受拉锚固长度 l_a（图 9.3.5a）；

4 当柱截面尺寸不足时，宜按本规范第 9.3.4 条第 1 款的规定采用钢筋端部加锚头的机械锚固措施，也可采用 90°弯折锚固的方式；

5 钢筋可在节点或支座外梁中弯矩较小处设置搭接接头，搭接长度的起始点至节点或支座边缘的距离不应小于 $1.5h_0$（图 9.3.5b）。

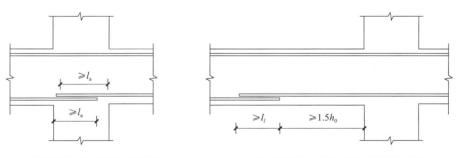

(a) 下部纵向钢筋在节点中的直线锚固　　　　(b) 下部纵向钢筋在节点或支座范围外的搭接

图 9.3.5　梁下部纵向钢筋在中间节点或中间支座范围的锚固与搭接

对上面引出的设计标准条文拟作以下提示。

设计标准第 9.3.5 条是对框架梁和连续梁中间支座处纵筋布置及锚固要求的汇总。在设计中应根据实际出现的受力状态分别满足对应各款的规定。

在承担竖向荷载的连续梁各中间支座处只作用有负弯矩，且支座两侧截面负弯矩相等；而跨中区段则受正弯矩作用。在连续梁设计中，跨内下部纵筋的数量一般按各跨跨中最大正弯矩需要逐跨确定，而且不建议随正弯矩朝支座方向逐步减小而把下部纵筋中的一部分在跨内某个部位截断，即建议全部纵筋伸入支座并按本条要求进行锚固。这样做的目的是避免因下部纵筋不慎截断过早而发生梁斜弯失效的安全隐患。支座负弯矩所需上部受拉纵筋数量则按各支座截面需要分别确定，并贯通支座布置。这类钢筋在支座各侧朝跨内的延伸长度则应符合设计标准第 9.2.3 条的要求，见下一小节的说明。在支座截面，当截面尺寸较宽裕时，一般不需要在正截面设计中把下部纵筋作为受压钢筋使用，这时下部纵筋伸入中间支座的锚固长度应按上列第 9.3.5 条第 1 款确定。若在支座截面抗负弯矩设计中需取伸入支座的下部纵筋作为受压钢筋使用，则其锚固长度即应按上列第 9.3.5 条的第 2 款要求确定，即按受压锚固选用锚固长度。

在框架结构中，平面框架梁、柱在竖向荷载及水平荷载下的弯矩分布通常大致具有图 3-27(a)、(b) 分别所示的规律。其中，水平荷载需考虑从左向右和从右向左的两种作用方式。每跨框架梁中的组合弯矩分布随各个框架竖向荷载和水平荷载比例的不同、楼层数的不同以及边跨、中跨的不同而可能出现图 3-28 中各条曲线所示的不同形式（图中只画出了水平荷载自左向右作用时的各种可能分布，当水平荷载自右向左作用时，图中曲线大致左右颠倒）。即当水平荷载相对较小时，左、右梁端分别作用大小不同的负弯矩，跨中则为正弯矩；当水平荷载相对较大时，左、右梁端区分别作用正弯矩和负弯矩，且负弯矩值相当大，正弯矩值相对较小。于是，在考虑支座截面处下部梁筋伸入支座的锚固长度时，需分别考虑上面所述的各类情况。这意味着，当框架节点处只作用负弯矩时，下部梁筋在支座中的锚固要求与上述连续梁处相同；而当支座截面可能作用有正弯矩时，不论下部纵筋在截面中是否被充分利用，均应按上列第 9.3.5 条第 3 款的规定按充分受拉锚入支座。

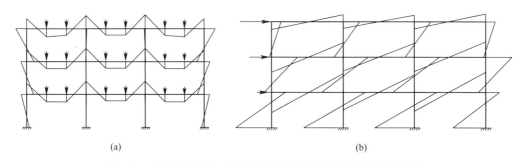

(a) | (b)

图 3-27　平面框架结构在竖向荷载及水平荷载作用下的常见梁、
柱弯矩分布规律（其中水平荷载只画出从左向右的作用情况）

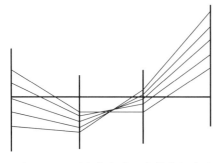

图 3-28　一跨框架梁在竖向荷载与水平
荷载比例不同时的常见组合弯矩分布规律
（图中只画出了水平荷载自左向右的作用情况）

在框架结构的梁柱节点处，当节点水平方向尺度偏紧而放不下下部纵筋的直线锚固长度时，根据设计经验，一般不建议钢筋的直线锚固段穿过节点再伸入对边梁端区，因为特别是在有抗震要求的框架中，穿过节点后的直锚段末端会影响对边梁端下部纵筋屈服区的发育。在 2002 年以前的规范版本中，要求这类纵筋以带 90°弯折的锚固端锚入节点（钢筋向上弯折）。但当左、右梁跨下部纵筋根数偏多时，特别是当沿建筑两个平面主轴的框架梁均有这样的带 90°弯折的下部梁筋从四个方向伸入节点时，会造成节点内的钢筋过度拥挤甚至布筋困难。

为此，自《混凝土结构设计规范》GB 50010 的 2002 年版起，规范接受了北京市建筑设计研究院程懋堃的建议，改为推荐使用上面设计标准引文图 9.3.5(b) 所示的做法，即将一跨梁的下部纵筋全部伸过节点，并在相邻跨梁下部合适部位与邻跨下部纵筋按受拉进行搭接。搭接接头离开节点边缘足够距离，是为了不使搭接接头干扰梁端下部纵筋在强地震地面运动激励下进入屈服后变形状态。

3.5.3　框架梁及连续梁上部负弯矩受拉钢筋自支座向跨内的延伸长度

框架梁和连续梁支座截面上部的负弯矩受拉钢筋向支座每侧跨内的延伸长度是保证这些梁支座截面及支座附近区段受负弯矩承载力的重要设计措施。本书作者提请结构设计人对这项措施给予足够关注。这项措施从最早的 BJG 21—66 起就已经包括在我国《钢筋混凝土结构设计规范》或《混凝土结构设计规范》的各个版本中；到该规范的 2002 年版，又主要参考本书作者所在学术团队的研究成果对该项措施作了重要补充，并一直使用至今。现将《混凝土结构设计标准》GB/T 50010—2010(2024 年版) 第 9.2.3 条的条文引出如下。

9.2.3　钢筋混凝土梁支座截面负弯矩纵向受拉钢筋不宜在受拉区截断，当需要截断时，应符合以下规定：

1　当 V 不大于 $0.7f_tbh_0$ 时，应延伸至按正截面受弯承载力计算不需要该钢筋的截面以外不小于 $20d$ 处截断，且从该钢筋强度充分利用截面伸出的长度不应小于 $1.2l_a$；

2　当 V 大于 $0.7f_tbh_0$ 时，应延伸至按正截面受弯承载力计算不需要该钢筋的截面以外不小于 h_0 且不小于 $20d$ 处截断，且从该钢筋强度充分利用截面伸出的长度不应小于 $1.2l_a$ 与 h_0 之和；

3　若按本条第 1、2 款确定的截断点仍位于负弯矩对应的受拉区内，则应延伸至按正截面受弯承载力不需要该钢筋的截面以外不小于 $1.3h_0$ 且不小于 $20d$ 处截断，且从该钢筋强度充分利用截面伸出的长度不应小于 $1.2l_a$ 与 $1.7h_0$ 之和。

下面对以上所引的设计标准关于梁支座上部纵筋向梁跨内的延伸长度规定作必要的解释和提示。

1. 构件中纵向钢筋的"强度充分利用截面"和"按正截面受弯承载力计算不需要该钢筋的截面"

在任何一根钢筋混凝土构件中，正截面的作用弯矩除少数等弯矩区段外都是沿构件轴线变化的。变化规律通常用弯矩图表示。因此，从概念上说，构件所配置的纵向受拉钢筋的数量也可以根据弯矩（及轴力）在其中引起的拉力的变化而不断调整。例如，在一根框架梁支座附近的负弯矩作用区段，可先按支座截面作用的组合最大负弯矩确定该截面的纵筋数量，再随钢筋中所需拉力向跨中方向的逐步减小将纵筋分批逐次截断，即将纵筋数量适应受力变化，以节约钢材。当然，从方便施工角度，钢筋截断批数不宜过多，每批截断钢筋根数不宜过少或过多：过少不便于简化钢筋下料，过多则不利于截面抗弯能力均匀变化。

在以往的传统做法中，习惯于仅从正截面抗弯角度通过作用弯矩图与抗弯能力图（亦称抵抗弯矩图）的对比来估计各批钢筋的截断位置。例如，如图 3-29 所示，当在一根框架梁支座截面配置了 6 根 Φ 20 的受拉纵筋恰能抵抗该处作用的组合负弯矩时，该处作用弯矩就恰好等于用水平线 AB 表示的配有 6 根受拉钢筋正截面的抗弯能力，即 6 根钢筋在该支座截面被充分利用。若决定每次截断两根纵筋，则可近似将负弯矩区的正截面抗弯能力用水平线 CD 和 EF 三等分，即用 CD 线近似表示只剩 4 根纵筋时的抗负弯矩能力，用 EF 线近似表示只剩 2 根纵筋时的抗负弯矩能力（实际上，当只配 4 根钢筋和只配 2 根钢筋时，因截面混凝土受压区高度及内力臂有变化，其正截面抗弯能力均会以不同比例略大于支座截面抗弯能力的 2/3 和 1/3，故图 3-29 所示的三等分做法是偏安全的）。从图中作用弯矩与抗弯能力的对应关系可以看出，在从 CD 线与作用弯矩线的交点 G 再朝跨中方向的各个截面中，4 根纵筋提供的抗弯能力都已大于作用弯矩，因此 G 点对应的正截面即可视为按正截面承载能力计算不再需要第一批 2 根纵筋的截面；而图中 H 点和 K 点对应的正截面则可分别视为不再需要第二批和第三批各 2 根纵筋参与抗弯的截面。于是，在上列设计标准的第 9.2.3 条中就把例如图 3-29 中 B 点、G 点和 H 点对应的正截面称为该例中第一、二、三批截断的各两根钢筋的"强度充分利用截面"，而把图中 G 点、H 点和 K 点对应的正截面称为该例中第一、二、三批截断的各 2 根钢筋的"按正截面受弯承载力计算不再需要该钢筋的截面"。

以上概念和识别方法原则上也可推广应用于其他各类钢筋混凝土构件，只不过在柱和墙肢类构件中因同时有轴力作用，故在由纵筋量反算抗弯能力时应按偏心受压或偏心受拉截面运作。

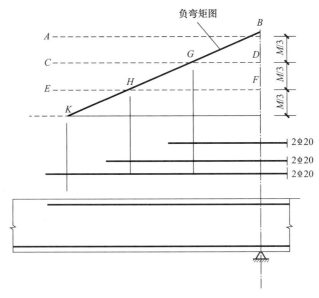

图 3-29　在梁的支座负弯矩区从正截面承载力角度用作用弯矩图与近似的抗弯能力图之间的
关系确定分批截断的各批上部梁筋的"强度充分利用截面"及"不需要该钢筋的截面"

2. 支座截面作用剪力较小且梁上部纵筋全部一次截断时的延伸长度确定规则

根据工程经验，当支座截面上部纵筋配置根数不多时（例如最多 3～4 根时），或负弯矩区相对长度偏小，分批截断纵筋节约效果有限时，通常会把全部上部纵筋伸到同一位置截断，即各根钢筋延伸长度相同。

在确定延伸长度时，需首先判断支座截面作用的组合剪力的相对大小。这是因为当支座截面作用的组合剪力相对较小时（根据试验结果，一般以 $V \leqslant 0.7 f_t b h_0$ 作为组合剪力较小的识别标准，其中 V 为支座截面组合剪力设计值，f_t 为梁混凝土轴心抗拉强度设计值，b 和 h_0 分别为梁支座截面的宽度和有效高度），因支座附近一般除垂直裂缝外不会形成扇形斜裂缝分布区，即不会因各条斜裂缝截面中的"斜弯效应"而改变梁支座附近上部纵筋中拉应力的基本分布规律，故梁支座上部纵筋向跨内的延伸长度就只需考虑由各正截面抗弯需求决定的上部纵筋各部位的拉应力分布状态，并使钢筋各点都具有发挥相应拉应力所需的锚固长度。

在确定这种情况下上部梁筋的延伸长度时，需要考虑以下两个影响延伸长度的主要因素的变化。

（1）负弯矩区相对长度的变化

由于框架梁或连续梁各跨跨高比（即跨度和截面高度之比）不同、荷载作用方式不同以及端约束条件不同，导致每个支座各侧的负弯矩区相对长度也会有较大变化（负弯矩区相对长度通常用负弯矩区长度 l_m 与梁截面有效高度 h_0 之比表示）。在常用跨高比且竖向荷载均匀布置的接近等跨的多跨连续梁中，负弯矩区相对长度的变化范围一般不大；但在例如图 3-30(a) 所示的右端带悬臂的连续梁中，若悬臂长度小，且悬臂荷载较小，则右端支座左侧的负弯矩区相对长度就可能较小；而在图 3-30(b) 所示的受单一集中力不对称作用的梁跨，其左支座右侧负弯矩区相对长度就可能明显偏大，而右支座左侧负弯矩区相对长度则可能偏小。在框架梁中，支座一侧负弯矩区的相对长度除去也受上述因素影响外，更主要地取决于结构所受水平荷载的大小，即如前面图 3-28 所示，水平荷载越大，负弯矩区相对长度也越大；在高抗震设防烈度区，组合负弯矩区的长度会达梁跨的 40% 以上，这是在确定支座上部梁筋延伸长度时应给予特别关注的。

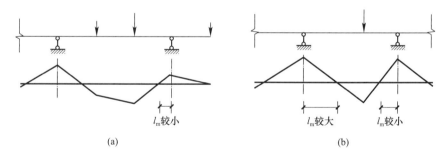

图 3-30 连续梁中可能出现的支座一侧负弯矩区相对长度偏大或偏小的情况

（2）钢筋锚固长度大小的变化

由于每根梁上部纵筋所选直径和钢筋等级的不同以及梁选用的混凝土强度等级的不同，梁上部纵筋的受拉锚固长度 l_a 的大小也会有很大差别。

在确定梁支座负弯矩受拉钢筋延伸长度取值时，应考虑到负弯矩区相对长度可能偏大或偏小以及钢筋锚固长度可能偏大或偏小所能形成的各种情况。从保证钢筋在其延伸长度上的每一点都能发挥出所需的拉应力，即都具有足够锚固长度的这一基本要求出发，可把上述可能形成的各种情况归纳为图 3-31(a)、(b) 所示的两种典型情况，即图 3-31(a) 所示的负弯矩区长度相对偏小而钢筋锚固长度相对偏大的情况和图 3-31(b) 所示的负弯矩区长度相对偏大而钢筋锚固长度相对偏小的情况。只要所设计的确定延伸长度的方法能保证在这两种典型情况下延伸长度范围内钢筋各点都能通过可靠锚固发挥出所需的拉应力，所取延伸长度就应是足够的。

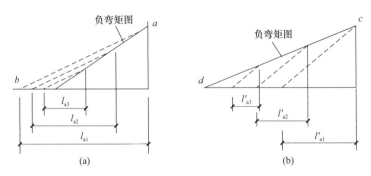

图 3-31　考虑梁负弯矩区相对长度和钢筋锚固长度均可能有不同
取值时上部梁筋延伸长度的双控取值思路

在按照以上所述的两种典型情况确定延伸长度时，取用的两项近似基本假定是：①支座附近上部纵筋各点应力与对应各正截面中作用的负弯矩近似成正比。已有试验实测结果证实了这一假定的近似有效性。例如，在图 3-32 中给出了一根作用剪力相对较小且上部梁筋一次截断的连续梁中，用钢筋上密贴的电阻应变片实测所得的各部位钢筋应变与各截面作用负弯矩的对应关系（该例子属于图 3-31b 所示的负弯矩区相对偏长而钢筋锚固长度相对偏短的情况）。因钢筋在屈服前应力与应变成正比，故从图 3-32 中可以清楚地看出钢筋拉应力与对应正截面作用弯矩成比例的假定在这类梁段内是原则上成立的。从图中还可看出，给出的钢筋应变分布对应的是上部纵筋在支座截面进入屈服之后不久的受力状态。②各点所需的锚固长度与该点处的 σ_s/σ_y 成正比，其中 σ_s 为该点达到的拉应力，σ_y 为钢筋的屈服应力；且假定沿锚固长度钢筋应力按线性规律递减至零。

在图 3-31(a) 中用实线表示了上部梁筋各点的拉应力值（假定与图示负弯矩图各点纵坐标值成比例），而虚线则表示在各点作用拉应力所需的锚固长度范围内钢筋应力的线性变化。从中可以清楚看出，只要上部梁筋的截断位置远于支座截面发挥拉应力（屈服应力）所需的锚固长度，即远于图中的 b 点，根据图示几何关系即可判定沿上部梁筋各点都已具有发挥预期拉应力所需的锚固长度（即图中各条虚线都不会达到 b 点以左）。

在图 3-31(b) 中仍用实线表示钢筋各点应发挥出的拉应力，虚线则表示在各点所需的锚固长度范围内拉应力线性递减的规律。从图中可以清楚看出，只要上部梁筋的截断位置远于负弯矩区的范围，即远于图中 d 点，就能保证沿上部梁筋各点都已具有发挥预期拉应力所需的锚固长度（即图中各条虚线都不可能达到 d 点以左）。

从图 3-31(a)、(b) 即可得到当支座作用剪力相对较小（$V \leqslant 0.7 f_t bh_0$），且全部上部梁筋在同一位置截断时用来确定钢筋延伸长度的双控准则。即第一项要求是上部纵筋从其强度充分利用截面向跨内延伸不小于钢筋的受拉锚固长度（这项要求可称为"按钢筋锚固需求确定延伸长度的要求"）；第二项要求是上部纵筋向跨内延伸应不小于负弯矩区的范围，即应伸到按正截面受弯承载力计算不再需要该钢筋的截面以外（这项要求可称为"按负弯矩作用范围确定延伸长度的要求"）；最后应按以上两项要求中伸得更远的一项确定延伸长度。同时，在每项要求中还应从不确定性角度各留有适当的裕量。

本小节最前面引出的设计标准第 9.2.3 条第 1 款就是按这里所述的双控准则给出的。其中，在第一项要求中对钢筋锚固长度乘了一个系数 1.2，在第二项要求中规定上部钢筋伸到不再需要该钢筋的截面（在全部钢筋一次截断的情况下即为与作用弯矩零点或负弯矩区终点对应的截面）以远不小于 $20d$（d 为上部纵筋直径），其中的系数 1.2 可视为考虑延伸长度所处锚固环境比常规受拉直线锚固长度的试验环境更偏不利而对其长度的加大，而 $20d$ 则可视为针对不确定性留出的安全裕量。

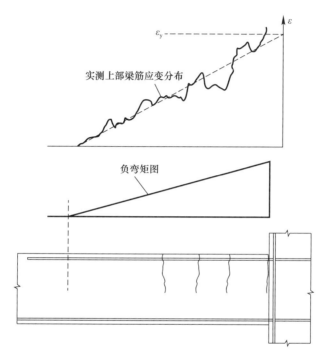

图 3-32   在一根支座作用剪力相对较小且全部支座上部纵筋一次截断的连续梁
内经密贴应变片测得的钢筋应力与对应正截面作用负弯矩的对应关系
（试验由原重庆建筑大学白绍良团队完成）

3. 支座截面作用剪力较大且梁上部纵筋全部一次截断时的延伸长度确定规则

若框架梁或连续梁支座作用剪力较大（$V > 0.7f_t bh_0$），支座附近区域的受力状态与上述支座作用剪力较小时的主要区别是会因负弯矩和剪力的共同作用而形成扇形分布的斜裂缝区，见图 3-33（a）。若从任意一条斜裂缝处取出其右侧的梁段作为脱离体（图 3-33b），则根据平衡条件可知，该斜截面中作用的弯矩值会与穿过该斜截面受压区合力点的正截面（图中 A-A 截面）中的弯矩值相等。虽然如图 3-33（b）所示，被斜截面所截的各排箍筋也将承担斜截面中的一些弯矩，但这部分弯矩在斜截面总抗弯能力中所占比例较小，故在与斜裂缝相交的梁上部纵筋截面中仍会作用有接近支座正截面处大小的拉应力。这类现象与前面图 3-25 所示的梁简支端支座处的情况类似，即也属于斜裂缝截面中的"斜弯效应"。

在图 3-34（a）、（b）中还分别给出了支座剪力较大时的一个负弯矩区相对长度较小、

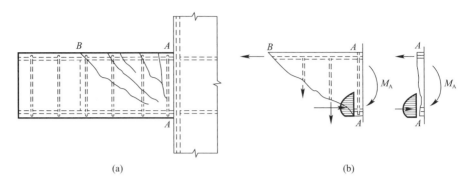

图 3-33　框架梁或连续梁中间支座附近形成扇形分布斜裂缝后在各斜截面中引起的"斜弯效应"

另一个负弯矩区相对长度较大的框架梁在加载试验中用沿上部梁筋密贴的电阻应变片测得的受力较充分（即支座处上部梁筋达到屈服）时的梁筋应变分布。从中可以看出，不论负弯矩区相对长度较小（图 3-34a）还是较大（图 3-34b），"斜弯效应"都会把离支座较近的一段上部梁筋中的拉应变增大到接近或等于支座正截面中钢筋拉应变的地步。同时，从图 3-34(a)、(b) 中还可以看出，上部钢筋整个拉应力分布区的范围也将向跨内方向扩展，即超出负弯矩区的范围之外。这后一现象可以从本书第 6 章将要提到的当钢筋混凝土构件支座作用剪力偏大时构件充分受力后所形成的"桁架-拱"传力机构中得到解释。

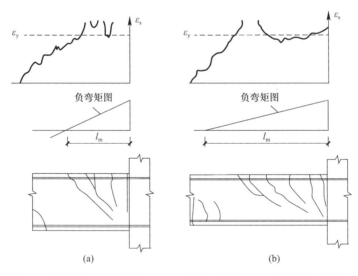

图 3-34　用密贴电阻应变片测得的负弯矩区相对长度不同且已形成扇形斜裂缝区的两根梁内上部纵筋在受力充分阶段的应变分布（试验由原重庆建筑大学白绍良团队完成）

从概念上说，虽然"斜弯效应"使支座作用剪力较大的梁内上部纵筋中的拉应力分布规律和范围发生了上述与支座作用剪力较小的梁内不同的变化，但用来确定延伸长度的由前面图 3-31(a)、(b) 所表述的双控准则仍可继续使用，只不过在使用双控准则之前先要给出能描述支座作用剪力较大时支座附近上部梁筋应力分布规律的模型，以取代图 3-31 针对支座剪力较小的情况给出的拉应力与负弯矩图成比例的模型。可以使用的模型如图 3-35(a)、(b) 所示，即在原来支座剪力较小时使用的钢筋拉应力与作用负弯矩成比例的应力分布模型基础上，将最大应力点 b 向跨内方向推动一个距离 l_{hs}（达到图中 a

点），即形成一个"高应力平台"；再将弯矩零点（图中 d 点）向跨内方向推动一个距离 l_{zs}（达到图中 c 点）；然后将 a、c 二点以直线相连，即形成由双折线 bac 构成的考虑了斜弯效应影响后的新钢筋应力分布模型。

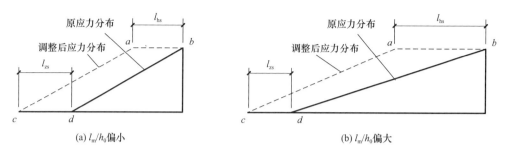

图 3-35 考虑"斜弯效应"影响后形成的调整后的上部梁筋拉应力分布模型

从已收集到的上部梁筋实测应变分布结果可以看出，上部梁筋中由"斜弯效应"引起的高应力区的水平范围 l_{hs} 与扇形斜裂缝区的分布范围有关，而扇形斜裂缝区的范围（从支座截面到离支座最远的一条斜裂缝与上部梁筋交点之间的水平距离）则与梁负弯矩区相对长度 l_m/h_0 直接相关，即离支座最远的斜裂缝的倾角会从 l_m/h_0 较小时（例如小于 0.9 时）的 50°左右降到 l_m/h_0 较大时（例如大于 1.9 时）的 30°～35°。更小的倾角则难以见到。而实测的上部梁筋高应力区水平长度 l_{hs} 在多数情况下会大致等于这一斜裂缝分布范围的水平长度，在有些情况下也会小于斜裂缝分布范围（例如图 3-34a 所示的高应力区只达到离支座第二远的斜裂缝与上部梁筋的交点附近），但从来不会超过斜裂缝分布范围。根据重庆大学傅剑平、白绍良的建议，l_{hs} 的取值与 l_m/h_0 之间的关系可近似表达为：

$$l_{hs} = h[1 + 1.4(l_m/h_0 - 1.5)] \leqslant 1.7h_0 \tag{3-7}$$

从上式可以看出，l_{hs} 会随 l_m/h_0 的增大而不断有所增长，但最终不会超过一个上限值。

而根据已有试验实测结果，拉应力区向跨内方向扩展的水平距离 l_{zs}（即图 3-35a、图 3-35b 中 c、d 两点之间的水平距离）反而会在 l_m/h_0 较小时略偏大，而在 l_m/h_0 较大时略偏小。但总体来说，在大部分情况下未超过 h_0，只在很少情况下（多为 l_m/h_0 较小的情况）会略大于 h_0（参见图 3-34）。

为了方便结构设计人在设计中计算上部梁筋的延伸长度，我国设计标准认为对于多数常见 l_m/h_0 情况，可以近似按国内外规范自 20 世纪 50 年代以来的习惯做法，将 l_{hs} 和 l_{zs} 不论 l_m/h_0 大小均取等于 h_0，即取：

$$l_{hs} = h_0 \tag{3-8}$$

$$l_{zs} = h_0 \tag{3-9}$$

这样，在支座作用剪力相对较大的情况下（$V > 0.7f_tbh_0$），就可以继续以原负弯矩图为基准来确定一次截断钢筋的"充分利用截面"（即支座正截面）和"不需要该钢筋的截面"（即弯矩零点对应的正截面），并将确定上部梁筋一次截断延伸长度的双控条件调整为：

（1）从钢筋充分利用截面向跨内延伸不小于 $h_0 + 1.2l_a$；

（2）向跨内延伸的长度应超过不需要该钢筋的截面不少于 h_0，且不少于 $20d$。

这也就是本小节最开始处引出的《混凝土结构设计标准》GB/T 50010—2010（2024 年版）第 9.2.3 条第 2 款的规定内容。

在这里需要着重提请结构设计人注意的是，对于大多数工程应用情况，即 l_m/h_0 不是太大的情况（例如 l_m/h_0 未超过 1.7 的情况），按上述规范第 9.2.3 条第 2 款确定的延伸长度是足够安全的。但在 l_m/h_0 较大的少数情况下（如前面图 3-30b 所示情况以及位于 8 度 0.2g 设防烈度分区及以上地区的建筑结构的框架梁中可能出现的负弯矩区相对更长的情况），由于按试验结果所归纳出的式（3-7）算得的 l_{hs} 比式（3-8）的 $l_{hs}=h_0$ 明显偏大，若延伸长度最终由"按钢筋锚固需求确定延伸长度的条件"控制，会使按式（3-8）得出的延伸长度偏不安全。因此，《混凝土结构设计标准》GB/T 50010—2010（2024 年版）第 9.2.3 条设置了第 3 款规定来弥补这一缺口（见前面的规范条文引文），其中规定的增大了的延伸长度取值与式（3-7）的要求是大致相近的。

4. 梁上部负弯矩受拉钢筋分批截断时的延伸长度要求

当梁的负弯矩区相对长度 l_m/h_0 较小时，不论支座作用剪力大小，分批截断上部梁筋所能达到的节约钢材效果都很有限，且会带来施工布筋的麻烦，故分批截断的必要性不大。

当结构处在不高的抗震设防烈度分区（6 度、7 度 0.1g 和 7 度 0.15g 区）内，且梁负弯矩区相对长度 l_m/h_0 处在常见情况时，特别是当支座负弯矩受拉钢筋数量较大、根数偏多时，分批截断是可取做法。

当结构处在高设防烈度分区（8 度 0.2g、8 度 0.3g 和 9 度区）时，因多遇水准地面运动激励下地震作用组合的负弯矩区相对长度已经较大（参见前面图 3-28），采用把梁上部一部分钢筋贯通布置，另一部分在相应位置截断，或大部分甚至全部上部钢筋贯通布置的做法，不论从抵御多遇水准地震作用，还是从抵御强到罕遇水准的地震作用都是更为有利的。其中，贯通布置的上部梁筋均可在例如各梁跨中部设置受拉接头。

当上部梁筋采用分批截断方案或一部分钢筋贯通布置，另一部分钢筋分批或一次截断方案时，《混凝土结构设计标准》GB/T 50010—2010（2024 年版）第 9.2.3 条采用的确定各批钢筋延伸长度的方法是，不论支座作用剪力大小，均首先按弹性组合负弯矩图用前面图 3-29 介绍的方法确定各批钢筋的强度充分利用截面和按正截面受弯承载力计算不再需要该批钢筋的截面；再根据支座作用剪力的相对大小分别按该设计标准第 9.2.3 条第 1 款或第 2 款用所规定的双控要求确定各批钢筋的延伸长度。但如前面已经指出的，当钢筋延伸长度由双控要求的锚固要求控制时，若支座作用剪力已大于 $0.7f_tbh_0$，且负弯矩区相对长度又偏大，则用第 9.2.3 条第 2 款确定的延伸长度因将 l_{hs} 统一取等于 h_0 而可能偏不安全，故需改按该设计标准第 9.2.3 条第 3 款的规定确定延伸长度取值。

5. 从上部纵筋分批截断的梁类构件试验实测结果中得到的启示

为了使读者对分批截断的上部梁筋延伸长度段在 l_m/h_0 不同的梁内的受力状态（拉应变分布状态）获得直观印象，在图 3-36(a)、(b)、(c) 中分别给出了负弯矩区段的相对长度 l_m/h_0 为 0.9、1.7 和 1.95，且支座作用剪力均属 $V>0.7f_tbh_0$ 的三根约束梁在支座负弯矩受拉钢筋都是按等分分为两批并分批截断时，用沿各批钢筋密贴的电阻应变片测得的不同加载阶段的钢筋拉应变分布情况。其中，在图 3-36(a)～(c) 各图下面分别注出了前、后截断的两批钢筋与完成这批试验的 20 世纪 90 年代中期所用的《混凝土结构设计规范》

GBJ 10—89 版的规定（即只有本小节开始处所引现行规范条文的第 1、2 两款规定）所需的延伸长度对比时偏短或偏长的百分比。另外，在这三个图中为了使读者能把各图最上面画出的第一批和第二批截断钢筋的应变分布与画在下面的作用弯矩图一一对应观察，每张图中的弯矩图和裂缝发育图都是左右重复给出两次的。

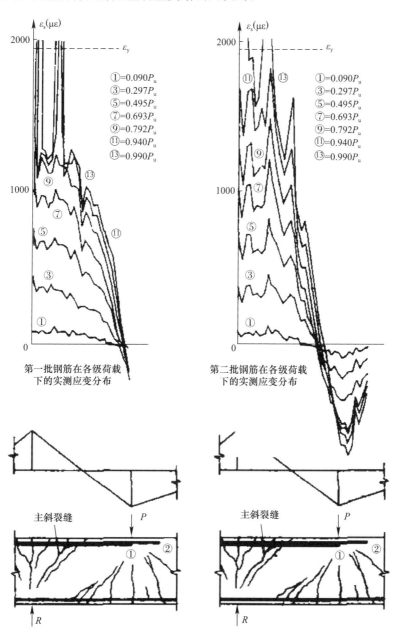

(a) 约束梁A，l_m/h_0=0.9，第一批截断钢筋比1989年版规范规定短5.1%，
第二批截断钢筋比该版规范规定短0.6%

图 3-36　支座梁筋分两批截断时用沿两批钢筋密贴电阻应变片
测得的各加载阶段的钢筋应变分布（一）

（试验由原重庆建筑大学白绍良、傅剑平团队邹昭文、姬淑艳完成）

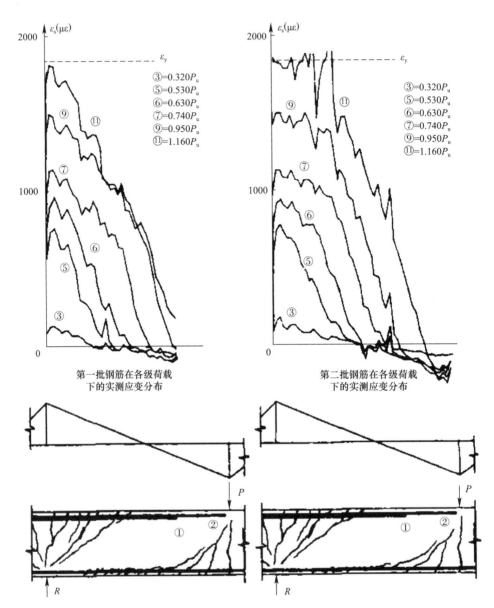

第一批钢筋在各级荷载
下的实测应变分布

第二批钢筋在各级荷载
下的实测应变分布

(b) 约束梁C，l_m/h_0=1.69，第一批截断钢筋比1989年版规范规定长16.9%，
第二批截断钢筋比该版规范规定长11.8%

图 3-36　支座梁筋分两批截断时用沿两批钢筋密贴电阻应变片
测得的各加载阶段的钢筋应变分布（二）

（试验由原重庆建筑大学白绍良、傅剑平团队邹昭文、姬淑艳完成）

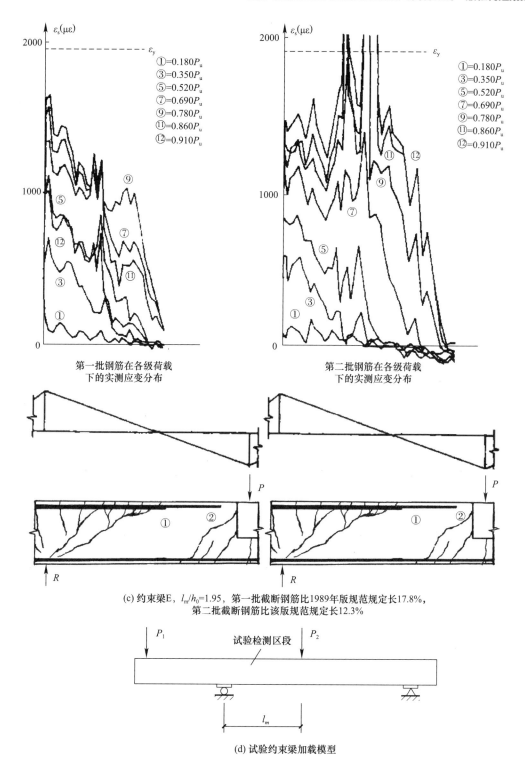

(c) 约束梁E, $l_m/h_0 = 1.95$, 第一批截断钢筋比1989年版规范规定长17.8%, 第二批截断钢筋比该版规范规定长12.3%

(d) 试验约束梁加载模型

图 3-36　支座梁筋分两批截断时用沿两批钢筋密贴电阻应变片
测得的各加载阶段的钢筋应变分布（三）
（试验由原重庆建筑大学白绍良、傅剑平团队邹昭文、姬淑艳完成）

从这三个图的实测结果中可以看到以下具有共性的规律：

（1）图中的裂缝图形是按试验中的照片严格复制的。从三个图的对比可以清楚看到随 l_m/h_0 的增大，扇形裂缝区内离支座最远斜裂缝的倾角在逐步减小，即扇形裂缝区水平范围在逐步加大。

（2）在三个例子中，长、短两批钢筋的实测拉应力分布长度都明显大于负弯矩区的范围；其中以负弯矩区相对长度最短的图 3-36(a) 中的梁超出幅度最为突出；在图 3-36(b) 和 (c) 中，超出幅度则随负弯矩区相对长度的增大而逐步有所减小。而且，在图 3-36(a) 中，超出现象从梁开始受力时就已经出现；而在图 3-36(b)、(c) 中，超出幅度则是在荷载增大到一定程度后方才出现，并随荷载增大而逐步加大。

（3）在三个例子中，钢筋中各点的拉应变均随荷载增大而逐步较均匀加大。在各加载阶段，钢筋延伸长度上的拉应变分布从支座向跨内方向均可大致分为靠近支座的较平稳变化区段和朝跨内方向钢筋靠近末端一段中的拉应变陡降区段。这一陡降区段体现的应是通过粘结效应保证延伸段充分受力的主要锚固段。

（4）从图 3-36(a)、(b)、(c) 的各梁正视图中可清楚看出每根梁两批上部梁筋的不同截断位置，且从两批钢筋的应变分布可以看出，两批钢筋靠近支座的应变平台段至少在达到预期极限承载力 P_u 的 70% 之前其拉应变发育都基本同步，且后截断一批钢筋的拉应变平台范围都始终比先截断一批钢筋偏大。这表明三根梁的实测结果均与图 3-37 所示的钢筋拉力理论分布模型具有较好的相似性。

但三个构件的实测结果也表现出了较明显的差异，即：

① 图 3-36(a) 所示试验梁的 l_m/h_0 最小，虽其所取两批钢筋延伸长度都还比当时所用的 GBJ 10—89 规范要求的略偏短，但两批钢筋中的应变均能始终随作用荷载增大以各自规律同步增长，即后截断一批钢筋的应变平台段范围始终保持比先截断一批钢筋偏大的趋势。在所给出的三根约束梁试验结果中，这根梁两批钢筋的应变分布最接近图 3-37 所示的理论模型。两批钢筋的锚固能力始终保持良好，从而保证了两批钢筋都能在其平台段最终发挥出屈服应变，从而保证了梁支座截面的抗负弯矩能力。导致这一满意试验结果的主要原因是，从图 3-36(a) 可以看出，其负弯矩区最远端斜裂缝相对于水平线的倾角较大，沿两批截断钢筋的锚固段均未发生粘结劈裂；加之后截断一批钢筋末端已伸过集中荷载加载点，所加竖向荷载作为自上向下作用的侧向压力对后截断一批钢筋的锚固应是发挥了一定的有利作用。这一试件延伸长度性能的试验结果是令人满意的。

② 图 3-36(b) 试件观测段的 l_m/h_0 已明显比图 3-36(a) 试件加长，最远端斜裂缝的倾角也已比图 3-36(a) 明显减小；该试件两批截断钢筋的延伸长度虽然比当时 GBJ 10—89 版规范的要求人为稍事加大，但先截断的一批钢筋因受与其相交的多条弯-剪斜裂缝的干扰，且所施加的竖向荷载因已处在钢筋末端以远，也不再能对其锚固能力发挥有利作用，故其末端的粘结能力已显不足，致使先截断一批钢筋直到试验超过预期抗弯承载力 P_u 后方才勉强达到其屈服应变（即未形成屈服应变平台段）。这表明，虽然试验结果尚能达到预期的抗负弯矩能力，但特别是先截断一批钢筋的延伸长度末端的粘结能力已不再令人满意。

③ 图 3-36(c) 试件的 l_m/h_0 值进一步加大，分两批截断的负弯矩受拉钢筋的延伸长度也都取得比当时 GBJ 10—89 版规范要求的略偏大，但试验实测结果表明，虽在达到大约 $0.7P_u$ 之前两批截断钢筋的工作表现尚属正常，但随后因发育成的扇形斜裂缝区范围较

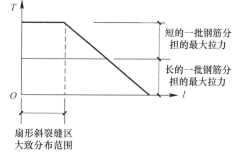

大，干扰先截断一批钢筋粘结能力的斜裂缝根数较多，且在先截断一批钢筋的末端已有沿钢筋的粘结劈裂裂缝发育，加之该试件的竖向荷载改由短悬臂间接施加（为了排除竖向荷载由梁顶面直接施加时对梁上部钢筋粘结性能可能形成的有利影响），导致先截断一批钢筋末端从大约 $0.7P_u$ 状态开始锚固失效，造成该批钢筋抗拉能力逐步退化；这导致后截断一批钢筋在先截断一批钢筋截断点附近的拉应变为了保持受力平衡而迅速增大，并形成该批钢筋的屈服区。试件最终沿通过该处的斜裂缝发生了斜弯失效。从试验实测结果可以看到，先截断一批钢筋在受力后期的应变不升反降；这意味着，该梁在支座附近的负弯矩区段因上部梁筋延伸长度不足而未能达到预期的抗负弯矩能力。

从以上三根梁的实测结果可以得出以下启示：

（1）图 3-37 所示的上部梁筋分批截断时的各批钢筋拉力分布模型在各批钢筋延伸长度足够时能够表达各批钢筋的真实受力状态，用它作为规范使用的确定各批钢筋延伸长度的基本模型原则上是合适的。

（2）当支座处上部梁筋延伸长度不足时，的确能导致支座截面抗负弯矩能力不足，即结构设计的不安全，故应对上部梁筋延伸长度设计给予足够关注，并把延伸长度的确定方法建立在以上介绍的对支座附近上部梁筋真实受力特征考察的科学基础上。

这也说明本小节开始处给出的从我国《混凝土结构设计规范》GB 50010 的 2002 年版起参照新一轮试验结果增补的延伸长度规定，也就是适

图 3-37　支座上部梁筋按两批等分且分批截断时各批钢筋的拉力分布理论模型

度加大了 l_m/h_0 较大的梁负弯矩区段受拉钢筋延伸长度取值的规定是非常必要的。但还需指出的是，因已有延伸长度试验结果数量有限，虽规范从其 2002 年版起对延伸长度规定作了增补，但本书作者认为，设计人仍宜对框架梁中延伸长度取值持谨慎态度。

6. 对确定延伸长度的工程实用方法的提示

早在 20 世纪 60～70 年代的我国钢筋混凝土结构设计手册、构造手册以及有关设计单位的技术措施中，就已经见到由欧美国家或苏联有关技术文件中引入的用来确定只承担竖向荷载且荷载作用方式比较规则的等跨连续梁的支座上部钢筋向跨内方向延伸且分批截断时钢筋截断点位置的简易方法。例如规定，当上部钢筋按规定比例分批截断时，可把截断点分别设在跨度 1/4 和 1/3 处等。这种做法或类似这种做法的思路仍一直沿用到目前工程设计界广泛使用的某些通用设计图集中。

针对以上情况，本书作者想着重提请设计界关注的是，这种经验性截断点确定方法用在以承担竖向荷载为主的连续次梁中尚属勉强可行，但在目前广泛使用的多、高层建筑的框架结构、框架-剪力墙结构和框架-核心筒结构的框架梁中，因除竖向荷载弯矩、剪力外，还有大小不等的水平荷载弯矩、剪力同时作用，即组合弯矩图中的负弯矩区相对长度将如图 3-28 所示，主要随水平荷载弯矩所占比例的加大而加长，即负弯矩区相对长度会明显大于只受竖向荷载作用的连续梁。为此，结构设计人在使用有关图集推荐的简易确定支座上部梁筋分批截断位置的经验性方法时，有必要对其延伸长度是否符合《混凝土结构设计标准》GB/T 50010—2010(2024 年版) 第 9.2.3 条的规定进行验证，因为这些设计图集并

不为设计人承担安全责任。

还需要指出的是，当结构所受水平荷载较大，框架梁的组合负弯矩区已经相对长度较大时，由梁左、右支座伸出的后截断的一批钢筋的截断点已经相距很近。为了施工方便，完全可将这部分钢筋贯通布置。贯通布置的上部梁筋均可在跨度中间部位通过受拉接头进行连接。有关这类做法可参见由北京市建筑设计研究院负责编制的抗震钢筋混凝土框架通用图集。

7. 悬臂梁内上部纵筋的构造要求

悬臂梁与前述连续梁和框架梁的主要区别在于，悬臂梁通常会沿整个挑出长度承担从梁的固定端向外伸端逐步减小的负弯矩作用，而不存在连续梁或框架梁中负弯矩向正弯矩的过渡和反弯点。从某种程度上说，悬臂梁相当于连续梁或框架梁中 l_m/h_0 很大的一个负弯矩区段。由于悬臂梁内负弯矩向外伸端逐渐变小，故当悬臂梁较长且固定端上部纵筋根数较多时，从概念上说，也可以随负弯矩的递减而分批截断上部纵筋。但已有试验结果表明，《混凝土结构设计标准》GB/T 50010—2010（2024 年版）第 9.2.3 条对梁支座负弯矩受拉钢筋延伸长度的规定并不适用于悬臂梁，请结构设计人切勿误用。

为了说明这一问题，从本书作者所在团队完成的钢筋混凝土悬臂梁系列试验中选出一根梁作为示例。在图 3-38 中给出了这根只在悬臂外端受梁顶面单一集中荷载作用的矩形等截面悬臂梁（悬臂长度与截面有效高度之比为 3.5，属工程常用比例）在单调加载过程中沿上部纵筋密贴的电阻应变片测得的分两批截断的纵筋在不同受力阶段的应变分布。试验悬臂梁内的上部纵筋有一半伸到按《混凝土结构设计标准》GB/T 50010—2010（2024 年版）第 9.2.3 条的梁内负弯矩受拉纵筋延伸长度的规定确定的截断位置后再偏安全继续前伸 $10d$（d 为该纵筋直径）后截断。从图 3-38(e)、(f) 可以看出，该截断位置已相当靠近梁外端。另一半上部纵筋则直伸到梁外端再向下弯折 90°后截断。两批上部纵筋均在梁的固定端可靠锚固。梁内配置的箍筋能充分满足梁的受剪承载力要求和各项构造要求，且为通长等量布置。在图 3-38 中，(a)、(b) 两图分别表示第一批先截断钢筋和第二批伸到梁外端钢筋的实测应变分布；(c)～(f) 图中两根梁的正视图和负弯矩图均相同，正视图中表示的都是两批钢筋的位置和梁中实际裂缝分布（按现场照片复制）。之所以重复给出该图，是为了分别与 (a)、(b) 两图对照。

这样一根上部纵筋分批截断位置完全符合设计规范对连续梁和框架梁延伸长度规定且更略偏安全的悬臂梁，却在试验中表现出远远达不到要求的受力性能。当加载只达到固定端预计屈服弯矩的 50% 左右时，在离第一批截断的上部纵筋端部不远的 A 点处就出现了一条以较快速度向下发展直到 B 点处的斜裂缝。该裂缝起始段较陡，随后迅速变成几乎沿梁下边缘水平延伸，即大致沿混凝土主压应力迹线发育。在继续加载过程中，其他裂缝均不见进一步加宽，只有这条主斜裂缝宽度持续增大。这时，前伸到梁外端的第二批钢筋在 A 点附近的拉应变迅速增大并达到屈服，且屈服范围迅速扩大（图 3-38b）。当悬臂梁达到其最大承载力时，从图 3-38 可以看出，两批上部纵筋在梁的固定端截面都远未达到屈服，梁的抗弯能力只略高于预期抗弯能力的 70%。而且，当第二批纵筋的屈服范围扩展较大时，第一批纵筋的应变还发生了全面退化（图 3-38a），这表明这批钢筋的粘结能力已开始明显退化。

发生以上失效方式的主要原因是，因悬臂梁的"负弯矩区"相对长度 l_m/h_0（此处 l_m 为悬臂梁挑出长度）很大，根据梁内主应力线的走势，一旦出现斜裂缝，通常会沿总倾角

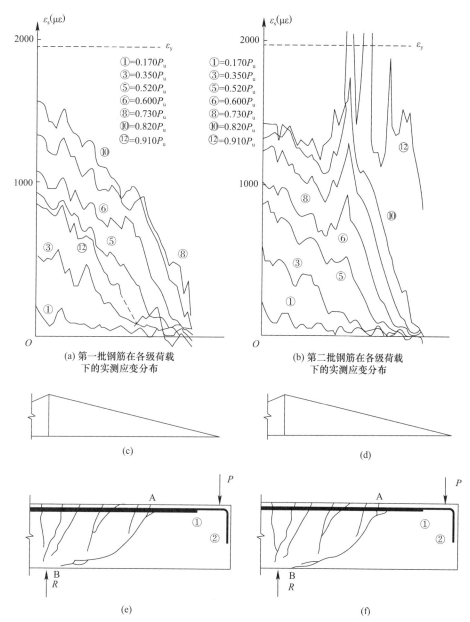

图 3-38 悬臂梁试件 H 上部纵筋分两批截断时，因设计不当而发生的达不到承载力要求的过早斜弯
破坏过程中两批钢筋在不同受力阶段的实测应变分布（梁箍筋及下部纵筋未画出）

（试验由原重庆建筑大学白绍良团队完成，试件 $l_m/h_0=3.01$，第一批钢筋比现行规范延伸长度规定长 18.4%，
第二批钢筋伸至梁外端并向下弯折 $12d$）

　　较小的斜向发育（这里的"总倾角"例如是指图 3-38 中 A、B 两点连线的倾角）；而根据
斜裂缝截面中的弯矩平衡关系可知，B 点处的作用弯矩已相当大，只靠 A 点处上部只剩
一半的纵筋已无法抵抗；而穿过斜裂缝 AB 的箍筋虽已能满足抗剪要求，但对斜裂缝截面
提供的追加抗弯能力仍不会太大，故斜弯破坏势难避免。

　　同时还应指出，只在最外端承受唯一集中荷载作用的悬臂梁从上述发生斜弯失效的角
度来看属于最不利的受力状态，因沿梁全长均作用有较大的等剪力。当悬臂梁改为只承担

全长均布荷载时，梁靠外端一段中的作用剪力会明显减小，从而会使图 3-38 中的主斜裂缝 AB 发生的可能性相应下降。

《混凝土结构设计标准》GB/T 50010—2010（2024 年版）根据已有试验研究成果发现的以上问题在其第 9.2.4 条中对悬臂梁上部纵筋的布置提出了专门要求，现将该条条文引出如下。

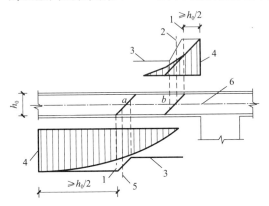

图 9.2.8　弯起钢筋弯起点与弯矩图的关系

1—受拉区的弯起点；2—按计算不需要钢筋"b"的截面；3—正截面受弯承载力图；4—按计算充分利用钢筋"a"或"b"强度的截面；5—按计算不需要钢筋"a"的截面；6—梁中心线

9.2.4　在钢筋混凝土悬臂梁中，应有不少于 2 根上部钢筋伸至悬臂梁外端，并向下弯折不少于 $12d$；其余钢筋不应在梁的上部截断，而应按本规范第 9.2.8 条规定的弯起点位置向下弯折，并按本规范第 9.2.7 条的规定在梁的下边锚固。

以上条文中所指的第 9.2.8 条的规定是："弯起钢筋的弯起点可设在按正截面受弯承载力计算不需要该钢筋的截面之前，但弯起钢筋与梁中心线的交点应位于不需要该钢筋的截面之外（图 9.2.8）；同时弯起点与按计算充分利用该钢筋的截面之间的距离不应小于 $h_0/2$。"

所指的规范 9.2.7 条的规定是："弯起钢筋在弯起点外应留有平行于梁轴线方向的锚固长度。"该锚固长度"在受压区不应小于 $10d$，d 为弯起钢筋的直径"。

本书作者根据以上对悬臂梁受力特点的说明和规范规定，建议当梁外端集中力在总悬臂梁荷载中占比例偏大时，不论悬臂梁挑出长度和荷载大小，一律将上部钢筋全部伸至梁外端并向下弯折 $12d$ 后截断，如图 3-39（a）所示。这样做也是考虑到弯起钢筋的加工难度大，加工费用较高。只有当梁的悬挑长度大，且外端集中力在总荷载中所占比重不大（例如小于 40%）时，再考虑将一部分上部纵筋按规范规定下弯并在梁下边缘锚固的方案（图 3-39b）；其中，根据固定端处上部纵筋根数多少，可以处理成只有一批钢筋下弯，也可以处理成有多批钢筋下弯。这些建议如能得到更多悬臂梁试验的确认会更加可信。

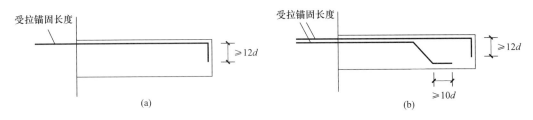

图 3-39　悬臂梁上部纵筋的建议布置方案

在此还想请结构设计人关注的是，在建筑结构所用的钢筋混凝土悬臂板内，其中也包括柱下独立基础和墙下条形基础的外伸悬挑部分，特别是当悬挑长度偏小时，同样应关注外伸的受拉纵筋的锚固问题；具体思路和做法与上述悬臂梁内类似；其中特别是建议板内负弯矩受拉钢筋在悬臂板的最外端设置 90° 弯折段。

3.5.4 梁、柱纵筋在框架节点区及其他类似区域内的带 90° 弯折锚固端

如前面已经指出的，在框架中间层端节点处，梁上、下纵筋均应锚固在节点区的混凝土内；在框架顶层节点处，中柱全部纵筋以及边柱内侧纵筋和边跨梁下部纵筋也都需要分别锚固在相应顶层节点区的混凝土内；在框架中间层中间节点处，当两侧梁的上、下表面不在相同标高时，两侧梁的上、下纵筋也需要分别锚固在节点区的混凝土内。

当梁、柱纵筋需按受拉锚固在节点内时，只要节点区尺寸足够，就宜优先选用直线锚固方式（便于施工中钢筋加工及布筋）。而且，《混凝土结构设计标准》GB/T 50010—2010(2024 年版) 第 9.3.4 条第 1 款针对这种情况还要求当柱尺寸很大时，直线锚固段还应伸过柱中心线不小于 $5d$（d 为锚筋直径）。另外，请注意，当顶层节点中的柱筋采用直线锚固方式时，应将所有位于柱角和节点箍筋转角处的柱筋直伸到柱顶，以保证节点箍筋在其弯折处均能与柱筋绑牢。

但当上述节点尺寸有限而不够安放梁筋或柱筋的直锚段时，根据已有系列试验结果及多年工程及震害经验，设计标准规定的有效方法是采用带 90° 弯折的锚固端或带锚固板的锚固端以减少钢筋的直段锚长。这也意味着，在设计中应注意所选节点尺寸不致过小，所选钢筋直径不致过大，以便在节点内至少能放得下这两类锚固端。

同样，在框架与剪力墙墙肢或核心筒壁的直交接头处以及其他的类似接头区，当墙肢或筒壁厚度不足以放下梁纵筋的直锚长度时，亦可使用梁纵筋的带 90° 弯折锚固端或带锚固板的锚固端。

本节将主要讨论带 90° 弯折锚固端的受力特点及构造规定，而带锚固板的锚固端则放在下面第 3.5.5 节讨论。

1. 带 90° 弯折锚固端的基本性能

从 20 世纪 60 年代后期到 80 年代，美国、新西兰、日本等国的有关研究团队都曾从不同侧面对带 90°弯折钢筋锚固端的受力性能做过系列试验研究，其中包括对这类锚固端的拉拔试验和梁筋使用这种锚固形式的梁柱节点组合体的性能试验。我国对带 90°弯折钢筋锚固端的较系统研究工作是在 20 世纪 90 年代初经《混凝土结构设计规范》管理组委托，由原重庆建筑工程学院白绍良团队和西安冶金建筑学院周小真团队完成的；前者负责静力性能试验研究，后者负责抗震性能试验研究。

在原重庆建筑工程学院的试验研究中，曾对具有不同水平锚固段长度和竖直尾段长度的梁筋带 90°弯折锚固端在不同受力阶段的钢筋应变分布作了较精确量测。具体方法是，为了尽可能不改变试验用钢筋的表面粘结状态，首先将两根尺寸、直径、形状完全相同的带 90°弯折端的钢筋用刨床沿长度各刨去相向的一半，并在每半边钢筋的内剖面沿钢筋轴线各铣出一条通槽，在通槽内密贴电阻应变片，并将全部电阻应变片的细导线在槽内顺槽集中引出。再将两根半边钢筋用环氧树脂重新粘合成一根完整的带 90°弯折端的钢筋。这种做法也可保证在浇筑混凝土时电阻应变片不会因浸湿而失效。在将这类内部密贴有应变片的带 90°弯折端的梁筋浇筑在中间层梁柱端节点试件后，即可在试件加载过程中采集到沿这根梁筋锚固端的应变分布情况。

在图 3-40(a)～(d) 中分别给出了水平锚固段长度和竖直尾段长度各不相同的 4 个有

代表性的梁筋带 90°弯折锚固段在不同受力阶段的拉应变分布实测结果（受力大小以锚固段拉拔端的实测应变为标志），其中，图 3-40(a)～(d) 钢筋锚固端的水平段净长和竖直段净长分别为 16d 和 10d、16d 和 5d、12d 和 5d 以及 8d 和 10d（d 为锚筋直径），也就是包含弯弧在内的水平段投影长度和竖直段投影长度分别为 19.5d 和 13.5d、19.5d 和 8.5d、15.5d 和 8.5d 以及 11.5d 和 13.5d。

从这几个钢筋锚固端各点的实测应变可以大致看出以下规律：

（1）在图 3-40(a) 和（b）所示的水平直段为 16d 的两个试件和图 3-40(c) 所示的水平直段为 12d 的试件中，钢筋拉拔端的拉力自始至终都是由水平段的粘结能力来平衡，即拉力基本上全经水平段钢筋与混凝土之间的粘结效应传入钢筋周边的节点区混凝土。弯弧

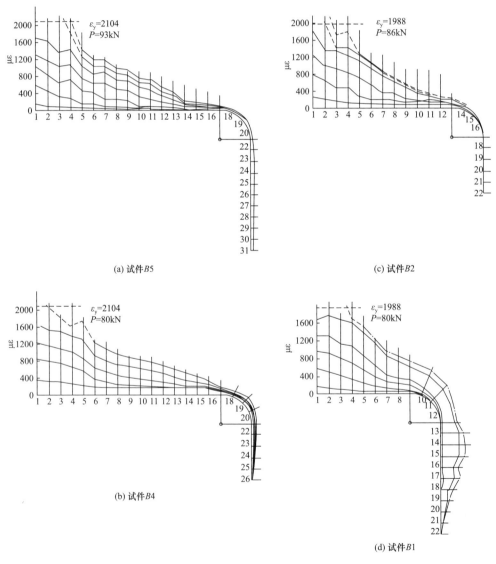

图 3-40　通过在钢筋芯部密贴电阻应变片较精确测得的锚固端水平段和竖直尾段长度不同的梁筋带 90°弯折锚固端在不同受力阶段的钢筋应变分布（试验由原重庆建筑工程学院白绍良团队周兴杰完成）

段及尾部竖直段一直处在基本上未出现拉应变的状态。只有在图 3-40(d) 所示的水平段只有 $8d$ 的试件中,当拉拔端应变达到钢筋屈服应变的约 70% 时,弯弧段和竖直尾段方才开始受拉,且随拉拔端应变进一步加大,弯弧及竖直尾段的拉应变逐步变大。

(2) 不论弯弧段和竖直尾段是否进入受拉状态,图 3-40 所示的四个锚固端的水平段总的来说都是全长(或大部分长度,如图 3-40a 的试件)从开始受力起就作用有从拉拔端向内逐步减小的拉应变。如在前面结合图 3-11 已经讨论过的,根据沿钢筋长度的平衡条件,钢筋长度上各部位的应变梯度应与该部位的粘结应力成正比。因此,上述现象表明,从锚固端开始受力起,水平段前面大部分甚至全长表面的粘结效应就已经被全面激发;且各受力阶段实测应变梯度虽有增长,即粘结应力沿水平段全长各点逐步增大,但在同一个受力状态下粘结应力沿水平段长度的变化并不太明显。

(3) 对于如图 3-40(d) 所示的因水平段较短而使弯弧段和竖直尾段在拉拔力增大到一定程度后开始明显受力的锚固端,其弯弧段和竖直尾段的受力可以分解为图 3-41(a)、(b) 所示的两种效应,即:

1)"缆索效应"

如图 3-41(a) 所示,受拉后的弯弧段可近似看作是一段绕住圆截面缆桩的钢缆,即受拉弯弧段会对其内侧混凝土形成径向压力,使弯弧内侧混凝土受到较大的局部压力作用;而且,弯弧内半径越小,单位弧长上的压力越大;故从设计角度需对带 90°弯折锚固端的弯弧最小内半径作出限制,以免弯弧内侧混凝土过早因这一局部压力而压溃。与此同时,这一径向压力会增大弯弧内侧与混凝土之间的粘结能力;但因弯弧使内侧混凝土受压后会朝内侧混凝土内压陷,弯弧背侧会与背部混凝土脱开,故弯弧背侧的粘结效应退化。虽然弯弧段的粘结受力与钢筋直段相比具有这些特点,但沿弯弧的粘结效应依然存在,从而使图 3-41(a) 中弯弧与水平段连接点处的拉力 P_1' 从数值上大于弯弧与竖直尾段连接点处的拉力 P_2。这意味着,弯弧对其内侧混凝土的压力也将是不均匀分布的,即从与水平段连接点向与竖直尾段连接点逐步减小。而拉力 P_2 则由竖直段上的粘结效应来平衡。弯弧段陷入内侧混凝土形成的斜向位移,其水平分量虽然很小,但也将增大钢筋水平段向拉拔端的滑移量。

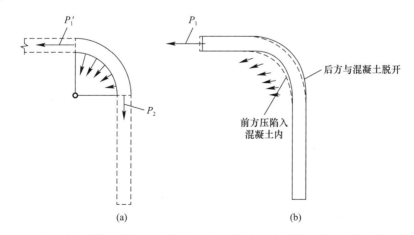

图 3-41 带 90°弯折锚固端的水平段较短时弯弧段和竖直尾段上段形成的"缆索效应"和"锚桩效应"

2）"锚桩效应"

如图 3-41(b) 所示，弯弧及竖直尾段的上部在弯弧起点处水平拉力 P_1' 作用下还会朝拉拔端方向向前压迫其前方的混凝土，并使混凝土在"缆索效应"的基础上进一步局部受压。这种效应类似于置于土中的竖直锚桩受桩顶水平力作用时，其上段沿水平力作用方向压迫侧向土并产生相应变形的现象（锚桩向侧向弯曲，其侧边土被沿水平方向压紧），故也可称弯弧和竖直尾段的这种受力效应为"锚桩效应"。由"锚桩效应"引起的锚固端弯弧段的水平位移将增大锚固端水平段的刚体水平位移，从而增大拉拔端的滑出量。当锚固端水平段过短，使弯弧起点处的钢筋拉力 P_1' 和"缆索效应"及"锚桩效应"对其前侧混凝土的压力增大时，若加上锚固区水平箍筋过少，就有可能发生图 3-43 所示的锚固区"局部拉脱"式破坏。

以上所述弯弧段的"缆索效应"和弯弧及竖直段上段的"锚桩效应"是相互叠加的。

（4）若把整个带 90°弯折锚固端的受力作为一个体系来归纳，则根据以上（1）、（2）、（3）点的分析可知，其受力可分为两类情况。第一类是图 3-40(a)、(b)、(c) 所示的弯弧及竖直尾段原则上未直接受力的情况。此时，拉拔力如图 3-42(a) 所示，将全由水平段粘结应力来平衡；粘结应力的反力再如图 3-42(b) 所示，以剪应力形式传入水平段钢筋周边混凝土，并在其中引起相应的主应力场，其中的主压应力迹线即如图 3-42(b) 中的虚线簇所示意。在这一应力场内，主压应力和主拉应力均先由混凝土承担。在主拉应力增大到混凝土受拉开裂后（参见图 3-43 中的斜向裂缝），应力场中朝向拉拔端作用的合拉力就将转由图 3-42(b) 中水平箍筋的拉力来平衡。锚固端的另一类受力情况是图 3-40(d) 所示的拉拔力由水平段的粘结应力以及弯弧和竖直尾段形成的水平抗力来平衡。若如图 3-42(c) 所示，将弯弧和竖直尾段的"缆索效应"形成的对弯弧内侧混凝土的压力以及"锚桩效应"形成的由弯弧和竖直尾段上段施加给其朝拉拔端一侧混凝土的压力合力用图示斜向压力 P_c 表示，则 P_c 可分解为水平分力 P_{ch} 和竖直分力 P_{cv}，而竖直分力 P_{cv} 则由竖直尾段的

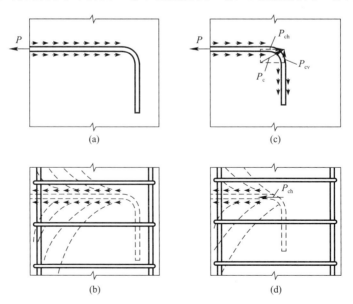

(a)

(c)

(b)

(d)

图 3-42　钢筋带 90°弯折锚固端在两种典型情况下形成的受力平衡体系和在周围混凝土中形成的应力场（示意）

粘结应力来平衡。这也就意味着，锚固端的拉拔力是由水平段上的粘结力和弯弧及竖直尾段上段的水平抗力 P_{ch} 来平衡的。这时，如图 3-42（d）所示，水平段粘结应力的反作用力和 P_{ch} 一起同样会在周边混凝土内形成相应主应力场。当拉应力过大使周边混凝土斜向开裂后，同样需要节点区的水平箍筋以其拉力取代混凝土中的主拉应力来维持节点区混凝土内由钢筋拉拔力引起的应力场的平衡。从图 3-42（d）中还可以看出，若锚固区水平箍筋的直径和间距不变，则锚固端水平段越长，就会有更大范围内的水平箍筋参与受拉。而图 3-43 所示的局部拉脱式破坏恰是在水平锚固段过短、参与取代混凝土拉应力的箍筋数量过少时发生的。

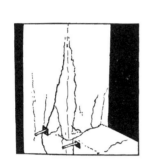
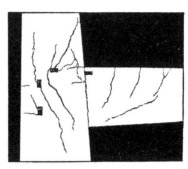

图 3-43 带 90°弯折锚固端水平段过短且锚固区箍筋配置过弱时发生的锚固区混凝土"局部拉脱"破坏（试验由原重庆建筑大学白绍良团队完成）

（5）试验结果表明，带 90°弯折锚固端水平段和竖直尾段的长短也将影响其锚固刚度，或者说影响其拉拔力与拉拔端滑出量之间的关系曲线和走势。当例如图 3-40（a）、（b）、（c）所示的弯弧段和竖直尾段处在尚未受力的情况下，拉拔端的滑出量体现的是钢筋水平段的拉应变导致的钢筋伸长量的累积与其周边混凝土沿钢筋方向被带动形成的伸长量的差值。在这种受力状态下，锚固端的滑出量在拉拔端钢筋屈服之前总体来说数值较小。而且，如果对比图 3-40（a）和（b）还可以发现，在水平段和竖直段均较长时（图 3-40a），水平段的粘结传力更集中于其前段，其拉拔端的滑出量在图 3-40 所示的 4 个例子中也相对最小，其拉拔力-滑出量曲线具有图 3-44 中 Oa 线所示的走势，锚固刚度相对最佳。而

图 3-40（b）的锚固端与图 3-40（a）的锚固端相比，水平段钢筋应变分布有向弯弧一端扩展的趋势。其拉拔力-滑出量曲线虽仍在图 3-44 中 Oa 线附近，但上升梯度已略低于 Oa 线，即锚固刚度比图 3-40（a）所示锚固端略差。这表明，在其他条件不变时，竖直尾段的长短对水平段的钢筋应变分布（或粘结应力分布）以及锚固刚度均有一定影响。图 3-40（c）所示的锚固端因水平段和竖直尾段都比图 3-40（a）的锚固端偏短，而图 3-40（d）的锚固端因弯弧及竖直尾段已参与受力，弯弧段的"缆索效应"以及弯弧和竖直尾段上段的"锚桩效应"使水平段产生的整体滑动都将进一步增大拉拔端的滑出量，这些都会使这两个锚固端的锚固刚度比图 3-40（b）的锚固端更逐一变差。但因其锚固能力仍能使拉拔端钢筋达到屈服，故其拉拔力-滑出量曲线的走势仍在图 3-44 中的 Ob 线

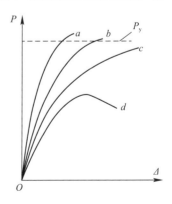

图 3-44 水平段及竖直段具有不同长度的带 90°弯折锚固端的试验实测拉拔力-滑出量关系曲线的不同走势

附近。若锚固端的能力进一步弱化，即锚固刚度进一步退化，其拉拔力-滑出量曲线就将具有图 3-44 中 Oc 线的走势，即只有在滑出量很大时拉拔端钢筋方才有可能达到屈服。而在发生图 3-43 所示的"局部拉脱"破坏时，锚固端的拉拔力-滑出量曲线则将具有图 3-44 中的 Od 线的走势。

以上结合图 3-44 对不同锚固端锚固刚度所作的分析都是以周边混凝土的强度等级不变为前提的。试验结果表明，随着混凝土强度等级的提高，锚固端的抗拉拔强度和刚度都会有相应改善。

此外，在拉拔端钢筋屈服后，屈服现象会随拉拔端拉应变增大而向锚固区内渗透，并使拉拔端拔出量进一步增大，但这已与锚固端的静力单调加载性能没有太大关系。

（6）在美国完成的带 90°弯折锚固端的试验中还发现，若弯弧半径较小，且水平段偏短，则由于"缆索效应"产生的对弯弧内混凝土的局部压力会使弯弧内混凝土产生侧向膨胀。若此时侧边混凝土保护层较薄，就有可能如图 3-45 所示，使表层相应范围混凝土向外压爆和剥落。国外规范在确定带 90°弯折锚固端的水平段最小长度和弯弧最小半径时，也以防止发生这种表层混凝土的侧向爆裂作为所要考虑的重要条件之一。

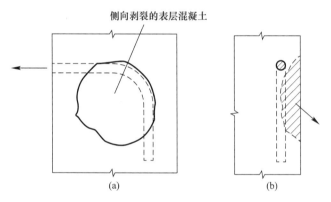

图 3-45 带 90°弯折锚固端水平段偏短、弯弧半径偏小且侧边混凝土
过薄时可能形成的弯弧区侧边表层混凝土的剥裂

（7）当水平段过短而使弯弧和竖直尾段进入受拉后，当竖直段上段因"锚桩效应"压入其"前方"混凝土时，竖直段的下段会同时产生后翘现象（图 3-46）。若竖直段背部表层混凝土过薄，就会在其中形成沿竖直尾段的竖向裂缝。在本书作者所完成的某些中间层端节点梁柱组合体试验中就曾观察到这类裂缝。

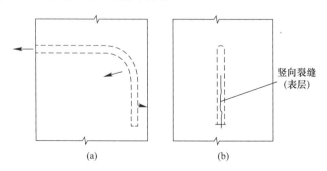

图 3-46 带 90°弯折锚固端因竖直尾段受力后翘而在背部表层混凝土中引起的竖向裂缝

（8）在有抗震要求的钢筋混凝土框架中，带 90°弯折的钢筋锚固端会受拉、压力的交替作用，甚至是能使拉拔端钢筋拉、压都达到屈服后的交替作用。这时水平锚固段会在正、负粘结应力交替作用下出现粘结能力退化，加之钢筋屈服区向水平段内渗透的范围会逐步扩大，这都会使水平段的锚固能力减弱，同时使弯弧及竖直尾段的受力加重。

2. 设计标准对带 90° 弯折锚固端的规定

我国《混凝土结构设计规范》对框架节点内梁纵筋带 90°弯折锚固端的规定是从其 GBJ 10—89 版开始给出的。在此之前，当所选框架柱及端节点截面尺寸偏小时，工程中已出现在端节点中对梁纵筋采用 90°弯折锚固端的做法；但因当时适用的《钢筋混凝土结构设计规范》TJ 10—74 版只给出了钢筋直线锚固长度这一唯一限制条件，故工程设计界的直观理解就是只需使此类锚固端的总锚长不小于当时规范规定的直线锚固长度；这就不排除在工程中可能做出水平投影长度相对很短而竖直段投影长度相对很长但总锚长满足直线锚长要求的设计；显然，这类节点在受力充分时即极有可能发生前面图 3-43 所示因水平段投影长度过短而形成的拔出式锚固能力失效。针对此类问题，《混凝土结构设计规范》在其 GBJ 10—89 版的修订中由其相应专家组在尚缺乏国内试验研究结果的条件下通过汇集国外设计规范中经判断认为较为有效的做法后，首次给出了受力钢筋在框架节点中带 90°弯折锚固端的设计规定。该规定包括：①水平段投影长度不小于 0.45 倍受拉直线锚固长度；②总锚长不小于受拉直线锚固长度；③竖直段投影长度不小于 10 倍锚筋直径，同时不大于 22 倍锚筋直径。（不大于 22 倍锚筋直径的规定是根据当时规范规定的直线锚固长度取值计算出的在工程可选钢筋等级及混凝土强度等级下可能出现的最大竖直段投影长度；现在看来应属重复性规定。）

为了通过试验进一步认识框架节点中钢筋带 90°弯折锚固端的受力性能，规范管理组随后又委托原重庆建筑工程学院白绍良团队和原西安冶金建筑学院周小真团队利用足尺梁柱节点试件分别完成了此类钢筋锚固端的静力及抗震性能系列试验。试验结果证明，在保障弯弧段侧边混凝土不产生前面图 3-45 所示侧向劈裂的前提下（只要锚固端水平投影长度不致过小，弯弧段即不会进入较充分受力状态，其侧边混凝土的劈裂即不可能发生），由于有弯弧段前方混凝土的阻力作为后盾，不致过短的锚固端水平段的粘结能力就能得到充分发挥并为锚固端提供主导锚固能力；只有当水平段交替拉、压导致粘结退化后，弯弧段以及竖直段方才提供其补充锚固贡献。正是由于认识到带 90°弯折锚固端的水平段、弯弧段和竖直段均各有其自身特定的锚固功能，且相互具有特定的影响规律，《混凝土结构设计规范》GBJ 10—89 在 1993 年进行局部修订时的专家组方才决定在保留带 90°弯折锚固端的水平投影长度不小于 0.45 倍直线锚固长度，并确定竖直段长度不小于 15 倍锚筋直径的前提下，取消了这类锚固端总锚长不小于直线锚固长度以及竖直段长度不小于 10 倍锚筋直径和不大于 22 倍锚筋直径的规定。

在此次局部修订中，为了给当时层数不多的框架结构中尺寸较小的梁柱节点中的梁筋锚固端"留出路"，还曾借鉴新西兰 T. Paulay 的建议，规定当在带 90°弯折锚固端的弯弧内侧紧贴弯弧加绑一根垂直于弯弧平面的直径偏大的短钢筋时（该钢筋应至少同时贴绑在两根同排锚筋的弯弧内侧），水平锚固段投影长度还可减小 15%，即系数 0.45 可减少为 0.38。但随后委托原西安冶金建筑学院周小真团队完成的补充验证试验（梁柱组合体低周交变加载试验）证实，这一措施并未起到改善带 90°弯折锚固端锚固性能的作用。

到《混凝土结构设计规范》GB 50010 的 2002 年版修订时，本书第一作者又受规范修订组委托对国内外带 90°弯折锚固端的试验结果作了归纳分析，并向修订组提出了在未考虑结构设计可靠性的条件下，已有试验结果证实，当锚固区混凝土强度不低于 C25 时（试验节点多按对锚筋偏不利的受力条件，即不加柱轴压力的试验条件完成），水平投影长度不小于 $0.4l_a$（l_a 指当时规范规定的未考虑各类修正系数的基本锚固长度）的带 90°弯折锚固端均具有前面图 3-44 中 Oa 线所示的拉拔力-滑出量关系曲线特征，且当锚筋在拉拔端达到屈服时，拉拔端滑出量均未超过 0.2mm。这表明在竖直段投影长度不小于 $15d$，弯弧内半径符合《混凝土结构工程施工质量验收规范》GB 50204 有关钢筋弯折内半径规定的条件下，水平段长度不小于 $0.4l_a$ 的带 90°弯折锚固端的静力性能是符合要求的。该版规范修订组专家在同时考察了此类锚固端的抗震性能试验结果后审查并通过了上述分析结论，并在该版规范中把带肋钢筋带 90°弯折锚固端的水平投影长度从 $0.45l_a$ 减小为 $0.4l_a$。同时，2002 年版规范还宣布停止使用 GBJ 10—89 版规范在其 1993 年局部修订中给出的在弯弧内侧贴绑短粗钢筋的措施。

需要指出的是，到 2010 版规范修订时，如图 3-47 所示，又把带肋钢筋带 90°弯折锚固端的水平投影长度改为用不小于 $0.4l_{ab}$ 表示，其理由是为了不致使直线锚固长度修正系数 ζ_a 的小于 1.0 的几项取值减小了水平段的投影长度。但这里被遗漏了的是，修正系数 ζ_a 在带肋钢筋的公称直径大于 25mm 和使用有环氧涂层的带肋钢筋时取值均大于 1.0；这时水平段的投影长度仍应考虑大于 1.0 的修正系数 ζ_a 的影响，否则将不利于锚固安全性及锚固刚度。

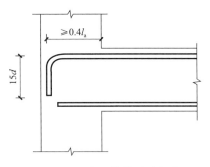

图 3-47 《混凝土结构设计规范》GB 50010—2002 第 10.4.1 条对框架中间层端节点上部梁筋带 90°弯折锚固端的规定

除此之外，规范还建议，当节点尺寸对于安放带 90°弯折的钢筋锚固端的水平投影长度尚有裕量时，仍应把钢筋伸到柱外侧纵向钢筋内边后再向节点内弯折。这一建议既适用于上部梁筋，又适用于下部梁筋。这一建议主要是出于在有抗震要求的框架梁、柱端节点的核心区内传递梁、柱内力更为有效的需要。建议锚固端只伸到柱外侧纵筋的内边，也有利于避免出现因竖直尾段后翘而形成的图 3-46(b) 所示的竖向裂缝。另外，因在工程中通常都会安排梁最外侧纵筋从柱角纵筋内侧伸入节点，这能使梁筋锚固段外侧混凝土不致过薄，从而亦有利于防止弯弧侧边表层混凝土发生局部爆裂。

当柱筋在顶层中间节点处以及内侧柱筋在顶层端节点处以带 90°弯折形式锚入节点时，考虑到如图 3-48 所示，柱角部纵筋有两侧混凝土都偏薄，对其锚固端竖直段的粘结传力属偏不利环境，故《混凝土结构设计规范》GB 50010—2002 将这些部位柱纵筋的带 90°弯折锚固端统一规定为，其包含弯弧在内的竖直段的竖向投影长度不小于 $0.5l_a$，即比中间层端节点处的水平段投影长度略大；对其包含弯弧在内的尾段水平长度则规定不小于 $12d$，即略小于中间层端节点处梁筋带 90°弯折锚固端竖直段的 $15d$，见图 3-49。当柱截面尺寸有限，柱筋顶端水平段向内弯折相互冲突时，水平段亦可向外弯入梁内或现浇板内；

当弯入现浇板内时，板厚不宜小于 100mm，板混凝土强度等级不宜低于 C25。

这里用 $0.5l_{ab}$ 表达柱筋锚固端竖直段投影长度所带来的安全性疏漏问题与前面图 3-47 处相同，不再重复说明。

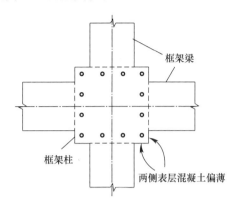

图 3-48　框架顶层中间节点处柱角部
纵筋有两侧表层混凝土偏薄的情况

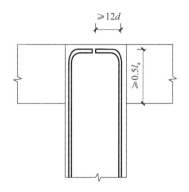

图 3-49　《混凝土结构设计规范》GB 50010—
2002 对柱纵筋在顶层中间节点
内的带 90°弯折锚固端的基本规定

3.5.5　梁、柱纵筋在框架节点区及其他类似区域内的带锚固板锚固端

在节点尺寸不足以安放梁、柱纵筋的直线锚固端时，另一种由设计标准推荐的可以与带 90°弯折锚固端一起供选择性使用的是钢筋的带锚固板的锚固端。这种做法的出现比带 90°弯折锚固端大约晚了十余年。目前推荐的带锚固板的锚固端使用的主要是两种制作工艺。一种是在需要设置端锚板的钢筋端部加工一段丝头（螺纹），再将事先用球墨铸铁或铸钢制作的"锚固板"（锚固板采用螺母与锚板结合的形状，中心留有带阴螺纹的圆孔，见图 3-50）拧紧在钢筋端部。另一种是把一块中间带圆锥形孔的钢板与钢筋端部用图 3-51 所示的穿孔塞焊焊接。

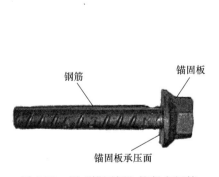

图 3-50　用"锚固板"拧紧在钢筋
端头形成的带锚固板的锚固端

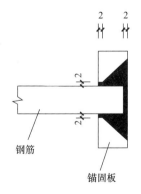

图 3-51　将一块钢板经穿孔塞焊与钢筋
端部焊接形成的带锚固板的锚固端

这种带锚固板的锚固端与带 90°弯折的锚固端相比，优点是能适度节省锚固端钢材；缺点则是加工、制作及检验工序多（带 90°弯折锚固端只需将钢筋按规定尺寸弯一次 90°弯折就完成了），成本相对偏高，且在布置钢筋时会因锚固板的存在而增加不便。故需根据

每项工程的实际情况经综合权衡后决定是使用带 90°弯折的锚固端，还是使用带锚固板的锚固端。

2011 年，在住房城乡建设部管理权限内，由中国建筑科学研究院主持，组织全国有关专家根据国内外试验研究成果和工程经验制定了我国行业标准《钢筋锚固板应用技术规程》JGJ 256—2011，对用于钢筋锚固端的"部分锚固板"锚固方案以及用在其他部位的"全锚固板"锚固方案及其有关材料性能、生产工艺、设计方法和检测标准等作了较全面规定。其中，"部分锚固板"锚固方案是指由锚固板和带肋钢筋锚固段共同构成的钢筋锚固端；由钢筋锚固段的粘结能力和锚固板对其承压面积内混凝土的局部压力来共同承担钢筋锚固端的拉拔力，也就是本书所说的带锚固板的钢筋锚固端。"全锚固板"锚固方案则是指由锚固板和直线段光面钢筋构成的钢筋锚固件；因光面钢筋的粘结效应过弱，故只能由锚固板承压面对混凝土的局部压力来形成对拉拔端拉力或构件裂缝处钢筋拉力的抗力。不论是"部分锚固板"锚固方案，还是"全锚固板"锚固方案，其锚固板均可采用螺栓连接方案或者采用焊接方案与钢筋连接。上述规程的制定人更希望推广使用螺栓连接锚固板，但这需配备好加工钢筋端头螺纹的设备并顺畅供应例如图 3-50 所示的用于不同直径钢筋的锚固板。

当采用带锚固板的钢筋锚固端，也就是上述规程中的"部分锚固板"锚固方案时，经试验结果证实，只要锚固板前面的带肋钢筋直锚段具有一定长度，则与带 90°弯折锚固端处类似，拉拔力中的大部分就仍由钢筋直锚段的粘结效应来抵抗，只有少部分拉拔力靠锚固板承压面对其前方混凝土的局部压力来抵抗（图 3-52b）。直锚段越短，由锚固板抵抗的拉拔力比重就会越大。

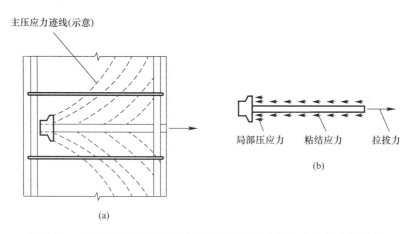

图 3-52　带锚固板的锚固端受力模型及锚固区主压应力迹线走势示意

从图 3-52(a) 可以看出，与带 90°弯折锚固端处类似，直锚段的粘结应力和锚固板承压面的局部压力会在锚固板到拉拔端之间的锚固区内产生主应力场，其中的主压应力迹线走势即如图中虚线示意性所示。当直锚段有足够长度时，主应力场中的主压应力和主拉应力值均相对较小，且均由该区混凝土承担。随着直锚段的减短，主应力区范围缩小，应力值相应增大，主拉应力会导致混凝土开裂，并形成类似于前面图 3-43 中的喇叭口状裂缝。这时，锚固区主拉应力合力需靠锚固区混凝土中箍筋与直锚段平行的箍肢来平衡。若直锚段过短，主应力区范围较小，其中箍筋数量不足以承担主拉应力合力时，锚固端就会形成

"局部拉脱"式破坏。《钢筋锚固板应用技术规程》JGJ 256—2011 在其条文说明中引述了1991 年发生的欧洲北海油田海洋石油平台 Sleipner A 的严重垮塌事故。其原因在于，该平台伸入海中数十米深的基座采用的是钢筋混凝土筒状结构（其截面见图 3-53 的左上角），其筒壁靠 6 个人字形截面钢筋混凝土壁板来支承巨大的海水压力（筒状结构内部用于贮油）。这些作用压力在人字形部件内部锐角处的混凝土内会产生很大的局部拉应力，但因抗拉钢筋锚固板前的直锚段过短（见图 3-53 中的 1 处），导致整排带锚固板钢筋的锚固失效和壁板拉断（图中 2 处）。

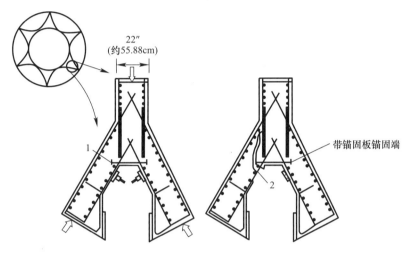

图 3-53　由带锚固板钢筋锚固失效导致的欧洲 Sleipner A 海洋平台垮塌

同样，试验结果表明，随着带锚固板锚固端直段锚筋的减短，锚固端的拉拔刚度也会与图 3-44 所示规律类似而逐步退化，直至最终发生局部拉脱式失效。

根据带锚固板钢筋锚固端的上述受力特征，当在设计中使用这种锚固端时，应注意满足以下要求。

（1）应保证锚固端的直段钢筋具有一定的长度，即令锚固端形成由直段钢筋的粘结能力抵抗大部分拉拔力，由锚固板承压面对混凝土的局部压力抵抗所余少部分拉拔力的受力状态。因为只有这样才能保证整个锚固段既具有足够的抗拉拔强度，又具有必要的抗拉拔刚度。根据拉拔端能达到钢筋极限抗拉强度的强度测试要求和一定的锚固刚度要求，《混凝土结构设计标准》GB/T 50010—2010（2024 年版）对承担静力荷载的此类受拉锚固端要求直段锚固钢筋（带肋钢筋）的长度不小于 $0.4l_{ab}$，见图 3-54，且应将锚固端伸到柱外侧纵筋的内边。在顶层中间节点处和顶层端节点的柱内侧，柱筋直段锚固钢筋的长度（带肋钢筋）则不应小于 $0.5l_{ab}$，且锚固端应伸到柱顶。（这里用 $0.4l_{ab}$ 表达锚固端长度所导致的安全性疏漏问题与前面图 3-47 和图 3-49 处相同，不再重

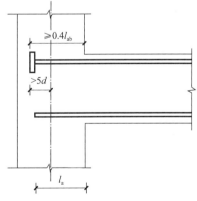

图 3-54　《混凝土结构设计标准》GB/T 50010—2010（2024 年版）第 9.3.4 条对梁筋在框架中间层端节点中带锚固板锚固端的规定

复说明。）

（2）锚固板除在静力条件下如上面所述要承担一部分拉拔力外，当钢筋锚固端在例如地震地面运动激起的结构动力反应过程中交替拉、压受力时，锚固端直段钢筋的粘结能力会相应退化；而且，当拉拔端钢筋超过屈服强度后，屈服现象还会向锚固端直段钢筋内渗透。这些都会使锚固板承担拉拔力的比重相应加大。综合考虑最不利受力要求后，锚固板本身应满足以下要求：

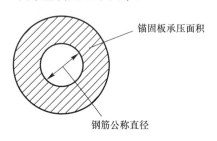

图 3-55　锚固板的承压面积
（图中画阴影线的面积）

1）为了保证在锚固板受力最大和混凝土强度处在下限状态时不致在图 3-55 所示的锚固板承压面积与混凝土的接触面处发生混凝土的局部受压破坏，要求锚固板的承压面积不能过小。《钢筋锚固板应用技术规程》JGJ 256—2011 要求在使用"部分锚固板"锚固方案时，承压面积（锚固板在钢筋轴线方向的投影面积减去钢筋的公称面积）不小于钢筋公称截面面积的 4.5 倍。

2）为了保证挑出钢筋之外的锚固板外缘的强度和刚度，要求锚固板厚度不小于钢筋的公称直径。

3）锚固板的材质、螺栓加工质量或焊接质量均应符合相应规程的规定。

当梁、柱纵筋在框架节点中的锚固端使用带锚固板的方案时，在设计中还应关注以下问题：

1）在设置这类锚固端的中间层端节点内应配置必要数量的封闭式水平约束箍筋，理由已如前述（参见图 3-52）。

2）从耐久性角度需保证锚固板侧边和背部（与拉拔端相反的一端）表层混凝土的厚度。同时，从防止锚固端侧边表层混凝土在锚固板局部压力下发生侧向崩裂的角度应使锚筋直段侧边混凝土具有一定厚度。而当锚固段有可能受压时，亦应保证锚固板背面表层混凝土具有一定厚度，以免推裂。具体要求详见《钢筋锚固板应用技术规程》JGJ 256—2011。

3）在使用带锚固板的钢筋锚固端时，设计者还应特别关注的是，由于每根钢筋的末端都有锚固板向四边挑出，因此在例如安排梁上、下部纵筋在一排内的根数时，或安排顶层柱周边纵筋的根数时，与其他常规情况不同的是，还必须考虑锚固板不致因钢筋间距过小而相互冲撞。这意味着，在这种情况下，纵筋在一排内的间距和排与排之间的间距都应比其他常用情况偏大，因此在确定梁、柱正截面承载力计算中的内力臂时，也应考虑到上述锚固板对表层混凝土厚度的要求以及钢筋间距的要求给内力臂带来的影响。这也说明带锚固板的锚固端可能更适于用在板类、墙类构件中间距更大受力钢筋的锚固端，因为这里能提供沿横向更为宽松的锚固空间。

还需提请注意的是，有人建议，当锚固板摆不下时，可将钢筋端部摆放成一部分长一些、一部分短一些的交错排列方式，从而可使锚固板位置错开。本书作者不推荐结构设计人使用这种做法。因为这一做法虽可解决锚固板摆不下的问题，却会使各锚固板对混凝土的局部压力相互重叠，从而存在"集团式"局部受压破坏的风险。

《钢筋锚固板应用技术规程》JGJ 256—2011 给出的"全锚固板"锚固方案所使用的主

要是两端均带锚固板的单根光面钢筋，锚固板可以采用螺栓连接，也可以采用焊接。这种钢筋可主要用作板柱结构柱周边现浇板冲切区的抗冲切钢筋或受较大集中力间接作用的梁或深梁类构件在集中荷载两侧设置的专用悬吊钢筋（属抗剪横向钢筋的组成部分）。这种两端带锚固板钢筋在板内和梁内的布置方式如图 3-56(a)、（b）所示。更多细节请见上述技术规程。

最后需要指出的是，虽然《钢筋锚固板应用技术规程》JGJ 256—2011 制定专家在该技术规程制定过程中已对可能遇到的问题作了尽可能周密的考虑，但对这类锚固端所完成的试验研究的深广度仍不及对带 90°弯折锚固端性能的试验研究，且试验中对某些性能指标，如锚固端滑出量的控制标准也不如在带 90°弯折锚固端试验中那样严格。加之，在我国全国范围内使用带锚固板锚固方案的工程项目数量仍远少于使用带 90°弯折锚固方案的工程项目，因此对带锚固板的锚固端仍有待积累更多的使用经验。结构设计人在使用这一锚固方案时，应对这些问题给予特别关注。

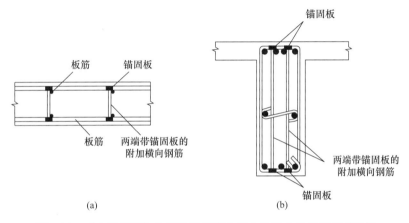

图 3-56　"全锚固板"方案锚固钢筋在板内及梁内的布置方式举例

3.5.6　框架顶层端节点的专用配筋构造及设计规定

在平面框架中，如图 3-57(a) 所示，梁柱节点可分为四类，即中间层中节点、中间层端节点、顶层中节点及顶层端节点。概括前面关于梁、柱筋在节点中的锚固要求后可知，在未采取专门抗震措施的"四类抗震等级"条件下，在中间层中节点处，只需将柱纵筋贯穿节点，将梁上、下纵筋或贯穿节点，或在节点内妥善锚固，并在节点内配置必要数量的水平约束箍筋，即可满足受力要求；同样，在中间层端节点处，只需将柱纵筋贯穿节点，将梁上、下纵筋妥善锚固在节点内，并在节点内配置必要数量的水平约束箍筋；而在顶层中节点处，只需将上、下梁筋贯穿节点，并将柱筋妥善锚固在节点范围内，且在节点内配置必要数量的水平约束箍筋。但是，对于顶层端节点，因其受力性能独特，故《混凝土结构设计标准》GB/T 50010—2010(2024 年版)对其作出了专用的配筋构造规定及其他设计要求。本节将对此作专门说明。

需要提请读者注意的是，在工程项目常用的空间框架中，大部分梁柱节点沿两个平面主轴方向均属同一种类型，如图 3-57(b) 中 A 轴和 1 轴交点处的节点沿两个主轴方向均属中间层端节点或顶层端节点；而 B 轴和 2、3 轴，C 轴和 2、3 轴交点处的节点沿两个主轴方向均属中间层中节点或顶层中节点。但在 1 轴与 B、C 轴以及 A 轴与 2、3 轴相交处的节点，则沿一个主轴方向为中间层端节点，沿另一主轴方向为中间层中节点；或沿一个主轴方向为顶层端节点，沿另一主轴方向为顶层中节点。在设计中应注意区分，并满足相应构造要求。

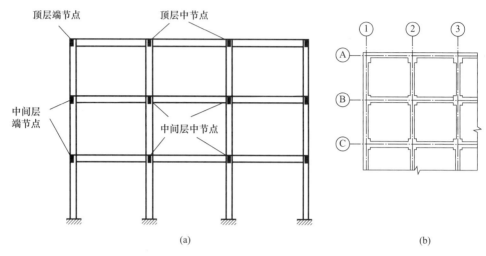

图 3-57　平面框架及空间框架梁柱节点的分类

由于在平面框架的顶层端节点处只有一根梁与一根柱相连，故节点区的受力特征均相当于一根 90°折梁。这时，如图 3-58(a)、（b）所示，当无外加作用力及弯矩作用于节点时，在负弯矩作用状态下，梁端与柱端负弯矩相等，且梁端轴力等于柱端剪力，柱端轴力等于梁端剪力。而在正弯矩作用状态下，梁端正弯矩将与柱端正弯矩相等，且梁端轴力等于柱端剪力，柱端轴力等于梁端剪力。

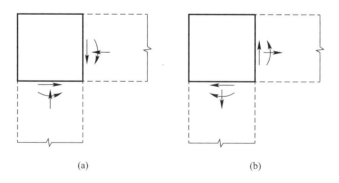

图 3-58　静力状态下框架顶层端节点处梁、柱端内力平衡关系

在实际工程中，作用在框架梁上的竖向荷载一般只会在顶层端节点的梁、柱截面中形成负弯矩（及对应的轴力和剪力），而作用在结构上的水平荷载则将在这类节点的梁、柱截面中交替形成负弯矩和正弯矩（及对应的轴力和剪力）。因此，在水平荷载相对较小时，这类节点处的梁、柱截面中只会出现或大或小的组合负弯矩；只有当水平荷载相对较大时，方才会出现相对较大的组合负弯矩和相对较小的组合正弯矩。故在顶层端节点的配筋构造设计中，应着重关注其在负弯矩下的构造需要，同时在有可能出现正弯矩时关注其抗

正弯矩的构造需要。

在负弯矩作用下，当梁、柱端部受拉区混凝土和节点内受主拉应力作用的混凝土开裂后，会在顶层端节点区形成大致如图 3-59(a) 所示的裂缝发育状态。这时，梁上部受拉钢筋的拉力和下部钢筋与混凝土的压力以及柱外侧钢筋的拉力和内侧钢筋与混凝土的压力会与梁、柱端剪力一起传入节点。其中，由于过节点外上角负弯矩受拉钢筋弯弧两个端点的斜截面中的斜弯效应，图 3-59(a) 中弯弧端点 a 处的钢筋拉力会与柱端截面中的柱外侧钢筋拉力值相近；弯弧端点 b 处的钢筋拉力则会与梁端截面上部梁筋中的拉力值相近。这时，弯弧两端的钢筋拉力将经弯弧的"缆索效应"形成图 3-59(b) 所示的对弯弧内侧混凝土的斜向合压力。与此同时，柱端内侧受压区的钢筋与混凝土的压力（在抵消了梁端剪力后）也将与梁端截面下侧钢筋与混凝土的压力（在抵消了柱端剪力后）在节点内合成为图 3-59(b) 所示的另一个反作用斜向压力。这两个斜向压力在节点中恰好处于平衡状态，并在节点混凝土内形成图 3-59(b) 所示的斜压区。

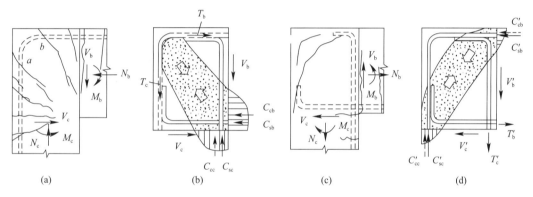

图 3-59　顶层端节点在梁、柱端负弯矩或正弯矩作用下形成的内部传力机构及典型裂缝发育状态

而在正弯矩作用下，如图 3-59(d) 所示，梁截面上部由正弯矩引起的钢筋及混凝土的压力会与由柱内侧纵筋传来的（抵消了梁端剪力后的）拉力合成为图中箭头所示的作用在节点核心区右上部混凝土中的斜向压力。同时，柱截面外侧由正弯矩引起的钢筋与混凝土的压力会与由梁下部纵筋传来的（抵消了柱截面剪力后的）拉力合成为图中另一个箭头所示的作用在节点核心区左下部混凝土中的反作用斜向压力，即在节点核心区混凝土中形成一个方向与负弯矩作用下斜压区正交的混凝土斜压区。这时，会在节点外上角的混凝土中形成一、两层由主拉应力引起的略为弯曲的斜向裂缝（图 3-59c）。由于其效果相当于把角部混凝土向外上方推开，故也称"角部外推裂缝"。

上述顶层端节点在负弯矩和正弯矩分别作用下形成的静力传力机构也可以进一步简化为图 3-60(a)、(b) 所示的传力模型。这种传力模型常称为"简化杆系模型"或"拉杆-压杆模型"。

根据以上受力机理，并经试验结果证实，在负弯矩作用状态下，要使顶层端节点不致在其相邻梁、柱端充分发挥抗负弯矩能力之前失效，需要满足下列三个基本条件：

（1）由于顶层端节点受负弯矩作用时，从柱端到梁端的穿过节点内下角的任何一个斜截面中（图 3-61）均作用有与节点相邻梁、柱端同样大小的负弯矩，因此必须通过连续布置在节点外侧和上边的纵向钢筋保证上述各个斜截面都具有与梁端和柱端截面相同的抗负弯矩能力。具体布筋方案将在下面说明。

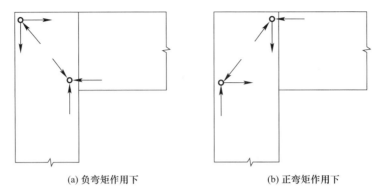

(a) 负弯矩作用下　　　　　　　　　　　　(b) 正弯矩作用下

图 3-60　钢筋混凝土框架顶层端节点在负弯矩及正弯矩作用下的主导传力模型（拉杆-压杆模型）

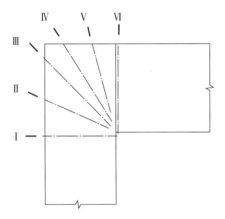

图 3-61　穿过顶层端节点内下角的任何一个斜截面中的弯矩均与梁、柱端截面的作用弯矩相等（折梁效应）

（2）保证不致因梁、柱截面尺寸选得偏紧，混凝土强度选得不够高，但作用弯矩较大，使得梁、柱端负弯矩钢筋配置数量过大，并在节点内引起相对过大的如图 3-59（b）或图 3-60（a）所示的斜向压力，并导致核心区混凝土的过早斜向压碎。

（3）保证不致在与以上第（2）点相同的条件下，因节点外上角钢筋弯弧半径偏小，弯弧"缆索效应"径向局部压力过大，而引起弯弧内侧混凝土局部受压破坏。

而在正弯矩作用下，要使顶层端节点区不致在其相邻梁、柱端截面充分发挥抗正弯矩能力之前失效，也必须满足以下两项基本条件：

（1）由于如图 3-59（d）所示，在节点区的抗正弯矩机构中，梁下部受拉钢筋和柱内侧受拉纵筋都是靠在节点中的锚固方能分别在梁端和柱端截面中发挥作用的，故梁下部纵筋应伸至柱外边并妥善锚固，柱内侧纵筋则应伸至柱顶并妥善锚固。根据具体情况，锚固可或者采用直线锚固方式，或者采用带 90°弯折锚固端的方式，也可采用带锚固板的锚固方式。只要梁下部纵筋和柱内侧纵筋数量足够且锚固可靠，就能够从受拉钢筋角度保证图 3-61 中任何一个过节点内下角的斜截面具有所需的抗正弯矩能力。

（2）根据顶层端节点处作用的组合正弯矩的大小，选择合适的梁、柱截面尺寸（即节点尺寸）和足够的混凝土强度，以避免核心区混凝土先期沿图 3-59（d）所示的斜向受压带压溃。

由于如前面已经指出的，在工程中常见的框架顶层端节点处，或者不会出现组合正弯矩，或者组合正弯矩绝对值明显小于组合负弯矩绝对值，故只要保证了节点区的抗负弯矩能力，并按上述要求做好了下部梁筋和内侧柱筋在节点内的锚固，对节点区的抗正弯矩能力一般就不必多虑。因梁下部纵筋和柱内侧纵筋在节点区的锚固问题已在前面第 3.5.4 节和第 3.5.5 节中作过讨论，故本节下面将着重讨论保证顶层端节点抗负弯矩能力的三项基本要求。

需要说明的是，直到 20 世纪 90 年代初期，除苏联钢筋混凝土结构设计手册中给出过一种将梁上部负弯矩受拉钢筋沿顶层端节点上边和外边弯入柱外侧足够长度，同时又将柱外侧负弯矩受拉钢筋沿节点外边和上边弯入梁上部足够长度的配筋构造建议外（该建议增加了施工难度且用钢筋较多，而且未见有试验研究背景资料发表），就只有新西兰设计标准在其早期版本中要求上部梁筋按中间层端节点处相同的做法锚入顶层端节点的规定（后经新西兰的 L. M. Megget 在 20 世纪 90 年代后期通过系列试验确认，新西兰设计标准的这一早期规定无法保证顶层端节点的抗负弯矩能力，并导致此后的新西兰设计标准取消了这项早期规定）；而且，除联邦德国 Bruanschweig 技术大学 Kordina 完成过 6 个顶层端节点的静力试验（本书作者收到过 Kordina 赠送的内部研究报告，试验结果未公开发表）外，也未见任何其他有关顶层端节点性能的静力试验研究成果发表。我国《混凝土结构设计规范》因找不到可靠依据，故直到其 1989 年版均未对顶层节点的设计作过任何规定。因规范管理组深知这是钢筋混凝土结构设计中的一个重要缺口，故在 20 世纪 90 年代初委托原重庆建筑大学白绍良团队和原北京有色冶金设计研究总院周起敬团队合作完成了对顶层端节点受力性能和设计方法的系列研究。根据 40 余个足尺静力试验的研究结果，识别出钢筋混凝土框架顶层端节点的上述基本受力特征，并为《混凝土结构设计规范》有关框架顶层端节点设计条文（包括抗震设计条文）的制定提出了一套具有较充分试验依据的建议（这些条文自 2002 年版《混凝土结构设计规范》GB 50010—2002 起开始使用，在 2010 年版规范中又增加了部分内容）。现将该规范与顶层端节点非抗震设计有关的三条规定的内容引出如下。

规范第 9.3.7 条规定，"顶层端节点柱外侧纵向钢筋可弯入梁内作梁上部纵向钢筋；也可将梁上部纵向钢筋与柱外侧纵向钢筋在节点及附近部位搭接，搭接可采用"规范图 9.3.7(a) 和图 9.3.7(b) 所示的两种方式。

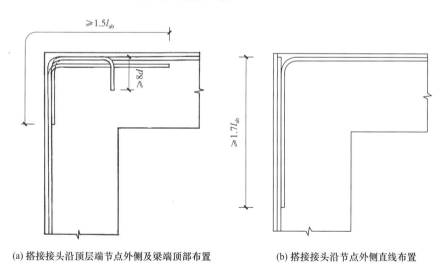

(a) 搭接接头沿顶层端节点外侧及梁端顶部布置　　　(b) 搭接接头沿节点外侧直线布置

图 9.3.7　顶层端节点梁、柱纵向钢筋在节点内的搭接（作者更正图）

在规范图 9.3.7(a) 所示的搭接方式中，"搭接接头可沿顶层端节点外侧及梁端顶部布置，搭接接头长度不应小于 $1.5l_{ab}$。其中，伸入梁内的柱外侧钢筋截面面积不宜小于其全部面积的 65%；梁宽范围以外的柱外侧钢筋宜沿节点顶部伸至柱内边锚固。当柱外侧纵向钢筋位于柱顶第一层时，钢筋伸至柱内边后宜向下弯折不小于 8d 后截断，d 为柱纵向钢筋的直径；当柱外侧纵向钢筋位于柱顶第二层时，可不向下弯折。当现浇板厚度不小于 100mm 时，梁宽范围以外的柱外侧纵向钢筋也可伸入现浇板内，其长度与伸入梁内的柱纵向钢筋相同。当柱外侧纵向钢筋配筋率大于 1.2% 时，伸入梁内的柱纵向钢筋"在满足以上规定的搭接长度的条件下"宜分两批截断，截断点之间的距离不宜小于 20d，d 为柱外侧纵向钢筋的直径。梁上部纵向钢筋应伸至节点外侧并向下弯至梁下边缘高度位置截断"。

在规范图 9.3.7(b) 所示的搭接方式中，"纵向钢筋搭接接头也可沿节点柱顶外侧直线布置（图 9.3.7b）。此时，搭接长度自柱顶算起不应小于 1.7l_{ab}。当梁上部纵向钢筋的配筋率大于 1.2% 时，弯入柱外侧的梁上部纵向钢筋除应满足"本搭接方案规定的搭接长度外，"且宜分两批截断，其截断点之间的距离不宜小于 20d，d 为梁上部纵向钢筋的直径。"

在规范 9.3.7 条中还规定，"柱内侧纵向钢筋的锚固应符合本规范第 9.3.6 条关于顶层中节点的规定"。

在规范第 9.3.8 条中还规定了顶层端节点负弯矩受拉钢筋的最大用量和最小弯弧内半径，即规定："顶层端节点处梁上部纵向钢筋的截面面积 A_s 应符合下列规定：

$$A_s \leqslant \frac{0.35\beta_c f_c b_b h_0}{f_y}$$

式中：b_b——梁腹板宽度；

h_0——梁截面有效高度。

梁上部纵向钢筋与柱外侧纵向钢筋在节点角部的弯弧内半径，当钢筋直径不大于 25mm 时，不宜小于 6d；大于 25mm 时，不宜小于 8d。钢筋弯弧外的混凝土中应配置防裂、防剥落的构造钢筋。"

在规范第 9.3.9 条中还对各类梁柱节点内水平封闭箍筋的配置数量作了规定，即要求"在框架节点内应设置水平箍筋，箍筋应符合本规范第 9.3.2 条柱中箍筋的构造规定，但间距不宜大于 250mm。对四边均有梁的中间节点，节点内可只设置沿周边的矩形箍筋。当顶层端节点内有梁上部纵向钢筋和柱外侧纵向钢筋的搭接接头时，节点内水平箍筋应符合本规范第 8.4.6 条的规定（即纵向钢筋受拉搭接接头范围内配置封闭箍筋的有关规定）"。

但请读者注意，在 2010 年版、2015 年版《混凝土结构设计规范》GB 50010—2010 以及 2024 年版《混凝土结构设计标准》GB/T 50010—2010 第 9.3.7 条中存在以下两项错误，需要予以更正：

（1）在规范或设计标准的图 9.3.7(a) 中错把梁宽范围以外的柱外侧钢筋伸至柱内边时本应属于柱顶第一层钢筋的下弯长度不小于 8d 的弯折段画成属于第二层（在本书画出的规范图 9.3.7a 中已改正了这一画法错误）；

（2）在第 9.3.7 条第 3 款中，当梁上部纵向钢筋配筋率大于 1.2% 时，该搭接方案的搭接长度仍应为 1.7l_{ab}。规范错写成"应满足本条第一款规定的搭接长度"（即指取搭接长度为 1.5l_{ab}）。

这里用 l_{ab} 的倍数表达钢筋搭接长度所带来的安全性疏漏问题与前面图 3-47、图 3-49 以及图 3-54 处相同，不再重复说明。

下面分别对规范以上三条规定中给出的顶层端节点梁、柱负弯矩受拉钢筋在节点区可以选用的三种布置方法，即柱外侧受拉纵筋直接伸入梁上部作梁端负弯矩受拉纵筋的做法和规范图 9.3.7(a)、(b) 分别表示的梁、柱负弯矩受拉纵筋的两种搭接方案作必要说明。

在说明这些问题之前有必要特别强调的是，由于顶层端节点受负弯矩作用时其过节点内下角的各个截面都必须具有所需的抗负弯矩能力，故柱外侧受拉纵筋和梁上部受拉纵筋必须或者沿节点外边和上边连续通过，或者在合适部位设置能保证钢筋连续受力的搭接接头。但在对顶层端节点的受力性能未获充分了解的早期阶段，包括新西兰设计标准在内，也曾有人在顶层端节点处采用将柱纵筋全部只伸到柱顶，将梁上部纵筋如在中间层端节点中那样以前面图 3-47 所示方式通过带 90°弯折的锚固端锚固在节点内。而随后的有关试验均已证明，这种做法因未能实现梁、柱端负弯矩受拉纵筋的妥善搭接，即无法保证梁、柱端负弯矩受拉钢筋的相互充分传力，从而远不能保证顶层端节点的抗负弯矩能力，故这种做法绝不能再用。在我国以往有关著作或文献，以及工程实践中，也曾出现过这类做法，请结构设计人务必不要再沿袭使用。

1. 对我国设计标准第 9.3.7 条中"顶层端节点柱外侧纵向钢筋可弯入梁内作梁上部纵向钢筋"方案的说明

如前面结合图 3-61 所述，当顶层端节点区受负弯矩作用时，过节点内下角的任何一个斜截面中作用的负弯矩均大小相同。这意味着，为了保证每个斜截面都具有所需的相同抗弯能力，根据"斜弯效应"的受力特点，柱外侧纵筋在例如图 3-61 所示的 Ⅱ、Ⅲ 等斜截面中都应能发挥出与柱端截面 Ⅰ 中相同的抗拉能力；而梁上部纵筋在例如图 3-61 所示的 Ⅳ、Ⅴ 等斜截面中都应能发挥出与梁端截面 Ⅵ 中相同的抗拉能力；而且要保证相应纵筋以 90°弯折形式连续通过节点外上角。

根据以上原则性要求，在工程设计中对顶层端节点的柱外侧及梁上边的负弯矩受拉钢筋可采取以下两类配筋构造做法。一类是规范第 9.3.7 条中的第一句话，即"柱外侧纵向钢筋可弯入梁内作梁上部纵向钢筋"所表述的做法，即柱外侧和梁上部负弯矩受拉钢筋连续布置的做法；另一类则是从规范第 9.3.7 条的第二句话开始，包括该条第 1、2、3、4 款所表达的外侧柱筋与上部梁筋在节点区设置搭接接头的做法。

在这里首先拟对规范第 9.3.7 条第一句话所表达的外侧柱筋与上部梁筋连续布置的方案作必要说明。

由于一般工程中框架柱的截面宽度常大于框架梁，而框架梁的截面高度又多大于框架柱，故如图 3-62 所示，常存在这种可能性，即通过调整中间部分的外侧柱纵筋的根数和

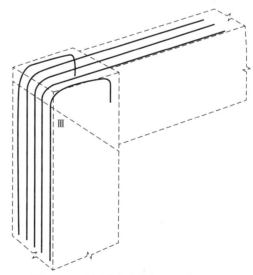

图 3-62　顶层端节点外侧及上缘负弯矩
受拉钢筋的连续布置方案

（或）直径以及角部两根外侧柱纵筋的直径，使外侧中部柱筋伸到柱顶并水平弯入梁上边后恰能满足梁端截面对于抗负弯矩受拉纵筋面积的需要。将这部分外侧中部柱筋伸入梁上表面并向梁跨内方向延伸后，再按前面第 3.5.3 小节对延伸长度的规定确定其在梁内的截断位置。柱角部的两根外侧柱筋则应伸到柱顶后水平弯折，并在柱内侧再向下弯折 $8d$（d 为该角部柱筋直径）后截断。之所以采取这种做法，一是因为这两根角部柱筋在从图 3-62 中所示的斜截面Ⅲ起的以下各个节点斜截面中以及柱端正截面中将与其他外侧柱筋一起充分受拉，故需要有其在柱顶的水平段和 $8d$ 长的 90°弯折作为锚固端。二是因为节点试验结果表明，若将外侧柱筋水平弯入柱顶第一层并伸至柱内侧即行截断，则当节点区在负弯矩作用下形成了较大的负曲率时，该水平段可能会向上弹起并将其上边的表层混凝土掀掉；但只要该钢筋在柱内侧向下弯折并埋入混凝土例如 $8d$ 后，即能防止出现这种掀起现象。

由于这一方案可以通过调整柱外侧中间钢筋和角部钢筋的截面面积在不设搭接接头或其他接头的情况下使节点外侧和上边受拉钢筋同时满足柱侧和梁侧的抗负弯矩截面设计要求，因此是最节省钢筋且施工便捷的顶层端节点配筋构造方案，只不过需要设计人费些精力来调整柱外侧中部和角部的配筋数量。本书作者对于顶层端节点的负弯矩受拉钢筋首推这种布筋做法。

2. 对接头设在节点外缘及梁端上部的搭接方案（规范图 9.3.7a 的搭接方案）的说明

为了免除调整柱外侧中部和角部纵筋数量的麻烦，设计人可能更愿意选择独立确定柱截面和梁截面负弯矩受拉钢筋数量并通过这两部分钢筋的有效搭接来传递其拉力的做法。规范第 9.3.7 条为此给出了图 9.3.7(a) 和（b）所示的两类搭接方案。之所以给出两种搭接方案，是因为在规范图 9.3.7(a) 的搭接方案中梁筋不向下伸入柱内，使柱混凝土浇筑的施工缝仍可按习惯设在梁底标高。但这一方案的不足在于，当梁、柱截面所受的弯矩相对较大且受拉钢筋数量较多时，因柱顶处布置有分别由梁、柱伸来的两层水平钢筋，会导致混凝土自上向下浇筑的更大难度。故规范图 9.3.7(a) 的方案可主要用于梁、柱在顶层端节点处负弯矩受拉钢筋数量不是过多的一般民用建筑框架。而当工业建筑框架顶层设备重量较大，或框架顶层梁跨度较大时，若柱顶水平钢筋过多过密（还要考虑例如在框架结构四角的顶层端节点处沿两个平面主轴方向都有梁上部钢筋伸入节点的更不利情况），为了混凝土尚能顺利浇筑，则宜使用规范图 9.3.7(b) 中梁、柱筋搭接接头完全设在柱外侧，从而柱顶在水平方向只有梁筋通过的搭接方案。

现说明规范图 9.3.7(a) 搭接方案的试验结果以及相关构造规定的缘由。

从采用这类搭接方案的顶层端节点梁柱组合体的系列静力试验结果中可以明显看出，当外侧位于中间部位的柱筋，也就是能沿柱顶水平伸入梁上部，并与梁上部纵筋实现直接搭接传力的柱筋在全部外侧柱筋中占有较大比重，且梁、柱负弯矩受拉钢筋的配筋特征值 ξ 不是过大，梁、柱纵筋在节点外上角的弯弧半径不是过小，同时节点内配有必要数量的水平封闭箍筋时，梁、柱筋搭接长度足够的这种搭接方案是能够保证节点发挥出令人满意的抗负弯矩性能的。

例如，在图 3-63 中给出了满足以上各项条件且搭接长度足够的节点试件 CJSa-22 的试验结果。在这一试件中，通过沿相互搭接的上部梁筋和外侧中部柱筋密贴电阻应变片测得了这两种钢筋在不同受力阶段的应变分布。从图中给出的记录到的最大受力状态下的应变分布可以看出，在梁端上部钢筋和柱端外侧钢筋分别进入屈服后状态时，节点外上角弯弧两端点处的梁筋和柱筋也已超过屈服应变。但当梁筋进入弯弧段并向下延伸时，以及柱筋进入弯弧段并沿水平方向继续延伸时，应变都在弯弧段较迅速下降。这表明当钢筋搭接长度内有 90°弯折存在时，钢筋弯弧段的"缆索效应"形成的对弯弧内侧混凝土的径向压力会明显增大弯弧段钢筋与其内侧混凝土之间的抗摩擦能力，从而增大其相互间的粘结传力能力；或者说，当相互搭接的两根钢筋在搭接段内同时有 90°弯折段时，其搭接长度可以明显小于直线搭接长度。而这也就成为梁、柱筋在顶层端节点处采用这种搭接方案时从传力角度看的主要优点之一。

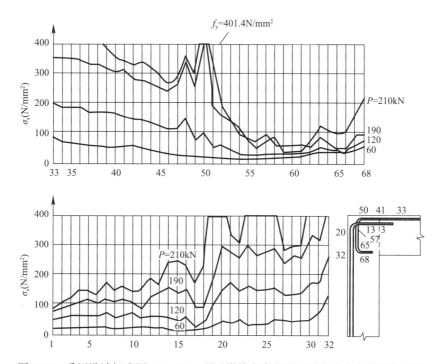

图 3-63　采用设计标准图 9.3.7(a) 所示搭接方案的顶层端节点在负弯矩作用下
搭接钢筋的实测应变分布
（原重庆建筑工程学院白绍良团队完成的试件 CJSa-22 的实测结果）

　　从图 3-63 中还可以看出，梁、柱筋搭接段的应变随对试件施加荷载的增长而有序增大，应变分布趋势稳定，表明这种搭接方式受力稳定可靠。

　　在图 3-64 中给出了采用这类搭接方案的共计 4 个试件的荷载-位移曲线。所不同的是，其中试件 CJSa-22 和 CJSa-23 的外侧柱筋中有大部分沿水平方向伸入梁上部，并与梁受拉钢筋直接搭接，占比重较少的柱外侧角部两根柱筋则沿柱顶弯至柱内侧再向下弯折不小于 $8d$ 后截断。而图中的试件 CJSa-24 和 CJSa-25 中伸入梁内搭接的柱外侧纵筋只占全部外侧纵筋的一半，其余做法相同。从图中的试验结果可以清楚看出，弯入梁内的外侧柱筋占比重较大的试件在梁、柱端都达到预期的抗负弯矩能力后，仍能原则上把这一抗弯能力保持到梁上部钢筋和柱外侧钢筋屈服后的很大塑性变形下，即保持到梁端下部和柱端内侧受压区混凝土压溃为止，或者说能使节点在负弯矩作用下具有较好延性。这类试件（试件 CJSa-23）在试验结束后的外观如图 3-65 所示。其中，请注意节点顶部（图 3-65b）只形成

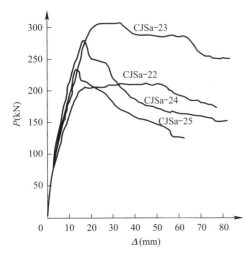

图 3-64　采用设计标准中图 9.3.7(a)
搭接方案但伸入梁内的柱筋比例不同的
顶层端节点试件表现出的不同荷载-位移性能
移曲线在达到峰值能力后的持续下跌。

了分布较均匀的宽度不大的正常裂缝。但在柱外侧钢筋伸入梁内的比例偏低的试件 CJSa-24 和 CJSa-25 中，由于只有一半的外侧柱筋实现了与梁上部钢筋的搭接，即将其拉力直接传给了上部梁筋，而另一半外侧柱筋则将其拉力经弯弧和柱顶的尾部带弯折的水平段传给了柱顶部混凝土，从而导致由这两部分钢筋传力方式不同所引起的柱顶部混凝土的受力不均匀，并如图 3-66 所示，在节点区负曲率很大时出现柱顶混凝土的最终恶性崩裂（当然也与该试件节点区配置水平箍筋偏弱有关）。正是由于节点顶部在梁、柱端达到抗负弯矩能力后的大变形过程中的进一步破裂，使节点区在这一大变形过程中不再能完全保持其原有的抗弯能力，并出现图 3-64 中试件 CJSa-24 和 CJSa-25 的荷载-位

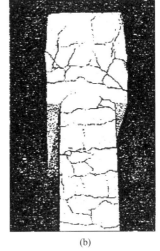

(a)　　　　　　　　　　　(b)

图 3-65　柱外侧纵筋伸入梁内比重较大的性能良好的试件 CJSa-23 在试验结束后的外观

　　规范专家组参照以上试验结果作出了第 9.3.7 条第 1 款中的规定，即"伸入梁内的柱外侧钢筋截面面积不宜小于其全部面积的 65%（即 2/3）"。请注意，65% 为最低比例。

　　规范对这类搭接做法规定的搭接长度 $1.5l_{ab}$ 是根据试验结果按充分发挥抗负弯矩能力和延性性能的要求确定的，其中与其他搭接接头相似，在搭接长度中也包含了对搭接接头可靠性的考虑；而且与一般钢筋搭接接头相比，考虑到顶层端节点的受力复杂性，可靠性要求还略偏严格。搭接长度按钢筋轴线的 90° 折线度量。

　　现行设计标准第 9.3.7 条第 2 款是对梁上部钢筋伸入节点并向下弯折后的截断位置的规定以及当从柱外侧伸到梁内的柱筋根数较多时在梁内分批截断的规定，在这里不再多作解释。

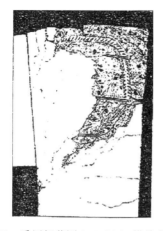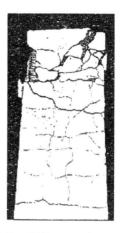

图 3-66 采用规范图 9.3.7(a) 搭接方案但伸入梁内实现搭接的柱筋比例偏少的试件（CJSa-24）
在抗弯能力达到峰值后的更大变形过程中出现的节点区局部混凝土崩裂

现行设计标准第 9.3.7 条第 4 款是对梁截面高度很大时采用规范图 9.3.7(a) 搭接方案的顶层端节点搭接钢筋配筋构造的补充规定，是修订组有关专家参照试验结果和设计经验商定的。

3. 对接头设在节点及柱外侧的搭接方案（设计标准图 9.3.7b 的搭接方案）的说明

现行设计标准第 9.3.7 条第 3 款对设计标准中图 9.3.7(b) 所示的可以采用的第二类搭接方案给出了相应规定。这种搭接方案的特点是柱外侧钢筋与弯入柱外侧的梁上部钢筋以直线方式实现搭接。而从图 3-67 所示的由采用这一搭接方案的顶层端节点试件 CJSa-19

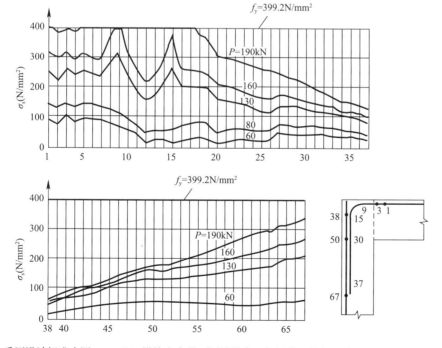

图 3-67 采用设计标准中图 9.3.7(b) 搭接方案的顶层端节点上部梁筋和外侧柱筋中不同受力阶段的应变分布
（引自原重庆建筑工程学院白绍良团队试件 CJSa-19 的实测结果）

中梁、柱负弯矩受拉钢筋搭接段上用密贴电阻应变片测得的钢筋在不同受力状态下的应变分布也可以看出，梁筋和柱筋的应变在搭接段上都是与钢筋一般直线搭接接头处相同，即大致按线性规律变化的，即梁筋应变从测点 15～37 大致以线性规律递减，而柱筋应变也从测点 67 向测点 38 以大致线性方式递减。且可看出，在柱端截面处因恰有搭接接头穿过，故负弯矩引起的拉力在这里是由搭接的梁筋和柱筋共同承担的。

从图 3-67 还可以看到，在梁筋弯弧段的测点 9～15 之间应变恰好形成了一个凹槽。这看来是因为在负弯矩作用下恰好各有一条斜裂缝分别穿过一个弯弧端点，故在测点 9 和测点 15 处钢筋在偏高受力状态下都达到了屈服；而在弯弧范围内，因"缆索效应"在钢筋与其内侧混凝土之间引起了较高压力和沿钢筋轴线方向的摩擦阻力，从而使钢筋应变从弯弧端点向弯弧中点递减。

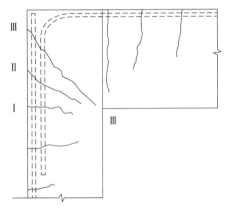

图 3-68　采用设计标准中图 9.3.7(b) 搭接方案的顶端节点中可能存在的薄弱斜截面Ⅲ-Ⅲ

试验结果表明，在采用这类搭接方案的顶层端节点处最需要关注的一个问题是，由于柱截面属偏心受压，且轴压力一般不大，而梁截面则为受弯；若出于某种设计原因选用的柱截面高度较小而梁截面高度偏大，则算得的梁上部纵筋截面面积就有可能小于柱外侧纵筋截面面积。而如图 3-68 所示，这时在节点中较易形成的斜裂缝中常可能有一条（图中截面Ⅲ-Ⅲ）在弯弧下端点附近穿过下弯的梁筋，同时也穿过外侧柱筋，但斜裂缝以上的柱外侧纵筋末端已经不长，发挥不了多大的抗弯能力，从而使该斜截面中的负弯矩只能由梁内弯下来的截面面积偏少的上部梁筋来承担。这就将使这一Ⅲ-Ⅲ截面的抗负弯矩能力不足，并发生沿这一斜截面的先于梁端和柱端的斜弯破坏。

在原重庆建筑大学完成的顶层端节点试验中，恰有一个采用规范图 9.3.7(b) 搭接方案的抗震性能研究用的试件 UNIT8 出现了上述性能特征。但因该试件梁上部纵筋截面面积比外侧柱筋截面面积偏少不多，故试件仍能达到预期的抗负弯矩能力，但最后的失效确是沿图 3-68 中的Ⅲ-Ⅲ截面发生的，且梁、柱筋的应变量测结果也证明上述薄弱截面是存在的。试件 UNIT8 在试验结束时的大变形状态下形成的节点区损伤（集中于Ⅲ-Ⅲ截面附近，也波及到图 3-68 中的Ⅱ-Ⅱ截面附近）如图 3-69 所示，试验获得的荷载-位移骨架线（滞回荷载-位移曲线的外包线）如图 3-70 所示。由于穿过Ⅲ-Ⅲ截面的外侧柱筋不长的顶端在节点曲率增大过程中发生粘结失效，而使荷载-位移曲线在较大变形时如图 3-70 所示出现明显下跌。

根据以上分析不难看出，《混凝土结构设计标准》GB/T 50010—2010（2024 年版）第 9.3.7 条对于采用规范图 9.3.7(b) 搭接方案的顶层端节点似还应增加一句重要规定，即"梁上部纵筋的截面面积不应小于柱外侧纵筋的截面面积"。北京市建筑设计研究院资深专家程懋堃还曾提议，当梁端上部钢筋截面面积不满足上述要求时，可考虑将柱外侧纵筋伸到柱顶后向内水平弯折例如 $12d$，以加强柱筋顶端的锚固能力，当然应以不影响顺利浇筑混凝土为前提。（这一做法曾被《混凝土结构设计规范》GB 50010 的 2002 年版审查会专家认可，并被纳入了该版规范，见该版规范的第10.4.4条及对应的图10.4.4(b)。本书作者同样认可这一做法在所搭接梁筋数量略偏少时对防止此类节点在受力充分时发生斜劈型失效具有明显效果；且建议外侧柱筋在柱顶的水平段长度还可进一步减小为8d～10d，d为外侧柱筋直径。）

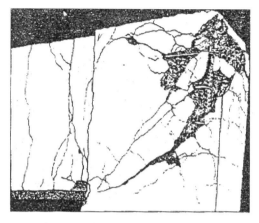

图 3-69　采用规范图9.3.7(b) 搭接
方案并形成节点内薄弱斜截面的试件 UNIT8
在试验结束所达到的大变形状态下的外观

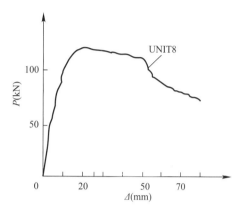

图 3-70　试件 UNIT8 的荷载-位移
滞回曲线外包线（骨架曲线）

采用设计标准图9.3.7(b) 搭接方案的顶层端节点规定的搭接长度为 $1.7l_{ab}$。之所以搭接长度比采用规范图9.3.7(a) 搭接方案时偏大，是因为设计标准的图9.3.7(a) 搭接方案中梁、柱筋在搭接长度内均有 90°弯折，从而有效提高了搭接传力效果；而设计标准中图9.3.7(b) 的搭接方案在梁、柱筋搭接长度范围内则缺少这类 90°弯折。

4. 在试验中曾尝试过的另一种受力性能更好但设计标准暂未采纳的搭接方案（下面称"另一种搭接方案"）

在原重庆建筑大学顶层端节点系列试验中还曾检验过另一类梁、柱负弯矩受拉纵筋的搭接做法。这种搭接做法介于设计标准中图9.3.7(a) 和 (b) 两种做法之间。即将柱外侧纵筋全部伸至柱顶并沿水平方向弯至柱内侧后向下弯折不小于 8d（d 为外侧柱筋直径）后截断（图 3-71），即任何外侧纵筋均不伸入梁内；同时，梁上部纵筋则伸入节点，到柱外侧后向下弯折，直到满足搭接长度不小于 $1.5l_{ab}$ 后截断，即梁筋完全有可能伸到梁底的柱端截面以下。

试验结果表明，由于在这类搭接方案中外侧柱筋全部统一在柱顶水平弯至柱内侧并向下弯折，加之节点内配有必要数量的水平箍筋，从而有效保持了节点区梁、柱负弯矩受拉钢筋相互传力的均匀性和节点区的整体性，使节点在梁、柱端充分发挥其抗负弯矩能力时，还能如图 3-73 的荷载-位移曲线所

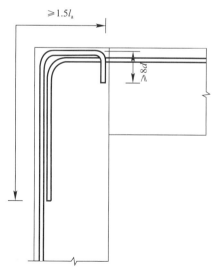

图 3-71　曾经试验过的顶层端节点处
外侧柱筋与上部梁筋的另一种搭接方案

示，将这种抗力保持到很大的屈服后变形状态（即顶层端节点具有比设计标准中图 9.3.7a 和 b 方案更好的延性性能）。另外，从图 3-72(a)、(b)、(c) 所示的节点在试验结束时的大变形状态所形成的裂缝格局来看，也说明这类搭接方案有能力在经历足够大的变形后仍保护节点区处在裂缝均匀分布（无恶性崩裂）状态。与此同时，由于这一方案的外侧柱筋和上部梁筋在其搭接长度内均包含有 90°弯折段，使搭接传力更为有效，因此，试验结果表明，搭接长度取为 $1.5l_{ab}$（图 3-71）已足够。

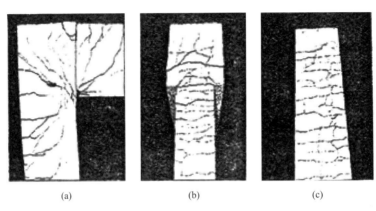

(a)   (b)   (c)

图 3-72　采用图 3-71 所示搭接方案的顶层端节点试件在试验结束的大变形状态下的外观
（原重庆建筑工程学院完成的试验顶层端节点试件 CJSa-26）

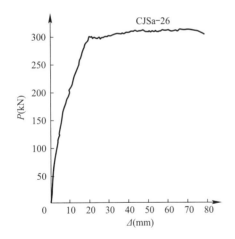

图 3-73　采用图 3-71 所示搭接方案的
顶层端节点的荷载-位移曲线

从以上叙述不难看出，图 3-71 所示的搭接方案从性能上说确实比设计标准中图 9.3.7(a) 和 (b) 所示两种方案明显偏好。但规范专家组看重规范图 9.3.7(a) 的方案是因为其混凝土施工缝仍可保留在梁底标高；看重规范图 9.3.7(b) 的方案是因为它可以在梁、柱纵筋配筋量大的情况下减轻自上向下浇筑混凝土时的障碍。而图 3-71 所示的这另一种搭接方案恰好不具备上述两种方案各自被看重的那些优势，故只能落选。但本书作者仍愿将图 3-71 的搭接方案介绍给结构设计界，因为它的确是性能相对最好的方案，有条件时不妨一用。

5. 顶层端节点防止核心区混凝土在负弯矩下斜向压溃的控制条件

如前面结合图 3-59(b) 已经说明过的，当顶层端节点受负弯矩作用时，上部梁筋和外侧柱筋会通过位于节点外上角弯弧的"缆索效应"对该弯弧内侧混凝土形成斜向压力；同时，梁端截面下部的受压区压力和柱端截面内侧的受压区压力在分别抵消柱端和梁端的相应部分剪力后，会在节点核心区混凝土中形成反作用斜向压力。若该斜向压力较大，而节点核心区混凝土斜压区尺度偏小和混凝土强度偏低，节点核心区混凝土就有可能在梁、柱端发挥出其抗负弯矩能力之前发生斜向压溃。试验结果证明，这种斜压破坏确会发生，例如见原重庆建筑大学完成的 CJSa-13 等试件的试验结果（图 3-74）。

如果把核心区混凝土的斜压破坏也分解为"作用方"和"抗力方"来考察，则决定斜向作用力的因素可以用负弯矩受拉钢筋的拉力，即 $A_{sb}f_y$ 来表达（其中 A_{sb} 暂取为梁端上部纵筋截面面积）；而抗力则主要取决于混凝土的抗压强度、节点区的截面厚度以及斜压区的控制宽度，而斜压区的控制宽度又可认为与梁截面有效高度成比例。于是，核心区混凝土斜压破坏的评价标准，即作用力和抗力中主要影响参数的比值即可近似写成 $A_{sb}f_y/(bh_{0b}f_c)$。由于：

$$\frac{A_{sb}f_y}{bh_{0b}f_c} = \frac{x_b}{h_{0b}} = \xi_b \quad (3\text{-}10)$$

因此，可以以例如顶层端节点处梁端截面的受拉纵筋配筋特征值 ξ_b 作为判断核心区混凝土是否会先期发生斜压破坏的主要控制指标。

在图 3-75 中把原重庆建筑大学完成的共计 28 个足尺顶层端节点梁柱组合体的静力加载试验结果按破坏特征画在了 r/h_{0b}-ξ_b 的坐标中（其中，r 为节点外上角梁、柱纵筋的弯弧内半径，h_{0b} 为梁端截面的有效高度），并标识了各试件的不同破坏方式。从中可以看出，发生与不发生斜压破坏的分界线大致如图中双折线的上面一段斜直线所示。该斜直线对应的 ξ_b 值之所以会随 r/h_{0b} 值的增大而略有增长，是因为节点外上角弯弧内半径越大，节点内偏外上

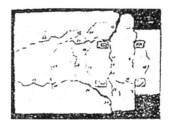
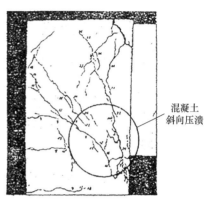

图 3-74　在负弯矩作用下发生核心区混凝土斜向压溃的顶层端节点
（原重庆建筑工程学院完成试验的顶层端节点试件 CJSa-13）

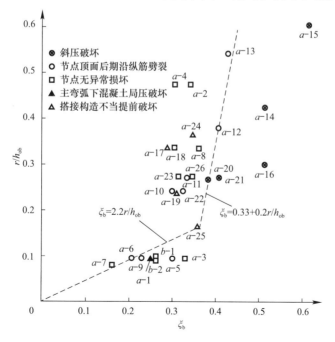

图 3-75　根据试验结果归纳出的顶层端节点在负弯矩作用下核心区混凝土斜压破坏的识别准则及外上角钢筋弯弧内侧混凝土局部受压破坏的识别准则（原提出人邹昀）

部的斜压范围会相应略有增大，从而使发生斜压的 ξ_b 值稍有增长（之所以选择梁端截面的 ξ_b 值作为控制指标，纯是因为梁端轴力可忽略不计，ξ_b 的表达方式比柱端截面更偏简单。）

《混凝土结构设计标准》GB/T 50010—2010（2024 年版）第 9.3.8 条的第一部分，为了方便设计把顶层端节点防斜压破坏条件的 ξ_b 统一偏安全地取为 0.35，这样即可直接写出设计标准中的式（9.3.8）。

6. 顶层端节点防止外上角钢筋弯弧内侧混凝土局部受压破坏的控制措施

通过试验还证实，当顶层端节点的上部梁筋及外侧柱筋配置数量较多，但节点外上角处的钢筋弯弧内半径较小，且节点区混凝土强度不足时，有可能由于负弯矩作用下钢筋在弯弧处的"缆索效应"对弯弧内侧混凝土形成的局部线压力过大而在节点区抗负弯矩能力尚未充分发挥之前将弯弧内侧混凝土局部压碎。例如，原重庆建筑大学完成的顶层端节点试件 CJ-Sa-1 在试验结束时的外观如图 3-76(a) 所示。但在掀去已经剥裂的节点中部的一块斜向表层混凝土后，则可如图 3-76(b) 所示，看到节点外上角钢筋弯弧以内的局部混凝土已被压成 5～10mm 大小的碎块。又因为该碎块区的"尖劈效应"而把节点核心区混凝土沿斜向劈开，劈裂裂缝宽度已达 6～7mm。为了使读者更好地看清节点的破损特征，在图 3-76(c) 中还示意性地画出了图 3-76(b) 节点区Ⅰ-Ⅰ斜剖面内上述劈裂裂缝与表层混凝土剥裂区之间的空间关系。

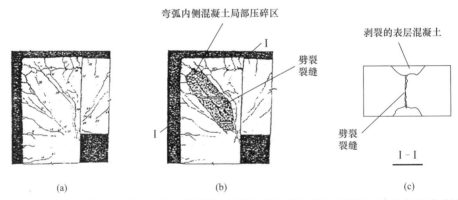

图 3-76　发生了外上角钢筋弯弧内侧混凝土局部压碎及节点核心区混凝土对角斜向劈裂的顶层端节点试件（原重庆建筑工程学院白绍良团队完成的试件 CJSa-1）

除此之外，当顶层端节点外上角钢筋弯弧内半径偏小时，还可能在负弯矩较大时因弯弧"缆索效应"形成的对其内侧混凝土的较大局部压力使该处混凝土产生较大的侧向膨胀，甚至如图 3-77 所示，导致该处表层混凝土侧向剥裂。

《混凝土结构设计标准》GB/T 50010—2010（2024 年版）第 9.3.8 条最后一段关于梁、柱负弯矩受拉钢筋在顶层端节点外上角处弯弧最小内半径的规定，就是根据国内外试验结果及设计经验经综合考虑后给出的。

7. 顶层端节点中水平箍筋的构造要求

《混凝土结构设计标准》GB/T 50010—2010（2024 年版）第 9.3.9 条是对处于四级抗震等级的框架各类节点中水平箍筋配置数量的综合性规定，现对这些规定作简要说明。

如前面结合图 3-42 或图 3-52 所讨论过的，不论是当梁筋或柱筋通过其锚固端向节点区传力时，还是贯穿节点的梁筋或柱筋经粘结向节点区传力时，均会在节点区混凝土内形成主应力场（也称剪应力场），这是钢筋混凝土梁柱节点区在梁、柱之间传递内力时形成的主导受力状态。因此，在这些节点中都需要有水平箍筋与柱截面周边纵筋一起，一方面协助混凝土承担主拉应力，同时为受主压应力作用的混凝土提供侧向约束（提高混凝土抗压能力和减小对应的压应变）。由于节点区上述受力状态相对较为复杂，通过计算来确定箍筋用量会给设计增加负担，加之在抗震等级不高的情况下，这种应力场的应变值一般不大，故设计标准采用直接给出水平箍筋构造要求的办法来保证其数量及做法。

当节点四边有现浇梁连接且四边均有现浇板时，梁端截面受压区和现浇板会对节点形成一定的侧向约束，故节点水平箍筋可只保留外围矩形单箍。但只要一侧无梁，节点箍筋的构造就宜取为与柱箍完全相同。

在框架顶层端节点处，水平箍筋除需发挥以上功能外，还需考虑梁上部纵筋与柱外侧纵筋搭接接头传力对约束箍筋的需要。这是因为如前面结合图 3-7 已经说明过的，搭接钢筋是经它们与混凝土之间的粘结实现相互传力的，即在搭接的钢筋之间同样会在混凝土中形成较

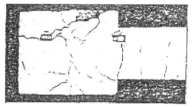

图 3-77　顶层端节点外上角钢筋弯弧半径偏小时可能导致表层混凝土的局部剥裂（原重庆建筑工程学院白绍良团队完成的试件 CJSa-5）

强的主应力场，同样需要有足够数量的与搭接钢筋垂直的封闭箍筋来协助混凝土承担主拉应力。这种约束箍筋的数量是通过设有搭接接头构件的试验结果确定的。在顶层端节点处，经节点试验结果证实，直接取一般搭接接头处的配箍数量就已经能保证这类节点处上部梁筋与外侧柱筋的搭接传力。根据这种需要确定的箍筋数量一般会比其他几类节点中对箍筋的构造需要量偏高。

3.5.7　梁和墙肢直交接头区的受力特征

在钢筋混凝土建筑结构中有可能遇到的另一类受力性能特殊的部位是框架梁或其他楼盖梁端与剪力墙肢或核心筒壁直交（或以不太小的非直角相交）的接头区。这种情况通常出现在梁与外墙、梁与核心筒壁或梁与楼梯间墙相交而梁不再能继续穿墙前伸的情况下。

在图 3-78 中给出了结构某层楼盖内与核心筒壁相连的直交梁和顺交梁的示意图。其中，顺交梁与和它处在同一轴线的墙肢刚性连接，只要梁截面宽度不大于墙肢厚度，且梁端上、下纵筋伸入墙肢内妥善锚固（锚固长度按一般规定确定，无需特殊要求），梁端弯矩和剪力就能顺利传入墙肢，并由墙肢继续向下传递，故对其接头区不需再作专门讨论。特殊情况下的构造措施则放在本节最后说明。

到目前为止，清华大学钱稼茹团队和重庆大学王志军团队都曾分别对钢筋混凝土梁-墙直交接头做过系列试验研究及对应的弹性和非弹性模拟分析。试验及模拟分析中使用的带现浇板或不带现浇板的梁-墙直交试件如图 3-79 所示。其中，墙肢水平支点设于试件的上、下边缘，竖向压力由上边缘施加。当直交梁受力后，梁固定端的弯矩会以梁上部钢筋水平拉力和下部受压区钢筋及混凝土水平压力的形式传入墙面，梁端剪力则以局部压力形

式传入墙面（图 3-79b）。这相当于在试件墙面中点对墙面施加了一个出平面弯矩，从而将在墙面内形成一个特定的二维受力区，即例如在通过梁-墙接头截面的墙面竖向条带中将形成如图 3-79(c) 所示的相应弯矩及挠曲变形（变形夸张表示）。当没有现浇板时，这种竖向分布的弯矩及挠曲变形将向左、右两侧迅速变小；当带有现浇板时，由于现浇板内平行梁的板筋也将向墙面传递拉力，故竖向弯矩和挠曲变形向左、右两侧的衰减速度会相对放慢。与此同时，在梁高度范围的墙面水平条带内则将形成由中部向左、右逐步变小的扭

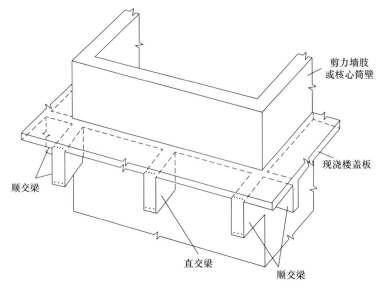

图 3-78　与核心筒壁相连的直交梁与顺交梁示意

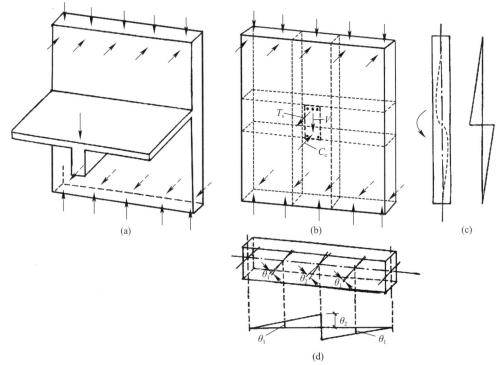

图 3-79　静定的梁-墙直交接头区试件（脱离体）及其受力特征

矩及同样从中部向两端逐步变小的扭转角（图 3-79d）。这种扭矩和扭转角在更上面和更下面的墙面水平条带中也将迅速变小。当试件有现浇板时，与竖向条带中的弯矩和挠曲变形相比，水平条带中的扭矩和扭转角比例会相对变小。除此之外，受梁上部钢筋拉力及下部混凝土与钢筋压力的分别影响，在墙面水平条带中还会有不大的水平向局部弯矩作用。

已有试验结果表明，当有现浇楼板与直交梁一起与墙肢或筒壁整体连接时，只要墙肢或筒壁与梁截面高度相比不是过薄，或者更准确地说，相对于梁传来的弯矩而言不是过薄，就可以通过以下两项措施原则上保证梁-墙直交接头区的承载力及刚度要求。

（1）在接头区的墙肢内设置截面宽度大于梁宽的暗柱，即在墙肢内除原有的水平和竖向分布筋外设置符合柱筋构造要求的由附加纵筋和多肢箍筋构成的竖向贯通楼层的钢筋骨架，且骨架纵筋数量应满足暗柱在直交梁引起的弯矩和墙肢内轴力共同作用下的偏心受压正截面承载力要求，箍筋数量满足暗柱受剪承载力要求；

（2）直交梁内上、下纵筋应至少按梁纵筋在框架端节点中的锚固要求通过带 90°弯折的锚固端或带锚固板的锚固端妥善锚固在墙肢或筒壁内。

采取以上第一项措施的理由是，当有现浇板和梁一起从一侧与墙肢整体连接时，上面图 3-79 中所述的墙肢水平条带中的扭矩以及局部水平向弯矩，其数值都相对偏小，可由配有竖向及水平分布筋的墙肢自行抵抗，而不需采取加设水平暗梁等类专门措施和设计步骤。因此，过接头区的竖向暗柱就成为保证接头区所需传力性能的关键措施之一。清华大学的试验结果表明，设有符合上述第一项措施要求的暗柱的梁-墙直交接头区能全面满足对强度、刚度、延性和滞回耗能能力的各方面要求。

强调以上第二项措施的理由是，即使梁-墙直交接头区已设有竖向暗柱，但毕竟墙厚与一般框架柱截面尺寸相比有可能偏小，故当墙肢厚度不大时，需要结构设计人关注梁上、下纵筋在墙内的妥善锚固。这还因为在清华大学和重庆大学完成的无现浇板梁-墙直交接头试验中，都发生了在锚固符合现行设计标准要求的条件下梁纵筋从墙内的拉脱式破坏。在图 3-80(a) 和（b）中分别给出了这两所学校试验中梁纵筋拉脱破坏试件的照片。例如，从图 3-80(a) 中可以看出上部梁筋外拔时在墙面上形成的放射状裂缝（图中裂缝①）以及拉脱的混凝土锥体的外边线（图中裂缝②）。在图 3-80(b) 中也可清楚看到纵筋拉脱形成的混凝土锥体的破坏边缘。根据这些试验结果，也有研究者建议应比《高层建筑混凝土结构技术规程》JGJ 3—2010 的现有规定进一步加强梁纵筋在墙肢内的锚固措施。

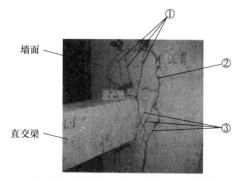

(a) 重庆大学王志军、柏洁试件QL-1的试验结果　　(b) 清华大学钱稼茹团队试件J-5的试验结果

图 3-80　不带现浇板的梁-墙直交接头区发生的梁纵筋从墙内的拉脱式破坏

到目前为止，《混凝土结构设计标准》GB/T 50010—2010（2024 年版）尚未对梁-墙直交接头区作出规定，具体规定是由《高层建筑混凝土结构技术规程》JGJ 3 作出的；最早的规定见于该规程的 2002 年版，在其 2010 年版中又对规定作了进一步充实。下面将该规程 2010 年版中相应规定全文引出。

7.1.5 楼面梁不宜支撑在剪力墙或核心筒的连梁上。

7.1.6 当剪力墙或核心筒墙肢与其平面外相交的楼面梁刚接时，可沿楼面梁轴线方向设置与梁相连的剪力墙、扶壁柱或在墙内设置暗柱，并应符合下列规定：

  1 设置沿楼面梁轴线方向与梁相连的剪力墙时，墙的厚度不宜小于梁的截面宽度。

  2 设置扶壁柱时，其截面宽度不应小于梁宽，其截面高度可计入墙厚。

  3 墙内设置暗柱时，暗柱的截面高度可取墙的厚度，暗柱的截面宽度可取梁宽加 2 倍墙厚。

  4 应通过计算确定暗柱或扶壁柱的纵向钢筋（或型钢），纵向钢筋的总配筋率不宜小于表 7.1.6 的规定。

暗柱、扶壁柱纵向钢筋的构造配筋率　　　　　　　　　　　　　　表 7.1.6

设计状况	抗震设计				非抗震设计
	一级	二级	三级	四级	
配筋率（%）	0.9	0.7	0.6	0.5	0.5

注：采用 400MPa 级钢筋时，表中数值宜增加 0.05。

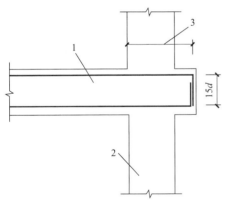

图 7.1.6　楼面梁伸出墙面形成梁头
1—楼面梁；2—剪力墙；
3—楼面梁钢筋锚固水平投影长度

  5 楼面梁的水平钢筋应伸入剪力墙或扶壁柱，伸入长度应符合钢筋锚固要求。钢筋锚固段的水平投影长度，非抗震设计时不宜小于 $0.4l_{ab}$，抗震设计时不宜小于 $0.4l_{abE}$。当锚固段的水平投影长度不满足要求时，可将楼面梁伸出墙面形成梁头，梁的纵筋伸入梁头后弯折锚固（图 7.1.6），也可采取其他可靠的锚固措施。

  6 暗柱或扶壁柱应设置箍筋，箍筋直径、一、二、三级时不应小于 8mm，四级及非抗震时不应小于 6mm，且均不应小于纵向钢筋直径的 1/4；箍筋间距，一、二、三级时不应大于 150mm，四级及非抗震时不应大于 200mm。

结合以上条文拟对梁-墙直交接头的有关问题再作以下补充提示。

（1）由于钢筋混凝土墙肢抗水平荷载的优势不论是从承载力还是从刚度角度都体现在其平面内方向；而在出平面方向，虽如前面所介绍的试验结果所证实的，也有办法处理好梁-墙直交接头区的问题，但不论从承载力还是刚度角度，仍是墙肢能力的薄弱方向。因此，在选择结构布置方案时，多数结构设计人更愿意将墙-梁接头做成顺交梁方式。为此，可以采取的做法之一即如上边规程第 7.1.6 条第 1 款所建议的，将梁-墙直交接头设在墙对面有直交墙肢处，且要求直交墙肢厚度不小于梁截面宽度。例如，如图 3-81 所示，当核心筒壁与其内部的电梯井隔墙直交时，即可将直交框架梁与筒壁的交点设在恰好有电梯井隔墙处，并将此隔墙厚度专门做成不小于直交梁截面宽度。这时，直交梁端上、下纵筋即可穿过筒壁进一步锚入加厚的电梯井隔墙内，从而形成顺交梁传力方式。直交梁端弯矩、剪力即可由对边隔墙继续向以下楼层传递。在直交梁不能完全对准筒壁对面隔墙时，亦可考虑将框架梁布置成与筒壁斜交在筒壁与隔墙的交点处。若因其他原因导致隔墙厚度依然小于直交梁截面宽度，则应至少保证梁端上、下纵筋中的大部分能直接锚入隔墙内，其余少部分纵筋则在筒壁内妥善锚固。

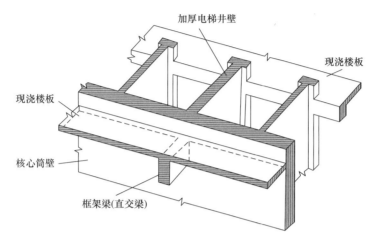

图 3-81　与筒壁对边电梯井加厚隔墙处在同一轴线上的直交梁（实际构成了顺交梁）

（2）当确需设置直交梁时，直交梁在任何情况下均不应与剪力墙或核心筒的连梁直交连接。这是因为连梁本身弯、剪受力已较充分，且其两端为结构抗震设计所需的屈服区（塑性铰区），若框架再与其直交连接，不仅加大连梁弯、剪负担，还将使其严重受扭，从而影响连梁抗震延性能力的正常发挥，增加连梁受力复杂性及设计难度。

（3）由于在工程中可能出现荷载、跨度以及梁端约束情况不同的与墙肢或筒壁直交的楼盖梁，例如框架梁（楼盖主梁）、楼盖次梁、楼盖密肋梁等，而墙肢或筒壁在不同层数的建筑结构的不同楼层中也会做成不同厚度，从设计标准允许的最薄的 140mm 到超高层建筑底部楼层可能接近或超过 1000mm 厚；因此，会形成不同大小截面的梁与不同厚度的墙肢或筒壁直交的情况。根据设计经验，可以考虑按以下原则处理直交梁问题。

1）当例如直交梁截面高度超过墙厚大约 2.5 倍时，不论直交梁截面大小，均宜在直交接头处设置明柱，即框架柱，并将直交梁、框架柱以及梁柱节点区按框架建模及设计。

2）当墙厚不是过小，而直交梁截面高度未超过墙厚 2.5 倍左右时，可以不在直交接头区设明柱，而采用本小节前面介绍的已通过试验结果验证的在直交接头区的墙内设暗柱的方案。这时应注意暗柱宽可取为直交梁宽的 2～3 倍，配筋应按计算确定。即纵筋按暗柱截面为偏心受压确定，其中作用弯矩如图 3-79(b) 所示，可取为直交梁端弯矩的二分之一，轴力按暗柱截面范围内最不利轴力值取用。沿直交梁水平轴线方向的暗柱箍肢数量按与上述弯矩对应的剪力计算，且应注意上述规程对暗柱箍筋的各项构造要求。

3）当墙厚相对于梁截面足够大时，若梁为荷载及跨度偏小的密肋梁甚至是次梁，则可考虑不设暗柱，而只是保证梁端上、下纵筋在墙内的妥善锚固；若梁的荷载和跨度较大，则仍应按暗柱方案考虑，即使计算结果是暗柱只需按构造配筋。

对于顺交梁接头还需指出的是，工程中可能出现如图 3-82 所示的顺交梁截面宽度大于所连墙肢厚度的情况或者说顺交梁的中轴线与其所连墙肢的中轴线水平错位的情况。这时顺交梁错位一侧的纵筋（图 3-82 中的①号钢筋）伸过墙肢边缘后，尚需通过该钢筋与墙体之间的混凝土将钢筋锚固拉力经由混凝土的主拉、压应力传入墙体。因这一传力过程类似于钢筋在其搭接接头处的传力过程，故建议偏置顺交梁伸入墙端的长度应至少等于图中①号钢筋的搭接长度，且应在顺交梁伸入墙端的长度内按《混凝土结构设计标准》GB/T 50010—2010（2024 年版）第 8.4.6 条的规定配置与在钢筋搭接长度范围内相同数量的封闭箍筋。

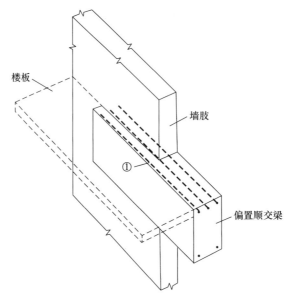

图 3-82　顺交梁截面宽度大于其所连墙肢厚度的情况

3.5.8　对构件截面中受拉钢筋搭接接头面积百分率的限制以及搭接长度与接头面积百分率之间的关系

如前面第 3.2.3 节已经指出的，钢筋的搭接接头因其施工便捷，虽比焊接和机械连接接头用钢量大，仍是目前使用偏多的钢筋接头形式。以受拉搭接为例，一根钢筋会在搭接段上将其拉力逐步经粘结传给两根钢筋搭接段范围内的混凝土，再由混凝土经粘结传给另一根钢筋的搭接段。试验实测结果表明，如图 3-83（a）所示，在一根钢筋的拉力沿搭接段逐步减小的同时，另一根钢筋搭接段内的拉力则逐步增大，且拉力沿搭接段的变化接近线性，表明沿两根钢筋搭接段的粘结传力在搭接长度方向是较为均匀的。在图 3-83（b）中还给出了在钢筋搭接段充分受拉后，将试件沿两根搭接钢筋中心线的平面锯开后看到的由试验中灌入的彩色液体显示的两根搭接段之间的裂缝分布。从中可以看出，由于在两个搭接段之间的混凝土中形成的是较为均匀的剪应力场，故由主拉应力引起的短斜裂缝分布较为均匀，方向较为一致。这也可以理解为搭接段之间的剪力由这些斜裂缝之间的混凝土斜压杆的压力传递。在图 3-84 中示意性地画出了在两根钢筋搭接段之间用弹性有限元分析识别出的被调动起来传递应力的混凝土范围。其中，在两根钢筋的相向范围内传力更为直接，传递的应力比重也较大；离开相向范围越远的混凝土，传递应力的途径越迂回，传递应力的比重也就越小。现将《混凝土结构设计标准》GB/T 50010—2010（2024 年版）第 8.4.1～第 8.4.6 条中有关搭接接头的主要规定直接引出，并在引文之后对其中的有关内容作必要提示。

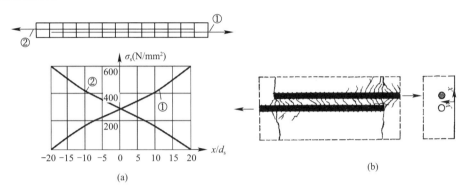

图 3-83　搭接接头两根钢筋之间的传力特征实测结果

8.4.1　钢筋连接可采用绑扎搭接、机械连接或焊接。机械连接接头及焊接接头的类型及质量应符合国家现行有关标准的规定。

　　混凝土结构中受力钢筋的连接接头宜设置在受力较小处。在同一根受力钢筋上宜少设接头。在结构的重要构件和关键传力部位，纵向受力钢筋不宜设置连接接头。

8.4.2　轴心受拉及小偏心受拉杆件的纵向受力钢筋不得采用绑扎搭接；其他构件中的钢筋采用绑扎搭接时，受拉钢筋直径不宜大于 25mm，受压钢筋直径不宜大于 28mm。

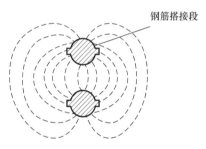

图 3-84　两根钢筋之间的粘结传力能够调动起来的介入传力的混凝土的主要范围

8.4.3　同一构件中相邻纵向受力钢筋的绑扎搭接接头宜互相错开。钢筋绑扎搭接接头连接区段的长度为 1.3 倍搭接长度，凡搭接接头中点位于该连接区段长度内的搭接接头均属于同一连接区段（图 8.4.3）。同一连接区段内纵向受力钢筋搭接接头面积百分率为该区段内有搭接接头的纵向受力钢筋与全部纵向受力钢筋截面面积的比值。当直径不同的钢筋搭接时，按直径较小的钢筋计算。

　　位于同一连接区段内的受拉钢筋搭接接头面积百分率：对梁类、板类及墙类构件，不宜大于 25%；对柱类构件，不宜大于 50%。当工程中确有必要增大受拉钢筋搭接接头面积百分率时，对梁类构件，不宜大于 50%；对板、墙、柱及预制构件的拼接处，可根据实际情况放宽。

　　并筋采用绑扎搭接连接时，应按每根单筋错开搭接的方式连接。接头面积百分率应按同一连接区段内所有的单根钢筋计算。并筋中钢筋的搭接长度应按单筋分别计算。

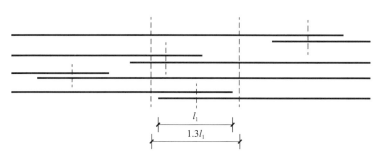

图 8.4.3　同一连接区段内纵向受拉钢筋的绑扎搭接接头

注：图中所示同一连接区段内的搭接接头钢筋为两根，当钢筋直径相同时，钢筋搭接接头面积百分率为 50%。

8.4.4　纵向受拉钢筋绑扎搭接接头的搭接长度，应根据位于同一连接区段内的钢筋搭接接头面积百分率按下列公式计算，且不应小于 300mm。

$$l_l = \zeta_l l_a \qquad (8.4.4)$$

式中　l_l——纵向受拉钢筋的搭接长度；

　　　ζ_l——纵向受拉钢筋搭接长度修正系数，按表 8.4.4 取用。当纵向搭接钢筋接头面积百分率为表的中间值时，修正系数可按内插取值。

纵向受拉钢筋搭接长度修正系数　　　　　　　　　　　　　表 8.4.4

纵向搭接钢筋接头面积百分率（%）	≤25	50	100
ζ_l	1.2	1.4	1.6

8.4.5　构件中的纵向受压钢筋当采用搭接连接时，其受压搭接长度不应小于本设计标准第 8.4.4 条纵向受拉钢筋搭接长度的 70%，且不应小于 200mm。

8.4.6　在梁、柱类构件的纵向受力钢筋搭接长度范围内的横向构造钢筋应符合本设计标准第 8.3.1 条的要求；当受压钢筋直径大于 25mm 时，尚应在搭接接头两个端面外 100mm 的范围内各设置两道箍筋。

下面对以上规定中的有关问题作简要提示。

一根设有搭接接头的钢筋与一根"直通"钢筋的最主要区别在于搭接接头是靠钢筋与混凝土之间的粘结效应传力的。由于粘结应力与一定的粘结滑移相对应，故一个搭接段在某个拉力下的伸长量总会明显大于与它等长的"直通"钢筋在相同拉力下的伸长量。这会带来两个方面的不利后果。一方面，当多根钢筋在一根钢筋混凝土构件中共同同步受拉时，若其中有一部分钢筋在同一位置设有搭接接头（假定这部分钢筋各有一个搭接接头），则多根钢筋的总抗拉刚度会相应削弱；且带有搭接接头的钢筋占的比例越大，总刚度削弱的程度就会越高。另一方面，同样在多根钢筋一起同步受拉时，因设有搭接接头钢筋的抗拉刚度低于无接头钢筋，故当无接头钢筋伸长达到屈服应变和屈服强度时，有搭接接头钢筋在相同伸长量下必然尚未达到屈服；只有当无接头钢筋达到某个屈服后应变时，有搭接接头钢筋方才达到屈服，即出现有搭接接头钢筋"屈服滞后"的现象。这些现象已为国内外试验实测结果所证实。

为了展示上述特征对一根构件受力性能的影响，在图 3-85 中分别画出了一根钢筋混凝土轴心受拉构件当所配的 4 根纵筋全无搭接接头以及分别有 1 根、2 根和 4 根在同一位置设有搭接接头时构件拉力-伸长量曲线的差别。从中可以看出，随着带搭接接头钢筋根数的增多，构件在达到无接头钢筋屈服伸长时所承担的拉力将逐步下降（从图中 a 点降到 b 点、c 点和 d 点），但不论设有搭接接头的钢筋占的比例大小，构件中的全部钢筋仍会在构件达到某个屈服后伸长量 Δ_p 时全部达到屈服。

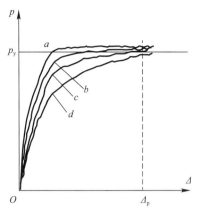

图 3-85　当一根轴心受拉构件的 4 根纵筋中有不同比例的纵筋设有搭接接头时构件的拉力-伸长量曲线

搭接接头传力时的偏低刚度及其引起的上述两项影响在焊接接头和机械连接接头处是原则上不存在的。

已有试验研究结果证实，通过增加搭接长度和在搭接长度不变时提高混凝土的强度等级都能减小搭接接头传力时的粘结滑移，从而减轻上述两项不利影响，但都不能消除以上两项不利影响。另外，还可以发现，当把搭接接头设在有些构件中受力较小的部位时，上述两项不利影响对构件性能的劣化（即构件刚度下降和不能在相应变形下充分发挥钢筋的承载能力）并不明显；而当把搭接接头设在受力较大截面时，上述负面影响就会更充分展现。

根据搭接接头的以上受力特点，《混凝土结构设计标准》GB/T 50010—2010（2024 年版）对搭接接头的应用采取了以下处理方法：

（1）由于轴心受拉和小偏心受拉构件沿全长不存在明显的"受力较小的部位"，而且搭接接头上述负面性能会直接影响这两类构件的强度和刚度发挥，故我国设计标准不允许在这两类构件中使用搭接接头。

（2）因对更大直径钢筋搭接接头的应用尚缺乏足够工程经验和试验结果，故在设计标准第 8.4.2 条中对使用搭接接头的钢筋最大直径作了限制。

（3）对不同类型构件各部位有搭接接头钢筋占全部钢筋的最大百分率作了限制，见设计标准第 8.4.3 条的引文。在以往版本的规范中，"各部位"是用"截面"来体现的；自 2002 年版起，参考美国规范的做法，改用具有一定长度的"连接区段"来体现"同一部位"，也就是如设计标准引文的图 8.4.3 所示，把落入一个连接区段长度内的全部搭接接头所属的钢筋均计入计算搭接接头面积百分率时的有搭接接头钢筋。

（4）根据有搭接接头钢筋在同一"连接区段"钢筋中所占的百分比，对搭接接头取用不同的搭接长度（见设计标准引文中的第 8.4.4 条），即搭接长度随有接头钢筋百分比的增大而加长，其目的是控制搭接接头的上述负面影响不致过大。其中的具体数据是规范修订组有关专家在同济大学吴虎南等完成的有搭接接头钢筋占不同百分比的柱类构件单调加载试验结果的基础上商定的。

（5）受压钢筋的搭接接头也是靠钢筋与混凝土之间的粘结传力的。但与钢筋锚固端处类似，因钢筋受压后侧向膨胀，形成对周边混凝土的侧压力，故粘结传力比钢筋受拉而侧向缩小时有利；而且经试验发现，搭接段钢筋端面对混凝土的顶压力也参与了搭接传力。我国《混凝土结构设计规范》GBJ 10—89 的修订专家组据此并参照欧洲规范的做法确认取受压搭接长度为该版规范给出的受拉搭接长度的 70%。另外，因在欧洲有关试验中发现，当受压搭接钢筋直径较大时，会因端面顶压力过大而在搭接充分传力时把端面以外邻近区域的表层混凝土顶崩裂（图 3-86），故我国《混凝土结构设计规范》GB 50010 自其

2002 年版起均专门规定，当搭接钢筋直径大于 25mm 时，应在可能发生崩裂的部位各加设两根附加箍筋，以强化对该部位混凝土的侧向约束。

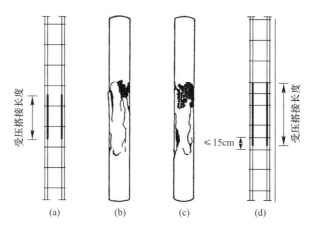

图 3-86　直径较大的受压钢筋搭接接头充分受力时因搭接钢筋端面顶压效应而形成的局部表层混凝土崩裂（其中，b、c 二图分别为采用 a、d 二图配筋做法时的破损形式）

除此之外，针对设计标准对钢筋搭接长度的规定，可能还有以下两点需要提请结构设计人关注：

（1）在连续板以及连续梁或框架梁中，常可把钢筋搭接接头设在确认的受力较小部位。例如，当上部纵筋贯通布置时，其接头可放在各跨中部，下部纵筋的接头则可放在节点或支座外的弯矩较小处（见《混凝土结构设计标准》GB/T 50010—2010(2024 年版)第 9.3.5 条第 5 款）。纵筋在这些部位一般是全部搭接。因这些部位的纵筋确实受力较小，故即使是 100% 搭接，也并不需要按规范表 8.4.4 加大搭接长度。规范对此未作交待，会导致工程中因不了解这一思路而仍然使用增大后的搭接长度，造成不必要的钢材多用。

（2）工程中遇到的设置搭接接头方面的最大难题是，根据施工传统做法，不论在框架柱、剪力墙肢或核心筒壁中向上延长纵向钢筋时，还是调整纵向钢筋用量时，都是把钢筋搭接接头设在从相应楼层的现浇板面起向上的高度范围内，而且几乎只接受 100% 搭接的做法。由于这些部位恰是上述各类竖向构件充分受力的部位，故根据试验结果需要明显加大搭接长度，方能使这些部位在受力充分时保持与无接头处相近的挠曲刚度。但根据试验结果，表 8.4.4 在搭接面积百分率为 50% 和 100% 时取用的增大了的搭接长度实际上仍明显未达到与无搭接接头钢筋受拉刚度相近的地步。之所以形成这种情况，主要是因为主持 2002 年版《混凝土结构设计规范》GB 50010—2002 修订工作的有关专家为了不使搭接接头过长，同时又无力改变竖向结构构件施工中总是对某一部位的全部钢筋设置搭接接头的习惯做法，而在结构刚度性能上作出了让步。在工程设计和施工中，要想绕开这一薄弱环节，可行的办法就是对钢筋使用焊接接头或机械连接接头，特别是对于高层、超高层建筑结构底部楼层的竖向钢筋。当然，若能在今后设计标准修订中将搭接长度增大到更合理的水准也是解决这一问题的一种有效办法，只不过会进一步增加用钢量。在目前情况下，重要的是结构设计人应清楚地知道这些采用了 100% 搭接做法的竖向构件部位是结构中构件刚度被局部削弱了的部位，而这一性能薄弱环节在结构侧向刚度控制验算（正常使用极限状态下的层间位移角验算）中是未被考虑的。

3.6 钢筋混凝土（或预应力混凝土）桁架的设计及构造

从 20 世纪 70 年代到 21 世纪初，因当时我国国力尚无条件放开使用钢结构，故除去某些吊车荷载过重、吊车运作过于频繁的工业厂房以及跨度过大的停机库和大跨度公共建筑使用钢结构屋盖外，大量较大跨度的单层排架结构厂房或其他房屋的屋盖主要承重构件大多使用混凝土屋架，特别是下弦用后张法施加预应力的预应力混凝土屋架。在这一过程中，我国设计界对此类屋架的分析、设计方法及配筋构造等方面积累了较为成熟的经验，这类屋架也经历了现场受力性能检测及长期工程应用考验。这些经验是西方工程界所不熟悉的。因今后的结构设计中或维护工作中仍可能用到或遇到钢筋混凝土或预应力混凝土屋架以及局部桁架式结构或者空腹桁架或托架，故本小节拟对我国在大跨度屋架设计中积累的主要设计经验作简要介绍，以供结构设计人参考。（这里所说的局部桁架式结构是指例如在多、高层建筑结构中用来承担外凸上部结构的由水平梁式拉杆及斜向柱式压杆组成的悬挑式桁架；空腹桁架是指不设斜腹杆只以一定间隔设置竖腹杆的平行弦刚架式屋架；托架则是指当在排架结构中因使用要求需去掉某根排架柱时，为了支承该处屋面梁或屋架而架设在相邻两根排架柱柱顶之间的沿厂房纵轴方向的下承式预应力混凝土桁架。）

钢筋混凝土屋架或预应力混凝土屋架，从原则上说可以作成图 3-87(a)、(b)、(c) 所示的平行弦式屋架、三角形屋架或折线形屋架。在竖向荷载作用下，当将屋架近似视为铰接桁架时，平行弦式屋架的上、下弦杆以跨中节间的内力（压力或拉力）为最大，越向端节间内力越小；腹杆则是端部内力最大，越向中部内力越小。三角形屋架则与其相反，上、下弦杆以端节间内力为最大，越向中间内力越小；而腹杆则是端部内力最小，越向中部内力越大。而折线形屋架则可通过调整上弦杆相应节间的坡度，做到上弦杆各节间的压力及下弦杆各节间的拉力都分别比较均匀，各腹杆的内力值也都相对偏小。由于折线形屋架的这种受力特点有利于对上、下弦杆分别选用相同的截面尺寸和通长的配筋（包括预应力筋），同时有利于腹杆设计，加之可在两个端节点处加做两个钢筋混凝土短支墩而形成平坡屋面（见图 3-87c 中虚线），故折线形屋架成为我国预应力混凝土屋架通用图集（例如由中元国际工程设计研究院负责编制的《预应力混凝土折线形屋架》04G415-1）的首选屋架形式。

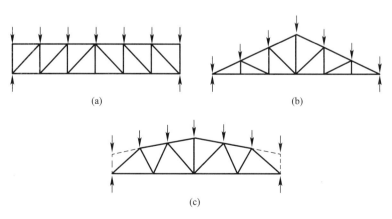

(a)　　　　　　　　　　　　　　　(b)

(c)

图 3-87　钢筋混凝土或预应力混凝土屋架的主要外形类型

在屋架设计中，考虑到：①上弦杆在各节间内还需承担由屋面结构构件（屋面板或檩条）传来的不小的竖向集中荷载；②屋架从在平放状态下制作和随后张拉下弦预应力筋到扶正成垂直状态所需的出平面刚度以及吊装过程中所需的防止因晃动而造成过大出平面挠曲的出平面刚度；③下弦设置预应力孔道所需的尺寸和从端部张拉预应力筋时为了保证下弦张拉端局部受压强度所需的截面尺寸，一般是将上、下弦杆选成截面宽度相同并略大于各腹杆截面宽度。各腹杆截面尺寸则按设计需要（承载能力、刚度及拉杆的裂缝宽度控制）分别确定。腹杆截面宽度比上、下弦偏小主要是为了腹杆纵筋便于伸入与上、下弦相交处的节点区进行锚固。

考虑到各腹杆与上、下弦杆之间的传力需要和配筋构造需要，有必要在屋架上、下弦杆与各腹杆的交点处设置具有一定尺寸的钢筋混凝土节点区，节点区的截面宽度通常也取成与上、下弦杆相同。这种加设实体节点区的做法会使屋架的力学模型变成刚接桁架，从而与铰接桁架形成差异。但分析和试验实测结果表明，由于各腹杆的长细度偏大，真实屋架中各杆件轴力与按铰接桁架计算出的轴力值没有过大差异，腹杆和下弦杆内实际出现的弯矩、剪力均较小，各腹杆和下弦杆并未改变其以承担轴力为主的受力特征。

结合按以上做法设计出的钢筋混凝土和预应力混凝土屋架的受力特点，我国设计界根据多年摸索认为这类屋架可按以下步骤进行分析。

对于预应力混凝土折线形屋架，由于下弦施加预应力后屋架会产生向上的反拱；扶直、起吊和安装后，受屋盖荷载作用，又会产生向下的挠曲，故最后的总挠曲变形不大；加之各腹杆内力较小，钢筋混凝土受拉腹杆的裂缝不会恶性加宽，因此，设计中屋架可分两步进行计算：

（1）在上弦节点荷载作用下（屋架自重分别计入各节点荷载）按铰接桁架计算各弦杆节间及腹杆的轴力；必要时需考虑屋面活荷载半跨布置情况对某些杆件形成的更不利内力（当设有悬挂吊车时，吊车装置的自重及吊车起吊重量还会形成下弦节点荷载）。

（2）将上弦视为简支在各节点处的多跨连续梁，计算其在屋盖形成的真实节间荷载作用下的弯矩和剪力（因预应力屋架的最终挠度不大，可不考虑各节点处的"支座下沉"）。

在此基础上，上弦纵筋配置数量按连续梁最不利截面（偏心受压截面）确定并通长布置，箍筋按最不利抗剪需要确定，并通长布置；各腹杆按轴心压杆或轴心拉杆进行截面设计，压杆的计算长度取为其轴线长度；下弦杆的预应力筋及非预应力筋按预应力轴心受拉构件设计。

对于钢筋混凝土屋架，分析及设计内容与以上所述相近，但因钢筋混凝土屋架受荷载作用后挠度较大，故在作上述第二步分析，即将上弦按多跨连续梁计算时，应考虑各节点的相应下沉；下沉量可按铰接桁架计算出的挠度确定（对应于承载能力极限状态，而不是正常使用极限状态），在挠度计算中对作为拉杆的下弦和相应腹杆，应考虑至少50%的受拉刚度折减。

不论在预应力混凝土屋架还是钢筋混凝土屋架中，因腹杆是按轴压或轴拉构件进行截面设计的，未考虑因屋架各杆件实际非铰接而存在的端约束弯矩和对应剪力，故在确定各腹杆纵筋及箍筋时应留有必要裕量，以便有能力承受可能出现的弯矩和剪力。

根据我国的设计经验，屋架腹杆与上弦或下弦相交处节点区的外形及尺寸可以图3-88所示的折线形屋架的一个上弦节点为例按下列步骤确定。首先，选定节点区突出弦杆以外

的尺寸 h_j。根据经验，h_j 可主要参照在该节点处相交的腹杆尺寸确定，例如大致取为腹杆尺寸的 1.5 倍左右。在选定 h_j 后，再从距弦杆边缘垂直距离为 h_j 处作一条与弦杆轴线平行的 bc 线，找到其与两根腹杆内边线的交点 b 和 c；再从 b、c 两点分别对两根腹杆轴线作垂线，延长到与图中上弦杆边线的交点 a 和 d，就确定了这一节点的轮廓线。

若仍以图 3-88 所示上弦节点区为例，则根据分析结果可知，它在屋架"满载"受力状态下的受力格局是，受压斜腹杆的压力 N_3（图 3-89）沿上弦杆轴线方向的分力与受拉斜腹杆拉力 N_4 沿上弦杆轴线方向的分力之和应恰好平衡该节点处左、右两段上弦杆中压力 N_1 与 N_2 之差（N_2 绝对值大于 N_1）；而 N_1 与 N_2 之差也恰好是这一节点区沿上弦杆轴线方向所要承担的剪力。而受压腹杆中压力 N_3 在垂直于上弦杆轴线方向的分力必然与受拉腹杆中拉力 N_4 在垂直于上弦杆轴线方向的分力相平衡，而这个分力也就是这一节点区在垂直于上弦杆轴线方向所要承担的剪力。

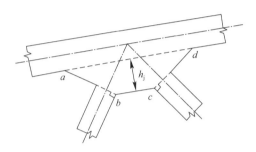 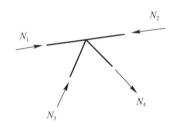

图 3-88　确定屋架各节点轮廓的基本方法　　图 3-89　屋架节点处各杆件轴力平衡关系示例

根据以上讨论可以归纳出屋架节点区需要具备的主要功能是：

（1）使腹杆拉、压纵筋实现有效锚固；

（2）具有抵抗平行弦杆轴线和垂直弦杆轴线方向作用剪力的能力；

（3）具有抵抗由弦杆和腹杆传来的弯曲效应的能力。

或者，综合起来说，具有必要的传力强度和保持屋架整体性的能力。为此，需采取的设计措施包括：

（1）使腹杆钢筋具有必要的拉、压锚固长度。考虑到节点区受力的复杂性，要求腹杆拉、压纵筋的锚固长度从超过杆件轴线交点处（见图 3-90 中的 a-b 截面和 c-d 截面）算起，即取成超出这两个截面的长度；

（2）沿节点外缘设置边缘附加钢筋，一般为两根直径 10 或 12mm 的带肋钢筋；该钢筋要求在两端伸入弦杆，到对边后再沿弦杆延伸不小于 $12d$（d 为该钢筋直径），见图 3-90；

（3）在节点范围内以适当间距布置具有一定直径的节点约束箍筋（封闭式矩形箍），应注意不使箍肢在腹杆纵筋之间穿过，见图 3-90，以免腹杆纵筋就位困难。在布置节点箍筋的范围内不再重复布置弦杆箍筋。同样，各腹杆箍筋也只在各节点区范围以外布置。

需要说明的是，节点外缘附加钢筋对于抵抗各杆件在节点处的弯曲效应和保证节点整体性有重要作用。而节点抵抗平行与垂直弦杆方向剪力的能力则是由节点区混凝土和穿过节点的弦杆纵筋、节点边缘附加钢筋以及节点区约束箍筋共同提供的，通常不需要进行节点区受剪承载力验算。

除此之外，还有两类节点需给予专门关注。

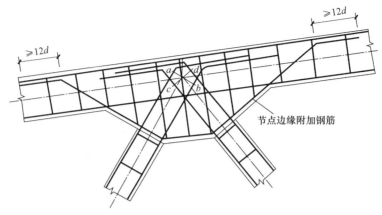

图 3-90　折线形预应力混凝土屋架某上弦节点的配筋构造示例

一个是折线形屋架中间的上部节点。因为在该节点处竖腹杆拉力需平衡左、右上弦杆内较大压力的竖向合力，为此应如图 3-91 所示关注以下问题：

（1）节点应有足够的截面高度，以保证竖腹杆拉力的传入和与上弦杆压力的平衡；

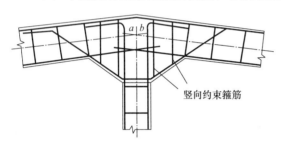

图 3-91　折线形预应力屋架中间上部节点的配筋构造示例

（2）节点内宜配有必要数量的竖放约束箍筋（封闭式矩形箍筋）；

（3）除必要受拉锚固长度外，还应关注使图示竖向腹杆纵筋在节点内的弯弧半径不致过小。

另一个则是折线形屋架的端节点。因根据建筑设计对基本轴线的规定，屋架上、下弦轴线交点（即理论支反力作用位置）距建筑轴线的水平距离为 150mm，而屋架上弦压力的水平方向分力与下弦拉力之间形成的端节点区水平剪力较大，故节点区有必要（也只能）向跨内方向扩展一定长度（图 3-92）。同时，应在节点内沿垂直于上弦轴线方向布置必要数量的矩形封闭箍筋以抵抗较大的节点水平剪力；而且，要求在节点内侧边缘再加放一根箍筋以防因上、下弦杆受力后其间夹角的改变而在该节点内边缘上、下内折角处引起过大主拉应力而导致这些部位局部开裂（裂缝从内折角向节点内发育）。

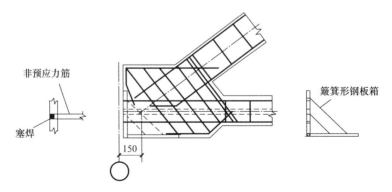

图 3-92　折线形预应力屋架端节点配筋构造示例
（节点内预应力筋孔道端部周围的螺旋形箍筋未画出）

除此之外，为了张拉预应力筋，需在节点外端及下边安设专门制作的簸箕形钢板箱，同时要在张拉端以内预应力筋周围布置螺距较小的螺旋形约束钢筋，以防这一节点的混凝土因预应力张拉压力（后张法）或锚固力（先张法）过大而局部受压破坏；此外，还要求将四根下弦非预应力钢筋经穿孔塞焊与钢板箱焊牢，因此构造已极为复杂。在这种情况下，已不再可能要求上弦杆纵筋按锚固长度要求伸过上、下弦轴线交点，而只能尽可能多伸入节点区后终结（图 3-92）。

3.7　对混凝土结构使用的预埋件技术及后锚固技术的提示

在 20 世纪后半叶的数十年间，为了在钢筋混凝土结构构件上连接例如设备或管道的钢支架或其他钢结构部件，或为了装配式结构预制构件之间的相互连接以及构件吊装，采用的都是在钢筋混凝土构件相应部位设置钢预埋件或连接件的做法。例如，当有必要在钢筋混凝土构件表面连接钢支架时，就需要在该部位混凝土浇筑之前将例如图 3-93 所示的钢预埋件临时固定在模板内侧，在现浇钢筋混凝土构件脱模后，或预制钢筋混凝土结构构件脱模并吊装就位后，即可将需要连接的钢构件与外露在钢筋混凝土构件表面的预埋件钢板经焊接连接。这时，钢构件中所受的力（弯矩、剪力、水平向轴拉力）就会通过钢预埋件的锚筋传入钢筋混凝土构件。又例如，在采用装配式结构的单层厂房中，为了在钢筋混凝土预制柱的柱顶和预应力混凝土

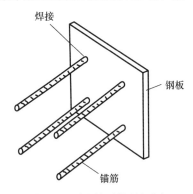

图 3-93　常用钢预埋件示意

屋架之间形成屋架的不动简支支座，也需要在柱顶表面预埋钢预埋件，并在预埋件钢板上焊好支座钢垫板；在屋架吊装就位后，通过将支座钢垫板与屋架支座处的钢预埋件相焊接实现柱与屋架的连接（做法大样见图 3-94）。这些预埋件和焊缝都必须具有足够的强度来传递结构在使用过程中作用在这一连接部位的各类内力。再例如，当钢柱或钢塔架安设在钢

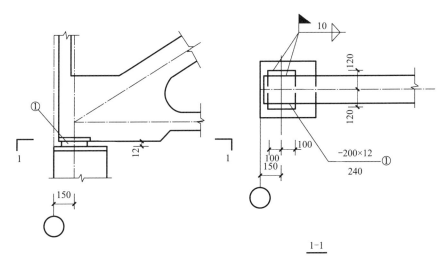

图 3-94　预制钢筋混凝土柱顶屋架支座区构造大样

筋混凝土基础顶面时，也需先在基础混凝土内对准钢柱底板螺栓孔的位置预埋螺栓，以便在钢柱吊装就位过程中使螺栓带丝扣的顶端从钢柱底板预留孔内穿出后，通过拧紧螺母将钢柱固定在基础顶面。这里的预埋螺栓同样需经设计保证其能够承受和传递钢柱底作用的弯矩及剪力（以及可能出现的轴拉力）。有关钢柱与基础连接的更多细节和设计方法请详见钢结构有关教材或专著。

另外，为了重型钢筋混凝土预制构件的吊装，也常需在构件的起吊点部位配合吊装工艺和机具设置预埋在构件混凝土中的钢吊装件（内埋式螺母、内埋式吊装件等）。这些钢吊装件也应按受力需要进行设计并妥善锚固在构件混凝土内。

在《混凝土结构设计标准》GB/T 50010—2010(2024 年版)第 9.7 节中，根据我国研究界认真完成的预埋件受力性能系列试验结果，给出了各类预埋件在所受相应内力（弯矩、轴拉力、剪力）及其组合作用下的承载能力设计方法和构造要求以及预埋吊装件的设计原则，关心的读者请见该标准的相应条文、条文说明以及相应研究报告。特别值得强调的是，这里的规定只涉及预埋件或吊装件自身的受力性能保障。而结构设计人在这种情况下还不应忽略的是，关注和保证当预埋件把它所受的内力传给钢筋混凝土构件后，构件自身也必须具有足够能力来接受这些内力并将其安全传至构件支座，而不致发生预埋件所在部位混凝土的局部拉脱或构件的相应承载能力不足。在必要时需在构件内加设相应配筋以承受由预埋件传来的内力。

进入世纪之交后，各国工程界又找到了一种在钢筋混凝土构件上连接或固定钢构件或各种设备的方法，即"后锚固技术"。这种技术在不少情况下实施起来比预埋件方法更为便捷和灵活。其做法是在需要的部位从已经硬结的混凝土表面向内打一定深度的圆孔，再将锚栓（外端带螺纹）或钢筋"植入"圆孔内以形成足够的抗力，从而可以把各类需要附着的结构构件或设备经由这些螺栓或钢筋与主体结构构件相连接。我国为此从 2004 年起制定了《混凝土结构后锚固技术规程》JGJ 145—2004，2013 年又经修订成为 JGJ 145—2013。该规程根据做法不同将锚固件分为以下三类：

（1）机械锚栓。是指精确加工而成的专用锚栓，我国为其专门制定了行业标准《混凝土用膨胀型、扩孔型建筑锚栓》JG/T 160（现行版本为《混凝土用机械锚栓》JG/T 160—2017）。根据这一行业标准，目前使用的机械锚栓又可分为膨胀型锚栓和扩底型锚栓两类。其中，膨胀型锚栓是将锚栓放入预先钻好的孔洞后，再通过敲击使锚栓尽端呈环状分布的膨胀件（或者说钢质嵌固件）挤压入锚孔孔壁混凝土而形成锚固能力。扩底型锚栓则是通过将所钻圆孔的底部孔径钻大以及锚栓尽端膨胀件在外力驱使下的外胀所形成的锁键作用把锚栓锚固在孔洞内。

（2）化学锚栓。是把螺杆放入孔洞并向孔内压力注入锚固胶粘剂而使螺杆与孔壁混凝土粘结来形成锚固力；为了加大锚固能力，还可在螺杆上事先做好倒锥形环形齿槽。

（3）植筋。是指把带肋钢筋或全螺纹螺杆放入孔洞，再向孔内压力注入有机或无机胶粘剂以形成锚固能力。

在《混凝土结构后锚固技术规程》JGJ 145—2013 中，对机械锚栓和化学锚栓的各种承载力计算在系列试验结果的基础上作了较详细的规定。其中，受拉承载力考虑了单锚与不同根数群锚的不同特点；受剪承载力中除了同样考虑单锚与群锚的区别外，还专门为靠近构件混凝土边缘的锚栓抗剪能力验算以及当群锚受剪、扭共同作用而出现相邻锚栓剪力作用方向相反时所需进行的剪撬承载力验算作了规定。对于植筋则按类似处理钢筋锚固问题的思路给出了相应规定。对于这些计算方法和规定，本书不拟作展开说明，有需要的读者请参考上述技术规程和有关文献。

在这里值得特别提醒的是，由于后锚固技术中的植筋技术相对简便易行，常会使设计和施工人员产生一种侥幸心理，即如果设计时遗漏了什么构件，都可以在相应部位的已有结构构件上打孔、植筋，在植筋外端加焊钢筋并做成钢筋骨架，再浇筑混凝土后，即可从已有结构上"长出"一根构件来。这当然恰是后锚固技术的一大优势。但要特别提醒设计人关注的是，新添构件会不会改变此前结构的受力体系，以及由新添构件经植筋加于原有结构的作用力是否能被相连的构件可靠承受和传递。

另外，后锚固技术遇到的另一个问题是，在布置混凝土上的钻孔位置时，需准确了解被钻孔构件内的纵筋和箍筋布置位置，以免钻孔时伤及结构内原有钢筋和钻孔失败。

4

结构设计中需要考虑的各设计状况

建筑结构设计的总目标主要是，以合理的经济投入保证所设计的结构能在规定的设计使用期限内面对施加于结构的荷载及作用以及所处的环境类别表现出所需要的性能，其中包括足够的静力承载力、必要的正常使用性能（对于钢筋混凝土结构即指必要的刚度和可控的裂缝宽度）及耐久性以及在当地不同水准地面运动激励下所需的抗震性能。

根据我国有关设计规范的规定，上述设计总目标是分别通过四种需要考虑的"设计状况"来体现的。这也就是本章准备简要介绍的内容。

4.1 结构体系所受的竖向及水平荷载或作用

结构所受的荷载或作用可分为竖向和水平向两大类。

竖向荷载主要包括结构本身以及各类非结构性部件的自重以及楼面和屋面活荷载。在有些设计情况下还要考虑屋面雪荷载以及某些工业建筑的屋面积灰荷载。在这些竖向荷载中，自重属于《建筑结构荷载规范》GB 50009—2012 规定的"永久荷载"，其他几项则均属"可变荷载"。在设计中应将永久荷载视为始终作用的，而可变荷载则全部应视为可有可无的。在不同设计条件下，应注意对各类竖向荷载取用不同的取值水准，如标准值、组合值、频遇值或准永久值。

在竖向荷载及作用中还包括结构体系所受的竖向地震作用。

竖向荷载及作用通常是经屋盖和各层楼盖的板、梁等水平构件传至柱、墙肢等竖向构件（或直接作用于竖向构件），再沿竖向构件逐层下传至基础并传入地基。其中需要关注的是：

（1）当构件负荷面积偏大以及结构层数较多时，因楼面活荷载不可能同时在一个楼层的全部负荷面积上全额作用，或不可能在各楼层全部面积上同时全额作用，故《建筑结构荷载规范》GB 50009—2012 规定了负荷面积较大或楼层数较多时楼面活荷载的相应折减措施，见该规范第 5.1.2 条。

（2）结构在自下向上逐层建造时，所形成的临时性结构体系、结构构件的模板及支撑状况、各层混凝土所达到的强度以及各层所受荷载等都会在施工过程中不断变化，且与采取的拆除支撑的时间及顺序相关；故在结构设计中，除应考察结构建成后在相应竖向荷载下的受力状态外，还可能需要跟踪在施工全过程中是否可能出现更不利的受力状况（见后面对"短暂设计状况"的提示）。

（3）在多层框架中，按结构力学的影响线规则考虑楼面活荷载在各层各跨的最不利布置位置对各构件控制截面内各种内力的不利影响，有助于捕捉到这些截面中可能出现的最不利内力值。但在结构抗震承载力设计中取用楼面活荷载组合值以形成重力荷载代表值时，约定楼面活荷载组合值均按各层各跨满布考虑，这是因为此时取用的组合值已在标准值的基础上作了较大幅度的折减，以体现可能与地震作用同时出现的楼面活荷载值。

有关竖向荷载取值的更多细部规定请见《建筑结构荷载规范》GB 50009—2012 第 4 章和第 5 章。

水平荷载则主要包括风荷载和水平地震作用。由于我国设计标准规定，只在特定情况下才需考虑竖向地震作用，故水平地震作用就成为一般建筑结构考虑的地震作用的主导作用方式。在水平荷载中，风荷载可以视为风在建筑物各个表面上垂直作用的压力或吸力；而风振引起的结构动力效应在设计中则通常是用加大结构相应部位或方向的风荷载值的简易方法来体现的；用于结构设计的多遇水准地震作用则取为结构体系在该水准地震地面运动激励下经历的动力反应过程中考虑多振型影响的有效绝对加速度反应。作用在结构各层楼盖高度的上述水平荷载或作用也都将通过由各个平面竖向结构和作为隔板的各层楼盖所构成的抗侧向力结构体系逐层向下传到基础和地基。随着建筑结构高度的增大，水平荷载或作用引起的内力在结构构件控制截面组合内力中所占的比重会逐步增大，特别是当结构位于我国东南沿海或新疆的一些风荷载很大的地区或位于地震作用偏大的设防烈度分区时，风荷载或地震作用可能会对结构设计起控制作用。

4.2 设计标准规定的建筑结构的四种设计状况

我国国家标准《工程结构可靠性设计统一标准》GB 50153—2008 对我国各类建筑结构和土木结构的可靠性总体水准和保证这种水准的设计原则作了统一规定。该标准根据各类结构的不同受力状况，分别给出了所使用的各类荷载和作用的取值标准和效应值组合原则以及构件设计规则。其中，通过"设计状况"把结构的受力状况及设计原则划分为以下四类：

（1）持久设计状况

这种状况针对的是结构的常规受力状况，因此也是每个结构必须考虑的基本受力状况。其中，除各项竖向荷载外，水平荷载中主要考虑的是风荷载。只有当结构所在场地有坡度，且地面较高一侧又不拟通过挡墙而是由结构自身来抵抗侧向土压力及可能出现的地下水侧压力时，水平荷载中还应包括这部分土压力及地下水压力。其中，为了设计方便，土的侧压力和地下水侧压力均可按永久作用考虑。

（2）地震设计状况

对于位于有抗震设防要求地区的结构，由于地震地面运动的特定偶发性和致灾能力，且对结构的影响属于由它激起的结构动力反应过程，故在设计中需通过专门要求和方法来考虑这类动力效应。根据《中国地震动参数区划图》GB 18306—2015 的规定，我国全部国土面积都已被分别划入从 6 度（0.05g）～9 度（0.40g）的 6 个抗震设防分区，即我国国土面积内的全部建筑结构均属于有抗震设防要求的结构。但根据《建筑抗震设计标准》GB/T 50011—2010(2024 年版) 第 3.1.2 条的规定，位于 6 度设防分区的没有特殊规定的"重点设防类""标准设防类"和"适度设防类"（也称乙类、丙类和丁类）建筑可以只满足规范规定的抗震措施，而不进行地震作用计算和与此有关的设计。这意味着，除这条规定之外的位于我国大部分国土面积上的结构都还应根据所在的设防烈度分区完成"地震设计状况"下的设计，即抗震设计。

（3）短暂设计状况

指可能需要在设计中专门考虑的临时性受力状况，例如施工和维修中出现的受力状况。根据《工程结构可靠性设计统一标准》GB 50153—2008，对这种状况取用的可靠性水准及对应的荷载效应组合原则与"持久设计状况"完全相同，只不过对构件正常使用极限状态相应性能的设计控制可以适度放松。

（4）偶然设计状况

指某些建筑结构可能需要在设计中考虑的偶发性异常受力状况，包括火灾、建筑物内的燃气爆炸、人为实施的对建筑物的恶意爆炸以及邻近道路或航道的结构有可能受到的车辆或船只的撞击等。《工程结构可靠性设计统一标准》GB 50153—2008 为这类偶然设计状况规定了不同于其他三类设计状况的可靠性水准及荷载效应组合原则，详见该标准。

本章下面拟对设计中普遍需要考虑的"持久设计状况"和"地震设计状况"下的结构设计问题作简要说明。

4.3　风荷载及"持久设计状况"下的设计原则

持久设计状况是每个建筑结构都需要考虑的设计状况。其中的各项竖向荷载已如前述，这里不再作补充说明；水平荷载中主要为风荷载，现对其作必要补充说明。

根据《建筑结构荷载规范》GB 50009—2012 的规定，在持久设计状况下的结构设计中均应考虑风荷载的作用。风荷载的取值则以该规范为我国各地给出的"基本风压"为基础。我国各地基本风压的分布情况见该规范图 E.6.3。其中的基本风压是指某地一个位于地面以上 10m 高度处与风作用方向垂直的无限平面所受到的单位面积上的风压力年最大值（由该地风速仪测得的 10min 平均风速的年最大值经流体力学经典公式换算得出）的 50 年一遇值。从图 E.6.3 可以看出，各地基本风压 w_0 在 0.3~0.9kN/m² 之间变动，差异较大。其中，基本风压较高的只是东南沿海以及新疆少部分地区，其余广大地区的基本风压都不是太大，即都大致在 0.3~0.6kN/m² 范围内变动。

当沿结构的某个平面主轴方向对结构进行分析时，通常是假定风荷载沿这一主轴分别从正、反两个水平方向作用于结构。这时，一个封闭式建筑的各个表面上根据流体力学原理均受有风荷载，且不同表面作用的风荷载的正、负（风压力或风吸力）状况及数值各不相同。根据《建筑结构荷载规范》GB 50009—2012 的规定，作用在建筑物某个表面上的风荷载标准值 w_k（垂直于该表面作用）由下式算得：

$$w_k = \beta_z \mu_s \mu_z w_0 \tag{4-1}$$

其中，w_0 为基本风压，全国各县级及以上城市的基本风压可从《建筑结构荷载规范》GB 50009—2012 附录 E.5 中查得；β_z 为考虑 10m 高度以上基本风压随高度进一步增大的高度变化系数；μ_s 为从基本风压转换成垂直于建筑物不同表面的单位面积风压力或风吸力的风荷载体型系数（例如，迎风竖直墙面通常受风压力，体型系数为 0.8；背风竖直墙面受风吸力，体型系数为 -0.5 等），其取值是从各种体型结构模型在风洞试验中实测得到的各表面风压力（正、负）值经综合评价整理后给出的；μ_z 为高度 z 处的风振系数，在一般结构使用的式（4-1）的系数 μ_z 中，只考虑了沿风的作用方向由气流引起的结构振动所起的加大风效应的作用，其余不同体型高层建筑可能发生的横向风振和扭转风振的考虑方法请见《建筑结构荷载规范》GB 50009—2012 中的补充规定及说明。

本书限于篇幅不拟再给出以上各项系数的取值，请见《建筑结构荷载规范》GB 50009—2012。

需要提请关注的是，一般外形建筑各表面的体型系数可按《建筑结构荷载规范》GB 50009—2012 表 8.3.1 给出的各典型情况直接取用；但对某些体型特殊的建筑物，则可能有必要委托专门的试验研究机构通过对其模型的风洞试验专门测定其不同部位表面的体型系数。

在结构分析中，通常是把一层屋盖或一层楼盖范围内（按各楼层的高度中点划分）各建筑物表面所受风荷载的水平分量相加后形成作用在该屋盖或楼盖标高处的集中水平风力，并按"左风"和"右风"两种情况，经结构分析分别求得各构件控制截面在相应风荷载下的内力以及各层层间位移角。在各构件控制截面的风效应组合中，需考虑风荷载由左向右和由右向左作用的两种可能性。

在"持久设计状况"的设计中需要完成的结构设计内容主要包括：

（1）承载力设计

在确定了初选的结构体系类型和布置、各结构构件的截面形状和尺寸、钢筋及混凝土的强度等级以及结构上作用的荷载数值及作用方式后，即可通过结构的弹性静力分析求得各构件控制截面在各类荷载作用下的各类内力；根据设计标准规定的组合原则即可进一步求得各构件控制截面各类组合内力；根据设计标准规定的截面承载力设计原则和方法即可算得各构件控制截面针对不同失效方式所需的各类配筋数量，并检查相应配筋率是否处在合理范围内（即不超过规定的最大数量，不少于规定的最低数量）；这后一项检查除去保证承载力要求外，也是为了检验结构造价是否大致处在经济合理范围内。

需要指出的是，虽然某些荷载的作用（如风振）也会给结构带来动力效应，但因已通过风振系数等做法将其转换成静力效应处理，故在"持久设计状况"下完全可以只用静力分析手段解决结构的设计问题。

（2）正常使用性能控制

其中包括控制风荷载标准值下的各层层间位移角，使之不超过规定限值，以及使对于挠度和裂缝宽度敏感的构件在正常使用极限状态对应的荷载效应组合下的挠度和裂缝宽度不超过规定限值。

（3）构造设计

使各类构件、部件及其连接区满足针对混凝土、钢筋及两者之间粘结性能所规定的各项构造要求，以保证各类构件除控制截面之外不同部位的受力要求和各类构件之间的传力要求以及结构体系的整体性要求和耐久性要求。

在完成以上三项主要设计内容后，即可期望结构能以所选的结构体系和赋予构件的承载力安全承受和传递可能在使用寿命内作用于结构的相应荷载；同时，在满足各项正常使用要求及构造措施的条件下，使结构表现出必要的整体稳固性、足够的侧向刚度和侧向刚度沿结构高度的较均匀分布以及所需的耐久性，从而符合对受力性能的全面要求。

本书在第 1 章第 1.19.3 小节中已对各类结构构件承载力设计中保证设计可靠性的基

本思路作过简要说明。为了落实这一基本思路，《工程结构可靠性设计统一标准》GB 50153—2008 首先针对各类建筑结构在"持久设计状况"下的构件承载力设计给出了各项荷载效应的组合原则，称为"基本组合"，即认为当各项荷载与其各自的荷载效应之间存在线性关系时（当荷载效应是在该项荷载作用下用弹性结构分析方法求得时，通常即可认为在荷载及其荷载效应之间存在线性关系），在构件承载力设计中使用的各项内力 S_d 即可按下式求得：

$$S_d = \sum_{i \geqslant 1} \gamma_{G_i} S_{G_{ik}} + \gamma_{Q_1} \gamma_{L1} S_{Q_{1k}} + \sum_{j>1} \gamma_{Q_j} \psi_{cj} \gamma_{Lj} S_{Q_{jk}} \tag{4-2}$$

式中　$S_{G_{ik}}$——当有多项永久荷载时（即 $i=1，2，\cdots，n$），第 i 项永久荷载效应的标准值；

$S_{Q_{1k}}$——当有多项可变荷载时，起主导作用的第一项可变荷载效应的标准值；

$S_{Q_{jk}}$——第 j 项可变荷载效应的标准值（$j=2，3，\cdots，m$）；

γ_{G_i}——第 i 项永久荷载的分项系数；

γ_{Q_1} 和 γ_{Q_j}——起主导作用的第一项可变荷载以及第 j 项可变荷载的分项系数；

γ_{L1} 和 γ_{Lj}——第一项和第 j 项可变荷载考虑结构设计使用年限的调整系数；

ψ_{cj}——第 j 个可变荷载的组合值系数。

上列各项荷载的分项系数值以及设计使用年限调整系数值的取值分别见《工程结构可靠性设计统一标准》GB 50153—2008 的表 A.1.8 和表 A.1.9；ψ_{cj} 的取值则由各本结构设计标准或规程自行规定。

由于在量大面广的多、高层建筑结构的"持久设计状况"下，构件承载力设计时的可变荷载除去水平风荷载外，主要只有各层楼盖以及屋盖的活荷载（当有雪荷载时只作用于屋面，且不上人屋面活荷载不必与雪荷载同时考虑；而积灰荷载出现较少，且也只作用于屋面），故《高层建筑混凝土结构技术规程》JGJ 3—2010 不再要求识别哪一项可变荷载是"起主导作用的第一项可变荷载"，而将上面式（4-2）改用以下更简单、明确的形式表达：

$$S_d = \gamma_G S_{Gk} + \gamma_L \psi_Q \gamma_Q S_{Qk} + \psi_w \gamma_w S_{wk} \tag{4-3}$$

式中　S_{Gk}、S_{Qk} 和 S_{wk}——永久荷载效应、楼面（屋面）活荷载效应和风荷载效应的标准值；

γ_G、γ_Q 和 γ_w——永久荷载、楼面（屋面）活荷载以及风荷载的分项系数；

γ_L——楼面（屋面）活荷载的考虑结构设计使用年限的调整系数；

ψ_Q 和 ψ_w——楼面活荷载和风荷载的组合值系数，也就是体现各项可变荷载可能同时作用的部分小于其标准值的折减系数。

《高层建筑混凝土结构技术规程》JGJ 3—2010 规定，当在结构设计中永久荷载效应起控制作用时，系数 ψ_Q、ψ_w 分别取为 0.7 和 0；当可变荷载效应起控制作用时，这两个系数分别取 1.0 和 0.6 或 0.7 和 1.0（其他特殊情况下的取值规定请见该规程第 5.6.1 条的注）。

在获得了构件承载力设计的荷载效应组合值 S_d 后，承载力设计即可按下式要求完成：

$$\gamma_0 S_d \leqslant R_d \tag{4-4}$$

式中　γ_0——结构重要性系数，其取值与建筑物的安全等级相关，见《工程结构可靠性设计统一标准》GB 50153—2008 的表 A.1.7；

R_d——根据材料强度设计值和各本结构设计规范针对结构构件的不同失效方式所给出的用于"持久设计状况"或者说非抗震设计的承载力计算公式求得的抗力（承载力）设计值。

"持久设计状况"下的高层建筑结构还应满足各楼层在水平风荷载标准值下的弹性层间位移角控制条件。这一要求可表达为：

$$\Delta u/h \leqslant [\Delta u/h] \tag{4-5}$$

式中 $\Delta u/h$——由水平风荷载标准值经弹性结构分析算得的各层层间位移角，其中 Δu 为层间位移，h 为层高；

$[\Delta u/h]$——《高层建筑混凝土结构技术规程》JGJ 3—2010 第 3.7.3 条规定的弹性层间位移角限值，具体数值这里不再引出。

对层间位移角控制的进一步说明和对构件挠度控制及裂缝控制的说明，请见本章第 5.6.3 小节、第 5.6.2 小节和第 5.6.4 小节。

4.4 地震作用及"地震设计状况"下的设计原则

一次地震体现的是地壳某处岩体发生一次局部剪切破裂时所引发的振动的传播过程和该破裂面引起的错位以及由此导致的各类地表灾害。从结构设计角度关心的主要是地震波以不同波形和不同传播途径达到其影响区各地地面时所形成的强度、频率成分和持续时间各不相同的三维振动过程，称为"地震地面运动"。影响区内任意一个地点在一次地震中出现的地面运动的强弱主要取决于三个因素，一个是该地到发震断裂的距离大小，另一个是该次地震的震级大小，再一个是地面运动从震中向外逐渐衰减的规律。我国全国不同地点因与各个潜在震源区的距离不同，而各个潜在震源区可能发生的地震的最大震级以及各震级地震的发生概率分布也各不相同，使得每个地点曾经受到的（也就大致相当于今后可能受到的）各次地震地面运动也强弱不同。为了描述各地预计发生的地震地面运动的强弱，通常需要两个尺度，一个尺度用来标识各地地震地面运动总体水准的强弱；另一个尺度用来给出每个地点地面运动在前一个尺度基础上的离散性程度。这种离散性程度通常可用一个约定的发生概率更小（即更偏强）的地面运动和一个约定的发生概率更大（即更偏弱）的地面运动来表示。为此，在给出结构抗震设计用的各地地面运动大小时，各国常用的做法是，在对各地完成地震危险性概率分析，也就是获知了各地预期发生的强弱不同的地面运动沿时间轴的不同发生概率后，先以各地具有某个约定的统一的发生概率的地面运动为标准来区分各地可能发生的地面运动整体水平的强弱，再给出每个地点更偏大和更偏小的有代表性发生概率的地面运动的具体取值。

目前，世界各国对地面运动沿时间轴的概率分布模型均取用泊松分布模型，也称二元分布模型。

我国目前采用的做法是，按《中国地震动参数区划图》GB 18306—2015 的规定，首先用由以下两项标准算得的每个地点的有效地面峰值加速度的较大值作为衡量该地点地面运动总体水平强弱的尺度：

（1）50 年超越概率为 10% 的有效地面峰值加速度；

（2）50 年超越概率为 2% 的有效地面峰值加速度的（1/1.9）倍。

钢筋混凝土结构机理与设计

再按照全国各地由上述两条判别标准求得的较大的有效地面峰值加速度的大小，把全国划分为 6 个设防分区，即从弱到强分为 6 度 $0.05g$ 区（判别值小于 $0.09g$ 地区）、7 度 $0.1g$ 区（判别值在 $0.09g\sim0.14g$ 之间的地区）、7 度 $0.15g$ 区（判别值在 $0.14g\sim0.19g$ 之间的地区）、8 度 $0.2g$ 区（判别值在 $0.19g\sim0.28g$ 之间的地区）、8 度 $0.3g$ 区（判别值在 $0.28g\sim0.38g$ 之间的地区）和 9 度 $0.4g$ 区（判别值在 $0.38g$ 以上的地区）（g 为重力加速度）。

我国各地按设防分区划分的设防烈度水准的峰值加速度以及按相应等级划分的反应谱特征周期可由《中国动震动参数区划图》GB 18306—2015 的附录 C 直接查得（该附录按全国各乡、镇人民政府所在地逐一给出对应的上述两个参数值）；这两个参数也可以从《建筑抗震设计标准》GB/T 50011—2010(2024 年版) 的附录 A 查得（但该规范只给到各县、区的中心地区为止）。

在此基础上，《建筑抗震设计标准》GB/T 50011—2010(2024 年版) 进一步给出了各个设防分区的建筑结构抗震设计分别使用的三个强弱不同的有效地面峰值加速度取值水准，或者说超越概率水准，即：

(1) 设计中考虑的最高的有效地面峰值加速度水准，称为"罕遇水准"。根据《中国地震动参数区划图》GB 18306—2015 给出的定义，其 50 年超越概率为 2%，重现期为 2475 年。

(2) 设计中考虑的有效地面峰值加速度的中等水准，称为"设防水准"。其取值即为各设防分区名称括号中的标识值，其统计含义应是上面给出的设防分区两项划分标准中的较大值。当为 50 年超越概率 10% 的水准时，其对应的重现期为 475 年。《建筑抗震设计标准》GB/T 50011—2010(2024 年版) 也把这一水准的有效地面峰值加速度称为"设计基本地震加速度"。

(3) 设计中考虑的有效峰值加速度的较低水准，称为"多遇水准"，其统计含义为 50 年超越概率 63%，对应的重现期为 50 年。

现将《建筑抗震设计标准》GB/T 50011 到其 2024 年版为止对我国上述 6 个设防分区分别给出的以上三个概率水准的有效地面峰值加速度取值（以 cm/s^2 为单位的取值和用重力加速度倍数表示的取值）及不同水准取值之间的比值列在表 4-1 中。

《建筑抗震设计标准》GB/T 50011—2010(2024 年版) 使用的各设防分区三个
水准的有效地面峰值加速度值 a_{gm}（cm/s^2）及其相对比值　　表 4-1

各档有效地面峰值加速度及其比值	设防分区					
	6 度 $0.05g$	7 度 $0.1g$	7 度 $0.15g$	8 度 $0.20g$	8 度 $0.30g$	9 度 $0.40g$
罕遇水准有效地面峰值加速度 a_{gm}	125 ($0.13g$)	220 ($0.22g$)	310 ($0.32g$)	400 ($0.41g$)	51 ($0.52g$)	62 ($0.63g$)
设防水准有效地面峰值加速度（设计基本地震加速度）a_{gz}	49 ($0.05g$)	98 ($0.1g$)	147 ($0.15g$)	196 ($0.2g$)	294 ($0.3g$)	392 ($0.4g$)
多遇水准有效地面峰值加速度 a_{gf}	18 ($0.018g$)	35 ($0.036g$)	55 ($0.056g$)	70 ($0.071g$)	110 ($0.112g$)	140 ($0.143g$)
a_{gm}/a_{gz}	2.55	2.24	2.11	2.04	1.73	1.58

续表

各档有效地面峰值加速度及其比值	设防分区					
	6 度 0.05g	7 度 0.1g	7 度 0.15g	8 度 0.20g	8 度 0.30g	9 度 0.40g
a_{gz}/a_{gf}	2.72	2.80	2.67	2.80	2.67	2.80
a_{gm}/a_{gf}	6.94	6.29	5.64	5.71	4.64	4.43

注：1. 本表数据引自《建筑抗震设计标准》GB/T 50011—2010（2024 年版）的表 3.2.2 和表 5.1.2-2；其中，各设防分区取用的罕遇水准有效地面峰值加速度值是否符合《中国地震动参数区划图》GB 18306—2015 给出的 50 年超越概率 2%的定义，尚有待这两本国家标准进一步协商确认。

2. 表中 g 为重力加速度，取 981cm/s²。

从表 4-1 可以看出，由于各设防分区有效地面峰值加速度的概率分布规律不完全相同，各设防分区"设防水准"与"多遇水准"有效地面峰值加速度之间的比值虽然变化不大，但"罕遇水准"与"设防水准"有效地面峰值加速度的比值是随设防分区地震效应的上升而逐步有所下降的。这一规律与美国统计结果的变化趋势是相似的。表 4-1 中的数值意味着，按照我国目前取用的地震作用设计取值方案，只要所设计的结构位于同一设防分区，即使它们之间实际经受的地面运动统计结果仍有差异，设计时仍应统一使用表中规定的三个水准的统一取值。美国规范从 21 世纪起已改为按各地经纬度坐标分别给出更细分的各坐标点相应概率水准的设计用地震动值，即不再划分设防分区。这种做法与我国目前做法相比各有利弊。

由大量统计分析所证实的各地地面运动普遍具有的泊松分布规律表明，虽然各地预期经历的地面运动强度的总体水准差别很大，但就每个地点而言，总是相对较弱的地面运动发生概率偏大，相对越强的地面运动发生概率越小。如与风荷载相比，则可发现风荷载与地震作用的概率分布特征有很大不同。例如，如前面所述，在持久设计状况的作用效应基本组合中使用的风荷载标准值相当于 50 年一遇值。而根据地球大气环流特征，即使出现极为异常的天气状况，风速通常也很难超过 50 年一遇值的例如 40%～60%。这意味着，当在基本组合中取风荷载分项系数为 1.4 时，靠部分挖掘结构可靠性潜力，结构仍抵御得住这类超常风荷载。但对于地震作用，如上面所述，多遇水准地面运动的重现期为 50 年，即同样为 50 年一遇值；而从表 4-1 可以看出，以较小概率发生的当地罕遇水准地面运动将达到多遇水准地面运动强度的 5～6 倍；而且，历史记录表明，达到这种强度水准的地面运动已在世界各地多次发生，且每次这样的地震灾害都会在相当大面积的影响区内造成由房屋垮塌导致的重大人身和社会财产损失，社会难以承受，故仍属要求设法抵御的地震作用之列，只不过显然已不能继续使用简单地提高设计可靠性的办法，也就是提高结构承载力的办法来解决，而必须另辟设计思路。

通过数十年的研究探索及震害检验，到目前为止已逐步形成了一种为各国抗震设计界普遍接受了的更为理智的抗震设计理念，即在把用于抗震设防的总投入控制在社会可接受尺度内的条件下，主要利用现代结构体系的延性性能（当然也借助于结构体系的非弹性耗能能力以及结构可靠性设计等措施赋予结构的承载力潜力）使建筑结构能以不同的但可以接受的性能表现来经历当地不同强弱的地面运动的激励。到目前为止，各国对于量大面广的一般性建筑结构（我国《建筑工程抗震设防分类标准》GB 50223—2008 将这类结构称为"标准设防类"建筑结构，或简称"丙类"建筑结构）采用的抗震设计思路，或者说抗震设防目标，体现在我国设计标准中即为《建筑抗震设计标准》GB/T 50011—2010（2024

年版）第 1.0.1 条的内容。若用较易理解的方式表达出来，则可写成：结构通过抗震设计后，在当地"多遇水准"地面运动激励过程中，将不会发生结构性损伤，或只发生局部、轻度结构性损伤，从而可以在震后立即恢复使用（或者说立即发挥原有功能），所需较为简单的修复可在恢复使用后陆续完成；在当地"设防水准"地面运动激励过程中，会发生结构性损伤，但损伤程度不论从技术角度还是经济角度都仍在可修复范围内；通过修复可使结构原则上恢复其原有的抗震承载力和刚度（这种修复通常只能在暂时中断使用功能的条件下完成）；而在当地"罕遇水准"地面运动激励过程中形成的最不利结构侧向变形状态则应离会导致人身伤害的严重损毁状态（包括局部严重损毁状态）和进入倒塌过程尚有必要的安全裕量。这最后一个水准的性能控制目标因涉及保障人身安全这一最基本的灾害防御目标，已被不少国家抗震界视为抵御地震灾害的首要目标。而经过现代抗震设计的建筑结构确有能力实现上述目标已被这类结构在世界各地近期强震中的表现及各类整体结构的性能试验所证实。

为了实现以上针对"标准设防类"建筑结构的多层次抗震设防目标，需要在《工程结构可靠性设计统一标准》GB 50153—2008 规定的"地震设计状况"下，按照《建筑抗震设计标准》GB/T 50011—2010(2024 年版)的规定，对标准设防类的各种适用于抗震的结构体系完成以下抗震设计内容：

1. 完成多遇水准地震作用下的结构抗震承载力设计

按照以上所述的能使结构以不同的性能表现经历其所在地相对强度不同，或者说发生概率不同的地面运动激励过程的抗震设计总思路，《建筑抗震设计标准》GB/T 50011—2010(2024 年版)选择了由各地多遇水准地面运动激起的结构动力反应作为确定用于结构抗震承载力设计的地震作用的依据。具体做法是，先根据大量单向地面运动记录（加速度-时间曲线）归纳整理出相当于各设防烈度分区多遇水准的经模型化处理后的分别用于不同场地类别和设计地震分组的弹性单自由度体系绝对加速度反应谱曲线，再将其转换成相对应的"地震影响系数曲线"；然后利用该曲线及结构体系的弹性振型分解反应谱法求得结构在多遇水准地面运动激励下的各项作用效应 S_{EK}（其中包括各结构构件控制截面中的各种作用内力、各层层剪力和结构底部剪力、各构件杆端位移、转角和各层层间位移角及结构顶点位移）。在振型分解反应谱法中，各振型地震作用均作用于结构体系中设定的凝聚质点处；每个凝聚质点处的地震作用均等于该质点处凝聚的重力荷载代表值 G_i 乘以与该振型自振周期对应的地震影响系数曲线纵坐标 α_j；重力荷载代表值的定义则见下面对式（4-6）的相应说明。

根据《建筑抗震设计标准》GB/T 50011—2010(2024 年版)第 5.1.2 条的规定，对于符合规定条件的较为简单的以第一振型反应为主的结构体系，亦可采用底部剪力法确定地震作用效应 S_{EK}；而对于该条第 3 款规定的更为复杂或更为重要的结构，则尚需利用弹性时程分析法对结构进行补充计算。但据了解，在设计中普遍使用结构分析与设计商品软件的当前情况下，除单层结构外，底部剪力法已几乎不再使用。

在获得了地震作用效应 S_{EK} 后，即可利用《工程结构可靠性设计统一标准》GB 50153—2008 针对"地震设计状况"下的承载力设计给出的不同于"持久设计状况"承载力设计的组合原则求得结构构件控制截面在包括地震作用在内的各类相应荷载及作用下的组合内力设计值 S_{dE}。下面给出的是《高层建筑混凝土结构技术规程》JGJ 3—2010 按上述统一标准的规定给出的用更符合设计使用的方式表达的 S_{dE} 计算公式：

$$S_{dE} = \gamma_G S_{GE} + \gamma_{Eh} S_{Ehk} + \gamma_{Ev} S_{Evk} + \psi_w \gamma_w S_{wk} \tag{4-6}$$

式中，S_{GE} 为重力荷载代表值效应，这里的"重力荷载代表值"应理解为能与地震作用同时出现的重力荷载值。其中，永久荷载自然应全部同时出现；楼面和屋面活荷载则需考虑各自的以不同程度小于 1.0 的组合值系数，该系数取值见《建筑抗震设计标准》GB/T 50011—2010（2024 年版）第 5.1.3 条；由于例如一般民用建筑楼面活荷载的组合值系数只有 0.5，故其取值比"持久设计状况"下的全额标准值明显偏小，这是"地震设计状况"承载力设计与"持久设计状况"承载力设计的重要差异之一。S_{Ehk} 和 S_{Evk} 为水平和竖向地震作用效应的标准值。S_{wk} 为风荷载效应标准值。γ_G、γ_{Eh}、γ_{Ev} 和 γ_w 则分别为重力荷载代表值效应、水平及竖向地震作用效应以及风荷载效应的分项系数，其取值规定偏复杂，见表 4-2。ψ_w 为风荷载组合值系数，在有风荷载参与组合时，该系数始终取为 0.2。

为了使读者更好地了解在一般多、高层建筑结构中需要考虑的各种组合情况及各种情况所用的分项系数取值，本书参照《高层建筑混凝土结构技术规程》JGJ 3—2010 的表 5.6.4 给出了下面的表 4-2。

"地震设计状况"下荷载及作用效应的分项系数在不同组合条件下的取值　　表 4-2

参与组合的荷载和作用	γ_G	γ_{Eh}	γ_{Ev}	γ_w	说明
重力荷载及水平地震作用	1.2	1.3	—	—	抗震设计的建筑结构均应考虑
重力荷载及竖向地震作用	1.2	—	1.3	—	9 度抗震设计时考虑；水平长悬臂和大跨度结构在 7 度 0.15g、8 度 0.2g、8 度 0.3g 和 9 度抗震设计时考虑
重力荷载、水平地震作用及竖向地震作用	1.2	1.3	0.5	—	9 度抗震设计时考虑；水平长悬臂和大跨度结构在 7 度 0.15g、8 度 0.2g、8 度 0.3g 和 9 度抗震设计时考虑
重力荷载、水平地震作用及风荷载	1.2	1.3	—	1.4	60m 以上的高层建筑考虑
重力荷载、水平地震作用、竖向地震作用及风荷载	1.2	1.3	0.5	1.4	60m 以上的高层建筑，9 度抗震设计时考虑；水平长悬臂和大跨度结构在 7 度 0.15g、8 度 0.2g、8 度 0.3g 和 9 度抗震设计时考虑
	1.2	0.5	1.3	1.4	水平长悬臂和大跨度结构在 7 度 0.15g、8 度 0.2g、8 度 0.3g 和 9 度抗震设计时考虑

注：1. g 为重力加速度。
2. "—"表示在该项组合中不考虑该项荷载或作用效应。
3. 当重力荷载代表值效应对结构承载力有利时，表中 γ_G 不应大于 1.0。
4. 本表以《高层建筑混凝土结构技术规程》JGJ 3—2010 的表 5.6.4 为依据给出。

根据《建筑抗震设计标准》GB/T 50011—2010（2024 年版）第 5.4.2 条的规定，"地震设计状况"下的承载力设计（构件截面设计）应按下列与"持久设计状况"下由前面式（4-4）所表达的不完全相同的原则完成，即：

$$S_{dE} \leqslant R_{dE}/\gamma_{RE} \tag{4-7}$$

上式与式（4-4）的区别体现在：

（1）由于抗震建筑结构已根据使用功能由《建筑工程抗震设防分类标准》GB 50223—2008 作了分类，故不需再考虑重要性系数 γ_0。

（2）钢筋混凝土构件抗震承载力设计所用承载力计算公式与"持久设计状况"下承载力计算公式不完全相同，其中，对于正截面设计和扭转设计，承载力计算公式不变；抗震受剪承载力计算公式则是在"持久设计状况"下的承载力公式基础上经调整而得的专用公式。

（3）对 R_{dE} 尚应除以取值小于 1.0 的承载力抗震调整系数 γ_{RE}。不同结构构件或截面设计情况取用的不同 γ_{RE} 值见《建筑抗震设计标准》GB/T 50011—2010(2024 年版)表 5.4.2。使用该系数的原因见下面的专门说明。

（4）除去以上三点与式（4-4）的区别外，按照《建筑抗震设计标准》GB/T 50011—2010(2024 年版) 和《混凝土结构设计标准》GB/T 50010—2010(2024 年版) 等的规定，还要求对框架柱的组合端弯矩乘以增大系数 η_c，对各类结构构件相应部位的作用剪力以及梁柱节点核心区的作用剪力乘以增大系数 η_v，具体原因也请见下面的专门说明。

结合以上式（4-6）给出的作用效应组合值 S_{dE} 的计算原则以及式（4-7）给出的抗震承载力设计原则，尚有以下两个问题需作专门说明。

（1）关于地震作用效应分项系数 γ_{Eh}（γ_{Ev}）的取值与承载力抗震调整系数 γ_{RE} 之间的关系

根据前述现代抗震设计思路，各国抗震设计规范对于量大面广的一般性结构，都是取用当地某个偏低水准的地震地面运动所形成的地震作用效应参与组合来确定抗震承载力设计所用的作用效应设计值［例如上面式（4-6）中的 S_{dE}］；这意味着已经选定了承载力设计所用的地震作用沿时间轴的发生概率水准，故通常不再从设计可靠性角度考虑其取值的概率分布特征。在已知国外规范中以及 1989 年版以前的我国建筑结构抗震设计规范中都是把求算抗震承载力设计使用的作用效应设计值［相当于式（4-6）中的 S_{dE}］采用的地震作用效应分项系数［相当于式（4-6）中的 γ_{Eh} 或 γ_{Ev}］取为 1.0。

但在 20 世纪 80 年代建筑结构类设计规范的编制和修订过程中，最早完成编制的是《建筑结构设计统一标准》GBJ 68-84。其中，采纳了该标准编制组部分专家经研究分析提出的将用来确定作用效应设计值的地震作用效应的分项系数在前一版规范中相当于取 1.0 的情况下改取为 1.3 的建议。这相当于进一步提高了用于结构抗震承载力设计的地震作用水准，从而明显增大了结构的材料用量。为了维持用于抗震承载力设计的合理地震作用发生概率水准和结构材料用量水准基本不变，《建筑抗震设计规范》GBJ 11-89 修订组专家在保持《建筑结构设计统一标准》GBJ 68-84 上述决策的条件下提出了使用承载力抗震调整系数 γ_{RE} 的建议。系数 γ_{RE} 的主要作用是将抗震承载力设计中的抗力设计值也提高到与作用效应设计值因地震作用效应的分项系数从 1.0 增大到 1.3 而提高的大致相同的幅度，从而使结构抗震承载力设计采用的地震作用概率水准实质上保持不变。因此，系数 γ_{RE} 主要是《建筑抗震设计规范》采用的一种调整技巧，原则上不含其他物理意义。当然，也不排除利用 γ_{RE} 的取值变换来部分调整不同构件截面抗震承载力设计可靠性的控制水准。

（2）框架柱端弯矩增大系数 η_c 和各类构件作用剪力增大系数 η_v 的作用

仅从抵抗当地多遇水准地震作用的角度并不需要在式（4-6）算得的作用效应基础上再对框架柱端弯矩乘以增大系数 η_c 和对各类构件相应作用剪力乘以增大系数 η_v。采用这两个系数已属保证结构在当地更强地面运动下反应性能的需要。

已有大量震害表明，在钢筋混凝土框架中，作为竖向承重构件的柱，特别是轴压比偏高的柱，有可能在当地更强地震地面运动激起的柱交替受力过程中因屈服后塑性交替变形过大而严重损毁甚至局部压溃，从而存在引起其上部结构连续损毁或连续倒塌的更大风险；或者因某个楼层同层各柱上、下端均在反应的相同时段同时进入屈服后状态而形成"层侧移机构"，加大了结构的侧向倒塌风险。故提出在通过抗震构造措施保证柱端区的必要延性能力的同时，通过大于 1.0 的增大系数 η_c 适度加大柱端截面的抗弯能力，也就是把柱端屈服推迟到更强地面运动激励下，从而降低在例如罕遇水准地震作用下柱端局部压溃或形成"层侧移机构"的风险，把结构体系的延性性能保持到该水准地震作用下。

同样，大量震害表明，一旦结构构件，特别是关键结构构件在强地面运动激励形成的动力反应过程中抗剪能力不足，就可能在该构件中发生非延性的剪切失效，从而使延性抗震机构的正常发育受到严重干扰；竖向构件的抗剪失效还可能引起结构的连续损毁或连续倒塌。为此，在构件抗震受剪承载力已经调节成小于同条件非抗震受剪承载力的前提下，仍有必要通过大于 1.0 的系数 η_v 把相应结构构件的抗剪能力再进一步提高到在挖掘材料强度可靠性潜力后能抵抗例如在罕遇水准地面运动激励下形成的作用剪力的地步。

2. 完成多遇水准地震作用下的层间位移角控制条件验算

与"持久设计状况"风荷载标准值作用下的层间位移角验算相似，"地震设计状况"下的层间位移角也规定用多遇水准地震作用的标准值进行计算，通常计算用弹性振型分解反应谱法完成。层间位移角限值的取值与"持久设计状况"相同，见《建筑抗震设计标准》GB/T 50011—2010（2024 年版）的表 5.5.1。"地震设计状况"下的这一控制措施是对抗震性能控制具有综合效果的重要控制措施，其效果可简要表达为：

（1）控制结构体系具有适宜的侧向刚度。因分析结果表明，侧向刚度过弱或过强都会对抗震性能控制效果产生不利影响；侧向刚度过弱会导致结构在强地面运动激励下侧向变形过大，重力二阶效应加重，加大了结构进入倒塌过程的风险；侧向刚度过强则会因结构自振周期的相应减小和地震影响系数曲线的走势而导致地震作用反应的增大和材料用量的不必要提高。

（2）起着将多遇水准下的结构和非结构构件的大部分损伤控制在不需修复或只需简易修复的范围内。

（3）在一定程度上起到防止在结构中形成薄弱楼层的作用。

（4）在方案设计阶段还可以间接起到验证初选结构体系及总体结构布局是否合理以及主要结构构件的截面尺寸及混凝土强度等级是否处在优选范围的作用。

在这里还需要着重指出的是，虽然上面所述的两项设计内容，即结构的抗震承载力设计和地震作用下的层间位移角控制条件验算都是针对"多遇水准"地震作用，即在结构原则上保持弹性性能的假定下完成的，但这两项设计内容并不仅仅起着保证所设计结构在当地多遇水准地面运动激励下具有承载安全性和必要侧向刚度，从而防止结构及非结构构件发生明显损伤的作用，而且对保证结构在当地更强地面运动激励下具有所需抗震能力也有虽然间接、但却是举足轻重的作用。这是因为，例如，只有把结构承载力设计用的地震作用取到必要大小，才能使结构构件的相应控制部位在挖掘设计可靠性潜力后具有足够的抗屈服能力，即例如要在达到或超过当地设防烈度水准地面运动激励状态后方才可能真正进入屈服后变形状态，从而保证在"设防水准"地面运动激励过程中损伤不重；同时，也将进一步保证在罕遇水准地面运动激励过程中这些部位的屈服后塑性转角不致过大，从而达到控制其不发生严重结构性损毁的目的。同样，通过把结构在当地多遇水准地面运动激励下的各层层间位移角控制在必要尺度以内，会在大多数情况下同时达到把结构在"罕遇水准"地面运动激励下的侧向位移控制在可接受范围内的目的，从而使结构在强地面运动激励过程中减少形成薄弱楼层的风险和与进入倒塌过程的变形状态之间保持必要的安全裕量。

经与其他国家抗震规定进行对比后，证明我国在抗震承载力设计和弹性层间位移角控制中使用的"多遇水准"地震作用是不低的。美国在层间位移角控制中使用"设防水准"地震作用，但其控制值也相应加大，即取为该地震作用水准下对应的位移值，故控制效果不相上下。

3. 根据所选建筑物体形及结构体系检验是否满足对平面不规则性及竖向不规则性的控制要求

对建筑物体形及结构体系平面不规则性和竖向不规则性的控制要求见《建筑抗震设计规范》GB 50011—2010（2016 年版）第 3.4 节。这项要求也是保证结构具有合适的动力反应性能的一项重要设计措施，其目的是避免或减弱因振动体系不规则导致的非规则振动方式而加重结构相应部位的损伤或损毁。

4. 全面满足结构各类构件或部件的抗震构造要求

抗震构造措施的主要作用是：

（1）保证结构构件，特别是其在强地面运动激励下可能进入屈服后变形状态的部位具有必要的延性和较好的滞回耗能性能，并对保障其所需的各项承载力起到辅助作用；

（2）保证结构在强地面运动激起的三维非弹性动力反应过程中的空间整体性，或称整体稳固性以及各类结构部分之间和各种结构构件之间的足够（交替受力）传力能力和共同工作要求。

5. 在必要时完成罕遇地震作用下弹塑性层间位移角的控制条件验算

《建筑抗震设计标准》GB/T 50011—2010（2024 年版）还要求或建议对某些侧向刚度有可能偏弱的结构、在不太强的地面运动激励下普遍出现屈服区的结构，以及高度较大或仍存在某些允许的不规则性的结构，或使用隔震和耗能减震措施的结构，进行罕遇水准地面运动激励下的层间位移角控制条件验算。具体要求见该标准第 5.5.2 条～第 5.5.5 条。进入 21 世纪后，我国又对高层、超高层结构和大跨度结构等由政府部门划定的结构类型通过政府文件形式给出了超限抗震结构的专门审查办法，其中要求进行罕遇水准地面运动激励下的层间非弹性位移角验算。这些验算的目的是通过使用到目前为止相对较为有效的考虑结构非弹性性质的分析程序来确认结构在当地罕遇水准地面运动激励下的非弹性侧向变形仍处在性能控制的合适范围内。

为了帮助读者更好地归纳上述抗震设计的思路和方法，在表 4-3 中又以表格形式对这些思路和方法作了概要性整理。

还需指出的是，在《建筑抗震设计标准》GB/T 50011—2010（2024 年版）第 5.2.5 条中还对建筑结构各楼层的最小地震剪力值给出了控制规定，但近年来国内抗震学术界和设计界对该条规定有过较多争议，有待进一步研究和澄清。

另外，当建筑结构抗震设防分类不属于"标准设防类"时，其性能控制要求及设计方法均需作出调整，详见《建筑工程抗震设防分类标准》GB 50223—2008。同样，根据《建筑抗震设计标准》GB/T 50011—2010（2024 年版）第 3.10 节的性能化设计思路，建筑物投资方亦可根据使用需要对建筑物在不同水准地面运动激励下的性能表现提出更高要求。

我国"标准设防类"（丙类）建筑结构在当地三个有代表性地面运动
激励水准下的设计内容及性能控制目标简述

表 4-3

地面运动发生率水准	发生概率	震后状态	灾害后果	设计内容
当地"多遇水准"	发生概率相对偏高（50 年超越概率 63%，重现期为 50 年），地面运动强度在当地属相对偏低	结构体系及构件无损伤或仅有轻度损伤，可继续发挥使用功能	非结构性损伤及结构性轻度损伤的修复费用低；无人身损失	(1) 抗震承载力计算（其中对框架柱端组合弯矩和各类结构构件的组合剪力尚应分别乘以保证更强地面运动下结构性能的系数 η_c 和 η_v）； (2) 弹性层间位移角控制条件验算
当地"设防水准"	发生概率相对中等（50 年超越概率 10%，重现期 475 年，或 50 年超越概率 2%的对应值的 1/1.9 倍，两者取较大值），地面运动强度相对为当地中度	结构体系及构件有损伤，但最严重损伤尚能用专业技术修复，修复后应原则上恢复震前的承载力和侧向刚度	视损伤程度，修复费用中等或可能偏高；无人身损失	(1) 全面满足除 η_c 和 η_v 系数以外为各类结构构件制定的抗震措施（抗震措施因抗震等级而异）； (2) 除某些性能化设计所需场合外无其他验算要求
当地"罕遇水准"	发生概率相对偏低（根据 2015 年版《中国地震动参数区划图》的规定，为 50 年超越概率 2%，重现期 2475 年），地面运动强度相对偏高	结构体系中若干部位可能出现较重损伤或损毁，但结构体系离严重损毁或倒塌尚有必要安全裕量	视损伤程度，当从技术上和经济上值得修复时，修复费用可能颇高；当已不值得修复时，只能拆除。原则上无人身损失	(1) 全面满足除 η_c 和 η_v 系数以外为各类结构构件制定的抗震措施（抗震措施因抗震等级而异）； (2) 对于规范规定的特定结构或住房城乡建设部文件规定的"超限结构"应进行罕遇水准非弹性层间位移角的控制验算和其他所要求的验算

注：η_c 为抗震框架柱端组合弯矩增大系数，η_v 为各类抗震结构构件组合剪力增大系数。

4.5 "持久设计状况"和"地震设计状况"两类结构设计内容的实施

由于我国全国各地自《中国地震动参数区划图》GB 18306—2015 颁布实施后已全部划入从 6 度 0.05g 分区到 9 度 0.40g 分区的 6 个抗震设防分区之内，因此，根据《工程结构可靠性设计统一标准》GB 50153—2008 的规定，各地建筑结构在设计中从原则上说均应分别完成一次"持久设计状况"下的结构设计，即通常所说的"非抗震设计"，和一次"地震设计状况"下的结构设计，即通常所说的"抗震设计"。因我国各地的风荷载大小不一和各地从属的抗震设防分区高低不同，不排除有些地区的结构设计全由非抗震设计控制，也有一些地区的结构设计全由抗震设计控制。例如，如前面第 4.4 节已经指出的，《建筑抗震设计标准》GB/T 50011—2010(2024 年版)第 3.1.2 条允许处于 6 度 0.05g 设防分区的乙、丙、丁类建筑结构可以不进行抗震承载力设计和地震作用标准值下的层间位移角控制验算，即原则上承认这些结构的设计是由"持久设计状况"下的承载力设计和风荷载标准值下的层间位移角限制条件控制的；当然，这些结构仍应满足相应抗震措施（包括其中的各项抗震构造措施)。又例如,在 8 度 0.3g 和 9 度 0.4g 设防分区,因地震作用很强,一般结构设计预计已全由抗震设计控制。但是在除去上述两类地区以外的广大国土范围内,由于非抗震设计和抗震设计的内容、要求和做法各不相同,或不完全相同,通常会出现结构中不同构件的承载力设计以及设计中的各类要求分别由非抗震或抗震两类设计控制的局面。也就是说,结构中各构件的截面、配筋及材料强度等级以及各项构造做法均应按两项设计得出的更严格要求取用。

以上所述是我国各地建筑结构设计所面临的总体格局。本书之所以在上面的第 4.3 节和第 4.4 节分别对"持久设计状况"下的结构设计内容和"地震设计状况"下的结构设计内容和思路分别作了必要介绍,就是为了使读者在进入下面结构构件性能及设计方法有关问题的讨论之前对这一总体格局有一个较清晰的了解。

从结构性能和设计理论的角度来说,结构构件的非抗震受力性能及设计方法是其抗震受力性能及设计方法的出发点和基础。本书只讨论各类结构构件的非抗震性能(静力受力性能)及设计方法的有关问题,这也是为读者进一步了解结构构件的抗震性能及设计方法做好必要准备。

借此机会还想指出的是,近年来我国建筑结构设计界和研究界提出讨论的一个涉及抗震设计全局性的问题是,我国到目前为止使用的在不同设防烈度分区取设防烈度水准地震作用与多遇水准地震作用的比值始终相同,但抗震措施从高抗震等级向低抗震等级逐步放松的做法与国际学术界认可的抗震设计 R-μ-T 基本规律存在较明显差异。本书作者乐见对这一问题的讨论,并期望有针对这一问题的逐步深入的研究成果和对抗震设计思路进一步优化的建议发表。

4.6 在建筑结构设计中考虑水平荷载作用方向的思路和做法

1. 对水平地震作用方向性的考虑

如前面所述,一次地震在其影响区内某个地点的地面引起的都是一次三维振动过程,持续时间可从十余秒到一二百秒。从对各地台站记录的地面运动的进一步考察中可以发现,地面运动的各个物理量(加速度、速度和位移)以及结构体系被激起的反应量(反应加速度、反应速度和反应位移)的方向性特征可大致分为两类。为了展示这两类特征,下面取有代表性的两次地震各在其影响区内的一个台站激起的水平各向地面运动的记录(各由两条沿相互正交方向的地面加速度时程表达),用其分别激励一个各向周期均为 1s、阻尼比均为 0.05 的弹性单自由度体系,并用弹性动力反应分析获取该体系的水平反应位移时程。在图 4-1(a)和(b)中分别画出了这两条特征不同的反应时程。

图 4-1(a)所示为用 1999 年我国台湾集集地震 HWA031 台站的两条正交方向的地面水平加速度记录算得的具有上述动力特征的弹性单自由度体系的反应位移时程。从中可以看出,在整个时程中结构体系经历了多次朝各个随机方向的位移历程,且各次位移最大值的大小虽也具有明显随机性,但相差并不悬殊,即从设计者关心的结构位移反应看,反应可发生在任意方向,且基本上未见哪个方向的反应更为突出。学术界把这类反应特征称为"非极化特征"或"非偏振特征"。

图 4-1(b)所示则为用 1984 年美国 Morgan Hill 地震 Gilroy Array 6 号台站的两条相

互正交的地面加速度记录算得的具有与上例相同动力特征的弹性单自由度体系的位移反应时程。从中可以看出，所激发的多次大小位移几乎都集中在一个不大的方位角范围内。这类反应特征则称为"极化特征"或"偏振特征"。

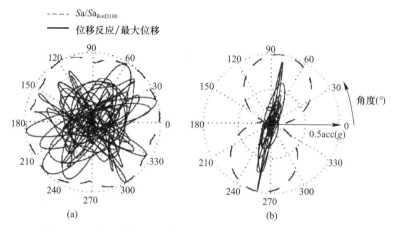

图 4-1　两次不同地震在断裂距不同的两个台站处激起的水平
地面运动在一个各向自振周期均为 1s、阻尼比均为 0.05 的弹性单
自由度体系中形成的具有不同方向性特征的反应位移时程

　　近年来对已获得的大量地面运动记录完成的进一步分析和归纳证明，地震影响区内所有的到发震断裂不是太近（例如断裂距超过 5km）台站的记录几乎都大致具有图 4-1(a) 所示的非极化特征；也就是说，偏大的地面水平加速度以及结构的偏大水平位移反应都可能发生在任意水平方向。因此，在位于这类地区建筑结构的抗震设计中，就需要考虑规定的水平地震作用从任意方向作用于结构的可能性。而图 4-1(b) 所示的具有极化特征的反应历程则只见于具有"走滑型"破裂特征的地震的近场台站记录中，也就是到破裂面的距离例如未超过 5km 的台站记录中，且有这种特征的记录只占这类近场台站记录的约 60%～70%。有这种极化特征记录的最大反应通常都出现在大致垂直于断裂走向的水平方向。对于位于可能发生这种破裂形式的断裂面不远处的建筑结构，由于仍无法肯定今后发生的全部都是垂直于断裂走向的偏振型地面运动，因此在设计中依然只能把规定取用的水平地震作用视为能沿任意水平方向作用于结构。

　　而自人类进入文明社会以来，就已经根据经验优选出了主要沿两个正交平面主轴方向划分建筑物的使用空间和沿这两个主轴方向布置承重结构体系的基本设计思路（当然也不排除在少数特定情况下对建筑使用圆形或边数不同的多边形平面）；作为示例，在图 4-2 (a)、(b) 中分别给出了我国近期使用的某个钢筋混凝土多层框架实例和某个钢筋混凝土高层剪力墙结构实例；在图 4-2 (c) 中则给出了比较少用的沿平面三个主轴布置的某个型钢混凝土-钢筋混凝土高层框架-核心筒结构实例。当具有这类平面特征的结构受到上述非极化特征的地面运动激励时，从设计工作量角度考虑，不可能要求对每个建筑结构都去完成沿过多平面方向的结构分析与设计计算；而到目前为止已经积累的抗震设计经验证明，当对例如沿其平面两个正交主轴布置有妥善相互连接的结构体系的建筑结构沿其各个平面主轴方向分别完成了结构分析和设计后，对其另行完成的非极化特征双向地面运动输入下的动力反应分析结果证明，至少在弹性受力状态或适度进入非弹性的受力状态下，结构的动力反应一般还是主要受分别形成于其正交平面主轴方向的第一、二振型等较低主导振型控制的，这也意味着，这类结构的抗震性能及损伤风险也是主要由这两个方向决定的。当然，国内外研究界也意识到，当建筑结构进入强非弹性受力状态后，其沿其他方向的水平反应是否会对其抗震性能表现起控制作用则仍有待进一步深入研究。

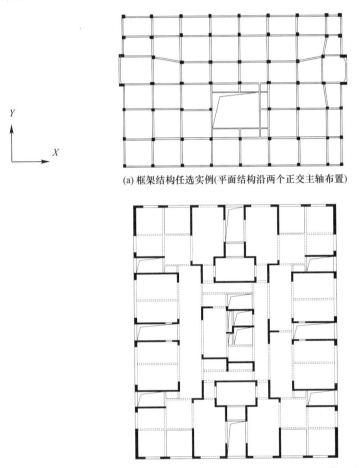

(a) 框架结构任选实例(平面结构沿两个正交主轴布置)

(b) 剪力墙结构任选实例(结构处于8度0.2g区，墙肢、楼盖梁和连梁均沿两个正交主轴布置)

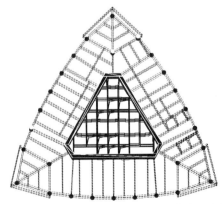

(c) 框架-核心筒结构任选实例(主要平面结构沿三个各成60°交角的主轴布置)

图 4-2　结构平面布置举例

基于以上认识，各国抗震设计界普遍接受了以下经过简化但又能原则上保证结构抗震安全性及其他性能控制要求的考虑水平地震作用方向的设计方法。这种方法在我国《建筑抗震设计标准》GB/T 50011—2010（2024 年版）的第 5.1.1 条中以下列方式表达：

"1　一般情况下，应至少在建筑结构的两个主轴方向分别计算水平地震作用，各方向的水平地震作用应由该方向抗侧力构件承担。

2　有斜交抗侧力构件的结构，当相交角度大于 15° 时，应分别计算各抗侧力构件方向的水平地震作用。"

（该标准该条第 3、4 款不属于这里讨论的内容，故未引出。）

这意味着，对于平面结构沿两个平面正交主轴布置的情况（图 4-2a、b），只需先假定地震激励只沿 X 轴发生，并根据 X 轴方向拟三维结构体系的动力特征（主要是各振型的自振周期以及阻尼比）通过例如沿 X 轴方向用振型分解反应谱法完成的分析，求得该方向的水平地震作用效应，再按前述抗震承载力设计组合原则求得该方向各构件控制截面的最不利组合内力，并完成沿 X 轴方向的各构件截面设计；同时，完成沿该方向的各层层间位移角的控制验算。然后，再假定水平地震作用沿 Y 轴方向发生，并沿该轴方向再完成一次用振型分解反应谱法所作的结构分析以及内力组合和相应构件的截面设计，同时，完成沿该方向的各层层间位移角的控制验算；并认为经过这样设计的结构已具有抵御可能沿任意水平方向出现的该设防烈度分区规定的各发生概率下的地震激励的能力。

在这种设计方法中，分别沿 X 轴和 Y 轴方向布置的各水平结构构件（如框架梁、连梁）都只沿所在方向单向受力，并按该方向最不利组合内力完成截面设计（单向受弯和单向受剪）；而每个竖向构件（框架柱、组合墙肢或组合核心筒壁）则将分别沿 X 轴方向和 Y 轴方向完成一次单向截面设计（单向偏心受力正截面设计和单向受剪）；即例如每个框架柱截面都将按照目前为止形成的设计方法，先按沿 X 轴方向偏心受力确定图 4-3（a）中截面上、下边的纵筋配置数量，再按沿 Y 轴方向偏心受力确定图 4-3（b）中截面左、右边的纵筋配置数量。最终纵筋配置数量即如图 4-3（c）所示。其中，相当于认可了截面四角的四根纵筋在沿两个截面主轴的截面设计中被重复使用，或者说被共用。这是因为沿 X 轴方向和 Y 轴方向的地震反应都是分别发生的。

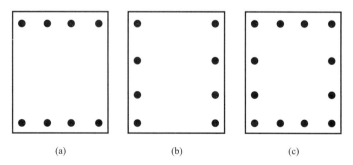

（a）　　　　　　　　　　（b）　　　　　　　　　　（c）

图 4-3　当柱截面分别按沿截面两主轴偏心受力进行设计时纵筋数量的习惯选择方法
（假定图中所选各根纵筋直径及强度等级相同）

上述这种通过沿 X 轴和 Y 轴先后完成两次抗震承载力设计和层间位移角控制验算的设计方法，因沿每个方向都只按拟三维结构完成结构分析，且竖向结构构件的截面设计也都按单向受力完成，因此，与完成真三维结构分析和双向偏心受力截面设计的更准确方法相比，无疑设计工作及分析方法难度都已大大简化，从而方便了抗震设计的实施。

但从结构设计人的角度需要关注的是，不论沿 X 轴还是 Y 轴的设计都只体现了在所考虑强度的地面运动激励下分别发生在这两个方向的动力效应；因这两个方向的动力效应并不是同时发生的，因此不存在作用向量合成的问题。同样，当柱或组合墙肢分别按 X 方向和 Y 方向完成截面设计时，其中用到的两个水平方向的作用弯矩和作用剪力也不是同时出现的，因此也不存在向量合成的问题，即不存在按这两个方向作用弯矩及相应轴力共同作用来完成构件正截面双向偏心受力承载力设计及双向受剪承载力验算的问题。从图 4-1（a）所示的结构非极化反应特征也可以看出，任何斜向反应值的大小均与沿两个主轴方向反应值的大小处于相似水准，即斜向反应值没有向量合成值的特点。

对于图 4-2(c) 所示的抗侧力结构沿三个各成 60°交角的平面轴线布置的三角形平面建筑结构，则根据前面引出的《建筑抗震设计标准》GB/T 50011—2010（2024 年版）第 5.1.1 条第 2 款的规定，应分别完成沿三个轴线方向的抗震承载力设计和层间位移角控制验算。据了解，完成这类结构设计的设计人通常还会完成沿垂直于三角形平面各边方向的结构分析，以便能为框架柱以及核心筒中的各个组合墙肢沿截面两个主轴分别完成的正截面偏心受力设计和抗剪设计提供所需的沿两个正交水平方向的作用弯矩和作用剪力。

2. 对水平风荷载方向性的考虑

虽然我国不少地区都观察到有当地的主导风向，但到目前为止，不论是针对沿海风荷载较大地区、内陆大风区，还是广大的风荷载不是太大的地区，都暂未见有关于建筑结构所受水平风荷载作用方向具有极化（偏振）特征的研究成果报道，在迄今为止的我国各本结构设计规范或规程中，也都暂未见到有像《建筑抗震设计标准》GB/T 50011—2010（2024 年版）第 5.1.1 条关于在设计中如何考虑水平地震作用方向那样的考虑风荷载作用方向的规定；因此，在各地的建筑结构设计中，都是把风荷载视为可以从任意方向作用于结构。这也是为水平地震作用效应与水平风荷载效应可以进行组合提供的较为顺手的前提条件。

5

与钢筋混凝土结构构件正截面受力性能及设计方法有关的问题

5.1 结构设计标准中有关规定的分类层次

在建筑结构设计使用的规范和规程（如与混凝土结构有关的《混凝土结构设计标准》GB/T 50010—2010(2024 年版)、《建筑抗震设计标准》GB/T 50011—2010(2024 年版) 和《高层建筑混凝土结构技术规程》JGJ 3—2010）中，有关的设计规定通常是按以下三个层次分类给出的。

首先，涉及整个结构体系的全局性规定，如关于结构布置方案、容许高度、侧向刚度以及抗震设计中的抗震等级等类规定，一般都是按结构类型给出的。我国上述设计标准和规程通常把钢筋混凝土结构分为 7 类，即框架结构、剪力墙结构、框架-剪力墙结构、框架-核心筒结构、内筒-外框筒结构、板柱-剪力墙结构以及平面或空间排架结构。

其次，涉及各类结构构件的非抗震构造措施和抗震措施，一般则是按以其结构功能划分的构件类型给出的。我国设计标准和规程通常把这种构件类型划分为 6 类，即框架和排架的柱类构件，框架的梁类构件，剪力墙或核心筒的墙肢类构件，剪力墙或核心筒的连梁类构件，楼盖、屋盖和基础底板的板类构件以及桁架的弦杆、腹杆和铰接连杆等轴力杆构件。其中，柱类和墙肢类属竖向传力构件；框架梁和连梁属水平传力构件；而楼盖和屋盖的现浇板则既起承担重力荷载的水平传力构件的作用，又在结构体系受水平荷载作用的情况下起着在同一水平方向的各竖向平面结构之间传力和促成这些竖向平面结构按变形协调条件共同承担水平荷载的水平隔板作用。

而构件承载力设计或刚度、裂缝控制中的设计方法则以由不同内力（或内力组合）所引起的构件损伤或失效方式作为分类标准，即通常划分为与弯矩或轴力单独作用或组合作用下的正截面失效方式有关的设计方法、与剪切失效方式有关的设计方法以及与扭转失效方式有关的设计方法三大类。

本书因从本章起开始讨论各类构件的承载力设计方法以及刚度及裂缝控制方法等问题，故按以上最后一个层面的分类标准，将在本章以及第 6、7 章中分别讨论与正截面受力性能和设计方法有关的问题、与受剪性能及设计方法有关的问题以及与受扭性能及设计方法有关的问题，并在第 8 章中讨论与结构中的二阶效应和稳定有关的问题。

5.2 正截面承载力设计的定义及分类

5.2.1 对钢筋混凝土构件承载力设计的一般性说明

承载力设计是结构设计中的首要和核心内容，其目的是使结构各类构件能在其所受各类内力（轴力、弯矩、剪力和扭矩）单独或组合作用下具有防止构件发生相应类型失效的抵抗能力，简称抗力。因此，各类结构构件承载力性能研究的主要任务是根据不同类型结构构件的性能特点，给出不同形状、尺寸及配筋的构件在已知材料强度的前提下抵抗某种失效方式的抗力规律。由于各类钢筋混凝土结构构件在达到承载能力极限状态时，其控制截面中的受拉、受压钢筋多可能进入了屈服后状态，处在受拉状态下的混凝土大多已经开裂，受压混凝土也有相当部分进入了峰值抗压强度附近的非弹性受力状态，故通常已无法利用经典力学中的弹性规律来表达钢筋混凝土构件的各类抗力。这导致钢筋混凝土构件的抗力规律绝大部分都是首先通过不同截面及配筋的构件经系列试验获得的（这些试验中的大部分是由各国研究界在 20 世纪 60～80 年代完成的）。近年来，在利用钢筋与混凝土的非弹性应力-应变模型和非弹性有限元分析法预测构件各类抗力规律方面也已取得不少进展（见例如前面第 1.12 节的有关说明），但在判断构件各类抗力性能规律上试验结果始终是第一性的。

已有试验结果表明，各类钢筋混凝土结构构件在轴力、弯矩、剪力和扭矩这四类内力作用下可能发生的失效方式主要有以下三类，即正截面失效、剪切失效和扭转失效。其中，正截面失效是指在轴力和弯矩的不同组合下或轴力及弯矩的单独作用下发生的沿垂直于构件轴线的某个平截面的破坏，即丧失对轴力、弯矩或其组合效应的承载力；剪切失效是指在剪力作用为主的情况下沿某个斜截面发生的剪压型或斜拉型剪断或在某个区段内发生的混凝土斜向压溃；而扭转失效则是指在扭矩作用为主的情况下发生的沿某个斜向空间曲面的斜弯型扭转破坏或沿构件某个侧面或一个以上侧面偏外层混凝土的斜向压溃。结构中的某个构件在极端受力情况下实际可能发生哪一种失效，则取决于该构件针对这三类失效方式所具有的真实抗力与相应真实作用内力之间的相对关系。结构承载力设计的任务则是要使每个结构构件根据其经分析预测到的所受的各类内力全面具有针对这三种失效的必要抗力，且留有设计可靠性所要求的安全裕量。

5.2.2 按轴力和弯矩的不同组合对正截面承载力设计的分类

如上面指出的，正截面承载力设计涵盖了正截面在轴力和弯矩单独作用和不同组合下的承载力极限状态受力性能及设计方法。按轴力和弯矩组合的变化顺序可把正截面承载力设计问题分为以下几类（图 5-1）：

（1）只有轴压力没有弯矩的轴心受压截面（图 5-1a）；

（2）轴压力与弯矩同时作用的偏心受压截面，从受力性能上这类截面尚需进一步划分为小偏心受压截面（图 5-1b、c）和大偏心受压截面（图 5-1d）；

（3）只有弯矩没有轴力作用的受弯截面，其中的"适筋"受弯截面的受力特征如图 5-1（e）所示；

（4）轴拉力与弯矩同时作用的偏心受拉截面，从受力性能上尚需进一步划分为大偏心受拉截面（图 5-1f）和小偏心受拉截面（图 5-1g）；

（5）只有轴拉力没有弯矩作用的轴心受拉截面（图 5-1h）。

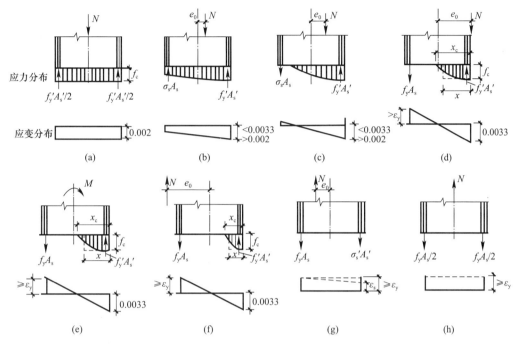

图 5-1　钢筋混凝土构件正截面（以矩形截面为例）在轴力、弯矩单独作用和
不同组合下的承载力极限状态下的典型应力分布及应变分布特征

在大学本科《混凝土结构》教材中已对这些类型正截面的受力模型及设计方法作过说明。本书为了使读者能够对构件正截面在轴力和弯矩组合方式陆续变化的过程中引起的截面受力性能变化有一个连续性了解，下面仍拟从这一角度逐一对这些受力状态作简要说明。

1. 轴心受压截面

试验结果表明，一根不配筋的普通强度混凝土轴心受压矩形截面构件的破坏现象是在混凝土达到抗压强度后的压应变继续增大过程中沿构件内的一个斜向破碎带或一个破碎段发生混凝土沿轴力作用方向的逐步压碎（见第 1 章图 1-19）；而一根不配筋的高强混凝土短粗构件在达到混凝土的抗压强度后发生的则是沿压力作用方向的突发性劈裂破坏（见第 1 章图 1-23）。即不论混凝土强度高低，在不配筋情况下，失效过程都比较迅速，强度丧失都比较彻底，或者说都具有较明显的脆性特征。若在混凝土轴心受压构件内配置了受压纵筋，且同时配置了必要数量的箍筋，则在构件不发生失稳的前提下达到最大轴压承载力时，包括外围保护层在内的全部混凝土截面通常都能达到其轴心抗压强度，同时全部纵筋也都能达到其受压屈服强度（理由见前面第 2.1 节的说明）。与素混凝土轴压构件不同，钢筋混凝土轴压构件在达到最大承载力 N_u 后的压应变继续增大过程中，破坏将如图 5-2 所示意发生在一段相对最弱的构件区段。其中，首先是无约束的表层混凝土的受压剥裂和剥落；随着箍筋以内核心区混凝土受压侧向膨胀的加剧，位于两道箍筋之间的纵筋段在核

图 5-2 轴心受压破坏后的钢筋混凝土构件外观（照片描摹图）

心混凝土外推力和压力作用下逐步外弯，即发生"局部压屈"，直至核心区混凝土最终压溃。与无配筋构件不同，钢筋混凝土轴心受压构件的纵筋配筋率越高，因钢筋受压屈服后仍将保有其强度不丢失，故构件在混凝土压溃过程中仍将保持的抗压能力比例就越大，只是到纵筋受压局部屈曲（外弯）后，残余抗压能力方才进一步退化。因此，纵筋配筋率越高，构件保持更大比例残余抗压能力的性能就越好；其中，与一定数量的箍筋发挥的对纵筋的约束作用（减小其压屈自由长度）和对核心区混凝土的被动侧向约束作用也有很大关系。以上描述的受压破坏过程对于其他受力类型截面的受压区也原则上是适用的。

因如上面所述，钢筋混凝土轴心受压构件的承载力极限状态出现在破坏过程开始时的两种材料的强度均达到设计取值的状态，故仅就轴心受压截面承载力来说，即可写出下式：

$$N_u = f_c A_c + f'_y A'_s \tag{5-1}$$

式中　f_c 和 f'_y——混凝土轴心抗压强度和钢筋受压屈服强度；

　　　　A_c 和 A'_s——混凝土和纵筋的截面面积。

关于细长钢筋混凝土杆件轴心受压承载力的讨论请见本书第 8.5.2 节。

2. 小偏心受压截面

当轴心受压截面内开始有沿某个截面主轴的单向弯矩与轴压力同时作用时（或轴压力开始沿某个截面主轴偏心作用时），截面即进入单向偏心受压状态。通常用偏心距 $e_0 = M/N$ 来表征截面内弯矩 M 与轴压力 N 之间的相对关系。在下面考虑 e_0 从零开始增大后偏心受压截面的受力特征时，都是假定 e_0 已增大到某个数值，再在 e_0 保持不变的状态下，通过不断加大轴压力 N（也就相当于同时加大 M）使截面达到承载力极限状态，并以这一极限状态作为受力性能考察所依据的状态。

由于弯矩将使朝压力偏心一侧的截面受压，另一侧的截面受拉，且随 e_0 的增大，这种效应相应增大，故当它与轴压力引起的均匀受压效应叠加后，截面在达到承载力极限状态时就总是如图 5-1(b) 和（c）所示在轴压力偏心一侧充分受压，即该侧纵筋将达到受压屈服强度，混凝土也将充分发挥受压能力。但在远离偏心压力一侧，截面受力则会随偏心距 e_0 的逐步增大出现以下几种情况：

（1）当 e_0 很小时，虽然截面依然全部受压，但如图 5-1(b) 所示，应变分布已不均匀。这意味着压力偏心一侧的截面受压充分，但远离偏心一侧的纵筋受压已达不到屈服强度，该侧截面的混凝土也将达不到其轴心抗压强度。

（2）当 e_0 进一步增大后，压力偏心一侧的截面依然充分受压，但远离压力一侧的混凝土和纵筋已进入受拉状态，只不过受拉混凝土尚未开裂或开裂不久。

（3）e_0 若再增大，除压力偏心一侧的截面仍继续充分受压外，远离压力一侧的混凝土将受拉开裂，纵筋拉应力也将逐步增大，但仍未达到受拉屈服，见图 5-1(c)。

一旦 e_0 进一步增大到在承载力极限状态下受拉纵筋恰好达到屈服强度，则根据各国钢筋混凝土结构界公认的定义，即认为截面达到了大、小偏压分界状态。也就是说，在达到这一状态之前的上述三种受力状态均属于小偏心受压状态。截面在小偏心受压范围内的承载力极限状态下的受力性能规律是随 e_0 变化的，具体规律可以进一步归纳为：

（1）不论 e_0 大小，轴压力偏心一侧的纵筋除去轴压力过小而该侧纵筋人为配置过多的个别情况外总能达到受压屈服强度 f'_y。

（2）随着 e_0 从零开始一直增大到大、小偏心受压分界状态，截面的失效总是表现为压力偏心一侧混凝土的压溃，即受压充分一侧混凝土的压溃对截面性能始终起控制作用；但在达到承载力极限状态时，受压充分一侧截面边缘混凝土纤维的压应变则将从 e_0 为零时约定的 0.002 随 e_0 增长逐步增大到大、小偏心受压分界状态时我国设计标准约定的 0.0033。在这一过程中，截面混凝土的应变分布根据"平截面假定"将始终保持线性（图 5-1b 和 c），但应力分布则可分为两个阶段。从 e_0 自零开始增大起，截面混凝土应力分布从均匀线性分布开始变为不均匀、非线性，且不均匀性持续加大，直到离偏心压力较远一侧截面边缘应力变为零，这相当于截面小偏心受力的第一个阶段，即"全截面受压"阶段。随 e_0 进一步增大，截面变为大部分受压，另一部分受拉。若根据一般处理方法忽略受拉区拉应力的作用，则受压区高度将逐步减小，直至达到大、小偏心受压分界状态。这相当于截面小偏心受力的第二个阶段，即"部分截面受压"阶段。不论上述第一个阶段还是第二个阶段，混凝土受压区的应力分布均可根据该区两端的应变以及混凝土的应力-应变规律确定，受压区合压力作用点的位置也将发生相应变化。

（3）随着 e_0 从零开始增大，直到大、小偏心受压分界状态，远离偏心压力一侧的纵筋应力也将从能够达到受压屈服变到受压但未达到屈服，再变到受拉但达不到屈服，直到在大、小偏心受压分界状态时恰好能达到受拉屈服。

从以上规律可以看出，在小偏心受压范围内，虽然压力偏心一侧的截面部分，包括混凝土和钢筋，都能充分发挥其抗压能力，但远离偏心压力一侧的混凝土和钢筋的受力状态却会随着 e_0 的增大而不断发生实质性变化。这种变化将增加制定小偏心受压截面承载力设计方法的难度。具体问题将在下面第 5.3 节中讨论。

3. 大偏心受压截面

在 e_0 进一步增大使截面受力超过大、小偏心受压分界状态后，截面即进入大偏心受压状态。在这种受力状态下，弯矩将对截面受力发挥比轴压力更为明显的主导作用。这时的截面在承载力极限状态下的受力特征变得更为稳定，即始终是远离偏心压力一侧的混凝土处在受拉开裂状态；在截面受力较充分后，首先总是该侧纵筋达到受拉屈服。该侧纵筋屈服后的塑性伸长导致截面曲率进一步增大和受压区应变的相应增大，压力偏心一侧的纵筋也进入了受压屈服后状态；当截面受压边缘混凝土达到约定的压应变 0.0033 左右时，截面达到其最大承载力。这时，典型截面的应变分布及应力分布状态即如图 5-1(d) 所示。

但需指出的是，若在大偏心受压截面内作用的弯矩大，但轴压力很小，且偏心一侧纵筋人为选得截面较大（例如对称配筋截面）时，则可能出现受拉纵筋屈服后受压纵筋因有混凝土共同承担压力而达不到受压屈服的状态。这种情况下的截面承载力设计方法已在大学本科《混凝土结构》教材中作过讨论，本书在下面第 5.4.3 节中还将提及。

4. 受弯截面

在不考虑轴力而只有弯矩作用的受弯正截面中，只要截面尺寸和混凝土强度等级选择适当，多数情况下都是以单筋"适筋"截面的方式来承担作用弯矩的；即在承载力极限状态下首先是受拉纵筋达到屈服，在截面曲率增长后，受压区独自承担压力的混凝土，其边缘纤维也能达到约定的压应变 0.0033（图 5-1e）。只有当所选截面尺寸较紧，作用弯矩偏大，在受拉纵筋尚未屈服前受压边缘混凝土压应变就已达 0.0033 的情况下，方才需要使用受压纵筋来协助受压区混凝土承担压力，以避免形成受拉纵筋受力不充分的"超筋"截面。在单筋适筋截面中，受压一侧的纵筋按构造要求配置，在截面设计中一般可不予考虑。

若在受压区配置有一定数量的受压纵筋，截面即成为双筋受弯截面。当受压纵筋数量适当时，这些纵筋也会在承载力极限状态下达到受压屈服。

若因其他原因在受弯截面中配置了过多的受压纵筋，则也会出现在前面大偏心受压截面处提到的受压纵筋无法达到屈服的情况。

至于受弯截面在作用弯矩较小、截面尺寸相对较充裕时，因受拉纵筋需要的数量过小而出现"少筋"情况以及受拉纵筋的最小配筋率问题则放在后面第 5.5.1 节中进一步讨论。

5. 大偏心受拉截面

当截面中作用的轴力为拉力，且同时有较大弯矩作用，即拉力的偏心距 e_0 较大时，由于仍是弯矩在截面中起主导作用，故在偏心拉力作用一侧的部分截面内混凝土将受拉开裂，并由该侧纵筋承担拉力；而远离拉力一侧的混凝土和纵筋则处于受压状态（图 5-1f）。在承载力极限状态下，这类截面的受力特征与大偏心受压状态或"适筋"受弯状态的截面类似，即总是偏心拉力一侧的受拉纵筋先达到受拉屈服；随着截面曲率的进一步增大，受压一侧纵筋再达到受压屈服，随后受压边缘混凝土纤维的应变达到 0.0033，截面达到最大承载力。而当截面受压一侧纵筋人为配置数量过多时，也会出现在承载力极限状态下受拉纵筋虽仍能达到屈服强度，但受压纵筋达不到屈服强度的情况。

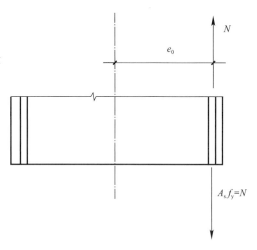

图 5-3　大、小偏心受拉的分界状态

这种"大偏心受拉状态"可以一直维持到 e_0 逐步减小到等于 $h/2-a_s$ 的情况（图 5-3），即拉力恰好作用在受拉充分一侧纵筋形心处的情况。因为根据平衡条件，此时拉力将全由充分受拉一侧的纵筋承担，另一侧纵筋和另一侧混凝土可认为应力为零，即另一侧的截面受压区已不复存在。若拉力的 e_0 再小，截面就将进入下面要说到的"小偏心受拉状态"。因此，图 5-3 所示截面受力状态即可认为是大、小偏心受拉的分界状态。

6. 小偏心受拉和轴心受拉截面

在轴拉力与弯矩共同作用的截面中，一旦弯矩小到轴拉力的偏心距 e_0 小于 $h/2-a_s$，即轴拉力已作用在两侧纵筋形心之间，截面就将全部受拉。这时可假定混凝土已全部受拉开裂，拉力全由两侧纵筋承担，只不过两侧纵筋拉力不等，每侧纵筋拉力可由截面的力和力矩平衡条件直接求得；当截面两侧的纵筋数量均按平衡条件的需要确定时，截面承载力极限状态对应的即为两侧纵筋均达到受拉屈服强度的状态；但若一侧纵筋配置数量过多（例如采用纵筋对称配筋方案），则承载力极限状态对应的就是只有一侧纵筋达到受拉屈服强度的状态。

当截面中只有轴拉力作用时，拉力同样全由纵筋承担。当截面为对称或均匀配筋时，承载力极限状态即为全部纵筋达到受拉屈服的状态。

7. 正截面承载力极限状态小结

归纳上述各类正截面在承载力极限状态下的受力特征后，在建立正截面承载力的设计方法时，即可将截面的受力特征归纳为以下三类，并依此三类分别建立对应的设计方法：

（1）轴心受压、轴心受拉和小偏心受拉的截面设计方法

因轴心受压截面由混凝土和纵筋共同承担压力，且对采用常用钢筋等级和混凝土强度等级的轴心受压截面均可认为钢筋能达到其受压屈服强度，混凝土能达到其轴心抗压强度；而在轴心受拉截面中，拉力全由钢筋承担，故截面所能抵抗的轴拉力即由纵筋面积及其抗拉屈服强度确定；而小偏心受拉构件的拉力也全由左、右两侧纵筋分担，且两侧纵筋所受大小不同的拉力能由截面的力和力矩平衡条件直接求得，故当两侧纵筋面积及其抗拉屈服强度已知时，截面抗偏心拉力能力也就能根据截面的力及力矩平衡条件确定。

（2）大偏心受拉截面、大偏心受压截面及适筋受弯截面的设计方法

如上面所述，这三类截面在承载力极限状态下都具有受拉及受压纵筋能分别达到抗拉及抗压屈服强度，受压边缘混凝土纤维的应变能达到我国设计标准约定的 0.0033 的共同受力特点，因此可以使用统一的截面设计方法，详见大学本科《混凝土结构》教材。

当然，在这三类截面中，都可能因受压纵筋配置过量而出现该纵筋无法达到受压屈服强度的情况。相应情况下的截面简化设计方法将在下面第 5.4.3 节进一步提及。

（3）小偏心受压截面的设计方法

小偏心受压截面具有独特的不同于上面两大类截面的受力特点，且同为小偏心受压截面，在压力偏心距 e_0 变化过程中的受力特点如前面所述也有较大区别，故需专门建立设计方法，且建立设计方法的难度较大，在下面第 5.3 节中将进一步说明有关问题。

而从以上各类正截面在达到其最大承载力前后的性能表现看，又可以用另外的标准将这些截面也分为三类：

（1）轴心受拉和小偏心受拉截面因认定在最大承载力状态下截面混凝土已全部开裂并退出工作，故不仅截面承载力全由纵筋配置数量及其受拉屈服强度确定，而且在纵筋达到屈服强度后，截面还能在纵筋屈服后伸长过程中在截面承载力不降低的情况下经历很大的塑性伸长或塑性转动，故属于屈服后延性性能很好的截面类型。

（2）如上面已经提到的，大偏心受压截面、适筋受弯截面和大偏心受拉截面的共同特点是，在达到截面最大承载力之前总是受拉纵筋先达到屈服强度；在受拉纵筋屈服后的截面曲率增大过程中混凝土受压边缘达到 ε_{cu} 时，截面达到最大承载力，此后截面还会在承载力没有明显退化的情况下经历一个曲率的塑性增大过程，直至受压区混凝土较充分压溃。通常把从受拉纵筋屈服到受压区混凝土较充分压溃的过程视为一个截面发挥延性的过程。这一过程的长短在对称配筋偏心受压截面中主要取决于偏心距的大小；在受弯截面中则主要取决于受拉和受压纵筋的配筋率；而在对称配筋大偏心受拉截面中这一过程都不会太短。这表明，只要设计得当，这里的三类截面就都会具有一定的延性。

（3）轴心受压和小偏心受压截面的最大承载力都取决于截面受压混凝土达到其最大抗压能力。一旦压溃过程开始，承载力也就进入退化过程。因此，截面是非延性的。在这类截面中，如前面结合图 5-2 所述，纵筋数量越多和约束箍筋越强，都会使承载力退化过程变缓，但都不会改变截面的非延性性质。

5.2.3　用所抵抗的弯矩和轴力联合表达的钢筋混凝土正截面的抗力

通过相当数量的试验结果和正截面非弹性受力性能模拟分析结果都已得到证实的是，若取定一个如图 5-4 所示的钢筋混凝土矩形正截面的尺寸、两侧对称配置的纵筋数量以及

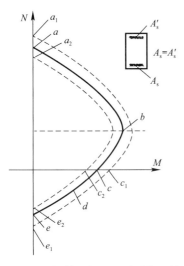

混凝土和钢筋的强度等级，则当截面中作用的轴力正、负不同以及轴力和弯矩的比例不同时，截面在承载力极限状态下所能抵抗的弯矩 M 和轴力 N 的变化规律即如图 5-4 中的曲线 $abcde$ 所示。通常称这条曲线为钢筋混凝土正截面的弯矩-轴力相关曲线。该曲线大致具有以 b 点为顶点的二次抛物线特征。其中的 a 点和 e 点分别体现轴心受压状态和轴心受拉状态；c 点处则为受弯状态（因轴力为零）；而曲线的 ab 段、bc 段、cd 段和 de 段即分别体现小偏心受压状态、大偏心受压状态、大偏心受拉状态和小偏心受拉状态；b 点即为大、小偏心受压分界状态，d 点则为大、小偏拉分界状态。

图 5-4　钢筋混凝土矩形对称配筋
正截面的弯矩-轴力相关曲线

从图中可以看出，当例如从图中 c 点的受弯状态起逐步增大轴压力时，截面受拉一侧混凝土的开裂会越来越迟（即在更大弯矩作用下方才开裂），受拉一侧纵筋也因先有轴压力引起的压应力，而只能在更大的弯矩作用下方才受拉屈服。由于如上面第 5.2.2 节所述，在大偏心受压状态下截面在承载力极限状态下的受力特征始终以受拉纵筋屈服为先导，故轴压力越大，截面的抗弯能力也随之增大（图中曲线从 c 点到 b 点）。

进入小偏心受压状态后，受拉钢筋在承载力极限状态下将不再会达到受拉屈服，截面失效全由受压区混凝土是否压坏来控制。若在这种状态下轴力进一步增大，受压区的负担就会越重，越容易达到压坏状态，或者说，对应于混凝土压坏状态的截面抗弯能力就会逐步减小（图中 b 点到 a 点）。a 点对应的轴压力即为轴心受压状态下的截面抗压能力。

当轴力为拉力时，不论处在大偏心受拉（图中 cd 段）还是小偏心受拉（图中 de 段）状态，截面的承载力均由离拉力较近一侧纵筋达到受拉屈服来控制。显然，当截面两侧配筋量及钢筋等级不变时，轴拉力越大，两侧纵筋中用来承担轴拉力的拉应力份额就会越大，余下用来承担弯矩的拉应力份额就会越小，即所能抵抗的弯矩也越小（曲线从 c 点到 d 点再到 e 点）。e 点处的轴拉力即为已知截面在轴心受拉状态下的抗拉能力。

若令矩形正截面的尺寸以及钢筋和混凝土的强度等级保持不变，而把两侧纵筋用量同步增大，则根据以上道理，截面的弯矩-轴力相关曲线就将如图 5-4 中 $a_1c_1e_1$ 线那样向外移动，即不论轴力是压力还是拉力，截面与某个轴力值对应的抗弯能力都将增大；但当弯矩不变时，小偏心受压截面能够承担的轴压力将相应增大，大偏心受压截面能够承担的轴

力则相应减小，而大、小偏心受拉截面能够承担的轴拉力都将相应增大。反之，当截面两侧配筋量同步减小时，截面的弯矩-轴力相关曲线将向内移动，即如图 5-4 中 $a_2c_2e_2$ 线所示。相应规律不再重复说明。

当在结构设计中某个构件的偏心受压截面或偏心受拉截面有多种 M、N 内力组合时，以上规律就成为判断哪一组内力组合更为不利时的主要依据。例如，当确认在两组组合内力下截面均处于小偏心受压状态时，若弯矩值相差不大，自然是轴压力更大的组合更为不利，即需要的截面对称配筋量更多；而在大偏心受压状态下，若弯矩值相差不大，则是轴压力更小更为不利。

5.3 小偏心受压截面承载力设计方法的演变

如前面第 5.2.2 节所述，小偏心受压状态与其他几类正截面受力状态相比，虽然其压力偏心一侧的截面混凝土和纵筋均受压充分，但随截面偏心距的变化，远离偏心压力一侧截面部分的受力情况却变化较大，因此，要建立一种统一表达小偏心受压状态的承载力设计方法会有一定难度。

《混凝土结构设计规范》历次版本中的小偏心受压截面承载力设计法经历了比其他类型正截面的设计方法更为复杂的演变过程。为了使读者在工程需要时能对以往使用的设计方法和现用设计方法的来历有所了解，现对这一演变过程作简要介绍。

到目前为止，《混凝土结构设计规范》共经历了 BJG 21—66、TJ 10—74、GBJ 10—89、GB 50010—2002、GB 50010—2010 和 GB 50010—2010 的 2015 年版 6 个版本（其中，BJG 21—66 和 TJ 10—74 两个版本的名称为《钢筋混凝土结构设计规范》）以及更名为《混凝土结构设计标准》GB/T 50010—2010 的（2024 年版）后的现行版本，现按这 7 个版本的顺序介绍上述演变过程。

1. BJG 21—66 和 TJ 10—74 版本使用的小偏心受压截面承载力计算方法

这两个版本的规范对小偏心受压截面使用的是当时苏联规范的设计方法。与后续设计方法不同的是，这时的设计方法尚未引入"平截面假定"，即尚未引入截面应变为线性分布的假定作为建立正截面承载力设计方法的基本依据之一，设计方法全按截面平衡条件建立。其中，大、小偏心受压截面承载力计算方法的主要特点是：

（1）对于大偏心受压截面、适筋受弯截面以及大偏心受拉截面，统一取受压区混凝土应力为均匀分布，并借用当时苏联规范的做法，在这类压应变变化梯度较大的受压区取用混凝土的"弯曲抗压强度" f_{cm} 作为其抗压强度指标，并规定［见第 1 章式（1-3）］：

$$f_{cm} = 1.25 f_c$$

这时，取用的简化后的截面受力模型即如图 5-5 所示。

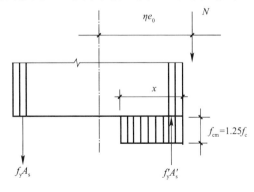

图 5-5 BJG 21—66 和 TJ 10—74 版规范对大偏心受压、适筋受弯和大偏心受拉截面取用的简化受力模型（以大偏心受压截面为例）

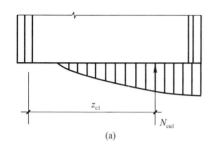

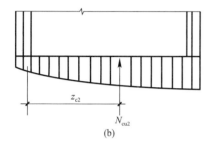

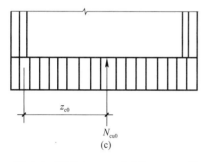

图 5-6　BJG 21—66 和 TJ 10—74 版
规范对小偏心受压截面中受压混凝土
的合压力对远离偏心压力一侧纵筋形心
形成的力矩取用的简化假定

（3）取大、小偏心受压分界状态的识别条件为：

$$S_h = 0.8 S_0 \qquad (5-6)$$

即当 $S_h \leqslant 0.8 S_0$ 时，为大偏心受压；$S_h > 0.8 S_0$ 时，为小偏心受压。在受弯截面中，也取这一条件作为"适筋"与"超筋"截面的判别条件。

在式（5-6）中，S_0 为图 5-7(a) 所示截面（以矩形截面为例）有效面积（图中画阴影线面积）对远离偏心压力一侧纵筋形心的面积矩，即：

（2）对于小偏心受压截面，则借用当时苏联规范使用的经验性简化方法来考虑受压混凝土对远离偏心压力一侧纵筋形心形成的抗弯能力，即假定在任意偏心距下均取受压区混凝土压应力的合力对远离偏心压力一侧纵筋形成的抗弯能力（例如图 5-6a、b 中的 $N_{cu1} z_{c1}$ 和 $N_{cu2} z_{c2}$）都等于轴心受压截面混凝土压应力的合力 N_{cu0} 对同样一侧纵筋形心形成的抗弯能力 $N_{cu0} z_{c0}$（图 5-6c），即：

$$N_{cu1} z_{c1} = N_{cu2} z_{c2} = N_{cu0} z_{c0} \qquad (5-2)$$

其中：

$$N_{cu0} = f_c bh , \quad N_{cu0} z_{c0} = 0.5 f_c bh^2 \qquad (5-3)$$

在以上三式中，z_{c1}、z_{c2} 和 z_{c0} 分别为图 5-6(a)、(b)、(c) 所示的三种受力状态下截面混凝土受压区压应力合力作用点到远离偏心压力一侧纵筋形心的距离。这意味着，在任何小偏心受压截面的承载力计算中，均直接取轴心受压状态下的受压区混凝土抗弯能力 $N_{cu0} z_{c0}$ 作为该小偏心受压状态下受压区混凝土合压力对远离偏心压力一侧纵筋形心的抗弯能力，而不需考虑混凝土压应力在不同偏心距状态下的各种具体分布规律以及诸如 z_{c1} 和 z_{c2} 等内力臂的具体取值。这一简化规律也称"力矩守恒"规律。这样就可以从下列力矩平衡关系直接算得靠近偏心压力一侧所需的纵筋数量 A_s'。

$$N_e \leqslant 0.5 f_c bh^2 + f_y' A_s' (h_0 - a_s') \qquad (5-4)$$

$$e = \eta e_0 + h/2 - a_s \qquad (5-5)$$

式中　η——偏心距增大系数，见本书第 8.3.2 节的进一步说明。

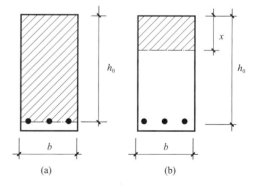

图 5-7　矩形截面有效面积及受压区面积对远离偏心压力一侧纵筋形心的面积矩的计算方法

$$S_0 = 0.5bh_0^2 \tag{5-7}$$

S_h 则为偏心受压截面按受压区混凝土压应力 f_{cm} 为均匀分布确定的受压区面积（图 5-7b）算得的对远离偏心压力一侧纵筋形心的面积矩，即：

$$S_h = bx(h_0 - x/2) \tag{5-8}$$

式中 x——受压区高度，见图 5-7(b)。

由于如上面所述在这两版规范中将大偏心受压状态下的受压混凝土抗压强度，即弯曲抗压强度 f_{cm} 取为轴心抗压强度 f_c 的 1.25 倍，而 1.25 恰是 0.8 的倒数，因此，在式（5-6）所给的大、小偏压分界状态下按图 5-6 或式（5-2）的假定算得的混凝土合压力对远离偏心压力一侧纵筋形心的抗弯能力恰与在该分界状态下按图 5-5 受力模型算得的受压区合压力对远离偏心压力一侧纵筋形心的抗弯能力相等。这说明以式（5-6）的条件作为大、小偏压分界状态的识别条件能保证大、小偏压状态算得的截面承载力在界限状态处的连续过渡。

以上图 5-6 中所示的"力矩守恒"假定是针对前面第 5.2.2 小节所述的小偏心受压截面因偏心距不同而形成的多变受力状态找到的一种巧妙的估算截面承载力的简化方法。虽然我国规范在其后续版本中不再采用这一方法，但在需要手算小偏心受压截面的承载力时仍不妨一用。而且，到目前为止，美国 ACI 318 规范的设计手册和欧洲规范 EC 2 都仍在使用这一方法作为求算小偏心受压截面承载力的正式方法，说明由苏联学术界提出并首先使用的这一方法在世界范围内仍有较好的认可程度。

2. GBJ 10—89 版规范使用的小偏心受压截面承载力计算方法

《混凝土结构设计规范》的 GBJ 10—89 版是在恢复中断了十余年的国际学术沟通的背景下，用四年多的时间完成了我国首批结合该规范计划修订内容的全国性科研协作计划，并认真总结了国内多年设计经验后完成的一次对该规范的较全面、深入的修订所形成的全新版本。修订后的规范质量有了明显提升，内容有了明显扩展，在正截面承载力计算方法方面也作了根本性的调整。其中最关键的是引入了平截面假定，将其与平衡条件一起作为描述正截面受力状态和确定正截面承载力计算方法的基本条件。而且，在利用平截面假定方面，比国外同类规范更为认真。这主要体现在小偏心受压截面承载力计算方法上，即在国外规范至今仍在使用"力矩守恒"假定的条件下，我国规范下决心寻找一种基于平截面假定的小偏心受压截面承载力计算方法。由于如前面所述，小偏心受压截面随偏心距的变化会形成多种不完全相同的受力状态，故这种计算方法的建立无先例可循。在普遍向国内研究界和设计界求征计算方法方案的基础上，经过认真筛选和多次调整，最终在清华大学方案基础上形成了该版规范的计算方法。这一方法的主体部分一直沿用到今天。该计算方法的主要特点是：

（1）在引入平截面假定后，对于受压区混凝土应变梯度偏大的受力状态，包括大偏心受压状态、适筋的受弯状态以及大偏心受拉状态，根据试验测试结果选用截面达到最大抗弯能力时的受压边缘混凝土的压应变 ε_{cu} 为 0.0033（国外规范取用的 ε_{cu} 值则在 0.003～0.0035 之间变化）。

考虑到 TJ 10—74 版规范取用的混凝土弯曲抗压强度 $f_{cm} = 1.25 f_c$ 主要来自混凝土强度偏低的梁、柱构件试验结果，且 f_{cm} 的取值偏高，在对混凝土强度等级变化范围更广的构件试验结果进行综合评价后，GBJ 10—89 版规范决定将混凝土弯曲抗压强度 f_{cm} 的取值调整为：

$$f_{cm} = 1.1 f_c \tag{5-9}$$

与此同时，这版规范还给出了针对这些压应变梯度较大的受压区的经过简化的混凝土应力-应变规律，即在应变处于 $0 \sim 0.002$ 时取为二次抛物线，在应变处于 $0.002 \sim 0.0033$ 时取为不变应力 f_{cm}；同时，规范还规定，对拉、压纵筋的应力-应变关系均取为屈服前为弹性，屈服后保持屈服强度 f_y 或 f'_y 值不变。

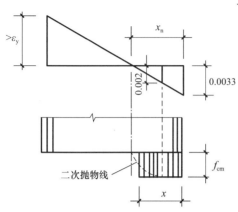

图 5-8　由平截面假定和 $\varepsilon_{cu} = 0.0033$ 得到的受压区高度 x_n 与等效的均匀压应力分布假定下的受压区高度 x 之间的对应关系（以大偏心受压截面为例）

根据受压混凝土的上述简化后的应力-应变关系，即可在混凝土受压区边缘纤维达到 0.0033 时根据受压区合压力的大小和位置不变的要求算出取用压应力 f_{cm} 均匀分布模型时的受压区高度 x 与在平截面假定下取 $\varepsilon_{cu} = 0.0033$ 时的受压区高度 x_n 之间的关系（图 5-8）。规范最后选用的简化后的比值是：

$$x = 0.8 x_n \tag{5-10}$$

根据以上规定，对于上述三种受压区混凝土应变梯度较大的截面受力状态，在计算截面承载力时取用的受力模型就由图 5-5 所示 TJ 10—74 版规范取用的受力模型变成图 5-9 所示的 GBJ 10—89 版规范使用的受力模型。其中的区别是 GBJ 10—89 版规范的模型已与截面应变分布，或者说承载力极限状态下的曲率建立了联系。

（2）GBJ 10—89 版规范以截面应变模型及应力模型为依据，在更为合理的物理模型下给出了大、小偏心受压状态的界限条件，即取界限条件（当纵筋有明显屈服点时）为：

$$\xi_b = \frac{0.8}{1 + \dfrac{f_y}{0.0033 E_s}} \tag{5-11}$$

其中，ξ_b 为界限状态下的均匀应力分布受压区高度 x_b 与截面有效高度的比值。当截面的 $\xi = x/h_0$ 小于上式算得的 ξ_b 时，截面即处在大偏心受压状态，这时，受拉纵筋总是在截面达到承载力极限状态之前先达到受

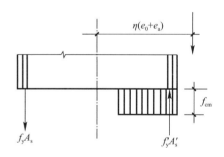

图 5-9　GBJ 10—89 版规范为受压区应变梯度较大的正截面规定的受力模型（以大偏心受压截面为例）

拉屈服强度 f_y；在曲率进一步增大后，受压边缘混凝土达到 0.0033，即截面达到最大抗弯能力状态，此时受拉纵筋应变就已经大于屈服应变。当截面的 $\xi = x/h_0$ 大于上式算得的 ξ_b 时，截面即处在小偏心受压状态，这时，截面仍是因受压边缘混凝土达到相应压应变而使截面达到最大弯承载力，而且相应压应变将随截面偏心距的减小而在 $0.0033 \sim 0.002$ 之间变化（其中 0.002 对应于轴心受压状态）；在这类截面达到承载力极限状态时，远离截面偏心压力一侧的纵筋是达不到受拉屈服的，且随截面偏心距的减小还将从受拉变为受压，并在偏心距很小时趋近于达到受压屈服强度。

在图 5-10 中给出了从大偏心受压状态到界限状态再到小偏心受压和轴心受压状态的截面应变分布模型，这也是 GBJ 10—89 版规范与 TJ 10—74 版规范相比的一个重要进展。在图 5-10 中，请读者特别注意从大、小偏心受压界限状态到轴心受压状态之间的小偏心受压范围内受压区混凝土在最大承载力下的边缘纤维应变从 0.0033 到 0.002 的过渡。

（3）由于在小偏心受压截面范围内随截面偏心距 e_0 的变化而出现多种不同的截面受力特征，故要在平截面假定的基础上提出一种不是过于复杂的截面承载力计算方法，就不得不采取一系列简化措施或步骤。下面就

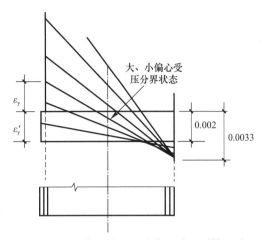

图 5-10　从大偏心受压经小偏心受压到轴心受压的过程中承载力极限状态下截面应变分布的变化

以这些简化措施或步骤为纲来说明这一计算方法的特点。

1）先在小偏心受压状态下人为继续使用大偏心受压状态下对混凝土压应变分布和压应力分布的假定，再通过引入偶然偏心距 e_a 来纠正这些强行做法带来的误差。

GBJ 10—89 版规范专家组为简化小偏心受压截面承载力计算方法采用的第一个简化措施是不提供专门用于小偏心受压状态的混凝土受压边缘应变 ε_{cu} 随偏心距 e_0 变化的规律，而是决定对小偏心受压状态继续使用大偏心受压状态下对受压区混凝土受力特征的全部假定，包括 $\varepsilon_{cu}=0.0033$、$\xi=x/x_n=0.8$ 以及均匀压应力值取为 $f_{cm}=1.1f_c$。规范修订组清楚，当把这些假定用于小偏心受压状态时，会给截面承载力计算结果带来以下两项偏不利的误差。

第一项误差是，如果承认在受压区压应变梯度较大的大偏心受压状态下取混凝土均匀分布压应力为 $1.1f_c$ 是合理的，就必须承认，在小偏心受压状态下，随着偏心距的减小和受压区混凝土压应变梯度的逐步减小，均匀压应力就需要从 $1.1f_c$ 逐步减小到 f_c，以便与轴心受压状态相衔接。若在小偏心受压状态下继续使用 $1.1f_c$，就将过高估计受压区混凝土合压力对远离偏心压力一侧纵筋形心的抗弯能力；且偏心距越小这一误差越大。

第二项误差是，在小偏心受压状态下，受压边缘混凝土纤维的压应变也应从 0.0033 随截面偏心距 e_0 的减小而逐步减小到 0.002，以便与轴心受压状态相衔接。若对小偏心受压状态仍取 $\varepsilon_{cu}=0.0033$，则从图 5-11 所示的某个偏心距处于中度状态的小偏心受压截面按 $\varepsilon_{cu}=0.0033$ 的假定确定的压应力分布（图中实线）和更符合实际的压应力分布（图中虚线）的对比中可以看出，继续取 $\varepsilon_{cu}=0.0033$ 也将过高估计混凝土受压区的合压力，或该合压力对远离偏心压力一侧纵筋形心所形成的抗弯能力。对比分析表明，这种误差在中性轴位置（图 5-11 中 a 点）仍在截面范围

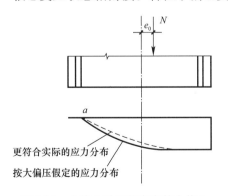

图 5-11　小偏心受压状态中某个偏心距处于中间范围时更符合实际的压应力分布与 $\varepsilon_{cu}=0.0033$ 假定下的压应力分布的差异

以内时是随偏心距的减小而逐步增大的，但在中性轴因偏心距进一步减小而超出截面范围后，误差将逐步下降，并在趋近于轴心受压状态时趋近于零。

为了抵消这两项误差，GBJ 10—89 版规范修订组有关专家提出了在偏心受压截面承载力计算的轴压力初始偏心距 e_0 上面再增加一个"附加偏心距"e_a 的方案，即通过人为加大受压截面作用弯矩来抵消上述两项误差高估截面抗弯能力的不利后果。

由于如上面所述，在小偏心受压截面中出现的上述两类误差在工程中可能出现的偏心距范围内都有随偏心距减小而增大的趋势，故该版规范建议对偏心受压构件的正截面设计增设一个附加偏心距 e_a，并取其表达式为：

$$e_a = 0.12(0.3h_0 - e_0) \tag{5-12}$$

从而可以通过这一附加偏心距在一定程度上抵消以上两类误差。这意味着，在这一版规范中所用的 e_a 实际上并没有起到真正的附加偏心距的作用，而只是利用该系数 e_a 作为因小偏心受压构件正截面承载力计算不准确而需要的"承载力调节系数"。从式（5-12）中可以看出，e_a 是随 e_0 增长而相应减小的；且该版规范规定，当 e_0 大于 $0.3h_0$ 后，取 $e_a = 0$，其用意在于不使 e_a 影响大偏心受压状态。

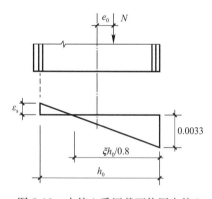

图 5-12 小偏心受压截面使用大偏心受压的受压区应变分布规律时的截面应变分布

2）对远离偏心压力一侧纵筋应力 σ_s 的计算方法进行简化。

在小偏心受压状态下，随截面偏心距的增大，远离偏心压力一侧纵筋的应力将从受压逐步变成受拉并在达到大、小偏心受压分界状态时在截面最大承载能力下达到受拉屈服。因此，正确给出承载力极限状态下该侧纵筋应力的表达式是合理估算小偏心受压截面承载力的关键前提之一。在规范把大偏心受压状态下受压区的应变分布规律继续借用于小偏心受压状态的条件下，可根据图 5-12 所示的平截面假定得到远离偏心压力一侧纵筋在截面达到最大承载力时的应变 ε_s 表达式为：

$$\varepsilon_s = 0.0033(0.8/\xi - 1) \tag{5-13}$$

其中：

$$\xi = x/h_0 \tag{5-14}$$

在图 5-13 中给出了式（5-13）表达的远离偏心压力一侧纵筋的应变 ε_s 与大量小偏心受压截面试验中实测的承载力极限状态下该侧纵筋应变 ε_s 的对比结果。从中可以看出，因式（5-13）是用适用于大偏心受压状态的受压区应变分布规律导出的，故其取值会随 ξ 值的增大而与实测 ε_s 形成越来越大的差异。为了纠正这一偏差，也为了进一步简化大偏心受压截面承载力计算方法，GBJ 10—89 版规范对式（5-13）作了进一步线性化处理，即取：

$$\varepsilon_s = \frac{f_y(\xi - 0.8)}{E_s(\xi_b - 0.8)} \tag{5-15}$$

式中，ξ_b 按前面式（5-11）计算。从图 5-13 可以看出，式（5-15）已在相当大的程度上纠正了式（5-13）在 ξ 较大时的误差，甚至略显矫枉过正。

3）在计算小偏心受压截面承载力时为了避免求解 ξ 的三次方程而作的进一步简化。

GBJ 10—89 版规范在对小偏心受压截面继续使用大偏心受压截面受压区混凝土的弯曲抗压强度和受压区的应变分布和应力分布假定，并用附加偏心距 e_a 来抵消所产生的误差时，所建立的小偏心受压截面的力和力矩平衡方程（不包括预应力筋）即可写成：

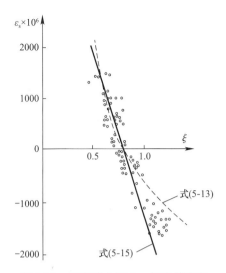

$$N \leqslant f_{cm}bx + f'_y A'_s - \sigma_s A_s \qquad (5\text{-}16)$$

$$Ne \leqslant f_{cm}bx(h_0 - x/2) + f'_y A'_s(h_0 - a'_s) \qquad (5\text{-}17)$$

$$e = \eta(e_0 + e_a) - \frac{h}{2} - a_s \qquad (5\text{-}18)$$

图 5-13　远离偏心压力一侧纵筋应变的两个表达式式（5-13）和式（5-15）的 ε_s 与试验实测结果的对比

式中，e_a 按前面式（5-12）计算。

在利用式（5-16）、式（5-17）和式（5-15）求解对称配筋截面（且 $f_y = f'_y$）的 ξ 或 x 时，将得出下列 ξ 的三次方程：

$$Ne\left|\frac{\xi_b - \xi}{\xi - 0.8}\right| = f_{cm}bh_0^2 \xi(1 - 0.5\xi)\eta\left|\frac{\xi_b - \xi}{\xi - 0.8}\right| + (N - f_{cm}bh_0\xi)(h_0 - a'_s) \qquad (5\text{-}19)$$

为了便于求解 ξ，即绕开这一 ξ 的三次方程，GBJ 10—89 版规范采用的进一步简化步骤是将式（5-19）中的："$\xi(1 - 0.5\xi)\left(\dfrac{\xi_b - \xi}{\xi_b - 0.8}\right)$" 用 "$0.43\dfrac{\xi_b - \xi}{\xi_b - 0.8}$" 来取代。这样处理，对 ξ 的计算结果没有明显影响，但却可以得出能直接算得 ξ 以及 A'_s 和 A_s 的下列被 GBJ 10—89 版规范直接使用的公式：

$$\xi = \frac{N - \xi_b f_{cm}bh_0}{\dfrac{Ne - 0.45 f_{cm}bh_0^2}{(0.8 - \xi_b)(h_0 - a'_s)} + f_{cm}bh_0} + \xi_b \qquad (5\text{-}20)$$

$$A'_s = A_s = \frac{Ne - \xi(1 - 0.5\xi)f_{cm}bh_0^2}{f'_y(h_0 - a'_s)} \qquad (5\text{-}21)$$

以上式（5-19）以及式（5-20）和式（5-21）的推导过程可详见例如由中国建筑工业出版社 2012 年出版的东南大学等校编写的大学本科教材《混凝土结构》（上册）的第 133 页和第 147 页。

3. GB 50010—2002 版规范使用的小偏心受压截面承载力计算方法

GB 50010—2002 版规范在对 GBJ 10—89 版规范中各类正截面承载力设计规定作了认真审视后，决定在保留其可用的基本规定的前提下对部分内容作必要的调整和优化。

其中，决定保留的是截面应变线性分布（平截面假定）的假定以及大偏心受压、适筋受弯和大偏心受拉截面混凝土受压边缘纤维应变取为 $\varepsilon_{cu} = 0.0033$ 的假定和在给定的混凝土受压简化应力-应变规律的基础上将受压区转换成矩形应力分布时所用的假定；同时，也继续坚持把上述假定强行用于小偏心受压截面的做法，并保留对小偏心受压截面远离偏心压力一侧纵筋应力 σ_s 计算公式的线性化处理手法以及在相应承载力计算中为了绕开求解 ξ 三次方程而采取的简化手法。

但对这部分内容仍然作了以下三个方面的修订：

（1）这版规范在参考了当时美国、欧洲等规范做法，并对受压截面设计方法作了全面考虑后，决定对偏心受压截面、适筋受弯截面和大偏心受拉截面不再使用 $f_{cm}=1.1f_c$ 作为这些截面受压区的混凝土抗压强度指标，而改用混凝土的轴心抗压强度 f_c 作为所有混凝土受压区的统一强度指标。由于 GBJ 10—89 版规范取 $f_{cm}=1.1f_c$，故这一调整相当于把大偏心受压、适筋受弯和大偏心受拉状态下的受压区混凝土的总承压能力降低了约 10%，也就是使同条件下截面中所需的纵筋用量相应上升，即提高了这些截面的设计可靠性。根据我国当时经济实力已经取得的增长，这种小幅度的可靠性提高是可以承受的。

当把这项降低混凝土非均匀受力条件下的抗压强度指标的措施继续用于小偏心受压截面时，就会起到另一项作用，即基本上消除了 GBJ 10—89 版规范由于取用 $f_{cm}=1.1f_c$ 和取用受压边缘压应变为 0.0033 而带来的高估小偏心受压状态下受压区混凝土抗压能力的两类误差。这种作用也可用图 5-14 作大致说明。图中三角形面积 oac 中的纵坐标表示因取 $f_{cm}=1.1f_c$ 而被高估了的受压区混凝土的抗压能力。如前面已经指出的，这一高估误差是从大、小偏心受压分界状态随偏心距 e_0 的减小而逐步增大的。而图中曲线 $cdea$ 与斜直线 ca 所夹面积的纵坐标则表示因在小偏心受压状态下继续取 $\varepsilon_{cu}=0.0033$ 而带来的对受压区混凝土抗压能力的高估量（见前面针对图 5-11 所作的说明）。如前面指出的，这一高估值从大、小偏心受压分界状态随偏心距 e_0 的减小呈先增大后减小的变化趋势。而把 f_{cm} 用 f_c 取代后所形成的受压区混凝土压力的降低量则可由图中梯形面积 $oabc$ 的纵坐标表示。从图示后一项降低作用和前两项高估作用的叠加结果之间的关系可以清楚看到，在偏心距从大、小偏心受压分界状态开始减小的区域，和在大偏心受压状态下类似，用 f_c 取代 f_{cm} 会提高这部分截面的设计可靠性，

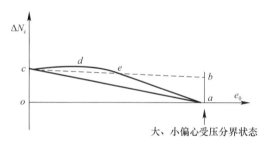

图 5-14　在 GB 50010—2002 版规范中
所作调整的效果

只不过提高幅度随偏心距的减小而减弱。随偏心距进一步减小，用 f_c 取代 f_{cm} 就起到了基本上充分抵消高估混凝土抗压能力误差的作用，留下的残余纵坐标值（曲线 cde 与直线 ce 之间的纵坐标差）已经不大，可以不用多虑。

由以上叙述可以得出的主要结论是，GB 50010—2002 版规范用 f_c 取代 f_{cm} 的措施已能消除原 GBJ 10—89 版规范在小偏心受压状态下因继续使用 f_{cm} 和 $\varepsilon_{cu}=0.0033$ 所带来的高估受压区混凝土抗压能力的误差，从而也就不再需要使用前面式（5-12）的附加偏心距 e_a 来抵消这种误差。

（2）考虑了使用 C55～C80 的混凝土后对受压区混凝土简化应力-应变关系、抗压强度指标以及 ε_{cu} 和 β_1 取值带来的影响。

由于 GB 50010—2002 版规范允许取用最高到强度等级为 C80 的混凝土，而强度超过 C50 的混凝土，其应力-应变特征与强度等级偏低混凝土相比已发生了不可忽略的变化，因此，GB 50010—2002 版规范首先把用于正截面承载力计算的受压区混凝土简化应力-应变

关系调整为：

当 $\varepsilon_c < \varepsilon_0$ 时，

$$\sigma_c = f_c \left[1 - \left(1 - \frac{\varepsilon_c}{\varepsilon_0} \right)^n \right] \tag{5-22}$$

当 $\varepsilon_0 < \varepsilon_c \leqslant \varepsilon_{cu}$ 时，

$$\sigma_c = f_c \tag{5-23}$$

其中

$$n = 2 - \frac{1}{60}(f_{cu,k} - 50) \tag{5-24}$$

$$\varepsilon_0 = 0.002 + 0.5(f_{cu,k} - 50) \times 10^{-3} \tag{5-25}$$

同时，还把截面最大承载力下受压边缘混凝土压应变从简单取 0.0033 调整为取 ε_{cu}，且 ε_{cu} 的表达式取为：

$$\varepsilon_{cu} = 0.0033 - (f_{cu,k} - 50) \times 10^{-3} \tag{5-26}$$

由于作了以上调整，就使得折算成均匀分布应力后的混凝土强度指标发生变化，即在 C50 及以下，强度指标为 $\alpha_1 f_c$，$\alpha_1 = 1.0$；而在 C80 时，$\alpha_1 = 0.94$；其间按强度等级经线性插值确定对应的 α_1 取值。同样，比值 x/x_n 也将发生变化，即在 C50 及以下，用 β_1 表示的该比值仍为 0.8；在 C80 时，取 $\beta_1 = 0.74$；其间则按强度等级经线性插值确定对应的 β_1 取值。

根据以上调整，本书前面提到的式（5-10）、式（5-11）、式（5-13）、式（5-15）、式（5-16）、式（5-17）、式（5-19）、式（5-20）和式（5-21）中的 0.8 就都应改为 β_1，f_{cm} 都应改为 $\alpha_1 f_c$，0.0033 都应改为 ε_{cu}。

（3）赋予附加偏心距 e_a 以新的含义

在不再需要式（5-12）来调节被高估了的小偏心受压截面承载力之后，式（5-12）就已不在 GB 50010—2002 版规范中出现。但修订组专家决定在 GB 50010—2002 版规范中赋予 e_a 以其本应具有的含义，即用它来反映在受压构件施工制作过程中存在的随机性所导致的附加偏心距，其中包括构件非笔直性（弯曲）、非铅直性（偏斜）以及截面材料质量不均匀所形成的附加偏心，以及轴力作用位置的随机性偏差。这版规范根据国内工程经验并参考国外规范规定，取 e_a 为 20mm 和偏心方向截面最大尺寸的 1/30 两者的较大值；并在所有偏心受压构件的正截面承载力设计中加在偏心距 e_0 上。相对于 GBJ 10—89 版规范，这项修订实际上也起到了进一步提高受压构件设计可靠性的作用。

还应指出的是，由于在所有钢筋混凝土受压构件截面设计中都要考虑这版规范新规定的上述附加偏心距，虽然 e_a 的取值不大，但这意味着在设计中已不会出现轴心受压截面和偏心距很小的小偏心受压截面；因此，图 5-14 中在偏心距较小处未被完全抵消的误差中的大部分对于实际设计就已经没有影响了。

GB 50010—2010 版规范及其 2015 年版和 2024 年版都接受了 GB 50010—2002 版规范在上述领域的规定，未作进一步修改。

5.4 正截面设计中几个需要关注的问题

各类钢筋混凝土结构构件的正截面承载力计算原则及方法已在大学本科《混凝土结

构》教材中作过说明，这里不再重复。下面只对几个需要关注的问题从概念上作进一步提示。

5.4.1 由两种材料组成的钢筋混凝土正截面与由单一材料构成的钢构件正截面在受力特征及设计思路上的差异

根据工程力学，除轴力外还沿截面一个主轴受弯矩作用的杆件类构件的对称正截面中的应力分布和应变分布取决于两类平衡条件，即截面内、外力矩的平衡条件和内、外力的平衡条件，以及一个应变协调条件，即平截面假定。

若先以一个由单一材料（钢材）构成的钢构件受弯正截面（宽翼缘工字钢，见图 5-15a）为例，由于钢材在受拉和受压时原则上具有相同的弹性模量和相同的应力-应变规律，故随着作用弯矩增大，当截面上、下边缘应变尚未超过屈服应变时，图 5-15（a）所示的这类上、下对称截面中的应变及应力分布即如图 5-15（b）、（c）所示；而在截面上、下边缘应变超过屈服强度后的约定"最大抗弯能力"状态下，截面的应变及应力分布即如图 5-15（d）、（e）所示。不论在图 5-15（c）还是图 5-15（e）中，截面受压区合压力均等于受拉区合拉力，且中性轴始终位于截面高度中点。而且，在屈服前的受力状态下，截面各点的应力和应变都是随作用弯矩按比例变化的。在图 5-15（e）所示的状态下，截面抗弯能力 M_u 即可表示为：

$$M_u = C_s z_s = T_s z_s \tag{5-27}$$

其中，z_s 为最大抗弯能力状态下的截面内力臂。在钢材材料等级已定的情况下，每个型号宽翼缘工字钢截面的抗弯能力即为定值。若作用弯矩超过这一型号工字钢截面的抗弯能力，就只能改选更大型号的该类型钢。而且，在设计中还应使该受弯构件满足对构件挠度的控制要求。

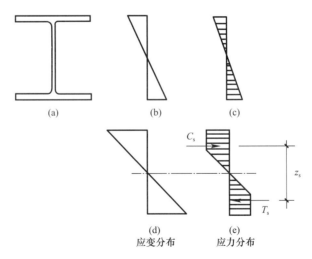

图 5-15　上、下及左、右对称的型钢受弯截面在上、下边缘达到屈服前后的不同应变及应力分布

而对于例如一个钢筋混凝土矩形截面单筋受弯构件，其正截面如图 5-16 所示是由混凝土和其中集中布置的钢筋这两种材料构成的。从本书第 1、2 章可知，工程中经常在钢

筋混凝土构件中搭配使用的混凝土和钢筋的弹性模量以及应力-应变规律都差别很大。例如，C30 混凝土和 HRB 400 钢筋在设计中使用的弹性模量相差 $2.0 \times 10^5 / (3.0 \times 10^4) = 6.67$ 倍；而钢筋抗拉强度设计值与混凝土轴心抗压强度设计值则相差 $360 / 14.3 = 25.2$ 倍。因此，为了提供所需截面的抗弯能力，在满足平衡条件和应变协调条件的前提下，就需要有足够面积的混凝土受压区来提供足够的压力，以便平衡由不大的钢筋面积提供的拉力（如图 5-16d 和 f 所示，因混凝土抗拉强度很低，已假定受拉区混凝土全部开裂，即拉力全由受拉钢筋提供）。

若假定受弯单筋截面使用的混凝土强度等级和钢筋等级不变，则当截面作用弯矩增大时，对于钢筋混凝土构件，就有两种提高截面抗弯能力的途径，而不是钢构件截面处的一种途径。其一是在材料强度等级和正截面形状、尺寸都不变的条件下增大受拉钢筋的用量，即增大钢筋发挥的抗拉能力。为了满足截面内力的平衡条件，即受压区混凝土的抗压能力等于钢筋的抗拉能力，混凝土受压区就只能如图 5-16(a)、(d)、(g) 所示，随受拉钢筋用量的增多而增大其高度 x，而这将导致截面中性轴位置的逐步下降和内力臂从 z_1 经 z_2 到 z_3 的逐步减小。这意味着，因受拉钢筋用量的增加而导致的截面抗弯能力的增大是因受压区混凝土的压力和受拉钢筋的拉力增长幅度比内力臂下降幅度更大所提供的。因此，通过过多增大受拉钢筋来提高截面抗弯能力，即使仍在"适筋"截面范围内，也是不够经济合理的。其二则是像上述钢构件那样，在材料强度等级不变的条件下增大构件截面尺寸，特别是增大截面高度，从而可以在其中受拉钢筋配筋率没有太大变化的情况下增大截面的抗弯能力。

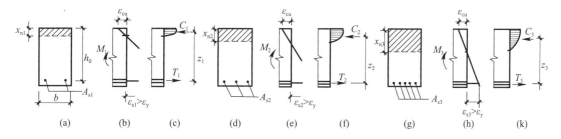

图 5-16　不同配筋率的单筋矩形钢筋混凝土构件正截面受力特征的差异

本小节专门通过与钢构件正截面对比来说明钢筋混凝土正截面的受力特点，是想让读者一方面对由两种材料构成的钢筋混凝土构件正截面的受力特性有更直观的印象，且对截面受压区高度和中性轴位置随受拉钢筋配筋率的改变而发生的明显变化不感到突然。另一方面还想请读者注意到，例如在工程设计中遇到一幢框架结构建筑，若使用钢结构方案，则在结构作用荷载和各梁、柱截面作用内力及钢材强度等级已知的情况下，承载力设计要求的各根钢梁和钢柱的截面在钢材强度不变的条件下从概念上说就都各只有一种选择；而钢筋混凝土框架各根梁、柱的截面却各有多种选择，也就是不论梁还是柱，都可以把截面选得偏大一些，钢筋就用得少一些，也可以把截面选得偏小一些，钢筋就用得多一些。当然，梁、柱构件所选截面的大小还将影响到结构的侧向刚度。两种结构的这种差别，常是需要结构工程师在结构方案设计阶段把握的较重要概念。

5.4.2　构件正截面的弯矩-曲率规律和延性性能

在材料力学中，把一个弹性受弯单元段（长度为 Δx）的曲率 φ 定义为：

$$\varphi = \frac{1}{\rho} = \frac{\varepsilon_c + \varepsilon_t}{h} = -\frac{M}{EI} \tag{5-28}$$

式中　ρ——曲率半径；

　ε_c 和 ε_t——所考察正截面上、下边缘的压应变和拉应变（用绝对值代入公式）；

　　h——截面高度；

　　M——截面作用弯矩；

　　EI——截面刚度。

这里定义的曲率也可理解为构件单位长度内由弯曲效应形成的转角。

在钢筋混凝土正截面从开始受力到失效的整个过程中，包括弹性状态和非弹性状态，只要平截面假定继续适用，上述曲率表达式及其与作用弯矩的关系就继续有效，只不过截面弯曲刚度会随弯矩增大和截面性能的改变而不断变化。这时，对于受拉区已经开裂的截面，式（5-28）也可改写成：

$$\varphi_{ne} = \frac{\varepsilon_c + \varepsilon_{ts}}{h_0} \tag{5-29}$$

式中　ε_c 和 ε_{ts}——截面受压边缘的混凝土压应变和受拉纵筋形心处的拉应变；

　　h_0——截面有效高度。

一个适筋单筋钢筋混凝土受弯构件中的某个单元长度段在弯矩逐步增大的过程中所表现出的弯矩-曲率关系曲线常具有图 5-17 所示的特征。其中，oa 段为受拉区混凝土开裂前构件刚度较大的阶段［从式（5-28）可知，刚度 EI 体现的也就是此段 M-φ 曲线的梯度］。构件受拉区开裂后，因裂缝截面原受拉区混凝土退出工作，且裂缝之间的粘结随弯矩增大逐步从裂缝处向裂缝之间退化，裂缝间混凝土逐步退出受拉，加之受压区混凝土靠近截面边缘的纤维逐步进入应力-应变关系的非弹性阶段，导致截面刚度随弯矩增大而逐步退化，即为曲线的 ab 段；到受拉钢筋屈服后，因其进入塑性伸长状态，使截面刚度明显退化，即为曲线的 bc 段。在此阶段中，受压混凝土的应变也逐渐增大，直至曲线达到 c 点后截面抗弯能力达到最大值；此时受压边混凝土压应变为 ε_{cu}，其值对适筋受弯构件大致在 $0.003 \sim 0.0045$ 范围内变化。若曲率进一步增大，受压边混凝土进入逐步压碎过程。研究界通常取 M-φ 曲线达到图中 d 点，即最大抗弯能力下降 15% 或 20% 的状态（多数研究团队取下降 15%）作为约定的截面失效状态。

从以上描述可以看出，构件控制截面的弯矩-曲率曲线是表达该截面从开始受力直至承载力完全失效的受力性能的最有利手段。由于在现代结构设计中，不论是从保证超静定结构进入屈服后受力状态（对于钢筋混凝土结构，"进入屈服后状态"即指各构件的受拉纵筋陆

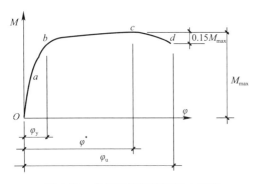

图 5-17　单筋适筋钢筋混凝土受弯
单元段的典型弯矩-曲率曲线示意图

续屈服以后的状态）的内力重分布角度，还是保证抗震结构在所在地设防烈度水准和罕遇水准地震地面运动激励下的基本性能角度，各类结构构件控制截面从受拉纵筋屈服到承载力失效之间的塑性转动能力的大小已经成为结构性能研究中的一个最值得关注的性能指标。因此，各国研究界就在例如由试验测得的构件截面（或微长度区段）弯矩-曲率曲线的基础上约定以图 5-17 M-φ 曲线上 d 点对应的曲率 φ_u 与曲线上 b 点对应的曲率 φ_y 的比值作为该截面所在构件微段的"曲率延性"，用 μ_φ 表示，并称 μ_φ 为"曲率延性系数"，即：

$$\mu_\varphi = \frac{\varphi_u}{\varphi_y} \tag{5-30}$$

从该曲线可以看出，这里所用的"延性"（ductility）的含义是，某个正截面所在的构件微段在保持其基本抗弯能力的条件下（即抗弯能力例如不低于其屈服弯矩 M_y 的条件下）所能达到的最大塑性变形状态的相对大小，也就是以受拉纵筋达到屈服的变形状态作为延性能力相对大小的对比基准状态。

延性也可以用悬臂构件试验加载端测得的竖向位移或换算的到构件固定端的转角来表示，并分别称为"位移延性"和"转角延性"。但请注意，同一个构件的控制截面所能达到的曲率延性与该截面所在构件区段所能达到的位移延性或转角延性在数值上有实质性差别，请勿混淆。

延性性能不论对于非抗震结构中的构件性能评价还是抗震结构中的构件性能评价均具有重要意义。这是因为在针对"持久设计状况"的非抗震设计中，通常将构件或部件的失效方式区分为"脆性"和"延性"两类。其中，脆性主要是指由混凝土压溃控制，从而过程突然的无预告失效方式；而延性则主要指由钢筋发挥屈服后塑性变形能力控制的失效过程偏长，即有预告的失效方式。在针对"持久设计状况"的设计中对这两种失效方式采取的不同设计措施主要是赋予其不同的可靠性潜力，即通过调整可靠指标 β 使脆性失效方式具有更多的强度储备。而在针对"地震设计状况"的现代抗震设计思路中，如前面第 4.4 节已经指出的，被指定来发挥塑性变形的构件关键部位的延性能力则是抗震结构在当地强地面运动激励下进入屈服后动力反应过程后保有抗竖向荷载和抗水平地震效应能力的最基本要求。

现以曲率延性为依据，对影响钢筋混凝土正截面延性能力，即影响其曲率延性系数 μ_φ 大小的主要因素及其影响方式逐一说明如下。

1. 受拉钢筋用量及强度等级对正截面延性能力的影响

受拉钢筋的用量（即其截面面积）乘以钢筋屈服强度即为受拉钢筋的截面设计用拉力。试验及模拟分析结果表明，受拉钢筋的拉力大小是影响正截面延性能力的第一重要因素。但为了讨论思路清晰，先说明在钢筋等级不变时钢筋用量对正截面延性能力的影响。

如前面已经提到的，当受拉钢筋等级不变时，钢筋用量越多，拉力就越大，这就会根据平衡条件迫使截面中的混凝土受压区高度增大。于是，如图 5-18(a) 所示，当受拉钢筋用量颇少，受压区高度也相应很小时，根据图示几何关系，受拉钢筋达到屈服应变 ε_y 时对应的受压边混凝土应变 ε_{c1} 也会很小；这表明 ε_{c1} 与构件达到图 5-17 中 M-φ 曲线上 d 点时受压边应变 ε_{cf}（图 5-18a）之间存在很大的差距，即截面在失效前的屈服后曲率增量 φ_u-φ_y 将会很大，或者说截面具有相当大的延性能力，例如 φ_u/φ_y 可能达到 20～25，甚至更大。

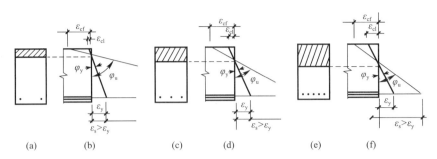

图 5-18 具有不同受拉钢筋配筋率的正截面的延性特征

随着受拉钢筋用量（或配筋率）的逐步提高（图 5-18c、e），钢筋屈服时对应的受压边混凝土压应力 ε_{cl} 会因受压区高度的加大而增大，从而使其与 ε_{cf} 之间的差距逐步减小，而这恰是截面延性相应下降的根本原因。

同理，若受拉钢筋用量不变，但强度提高，自然也会导致截面混凝土受压区高度的增大和 φ_u 与 φ_y 之间差距的减小，从而降低截面延性能力。

2. 受压钢筋用量及强度等级对正截面延性能力的影响

当截面内设置受压钢筋后，随着受压钢筋用量的增多和（或）受压钢筋强度等级的提高，当受压钢筋确能发挥出其屈服强度时，都会因截面平衡条件而使混凝土受压区高度相应减小，从而导致截面延性能力的增大。

3. 混凝土强度等级对正截面延性能力的影响

在其他条件不变的情况下，若混凝土强度等级提高，则会根据截面平衡条件导致受压区高度的相应减小，从而使截面延性能力提高。但这一结论的前提条件是图 5-18 中的 ε_{cf} 保持不变，若 ε_{cf} 因混凝土强度等级提高而减小，则延性能力又会略有下降。

4. 截面宽度对延性能力的影响

截面宽度增大自然也会在其他条件不变时导致受压区高度的减小和延性能力的提高，这种影响在有翼缘位于截面受压区时表现得尤为明显。

以上所有各项影响最终都是通过改变截面受压区高度来改变截面的延性能力，因此在设计中可以通过控制截面受压区高度的容许最大值来保证所需的延性能力。在图 5-19 中给出了矩形单筋钢筋混凝土截面的弯矩-曲率关系曲线随受拉钢筋用量的变化，其中的曲线①、②、③分别表示受拉钢筋用量逐步加大的适筋正截面的弯矩-曲率曲线，曲线④则表示已达适筋状态与超筋状态界限时正截面的弯矩-曲率曲线。

5. 轴压力对延性能力的影响

当正截面内除弯矩外尚作用有轴力时，随着轴压力从零开始增长，它会在受拉区混凝土已开裂的截面内一方面逐步全面增大受压区混凝土以及受压钢筋的压应变，加大混凝土受压区的高度，另一方面会逐步推迟受拉钢筋的屈

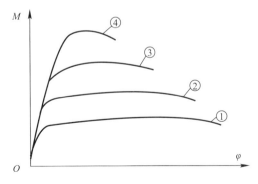

图 5-19 受拉钢筋用量变化对单筋矩形钢筋混凝土正截面弯矩-曲率关系的影响（示意图）

服（即令屈服发生在比无轴压力时更大的曲率下），这就必然使受拉钢筋屈服时对应的截面受压边混凝土压应变比无轴压力时逐步增大，从而减小了 φ_u 与 φ_y 之间的差距，即减小了截面的曲率延性。这一规律适用于整个大偏心受压状态。与这一受力规律对应的截面 $M\text{-}\varphi$ 曲线的走势变化情况即如图 5-20 的曲线①、②、③、④所示意。从图中还可看到，在这一范围内，随着轴压力的增大，曲线所达到的峰值抗弯能力也逐步增大，这与前面图 5-4 中大偏心受压段的 $M\text{-}N$ 关系曲线的走势是一致的（M 随 N 的增大而增大）。

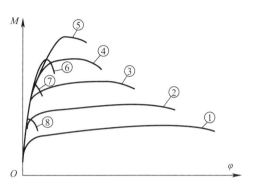

图 5-20　在大偏心受压和小偏心受压状态下截面 $M\text{-}\varphi$ 曲线的走势随轴压力的变化规律（示意图）

在大、小偏心受压分界状态下，按规定定义受拉钢筋的屈服应与截面受压边缘纤维达到 ε_{cu} 同时发生。这时，如图 5-20 中曲线⑤所示，虽然 φ_u 与 φ^* 仍有差距（φ^* 为与 M_{max} 对应的曲率，见图 5-17），即截面仍有一些延性能力，但延性已经很弱。

当轴压力进一步加大使截面进入小偏心受压状态后，因受拉钢筋已不再能达到屈服，故已无法按照上面所给的曲率延性定义对其延性能力进行评价；或者说，对于小偏心受压截面，讨论延性能力已无意义。

在图 5-20 中还给出了小偏心受压截面随轴压力加大而导致的 $M\text{-}\varphi$ 曲线形状的变化。与图 5-4 相呼应，小偏心受压截面达到的最大抗弯能力将随轴压力进一步增大而逐步下降，与峰值弯矩对应的曲率则不断减小（见图中曲线⑥、⑦、⑧）。

通过对以上规律的梳理不难看出，要想使有轴压力作用的截面仍保有设计所需的某种大小的延性能力，最关键的是要把轴压力的相对值 N/f_cA_c，也称"轴压比"，控制在不超过某个界限的范围内，也就是始终使截面在所考虑的内力作用状态下处于大偏心受压状态，且距大、小偏心受压分界状态尚有一定距离。

6. 箍筋对受压区混凝土的被动约束对截面延性能力的影响

如本书第 1.6 节已经指出的，混凝土在横向箍筋提供的被动约束下，随着约束箍筋数量的增加和强度的提高，混凝土的轴心抗压强度、与峰值压应力对应的应变 ε_0 都将相应增大，受压应力-应变曲线下降段的梯度也将相应减缓（图 1-31）。因此，当正截面受压区混凝土也受有箍筋被动约束时（箍筋垂直于构件轴线方向布置），该正截面弯矩-曲率曲线上与图 5-17 中 c 点和 d 点对应的 ε_{cu} 值和 ε_{cf} 值都将相应加大，从而使截面曲率延性相应增大。这也是在结构抗震设计中提高柱端、梁端、连梁端以及剪力墙肢下端曲率延性的主要措施。

以上是对影响结构构件正截面延性能力，即曲率延性系数各项因素的说明；但这种延性能力只表现在构件的屈服区段；而要给出整体结构的延性能力，则必须使用各结构构件的转角延性能力或位移延性能力。但要解释清楚转角延性或位移延性，则需进一步讨论各类构件中屈服区的形成和发育规律，而这已超出本书预定的讨论内容。请有需要的读者参阅与混凝土结构抗震性能与设计有关的著作或文献。

5.4.3　正截面中的受压钢筋及其强度发挥

当在构件某个正截面的受压区布置有参与受力的受压钢筋时，这些钢筋并非在所有情况下都能充分发挥其屈服强度，也就是并不是总能被充分利用。

在图 5-21(a)、（b）中给出了在一个单筋矩形受弯正截面中用截面应变协调条件（平截面假定）和力及力矩的两个平衡条件在已知混凝土和钢筋应力-应变规律的条件下用截面非弹性有限元分析确定的一般性应变分布状态。从截面的力平衡条件可知，受压钢筋的压力与混凝土受压区的合压力一起与受拉钢筋拉力相平衡，而受压钢筋应力则由其所在位置的应变确定。即当截面受拉钢筋配筋率不高、拉力不大，受压区高度有限，受压钢筋所在位置的应变就可能尚未达到其受压屈服应变，从而使其屈服强度得不到充分发挥。只有当截面受拉钢筋配筋率足够高、拉力足够大，与其对应的受压钢筋压应变也足够大时，受压钢筋方才可能充分发挥出其受压屈服强度。

当受弯正截面的受拉钢筋配筋率很低，即拉力相对很小时，如图 5-21(c)、（d）所示，混凝土真实受压区高度甚至可能全在受压钢筋以上的表层混凝土内。这时的上部纵筋，不论数量多少，均已处在轻度受拉状态。

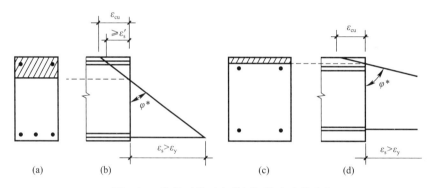

图 5-21　受弯正截面中受压钢筋应力的发挥

在常采用对称配筋的轴力很小的大偏心受压截面以及大偏心受拉截面中，同样会形成受压一侧纵筋因用量相对过大而不能充分发挥受压屈服强度的情况。只有在受拉钢筋配筋率偏高的受弯截面、轴压力偏大的大偏心受压截面以及小偏心受压截面中，受压钢筋方才能在与受压区混凝土共同抗压时充分发挥其抗压屈服强度。

在《混凝土结构设计标准》GB/T 50010—2010(2024 年版) 的正截面承载力设计规定中，出于简化设计方法的需要，自然不可能仔细考虑以上所述的各种情况，故该规范第 6.2.10 条和第 6.2.14 条规定，在受弯、大偏心受压和大偏心受拉截面的承载力设计中，都先按受压钢筋充分受力进行计算；当发现混凝土受压区高度 x 处在以下状态时，即：

$$x < 2a_s'$$ (5-31)

则应改为近似取 $x = 2a_s'$，即按受压钢筋与受压混凝土的合压力均作用在受压钢筋形心高度的假定完成后续截面设计。与上面的叙述对比后可知，用这种简化方法完成的正截面设计原则上都是偏安全的。

但以上讨论也提示设计人，除去例如框架柱和剪力墙肢因承受左、右交替水平荷载的需要和便利施工而常采用对称配筋截面从而导致受压钢筋用量必须等于用量偏大的受拉钢筋外，在其他构件的正截面中，当经概念性判断已知受压钢筋不能充分发挥作用，但又需要从构造要求角度配置一定数量的受压钢筋时，应注意控制受压钢筋用量，使之不致多配。

5.4.4　带翼缘正截面的翼缘剪切滞后及设计使用的有效翼缘宽度

当结构按杆系结构分析时，其构件各正截面内的应力及应变分布均按平衡条件及变形协调条件，即平截面假定确定。根据这一假定，当截面沿某个主轴受弯矩（和轴力）作用时，到中性轴垂直距离相同各点的应变和应力均应相同。这意味着，当图 5-22 所示的 T 形截面沿腹板方向主轴受弯矩（及轴力）作用时，图中翼缘内到中性轴垂直距离相等的三个点 a、b、c 处的应变及应力均应相等（应变都等于图示的 ε_1）。

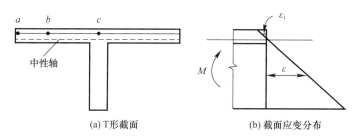

(a) T形截面　　　　　　　　　(b) 截面应变分布

图 5-22　T 形截面沿腹板方向主轴受弯时按平截面假定确定的应变分布

但当对翼缘较宽的 T 形或工字形截面钢筋混凝土（或预应力混凝土）梁以及 T 形、工字形或槽形的组合截面墙肢进行沿腹板方向截面主轴的受弯或偏心受压试验时，都会发现，不论翼缘处在截面受压一侧还是受拉一侧，沿翼缘挑出长度不同位置，且位于截面同一高度的混凝土纤维的压应变或纵向钢筋的压应变或拉应变在同一受力状态下都是不相同的，且总是离腹板越远应变和应力越小。这种现象也可以通过用实体等参元模型完成的构件三维弹性或非弹性有限元分析得到确认。各国研究界把这种到中性轴距离相等处的应变沿翼缘挑出长度向外逐步减小的现象称为"剪切滞后"（shear lag）。这表明，严格按平截面假定确定这类有较长挑出翼缘截面的承载力或弯曲刚度都会导致对承载力或刚度的高估，从而造成偏不安全的评价结果。

下面拟对导致剪切滞后现象的原因以及工程设计中考虑这一现象影响的方法作进一步说明。若取图 5-23(a) 所示的受竖向荷载作用的 T 形截面简支钢筋混凝土梁为例，可知由竖向荷载产生的弯曲效应总是主要由腹板作为"主肋"来承受的。在主肋受弯产生挠曲变形时，其截面上部纤维将以不同应变压缩，下部纤维将以不同应变拉伸。上部压缩的纤维将带动其侧边翼缘内的纤维压缩。而这种"带动"是通过翼缘中的剪切效应来实现的。为了说明这种剪切效应，可在翼缘内取出一个位于腹板侧边的单元体（图 5-23a）。该单元体受被压缩的腹板纤维带动而处在图示与剪应力等效的主拉、压应力作用下，并产生相应的剪应变或主拉、压应变，即在翼缘平面内形成一个剪应力（剪应变）场或主拉、压应力（应变）场；该主拉、压应力场对应的主压应力迹线的走势即如图 5-23(a) 中各条曲线所示。正是由于翼缘内各点存在剪应变，即剪切错动，故当主肋上部纤维产生某个大小的压应变时，位于同一正截面的翼缘各点的压应变就会随到主肋距离的增大而不断减小，即出现"滞后"现象；或者说，在同一个正截面中，离主肋越远的点被"带入"弯曲效应的程度越差。这种现象也可以解释为图示主肋的上部压缩效应是经图中所示的主压应力迹线逐步传入翼缘的，即从两端简支支座向跨中方向逐步扩展翼缘内主压应力的作用宽度，并使到主肋边距离相同各点的主压应力值不断增大。因此，例如在该梁跨中正截面 $A\text{-}A$ 中，沿翼缘挑出长度方向相同截面高度各点的纵向压应变或压应力分布即具有图 5-23（b）中曲线 abc 所示规律，即分布是不均匀的。而且，随着荷载的增大，$A\text{-}A$ 截面内各点的应变和应力都将相应增大，且应变值和应力值的扩散程度也会逐步有所增强，即分布略朝均匀化方向变化。

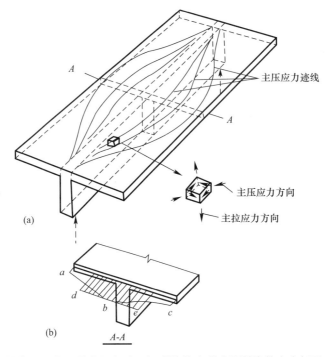

图 5-23　宽翼缘 T 形截面简支梁主肋两侧翼缘传力形成的翼缘剪应力场及主压应力迹线

　　在各类结构中，所有带有较宽翼缘的构件，当沿垂直于翼缘挑出方向受弯时，不论翼缘位于正截面的受压区还是受拉区，翼缘内都会形成这种剪切滞后现象。例如，在图 5-24（a）所示的只受楼盖竖向荷载作用的框架结构的某层楼盖内，框架梁跨中截面由现浇板形成的受压翼缘中同一截面高度的纵向压应力或压应变即具有图中曲线 $abcdefg$ 所示的不均匀分布规律。而在边柱内侧的框架梁支座截面处，因受负弯矩作用，故当处在受拉区的由现浇板构成的翼缘混凝土受拉开裂后，现浇板内与框架梁平行的上、下层板筋中的拉应力或拉应变同样会因剪切滞后而具有大致如图中曲线 $a'b'c'd'e'f'g'$ 所示的不均匀分布规律。而且，弹性和非弹性三维有限元分析结果表明，随着楼盖作用荷载的增大，跨中截面和支座截面的受压和受拉翼缘除应变和应力相应增大之外，应变和应力沿翼缘宽度方向的分布也会出现更趋均匀的趋势；而且，当梁跨度增大时，跨中及支座截面翼缘应变（应力）分布也有更趋均匀化的趋势。

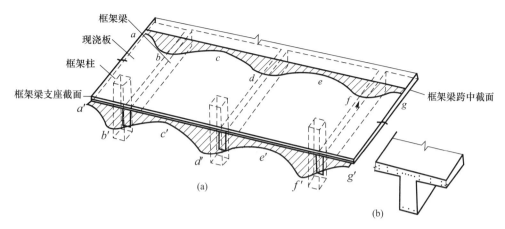

图 5-24 框架结构某层楼盖框架梁跨中及支座截面翼缘（现浇板）应变及
应力沿翼缘挑出方向的不均匀分布特征示意

在剪力墙结构中也会经常用到大量的 T 形、L 形或工字形等各类组合截面墙肢。当这类组合墙肢受沿腹板方向弯矩及同时存在的轴力作用时，翼缘墙肢中纵向应变或应力的分布同样会受剪切滞后效应的影响而形成不均匀分布。在图 5-25 中以一个 T 形截面组合墙肢为例，给出了起翼缘作用的墙肢中纵向应力沿翼缘挑出方向不均匀分布的示意图（图中 *abc* 曲线）。这种分布既大致适合于受压翼缘墙肢中同一截面高度的混凝土纤维中或受压竖向分布筋中的应力和应变分布，也大致适合于受拉翼缘墙肢混凝土受拉开裂后位于同一截面高度的竖向受拉分布筋中的应力和应变分布。

在图 5-26 中还给出了某个核心筒在图示弯矩和轴力作用下的受压或受拉一侧的局部截面。图中想表示的是，垂直于弯矩作用方向的筒壁同样起着翼缘作用，其中也存在剪切滞后效应，即沿翼缘长度方向竖向压应力（应变）或拉应力（应变）的分布也是不均匀的。但因高层建筑结构中核心筒的高宽比常可达 8～12 左右，实测结果表明，沿起翼缘作用筒壁长度方向竖向应力（应变）的分布会从顶部向下逐步更趋均匀。而在外框筒中，因筒壁上满布窗洞，筒壁平面内的剪切刚度被削弱，故作为翼缘的筒壁中竖向应力（应变）分布的不均匀性会比内筒更加明显，但不均匀性依然自上向下有所减弱。

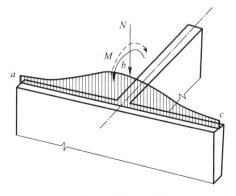

图 5-25 T 形截面组合墙肢沿腹板方向
受弯矩作用时翼缘墙肢内的应变或应力分布示意

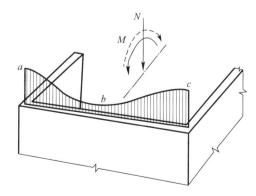

图 5-26 核心筒垂直弯矩作用方向
的筒壁内竖向应力（应变）的不均匀分布示意

在结构设计中，为了保证设计安全性，应合理考虑各类带翼缘构件翼缘内的剪切滞后效应。一般做法是如图 5-23(b) 所示，取与考虑了剪切滞后效应后沿翼缘挑出长度方向不均匀应力分布图形（图中曲线 abc 所示分布图形）面积相等的等效矩形应力分布图块（图中直线 de 所示分布图块）作为"等效应力分布"（矩形应力图块应力取等于曲线应力分布的最大应力），并将等效矩形应力图块的分布范围，即图中长度 de 称为"有效翼缘计算宽度" b_f'；这样，在设计中即可将只考虑有效翼缘宽度 b_f' 的带翼缘构件继续按平截面假定和平衡条件进行分析，即按这样的假定来近似确定截面的承载力和弯曲刚度。

在《混凝土结构设计标准》GB/T 50010—2010(2024 年版) 的第 5.2.4 条和第 9.4.3 条中分别对楼盖梁的有效翼缘计算宽度 b_f' 和组合截面剪力墙肢（包括组合截面核心筒壁）的有效翼缘计算宽度取值作了规定。下面先引出第 5.2.4 条的规定。

5.2.4　对现浇楼盖和装配整体式楼盖，宜考虑楼板作为翼缘对梁刚度和承载力的影响。梁受压区有效翼缘计算宽度 b_f' 可按表 5.2.4 所列情况中的最小值取用；也可采用梁刚度增大系数法近似考虑，刚度增大系数应根据梁有效翼缘尺寸与梁截面尺寸的相对比例确定。

受弯构件受压区有效翼缘计算宽度 b_f'　　　　　　表 5.2.4

	情况	T 形、I 形截面		倒 L 形截面
		肋形梁（板）	独立梁	肋形梁（板）
1	按计算跨度 l_0 考虑	$l_0/3$	$l_0/3$	$l_0/6$
2	按梁（肋）净距 s_n 考虑	$b+s_n$	—	$b+s_n/2$
3	按翼缘高度 h_f' 考虑 $h_f'/h_0 \geqslant 0.1$	—	$b+12h_f'$	—
	$0.1 > h_f'/h_0 \geqslant 0.05$	$b+12h_f'$	$b+6h_f'$	$b+5h_f'$
	$h_f'/h_0 < 0.05$	$b+12h_f'$	b	$b+5h_f'$

注：1 表中 b 为梁的腹板厚度；
　　2 肋形梁的梁跨内设有间距小于纵肋间距的横肋时，可不考虑表中情况 3 的规定；
　　3 加腋的 T 形、工字形和倒 L 形截面，当受压区加腋的高度 h_h 不小于 h_f' 且加腋的长度 b_h 不大于 $3h_f'$ 时，其翼缘计算宽度可按表中情况 3 的规定分别增加 $2b_h$（T 形、工字形截面）和 b_h（倒 L 形截面）；
　　4 独立梁受压区的翼缘板在荷载作用下经验算沿纵肋方向可能产生裂缝时，其计算宽度应取腹板宽度 b。

现对以上引出的规范规定再作以下补充提示。

（1）本条规定首先确认对于与现浇板相连的楼盖梁以及其他有翼缘的独立梁（指不与楼盖或屋盖现浇板整体连接的独立受力的钢筋混凝土或预应力混凝土梁）都应考虑翼缘对弯曲刚度以及正截面承载力的影响。还应注意，对于装配整体式楼盖的梁，根据到目前为止的设计经验，通常只考虑预制板上面的配筋现浇混凝土层作为翼缘，预制板混凝土不宜视为梁的翼缘。

（2）条文中所说的梁刚度增大系数法是指梁刚度先按矩形截面 bh 计算（其中 b 为腹板宽度，h 为梁截面全高），再根据参与工作的翼缘尺寸乘以不同的增大系数。增大系数可划分较细，也可规定较粗略，例如可取两侧都带现浇板翼缘的梁截面刚度为按上述矩形截面计算出的刚度的两倍。划分较细的刚度增大系数可见有关设计手册。

（3）从前面图 5-23(a) 所示的翼缘剪切滞后效应可以看出，在梁的充分受力截面（如该图所示简支梁的跨中截面）中，应变或应力沿翼缘宽度的分布主要取决于两个因素，即梁的跨度和翼缘板平面内的剪切刚度。而剪切刚度的主要影响因素则是板厚和混凝土的强度等级。其中，从图 5-23(a) 的示意中可以意识到，梁的跨度越小，压应变和压应力向翼缘内扩散的范围必然越小；而翼缘板平面内的剪切刚度越弱，压应变和压应力向翼缘内的扩展范围自然也将越小。考虑到翼缘板的工程常用混凝土强度等级变化范围相对较小（例如从 C20～C40），故在上述条文中考虑的影响有效翼缘宽度的因素只有跨度（表中第 1 行）和板厚（表中第 3 行）两项。当然，相邻梁的有效翼缘宽度不应相互重叠，故表中还出现第 2 行的规定。出于安全，约定以这三项中的最小值作为有效翼缘宽度的设计取值。我国设计标准的条文含义是，这一取值既用于计算截面弯曲刚度，又用于计算正截面承载力；虽然严格来说刚度与承载力对应的极限状态不同，有效翼缘宽度取值也应有一定差异，但我国设计标准出于简化忽略了这类差异。设计标准表 5.2.4 中第 1 行和第 3 行给出的有效翼缘宽度取值是经试验实测结果和弹性三维有限元模拟分析结果验证过的，取值可用。本书作者所在学术团队也做了相应分析验证工作。

（4）设计标准表 5.2.4 的注 4 是规范 TJ 10—74 版本修订时写入的。当时是考虑到在仓储类和工业类框架结构的楼盖上有可能部分板区楼面荷载较大，在板支座（梁边）截面引起较大负弯矩，并可能导致现浇板在截面上部沿梁边开裂。这对于翼缘和腹板的协同工作自然有不利影响。但在一般民用和公共建筑楼盖的设计中，板沿梁边开裂问题并不明显。

（5）规范 2010 年版本中表 5.2.4 的第 3 行规定印错，应按 2024 年版设计标准取用。注意切勿错用。

另外，在《混凝土结构设计标准》GB/T 50010—2010(2024 年版) 第 9.4.3 条中对剪力墙肢（含核心筒墙肢）的翼缘计算宽度作了规定，现引出如下。

在承载力计算中，剪力墙的翼缘计算宽度可取剪力墙的间距、门窗洞间翼墙的宽度、剪力墙厚度加两侧各 6 倍翼墙厚度、剪力墙墙肢总高度的 1/10 四者中的最小值。

以上规定据了解是参照该设计标准第 5.2.4 条的规定经工程界资深专家商定的。目前各国试验研究界也正在关注组合剪力墙肢有效翼缘宽度的更合理取值问题。

除此之外，在 2010 年版的《混凝土结构设计规范》GB 50010 第 11.4.1 条中还首次明确给出，当抗震设计中需要计算梁端按实际配筋所具有的抗负弯矩能力 M_{bua} 时，"梁端的实配钢筋应包含梁有效翼缘宽度范围内楼板的纵向钢筋"。对于这一规定还需作以下补充说明。

如前面已经指出的，当挑出翼缘处在截面受拉区时，按道理在计算正截面承载力和截面刚度时也应考虑翼缘及其中配筋，且翼缘中同样存在剪切滞后效应。但到目前为止，我国结构设计界在正截面承载力计算中（例如框架梁支座截面的抗负弯矩能力计算中）基于传统设计习惯均未将受拉翼缘有效宽度内与构件平行的现浇板的钢筋计入梁截面的受拉钢筋；也就是说，翼缘内的这部分受拉钢筋实际上起着进一步增强截面抗负弯矩能力的作用，并一直听任这种承载力储备继续存在。

只有当在抗震设计中为了控制框架在当地强地面运动激励下的梁、柱端塑性区分布格局而需计算各个构件端截面的真实抗弯能力时，才想到在梁端截面中要将上部现浇板（作为受拉翼缘）有效宽度内与梁平行的板筋可能发挥的抗拉能力计入配置在梁腹板宽度内的梁上部受拉纵筋的拉力之内。我国设计标准在相应条文说明中建议将受拉翼缘有效宽度取成与《混凝土结构设计标准》GB/T 50010—2010(2024 年版) 表 5.2.4 中受压区有效翼缘计算宽度相同。即将该有效宽度内平行于框架梁方向的全部上、下板筋的抗拉能力均计入梁端上部受拉钢筋。这种在拉、压翼缘内取用相同有效宽度的做法同样也见于国外规范。这种做法同样也适用于结构非弹性静力分析或动力反应分析的建模。

在确定截面弯曲刚度时，可以考虑的做法是，不论翼缘位于受压区还是受拉区，有效翼缘宽度均按设计标准表 5.2.4 中规定取用。

5.5　与构件正截面性能有关的纵筋最小配筋率

从以上各章叙述可知，当在各类混凝土结构构件中以合理方式配置必要数量的钢筋后，因受拉纵筋和箍筋能分别在混凝土因正截面受拉区拉应力过大或剪、扭主应力区主拉应力过大而开裂后替代混凝土承担拉力；而受压纵筋又能协助混凝土承担压力并改善构件受压区的受力性能；从而使钢筋混凝土结构构件的承载力、挠曲刚度以及受拉纵筋屈服后的塑性变形能力（延性及塑性耗能能力）与不配筋的素混凝土构件相比都有了非同一般的实质性改善。但又如前面第 3.4.1 节已经提到的，以受弯构件正截面性能为例，当作用弯矩不变时，钢筋混凝土构件的特点是，混凝土截面选得越大（特别是截面高度选得越大），所需配置的受拉钢筋数量即可相应减小；故从工程设计角度必然会提出的问题是，在不同的钢筋混凝土结构构件中，各类受力钢筋的配置数量可以分别少到什么程度才仍能保证构件各项受力性能继续保持钢筋混凝土构件的良好质量而不致重新落入素混凝土构件的不利性能范畴。为此，在相应设计标准中就需要针对各类受力钢筋分别给出其用量下限，即例如相对于其所在构件截面面积的最小配筋率。

而在已建成的大量钢筋混凝土建筑结构中，出于不同的设计、施工或使用功能需要，确实有相当数量的结构构件因所选混凝土截面相对偏大，按受力需要计算出的配筋数量小于设计标准规定的最小配筋率，从而需按最小配筋率要求确定其配筋数量。属于这种情况的例如有相当一部分建筑结构的楼、屋盖现浇板；较低设防烈度分区建筑中的中、上部楼层框架柱以及中、上部楼层剪力墙、核心筒的墙肢以及筏式基础厚底板等。因这些构件在工程量中占比可观，其最小配筋率的取值对工程材料用量及造价有明显影响，故各类结构构件受力钢筋最小配筋率的取值规定在钢筋混凝土结构的构造措施中属于需要给予足够重视的重要内容。结构设计界通常把其配筋按截面设计需要经计算确定的构件称为"按计算配筋的构件"，而把按最小配筋率确定配筋数量的构件称为"按构造配筋的构件"。

下面将首先说明属于正截面性能范畴的一般板、梁、柱类构件纵向受力钢筋最小配筋率的确定原则和具体规定；再说明截面形状及配筋方式略偏复杂的墙肢类构件的最小配筋量控制方法；为了对比参考，在讨论板、梁、柱类构件的最小配筋率规定时还引出了美国 ACI 318 规范和欧洲 EC 2 规范的做法。

各类构件受剪所需横向钢筋的最低数量要求以及受扭所需受扭箍筋及受扭纵筋的最低配置数量要求则请见下面第 6 章和第 7 章的相应说明。

5.5.1　板、梁、柱类构件正截面中受拉钢筋的最小配筋率

1. 受弯及轴心受拉构件受拉纵筋最小配筋率的确定思路

若以一根简支受弯构件为例，如前面第 1.13.1 节已经指出的，当作用荷载加大到最

大弯矩截面受拉边缘纤维的拉应变达到混凝土
的开裂拉应变时，混凝土将从该处受拉边缘起
被拉裂，垂直裂缝随之与正截面的曲率增长同
步较迅速向截面内发育。此时，开裂前由受拉
区混凝土和受拉纵筋共同承担的截面拉力将原
则上全部转由裂缝截面内的受拉钢筋单独承担，
即该截面的受力状态将从图 5-27(a) 所示的平
衡状态转变为图 5-27(b) 所示的平衡状态。若
受拉钢筋的配置数量足够，即图 5-27(b) 形成
的开裂后截面所能抵抗的弯矩 M_u 不小于开裂
前截面所能抵抗的开裂弯矩 M_{cr}，开裂后的正截面就至少能继续承受此时作用的开裂弯

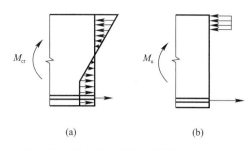

(a)　　　　　　　(b)

图 5-27　受弯截面受拉区混凝土即将开裂
状态的应力分布模型及受拉区开裂后
承载力极限状态下的应力分布模型

矩。若因受拉纵筋配置过少而使 M_u 达不到 M_{cr}，则受拉区混凝土一旦开裂，受拉钢筋就
会因受不起开裂后突然增大的拉力而被迅速拉长并进入屈服后伸长状态；若此时构件两端
的支座（一端不动铰支座，另一端水平可动铰支座）对构件的曲率增长导致的可动支座外
推不能形成有效制约，已形成的弯曲裂缝就会迅速加宽并导致构件弯曲折断。这一失效形
态自然也属脆性。也就是说，此时构件的失效方式又重回到与素混凝土梁相同的脆性弯折
失效。

　　于是，为了使受弯构件继续保有其钢筋混凝土适筋截面所应具有的受拉区混凝土受拉
开裂后的承载能力和延性性能，就可以把下式作为确定受弯构件受拉纵筋最小配筋率的基
本条件：

$$M_u \geqslant M_{cr} \tag{5-32}$$

　　根据本书第 1 章的式（1-48）可以写出：

$$M_{cr} = \gamma f_t W_0$$

式中各技术符号的含义见前面式（1-48）处的说明。同时，根据图 5-27(b) 中所示的受压
区矩形应力图块及截面中的平衡条件即可写出按最小配筋率 ρ_{min} 配置了受拉纵筋的受拉区
已开裂矩形截面的受弯承载力 M_u 为：

$$M_u = \rho_{min} f_y (1 - 0.5\rho_{min} f_y / f_c) b h_0^2 \tag{5-33}$$

当对式（5-32）取等号时，即可得：

$$\rho_{min} f_y (1 - 0.5\rho_{min} f_y / f_c) b h_0^2 = \gamma f_t W_0$$

又因上式等号左侧括号内第二项与括号内的 1 相比数值很小，可以忽略不计，上式即可简
化为：

$$\rho_{min} = \frac{f_t}{f_y} \frac{\gamma W_0}{b h_0^2} = \alpha_b \frac{f_t}{f_y} \tag{5-34}$$

　　请注意，在按照图 5-27(b) 的截面平衡条件建立式（5-33）时，取的 ρ_{min} 的定义是：

$$\rho_{min} = \frac{A_{s,min}}{b h_0} \tag{5-35}$$

式中　$A_{s,min}$——构件截面内受拉纵筋的最小截面面积。

　　从式（5-34）可以看出，用上述思路导出的受弯构件受拉纵筋的最小配筋率是与混凝
土轴心抗拉强度成正比，与受拉钢筋屈服强度成反比的。

又例如一根轴心受拉构件，因假定其混凝土截面及受拉钢筋均为均匀受拉，故防止在受拉钢筋配置数量过少时一旦混凝土截面受拉开裂钢筋就将以受拉恶性伸长的方式脆性拉断的限制条件即可写成：

$$N_u \geqslant N_{cr} \tag{5-36}$$

若将上式以等式方式写出，即可得

$$\rho_{\min} bh f_y = f_t A_0$$

或

$$\rho_{\min} = \frac{f_t A_0}{f_y bh} = \alpha_t \frac{f_t}{f_y} \tag{5-37}$$

其中的 $\rho_{\min}$ 则取为

$$\rho_{\min} = \frac{A_{s,\min}}{bh} \tag{5-38}$$

以上二式中，A_0 为轴心受拉截面的弹性换算截面；$A_{s,\min}$ 为轴心受拉构件中受拉钢筋的最小截面积。

从式（5-37）中亦可看出，在轴心受拉构件中，受拉钢筋的最小配筋率也是与混凝土轴心抗拉强度成正比，与受拉钢筋屈服强度成反比的。

以上建立受拉钢筋最小配筋率控制条件的思路自然也适用于偏心受拉构件和偏心受压构件的受拉钢筋。

还需指出的是，以上式（5-34）和式（5-37）给出的是分别取 $M_u = M_{cr}$ 和 $N_u = N_{cr}$ 的条件下获得的受弯和轴心受拉构件最小配筋率的计算模型；但从式（5-34）和式（5-37）中均可看出，因 f_t 和 f_y 均为离散量，且 f_t 比 f_y 的离散性明显偏大；因此，在确定设计所用的最小配筋率取值时，还需考虑 f_t 与 f_y 的统计分布规律，取一定程度偏高的 f_t 值和一定程度偏低的 f_y 值分别代入该二式来确定最小配筋率的取值，以赋予最小配筋率以一定的可靠性。

2. 各类结构构件的端约束条件对其脆性弯曲折断或脆性拉断风险的影响

上述当构件受拉钢筋过少时预计发生的截面受拉区开裂后的脆性弯断或拉断是以混凝土开裂后该截面处受拉纵筋的伸长（截面曲率的增长）原则上不受制约为前提的。但在实际钢筋混凝土结构中，这类曲率迅速增长所受的由构件端约束条件（或其他受力条件）所提供的制约会存在较大差别，即从对脆性弯断或拉断不提供任何制约的最不利状态，到能提供不同程度制约的相对较为有利的状态；故在确定构件受拉钢筋最小配筋率时应注意区分这些制约条件并在必要时取用严格程度不同（即可靠性要求不同）的最小配筋率取值。下面分述几种制约效果不同的典型工程情况。

（1）对受拉区混凝土开裂后受拉钢筋的迅速伸长无法提供任何制约的应包括以下三类受力构件：（a）端支座按理想简支（一端为不动铰支座，另一端为水平可动铰支座）设计的单跨简支梁；工程中属于此类情况的似只有中、小跨度的单跨钢筋混凝土或预应力混凝土梁式桥的主梁。（b）结构中常用的沿水平方向向外挑出的悬臂梁或悬臂板。（c）竖向悬臂式结构，其中包括电视塔塔身、水塔的筒式塔身、钢筋混凝土烟囱外筒以及由竖向悬臂柱支承的站台雨篷等；在框架-核心筒结构中侧向刚度取得较大，从而承担水平荷载比例颇大的核心筒，其受力特点应也与上述这些竖向悬臂构件类似。这些竖向悬臂构件中虽均有自重引起的轴压力作用（即属大偏心受压截面）但其截面受拉区混凝土开裂后因受拉钢筋过少而导致的截面脆性折断性能仍是与图 5-27(b) 所示受弯构件类似的。对于以上这几类结构构件受力钢筋的最小配筋率自然应从严掌握，即偏大取值。但这一必要性似尚未被我国建筑结构设计界和标准制定界所认知。

（2）各类基础的钢筋混凝土现浇底板，包括箱形基础的现浇底板和筏形基础的现浇筏板，当地基为整体性较好的岩体时，底板混凝土弯曲开裂后的曲率增长会因其经过垫层混凝土形成的与基岩之间的粘结而受到制约；故在确定这类基础底板受拉钢筋的最小配筋率时，可适度考虑这类制约的有利影响。

（3）各类多、高层建筑结构的屋盖及各层楼盖的现浇板，不论按单向板还是双向板假定进行分析，从其受拉区混凝土开裂后截面曲率增长的角度看，都会存在以下两方面的有利影响。一方面是因板面的双向传力效应会在一个方向受拉开裂从而弯曲刚度明显下降后经两个方向之间的弯矩重分布效应来降低开裂方向的作用弯矩，使开裂方向的曲率增长相应放慢；另一方面是当板例如在较大负弯矩作用截面先行受拉开裂时，也是因支座截面弯曲刚度下降，经连续板内沿同一受力方向的弯矩重分布效应而使开裂截面的作用弯矩也有所下降，这同样也会使开裂的支座截面的曲率增长相应放缓。故在确定这些现浇板的受拉钢筋最小配筋率时，均可适度考虑这两类有利影响。若再把以上概念推广，则存在于连续板内的由弯矩重分布效应形成的对受拉区开裂后曲率增长的减缓效应同样也存在于各类超静定框架结构的梁、柱各截面之间以及剪力墙或核心筒的墙肢与连梁的各截面之间，只不过其明显程度稍逊于现浇板内两方面有利效应叠加的明显程度。还应提及的是，在板柱体系的现浇板内虽也存在上述梁板结构现浇板内的两类内力重分布现象，但因其板无梁支托，且传力规律复杂，故这两类内力重分布效应的有利影响程度尚待进一步考察。

3. 美国 ACI 318 规范对受拉钢筋最小配筋率的规定

美国 ACI 318 规范从 20 世纪 90 年代至今，对于各类构件中的受拉钢筋最小配筋率只给出了以下两类规定：

（1）对于单向板、双向板以及板柱体系的板内受拉钢筋，考虑到板的双向传力效应及多次超静定特征，最小配筋率取表 5-1 规定的偏低值。

美国 ACI 318 规范对各类现浇板受拉钢筋最小配筋量的规定　　　　　表 5-1

钢筋类型	f_y（psi）		$A_{s,min}$
带肋钢筋	<60000		$0.002A_g$
带肋钢筋或焊接钢网	$\geqslant 60000$	取大者	$\dfrac{0.0018 \times 60000}{f_y}A_g$
			$0.0014A_g$

注：1. $1psi = 0.00689N/mm^2$。

　　2. 美国板内常用钢筋为 $f_y = 60000psi$ 的带肋钢筋或 $f_y > 60000psi$ 的焊接钢网；当采用焊接钢网时，即属于上表中的第二栏。

　　3. 表中 A_g 为构件混凝土毛面积。

（2）对于梁类构件则规定受拉钢筋最小配筋量取以下两式结果中的较大值：

$$A_{s,min} = \frac{3\sqrt{f'_c}}{f_y} b_w d \tag{5-39}$$

$$A_{s,min} = \frac{200}{f_y} b_w d \tag{5-40}$$

式中　　f'_c——混凝土圆柱体抗压强度标准值；

$\quad\quad f_y$——钢筋抗拉强度标准值；

$\quad\quad b_w$——梁腹板宽度；当静定梁有翼缘位于截面受拉区时，b_w 取受拉有效翼缘宽度 b_f 和 $2b_w$ 中的较小值；

$\quad\quad d$——截面有效高度，即我国的 h_0。

从以上两式可以看出，第一式给出的是随混凝土圆柱体抗压强度平方根变化（大致反映了混凝土轴心抗拉强度的变化趋势）的受拉钢筋最小配筋量，而第二式给出的则是与混凝土强度无关的保底值。请读者注意，以上二式都只能用英制计量单位计算。美国规范在其条文说明中明确表示，上面第一式是按开裂后防脆断的需要给出的，且含有必要的安全裕量。美国规范还规定，在梁内任何一个按计算需要配置受拉钢筋的截面内，受拉钢筋的数量均不应小于最小配筋量；而且规定当一根梁内各截面配筋量均不小于该梁计算所需最大配筋量的三分之一时，可不再考虑最小配筋量的要求。

4. 欧洲 EC 2 规范对受拉钢筋最小配筋率的规定

欧洲 EC 2 规范对于梁类和板类构件给出的受拉钢筋最小配筋量规定是相同的，且自 2004 年至今未作调整。具体规定为：

$$A_{s,min} = 0.26 \frac{f_{ctm}}{f_{yk}} b_t d \tag{5-41}$$

但不小于 $0.0013 b_t d$。

式中　　f_{ctm}——混凝土抗拉强度平均值，由该规范表 3.1 根据混凝土强度等级直接给出；

$\quad\quad f_{yk}$——钢筋抗拉强度标准值。由于混凝土抗拉强度取平均值，而钢筋抗拉强度取相对偏低的标准值，故相当于为最小配筋量考虑了安全裕量；

$\quad\quad b_t$——截面受拉区的平均宽度；

$\quad\quad d$——截面有效高度。

当 T 形截面的翼缘位于受压区时，则约定在 b_t 中只考虑腹板宽度。

该规范还指出，当梁类构件为次要构件，且其受拉区开裂后的脆断风险可以接受时，其受拉钢筋最小配筋量可仅取为承载力计算需要的配筋量的 1.2 倍。

若梁类构件截面的受拉钢筋最小配筋率小于以上各项规定，则该截面应考虑为素混凝土截面。

对于现浇板类构件，该规范还规定，当开裂后脆断风险较小时，受拉钢筋用量也可只取承载力计算需要量的 1.2 倍。

5. 我国设计标准对受拉钢筋最小配筋率的规定

我国《混凝土结构设计规范》从 1966 年的最早版本《钢筋混凝土结构设计规范》BJG 21—66 开始受苏联规范的影响，不是按梁、板等构件种类，而是按截面受力类型给出最小配筋率规定；而且，对于轴心受拉和小偏心受拉截面的每侧受拉钢筋、受弯构件和偏心受压构件的受拉钢筋给出的最小配筋率都是相同的。但从 2002 年版起，已把偏心受压构件从这类规定中移出，并将其改按受压构件统一规定其每侧钢筋的最小配筋率。

如表 5-2 所示，我国规范对各类构件受拉钢筋最小配筋率的取值到 2002 年版为止是逐版稍有提高的，但自 2002 年版起至今则未作调整。

我国《混凝土结构设计规范》各版本中受拉钢筋最小配筋率的规定（%）　　表 5-2

BJG 21—1966 TJ 10—1974	受弯构件、偏心受压及偏心受拉构件的受拉钢筋	200 号及以下	250 号～400 号	500 号～600 号①
		0.10	0.15	0.20
GBJ 10—1989	受弯构件、偏心受压构件、大偏心受拉构件的受拉钢筋及小偏心受拉构件每一侧的受拉钢筋	≤C35		C40～C60
		0.15		0.20
GB 50010—2002 GB 50010—2010 （及其 2015 年版和 GB/T 50010—2010 （2024 年版）	受弯构件、偏心受拉、轴心受拉构件一侧的受拉钢筋②	0.2 和 $45f_t/f_y$ 的较大值		

① 在 BJG 21—66 版规范中混凝土强度只用到 500 号，到 TJ 10—1974 版增大到 600 号。

② GB 50010—2002 版和 GB 50010—2010 版规范对偏心受压构件一侧钢筋的最小配筋率另作了规定，即统一取为 0.2%。

注：中国《混凝土结构设计规范》从最早版本 BJG 21—1966 开始就已规定最小配筋率均按构件混凝土毛截面计算，即与前面式（5-35）所表示的在受弯构件截面设计中使用的最小配筋率的定义是有差别的，请注意区分；但其中不计入位于受压区的挑出翼缘面积。

从规范 2002 年版起，在总结我国高层建筑结构基础工程设计经验的基础上对卧置于地基上的基础底板受拉钢筋的最小配筋率作出了有自己特色的规定，即：

8.5.2　卧置于地基上的混凝土板，板中受拉钢筋的最小配筋率可适当降低，但不应小于 0.15%。

到规范的 2010 年版又参照中国水工混凝土结构中提出的"少筋混凝土"概念对结构中次要的钢筋混凝土受弯构件给出了以下确定受拉钢筋最小配筋率的方法，即：

8.5.3　对结构中次要的钢筋混凝土受弯构件，当构造所需截面高度远大于承载的需求时，纵向受拉钢筋的配筋率可按下列公式计算：

$$\rho_s = \frac{h_{cr}}{h}\rho_{min} \tag{8.5.3-1}$$

$$h_{cr} = 1.05\sqrt{\frac{M}{\rho_{min}f_y b}} \tag{8.5.3-2}$$

式中　ρ_s——构件按全截面计算的纵向受拉钢筋的配筋率；

ρ_{min}——纵向受力钢筋的最小配筋率，按本规范第 8.5.1 条取用；

h_{cr}——构件截面的临界高度，当小于 $h/2$ 时取 $h/2$；

h——构件的截面高度；

b——构件的截面宽度；

M——构件的正截面承载力设计值。

在图 5-28 中当统一取受拉钢筋强度标准值为 $400N/mm^2$ 时给出了美国 ACI 318 规范、欧洲 EC 2 规范和我国《混凝土结构设计标准》GB/T 50010—2010（2024 年版）中对应于我国混凝土各强度等级的梁类构件受拉钢筋最小配筋率。读者可以从中看出相应规定的量

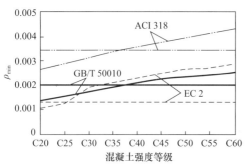

图 5-28　美国 ACI 318—14 规范、欧洲 EC 2
（2004 版）和我国现行设计标准对梁类构件
受拉钢筋最小配筋率的取值对比

化关系。

5.5.2　柱类构件受压钢筋的最小配筋率

由于混凝土的受压特性是，若导致其达到轴心抗压强度的压力持续作用，则会以较突然的脆性压溃方式失效；而钢筋在受压达到屈服强度后，只要保证钢筋不致压屈失稳，其承担的压应力不仅不会随继续增大的压应变而减小，在进入强化段后还会适度增大（当然，在钢筋混凝土构件中受压钢筋的应变通常是难以增大到使其进入应力-应变关系强

化段的，因为在此之前混凝土已在压溃过程中逐步丧失抗压能力）；因此，为了改善轴心受压、偏心受压、受弯和大偏心受拉构件正截面受压区混凝土在达到其抗压强度后压应变进一步增大过程中的受力性能，如前面 5.2.2 节结合图 5-2 已经说明的，较为有效的方法是在受压区混凝土中配置一定数量的受压纵筋，使受压混凝土的压溃过程适度变慢，即受压区的压溃过程变成按以下步骤发育：①表层无约束混凝土先行压溃剥落；②受箍筋约束的纵向钢筋在压力及核心区混凝土侧向膨胀的共同作用下逐步向外失稳弯曲（局部屈曲）；③受约束的核心区混凝土最终压碎。实现受压区混凝土的这种失效过程自然有利于改善上述大偏心受压、受弯和大偏心受拉正截面的延性。此外，在受压区混凝土中布置受压钢筋也有利于减小受压混凝土的徐变变形。受压钢筋在箍筋约束下的以上作用已为多个研究机构的试验所证实。

从工程设计角度自然需要给出能使受压混凝土的性能得到所需要的改善而必须布置的受压纵筋的最低数量，这也就是选择受压钢筋合理最小配筋率所依据的思路。但因这种性能改善的程度可轻可重，似无确切标准，故各国设计规范选用的受压钢筋最小配筋率取值也就差异较大。下面仍以美国 ACI 318 规范、欧洲规范 EC 2 和我国《混凝土结构设计标准》GB/T 50010—2010（2024 年版）为例，比较其受压钢筋最小配筋率的规定。

美国 ACI 318 规范取用的受压钢筋最小配筋率自 20 世纪 70 年代以来一直保持 $A'_s = 0.01A_g$ 未变（A_g 为柱截面毛面积，A'_s 为柱纵筋总截面面积）。这在各国设计规范中是最高取值。它实际上同时也起到了保证各个结构中所有柱截面均具有一个不小的基本承载力的作用，即提高可靠性水准的作用。

欧洲 EC 2 规范则取用以下双控条件，即：

（1）柱纵筋总量 A_{smin} 不小于下式规定：

$$A_{smin} = \frac{0.1N_{Ed}}{f_{yd}} \tag{5-42}$$

式中　N_{Ed}——柱轴压力设计值；

　　　f_{yd}——钢筋屈服强度设计值。

（2）柱纵筋总量不小于柱混凝土截面的 0.2%。

式（5-42）的含义是，纵筋承担的轴压力不应小于总轴压力 N_{Ed} 的 1/10。若以此为出发点，将中国规范的钢筋抗压强度设计值 f_y 和混凝土轴心抗压强度设计值 f_c 代入该式，则例如在取 HRB400 钢筋和 C40 混凝土时，可得柱纵筋最小配筋率为 0.58%。

我国从《钢筋混凝土结构设计规范》BJG 21—66 和 TJ 10—74 起到《混凝土结构设计规范》GBJ 10—89 均按苏联规范做法取轴心受压构件全部受压钢筋的最小配筋率为构件毛截面的 0.4%；取偏心受压和偏心受拉构件的受压钢筋最小配筋率为构件毛截面的 0.2%，即比美国和欧洲规范受压钢筋最小配筋率的取值明显偏小。到该规范 2002 年修订时，修订专家组根据丁祖堃的建议对柱类受压构件的最小配筋率规定根据已有工程经验作了认真总结归纳；考虑到柱类构件均按两个平面主轴方向分别完成截面设计和选择配筋，且在选择配筋时角部纵筋在两个方向共用，导致当截面每侧选用纵筋的根数不相同时，一侧纵筋和全部纵筋的截面积比也各不相同；故决定淡化以前各版规范按"受压钢筋"给出最小配筋率的做法，改为对所有受压构件，不论是轴心受压还是偏心受压，均同时分别给出一侧纵筋和全部纵筋的最小配筋率，并以其中导致配筋量偏大者作为最后按最小配筋率选择纵筋用量的依据。同时还适度提高了最小配筋率取值，并使全部纵筋最小配筋率与钢筋等级挂钩，见表 5-3。这套规定一直使用至今。

我国《混凝土结构设计规范》GB 50010—2010 的表 8.5.1 规定的受压
构件纵向受力钢筋最小配筋百分率（%）　　　　　　　　　　　　表 5-3

	强度等级 500MPa	0.50
全部纵向钢筋	强度等级 400MPa	0.55
	强度等级 300MPa	0.60
一侧纵向钢筋		0.20

注：1. 受压构件纵向钢筋配筋率（含全部及一侧）均按构件全截面面积计算。
　　2. 本表于 2021 年被强制性标准《混凝土结构通用规范》GB 55008—2021 所取用，故《混凝土结构设计标准》GB/T 50010—2010（2024 年版）中规定构件最小配筋率即按该通用规范规定执行。这同样也适用于表 5-2 中最下面一栏的受拉钢筋的最小配筋率规定。

5.5.3　剪力墙及核心筒壁墙肢中钢筋的最小配筋率

不论是剪力墙结构、框架-剪力墙结构或板柱-剪力墙结构中的剪力墙墙肢，还是框架-核心筒结构或内筒-外框筒结构中的核心筒壁墙肢，通常多具有由纵、横墙段连接成的 T 形、L 形、工字形或槽形等组合截面，少数则为两端可能带有小墙垛的一字形（矩形）截面墙肢。根据前面第 4.6 节说明过的设计原则，组合截面墙肢均应分别沿结构的两个主轴方向完成设计。在墙肢的正截面设计中，多数墙肢处在偏心受压状态，也有少部分墙肢可能进入偏心受拉状态。

墙肢类构件在配筋形式上与梁、柱类构件的主要区别是，为了充分发挥纵向钢筋在正截面受力中的效力，通常是把相当一部分纵筋集中布置于截面两端，并对其用封闭式箍筋约束，以提高墙肢截面的延性；其余纵筋则以竖向分布钢筋形式沿墙长均匀布置，并与水平分布钢筋绑扎成或焊接成钢筋网（图 5-29b），以共同保持墙肢的正截面承载力、抗剪能力、出平面抗弯能力、整体性以及抵抗温度拉应力和混凝土硬结收缩拉应力的能力。

在墙肢设计中，首先要求以截面两端集中布置的纵筋为主、以竖向分布钢筋为辅，来满足正截面承载力对纵筋数量的要求；再以水平分布钢筋作为抗剪钢筋来满足墙肢的受剪承载力设计要求。而墙肢中各类配筋的最小配筋率规定则是在技术及设计经验发展过程中由《高层建筑混凝土结构技术规程》JGJ 3 和《混凝土结构设计规范》GB 50010 共同推动形成的。现分别对截面两端集中布置的纵向钢筋的最小配筋率以及水平及竖向分布钢筋的最小配墙肢筋率作简要提示。

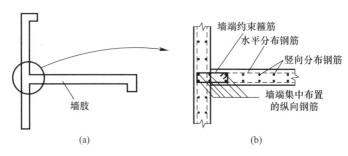

(a)　　　　　　　　　　　　　　(b)

图 5-29　剪力墙墙肢或核心筒壁墙肢的配筋特点（局部）

1. 墙肢截面两端集中布置纵筋的最小配筋率

在《混凝土结构设计标准》GB/T 50010（2024 年版）和《高层建筑混凝土结构技术规程》JGJ 3—2010 中墙肢端部集中布置的纵筋均约定布置在一个固定的范围内，并如框架柱那样用箍筋对其进行侧向约束。这一特定范围在抗震墙肢的纵筋屈服区处称为"约束边缘构件"，在屈服区以外称"构造边缘构件"。因此，集中布置的纵筋的最小配筋率也就约定按设计标准或规程规定的"约束边缘构件"或"构造边缘构件"的截面面积计算。

截面两端集中布置纵筋的最小配置数量（包括最小配筋率和最少根数与最小直径）是在考虑这部分纵筋在水平荷载交替作用下既可能受拉、又可能受压，同时考虑其在与其他竖向分布筋共同受拉或共同受压时所占受力份额，并考虑其它构造需求后，参考梁、柱类构件的最小配筋率取值经综合权衡后确定的。其目的是在受拉时能与对应的竖向分布筋一起共同以足够高的概率防止发生脆性弯折失效；在受压时则使墙肢构件能发生具有钢筋混凝土构件特点的有钢筋协助的逐步压溃。

由于在上述设计标准和规程中墙肢两端集中布置纵筋的最低配置数量是按抗震和非抗震设计需要统一给出的，故本书不拟再引出上述设计标准及规程中的具体规定，有需要的读者请参阅相应设计标准或规程。

2. 墙肢水平及竖向分布钢筋的最小配筋率

在墙肢类构件中应根据以下三项受力需求来保证水平及竖向分布钢筋具有所需的最小配筋量：

（1）如上面所述，墙肢正截面中相应一端受拉或受压区中的竖向分布筋应与截面该端集中布置的纵向钢筋一起满足墙肢正截面对受拉或受压最小配筋率的要求；其目的不再重复。

（2）水平分布筋作为墙肢构件的抗剪钢筋需满足抗剪最小配筋率的要求，其目的是以足够高的概率避免发生脆性的斜拉型剪切失效；

（3）以水平分布筋为主，竖向分布筋为辅满足防止在墙肢内发生明显的温度收缩拉应力裂缝及混凝土硬结收缩拉应力裂缝的要求。

其中，水平分布筋主要满足第（3）项和第（2）项受力需求（需求量不叠加）；而竖向分布筋则主要满足第（1）项受力需求，同时也在一定程度上介入第（2）、（3）项受力需求。

《混凝土结构设计标准》GB/T 50010—2010(2024 年版) 第 9.4.4 条给出的非抗震条件下混凝土墙肢类构件内水平及竖向分布钢筋最小配筋率的规定已在前面第 1.17.1 节中引出。

5.6 与正截面性能有关的结构与构件的变形控制及构件裂缝宽度控制

5.6.1 对正常使用极限状态验算内容的一般性说明

目前我国设计标准采用的设计方法从可靠性角度称为"以概率理论为基础的极限状态设计方法",如前面第 4.3 节已经指出的,其中考虑的极限状态包括"承载能力极限状态"和"正常使用极限状态",并以承载能力极限状态作为每个结构都必须完成的承载力设计的目标受力状态;而正常使用极限状态则作为保证结构正常使用性能所需控制的其他各项性能指标的目标受力状态。对于混凝土结构,正常使用性能控制指标包括两类,一类是对结构的侧向变形(以各层层间位移角为控制指标)或受弯构件挠度的控制;另一类是对构件受拉混凝土的开裂或裂缝宽度的控制。与承载能力极限状态相比,正常使用极限状态的可靠性要求相对偏松。

在上述结构侧向变形验算或受弯构件挠度验算中,是使结构在相应荷载下的层间位移角不超过规定的层间位移角限值,或使受弯构件在相应荷载下的挠度不超过规定的挠度限值;在开裂控制中,是使相应荷载下在特定部位形成的拉应力不超过与开裂控制要求对应的拉应力;在裂缝宽度控制中,则是要求在相应荷载下形成的裂缝宽度不超过规定的裂缝宽度限值。于是,可以把正常使用极限状态下的控制要求统一表达为:

$$S \leqslant C \tag{5-43}$$

式中 S——按正常使用极限状态的荷载组合原则算得的变形、应力或裂缝宽度;

C——为了满足正常使用要求而设定的对应的变形、应力或裂缝宽度限值。

从可靠性角度看,S 相当于"作用方",C 相当于"抗力方"。因此,也可以通过对作用方和抗力方分别提出严格程度不同的要求来调整正常使用性能控制的可靠性。

到目前为止,正常使用极限状态的验算内容还未达到承载能力极限状态验算内容那样的系统性程度,而且分散在不同的设计标准和规程之中。

从"作用"方面看,根据《建筑结构荷载规范》GB 50009—2012 的规定,正常使用极限状态下可以选用的荷载组合根据严格程度可以分为"标准组合""频遇组合"和"准永久组合"三类。在钢筋混凝土结构的正常使用极限状态验算内容中只使用标准组合和准永久组合。

根据《建筑结构荷载规范》GB 50009—2012 第 3.2.7 条的规定,正常使用极限状态下荷载标准组合的效应值应按下式计算:

$$S = \sum_{j=1}^{m} S_{Gjk} + S_{Q1k} + \sum_{i=2}^{n} \psi_{ci} S_{Qik} \tag{5-44}$$

而荷载准永久组合下的效应值则应按下式计算:

$$S = \sum_{j=1}^{m} S_{Gjk} + \sum_{i=1}^{n} \psi_{qi} S_{Qik} \tag{5-45}$$

式中 S_{Gjk}——第 j 个永久荷载标准值 G_{jk} 计算出的荷载效应;

S_{Q1k}——按诸可变荷载效应中起控制作用的那一项荷载标准值 Q_{1k} 算得的荷载效应;

S_{Qik}——由第 i 个可变荷载的标准值 Q_{ik} 算得的荷载效应;

ψ_{ci}——第 i 个可变荷载 Q_i 的组合值系数;

ψ_{qi}——第 i 个可变荷载 Q_i 的准永久值系数。

各类可变荷载的 ψ_{ci} 和 ψ_{qi} 值可由《建筑结构荷载规范》GB 50009—2012 的表 5.1.1 查得。

在混凝土结构设计中,由我国各本规范或规程规定的属于正常使用极限状态的控制验算有:

(1) 根据《建筑抗震设计标准》GB/T 50011—2010(2024 年版)第 5.5.1 条的规定和《高层建筑混凝土结构技术规程》JGJ 3—2010 第 3.7.3 条的规定,需要完成在多遇水准水平地震作用的标准值下或风荷载标准值下各楼层层间位移角的控制验算,也就是在上述正常使用极限状态相应标准组合下进行各楼层层间位移角的控制验算。验算中取用各类结构构件的毛截面弹性刚度 E_cI_0,结构分析在弹性假定下完成。

(2) 根据《混凝土结构设计标准》GB/T 50010—2010(2024 年版)第 3.4.3 条的规定,钢筋混凝土受弯构件在荷载准永久组合下考虑荷载长期作用影响的最大挠度,以及预应力混凝土受弯构件在荷载标准组合下考虑荷载长期作用影响的最大挠度都不应超过该设计标准表 3.4.3 规定的挠度限值。在计算中,内力取弹性分析结果,构件刚度则应按该规范第 7.2 节的规定确定,即取用与正常使用极限状态对应的构件正截面非弹性弯曲刚度。

(3) 根据《混凝土结构设计标准》GB/T 50010—2010(2024 年版)第 3.4.4 条的规定,处在偏严酷环境中的一级和二级裂缝控制等级的预应力混凝土构件应按该规范第 7.1.1 条的规定在荷载标准组合或准永久组合下进行抗开裂能力验算,即要求其受拉边缘混凝土的法向应力值处在该规范第 7.1.1 条规定的各相应范围内。

(4) 根据《混凝土结构设计标准》GB/T 50010—2010(2024 年版)第 3.4.4 条的规定,对于钢筋混凝土受拉、受弯和偏心受拉、偏心受压构件,以及处在较有利环境中因而属于三级裂缝控制等级的允许开裂的预应力混凝土轴心受拉和受弯构件,均应进行裂缝宽度控制验算,即要求钢筋混凝土构件在准永久组合下按该设计标准第 7.1.2 条计算的考虑了荷载长期作用影响的最大裂缝宽度不超过该规范表 3.4.5 规定的裂缝宽度限值;而三级裂缝控制等级预应力混凝土构件则要求在标准组合下按该设计标准第 7.1.2 条计算的考虑了荷载长期作用影响的最大裂缝宽度不超过该设计标准表 3.4.5 规定的裂缝宽度限值。

下面将在第 5.6.2 节、第 5.6.3 节和第 5.6.4 节中进一步说明受弯构件挠度控制、结构各楼层层间位移角控制以及构件裂缝宽度控制的有关问题。关于预应力混凝土构件抗开裂能力的控制请见《混凝土结构设计标准》GB/T 50010—2010(2024 年版)或预应力混凝土的有关著作。

5.6.2　钢筋混凝土受弯构件的挠度控制

梁、板类受弯构件在正常使用极限状态下进行挠度控制是结构设计的传统内容,其主要目的是保证楼盖使用的平整性(无挠曲感,在荷载冲击下无过于明显的振颤感)要求,以及不致因梁、板类构件挠度过大而使由这类构件支承的填充及装修部件出现损伤;对于工业厂房楼盖,还有设备对楼面变形的限制要求;对于屋盖构件,则还包括不积雨水的要求。

下面只说明钢筋混凝土受弯构件的挠度控制问题。

《混凝土结构设计标准》GB/T 50010—2010（2024 年版）规定的钢筋混凝土梁、板类受弯构件（简支梁、连续梁或框架梁和悬臂梁以及简支板、连续板和悬臂板）挠度控制的总思路是：

（1）受弯构件最大受力截面的弯曲刚度取用《混凝土结构设计标准》GB/T 50010—2010（2024 年版）第 7.2.3 条规定的正常使用极限状态下的考虑了构件非弹性特征的刚度，其中还应根据该设计标准第 7.2.2 条考虑长期作用荷载对刚度的降低作用；

（2）按荷载的准永久组合和设计标准约定的结构力学方法计算构件挠度；

（3）计算出的挠度不应超过该设计标准表 3.4.3 规定的挠度限值。

现对这几点内容作以下简要提示。

1. 梁、板类受弯构件在正常使用极限状态下考虑了荷载长期作用影响的非弹性弯曲刚度

从前面图 5-17 所示的一般适筋受弯截面的弯矩-曲率关系可以看出，作为 M-φ 曲线割线正切的弯曲刚度是随截面作用弯矩的增大而不断下降的。我国《混凝土结构设计规范》从 1966 年的最早正式版本起因接受了苏联设计规范的全套极限状态设计理念（包含承载能力极限状态和正常使用极限状态以及对两个极限状态建立的设计方法），故受弯构件正常使用极限状态下挠度验算取用的关键参数，即截面弯曲刚度也就定义为与正常使用极限状态对应的割线刚度。这时，截面的作用弯矩大致相当于受拉钢筋屈服时弯矩的 65%～75%。因此，规范给出的挠度限值也是与这种弯曲刚度定义相呼应的。

有些国家的早期规范从简化设计的角度出发，也曾使用构件毛截面弹性刚度 $E_c I_0$（不考虑纵筋影响）来计算受弯构件挠度，这当然就不能视为针对正常使用极限状态的做法，而且挠度限值与《混凝土结构设计标准》GB/T 50010—2010（2024 年版）表 3.4.3 中的限值相比也必须相应减小。

我国《混凝土结构设计规范》早期版本取用的是苏联规范使用的对应于正常使用极限状态的割线弯曲刚度表达式。20 世纪 70～80 年代，原南京工学院丁大钧、蓝宗建等经大量试验获得了更准确的正常使用极限状态割线短期刚度的计算方法，其典型表达式为《混凝土结构设计标准》GB/T 50010—2010（2024 年版）的式（7.2.3-1），即：

$$B_s = \frac{E_s A_s h_0^2}{1.15\psi + 0.2 + \dfrac{6\alpha_E \rho}{1 + 3.5\gamma_f}} \tag{5-46}$$

式中　ψ——裂缝间纵向受拉钢筋应变不均匀系数，计算方法见后面第 5.6.4 节的式（5-56）；

α_E——钢筋弹性模量与混凝土弹性模量的比值；

ρ——纵向受拉钢筋的配筋率，即 $\rho = A_s/bh_0$，请注意，这一定义与前面讨论最小配筋率时使用的 $\rho_{min} = A_s/bh$ 稍有不同，《混凝土结构设计标准》至今未准备对这两种配筋率定义作统一化处理；

γ_f——受拉翼缘截面面积与腹板有效截面面积的比值；

E_s 和 A_s——受拉钢筋的弹性模量及截面面积。

试验中发现，当受弯构件所受荷载长期作用时，主要由于受压区混凝土的徐变性能以及受拉区裂缝间钢筋与混凝土粘结的徐变性质（粘结退化），截面弯曲刚度会随荷载持续作用的时间而降低。设计标准规定，考虑荷载的这种长期作用影响后的弯曲刚度 B 可按下式计算：

$$B = \frac{B_s}{\theta} \tag{5-47}$$

式中 θ ——考虑荷载长期作用对挠度增大的影响系数，当截面受压钢筋配筋率 $\rho' = A'_s/$ (bh_0) 为零时，取 $\theta = 2.0$；当 $\rho' = \rho$ 时 [ρ 的定义见式（5-46）]，取 $\theta = 1.6$；当 ρ' 为中间值时，θ 按线性内插取用。

也有研究者建议，为了简化设计，梁、板类构件对应于正常使用极限状态的割线弯曲刚度也可通过对比计算取为截面弹性刚度的某个折减值，例如取：

$$B = (0.5 \sim 0.55) E_c I_0 \tag{5-48}$$

这时，设计标准表 3.4.3 的挠度限值可以不变。上式中的 $E_c I_0$ 则为前面已经提到的不考虑钢筋影响的混凝土毛截面弹性弯曲刚度。

2. 构件挠度的计算思路的演变

《混凝土结构设计规范》GB 50010 在 2010 年版作出的一项重要调整是，在保留继续使用正常使用极限状态下的荷载标准组合计算预应力受弯构件挠度的同时，把钢筋混凝土受弯构件的挠度从此前按荷载标准组合计算改为按荷载准永久组合进行计算。这一改变所基于的认识是，正常使用性能所关注的主要是荷载长期作用下的性能，而不是短期荷载最大效应下的性能；而且与裂缝宽度也改为按荷载准永久值计算存在呼应关系。

由于受弯构件在荷载作用下各个截面的作用弯矩不同，故各个截面对应的割线刚度也各不相同。这自然是在考虑受弯构件真实非弹性受力性能的条件下计算挠度时遇到的主要麻烦。即从理论上说，挠度计算也要动用有限元分析并用数值法来求算。但由于截面作用弯矩越大，弯曲刚度越小，故挠度值主要由弯矩大、刚度相对偏小的构件区段决定。于是，设计标准建议的挠度计算方法是，不论构件是静定还是超静定，对每个同号弯矩区段都分别取用该区段最大弯矩截面按上面式（5-46）和式（5-47）计算出的刚度 B 作为该区段统一取用的弯曲刚度，挠度计算则仍按弹性假定下相应结构力学方法完成。

3. 受弯构件挠度限值

下面引出《混凝土结构设计标准》GB/T 50010—2010(2024 年版) 第 3.4.3 条关于受弯构件挠度限值的规定。

3.4.3 钢筋混凝土受弯构件的最大挠度应按荷载的准永久组合，预应力混凝土受弯构件的最大挠度应按荷载的标准组合，并均应考虑荷载长期作用的影响进行计算，其计算值不应超过表 3.4.3 规定的挠度限值。

受弯构件的挠度限值   表 3.4.3

构件类型		挠度限值
吊车梁	手动吊车	$l_0/500$
	电动吊车	$l_0/600$
屋盖、楼盖及楼梯构件	当 $l_0 < 7$m 时	$l_0/200$（$l_0/250$）
	当 7m$\leqslant l_0 \leqslant 9$m 时	$l_0/250$（$l_0/300$）
	当 $l_0 > 9$m 时	$l_0/300$（$l_0/400$）

注：1 表中 l_0 为构件的计算跨度，计算悬臂构件的挠度限值时，其计算跨度 l_0 按实际悬臂长度的 2 倍取用；
2 表中括号内的数值适用于使用上对挠度有较高要求的构件；
3 如果构件制作时预先起拱，且使用上也允许，则在验算挠度时，可将计算所得的挠度值减去起拱值；对预应力混凝土构件，尚可减去预加力所产生的反拱值；
4 构件制作时的起拱值和预加力所产生的反拱值，不宜超过构件在相应荷载组合作用下的计算挠度值。

需要提示的是，上面设计标准表 3.4.3 注 1 取悬臂构件计算跨度 l_0 为其悬臂长度的 2 倍，是因为悬臂构件的挠度与和它截面及配筋相同但跨度为其悬臂长度 2 倍且荷载作用方式与其对应的对称受力简支构件相同。

5.6.3 钢筋混凝土结构正常使用极限状态下的层间位移角控制要求

结构的弹性层间位移角 θ_e 的定义为：

$$\theta_e = \frac{\Delta u_e}{h} \tag{5-49}$$

式中　Δu_e——在风荷载或多遇水准水平地震作用标准值参与作用下按正常使用极限状态下的标准组合原则计算出的结构某个楼层的弹性层间位移；

　　　　h——楼层的计算层高。

近年来的建筑结构设计经验表明，虽然在我国相关设计标准和规程中这一控制条件未用强制条文形式给出，但这一控制条件对建筑结构使用性能及设计质量所起的控制作用日益凸现。

正常使用极限状态下的弹性层间位移角控制要求最早是由《建筑抗震设计规范》在其 1989 年版中提出的，目的是协助满足"三水准"设防中"使结构在多遇水准地震作用下一般不受损坏或不需修理仍可继续使用"的要求。在该版规范这一条款的条文说明中指出，这条规定的目的是"为了避免非结构构件（包括围护墙、隔墙和各种装修）在多遇水准地震作用下出现过重破坏"；并指出，"详细规定各种情况下结构的层间位移角限值是十分困难的，故只能依据试验和震害调查，针对不同结构作粗略规定"。

随后不久，在 1991 年首次颁布的《钢筋混凝土高层建筑结构设计与施工规程》JGJ 3—91 中，也针对高层混凝土建筑结构给出了正常使用极限状态下的弹性层间位移角限值，其目的是使高层建筑结构"在正常使用极限状态下仍处于（接近）弹性的受力状态，并具有足够的侧向刚度"，以"避免产生过大的水平位移而影响结构的承载力、稳定性和使用条件"。这可以理解为不致因水平位移过大而产生偏大的重力二阶效应而使承载力的安全裕量不足，或离侧向失稳的临界状态的裕量不足，以及因侧向刚度不足而使使用者因楼层产生水平晃动过大而感到不适或造成非结构部件在正常使用极限状态下的损伤等。同时，在该规程的规定中也包括了与《建筑抗震设计规范》GBJ 11—89 规定类似的对高层结构在多遇水准地面运动激励下的性能控制需要。

上述由抗震规范和高层规程分别给出的首轮弹性层间位移角限制条件虽大部分取值相近，但不完全相同，造成了设计上的不便。为了协调弹性层间位移角限值的取值，当时的建设部标准定额司曾于 2000 年召集了有关规范和规程负责人及相关专家组专家共同参加的协调会，本书第一作者有幸参加。会上参考由上海建筑科学研究院胡绍隆与华东建筑设计研究院共同完成的对高层建筑结构侧向变形特征的研究工作和已建高层建筑弹性层间位移角的计算结果统计以及同济大学吕西林团队对钢筋混凝土结构抗震性能试验结果和震害的统计归纳，经与会专家会商后给出了综合考虑抗震设计需要和高层建筑结构性能控制需要的弹性层间位移角的兼顾型统一控制标准，如表 5-4 所示。这套控制标准一直使用至今。

2002 年版的《高层建筑混凝土结构技术规程》JGJ 3—2002 还在上表的基础上补充规定：高度不小于 250m 的高层建筑，其弹性层间位移角不宜大于 1/500；高度在 150～

250m 之间的高层建筑，其弹性层间位移角限值可在表 5-4 给出的限值和 1/500 之间经线性插值确定。

高度未超过 **150m** 的建筑结构的弹性层间位移角限值　　　　　表 5-4

结构体系	$\Delta u_e/h$ 限值
钢筋混凝土框架结构	1/550
钢筋混凝土框架-剪力墙结构、框架-核心筒结构、板柱-剪力墙结构	1/800
钢筋混凝土剪力墙结构、内筒-外框筒结构	1/1000
钢筋混凝土结构中的框支层	1/1000
多、高层钢结构	1/250

注：本表综合了当时《建筑抗震设计规范》表 5.5.1 和《高层建筑混凝土结构技术规程》表 3.7.3 中的规定。

本书作者认为，根据上述 2000 年专家协调会上形成的共同认识，对结构弹性层间位移角的取值和作用还有以下几个方面需要提示。

1. 是否需要在弹性层间位移中扣除整体弯曲变形的问题

结构在竖向及水平荷载共同作用下的变形随着结构体系的组合化和复杂化而变得越发复杂，其中主要是一个楼层的楼盖在变形后已不再保持原有平面形状，即不再保持平面内的刚性假定。尽管如此，从概念上说，仍可根据导致楼层侧向变形的原因把一个楼层的侧

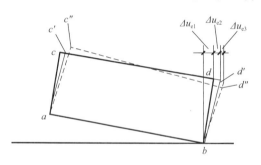

图 5-30　多、高层建筑结构某个楼层
侧向位移的构成模型

向变形近似分解为图 5-30 所示的三类，即：①由于所考虑楼层以下的各个楼层弯曲变形的累积而形成的该楼层整体转动所带来的楼层顶面和底面基准点之间的侧向相对位移，也就是图 5-30 中由整体转动后的楼层 $abdc$ 所直接形成的侧向位移 Δu_{e1}；②由所考虑的楼层在水平剪力及重力二阶效应作用下产生的侧向剪切变形（图中楼层 $abdc$ 变为 $abd'c'$，即矩形变为平行四边形，其来源为楼层竖向构件及水平构件的挠曲变形）所引起的侧向相对位移 Δu_{e2}；

③由于楼层弯矩和可能有偏心轴压力的作用使该楼层竖向构件拉伸或压缩而形成的楼层弯曲变形（图中楼层 $abd'c'$ 进一步变为 $abd''c''$）所引起的侧向相对位移 Δu_{e3}。

一个建筑结构体系的侧向变形特征通常用侧向变形曲线表示，其中，每个楼层的上述三类侧向变形又可归纳为层剪切变形（图 5-30 中的 Δu_{e2}）和层弯曲变形（图 5-30 中的 $\Delta u_{e1}+\Delta u_{e3}$）两大部分。结构体系侧向变形中的层剪切变形由各楼层的剪切变形自下向上累积而成；侧向变形中的层弯曲变形则由各楼层的整体弯曲变形及楼层弯曲变形自下向上的累积效果来体现。

在多层建筑的框架结构中，楼层剪切变形始终在体系侧向变形中占主导地位，楼层整体弯曲变形虽会从底层向顶层快速累积，但弯曲变形在侧向变形中始终不占主导地位。

在高层剪力墙结构中，当连梁线刚度相对较弱时，剪型特征会占一定比重；随着连梁线刚度的相对增强，弯型特征会越来越占主导地位。

在高层框架-剪力墙结构和框架-核心筒结构中，侧向变形通常都具有剪弯型特征，即当框架部分侧向刚度相对偏大时，剪型特征会稍偏明显；反之，则弯型特征更为突出。

在弯、剪成分处于均势状态的结构体系中，最大层间位移角多可能出现在中部楼层；随着弯型成分的加重，最大层间位移角出现的楼层会向结构顶部转移；而以剪切成分为主导的结构体系，随各层梁、柱刚度的相对关系变化，最大层间位移角常会出现在底层或中、下部楼层。

由于结构构件以及非结构构件（如围护墙、隔墙和装修部件）的损伤主要是由层剪切变形引起的，楼层本身的弯曲变形也起少许作用，而楼层整体弯曲变形只会导致楼层与水平面发生倾斜，通常并不会引起结构以及非结构构件的损伤。而由试验获得的结构及非结构构件的损伤与层间位移角的关系所指的层间位移多数也是指由层剪切变形产生的层间位移角。因此，若只从控制损伤的角度，国内外都有人建议可在需要控制的层间位移角中减去其中包含的整体弯曲变形。由于从抗震角度对多遇水准地震作用下的弹性层间位移角控制主要着眼于减小损伤，故在现行《建筑抗震设计标准》GB/T 50011—2010（2024 年版）第 5.5.1 条说明如何计算弹性层间位移角 Δu_e 时，使用了"计算时，除以弯曲变形为主的高层建筑外，可不扣除结构整体弯曲变形"的表述方式。这种表述方式反过来可让人理解为，该规范不反对（甚至容许）在以弯曲变形为主的高层建筑的弹性层间位移角中可以减去相应楼层的整体弯曲变形。但因在以弯曲变形为主的高层建筑结构的除底部少数楼层外的中、上部大部分楼层中，整体弯曲变形在弹性层间位移中都占有较大或很大比重，一旦将其从弹性层间位移中去除，所余部分就几乎能够无障碍地满足层间位移角的限值要求；这意味着层间位移角限值将失去其其余大部分控制功能，也就是说，不再能发挥其除控制损伤以外的控制高层结构侧向刚度及前述有关性能的作用。

为了能既适当考虑随结构高度增大，楼层整体弯曲变形会使结构顶部楼层弹性层间位移不断增大的特点和整体弯曲变形确实不会导致损伤的特点，又能达到从强度、稳定性和使用性能角度保证结构具有必要的侧向刚度的目的，2002 年的《高层建筑混凝土结构技术规程》JGJ 3 方才在前面表 5-4 的弹性层间位移角限值的基础上对高度超过 150m 的建筑结构提出了适度放松弹性层间位移角限制条件的规定。从上面引出的这部分规定（《高层建筑混凝土结构技术规程》JGJ 3—2010 第 3.7.3 条的第 2 款和第 3 款）可以看出，是不允许在结构的弹性层间位移角中扣除结构整体弯曲变形的。通过这部分规定，一方面使弹性层间位移角限制条件不致明显加大超高层建筑的结构投资，另一方面又保住了弹性层间位移角限制条件在高层和超高层建筑中应起的综合性作用。目前，在我国结构设计界使用的商品软件中执行的都是《高层建筑混凝土结构技术规程》JGJ 3—2010 第 3.7.3 条的规定。

2. 弹性层间位移角限制条件在高层建筑结构设计中所起的控制结构整体技术经济指标和优化其综合性能的额外作用

如前面第 5.4.1 小节所指出的，钢筋混凝土结构与钢结构、木结构等单一材料结构的区别之一是，当一个结构的作用内力及材料强度等级已知时，一个钢筋混凝土构件可以在一定范围内选用不同的截面尺寸，同样都能满足承载力要求，只不过截面尺寸小的构件纵筋和箍筋的用量相对较高，而截面尺寸大的构件纵筋和箍筋的用量相对较低。这种特点使结构设计人遇到的麻烦是，在结构体系类型选定后，难以判断所选的各构件截面尺寸是否符合设计的综合优化原则，即设计出的结构能否在原则上满足各方面性能要求的同时且材料消耗及工程造价也处在合理范围内。可以有助于解决这种麻烦的较为有效的手段之一是对初选了各构件截面尺寸（材料强度亦已初步选定）的结构首先进行各楼层弹性层间位移角验算，并以结构各楼层的弹性层间位移角均能满足规范限值且裕量不是过大作为判断初选各截面尺寸是否合适的标准。其理由是这些弹性层间位移角限值是国内有影响的设计单位从大量已建成的综合性能良好、技术经济指标合理的成功项目中计算和归纳出的。这也可以理解为有经验的结构设计人已将其成功设计经验转化成上述设计标准或技术规程中给出的弹性层间位移角限值，并以该限值为传承手段将其成功经验传递给对某类结构设计尚需逐步积累经验的结构设计人。因此，这是弹性层间位移角限值在上面提到的控制地震损伤和保证结构性能所需侧向刚度之外的另一项"额外功能"。因这项额外功能在不少情况下对优化结构设计方案发挥了重要作用，故也有人"戏称"这项对层间位移的控制指标为"结构设计第一指标"。本书作者不反对这一说法。

另一个能说明弹性层间位移角限值对结构体系优化能力的例子是，在我国大量高层商住楼使用的全剪力墙结构中，除 8 度 0.3g 地区和 9 度 0.4g 地区外，其余地区常可能需要根据水平地震作用以及风荷载的大小，在纵、横墙体中选择一部分具有一定长度的墙体做成钢筋混凝土组合截面墙肢，其余部分则例如采用砌体类材料砌筑（不作为结构体系组成部分）。而决定取用多么长的墙体作为钢筋混凝土墙肢的最好办法，仍是先看初选了墙肢长度的结构体系是否满足弹性层间位移角限制条件且裕量不是过大。

3. 弹性层间位移角限值的抗震效果

如前面已经指出的，目前设计规范及规程取用的弹性层间位移角限值能够保证在层剪切变形下的较大部分损伤（但不是全部损伤）得到有效控制。这意味着，当例如框架结构中、下部楼层满足弹性层间位移角限制条件 1/550 时，因层剪切变形在层间位移角中占有很大比重，故在当地多遇水准地面运动激励下仍有可能出现非结构构件甚至结构构件的轻度损伤。但在其他结构体系类型的除底部少数楼层外的其他楼层中，因层剪切变形所占的比重不大，故结构和非结构构件的损伤在满足弹性层间位移角限值的条件下一般都能有效防止。

虽然在结构抗震设计中，多遇水准地震作用下所规定的设计内容并不能完全取代保证结构在罕遇水准地面运动激励下具有必要性能的设计内容，但前者仍能为保证罕遇水准激励下的结构性能提供相应基础性保障。从这个意义上说，多遇地震作用下弹性层间位移角限制条件验算除起到对直至设防烈度水准地震作用下的结构及非结构构件损伤程度的控制效果外，还能对结构在罕遇水准激励下的性能提供的主要帮助是，通过逐层验算弹性层间位移角，能够发现是否有楼层的相对侧向刚度明显比其他楼层、特别是上下相邻楼层偏低。若确定存在这种情况，则可及时对弹性层间位移角偏大的"弱楼层"或还有其上下相邻楼层的侧向刚度作适度增强，从而避免在罕遇水准激励下形成对结构抗倒塌不利的层间位移过大的"层侧移机构"（即在侧向变形增大过程中，该层竖向结构构件上下端均在反应的相同时段进入受拉纵筋屈服后的反应状态）。

5.6.4　正常使用极限状态下的正截面裂缝宽度控制方法

如前面第 1.3.4 节已经提到的，普通钢筋混凝土构件是允许带裂缝工作的（指混凝土受拉开裂后在构件受拉区混凝土内形成有一定间距的多条裂缝），但裂缝宽度应控制在容许限值以内。对裂缝宽度进行控制是出于两方面的考虑，一方面是保证钢筋混凝土结构构件的耐久性，另一方面则是出于外观需要。从耐久性角度控制裂缝宽度的要求已在本书第

1.3.4 节中作过初步介绍。前面表 1-6（即《混凝土结构设计标准》GB/T 50010—2010（2024 年版）的表 3.4.5）中对钢筋混凝土结构在不同环境类别下规定的裂缝宽度限值就是针对耐久性需要给出的。而从外观需要来控制裂缝宽度则只对无外装修遮盖的全显露钢筋混凝土构件才有此必要。根据已有经验，从外观角度允许的裂缝宽度与对外观控制的严格程度、构件离直视者的距离以及构件所处环境的明暗程度等因素有关，这里不拟详述，有需要的读者可参考例如结构混凝土国际联合会《模式规范》（*fib* Model Code of Concrete Structures 2010）所附的相关参考文献。

前面表 1-6 给出的从耐久性角度对钢筋混凝土构件裂缝宽度的限值，主要依据的是 20 世纪 80 年代由建设部标准定额司授权组织的由原南京工学院丁大钧带队对裂缝宽度效果的全国性实地考察；即在全国多个大中城市对使用年限和环境条件不同的现有结构中被考察的有裂缝构件逐一完成裂缝宽度量测，并当场凿开表层混凝土后对裂缝处钢筋是否锈蚀及锈蚀程度完成观测、记录。当时完成的考察规模在世界范围内也是不多见的，地域上包括了从西北干旱地区到华南长期潮湿地区，使用年限最长的有上海、厦门、广州等地使用达 50 年的 20 世纪 30 年代建成的钢筋混凝土结构。考察结果揭示出的规律是，在常年干旱地区和相对湿度较低的室内环境下，即使裂缝宽度已达 0.4～0.5mm，被裂缝贯穿的钢筋依然可以保持至少 50 年无明显锈蚀迹象。因此，前面表 1-6 对这类环境类别下给出的裂缝宽度限值 0.4mm 从耐久性角度仍是可以突破的。但调查结果证明，随着环境湿度的提高，室内潮湿环境和室外暴露环境规定的 0.2mm 限值就是完全必要的，否则裂缝处钢筋的锈蚀就将无法抑制，锈蚀将随时间增长从裂缝处开始逐渐沿钢筋发育，并最后在混凝土碳化深度达到钢筋表面后有可能进一步形成锈壳并将表层混凝土沿钢筋胀裂，从而使钢筋失去混凝土的保护而完全暴露在周边环境中，并使锈蚀进一步恶性发展。

西欧研究界也曾完成过对裂缝宽度影响的较广泛调查及模拟试验。我国设计规范在确定前面表 1-6 的钢筋混凝土构件裂缝宽度限值时也认真参考了欧洲的研究成果和设计规范规定。

《混凝土结构设计标准》GB/T 50010—2010（2024 年版）通过第 7 章的第 7.1.1 条、第 7.1.2 条和第 7.1.4 条只给出了正常使用极限状态下轴心受拉构件、偏心受拉构件、受弯构件以及偏心距较大的偏心受压构件（例如 e_0/h_0 超过大约 0.55）正截面受力裂缝宽度的计算方法，并要求这样计算出的裂缝宽度不超过前面表 1-6 给出的裂缝宽度限值。这意味着，规范未要求验算作用剪力偏大情况下正常使用极限状态下的斜裂缝宽度以及由温度拉应力和混凝土硬结收缩拉应力引起的"温度、收缩裂缝"的宽度。这是因为与上面列举的各类构件正截面裂缝常在不太大的荷载下就已经出现（例如在正截面抗弯或抗拉能力的 30%～40% 左右时就已经出现）相比，剪切斜裂缝常要到抗剪能力的 50%～60% 时方才出现，而且与正截面裂缝随弯矩或拉力增长而宽度持续增大相比，剪切斜裂缝形成后最初随剪力增大而加宽的速度较慢，直到接近剪切失效时方才加宽较快；根据大量剪切失效构件的试验观测结果，剪切斜裂缝在正常使用极限状态下的宽度均未超过 0.2mm，故可不再对剪切斜裂缝宽度进行验算。同时，因对各类结构中"温度、收缩应力"的出现和分布规律的准确把控依然难度较大，工程设计中用配置"温度、收缩钢筋"的构造做法对"温度、收缩应力"引起的裂缝进行控制可能更为切实可行，故设计规范对此类裂缝也未提出宽度验算要求。

还需着重指出的是，《混凝土结构设计规范》GB 50010 到其 2002 年版所采用的裂缝宽度控制思路都是，要求按规范给出的正截面裂缝宽度计算方法在正常使用极限状态的荷载效应标准组合下计算出的有 95％保证率的偏大裂缝宽度（其中考虑了荷载长期效应对裂缝宽度的增大效果）不超过前面表 1-6 规定的裂缝宽度限值。这种设计思路的含义是：在考虑了由持续作用的荷载效应形成的裂缝宽度以及荷载长期效应使裂缝进一步加宽后，还要考虑在此基础上一旦出现短期的达到了偏大的标准值的荷载效应组合时，更宽的裂缝仍将以 95％的保证率不超过规范给出的裂缝宽度限值。到 2010 年版规范修订时，专家组对这一控制思路作了重新审视，并参考了欧洲新一代控制思路，得出的结论是，由于裂缝宽度控制的主要着眼点是保证相应结构构件的耐久性，因此起控制作用的应是持续作用荷载（规范称"准永久荷载"）下且考虑了荷载长期作用对裂缝加宽作用的裂缝宽度。于是，从规范的 2010 年版起，已将上面所述的按正常使用极限状态标准组合荷载效应计算裂缝宽度的做法改为按正常使用极限状态的准永久组合荷载效应（即其中的活荷载取的是比标准值偏小的持续作用值，即准永久值）计算裂缝宽度。在以往过于严格的规定下，使用 500 级钢筋的框架梁有可能裂缝宽度超过限值；在使用新规定后，这种情况已较少出现。

我国设计标准使用的裂缝宽度计算方法是以从大量试验中经实测了解到的两条裂缝之间钢筋与混凝土的粘结传力规律为依据的。该传力规律已在前面第 3.2.2 小节中作了初步讨论。但为了说明裂缝宽度计算方法，还有必要先来说明以下两项规律。

一是从试验中可以观测到，即使是在梁的纯弯区段，混凝土受拉区的裂缝也不是同时出现的，而是一般在混凝土最弱的截面先出现第一条裂缝；随荷载进一步稍有增加，再陆续形成后续各条裂缝，而且裂缝与裂缝之间都保持一定间距，且间距大小虽有随机性变化，但在同一个受力区段内相差都不会过大，即分布相对较为均匀。裂缝间距之所以具有这种特点，是因为如图 5-31(a) 所示，当在例如某个受弯构件的纯弯区段内第一条弯曲裂缝形成在 I-I 截面，且假定该截面受拉区拉力全由受拉钢筋承担时，钢筋拉力都将通过第一条裂缝左右区段钢筋与混凝土之间的粘结应力逐步向裂缝两侧未开裂的受拉区混凝土内传递；在图示的传递长度 l_{tr} 范围内，受拉区混凝土内的拉应力尚未达到抗拉强度，故在 l_{tr} 范围内将不会形成新的裂缝。而一旦传递长度达到 l_{tr}，受拉区混凝土拉应力达到了抗拉强度，从概念上说，混凝土内就会再出现一条裂缝。

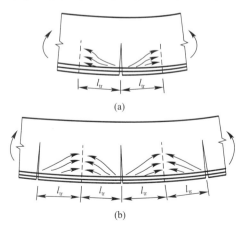

（a）

（b）

图 5-31　判断裂缝间距所用的传力模型

而从图 5-31(b) 则可看出，若已有两条裂缝以间距略小于 $2l_{tr}$ 形成，则按图 5-31(a) 所示规律，就恰好不会再在其间形成新的裂缝。因此，从理论模型上说，裂缝间距会在一倍 l_{tr} 和两倍 l_{tr} 之间变化。

二是在形成较为稳定的裂缝分布格局后，因裂缝处受拉钢筋总会在裂缝之间经粘结将一部分拉力传入受拉区混凝土，使裂缝间混凝土协助钢筋承担一部分拉力，从而形成受拉钢筋沿长度方向在裂缝处应力相对最高，在裂缝之间应力有所下降的应力不均匀分布格局。这意味着，就各截面抗弯刚度而言，裂缝截面的抗弯刚度相对最低，裂缝之间各截面抗弯刚度则又有不同程度的提高。

已有试验实测结果表明，由于裂缝之间经粘结由受拉钢筋向受拉区混凝土的传力总是有限的，故在受弯构件荷载较小、裂缝截面钢筋应力较小时，因裂缝间由钢筋经粘结传给混凝土的拉力占的比重较大，故如图 5-32(b) 所示，穿过各条裂缝的受拉钢筋中的应力（或应变）的不均匀性相对较强。而随着荷载的增加，裂缝截面钢筋应力（或应变）相应增大，但裂缝间的粘结传力并不会按比例增大，故钢筋应力（或应变）的不均匀性反而会相应减弱。在钢筋应力更大时，裂缝间的粘结能力还会因钢筋的伸长而退化，故钢筋应力（或应变）还会更趋均匀。

在裂缝宽度和构件非弹性弯曲刚度计算中，为了表达穿过各条裂缝的受拉钢筋应力（或应变）的不均匀分布特征，我国设计规范统一使用了一个"裂缝间纵向受拉钢筋应变不均匀系数" ψ，其定义为：

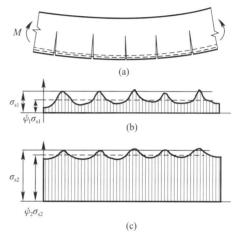

图 5-32　以某个受弯构件受拉区已开裂的纯弯区段为例示意性表示的受拉钢筋应力（或应变）在不同荷载状态的不均匀分布特征

$$\psi = \bar{\varepsilon}_s / \varepsilon_s \qquad (5\text{-}50)$$

式中　$\bar{\varepsilon}_s$——沿纵向受拉钢筋的平均应变；

　　　ε_s——裂缝截面处的受拉钢筋应变。

实测结果表明，ψ 值可从受拉区刚刚开裂后的 0.2～0.3 左右增长到裂缝截面受拉钢筋接近屈服时的 0.9～0.95。从图 5-32(b)、(c) 所示规律中也可以看出这一趋势。ψ 的具体计算方法见下面式（5-56）。

我国设计标准取用的正截面裂缝宽度的计算方法可以通过以下几个计算步骤来表述。

（1）确定平均裂缝间距 l_{cr}

在对较大数量受弯构件的等弯矩区段、一定数量的偏心受拉和大偏心受压构件的等弯矩区段以及轴心受拉构件全长的裂缝间距进行逐一量测后，可以发现在这些等弯矩区段及轴拉构件全长内裂缝分布相对偏均匀，但间距也有一定离散性。对大量量测结果进行归纳后，可得平均裂缝间距 l_{cr} 的表达式为：

$$l_{cr} = \beta \left(1.9 c_s + 0.08 \frac{d_{eq}}{\rho_{te}} \right) \qquad (5\text{-}51)$$

$$d_{eq} = \frac{\sum n_i d_i^2}{\sum n_i \nu_i d_i} \qquad (5\text{-}52)$$

$$\rho_{te} = \frac{A_s}{A_{te}} \qquad (5\text{-}53)$$

式中　β——反映不同受力类型构件裂缝间距特征的参数，对轴心受拉构件 β 取 1.1，对其他各类构件 β 取 1.0；

　　　c_s——最外层受拉钢筋外边缘至受拉区底边的距离（对轴心受拉构件为至相应位置混凝土表面的距离）；

钢筋混凝土结构机理与设计

d_{eq}——当同一截面受拉钢筋采用不同直径时的换算等效直径，按式（5-52）计算；

n_i、d_i——第 i 种直径受拉钢筋的根数和直径；

ν_i——第 i 种直径钢筋的"相对粘结特征系数"；按我国《混凝土结构设计规范》GB 50010—2010(2015 年版) 表 7.1.2-2 的规定，对带肋钢筋取 1.0，对光圆筋取 0.7；

ρ_{te}——按有效受拉混凝土截面面积 A_{te} 计算的受拉钢筋配筋率；

A_s——受拉钢筋截面面积。

在 ρ_{te} 计算中，对轴心受拉构件，A_{te} 取构件截面面积；对受弯、偏心受拉和偏心受压构件取：

$$A_{te} = 0.5bh + (b_t - b)h_t \tag{5-54}$$

式中　b、h——截面腹板宽度和截面高度；

b_t、h_t——截面受拉翼缘的宽度和高度。

在式（5-51）中，d_{eq} 间接反映了裂缝间受拉钢筋表面积的相对大小对平均裂缝间距的影响；即当受拉钢筋总截面面积 A_s 不变时，选用的钢筋直径越小，根数越多，钢筋单位长度内的总表面积就越大，单位长度钢筋经粘结传给裂缝间混凝土的拉力就越大，图 5-31 所需的"传递长度"就越小，即裂缝间距越小；同时还通过其计算式中的 ν_i 反映了钢筋表面特征对粘结传力的影响。ρ_{te} 则间接反映了受拉钢筋经粘结将拉力传给裂缝间混凝土后，需要使多么大的受拉混凝土截面中的拉应力重新达到混凝土的抗拉强度后，方才会形成新的开裂；因此，ρ_{te} 越大，即上述受拉混凝土面积相对越小，裂缝间距（也就是经粘结传力的长度）也就越小。除此之外，在式（5-51）中还含有表层混凝土厚度 c_s 项，其起作用的原因同样是由于保护层越厚，接受由钢筋经粘结传来的拉力的受拉混凝土面积也就越大，从而使裂缝间距相应增大。

（2）短期平均裂缝宽度 w_{ms} 的计算模型

在已知裂缝平均间距 l_{cr} 后，即可将每条裂缝在尚未考虑荷载持续作用影响条件下的平均宽度，即短期平均裂缝宽度 w_{ms} 表达为在一个平均裂缝间距内钢筋的总伸长 $\Delta_{s\psi}$ 减去两条裂缝之间混凝土被钢筋经粘结带动所产生的伸长 Δ_{ct}（图 5-33），即：

$$w_{ms} = \Delta_{s\psi} - \Delta_{ct} \tag{5-55}$$

由于如前面所述，钢筋应力（或应变）在裂缝处最大，在裂缝之间因混凝土协助受拉而有所减小（图 5-32），故钢筋沿长度方向的平均应变 $\bar{\varepsilon}_s$ 根据式（5-48）即可写成：

$$\bar{\varepsilon}_s = \psi \varepsilon_s$$

又因在正常使用极限状态下钢筋尚未屈服，故上式可进一步写成：

$$\bar{\varepsilon}_s = \psi \sigma_s / E_s \tag{5-56}$$

于是，短期平均裂缝宽度 w_{ms} 即可进一步写成：

$$w_{ms} = \psi \frac{\sigma_s}{E_s} l_{cr} - \Delta_{ct} \tag{5-57}$$

根据东南大学的试验实测结果，我国规范采用的"裂缝间纵向受拉钢筋应变不均匀系数" ψ 的表达式为：

$$\psi = 1.1 - 0.65 \frac{f_{tk}}{\rho_{te}\sigma_s} \quad (0.2 < \psi < 1.0) \tag{5-58}$$

式中　f_{tk}——混凝土抗拉强度标准值（按规范可靠性体系统一规则，在正常使用极限状

280

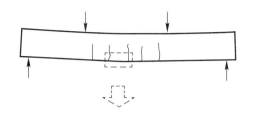

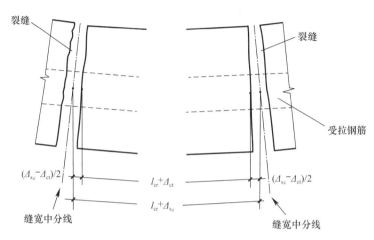

图 5-33　正截面裂缝宽度计算模型

态的各项验算中材料强度均取其标准值）；

ρ_{te}——见前面式（5-53）；

σ_s——用正常使用极限状态下的荷载准永久组合计算出的裂缝截面内力以相应方法算出的裂缝截面受拉钢筋应力。

在《混凝土结构设计标准》GB/T 50010—2010(2024 年版) 第 7.1.3 条中给出了利用裂缝截面平截面假定和受压区应力分布简化假定计算 σ_s 的统一方法；在第 7.1.4 条中按截面受力类型给出了 σ_s 计算的简化实用方法；例如，对于受弯构件：

$$\sigma_s = \frac{M_q}{0.87 h_0 A_s} \tag{5-59}$$

式中　M_q——该受力状态下裂缝截面的作用弯矩；

h_0——正截面有效高度；

A_s——受拉钢筋截面面积。

《混凝土结构设计标准》GB/T 50010—2010(2024 年版) 根据国内近期完成的使用 400 级和 500 级钢筋的受弯构件和大偏心受压构件裂缝宽度的试验结果，归纳出前面式（5-55）中裂缝间混凝土的伸长量 Δ_{ct} 大约占一个裂缝平均间距内钢筋平均伸长量 $\Delta_{s\psi}$ 的 23% 左右。于是，对于受弯构件和大偏心受压构件，可以把式（5-55）进一步写成：

$$w_{ms} = (1 - 0.23)\Delta_{s\psi} = 0.77\Delta_{s\psi} \tag{5-60}$$

而对于轴心受拉和偏心受拉构件，因无新一轮试验结果，故仍按以前规范版本认为 Δ_{ct} 只占 $\Delta_{s\psi}$ 的 15%，即：

$$w_{ms} = (1 - 0.15)\Delta_{s\psi} = 0.85\Delta_{s\psi} \tag{5-61}$$

再将以上两式统一写成：

$$w_{ms} = \alpha_c \Delta_{s\psi} \qquad (5\text{-}62)$$

或

$$w_{ms} = \alpha_c \psi \frac{\sigma_s}{E_s} l_{cr} \qquad (5\text{-}63)$$

即在以上二式中，α_c 对受弯及大偏心受压构件取为 0.77，对轴心受拉及偏心受拉构件则暂取为 0.85；这也就是构件短期平均裂缝宽度的基本表达式。

（3）持续荷载长期作用下裂缝宽度的增大

工程经验及试验观测均证明，在持续荷载作用下裂缝宽度会随时间逐步有所增大，其原因是裂缝间被钢筋经粘结拉长了的混凝土的粘结退化（粘结滑移的塑性增长）、构件曲率的塑性增长以及混凝土的硬结收缩。在图 5-34 中给出了 2009 年重庆大学傅剑平、杨平安等完成的钢筋混凝土 T 形截面简支梁（混凝土强度等级 C25～C30，受拉钢筋 500 级）的正截面裂缝宽度在 403d 的持续加载过程中增大过程的观测记录。从中可以看出，裂缝宽度初期增长相对较快，随后逐步变慢。

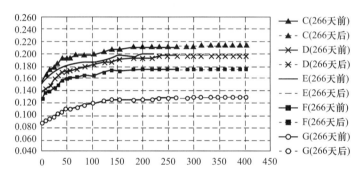

图 5-34　钢筋混凝土 T 形截面简支梁正截面裂缝宽度随时间的增长

《混凝土结构设计标准》GB/T 50010—2010（2024 年版）根据东南大学丁大钧、蓝宗建团队完成的一定数量构件的正截面裂缝宽度在持续荷载下增长规律的观测结果，建议取裂缝宽度长期增大系数 $\tau_l = 1.5$，这应视为实测结果中一定程度的偏大值。于是，在式（5-63）表示的短期平均裂缝宽度 w_{ms} 的基础上，长期平均裂缝宽度 w_{ml} 的表达式即可写成：

$$w_{ml} = \tau_l \alpha_c \psi \frac{\sigma_s}{E_s} l_{cr} \qquad (5\text{-}64)$$

（4）考虑持续荷载长期影响后的具有 95% 保证率的偏大裂缝宽度

根据各类构件中的实际观测结果，即使是在等弯矩区段内，各条裂缝的间距和宽度虽然大致相近，但仍具有随机分布特征。《混凝土结构设计标准》GB/T 50010—2010（2024 年版）约定取具有 95% 保证率的偏大裂缝宽度作为裂缝宽度控制时的计算裂缝宽度。根据东南大学丁大钧、蓝宗建团队对较大数量裂缝宽度实际观测结果的统计，具有 95% 分位值的考虑了荷载长期作用影响的偏大裂缝宽度 w 可以表示为：

$$w = \tau_s w_{ml} \qquad (5\text{-}65)$$

其中，τ_s 对于受弯和大偏心受压构件取为 1.66，对于轴心受拉和偏心受拉构件取为 1.9。

还需要说明的是，为了观测结果的统一，《混凝土结构设计标准》管理组与国内各有关试验研究单位约定，对于各类构件，一律以构件侧面受拉钢筋同一位置处的裂缝宽度作为量测依据。裂缝宽度用经过校准的目测专用读数放大镜或目测加电子技术读数的专用读数放大镜读取,注意读数时放大镜内标尺应与裂缝垂直,读数的估计准确度为 0.01mm。

(5) 计算裂缝宽度的最终表达式

综合前面给出的式(5-51)、式(5-63)、式(5-64)和式(5-65),可以写出考虑荷载长期效应后具有 95% 保证率的偏大裂缝宽度计算公式为:

$$w = \tau_1 \tau_s \alpha_c \beta \psi \frac{\sigma_s}{E_s} \left(1.9 c_s + 0.08 \frac{d_{eq}}{\rho_{te}} \right) \tag{5-66}$$

若取:

$$\alpha_{cr} = \tau_1 \tau_s \alpha_c \beta \tag{5-67}$$

则裂缝宽度 w 的计算公式最终可写成:

$$w = \alpha_{cr} \psi \frac{\sigma_s}{E_s} \left(1.9 c_s + 0.08 \frac{d_{eq}}{\rho_{te}} \right) \tag{5-68}$$

这就是《混凝土结构设计标准》GB/T 50010—2010(2024 年版)第 7.1.2 条给出的 w 的计算公式。用该式算出的 w 应不超过前面表 1-6 给出的裂缝宽度限值。

因不同受力类型构件的 τ_1、τ_s、α_c 和 β 的取值不完全相同,故《混凝土结构设计规范》GB 50010—2010(2015 年版)规定的四类构件 α_{cr} 系数的取值如表 5-5 所示。表中的 α_{cr} 取值也就是该规范表 7.1.2-1 给出的 α_{cr} 取值。

受力类型不同的构件裂缝宽度计算公式中确定系数 α_{cr} 所用各参数的取值　　　　表 5-5

构件类别	β	α_c	τ_1	τ_s	α_{cr}
受弯构件	1.0	0.77	1.5	1.66	1.9
大偏心受压构件	1.0	0.77	1.5	1.66	1.9
偏心受拉构件	1.0	0.85	1.5	1.9	2.4
轴心受拉构件	1.1	0.85	1.5	1.9	2.7

对于上述《混凝土结构设计标准》GB/T 50010—2010(2024 年版)采用的正截面裂缝宽度控制方法,最后还需提请读者关注的是:

(1) 在《混凝土结构设计标准》GB/T 50010—2010(2024 年版)把验算裂缝宽度的受力状态从正常使用极限状态下的荷载标准组合效应状态调整为正常使用极限状态下的荷载准永久组合效应状态后,可以确认,在风荷载和地震作用都不是过小的地区,由于构件截面承载力设计(确定截面配筋)是按包括风荷载或地震作用的承载能力极限状态标准组合算得的内力完成的,而正常使用极限状态准永久组合中已不包括风荷载和地震作用,因此,用准永久组合内力算得的用来计算裂缝宽度的钢筋应力 σ_{sq} 会相应减小。已有的工程验算结果证明,按该设计标准调整后的规定已能形成在绝大部分结构构件中裂缝宽度均未超过规定限值的总体格局。

(2) 由于随着所用受拉钢筋强度等级的提高(例如从使用 400 级钢筋提高到使用 500 级钢筋),构件截面设计所需的钢筋用量 A_s 将相应减小,这导致在相同组合内力下钢筋应力 σ_{sq} 的增大以及 ρ_{te} 的减小,从而在假定钢筋直径不变的前提下使计算出的裂缝宽度增大。这时,特别是在风荷载和地震作用较小地区就仍有可能导致裂缝宽度超过规定限值。一旦出现这种情况,设计中可能使用的弥补措施有:

1）适度增大受拉钢筋的数量。这是由于 A_s 的增大将使 σ_{sq} 相应减小和 ρ_{te} 相应增大，从而减小计算出的裂缝宽度值。受拉钢筋的数量以增大到计算出的裂缝宽度不超过限值为准。当然，这样做的代价是相应构件用钢量的增大。

2）在裂缝宽度超限的构件中降低所用受拉钢筋的强度等级，当然相对钢筋用量也会相应增大。

3）在受拉钢筋用量不变的前提下把受拉钢筋选成直径更小、根数更多。从前面式（5-64）中可以看出，这将减小裂缝间距和裂缝宽度。

（3）国外有关规范（如欧洲规范 EC 2）以及有关研究团队提出的裂缝宽度计算所依据的理论模型与我国使用的丁大钧、蓝宗建模型不完全一致，甚至差别较大。我国设计标准使用上述模型是因为规范专家组认为这一模型试验数据相对较充分，理论模型能与裂缝之间的传力规律较好呼应。关心其他计算模型的读者请查阅相关文献。

5.7　深受弯构件的正截面承载力设计

在各类结构中也有可能用到跨度较小而截面高度较大的梁类构件，有可能是单跨梁，也有可能是多跨连续梁。我国《混凝土结构设计标准》GB/T 50010—2010（2024 年版）在参考国外经验的同时，根据国内完成的系列试验及分析研究成果，将跨高比小于 5 的梁类构件定义为"深受弯构件"，或称"短梁"，并将其中跨高比小于 2 的单跨梁和跨高比小于 2.5 的多跨连续梁称为"深梁"（深梁一词是英语"deep beam"的直译，因已成为习惯，故至今沿用），并在该规范附录 G 中规定了专用的设计方法。下面对有关这类构件正截面设计的问题作简要提示。

从工程力学可知，当梁类构件较为细长时，构件内力中弯矩相对偏大，剪力相对偏小，在构件变形中弯曲变形为主导成分，剪切变形占的比重较小，故对于这类构件可以使用用来描述弯曲变形（包括有轴力作用下的弯曲变形）的一维杆系模型，即承认构件中任何一个以平面形式截出的正截面在弯曲变形后依然保持平面，并可用在这一"平截面假定"基础上建立的截面弯矩-曲率关系求解超静定结构的弹性或非弹性内力及支反力以及静定和超静定结构的弹性或非弹性变形。但随着梁类构件跨高比（跨度与截面高度之比）的减小，梁内剪力相对增大而弯矩相对变小，导致结构的受力特征逐渐偏离在平截面假定基础上建立的弯矩-曲率规律，而可能需要利用二维分析（平面问题模型）来求解构件的受力特征。这导致跨高比逐渐变小的梁类构件的内力分布规律和正截面设计面临以下两个问题。

（1）随着跨高比的逐渐变小，多跨小跨高比连续梁或框架梁的构件内力及支反力已越来越不符合按一维杆系结构弹性分析所得到的内力和支反力。因此，《混凝土结构设计标准》GB/T 50010—2010（2024 年版）建议，对于跨高比从小于 5 到即将进入深梁范围的跨高比相对偏小的深受弯构件，当为多跨连续构件时，内力分布规律及支反力尚可近似使用由一维杆系模型弹性分析得出的一般规律（例如见一般力学手册）；而对于跨高比更小的连续多跨深梁，则只能使用例如经二维弹性有限元分析求得的内力分布规律及支反力。已有研究单位将这类内力和支反力规律做成手册发表，供结构设计人使用。

借此机会想提请结构设计人关注的是，只要在一个平面结构中存在跨高比偏小的梁和（或）高宽比（柱支承高度与沿平面结构方向柱截面边长之比）偏小的柱，则严格来说，在结构弹性分析中对这些深受弯构件或短粗柱都应改用二维模型，例如二维有限元模型建模，否则整个分析结果会产生相应误差。

（2）随着梁类构件跨高比的逐步减小，正截面内的弹性应力或应变分布也将逐渐偏离平截面假定。在图 5-35(a)、(b)、(c) 中示意性地给出了由单一材料构成的跨高比逐渐减小的简支受弯构件跨中正截面中弹性正应力分布规律的变化情况。从中可以看出，随跨高比减小，正截面受压区高度逐步扩大，受拉区高度逐步减小；其中受压区合力位置也随之逐步下降（即内力臂逐渐减小），而最大拉应力值则随之逐步加大。

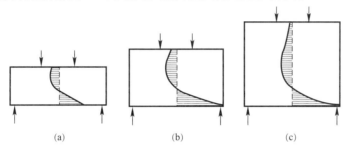

图 5-35　简支深受弯构件正截面弹性应力分布随跨高比减小的变化（示意）

同样，在连续深受弯构件的支座正截面内，随着跨高比的减小，上部受拉区的高度也将逐步扩展，拉应力合力位置也将逐步下移。

以华南理工大学陈止戈、原武汉水利电力学院钱国梁、浙江大学刘岳崃和原上海城建学院龚绍熙等为主力的中国研究界，曾在 20 世纪 70～90 年代陆续完成过一定数量的不同跨高比简支深受弯构件和两跨连续深受弯构件的系列静力加载试验研究。在试验中发现，不论是钢筋混凝土深梁的跨中正截面还是支座正截面，都具有类似于以上弹性分析结果的受力特征，即在受拉区开裂及受拉钢筋屈服后，截面的内力臂 z 与截面有效高度 h_0 的比值都比在细长梁正截面中偏小，且该比值会随梁跨高比的减小而进一步变小。而且，由于跨中正截面受压区高度偏大，且截面最大压应变不是出现在受压边缘，故与细长梁可以以受压边混凝土压碎作为正截面失效标志不同，在深梁试验中看不到这种失效现象，只能以荷载-位移（挠度）曲线的实测峰值点为准来确定正截面最大抗弯能力。而连续深梁试验表明，因其支座正截面上部受拉区高度较大，故受拉钢筋必须与拉应变分布规律相呼应，合理分配在受拉区全高范围内，不然就会在正常使用极限状态下在某些配筋率不足的局部高度内形成局部过宽的垂直裂缝。

在以我国必要数量试验研究结果为主要依据，同时参考国外非常有限试验研究成果的基础上，《混凝土结构设计规范》自 1989 年版起给出了具有我国特色的深梁正截面受弯承载力计算方法，到 2002 年版又进一步把这项规定扩展到全部深受弯构件。在 1989 年版中，深梁的正截面计算方法是按跨中和支座截面分别给出的；到 2002 年版，又将其归纳为一个统一表达式。规范的 2010 年版将深受弯构件的有关规定移入附录 G，但仍具有与正文的同等效力。

深受弯构件正截面抗弯能力表达式根据《混凝土结构设计标准》GB/T 50010—2010

（2024 年版）第 G.0.2 条可写成：

$$M \leqslant f_c A_s z \tag{5-69}$$

$$z = \alpha_d (h_0 - 0.5x) \tag{5-70}$$

$$\alpha_d = 0.80 + 0.04 \frac{l_0}{h} \tag{5-71}$$

式中　x——截面受压区当量高度，仍按一般受弯截面矩形应力分布下的受压区高度计算，即取 $xbf_c = f_y A_s$，且当 $x < 0.2h_0$ 时，取 $x = 0.2h_0$；

l_0——构件计算跨度；

z——截面内力臂；

h_0——截面有效高度，$h_0 = h - a_s$。其中，h 为深受弯构件截面高度。当 $l_0/h \leqslant 2$ 时，跨中截面的 a_s 取为 $0.1h$，支座截面的 a_s 取为 $0.2h$；当 $l_0/h > 2$ 时，a_s 按受拉纵向钢筋截面形心到混凝土受拉边缘的距离取用。

从以上三式可以看出，深受弯构件的配筋量在作用弯矩及钢筋、混凝土强度已知的条件下取决于内力臂的大小，而内力臂大小又取决于两个方面，一是式（5-71）中跨高比 l_0/h 的变化，二是在确定 h_0 时 a_s 取值原则的变化。这两项变化反映了上述影响内力臂变化的主要因素。

作为以上深受弯构件正截面设计方法的配套措施，当所设计的构件进入深受弯构件的深梁范围时，《混凝土结构设计标准》GB/T 50010—2010(2024 年版) 还规定：

（1）鉴于深梁跨中正截面下部受拉区高度相对变小，拉力作用较为集中，即具有将在下面第 6 章中进一步说明的"带拉杆拱"的传力特点，同时也是为了便于钢筋布置，建议正弯矩受拉钢筋可分为几层均匀布置在从梁下边缘起 20% 的梁高范围内，且宜选用直径相对偏小、根数相对偏多的配筋方案。由于受拉钢筋所起的拱拉杆的作用，应将全部受拉钢筋伸入两端支座，并从支座边缘起按充分受拉确定锚固长度（因试验实测结果表明这类构件直到接近支座边缘处钢筋受拉均较为充分）。当支座长度不足时，我国深梁研究专家组建议受拉钢筋在支座内采用规范图 G.0.8-1 最下面所示的钢筋沿水平方向弯折锚固的做法。受拉钢筋在支座内不应采用沿竖向弯折的做法，这是因为支座范围内由"拱肋"传来的斜向压力很大，试验证明竖向弯折的受拉钢筋易引起支座区及以上的局部部位深梁混凝土沿竖直面的劈裂。

（2）在深梁内一般均沿整个梁面布置有双层钢筋网（请注意，钢筋网竖向及水平分布筋的最小配筋率均应满足规范表 G.0.12 的要求，且竖向分布钢筋上、下端应像封闭箍筋那样做成封闭式），但在跨中正截面设计中约定不考虑水平分布筋的抗弯作用。同时应注意，为了加强对深梁支座区混凝土的侧向约束，在图 5-37 用虚线所示的支座上部区域内应按设计标准规定增加双层钢筋网的拉筋数量。

（3）鉴于如前面所述，连续深梁支座正截面具有上部受拉区高度较大且拉应力分布规律随深梁跨高比变化的特点。《混凝土结构设计标准》GB/T 50010—2010(2024 年版) 根据深梁研究组的试验结果建议由上面式（5-69）计算出的全部受拉钢筋 A_s 应分散布置在整个受拉区高度范围内，且在不同高度内的分配比例按图 5-36 确定。这种分配比例既顾及了正截面受弯承载力的需要，也顾及了正常使用极限状态下正截面裂缝宽度控制的需要（即不致使某个高度范围因分配的配筋数量偏少而导致正常使用极限状态下就已经形成过宽的竖向裂缝）。

规范同意可将相应高度内的跨中水平分布筋贯穿支座截面作受拉钢筋使用，不足部分则由另加的受拉钢筋补足，且另加的钢筋向两侧跨内延伸的长度应不小于图5-37的规定。

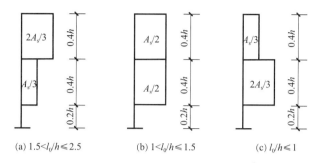

(a) $1.5 < l_0/h \leqslant 2.5$　　　　(b) $1 < l_0/h \leqslant 1.5$　　　　(c) $l_0/h \leqslant 1$

图5-36　我国设计标准规定的连续深梁支座截面上部纵向受拉钢筋在受拉区高度内的分配比例（分配比例随跨高比变化）（引自《混凝土结构设计标准》GB/T 50010—2010(2024年版)的图 G.0.8-3）

（4）当构件属于深受弯构件但跨高比尚未小到进入深梁范围时，正截面受弯承载力设计仍应按前面式（5-69）进行，但配筋构造则可仍按一般梁的规定处理。

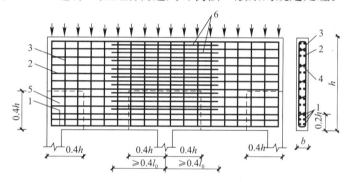

图5-37　连续深梁的钢筋布置
1—下部纵向受拉钢筋；2—水平分布钢筋；3—竖向分布钢筋；
4—拉筋；5—拉筋加密区；6—支座截面上部的附加水平钢筋
（引自《混凝土结构设计标准》GB/T 50010—2010(2024年版)的图 G.0.8-2）

5.8　混凝土结构中的局部受压承载力计算

在混凝土结构中有可能遇到的另一种受力状态是荷载只从构件表面的局部面积上传入构件。例如，一根钢柱将其承担的轴压力经柱底钢垫板传到其下面混凝土基础顶面的局部面积上；预制装配式钢筋混凝土梁经面积有限的支承面把支反力传入支承它的钢筋混凝土柱或支墩的上表面；（反过来，同样的支反力也经相同支承面传入梁下表面的混凝土内；）当转换层主梁支承有上层柱时，柱也会将其支反力经支承的局部面积传入梁顶面混凝土；当型钢混凝土梁的型钢伸入钢筋混凝土框架柱后，也会把钢梁支座剪力（支反力）经钢梁的支承面传入柱混凝土；在预应力混凝土构件中，预应力筋需要通过锚具将其张拉后形成的预拉力经锚具垫板下的局部面积传入构件相应表面的混凝土等。通常把这种受力状态统称为"局部受压"。

在以往的工程实践中，曾多次发生过因局部受压区传入的压力过大而导致局部承压面下的混凝土发生沿压力方向的劈裂，或支承面下的混凝土发生压陷从而丧失局部面积承载力的工程质量事故。局部承压所引起的失效方式也属于承载力极限状态下的失效，故需按可靠度体系的统一原则结合局部受压的具体特点规定承载力验算的相应方法。为此，各国钢筋混凝土性能研究界从 20 世纪 60 年代到 21 世纪初曾陆续完成过多批局部受压承载力的系列试验研究和非弹性有限元模拟分析，基本摸清了在可能形成的不同局部受压条件下混凝土的受力机理，影响局部受压区混凝土承载力的因素及其影响规律，以及在局部受压区混凝土中加设垂直于受压方向的间接钢筋（多层焊接钢筋网片或螺旋钢筋）对提高混凝土局部抗压能力发挥的作用。

《混凝土结构设计规范》在中国建筑科学研究院蔡绍怀、原哈尔滨建筑工程学院曹声远等完成的系列试验研究基础上，在其 1989 年版中给出了局部受压承载力验算的有我国特点的验算规定，并一直沿用至今。

由于在工程中局部受压面积在构件相应表面的位置以及局部受压面积在相应构件表面积上所占的比例不同，不少国家的设计规范都对工程中可能遇到的情况作了归纳，给出了若干种典型状况，并以此作为建立局部受压承载力设计方法的依据之一。在图 5-38 中引用了《混凝土结构设计标准》GB/T 50010—2010（2024 年版）图 6.6.2 归纳出的局部受压面积与构件表面积的几种典型关系。经检查，工程中遇到的情况都能在图中找到对应的典型情况。

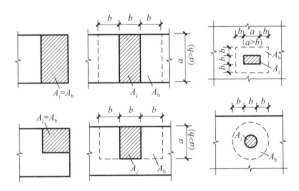

图 5-38　工程中可能遇到的各种典型局部受压状况和对相应的"计算底面积"的规定

A_l—混凝土局部受压面积；A_b—局部受压的计算底面积

（引自《混凝土结构设计规范》GB 50010—2010（2015 年版）的图 6.6.2）

从对试验结果进行模拟的三维非弹性有限元分析结果可知，当一个如图 5-39（a）所示的底面完全均匀支承的混凝土矩形截面块体在其顶面的一个对中矩形局部受压面积上受均匀压应力作用时（局部受压面积小于块体顶面面积），如图 5-39（b）所示，在从块体中沿一个受力主平面截出的典型剖面中，局部面积上的压应力将沿图示主压应力迹线向下传递，并逐步扩散到块体底面积上（主拉应力迹线与主压应力迹线在各个交点处均相互垂直，为了图面简明，主拉应力迹线未画出）。其中请注意，在块体中，作用在顶面局部受压面积上的压力是向各个水平方向扩散的，图 5-39（b）所示的只是其中一个剖面中的扩散态势。

另外，模拟分析结果还表明，若块体顶面局部受压面积不变，但块体水平截面尺度不断加大，则顶面局部压力在向下传递到块体底面时，压应力仍将主要集中于一个基本大小的底面积内；超出这个底面积后，分配到的压应力就将较迅速变小。当然，若块体高度持续加大，传到底面积上较为集中分布的压应力的面积也会稍有增大。基于对这种压应力传递规律的认识，各国研究界找到了"局部受压计算底面积"A_b 这样一个尺度。利用它和后面的式（5-72）就能以简单方式估算出局部受压面积上混凝土抗压强度在其轴心抗压强度基础上的提高幅度，而"计算底面积"的几何意义则似可以理解为，在图 5-39（b）所示的压应力明显扩散的高度范围内的底面上压应力较为集中的面积。

对块体完成的非弹性三维有限元分析得出的沿块体竖向中心线的混凝土水平应力分布规律如图 5-39（c）所示，该应力分布规律体现的块体受力特点是：

（1）在块体顶部的局部受压面积下的混凝土，除承受由局部受压面积传来的很大竖向压应力外，还因这部分混凝土受压后企图向各个侧向膨胀（泊松效应），但侧向膨胀被周边混凝土所阻碍，从而使这部分混凝土受到图 5-39（c）中所示的很大水平向压应力的作用，也就是局部受压面积周围的混凝土提供的侧向约束效应。这使该处混凝土处在三维高压应力作用下。根据例如本书前面第 1.11 节介绍的混凝土三维受力性能，这种三维受压状态无疑会提高该部位混凝土的竖向抗压强度；而且试验结果表明，局部受压的计算底面积 A_b 与局部受压面积 A_l 的比值越大，这一部位混凝土所受的水平压应力，也就是侧向约束应力也就相应越大，从而使混凝土的竖向抗压强度提高越多。从图 5-39（c）可以看出，侧向约束压力在局部受压面积下面最大，向下迅速减小，约束压应力分布高度约为局部受压面积宽度的 $70\%\sim100\%$。

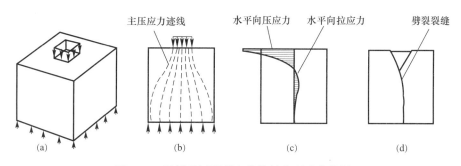

图 5-39　局部受压混凝土块体的典型受力特征

（2）再向下方，水平向应力将转变为拉应力，但即使是发生在块体高度中偏上部的最大拉应力绝对值也比局部面积下的约束压应力小很多倍。再向下方，水平拉应力将逐渐缓慢减小。这意味着块体中下部混凝土都处在竖向压应力和水平向拉应力共同作用的三维受力状态下。水平拉应力产生的主要原因是由局部受压面积向下传递的压应力在这个高度范围内开始向外扩散，其作用方向不断变化；而由工程力学可知，主压应力的方向沿单位传递长度改变越大，与其垂直方向的主拉应力值也就越大。从图 5-39（c）中可以看出，侧向拉应力值最大的高度也就是图 5-39（b）中主压应力迹线改变方向最为明显的高度。

（3）由于块体的以上受力特点，块体在其顶面局部面积上的压应力逐步增大的过程中会出现以下典型受力过程，即在局部受压面积上的压应力增大到超过混凝土轴心抗压强度一定幅度之前，块体未见损伤（超过混凝土轴心抗压强度的幅度大小取决于比值 A_b/A_l 的大小，A_b/A_l 越大，可能超出的幅度越大）。若局部面积上的压应力再进一步提高，则如图 5-39（d）所示，会因块体中部水平拉应力超过处在相应三维受力状态（竖向受压、水平各向受拉）下的混凝土的抗拉强度而使块体沿竖向劈裂（劈裂裂缝可能为单条或向不同方向发育的多条）；随后，局部受压面积下因三向受压而未破碎的倒锥形块体将被压陷入下面混凝土内，并因"尖劈效应"而使劈裂裂缝宽度进一步增大和受压承载力下降。在图 5-40（a）中给出了一个试验块体在局部受压破坏后的外观。把该块体上部下陷后的锥形混凝土块从破坏后的块体中取出并倒置在地上的外观即如图 5-40（b）所示。从图 5-40（a）中可清楚地看到朝各个水平方向发育的多条劈裂裂缝。

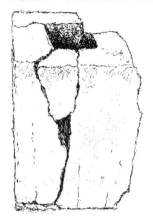

(a) 块体及其形成的多条　　　(b) 倒放在地上的从块体
　　　劈裂裂缝　　　　　　　顶部取出的倒锥形小块体

图 5-40　破坏后的典型局部受压试验块体
（引自西南交通大学杨幼华博士学位论文）

（4）试验结果表明，若在局部受压面积下面混凝土中水平拉应力较大的高度范围内增设间接钢筋（多片水平放置的焊接钢筋网片或螺旋钢筋，见图 5-41），则当这部分混凝土受拉侧向膨胀时，将带动间接钢筋相应伸长，所形成的钢筋拉应力的反作用力会对这部分混凝土形成侧向被动约束效应，从而减小混凝土的侧向膨胀，阻碍混凝土发生劈裂，进一步间接提高局部受压面积上混凝土的抗压能力。

《混凝土结构设计标准》GB/T 50010—2010（2024 年版）第 6.6 节的局部受压承载力计算公式是针对有、无间接钢筋的情况统一给出的，即要求局部面积承担的压力 F_l 符合下式要求：

$$F_l \leqslant 0.9(\beta_c\beta_l f_c + 2\alpha\rho_v\beta_{cor}f_{yv})A_{ln} \tag{5-72}$$

式中，右侧第一项 $\beta_c\beta_l f_c A_{ln}$ 体现了未设间接钢筋的混凝土的局部受压承载力，第二项 $2\alpha\rho_v\beta_{cor}f_{yv}A_{ln}$ 是以叠加的方式考虑的增设的间接钢筋对局部受压承载力的进一步增大效应，系数 0.9 则是考虑局部受压承载力的重要性而采用的提高其设计可靠性的系数。

同时，设计标准还规定，由于间接钢筋增设较多时，若要使其较充分发挥作用，会导致混凝土局部受压面积在试验中出现过于明显的下陷，为了控制这种不利现象，根据试验结果，规定了控制间接钢筋用量的局部受压承载力的上限条件，见式（5-73），即由式（5-72）算得的 F_l 始终不应超过式（5-73）的上限值。

$$F_l \leqslant 0.9 \times 1.5(\beta_c\beta_l f_c A_{ln}) = 1.35\beta_c\beta_l f_c A_{ln} \tag{5-73}$$

$$\beta_l = \sqrt{\frac{A_b}{A_l}} \tag{5-74}$$

这意味着，在工程设计中应先按不设间接钢筋，即式（5-72）中的间接钢筋项为零计算 F_l 值；若不满足要求，再按式（5-72）确定间接钢筋数量，但 F_l 在任何情况下均不应超过式（5-73）这一限制条件。

式（5-72）～式（5-74）中各符号的定义及算法如下：

A_{ln}——混凝土局部受压净面积，对后张预应力混凝土构件，应在混凝土局部受压面积中扣除孔道、凹槽部分的面积；

F_l——局部受压面上作用的局部荷载或局部压力设计值；

β_c——考虑当使用高于 C50 的混凝土时局部受压承载力不能完全随混凝土强度的提高按比例增长的折减系数（其原因是随着高强混凝土强度的提高，其侧向膨胀系数相应下降）；为了设计公式表达简单，取这里的 β_c 变化规律与构件抗剪设计处相同，即 β_c 按设计标准第 6.3.1 条的规定取值；

β_l——表示局部受压面积上混凝土抗压强度提高的主要指标，称"强度提高系数"，按式（5-74）计算；

A_l——仅用于式（5-74）的混凝土的局部受压面积（注意，此处不扣除该面积下可能存在的预应力孔洞面积或预应力灌浆用排气槽的面积）；

A_b——局部受压的计算底面积，按前面图 5-38 确定（请注意，在图 5-38 中，各图的局部受压面积与其对应的计算底面积均符合同心、对称的原则，图中 b 为局部受压面积的短边尺寸或直径；另外，计算底面积中包括局部受压面积）；

f_c——混凝土轴心抗压强度设计值；

α——考虑高强混凝土侧向膨胀系数相应减小，间接钢筋发挥的作用不如在普通混凝土中发挥的作用充分而设置的折减系数，为了规定简单，取 α 系数值与螺旋配箍柱处相同，即其取值见设计标准第 6.2.16 条；

β_{cor}——配置间接钢筋时的局部受压承载力的提高系数，可仍按前面的式（5-74）计算，但式中 A_b 应以 A_{cor} 取代，且当 A_{cor} 未大于局部受压面积 A_l 的 1.25 倍时，因试验表明间接钢筋发挥的作用有限，故只能取 $\beta_{cor}=1.0$；

f_{yv}——间接钢筋的抗拉强度设计值；

ρ_v——间接钢筋的体积配筋率。当采用方格网式间接钢筋时（图 5-41a），钢筋网两个方向的钢筋总截面积的比值不宜大于 1.5，其 ρ_v 应按式（5-75）计算；当采用螺旋式间接钢筋时（图 5-41b），其 ρ_v 应按式（5-76）计算。

$$\rho_v = \frac{n_1 A_{s1} l_1 + n_2 A_{s2} l_2}{A_{cor} s} \tag{5-75}$$

$$\rho_v = \frac{4 A_{ss1}}{d_{cor} s} \tag{5-76}$$

以上二式中　n_1、A_{s1} 和 n_2、A_{s2}——沿方格钢筋网的 l_1 方向和 l_2 方向（图 5-41a）的钢筋根数和单根钢筋的截面面积；

l_1 和 l_2——方格钢筋网面积 A_{cor} 沿两个方向的边长；

A_{ss1}——螺旋式间接钢筋单根钢筋的截面面积；

d_{cor}——按螺旋式间接钢筋内表面计算的直径；

s——各片方格网式间接钢筋网片间的轴线间距或螺旋式间接钢筋的螺距，宜取 30～80mm；

A_{cor}——方格网式或螺旋式间接钢筋的内围面积，按外圈钢筋的内边计算。请注意，当 A_{cor} 大于计算底面积 A_b 时，只能取 A_{cor} 等于 A_b，且 A_{cor} 的形心应与局部受压面积 A_l 的形心重合。

还请注意，在图 5-41(a)、(b) 中分别给出的需要布置间接钢筋的高度范围 h 是根据试验结果从偏安全的角度给出的。

在常用的框架梁、柱之间，梁的支反力（或梁端剪力）是经梁端截面的中、下部传入框架柱的（这在下面第 6 章中还将结合梁的剪力传递机构作进一步讨论），因此，一般不涉及支反力的局部承压问题。但当采用预制梁时，则应切实关注梁在柱上的支承方式和支反力传递特点，既对柱的支承面、又对梁底的"反支承面"验算局部受压承载力。更不应遗漏的是，当因例如转换层梁剪力过大而使用型钢混凝土梁时，则应尽可能识别出型钢分担的剪力，并对型钢伸入钢筋混凝土柱后形成的支承面进行传递型钢梁支座剪力（支反力）的局部受压承载力验算。

到目前为止，设计标准正文规定的局部受压承载力计算仍留下的一个缺口是，在工程中的不少局部受压面积上与轴压力同时还作用有弯矩，或者也可以说是轴压力偏心作用于局部受压面积上。在《混凝土结构设计标准》GB/T 50010—2010(2024 年版) 中只在附录 D "素混凝土结构构件设计"的 D.5 "局部受压"一节中规定了局部受压面上的"荷载分布影响系数"ω，并规定，当局部受压面上荷载为均匀分布时，取 $\omega = 1.0$；当局部荷载为非均匀分布时（如梁、过梁等的支承面），则取 $\omega = 0.75$。但此项规定未引入该设计标准第 6.6 节。据了解，不均匀局部受压面受力性能的试验研究结果所见不多，因此是一个尚有待通过进一步试验给出有效答案的问题。

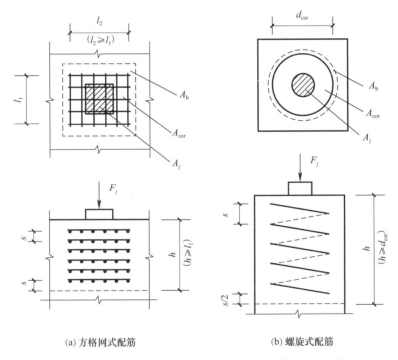

(a) 方格网式配筋　　　　　　　(b) 螺旋式配筋

图 5-41　局部受压面积下混凝土内布置的两类可供选择的间接钢筋

A_l—混凝土局部受压面积；A_b—局部受压的计算底面积；

A_{cor}—方格网式或螺旋式间接钢筋内表面范围内的混凝土核心面积

［引自《混凝土结构设计标准》GB/T 50010—2010(2024 年版) 图 6.6.3］

6

与钢筋混凝土结构构件受剪性能及
设计方法有关的问题

6.1 受剪设计的一般性问题

6.1.1 钢筋混凝土结构构件受剪性能及设计的特殊性

在各类结构构件中，除去只受轴力作用的构件外，剪力总是与弯矩相伴生的（纯弯区段除外），属于普遍存在的内力，且通常数值不小，因此，根据作用组合剪力的大小保证各个构件不同区段所需的受剪能力就成为结构安全性的基本要求之一。而以往工程中因关键钢筋混凝土构件受剪能力不足而发生的重大灾难性事故（见本章后面的举例）也进一步提高了结构设计界对各类钢筋混凝土结构构件受剪承载力设计的重视。

按照材料力学的经典思路，弹性结构构件的受剪能力本可通过控制构件在作用剪力最大的正截面中的最大剪应力不超过材料抗剪强度或控制构件在剪力、弯矩和轴力综合作用下的最大主拉应力和主压应力分别不超过材料的抗拉和抗压强度来保证。这种控制方法在例如钢结构构件的受剪设计中一直应用至今。但钢筋混凝土结构构件是由受力性能差异很大的钢筋和混凝土以特定方式组成的；根据多年工程经验，各国设计界普遍取用箍筋作为梁、柱类构件的受剪横向钢筋，取用水平分布筋作为墙肢类构件的受剪横向钢筋，在必要时还可能选择斜向钢筋作为特定构件的受剪横向钢筋。这些受剪横向钢筋（也称腹筋）与混凝土和纵向钢筋一起共同构成了在构件中传递剪力、弯矩和轴力的综合传力机构。由于在这种传力机构中混凝土受拉开裂的特征和受压的非弹性特征、钢筋与混凝土粘结性能的非弹性特征以及钢筋屈服后的塑性变形特征，导致各类构件的受剪性能已无法用上述材料力学的弹性分析思路来准确表达，故只能主要依靠完成各类构件在不同受力条件下的受剪性能试验来了解其中的剪力传递机理及获知在不同剪切失效方式下和不同受力阶段中的受剪性能。近期当然也在尝试利用非弹性二维分析对受剪性能进行模拟。根据以上特点，在涉及钢筋混凝土结构构件受剪性能及设计方法的领域内，应把主要注意力首先放在理解各类构件传递剪力、弯矩和轴力的综合传力机构以及由综合传力机构在不同受力条件下决定的构件最终剪切失效模式上，因为这是在结构设计工作中理解设计规范规定的受剪设计方法及构造措施，并将其合理用于不同工程场合的最关键理论依据。

各类构件的受剪设计，从概念上说也应与正截面设计类似，包含以下三个方面的内容，即：

（1）受剪承载力设计；

（2）剪切变形规律及其计算方法；

（3）构件剪弯区段内的斜裂缝宽度特征及其控制方法。

下面就这三项内容中涉及的全局性问题作简要说明。

1. 关于受剪承载力设计

各国设计理论界根据已积累的试验研究成果和工程经验得出的较一致认识是，在结构可靠性体系中，与作为抗力一方的正截面承载力相比，同样作为抗力一方的受剪承载力所处的总体状况更偏不利。或者说，构件剪切失效给其所在结构带来的风险比延性正截面失效带来的风险明显偏大，故有必要赋予受剪承载力以相对更大的可靠性潜力。而剪切失效在可靠性方面体现更高风险的主要原因则是其所具有的非延性特征。

如前面第5章已经讨论过的，在正截面设计领域，可以通过对梁类构件混凝土受压区高度的控制和对柱类、墙肢类构件轴压比的控制使其正截面具有必要的延性性质，即截面内的受拉纵筋能在截面失效前达到屈服；受拉纵筋屈服后，截面仍能在保持至少相当于屈服弯矩水准的受弯能力的前提下经历大小不一的屈服后塑性转动（图 6-1a 中 abc 段），直至截面受压区混凝土因压应变过大而压溃，导致正截面最终失效。这表明，凡是具有这种延性失效特征的正截面，在失效前都会在基本承载力不退化的条件下经历一个长短不一的塑性变形过程，如图 6-1(a) 中几条虚线所示意；并会通过构件在这一塑性变形过程中陆续形成的结构性损伤（如逐步加宽的受拉区垂直裂缝等）对将要发生的正截面失效给出预告。从结构可靠性角度也把这类延性失效归入"有预告型失效"。

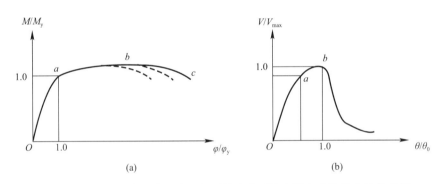

图 6-1　用广义力-位移关系表示的延性和非延性失效方式的基本性能差异

与正截面实现的延性失效特征不同的是，本章各节将要陆续讨论的各类剪切失效方式原则上都是非延性的，即其受力过程大多具有图 6-1(b) 所示的剪力-剪切角曲线的走势。即在受力初期，随着剪切角的增大，抗剪能力将持续上升直到峰值，即达到构件的受剪承载力；其间，上升曲线的非弹性特征逐步明显；但超过峰值后，受剪能力会迅速下降，即发生剪切失效。对比图 6-1(a)、(b) 可以看出延性和非延性失效的主要区别。因非延性失效发生较突然，在可靠性分析中即将其视为"无预告型失效"，而且至今未找到简便易行的改善一般构件剪切失效非延性特征的有效设计措施。这也可视为钢筋混凝土结构构件各类承载力性能中的一个短板。

剪切失效的非延性性质与其失效原因有关。例如，工程中大量使用的一般处于中等甚至偏大剪跨比状态的有腹筋框架梁、框架柱、剪力墙（核心筒）墙肢和剪力墙（核心筒）连梁中可能发生的剪切失效大多为剪压型失效；其失效过程一般首先是与临界斜裂缝相交的各排箍筋中的大部分将陆续达到受拉屈服；箍筋一旦屈服并发生屈服后塑性伸长，因其在临界斜裂缝中抵抗的拉力不会再明显增长，且裂缝界面骨料咬合效应又明显退化，这时处在该斜裂缝末端以远的面积不大的受压区混凝土就会在作用剪力进一步增大时因转移来的剪力增量增长较快而发生剪压破碎，导致构件在箍筋的屈服后塑性伸长尚未来得及进一步发挥时就已经剪切失效，从而表现不出明显的延性性能。而上述各类常用结构构件在剪跨比过小或构件配箍率过高时发生的斜压型剪切失效则全由相应部位混凝土的斜向压溃引起，自然也是没有延性的。至于剪跨比偏大的无腹筋或少腹筋受弯构件预期发生的斜拉型剪切失效则由混凝土因主拉应变过大而拉裂所引起，更属于没有延性的突然脆断。除此之外，在配置普通箍筋的小跨高比连梁中常会发生的滑移型剪切失效，剪力墙肢等构件沿新、老混凝土界面（如施工缝处）发生的界面剪切失效（也称"直剪失效"）以及板柱结构体系中发生在柱周边现浇板内的冲切失效等，也都因失效是由混凝土的破碎或拉裂所引起，或因在抗剪配筋受拉屈服后塑性伸长尚未充分发挥时即发生混凝土的破坏而都具有非延性失效特征。

延性失效和非延性失效除去本身性能特征具有图 6-1(a)、（b）所示的重要差异外，这两类失效对于整体结构在其承载力发挥较充分阶段的反应性能及抗倒塌能力也具有差别很大的影响。若假定一个多次超静定结构中各个构件都具有足够的抗剪能力，即直到结构较充分受力阶段都不会发生剪切失效，则随着结构受力和变形的持续增大，其中相对最弱的构件控制截面中的受拉纵筋就将首先达到屈服，并在结构受力进一步增大过程中在保持该截面屈服受弯能力不降低的条件下使该截面发生塑性转动。随后，结构中会有一个又一个构件的控制截面依其正截面相对强度由弱到强的顺序依次进入屈服后的塑性转动状态。只要先屈服的构件控制截面具有所需的延性能力（塑性转动能力），这一塑性变形发育过程就会持续下去。由于在这个过程中各构件控制截面始终保持了其不低于屈服弯矩的正截面承载力，又能在正、反交替水平变形过程中通过塑性变形吸收和耗散输入给结构的一部分能量，再加上例如地震激励所具有的其他特点，就能明显降低结构在交替水平荷载下的损毁或倒塌风险。这也就是一个超静定钢筋混凝土结构所追求的整体延性性能。由于每个控制截面进入屈服后的塑性变形状态之后都会使结构在后续受力过程中失去一个转动赘余度（即减少一次超静定次数），使结构中的内力分布规律发生一次变化，因此也将上述结构中一个个正截面进入屈服后受力状态的变化过程称为结构的塑性内力重分布过程。而这也就是一个具有整体延性的多次超静定钢筋混凝土结构的核心力学特征。

若在结构发挥上述整体延性的过程中某个构件区段发生了剪切失效，则试验结果证明，剪切失效不仅会使该构件迅速失去受剪能力，也会使其正截面承载力无法继续正常发挥。这意味着该构件会在结构中原则上完全退出工作，使结构承载力和侧向刚度相应削弱，同时也扰乱了保证结构整体延性的塑性内力重分布过程。发生剪切失效的构件越多，结构承载力和侧向刚度受到的削弱越大，结构的整体延性性能越难以有效发挥；特别是当竖向承重构件（例如框架柱）发生剪切失效时，还会引起其上面的结构构件或还有同楼层其他结构构件的连续损毁或连续倒塌。

各国设计规范考虑到上面所说的各类构件剪切失效本身具有的非延性特征和结构构件剪切失效对结构发挥整体延性性能的负面效果，在结构非抗震设计中采取的应对措施就是人为提高构件受剪承载力的可靠性水准，即将构件的受剪承载力普遍设计得相对偏强，以明显减小其失效的发生几率。这是在结构设计可靠性体系中针对钢筋混凝土结构构件的受剪性能特点采取的一项主要对策。在抗震设计中，则是通过人为提高构件的受剪能力来避免结构构件在结构体系整体延性动力反应过程中先期发生剪切失效。

除以上的全局性问题外，还有两个技术性因素也是在提高受剪承载力可靠性水准时需要一并考虑的。一个是因为影响构件剪切性能的因素众多，各因素的不确定性较强，加之弯剪综合传力机构较复杂，导致受剪承载力试验结果的离散程度明显比例如正截面承载力试验结果的离散程度偏大。另一个是因为在各类构件的受剪性能试验中，为了保证构件最终发生剪切失效而不是正截面失效，需要在试验构件中人为增大保证正截面承载力的纵筋数量，而纵筋数量的增大又会导致试验构件由纵筋销栓效应形成的受剪承载力分量的人为增大，使实测受剪承载力略偏高。

我国《混凝土结构设计规范》采用的提高结构构件受剪承载力可靠性水准的具体做法是，与正截面承载力计算公式体现的大致是大量试验结果的回归式水准或平均值水准不同，受剪承载力计算公式体现的水准相当于大量试验结果的偏下限，即只有少数试验结果略低于设计取用的受剪承载力原型公式计算值，见例如后文的图 6-73～图 6-76 以及图 6-78 和图 6-79；除此之外，还进一步降低了受剪承载力计算公式中有关系数的取值。目前，国外设计规范中通常也是采用与试验结果相比降低受剪承载力设计取值的做法来提高其安全储备，进一步讨论请见下面第 6.8 节。

2. 与构件剪切变形有关的问题

在以往很长一段时间内，研究界和设计界对钢筋混凝土结构构件剪切变形问题的关心和讨论较少，主要原因在于当时工程常用构件的长细度大多不是过小，剪切变形在总变形中所占比重较小（例如很少超过总变形的 3%～5%）。但随着结构体系的多样化及小跨高比（跨度与截面高度之比偏小）和小高宽比（沿高度方向侧向支点之间的距离与受力方向截面高度之比偏小）构件的使用，以及剪力墙墙肢和核心筒筒壁类壁板相对偏薄构件的使用，剪切变形在构件总变形中所占比重会相应增大，在不利情况下有可能增至总变形的例如 15%～20%，甚至更大。因此，剪切变形在结构分析与设计中已变得不可忽视。与此相呼应，结构分析（其中包括弹性分析和非弹性分析）手段也在逐步细化，不少国际通用商品软件已对梁、柱类构件使用弯曲杆加剪切杆的杆元基本模型［弯曲杆例如取用两端带非弹性弯曲弹簧（考虑轴力效应）的弹性杆；剪切杆则例如取用带非弹性剪切弹簧的刚性杆］，对墙肢（筒壁）类构件则使用多竖杆加剪切杆的基本模型（每根竖杆为带轴向非弹性弹簧的刚性杆，剪切杆则同样为带非弹性剪切弹簧的刚性杆，见图 6-2）。这意味着，研究界就必须为这里使用的不同类型构件剪切杆的非弹性剪切弹簧提供单调加载状态下和低周交变加载状态下的非弹性剪力-剪切角关系。

到目前为止，虽然有些国外技术文献，如美国联邦紧急事务管理署《建筑物抗震改造的初步标准及背景说明》（FEMA356）和美国土木工程师协会《既有建筑物抗震修复》ASCE41 都给出了剪切弹簧所用的剪力-剪切角非弹性

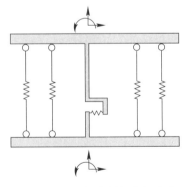

图 6-2 在结构非弹性分析中为一层剪力墙肢建议的带剪切弹簧的"多竖杆模型"

模型的建议表达式，但这两个文献在其背景说明中都明确表示，所给模型的试验依据依然不够充分。

为了给出各类钢筋混凝土结构构件非弹性分析所需的剪切弹簧剪力-剪切角关系，近年来国内外学术界已陆续开展了一系列研究工作，其中采取的研究思路和步骤可归纳为：

（1）完成设计参数及特征不同的一定数量的各类构件的单调加载或低周交变加载试验，其中着重测试所关心各部位的变形量；

（2）找到能较准确模拟各类钢筋混凝土构件，特别是剪切变形在总侧向变形中占比重偏大构件类型的非弹性模拟分析程序，经模拟分析证实其所再现的相应构件的荷载-位移关系与试验结果符合良好；

（3）找到筛分试验结果以及模拟分析结果总变形中的弯曲变形分量和剪切变形分量的较为有效的方法；

（4）从具有不同设计参数构件模拟分析结果所分离出的剪切变形规律中找到影响该类构件剪力-剪切角关系的主要影响参数及其影响趋势。

例如，到目前为止，各国研究界针对剪力-弯矩比偏大的剪力墙墙肢曾完成过为数不多的尝试筛分弯、剪变形的钢筋墙肢构件低周交变加载试验。其中，最早完成的是 20 世纪 90 年代中期由 H. Bachmann 主持在瑞士苏黎世联邦理工学院（ETH Zürich）进行的 5 个如图 6-3 所示的构件试验；由水平荷载加载点确定的构件高宽比为 2.26；各试件的区别仅在于其弯、剪配筋率不同。为了筛分构件上部加载点标高处实测侧向位移中的弯曲分量和剪切分量，该项目除量测了加载点标高处相对于试件基座的水平位移外，还分别在各试件正面和背面安装了两套测试装置。在试件正面的量测段高度范围内，如图 6-4（a）所示，满布了粘贴在构件混凝土表面的等间距量测基点（每个基点由贴在构件表面的 3mm 厚金属小圆片构成，圆片中点事先钻有用来插入手持式自记电测位移计探头尖端的圆锥形小坑），并在试验的每级荷载施加后经人工用手持式自记电测位移计沿图中所示各量测基点之间的实线方向逐一量测其间的水平、竖向和斜向位移；设想由这些测试结果计算出墙肢表面各点在不同受力状态下的变形分布，再自下向上累积出墙顶的弯曲和剪切变形分量。而在各试件背面则在上、下两个量测段 4 个角点的预埋量测基点（钢螺栓）之间分别布置了 2 根沿对角方向的相互独立的交叉金属导杆（图 6-4b），并在每个导杆的一端与作为量测基点的角部螺栓之间各安装了一个位移计，从而可以量测到各级荷载下沿每个金属导杆方向试件的伸长量或压缩量。之所以沿两个量测区段对角方向布置导杆，是为了在量测结果中反映主拉应力方向和主压应力方向的轴向变形量对试件剪切变形的不同影响。

在试验结束后正式发表的试验结果中，试件上部加载点标高处水平位移中的剪切分量是用试件背面上下两个量测区段按图 6-5（a）的纯剪切变形模型建立的以下公式算得的剪切分量 Δ_{hs} 相加而成的：

$$\Delta_{hs} = \frac{1}{4h}(d_1^2 - d_2^2) \tag{6-1}$$

式中 d_1 和 d_2——试件沿每个量测段两对角线方向实测的伸长后及压缩后的长度（图 6-5a）；

h——试件的截面高度。

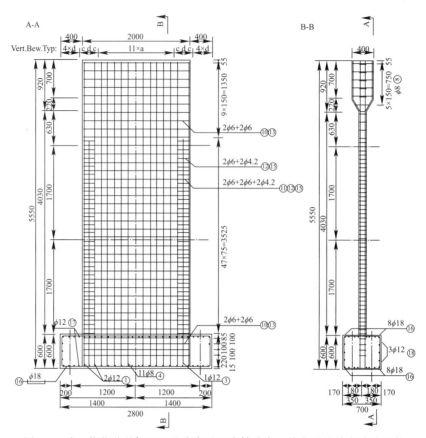

图 6-3　瑞士苏黎世联邦理工学院尝试用来筛分弯、剪变形的剪力墙肢试件

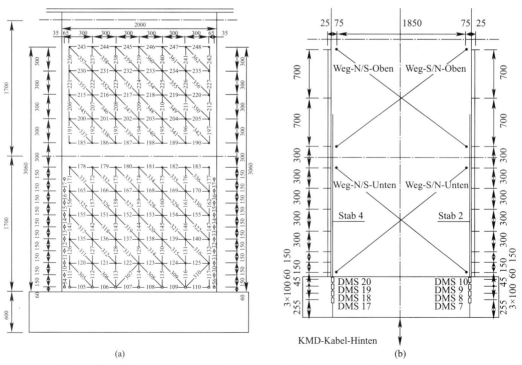

(a)　　　　　　　　　　　　　　　　(b)

图 6-4　瑞士苏黎世联邦理工学院试验中在各试件正面和背面分别布置的测试装置

式（6-1）的来源是，从图 6-5（a）的纯剪切变形模型可以写出以下两个简单关系式，即：

$$d_1^2 - l^2 = (h + \Delta_{\mathrm{hsr}})^2 \tag{6-2}$$

$$d_2^2 - l^2 = (h - \Delta_{\mathrm{hs}l})^2 \tag{6-3}$$

将以上两式相减，并近似取 $\Delta_{\mathrm{hsr}} = \Delta_{\mathrm{hs}l}$，即可得到式（6-1）。其中，$l$ 为每个量测段的高度，Δ_{hsr} 和 $\Delta_{\mathrm{hs}l}$ 分别为图 6-5（a）所示每个量测段右侧和左侧顶端的水平位移。

可惜的是，通过这 5 个精心进行的试件试验得出的结果是有限的，即：

（1）虽然从概念上说，试件中的剪切变形和弯曲变形都会随受力增长表现出各自的非弹性性能发育规律，但这项试验中所取的试件高宽比恰使构件弯、剪变形中的非弹性发育规律大致相似，从而使剪切分量在试件水平位移中的比例在加载过程中始终没有大的变化。

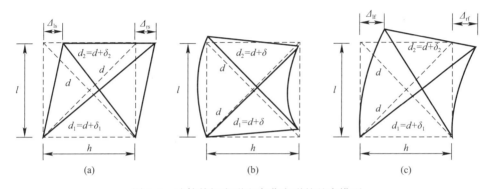

图 6-5　试件剪切变形和弯曲变形的基本模型

（2）因各试件配筋率大小不同，故按式（6-1）算得的剪切分量在水平位移中所占比例分别在 30% 左右到超过 40% 之间变化（这一比例可能偏大，详见下面的讨论）。

之所以造成这样的结果，主要原因在于：

（1）这项试验的组织者及执行人一直未注意到另一些国家的研究人从 20 世纪 80 年代就已经开始的对钢筋混凝土构件弯、剪变形的筛分所做的理论研究工作（其中有代表性的如日本的 Hisahiro Hiraishi 在 1983 年的南太平洋地区地震工程会议上发表的分析成果，见 "Bulletin of the New Zealand National Society for Earthquake Engineering，Vol. 17，No. 2，June 1984"）。这些研究人早在苏黎世上述试验之前就已经发现，式（6-1）的计算方法只有当悬臂构件受等弯矩作用，即弯矩梯度为零，也就是剪力为零时，方才能准确表达构件的剪切变形。这是因为，从图 6-5（b）可以看出，当试件只受等弯矩作用时，式（6-1）中的 d_1 与 d_2 恰好相等，由该式算得的 Δ_{hs} 恰好为零；而当构件内存在弯矩梯度时，如图 6-5（c）所示，在由式（6-1）算得的 Δ_{hs} 中就必然包含弯曲变形成分，且弯矩梯度越大，Δ_{hs} 中包含的弯曲变形成分也越大；除此之外，Δ_{hs} 中包含的弯曲变形成分的大小还与试件中弯、剪非弹性发育的程度有关。Hiraishi 还提出了当弯矩梯度不同时对式（6-1）的 Δ_{hs} 进行修正的具体方法。在苏黎世的试验中，因试件中的作用弯矩自底到顶呈三角形分布，属于弯矩梯度相对较大的情况，故由各试件背面对角导杆获得的实测结果经式（6-1）算得的剪切变形分量以及该分量在构件水平荷载加载点标高处实测水平位移中所占百分比就都被高估，且高估幅度不会太小。

（2）苏黎世研究人员在各试件正面布置的密排测点以及用手持式自记电测位移计进行量测的想法是好的，但最后终因误差较大及误差积累而未能得到预期效果。

对苏黎世研究人员用公式算得的剪切变形试验结果如果能用 Hisahiro Hiraishi 提出的修正方法进行换算，则仍会是非常有意义的试验实测结果。

进入 21 世纪后，在 J. W. Wallace 主持下，美国加利福尼亚大学洛杉矶分校的学术团队在 2012 年发表了由 T. Tran 完成的高宽比分别为 1.5 和 2.0，且轴压比分别为 0.025 和 0.1 的 5 个悬臂式墙肢试件的作了弯、剪变形筛分的低周交变加载试验结果。在参考了已有研究成果的基础上，这两批试验都是从实测数据中先算出试件顶部加载点标高的水平位移中的弯曲变形分量，即先测得试件两侧边沿试件高度各分段的拉伸或压缩，再从各分段两侧拉伸、压缩量经平截面假定算得试件各分段的弯曲转角，再经较准确几何关系通过从试件底部到顶部的累积最后算出顶部加载标高的水平变形中的弯曲变形分量；再从顶部加载点水平位移中减去弯曲变形分量，即获得该标高的实测剪切变形分量。这 5 个试件测得的剪切变形在试件顶部加载点标高处的总水平变形中所占比重分别为 15%～30%。这种计算剪切变形的方法绕过了上述直接计算剪切变形分量时的麻烦，但计算精度则取决于试件两侧边伸长（压缩）量或沿试件两侧边纵筋应变量的量测准确程度。但应注意，这种弯、剪变形分离方法的前提是在试验构件内平截面假定有效，因此在有反弯点且纵向钢筋内的内力重分布现象明显的试验构件，例如小跨高比连梁等类构件中，这种分离方法可能是不好用的。

还需指出的是，由于在设置了剪力墙或核心筒的建筑结构中，每个墙肢通常都会从基底向上贯穿十数层到数十层，虽然在每层交界处由连梁传给墙肢的弯矩通常会减小相应墙肢段的弯矩-剪力比（即增大墙肢中的弯矩梯度值和剪力值），但即使到了最底部楼层，墙肢中的弯矩-剪力比仍会明显大于上述苏黎世试件和洛杉矶 T. Tran 试件的弯矩-剪力比，即作用剪力相对偏小。本书作者当然并不反对在试验中把试件的弯矩-剪力比适当选小些，即把作用剪力选得偏大些，以便充分展现与剪切变形有关的试件受力特征，但读者需要意识到，在即使弯矩-剪力比最小的底部楼层墙肢中，剪切分量在墙肢各层总水平位移中所占比重也会比上述两批试件测得的比例普遍偏小。

另外，当用例如以壳单元为基本模型的弹性或非弹性有限元分析法完成了对例如悬臂式墙肢类构件的分析后，若也有必要从分析结果中筛分出构件顶部加载点处水平位移中的弯曲变形分量和剪切变形分量，则根据上述对试验试件量测结果中筛分弯、剪变形分量问题的讨论，考虑到在分析结果中已包含有沿构件两侧纵向钢筋中各结点应变的计算结果，故最直接的筛分弯、剪变形的方法是，先由两侧各结点钢筋应变借用平截面假定计算出构件从底到顶各单元段的弹性或非弹性转角，并从其中经精确几何关系累计出构件不同高度水平位移中的弯曲变形分量，再从不同标高处构件水平总位移中减去弯曲变形分量而得到不同标高处水平总位移中的剪切变形分量。

3. 剪弯区段斜裂缝宽度的控制

在有弯矩、剪力共同存在的构件区段内（这类区段通常称为"剪弯区段"），当作用荷载偏大时，常会形成相互有一定距离的斜裂缝，其走势和分布规律见下面第 6.1.3 节的讨论。从结构耐久性角度同样应对这类裂缝在正常使用极限状态下考虑荷载长期作用影响后的宽度进行控制。但因斜裂缝的分布范围、生成机理以及走向、间距等特征受较多因素影响，其宽度变化规律远较前面第 5.6.4 节讨论过的正截面受拉区垂直裂缝复杂。到目前为止，虽有国内外研究者对斜裂缝宽度作过实测和统计整理，并对其宽度发育规律作过研究分析，但至今未见有设计规范给出过斜裂缝宽度的计算方法。

我国《混凝土结构设计规范》在其 1989 年版本修订过程中，曾委托施岚青牵头的抗剪设计专题研究组对国内各有关单位已完成的有一定数量的抗剪性能试件进行过斜裂缝宽度的复查，发现按我国规范要求进行了抗剪设计的梁类构件在正常使用极限状态下的斜裂缝宽度基本上未超过 0.2mm，且留有一定裕量（见后文图 6-77），说明即使在考虑恒载的长期作用效应后也仍不会影响构件的耐久性。根据这一考察结果，我国设计规范决定对斜裂缝的宽度不再作专门验算。

之所以梁类构件内的斜裂缝在正常使用极限状态下的宽度不致过大，是因为斜裂缝随作用荷载增大而加宽的规律与正截面裂缝随荷载增大而加宽的规律有明显差别。如前面第 5.6.4 节所述，正截面裂缝一旦形成，裂缝处受拉纵筋应力就将随作用荷载，或者说随该正截面作用弯矩的增长而持续增大（虽然在此过程中因正截面内力臂值的小幅度变化使纵筋拉应力与正截面作用弯矩之间不是严格成比例变化），从而使正截面裂缝宽度也以相对较为均匀的速度随作用荷载的增长而增大。但在斜裂缝处，其宽度随荷载而增大的过程，在斜裂缝开展的前期会因斜裂缝内骨料咬合效应和纵筋销栓效应减缓了箍筋拉应力的增长速度而发展较慢；直到斜裂缝缓慢加宽后，骨料咬合效应逐步退化，箍筋拉应力和斜裂缝宽度的增速才逐步缓慢变快；到荷载增大使箍筋在与斜裂缝相交处逐排屈服后，斜裂缝宽度的增速方才进一步加快。这说明斜裂缝增速具有先慢和最后递增式加快的特点。因在正常使用极限状态下的荷载只及承载力极限状态荷载的大约 65%～70%，此时斜裂缝尚未进入后期递增式加宽阶段，故此时斜裂缝宽度普遍相对偏小是必然的。

6.1.2 钢筋混凝土结构构件承载力设计中各类内力的相关性及受剪承载力表达式中使用的剪跨比

在钢筋混凝土结构中很少有构件只受单一类型内力作用，可能遇到的只受一种内力作用的构件通常只有受弯构件中偶尔出现的纯弯区段以及忽略较小的弯矩及剪力后按轴心受拉设计的钢筋混凝土桁架或预应力混凝土桁架中的下弦杆和受拉腹杆，其余各种构件的不同区段通常均处在两类及两类以上内力的同时作用下。

已有各类钢筋混凝土结构构件的性能试验结果表明，同时作用的另一种内力都会对某一种内力下的承载力及其他性能产生影响。这种不同内力作用下构件性能的相互影响，通常称为不同类型内力同时作用下构件性能之间的相关性（interaction）。

例如，本书第 5.2 节所讨论的从轴心受压经偏心受压到受弯，再经偏心受拉到轴心受拉的整套正截面承载力设计方法，实际表达的就是轴力和弯矩这两种内力以不同数值同时作用时的正截面承载力变化规律。这也可以理解为用受弯能力表达的承载力与同时作用的轴力的相关性，或用受压或受拉能力表达的承载力与同时作用的弯矩的相关性。前面图 5-4 所示的 M-N 承载力关系曲线表示的就是这种相关关系，故也称其为 M-N 相关关系曲线。

又例如前面第 3.5.3 节中讨论的梁类构件支座截面负弯矩钢筋向梁跨内方向所需的延伸长度，应该也是另一种相关关系的表现。即当梁类构件已根据不同正截面中作用的弯矩按正截面承载力要求配置了所需数量的纵向钢筋后，若同时出现的剪力偏大，并导致相应梁段内形成了弯-剪斜裂缝，则沿各斜裂缝截面的抗弯能力就可能因斜弯效应的存在而不足。延伸长度的作用就是以构造规定的方式补足斜截面的受弯能力以及相应纵筋的锚固能力。因此，这也可以视为构件受弯能力受同时作用剪力影响的一种表现，故也应属于同时作用的剪力与受弯能力的相关关系，只不过是用配筋构造措施来体现的。

在本章将要重点讨论的各类构件的受剪承载力中，总有弯矩与剪力同时作用，且已有试验研究结果表明，各类构件的受剪承载力通常都与同时作用的弯矩具有相关性。各国研究界为了在受剪承载力表达式中反映这种相关性，一致使用了一个专用指标，即剪跨比 λ，其一般性定义为：

$$\lambda = \frac{M}{Vh_0} \tag{6-4}$$

式中　V——验算受剪承载力的构件区段内的最大作用剪力设计值；

　　　M——该区段内同时作用的最大弯矩设计值；

　　　h_0——构件截面有效高度。

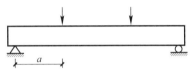

图 6-6　受集中荷载作用的受弯构件
简支端的计算剪跨比定义

在受集中荷载作用的梁、板类构件中，工程界和试验界也常习惯于按图 6-6 所示的该类构件简支支座处的受力条件，即支反力等于近支座区段的作用剪力，将式中的 M 用 Va 表示，其中 a 为支座与距其最近的集中荷载之间的水平距离，也称"剪跨"。于是，λ 在这种特定情况下即可写成：

$$\lambda = \frac{Va}{Vh_0} = \frac{a}{h_0} \tag{6-5}$$

为了区分，通常把式（6-4）和式（6-5）表示的剪跨比分别称为"广义剪跨比"和"计算剪跨比"。其中，广义剪跨比具有普遍适用性；而计算剪跨比只适用于图 6-6 所示的靠近受集中荷载作用构件简支支座的相应区段，但也可将它借用来表示某些其他受力状态下的受剪承载力变化规律，详见下面相应章节的进一步说明。

除上述同时作用的弯矩对各类构件受剪承载力的影响之外，同时作用的轴力也对构件的受剪承载力有相应影响，这种影响通常是通过在相应构件受剪承载力计算公式中包含一个轴力项来反映的，详见本章后面对柱类和墙肢类构件受剪承载力计算公式的讨论。

在各类结构构件中虽然扭矩严格来说也是随处可见的，但当作用扭矩不大时，一般都是通过构件受扭纵筋和受扭箍筋布置方面的构造规定以及这两类配筋的最小配筋率来保证构件具有必要的抗扭能力；只有少部分作用扭矩较大的构件，方才需要在设计中完成受扭承载力验算。

各类构件的受扭承载力同样与同时作用的剪力、弯矩和轴力具有相关性。这些相关性在抗扭设计中是根据相关性的不同规律逐一分别考虑的。其中，扭矩与弯矩的相关性不在受扭承载力表达式中出现，而是把沿构件截面周边所需的受弯（包括轴力影响）纵筋量与受扭纵筋量按截面各边逐一叠加，并以叠加结果作为选择各边实际纵筋用量的依据。扭矩与剪力的相关性则是分别通过在受剪承载力计算公式中加入扭矩影响因素和在受扭承载力计算公式中加入剪力影响因素来考虑的。在相应构件区段内将受剪和受扭分别算得的箍筋用量叠加后即为该构件区段箍筋的最终需要量。

上面结合结构构件的承载力问题对四类内力相关性的讨论，是想使读者建立两个概念，一个是在一本考虑周密的设计规范的构件承载力计算方法中应全面包含考虑各类内力之间的相关性影响的承载力设计方法而不应遗漏。我国《混凝土结构设计规范》GB 50010在其 2002 年版中已经在当时各国同类设计规范中率先达到了这一要求。另一个是不同内力之间的相关性都有其特定的规律，而这些规律都能从钢筋混凝土结构构件的特有受力性能中找到解释。例如，本书已在第 5.2 节中对弯矩与轴力的相关性规律从正截面性能特征角度作了较为认真的讨论；弯矩和轴力对剪力的相关性则请见本章下面的讨论；而剪-扭、弯-扭以及轴力与扭矩的相关性规律则请见本书第 7 章。

6.1.3 钢筋混凝土构件中弯-剪斜裂缝的形成和发育

如材料力学指出的，一根构件在剪力和弯矩共同作用下的弹性受力性能可用沿构件受力平面的弹性二维分析来考察（例如，对于一根等截面简支梁，"受力平面"即为沿梁长方向的过梁宽中点的垂直平面），并用二维应力场（或应变场）来描述。其中，又常用弹性主拉应力和主压应力迹线来描述二维场中主应力方向的变化。

下面以一根受两个对称集中荷载作用的中等剪跨比钢筋混凝土矩形等截面有腹筋简支梁（图 6-7c）为例，来说明在不同条件下梁内垂直裂缝和斜裂缝的形成及发育规律。由于裂缝是因混凝土内某个部位的主拉应变达到其抗拉极限应变后所引起的，且最初形成的裂缝方向一般均垂直于引起它的主拉应变方向，故在图 6-7（c）中首先给出了经弹性分析算得的主应力迹线。需要注意的是，主应力迹线只表示了弹性应力场中主拉、压应力方向的变化，而沿每条迹线主应力大小的变化则需另行（例如用云图等手段）描述。

根据计算结果，在图示梁内通常都是以纯弯区段（AB 段）下边缘水平向主拉应力（应变）数值为最大；在纯弯区段以外，因梁下边缘剪应力为零，故此处主拉应力将从图中 A、B 两点向相应一侧支座方向按图中所示弯矩图的变化规律递减到零。在更上面的各条主应力迹线中，主拉应力值也是越向梁外端方向越小，但因有剪应力存在，故数值下降程度不如沿梁下边缘的主拉应力那样大。

根据试验结果，图示梁内垂直裂缝和斜裂缝的总体发育情况与梁正截面受拉纵筋的配筋率大小有密切关系。现按纵筋配筋率大小，分以下三种情况，说明梁内可能形成的三种不同的裂缝分布格局。

（1）正截面纵筋配筋率偏小

若梁的正截面纵筋配筋率偏小，表明正截面屈服弯矩比开裂弯矩大出不多，故当跨度中部纯弯段正截面因下边缘水平向主拉应力在全构件内最大而首先开裂，并在荷载进一步增大后形成图 6-7(d) 所示的多条受拉区垂直裂缝后，到纯弯区段受拉纵筋屈服的荷载增量已不会太大。因梁两侧纯弯区段以外区域梁下边缘主拉应力朝支座方向逐步减小，预计在纯弯区段之外已不易再出现过多的新裂缝，例如可能只出现图 6-7(d) 中用虚线表示的一两条裂缝。这意味着，在这类梁内不容易形成明显的斜裂缝。图 6-7(d) 中纯弯区段垂直裂缝间距较大，也是因为纵筋配筋率偏小所致。

（2）正截面纵筋配筋率中等或略偏大

随着梁跨中正截面受拉纵筋配筋率的增大，纯弯区段正截面的开裂弯矩与屈服弯矩之间的差距也将逐步拉大。在纯弯区段正截面作用弯矩增大到该区段垂直裂缝普遍形成后，随梁上荷载进一步增长，纯弯区段以外梁下边缘混凝土主拉应变也会逐步增大，从而引起下边缘混凝土中从纯弯区段向外以一定间距出现一根又一根新的裂缝（图6-7e）。其中，每根裂缝在随荷载增长向上延伸时，都会因相应位置主拉应力作用方向的变化而不断改变其开裂方向，从而使裂缝发育成具有越向上倾角越小的曲线形状，且越向梁支座的斜裂缝倾角越小。从总体上看，形成的各条斜裂缝的走势与这一区域主压应力迹线的趋势有一定的相似性。这是因为主拉应力会将混凝土沿与其垂直的方向拉裂，而主压应力在迹线交点处的作用方向也恰好与主拉应力垂直。当然，由于混凝土的受拉性能在开裂前就已经表现出一定的非弹性，且随着各条裂缝的形成和延伸也会给相应区域的主应力场带来持续干扰，故斜裂缝走势只能是大致与主压应力迹线走势相似。

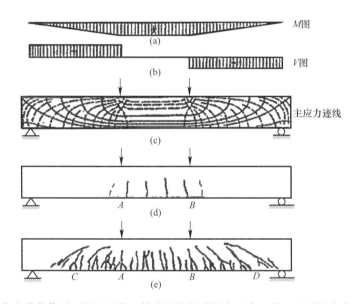

图6-7　对称集中荷载作用下的矩形截面简支梁内的弹性主应力迹线以及裂缝发育的不同格局

梁跨中正截面受拉纵筋配筋率越高，梁上荷载从纯弯区段受拉区开裂进一步增大的幅度（以纵筋屈服为限）也就越大；这导致从梁底边出现并向斜上方发展的斜裂缝的分布范围（图6-7e中的CA段和BD段）也就越大。

根据习惯，通常把在图6-7(e)中CA段和BD段内形成的这种从梁下边缘向上延伸的斜裂缝称为"弯剪斜裂缝"，其宽度通常都是中、下段偏大，向上逐渐变小（均指沿垂直于开裂方向量测的裂缝宽度）。

（3）正截面纵筋配筋率很大

当梁跨中受拉纵筋配筋率更高，甚至布置有受压钢筋来进一步提高梁的受弯能力时，也就是在纯弯区段内的垂直裂缝形成后梁上荷载还有更大增长空间时，梁还会在纯弯区段以外两侧形成上述弯剪斜裂缝群之后，在靠近梁两端的区域出现从中性轴附近开始再向上、下斜向延伸的斜裂缝。但这种斜裂缝通常不会延伸到梁的上、下边缘。习惯上称这种斜裂缝为"腹剪斜裂缝"，见图6-7(e)两侧最外端接近支座处的各一条斜裂缝。形成这种斜裂缝的原因在于，在图 6-7（e）所示的梁内，作用弯矩从集中荷载作用截面向梁支座方向线性递减至零（图 6-7a），但作用剪力在这一区段内却保持不变（图 6-7b），故在靠近梁支座的中性轴高度处，沿 45°方向的主拉应力值反而将大于这一区段梁下部偏水平方向的主拉应力，故斜裂缝反而会在作用荷载很大时因中性轴高度处主拉应力增至足够大而在该处首先形成。

以上结合一根配有纵筋和箍筋的矩形截面中等剪跨比简支梁讨论的裂缝形成规律，对工程中常见的其他有腹筋构件中裂缝的形成和发育均有借鉴意义。

为了进一步展示构件截面形状对斜裂缝发育的影响，在图 6-8 中还给出了一根受跨度中点单一集中荷载作用的工字形截面简支梁在受力较充分时形成的裂缝图形。与图 6-7（d）、（e）所示的矩形截面简支梁的裂缝图形相比，这根梁的裂缝分布特点主要表现在：

（1）从剪切性能角度看，图 6-8 所示工字形截面简支梁的特点是，因与梁下翼缘相比腹板截面宽度突然大幅度减小，导致腹板混凝土内剪应力值突然增大。从材料力学主应力值和主应力方向的计算公式可知，式中剪应力项影响的突然增大，会导致在腹板整个高度内主拉应力的增大，且具有作用方

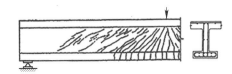

图 6-8 受跨中单一集中荷载作用的工字形截面薄腹梁在受力较充分时的裂缝分布

向自下向上更趋一致的特点，从而使梁腹板内的斜裂缝形成更早，且更具斜直线特征。

（2）在形成弯剪斜裂缝区段的左、右两端，因作用弯矩的减小，腹板中的斜裂缝改以腹剪斜裂缝的形式出现。由于腹板内剪应力值明显高于矩形截面梁，且薄腹梁纵筋配筋率较高，故腹剪斜裂缝可以一直出现到接近两端支座的区段。当然，这些腹剪斜裂缝同样不会伸入上、下翼缘的混凝土。

在图 6-9（a）、（b）中，还给出了德国 F. Leonhardt 主持完成的两根箍筋配置数量不同的 T 形截面简支梁的知名对比试验。两根梁的形状、尺寸、混凝土强度等级和纵筋配置均相同，只是图 6-9（a）的梁箍筋数量明显多于图 6-9（b）的梁。从试验结果可以看出，图 6-9（a）配箍率高的梁，其斜裂缝倾角总体上明显大于图 6-9（b）配箍率偏低的梁。当时给出的解释是，斜裂缝的走向不仅受弹性主应力场的控制，还与构件在斜裂缝出现后形成的剪力传递机构密切相关。即当用平行弦桁架模型作为梁内剪力传递机构的简化模型时，是将斜裂缝之间的混凝土视为一根根斜压杆，而将箍筋视为一根根竖向拉杆。从铰接桁架平衡关系可知，斜压杆压力的竖向分量应与竖向拉杆中的拉力相平衡。从这里得到的解释是，当图 6-9（a）的梁配箍率偏高时，若认定箍筋在梁受力较大时大部分都能达到屈服，就意味着桁架模型竖向拉杆的拉力偏大，故需要有倾角更大的斜压杆提供更大的斜压力竖向分量与之平衡。而在配箍率较低的图 6-9（b）的梁中，因所需的斜压杆竖向分力较小，斜压杆倾角也就相应减小。这一对比试验曾为欧洲受剪承载力设计中使用桁架模型提供过当时看来很有说服力的试验证据。

但也有研究者对上述解释提出了质疑，即认为不能用后形成的机构来说明先形成的斜裂缝走向差别。本书作者也认为，用形成的不同斜裂缝走向说明桁架模型的可接受性应是说得过去的；但反过来用桁架模型的原理解释斜裂缝形成的不同走向则不尽合理。更合理的做法可能应是，使用近期建立的钢筋混凝土二维非弹性分析程序（例如基于改进斜压场理论的 VecTor2 程序）求算在配箍率不相同时构件腹板内斜裂缝倾角的变化，并从中找到

解释斜裂缝倾角不同的理由。这项工作则有待完成。

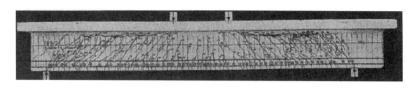

(a) 配箍率η = 0.93

(b) 配箍率η = 0.38

图 6-9　F. Leonhardt 主持试验的配箍率不同的
两根 T 形截面简支梁所形成的不同斜裂缝走向

6.2　无腹筋受弯构件的受剪性能与设计

6.2.1　一般性说明

通常把各类钢筋混凝土结构构件中用于受剪的钢筋，包括梁、柱类和连梁类构件中的箍筋、墙肢类构件中的水平分布钢筋、20 世纪 80 年代及以前在较大型梁类构件中常用的由纵筋弯折后形成的弯起钢筋以及近年来在剪力墙或核心筒的跨高比偏小的连梁中使用的斜向钢筋等，统称为"腹筋"或"横向钢筋"。

在结构工程中使用的多数构件为"有腹筋构件"，但属于"无腹筋构件"的也不在少数。后者中主要包括具有大面积特征的现浇板类构件，如楼盖、屋盖的现浇板，梁板式筏形基础的现浇底板和平板式筏形基础的底板，地下工程的现浇顶板、底板和边墙，以及扩展基础的挑出部分等。这些结构构件之所以采用无腹筋形式，是因为楼盖现浇板单位板宽内的作用剪力较小，只靠混凝土截面抗剪多已足够；而在平板式筏形基础或地下工程的板类构件中，虽然板内作用剪力在有些情况下已相对较大，但设置受剪钢筋的施工难度较大，故也宁愿加大板厚而依然使用无腹筋构件。这些构件在整个结构中所占工程量比重较大，且较为重要，故其受剪设计也必须认真研究并妥善作出规定。

在讨论钢筋混凝土构件的受剪性能及设计方法时，之所以从无腹筋构件入手，一是因为无腹筋构件受剪涉及的因素相对偏少，这样安排讨论更符合循序渐进的认识规律；但更主要的是，从受剪性能研究来看，无腹筋构件的受剪性能是讨论有腹筋构件受剪性能的基础。

工程中的无腹筋受弯构件根据受力状态不同，其受剪设计又可分为以下三种情况。

（1）单向受力的无腹筋受弯构件的受剪承载力设计

属于这类构件的包括楼盖及屋盖的现浇板、各类基础底板以及地下结构顶板和底板中按受力条件属于单向板的所有情况。从受剪角度，这也是无腹筋受弯构件中最简单、最基本的剪切受力状态。到目前为止，各国研究界已对这类受力条件下无腹筋受弯构件的受剪性能做过系列试验研究，根据试验结果已提出了有一定依据的受剪承载力设计方法。需要说明的是，虽然这类构件本身均为板类结构，但为了在试验研究中节约成本，试验所用的都是截面高度相当于板的厚度、而截面宽度不大的梁类构件，即相当于从板类构件中沿受力方向取出的单元板条。

属于这类情况的还包括虽按受力状态属于双向板，但因例如四边由梁或墙支承的板的长边与短边长度比越过 2.0 而以短边方向传力为主的板类构件。这时就可以按全部荷载沿短边方向传递来计算作用剪力，并用单向受力受剪承载力计算方法完成受剪设计。这时，沿长边方向的受剪承载力要求已自然得到满足。

（2）双向受力的无腹筋受弯构件的受剪承载力设计

除上面所述因短边方向传力为主而可以沿短边方向按单向受力无腹筋受弯构件完成受剪承载力设计的双向板类构件外，工程中仍有大量双向板类构件沿长边及短边方向受力相差并不悬殊，即确属需按双向受力考虑的无腹筋受弯构件。从受剪角度这类构件的特殊性在于，一方面，这类构件沿长边和短边方向传力的比例是随荷载的增长而不断变化的，原因是板沿两个方向的弯曲刚度随相应方向非弹性性能的发育而发生的变化并不一定是同步的，因此有一个以什么受力状态和方法确定这两个方向剪力值的问题；另一方面，在这种不断变化的双向受力状态下，板的受剪承载力是否有别于上述单向受力状态，则至今尚未见有国内外的试验研究成果作出过明确判断。在这种背景下，《混凝土结构设计标准》GB/T 50010 至今未对这类构件的受剪承载力设计作出表态。

为了解决工程设计中的这类问题，似可借鉴美国 ACI 318 规范建议的简化做法，即如图 6-10 所示，可认为一块四边支承连续板在承载力极限状态下其底面受拉钢筋在沿图示点画线的部位均已因正弯矩作用而进入屈服后状态，而其上表面受拉钢筋也在板边因负弯矩作用达到屈服。这时，可认为图中所示的两个梯形面积和两个三角形面积上的竖向荷载将分别传到板的对应长边和短边。即例如在板长边一个单元长度 AD 范围内作用的剪力就近似等于面积 ABCD 上作用的竖向荷载。于是，就可用这样求得的剪力在考虑可靠性的条件下用单向受力受剪承载力的计算方法进行板的受剪承载力验算。同时，美国 ACI

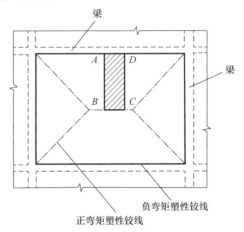

图 6-10　美国 ACI 318 规范建议的沿双向板板边单元长度进行受剪承载力计算的方法

318 规范还要求沿全部板边的受剪能力应不低于该区格的总竖向荷载。

（3）无腹筋受弯构件的受冲切承载力设计

在无腹筋受弯构件中可能发生的另一类剪切受力状态是冲切（punching shear）受力状态。

属于这类受力状态的首先是当在钢筋混凝土单向板或双向板板面上有由设备支座传来的局部荷载作用时，若局部面积上的荷载较大而板厚偏小、混凝土强度偏低，板即有可能在沿局部荷载作用面积周边向板内发育的类似于截锥面的破坏面中（截锥面小头朝上）发生冲切式剪切失效，即将截锥面以内的混凝土向下"冲掉"。另外，在以往常用的由砖砌体外墙和内部多层钢筋混凝土柱和无梁楼板构成的多层混合结构建筑中，若楼盖竖向荷载偏大而板厚偏小、混凝土强度偏低，也有可能在沿柱周边向板内延伸的类似于截锥面的破坏面中（截锥面小头向下）发生冲切式剪切失效。因上述这两类冲切失效都是由轴向力在对称的冲切面中瞬时形成的，故也称"对称冲切失效"。值得一提的是，我国《建筑地基基础设计规范》GB 50007—2011 还要求对结构下面的梁板式筏形基础纵、横梁之间的各双向受力底板区格也要按在地基反力作用下可能沿各区格梁的内边线形成的向上冲切失效进行承载力验算。

在近期使用的钢筋混凝土板柱-剪力墙结构中，由于在各层无梁板与中柱、边柱或角柱的接头处除板上竖向荷载外还同时受由水平荷载引起的在板与柱之间传递的不平衡弯矩作用，从而可能在柱边板内引起沿局部截锥形破裂面的非对称冲切失效。依不平衡弯矩是仅沿结构一个平面主轴方向作用，还是同时沿两个正交平面主轴方向作用，非对称冲切又可分为单轴非对称冲切和双轴非对称冲切两种情况。这种非对称冲切同样会发生在当有轴压力和不平衡弯矩同时由柱或核心筒体传入基础底板或由单个柱传入柱下独立基础时。

在本书下面的第 6.2.2 节到第 6.2.6 节中将首先讨论与无腹筋单向受力受弯构件受剪切承载力有关的问题；再在第 6.2.7 节到 6.2.14 节中讨论与受弯构件受冲切承载力有关的问题。

6.2.2 不同剪跨比单向受力无腹筋受弯构件的三种剪力传递方式和三种对应的剪切失效方式

因工程中使用的无腹筋构件绝大部分为受弯的板类构件，而至今各国研究界完成的无腹筋构件受剪性能试验也都是按受弯条件实现的，因此下面的讨论和我国《混凝土结构设计标准》GB/T 50010—2010(2024 年版)针对无腹筋构件给出的受剪设计规定都只限于受弯构件。对于地下结构中可能遇到的偏心受压状态下的无腹筋壁式构件的受剪设计则有待进一步作出规定。

已有试验研究结果表明，剪跨比是无腹筋受弯构件受剪性能的最主要影响因素。随着剪跨比的变化，无腹筋受弯构件会形成三种完全不同的剪力传递机构和剪切失效方式，并导致构件受剪承载力的大幅度变化。故本节将首先结合试验结果对剪跨比的影响进行讨论，其他因素的影响则放在下一节讨论。

能够以形象化方式展示不同剪跨比下发生的三种剪力传递方式和对应失效方式的系列试验结果，当推由德国斯图加特（Stuttgart）工业大学 F. Leonhardt 等和我国清华大学王传志等在 20 世纪 70 年代前后用跨度不同的无腹筋矩形截面受弯构件系列分别完成的两组受剪性能试验。其试验结束后各构件的外观分别如图 6-11 和图 6-12 所示。每个试验系列当时均约定除跨度不同，即剪跨比不同外，其余条件（截面尺寸、纵筋数量、混凝土强度等级和钢筋品种）均相同。只是德国试验使用离得很近的两个集中荷载加载，我国试验则采用单点集中荷载加载。

需要说明的是，由于试验目的是使不同剪跨比下的构件均发生剪切失效，而又约定一个试验系列中各构件的纵筋配置数量相同，因此，在确定所用纵筋数量时，就要使其形成的抗弯能力在任何剪跨比条件下均不低于相应构件发生剪切失效时在跨中截面形成的最大弯矩。当然，这样设计试验构件的不足之处在于，这个试验系列中不同构件的受弯能力相对于其受剪能力所留的裕量就将大小不一，并由此导致纵筋销栓效应被人为增大的幅度不同，以及由此而引起的受剪能力被人为增大的幅度也不相等。

下面分别对不同剪跨比条件下形成的三类剪力传递方式和对应的三种剪切失效方式作简要说明。

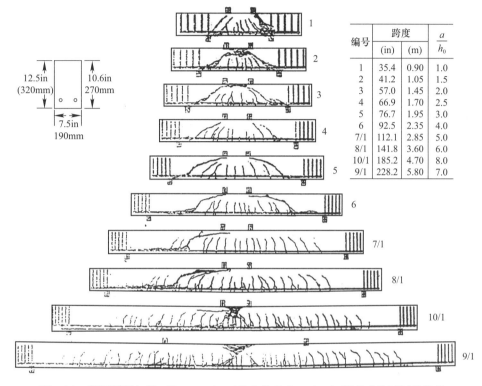

编号	跨度		$\dfrac{a}{h_0}$
	(in)	(m)	
1	35.4	0.90	1.0
2	41.2	1.05	1.5
3	57.0	1.45	2.0
4	66.9	1.70	2.5
5	76.7	1.95	3.0
6	92.5	2.35	4.0
7/1	112.1	2.85	5.0
8/1	141.8	3.60	6.0
10/1	185.2	4.70	8.0
9/1	228.2	5.80	7.0

12.5in (320mm) 10.6in 270mm 7.5in 190mm

图 6-11　德国斯图加特（Stuttgart）工业大学 F. Leonhardt 等完成的不同剪跨比无腹筋矩形截面梁的抗剪性能系列试验结果

1. 小剪跨比单向受力无腹筋受弯构件的斜压型传力机构及斜压型剪切失效

当无腹筋受弯构件的剪跨比 a/h_0 大约未超过 1.25 时，即在图 6-11 的试件 1 和图 6-12 中剪跨比分别为 0.57、0.85 和 1.10 的前三个构件所处的条件下，因集中荷载与相应一侧构件支座之间的水平距离很小，根据梁混凝土内形成的主应力场，集中荷载将通过其作用部位与构件支座之间混凝土中的主压应力直接以最短路径传入构件的左、右支座。这也是符合最小能量原理的传力方式。较高的混凝土主压应力分布在从集中荷载作用处到支座之间一个宽度不大的条带范围内。沿该条带宽度方向，中间部分主压应力更大，越向两侧越小。在图 6-13（a）、（b）中给出了在剪跨比不同的两个构件中形成的剪力传递模型。其中，用点雾示意性表示的斜向主拱肋即为上述混凝土中的斜向高主压应力区。图 6-13（b）中沿试件上边缘形成的一段水平拱肋也就是跨中正截面的混凝土受压区，由纵筋形成的水平拉杆则保证了支承在可动铰支座上的左、右主拱肋斜向压力水平分量的平衡。

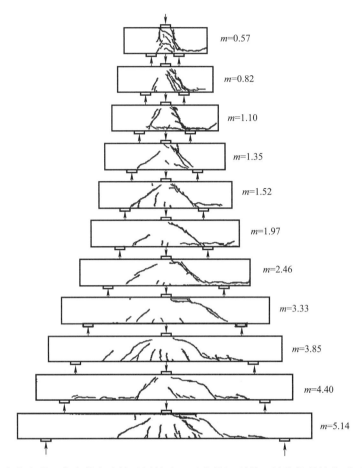

图 6-12　清华大学王传志等完成的不同剪跨比无腹筋矩形截面梁的抗剪性能系列试验结果
（图中 m 为计算剪跨比）

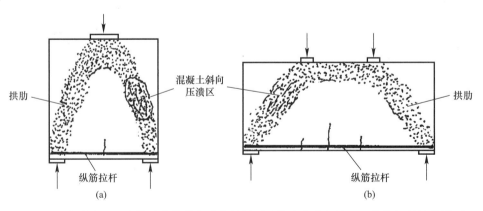

图 6-13　小跨高比无腹筋受弯构件内形成的斜压型剪力传递机构——带拉杆折线拱模型

　　以上形成的剪力传递模型可称为带拉杆的折线拱模型。随着构件作用荷载的增大，若能保证集中荷载作用的构件顶面部位和构件底面支反力作用部位的混凝土不发生局部受压失效，构件就会最终因斜向主拱肋内的主压应力超过混凝土的抗压强度，引发该部位混凝土的压碎而失效；通常称这种失效为斜压型剪切失效。在图 6-13（a）、（b）中分别示意性地画出了混凝土可能斜向压溃的部位。由于这类失效由混凝土的相对较高的抗压强度控制，故其实测受剪承载力是该试验系列中各类剪跨比条件下相对最高的。

在发生斜压型剪切失效时，构件跨中受拉区混凝土也可能开裂，但剪力区段内除混凝土压溃区可能出现的沿主压应力方向的劈裂裂缝外，通常不会出现弯剪型或腹剪型斜裂缝。

斜压型剪切失效因由混凝土压碎控制，故属于非延性失效。

2. 中等剪跨比单向受力无腹筋受弯构件的剪力传递方式及剪压型剪切失效

中等剪跨比大致相当于图 6-11 中试件 2、3、4 和图 6-12 中第 5、6、7 个试件所处的状态，即剪跨比 a/h_0 处在大约 $1.25\sim2.5$ 之间的状态。当剪跨比值增大到这一范围时，因在构件剪弯区段内主拉应力效应的增长，构件会如图 6-11 和图 6-12 中相应试验结果所示，随荷载增长先在跨中受拉区形成少数垂直裂缝，再在剪弯区段形成指向集中荷载作用点的一二条弯剪斜裂缝。在荷载进一步增大过程中，除上述已形成的各条裂缝加宽和略有延伸外，整个开裂格局将一直维持到发生剪压型剪切失效而不发生明显变化。

美国 D. Watstein 在 20 世纪 50 年代完成的此类剪跨比无腹筋矩形截面梁的试验实测结果，对判断这类构件内形成的剪力传递机构起了重要作用。如图 6-14 所示，该试验在一根无腹筋梁可能形成斜裂缝的区段内相距不远的两个竖向截面处从上到下在构件表面以一定距离各贴了 4 片水平应变片，并成功记录了这 8 个应变片在荷载增长过程中的应变变化。从图 6-14(b)、(c) 所示的这两个竖直截面（截面Ⅰ、Ⅱ）各 4 个应变片的实测应变变化可以看出，在图示的第 25 级荷载之前，即两条斜裂缝出现之前，这两个截面中的水平应变是由弯曲效应控制的，即应变分布基本符合平截面假定。但在两条斜裂缝形成之后，截面Ⅰ处下面 3 个应变片和截面Ⅱ处上面 2 个应变片的压应变就变成随后续荷载的增大以较大幅度持续增长，直到第 60 级荷载下构件剪切失效为止。而截面Ⅱ处下面 2 个处在两条斜裂缝之间的水平应变片中的应变也都在斜裂缝形成后转变为压应变，但压应变随荷载的增长幅度远不及上述其他 5 个应变片，且在加载中后期压应变的增幅已变得很小。从这些实测混凝土水平应变可以判断出，截面Ⅰ处下面 3 个应变片和截面Ⅱ处上面 2 个应变片恰好都位于图 6-15 所示的同一构件中用点雾表示的位于集中荷载传入区和构件支座之间的主拱肋之内。这些应变片的压应变随斜裂缝形成后荷载的进一步增长而持续明显增大，恰好说明该主拱肋在斜裂缝形成后所起的传递剪力的主导作用。而截面Ⅱ处下面 2 个应变片在斜裂缝形成后所受的压应变以及该压应变随荷载增大的相对较慢增长，则证明这 2 个应变片所处的两条斜裂缝之间的混凝土也已处在斜向压应力作用下，只不过因压应力倾角偏大，导致应变片中测得的水平压应变分量偏小。这意味着，处在两条斜裂缝之间的混凝土带，如图 6-15 中同样用点雾所表示的，也已形成了另一个可以参与传递作用剪力的次拱肋。只不过次拱肋要能参与承担作用剪力，它所受到的斜向压力就必须找到自己的支反力；而这种支反力只能由主、次拱肋之间斜裂缝两侧界面不平整表面之间沿斜裂缝走向的机械咬合阻力，即骨料咬合效应，以及与该斜裂缝相交的纵筋发挥的销栓效应来提供。于是，当图 6-14(a) 所示的两条弯剪斜裂缝形成之后，构件内的剪力传递机构就成为如图 6-15 所示，有较大一部分作用剪力直接传入主拱肋，并经主拱肋直接传入构件支座；而所余剪力则传入次拱肋；这部分剪力再经主、次拱肋之间斜裂缝中的骨料咬合效应和纵筋的销栓效应传入主拱肋，再经主拱肋传入支座。这种传力机构可称为"多拱肋拉杆拱"传力机构。

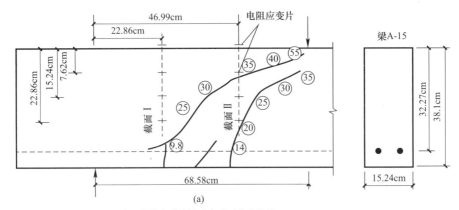

圆圈内的数值为裂缝被观察到时的荷载值(×0.453t)

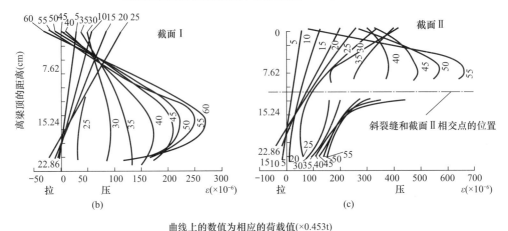

曲线上的数值为相应的荷载值(×0.453t)

图 6-14　D. Watstein 完成的对一根中等剪跨比无腹筋矩形截面梁剪-弯区段
混凝土表面水平应变的实测结果

图 6-16 给出了沿一条斜裂缝的骨料咬合效应的示意。从中可以看出，当斜裂缝两侧混凝土产生相互剪切错动时，左、右界面突起部分之间因相互"卡住"而形成了机械咬合阻力，即骨料咬合效应。

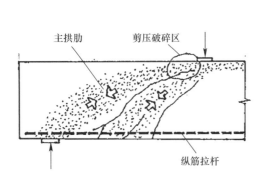

图 6-15　图 6-14 所示中等剪跨比
无腹筋受弯构件在弯剪斜裂缝出现后
形成的多拱肋拉杆拱剪力传递机构

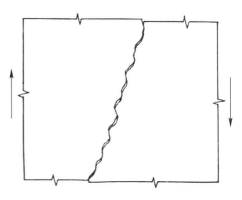

图 6-16　沿混凝土内斜裂缝界面
形成的骨料咬合效应

在图 6-17 中则给出了与斜裂缝相交的纵筋在斜裂缝两侧混凝土产生剪切错动时，因被混凝土强迫在局部长度内形成一次正、反向弯折而提供的对剪切错动的抗力，即纵筋的销栓效应。从图中可以看出，在图示受剪状态下，变形后的纵筋在左侧将压迫其下面的表层混凝土，并导致这部分表层混凝土的撕裂。这也是构件受剪充分时沿纵筋形成撕裂裂缝的主要原因（参见图 6-11 和图 6-12中不少剪跨比为中等或较小的构件中形成的沿纵筋的撕裂裂缝）。撕裂裂缝形成后，会

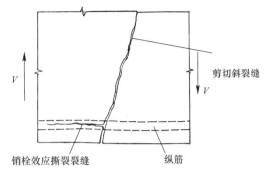

图 6-17　与斜裂缝相交的纵筋在沿斜裂缝出现的剪切错动下形成的销栓效应

使纵筋对剪切变形的抗力得到释放，从而明显降低销栓效应。纵筋在斜裂缝右侧则向上压迫混凝土，这通常不会引起明显的不利后果。因此，纵筋在某条斜裂缝处发挥的销栓效应大小更多地取决于其在图 6-17 所示斜裂缝左侧所处的周边状态。

在图 6-14(a) 和图 6-15 所示的构件剪弯区段内，随着荷载增大，斜裂缝宽度也随之增大，导致主、次拱肋之间的骨料咬合效应相应退化，而从斜裂缝处朝支座方向沿纵筋形成的撕裂裂缝也使纵筋销栓效应明显退化，这导致次拱肋能够承担的剪力份额相应下降，剪力只能向主拱肋集中。因主拱肋越向顶部截面越小，最终导致主拱肋顶部靠近集中荷载传入部位的处在由压力和剪力引起的一向受压另一向受拉的二维受力状态下的混凝土发生破碎，使构件最后失去受剪能力。通常称这种失效方式为剪压型剪切失效。因失效由混凝土在一向受拉另一向受压的二维受力状态下的强度控制，故也是非延性的。

随着构件剪跨比的再进一步增大，主拱肋的坡度会越来越小，集中荷载传入部位附近的主拱肋截面也会越来越小，导致无腹筋受弯构件的受剪承载力在预期发生剪压型剪切失效的剪跨比范围内会随剪跨比的增大而较迅速减小。

3. 大剪跨比单向受力无腹筋受弯构件的斜拉型剪切失效

从图 6-11 中的试件 7/1 和 8/1 以及图 6-12 中的第 8~11 个试件可以看出，当构件的剪跨比大于大约 2.5 后，随着荷载的增大，构件内仍是先形成跨度中部的弯曲裂缝；随后，只要有一侧剪弯区段混凝土的主拉应变达到了其开裂应变，就会迅速大致沿主压应力迹线的走势出现一条斜拉裂缝。该裂缝呈弧形弯曲，其上端通常将一直伸到构件上表面附近（甚至有时超过集中荷载作用点）；其下端则与沿纵筋向支座延伸的水平撕裂裂缝相汇合。由于这条裂缝已将构件截面裂穿，已无法形成中等剪跨比处的主、次拱肋，故构件在这条裂缝形成后会瞬间丧失受剪能力，即发生脆断式的斜拉型剪切失效。这种失效自然更是非延性的。

从上述这些发生了斜拉型剪切失效的构件外观可以确认，只要构件剪跨比大约超过2.5，则受构件剪弯区段主应力（应变）场控制，发生斜拉破坏的主斜裂缝与集中荷载作用点的相对位置以及主斜裂缝的形状和走向就始终变化不大。这导致斜拉破坏时已经降得比较低的构件受剪承载力的数值随剪跨比的变化反而不很明显。

图 6-11 中试件 10/1 和 9/1 因剪跨比过大，构件跨中达到受弯承载力时其余部位的剪力过小，导致连受剪承载力很低的斜拉型剪切失效都无法发生，故这两个试件发生的都是

跨中正截面的弯曲破坏。

6.2.3　单向受力无腹筋受弯构件受剪承载力值随剪跨比的变化规律

从以上对无腹筋受弯构件系列试验结果的描述中可以看出，要量化这类构件受剪承载力随剪跨比的变化规律，实际上要涉及两个问题，即首先是什么情况下构件发生弯曲失效，什么情况下发生剪切失效（这涉及量化的受弯承载力和受剪承载力的相对关系）；然后才是在发生剪切失效的情况下受剪承载力随剪跨比如何变化。早在 20 世纪 70 年代，欧洲研究界就例如用图 6-18(a)、(b) 中的两种方式来尝试归纳以上两项量化结果的趋势性规律。

在图 6-18(a) 中，取系列试验构件所获得的受剪承载力 V_u 为纵坐标，取剪跨比 λ 为横坐标，则无腹筋受弯构件受剪承载力随剪跨比变化的趋势（各构件的其他截面参数及加载方式保持不变）即如图中实线曲线所示。该曲线的主要特点是：

（1）当剪跨比偏小时（曲线的 ab 段），剪切失效以斜压型方式发生，其受剪承载力 V_u 是各类剪跨比条件下（或各类剪切失效方式下）最高的。在发生这类失效的不大的剪跨比范围内，受剪承载力会随剪跨比的增大略有下降，理由已如前述。

（2）随剪跨比的进一步增大，构件将变为发生剪压型失效（曲线 bc 段）。在这个区间内，构件受剪承载力随剪跨比增大下降迅速，理由已如前述。

（3）当剪跨比更大时，构件变为发生斜拉型剪切失效（曲线 cd 段）。此时，受剪承载力虽已很低，但因如图 6-11 和图 6-12 中相应构件外观所示，斜拉裂缝形成的格局变化不大，故构件受剪能力值反而相对较为稳定。

若想进一步了解当在图 6-11 和图 6-12 所示的试验系列中按照约定赋予了每个剪跨比大小不同的试件以统一的抗弯能力 M_u 时，这种抗弯能力在剪跨比不同的试件中与抗剪能力充分发挥时相比尚有多少抗弯裕量，则可采取以下两种途径，即或者以剪力为对比量，或者以弯矩为对比量来进行考察。

当以剪力为对比量时，如图 6-18(a) 所示，只需在图内坐标系中进一步画出 V_{mu} 的变化曲线。这里的 V_{mu} 为与潜在抗弯能力 M_u 对应的构件剪弯区段的剪力，可用下式算得：

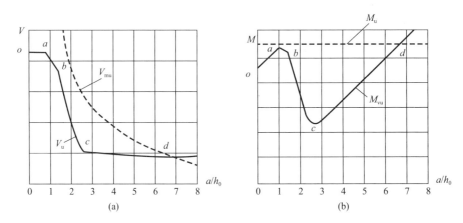

图 6-18　表示无腹筋构件试验系列中受弯承载力与受剪承载力关系及
受剪承载力随剪跨比变化规律的两种方式

$$V_{mu} = \frac{M_u}{a} \tag{6-6}$$

式中，a 为剪跨，其定义如前面图 6-6 所示。而 V_{mu} 随剪跨比的变化趋势即如图 6-18(a) 中虚线曲线所示。

从图 6-18 中实线曲线和虚线曲线的对应关系可以看出，当在剪跨比很小，即受剪承载力很大，只留下必要的不大的受弯能力裕量以避免发生构件弯曲失效时，随着剪跨比的增大，受弯能力潜力将逐步增大，直到在从剪压型剪切失效向斜拉型剪切失效过渡的 c 点处这一潜力达到最大；随后，受弯能力潜力又变为随剪跨比增大而减小；到剪跨比很大时，受弯能力甚至又有可能低于受剪能力，这也就是图 6-11 中试件 9/1 和 10/1 发生弯曲失效的原因。

若改用弯矩为对比量，则如图 6-18(b) 所示，赋予各试件的不变受弯能力 M_u 即可用图中的水平虚线表示；而与各种剪跨比试件受剪承载力 V_u 对应的 M_{vu} 则可由下式算得。

$$M_{vu} = V_u a \tag{6-7}$$

这时，M_{vu} 随剪跨比的变化即可用图中实线曲线表示。从图中可以看出，M_u 与 M_{vu} 的差距随剪跨比的变化规律与图 6-18(a) 中 V_{mu} 与 V_u 的差距随剪跨比的变化规律是相互呼应的。

随着各国无腹筋受弯构件试验结果的积累，有关单位完成了对已经获得的无腹筋受弯构件受剪承载力与剪跨比之间关系试验结果的收集整理。例如，在《混凝土结构设计规范》1989 年版修订准备阶段，就由施岚青主持收集了国内外完成的 143 根受均布荷载作用的无腹筋受弯构件的有效试验结果（图 6-19）和 293 根受集中荷载作用的无腹筋受弯构件的有效试验结果（图 6-20）。对这两个图中整理出的试验结果需要说明的是：

（1）为了便于统一表达，试验结果的纵坐标均取为相对受剪能力 $V_u/(f_c b h_0)$；因当时尚未将受剪承载力改用混凝土抗拉强度 f_t 表达，故相对受剪能力中使用的仍是当时作为受剪承载力表达式中混凝土强度指标的轴心抗压强度 f_c。

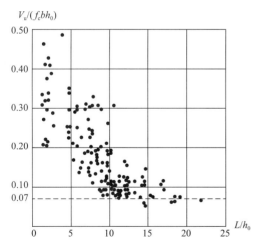

图 6-19　20 世纪 80 年代《混凝土结构设计规范》修订组收集到的 143 个受均布荷载作用的无腹筋矩形截面简支梁的实测受剪承载力与构件跨高比之间的关系

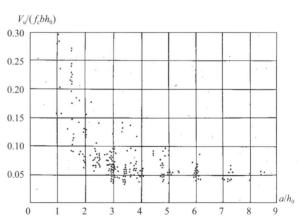

图 6-20　20 世纪 80 年代《混凝土结构设计规范》修订组收集到的 293 个受集中荷载作用的无腹筋矩形截面简支梁的实测受剪承载力与构件剪跨比之间的关系

（2）在试验中，均布荷载是用数量足够多的（8个以上）等值集中荷载来实现的。由于在均布荷载作用的构件内与构件受剪承载力对应的剪跨比本应取为用破坏斜裂缝顶端对应正截面中弯矩和剪力算得的广义剪跨比，但因不同构件内破坏斜裂缝出现的位置具有明显随机性，而并非每个试验结果中都准确提供了破坏斜裂缝的位置，故最后只能裁定用构件跨高比 L/h（L 为简支构件计算跨度）取代剪跨比作为受均布荷载构件试验结果的横坐标参数。

从图 6-19 和图 6-20 可以清楚地看到，无腹筋构件受剪承载力的试验结果离散性较大，但总体趋势是受剪承载力随构件跨高比或剪跨比的增大较迅速下降，这与图 6-18(a) 中早期研究者得出的趋势是一致的，其中主要反映的是剪力传递方式和剪切失效方式的变化给受剪能力带来的影响，这里不再重复说明。

进入 21 世纪后，各国钢筋混凝土受剪性能研究界对以往试验结果的收集更为重视，并尝试建立了抗剪试验结果数据库。其中，例如有美国伊利诺伊（Illionis）大学（UIUC）D. A. Kuchma 建立的数据库（http：//www.ce.uiuc.edu/kucham/sheardatabank），以及德国斯图加特（Stuttgart）技术大学的 K. H. Reineck 和美国 D. A. Kuchma 随后联合筹建的 Evaluation Shear Data Bank（ESDB）。在这两个数据库中均未包括我国完成的至今尚未用英文发表或交流的数百个抗剪性能试验数据。

在图 6-21 中给出了 Kuchma 和 Reineck 利用他们的 ESDB 数据库中经过严格筛选留下来的 439 个受集中荷载作用的无腹筋简支矩形截面构件的试验结果给出的受剪承载力相对值 $V_u/(f_c bh_0)$ 随剪跨比 a/h_0 变化的情况。在图 6-22 中还给出了重庆大学张川利用其经过严格筛选的数据库给出的同类构件 $V_u/(f_c bh_0)$-a/h_0 关系（其中包括到 21 世纪初期为止的 480 个国内外无腹筋构件的试验结果）。

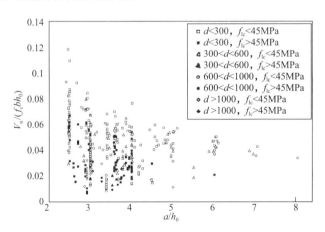

图 6-21　根据 ESDB 数据库给出的受集中荷载作用的无腹筋构件的 $V_u/(f_c bh_0)$-a/h_0 关系
（图中 d 为试件截面有效高度，单位为 mm；f_{1c} 为由试件实测混凝土抗压强度经约定规律换算得到的混凝土棱柱体抗压强度实测值）

对比图 6-20 的较早期收集的试验结果和图 6-21 及图 6-22 的近期结果，可以发现其中主要的区别在于，当剪跨比在大约 2.0～4.5 的范围内，即大致相当于剪压型失效向斜拉型失效过渡的区域内，新统计结果增加了不少比前面图 6-20 中更低的承载力试验数据。进一步分析发现，这些更低的试验数据中大部分为混凝土强度偏高构件的试验结果；而且发现，若将这些试验结果的相对受剪承载力改为用混凝土的抗拉强度 f_t 表达，即纵坐标改为 $V_u/(f_t bh_0)$，则天津大学康谷贻、王铁成做出的受集中荷载作用的无腹筋钢筋混凝土受弯构件的 $V_u/(f_t bh_0)$ 随剪跨比 λ 的变化即如图 6-23 所示。若将此图与图 6-21 和图 6-22 进行比较，则可看出用 f_t 取代 f_c 来表达相对受剪能力，能使混凝土强度相对较高试件的试验结果相应上移，从而导致试验结果的离散性变小，这说明使用混凝土抗拉强度能更好地反映受剪强度随混凝土强度等级的变化规律。进一步讨论请见下面第 6.2.5 节。

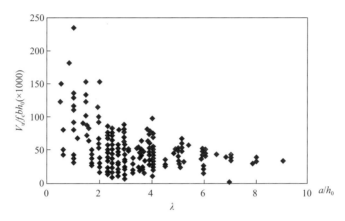

图 6-22 根据重庆大学张川数据库给出的受集中荷载作用的无腹筋构件的 $V_u/(f_c bh_0)$-a/h_0 关系

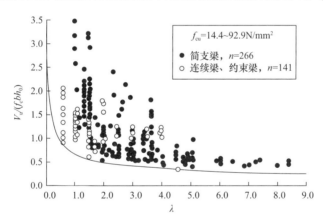

图 6-23 天津大学康谷贻、王铁成给出的受集中荷载作用的
受弯构件的 $V_u/(f_t bh_0)$ 随剪跨比 λ 的变化规律

6.2.4 影响无腹筋单向受力受弯构件受剪承载力的其他因素

除去以上讨论的剪跨比这一影响无腹筋构件受剪承载力的主导因素外，根据近年来的试验研究结果，还有两个因素的影响也需要考虑，现分述如下。

1. 构件截面高度的额外影响

早期试验使用的无腹筋受弯构件的截面高度多在 300mm 上下。随着经济条件和试验装置加载能力的改善，试验构件的截面高度也增大到例如 500～600mm 左右。而在此期间各国工程中实际应用的无腹筋受弯构件，如板式桥梁的桥板、地下通道的顶板和底板以及筏形基础的底板等，其截面高度（即板厚）不少已超过 1m，有些甚至已达 2m 以上。到

21 世纪初，一些研究单位已经开始关注截面高度的增大会对用此前设计方法表达的无腹筋受弯构件的受剪承载力带来什么影响，并从 2004 年开始用截面高度在 1m 以上的无腹筋梁式受弯构件（相当于从厚板中沿受力方向切割出的一个单元条带）进行第一批试验。而在此期间，恰好发生了 2006 年加拿大魁北克省 Laval 市一幢 12 层的公共建筑底部的承担有上部结构重量的地下通道 1.25m 厚的无腹筋钢筋混凝土顶板因剪切破坏导致的突然垮塌（无预告，5 死 7 伤），更进一步引起了研究界和工程界对大厚度无腹筋构件抗剪性能的关注，并投资完成了更多的大截面高度无腹筋构件的抗剪性能试验。作为示例，在图 6-24 中给出了加拿大多伦多大学 M. P. Collins 团队完成的一根截面有效高度为 1.4m、剪跨比

为 2.86 的无腹筋构件试验后的外观（试件发生斜拉型剪切破坏）。

经对已有的包括大截面高度构件的无腹筋受弯构件试验结果进行分析后发现，虽然在以往的试验结果分析和无腹筋构件受剪承载力表达式中已通过相对抗剪能力 $V_u/(f_c bh_0)$ 中所包含的 h_0 项以一次项的形式反映了截面高度对受剪承载力的影响，但这样的表达方式仍显不足，看来需要另行增加额外考虑截面高度影响的手段。而且，加拿大研究界发现，加拿大国家标准引用的美国 ACI 318 规范到 20 世纪 90 年代使用的无腹筋受弯构件受剪承载力表

图 6-24　加拿大多伦多大学在 21 世纪
第一个 10 年内完成的一根大截面高度
无腹筋梁抗剪试验后（斜拉型失效）的外观

达式可能还不足以准确、安全地表达大截面高度受弯构件的抗剪能力。在图 6-25 中给出了用近期 ESDB 数据库的数据得出的相对抗剪能力 $V_u/(f_c bh_0)$ 与构件截面有效高度 h_0 之间的关系。从中可以看出，随着 h_0 的增大，$V_u/(f_c bh_0)$ 项确有逐步下降的总体趋势。也就是说，只通过 $V_u/(f_c bh_0)$ 中的 h_0 来反映截面高度对无腹筋受弯构件抗剪能力的影响确实是不够的。

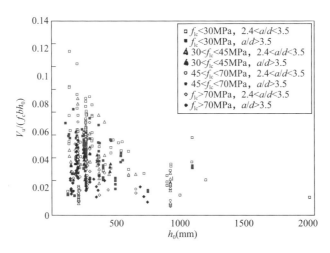

图 6-25　按 ESDB 数据库试验数据给出的 $V_u/(f_c bh_0)$ 与 h_0 的关系

（图中 a 为剪跨，其余技术符号同图 6-21）

此外，研究界对构件截面高度的增长导致其相对受剪承载力 $V_u/(f_cbh_0)$ 下降的原因也给出了初步解释。例如，加拿大研究界指出，试验观测证实，随着试验构件截面高度增大，同一受力阶段的斜裂缝宽度也相应加大。斜裂缝宽度加大有两方面原因，一个是截面高度增大后基于几何比例的放大，另一个是截面高度大的构件在截面高度中部的裂缝根数较构件底边进一步减少，这意味着裂缝间距的增大和裂缝宽度的相应加大。在图 6-26 中给出了加拿大多伦多大学试验的一个截面高度较大的构件上所看到的具有以上特点的裂缝分布。其中，试验人员所指的就是裂缝根数减少和裂缝间距相应增大的部位。由于裂缝加宽后骨料咬合效应随之退化，从而导致受剪承载力的相对减弱。

图 6-26 加拿大多伦多大学 1.5m 高构件试验中途观察到的构件表面裂缝分布特征

还有人认为，构件截面高度的增长会导致沿受拉纵筋撕裂裂缝发育更加充分，从而也会导致受剪承载力的降低。

2. 纵向钢筋配筋率的影响

从早期无腹筋构件试验结果中就已发现，增大纵筋数量对构件相对受剪承载力会形成有利影响。近年来，Reineck 和 Kuchma 又利用他们在 ESDB 数据库中收集的试验结果给出了图 6-27 所示的相对受剪承载力 $V_u/(f_cbh_0)$ 与纵筋配筋率 ρ 之间的关系。从该图所示的总体趋势看，在 $\rho=3\%$ 以下，纵筋配筋率 ρ 的增大对 $V_u/(f_cbh_0)$ 的加大效应还是看得出来的；但在 $\rho=3\%$ 以上，则难以得出纵筋配筋率的提高对 $V_u/(f_cbh_0)$ 仍有积极效益的结论。

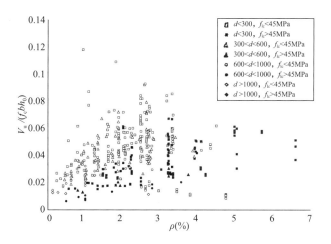

图 6-27 根据 ESDB 数据库收集的试验数据给出的 $V_u/(f_cbh_0)$ 与 ρ 的关系趋势
（图中技术符号含义同图 6-21）

由于在图 6-27 中未对构件剪跨比作出区分，故从中看不出纵筋配筋率 ρ 对剪跨比不同构件的 $V_u/(f_cbh_0)$ 值的影响有什么差别。这应是一项今后可以进一步完成的分析识别工作。

我国也曾有研究者根据较早的试验结果对 $V_u/(f_c b h_0)$ 与 ρ 的关系做过考察。当时得出的结论是，当构件剪跨比偏小而发生斜压型剪切失效时，因混凝土斜向压溃区左右构件区段仍会发生上下剪切错动，故纵筋销栓效应仍会起作用。这时，ρ 的增大会使受剪承载力出现可以察觉的提高。但当剪跨比更大，构件发生剪压型或特别是斜拉型剪切失效时，因多数构件会在临近失效时形成沿纵筋的撕裂裂缝，使纵筋销栓效应明显退化，故 ρ 的增大对受剪承载力的有利影响也将明显弱化。

6.2.5 我国设计标准对单向受力无腹筋受弯构件受剪承载力计算方法的规定

在我国 1989 年版和更早版本的《钢筋混凝土结构设计规范》中，并未单独给出单向受力无腹筋受弯构件受剪承载力的专用表达式。这是因为，一方面当时单列这类表达式的工程需要尚不迫切；另一方面当时的研究界认为，只要把有腹筋受弯构件受剪承载力表达式中的腹筋项取为零，余下的混凝土项体现的就是单向受力无腹筋受弯构件的受剪承载力。这种思路当时也称为从无腹筋状态到有腹筋状态受剪承载力表达的连续过渡思路。

但随着工程实践的进展，特别是厚度越来越大的无腹筋板类构件在桥梁结构和高层建筑筏形基础底板及地下结构中的应用，以及更多相应试验研究成果的积累，发现无腹筋受弯构件不论从工程需要方面还是受力状态方面都有不同于有腹筋构件的需要考虑和处理的问题，故有必要将无腹筋单向受力受弯构件的受剪承载力表达式从有腹筋构件表达式中分出单列。在这种背景下，2002 年版的《混凝土结构设计规范》GB 50010—2002 就与一些国外规范同步，单独给出了无腹筋单向受力板类构件受剪承载力的表达式，并一直使用至今。这也意味着，规范专家组放弃了从无腹筋状态到有腹筋状态受剪承载力表达连续过渡的思路，即在选择有腹筋构件受剪承载力表达式中混凝土项的表达方式时，可以不再顾及与无腹筋状态的衔接。

下面引出《混凝土结构设计标准》GB/T 50010—2010(2024 年版) 第 6.3.3 条的条文规定。

6.3.3 不配置箍筋和弯起钢筋的一般板类受弯构件，其斜截面受剪承载力应符合下列规定：

$$V \leqslant 0.7\beta_h f_t b h_0 \tag{6.3.3-1}$$

$$\beta_h = \left(\frac{800}{h_0}\right)^{1/4} \tag{6.3.3-2}$$

式中 β_h——截面高度影响系数：当 h_0 小于 800mm 时，取 800mm；当 h_0 大于 2000mm 时，取 2000mm。

对以上条文规定拟作下列提示：

(1) 该标准在这一条的条文说明中明确指出，条文中的"一般板类受弯构件"主要指"受均布荷载作用下的单向板和双向板需按单向板计算的构件"。可以认为这一解释有两重含义，一是确认"一般板类受弯构件"也就是本书在第 6.2 节开始处将无腹筋受弯构件抗剪设计状态分为三类时所指的第一类状态，即单向受力无腹筋受弯构件的剪切。二是明确了本条给出的受剪承载力计算公式针对的是均布荷载作用下的单向板类构件。这一方面是与这一条所对应的工程应用状况相呼应，即例如当楼盖上有较大的作用位置稳定的集中荷载作用时，一般设计都会另外设梁或暗梁来承担此类集中荷载；而按"弹性地基梁"理论确定的筏形基础底板下的地基反力虽然并非均布，但不均匀分布反力在底板内引起的各类内力的变化规律还是与均布反力作用下相近的。而另一方面，若将设计标准式（6.3.3-1）

的主体部分，即 $V_u = 0.7f_t bh_0$。与例如前面图 6-19 所统计的受均布荷载构件的试验结果进行对比，也可看出公式主体部分反映的确是所统计试验结果的偏下限水准。

（2）如前面第 6.2.3 节已经指出的，单向受力无腹筋受弯构件的受剪承载力还具有在截面高度（板厚）过大时从规范式（6.3.3-1）的主体部分 $V_u = 0.7f_t bh_0$ 基础上进一步降低和随纵筋配筋率的增大从主体部分基础上进一步增高的特点。2002 年版规范修订专家组考虑了上述两项特点，决定根据第一项特点以当时收集到的较大截面高度试件的试验结果为依据，给出 2002 年版规范式（7.5.3-2）的系数 β_h 表达式，对截面高度超过 800mm 的单向受力无腹筋受弯构件受剪承载力计算公式的主体部分进行折减。考虑到纵筋配筋率的增大对受剪承载力表达式主体部分发挥的是有利作用，故从偏安全角度决定忽略这项影响。这样做还因为专家组当时得到的信息是，只在纵筋配筋率大于 1.5% 后，其有利影响方才显现，而实际工程中能达到如此高纵筋配筋率的构件并不多见。

（3）当时收集到的试验结果截面高度均未超过 2000mm，故规范规定，其式（6.3.3-1）和式（6.3.3-2）的适用范围只到高度为 2000mm。为了弥补截面高度（板厚）超过 2000mm 后无设计方法可循的缺口，规范根据北京市建筑设计研究院等单位的设计经验给出了第 9.1.9 条的新增规定，即认为在底板厚度中部加设规范规定的附加水平钢筋网后，能够适度提高截面高度超过 2000mm 的无腹筋现浇板的抗剪能力，从而弥补此时因未给出表达 β_h 取值可能进一步下降的相应规定而形成的缺口。

《混凝土结构设计标准》GB/T 50010—2010（2024 年版）第 9.1.9 条的引文如下。

9.1.9 混凝土厚板及卧置于地基上的基础底板，当板的厚度大于 2m 时，除应沿板的上、下表面布置纵、横方向钢筋外，尚宜在板厚度不超过 1m 范围内设置与板面平行的构造钢筋网片，网片钢筋直径不宜小于 12mm，纵横方向的间距不宜大于 300mm。

但要提请结构设计人注意的是，规范第 9.1.9 条规定的做法至今未见试验验证。

6.2.6 受剪承载力表达式中混凝土强度指标的调整

《混凝土结构设计规范》GB 50010 自 2002 年版起已把构件的受剪承载力中的混凝土项由用混凝土轴心抗压强度 f_c 表达改为用混凝土轴心抗拉强度 f_t 表达。这是因为在整理受剪承载力计算公式与已有试验结果关系时发现，用规范以往使用的由 f_c 表达的受剪承载力计算公式算得的结果在混凝土强度偏高时会高估构件的受剪承载力；而在改用轴心抗拉强度 f_t 表达后，因 f_t 随混凝土强度等级变化的规律与 f_c 随强度等级变化的规律不同（见例如本书的图 1-103 和图 1-104），计算结果与试验结果的对应关系会在使用不同等级混凝土时更趋均匀。在前面第 6.2.2 节结尾处，通过对比图 6-21、图 6-22 与图 6-23，已经清楚看到将受剪承载力表达式从用 f_c 表达改为用 f_t 表达所取得的更为合适的效果。

规范管理组约定，在将受剪承载力改用 f_t 表达时，对各混凝土强度等级均统一使用简化的 $f_c \approx 10f_t$ 的换算关系，即例如原规范的表达式 $V_u = 0.07f_c bh_0$ 在改写后就成为 $V_u = 0.7f_t bh_0$。用 f_t 表达受剪承载力更为合理的事实也从一个侧面说明，在对无腹筋构件和下面将要讨论的有腹筋构件受剪承载力起控制作用的各类失效方式中，如无腹筋构件的剪压失效方式和斜拉失效方式，以及有腹筋构件的剪压失效方式中，混凝土对于抗剪能力的贡献大小主要是由其抗拉性能控制的。

美国 ACI 318 规范采用 $\sqrt{f_c'}$ 为指标来表达混凝土强度对受剪承载力影响的做法，与我

国规范采用 f_t 作为表达手段的做法具有相似的效果,因为 $\sqrt{f'_c}$ 随混凝土强度等级变化的趋势与 f_t 的相应变化趋势是相近的。这里的 f'_c 为美国规范使用的混凝土圆柱体抗压强度。

6.2.7 可能导致板类构件受冲切失效的受力类型及其实用设计方法的建立思路

如第 6.2 节一开始处已经指出的,工程中无腹筋板类构件常遇到的另一类剪切失效是"冲切失效";其中又可分为"对称冲切失效"和"非对称冲切失效"两种典型受力状态。

对称冲切失效主要指例如板柱体系中由柱支撑的楼盖板或屋盖板在只承受板面竖向荷载(自重及楼面均布活荷载)的情况下,因围绕柱周边板内作用的剪力过大而沿板内环绕柱子的一个近似截锥面发生的剪切失效(冲切破坏面例如形成在图 6-28a 中板下表面的柱边线 $ABCD$ 和板上表面冲切面上缘 $A'B'C'D'$ 线之间,同时见图 6-28c 所示的楼盖板截面中的对应冲切界面),或例如当竖向构件(柱或核心筒)只将竖向力传给板式筏形基础底板时,因底板反力在竖向构件周边底板内引起的作用剪力过大而沿底板内围绕竖向构件的一个近似截锥面发生的剪切失效(冲切破坏面处在例如图 6-28b 中板上表面竖向构件边线 $ABCD$ 和板下表面冲切面下缘 $A'B'C'D'$ 线之间,同时见图 6-28d 所示的基础底板截面中的对应冲切界面),以及在与上述两种情况类似的其他受力条件下沿相应板内截锥面发生的剪切失效,例如受有过大局部竖向荷载作用的单向或双向楼盖板发生在局部荷载区周边截锥面内的剪切失效。这些冲切失效的共同特点是,不论作用剪力还是截锥面都是对竖向构件矩形截面两个平面主轴对称的;而当柱为圆柱时,冲切截锥面则是以柱轴线为轴对称的。

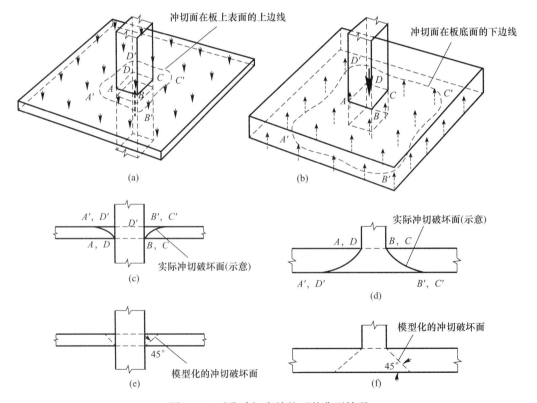

图 6-28　对称冲切失效的两种典型情况

若在已经形成了上述由楼盖或屋盖竖向荷载在柱周边板内引起的对称冲切受力状态的板柱体系中还有由该结构所受竖向及水平荷载引起的单向不平衡弯矩 M_x 在柱和无梁板的接头区传递时（图 6-29a），因该不平衡弯矩将在其作用的一方（图 6-29a 右侧一方）增大对称冲切状态已经引起的作用剪力，即加重已形成的对称冲切效应；而在其作用的另一方（图 6-29a 左侧一方）减小对称冲切状态已经引起的作用剪力，即减轻已形成的对称冲切效应；从而使柱左侧楼盖板在竖向楼面荷载作用下更难发生冲切失效，而柱右侧楼盖板则更容易发生冲切失效，故最终只能在柱右侧楼盖板内发生局部范围的冲切失效，即例如图 6-29（b）所示，冲切失效只发生在从板底面与柱边交接线上局部长度 AB-BC-CD 段与板上表面 A'B'C'D' 线之间的局部非对称冲切截锥面内（亦见图 6-29c 中的柱右侧冲切面）；且非对称冲击发生时的板面均布荷载比对称冲切发生时偏小。这一现象也就是所谓的"单轴非对称冲切"。

当柱端与板面之间的不平衡弯矩值与板面竖向荷载值之间的相对大小发生变化时，所形成的非对称冲切锥面在柱周边所占的范围亦将发生一定变化，但大的格局不变。

当柱端与板面之间的不平衡弯矩改沿图 6-29（a）所示的 y 轴方向作用时，单轴非对称冲切则可能发生在沿 y 轴方向的柱相应一侧。

当柱端与板面之间的不平衡弯矩同时沿 x 轴及 y 轴方向作用时，冲切失效则可能发生在这两个方向的合弯矩使板内剪应力增大的相应柱角方向之外一定范围的局部截锥面内。这一现象即为"双轴非对称冲切"。

同样，当柱或核心筒等竖向结构构件将轴压力与一个沿其截面主轴作用的单向弯矩或同时沿其截面两个主轴作用的弯矩传入基础底板时，也将可能使基础底板发生相应的单轴非对称冲切或双轴非对称冲切。

以上各类冲切失效方式都已通过相应结构部件的对称冲切破坏试验或非对称冲切（单轴或双轴）破坏试验得到证实。由于这些冲切失效方式及其失效机理已与上述单向受力板类构件的受剪失效完全不同，故需建立能反映各类冲切受力规律的相应实用承载力设计方法体系。

虽然在各类建筑结构中绝大多数在承载力极限状态下面临冲切失效风险的结构部位严格来说都处在双向非对称冲切受力状态，但正如本书前面第 4.6 节已经指出的，各国建筑结构设计规范目前对于一般建筑结构都只要求分别沿各平面主轴方向完成单轴受力下的结构设计，因此，在结构设计中主要面对的就将是单轴非对称冲切受力状态。只有少部分情况，例如板面受较大局部竖向荷载作用的情况以及不平衡弯矩小到足以忽略的情况，方才可按对称冲切情况进行承载力验算。这也意味着，双轴非对称冲切也只会在极少数特定情况下使用。而从抗冲切性能研究角度看，因对称冲切状况具有受力规则、简单、便于入手的优点，故通常都取其作为抗冲切性能试验研究的出发点；然后再将试验研究扩展到涉及因素更多、受力情况更为复杂的单轴非对称冲切状态，甚至双轴非对称冲切状态。从承载能力设计角度看，由于对称冲切状态下的系列试验结果更偏丰富，更便于给出形式相对简单且较为可靠的受冲切承载力表达式，故各国设计规范也都是首先给出受对称冲切的承载力表达式，再以此为基础设法进一步构建单向非对称冲切承载力的验算方法体系以及双向非对称冲切承载力的验算方法体系。

到目前为止，我国、美国和欧盟规范使用的对称冲切和非对称冲切承载力计算方法，虽然具体表达方式有某些差别，但都属于在给出偏粗略宏观模型的前提下从已有对称和非

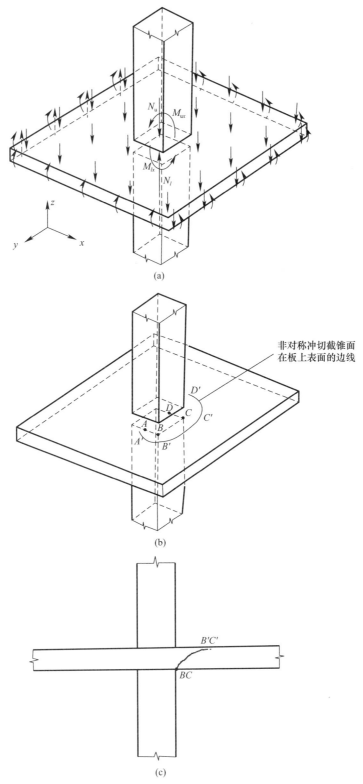

图 6-29 沿 x 轴方向发生单向非对称冲切失效时可能形成的冲切破坏面位置示意
（a 图中板周边内力仅以定性方式示意性表示）

对称冲切试验结果中直接归纳出的经验方法；只有国际结构混凝土协会（fib）编制的为设计规范提供理论概念背景的《模式规范》（Model Code）的 2010 年版尝试给出了一种以最初用于瑞士规范的"临界剪切裂缝理论"（critical shear crack theory）作为基本理论模型的有理论模型支持的受冲切承载力设计方法。

6.2.8　无腹筋板类构件的对称冲切受力性能及承载力设计方法

从 20 世纪 50 年代起，国外研究界就已经关注到无梁楼盖与柱接头的板内以及受局部竖向荷载作用的板内发生冲切失效的风险，并开始了关于对称冲切性能的试验研究；进入 70 年代后，又结合板柱结构抗震性能的需要，将研究工作推进到单轴非对称冲切领域。国内对于冲切问题的系列试验研究开始于 20 世纪 70 年代，先后有湖南大学、同济大学以及原长沙铁道学院的不同学术团队陆续完成过对称冲切和非对称冲切的系列试验研究。《混凝土结构设计规范》从其 1989 年版起就接受了由湖南大学邹银生牵头提出的第一轮可靠性明显高于国外规范的受对称冲切承载力设计方法的建议方案。到该规范的 2002 年版，一方面参照国外规范降低了受对称冲切承载力的可靠性水准，同时在国内研究成果的验证下吸收了美国 ACI 318 规范受单轴非对称冲切承载力和受双轴非对称冲切承载力的设计方法，并将其改造为用与我国规范更相适应的"等效集中力法"来表达。该规范的 2010 年版原则上全部沿用了上一版的方法，只是对于对称冲切承载力表达式中的预应力项取值作了必要调整。

在上述国内完成的受冲切性能试验中，同济大学蒋大骅团队使用了图 6-30 所示的无腹筋板受冲切试验方案，即在板上表面的圆形局部面积上对板施加局部荷载，并在板底用内径比局部加载面积外径大的钢环作为支座。在这批用不同直径的支承钢环完成的冲切破坏试验中发现，当加载面积外径与支承钢环内径之间的水平间距较小时，冲切失效是在图 6-30(a) 中用点雾表示的截锥筒范围内由混凝土的斜向压溃所引起的，与单向剪切试验中的小剪跨比条件下无腹筋受弯构件的斜压型剪切失效非常相似。而在加载面积外径与支承钢环内径之间的水平间距逐步加大后，冲切失效则改为发生在沿冲切面的混凝土被斜向拉裂之后（图 6-30b）。虽然限于现有技术条件，在冲切试验中无法像在单向剪切试验中那样可以通过肉眼观察或仪表测量来进一步识别失效过程，但从失效后构件仍可大致识别出，随着加载面积外径与支承钢环内径之间水平间距的逐步增大，冲切破坏形式也有一个类似于单向剪切情况的由剪压型失效向斜拉型失效的过渡。

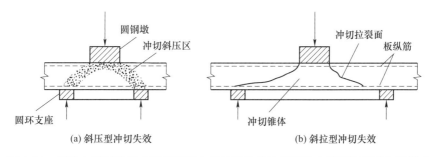

图 6-30　在蒋大骅团队完成的不同受力条件下的抗冲切试验中发现的不同失效模式

而在国内外完成的，在板面下由局部面积支承而在试件整个板面施加均布荷载的对称冲切试验中，以及在板上表面局部面积上加载而在板底提供较均匀大面积支承条件的对称冲切试验中，当板的幅面与厚度之比按工程常见情况取用时，发生的通常都是由混凝土沿对称冲切截锥形破坏面被主拉应力拉裂而导致的斜拉型冲切失效。这与跨高比偏大的无腹筋受弯构件在均布荷载作用下的单向斜拉型剪切失效是相似的。这表明，在工程中实际遇到的绝大部分受分布荷载作用或者受分布反力支承的情况下发生的对称冲切失效都应是斜拉型的。

正因为在这种失效状态下失效是由主拉应力引起的，因此冲切破坏面会在大致垂直于主拉应力作用方向形成，故试验中观察到的斜拉型冲切失效的破坏面与水平面的倾角会在靠近局部加载或局部支承面积处最大，且随到局部荷载或局部支承面积距离的加大而逐步减小（参见前面图 6-28 的 c、d 二图中冲切破坏面的走势）。

在图 6-31 中给出了一个由柱支承的受均布荷载作用的试件发生斜拉型对称冲切失效后将试件沿图中所示的 ABC 线锯开后所看到的冲切破坏面（图 6-31b），从中也可以看出这类破坏面从柱边向外倾角逐渐减小的走势。

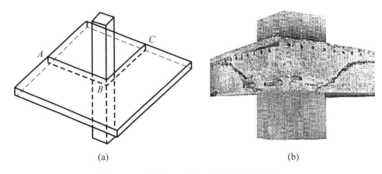

(a)   (b)

图 6-31　斜拉型对称冲切破坏的破坏面

《混凝土结构设计规范》GB 50010—2010 在其 2010 年版的第 6.5 节中首先给出的是在竖向荷载作用下形成的图 6-28 所示的对称冲切受力状态下受冲切承载力 F_{lu} 的计算方法。下面引出该规范第 6.5.1 条和第 6.5.2 条的全部规定（这些规定一直沿用至今）。

6.5.1　在局部荷载或集中反力作用下，不配置箍筋或弯起钢筋的板的受冲切承载力应符合下列规定（图 6-5.1）：

$$F_l \leqslant (0.7\beta_{\mathrm{h}} f_{\mathrm{t}} + 0.25\sigma_{\mathrm{pc,\,m}})\eta u_{\mathrm{m}} h_0 \tag{6.5.1-1}$$

公式（6.5.1-1）中的系数 η，应按下列两个公式计算，并取其中较小值：

$$\eta_1 = 0.4 + \frac{1.2}{\beta_{\mathrm{s}}} \tag{6.5.1-2}$$

$$\eta_2 = 0.5 + \frac{\alpha_{\mathrm{s}} h_0}{4 u_{\mathrm{m}}} \tag{6.5.1-3}$$

式中　F_l——局部荷载设计值或集中反力设计值；板柱节点，取柱所承受的轴向压力设计值的层间差值减去柱顶冲切破坏锥体范围内板所承受的荷载设计值；当有不平衡弯矩时，应按本规范第 6.5.6 条的规定确定；

β_{h}——截面高度影响系数：当 h 不大于 800mm 时，取 β_{h} 为 1.0；当 h 不小于 2000mm 时，取 β_{h} 为 0.9，其间按线性内插法取用；

$\sigma_{\mathrm{pc,m}}$——计算截面周长上两个方向混凝土有效预压应力按长度的加权平均值，其值宜控制在 $1.0\mathrm{N/mm^2} \sim 3.5\mathrm{N/mm^2}$ 范围内；

u_m——计算截面的周长，取距离局部荷载或集中反力作用面积周边 $h_0/2$ 处板垂直截面的最不利周长；

h_0——截面有效高度，取两个方向配筋的截面有效高度平均值；

η_1——局部荷载或集中反力作用面积形状的影响系数；

η_2——计算截面周长与板截面有效高度之比的影响系数；

β_s——局部荷载或集中反力作用面积为矩形时的长边与短边尺寸的比值，β_s 不宜大于 4；当 β_s 小于 2 时取 2；对圆形冲切面，β_s 取 2；

α_s——柱位置影响系数：中柱，α_s 取 40；边柱，α_s 取 30；角柱，α_s 取 20。

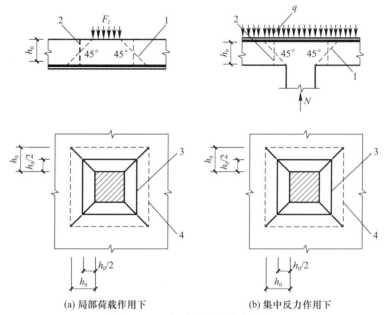

(a) 局部荷载作用下　　　　(b) 集中反力作用下

图 6.5.1　板受冲切承载力计算

1—冲切破坏锥体的斜截面；2—计算截面；3—计算截面的周长；4—冲切破坏锥体的底面线

6.5.2 当板开有孔洞且孔洞至局部荷载或集中反力作用面积边缘的距离不大于 $6h_0$ 时，受冲切承载力计算中取用的计算截面周长 u_m，应扣除局部荷载或集中反力作用面积中心至开孔外边画出的两条切线之间所包含的长度（图 6-5.2）。

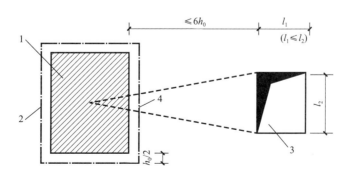

图 6.5.2　邻近孔洞时的计算截面周长

1—局部荷载或集中反力作用面；2—计算截面周长；3—孔洞；4—应扣除的长度

注：当图中 l_1 大于 l_2 时，孔洞边长 l_2 用 $\sqrt{l_1 l_2}$ 代替。

对以上条文拟作下列进一步提示：

（1）为了方便计算，《混凝土结构设计标准》GB/T 50010—2010（2024 年版）参考国外同类规范的做法对于对称冲切承载力计算使用的模型作了简化处理，即首先假定对称冲切失效均发生在从局部荷载作用面积或集中反力作用面积边缘开始的倾角统一取为 45°的截锥面上（见图 6-28e、f 和规范引文中的图 6.5.1a 和 b），且假定当混凝土的受冲切能力在这一截锥面内均匀分布时，可以以过该截锥面各处水平投影宽度中点的竖向有效截面（截面高度取为板截面有效高度 h_0）作为对称冲切承载力验算的"计算截面"（见上面规范引文中的图 6.5.1a 和 b）。从规范图 6.5.1(a) 和（b）可以看出，当局部荷载作用面积或集中反力作用面积的边线没有内折角时，"计算截面"的外边缘距局部荷载作用面积或集中反力作用面积的水平距离总等于 $h_0/2$，"计算截面"的面积则等于其周长 u_m 乘以板截面的有效高度 h_0；同时，还把上述模型化后的截锥面在水平面上的投影面积，即规范图 6.5.1(a) 和（b）的平面图中虚线以内的面积减去中间画了阴影线的局部荷载作用面积或集中反力作用面积，称为模型化后截锥面的"底面积"。

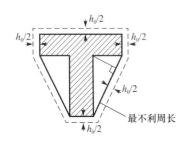

图 6-32　周边有内折角的局部荷载作用面积或集中反力作用面积的"计算截面"最不利周长确定方法举例

规范在截锥面周长 u_m 的定义中指出，u_m 应取"最不利周长"。这是指当局部荷载作用面积或集中反力作用面积的边线例如像图 6-32 所示 T 形面积的边线那样具有内折角时，冲切破坏面根据最小能量原理会沿图示的"最短周长"（即"最不利周长"）发生。

（2）在以上对于对称冲切"计算截面"所作规定的基础上，规范进一步规定在对称冲切条件下冲切力 F_l（在前面规范第 6.5.1 条的引文中称 F_l 为局部荷载设计值或集中反力设计值，并对其确定方法以板柱体系的楼盖和屋盖为对象作了具体规定，这里不再重复）在计算截面中引起的沿周长 u_m 单位长度上的作用剪力 v_p 为均匀分布；与此相对应，在计算冲切截锥面上的受对称冲切承载力时，也应假定单位周长上的抗对称冲切能力 v_{pu} 也是均匀分布的（参见下面第 6.2.9 节的图 6-43b）。

《混凝土结构设计规范》在其 1989 年版中首次给出的受对称冲切能力 v_{pu} 的取值过于安全；到该规范的 2002 年版时，根据收集到的更多国内外受对称冲切的试验结果，将 v_{pu} 的取值提高到了与美国 ACI 318 规范的取值大致相近的水准，即若以局部荷载作用面积或集中反力作用面积为正方形，且该面积边长与板厚的比值大约为 4 的对称冲切试验结果为依据，并取试验结果的偏下限时，受冲切计算截面单位周长上的受冲切能力 v_{pu} 即可取为：

$$v_{pu} = 0.7\beta_h f_t h_0 \tag{6-8}$$

式中，β_h 为板截面高度附加影响系数，其含义与规范第 6.3.3 条对无腹筋一般受弯构件使用的截面高度附加影响系数的含义类似，这里不再多加说明。但 β_h 在这里的具体取值规定与第 6.3.3 条处稍有差别，请见规范第 6.5.1 条引文中的相应规定。

在式（6-8）的基础上，当局部荷载作用面积或集中反力作用面积为正方形，且该面积边长与板厚的比值大约为 4 时，受对称冲切承载力的基本要求即可写成：

$$F_l/u_m = v_p \leqslant v_{pu} = 0.7\beta_h f_t h_0$$

或

$$F_l \leqslant 0.7\beta_{\mathrm{h}} f_{\mathrm{t}} u_{\mathrm{m}} h_0 \qquad (6\text{-}9)$$

这也就是规范第 6.5.1 条引文中式（6.5.1-1）在暂不考虑板内无粘结预应力筋对于受对称冲切能力的有利影响和系数 η 的影响时的基本形式。

（3）虽然在上述受对称冲切承载力计算方法中近似假定抗冲切能力 v_{pu} 沿计算截面周长是均匀分布的，但已完成的对称冲切试验结果表明，只有当局部荷载作用面积或集中反力作用面积为圆形时，该面积周边的抗冲切能力才满足均匀分布要求；而在该面积为正方形或矩形的工程常见情况下，由于在这类面积角部相邻两个垂直边的抗冲切能力相互扶持，而使角部区域的实际抗冲切能力 v_{put} 高于其余直边处的抗冲切能力，如图 6-33 所示。因此，在受对称冲切承载力的计算公式中使用的 v_{pu} 就应是不均匀分布冲切抗力 v_{put} 沿计算截面整个周长 u_{m} 的平均值。但由于在不同设计条件下 v_{put} 的不均匀分布规律并不完全相同，这就使作为平均值的 v_{pu} 的取值在不同设计条件下不能保持不变。而通过对不同设计条件下试验结果的整理发现，影响平均值 v_{pu} 取值的主要因素有两个。一个是当矩形局部荷载作用面积或集中反力作用面积的长边与短边长度之比发生变化时，v_{pu} 的取值与正方形面积时相比会发生变化；另一个是当局部荷载作用面积或集中反力作用面积的边长与板厚的比值发生变化时，v_{pu} 的取值也会发生变化。v_{pu} 的取值发生变化的理由可以从图 6-34（a）、（b）、（c）的相应对比中得到解释。

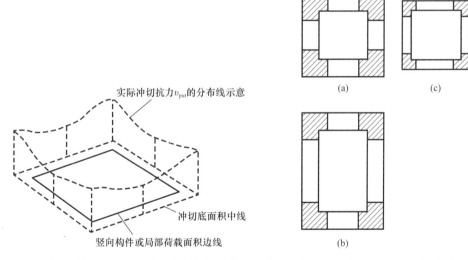

图 6-33 正方形局部荷载作用面积（或集中反力作用面积）
周边抗冲切强度 v_{put} 的不均匀分布特征示意

图 6-34 转角区面积在整个冲切
底面积中所占份额的变化

首先对比图 6-34（a）中正方形面积周边和图 6-34（b）中有一边加长了的矩形面积周边的冲切截锥面底面积，则可发现在图 6-34（b）中用画了斜线的面积表示的抗冲切能力更强的角部区域在整个冲切底面积中所占份额比图 6-34（a）中的份额下降，这表明在图 6-34（b）的情况下作为抗冲切能力平均值的 v_{pu} 要比正方形面积处相应减小。而通过对比图 6-34（a）和（c）也可以发现，当板厚相对变小，即受冲切截锥体底面积的宽度变小后，角部区域在整个底面积中所占份额也将变小，v_{pu} 也将比图 6-34（a）的情况有所减小。这些影响规律都已在参数取值不同的各类对称冲切承载力试验中得到证实。

为了考虑上述两个因素对于受冲切承载力的影响，我国规范首先规定用正方形面积周边的受对称冲切试验中边长与板厚之比在 4.0 左右的试验结果的偏下限确定前面给出的式（6-8）和式（6-9），再借用美国 ACI 318 规范的做法，即在上面给出的式（6-9）中再引入一个系数 η，并规定 η 分别按规范式（6.5.1-2）和式（6.5.1-3）的 η_1 和 η_2 计算，并取其中的较小值作为 η 的取值。其中，系数 η_1 考虑的是当竖向构件的截面为矩形时，截面长、短边比值的不同给受冲切承载力带来的影响；系数 η_2 则考虑板厚与竖向构件截面尺寸之间比例关系的不同给受冲切承载力带来的影响。与美国规范相比，我国规范只对 η_1 和 η_2 计算公式中的系数作了少许调整。

美国规范采用的系数 η_1 和 η_2 的算法，是在判断出 η_1 和 η_2 的基本变化趋势后，利用试验结果对比最后选定的。

在我国规范的 η_2 算式中还参照了美国 ACI 318 规范的做法引入了一个对中柱、边柱和角柱取值不同的调节系数 α_s，其作用是当 η_2 计算式中取用柱冲切底面积的平均周长 u_m 作为参数时，因边柱的 u_m 规定按三个边取用，角柱的 u_m 按两个边取用，这种取法预计会高估 u_m 对系数 η_2 的影响，故需通过系数 α_s 的不同取值对此进行弥补。

在考虑了系数 η 后，上面给出的不等式即可进一步完善为：

$$F_l \leqslant 0.7\beta_h f_t \eta u_m h_0 \tag{6-10}$$

这也就是在未考虑板内无粘结预应力筋有利影响的条件下的规范式（6.5.1-1）。

（4）在规范引文第 6.5.1 条无腹筋板受冲切承载力计算的式（6.5.1-1）中，还考虑了板柱体系的板内可能沿结构两个平面主轴方向布置预应力筋给抗冲切能力带来的影响。由于预应力筋在楼板承受竖向荷载后仍对板截面作用有水平预压应力，从而能发挥阻碍冲切裂缝形成，即提高受冲切承载力的作用，因此，在抗冲切能力的计算公式中可以从偏安全角度考虑预压应力的这种有利影响。为了便于计算，规范使用平均有效预压应力 $\sigma_{pc,m}$ 这个定义明确的物理量作为表达这项影响的主导参数，再通过系数 0.25 来表达受荷后实际存留的预压应力的偏低值。有效预压应力的定义和算法请见《混凝土结构设计标准》GB/T 50010—2010（2024 年版）第 10 章的有关规定。还要强调的是，这里的 $\sigma_{pc,m}$ 是指预应力筋在板正截面内产生的有效预压应力的平均值。而且，当柱截面长、短边尺寸不同或（和）沿两个平面主轴方向的预压应力不等时，还要求取用沿两个主轴方向按长度计算的加权平均值。规范式（6.5.1-1）中使用的系数 0.25 是参考美国 ACI 318 规范取用的，我国规范专家组对其合理性作了验证。

（5）上面引出的规范的第 6.5.2 条也是从美国 ACI 318 规范的有关规定中借鉴来的。其理由是，当在可能发生冲切的柱周边某个方向的楼板上因设计需要开有孔洞时，因洞口会削弱周围楼盖沿不同方向的弯曲刚度，故也会对该柱周边的抗对称冲切能力造成不利影响。

6.2.9 在对称冲切状态下加配抗冲切钢筋的设计方法

当受对称冲切承载力验算不能满足上一小节给出的规范规定时，除去增大板厚和提高混凝土强度等级外，还可以采用增设抗冲切钢筋或下一小节将要说明的在各楼层的柱顶加设柱顶板和（或）柱帽的做法。

试验结果证实，当采用加设抗冲切钢筋的做法时，只要加设的抗冲切钢筋穿过冲切破坏面的主要部位，钢筋就能在冲切失效状态下相对较充分地发挥其屈服强度，并以钢筋拉力的竖向分力来弥补抗冲切能力的不足。

在板柱体系楼盖和屋盖中，首先可考虑采用在存在冲切失效风险的部位沿结构两个平面主轴方向布置由箍筋和构造纵筋构成的钢筋骨架，或沿结构两个平面主轴方向加设由纵筋弯成的弯起钢筋的方案（这里的纵筋是指在板内原布置的抗弯纵筋基础上另加的纵筋），即由预计将穿过冲切面的箍肢或弯起段钢筋发挥附加抗冲切能力的方案。

《混凝土结构设计标准》GB/T 50010—2010(2024 年版) 的第 9.1.11 条给出了这两种配筋方案的构造规定，现引出如下。

9.1.11 混凝土板中配置抗冲切箍筋或弯起钢筋时，应符合下列构造要求：

1 板的厚度不应小于 150mm；

2 按计算所需的箍筋及相应的架立钢筋应配置在与 45°冲切破坏锥面相交的范围内，且从集中荷载作用面或柱截面边缘向外的分布长度不应小于 $1.5h_0$（图 9.1.11a）；箍筋直径不应小于 6mm，且应做成封闭式，间距不应大于 $h_0/3$，且不应大于 100mm；

3 按计算所需弯起钢筋的弯起角度可根据板的厚度在 30°～45°之间选取；弯起钢筋的倾斜段应与冲切破坏锥面相交（图 9.1.11b），其交点应在集中荷载作用面或柱截面边缘以外 $(1/2～2/3)h$ 的范围内。弯起钢筋直径不宜小于 12mm，且每一方向不宜少于 3 根。

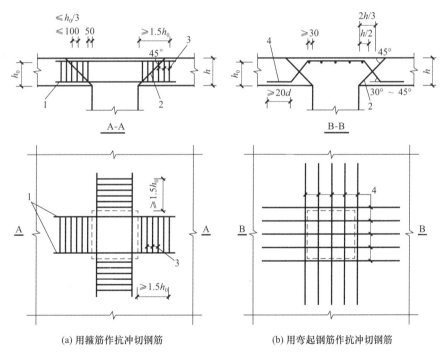

(a) 用箍筋作抗冲切钢筋　　　　　(b) 用弯起钢筋作抗冲切钢筋

图 9.1.11　板中抗冲切钢筋布置

注：图中尺寸单位 mm。

1—架立钢筋；2—冲切破坏锥面；3—箍筋；4—弯起钢筋

对于以上条文内容还想强调的是：

（1）对于使用箍筋的方案，关键是箍筋间距不宜过大，以便有足够排数的箍肢能穿过冲切破坏锥面；对于使用弯起钢筋的方案，关键是合理选择和保证弯起段的位置，目的仍是使弯起段能从起作用的部位穿过冲切破坏锥面。从以上设计标准条文中可以看到保证实现这两项要求的具体规定。尽管如此，当使用弯起钢筋时，工程监理人员仍应逐一检查弯起钢筋的位置。

（2）当使用箍筋时，钢筋骨架的宽度并不一定要如规范图 9.1.11(a) 中所画接近柱的截面宽度；当例如选用双肢箍筋时，骨架宽度取 350mm 已经足够。另外，当需要时，自然也可选用多肢箍筋。

根据试验结果，当选用加配横向钢筋的抗冲切方案时，受冲切承载力可取为打了折扣的无腹筋板类构件的受对称冲切承载力与穿过整个冲切锥面的全部横向钢筋的竖向受冲切承载力的简单叠加，即配有横向钢筋时，《混凝土结构设计标准》GB/T 50010—2010（2024 年版）给出的所能抵抗的冲切力 F_{lu} 的表达式［即该规范式（6.5.3-2）］为：

$$F_{lu} = (0.5f_t + 0.25\sigma_{pc,m})\eta u_m h_0 + 0.8f_{yv}A_{svu} + 0.8f_yA_{sbu}\sin\alpha \qquad (6\text{-}11)$$

之所以要对无腹筋构件抗对称冲切能力打折扣，即将 $0.7f_t$ 降为 $0.5f_t$，是担心这部分抗冲切能力并不一定能与配筋的抗冲切能力同时充分发挥。

上式是把箍筋抗冲切力与弯起钢筋抗冲切力一起表达的。其中，A_{svu} 为与倾角为 $45°$ 的冲切破坏截锥斜面相交的全部竖向箍肢的截面面积。例如，当在一根矩形截面柱处按规范图 9.1.11(a) 的方式布置钢筋骨架，且每排双肢箍筋两个竖向箍肢的截面面积为 $2a_{sv1}$ 时，A_{svu} 即可按下式算得：

$$A_{svu} = 4 \times 2a_{sv1}(h_0/s) \qquad (6\text{-}12)$$

上式中，s 为箍筋间距；h_0 为板截面有效高度；而式（6-11）中的 A_{sbu} 则为与 $45°$ 冲切截锥面相交的柱四方全部弯起钢筋的截面面积；α 为其对水平面的倾角；f_{yv} 和 f_y 则分别为箍筋及弯起钢筋的抗拉强度设计值。

式（6-11）中箍筋项和弯起钢筋项中的系数 0.8 都是为了考虑钢筋屈服强度在冲切失效状态下不一定能全部充分发挥而设置的折减系数。

与下面将要讨论的有腹筋受弯构件处类似，抗剪和抗冲切钢筋都有其配置数量上限。我国设计标准给出的抗冲切钢筋的用量上限是，不论是使用箍筋还是弯起钢筋，考虑配筋后的抗冲切能力均不应超过下式［即规范式（6.5.3-1）］规定的 $F_{lu,max}$。

$$F_{lu,max} = 1.2f_t\eta u_m h_0 \qquad (6\text{-}13)$$

式（6-11）和式（6-13）是与我国《混凝土结构设计标准》GB/T 50010—2010（2024 年版）第 6.5.3 条的式（6.5.3-2）和式（6.5.3-1）同义的。凡是本书未给出说明的技术符号，其含义请见该设计标准第 6.5.3 条。

除去使用箍筋和弯起钢筋作为抗冲切钢筋外，也可使用图 6-35(a) 所示的上、下两端焊有锚板或铸有栓头的栓钉（或称锚栓）来取代箍筋。每个栓钉就相当于一个竖向箍肢。栓钉的上、下锚板或栓头能使栓钉有效锚固在板的混凝土内，以使其在冲切破坏锥面中发挥屈服强度。栓钉在有冲切失效风险的柱周边的布置方式例如见图 6-35(b) 所示。

在冲切力很大，但板的厚度和混凝土强度又难以进一步提高时，国外还曾经使用过图 6-36 所示的预先浇筑在混凝土中的由型钢焊成的剪力架（shearhead）来增强柱周边的受冲切承载力。关于剪力架的设计方法可参阅美国 ACI 318-14 规范，本书不再详述。据了解，近几年使用剪力架的趋势在明显下降。（请读者注意，ACI 318-19 规范已将剪力架从其条文规定中拿掉了，原因暂不详。）

需要指出的是，不论是采用箍筋或弯起钢筋，还是采用栓钉来提高板的抗冲切能力，不应遗忘的是，应在这些配筋布置范围的外缘（应向内留有一个安全距离）再按无腹筋情况验算一次受冲切承载力，以证明这些配筋的布置范围是足够的。

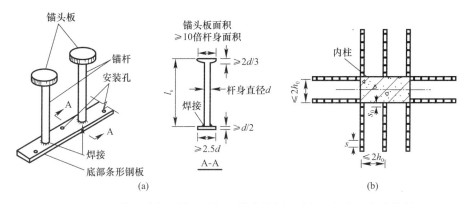

图 6-35　用作抗冲切钢筋的栓钉及其在柱周边冲切区的布置方式举例

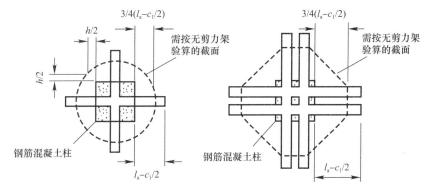

图 6-36　型钢剪力架的平面布置方案示例

（图中 l_a 为从柱中心到剪力架型钢端头的距离；c_1 为沿这一方向的柱截面尺寸）

6.2.10　在板柱体系各层柱顶设置柱顶板或柱帽的做法

在以往各国完成的板柱体系设计中，当柱周边板内的受对称冲切能力偏紧张时，曾较为普遍地使用了在各层柱的柱顶加设柱帽和（或）柱顶板（也称"托板"）的做法。在图 6-37 中给出了同时加设柱帽和柱顶板的某层楼盖的仰视图。加设柱帽和（或）柱顶板后，不仅可以相应提高柱周边的受对称冲切能力，还能相应节省板内抗正、负弯矩的配筋。

每个柱顶加设柱帽的锥度和高度以及柱顶板的平面尺寸和厚度都是可调的，但首先应满足下面引出的《混凝土结构设计标准》GB/T 50010—2010（2024 年版）第 9.1.12 条

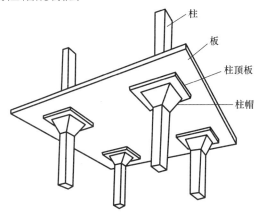

图 6-37　设置了柱帽和柱顶板的无梁楼盖仰视图

的基本构造规定，同时还应使各可能发生冲切失效的控制截面都具有必要的受冲切能力。在图 6-38(a)、(b)、(c) 中分别给出了只设柱顶板、只设柱帽和同时设有柱顶板和柱帽时需要验算受对称冲切承载力的控制截面的数量和部位。

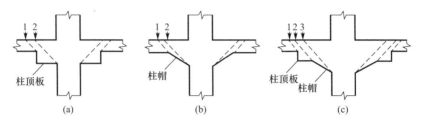

图 6-38　设置了柱顶板、柱帽后需要验算受对称冲切承载力的部位

下面全文引出《混凝土结构设计标准》GB/T 50010—2010(2024 年版) 的 9.1.12 条。

9.1.12　板柱节点可采用带柱帽或托板的结构形式。板柱节点的形状、尺寸应包容 45° 的冲切破坏锥体，并应满足受冲切承载力的要求。

柱帽的高度不应小于板的厚度 h；托板的厚度不应小于 $h/4$。柱帽或托板在平面两个方向上的尺寸均不宜小于同方向上柱截面宽度 b 与 $4h$ 的和（图 9.1.12）。

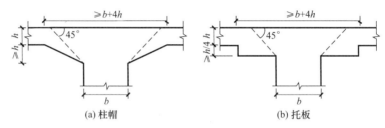

图 9.1.12　带柱帽或托板的板柱结构

在图 6-39 中还给出了柱帽及柱顶板配筋构造的建议供参考。

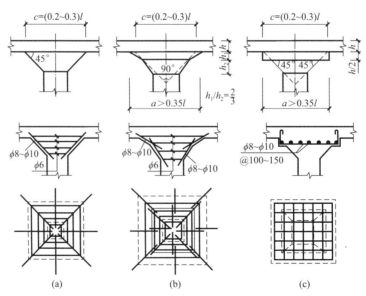

图 6-39　柱帽及柱顶板的配筋构造建议（引自中国建筑工业出版社出版的《混凝土结构构造手册》）

由于柱顶板和柱帽的设置会使施工中楼板的模板工程复杂化，且影响楼层的使用净高，故这种做法虽在各国以往混凝土结构中较广泛使用，但近二十年来应用日趋减少。

6.2.11　无腹筋板类构件非对称冲切承载力计算方法简介

一般建筑结构设计中遇到的需要进行抗冲切验算的部位，不论是不设柱帽和托板的板柱体系中的板-柱接头区，还是基础工程中竖向构件与筏形基础底板的接头区，都有由结构所受水平荷载和竖向荷载引起的不平衡弯矩需要传递。因此，这些部位可能发生的冲切失效均属于"非对称冲切失效"。这意味着，非对称冲切是目前一般建筑结构设计中遇到的主导冲切失效方式；而且，如前面第 6.2.7 节已经说明的，设计中的非对称冲切一般均只需分别按沿建筑结构各平面主轴方向的单向非对称冲切考虑。

我国《混凝土结构设计标准》GB/T 50010—2010（2024 年版）采用的非对称冲切承载力计算方法原则上全盘借用了美国 ACI 318 规范使用的设计思路，只在具体步骤上作了适应我国设计标准表达方式的相应调整。因此，本节将扼要介绍美国 ACI 318 规范非对称冲切承载力计算的基本思路和模型，以及用到我国设计标准后的具体执行方法。

为了理解非对称冲切承载力的计算思路，先有必要了解与水平荷载作用下的由梁、柱构成的平面框架相比，受水平荷载作用的板柱结构所具有的独特受力特点。

如图 6-40 所示，当一个由梁、柱组成的平面框架只受水平荷载作用时，可从某个中间层中间节点四周梁、柱的反弯点处截出一个梁柱组合体作为脱离体；这时，由图示的作用在左、右梁段外端的集中力和上、下柱段外端的集中力（这些集中力相当于相应受力状态下作用在对应梁段和柱段内的剪力）在组合体中形成的内力与平面框架的这个部分在水平荷载作用下所受的内力作用规律相同。从图中可以看出，节点左、右边的梁端弯矩和剪力以及节点上、下边的柱端弯矩和剪力都是从这四个节点边面传入节点并在节点内的梁、柱轴线交点 O 处保持平衡的。即当取节点左、右边梁端弯矩和剪力分别为 M_{bl}^*、V_{bl}^* 和 M_{br}^*、V_{br}^*，取节点上、下边柱端弯矩和剪力分别为 M_{ct}^*、V_{ct}^* 和 M_{cl}^*、V_{cl}^*，取梁、柱轴线交点处的梁、柱端弯矩分别为 M_{ct}、M_{br} 和 M_{ct}、M_{cl} 时，则可分别根据平衡关系写出以下关系式：

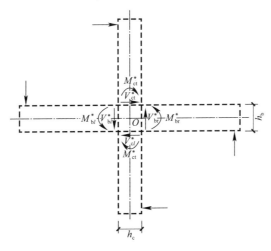

图 6-40　从受水平荷载作用的平面框架中截取的中间层
中间节点梁柱组合体及其在节点处的传力特征

$$M_{bl} = M_{bl}^* + V_{bl}^* (h_c/2) \tag{6-14}$$

$$M_{br} = M_{br}^* + V_{br}^* (h_c/2) \tag{6-15}$$

$$M_{ct} = M_{ct}^* + V_{ct}^* (h_b/2) \tag{6-16}$$

$$M_{cl} = M_{cl}^* + V_{cl}^* (h_b/2) \tag{6-17}$$

且节点梁、柱轴线交点处的弯矩平衡条件可以写成：

$$M_{bl} + M_{br} = M_{ct} + M_{cl} \tag{6-18}$$

式中 h_b 和 h_c——梁截面高度和柱沿水平荷载作用方向的截面高度。

而在只受水平荷载作用的板柱体系的中间层中间节点周边同样可以从节点左、右的板内反弯点处和上、下柱内的反弯点处截出如图 6-41 所示的板柱组合体。该组合体同样可以视为只受水平荷载作用的板柱体系中的一个从受力特征角度有代表性的受力单元。但与平面框架受力特征有区别的是，当板柱组合体如图 6-41(a) 所示只受单一方向的水平力作用（见图中上柱段上端和下柱段下端所示的单向水平力）时，板的受力仍具有二维受力特征，即虽然图左侧的板受的也是负弯矩和对应剪力的作用，右侧板受的也是正弯矩和对应剪力的作用（这一点与图 6-40 的左侧和右侧梁段相似），且上、下柱段内的弯矩、剪力作用方式也与图 6-40 中的上、下柱段相同，但分析和实测结果证明，图中大致作用在左侧 $EFBA$ 板面区域内的板负弯矩将直接从 AB 侧面传入板柱的扁平节点；大致作用在右侧 $DCGH$ 板面区域内的板正弯矩也将直接由 DC 侧面传入板柱节点。但是在这两个板面区域以外的两侧板面区域内，沿水平荷载作用方向的板内负弯矩和板内正弯矩则在传递到接近图 6-41(a) 所示的 y 轴附近时，将逐渐向柱汇集，并由节点的 AD 侧面和 BC 侧面以图 6-41(b) 所示扭矩 T_r 和 T_l 的方式传入板柱节点。于是，就可以把作用在板柱节点各面由板和柱分别传来的沿水平荷载作用方向的力矩平衡关系用下式表示：

$$M_{fb} + M_{ff} + (V_{pb} + V_{pf})(h_c/2) + T_l + T_r = M_{ct}^* + M_{cl}^* + (V_{ct}^* + V_{cl}^*)(h_p/2)$$
$$= M_{ct} + M_{cl} \tag{6-19}$$

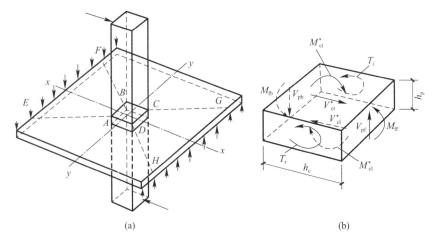

图 6-41 受单向水平荷载作用的板柱体系某中间层中间节点板柱组合体的受力特征

上式等号左侧为从板传来的力矩，等号右侧为从柱传来的力矩。其中，M_{fb} 和 M_{ff} 分

别为作用在节点 AB 端面和 DC 端面的由板传来的弯矩；V_{pb} 和 V_{pf} 分别为作用在节点 AB 端面和 DC 端面的由板传来的竖向剪力；T_l 和 T_r 分别为作用在节点 BC 端面和 AD 端面的由板传来的扭矩；M_{ct}^* 和 M_{cl}^* 分别为作用在节点上表面和下表面的柱弯矩；V_{ct}^* 和 V_{cl}^* 分别为作用在节点上表面和下表面的柱水平剪力；M_{ct} 和 M_{cl} 分别为作用在板中线与柱轴线交点处的上柱下端弯矩和下柱上端弯矩；h_c 为柱沿水平荷载作用方向的截面边长；h_p 为板厚。

　　与上述单向水平荷载作用状态相对应的板柱体系中间层中间节点板-柱组合体的变形状态即如图 6-42 所示（三维实体元的弹性有限元分析结果，图中变形均按相同比例放大）。从图中可以看出，如果设想把该组合体的板沿水平荷载作用方向划分为一系列相互平行的条带，则其中以穿过柱的最中间条带在柱左侧和右侧板内负弯矩和正弯矩作用下的反对称挠曲变形为最大，越向两侧，虽然条带的挠曲变形仍为反对称，但挠曲程度逐渐减小。这意味着，板在垂直于水平荷载作用方向（图示 y 轴方向）也存在挠曲变形。

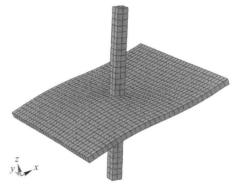

图 6-42　板柱体系中间层中节点的板柱组合体在单向水平荷载作用下的弹性变形特征（弹性有限元分析结果，图示为按相同比例放大了的变形计算结果）

　　进入 20 世纪后半叶后，美国建筑工程中使用板柱-剪力墙体系的趋势日益强劲，需要给出非对称冲切承载力的计算方法。在这种背景下，N. W. Hanson 等人在 20 世纪 60 年代末就以上述对单向水平荷载作用下板柱体系传力特征的原则性认识为基础，并通过对板柱组合体非对称冲切试验结果的分析，提出了非对称冲切承载力计算的工程实用方法建议。随后这一建议为美国 ACI 318 规范所接受（接受过程中又对建议方法作了局部改进和完善），并一直沿用至今。下面以板柱体系的中间层中节点为例，扼要介绍这一实用方法的主要思路。

　　（1）N. W. Hanson 等认为在非对称冲切的条件下仍应取前面讨论对称冲切时使用的由 45°倾角截锥面导出的距柱截面周边 $h_0/2$ 远处板的垂直计算截面作为冲切承载力的计算截面（图 6-43a），并认为在竖向荷载形成的冲切力作用下，计算截面内作用的沿单位长度周长的剪力 v_{p1} 如对称冲切处所假定的为均匀分布（图 6-43b）；而当板柱节点处有不平衡弯矩作用时，则可借鉴图 6-41(b) 所示的节点各端面的内力作用状态，认为在冲切计算截面中将形成具有图 6-43(c) 所示分布状态的竖向剪力 v_{p2}。在这里要提醒注意的是，图 6-43(a) 所示的冲切计算截面虽不是图 6-41(a) 中的节点四个端面，但可以借用图 6-41(a) 所示节点四个端面的内力作用方式来判断距其不远处的冲切计算截面此时的竖向剪力作用方式。如果对比图 6-41(b) 和图 6-43(c)，则可以看到，图 6-43(c) 中 $A'B'$ 侧和 $D'C'$ 侧的竖向剪力与图 6-41(b) 中的 V_{pb} 和 V_{pf} 相呼应；而图 6-43(c) $A'D'$ 侧和 $B'C'$ 侧的竖向剪力分布规律则与图 6-41(b) 中扭矩 T_l 和 T_r 在相应节点侧面形成的竖向剪应力沿水平向的分布规律相当。图 6-43(d) 所示即为图 6-43(b) 和 (c) 中 v_{p1} 与 v_{p2} 的叠加结果。

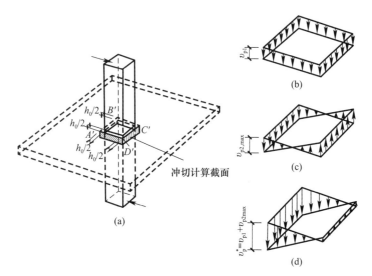

图 6-43　非对称冲切计算截面中单位周长作用剪力的分布模型假定

（2）根据以上分析可知，在非对称冲切条件下，对冲切失效起控制作用的是图 6-43(d) 中 v_{p1} 与 v_{p2} 叠加后的最大值 v_p^*，而这一最大值总是大于对称冲切时的 v_{p1}，故非对称冲切的失效风险总是大于与其对应的对称冲切状态。另外，从图 6-43(c) 可以看出，具有图中分布规律的 v_{p2} 将对柱轴线形成力矩，或者说，按该图规律分布的 v_{p2} 是由节点处不平衡弯矩中的相应部分所引起的；而这部分弯矩在总的不平衡弯矩中所占的份额就类似于前面图 6-40 中的 $(V_{bl}^* + V_{br}^*)(h_c/2)$ 在总的 $M_{bl} + M_{br}$ 中所占的份额。于是，要想在设计中当已知节点不平衡弯矩时算得图 6-43(d) 中的 $v_{p1} + v_{p2}$ 最大值，除按对称冲切状态算得 v_{p1} 外，就必须知道引起 v_{p2} 的弯矩在该节点的不平衡弯矩中到底占有多大份额。而 ACI 318 规范在接受 N. W. Hanson 等所提建议方法时进一步给出的关键改善意见就是从总结和对比对称冲切和非对称冲切大量试验结果后给出了这一份额的经验表达式。若用系数 α_0 表示这一份额，则建议的用于板柱结构中间节点的 α_0 经验表达式即可取为：

$$\alpha_0 = 1 - \frac{1}{1 + \dfrac{2}{3}\sqrt{\dfrac{h_c + h_0}{b_c + h_0}}} \tag{6-20}$$

式中　h_c 和 b_c——按水平荷载作用方向判定的柱截面高度和宽度；

　　　　h_0——板截面有效高度。

（3）若确定以柱轴线与板中面交点处的上柱下端弯矩和下柱上端弯矩的最不利组合值 $M_{ct} + M_{cl}$ 作为中节点的不平衡弯矩设计值 M_{unb}，即：

$$M_{unb} = M_{ct} + M_{cl} \tag{6-21}$$

则用来计算 v_{p2} 最大值的与图 6-43(c) 中的 v_{p2} 分布相对应的弯矩 M_{vp} 即可按下式算得：

$$M_{vp} = \alpha_0 M_{unb} \tag{6-22}$$

在此基础上，N. W. Hanson 根据图 6-43(c) 给出的 v_{p2} 分布模型建议其最大值 $v_{p2,max}$ 即可用工程力学方法按下式算得：

$$v_{p2,\,max} = \frac{M_{vp} a h_0}{I_c} \tag{6-23}$$

式中　a——冲切计算截面周长的形心轴到计算 $v_{p2,max}$ 的计算截面相应边的垂直距离；

　　　I_c——按计算截面周长算得的"类似极惯性矩"。

对于中节点，I_c 可按下式计算：

$$I_c = \frac{h_0 a_t^3}{6} + 2h_0 a_m \left(\frac{a_t}{2}\right)^2 \tag{6-24}$$

式中　a_t、a_m——冲切计算截面在水平面上的投影线按水平荷载作用方向确定的高度和宽度，见图6-44。

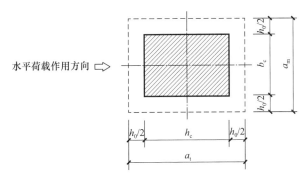

图 6-44　冲切计算截面在水平面上的投影尺寸

（4）在算得 $v_{p2,max}$ 后，即可如图6-43(d)所示，把算得的对称冲切下的 v_{p1} 与按上面式（6-23）算得的 $v_{p2,max}$ 相加而得到 v_p^*，即：

$$v_p^* = v_{p1} + v_{p2,max} \tag{6-25}$$

N. W. Hanson 建议可以用 v_p^* 作为非对称冲切状态下作用于冲切计算截面单位周长上的作用剪力，并以其是否超过对称冲切时给出的 v_{pu} 作为判断非对称冲切承载力是否足够的条件。我国设计标准根据自身所用的受剪（含受冲切）承载力验算的统一表达方法，建议由 v_p^* 通过式（6-26）算得一个"等效集中反力设计值 $F_{l,eq}$"，并将 $F_{l,eq}$ 作为设计标准式（6.5.1-1）（见前面《混凝土结构设计规范》GB 50010—2010 版本中第6.5.1条的引文）中的 F_l 来完成非对称冲切条件下板柱体系中节点周边板内的受冲切承载力验算，这也就是我国《混凝土结构设计标准》GB/T 50010—2010(2024年版)第6.5.6条规定的验算方法。

$$F_{l,eq} = v_p^* u_m \tag{6-26}$$

以上按板柱体系的中节点解释了当节点处同时有不平衡弯矩作用时我国设计标准借用美国 ACI 318 规范的方法完成非对称冲切承载力验算的思路和计算步骤。当对板柱体系的边节点及角节点进行非对称冲切承载力验算时，因受力条件不完全相同，需按《混凝土结构设计标准》GB/T 50010—2010(2024年版)附录 F 的相应具体规定完成验算，这里不再逐一说明。

但需提醒关注的是，我国《混凝土结构设计标准》GB/T 50010—2010(2024年版)还在其附录 F 中给出了板柱-剪力墙结构中板柱节点在双向不平衡弯矩作用下的双向非对称冲切的承载力验算方法，其基本思路仍是使用在上述单向非对称冲切承载力计算中使用的"等效集中反力法"。但当在设计中确有必要完成双向非对称冲切承载力验算时，则需注意如本书第4章第4.6节已经指出的，在对结构按双向受力进行验算时，应注意不论是水平风荷载还是水平地震作用，其沿结构平面各个斜向的作用强度与沿各平面主轴的单向作用强度并无显著数量上的差别。而设计标准附录 F 在例如用其式（F.0.1-5）和式（F.0.1-6）进行双轴受冲切验算时（限于篇幅本书不再列出此二式），则是采用将沿两个主轴方向不平衡弯矩对冲切计算截面中单位长度剪应力的影响进行直接叠加的算法，这显然会过高估计双向不平衡弯矩同时作用时对受冲切承载力的不利影响，因为其中各平面主轴方向的不平衡弯矩都是按各主轴方向的最不利受力状况分别确定的。故本书作者提请该设计标准管理组专家关注此事，并可能需对上列问题作进一步研究。

在对非对称冲切问题作了以上基本说明之后，还需要特别强调的是，如果设想上部结构全采用板柱体系，由于楼板的厚度不可能过度加大，故当结构所受水平荷载逐步增大时，导致柱在节点处传递的不平衡弯矩也将相应逐步增大，从以上式（6-25）可以看出，这会使 $v_{p2,max}$ 和 v_p^* 迅速增大，从而造成板的抗非对称冲切能力不足，并需在板内增设抗冲切钢筋；若水平荷载进一步加大，板的冲切受力状况甚至可能大到加了型钢剪力架都满足不了受非对称冲切承载力要求的地步。这说明，当把板柱体系单独用作抗侧向力体系时，除侧向刚度可能过弱之外，板在柱周边不容易满足抗非对称冲切要求就可能成为使用这一结构方案的另一个根本性障碍。这也是导致最终建议在水平荷载较大的设计条件下，只能使用带周边剪力墙的板柱体系，即板柱-剪力墙体系的主要原因；因为在结构周边轴线上加设一定的剪力墙后，水平荷载的大部分都将改由周边剪力墙承担，从而使板柱结构节点区的不平衡弯矩明显减小，较容易满足受非对称冲切承载力的设计要求。

即使是在板柱-剪力墙结构中，也会因水平荷载的大小不同以及剪力墙的抗侧向力能力不同而使板柱体系中板与柱节点处作用的不平衡弯矩大小不等。当设计条件无法满足受非对称冲切承载力要求，而板厚和混凝土强度等级又不宜进一步加大时，推荐的做法仍是加设抗冲切钢筋；而加设柱帽和（或）柱顶板的做法则未见设计标准有推荐用于这类情况的意向。

6.2.12　柱下独立基础的设计

柱下独立基础是工程中框架柱下常用的基础形式。在这类基础的设计中，除应按《建筑地基基础设计规范》GB 50007—2011 的规定完成受弯承载力的设计外，还需满足受冲切和受剪承载力要求。

目前，对柱下独立基础受剪设计和受冲切设计作了规定的有《混凝土结构设计标准》GB/T 50010—2010(2024 年版) 和《建筑地基基础设计规范》GB 50007—2011。这两本规范的专家组对柱下独立基础的受剪设计思路原则上是一致的，即首先认为，根据我国多年工程经验，对于这类向各方挑出的底面积为矩形的无腹筋构件，宜通过调整基础高度和混凝土强度等级来满足其受剪、受冲切承载力要求，而不考虑加设受剪或受冲切钢筋的做法。其次，专家组认为，根据柱下独立基础向两个主轴方向挑出的特点，其受剪和受冲切验算应包括以下两项内容：

（1）每个柱下独立基础均应沿所考虑的受力方向完成受非对称冲切承载力验算；

（2）当柱下独立基础沿一个平面主轴方向的挑出长度明显大于其正交方向的挑出长度时，还需沿挑出长度较大方向满足在单向受弯条件下的受剪承载力要求。

到目前为止，《混凝土结构设计标准》GB/T 50010—2010(2024 年版) 首先在其第

6.5.5 条中给出了柱下独立基础受非对称冲切承载力的简化计算方法；随后，《建筑地基基础设计规范》GB 50007—2011 也在其第 8.2.8 条中使用了与《混凝土结构设计标准》GB/T 50010—2010(2024 年版) 规定完全相同的独立基础受非对称冲切承载力的简化计算方法。但因原《混凝土结构设计规范》专家组认为国内外至今尚缺少针对柱下独立基础这种特定形式和剪跨比的无腹筋构件单向弯曲受剪承载力的试验研究成果，故目前仍难以给出相应设计方法；而《建筑地基基础设计规范》专家组则决定取用原《混凝土结构设计规范》GB 50010—2010 对单向受弯无腹筋板类构件的受剪承载力设计方法来完成一个方向挑出长度明显偏大的独立基础的单向弯曲受剪承载力计算。这意味着，这两本国家标准在柱下独立基础受剪和受冲切设计规定上尚未取得完全一致的意见。

下面将先介绍两本规范一致取用的柱下独立基础受非对称冲切时的简化承载力验算方法；再介绍《建筑地基基础设计规范》GB 50007—2011 给出的对一个方向挑出较长的柱下独立基础的单向弯曲受剪承载力计算方法；最后，再对目前的设计状况作简单评价。

1. 柱下独立基础的简化受非对称冲切承载力计算方法

下面引出《混凝土结构设计标准》GB/T 50010—2010(2024 年版) 第 6.5.5 条关于独立基础受非对称冲切承载力验算的条文规定。

6.5.5 矩形截面柱的阶形基础，在柱与基础交接处以及基础变阶处的受冲切承载力应符合下列规定（图 6.5.5）：

$$F_l \leqslant 0.7\beta_h f_t b_m h_0 \tag{6.5.5-1}$$

$$F_l = p_s A \tag{6.5.5-2}$$

$$b_m = \frac{b_t + b_b}{2} \tag{6.5.5-3}$$

式中 h_0——柱与基础交接处或基础变阶处的截面有效高度，取两个方向配筋的截面有效高度平均值；

p_s——按荷载效应基本组合计算并考虑结构重要性系数的基础底面地基反力设计值（可扣除基础自重及其上的土重），当基础偏心受力时，可取用最大的地基反力设计值；

A——考虑冲切荷载时取用的多边形面积（图 6.5.5 中的阴影面积 ABCDEF）；

b_t——冲切破坏锥体最不利一侧斜截面的上边长；当计算柱与基础交接处的受冲切承载力时，取柱宽；当计算基础变阶处的受冲切承载力时，取上阶宽；

b_b——柱与基础交接处或基础变阶处的冲切破坏锥体最不利一侧斜截面的下边长，取 $b_t + 2h_0$。

对以上引文内容拟作以下提示。

(1) 由于沿两个平面主轴方向经柱底截面作用于一个独立基础的弯矩设计值可能大小不等，导致基础底面沿两个主轴方向的边长可能不同，加之各地地基承载力不等，独立基础从柱边向四方的挑出长度也可能大小不等，故从柱边以 45°倾角向斜下方发育的冲切截锥面延伸到基础底面时，截锥面与基础底面的交线和基础边线之间就可能形成三种关系，即：①冲切破坏锥面各边与基础底面的交线都已超出基础的边线；②冲切锥面有两个对边与基础底面的交线超出了基础边线，另两个对边则尚未超出；③冲切锥面四边与基础底面的交线均未超出基础边线。在第一种情况下，可以判定基础内的竖向压力会以比冲切锥面

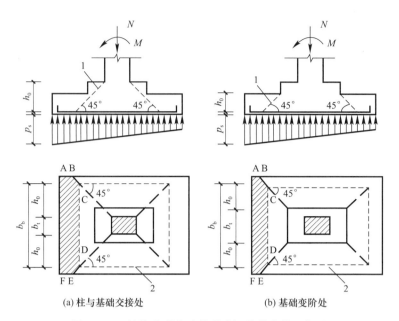

图 6.5.5　计算阶形基础的受冲切承载力截面位置

1—冲切破坏锥体最不利一侧的斜截面；2—冲切破坏锥体的底边线

更大的倾角直接传到基础底面，从而不会再在基础内引起斜拉型冲切失效。而在第二种情况下冲切锥面未超出基础边缘的方向和第三种情况下的两个平面正交方向，都存在抗冲切能力是否足够的问题。为了在设计中以较为简便的方式全面处理好以上各类情况下的问题，《混凝土结构设计标准》GB/T 50010—2010（2024 年版）在其第 6.5.5 条中结合柱下独立基础受沿一个平面主轴方向非对称冲切作用时的受力特点，提出了按其中最不利一边进行验算的能保证安全的简化方法，这也就是上面规范第 6.5.5 条引文中使用的方法。

（2）在上面规范引文的图 6.5.5 中，按照两次放阶给出了沿两个可能形成的对应冲切锥面的具体计算规定。需要指出的是，不论两图中哪个图的锥面（图中 45°方向虚线）与基础侧边线相交，都意味着该状态不再需要进行抗冲切验算。

2. 柱下独立基础沿其长边方向的单向弯曲受剪承载力计算方法

《建筑地基基础设计规范》GB 50007—2011 第 8.2.9 条给出了柱下独立基础沿其长边方向的单向弯曲受剪承载力计算规定，现全文引出如下。

8.2.9　当基础底面短边尺寸小于或等于柱宽加两倍基础有效高度时，应按下列公式验算柱与基础交接处截面受剪承载力：

$$V_s \leqslant 0.7\beta_{hs}f_t A_0 \tag{8.2.9-1}$$

$$\beta_{hs} = (800/h_0)^{1/4} \tag{8.2.9-2}$$

式中　V_s——相应于作用的基本组合时，柱与基础交接处的剪力设计值（kN），图 8.2.9 中的阴影面积乘以基底平均净反力；

　　　　β_{hs}——受剪切承载力截面高度影响系数，当 $h_0 < 800$mm 时，取 $h_0 = 800$mm；当 $h_0 > 2000$mm 时，取 $h_0 = 2000$mm；

　　　　A_0——验算截面处基础的有效截面面积（m²）。当验算截面为阶形或锥形时，可将其截面折算成矩形截面，截面的折算宽度和截面的有效高度按本规范附录 U 计算。

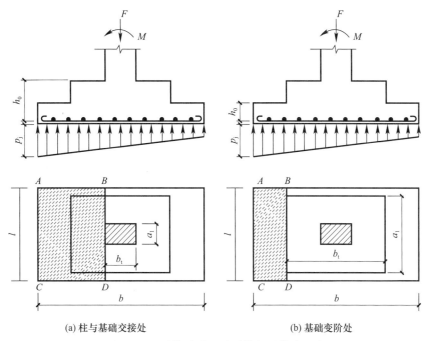

(a) 柱与基础交接处　　　　　　　　(b) 基础变阶处

图 8.2.9　验算阶形基础受剪切承载力示意

3. 对目前柱下独立基础设计状况的简单评述

据了解，在《混凝土结构设计规范》GB 50010 和《建筑地基基础设计规范》GB 50007 各自专家组对柱下独立基础抗冲击、抗剪设计方法尚未取得完全一致看法的情况下，中国结构设计界目前使用的辅助设计软件为了满足工程设计的迫切需要都是采用《建筑地基基础设计规范》GB 50007—2011 第 8.2.8 条和第 8.2.9 条的规定来完成此类基础的抗冲切和抗剪设计的。在使用这类辅助设计软件完成柱下独立基础的抗冲切、抗剪设计时工程界发现的主要问题是，当独立基础的底边长宽比处在《建筑地基基础设计规范》GB 50007—2011 第 8.2.9 条规定的界限条件附近时，按第 8.2.9 条（即单向受弯的受剪承载力）验算需要的基础截面高度会比不需要按第 8.2.9 条验算（即只需按第 8.2.8 条非对称冲切承载力要求进行验算）所需的截面高度明显偏大，即在界限状态处出现基础截面高度的跳跃式变化。而根据受力模型推断，在此类基础的受非对称冲切承载力验算结果和单向弯曲受剪承载力验算结果之间本是应实现连续过渡的。为了形成能够连续过渡的设计方法，看来有必要针对独立基础在底边不同长宽比条件下的特有受冲切和单向受剪承载力性能组织专门的系列试验研究，并依研究结果提出改进的独立基础受冲切、受剪承载力的验算方法；这应也是《混凝土结构设计规范》GB 50010 专家组的愿望。

6.2.13　《建筑地基基础设计规范》GB 50007—2011 给出的筏形基础底板的受冲切及受剪验算要求

在我国近年来修建的高层及超高层建筑结构中，不论上部结构采用的是混凝土结构、钢结构还是型钢混凝土结构，或这些结构的混合方案，最终结构所受的竖向及水平荷载引起的组合内力都将通过核心筒壁、剪力墙墙肢和框架柱等类竖向结构构件传给筏形或箱形基础，还有能是独立基础，并经其传给地基或其下面的桩基。

目前高层及超高层建筑结构中所使用的筏形基础大部分为平板式筏形基础，少部分为梁板式筏形基础。这些基础的底板也都属于无腹筋受弯构件。在这些底板的设计中，一旦选定了混凝土强度等级（目前多选为 C25 或 C30），底板厚度就多由《建筑地基基础设计规范》GB 50007—2011 所给出的受冲切承载力要求或受剪承载力要求来控制。因结构竖向构件传给筏形基础的内力巨大，故特别是平板式筏形基础的底板厚度就可能很大，例如超过 1m，甚至超过 2m。这使其工程量在结构总工程量中占有较大比重，对工程造价有重要影响。这说明所用受冲切验算方法和受剪验算方法在整个结构设计中起重要作用。

筏形基础底板的受冲切和受剪验算方法是由《建筑地基基础设计规范》GB 50007—2011 第 8.4 节规定的，验算思路与《混凝土结构设计标准》GB/T 50010—2010（2024 年版）中的思路是相互呼应的，但验算方法和步骤则结合筏形基础底板设计中的具体情况形成了自己的特点。下面对这些规定分别作概括性介绍。

1. 平板式筏形基础在柱下的底板需满足的受冲切承载力验算要求

对于柱下的平板式筏基底板需根据《建筑地基基础设计规范》GB 50007—2011 第 8.4.7 条的规定完成受非对称冲切承载力验算（不需要进行其他的受剪承载力验算）。这里所用的也是引自美国 ACI 318 规范的验算方法，思路与《混凝土结构设计标准》GB/T 50010—2010（2024 年版）附录 F 的方法是一致的，只不过从简化设计角度对所用公式的形式和步骤作了少许调整。其中，该规范式（8.4.7-1）和式（8.4.7-2）中的 τ_{max} 也就是本书前面第 6.2.11 节式（6-25）中的 v_p^*。因此，本书不拟再对该规范的具体规定作展开介绍，请见该规范。

2. 平板式筏形基础在核心筒下的底板需要完成的受冲切承载力和受剪承载力的验算要求

该规范要求平板式筏形基础处在核心筒下面的底板需同时满足所规定的受冲切承载力和受剪承载力验算要求。

（1）受冲切承载力验算要求

如图 6-45 所示，该规范在其第 8.4.8 条中给出了当核心筒底部的平板式筏形基础的底板进行受冲切承载力验算以及受剪承载力验算时，在把核心筒视为整体的条件下所应取用的计算截面（《建筑地基基础设计规范》GB 50007—2011 称"临界截面"）；然后给出了与《混凝土结构设计标准》GB/T 50010—2010（2024 年版）第 6.5.1 条类似的完成对称冲切承载力验算的公式。并规定，当需要考虑内筒根部弯矩的影响时，可按该规范第 8.4.7 条对柱下底板非对称冲切验算给出的方法算得距内筒边缘 $h_0/2$ 处的 τ_{max}，并给出了 τ_{max} 的控制条件。

（2）受剪承载力验算要求

该规范还要求，沿核心筒的每一边在图 6-45 给出的距内筒边缘为 h_0 的计算截面处根据给

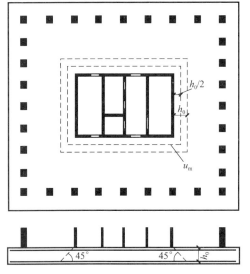

图 6-45 《建筑地基基础设计规范》GB 50007—2011 图 8.4.8 给出的内筒底部筏板受冲切承载力和受剪承载力验算所用的计算截面的位置

出的受剪承载力计算公式分别完成底板的受剪承载力验算，所取受剪承载力控制条件与《混凝土结构设计标准》GB/T 50010—2010（2024 年版）第 6.3.3 条对一般无腹筋受弯构件规定的抗剪控制条件类似。对验算取用的作用剪力则规定，应取"按作用的基本组合确定的由基底净反力平均值产生的距内筒边 h_0 处筏板单位宽度内的剪力设计值"。

3. 梁板式筏形基础底板的受冲切承载力和受剪承载力验算要求

当梁板式筏形基础的梁区格为矩形，且区格内的底板符合双向板的受力条件时，该规范要求梁区格内的板厚同时满足以下受冲切承载力要求和受剪承载力要求。

（1）受冲切承载力验算要求

如图 6-46 所示，该规范给出了双向受力的区格底板向内受力的抗对称冲切验算方法，即取作用的冲切力为图 6-46 阴影面积上由基底平均净反力设计值求得的合力，冲切验算沿距梁边 $h_0/2$ 处的计算截面进行，验算条件与《混凝土结构设计标准》GB/T 50010—2010（2024 年版）第 6.5.1 条类似，但不考虑 η 系数的影响。

除此之外，该规范还要求这类底板厚度满足给出的专用条件［该规范式（8.4.12-2）］的要求。

（2）受剪承载力验算要求

该规范要求对区格内双向受力的底板以图 6-47 阴影线面积上的基底平均净反力设计值的合力作为作用剪力，验算距较长区格边缘为 h_0 处的长度 ab 之间的板有效截面的受剪能力［见该规范式（8.4.12-3）］。

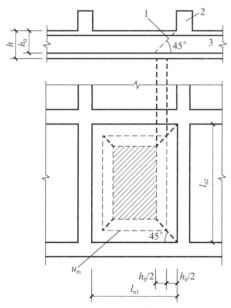
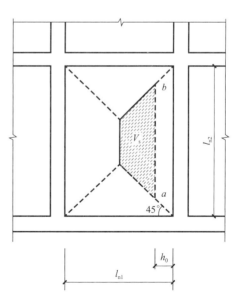

图 6-46 《建筑地基基础设计规范》GB 50007—2011 图 8.4.12-1 给出的梁板式筏形基础按双向受力考虑的底板区格进行"向内"对称冲切验算时的有关规定（图中各技术符号定义请见该规范）

图 6-47 《建筑地基基础设计规范》GB 50007—2011 图 8.4.12-2 给出的梁板式筏形基础按双向受力考虑的底板区格进行"向内"受剪承载力验算时的有关规定（图中技术符号定义请见该规范）

对符合单向板受力条件的梁板式筏形基础底板，则要求按与《混凝土结构设计标准》

GB/T 50010—2010（2024 年版）给出的一般无腹筋受弯构件类似的受剪承载力验算方法完成受剪承载力验算。具体规定见该规范第 8.4.12 条第 4 款的规定。

6.2.14 近年来我国建筑工程中多次发生的板柱体系现浇板冲切失效的启示

近年来，我国在建的建筑工程中曾先后发生了几次钢筋混凝土现浇楼板或基础底板的冲切破坏事故，这在大量修建的各类钢筋混凝土结构中已极少出现其他破坏性事故（地震灾害除外）的大背景下显得颇为突出。这些事故依时间顺序为：

第一次发生的是四川成都地区某工程采用板柱体系的独立多层地下车库（底部采用软土地基上的筏板式基础）在连续多天大雨后发生的底板冲切破坏。其中一部分地下室最下层钢筋混凝土柱穿透底板贯入地地基土中一定深度，其上部楼盖随之向下塌陷。

另一次是北京地区某采用板柱体系的独立地下车库在进行顶板上机械化覆土作业时发生顶板的冲切破坏。

再一次是 2020 年四川成都部分地区洪水泛滥，泛区内某刚施工结束的采用板柱体系的多层地下车库因箱形地下室周围地下水位过高，底板因其下面自下向上作用的静水压力过大而发生向上的冲切破坏（破坏后底板在柱周围向上鼓起）。

从这些事故得到的启发是，虽然我国设计标准所用的抗冲切设计方法如本书前面几节所述是有国内外必要数量的试验结果和模拟分析结果作为依据的，但发生冲切破坏的结构所处的最不利受力状态则有可能未被相应结构设计人充分估计，甚至是未被意识到；这可能是发生这类事故的主要原因。这提醒结构设计人应在设计过程中认真、全面地估计例如顶板覆土施工期间可能出现的最不利荷载状况（包括覆土在施工操作过程中可能厚度差异大以及施工机械的超常自重）、覆土被雨水浸透后的自重可能给顶板带来的过大荷载以及洪水期间过高地下或地面水位可能给底板带来的过大自下向上作用的静水压力等，以便从结构设计角度尽可能防止此类事故的发生。

6.3 有腹筋梁类构件的受剪性能及设计

6.3.1 一般性说明

如上一节所指出的，除楼盖和屋盖的现浇板、基础底板、地下结构的顶板底板和边墙等因不便设置腹筋而会采用无腹筋构件外，其余各类主导结构构件，如框架梁、柱，排架柱，剪力墙或核心筒的墙肢及连梁等，因构件中作用剪力相对较大，从受力需要角度已不可能或不适于采用无腹筋构件，故均需配置受剪钢筋（或称腹筋或横向钢筋）。

在我国目前的建筑工程中，与其他发达国家一样，梁、柱类构件的腹筋主要使用封闭式箍筋（原来允许在非抗震设计的梁内使用在有翼缘的受压区开口的箍筋，目前已很少见），墙肢类构件则以水平分布钢筋作为受剪钢筋。

在以往工程中的连续梁和框架梁中也曾使用过以弯起钢筋为主、箍筋为辅的腹筋配置方案，后因弯起钢筋的加工技术要求较高，且布筋操作难度大，又不便于在计算机辅助设计中操作等原因而淡出设计。

在抗震结构的某些构件（如小跨高比的连梁和框架梁以及小高宽比的框架柱）中也可

能需要使用交叉斜向钢筋作为抗剪钢筋来保证所需的抗震抗剪性能。

在结构构件中配置了抗剪钢筋后，除了在发生斜压型剪切失效的剪跨比很小的受力状态下起不到明显改善抗剪性能的作用外，在其他剪跨比的各类构件中，当斜裂缝较充分发育后，就会在构件腹板的二维应力场中形成主要由抗剪钢筋承担拉力、由混凝土承担斜裂缝间沿裂缝方向斜向压力的类似于桁架的弯剪传力机构（纵向受拉钢筋和正截面受压区混凝土及纵向受压钢筋则分别相当于桁架的拉、压弦杆），并能充分发挥抗剪钢筋抵抗拉力、混凝土抵抗斜向压力的各自优势。这样就可以根据作用剪力大小调整构件抗剪钢筋的用量，使构件形成所需的比无腹筋情况高出程度不等的受剪承载力，同时在正常使用极限状态下提供必要的非弹性抗剪刚度并控制斜裂缝的宽度。

还需要注意的是，在梁、柱类构件中，箍筋用量不仅由受剪承载力需求确定，还要满足对受压纵筋和受压混凝土提供侧向约束的需求，但根据对箍筋在剪切和约束效应下工作机理的现有认识，抗剪和约束这两方面的箍筋需求量不需要叠加，即只按需求更大的一项确定箍筋的最终用量。而且请注意，在一个构件内，需要布置约束箍筋和需要布置抗剪箍筋的构件区段可能并不完全一致，请关注规范有关规定。同样，在墙肢类构件中，水平分布钢筋也是既要起抗剪钢筋的作用，又要起抵抗温度变化和混凝土硬结收缩在墙肢中引起的拉应力以防墙肢开裂的作用，这两方面的需求量同样也不要求叠加，也是按需求更大的一项确定其最终用量。

用于抗剪的箍筋，因在一般单向受剪构件中只有沿剪力作用方向的箍肢参与受力，因此箍筋用量通常用如图 6-48 所示的箍筋"配箍率"来表示，也就是构件参与抗剪的箍肢截面面积与构件混凝土垂直于剪力作用方向的对应截面面积之比来表示。例如，当箍筋如图 6-48 所示为双肢时，配箍率 ρ_{sv} 即为：

$$\rho_{sv} = \frac{2a_{sv1}}{bs} \tag{6-27}$$

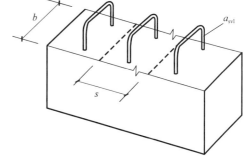

图 6-48　单向受剪的梁类构件配箍率的定义

式中　a_{sv1}——一根竖向箍肢的截面面积；

　　　b——构件截面宽度；

　　　s——箍筋间距。

约束箍筋的用量则通常用"体积配箍率"表示；体积配箍率的定义则是构件设置约束箍筋区段单位混凝土体积内箍筋体积所占的比例，具体规定见《混凝土结构设计标准》GB/T 50010—2010(2024 年版) 第 11.4.17 条和第 6.6.3 条的有关内容。

用于墙肢类构件抗剪的水平分布钢筋的配筋率则为水平分布钢筋的截面面积与墙肢垂直方向混凝土相应截面面积的比值。具体规定见《混凝土结构设计标准》GB/T 50010—2010(2024 年版) 第 9.4.4 条。

6.3.2　不同剪跨比有腹筋梁类构件的剪切失效方式

已有试验结果表明，与前一节所述无腹筋受弯构件在较小、中等和较大剪跨比条件下分别发生斜压型、剪压型和斜拉型剪切失效相比，在配箍率不是过小（即满足设计标准规定的最低用量）的有腹筋梁类构件中，构件的剪切失效方式也将随剪跨比的变化而发生改变。具体变化表现为：

（1）当剪跨比较小，例如 1.25～1.5 时，如在无腹筋构件处所述，因构件上作用的荷载将直接经混凝土中的斜向压应力传入支座，故当在该剪力作用区段加设箍筋后，因箍筋方向与斜压应力方向相差不大，通过在一般梁类构件和深梁类构件内的实测证实，箍筋均只受很小的压应力作用，对构件受剪承载力没有明显帮助。因此可以认为，有腹筋小剪跨比梁类构件的剪力传递机构仍为前面图 6-13 所示的折线形带拉杆拱式机构，构件失效仍是由斜压混凝土的抗压能力控制，其受剪承载力与无腹筋小剪跨比梁式构件没有实质性区别。

（2）当剪跨比为中等，即大约大于 1.5，小于等于 2.5 时，加设的箍筋会以其抗拉能力在形成剪切斜裂缝的构件区段内直接参与承担剪力，并在该剪弯区段形成以箍筋受拉、斜裂缝之间的混凝土沿斜裂缝方向受压的拉杆拱-桁架式剪力传递机构。随着箍筋用量的增大，在裂缝间混凝土抗斜压能力未充分利用之前，构件的受剪承载力会持续提高。构件最终发生的仍是剪压型失效，但失效时的抗剪能力构成与无腹筋构件处有原则性差别，请见第 6.3.3 节的讨论。

（3）当剪跨比偏大，例如超过 2.5 之后，由于在斜裂缝形成后的有腹筋梁内已有箍筋穿过各条斜裂缝，并在其中继续承担相应拉力，故构件已不会发生无腹筋受弯构件中"一裂就断"的斜拉型突发式剪切失效。试验证明，在这类构件中形成的仍是与中等剪跨比处相同的拉杆拱-桁架式传力机构，最终发生的仍是剪压型失效方式。

综上所述可知，在箍筋用量不是过少的有腹筋简支梁内，随构件剪跨比的变化只会形成两类剪切失效方式，即小剪跨比条件下的斜压型剪切失效和在其余剪跨比条件下的剪压型剪切失效。因此，剪压型失效就成为工程中梁类构件最常见的剪切失效方式，也是梁类构件受剪承载力计算方法的主要依据，并将在下面进一步讨论。

但需注意的是，当中等及更大剪跨比条件下构件内的配箍量因构件作用剪力较大而超过某个限度后，斜裂缝之间承受斜向压力的混凝土会因斜压力过大而在箍筋较充分发挥其抗拉能力之前先行压溃，从而使梁类构件发生非小剪跨比条件下的斜压型剪切失效。因此，结构设计人有必要了解斜压型剪切失效实际上有可能在两种情况下发生，即小剪跨比条件下的斜压型失效和其他剪跨比条件下当配箍量过大时因作用剪力过大而导致的多条斜裂缝之间混凝土的斜压型剪切失效。

6.3.3　剪压型失效的有腹筋简支梁的剪力传递机构及剪切失效过程

若以一根受对称集中荷载作用的有腹筋矩形截面简支梁（腹筋只用箍筋）为例（图 6-49），则在荷载已经加到一定程度、斜裂缝已充分发育的条件下，经试验观测及模拟分析已经确认的梁内剪弯区段的剪力传递机构将具有以下特征。

首先，传入梁内的集中荷载，或者说梁剪弯区段的作用剪力，将根据该区段二维场的非弹性变形协调条件分成各占总剪力不同比例的斜向压力（所占比例按各斜向压力的竖向分量考虑）传入各条斜裂缝之间的混凝土条带（图中将条带表示为 O、A、B、C）以及在集中荷载和梁支座之间形成的"主拱肋"。图中各混凝土受压部位用点雾表示。若从该二维场中任意取出一个位于两条斜裂缝之间的混凝土条带（也称一个"混凝土齿"），则如图 6-50 所示，该混凝土齿所受的斜向压力中的相当一部分将经由位于该混凝土齿范围内的箍筋向上传入左侧相邻混凝土齿并进一步传入构件上部未开裂的受压混凝土内。斜向压力的其余部分将经这一混凝土齿左侧斜裂缝中的骨料咬合效应（其合力在图 6-50 中用 V_{itl} 表示）和与斜裂缝相交的受拉纵筋的销栓力（图中用 V_{dwl} 表示）传入其左侧的混凝土齿内。

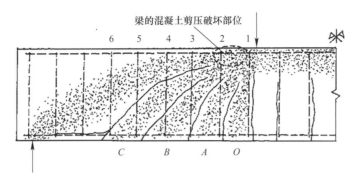

图 6-49　矩形截面有腹筋简支梁充分受力状态下剪弯区段的剪力传递机构（点雾区表示受压混凝土）

于是，图 6-49 所示的左侧梁段的剪力传递过程即为，混凝土齿 O 先把它所受斜压力中的一部分经箍筋 1 传入梁上部受压混凝土，另一部分经其左侧斜裂缝界面之间的骨料咬合力和纵筋销栓力传给混凝土齿 A；经箍筋 1 传入梁上部混凝土的力则根据变形协调条件，一部分经主拱肋传入梁支座，另一部分则以斜压力增量形式分别传入混凝土齿 A、B、C。混凝土齿 A 再将由混凝土齿 O 传来的骨料咬合力和纵筋销栓力会同该齿自身所受的斜向压力（包括由箍筋 1 再分配来的斜压力），一部分经箍筋 2 传入梁上部受压混凝土，另一部分则经其左侧斜裂缝的骨料咬合力和纵筋销栓力传给混凝土齿 B；依此类推，到混凝土齿 C 处则会把它所受的剪力经

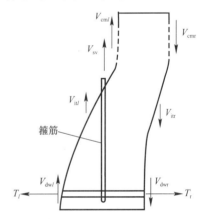

图 6-50　梁剪弯区段中取出的一个"混凝土齿"脱离体所受的作用力

箍筋 3、4、5、6 和它左侧斜裂缝界面之间的骨料咬合力及纵筋销栓力传入主拱肋。所有各混凝土齿传给主拱肋的力都将经主拱肋混凝土最终传到左侧梁支座。

从以上剪力传递过程可以看出，这是在满足该二维场的非弹性应力平衡条件和变形协调条件下形成的一种颇为复杂的传力过程，但其中的传力机理是清楚的。如果把其中的主导传力途径抽取出来，则可看到首先存在一个由主拱肋和梁受拉纵筋构成的带拉杆拱，然后在其上再重叠一个近似变高度桁架的传力机构，其中以各斜裂缝之间承担斜压力的各个混凝土齿作为桁架的斜压杆，以箍筋作为桁架的竖直拉杆，只不过在桁架各斜压杆之间还存在通过骨料咬合效应和纵筋销栓效应的剪力传递。因此，这种剪力传递模型也可近似称为拉杆拱-桁架传力模型。

构件配置箍筋后，各条与箍筋相交的斜裂缝受到箍筋的制约，其宽度发育会明显比无腹筋构件中偏慢，导致斜裂缝界面中参与传递剪力的骨料咬合效应能较好保持，不致过快退化。

另外，如前面图 6-17 所示，在无腹筋构件中，随着沿某条斜裂缝剪切错动的增大，纵筋在发挥越来越大的销栓效应的过程中，会将斜裂缝朝构件支座一侧的表层混凝土向外撕开，形成从该斜裂缝向支座方向沿纵筋的撕裂裂缝，并导致纵筋销栓作用随后迅速降

钢筋混凝土结构机理与设计

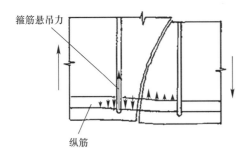

图 6-51　箍筋发挥的保持纵筋销栓
效应的作用

低。在构件配置箍筋后，只要箍筋间距不是过大，就会如图 6-51 所示，通过其悬吊力起到在某种程度上阻碍纵筋向下撕开表层混凝土的作用。当然，当销栓效应导致起悬吊作用的箍筋拉伸变形增大时，仍可能出现沿纵筋的撕裂裂缝，但裂缝宽度会受到箍筋的控制。撕裂裂缝出现后，销栓效应会有所退化，但退化程度远没有在无腹筋构件中那样严重，即大部分销栓效应会继续保持。

上述箍筋对沿斜裂缝骨料咬合效应和纵筋销栓效应的有利作用会随箍筋用量的增加而加强。

从图 6-49 可以看出，随着作用剪力在各个混凝土齿中引起的斜压力从图示的混凝土齿 O 向混凝土齿 C 的传递，穿过各齿之间斜裂缝箍筋的悬吊负担也有逐步加重的趋势。试验结果也证明，首先进入屈服的不是混凝土齿 A 左侧或右侧斜裂缝中的箍筋截面，而多是混凝土齿 C 左侧或右侧斜裂缝中的箍筋截面。当例如箍筋在混凝土齿 C 与主拱肋之间的斜裂缝中随荷载增长而首先达到屈服时（通长是在截面高度下部与该斜裂缝相交的箍筋首先达到屈服，因为作用的弯矩使斜裂缝下宽上窄），随着剪力及剪切变形的增大，与该条斜裂缝相交的箍筋将自下向上逐个屈服，但在截面高度上部与斜裂缝相交的箍筋则可能因裂缝宽度过小而始终都达不到屈服。箍筋的屈服后塑性伸长会使这条斜裂缝的宽度明显增大。这导致沿这条斜裂缝的骨料咬合效应迅速退化，但纵筋销栓效应因有箍筋悬吊力的保护仍可大部分继续维持。骨料咬合效应的退化，使沿这一斜裂缝截面作用的剪力只能向上部未开裂的受压区混凝土转移。随作用荷载稍事增大，处在集中荷载作用点下左侧的梁上部受压区混凝土就会在压力和剪力共同形成的斜向一拉一压的二维受力状态下因抗拉强度不足而破坏，并使该斜裂缝截面最终丧失抗剪能力。这意味着，构件发生的是沿箍筋首先达到屈服的斜裂缝截面因构件上部混凝土的剪压失效而引起的剪压型剪切失效。在以往文献中也常称这一失效截面为"临界斜截面"。

以上失效特征表明，若从图 6-52 所示的沿临界斜截面取出的左侧构件脱离体为例，则到发生剪压型剪切失效之前构件所能抵抗的最大剪力，即构件的受剪承载力 V_u（也就是在忽略构件自重条件下构件左侧的支反力）根据平衡条件是由以下四种成分构成的：

（1）与临界斜截面相交的各排箍筋所抵抗的剪力，即图 6-52 中的 $V_{s1} \sim V_{s4}$，其中，在截面高度中、下部与临界斜裂缝相交的箍筋能达到屈服，在截面偏上部与临界斜裂缝相交的箍筋不一定能达到屈服；

（2）临界斜裂缝在构件即将失效状态下尚存的骨料咬合效应之和沿竖直方向的分量所抵抗的剪力，在图 6-52 中用 V_{it} 表示；

（3）与临界斜裂缝相交的纵筋的销栓效应所抵抗的剪力，在图 6-52 中用 V_{dw} 表示；

（4）上部剪压区混凝土在剪压失效前所能抵抗的剪力，在图 6-52 中用 V_{cm}^* 表示。

于是，根据脱离体的竖向力平衡条件即可写出：

$$V_u = \sum V_{si} + V_{it} + V_{dw} + V_{cm}^* \tag{6-28}$$

该式的设计应用将在下面第 6.3.9 节中进一步说明。

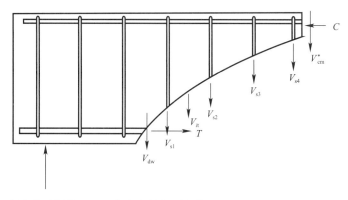

图 6-52 在从临界斜截面向左截出的构件脱离体上揭示出的竖向力（剪力）平衡关系

根据以上叙述还能得出的另外几项结论是：

（1）虽然在有腹筋简支梁类构件的剪压型剪力传递机构中总是与临界斜裂缝相交的大部分箍筋先达到屈服，但因在箍筋屈服后的塑性伸长发挥不久的变形状态下剪压区混凝土就发生失效，导致发生此类失效的构件仍不具备在箍筋屈服后能产生足够大塑性变形能力的条件，故这种失效仍只能视为非延性的。

（2）试验结果表明，当采用的箍筋强度等级偏高时，因钢材的弹性模量没有变化，故在此类箍筋受力较为充分但尚未达到屈服时，就可能因应力较高、拉伸变形已较大而导致剪力向剪压区混凝土转移，并导致剪压区混凝土在箍筋未屈服前发生剪切失效。这意味着这种强度偏高箍筋的强度未得到充分发挥，造成材料浪费。《混凝土结构设计标准》GB/T 50010—2010(2024 年版) 第 4.2.3 条因此规定，当受剪承载力计算中各类横向钢筋（腹筋）的抗拉强度设计值 f_{yv} 大于 360N/mm^2 时，只能取 f_{yv} 等于 360N/mm^2。这实际上是不推荐使用 HRB500 或 HRBF500 级钢筋作为受剪腹筋。这一规定在本书第 2.1 节中就已经提及。

（3）若进一步分析式（6-28）中给出的对有腹筋梁类构件受剪承载力作出贡献的四项因素，则可发现，其中的箍筋拉力和剪压区混凝土的抗剪能力是分别主要由与箍筋有关的因素和与混凝土有关的因素提供的；裂缝界面的骨料咬合效应虽由界面混凝土直接提供，但因这一效应取决于斜裂缝宽度，而斜裂缝宽度又与箍筋用量及强度有关，故裂缝界面的骨料咬合效应也应是由与混凝土有关和与箍筋有关的因素共同提供的；而纵筋的销栓效应虽然是由纵筋与混凝土之间的相互作用提供，但如前面所述，箍筋的用量和强度也将对纵筋销栓效应提供支持。即使是前面两个显得较为独立的因素，因为是在构件二维场内形成的，严格来说箍筋拉力也与混凝土方面的因素有关，而剪压区混凝土的抗剪能力也与箍筋用量及强度有关。因此，如果为了设计简便而不把纵筋作为独立因素考虑，式（6-28）中的四项因素就都可以通过两类参数来表达，一类是与混凝土截面特征及强度有关的参数，另一类则是与箍筋数量及强度有关的参数。于是，各国规范几乎都把梁类构件的受剪承载力用箍筋项和混凝土项相加的方式表达，且上述四项因素都为这里的箍筋项和混凝土项作出了某种贡献，只不过贡献大小不一。这样，式（6-28）也可写成：

$$V_u = V_c + V_{sv} \tag{6-29}$$

式中 V_c——与混凝土有关的抗剪能力贡献；

V_{sv}——与箍筋有关的抗剪能力贡献。

（4）虽然如前面所述，除剪跨比很小的情况外，有腹筋受弯构件发生的都是剪压型剪切失效，但试验结果证明，在其他条件相同时，随着剪跨比的增大，构件的受剪承载力仍会有幅度不大的逐步下降，但在剪跨比大到一定程度后，例如大于 3.0 以后，下降幅度就已不再明显。从图 6-49 所示剪力传递机理可知，在简支梁情况下，这主要是由于随着剪跨比增大，主拱肋的倾斜度逐渐减小，由集中荷载经主拱肋直接传入支座的剪力比例也自然会逐步减小，即更多剪力将通过各混凝土齿及箍筋传递，从而增大了箍筋负担，并在相同配箍条件下使受剪承载力有所下降。因此，即使是在有腹筋情况下，剪跨比依然是影响受剪承载力的因素之一。

6.3.4 梁腹板的斜压型剪切失效——剪压型失效梁的抗剪能力上限

从前面图 6-49 所示的剪压型剪力传递机构可以看出，除去各条斜裂缝中的骨料咬合效应和纵筋销栓效应在剪力传递过程中发挥的作用外，真正决定剪力传递能力的主要因素一个是各条斜裂缝间混凝土齿的抗斜压能力，另一个是箍筋的悬吊能力。这意味着，当总体上混凝土齿的抗斜压能力比箍筋悬吊能力偏强时，构件的剪力传递能力就主要取决于箍筋一方；若总体上箍筋悬吊能力已强于混凝土齿的抗斜压能力时，构件的剪力传递能力就将由混凝土齿一方决定。这表示，从设计角度看，只要混凝土齿的抗斜压能力足够，随着梁上作用剪力的加大，就需要有更多的箍筋发挥悬吊传力作用。但当梁上荷载增到足够大，即箍筋用量增到足够大，以致混凝土齿的抗斜压能力达到极限时，梁内发生的就将是斜裂缝间混凝土沿裂缝方向的斜向压碎，这时梁发生的剪切失效就不再是剪压型失效，而变成斜压型失效；但这里发生的斜压型失效不是因为剪跨比小，而是因为梁内作用剪力过大和箍筋用量达到上限所致。当发生这类非小剪跨比梁在其肋部的斜压破坏时，也就决定了该根梁箍筋的最大用量，因为再多放箍筋已不会进一步提高梁的抗剪能力。

在图 6-53 中给出了德国研究界在一根箍筋配置过多的受集中荷载作用的工字形截面薄腹梁试验中观察到的腹板混凝土在较大范围内的斜向压碎。

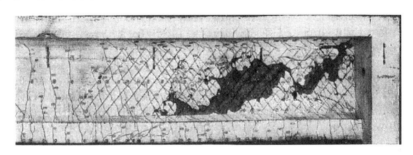

图 6-53　一根配置斜向密排箍筋的受集中荷载作用的工字形截面薄腹梁中形成的
腹板混凝土的较典型斜向压溃

6.3.5 T 形截面简支梁的剪压型剪力传递机构的特殊性

因 T 形截面有腹筋简支梁在桥梁结构中应用较多，故在 20 世纪 70～80 年代各国完成过一定数量这类构件的抗剪性能试验。试验中发现，当翼缘宽度与腹板宽度形成一定差距后，T 形截面梁形成的剪力传递机构与前面图 6-49 所示矩形截面有腹筋简支梁的剪力传递机构会出现一定的可见差别，即如图 6-54 所示，虽然在集中荷载左侧的腹板内也形成了一个扇形分布的斜裂缝区，但更向支座方向会在腹板内出现若干条几乎相互平行的斜裂缝（图 6-54 中的斜裂缝 1、2、3、4）；与此同时，对腹板混凝土不同部位的应变测试也表明，主拱肋走势也将发生相应改变，即如图 6-54 中点雾区所示，主拱肋会从左侧支座以比图 6-49 中更陡的角度向上发育并进入构件翼缘区，再沿受压翼缘（即沿水平方向）继续向前发展，直到集中力作用点处与梁纯弯区段的受压区相连。

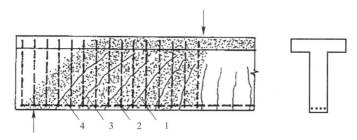

图 6-54 T 形截面有腹筋简支梁在对称集中荷载作用下形成的有特点的
剪力传递机构（点雾区表示受压混凝土）

欧洲研究界用最小变形能原理解释了主拱肋走向在 T 形截面简支梁中发生的不同于矩形截面梁的这种变化，即如图 6-55(a)、(b) 所示，若假定在相同的两根 T 形截面简支梁中形成了如这两个图中用点雾区分别表示的主拱肋走势，则在图 6-55(b) 所示的走势方案中，主拱肋从梁支座到相应一侧集中荷载传入点之间的距离虽然比图 6-55(a) 所示的折线走势方案路径更短，但当腹板宽度明显偏小时，因图 6-55(b) 方案的主拱肋几乎全在腹板内穿过，其总压缩变形仍比路径相对较长，但大部分在宽度较大的翼缘内穿过的图 6-55(a) 中的主拱肋偏大。因此，根据最小变形能原理，即传力总是选择压缩变形最小的路径来实现的原理，实际形成的是图 6-55(a) 中的主拱肋走势。

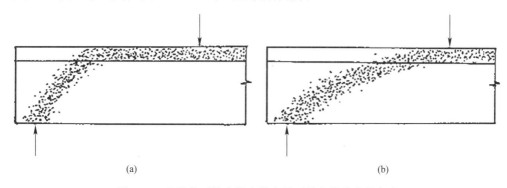

(a)   (b)

图 6-55 T 形截面简支梁中假定的两种主拱肋走势方案

腹板相对较薄的 T 形截面简支梁中形成的主拱肋的上述特殊走势导致梁的剪力传递机构发生的最大变化是，在图 6-49 所示的矩形截面简支梁的典型剪力传递机构中，每两条斜裂缝之间的混凝土条带可以从集中荷载传入部位向支座方向依次把一定比例的剪力陆续传入主拱肋，使斜向主拱肋能发挥越来越重要的传递剪力的作用。但是在图 6-54 所示的薄腹 T 形截面梁的剪力传递机构中，因主拱肋有很长一段是在梁上部翼缘范围内沿水平方向发育，不能过多分担各混凝土斜压条带的剪力，导致这一区间的斜压条带只能相互平行，并借助相邻斜压条带之间的箍筋悬吊力、裂缝界面的骨料咬合力及纵筋销栓力将每个斜压条带的斜压力在斜压条带之间依次向支座方向传递。这导致这一区间内的箍筋悬吊力大小较为均匀，没有图 6-49 中混凝土齿 C 左侧和右侧两条斜裂缝中箍筋拉力可能更强的特征出现。

为了展示简支梁在从矩形截面逐步变成腹板较薄的 T 形截面的过程中剪力传递机构可能出现的上述细部变化，20 世纪 70 年代，德国 F. Leonhardt 还主持完成了图 6-56 所示的截面外轮廓尺寸、纵筋及箍筋用量以及材料强度均相同的一根矩形截面梁和三根腹板宽度逐渐减小的 T 形截面梁的对比试验。其中，矩形截面梁因截面宽度最大，与各根梁变化不大的抗弯能力相比，其抗剪能力相对最强，导致最终发生的是弯曲破坏；纵筋屈服和混凝土压溃发生在跨中弯矩最大截面。第二、三根 T 形截面梁因腹板宽度减小，抗剪能力逐次相对减弱，故虽然纵筋数量及受压区尺寸未变，发生的则是剪压型剪切失效。其中，第二根梁因腹板宽度尚未过分减薄，斜裂缝发育仍具有与图 6-49 相似的特征，临界斜裂缝的位置也与图 6-49 中预计位置类似。第三根梁因腹板已减得较薄，斜裂缝分布与走势已具有图 6-54 所示特点，而且发生在相互平行的斜裂缝区的临界斜裂缝到集中荷载的距离已经变大，与前面结合图 6-54 对箍筋拉力大小的预测结果相符；而且，临界斜裂缝已有一段沿翼缘下边缘水平发育。第二根和第三根梁的混凝土剪压破碎区都发生在离集中荷载左

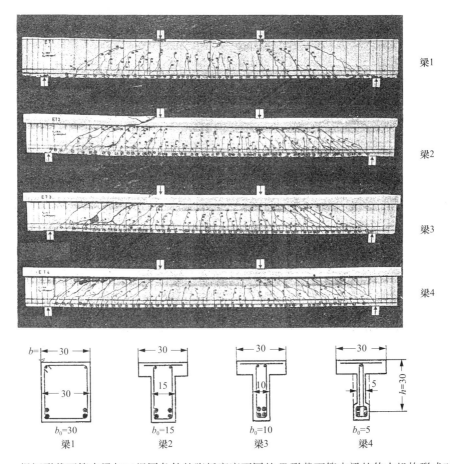

图 6-56　一根矩形截面简支梁与三根同条件的腹板宽度不同的 T 形截面简支梁的传力机构形式对比试验

侧不远处。第四根梁因腹板最薄，斜裂缝分布自然更具有图 6-54 所示特点，且临界斜裂缝是在支座内侧不远处从梁下边缘向上发育的，即大致沿主拱肋下边缘形成，并在翼缘下边缘的腹板中以剪切错动的水平裂缝形式向集中荷载作用处发展；最后，当该沿水平方向发育的裂缝的剪切错动已较严重时，虽仍未发生混凝土剪压区的压溃，也认为构件已经剪切失效。这应认为是一种与剪压型剪切失效主体性能相近的剪切失效方式，可称为"水平剪切错动失效方式"。这种失效方式在钢筋混凝土叠合梁的剪切破坏中也常见到，只是剪切错动多沿水平叠合面发生。

6.3.6 有腹筋连续梁及框架梁的剪力传递机构及失效方式

建筑结构中大量使用的受弯构件主要是框架结构、剪力墙结构、框架-剪力墙结构和框架-核心筒结构中的框架梁和连梁。这些有腹筋受弯构件与有腹筋简支受弯构件的主要区别是每跨梁端都有端转动约束存在，故梁内剪力较大区段一般都恰是正、负弯矩的过渡区段。为了能体现这类梁的受力特点，且又能试验简便，这类梁的抗剪性能几乎都是用图 6-57(b) 中所示的约束梁，即两侧带悬臂的简支梁来完成的。因为如图 6-57(a)、(b) 所示，可以通过调整两侧悬臂的长度和悬臂外端集中力与跨内集中力的比例，使约束梁跨内弯矩分布和剪力分布与多跨连续梁或框架梁某跨的弯矩分布和剪力分布相同或相近（在约束梁的试验中始终保持梁主跨内的集中荷载与悬臂外端集中荷载的比例不变）。

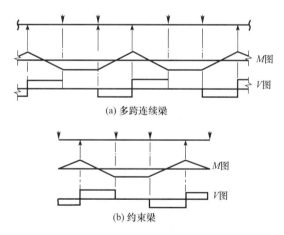

图 6-57 跨内弯矩分布和剪力分布相同或相近的连续梁和约束梁

在受均布荷载作用的跨高比不是过小的有腹筋连续梁内（图 6-58a），因作用剪力从跨度中部向支座逐步增大，故在剪力不大的跨度中部正弯矩作用区段只会形成正截面垂直裂缝，而不出现剪切斜裂缝；只有在剪力较大的支座附近才能形成扇形分布的斜裂缝区和在梁抗弯能力足够且剪力足够大时沿某条受力最不利的斜裂缝（如图示右侧支座扇形裂缝区最朝跨中一侧的斜裂缝）发生剪压型剪切失效。而在受集中荷载作用的剪跨比不是过小的连续梁内，则会在集中荷载到相应支座之间的剪力较大区段内分别在正弯矩区和负弯矩区形成扇形分布的弯剪斜裂缝。试验结果表明，当一般连续梁中支座负弯矩大于跨中正弯矩时，若抗弯能力足够，剪切失效总是沿支座扇形分布的某根偏外侧的斜裂缝发生（图 6-58b）。只有当例如某根受集中荷载作用的有腹筋连续梁的某个端跨外端带有外伸悬臂（图 6-58c），且悬臂在支座处产生的弯矩仍小于跨中正弯矩时，若梁抗弯能力足够，剪切失效方才有可能沿集中荷载作用处（正弯矩区段）的某条斜裂缝发生。

请注意，当剪切失效沿负弯矩区某条斜裂缝发生时，因截面受拉区在上部，故混凝土发生剪压破碎的部位在截面下部斜裂缝末端靠近支座处；而当剪切失效沿正弯矩区某条斜裂缝发生时，混凝土剪压区则位于斜裂缝上部末端靠近集中荷载作用点的部位。这些部位已在图 6-58 各图中分别标出，切勿上、下错判。这是因为如后面第 6.3.10 节将要进一步提到的，当梁为 T 形截面，且翼缘位于受压区时，因翼缘能增大剪压区的截面面积，故能起到提高受剪承载力的作用，但这只适用于翼缘位于截面上部的简支梁或连续梁的正弯矩区。而在剪切失效多发生在支座附近负弯矩区的连续梁或框架梁内，因翼缘位于负弯矩受拉区，故已无法发挥提高受剪承载力的作用。

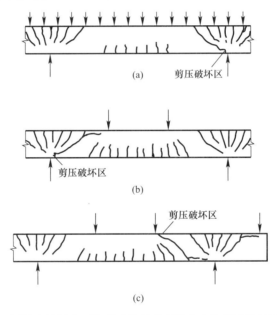

图 6-58　受力条件不同的连续梁内可能形成的几种裂缝分布格局及剪切失效发生的不同位置

现以图 6-59 所示的从一根各跨受两个集中荷载作用且跨高比为 8.0 左右的矩形截面多跨连续梁中取出的某中间支座左侧一段梁为例，来说明在一般连续梁中的有别于简支梁的剪力传递过程。从图中可以看出，当梁受力较充分时，会在集中荷载下面和支座上面的剪力传递区段内分别形成正弯矩裂缝扇形分布区（半个扇形）和负弯矩裂缝扇形分布区（在所考虑的剪跨内也是半个扇形）。在一般连续梁或框架梁内，因支座负弯矩绝对值多大于跨中正弯矩，故负弯矩扇形裂缝区在剪跨内的分布范围会比正弯矩扇形裂缝区的分布范围偏大。当梁剪跨比为中等或偏大时，还会在上述两个扇形裂缝区之间存在一个无裂缝的四边形（菱形）混凝土体（图 6-59 中的块体 $ABCD$）。

在图示剪跨内，由集中荷载作用位置传向其右侧支座的剪力中的大部分将首先与前面图 6-49 所示简支矩形截面梁类似传入集中荷载右下方的各个混凝土齿，少部分传入混凝土菱形块体。各混凝土齿所受的斜向压力（在图 6-59 中用点雾表示混凝土受压区）也与前述简支梁处类似，一部分经齿与齿之间的骨料咬合效应和纵筋销栓效应逐一向右传递，另一部分则由箍筋的悬吊作用向上传入混凝土菱形体。混凝土菱形体在接受了从集中荷载作用部位直接传来的剪力以及由正弯矩扇形裂缝区各齿经箍筋及斜裂缝界面的骨料咬合效应和纵筋销栓效应最终传来的全部剪力后，并不是像简支矩形截面梁中那样作为主拱肋将剪力全部直接传入支座，而是根据这里二维受力场的变形协调条件，又把剪力中的大部分经由其右侧各排箍筋的悬吊力及右侧斜裂缝界面的骨料咬合效应和纵筋销栓效应传给负弯矩扇形裂缝区的各个混凝土齿。这些混凝土齿再在箍筋和界面效应协助下，根据变形协调条件将传来的大部分剪力以混凝土斜压力形式分别传入梁的中间支座（图中右侧支座）。混凝土菱形块也会如图 6-59 中点雾所示，将其根据变形协调条件未完全传给负弯矩裂缝区各混凝土齿的所余剪力自行传入梁的中间支座。

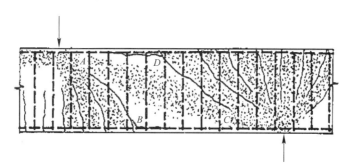

图 6-59　受集中荷载作用的矩形截面连续梁某中间支座左侧剪跨的剪力传递特点

在以上传力机理的基础上还有以下几点需要说明：

（1）正弯矩斜裂缝区和负弯矩斜裂缝区的纵筋销栓效应是由梁的下部纵筋和上部纵筋分别提供的，且最靠菱形体的正、负弯矩区斜裂缝中的下部和上部纵筋的销栓效应极有可能引起沿下部纵筋向中间支座方向发育的和沿上部纵筋向集中荷载作用位置发育的撕裂裂缝（图 6-59），或也有可能形成针脚状短斜裂缝。

（2）当连续梁或框架梁的支座负弯矩绝对值大于跨内正弯矩时，负弯矩裂缝区的范围会相对较大，该裂缝区靠近菱形块的斜裂缝中受到的由菱形块传来的剪力份额，或者说裂缝中箍筋的拉力也会相应增大，故当箍筋沿梁长等量布置时，剪切失效如前面图 6-58（b）所示更容易沿负弯矩斜裂缝区偏跨内方向的某条斜裂缝发生。当剪跨比不是过小时，如前面已经说明的，发生的通常都是剪压型失效，剪压破坏区位于梁下部靠近中间支座处。

（3）当剪跨比很小时，连续梁也会在集中荷载与支座之间发生斜压型剪切失效。

（4）因连续梁或框架梁在每个支座处存在负弯矩区，故当梁上部有现浇板构成的翼缘，梁截面变为 T 形时，前面结合图 6-54 和图 6-55 所讨论的在简支 T 形截面梁中形成的主拱肋路径不同于矩形截面梁的变化在连续梁或框架梁中将因剪切传力路径更趋复杂和无法形成简支梁中明显的主拱肋而难以发生；但不排除因存在上部翼缘，由图 6-59 左侧上部向右传入菱形体的压力会更偏菱形体右上侧向下传递。

（5）当连续梁发生剪压型剪切失效时，其抗剪能力也是由前面式（6-28）中的四种成分提供的。

（6）根据连续梁剪切破坏的试验结果，其受剪承载力与简支梁处类似也会受剪跨比的影响，其影响规律也与简支梁处类似。这种影响的原因看来在于，根据梁内二维应力场的应变协调条件，随着剪跨比减小到例如小于 3.0 后，经由图 6-59 中菱形混凝土体从集中荷载直接传入支座的剪力比例会随剪跨比的减小逐步有所增大，从而使箍筋负担有所减轻，导致在箍筋用量和强度不变的条件下构件抗剪能力相应上升。

6.3.7 间接加载引起的局部拉脱失效和对受弯构件简支端剪力传递机构及受剪承载力的影响

1. 工程中常见的几种间接加载方式

在到目前为止已完成的简支梁、约束梁或连续梁的抗剪性能试验中，绝大部分是采用荷载直接作用于构件上表面、支反力直接作用于构件下表面的加载及支承方式。这种加载方式和支承方式一般称为"直接加载"和"直接支承"。

但在实际工程中，除去与梁上表面齐平的现浇板以及支在钢筋混凝土梁上表面的压型钢板-混凝土组合板或型钢次梁的支反力可以视为对钢筋混凝土梁的直接加载，以及支承在砌体柱或砌体墙上的钢筋混凝土梁可以视为直接支承外，其余大量构件的加载方式和支承方式均与直接加载和直接支承存在差异。

从加载方式看，不属于直接加载，即属于"间接加载"的主要有以下三类情况。

（1）次梁支反力对主梁的间接加载

如图 6-60 受均布荷载作用的半跨连续次梁所示，因次梁内的剪力自跨中向两端逐步增大，故在跨中正弯矩区因剪力很小而只形成垂直裂缝（图 6-60d），即不存在图 6-59 中的正弯矩区扇形分布斜裂缝。这时，次梁内的剪力将如图 6-60(d) 所示由主拱肋传向支座。在支座处则会形成与集中荷载作用下的连续梁（图 6-59）相似的负弯矩扇形斜裂缝区；剪力则将经主拱肋和负弯矩扇形斜裂缝区裂缝间的各个混凝土齿依次传入主梁。

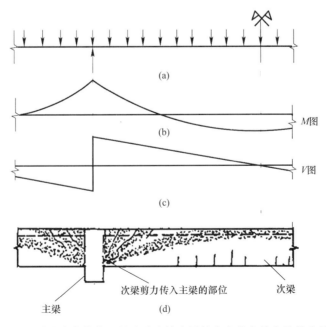

图 6-60　受均布荷载作用的多跨连续次梁的内力分布特点及剪力传递

从支承次梁的主梁角度看，次梁荷载不是以从主梁顶面直接加载的方式传入的，而是从主梁侧面相当于次梁端截面受压区，也就是一个如图 6-61(a) 所示的位于主梁侧面中下部的局部面积传入主梁的，因此，某一跨主梁即处于图 6-61(b) 所示的间接加载状态。

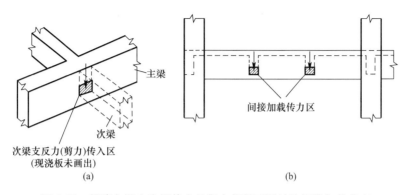

(a)   (b)

图 6-61　某跨主梁在次梁传来的集中荷载下所处的间接加载状态

（2）悬吊荷载对梁的间接加载

在采用钢筋混凝土单、多层框架结构的工业建筑中，常有传输设备需要悬挂在框架梁下，这时需在梁相应高度设置与梁垂直方向的预留圆孔，再通过穿入圆孔内的栓杆两端吊住下面设备传来的重量。于是，梁也将受到预留孔处悬吊集中力的作用（图 6-62），属于间接加载。悬吊荷载亦可通过预埋在梁内的其他型钢构件悬吊在梁高的相应部位。

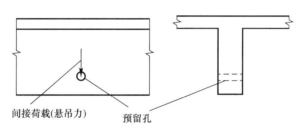

图 6-62　受预留孔栓杆传来集中力作用的钢筋混凝土梁

（3）受下边缘均布荷载作用的梁

在工程中根据需要也可能把现浇板做成其下边缘与梁下边缘齐平（图 6-63a），或将预制板构件放在图 6-63(b) 所示的沿梁两侧下边缘分别挑出的与梁整浇的配筋连续支托上。由于这时从板传来的均布荷载是从梁下边缘传入的，故也属间接均布荷载。

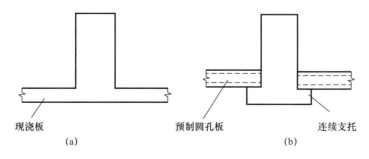

(a)   (b)

图 6-63　下边缘受均布荷载作用的梁

2. 间接加载区的局部拉脱失效及间接加载对梁简支端剪力传递机构的影响

试验结果表明，受作用在梁高中、下部间接集中荷载作用的梁，若腹筋（横向钢筋）配置数量过少，不足以将间接施加的集中力有效传递到梁的上部，集中力就可能把其作用位置以下的局部混凝土如图 6-64(b) 所示向下拉裂；若集中力再大，把穿过拉脱裂缝的横向钢筋拉到超过屈服强度时，梁的这块局部混凝土就已实质上被从梁体上拉脱，形成局部拉脱式失效。这也是一种特定的构件承载力失效方式。

当两个间接加载的集中力作用点相距较近时，局部拉脱也可能以图 6-64(c) 所示的集体拉脱方式出现。

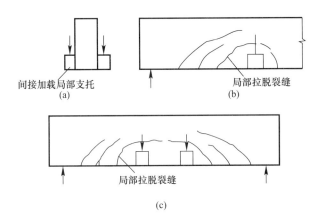

图 6-64　受间接集中荷载作用的梁在横向钢筋数量不足时形成的局部拉脱式破坏

防止发生局部拉脱失效的有效措施是根据间接集中荷载的大小配置足够数量的悬吊横向钢筋，把集中力有效传递到梁的上部。悬吊横向钢筋的建议形式及受拉脱承载力设计方法都将在下面第 6.3.9 节中结合对设计标准相应条文的解释给出。

在通过设置悬吊横向钢筋有效防止了局部拉脱失效的前提下，还曾对间接集中荷载作用下和直接集中荷载作用下的简支梁的抗剪性能做过对比试验。试验结果表明，当集中荷载由梁截面高度中、下部传入时，该集中荷载会在其作用部位以上的梁混凝土中产生附加竖向拉应力，从而使梁简支端剪弯区段的斜裂缝走势发生变化（图 6-65）。即与前面图 6-49 受上表面集中荷载作用的简支梁相比，在受间接集中荷载作用的梁内，主拱肋和与其相邻的混凝土齿之间的斜裂缝倾角会变得更偏平缓，该斜裂缝上端常会延伸到超过间接集中荷载作用位置，混凝土剪压破坏部位也会发生在超过间接集中荷载作用位置后的梁上边缘。

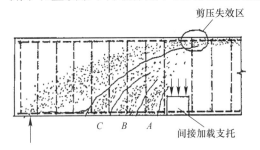

图 6-65　受间接集中荷载作用的简支梁内的剪力传递机构示意

从剪力传递机制看，与图 6-49 中作用在梁上边缘的集中力分别以不同比例直接传入主拱肋和斜裂缝之间的各个混凝土齿不同，在间接集中荷载通过悬吊箍筋向上传递过程中，剪力更多地会首先传入图 6-65 中离间接集中力最近的混凝土齿 A，再经箍筋悬吊力、裂缝界面骨料咬合效应和纵筋销栓效应逐一传给混凝土齿 B、C，再最终传入主拱肋和梁支座。这种不同于图 6-49 的剪力传递过程显然会使临界斜裂缝中箍筋应力比图 6-49 的梁偏高，加之如上面所述，间接加载梁的剪压区面积通常也比直接加载梁偏小，剪压区的受力条件也不如直接加载梁，从而使配箍量相同的间接加载简支梁的受剪承载力低于同条件直接加载简支梁。

但值得进一步关注的是，当连续梁或框架梁中的集中荷载也以间接方式自梁截面高度中、下部传入时，因上述间接加载对斜裂缝发育格局和剪力传递方式的影响主要涉及间接荷载传入的正弯矩扇形分布裂缝区，而如前面所述，连续梁和框架梁的剪切失效多发生在弯矩绝对值较大的负弯矩扇形分布裂缝区，故间接加载对负弯矩区的剪切失效通常已不会有像在简支梁中那样明显的不利影响。

当有均布荷载如图 6-63 所示作用于梁的下边缘时，保持梁承载力的最有效方法是按均布荷载的大小算出附加的均匀布置的竖向分布钢筋（箍筋的竖向箍肢）的数量，从而可以通过这部分箍筋截面将作用在梁下边缘的均布荷载有效传递到梁的上部。在前面第 1 章的图 1-49 中可以看到由德国研究界完成的一根下边缘受均布荷载作用且配置了必要悬吊钢筋的深梁在受力较充分时形成的裂缝分布状态和多重拱式传力机构。这也说明通过悬吊钢筋确实能把作用在深梁下边缘的荷载传递到梁的上部。当希望较严格地控制图中形成的裂缝宽度时，适当增大悬吊钢筋的用量（即降低悬吊钢筋中的拉应力）是有效果的。这也意味着，这类构件中的悬吊钢筋不宜使用强度等级过高的钢筋。

在考察间接加载和间接支承对梁剪切传力机构影响的研究工作中，最充分反映间接加载和间接支承影响的试验，当属德国研究界在 20 世纪 70 年代利用图 6-66(a) 中的特殊试验梁完成的静力加载试验。该试验梁的荷载是由经钢筋吊在试验梁下面的与试验梁整浇的加载横梁施加的，且试验梁设计成左侧剪跨大于右侧，即右侧剪跨内的作用剪力大于左侧剪跨；当试验梁内箍筋按统一数量均匀布置时，右侧剪跨的剪切受力状态将更为不利。与此同时，再将试验梁右端设计成充分间接支承，即支承也是经与试验梁整体浇筑的横梁的悬吊钢筋实现的。这样，对梁的右侧剪跨就实现了充分的间接加载和间接支承。

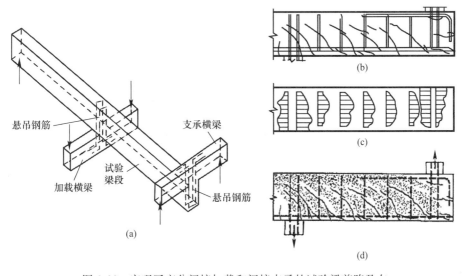

图 6-66 实现了充分间接加载和间接支承的试验梁剪跨及在
其中形成的特有剪力传递机构

钢筋混凝土结构机理与设计

从图 6-66(b) 所示试验梁右侧剪跨较充分受力状态下的裂缝分布看，各条裂缝均具有弯剪斜裂缝的特点，且走向、倾斜程度较为一致。从图 6-66(c) 则可看出，这一受力状态下实测各箍筋竖向箍肢中的应变大小也差异不大，且沿每个箍肢应变分布较均匀。这表明，由于荷载和支反力在右侧剪跨内都是经悬吊钢筋的粘结效应和锚固效应沿梁高度逐步传入试验梁内的，故无法形成前面图 6-49 中的主拱肋或图 6-59 中的菱形拱肋，而是形成在整个剪跨内由混凝土斜向条带受压、箍筋沿竖向受拉的更接近理想桁架模型的剪切传力机构（图 6-66d）。

通过以上叙述想向读者表明的是，若比较前面的图 6-49、图 6-54、图 6-59、图 6-65 和这里的图 6-66(d)，则可以发现，虽然在各种不同的受力状态下梁的剪力都是由混凝土斜压杆和箍筋竖向拉杆作为主要受力"元件"来传递的，但因构件的约束条件与力的传入条件和传入机制不同，剪切传力机构还是有较大差别的，需要根据不同条件注意识别其剪力传递机构的特点，而不宜以一种统一模型来概括所有这些状况。

6.3.8 界面剪切（直剪）传力机理及框架梁与节点之间的剪力传递

在工程施工中，剪力墙和核心筒以及框架的混凝土都必须自下向上分段浇筑，叠合梁的混凝土也要分上、下两部分先后浇筑（图 6-67），所形成的新、老混凝土接触面称为"界面"。当有剪力平行于界面作用时，因沿界面的抗剪能力可能低于界面所在构件其余部位的抗剪能力，故需通过专门试验给出界面受剪承载力的计算方法。这种受剪状态也称界面直接剪切，简称"直剪"。

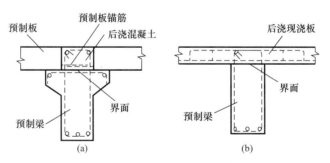

图 6-67　工程中可能使用的叠合式受弯构件

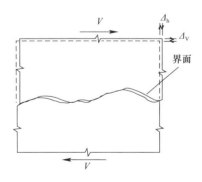

图 6-68　界面错动时形成的上部混凝土体的抬升现象

测试结果表明，界面的抗剪能力（剪切阻力）主要来自两个方面，一方面来自界面滑动过程中的摩擦阻力；另一方面则因界面放大后实际凹凸不平，如图 6-68 所示，在剪切错动过程中，水平剪切面上部的混凝土必须沿各凹陷部位前方斜面向上爬升，即在形成图示水平位移 Δ_h 的同时发生竖向位移 Δ_v；在有重力的条件下，向上抬升所做的功反过来就必然成为界面抗剪能力的另一个组成部分。如果再在垂直界面方向作用有外加压力，自然更会对界面抗剪能力作出贡献；但若有外加拉力作用，情况则将相反。

362

　　这也表明，若有与水平界面成交角的钢筋穿过界面且在界面上、下混凝土中有效锚固，则当上、下混凝土体沿界面错动且上部混凝土体形成抬升变形 Δ_v 时，就会使这些钢筋受拉，钢筋拉力的反作用力将造成对界面滑动的附加阻力，从而进一步为界面抗剪能力作出贡献。因此，重要的结论是，穿过界面的钢筋能提高界面的抗剪能力，而且配筋数量越多、钢筋强度越高，提高抗剪能力的作用也越大。

　　以上所述水平界面滑动过程中的抬升变形 Δ_v 已在试验中通过实测得到证实。当然，在滑动过程中，这种使界面上、下混凝土体分离的变形也是有限度的（因界面粗糙度形成的高差是有限度的），故穿过界面的钢筋所形成的拉伸应变（或者说其抗剪贡献）也是有上限的。另外，当钢筋与新、老混凝土错动面斜交时，只应考虑其抗拉能力在垂直滑动面方向的分量所形成的对界面的约束效应。

　　以上对界面抗剪机理的认识以及对穿过界面的钢筋发挥抗剪作用机理的理解，对于在结构性能模拟分析的二维应力（应变）场中建立混凝土沿任何一个开裂界面的受力模型和贯穿界面钢筋的受力模型都是有重要借鉴意义的。

　　各研究机构在对界面抗剪性能进行研究时，多使用图 6-69 所示的"直剪试件"。由于试件的巧妙形状使其中能形成一个"直剪面"，从而可以在上、下压力作用下再现配筋或不配筋界面的剪切受力状态，并得出有用的试验数据。还有研究者对试件的加载装置进行改造后完成了有压应力作用（沿水平方向作用于图 6-69 所示的预期剪切破裂面）的直剪界面抗剪性能试验。

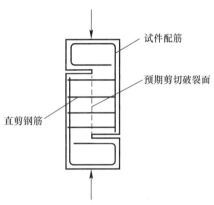

图 6-69　界面抗剪性能试验使用的试件

　　工程中常遇到的需要考虑界面受剪承载力验算的，除去剪力墙或核心筒的墙肢水平施工缝在水平剪力下的受剪承载力以及叠合梁新、老混凝土界面在相应剪力作用下的验算外，还有一个情况需要关注，即如图 6-70 所示，当任何一跨框架梁将剪力传入相应梁柱节点时，其剪力传递方式是与图 6-49 中的简支梁支座处和图 6-59 的连续梁中间支座处的传递方式有实质性差异的，也就是支反力不是以压力形式直接传给支座，而是经由梁端与节点之间的连接面以界面剪切的方式传入节点区（类似于图 6-60d 连续次梁在其中间支座处向主梁的传力）。而且，因框架梁端不论是在框架端节点处还是框架中间节点处经常处在负弯矩作用下，梁端截面上部受拉区很可能已经开裂，故梁端剪力传入节点的"界面"就只限于梁端截面在相应负弯矩作用下的下部受压区（图 6-70 中 a、b 两点之间的界面面积）。在一般框架梁处，因有梁下部纵筋恰好穿过这一界面后锚入节点，可起到加强界面抗剪能力的作用；同时，梁端截面受压区混凝土所受的压力自然也将强化该区域的界面抗剪能力；因此，多数情况下这里的界面抗剪能力不致不足。但在例如某些特定加载条件下的转换层大梁处，有可能出现较大集中力从靠近支座部位传入大梁的情况（见图 6-71，其中图 6-71a 为集中力从上层柱传入大梁的情况；图 6-71b 为集中力从截面和受力较大的次梁以间接加载方式传入大梁的情况）。

　　在图 6-71(a) 所示的情况下，在大梁内形成的是有腹筋梁小剪跨比条件下的斜压传力机制。较大柱压力形成的作用剪力将经由梁端区混凝土中的斜向压应力（斜压范围如图中点雾区所示）传向梁柱节点，并经由梁柱节点侧面 a、b 两点之间的面积通过界面剪切传入节点。因上层柱集中荷载可能相当大，经混凝土斜压传到界面的剪力将相应偏大，故有必要认真关注此处的界面抗剪能力。当抗剪能力不足时，可通过提高大梁和节点的混凝土强度等级或增设穿过界面的抗剪钢筋来补足界面抗剪能力的不足（注意附加水平抗剪钢筋在界面两侧的有效锚固）。在图 6-71(b) 的情况下，经由图示次梁端截面受压区传入大梁高度偏下部的集中荷载也会在经由次梁两侧附加悬吊箍筋向上传递的过程中通过图示点雾区以混凝土内斜向压应力的形式传入梁柱节点。这一传入节点的剪力同样需要有在图示 a、b 两点之间大梁端截面受压区的界面抗剪能力作为保证。

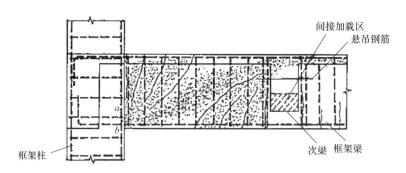

图 6-70　框架梁端剪力作为梁的支反力传入梁柱节点时遇到的
界面剪切传力问题（图中点雾表示受压混凝土）

借此机会还要指出的是，当如图 6-71(a) 所示，荷载由截面宽度比大梁截面宽度更大的柱从上面传入大梁时，为了保证梁宽以外柱截面中的压力有效传入大梁，一般做法是如图中所示将上层柱截面穿过现浇板向下延伸足够高度再将柱宽收小为梁宽，以便大梁宽度以外的柱压力能通过图中 1-1 剖面 c、d 两点之间和 e、f 两点之间的柱-梁界面剪切传入大梁。上层柱相应纵筋也应沿这个区段下伸并沿下端斜边弯入大梁截面以内，柱箍筋也应一直布置到柱延伸段的下端。

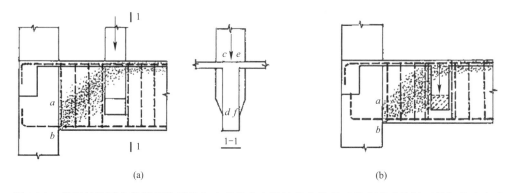

(a)　　　　　　　　　　　　　　　　　　(b)

图 6-71　靠近转换层大梁端部作用的集中荷载在向梁柱节点传递过程中遇到的界面剪切传力方式

6.3.9　我国设计标准采用的梁类构件受剪承载力设计规定

因我国设计标准的构件抗力设计是以极限状态理论为依据的，而且，如前面第 6.1.1 节所述，因构件受剪承载力的非延性失效特征而要为其留出比正截面承载力更大的可靠性裕量，故《混凝土结构设计标准》GB/T 50010—2010（2024 年版）给出的梁类构件受剪承载力计算原型公式体现的应是已收集到的较大数量各类有腹筋梁类构件经试验获得的最大抗剪能力实测结果的偏下限变化规律。

根据本节上面已经说明的这类构件的剪力传递机理及失效方式，我国设计标准受剪承载力设计规定中包含了以下三方面内容：

（1）以能覆盖工程中绝大部分梁类构件受力状态的有腹筋梁剪压型失效方式下试验结果的偏下限为依据，给出梁类构件受剪承载力的计算公式；

（2）以配箍率过高时梁腹板内发生斜压型剪切失效条件下的受剪承载力的偏下限为依据，给出梁的受剪承载力上限计算公式（我国设计标准根据习惯称其为"受剪截面控制条件"）；

（3）给出作用剪力相对较小时构件可以不作受剪承载力验算而只需按最小配箍率配置箍筋的作用剪力下限条件，并给出梁类构件最小配箍率的构造规定。

下面分别对这三方面的设计规定作必要说明。

1. 受弯构件的受剪承载力计算公式

首先，《混凝土结构设计标准》GB/T 50010—2010（2024 年版）使用"受弯构件受剪承载力"的名称，是因为所给受剪承载力计算公式既适用于各类梁类构件，也适用于有腹筋的单向受力的板类构件。

根据本章前面的说明，因除去小剪跨比情况外的有腹筋受弯构件最终发生的剪切失效均为剪压型，而此时的受剪承载力由临界斜裂缝面中的箍筋拉力、该裂缝界面的尚存骨料咬合效应、该裂缝界面内的纵筋销栓效应以及临界斜裂缝截面剪压区混凝土的抗剪能力等四项内容构成。而如前面第 6.3.3 节和第 6.3.6 节已经指出的，这四项内容又可以经归纳后由两组参数来表达，一组为构件相应截面面积及混凝土强度，另一组为箍筋数量及其抗拉强度。

为了使读者了解我国混凝土结构研究界和规范专家组对构件受剪承载力计算方法的认识过程和规范规定的演变过程，下面以《混凝土结构设计规范》历届版本为顺序简要介绍受弯构件受剪承载力计算规定的演变过程和其中考虑过的主要问题。

（1）BJG 21-66 版规范中的规定

在混凝土结构设计规范最早的两个版本，即 BJG 21—66 和 TJ 10—74 中，只给出了受弯构件这一类构件的受剪承载力计算方法；这是因为当时面对的建筑结构层数不多，认为柱类构件有轴力作用，可以不提抗剪要求（这一看法后来证明是不合适的），而墙肢和连梁类构件当时尚未进入使用日程。

在最早的一版规范 BJG 21—66 中，因尚缺少本国的试验研究工作积累，受弯构件受剪承载力 V_{csu} 计算借用的是当时苏联规范使用的由 M. S. 波利山斯基提出的公式：

$$V_{csu} = \sqrt{0.6bh_0^2 f_{cm} q_{sv}} \tag{6-30}$$

式中 f_{cm}——当时使用的混凝土弯曲抗压强度设计值；

q_{sv}——由箍筋用量及箍筋抗拉强度设计值算得的单位构件长度内的箍筋抗拉能力。

从上式可以看出，其中包含了上面提到的影响受弯构件抗剪能力的两类主要参数，只不过采用的是两类参数相乘的综合表达式。

（2）TJ 10—74 版规范中的规定

从第二版规范 TJ 10—74 起，就在由施岚青、喻永言牵头的专家组独立工作的基础上提出了具有自己特点的由混凝土项和箍筋项相加的受弯构件受剪承载力表达式，并确定了使用两套公式表达不同条件下受弯构件受剪承载力的基本格局。这一表达方案中间虽经多次修改，但基本格局一直沿用至今。

当时在规范正文中给出的受弯构件受剪承载力 V_{csu} 的第一个表达式是：

$$V_{csu} = 0.07 f_c b h_0 + \alpha_{cs} f_{yv} \frac{A_{sv}}{s} h_0 \tag{6-31}$$

当 $V/f_c b h_0 \leqslant 0.2$ 时，取 $\alpha_{cs} = 2.0$；当 $V/f_c b h_0 = 0.3$ 时，取 $\alpha_{cs} = 1.5$；当 $V/f_c b h_0$ 为中间值时，α_{cs} 按线性内插法取值。其中，V 为作用剪力设计值。

在规范该条正文的"注"中则进一步规定：

对于集中荷载作用下的矩形截面简支梁（包括集中荷载在计算截面中产生的剪力值占到该截面总剪力值 80% 以上的各种情况），当集中荷载作用点到支座之间的距离 $a > 1.7 h_0$ 时，受剪承载力改用下式计算：

$$V_{csu} = \frac{0.4}{\lambda + 4} f_c b h_0 + \alpha_{cs} f_{yv} \frac{A_{sv}}{s} h_0 \tag{6-32}$$

这也就是该版规范使用的 V_{csu} 的第二个表达式。其中，$\lambda = M/(V h_0)$，M、V 分别为集中荷载作用点处计算一侧的弯矩和剪力。当 $\lambda > 4$ 时，取 $\lambda = 4$。在所计算一侧的集中荷载到支座之间，应将所计算的箍筋按不变用量布置。

据参与制定这一方案的专家回忆，当时之所以选择这种用两套公式表达受弯构件受剪承载力的方案，是因为结构设计界从当时使用手算的简化设计计算条件出发，强烈希望日常使用的受剪承载力计算公式不含剪跨比这一参数，即例如具有式（6-31）的基本形式。但若只取一个公式来表达受弯构件的受剪承载力，则根据公式应体现总体试验结果偏下限的原则，公式的取值就必须调得更低，导致所有梁类构件箍筋用量升高，而这在当时经济力量不强的条件下是难以接受的。但幸好经较细致分析后发现，用式（6-31）这样的不含剪跨比的表达式已能体现大部分受弯构件试验结果的偏下限水准，只有少数剪跨比为中等以上的受集中荷载作用的矩形截面简支梁的受剪承载力仍在式（6-31）的取值之下。由于这些承载力更低的试验结果随剪跨比的变化较大，故提出包含剪跨比的式（6-32）来体现这些试验结果的偏下限。因为受集中荷载作用的矩形截面简支梁在工程中出现的机会偏少，这种用两套公式表达的方案就既能照顾到整个受弯构件受剪承载力设计方法的经济性和便于手算的要求，又保证了集中荷载作用下的矩形截面简支梁受剪承载力的可靠性。

在该版规范使用的式（6-31）和式（6-32）中尚有以下问题需要提示。

1）根据试验研究结果，公式中的 b 统一规定取用矩形截面的宽度或 T 形、工字形、箱形截面的腹板宽度，理由将在下面第 6.3.10 节中进一步说明。

2）试验结果表明，在发生剪压型失效的受弯构件中，临界斜裂缝中的箍筋绝大部分会在临近失效时达到抗拉屈服强度，并参与构成受剪承载力。因在式（6-31）和式（6-32）第二项中含有 h_0，故根据当时的理解，α_{cs} 即可视为临界斜裂缝的水平投影长度与 h_0 的比值。这样，式（6-31）和式（6-32）的第二项表达的就是临界斜裂缝中箍筋本身为受剪承载力作出的贡献。至于 α_{cs} 的取值，则是从当时掌握的试验结果中归纳出的。

3) 在式 (6-32) 中，规定剪跨比 λ 按广义剪跨比计算，但这一规定只存在于此版规范中。在随后各版规范中，为了计算简单，剪跨比都改取计算剪跨比 $\lambda = a/h_0$。另外，式 (6-31) 的第一项中虽未含剪跨比，但该公式反映的试验结果中的受剪承载力仍是随剪跨比增大而逐步下降的（$\lambda > (2.5 \sim 3.0)$ 后下降不明显），只不过式 (6-31) 反映的是这些试验结果的总体偏下限。

(3) GBJ 10—89 版规范中的规定

在这版规范修订之前，作为由规范管理组组织的全国性研究计划的重要组成部分之一，由清华大学、同济大学、天津大学和原重庆建筑工程学院共同完成了约两百余根受集中荷载或均布荷载作用的钢筋混凝土简支梁、约束梁和连续梁以及偏心受压及偏心受拉柱类构件的抗剪性能试验。根据国内这批试验研究结果和新收集到的国外试验结果，专家组对 TJ 10—74 版规范中的受弯构件受剪承载力计算方法作了认真审视和修改。其中，将式 (6-31) 调整为：

$$V_{csu} = 0.07 f_c b h_0 + 1.5 f_{yv} \frac{A_{sv}}{s} h_0 \tag{6-33}$$

同时，把式 (6-32) 由"注"调为正文内容，并将其内容调整为，对集中荷载作用下的矩形截面独立梁（包括作用有多种荷载，且其中集中荷载对支座截面或节点边缘所产生的剪力值占总剪力值的 75% 以上的情况），受剪承载力计算公式取为：

$$V_{csu} = \frac{0.2}{\lambda + 1.5} f_c b h_0 + 1.25 f_{yv} \frac{A_{sv}}{s} h_0 \tag{6-34}$$

并专门规定上式中 λ 为计算截面的剪跨比，可取 $\lambda = a/h_0$。a 为计算截面至支座截面或节点边缘的距离；计算截面取集中荷载作用点处的截面。而且，当 $\lambda < 1.4$ 时，取 $\lambda = 1.4$；当 $\lambda > 3$ 时，取 $\lambda = 3$。计算截面至支座之间的箍筋应均匀配置。

如 GBJ 10—89 版规范相应条文说明所指出的，自 TJ 10—74 版规范颁布后的十年间，各国完成的抗剪试验结果已从简支梁扩展到约束梁和连续梁，荷载作用方式也从集中荷载为主扩展到了均布荷载和混合加载方式，从而可以从更广的适应要求角度来审视受剪承载力计算公式。GBJ 10—89 规范在保留受剪承载力两套公式的前提下，对公式中尚不够安全和不够合理之处作了必要调整，具体表现在：

1) 放弃箍筋项表达的是临界斜截面中箍筋抗拉能力的概念，改用试验结果综合判断混凝土项和箍筋项所占的比例，并从总的安全性要求角度重新确定这两项所用的系数。判断结果表明，式 (6-31) 中的系数 0.07 可以继续保留，系数 α_{cs} 则宜从 $1.5 \sim 2.0$ 统一减小为 1.5；式 (6-32) 中混凝土项的系数 $0.4/(\lambda + 4)$ 调整为比它略小的 $0.2/(\lambda + 1.5)$，系数 α_{cs} 则降低至 1.25。这些措施使 GBJ 10—89 版规范受剪承载力公式 (6-33) 和 (6-34) 继续保持表达受剪承载力偏下限的含义，且可靠性与 TJ 10—74 版规范式 (6-31)、(6-32) 相比均有明显提高。这也是当时国家经济实力有所提高和更严格对待结构可靠性呼吁声的反映。

2) 对约束梁和连续梁试验结果的分析表明，若采用 TJ 10—74 规范中使用广义剪跨比的式 (6-32) 计算这类构件的受剪承载力，将会高估这类梁的受剪承载力；而改用计算剪跨比 $\lambda = a/h_0$ 来计算，则可恰当反映试验结果。故 GBJ 10—89 版规范改为在式 (6-34) 中用计算剪跨比进行计算，这样也就可以用统一的公式来计算简支梁以及约束梁或连续梁的受剪承载力。

3）在 GBJ 10—89 版规范中将使用式（6-34）的条件从 TJ 10-74 版规范中的受集中荷载作用的矩形截面简支梁改为受集中荷载作用的矩形截面独立梁。这里的"独立梁"指的是没有现浇板与之连接的简支梁以及没有现浇板与之连接的连续梁和框架梁。也就是说，矩形截面独立梁比矩形截面简支梁的范围有所扩展，即增大了需按式（6-34）计算的构件范围。这无疑也有利于提高受剪承载力的安全性。

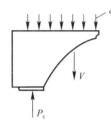

图 6-72 均布荷载作用下受弯构件支座部位计算斜截面的受力状态

4）在 GBJ 10—89 版规范中还取消了 TJ 10-74 版规范中使用式（6-32）时需要满足 $a \geq 1.7h_0$ 的条件，即不论式（6-33）还是式（6-34）计算时均取作用剪力为支座剪力。这同样是出于提高安全性的考虑。特别是对受均布荷载作用的受弯构件起的有利作用更为明显。这是因为如图 6-72 所示，当即使真的出现临界斜裂缝直达支座边的最不利状况时，斜裂缝截面实际作用的剪力只等于支座剪力减去斜截面水平投影长度内的均布荷载。这时若取支座剪力作为受剪承载力计算中的作用剪力，水平投影长度内的均布荷载就变成了承载力的附加储备。

（4）GB 50010—2002 版规范中的规定

在这版规范的修订中，专家组在决定继续保留两套公式表达方案的前提下，又对受弯构件的两个受剪承载力计算公式作了进一步修订，即改为对于一般受弯构件取：

$$V_{csu} = 0.7f_t bh_0 + 1.25 f_{yv} \frac{A_{sv}}{s} h_0 \tag{6-35}$$

对于受集中荷载作用为主的独立梁取：

$$V_{csu} = \frac{1.75}{\lambda + 1} f_t bh_0 + f_{yv} \frac{A_{sv}}{s} h_0 \tag{6-36}$$

其中，将计算剪跨比的取值范围作了微调，即改为在 $\lambda < 1.5$ 时，取 $\lambda = 1.5$；在 $\lambda > 3.0$ 时，取 $\lambda = 3.0$。

从以上二式可以看出，其中的调整主要表现在：

1）由于在试验结果的分析中发现，用混凝土的抗拉强度来表达构件的受剪承载力能更符合受剪承载力随混凝土强度等级的变化规律，故决定将前一版规范中用 f_c 表达的混凝土项按 $f_c \approx 10f_t$ 的统一但偏粗略的换算关系调整为用 f_t 表达；这意味着式（6-36）中的混凝土项若仍用抗压强度表达时，其系数需由 $0.2/(\lambda + 1.5)$ 改为 $0.175/(\lambda + 1)$。这应只是表达形式上的变动，因为这两种表达方法得出的实际取值原则上未变。

2）将前一版规范受弯构件受剪承载力两个表达式中箍筋项的系数 1.5 和 1.25 分别进一步下降为 1.25 和 1.0；从图 6-73～图 6-76 以及图 6-78 和图 6-79 所示的这两个公式与试验结果的对比考察中，可以看出这一取值下降对于确保公式为试验结果的偏下限是有积极意义的；或者说，这一做法进一步提高了公式计算结果的可靠性潜力。

3）由于这一版规范已为单向受力无腹筋（板类）受弯构件给出了专用的受剪承载力计算公式，故规范专家组已明确表示，不再从概念上要求有腹筋受弯构件的受剪承载力计算公式在箍筋用量为零时与无腹筋受弯构件的受剪承载力计算公式相衔接，而是各自根据所应考虑的因素作相应的处理。

（5）GB 50010—2010 版规范及其 2015 年及 2024 年局部修订本中的规定

这版规定的唯一修订内容是将用于一般受弯构件的受剪承载力计算公式箍筋项的系数从 1.25 进一步降为 1.0。这应纯粹是为了进一步提高公式的可靠性保障水准，因为从试验获得的受剪承载力变化规律已找不到解释理由。这一调整使前面的式（6-35）变为：

$$V_{csu} = 0.7 f_t b h_0 + f_{yv} \frac{A_{sv}}{s} h_0 \tag{6-37}$$

而式（6-36）则保持不变。

另外，规范组专家通过这版规范受剪承载力规定的"条文说明"还表示了一个明确意向，即用两个公式表达受弯构件受剪承载力的方案对设计使用而言并不方便；只要国家经济条件允许受剪承载力的可靠性水准进一步提高，就可以考虑将这两个公式合并成一个混凝土项不含剪跨比且更偏安全的简单公式。

有关《混凝土结构设计规范》受剪承载力计算公式所取可靠性水准与其他国家规范的比较请见下面第 6.8 节。

为了使读者看到 GBJ 10—89 版、GB 50010—2002 版和 GB 50010—2010 版规范受弯构件受剪承载力计算公式与已有国内外试验结果的对比关系，在图 6-73 中给出了 20 世纪 80 年代收集的均布荷载作用下有腹筋简支梁试验结果与上述三版规范计算公式的关系，其中均布荷载的抗剪能力均取为构件发生剪切破坏一侧的支反力。在图 6-74 中给出了受均布荷载作用的有腹筋连续梁及约束梁的试验结果与上述三版规范计算公式的对应关系，其中的抗剪能力也是取用的构件剪切失效时破坏一侧的支座剪力（连续梁）或破坏一侧的支反力减去该侧悬臂荷载（约束梁）。在图 6-75 和图 6-76 中分别给出了集中荷载作用下的有腹筋简支梁和有腹筋约束梁及连续梁的试验结果与这三版规范计算公式的对比，其中，用两根实线或两根虚线表示的公式计算值分别对应于相应规范版本中规定的剪跨比下限值和上限值。在图 6-77 中则给出了集中荷载作用下有腹筋简支梁在斜裂缝宽度达到 0.2mm

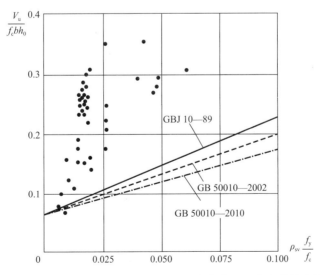

图 6-73　20 世纪 80 年代收集的受均布荷载作用的有腹筋简支梁
受剪承载力试验结果与各版规范公式计算结果的对比

时的试验实测剪力与规范公式给出的抗剪能力的对比，从中可以看出，按受剪承载力设计的构件在控制斜裂缝宽度方面也是有潜力的。在图 6-78 和图 6-79 中给出了 GB 50010—2002 版规范准备修订时，由天津大学王铁成团队为《混凝土结构设计规范》修订组准备的当时新获得的均布荷载作用下的简支梁和约束梁试验结果与 2002 版规范公式计算结果的对比，以及集中荷载作用下的简支梁和约束梁的试验结果与这版规范公式计算结果的对比。其中，图 6-78 中 2010 年版规范公式的计算结果是这次本书定稿时由本书作者新加进去的。从这些对比结果中可以清楚看出不同版本规范公式对有腹筋受弯构件受剪承载力的控制效果。

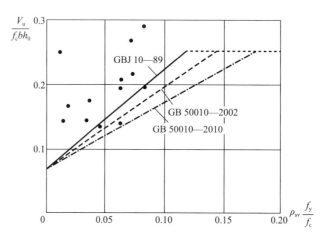

图 6-74　20 世纪 80 年代收集的受均布荷载作用的有腹筋连续梁及约束梁
受剪承载力试验结果与各版规范公式计算结果的对比

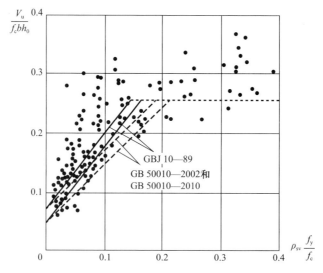

图 6-75　20 世纪 80 年代收集的受集中荷载作用的有腹筋简支梁
受剪承载力试验结果与各版规范公式计算结果的对比

2. 受弯构件受剪承载力上限计算公式

如前面第 6.3.4 节和本节开始处所指出的，当受弯构件作用剪力过大，按受剪承载力计算公式算得的箍筋用量过大时，构件会在箍筋未充分发挥其抗剪能力的条件下发生斜裂缝之间的混凝土因斜向压应力过大而压碎的斜压型剪切失效。为了防止这类失效，设计中必须保证作用剪力不超过发生这种失效时的受剪承载力。因这时的受剪承载力主要取决于构件截面尺寸和混凝土抗压强度，故《混凝土结构设计标准》GB/T 50010—2010（2024 年版）称这一条件为"构件抗剪截面的控制条件"。同样，这一受剪承载力上限也要根据试验实测结果按偏下限的原则确定，以保证其具有与受剪承载力计算公式相呼应的可靠性水准。

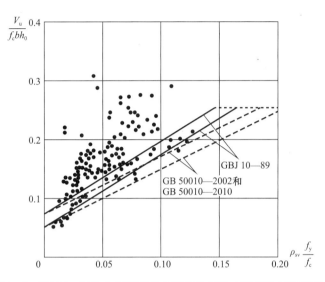

图 6-76　20 世纪 80 年代收集的受集中荷载作用的有腹筋连续梁及约束梁
受剪承载力试验结果与各版规范公式计算结果的对比

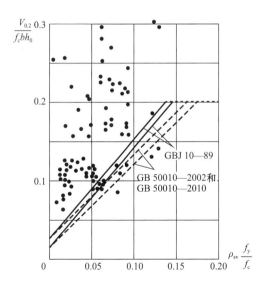

图 6-77　20 世纪 80 年代收集的受集中
荷载作用的有腹筋简支梁实测斜裂缝
宽度达到 0.2mm 时对应的作用剪力
与各版规范受剪承载力公式计算结果的对比

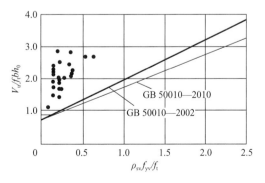

图 6-78　20 世纪 80 年代至 21 世纪初收集
的受均布荷载作用的有腹筋简支梁及连续梁
（约束梁）受剪承载力试验结果与 2002 及
2010 年版规范公式计算结果的对比

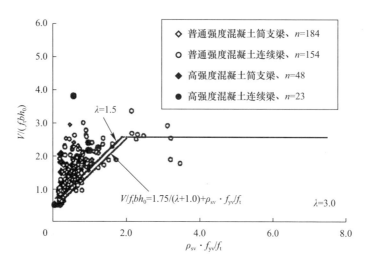

图 6-79　20 世纪 80 年代以后至 21 世纪初收集的受集中荷载作用的有腹筋简支梁及连续梁（约束梁）受剪承载力试验结果与 2002 及 2010 年版规范公式计算结果的对比

在按我国思路编制的最早一版规范 TJ 10—74 中的这项规定若改用目前使用的技术符号表示则可写成，对于一般受弯构件：

$$V_{umax} = 0.3 f_c b h_0 \tag{6-38}$$

对于斜裂缝可能发育偏宽的薄腹梁：

$$V_{umax} = 0.2 f_c b h_0 \tag{6-39}$$

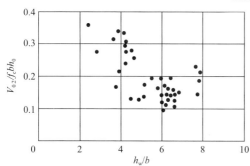

图 6-80　实测斜裂缝宽度达到 0.2mm 时的作用剪力值与 h_w/b 的关系

这是由于在工字形截面薄腹梁的抗剪性能试验中，随着腹板相对厚度的减小（相对厚度指腹板厚度与腹板净高的比值），斜裂缝形成越来越早，同比例加载条件下的斜裂缝宽度也越来越大。例如，从图 6-80 中给出的试验实测斜裂缝宽度达到 0.2mm 时对应的相对剪力值随腹板相对厚度的减小而降低，也可清楚看到这一趋势。为了斜裂缝不致过宽，故对薄腹梁给出了更严的受剪承载力上限条件。

随后几版规范逐步对这一条件作过调整，即使之适度加严，但始终保留了公式的基本形式。到 GB 50010—2010 版规范时最终采用的受剪承载力上限条件为：

当 $h_w/b \leqslant 4$ 时

$$V_{umax} = 0.25 \beta_c f_c b h_0 \tag{6-40}$$

当 $h_w/b \geqslant 6$ 时

$$V_{umax} = 0.2 \beta_c f_c b h_0 \tag{6-41}$$

当 $4 < h_w/b < 6$ 时，按线性内插法确定 V_{umax} 值。

在以上二式中，h_w 为构件截面腹板高度，对矩形截面取 $h_w = h_0$；对 T 形截面，取 h_w 为 h_0 减去翼缘高度；对工字形截面，取 h_w 为腹板净高。b 为矩形截面宽度和 T 形、工字形截面腹板宽度。β_c 为此处专用的考虑高强度混凝土脆性特征不利影响的折减系数，当混凝土强度等级不超过 C50 时，取 $\beta_c =$ 1.0；当混凝土强度等级为 C80 时，取 $\beta_c =$ 0.8；其间随混凝土强度等级的变化按线性插值法确定 β_c 的取值。

以上二式与试验结果，即发生斜裂缝之间混凝土斜压型剪切失效时作用剪力的对比结果如图 6-81 所示。从图中可以看出，规范使用的上列式（6-40）和式（6-41）也原则上能满足偏下限的要求。

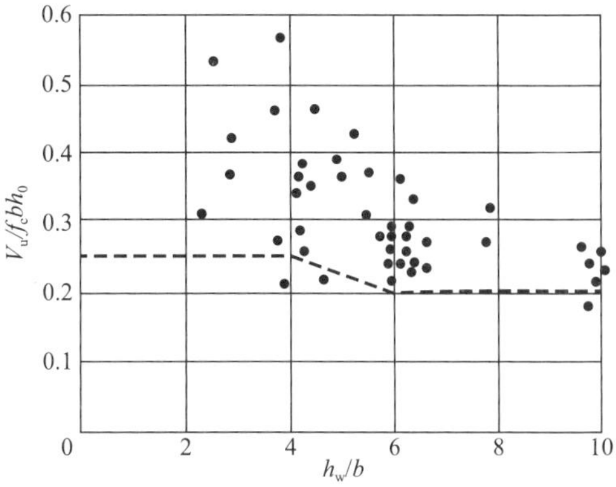

图 6-81 试验结果与我国规范取用的受剪承载力上限公式计算结果的对比

3. 可不进行受剪承载力计算的条件

根据现行设计标准，当构件验算部位的作用剪力不大于对应受剪承载力计算公式中的混凝土项时，即可仅按构造要求配置受剪钢筋。这一点不需多作说明。

4. 受剪箍筋的构造规定

在较早期的混凝土结构设计中，因当时钢材价格相对更高，曾有不少结构设计人认为，只要构件尺寸足够，且保证了正截面承载力，就可以少放箍筋，而主要用混凝土截面抵抗作用剪力。但随后发生的重大工程事故说明，只要混凝土浇筑质量稍差或荷载偏高，构件就可能因配箍率过低而发生与无腹筋构件类似的脆断性剪切破坏，并造成灾难性后果。其中较有名的工程事故例如有 1955 年 8 月发生的美国俄亥俄州 Selby 空军基地大型仓库钢筋混凝土大梁的剪切脆断（图 6-82）。从图中可以看出，梁截面中被跌落的构件部分扯下来的成排的下部纵筋直径尚不是过小，但扯断的向下伸出的箍筋则细得惊人且间距偏大。这些事故提醒工程设计界关注构件的最低构造配箍量。

图 6-82 1955 年 8 月美国俄亥俄州空军基地仓库钢筋混凝土大梁的剪切脆断现场

《混凝土结构设计标准》GB/T 50010—2010(2024 年版) 第 9.2.9 条按非抗震设计要求给出了梁类构件箍筋的最低构造规定。其中包括要求截面高度大于 300mm 的梁类构件通长布置箍筋，同时给出了箍筋最小直径、最大间距及最小配箍率的规定，以及在配置有按计算需要的纵向受压钢筋时提出的进一步强化了的箍筋构造要求。本书不再一一列出，请读者查阅该标准。

需要提请设计标准考虑的是，因 2015 年我国新一代地震区划图颁布之后，我国国土面积内已不存在不作抗震设防的地区。虽然结构需要完成一次非抗震设计和一次抗震设计，且按其中较高要求完成施工图，但因例如梁类构件的箍筋构造要求总是抗震设计严于非抗震设计，因此似可在今后新修订的设计标准版本中只给出同时适用于非抗震和抗震设计情况的箍筋最低用量，从而可以避免重复作出规定和在设计中重复作出判断。

5. 间接加载下的附加配筋规定

如前面第 6.3.7 节所指出的，当受弯构件受间接施加的荷载作用时，一是可能由间接集中荷载引起其作用部位以下的构件部分发生局部拉脱破坏，二是即使未发生局部拉脱破坏，间接加载也会导致简支构件或构件简支端在间接集中荷载作用下的受剪承载力下降。因此，作为有腹筋受弯构件上述正规受剪承载力设计内容的补充，还必须给出针对工程中常遇的间接加载情况的设计对策。

《混凝土结构设计标准》GB/T 50010—2010(2024 年版) 第 9.2.11 条给出的针对性规定是，位于梁下部或截面高度范围内的集中荷载应全部由附加横向钢筋承担；附加横向钢筋宜采用箍筋 (即图 6-83a 的方案)，且应将附加箍筋布置在长度为 $2h_1+3b$ 的范围内；当采用斜向吊筋时 (图 6-83b)，弯起段应伸至梁的上边缘，且末端水平段长度在混凝土受拉区不小于 $20d$，在混凝土受压区不小于 $10d$，d 为斜向吊筋直径。

所需的附加横向钢筋总截面面积 A_{sv} 应符合下列规定：

$$A_{sv} \geq \frac{F}{f_y \sin\alpha} \quad (6\text{-}42)$$

当采用图 6-83(b) 所示的附加斜向吊筋时，A_{sv} 应为左、右弯起段截面积之和；F 为间接作用集中荷载的设计值；α 为附加横向钢筋与梁轴线之间的夹角。

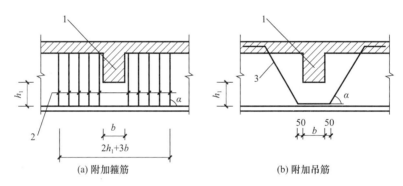

图 6-83　间接集中荷载作用处附加横向钢筋的布置 (mm)

[本图引自《混凝土结构设计标准》GB/T 50010—2010(2024 年版) 的图 9.2.11]

1—间接集中荷载作用位置；2—附加箍筋；3—附加吊筋

试验结果表明，在增设了上述附加横向钢筋后可以有效发挥以下两个功能：

(1) 防止了局部拉脱破坏的发生和过宽的局部拉脱裂缝的出现；

(2) 弥补了间接集中加载对简支构件或构件简支端受剪承载力的不利作用。

这也意味着，在构件的非简支端，附加横向钢筋只起了第 (1) 项作用。

但仍要提醒结构设计人注意的是，根据设计标准的现有规定，不能因加设了附加横向钢筋而削减了原本需要的抗剪箍筋或弯起钢筋的数量。特别是当只使用箍筋时，悬吊箍筋不能取代其布置范围内原来需要布置的抗剪箍筋。而且，从更有效发挥作用的角度，悬吊箍筋宜尽量靠近间接加载区布置，且宁可使用排数少 (例如加载区每侧两排、间隔50mm)、直径稍大的箍筋配置方案。图 6-83(a) 中给出的箍筋布置范围应视为最大允许范围。

6.3.10 关于受剪承载力计算公式中截面宽度 b 取值的讨论

前一节已经提到，受剪承载力计算公式中的 b 值，对矩形截面统一取为截面宽度，对T形、工字形或箱形截面统一取为腹板宽度。之所以按这样的思路确定 b 的取值，是基于以下试验研究结果和考虑。

针对这一问题所完成的有代表性的试验，例如有前面图 6-56 所示的德国 F. Leonhardt 等用四根翼缘宽度相同但腹板宽度不同的简支梁所做的对比试验，其中不同的裂缝发育特征及失效方式已如前面所述。这四根梁剪跨内各根箍筋实测应力的平均值随荷载增大而增长的规律如图 6-84 所示，而箍筋应力沿剪跨的分布则如图 6-85 所示（图左侧和右侧表示的分别是两个不同加载阶段箍筋应力沿剪跨长度方向的变化）。

图 6-85 中矩形截面梁箍筋应力在靠近集中荷载处为拉应力、在靠近支座处变为压应力的实测结果，可以进一步证实在矩形截面梁内形成的是前面图 6-49 所示的主拱肋拉杆拱与桁架相结合的剪力传递机构，因为支座附近的主拱肋使该处箍筋受压，而集中荷载附近的桁架传力则使箍筋发挥竖向拉杆作用。

而在腹板宽度逐渐减小的各根 T 形截面梁中，因主拱肋已变成前面图 6-54 所示的折线走势，梁腹板在剪跨的大部分长度内已经都变为靠桁架机构传递剪力，故箍筋在剪跨内已变为全部受拉，且受力在大部分剪跨长度内较为均匀。

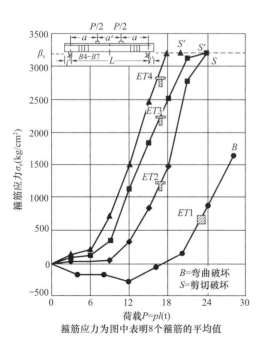

图 6-84　F. Leonhardt 主持完成的四根梁对比试验（见前面图 6-56）中获得的剪跨内箍筋应力平均值随荷载的变化规律

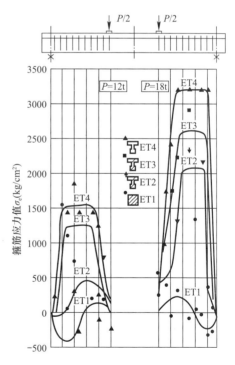

图 6-85　上述四根对比用试验梁在两种加载状态下测得的剪跨内箍筋应力分布规律

图 6-84 提供的更重要启示是，随着梁腹板的逐渐减薄，在配箍量不变的条件下，箍筋在同一加载状态下所受的拉力逐步加大。这证明，在相同剪力作用下，梁腹板厚度越

大，斜裂缝之间各混凝土斜压杆的压缩变形越小，根据二维场变形协调条件，箍筋的拉应变及拉应力也就越小（当然，腹板厚度还同时影响斜裂缝倾角以及斜裂缝间混凝土斜压杆的倾角）。这表明，在翼缘宽度未变的条件下，混凝土的抗剪能力主要由腹板部分，即主要是由面积 bh_0 提供。但这四根梁的对比试验结果还未能回答位于受压区的挑出翼缘的厚度和长度能在多大程度上提高梁的抗剪能力。

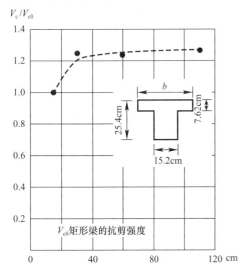

图 6-86　A. Placas 等完成的位于受压区的翼缘挑出长度不同的简支梁抗剪能力对比

随后完成的另外一些对比试验，例如 A. Placas 完成的翼缘挑出长度不等但其他条件相同的四根简支梁的对比试验结果（图 6-86）方才证实位于截面受压区的挑出翼缘确能适度提高梁的抗剪能力，但挑出长度过大后，进一步提高抗剪能力的作用就将迅速减弱，最大提高幅度很难超过 25%。分析发现，位于受压区的翼缘之所以能发挥有利作用，是因为处在构件混凝土弯曲受压区的翼缘能扩大构件剪切失效时混凝土剪压区的宽度和抗剪能力。因此，只有当翼缘位于受压区时这种有利作用才能发挥。若剪切失效在连续梁中发生在支座附近的负弯矩区，翼缘将位于受拉区。在这种情况下，则至今未见有翼缘也能发挥有利作用的任何报道。

在获得了以上对翼缘影响规律的认识后，在归纳整理矩形、T 形、工字形截面构件的试验结果后发现，若在设定的受剪承载力公式中假定箍筋均达到受拉屈服强度，且截面中的 b 值取为矩形截面宽度和 T 形、工字形截面腹板宽度，则承载力计算结果都能偏安全地反映试验结果，故决定以此作为 b 值的取值原则。这样，当有翼缘位于剪切破坏的剪压区一侧时（例如构件为 T 形或工字形截面简支梁时），翼缘还可以对受剪承载力作出一定的追加贡献，即为受剪承载力提供一定的潜力。

6.3.11　配有弯起钢筋的受弯构件的设计

从 20 世纪 50 年代到 90 年代初期，我国结构设计界与当时各国设计界相同，都是以弯起钢筋加箍筋的组合方案作为梁类构件抗剪横向钢筋的主导形式。此后，由于弯起钢筋不利于计算机辅助设计的操作，且其加工的人工成本偏高，导致弯起钢筋很快淡出工程，而形成目前在绝大多数梁类构件中只使用箍筋作为抗剪横向钢筋的格局。但因结构设计人在工作领域内常会接触到以往工程或以往图纸，故仍有必要对过去使用弯起钢筋的抗剪设计方法有所了解。下面对涉及弯起钢筋的有关问题和规范规定作简要介绍。

例如，在一根受均布荷载作用的简支梁中，由于作用剪力从跨中向支座逐步增大，而弯矩则从跨中向支座逐渐减小，因此，可考虑如图 6-87(a) 所示把下部纵向受拉钢筋中从正截面抗弯角度不再需要的部分在接近支座处向斜上方以 45° 弯起到梁上边缘，再水平向前延伸一段以保证锚固，从而形成弯起钢筋（即指纵筋的斜向弯折段）。一旦剪力较大，有破坏斜裂缝在支座附近形成并穿过这一斜向弯折段，弯起段钢筋抗拉能力的竖向分量就可以有效参与临界斜截面的抗剪。于是，就可以通过合理选择这一排弯起钢筋的数量和同时沿梁全长均匀布置的一定数量的箍筋，使有弯起钢筋穿过的斜截面由弯起钢筋和箍筋、混凝土共同承担其中的作用剪力，而在没有弯起钢筋穿过的斜截面中则由箍筋单独与混凝土承担剪力。

而在图 6-87(b) 所示的某跨框架梁靠近支座的某个剪力较大的区段内，则例如可将梁跨中段下部纵向钢筋中从抗弯角度已不再需要的纵筋分别在 E 点和 C 点向上沿 45°方向弯起，在到达 D 截面和 B 截面后，再沿梁上边缘继续水平前伸，直至伸过框架柱后在邻跨按延伸长度需要来确定其截断位置。由于梁 AF 段内作用剪力变化不大，只要 A、B 两点之间，C、D 两点之间以及 E、F 两点之间的水平距离不致过大（我国设计标准规定不超过箍筋最大允许构造间距），就会因在 AF 段内可能形成的任何一个破坏斜截面均至少与一排弯起钢筋相交，故当一排弯起钢筋与箍筋和混凝土一起已能满足受剪承载力要求后，整个 AF 段的抗剪安全性也即得到保证。而从左、右两跨梁以弯起钢筋形式弯到梁上边缘的纵向钢筋，因都相互交错伸到邻跨，因此它们可以共同承担框架梁左、右跨支座附近的负弯矩，当然需要满足抗负弯矩的承载力验算要求。由于这种钢筋布置方案可以使纵筋通过弯起同时发挥抗正、负弯矩和抗剪的多重作用，节约抗剪箍筋，故梁的总用钢量会比较节省，这也是以往更愿意使用弯起钢筋加箍筋作为横向钢筋配置方案的原因。但是，虽然弯起钢筋斜段的走向接近于与斜裂缝垂直，对限制斜裂缝宽度有利，但因每排弯起钢筋根数少，直径较大，故在使用弯起钢筋加箍筋方案时，同样荷载条件下斜裂缝宽度还是会比仅使用箍筋时略偏大。

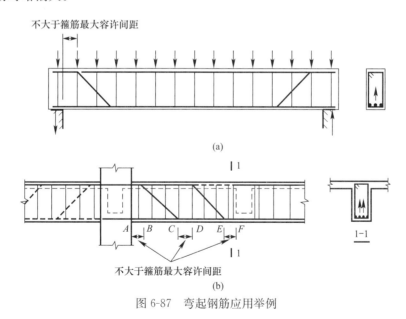

图 6-87 弯起钢筋应用举例

我国设计标准有关弯起钢筋的规定主要有：

《混凝土结构设计标准》GB/T 50010—2010(2024 年版) 第 6.3.5 条规定，当构件破坏斜截面中除箍筋外尚有弯起钢筋穿过时，其受剪承载力应按下式计算：

$$V_{u} = V_{csu} + 0.8 f_{yv} A_{sb} \sin\alpha_{b} \qquad (6-43)$$

式中 V_{csu}——前面式（6-37）或式（6-36）表示的由混凝土项和箍筋项共同提供的受剪承载力；

A_{sb}——穿过该破坏斜截面的弯起钢筋的总截面面积；

f_{yv}——弯起钢筋抗拉强度设计值，其取值应遵守与箍筋抗拉强度设计值相同的限制条件，见《混凝土结构设计标准》GB/T 50010—2010（2024 年版）第4.2.3 条；

α_b——弯起钢筋倾斜段与构件纵轴线的夹角；

0.8——考虑因弯起钢筋可能与破坏斜截面在不同截面高度处相交，导致其抗拉屈服强度不一定能充分发挥而取用的强度折减系数。

以上公式还意味着，当抗剪横向钢筋中包含有弯起钢筋时，这类钢筋在前面图 6-49或图 6-59 所示传力机构中，虽然布置方向与箍筋不同，但其拉力的竖向分力仍会在各混凝土齿和主拱肋或菱形斜压带之间起着与箍筋类似的传递剪力的作用，即保持各类构件内剪力传递机构的原有总体格局；而且能在形成剪切失效的临界斜裂缝内与剪压区混凝土的抗剪能力、箍筋的抗剪能力、临界斜裂缝中残存的骨料咬合力和纵筋销栓力一起如式（6-43）所示发挥抗剪能力。

第 6.3.6 条还规定，在计算配有弯起钢筋的构件区段的受剪承载力时，第一排（即最靠近支座的一排）弯起钢筋数量计算时的作用剪力取支座边缘处的剪力，以后每排弯起钢筋数量计算时的作用剪力取前一排（对支座而言）弯起钢筋弯起点处构件垂直截面中的作用剪力。这里所说的弯起钢筋的数量计算指的都是按上面式（6-43）完成的计算。

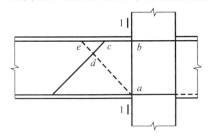

图 6-88　用来说明弯起钢筋位置需满足斜弯要求的示例

在安排弯起钢筋的位置时还需要关注的一项要求是，应使弯起钢筋穿过的斜截面中的抗弯能力不低于对应正截面的抗弯能力，或称之为满足"斜截面的抗弯要求"。例如，在图 6-88 的框架梁某个中间支座处，若假定上部全部纵筋恰好能承担该处负弯矩最大的截面 1-1 中的弯矩；这时，若将其中一部分纵筋在 c 点处沿 45°向下弯折，则在确定 c 点位置时，应要求与弯起段相交的过图中 1-1 截面中 a 点的斜截面 ade 所具有的抗负弯矩能力不低于 1-1 截面的抗负弯矩能力。

从几何关系看，若忽略与斜截面 ade 相交的箍筋所能发挥的较小抗弯能力，就应近似要求图中 ad 段的长度不小于正截面中 ab 段的长度，以使弯折段钢筋在斜截面 ade 中的内力臂不小于它在正截面 1-1 中的内力臂。因为此时未向下弯折的上部纵筋在斜截面 ade 中的抗负弯矩能力会保持其在 1-1 截面中的抗负弯矩能力不变。

设计标准是通过对纵筋弯下或弯上位置的简化构造控制条件来满足上述要求的。即如《混凝土结构设计标准》GB/T 50010—2010（2024 年版）第 9.2.8 条所要求的，当纵筋从混凝土受拉区向下或向上弯折以形成弯起钢筋时，弯起点如图 6-89 所示可设在按正截面受弯承载力计算不需要该钢筋的截面以内，而弯起钢筋与梁中心线的交点则应位于不需要该钢筋的截面以外（即例如图 6-89 中右侧一排弯起钢筋上的 b 点应位于图中垂直截面 2 以左，而图中左侧一排弯起钢筋上的 a 点则应位于图中垂直截面 5 以右）；同时，弯下或弯上点与按计算充分利用该钢筋的截面之间的水平距离不应小于 $h_0/2$。

应注意的是，根据以上规定，上部纵筋向下的弯折段在图中的弯下点到图示中间支座边的距离需要大于 $h_0/2$，但若 $h_0/2$ 已超出了箍筋最大构造间距，这里的规定就与前面提到的从保证抗剪能力角度需要弯下点到支座处的水平距离不大于箍筋最大间距的规定发生矛盾。这时，如确实需要这排弯起钢筋抗剪，则这一距离就必须不大于箍筋最大构造间距，这就不再能满足该排弯起钢筋在斜截面中的抗弯能力要求。这时，就只能把这排弯起钢筋的数量从梁上部本侧支座截面抗负弯矩钢筋的数量中排除，并在本侧支座截面中另外增补相同数量的不弯折的上部纵筋，以保证中间支座左侧正截面中的抗负弯矩能力。

除此之外，《混凝土结构设计标准》GB/T 50010—2010（2024 年版）第 9.2.8条还规定，不得使用图 6-90 所示的"浮筋"，即上、下两端均只有一段水平锚固段的弯起钢筋。这是因为，在例如图 6-59 所示的连续梁或框架梁的复杂开裂状态下，这种与上、下纵筋均未直接相连的"飘浮"在混凝土中的一段弯起钢筋难以有效发挥抗剪作用。同时，设计标准第 9.2.7 条还要求，

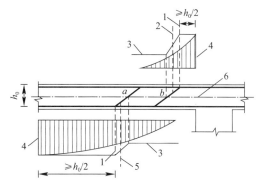

图 6-89　弯起钢筋弯起点与弯矩图的关系（本图引自《混凝土结构设计标准》GB/T 50010—2010（2024 年版）图 9.2.8）

1—受拉区的弯下点或弯上点；2—按计算不需要钢筋"b"的截面；3—正截面受弯承载力图（抵抗弯矩图）；4—按计算充分利用钢筋"a"或"b"强度的正截面；5—按计算不需要钢筋"a"的截面；

6—梁中心线

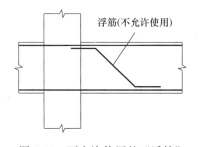

图 6-90　不允许使用的"浮筋"

当纵筋的弯起段达到构件对边后，若不需再向前伸继续作为受拉纵筋使用，则应在其到达对边后设置水平锚固段，该锚固段长度在混凝土受拉区不应小于 $20d$，在混凝土受压区不应小于 $10d$，d 为弯起钢筋直径。

6.3.12　边缘倾斜的受弯构件的受剪承载力计算

工程中根据使用需要可能会出现梁类构件截面高度变化的情况，其中又分为梁下边缘高度变化和梁上边缘高度变化两种情况。

在图 6-91 中汇集了几种工程中曾经使用过的下边缘高度有变化的简支梁。其中，图 6-91(a) 所示是当在单层工业或民用房屋排架结构中需要抽掉一根排架柱时，就要沿同一轴线在与抽掉柱相邻的两根柱的柱顶之间加设一根用来承担被抽掉柱原应承担的屋架或屋面梁支反力的"托梁"。由于这种托梁主要承担的是跨中唯一集中荷载，故常做成跨度左、右两段下边缘高度线性变化的形式。又例如，在我国 20 世纪 60～70 年代单层工业厂房建设中还曾使用过图 6-91(c) 所示的下边缘为曲线的"鱼腹式"吊车梁和图 6-91(d) 所示的下边缘为折线的吊车梁，其目的是减小厂房高度。在国外有些工程中还使用过图 6-91(e) 所示的两端由较宽较厚翼缘支承的下边缘为折线形的简支梁。在装配式多跨梁中也使用过梁高总体保持不变而两端通过"缺口"支承在悬臂梁"缺口"上的两端带缺口的简支梁（图 6-91b）。

在桥梁工程中还出现过图 6-92 所示的各种下边缘高度有连续变化的简支或连续梁类构件。

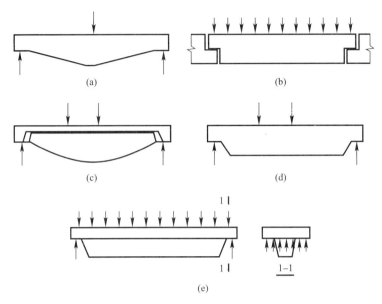

图 6-91　工程中曾经使用的变截面高度的简支梁举例

而最常用的上边缘高度有变化的梁类构件当属上边缘呈双坡的单层工业建筑排架结构使用的双坡薄腹屋面梁。

在以上这些变截面梁中，从钢筋混凝土构件受剪设计及构造角度有两个特殊问题需要回答。一是当梁的下边缘或上边缘倾斜，且纵筋也沿倾斜边布置时，倾斜纵筋对与其相交的临界斜裂缝中的受剪承载力会产生什么影响；二是当梁在简支支座处以"缺口"方式支承时（如图 6-91 中所示的各种变截面梁均属以"缺口"方式支承），这种支承方式会对梁的剪力传递机构产生什么影响，在设计和构造上有什么特别需要关注的问题。

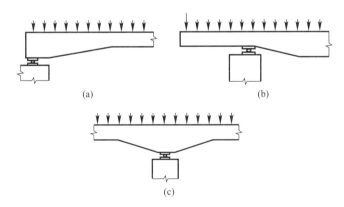

图 6-92　桥梁工程中多跨梁式桥可能使用的变截面高度梁举例

本节将讨论上述第一个问题，第二个问题则放在下面第 6.3.13 节中讨论。

构件边缘倾斜（包括沿边缘布置的纵筋的倾斜）对于受剪承载力的影响应分别根据具体情况进行识别，其中包括倾斜边是在构件正截面的受拉区还是受压区，以及倾斜边导致的变截面构件的截面高度增长是与弯矩增长方向一致，还是相反。这两个因素决定了倾斜边及随其倾斜的该边纵筋对受剪承载力发挥的是有利影响还是不利影响。

下面按受拉边倾斜和受压边倾斜的顺序讨论问题。

1. 受拉边倾斜的情况

（1）受拉边倾斜导致的截面增高趋势与弯矩增大趋势一致的情况

属于这类情况的例如有图 6-91(a)、(c)、(d)、(e) 所示的各简支变截面梁的下边缘倾斜的梁段。当在这些梁段内恰好发生剪压型剪切失效时，其临界斜截面的受力状态即如图 6-93 所示。若与前面图 6-52 所示等截面梁临界斜截面的受力状况相比，唯一的不同是在图 6-93 中因纵向钢筋与临界斜截面相交时，其拉力的竖向分力会对斜截面的受剪承载力作积极贡献。于是，图 6-93 中临界斜截面的抗剪能力可以写成：

$$V_u = V_{cs} + \sigma_s A_s \sin\beta \tag{6-44}$$

式中　V_{cs}——前面式（6-37）或式（6-36）所表示的由混凝土项和箍筋项共同构成的受剪承载力；

$\sigma_s A_s \sin\beta$——沿倾斜下边缘布置的纵向钢筋在临界斜裂缝中发挥出的拉力的竖向分量，其中 β 为该纵向钢筋与构件轴线（水平线）的交角，σ_s 为纵向钢筋发挥出的拉应力，A_s 为斜向纵筋的截面面积。

《混凝土结构设计标准》GB/T 50010—2010(2024 年版) 第 6.3.8 条对这种情况下确定斜向纵筋拉力对受剪承载力贡献的方法给出的规定是，考虑到斜向纵筋拉力的竖向分量对受剪承载力发挥有利作用，故从安全性角度不宜以拉力发挥最充分的状态作为确定其取值的依据，而是建议只取在图 6-93 所示状态下由斜截面中作用的弯矩所引起的拉力（因斜截面靠近支座，其中作用的弯矩一般不大，故由其引起的斜向纵筋拉力，即式中的 $\sigma_s A_s$ 也不会太大），并建议斜向纵筋在图示受力状态下的拉力按斜截面抗弯平衡条件用下式计算：

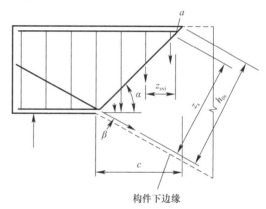

图 6-93　受拉边倾斜且受拉纵筋拉力的竖向分力对于抗剪发挥有利作用的临界斜截面受力状况

$$\sigma_s A_s = \frac{M - 0.8 \sum f_{yv} A_{sv} z_{sv}}{z_s} \tag{6-45}$$

上式是在以下近似假定下给出的：

1）在图 6-93 中近似取临界斜截面水平投影长度 $c = h_0$，h_0 为倾斜边起点处垂直截面的有效高度，即近似假定临界斜截面倾角为 45°。

2）近似取斜向内力臂（垂直于斜向纵筋拉力方向）z_s 为该方向有效高度 h_{0s} 的 90%，其中的 h_{0s} 见图 6-93。

3）在作用弯矩 M 中只减去斜截面所截各排箍筋抗弯能力的 80%（80% 为考虑这些箍筋未全部达到屈服而设的折减系数）；而此时的 M 则应取为过图 6-93 中 a 点垂直截面中与该斜截面受剪承载力验算所用的作用剪力同一荷载状况下的弯矩；从弯矩平衡条件看，在式（6-45）等号右侧的分子中还忽略了纵筋销栓力和界面残余骨料咬合力的存在，这样做只是为了计算方便且偏安全，因为这两项的取值很难准确估算。

4）式中的 A_{sv} 为每排箍筋的截面面积；z_{sv} 为每排箍筋到图中 a 点的水平距离。

以上公式与《混凝土结构设计标准》GB/T 50010—2010（2024 年版）第 6.3.8 条中的式（6.3.8-1）和式（6.3.8-2）是同义的，有兴趣的读者可自行推算其间的转换关系。

（2）受拉边倾斜导致的截面增高趋势与弯矩增大趋势相反的情况

属于这种情况的只有图 6-92（a）所示的情况。

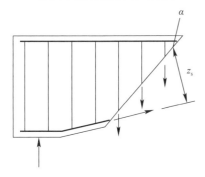

图 6-94　受拉边倾斜且受拉纵筋拉力的竖向分力对于抗剪发挥不利作用时的临界斜截面受力状况

这时，如图 6-94 所示，沿构件倾斜下边缘的受拉纵筋拉力的竖向分力是向上作用的，相当于加大了临界斜截面中的作用剪力，对于抗剪是不利的，故应在作用剪力中加上这一分量，或在该临界斜截面的抗剪能力中减去这一分量。《混凝土结构设计标准》GB/T 50010—2010（2024 年版）未对这种不常见的情况给出具体设计规定。当结构设计人确实遇到这种情况时，应能从前面图 6-93 的处理方法中找到具体参考，本书限于篇幅不拟详述。

2. 受压边倾斜的情况

属于这类情况的有单层厂房排架结构常用的双坡屋面大梁以及图 6-92（b）、（c）中大部分长度处在负弯矩作用下的截面受压区的下边缘倾斜段。其中，双坡梁和图 6-92（c）所示情况下的倾斜边的倾斜方向使截面高度的增长与弯矩绝对值增长趋势一致，故如图 6-95 所示，受压区倾斜压力的竖向分量对斜截面抗剪能力起有利作用；而在图 6-92（b）的情况下，因梁截面高度增长趋势与该梁段负弯矩的增长趋势相反，故沿受压边缘的受压区斜向压力的竖向分量将减小截面的受剪承载力。到目前为止的普遍看法是，因图 6-95 所示情况下受压区倾斜压力的竖向分量会增大斜截面受剪承载力，故在设计中可以从偏安全角度忽略这种有利作用。而对图 6-92（b）的情况，则应从受剪承载力中减去对受剪承载力起不利作用的受压区倾斜压力的竖向分量。该竖向分量可参照前面式（6-44）和式（6-45）计算纵筋倾斜拉力竖向分量的类似方法算得。

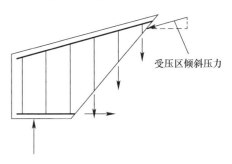

图 6-95　梁的截面增长趋势与弯矩绝对值增长趋势一致时倾斜的受压区压力对构件受剪承载力的有利作用

值得一提的是，还有研究者完成了图 6-96 所示的两根跨高比中等的有腹筋简支梁的对比试验，其中一根为普通的等截面梁，另一根为上边缘中间部分形成双坡的变截面梁。对比结果表明，在其他条件相同时，最大截面高度比等截面梁大了 17% 的双坡梁的受剪承载力反而比等截面梁低了 12.5%。究其原因可能在于，如图 6-96（b）所示，变截面梁的临界斜裂缝沿倾斜受压边发育的结果使其混凝土剪压区高度更小。虽然试验结果只是一根梁与一根梁的对比，但这样的试验结果已足以使结构设计者在图 6-95 所示情况下考虑倾斜压力竖向分量对梁受剪承载力的有利影响时会更加谨慎。

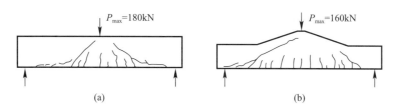

图 6-96 有腹筋等截面梁及受压边为双坡的变截面梁的抗剪性能对比试验结果

6.3.13 缺口梁的受力特点和可供参考的设计方法

前一节只讨论了构件下边缘或上边缘倾斜给受弯构件受剪承载力带来的影响，但前面图 6-91(a)～(e) 等构件还涉及另一个设计问题，即当构件在接近支座处发生截面高度突然变化时，应如何保证该特殊部位的承载力。设计界将这类问题统称为"缺口梁设计问题"。

1. 梁类构件截面高度有突变的简支端的受力特点

已有试验结果表明，在梁类构件高度有突变的简支端，当受力较充分时斜裂缝在整个截面高度突变区均发育较为充分，且随着支座段高度与跨内段高度比值的减小，缺口区及较高截面端面的斜裂缝倾角都会相应减小（图 6-97）。这表明，这个区域作用有较大剪力且传力途径相对较为复杂。

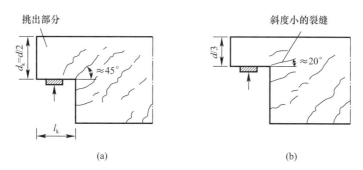

图 6-97 缺口梁支座段截面高度与跨内段截面高度比例变化对受力充分阶段截面高度突变段斜裂缝发育趋势的影响

在已有试验研究的基础上，F. Leonhardt 用拉杆-压杆模型给出的缺口梁端截面高度突变区的传力特征如图 6-98 所示。用近年来的认识来判断，图中传力模型是合理的。其中反映的主导规律可概括为：

（1）构件在荷载作用下传向支座的剪力在简支端截面突变区会分成两部分：其中一部分剪力将经由斜裂缝间混凝土受压条带的斜压力传入截面原高部分端部的下角部位及端面高度；另一部分剪力将直接传入截面高度小的支座段，且随着支座段高度与跨内段高度比值的进一步减小，传向原高部分的端面及下角部的剪力比例会逐步加大。

（2）传向原高部分的端面和下角部的剪力的竖向分量需要通过图 6-98(a) 中的竖向悬吊钢筋或图 6-98(b) 中的斜向悬吊钢筋传到梁端上部，以便使这部分相当大的剪力传入缺口梁的支座段，并进一步传入梁支座。至关重要的是要保证伸到梁上部的悬吊钢筋的有效锚固。

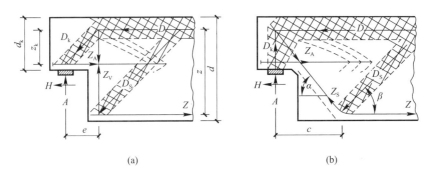

图 6-98　F. Leonhardt 用拉杆-压杆模型给出的缺口梁端截面高度突变区的传力特征

（3）梁的支座段截面高度小，传递的剪力大，受力可能属于短悬臂（有关短悬臂设计的说明详见下面第 6.3.14 节），也可能属于一般悬臂梁，应通过认真验算保证其抗剪及抗弯能力。支座段下边缘的受拉钢筋应伸入原高梁段妥善锚固。

对于以上性能特征的描述还需作的补充说明是：

（1）由于需要竖向或斜向悬吊钢筋将传到高截面梁段端部下方的剪力吊往梁的上部，故其传力特点与前面图 6-66 间接支承梁右端的传力特点相近，因此在高截面梁段的剪力传递过程中不会形成主拱肋，而是以桁架型传力机构为主。从图 6-97 的斜裂缝走势中也可以看到这种趋势。

（2）图 6-98 给出的是用拉杆-压杆模型表达的受力场特征。它与前面图 6-49 或图 6-59 表达方式的区别是，前面两图是实际传力状态的示意；而图 6-98 则是设想用一根压杆来集中表达一个混凝土受压条带或几个平行的混凝土受压条带受力的主导趋势，用一根拉杆表达例如一组钢筋的共同受拉趋势。两者表达的总体格局相同，但细致程度不完全相同，请注意区分。

2. 缺口梁简支端截面突变部位的设计要点

缺口梁设计应包括的步骤和注意的问题通常有：

（1）按一般等截面梁完成除支座以外的等截面跨内梁段的正截面承载力设计和受剪承载力设计，确定受拉纵筋及箍筋用量。将受拉纵筋沿梁下边缘延伸到缺口附近备用；将箍筋沿等高段等量布置。

（2）在支座段的承载力设计中应首先考虑支反力 A（图 6-98a、b）的可能最偏不利（即最偏梁尽端的）作用位置，以保证支座段固定端截面作用的弯矩足够偏大，沿支座段下边缘的受拉钢筋数量足够。

（3）根据支反力到支座段固定端截面之间的距离是大于 h_{01}（h_{01} 为缺口梁支座段的正截面有效高度）还是小于 h_{01} 决定支座段是按长悬臂设计（即按一般悬臂梁设计）还是按短悬臂设计（即按"牛腿"进行设计，设计方法详见下面第 6.3.14 节），并分别根据这两种设计方法中的抗剪要求确定支座段的截面高度及配箍方式。当按长悬臂设计时，箍筋采用竖向封闭箍筋，数量按受剪承载力要求确定；当按短悬臂设计时，宜按构造规定设置 U 形水平箍筋，其未封闭端应伸入梁的高截面段，并保证具有充分锚固长度。

（4）支座段下部受拉钢筋外端应焊在支座钢垫板上，另一端应伸入梁的高截面段混凝土内，且如图 6-98(a)、(b) 所示，其锚固长度需取比常规情况更长。

（5）对于梁的高截面段尽端的悬吊钢筋曾建议过以下三种做法：

1）按悬吊钢筋所需数量将伸到高截面段端面的下部纵向钢筋中的相应部分沿端面垂直向上弯起，直到梁的上边，并在该处妥善锚固（锚固长度可从支座段底边算起）；

2）沿高截面段端面按所需悬吊钢筋数量设置沿梁高截面段全高的封闭式悬吊箍筋；

3）根据需要数量将高截面段受拉纵筋中相应部分在相应位置沿例如 45°方向向斜上方弯起，使弯起段尽可能靠近缺口，且继续沿斜向上伸，并在支座段内有效锚固。

当采用上述第 2）、3）两项做法时，伸到高截面段端面的下部纵筋也应沿端面向上弯起一定长度以保证锚固。

根据 F.Leonhardt 的建议，当采用以上第 1）、2）两项做法时，垂直方向悬吊钢筋或箍肢的截面面积可按下式算得的拉力 T_v 确定，但 T_v 不应大于 A。

$$T_v = 0.35A \frac{h_0}{h_{01}} \tag{6-46}$$

式中　A——梁的支反力；

h_0 和 h_{01}——高截面段和支座段正截面的有效高度。

当采用以上第 3）项做法时，斜向钢筋数量可按下式算得的拉力 T_v 确定：

$$T_v = \frac{A}{\sin\alpha} \tag{6-47}$$

式中　α——钢筋斜向弯起段与梁轴线的交角。

本书作者更倾向于上述第 1）项的构造做法。

除此之外还想提请读者注意的是，由于缺口梁支座段截面高度相对较小，其中多种配筋汇集，空间拥挤，构造复杂，请设计者通过大样确定所选做法切实可行，以免造成施工困难。其中应特别注意各类钢筋的锚固要求，以保证其强度的切实发挥。

在图 6-99 中给出了某个支座段符合一般悬臂梁要求的缺口梁缺口部位配筋构造的示例〔其中悬吊钢筋取用上述第 1）项做法〕。

还有必要提及的是，20 世纪 60～70 年代，在我国西南及西北地区的"三线建设"中，曾在单层工业厂房中大量使用了前面图 6-91(c) 所示的"鱼腹式"预应力混凝土吊车梁（后张预应力筋沿梁下边缘按曲线形布置）。其中，吊车梁两端支座处的支承面钢垫板一方面与柱牛腿上表面预埋件的钢板焊接，另一方面与该吊车梁支座处下部水平受拉钢筋焊接（图 6-100）。当在使用过程中温度下降时，会在结构中沿吊车梁产生相应的温度收缩拉力。由于当时设计人认为曲线预应力筋会在其沿线的相邻混凝土中形成预压应力，故支座处截面下部水平钢筋选用数量偏少，低估了温度拉力的作用。其结果是在这类结构使用数年后绝大多数这类吊车梁都如图 6-100 所示在支座段与曲线段交界点处从吊车梁下边缘形成了大致与该处预应力筋走向平行的向吊车梁端部倾斜的裂缝，且其宽度达到 2～3mm 甚至更大，对承受吊车荷载多次反复作用的吊车梁形成了较大的安全隐患。

但当考虑用原来使用的有质量保证的等截面预应力混凝土吊车梁重新取代发生质量事故的鱼腹式吊车梁时发现，由于等截面吊车梁的截面高度明显大于鱼腹式吊车梁的支座截面高度，若换成等截面梁，将提高吊车在厂房内的行驶高度，但厂房净高却没有为此留出裕量，故无法更换。这导致在这类吊车梁"带病"工作数年到十余年后仍不得不下决心把大量这类厂房整体推倒重建，造成极其巨大的经济损失。这应是一个由于设计中的构件选型和构件构造做法不当而造成重大经济损失的突出事例，值得铭记。

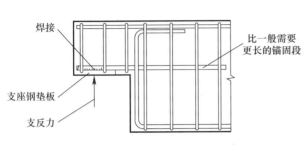

图 6-99　缺口梁端部配筋构造示例
（梁支座段按属于一般悬臂梁
的情况设计）

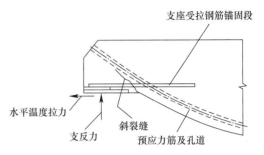

图 6-100　曾经使用过的预应力混凝土鱼腹式
吊车梁普遍出现的支座区开裂示意（梁中除
预应力筋及支座受拉钢筋外的其余配筋未画出）

6.3.14　短悬臂（牛腿）的受力特点及设计方法

钢筋混凝土短悬臂（corbel）是指从某个钢筋混凝土构件沿水平向伸出的与该构件整体浇筑的较短的钢筋混凝土悬臂。根据《混凝土结构设计标准》GB/T 50010—2010（2024年版）的规定，将图 6-101 所示的悬臂顶面所承受的集中荷载作用线到该悬臂支承截面（图中 1-1 截面）的水平距离 a 不大于图示悬臂支承截面有效高度 h_0 的悬臂均视为"短悬臂"，或称"牛腿"。当 a 大于 h_0 时，悬臂则按一般悬臂梁设计。

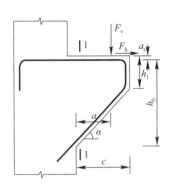

图 6-101　定义短悬臂所用的
几何参数

这类短悬臂是单层工业厂房排架柱支承吊车梁时必用的部件（图 6-102a），还会在排架柱柱顶形成向一侧挑出的短悬臂以便为屋架或屋面梁提供足够的支承长度（图 6-102b），或在高低跨厂房的中间排架柱处向一侧挑出以支承低跨的屋架或屋面梁（图 6-102c），还可能在多层装配式框架中从柱边向一侧或双侧挑出以支承框架梁（图 6-102d）。此外，如上一节所述，在缺口梁支座段的设计中也可能会用到短悬臂的概念和设计方法。

之所以对短悬臂给出专门设计规定，是因为较细长悬臂梁的剪力传递机构与一般梁类构件类似；随着悬臂长度的减小，类似于一般梁类构件剪跨比的减小，剪力传递也朝以混凝土斜压传力为主的方式转换，并在短悬臂中形成如图 6-103（a）所示的由集中荷载到牛腿支承截面受压区之间的混凝土条带传递压力，由牛腿上边缘水平受拉钢筋传递拉力的最简单的拉杆-压杆桁架传力模型（图 6-103b）。这一模型既是剪力传递模型，又与牛腿支承截面的正截面受弯状态相协调。

在图 6-104（a）、（b）中，还给出了用弹性有限元分析获得的集中荷载距支承截面水平距离不同的两类情况下短悬臂内的弹性主应力迹线。从中也可以看出其中的主压应力迹线和主拉应力迹线的走势是与图 6-103 中的模型相呼应的。

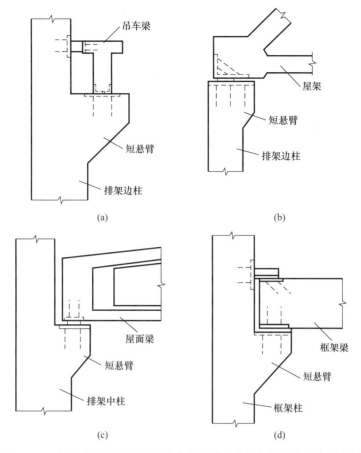

图 6-102 短悬臂在单层排架结构和多层装配式框架结构中的应用举例

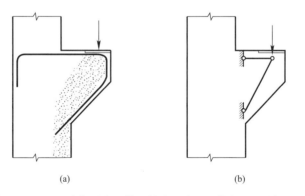

图 6-103 短悬臂内形成的传递剪力和弯矩的拉杆-压杆模型

根据国内原冶金工业部建筑研究总院完成的试验研究，并参考国外同类研究成果，可知短悬臂受力中可能形成的失效方式包括：

（1）若短悬臂上边缘受拉钢筋配置数量不足，则在悬臂上表面集中荷载增大过程中，水平受拉纵筋将在支承截面Ⅰ-Ⅰ处达到屈服；随着沿该截面裂缝的加宽，最终该截面下部受压区混凝土压溃，导致短悬臂弯曲破坏（图 6-105a）；这时在短悬臂内一般只有图中所示的唯一一条竖向弯曲裂缝出现。

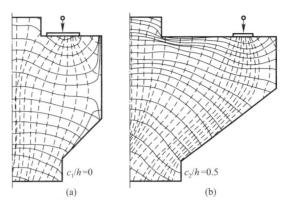

图 6-104　弹性二维分析获得的短悬臂区的主应力迹线
（c 为从竖向荷载作用点到柱内边的水平距离；h 为悬臂根部截面高度）

（2）短悬臂的剪切破坏有两种形式，一种是当配置的水平箍筋不是过少时，若混凝土强度偏低，则当集中荷载增大到一定程度后，图 6-105（b）所示主斜压条带的混凝土就会被斜向压碎，形成斜压型剪切破坏；另一种则是若短悬臂挑出长度偏大，水平箍筋过少，也可能发生图 6-105（c）所示的劈裂型剪切破坏。

（3）若集中荷载下钢垫板尺寸过小或厚度过小且弯曲刚度过弱，当集中荷载较大时，会在短悬臂上表面的荷载垫板下面发生混凝土的局部受压破坏（图 6-105d）。

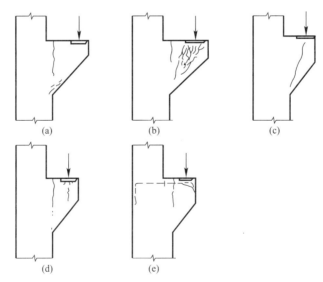

图 6-105　短悬臂可能发生的各种失效方式

（4）当短悬臂上边缘受拉钢筋在悬臂外端锚固不足时，还会发生受拉纵筋在短悬臂外端的锚固破坏（图 6-105e）。

以上这些破坏形式均应在设计中通过设计计算和构造措施一一防止。

在短悬臂的设计中，主要是保证在作用于短悬臂顶面的竖向荷载和可能同时作用的向外水平拉力下支承截面的正截面承载力以及短悬臂在小剪跨比条件下的抗剪能力。

根据《混凝土结构设计标准》GB/T 50010—2010（2024 年版）第 9.3.11 条的规定，短悬臂支承截面（即图 6-101 中的 1-1 截面）的正截面承载力用由下列公式计算出的沿短悬臂上边缘布置的受拉钢筋截面面积 A_s 来保证。

$$A_s \geqslant \frac{F_v a}{0.85 f_y h_0} + 1.2 \frac{F_h}{f_y} \tag{6-48}$$

在上式中，a 应在实际取值基础上再增加考虑竖向力位置不利偏差的 20mm，当 $a+$ 20mm 小于 $0.3h_0$ 时，应取 $a+20\text{mm}=0.3h_0$。式中第二项的系数 1.2 是考虑水平拉力作用位置可能比纵向受拉钢筋偏高而使纵筋中的拉力大于作用的水平向拉力的系数，且取值按略偏安全的思路确定。

短悬臂的抗剪性能则用设计标准第 9.3.10 条规定的短悬臂截面尺寸控制条件，或者如设计标准所称的"裂缝控制要求"以及短悬臂的构造水平箍筋和 45° 斜向钢筋来保证。之所以称之为"裂缝控制要求"，是因为这一抗剪性能控制条件是按照已收集到的有一定数量的各类受力状态下的短悬臂试验结果，以不出现任何剪切型损伤，包括各类劈裂或斜拉裂缝（当然也包括混凝土不产生斜向压碎）为依据归纳出来的。这种以控制开裂来保证短悬臂抗剪性能的思路是出于以下背景，即工程中的较多短悬臂是用来承担由吊车梁传来的吊车荷载的，因吊车荷载在结构使用期间可能重复作用的次数高达数十万次到超过百万次，导致任何出现斜向开裂的短悬臂中的裂缝都可能因循环加载而持续发育直到出现恶性后果。因此，以防开裂作为此类短悬臂受剪设计的首要性能控制条件从安全角度是必要的。但需注意，这一控制条件起不到对支承截面（正截面）上部弯曲受拉区（或偏心受拉的受拉区）混凝土裂缝宽度的控制作用。现行设计标准给出的短悬臂"裂缝控制条件"如下式所示：

$$F_{vk} \leqslant \beta \left(1 - 0.5 \frac{F_{hk}}{F_{vk}}\right) \frac{F_{tk} b h_0}{\left(0.5 + \dfrac{a}{h_0}\right)} \tag{6-49}$$

在上式中，使用短悬臂上作用的竖向力和水平拉力标准值 F_{vk} 和 F_{hk} 以及混凝土抗拉强度标准值只是为了与"裂缝控制要求"这种名义在可靠性设计的规定方面相呼应，而最后由上式在已知 F_{vk}、F_{hk} 和 a 的前提下得到的 h_0 和 b，其最终目的仍是以必要的可靠性来保证短悬臂的受剪性能（其中包括受剪承载力控制和剪切裂缝的较严格控制）。这种要求是与其他构件的受剪设计相协调的，只不过方式或者说"名义"不同而已。

在以上的式（6-48）和式（6-49）中，F_{vk} 和 F_{hk} 为短悬臂顶面由荷载效应标准组合得到的作用竖向力和向外的水平拉力（如水平力为向短悬臂内作用的水平压力则约定在设计中不予考虑）；F_v 和 F_h 则为短悬臂顶面作用的竖向力和向外水平拉力的设计值；β 为体现短悬臂损伤控制严格程度的系数，对于支承吊车梁的短悬臂取为 0.65，对于其他短悬臂取为 0.8；这是因为短悬臂支承吊车梁时，虽然短悬臂不属于像吊车梁那样的直接承担吊车荷载从而需要进行疲劳强度验算的构件，但短悬臂作为间接支承多次重复作用吊车荷载的构件，也应适当考虑多次重复荷载引起的使损伤逐步累积和发展的不利作用，故 β 系数的取值在这种情况下应从严掌握；a 为短悬臂顶面作用的竖向力到支承截面的水平距离，其中应考虑朝不利方向的作用力位置偏差 20mm；当考虑该位置偏差后的竖向力作用位置仍在支承截面以内时，取 $a=0$；b 为短悬臂截面宽度；h_0 为支承截面的有效高度，从图 6-101 可以看出，$h_0 = h_1 - a_s + c\tan\alpha$。其中，$h_1$ 为短悬臂外端竖直边的高度；a_s 为水平受拉钢筋形心到短悬臂顶面的竖向距离；c 为短悬臂从其下方柱边向外挑出的水平长度；α 为短悬臂倾斜边对水平线的倾角，当 α 大于 45° 时，约定只取 $\alpha=45$°。以上各几何尺寸的定义见图 6-101 和图 6-107。

根据我国的工程经验和短悬臂的试验结果，在其设计中还应满足我国设计规定或建议的以下构造要求。

（1）短悬臂外端应留有一段竖向尺寸不致过小的竖直边 h_1（见图 6-101 或图 6-107）。《混凝土结构设计标准》GB/T 50010—2010（2024 年版）规定，h_1 应不小于短悬臂支承截面全高 h（图 6-107）的 1/3，且不小于 200mm。作出这样的规定是为了给短悬臂内形成的传递竖向荷载的混凝土斜压条带留出足够的空间；同时，这样做也有利于短悬臂上部纵筋在其外端的锚固和减小竖向荷载下混凝土的局部压溃风险。

（2）竖向荷载在短悬臂顶面局部受压面积上的压应力应不超过 $0.75f_c$，以避免该处的局部受压破坏。在满足这一条件后，可不再进行短悬臂顶面在竖向荷载下的局部受压承载力验算和相应设计。

（3）在短悬臂整个高度范围内应布置水平箍筋，其作用是对短悬臂中混凝土的斜向传压提供侧向约束，以保证其传力有效；同时，减少短悬臂混凝土斜向开裂的风险。设计标准根据经验及试验结果规定，箍筋直径宜取 6～12mm，间距宜为 100～150mm，且在支承截面有效高度 h_0 的上部 2/3 高度范围内的水平箍筋总截面面积不宜小于承受竖向力所需的上部纵向钢筋截面面积的 1/2（请注意，这里的纵向钢筋截面面积不包括承受短悬臂顶面向外水平拉力的纵向钢筋截面面积）。

（4）短悬臂上表面的纵向受拉钢筋宜采用 HRB400 或 HRB500 级钢筋。其最小配筋率取 0.2% 和 $0.45f_t/f_y$ 中的较大值，且其配筋率不宜大于 0.6%；纵向钢筋不宜少于 4 根直径 12mm 的钢筋，且为了锚固需要和保护短悬臂外端，全部纵向钢筋应如图 6-107（a）、（b）所示，沿短悬臂外侧表面向下延伸，直至伸入下柱内不少于 150mm 后截断。同样为了锚固，纵向钢筋在短悬臂后部伸入柱内妥善锚固。我国设计标准偏安全规定，其伸入上柱的锚固长度应从上柱边算起（从理论上说可以从短悬臂支承截面算起）。纵向钢筋在上柱内的锚固，根据情况可采用直线锚固或带 90°弯折（或带端锚固板）的锚固方式，锚固长度要求与框架梁纵筋在框架端节点处的锚固要求相同（见本书前面第 3.5.4 节）。

（5）当在单层厂房排架结构柱顶设置支承屋架或屋面梁的短悬臂时，因该短悬臂对厂房安全性具有关键作用，故我国设计标准对其上部受拉纵筋的构造作了专门规定，即应将柱外侧纵筋根据需要数量水平弯入柱顶作短悬臂纵筋使用（图 6-106b）；当柱外侧纵筋和短悬臂受拉纵筋需分别布置时，短悬臂纵筋应在水平伸至柱顶外边后沿柱外边缘向下弯入柱内，并与柱外侧纵筋满足受拉搭接要求（图 6-106a）。这是因为短悬臂所受的弯矩将全部传入上柱柱顶，即柱顶水平纵筋及外侧纵筋均为承担这一负弯矩的受拉钢筋。这种受力状况与受负弯矩作用的框架顶层端节点处上部梁筋与外侧柱筋的相互传力状况相似（见本书前面第 3.5.6 节）。

（6）在短悬臂内如图 6-107 所示设置弯起钢筋是苏联早期的传统习惯做法（弯起钢筋截面面积不应计入承担短悬臂弯矩的顶面水平纵向钢筋的截面面积）。但从前面所述的图 6-103 所示的短悬臂传力机构看，弯起钢筋从短悬臂受剪承载力和抗剪裂缝控制的角度并不是非设不可的，这一点也已为近期试验实测结果所证实。目前《混凝土结构设计标准》GB/T 50010—2010（2024 年版）第 9.3.13 条中关于在短悬臂中设置弯起钢筋的规定是在 2002 年版规范修订过程中经专家组讨论决定的。当时专家组已承认弯起钢筋作用不够明显的结论，但从偏安全角度认为仍可继续保留前一版规范中的这种做法。这也是因为原冶金工业部建筑研究总院负责完成短悬臂性能研究的专家组坚持认为在承担吊车荷载的短悬臂中加设图 6-107 中所示的弯起钢筋能在短悬臂中形成图 6-108 所示的重叠拉杆-压杆

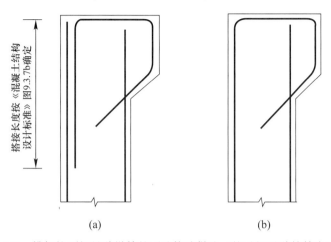

图 6-106　排架柱顶短悬臂纵筋的可选构造做法（柱及短悬臂箍筋未画出）

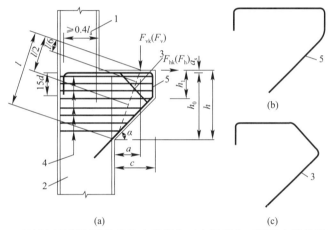

图 6-107　涉及短悬臂配筋构造的有关规定（本图引自《混凝土结构设计标准》
GB/T 50010—2010(2024 年版) 图 9.3.10)

1—上柱；2—下柱；3—弯起钢筋；4—水平箍筋；5—受拉纵筋

注：图中尺寸为 mm。

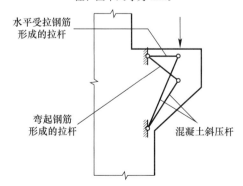

图 6-108　在配置了弯起钢筋的钢筋混凝土短悬臂中使用的重叠拉杆-压杆模型

模型，对提高短悬臂的抗剪能力和避免短悬臂混凝土斜向开裂是有一定作用的。在确认不承担吊车荷载的短悬臂中则可不设弯起钢筋。

6.4 有腹筋柱类构件的受剪性能及设计

6.4.1 一般说明

工程中的柱类构件主要指框架柱（也包括板-柱结构的柱）和排架柱。在柱的受剪承载力设计中，根据相应柱段的轴力是压力还是拉力，其受剪承载力应分别按设计标准规定的单向偏心受压构件和单向偏心受拉构件进行计算（见《混凝土结构设计标准》GB/T 50010—2010(2024 年版) 第 6.3.11～6.3.15 条)。

因在结构设计中已将除排架结构以外的其他各类多、高层建筑结构体系的水平荷载按作用在各节点处的集中水平力输入结构，故可认为在一般情况下绝大多数上、下节点之间的框架柱段高度内均无侧向集中荷载或均布荷载作用，只有个别直接受侧向土压力和地下水压力作用的柱段除外。这意味着，在绝大多数框架柱段中，内力都是由柱上、下端输入的，即柱段均处在等剪力状态。如前面讨论连续梁和框架梁抗剪性能时已经指出的，在构件的等剪力区段，剪切破坏通常总发生在弯矩绝对值偏大的部位。柱类构件试验结果表明，这一规律同样适用于柱类构件，即当一个柱段内弯矩有变化时，不论反弯点是在柱段高度范围内还是高度范围外，剪切失效通常都发生在弯矩偏大的一端（当然，当柱高宽比很小时，剪切破坏也可能沿柱段全高发生）。因此，当柱类构件受剪承载力验算公式中包括剪跨比 λ 时，因柱段一般没有作用在柱高范围内的侧向集中力，不便使用计算剪跨比的概念，故 λ 原则上都应使用广义剪跨比。当然，也不排除设计标准为了便于设计而给出广义剪跨比的简易表达方法，详见下面第 6.4.6 节。

在排架柱中常使用上柱和下柱各具有不同截面高度的变截面柱，且重力荷载和吊车荷载分别以集中力形式从柱顶和上、下柱交接处附近输入，而风荷载则以柱顶水平力和沿柱高的均布荷载形式输入，故其受剪承载力宜分别按上柱和下柱验算，其中剪跨比计算应取用相应柱段中剪力最大截面的剪力和对应的较大弯矩。

在非抗震的框架柱中，每个柱段受剪承载力所需箍筋宜沿该柱段高度均布布置；在非抗震的排架柱内，上柱和下柱各自所需箍筋宜分别沿上柱和下柱高度均匀布置。

此外，因多、高层结构一般均要求沿两个平面主轴方向各完成一次结构分析及设计，当结构内设有框架柱时，每个方向受剪承载力设计确定的箍筋用量均由沿该受力方向箍肢的截面面积及箍筋间距表达，故在两个方向设计完成后，每个柱段使用的箍筋直径和间距以及各方向的箍筋肢数都需根据两个方向的需要作统一选择。

若从受剪承载力方面对比柱类构件和前面讨论的梁类构件，则可发现，柱类构件比梁类构件增加的麻烦是需要考虑轴力（包括轴压力和轴拉力）对受剪承载力的影响。而简便之处则在于，柱类构件几乎均为独立构件，即不与例如现浇墙相连（在框架-剪力墙结构中墙肢两端与柱相连形成的"带边框墙肢"的受剪承载力属于下面将要说明的墙肢类构件的范畴）；而且柱几乎不存在间接加载问题，也不会遇到构件边缘倾斜问题；加之柱的抗剪钢筋只使用箍筋，在绝大多数情况下，也不存在弯起钢筋或斜向钢筋的应用问题（超短柱使用交叉对角斜筋的情况除外）。

到目前为止，在各国已完成的各类非抗震受剪性能试验研究中，梁类构件的数量已相当可观，试验的系统性也相对较强，涉及的受力状态相对较广，对梁类构件受剪性能的认识也相对较为深入，这看来是受桥梁工程和建筑工程对梁类构件受剪性能需求的共同推动所致。柱类构件非抗震受剪性能的试验在国外并不多见；中国的此类构件试验是在 20 世纪 70 年代后期到 80 年代初期完成的，且所用构件的截面高度多在 300mm 左右，混凝土强度也相对偏低，与目前工程中实际使用的柱类构件差异偏大，由于受轴力作用后，不同剪跨比的柱类构件形成的失效方式更趋多样化，有限数量的尺寸较小且强度偏低的试件在确认这些失效方式方面的可信程度则显得还不够充分。而在 20 世纪 80 年代之后，各国研究界虽然又逐步完成了一定数量柱类构件的受剪性能试验，但几乎都是针对抗震剪切性能的低周交变加载试验。这类试验的加载程序虽与非抗震的单调加载方式不同，所得性能也有一定差异，但其试验结果对于认识柱类构件的受剪性能仍有重要的借鉴作用。不过本书作者仍然认为，各国学术界通过试验研究对柱类构件非抗震受剪性能的把握程度似乎比对梁类构件的把握程度偏弱，如有条件，仍有待使用尺度更大、材料强度水准与现有工程应用相协调且试验设备更优的试验结果对柱的非抗震基本受剪性能做更深入、确切的研究。

到目前为止，曾经采用的柱类构件单调加载受剪性能试验的加载方式有图 6-109(a)～(c) 所示的三种，即图 6-109(a) 所示的在简支构件上施加间隔一定距离的两个反对称横向集中力和杆端轴力的加载方案；图 6-109(b) 所示的利用"建研式"水平加载装置对施加了轴力的两端固定试件施加水平荷载的方案；图 6-109(c) 所示对下端固定、上端简支构件从上端施加轴力和水平力的方案。已有试验结果表明，这三种方案的试验结果具有可比性，均可承认。

在柱类构件的非抗震受剪性能考察中，一般是先行选定构件截面的形状尺寸及材料强度，并重点考察以下三个因素，即剪跨比、配箍率和轴力对抗剪性能的影响规律。下面结合已有试验结果对这三个因素的影响规律分别作简要说明。

6.4.2 剪跨比对柱类构件受剪性能的影响

20 世纪 80 年代《混凝土结构设计规范》修订组组织完成的非抗震柱类构件抗剪性能系列试验是由同济大学喻永言牵头，由天津大学和原重庆建筑工程学院参加完成的，共试验了 67 个有效构件。试验统一使用的是图 6-109(a) 所示的在跨内施加反对称集中荷载、在两端施加轴力的简支构件加载方案。其中，约定使用广义剪跨比 $\lambda = M/(Vh_0)$；M 和 V 分别为反对称加载点处的弯矩和朝跨中一侧的剪力。为了使剪切破坏发生在两个反对称集中力之间的柱段内，对集中荷载到各自一侧支座间的柱段均有意识地增加了箍筋用量。在试验中，均先对构件施加约定轴压力，并保持恒定；再施加跨内反对称横向集中力，直至构件剪切破坏。

从这批试验得到的剪跨比对于受剪承载力的主要影响规律是，与有腹筋梁类构件处类似，在轴压比不是过大时，若构件的配箍率和轴压比相接近，则随剪跨比的增大，如图 6-110 所示，受剪承载力会有所下降（图中每个点代表条件相近的几个构件的平均值）。但达到最大受剪能力时的构件变形则随剪跨比的增长而加大。

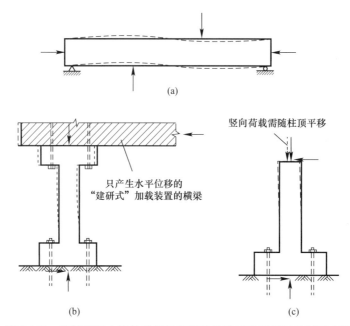

图 6-109　钢筋混凝土构件单调加载抗剪性能试验采用过的试验方案

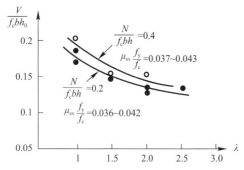

图 6-110　在配箍率和轴压比相近条件下偏心受压柱类构件受剪承载力随剪跨比的变化趋势

根据试验结果，只有在广义剪跨比很小，例如小于 0.8 时，方有可能在两个反对称横向集中力的作用点之间发生斜压型剪切失效。只要广义剪跨比稍大，而轴压比不是很大时，发生的就将是剪压型失效。若轴压比偏大，则反而有可能因垂直于主压应力区的拉应力过大，当箍筋数量偏少时发生沿斜压方向的突发劈裂型失效（图 6-111a）。这一现象提醒注意，即使剪跨比偏小，为了防止因轴压力偏大而发生的此类失效，必要的配箍量仍是不可少的。为了展示这种剪切失效风险在工程中确实存在，图 6-112 给出了 1971 年美国 San Fernando 地震中某宾馆较为短粗的低配箍率、高轴压比柱发生的劈裂型（斜拉型）剪切失效。

当广义剪跨比增大到 1.5～2.0 后，构件会从两个反对称加载点向跨中方向形成斜裂缝，并在轴压力不是过大时最终发生剪压型失效，即发生在与临界斜裂缝相交的一部分箍筋达到屈服后由剪压区混凝土最终破碎控制的剪切失效（图 6-111b）。当构件因轴压力较大而配置较多纵筋以保证构件在剪切失效之前不发生正截面的偏心受压失效时，还会因纵筋销栓效应较强而在剪切失效时出现明显的沿纵筋的撕裂裂缝；也有研究者将这类失效称为"剪压-粘结撕裂失效"（图 6-111c）。沿纵筋的粘结撕裂裂缝多以图中所示断续短斜裂缝的形式出现。研究界一般认为这是因为在沿纵筋的周边混凝土中存在图 6-113 所示的三类拉应力，即销栓撕裂应力和粘结劈裂应力（这两类拉应力均垂直于纵筋作用）以及剪切主拉应力（大致沿与纵筋成 45°的方向作用），其合成效果即为垂直于短斜裂缝走向的拉应力。试验中还发现，在这一剪跨比范围内，当作用轴压力过大时，构件也可能发生沿主压应力条带的斜压型剪切失效。

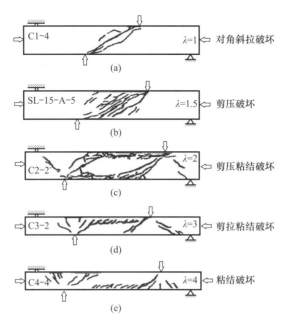

图 6-111 我国 20 世纪 80 年代完成的首批偏心受压柱类构件静力
抗剪性能系列试验中不同剪跨比构件的有代表性的失效后外观

图 6-112 1971 年美国 San Fernando
地震中一根发生斜拉剪切失效的低配
箍率、高轴压比短粗柱的震后外观

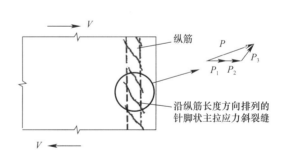

P_1—销栓撕裂应力；
P_2—粘结劈裂应力；
P_3—剪切主拉应力；
P—合应力(垂直于断续主斜裂缝方向)。

图 6-113 沿纵筋形成断续短斜裂缝的机理

　　剪跨比更大的柱类构件（例如剪跨比为 2.5～4.0 时），在剪切失效前仍会形成斜裂缝。一旦斜裂缝稍有发育，因纵筋配置数量偏多，就更容易形成沿纵筋的粘结撕裂裂缝（图 6-111d、e），而且粘结撕裂裂缝可能沿整个剪跨发育，这导致构件的受剪承载力因沿纵筋的传力失效而达到极限，即在剪压区混凝土发生剪压破坏之前构件已无法继续维持其受剪能力。这种情况随轴压比的增大发生的机会越多。由于试验中常是在斜裂缝形成后迅速发生粘结撕裂，故也有人将其称为"斜拉-粘结撕裂型剪切失效"。

　　从以上叙述中不难看出，由于在偏心受压柱类构件中除剪跨比外又增加了轴压比这一变量，使构件受剪性能与梁类构件相比变得更趋复杂，失效方式也变得更趋多样，这给受剪性能规律识别增加了难度。

6.4.3　轴压比对柱类构件受剪性能的影响

在我国完成的上述偏心受压构件系列试验中发现，不论剪跨比大小，均如图 6-114 所示，随着轴压比从零开始增大，构件的受剪承载力会有所提高，只不过在剪跨比偏小时，提高的幅度较小；在常用的中等剪跨比以及更大的剪跨比条件下，提高的幅度更偏明显。

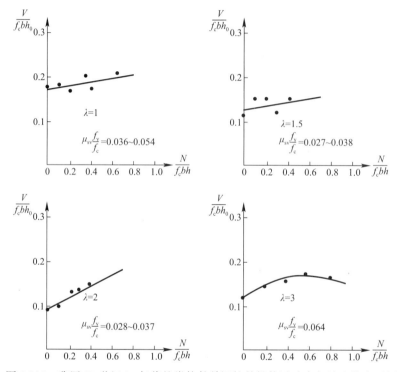

图 6-114　我国 20 世纪 80 年代柱类构件单调抗剪性能试验中归纳出的在不同广义剪跨比条件下轴压比对于受剪承载力的影响

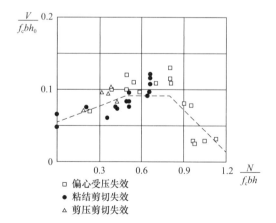

图 6-115　根据原西安冶金建筑学院试验结果获得的相对受剪承载力与轴压比之间的关系

同样，在 20 世纪由原西安冶金建筑学院姜维山主持的用"建研式"加载装置完成的偏心受压构件低周交变加载试验中发现，若将截面尺寸、材料强度相近，剪跨比为中等的偏心受压构件试验所得的受剪承载能力按以轴压比为横坐标、以相对受剪能力为纵坐标进行整理，则可得图 6-115 所示的"相对受剪能力"随轴压比变化的大致趋势。从中可以看出，用相对受剪能力表示的构件承载力随轴压比变化的趋势可分为三个阶段，即在轴压比达 0.3～0.5 之前，构件将发生剪切失效，且受剪能力随轴压比增大而上升；在轴压比进一步增大后，构件较多发生的是大偏心或小偏心受压正截面失效，这时用相对受剪能力表达的承载力会有一个大致变化不大的区间；在轴压比再进一步增大后，构件发生的更全部是小偏心受压的正截面失效，换算成的相对受剪能力会随轴压比增大而较迅速下降。

研究界到目前为止对上述规律作出的解释是，当广义剪跨比很小并导致构件发生斜压型剪切失效时，增加的轴压力会使构件内剪切失效区二维应力场内的主压应力相对于构件轴线的倾角变小、作用宽度变大和主拉应力变小。这几种因素的综合效果是使发生斜压型失效时的受剪能力只有幅度较小的提高（这也是后面第 6.4.6 节提到的设计标准规定中对偏心受压构件取用与受弯构件相同的受剪截面限制条件——最大受剪承载力条件的主要理由）。

在中等剪跨比条件下，当轴压力从零逐渐增大到 0.3～0.5 时，如图 6-116 所示，会使构件中的混凝土斜压传力带的宽度增大，也就是使发生剪压型失效时临界斜裂缝末端剪压区的截面积变大，从而使剪压失效时剪压区混凝土的受剪能力，以及包括它的构件受剪能力随轴压力的增大而逐步较明显增长。也有人认为，轴压力的增大也使临界斜裂缝宽度相应减小，导致其中的骨料咬合效应有所增大，从而也对受剪能力起到一些有利作用。

在构件受剪承载力随轴压增大而逐步增长的过程中，根据第 5 章所讨论的偏心受压正截面承载力随轴力的变化规律，一旦正截面随轴力增大进入小偏心受压状态（这大致相当于实际轴压比达到 0.35～0.45 时），则轴压力增大将使构件达到正截面承载能力时作用的弯矩和剪力值相应减小。于是，在这种受剪能力增大而作用剪力减小的过程中，要想使构件依然发生剪切失效，就必须逐步减少构件的配箍量。而当配箍量减少到只靠混凝土截面都能提供所需的受剪能力时，构件就只能发生小偏心受压的正截面失效，而不再可能发生剪切失效了。这也就是图 6-115 中轴压比偏大时发生的几乎都是构件正截面失效的

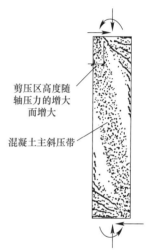

剪压区高度随轴压力的增大而增大

混凝土主斜压带

图 6-116　高度中部有反弯点的中等剪跨比框架柱类构件（偏心受压构件）在轴压比不大、两端形成扇形斜裂缝区时的剪力传递机构

主要原因。由于在轴压比偏大的构件试验中基于以上受力规律已难于再设法实现构件的剪切失效，故在图 6-115 中轴压比大于 0.3～0.5 以后，先是"相对受剪承载力"不再随轴压比增大而增长，随后是"相对受剪承载力"随轴压比的增大而下降的规律，表现的实际上是正截面从大偏心受压到小偏心受压过程中承载能力极限状态下的弯矩（或者说与弯矩成比例的剪力）随轴压力增大而下降的规律，而图中得出的这一过程中试验结果的"相对受剪承载力"所表达的也只是这种与极限状态下所能抵抗的弯矩相对应的名义受剪能力。

6.4.4　配箍率对柱类构件受剪承载力的影响

从各国已有试验结果看，只要偏心受压柱类构件在轴压比达 0.3～0.5 之前发生剪压型剪切失效，构件临界斜裂缝中的箍筋就会与发生这类失效的梁类构件类似，有相当一部分在失效前达到屈服，即发挥重要的受剪作用。从图 6-117 所示试验结果可以看出，在这

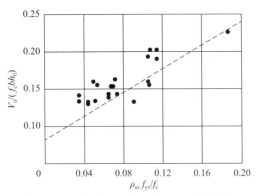

图 6-117　发生剪压型失效的偏心受压柱
类构件的相对受剪承载力与配箍率的关系
（引自湖南大学管品武博士学位论文）

一前提条件下，构件相对受剪承载力与配箍率之间的关系仍可用在纵轴上有截距的线性规律来表示（图中虚线所示为按偏下限取用的线性规律）。

6.4.5　轴拉力对柱类构件受剪承载力的影响

在多、高层建筑结构中，当整体结构的高宽比偏大，且同时水平荷载偏大时，因水平荷载在特别是结构的底部楼层中产生的倾覆力矩较大，会在结构一侧外围竖向构件中产生较大的拉力，若重力荷载产生的轴压力仍不能抵消该拉力，这些外围竖向构件就会在最不利内力组合下处于偏心受拉状态。

由于不太大的轴拉力就已经会使构件受剪后形成的临界斜裂缝宽度增大（导致骨料咬合效应下降）和临界斜裂缝末端剪压区面积减小（导致剪压区混凝土受剪能力下降），故构件受剪能力也将随轴拉力的增大而迅速下降。因此，当设计中确有轴拉力在柱类构件中存在时，就需要认真给出考虑轴拉力影响的偏安全的受剪承载力计算方法。

从试验结果看，在构件内配置比计算需要更多的纵向钢筋，特别是当这些钢筋沿柱截面周边均匀布置时，很可能会因临界斜裂缝宽度增长变慢等原因而降低在有轴拉力时发生构件偏心受拉剪切失效的风险。但这项认识在目前使用的偏心受拉构件的受剪承载力计算方法中（见下面第 6.4.6 节）尚未得到反映，只能作为设计人自行把握的增加性能潜力的措施使用。

6.4.6　我国设计标准取用的柱类构件受剪承载力设计方法

如前面在说明梁类构件受剪承载力设计方法时已经提到的，在《混凝土结构设计标准》的较早版本《钢筋混凝土结构设计规范》BJG 21—66 和 TJ 10—74 中，因当时设计面对的建筑结构层数不多，而未把柱类构件的受剪承载力设计列入规范；这也是那个年代其他国家规范都存在的现象。到该规范的 1989 年版，方才根据当时的工程设计需要，在已收集到的柱类构件抗剪性能试验结果的基础上，首次给出了偏心受压构件和偏心受拉构件的受剪承载力设计方法。其主导思路是，为了与轴力为零时受弯构件受剪承载力设计方法相衔接，偏心受力构件的受剪承载力统一取用以下表达式形式：

$$V_u = V_{csu} + V_N \qquad (6\text{-}50)$$

上式中，V_{csu} 为梁类构件的受剪承载力。考虑到柱类构件极少与现浇墙板连接的特点，V_{csu} 均取为受弯的矩形截面独立梁使用的包含剪跨比影响的受剪承载力计算公式（但其中的剪跨比 λ 从概念上说应取用广义剪跨比，理由已如前述）。V_N 则是在 V_{csu} 上述取值基础上根据试验得到的轴力对受剪承载力的影响规律偏安全给出的反映轴力影响的附加"轴力项"。其中，当轴力为压力时 V_N 取正值，当轴力为拉力时 V_N 取负值；且当 V_N 为有利影响时偏小取值，当 V_N 为不利影响时偏大取值。

1989 年版规范对偏心受压构件给出的受剪承载力计算公式为：

$$V_{u} = \frac{0.2}{\lambda + 1.5} f_{c} b h_{0} + 1.25 f_{yv} \frac{A_{sv}}{s} h_{0} + 0.07N \tag{6-51}$$

对偏心受拉构件给出的受剪承载力计算公式为：

$$V_{u} = \frac{0.2}{\lambda + 1.5} f_{c} b h_{0} + 1.25 f_{yv} \frac{A_{sv}}{s} h_{0} - 0.2N \tag{6-52}$$

与以上二式相呼应，该版规范还采用了以下规定：

（1）以上两式中的 N 为与组合剪力设计值相对应的组合轴力设计值，且在偏心受压构件中，当 $N > 0.3 f_{c} A$ 时，取 $N = 0.3 f_{c} A$。从上面介绍的偏心受压构件轴压力对于受剪承载力的影响规律中可知，这一限制条件的取值是偏安全的；除此之外，由于该限制条件中的 N 是偏大的轴力设计值，f_{c} 则是混凝土轴心抗压强度偏小的设计值，故更增加了限制条件的安全性。

（2）如前面讨论柱类构件受剪性能时已经指出的，由于绝大多数柱类构件的作用内力均由柱上、下端输入，故剪跨比只能使用广义剪跨比；而且，在将上面建议公式与试验结果对比时，也都使用的是广义剪跨比。但因该版规范所处年代计算机辅助设计尚未广泛普及，同时也为了顾及工程中可能遇到的在构件长度内作用有垂直于构件轴线的均布荷载或集中荷载的偏心受压构件的设计需要，故该版规范对以上二式中的剪跨比取值作了以下规定：

1）对于框架柱，一律近似取 $\lambda = H_{n}/(2h_{0})$，其中 H_{n} 为柱净高。且当 $\lambda < 1$ 时，取 $\lambda = 1$；当 $\lambda > 3$ 时，取 $\lambda = 3$。

2）对于其他偏心受压构件，为了与梁类构件的规定相衔接，规定当承受均布荷载时，取 $\lambda = 1.4$；当承受以集中荷载为主的荷载作用时（条件同梁类构件），取 $\lambda = a/h_{0}$，且当 $\lambda < 1.4$ 时，取 $\lambda = 1.4$，当 $\lambda > 3.0$ 时。取 $\lambda = 3.0$。此处 a 的定义也与梁类构件处相同。

（3）根据偏心受压构件与受弯构件试验结果的对比，发现由构件斜压型剪切失效决定的构件受剪能力上限似乎差别不大，故决定对偏心受压和偏心受拉构件仍取用与受弯构件相同的截面限制条件（或称构件受剪承载力上限）。

（4）对于偏心受压构件，与受弯构件处类似，还规定当作用剪力不大于 $[0.2/(\lambda + 1.5)] f_{c} b h_{0} + 0.07N$ 时，可不进行构件受剪承载力计算，只按构造要求配置箍筋。

在 2002 年版的《混凝土结构设计规范》GB 50010—2002 中对式（6-51）和式（6-52）作的进一步调整有：

（1）将两式中的混凝土项表达形式作了与梁类构件相呼应的调整，即用混凝土轴心抗拉强度取代轴心抗压强度；再考虑其他调整因素，两式第一项就由 $[0.2/(\lambda + 1.5)] f_{c} b h_{0}$ 变成 $[1.75/(\lambda + 1)] f_{t} b h_{0}$。

（2）与梁类构件相呼应，为了适度提高受剪承载力的可靠性，将两式第二项中的系数 1.25 降为 1.0。

（3）在剪跨比 λ 的取值规定中增加了"对各类结构的框架柱，宜取 $\lambda = M/(Vh_{0})$"这样一句更明确的表态；同时，把"其他偏心受压构件"中的 λ 取值上限由 1.4 调整为 1.5。

在目前使用的规范 2010 年版和这一版的 2015 年及 2024 年修订本中继续保留了 2002 年版中的主要规定未变，但作了一项重要调整，即在公式的 λ 定义中直接规定 λ 应取 $M/(Vh_{0})$；而在使用 λ 取值规定时的一项重要调整则是把对 λ 取 $H_{n}/(2h_{0})$ 的条件改为只限于"框架结构中的框架柱"。这是因为，只有在框架结构中各层框架柱的反弯点方才大部分位于柱段高度中部。这也意味着，当框架-核心筒结构或框架-剪力墙结构中的中、下部楼层框架柱的反弯点已移到层高以外或虽在层高范围内但已远离层高中部时，λ 就应严格按广义剪跨比的定义计算，其中 M 如前面已经提到的应取用该柱在该楼层内绝对值较大的柱端弯矩。

6.5　有腹筋墙肢类构件的受剪性能及设计

墙肢类构件，包括剪力墙的墙肢以及核心筒或外框筒的墙肢，是剪力墙结构、框架-剪力墙结构、框架-核心筒结构以及内筒-外框筒结构等高层建筑结构体系中的主要竖向承重构件。在特别是上述结构体系中、下部楼层的这类墙肢中多作用有较大的水平剪力，故保证其受剪承载力属于重要的构件截面设计内容。在这些结构体系中，为了增强结构的整体性和空间受力性能及保证墙肢的良好抗震性能，在设计中均推荐使用由纵向和横向墙肢整体连接而成的组合截面墙肢或墙肢两端与框架柱整体连接而成的"带边框墙肢"，而不建议使用一字形墙肢。当结构体系按设计标准规定沿其两个平面主轴方向分别完成结构设计时，各组合截面墙肢多以例如图 6-118(a) 和（c）所示的不对称组合截面形式出现。因常见结构体系整体扭转效应不重，加之各层楼盖通常都能发挥较强的水平隔板效应，故各层结构在水平荷载作用下发生的主要是沿各平面主轴方向的平移，即各墙肢所受的整体扭转效应不重；加之组合截面墙肢在一个楼层高度内的高宽比通常较小，故也有足够能力承受楼层内的少量局部扭转效应。因此，在设计中即可把例如图 6-118(a) 和（c）中的不对称组合截面视为图 6-118(b) 以及（d）和（e）所示的沿不同平面主轴的等效对称组合截面来完成沿相应平面主轴方向的正截面设计，同时按图 6-118(b) 以及（d）和（e）中画了阴影线的腹板截面分别完成单向受剪承载力设计。

在墙肢类构件的腹板中，虽然水平和竖向分布钢筋均能在不同程度上起到限制弯剪斜裂缝宽度的作用，但其中只有水平分布钢筋因与墙肢内水平剪力作用方向一致，方能作为抗剪钢筋（腹筋）使用。由于水平分布钢筋可能在其不同部位与墙肢混凝土的斜向裂缝相交，并可能在这些相交部位发挥出高到屈服的应力，故每排水平分布钢筋两端均应分别按充分受拉锚固在直交的墙肢内或本墙肢的端部。

还需指出的是，当组合截面墙肢沿结构某个平面主轴方向受力时，水平荷载（不论是风荷载还是水平地震作用）都是沿正、反向交替作用的。当组合截面沿正、反向不对称时，即例如为 T 形截面或上、下翼缘尺寸不同的工字形截面时，由于每侧翼缘在正、反向水平荷载作用下都分别处于受拉和受压状态，一旦水平荷载较大，受压翼缘中的混凝土和纵向钢筋虽都能较充分受压，但受拉时会使翼缘混凝土开裂，抗拉能力改由翼缘中的纵向受拉钢筋体现，裂缝间混凝土对翼缘受拉刚度的贡献有限，这就必然形成这类组合截面墙肢在较强翼缘受压（或仅有的翼缘受压）的受力方向实际弯曲刚度较大，而在相反方向实际弯曲刚度较小的局面。在多次超静定的各类结构体系中，上、下不对称的组合截面的这种沿正、反两个受力方向非弹性弯曲刚度不同的特点，在大多数情况下会使这类墙肢在实际弯曲刚度偏大的方向受力时分配到的弯矩、剪力偏大；在相反方向受力时，实际分配到的弯矩、剪力偏小。由于这类截面沿正、反方向受力时始终是由腹板提供受剪承载力，因此受剪失效多发生在实际弯曲刚度大的受力方向，即截面中较强翼缘受压的受力方向。这种性能特征在弹性内力分析中是表现不出的，因为这种上、下不对称截面沿正、反方向的弹性弯曲刚度是相同的。但作为结构设计人则有必要知道这类上、下不对称截面的墙肢在结构受力较充分时实际具有的上述受力特征，并对上下不对称墙肢沿实际非弹性弯曲刚度偏大方向受力时，其腹板中的作用剪力有可能比结构弹性分析结果较明显偏大采取必要的设计对策。

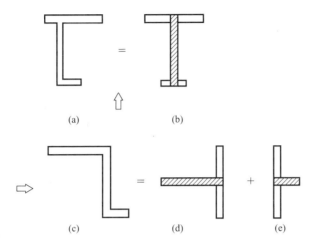

图 6-118 在通常整体扭转效应和层间局部扭转效应不强的条件下对于不对称组合截面墙肢的等效对称化处理以及沿各主轴方向受剪截面（画了阴影线的截面）的取用
（图中用箭头表示所考虑的平面主轴方向）

作为多、高层建筑结构中主要竖向结构构件的墙肢类构件，与同样作为这些结构中竖向结构构件的柱类构件类似，从正截面受力特征看，均属偏心受压或偏心受拉构件；从这两类构件的受剪性能试验结果看，虽因两类构件截面特征和配筋方式有所不同，其受剪性能也有一定差异，但受剪性能除受混凝土强度等级和截面尺寸影响外，主要影响因素依然是剪跨比、腹板水平分布钢筋配筋率及其抗拉强度以及轴压比。

各国研究界到目前为止已积累了一定数量的墙肢类构件抗剪性能的试验研究结果。从20世纪60年代起，国内外完成的早期试验结果中绝大部分属于不加轴压力或只加很小轴压力的一字形截面墙肢的水平向单调加载试验，且剪跨比一般不大（均未超过2.0）。我国在这一领域的开拓性系列试验是由中国建筑科学研究院徐培福、郝锐坤主持完成的。从20世纪70年代起，国内外陆续有研究单位完成了一字形或组合截面墙肢的水平向低周交变加载试验，且有一部分构件，主要是日本研究界完成的试验构件，都已施加了不同大小的轴压力，实际轴压比最大已达0.33左右。近年来，国际学术界更将试验研究扩展到组合墙肢交替沿两个正交水平方向受力时的墙肢性能（包括受剪性能）上。

根据墙肢类构件已有试验结果，下面拟对剪跨比、腹筋配筋特征值和轴压比这三个主要因素可能给墙肢类构件受剪性能带来的影响作简要提示。

1. 剪跨比的影响

根据墙肢类构件底端固定，向上悬出，并与连梁构成联肢剪力墙或联肢筒壁的特点，墙肢中的整体弯曲效应通常占主导地位，故中、下部楼层墙肢弯矩图的反弯点常不在层高范围内，从而无法像框架结构中的柱类构件那样给出经过简化的剪跨比算法。因此，从最早给出的墙肢类构件受剪承载力计算公式开始,其中的 λ 均按所计算楼层的广义剪跨比取用,即 $\lambda=M/(Vh_0)$,其中 M 为相应楼层的最大弯矩设计值(按绝对值考虑),V 为该楼层剪力设计值。其他国家规范也取用了类似规定。

与在其他构件处类似,剪跨比主要影响墙肢类构件的剪切失效方式,从而影响其受剪承载力。现按剪跨比大小分别说明如下。

(1)小剪跨比墙肢(也称"低矮剪力墙"或"矮墙肢")

试验及地震震害结果表明,当剪跨比偏小时(例如广义剪跨比未超过 1.0~1.25),若水平分布钢筋配筋特征值($\rho_{sv}f_{yv}/f_c$)偏低,则易因剪力作用下的斜向主拉应力过大而形成斜向对角裂缝(图 6-119a),且裂缝宽度随剪力增长呈发散式加宽,从而无法有效形成如小剪跨比梁类构件那样的桁架式传力机构,故受剪承载力颇低。

随着水平分布钢筋配筋特征值的提高,在小剪跨比墙肢中将形成由斜裂缝之间的混凝土承担斜向压力、由墙肢受拉一侧纵筋承担拉力的桁架式传力机构,构件可达很高的受剪承载力,即剪切失效由斜裂缝间的混凝土斜向压溃控制。试验表明,在长度相对较大的矮墙肢中,混凝土斜向压碎区常更易在墙肢偏下部的一个水平带内形成(图 6-119b);在长度不是过大的矮墙肢中,混凝土斜向压碎区则常易集中于墙肢的某个下角部(图 6-119c)。

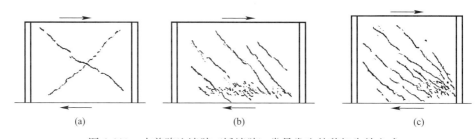

| (a) | (b) | (c) |

图 6-119　小剪跨比墙肢(矮墙肢)常易发生的剪切失效方式

(2)中等及以上剪跨比墙肢

1)当墙肢的剪跨比为中等时,只要水平分布钢筋的配筋特征值不是很小,同时又不致过大,则与梁类构件类似,墙肢类构件发生的都将是剪压型失效。在图 6-120(a)、(b)

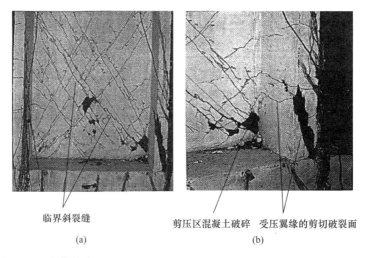

临界斜裂缝　　　剪压区混凝土破碎　受压翼缘的剪切破裂面

(a)　　　　　　　　　　　　　(b)

图 6-120　中等剪跨比工字形截面墙肢构件较为典型的剪压型剪切失效特征

中给出了本书作者所在团队在傅剑平主持下完成的一个工字形截面墙肢构件（广义剪跨比为1.5）发生了剪压型剪切失效后的外观。从中可以看到在水平分布钢筋大部分进入屈服后形成的明显加宽了的失效临界斜裂缝，以及失效前瞬间发生的腹板内剪压区混凝土的剪压破碎和受压区翼缘的剪切破坏面。从这里也可以感觉到受压翼缘对于抗剪作出的相应贡献。其中应注意受压翼缘剪切破坏沿翼缘厚度方向的斜向走向。

2）若在这种剪跨比条件下墙肢类构件中水平钢筋配筋特征值过高，构件就会在作用剪力足够大、且水平分布钢筋均未进入受拉屈服状态之前，发生斜裂缝间混凝土的斜向压溃，并由此决定了构件的最大受剪承载力。混凝土的斜向压溃可以如图6-121(a)所示发生在墙肢构件腹板中部某处，也可以如图6-121(b)、(c)所示发生在腹板底部沿构件下边缘处或与翼缘相邻的腹板竖向边缘处。

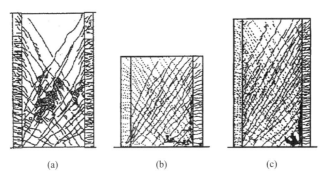

(a)　　　　　　　(b)　　　　　　　(c)

图6-121　因水平分布钢筋配置过多而发生的墙肢构件的斜压型剪切失效

从图6-121所示几个构件的斜裂缝分布规律中还可看出，在剪跨比为中等或偏大的带翼缘墙肢中，腹板中的斜裂缝也具有前面图6-54所示的T形截面梁腹板中的分布特点，即各条斜裂缝均沿斜直线发育，且相互平行；理由与T形截面梁处相同。在不少翼缘内纵筋配筋率较高的工字形截面墙肢构件中，甚至在墙肢下端不一定形成扇形弯剪裂缝分布区，墙肢下部的相互平行的斜裂缝直接与墙肢下边缘相交。

2. 水平分布筋配筋量的影响

在工程中常用的剪跨比不是过小，即预计形成剪压型剪切失效的墙肢类构件中，与前面所述的梁、柱类构件类似，其受剪承载力是由具有一定倾斜角度的临界斜裂缝整个长度中由水平分布钢筋的拉力提供的抗剪能力、由剪压区混凝土提供的抗剪能力（包括靠近腹板的一部分翼缘的混凝土在剪断前提供的抗剪能力）、临界斜裂缝中的残留骨料咬合力以及纵筋的销栓力共同提供的，其中还要考虑可能存在的轴压力提供的大小不等的有利影响或轴拉力可能提供的不利影响。

由于水平分布钢筋的拉力作用方向与墙肢类构件中的剪力作用方向一致，故若假定临界斜裂缝倾角与墙肢截面有效高度已知，则大部分都能达到屈服的与临界斜裂缝相交的水平分布钢筋所提供的抗剪能力就和这些水平分布钢筋的截面面积及其屈服强度有关。当然，严格来说，临界斜裂缝与墙肢轴线的交角会随轴压力的增大而略有减小，随轴拉力的增大而略有加大。

试验结果证实了以上基本规律。

3. 轴压比的影响

作为竖向承重构件，墙肢内的轴力是始终存在的。其中大部分墙肢受大小不等的轴压力作用，而当水平荷载引起的楼层倾覆力矩较大而重力荷载偏小时，楼层相应外侧的某些墙肢也可能会受轴拉力作用。

在轴压力作用下，与前面所述的柱类构件处类似，由于轴压力会增大临界斜裂缝中剪压区的面积，故墙肢构件的受剪承载力会随轴压力的增大而有所增长；但当轴压力增长到正截面承载力风险逐步超过受剪承载力风险后，对轴压力的有利作用就不宜再作过于乐观的估计，因此有必要为轴压力的有利作用设置上限。而轴拉力则因会减小剪压区面积和减小临界斜裂缝中的残存骨料咬合力，故对受剪承载力起更明显的不利作用。

需要强调的是，当墙肢截面受压一侧有翼缘时，若轴压力不大，则因截面受压区仍全部位于翼缘厚度范围内，故轴压力并未起到增大截面腹板内剪压区高度，即明显增大构件受剪承载力的作用；只有当轴压力增大到截面受压区进入腹板后，轴压力的有利作用方能明显显现。因此，本书作者的观点是，对此类受压区有翼缘的墙肢类构件中轴压力的有利影响似不宜作过于乐观的估计。

正因为如以上所述墙肢类构件的抗剪特征和构成其受剪承载力的各个分量所发挥的作用大小与柱类构件存在一定差异，故虽然同属偏心受压构件或偏心受拉构件，各国设计规范均倾向于对墙肢类构件的受剪承载力根据试验结果给出与柱类构件不完全相同的计算方法。

我国墙肢类构件受剪承载力的计算方法是中国建筑科学研究院徐培福、郝锐坤根据由其主持完成的试验结果和参考当时国外试验研究成果及主要设计规范的做法首先提出的，并写入了1979年首次编制的《钢筋混凝土高层建筑结构设计与施工规定》。这套方法在1989年被《混凝土结构设计规范》所引用，并一直沿用至今未作原则性变动，其中只是将墙肢受剪承载力计算公式中混凝土强度从用轴心抗压强度表达改为用轴心抗拉强度表达。

目前我国设计标准和规程使用的偏心受压墙肢受剪承载力表达式为：

$$V_u = \frac{1}{\lambda - 0.5}\left(0.5 f_t b h_0 + 0.13 N \frac{A_w}{A}\right) + f_{yv} \frac{A_{sh}}{s_v} h_0 \qquad (6\text{-}53)$$

上式中，λ 为墙肢计算截面的剪跨比，取 $\lambda = M/(Vh_0)$；当 λ 小于 1.5 时，取 $\lambda = 1.5$；当 λ 大于 2.2 时，取 $\lambda = 2.2$。M 应取为在所考虑楼层的墙肢段内与作用剪力设计值对应的绝对值较大的弯矩设计值；当计算截面与墙底之间的距离小于 $h_0/2$ 时，λ 可按距墙底 $h_0/2$ 处的弯矩值和剪力值计算。N 为与剪力设计值对应的作用于整个墙肢截面的轴向压力设计值，始终取正值；当 N 大于 $0.2 f_c bh$ 时，取 $N = 0.2 f_c bh$。当 N 按整个墙肢截面计算时，A 即为整个组合墙肢的截面面积，A_w 则为腹板截面面积，即 $A_w = bh$；当墙肢截面为一字形时，应取 $A = A_w = bh$。A_{sh} 为同一排水平分布筋的总截面面积。s_v 为各排水平分布筋的竖向间距。

当墙肢属偏心受拉构件时：

$$V_u = \frac{1}{\lambda - 0.5}\left(0.5 f_t b h_0 - 0.13 N \frac{A_w}{A}\right) + f_{yv} \frac{A_{sh}}{s_v} h_0 \qquad (6\text{-}54)$$

上式中，各符号定义与式（6-53）相同，只是式中 N 应为与剪力设计值 V 对应的轴向拉力设计值，也始终取正值；同时设计标准还规定，当 V_u 计算值小于 $f_{yv}A_{sh}h_0/s_v$ 时，应取 $V_u = f_{yv}A_{sh}h_0/s_v$，这实际上是对轴拉力设计值 N 给出的最大取值限制条件，也就是式右侧第一项不允许成为负值。

以上规定引自《混凝土结构设计标准》GB/T 50010—2010（2024 年版）的第 6.3.21 条和第 6.3.22 条。

在图 6-122 中，以相对抗剪能力 $V_u/(f_cbh_0)$ 为纵坐标，以墙肢腹板水平分布钢筋的配筋特征值 $f_{yv}^*\rho_{sh}/f_c$ 为横坐标，给出了由美国 S.Wood 提供的偏心受压剪力墙肢试验数据和徐培福、郝锐坤提供的偏心受压剪力墙肢的试验数据与规范偏心受压墙肢受剪承载力原型公式计算所得受剪承载力的对比关系。由于每个试验构件所用剪跨比（广义）和轴压比均不相同，故在图中是将每个试验结果的规范公式计算值求得后再经线性回归求得图中表示规范公式计算结果的斜直线。

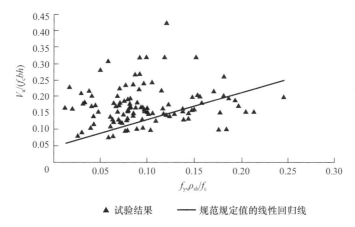

$$\blacktriangle\ 试验结果 \quad —— 规范规定值的线性回归线$$

图 6-122　$V_u/(f_cbh_0)$-$f_{yv}\rho_{sv}/f_c$ 关系的试验值与规范公式计算值综合趋势的对比

从对比中可以看出，规范计算公式从总体上说能够符合试验结果偏下限的要求；因图内斜直线为规范偏心受压剪力墙肢受剪承载力的回归线，故其与试验结果之间自然不会呈现充分下包的关系。

对以上的规范规定还需作的补充提示是：

（1）与在柱类构件处把轴力影响在受剪承载力计算公式中另立一项的表达方式不同，墙肢类构件的轴力影响则放在混凝土项内考虑，这从规范整个表达体例上看显得不够协调。而且，从概念上说，也不排除存在哪种表达方式理由更为充分的问题。出现这种不协调情况的原因是，这两套表达式是由不同的专家组提出的，且引入《混凝土结构设计规范》时间不同，为了尊重原创人，也因为对构件设计效果影响不大，故设计标准至今未作协调。

（2）如前面已经提到的，因轴力对构件受剪承载力的影响更多地体现在轴力对腹板受压区高度大小的影响上，因此在带翼缘墙肢的受剪承载力设计中，设计人应特别关注的是，当墙肢的轴力设计值是从结构分析中以每个组合截面墙肢为单元提取时，应通过受剪承载力计算公式的 NA_w/A 项计算出作用在腹板截面上的轴力设计值。

（3）如前面在说明墙肢类构件受剪设计需使用广义剪跨比时已经提到的，以底部楼层为例，不论是剪力墙结构或框架-剪力墙结构的墙肢，还是框架-核心筒结构或内筒-外框筒结构的筒壁墙肢，按剪力作用方向的作用弯矩图都具有反弯点不在各层层高范围内的锯齿形分布特点。这表明墙肢在下端固定，向上悬伸的受水平荷载作用的联肢墙内所具有的以整体侧向弯曲效应为主、层间侧向剪切效应为辅的侧向受力及变形特征。这时，各层有可能出现的剪切失效通常都是发生在该层弯矩较大的下部区域。而我国设计标准对底层墙肢规定，在确定广义剪跨比时，弯矩应按距底部固定端 $h_0/2$ 高度处截面取用的做法，则是借鉴自美国 ACI 318 规范。其理由在于，墙肢底部受拉纵筋一旦屈服，将会在一定墙肢高度范围内形成屈服区，而屈服区内弯矩变化将不会太大。但在实际工程设计中，因设计标准规定 λ 大于 2.2 时取为 2.2，而在此处 λ 常有可能超过 2.2，因此这项关于计算截面位置的特殊规定实际上多发挥不了作用。

（4）当使用了某些弹性结构分析程序时，受所选分析模型限制，程序只能提供各楼层墙肢的平均弯矩和楼层剪力。这时，为了得到相应楼层墙肢下端和上端的弯矩，可以采用以下换算方法。

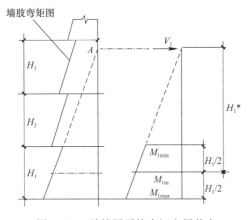

图 6-123　从楼层平均弯矩和层剪力计算各楼层实际弯矩分布图的方法

如图 6-123 所示，当例如底层墙肢具有图示作用弯矩分布时，可将弯矩图向上延伸并找到弯矩线与基线的交点 A 以及 A 点到底层高度中点的长度 H_1^*，并可根据平衡条件写出：

$$M_{1\mathrm{m}} = V_1 H_1^* \tag{6-55}$$

其中，$M_{1\mathrm{m}}$ 和 V_1 为从分析中提取出的底层平均弯矩和底层剪力，于是，底层底端弯矩 $M_{1\max}$ 即可由下式求得：

$$M_{1\max} = V_1(H_1^* + H_1/2) \tag{6-56}$$

而底层上端弯矩 $M_{1\min}$ 则可由下式求得：

$$M_{1\min} = V_1(H_1^* - H_1/2) \tag{6-57}$$

以上计算方法同样适用于其他楼层。

6.6　另一类受剪承载力设计方法——基于改进斜压场理论的设计方法简介

如第 5 章所指出的，在钢筋混凝土各类构件的正截面设计领域，各国研究界和设计界已取得共识的是，除对各类构件进行试验以了解其非弹性受力特征外，已可利用正截面的平衡条件、变形协调条件（即"平截面假定"）以及钢筋及混凝土的单轴应力-应变关系，直接通过工程力学方法解得各类正截面在不同轴力和弯矩作用下的非弹性受力特征，或者说非弹性反应性能（包括荷载-变形特征及对应的极限承载力）。这使得国际学术界的一些研究者不满足于在构件的受剪性能领域仅仅根据累积的试验数据所展示的规律来建立各类构件受剪承载力计算方法的状况，而是希望也能像正截面设计领域那样，在把剪切问题视为二维问题的前提下，利用开裂后受力较充分的钢筋混凝土构件的二维非弹性受力特点给出的平衡条件和变形协调条件，以及钢筋及混凝土在这类特定条件下的应力-应变关系，找到一种能够直接通过工程力学方法求算各类构件在弯矩、剪力和轴力共同作用形成的不同受力条件下的反应特征（荷载-变形规律及相应的极限承载力）的"有理论模型作依据"的受剪设计方法。

在这一领域取得了一定进展的当属由加拿大多伦多大学 M. P. Collins、F. J. Vecchio 和 E. C. Bentz 团队经二十余年持续研究提出并逐步发展了的"改进斜压场理论"（Modified Compression Field Theory—MCFT）。

根据 M. P. Collins 近年来作的归纳，可对这一理论模型及其建立的条件作以下概括性介绍。

设有一根如图 6-124(a) 所示的受两个集中荷载从梁顶面作用的简支梁，在受力偏充分时已形成了图示的跨度中段的垂直裂缝和两侧梁段的弯剪斜裂缝，则根据二维非线性分析结果可以判断，在图 6-124(b) 所示的集中荷载下面和集中反力上面各有一个如图中圈出的有明显竖向压应力作用的区域，也称"扰动区"（Disturbed regions）。M. P. Collins 认为，"这种竖向压应力所起的夹紧作用会提高这两个扰动区各单元的受剪强度，而这可能使梁的剪切失效只发生在这两个扰动区以外。""对于剪跨比偏小的梁，这两个存在明显夹紧应力的区域还将部分重叠，从而使梁的受剪强度相应增大。"而且，在这两个扰动区内，一般认为正截面的平截面假定不再适用。这意味着，在扰动区之外则可认为以下两项基本假定成立：①已经没有竖向压应力的附加影响存在；②正截面的平截面假定成立。M. P. Collins 认为，在这两个前提有效的情况下，就可以按改进斜压场理论的原始含义，根据二维有限元分析的基本思路将梁段如图 6-124(b) 所示划分为一个个二维单元；在每个单元内即可根据单元周边作用的正应力和剪应力，以及单元内的平衡条件和由平均应变表达的变形协调条件，在已知钢筋和混凝土应力-应变特征和裂缝截面必要的受力特征的前提下，求解每个单元的应力和应变状态。在求解单元体的应力和应变状态时，模型中需

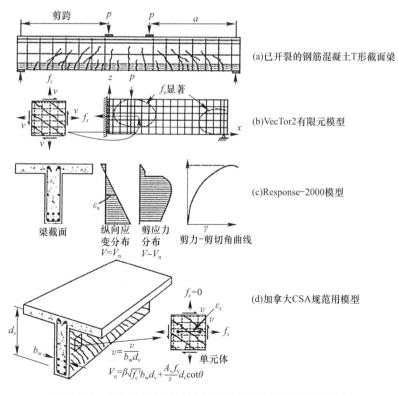

图 6-124　建立和使用"改进斜压场理论"涉及的基本假定

要用到以下基本性能假定：

（1）单元体混凝土如图 6-124(b) 所示，已受主拉应力作用而开裂，假定裂缝在一个单元内沿直线发育，走向与主拉应力方向垂直，且裂缝间距相等（见图 6-124d）；

（2）平行裂缝方向受斜向压应力作用的混凝土的应力-应变关系表现出本书第 1 章第 1.12 节提到的"软化"特征，软化程度取决于单元体垂直于裂缝方向平均拉应变的大小；

（3）裂缝宽度等于一个裂缝间距内钢筋的伸长与裂缝间混凝土同方向伸长之差在垂直于裂缝方向的分量；

（4）穿过各条裂缝的钢筋，其拉应力总是在裂缝截面处最大，在裂缝之间因存在粘结效应并由混凝土协助其受拉而相应减小；

（5）裂缝界面能够沿裂缝走向方向传递一定大小的剪应力，这与前面所述斜裂缝界面的骨料咬合效应是相似的。

正是因为具有以上性能特点，除了与裂缝平行的方向之外，其余方向钢筋或混凝土的应变都需取用跨越各条裂缝的平均应变值来表达。

在考虑了以上各项性能特点的条件下，即可建立起已开裂的双向分别均匀配筋的混凝土单元（两个正交方向的配筋量可以不等）在单元周边正应力和剪应力作用下用来求算其受力状态的共计 15 个方程式，见图 6-125。如图所示，其中包括 5 个平衡方程、5 个几何条件（变形协调条件）和 5 个应力-应变关系。在这些方程式中，图上部的 3 个平衡方程、3 个几何条件以及钢筋和混凝土的共计 4 个应力-应变关系是按平均应力、平均应变以及平均应力与平均应变之间的关系建立的，即例如其中的平均应力 f_{sx} 或平均应变 ε_x 都是跨越各条裂缝的平均值。而图中下面的 5 个关系式则表达的是裂缝处的应力（例如 f_{sxcr}）、裂缝宽度以及跨过裂缝可能传递的最大剪应力。还需要说明的是，图中方程式 13 和 14 所表达的开裂混凝土的平均应力-平均应变关系是由加拿大多伦多大学所完成的"钢筋混凝土壳单元试验计划"和加拿大多伦多大学与美国休斯敦大学合作完成的"钢筋混凝土大板试验计划"所获得的试验结果中归纳出的（见本书第 1 章的图 1-53）；而图 6-125 中用来确定

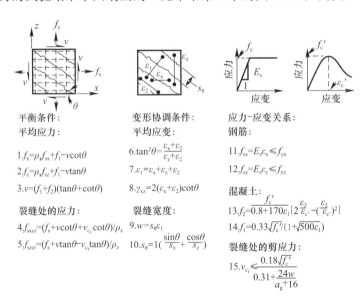

图 6-125　改进斜压场理论建立的基本方程组

裂缝界面传递沿裂缝方向剪应力能力的方程 15 则是从 Walraven 1981 年发表的骨料咬合试验结果中引用的；并请注意，这一剪应力最大值是裂缝宽度 w、最大骨料尺寸 a_g 以及混凝土圆柱体抗压强度 f'_c 的函数。

为了能够完成具体的求解和运算，多伦多大学以 F. J. Vecchio 为主的研究组又在修正斜压场理论和扰动应力场模型的理论基础上进一步开发了专用的 VecTor2 分析程序。利用这一程序，不仅可以在已知一个二维单元周边作用的正应力和剪应力的条件下，用图 6-125 中的基本方程组解得该二维单元的反应状态，还可按二维有限元分析的思路解得例如图 6-124(c) 所示的沿构件某个剪力作用区段内一个垂直截面的剪应力分布，或一个剪力作用区段的剪力-剪切角关系曲线。对该分析程序有兴趣的读者还可参阅例如 F. J. Vecchio 发表在 ACI Structural Journal 1989 年 1～2 月号上的有关论文。

为了进一步以改进斜压场理论为基础提出一种有理论模型作为依据的钢筋混凝土构件受剪承载力计算方法，M. P. Collins 给出的思路是，对于一个需要考虑其受剪承载力的构件区段，"可以近似只用一个位于截面高度中点处的用改进斜压场理论基本方程组描述其受力状态的二维单元来表示该区段构件腹板的剪切受力状态"。在这里需要用到两个近似假定：一个是，该二维单元的纵向平均应变 ε_x 可以从相应正截面通过计算得到的受拉纵筋应变经平截面假定求得；另一个是，这一二维单元的作用剪应力 τ 可以由作用剪力 V 通过下式算得：

$$\tau = \frac{V}{b_w d_v} \tag{6-58}$$

式中　b_w——构件腹板宽度；

　　　d_v——受拉区开裂的正截面中的内力臂，可近似取等于 $0.9h_0$。

在这里需要插入一段对式 (6-58) 的说明。该式是在早期钢筋混凝土结构理论中就已经使用的。其来源是当假定从一个受拉区已经开裂的受弯构件中截出一个如图 6-126(a) 所示的长度为 Δx 的微长度段时，若假定弯矩有梯度，即微段右侧截面的弯矩比左侧截面大 ΔM，或右侧截面受拉纵筋拉力比左侧截面大 ΔT，则根据截面弯矩平衡条件可以写出：

$$\Delta T = \frac{\Delta M}{d_v} \tag{6-59}$$

式中　d_v——截面内力臂。

于是，如图 6-126(b) 所示，根据构件微长度段的水平向平衡条件，可以写出作用在正截面中性轴以下微长度段水平截面混凝土中的剪应力 τ 的表达式为：

$$\tau = \frac{\Delta T}{b_w \Delta x} = \frac{\Delta M}{\Delta x b_w d_v} = \frac{V}{b_w d_v} \tag{6-60}$$

根据材料力学中剪应力在垂直截面和水平截面中成对的法则，就可以用式 (6-58) 近似表达受拉区已开裂的构件区段中性轴及以下混凝土水平截面和竖向截面中的剪应力。

在以上假定基础上，通过不断增大构件的作用内力，即可利用改进斜压场理论的基本方程组算得截面高度中点处二维单元所能承担的最大剪应力，或称失效剪应力（failure shear stress）。在构件箍筋配置数量未超过最大限值的情况下，失效剪应力对应的是二维单元内箍筋达到受拉屈服时的剪应力；而在箍筋用量超过最大限值的情况下，失效剪应力对应的则是二维单元内裂缝间的混凝土达到斜向抗压强度的状态。这与本章前面结合我国

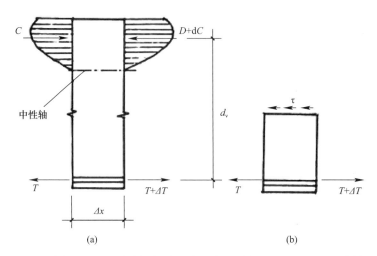

图 6-126　受拉区开裂的受弯构件微长度段内的受拉区剪应力的简化计算模型

规范使用的抗剪设计方法叙述过的思路是相近的。在这里所说的第一种情况下，就可以一方面由失效剪应力经式（6-58）求得受剪承载力 V_u，同时可根据二维单元的分析结果找到构成 V_u 的 V_c 和 V_s，并将其表述为：

$$V_u = V_c + V_s = \beta \sqrt{f_c'} \, b_w d_v + \frac{A_s f_y}{s} d_v \cot\theta \tag{6-61}$$

式中，A_s 为一排箍筋的总截面面积，其余各符号大部分与本章前面所用符号同义。根据 M. P. Collins 的解释，"V_c 取决于裂缝界面传递剪应力的能力，并可以系数 β 为主来表达这一特征"；而 "V_s 则是抗剪箍筋用量 $\rho_z f_y$ 和主压应力倾角 θ 的函数"；"系数 β 和 θ 则取决于二维单元中的纵向应变 ε_x 和当量裂缝间距 s_{xe}"。

而要进一步给出可用于工程设计的构件受剪承载力计算公式，就需要对不同截面特征、受剪配筋特征以及不同材料强度的构件区段按上述思路完成相应分析，从中找出系数 β 和 θ 的变化规律及计算公式。

若以最早使用以上思路建立设计用受剪承载力计算方法的加拿大标准协会（CSA）规范《混凝土结构设计规范》A23.3-04 为例，可知该规范正式使用的表达 β 和 θ 系数的有两套方法，即一套更偏准确的方法和一套简易方法，由结构设计人自行选用。

（1）确定系数 β 和 θ 的偏精确方法

规定 β 和 θ 分别按式（6-62）和式（6-63）计算：

$$\beta = \frac{0.4}{(1 + 1500\varepsilon_x)} \frac{1300}{(1000 + s_{xe})} \tag{6-62}$$

$$\theta = 29 + 7000\varepsilon_x \tag{6-63}$$

其中，当受剪箍筋符合该规范规定的最低用量要求时，式中 s_{xe} 可取为 300mm；否则，s_{xe} 应按该规范另行给出的专用公式计算，限于篇幅，这里就不再给出，有兴趣的读者可查阅该规范。而 ε_x 则按下式计算（式中未包含该规范另外给出的轴力项和预应力项）：

$$\varepsilon_x = \frac{M_f / d_v + V_f}{2 E_s A_s} \tag{6-64}$$

其中，M_f 应不小于 $V_f d_v$，V_f 和 M_f 则为设计用组合剪力与对应弯矩的设计值。

（2）确定系数 β 和 θ 的简易方法

即取：

$$\beta = 0.18 \tag{6-65}$$

$$\theta = 35° \tag{6-66}$$

取用以上二式的条件是纵筋的屈服强度标准值不超过 400MPa，混凝土圆柱体抗压强度标准值不超过 60MPa。这里给出的只是本书用来展示加拿大规范所用方法的主要规定，其余有关细部规定详见该规范。

在加拿大规范之后，2004 年版的欧洲规范 EC2 也以改进斜压场理论为基础并借用桁架模型给出了具有该规范特点的受剪承载力计算方法，其中也包括一套偏准确的方法和一套简易方法。到 2010 年，由国际结构混凝土协会（fib）主持修订的学术背景性规范《模式规范》（Model Code 2010）也在改进斜压场理论的基础上给出了一套新的受剪承载力设计方法，具体方案由多伦多大学 E. C. Bentz 提供。其中包括了从较精确到偏简易的共计三套方案。对这些规范方案，本书限于篇幅不拟再一一具体介绍。

在简要介绍了加拿大和欧洲规范引入的基于改进斜压场理论的构件抗剪设计方法之后，若进一步考察各国设计规范所用的有腹筋构件受剪承载力设计方法，则可以发现，所用方法的构建思路可以分为以下两大类。其中一类为基于极限状态理论的设计方法，如我国和美国规范；另一类则为基于改进斜压场理论的设计方法，如欧洲和加拿大规范。

当箍筋配置数量过多、构件受剪承载力由斜裂缝间混凝土的抗斜压能力决定时，这两类方法所用的思路几乎是一致的。

当箍筋配置数量在界限以内时，这两类方法构建受剪承载力的思路则存在一定差别。

如本书第 6.3.3 节所述，当使用基于极限状态理论的设计方法时，是通过对各种梁类、柱类和墙肢类构件的受剪承载力试验结果，找到以剪压型失效方式破坏的临界斜截面所在位置以及构件沿该临界斜截面失效时所能达到的受剪承载力；并且，在确认构件原则上以拉杆拱-桁架模型传递剪力、弯矩及轴力时，受剪承载力是由临界斜截面中的箍筋受拉承载力、剪压区混凝土的受剪承载力、该截面裂缝中的纵筋销栓力以及裂缝界面残留的骨料咬合力共同构成的。因此，在设计中，需要根据规范约定的最不利验算斜截面进行受剪承载力验算。而这类方法所用的受剪承载力计算公式则是根据累积的不同类别构件的试验结果所展示的受剪承载力与各参数之间关系经拟合按"偏下限"的思路获得的。

而本节上面介绍的基于改进斜压场理论的设计方法，则是根据构件进入非弹性状态的已开裂配筋混凝土二维场中的受力基本规律给出该理论的基本方程组以及求解该方程组的 VecTor2 专用程序，用位于截面高度中线的二维单元的剪切受力状态作为一个构件区段非弹性抗剪性能的代表，以其达到受剪钢筋屈服作为识别该构件区段达到最大受剪承载力的依据。从本节上面的式（6-62）、式（6-63）和式（6-64）中可以看出，因在构件验算受剪承载力的区段内，弯矩、剪力各有其特定的变化规律，因此所验算二维单元的具体位置也只能通过观察和试算来确定，故在这类方法中不存在规定验算截面位置的问题。

幸好用这两类基本思路构建的例如梁类构件受剪承载力的计算公式都可用混凝土项和箍筋项之和的方式表示。但应注意，在 M. P. Collins 对基于改进斜压场理论设计方法所作的解释中已经指出，该方法的混凝土项反映的是斜裂缝界面传递剪力的能力，这当中显然未反映纵筋的销栓效应以及剪压区混凝土的抗剪能力。

此外，由于基于改进斜压场理论的方法是以一般构件较标准剪切二维场中配置了双向正交钢筋的二维单元为对象建立起来的，因此在例如配有斜向钢筋的抗剪构件、边缘倾斜的抗剪构件等特定情况下应用起来就不如基于极限状态理论的抗剪设计方法那么方便。又如，当在偏心受压或偏心受拉构件的受剪承载力计算中考虑轴力对受剪承载力的有利或不利影响时，基于改进斜压场理论的方法对轴力影响是直接经 VecTor2 程序的分析结果归纳出的，不如在基于极限状态理论的方法中便于根据从可靠性控制方面作出的判断对轴力影响程度作人为调整。

6.7 在剪切效应较为明显的二维受力特征为主的构件非弹性分析程序中选择更合理模拟分析模型的必要性

随着高层建筑修建数量的迅速增长，钢筋混凝土剪力墙和核心筒中的墙肢类构件以及跨高比偏小的连梁类构件在结构构件中所占的比重已明显上升。这些构件对高层结构的受力性能也已形成重要影响。考虑到剪力墙肢或核心筒壁以及小跨高比连梁的腹板厚度明显小于截面高度，且墙肢（筒壁）及小跨高比连梁中的剪力-弯矩比偏大，故这类构件的弹性或非弹性分析模型多采用沿构件受力平面的主要考虑二维受力性能的分析模型。在这类构件目前使用的非弹性分析模型中，主要可分为微观模型和宏观模型两类。其中，微观模型主要指传统意义上的非弹性有限元模型，目前对于墙肢类构件主要使用的是以反映构件平面内二维受力特征为主，同时兼顾出平面方向某些必要特征的"壳单元"模型；而宏观模型对于墙肢类构件则主要指目前使用较多的按楼层划分的由多根竖杆（多根非弹性轴力杆）及非弹性剪切弹簧构成的"多竖杆模型"（参见前面图 6-2）。

但各国研究团队在近期研究工作中经对比分析已经多次发现，因上述微观模型中的钢筋采用独立单元或弥散模型，而混凝土则采用以单向受力拉-压本构规律（应力-应变规律）方式输入后经转换而成的二维或三维模型。这类模型虽有较好能力来模拟裂缝发育不是过宽的混凝土实体在各种受力状态下的反应特征，但即使经过各类调整措施，在反映这类剪切效应占比重相对偏大的以二维受力为主的墙肢（筒壁）类构件和小跨高比连梁类构件的受力反应时，效果仍颇不理想。这是因为这种主要建立在钢筋和混凝土各自独立本构规律基础上的分析模型，即使把有限单元分得再细，仍难以较准确反映在墙肢或小跨高比连梁这类构件的主要受力区域内被密布的混凝土弯-剪裂缝多次以不同角度相交的钢筋在裂缝处及裂缝间的较准确受力状态、弯-剪裂缝的交替开闭规律、混凝土沿裂缝面的剪切错动规律以及混凝土在构件剪压区和各条斜裂缝之间的独具特色的受力特征。

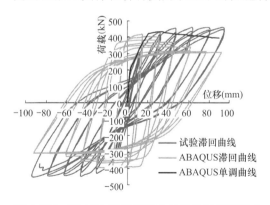

图 6-127 用 ABAQUS 程序中的壳单元模型完成的对苏黎世联邦理工学院 WSH3 悬臂式墙肢试件的模拟分析结果与该试件试验实测结果的对比（本图原为彩图。有要准确区分图中两组曲线的读者，请阅重庆大学土木工程学院杨星星的硕士学位论文。）

在图 6-127 中给出了本书作者所在学术团队近期用国际通用商品软件 ABAQUS（其

中使用上述建立在钢筋和混凝土各自独立的本构规律基础上的微观模型）对瑞士苏黎世联邦工学院（ETH Zürich）完成的低周交变加载的剪力墙肢构件 WSH3 进行模拟分析所得的一次单调加载水平荷载-水平位移曲线（图中的用加重颜色表示的那一条荷载-位移曲线）和低周反复受力的水平荷载-水平位移滞回曲线与该试验所得实测曲线的对比。从对比结果可以清楚地看出，虽然一次单调加载模拟分析结果与试验结果的包络线之间的误差尚不太大，但从低周交变加载模拟分析结果与试验实测结果的明显差异可以看出，正因为模拟程序所选用的上述基本本构模型在反映钢筋混凝土非弹性二维场受力性能上的"先天不足"，即缺乏准确反映钢筋混凝土二维弯-剪受力构件开裂后反复受力特征的能力，故在对构件屈服后加、卸载刚度的模拟上出现了过大的不准确性。

同样，不同的学术团队也用本书第 6.6 节介绍的由加拿大多伦多大学 F. T. Vecchio 主持的研究团队在改进斜压场理论和扰动应力场模型基础上提出的 VecTor2 分析程序对二维受力特性为主的钢筋混凝土构件的受力性能进行了模拟分析，发现该程序在模拟此类构件受力性能方面有比上述分别使用钢筋及混凝土独立本构模型的模拟分析微观模型（壳单元模型）明显偏好的效果（VecTor2 程序也属于以非弹性有限元法为基础的微观模型）。

在图 6-128 中给出了本书作者所在学术团队近期用 VecTor2 程序对苏黎世联邦工学院的 WSH3 悬臂式墙肢试件完成的模拟分析结果与该试件试验实测结果的对比。如果与图 6-127 的对比结果相比较，可以看出 VecTor2 程序在模拟以二维受力特征为主的钢筋混凝土构件受力性能方面的更好能力。

还值得一提的是，美国和日本学术界在2010 年利用日本的 NIED E-Defense 大型振动台完成了两个足尺四层钢筋混凝土框架-剪力墙结构的振动台试验。试验完成后也用不同的模拟分析程序对试验进行了模拟分析。分析结果与试验结果的对比表明，使用多竖杆加剪切弹簧的宏观分析模型的软件（PERFORM-3D 软件）模拟效果与分别使用钢筋与混凝土独立本

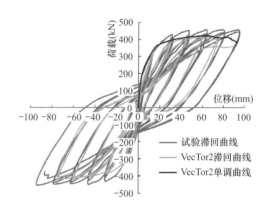

图 6-128 用 VecTor2 程序完成的对苏黎世联邦工学院 WSH3 悬臂式墙肢试件的模拟分析结果与该试件试验实测结果的对比
（本图原为彩图。有需要准确区分图中两组曲线的读者请查阅重庆大学土木工程学院杨星星的硕士学位论文。）

构模型的壳单元微观模型软件（ABAQUS 软件）相比，前者的模拟效果也有明显优势。

因此，本书作者希望各建筑结构分析与设计通用商品软件的编制单位能从不断提高钢筋混凝土非弹性模拟分析软件模拟质量的角度注意到对钢筋和混凝土分别采用独立本构模型的微观模型在模拟某些类型的钢筋混凝土构件在较大变形下交替受力性能方面的局限性，并考虑用已有更有优势的模拟方法取代这一方法的可能性。例如，在剪切效应较明显构件的非弹性模型中，用 VecTor2 程序取代对钢筋和混凝土分别采用独立本构模型的壳单元微观分析模型；在各类多、高层建筑结构的非弹性模拟分析中，对剪力墙肢、核心筒壁用多竖杆加剪切弹簧模型取代对钢筋和混凝土分别采用独立本构模型的壳单元微观分析模型；同时，在使用多竖向杆模型时注意选择与构件实际剪切性能符合更好的剪切弹簧模型。

6.8   不同国家设计标准受剪承载力计算结果的单个算例对比

从 20 世纪 80 年代我国与世界各国技术交流和工程项目合作进一步加强后，就陆续有国外声音传回，即认为我国《混凝土结构设计规范》中的构件受剪承载力设计规定与其他发达国家规范相比，可能对构件受剪承载力估计偏高，从而使受剪承载力的安全性不及有关国外规范。

针对这一反馈意见，如本章第 6.3.9 节和第 6.4.6 节所述，我国《混凝土结构设计规范》自其 1989 年版起，经过其 2002 年版和 2010 年版，已陆续对有腹筋梁类和柱类构件受剪承载力计算公式中的参数取值作了多次调整，使其计算出的受剪承载力在同等条件下有了一定程度的下降。这反映了我国《混凝土结构设计规范》在已经将设计用受剪承载力取为试验结果的偏下限之后，为了如本章第 6.1.1 节所述，考虑构件剪切失效的非延性特征，而把受剪承载力的可靠性水平进一步提高的意向。

若要较全面评价不同国家设计规范在受剪承载力设计方面所具有的可靠性水准的高低，需要选择在不同工程条件下工作的各类构件，用相应规范的规定计算其受剪承载力，并根据计算结果全面对比其综合可靠性水准。在未见有这类对比结果可以直接引用的情况下，为了使读者对目前我国设计标准在受剪承载力设计上与发达国家规范相比所具有的相对可靠性水准，本书从工程常用条件下选取了两个算例，一个是从某个框架结构中取出的一根梁的支座附近区段，另一个是从一幢高层剪力墙结构中取出的底部楼层组合截面墙肢的腹板，并分别用我国《混凝土结构设计规范》GB 50010—2010、美国 ACI 318—2014 规范和欧洲 EC2—2004 规范的设计规定，计算出混凝土强度和箍筋强度相互对应条件下的相对受剪承载力 $[V/(f_c b h_0)]$ 和配箍特征值 $(\rho_{sv} f_{yv}/f_c)$ 的关系曲线。

需要说明的是，这三本规范用于上述每个算例受剪承载力计算的公式形式不同，且公式中使用的混凝土和箍筋的强度指标不同。例如，我国规范使用根据自己的可靠性体系确定的混凝土的轴心抗拉强度设计值和箍筋抗拉强度设计值；美国规范计算公式中出现的则是混凝土圆柱体抗压强度的标准值（且标准值的统计含义与我国规范不同）和箍筋抗拉强度标准值以及对应的承载力降低系数；欧洲规范则在计算公式中同时使用混凝土圆柱体抗压强度的标准值和设计值以及箍筋抗拉强度的设计值。因此，在用其他国家规范进行计算时，就需要根据这些规范对所用材料强度指标的定义，用我国《混凝土结构设计规范》管理组认可的换算关系将国外公式强度指标取成与算例选用的我国强度等级对应的数值。另外，这里采用的对比算法只体现了各本规范在受剪承载力计算公式方面存在的可靠性差异，即整个可靠性体系中"抗力"一方的差异，而没有体现可靠性体系"作用"一方的差异，即确定各个算例作用剪力时各国规范规定中存在的差异（如荷载取值、荷载分项系数取值以及荷载组合规则方面的差异）。

第一个算例带现浇板框架梁的 b 和 h 分别取为 300mm 和 700mm，混凝土强度按我国的 C30 级确定，箍筋强度按我国的 400 级确定。计算出的三本规范的 $V/(f_c b h_0)$-$\rho_{sv} f_{yv}/f_c$ 关系如图 6-129 所示。

需要说明的是，欧洲规范构件的受剪承载力计算方法采用了改进斜压场理论作为背景方法，所给受剪承载力设计方法中规定了抗剪验算区段构件腹板主压应力倾角 θ 的取值范围（从 $\cot\theta=1.0\sim\cot\theta=2.5$），故在图中给出了这两个界限所对应的曲线；而欧洲规范为实用设计给出的取值建议则为 $\theta=35°$，故图中同样给出了与这一取值对应的第三条曲线。

从图 6-129 中可以看出，虽然按我国规范计算出的这一梁类构件算例的受剪承载力仍高于美国规范规定的承载力，但已非常接近欧洲规范为实用设计给出的计算方法所算得的受剪承载力。但应注意，欧盟规范又通过其比我国规范偏严的受剪承载力上限，即 $\cot\theta$ 不小于 $\lambda/0.9$，至少把受剪承载力上限调整到与美国规范相当的水准。

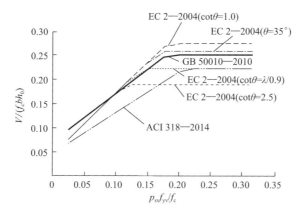

图 6-129　我国、美国和欧洲相应规范对带现浇板框架梁算例
$V/(f_c b h_0)\text{-}\rho_{sv} f_{yv}/f_c$ 关系计算结果的对比

第二个算例组合截面墙肢腹板的 b、h 分别取为 200mm 和 3400mm，混凝土强度按我国的 C60 级确定，水平分布钢筋的强度按我国的 400 级确定，墙肢计算部位的腹板轴压比取为 0.39，广义剪跨比取为 1.85。计算出的三本规范的 $V/(f_c b h_0)\text{-}\rho_{sv} f_{yv}/f_c$ 关系如图 6-130 所示。

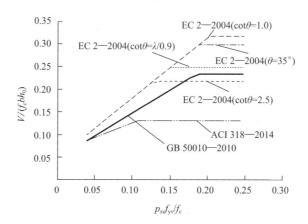

图 6-130　我国、美国和欧洲相应规范对组合截面墙肢腹板算例
$V/(f_c b h_0)\text{-}\rho_{sv} f_{yv}/f_c$ 关系计算结果的对比

从这一算例可以看出，我国规范与美国规范规定的差距在达到受剪承载力上限之前的曲线上升段比梁类构件处反而明显偏小。但可明显看出，两国规范对于墙肢受剪承载力上

限所作规定之间则差距颇大。而从我国规范自身来看，由于墙肢也属于薄腹构件，若将墙肢抗剪能力上限与薄腹梁抗剪能力上限相比，也可明显看出墙肢的抗剪能力上限似乎取值有偏高的趋势，这一点值得进一步关注。

从图中可以看出，欧洲规范对墙肢的抗剪规定又比我国规范偏高，这可能与在该规范使用的基础性模型，即改进斜压场理论的二维模型中直接把轴压力影响引入模型，而未再根据试验结果对轴压比的有利影响作认真识别，并从偏安全角度作必要调整有关。

针对以上对比结果，本书作者的认识是，由于各国设计规范的发展历程不同，相应国家所处发展阶段不同，各类构件承载力表达方式和可靠性水准（或材料用量水准）存在某些差异是可以理解的。我国作为重要国家应注重保持本国规范在科学研究和工程实践基础上所形成的特色。我国的《混凝土结构设计规范》和《建筑结构荷载规范》通过这些年的努力，已逐步使我国建筑结构设计可靠性在钢筋混凝土结构领域接近了发达国家水平。当然，本书作者支持《混凝土结构设计规范》专家组在工程实践和科学研究的新经验、新收获的基础上，不断合理改进各类构件的设计方法；但也希望注意到例如欧洲学术界已有研究者针对欧洲 EC2 规范和美国 ACI318 规范在钢筋混凝土结构钢筋锚固长度取值上的差异（美国规范规定的钢筋锚固长度比欧洲规范规定的明显偏大）所完成的广泛调查、研究和核实工作，并以世界范围内完成的大量试验研究结果为依据，指出了美国规范规定可能过度偏严，并从全球绿色经济和可持续发展角度敦促美国规范认真考虑此事。这表明，科学的实事求是态度应是各国讨论学术和技术分歧时的必要前提。

钢筋混凝土结构构件的受扭性能及设计方法

7.1　一般性说明

扭转效应普遍存在于各类结构构件中。除一部分作用扭矩较大的构件需认真进行受扭承载力设计外，大部分结构构件中的作用扭矩不大，靠构造配筋（受扭纵筋和受扭箍筋）和混凝土就已能提供所需的受扭承载力和受扭刚度。但结构设计人仍应认真关注和判断扭转效应在结构构件中的存在及其作用方式和大小，以免因漏判或误判而出现扭转失效风险（据了解，到目前为止，在国内已建成的钢筋混凝土结构中确曾出现过因错误修改原图纸方案而造成边框架梁受扭配筋过弱所导致的明显受扭开裂的工程质量事件）；同时，应熟悉为扭转效应较大的结构构件提供所需受扭承载力和受扭刚度的设计手段。

构件的抗扭设计从原则上说与正截面设计和受剪设计类似，也包括受扭承载力设计、受扭刚度设计（或扭转变形控制）和扭转裂缝宽度控制三个方面。但根据到目前为止的设计经验，多数情况下的受扭刚度问题和扭转斜裂缝的宽度控制问题都可通过归纳出的设计措施或构造规定来处理，故国内外多数设计规范均未给出扭转刚度和扭转斜裂缝宽度的计算方法和控制条件。

正是由于扭转效应在结构设计中所处的这种局面，钢筋混凝土构件扭转性能的试验研究与其他内力下性能的研究相比起步明显偏晚，研究深度也略显不足，还有一些问题有待进一步研究解决。

下面先举例说明扭转效应在各类结构构件中的不同存在方式。

1. 双向板内的扭转效应

在图 7-1(a) 中给出了一块受均布荷载作用的四边简支板；为了考察板的受力特征，可将其沿图示的 x 轴和 y 轴方向分割成相互平行的条带。若以图 7-1(a) 所示的沿 y 轴方向取出的一个不经过板跨度中点的条带 AB 为例，则可发现，因板受力后形成沿 x 轴及 y 轴方向的挠曲变形，板各点的竖向位移不论沿哪个方向都是从支座向跨中不断增大的，故与条带 AB 相交的沿 x 轴方向的各个条带在交点处的竖向位移如图 7-1(b) 所示是从条带 AB 的支座向跨中方向不断增大的；而且，在这些交点处，沿 x 轴方向各条带挠曲线的梯度也是从条带 AB 的支座向跨中方向不断增大的。这意味着，在各个交点处，条带 AB 的各个正截面也将在自身平面内发生自支座向跨中的不断转动（图 7-1c），即各相邻正截面之间将形成扭转角。因此，在条带 AB 内必然作用有与该扭转角相对应的扭矩。这种扭矩存在于除去经过板跨中挠度最大点的条带之外的两个方向的各个条带内；而且，根据板的变形特征可以推断，离板支座边越近的条带中作用的扭矩越大，而穿过板最大挠度点的两个正交条带内则没有扭矩作用。

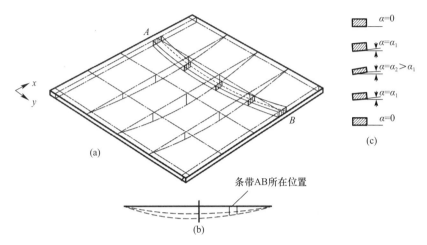

图 7-1　四边简支双向板多数条带内存在与弯矩、剪力同时作用的扭矩

基于相同道理，在承担竖向荷载的多跨连续双向板和板柱体系的多跨连续板的各个条带内同样有扭矩和弯矩、剪力并存，只不过分布规律及大小与简支双向板不完全相同。

另外，在按单向板设计的多跨连续板内，每个板区格沿长边方向的两个端部区域也存在上述扭矩与弯矩、剪力并存的现象。

以上所述的在有双向传力特征的板内存在扭矩的事实，属于结构设计人需要了解的板的基本受力规律，但因这类扭矩的数值通常不会达到引起板内混凝土开裂的地步，故在设计中多不需专门处理。

2. 井字梁楼盖或双向密肋楼盖的梁或肋中的扭转效应

在沿两个正交方向交叉布置现浇钢筋混凝土次梁（或肋）共同承担楼盖荷载的井字楼盖（图 7-2a）或双向密肋楼盖（图 7-2b）中（后者指梁的截面更偏小，间距也更偏小，从而可以进一步减小楼盖结构高度的相当于密肋板柱体系的楼盖结构体系），与上述双向板处类似，除去沿两个正交方向穿过挠度最大点的梁或肋外，其余梁或肋在受力后都会因其各个正截面从支座向跨中在自身平面内产生的相对转角而受与弯矩、剪力同时存在的扭矩作用。在这类楼盖的加载试验中，当荷载较大而梁或肋内受扭措施不足时，曾发现有受扭斜裂缝在梁或肋内出现（多出现在某个柱网区格梁或肋的两端区段），故在梁或肋内的纵筋和箍筋构造上有必要兼顾受扭需要。

3. 边框架梁内作用的扭矩

边框架梁是指沿框架结构、框架-剪力墙结构或框架-核心筒结构周边各轴线布置的框架的各层梁。这类梁的受力特点是楼盖荷载只从一侧传入梁内。根据楼盖采用的结构方案不同及其中次梁布置方向不同，一侧荷载传入边框架梁的方式通常有图 7-3（a）～（c）所示的三种。第一种是楼盖荷载如图 7-3（a）所示主要由与边框架梁正交的楼盖次梁从一侧传入；第二种是如图 7-3（b）所示，当次梁与边框架梁平行时，只有边框架梁与次梁之间楼盖荷载的相应部分经现浇板直接从一侧传入边框架梁；第三种是楼盖在由框架梁围成的各个平面区格内使用双向板，这时，如图 7-3(c) 所示，边框架梁内侧双向板区格的相应楼盖荷载就将由现浇板边直接从一侧传给边框架梁。

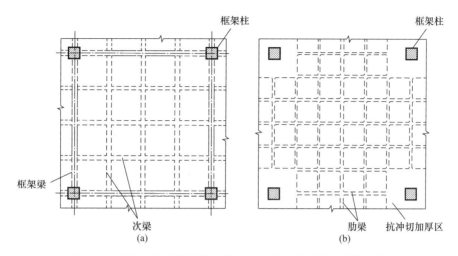

图 7-2　双向布置次梁的井字楼盖和双向布置小肋的密肋楼盖

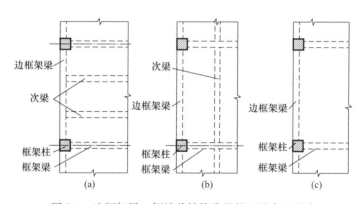

图 7-3　边框架梁一侧楼盖结构常见的三种布置方式

　　一般来说，在图 7-3(a) 和图 7-3(c) 所示传力方式下传入边框架梁的总扭矩会相对较大，而在图 7-3(b) 所示情况下，因边框架梁与相邻平行次梁之间的负荷面积不大，故传入图示边框架梁的总扭矩不会很大。当边框架梁所受扭矩较大时，需按"变形协调扭转"的思路对其进行抗扭设计，详见下面第 7.9 节的讨论。

　　正交次梁或现浇板边与边框架梁之间的传力属超静定体系内的传力方式，可用转角协调条件进一步说明。若以正交次梁（图 7-3a）与边框架梁的接头区为例，则可如图 7-4 所示，先假定次梁与边框架梁之间无转动约束；这时，次梁在楼盖荷载作用下其左侧"简支端"将出现简支转角 θ_a。但次梁端与边框架梁之间实际为整体连接，即次梁端与边框架梁之间实际上无转角缝隙，因此可写出以下转角协调条件：

$$\theta_a = \theta_j + \theta_{spt} + \theta_{sbb} \tag{7-1}$$

上式等号右侧的 θ_j 表示在边框架梁跨度两端与其直交的框架的梁柱端节点区在竖向荷载作用下所产生的转角。在图 7-4 所示的情况下，梁柱端节点所产生的通常为顺时针方向的转

419

角。由于节点出现转角 θ_j，就必然带动整跨边框架梁也产生顺时针方向的转角 θ_j，从而使这一转角成为边框架梁与正交次梁接头区次梁端自由转角 θ_a 的第一个构成分量。上式中的 θ_{spt} 则为边框架梁与各个次梁端整体连接时，由接头区力矩 M_a（对边框架梁为顺时针方向作用的扭矩）所引起的边框架梁在该连接部位的扭转角。而上式中的 θ_{sbb} 则为力矩 M_a 反作用于正交次梁端截面后在该次梁端引起的端转角。

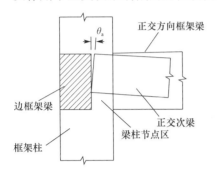

图 7-4　假定边框架梁与正交次梁连接部位无相互转动约束时次梁端在楼盖荷载作用下形成的简支自由转角

从图 7-4 所示情况可以判定，与所考虑的边框架梁正交的框架中的梁柱端节点在竖向荷载作用下产生的转角 θ_j 总是起减小边框架梁与正交次梁接头区作用力矩 M_a 的作用；而当边框架梁的扭转线刚度相对于正交次梁的弯曲线刚度偏大时，边框架梁与正交次梁连接截面中的弹性力矩 M_a 也将偏大；而正交次梁弯曲线刚度的相对增大则会使弹性力矩 M_a 减小。

在以往的研究工作中，还有研究者认为，当边框架梁受一侧楼盖结构体系作用于它的扭转效应而产生扭转角时，如图 7-5 所示，其截面上部和下部会分别形成向结构内侧和外侧的水平位移。若假定各层现浇楼盖结构在其平面内为无穷刚性，则楼盖会对边框架梁截面上部向内的水平位移形成制约并出现起抵挡作用的水平反力（图 7-5）；这时边框架梁若仍要形成扭转角，就只能靠其截面下部向外增大水平位移来实现。这时，由截面下部向外"弯曲"所形成的向内作用的水平抗力会与图 7-5 所示楼盖向外的水平阻力形成受扭能力，从而减小边框架梁所受的作用扭矩和扭转角。本书作者对这一推断的看法是，当边框架梁的扭矩是由正交次梁传入，且正交次梁的截面高度与边框架梁的截面高度处在相同量级时，若假定楼盖现浇板作为次梁翼缘与次梁正截面一起按平截面假定产生挠曲变形，则从图 7-4 或式（7-1）都可以判定，参与次梁挠曲变形的楼盖现浇板应不会对边框架梁的扭转形成明显的附加水平制约效应。国内外学术界也有若干研究者从试验结果识别中得出类似观点。若边框架梁的扭矩是由现浇板直接传入，例如图 7-3(b)、(c) 所示，则当假定楼盖现浇板的中面在挠曲变形后水平长度不变时，应承认它会对边框架梁的扭转变形（即截面上部的向内水平位移）发挥一定的制约作用。但这种制约作用不论是用非弹性结构分析还是结构试验量测都不太容易有效识别，到目前为止也未见有说服力的识别结果发表，故对这后一种情况下现浇板对于边框架梁抗扭的制约作用仍以暂持谨慎态度为宜。

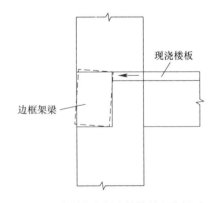

图 7-5　有研究者提出的楼盖现浇板可能对边框架梁扭转形成的水平制约作用

4. 带悬挑雨篷板的连梁中的扭转效应

当例如采用排架结构的单层建筑需在门、窗洞口上缘设置外挑的钢筋混凝土雨篷板时，通常需在雨篷板标高的排架柱之间布置连系梁，并将雨篷板如图 7-6 所示从连系梁上挑出。雨篷板上缘可以如图 7-6 所示与连系梁上表面齐平，也可以降低标高，直至其下缘与连系梁下表面齐平。

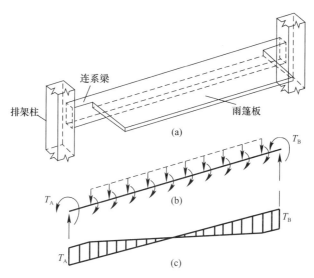

图 7-6　从设在排架柱之间的纵向连系梁上挑出的雨篷板

　　这时雨篷板上的均布恒载及活荷载将在作为悬臂板的雨篷板内产生单向负弯矩及对应剪力，这些弯矩和剪力将经雨篷板与连系梁的交界截面以均布力矩及均布竖向荷载的方式传入连系梁，其中的均布力矩将形成连系梁在雨篷长度范围内所受的均布作用扭矩（图 7-6b）。均布作用扭矩在连系梁内形成的扭矩分布如图 7-6(c) 所示，竖向均布荷载形成的弯矩图和剪力图因读者熟知不再画出。这时，连系梁需按作用的弯矩、剪力和扭矩的大小，分布规律及它们之间的相关性，完成正截面设计、受剪承载力设计及受扭承载力设计。

　　连系梁端的扭矩将作为作用力矩传入排架柱，并应在排架柱的截面设计中考虑其影响。连系梁的全部纵向钢筋也应按受扭要求（即每根均按充分受拉考虑）锚入排架柱内，以保证连系梁端截面向排架柱传递扭矩的能力。

　　悬挑雨篷板则应按其中作用的单向负弯矩和剪力完成相应截面设计，并应在混凝土浇筑完成之前始终使负弯矩受拉钢筋保持其沿板上表面布置的位置（防止在施工中不慎将该钢筋踩弯）。悬挑雨篷板除需保证其承担均布恒载和活荷载的能力外，还要考虑每延米具有抵抗一个作用在悬挑边任意位置的集中力的能力，以保证一个负重的消防人员攀爬的需要。

　　在其他各类多、高层建筑中，悬挑长度不大的雨篷板也可能做成从门、窗洞口上缘的钢筋混凝土过梁上挑出。这时，悬挑板作用给过梁的扭矩有可能是靠过梁伸入两端砌体的足够长度和砌体对过梁嵌固段扭转变形的阻力（压力）来抵抗的。这类过梁的截面设计同样需要考虑雨篷板形成的扭矩与过梁内弯矩、剪力的共同作用。

　　在条件允许时，悬挑长度偏大的雨篷板最好与楼盖现浇板设在同一标高，并由楼盖现浇板向外悬出做成。这样可以使与板整体连接的直交梁原则上不考虑扭矩作用。同样，悬出的阳台梁也最好由楼盖次梁直接挑出，这同样是为了减小在直交构件（如连系梁或边框架梁）中形成的扭矩。

　　5. 轴线在水平面内或空间内为非直线的梁、板类构件中的扭转效应

　　工程中也会遇到其各跨在水平面内不为直线的梁，也就是每跨两支座的连线与水平面

内的梁轴线除在支座处外均不重合的梁。例如，图 7-7(a) 所示作为工业设施的钢筋混凝土高位水箱的水箱房，其全部荷载多是如图 7-7(b) 所示经由一根环形钢筋混凝土梁传给其下面的 4 根钢筋框架柱的（水箱房的全部荷载包括其底板、外墙、顶盖的恒载、圆形钢水箱的恒载、水的重量以及水箱房楼面活荷载等）。如图 7-7(c) 所示，当假定水箱房的全部竖向荷载以均布形式作用于环梁时，因每两根框架柱之间的环梁在水平面上为一段四分之一圆，梁上各点均布荷载 q 的作用点到该梁段两个支座连线的水平距离 $a(x)$ 是从跨中向支座逐步减小的，故梁上各点的 q 对支座连线的力矩 $qa(x)$ 也是从跨中向支座逐步减小的，但从跨中向支座由 $qa(x)$ 累积而成的扭矩则是从在跨中截面为零增至在支座处为最大。若以跨中为坐标 x 的零点，则梁各截面的扭矩即可写成：

$$T(x) = \int_0^{x_1} qa(x)\mathrm{d}x \tag{7-2}$$

式中　x_1——从跨中沿着两个支座之间的连线到所考虑截面的直线距离。

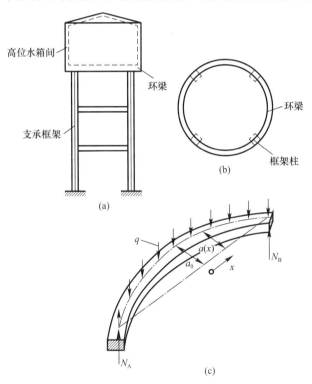

图 7-7　四点支承环梁在均布荷载作用下的扭转效应

对于这类梁则需在其承载力设计中与弯矩、剪力一起考虑扭转效应的影响。

比这种平面曲梁受力更为复杂，但产生扭转效应的原因与其类似的情况，是图 7-8 所示的自承式螺旋楼梯。在悬挑幅度不是过大的条件下，这类楼梯可例如选用矩形截面板式构件，其上端和下端分别固定于楼盖边梁和基础梁内（从梯板向上突出的踏步混凝土不作参与受力考虑，只视为恒载）。这类楼梯在平面内的旋转角多为 $180°$（当然也可选择其他角度），因此相当于一根两端固定，同时各点标高持续沿投影于水平面的圆弧线以等梯度变化的半圆曲线梁，或其他圆周角的曲线梁。

从图 7-8 不难看出，螺旋楼梯每个截面都会受到由楼梯恒载和梯面活荷载所形成的弯矩、剪力、轴力和扭矩的综合作用，且这些内力沿梯板轴线的分布各有其自身规律。为了便于设计，已有编辑出版的包含经三维弹性分析获得的不同条件螺旋楼梯内各类内力变化规律的专用设计手册供结构设计人直接查用。

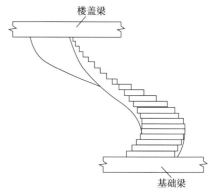

图 7-8　平面内旋转 180° 的板式螺旋楼梯示例

6. 一般现浇钢筋混凝土楼盖梁内的扭转效应

除去上述边框架梁中的扭转效应有必要在设计中专门考虑外，一般钢筋混凝土楼盖中的中间主梁（中间框架梁）因多数为等间距布置，即结构在平面内均为等开间和等跨度，因此，若从楼盖恒载和活荷载均视为均布荷载的角度看，因框架梁所受荷载左右对称，故似乎不需考虑扭转效应。但楼盖上的活荷载分布实际上是随机性的，且分布模式随时间持续变化，故中间框架梁实际上都处在左右不对称活荷载作用下，即或大或小的持续扭矩作用下；而且，活荷载在楼盖总荷载中占的比重越大，这种受随机变化扭矩作用的特征就越发明显。对于楼盖次梁也存在类似问题。但各国设计经验均表明，除去楼盖上较大的工业设备荷载需考虑专门设置次梁支承外，对于一般作为均布荷载考虑的楼面活荷载作用下现浇结构的中间框架梁以及次梁均不需在截面设计中专门考虑扭转效应。但因楼盖活荷载占比重较大时，中间框架梁和次梁实际受有较明显扭转效应的可能性持续存在，故结构设计有必要通过配筋构造赋予这类梁以必要的抗扭能力。在装配式结构或装配整体式结构中，中间框架梁在可变楼面活荷载下的受扭问题则可能需要专门关注和设计。

7. 板柱体系中板柱接头区两侧板内的扭转效应

如前面第 6.2.11 节讨论板柱体系中板与柱接头区周边板内抗冲切性能时提到的，当板柱体系沿某个平面主轴方向受水平荷载作用时，板内沿该平面主轴方向的一部分弯矩将从柱两侧以扭矩形式传入节点区并与对应的柱弯矩保持平衡（参见前面图 6-41）。因此，柱两侧的相应板区也将处在受扭状态。其主要特征是如在试验中所观察到的，会在受力较大时如图 7-9 所示在柱两侧的板内形成由扭矩下的主拉应力所导致的混凝土斜裂缝。因板柱体系沿所考虑平面主轴方向的水平荷载是交替作用的，故在板混凝土内形成的主拉应力斜裂缝也是相互交叉的。

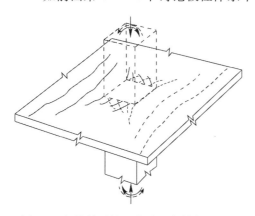

图 7-9　板柱体系沿一个平面主轴方向受力时柱两侧板内因扭矩正、反交替作用而形成的交叉斜裂缝（示意图）

试验结果及设计经验证明，只要沿柱周边的板上、下表面都布置有一定数量的钢筋网，这类裂缝一般就不会过早恶性发展。

8. 建筑结构体系在水平荷载下形成的整体扭转效应对其中竖向结构构件的影响

当各类建筑结构体系沿某个平面主轴方向受水平荷载作用时，若作用于各个楼层的水平力合力在平面内与相应楼层结构的抗侧向力刚度中心不重合，即各层水平力作用对结构存在偏心时，结构体系都会在水平荷载作用下形成整体扭转。但已有分析结果和震害考察结果证明，这种整体扭转效应的不利后果主要表现为沿该平面主轴方向离刚度中心越远的一侧竖向平面结构的水平负荷和水平位移会越来越大，另一侧竖向平面结构的水平负荷和水平位移则会相应越来越小。而楼层各竖向结构构件，包括框架柱、剪力墙肢和核心筒壁，虽也会形成相应扭转角，但因多数情况下扭转角颇小，对应的扭矩不大，一般不可能导致扭转损伤，故在设计中多未要求作专门的抗扭设计，但从这些构件的配筋构造上仍以能使其具有必要的抗扭能力为宜。

9. 偏置的纵向框架梁在地震中对框架柱节点区形成的局部扭转效应

在框架结构中，常为了外墙面平整，而把边框架梁齐外墙面布置，从而形成边框架梁对框架梁柱端节点的偏置状态。在以往的地震震害中曾多次出现因这种偏置导致框架端节点因扭转效应而加重了震害损伤的事例。其中典型的例如有 1968 年日本 M7.9 级十胜冲强震中一座学校室内运动馆的震害。该建筑采用的跨度偏大的单跨两层钢筋混凝土框架结构的局部平面和立面如图 7-10(a)、(b) 所示。由于在水平地震晃动下，对框架柱偏置的纵向边框架梁的两端均已进入屈服后受力状态，这时作用于柱节点区的纵向边框架梁梁端弯矩

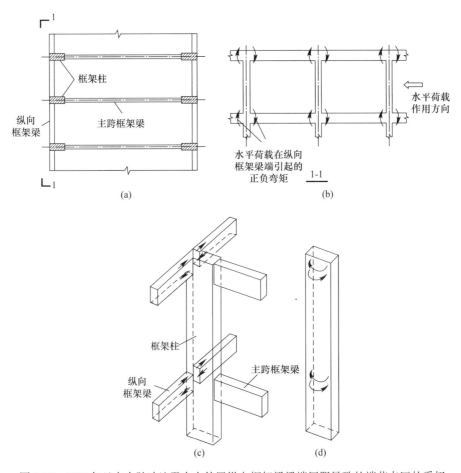

图 7-10 1968 年日本十胜冲地震中由偏置纵向框架梁梁端屈服导致的端节点区的受扭

即如图 7-10（b）所示，由各纵向边框架梁梁端传给框架柱的梁截面受压区压力和受拉纵筋拉力即如图 7-10（c）所示。因这些拉、压力对柱轴线的偏心，对柱形成了如图 7-10（d）所示的各个水平扭矩。从扭矩作用格局可以判定，会在柱节点区形成较大的水平扭矩，并与节点内原已作用的剪力一起导致节点区混凝土的更明显开裂。除此之外，根据框架柱上、下端的受扭约束情况，在图 7-10（d）所示扭矩作用下，也会在节点之间的柱段内形成相应扭矩，但其数值较小，未见引起专门震害。

上面给出的只是作为例子的若干种存在扭转效应的工程情况，目的是提请结构设计人意识到结构中出现的扭转效应的多样性及其作用方式的多方关联性。不论结构中以各种形式出现的扭转效应是大是小，是需要完成认真的受扭承载力设计或认真提供受扭刚度考虑，还是可以只靠构造措施和其他设计措施来应对，关键是都应处在结构设计人的把控之中。

7.2　弹性受扭构件的几个基本力学概念

现将与本章下面内容有关的几个在材料力学中已经讨论过的弹性受扭构件的基本性能特征罗列如下。

当悬臂式受扭构件的截面如图 7-11 所示为圆形时，作用在悬臂外端的扭矩会在构件各正截面内只引起围绕截面中心作用的与扭转方向一致的剪应力和剪应变，且剪应力和剪应变值具有轴对称特征，即截面各点的剪应力和剪应变都随该点到构件轴线垂直距离的增大而同步线性增长。这导致构件受扭之前为平面的各个相邻正截面在受扭后除产生相互间的扭转角外各自仍然保持平面，即截面内各点在构件受扭后不会产生沿构件轴线方向的应变。通常把这种扭转状态称为"自由扭转"。

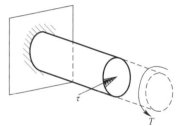

图 7-11　外端受扭矩作用的
圆形截面悬臂受扭构件的
"自由扭转"状态

当弹性材料受扭构件的截面变为工程中常用的矩形时，构件受扭后在各个截面中形成的剪应力和剪应变虽然仍是按扭转方向围绕截面中心作用，但已不再对截面中心保持轴对称状态，即从构件轴线朝不同方向的弹性剪应力和剪应变的分布特点变成各不相同。如图 7-12 所示，在截面横轴和竖轴方向，剪应力和剪应变仍会随所在点到截面中心的距离增大而不断增长，但先慢后快，已不具线性增长特征，最大剪应力总发生在截面长边中点处；而沿截面对角线方向，剪应力和剪应变随所在点到截面中心距离的增大，呈现出先逐步增大，到截面角部后又较迅速减小，

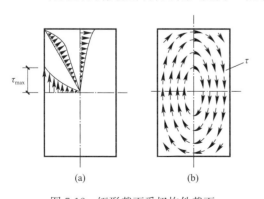

图 7-12　矩形截面受扭构件截面
内的剪应力分布特征

直到在角点处重新归零的数值变化规律。这意味着，若沿截面四个边考察剪应力的变化，则总是从角点为零向各边中点逐步增大。由于剪应力和剪应变不再轴对称，截面在

形成上述弹性剪应力和剪应变分布状态的同时，还将在截面内不同位置形成大小不等的沿构件轴线方向的正应力和正应变。当把受扭构件的抗扭端视为固定端时，这些正应变将在固定端受阻，即受到制约而不能自由发生，这会反过来使构件各截面内的剪应力和剪应变的大小和分布规律出现不同程度的调整，但图 7-12 所示基本趋势没有根本性变化。这种纵向应变受到制约的受扭状态通常称为"约束扭转"状态。

当假定构件材料为弹性时，在扭矩 T 作用下，圆形截面构件的截面边缘最大剪应力或矩形截面构件的截面长边中点最大剪应力 $\tau_{\max}$ 都可以用下式表达：

$$\tau_{\max} = \frac{T}{W_{te}} \tag{7-3}$$

构件单位长度的扭转角 θ_t 则可按下式计算：

$$\theta_t = \frac{T}{GI_{te}} \tag{7-4}$$

其中，G 为材料的剪变模量，通常取为：

$$G = \frac{E}{2(1+\nu)} \tag{7-5}$$

对于混凝土构件，上式中的 E 可取为 E_c，ν 可取为 0.2。

对于圆形截面构件，式（7-3）中的 W_{te} 和式（7-4）中的 I_{te} 可分别取为：

$$W_{te} = \frac{\pi d^3}{16} \tag{7-6}$$

$$I_{te} = \frac{\pi d^4}{32} \tag{7-7}$$

对于矩形截面构件，其 W_{te} 和 I_{te} 可取为：

$$W_{te} = \beta b^3 \tag{7-8}$$

$$I_{te} = \alpha b^4 \tag{7-9}$$

以上二式中的 b 为矩形截面的短边尺寸。请注意，短边不一定总是截面宽度，在有些情况下也可能是截面高度，请勿错用。二式中的 α 和 β 则可按表 7-1 取用。

矩形截面受扭构件计算弹性 W_{te} 和 I_{te} 所用的系数 α 和 β 　　　　表 7-1

h/b	1.0	1.2	1.5	2.0	2.5	3.0	4.0	6.0	8.0	10.0
α	0.140	0.199	0.294	0.457	0.622	0.790	1.123	1.789	2.456	3.123
β	0.208	0.263	0.346	0.493	0.645	0.801	1.150	1.769	2.456	3.123

注：表中 h 和 b 分别为矩形截面长边和短边尺寸。

7.3　不配筋矩形截面混凝土构件的扭转失效方式

无筋混凝土构件的受扭性能是考察钢筋混凝土构件受扭性能的基础条件之一。同时，因在工程结构构件中扭矩多与弯矩、剪力以及轴力同时存在，且如前面第 6.1.2 节所述，构件受扭性能与这些内力效应具有相关性，故在性能研究工作中对钢筋混凝土结构构件受扭性能的考察一般都是从无筋混凝土构件的受纯扭性能开始，到对钢筋混凝土构件受纯扭性能的考察，再到对钢筋混凝土构件受扭性能与其他内力效应相关性规律的考察。

无筋混凝土构件和钢筋混凝土构件的纯扭性能试验一般都是用图 7-13 所示的单跨构件完成的。在构件两端通常固定有向相反的正交方向挑出的钢悬臂梁，通过在钢悬臂梁外端同步施加竖向荷载，而在试验梁内形成各截面扭矩大小相等的纯扭状态（梁自重产生的弯矩、剪力通常很小，在考察中多可忽略不计）。与此同时，需在梁两端下面安设能沿扭矩作用方向自由转动的专用支座（类似于大型滚轴轴承的一个弧长区段），以保证作用扭矩全部传入构件并在构件内保持平衡。

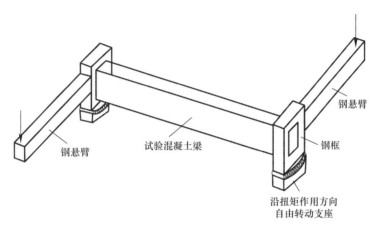

图 7-13　纯扭性能试验使用的两端带反向钢悬臂的单跨构件（示意）

因图 7-13 所示试验构件内各截面作用扭矩相同，故由扭矩在各截面内引起的剪应力大小及其分布规律也是相同的，见前面的图 7-12。其中，各截面的最大剪应力均形成于长边中点且数值相等。若如图 7-14(a)、(b) 所示，从构件任意截面的长边中部取出一个混凝土单元体，则其有关表面上作用的剪应力 τ 即如图 7-14(b) 所示；由此产生的主拉应力及与其正交的主压应力将作用在构件各个表面上的两组倾角分别为 45°和 135°的斜线方向（图 7-14c）；整个构件表面的主拉应力迹线（实线）和主压应力迹线（虚线）的趋势即如图 7-14(a) 所示。进入构件内部后，因作用的剪应力逐步减小，故由其形成的主拉应力及主压应力值也将随之减小，但主拉、压应力的作用方向仍将保持图 7-14(a) 和 (c)所示趋势不变。

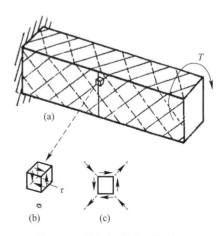

图 7-14　纯扭矩形截面构件各
表面的主应力迹线走势

已有试验结果表明，无筋纯扭混凝土构件在受到扭矩作用后，只要混凝土中的主拉应变未达到其极限拉应变，构件就会始终保持完好。但一旦某个混凝土相对较弱的截面长边中点附近的最大主拉应变超过了混凝土的极限拉应变，扭转斜裂缝就会在这里开始形成，并以极快的速度发育，导致无筋混凝土纯扭构件沿所形成的破裂面瞬间扭断。为了进一步了解这一脆性扭断的实质，Thomas T. C. Hsu（徐增全）在 20 世纪 60 年代完成了他在美国波特兰水泥学会大型结构实验室的后来世界知名的无筋受扭构件扭断过程的高速摄影观测。试验采用与前面图 7-13 所示类似的加载方案。预计扭断将从构件表面某个长边中点附近的混凝土开裂开始。由于无法准确预测裂缝首先出在构件正面还是背面，徐增全在他所拍摄试件对面安设了一面大镜子，以便在摄影中捕捉到有可能从构件背面首先出现的扭转斜裂缝。

从高速摄影整理出的瞬间扭断过程是，斜裂缝确实是从构件截面长边中部某处首先出现，并在大约 1/100s 内从图 7-15(a) 中的 a 点斜向发育到 b 点和 c 点。随后，裂缝会在构件顶面和底面先大致垂直于构件轴线向截面内发展到一定深度（类似于弯曲裂缝），且观察到 bac 段裂缝宽度增大；但裂缝从构件顶面的 d 点和底面的 e 点起改为向不同的斜向进一步前伸，并在开裂后的大约 1/15s 内到达构件顶面对边的 f 点和底面对边的 g 点。这时，一个裂通了的空间扭曲开裂面 $fdbaceg$ 已经形成，最后在沿 fg 的连线上看到混凝土被压碎的迹象。整个空间扭曲裂面的发育过程大约经历 1/6～1/4s。

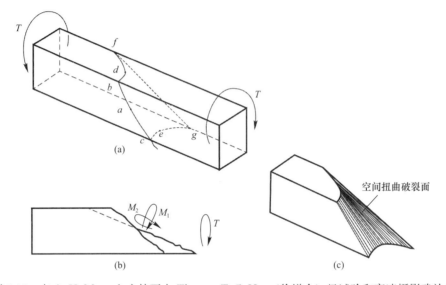

图 7-15　在 A. H. Mattock 主持下由 Thomas T. C. Hsu（徐增全）经试验和高速摄影确认的无筋混凝土矩形截面构件的受扭失效模式及过程

学术界对这种特定瞬时失效方式的解释是，若如图 7-15(b) 所示，取破裂面左侧的构件部分为脱离体，则可以以图中用正立面投影方式表示的空间扭曲破裂面为依托，将作用扭矩 T 分解为大致与破裂面垂直作用的力矩 M_1，以及垂直于 M_1 作用的力矩 M_2。当构件例如从图中 a 点开始裂开，但裂缝面尚未充分发育之前，构件尚有足够能力抵抗想使预期破裂面两侧混凝土像"磨盘"一样相互错动的力矩 M_2，故只有 M_1 能像斜向作用的弯矩那样，使预期破裂面受拉区的混凝土像斜向受弯那样从 b 点发育到 d 点和从 c 点发育到 e 点（请注意，此时裂缝从 b 点到 d 点以及从 c 点到 e 点都是像受弯那样垂直于斜线 bac 向构件内发育的）。而当裂缝在 M_1 作用下发育到这种程度后，扭裂面已被削弱较多，使得随后 M_2 能与 M_1 一起来共同控制破裂的发育方向，使裂缝从 d 点改为沿斜向拐向 f 点，和从 e 点朝另一斜向拐向 g 点，最终造成扭裂面的空间扭曲状态，见图 7-15(c)。扭裂面的最终失效则表现为混凝土沿 fg 线的压溃（相当于斜弯受力状态下高度很小的受压区内混凝土的压溃）。

学术界也将这种无筋混凝土受扭构件沿具有特定特征的空间扭曲面扭断的方式作了模型

化处理，并称之为"斜弯理论"。从破坏模式看，这种扭断是脆性的，或者说是非延性的。

7.4　矩形截面受扭构件的受扭塑性抵抗矩和开裂扭矩

7.4.1　矩形截面的受扭弹性抵抗矩 W_{te} 和受扭塑性抵抗矩 W_t

从前一节可知，受扭构件的开裂扭矩在不配筋受扭构件中就相当于构件的受扭承载力，在配筋受扭构件中则是抗扭性能的一个重要的标志性性能指标，故本节拟先对构件的开裂扭矩作必要讨论。

为了表达受扭构件的开裂扭矩，可以使用的工程力学截面性能参数有两个，一个是"受扭弹性抵抗矩" W_{te}。例如，对于矩形截面，W_{te} 的计算方法即如前面的式（7-8）和表 7-1 所示。在算得 W_{te} 后，因受扭构件内任何一点的剪应力值与主拉应力值相等，当取开裂时主拉应力等于混凝土的轴心抗拉强度 f_t 时，弹性开裂扭矩 T_{cre} 根据前面的式（7-3）就可以写成：

$$T_{cre} = f_t W_{te} \tag{7-10}$$

这里的弹性开裂扭矩 T_{cre} 表达的是当正截面内由扭矩引起的最大剪应力（对于矩形截面即为截面长边中点处的最大剪应力，也就是该处的最大主拉应力）达到混凝土的抗拉强度 f_t 时（即仅在一个点达到混凝土抗拉强度时）的作用扭矩。另一个截面性能参数则是由塑性力学求得的"受扭塑性抵抗矩" W_t，由它求得的塑性开裂扭矩 T_{crp} 就可以写成：

$$T_{crp} = f_t W_t \tag{7-11}$$

其中，W_t 的含义是，当混凝土在构件截面中充分发挥其塑性能力时，可近似认为截面各处均达到了剪应力最大值 τ_{max}，即主拉应力也都达到了这一最大值。这时，例如对于图 7-16 所示的截面长边和短边分别为 h 和 b 的矩形截面，即可根据塑性力学中的建议，用从截面四周沿 45° 线向内延伸的斜直线和平行于截面长边的中分线将矩形截面分成上、下两个三角形，中部左、右两个矩形和它们之间的另外四个三角形，并假定上、下两个三角形中的剪应力按扭矩旋转方向沿水平方向作用，而其余面积中的剪应力均按扭矩旋转方向沿竖向作用；于是，截面在这一剪应力分布状态下所能抵抗的扭矩，即按充分塑性特征求得的开裂扭矩即可由各截面剪应力对矩形截面中心形成的力矩汇总而成。其中：

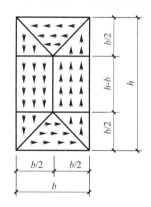

图 7-16　矩形截面中由扭矩引起的剪应力的全塑性分布模型

上、下两个三角形面积内的水平剪应力对截面中心形成的力矩为

$$T_{crp1} = 2f_t \left(\frac{1}{2} \frac{b^2}{2} \right) \left[\frac{(h-b)}{2} + \frac{2}{3} \frac{b}{2} \right]$$

上部和下部左、右侧共计四个三角形面积内的竖向剪应力对截面中心形成的力矩为

$$T_{crp2} = 4f_t \left(\frac{1}{2} \frac{b^2}{4} \right) \left(\frac{2}{3} \frac{b}{2} \right)$$

左、右两个矩形面积内的竖向剪应力对截面中心形成的力矩为

$$T_{crp3} = 2f_t \frac{b^2}{8} (h-b)$$

将以上三部分力矩叠加后得：

$$T_{\mathrm{crp}} = T_{\mathrm{crp1}} + T_{\mathrm{crp2}} + T_{\mathrm{crp3}} = f_{\mathrm{t}} \frac{b^2}{6}(3h - b) = f_{\mathrm{t}} W_{\mathrm{t}} \tag{7-12}$$

于是，矩形截面塑性受扭抵抗矩 W_{t} 即为：

$$W_{\mathrm{t}} = \frac{b^2}{6}(3h - b) \tag{7-13}$$

这也就是《混凝土结构设计标准》GB/T 50010—2010（2024 年版）中式（6.4.3-1）给出的 W_{t} 值。

7.4.2　受扭构件的设计用开裂扭矩

如果从前面第 5 章讨论受弯构件混凝土受拉开裂时曾经提出的混凝土在受拉开裂前也会表现出一定的受拉非弹性性能出发来评价上述弹性开裂扭矩 T_{cre} 和塑性开裂扭矩 T_{crp}，则不难发现，按截面中剪应力最大的一个点达到混凝土抗拉强度 f_{t} 算得的弹性开裂扭矩会明显低估真实开裂扭矩的大小，而按截面所有各点都达到混凝土抗拉强度 f_{t} 的假定算得的塑性开裂扭矩又预计会高估真实开裂扭矩。这一结论已经由到目前为止所完成的不配筋混凝土梁和钢筋混凝土梁的扭转试验结果所证实。

如前面已经指出的，在不配筋受扭构件中，因构件开裂后瞬间迅速扭断，故开裂扭矩原则上等于构件的受扭承载力；而在钢筋混凝土受扭构件中，因有箍筋和纵筋协助，主要由混凝土提供的开裂扭矩从总体上说会比无筋构件的最大抗扭能力略高，但高出不多。故在确定构件开裂扭矩取值时，研究界认为可将无筋构件的抗扭能力与钢筋混凝土构件的开裂扭矩都作为开裂扭矩一并统计。统计结果表明，实测两类构件的开裂扭矩有不小的离散性。在试验结果的基础上，2002 年版《混凝土结构设计规范》GB 50010—2002 抗扭专题组的专家选定的开裂扭矩表达式为：

$$T_{\mathrm{cr}} = 0.7 f_{\mathrm{t}} W_{\mathrm{t}} \tag{7-14}$$

规范组专家并未明确给出上式中 T_{cr} 的统计含义，但一般可将其理解为体现了开裂扭矩的实测平均值水准。

在《混凝土结构设计标准》GB/T 50010—2010（2024 年版）中或其他抗扭设计内容的讨论中，可能用到或涉及开裂扭矩或截面受扭塑性抵抗矩的共有以下四项设计内容：

（1）在给定"不需要进行受扭承载力计算"的设计条件时会用到开裂扭矩的概念，见下面第 7.8.7 节的讨论；

（2）在建议的 T 形或工字形截面构件的受扭承载力计算方法中要用到"受扭塑性抵抗矩" W_{t}，见下面第 7.7.5 节的讨论；

（3）在确定钢筋混凝土受扭构件受扭纵筋和受扭箍筋的最小配筋量时也需要用到开裂扭矩的概念，见下面第 7.8.8 节的讨论；

（4）在讨论涉及变形协调扭转的受扭构件设计方法时会用到开裂扭矩的概念，见下面第 7.9 节的讨论。

在这里需要指出的是，由于构件的开裂扭矩是离散量，故在以上四项设计内容中，除去第二项内容涉及构件截面的受扭塑性抵抗矩，但不涉及开裂扭矩的统计含义外，其余三项用途都会涉及开裂扭矩的统计含义。因为，例如当第一项的"不需要进行受扭承载力计算"的条件取为开裂扭矩时，开裂扭矩值定得越偏小，不需要进行受扭承载力设计的情况出现的可能性就越小，抗扭设计的总体可靠性就越偏高。但是在第三项要求中，若受扭纵筋和受扭箍筋的最小配筋量也与开裂扭矩挂钩，则开裂扭矩取值越高，由它衍生的受扭纵筋和受扭箍筋的最小配筋量也就越高，这自然会使受扭构件设计结果更偏安全。同样，对于第四项设计内容也存在与第三项设计内容类似的效果。因此，在开裂扭矩的取值问题上也似乎存在依各项设计内容的目的不同而选用具有不同可靠性水准的开裂扭矩取值的必要性。即例如在第一项设计内容中，可能需要取用适度偏低的开裂扭矩值；而在第三、四项（特别是第四项）设计内容中，则可能需要取用适度偏高的开裂扭矩值。目前在《混凝土结构设计标准》中似尚未对这一问题作出明确考虑。

7.4.3　受扭构件截面内弹性及塑性剪应力分布的比拟模型

借此机会还值得一提的是，在工程力学界研究弹性假定和全塑性假定下矩形截面内扭矩引起的剪应力分布规律时，还获得了能形象反映剪应力分布的比拟模型，即图 7-17(a)、(b) 分别表示的"薄膜比拟模型"和"沙堆比拟模型"。

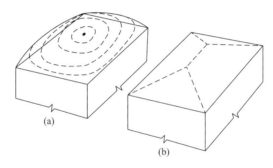

图 7-17　对应于矩形正截面内剪应力分布规律的"薄膜比拟模型"和"沙堆比拟模型"

根据力学推导可知，如图 7-17(a) 所示，当在一个矩形截面管子的开口端蒙有一块薄膜时，若管内介质压力大于外界，薄膜就将鼓起。而此时若在薄膜上任意一点作膜的水平切线，再作与该水平切线正交的垂直面，则该垂直面与薄膜交线在该交点处切线的斜率变化规律即与投影在管子正截面上相应点（也就相当于与管子截面相同的矩形截面构件正截面上的相应点）的弹性剪应力值变化规律一致，或者说与图 7-12 所示的剪应力值的分布规律一致。

而沙堆比拟模型则是想象用一个矩形底面积来体现构件的一个矩形截面。当在矩形底面积上把摩擦系数相同的干沙自由堆到最大容积时，即形成图 7-17(b) 所示的如同四坡屋面的沙堆。若从矩形底面积上任选一点作与对应底面积边线正交的垂直面，则该垂直面与沙堆表面的交线在所选任意点上方投影点处的斜率在整个矩形底面积范围内的变化规律就与和矩形底面积对应的构件矩形截面中的各点在扭矩作用下形成的全塑性剪应力值的变化规律相同，或者说与图 7-16 所示的剪应力值的变化规律相同。

这两个比拟模型更多地起着形象化表达扭矩在构件矩形截面中引起的弹性剪应力和塑性剪应力分布规律的作用，模型与实际剪应力分布之间的一致性关系可以用数学方法严密推证。限于篇幅，本书不再具体给出数学推证过程。

7.5 钢筋混凝土受扭构件的配筋方式、配筋构造要求及受扭传力机理

7.5.1 受扭构件的最佳配筋方式

试验结果表明，上面所述无筋混凝土受扭构件的受扭能力有限，且具有典型脆性失效模式，不适合用作结构中需要抵抗一定扭矩的受扭构件，因此，需通过配筋使这类构件具有所需的受扭承载力和必要的有限延性失效特征。

经各国研究界和设计界筛选，认为对于工程常用的矩形截面构件或由多个矩形组成的组合截面构件，最佳配筋方案是以截面的每个矩形为单元，采用由沿矩形截面单元周边较均匀布置的纵筋和沿矩形截面单元周边布置的封闭箍筋相结合的配筋方式（参见后面图 7-18a、图 7-20 和图 7-23）。因为这种配筋方式既适合于扭转受力需要，又相对便于施工，且适于与正截面配筋和抗剪配筋相协调。对于圆形截面，同样宜采用沿截面周边均匀布置的纵筋和沿截面周边布置的封闭箍筋相结合的配筋方案。

配置了足够数量纵筋和封闭箍筋的矩形截面受扭构件的试验结果表明，一旦作用扭矩增大到构件截面长边中点附近某处混凝土因主拉应变超过其极限拉应变而沿斜向开裂后，由于裂缝截面内原由混凝土承受的主拉应力能够改由与该裂缝相交的分布纵筋和分布封闭箍筋分担，故构件所抵抗的扭矩还可进一步增大，并导致构件截面长边表面以一定间距陆续形成多条相互平行的斜裂缝；在扭矩进一步增长后，这些裂缝还将向截面短边表面延伸，并最终形成以一定间距排列的、沿构件表面螺旋形向前发育的一道道斜裂缝，参见下面图 7-18（a）或图 7-19（a）。在构件开裂格局基本稳定后，新的斜裂缝将原则上不再出现。构件已出现的每条斜裂缝都会在随后的扭矩增长过程中不断加大宽度。

从这里得到的启发是：

（1）要使配筋后的受扭构件的受扭承载力至少超过同尺寸、同材料强度无筋混凝土构件的受扭承载力，分布纵筋和分布封闭箍筋的抗拉能力就必须达到必要水准，否则当混凝土开裂后将原承担拉力分摊给纵筋和箍筋时，数量过少从而拉力不足的纵筋或箍筋就会被立即拉至屈服。这也是确定受扭纵筋及受扭箍筋最低配置数量的主要依据。

（2）与第 5 章讨论的构件正截面受拉区裂缝处类似，受扭构件的斜裂缝间距和宽度也受受扭纵筋和受扭箍筋的数量和直径影响，一般是配筋数量越多、直径越小（即间距也必然越小），斜裂缝的间距及宽度就将相应减小。这一规律对受扭斜裂缝宽度控制有重要意义，其理由与正截面受拉区裂缝处相似，这里不再重复。

7.5.2 配筋受扭构件的传力模型

当矩形截面受扭构件的四个表面都形成了较为稳定的螺旋形裂缝分布格局后，即可认为在开裂的钢筋混凝土构件中形成了如图 7-18（a）所示的主导抗扭机构。其中，处在截面周边外层一定厚度范围内的混凝土在被螺旋形裂缝分割后，处在裂缝之间的各个混凝土条带将继续传递原则上沿条带方向作用的斜向主压应力；而沿构件截面周边设置的分布纵筋和分布箍筋则将继续分担由扭矩引起的拉力，并与裂缝间混凝土斜压杆承受的压力保持平衡。

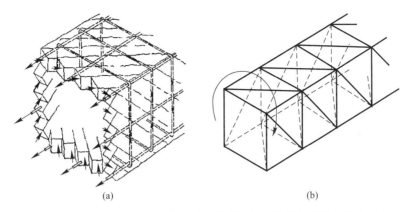

(a)　　　　　　　　　　　　(b)

图 7-18　充分开裂后的矩形截面受扭构件的扭矩传递空间桁架机构示意

若将构件一定长度区段内的混凝土斜压杆和箍筋拉杆汇集为集中的斜压杆和横向拉杆，并把纵筋汇集为处在构件四个棱边处的纵向拉杆，则图 7-18(a) 的较真实传力机构也可以改用图 7-18(b) 所示的由四个平面桁架组成的空间桁架模型来近似代替；这后一个模型虽然相对较为粗略，但依然能概括表达已充分开裂的钢筋混凝土构件中扭矩的主导传递机制。

之所以将图 7-18(b) 所示的空间桁架模型说成"较为粗略"，是因为其中至少忽略了各斜裂缝截面中的混凝土骨料咬合效应和穿过各裂缝界面的纵筋及箍筋的销栓效应；同样也忽略了各条裂缝之间的混凝土会协助其中的纵筋和箍筋分担少部分钢筋拉力的现象以及截面芯部混凝土发挥的不大的抗扭能力。

7.5.3　配筋受扭构件受扭箍筋和受扭纵筋的构造要求

由于在受扭构件各个表面的任何部位都可能有螺旋状发育的斜裂缝与受扭纵筋和箍筋相交，使得各根受扭纵筋和受扭箍筋沿其自身长度各部位的受拉都较为充分，故从设计角度需对受扭纵筋和箍筋的构造提出特定要求。

对于受扭纵筋，首先需要满足的是其受扭最小配筋率要求（理由已如前述）。《混凝土结构设计标准》关于受扭纵筋最小配筋率的规定及其确定思路和讨论请见下面第 7.8.8 节。

在此基础上，根据我国设计标准的规定，受扭纵筋还需要满足的构造要求包括：

（1）沿矩形截面构件每个外棱边（或 T 形或工字形截面各矩形单元的每个外棱边）应各布置有一根受扭纵筋，在组合截面的每个内折点处也宜布置有一根纵筋。

（2）每根受扭纵筋应沿构件通长布置，并在构件端部以外按受拉钢筋锚固。

（3）受扭纵筋应沿矩形截面周边均匀且上、下和左、右对称布置；为了控制扭转斜裂缝的宽度，在条件允许时纵筋的直径和间距宜偏小取用。受扭纵筋的布置还应注意与《混凝土结构设计标准》GB/T 50010—2010(2024 年版) 第 9.2.13 条对梁两个侧面纵向构造钢筋的布置要求相协调（需满足两方面构造要求，但用量不需叠加）。

（4）受扭纵向钢筋的间距不应大于 200mm，且不应大于梁截面短边长度。

对于受扭箍筋，首先也是需要满足其最小配置数量的要求。《混凝土结构设计标准》GB/T 50010—2010(2024 年版) 对受扭箍筋最小配筋率的规定及其确定思路和讨论请见下面第 7.8.8 节。

在此基础上，根据我国设计标准的规定，受扭箍筋还应满足以下构造规定：

（1）受扭箍筋应做成封闭式，且应沿截面周边布置（在 T 形或工字形组合截面中应沿截面各矩形单元周边布置）。

（2）当使用复合箍筋时，位于截面内部的箍肢不应计入受扭所需的箍筋截面面积。

（3）受扭箍筋末端均应做成 135°弯钩，弯钩端头平直段长度不应小于 10d，d 为箍筋直径。

在按变形协调扭转设计的受扭构件中受扭纵筋和受扭箍筋需要满足的构造要求可能需比一般受扭构件偏强，具体要求可参见第 7.9 节的专门讨论。

7.6 设计标准中与受扭承载力有关的条文体系的总体构建思路

由于《混凝土结构设计标准》GB/T 50010—2010(2024 年版）中与受扭承载力设计有关的条文体系的构建过程略偏复杂，为了使读者便于把控，故在本节中先给出这一条文体系的构建思路和总的轮廓，再在随后各节展开说明。

由于如前面第 7.5.2 节所述，钢筋混凝土构件中的较大作用扭矩主要是通过在构件内形成的空间桁架机构传递的，因此，即使构件中只有扭矩作用，也要由作为拉杆的受扭箍筋、受扭纵筋以及发挥斜压杆作用的斜裂缝之间偏构件表层的混凝土来共同抵抗，即若要保证构件的受扭承载力，就既要确定所需受扭箍筋和受扭纵筋的数量，又要校核构件混凝土是否具有足够的抗斜压能力，从而比其他内力下的承载力设计方法更偏复杂。除此之外，如下面第 7.8 节将要说明的，真正更为复杂的是，由于构件中通常都有弯矩、剪力甚至轴力与扭矩同时作用，而钢筋混凝土构件的受扭承载力性能又与受弯和受剪承载力性能相互影响，且受轴力影响，即其受扭承载力与受弯、受剪承载力以及轴力具有不可忽略的相关性，故还需要在与受扭承载力有关的设计规定中考虑这类相关性的影响。

针对钢筋混凝土构件受扭承载力的以上特点，《混凝土结构设计规范》GB 50010—2002 抗扭专题组所完成的试验研究和受扭承载力设计方法的构建是分两步进行的。

首先完成的是对只受扭矩作用的（纯扭）钢筋混凝土构件受扭承载力性能的研究，其结果是提出一套纯扭构件承载力设计方法，其中包括：

（1）在给定了构件截面形状、尺寸、材料强度等级和作用扭矩的条件下，给出用来确定受扭箍筋和受扭纵筋所需数量的受扭承载力计算公式；

（2）在给定了构件截面形状、尺寸、材料强度等级和作用扭矩的条件下，给出了判断纯扭构件内混凝土是否会被斜向压碎的判别条件（或称"构件受扭承载力上限条件"或"受扭构件截面限制条件"）；

（3）给出了因作用扭矩过小而不需再作受扭承载力计算，只需按构造规定配置受扭箍筋和受扭纵筋的作用扭矩界限。

第二步完成的则是对弯-扭、剪-扭和轴力-扭相关性规律的分析研究和试验考察；在此基础上提出作为设计最终使用的规范条文规定的一整套与受扭承载力有关的考虑各类内力下承载力性能相关性的规定。为了在设计规范中表达简单，对于这类考虑相关性的规定统一称为"弯剪扭构件"的设计规定。这些规定共包括：

（1）能满足弯-扭相关性所要求的受弯和受扭承载力需要的抗弯纵筋用量和抗扭纵筋

用量的专用叠加法；

（2）考虑了作用剪力带来的不利影响（即考虑了剪-扭相关性影响）的经过调整的受扭承载力计算公式（其中包含了对轴力有利或不利影响的表达）；

（3）考虑了作用扭矩带来的不利影响（即考虑了剪-扭相关性影响）的经过调整的受剪承载力计算公式（其中包含了对轴力有利或不利影响的表达）；

（4）在剪力、扭矩共同作用条件下，判断构件内混凝土是否会被斜向压碎的判别条件（或称"构件剪-扭承载力上限条件"或"受剪、扭构件的截面限制条件"）；

（5）在剪力、扭矩共同作用条件下，因剪力和扭矩综合作用效果足够小而不需再作受剪和受扭承载力计算，只需按构造要求配置受剪、扭箍筋和受扭纵筋的界限条件，以及当作用剪力和作用扭矩中有一方更小，从而只需按另一方进行承载力计算的界限条件。

在下面的第 7.7 节和第 7.8 节中，将原则上按上述顺序讨论与受扭承载力设计有关的问题。

除此之外，当所设计的受扭构件属于"变形协调扭转"构件时，由于该类构件在受力过程中会因与相连的其他构件一起分别发生抗扭刚度和抗弯刚度不同程度的退化而在这些构件内形成内力重分布，并导致该构件的实际作用扭矩可能比弹性分析所得扭矩有所下降，故有必要为该类构件承载力设计使用的作用扭矩给出专用的确定方法。但一旦给定了作用扭矩，这类构件仍属于规范规定的"弯剪扭构件"，其受弯、受剪及受扭承载力的设计方法则与其他"弯剪扭"构件相同。有关这类构件设计问题的讨论请见第 7.9 节。

7.7　钢筋混凝土纯扭构件的失效模式及受扭承载力设计方法

7.7.1　未超筋纯扭构件的承载力失效方式

当配有受扭纵筋和受扭箍筋的混凝土构件中的偏外层混凝土如前面第 7.5.2 节所述在足够大的扭矩作用下较充分斜向开裂并形成了由裂缝间的外层混凝土抵抗斜向压力、由受扭纵筋和箍筋联合承担相应拉力的空间桁架受扭机构后，如试验中所观察到的，当扭矩进一步增大到相应程度后，受扭纵筋和箍筋就可能同时或只有其中之一在例如图 7-19（a）所示的构件长边上的斜裂缝 bc 中首先达到屈服并产生屈服后塑性伸长。这会使裂缝 bc 的宽度比其他斜裂缝以较快速度增大，并引起在其延续而成的斜裂缝 ba 和 cd 中的纵筋和箍筋从 b 点向 a 点方向和从 c 点向 d 点方向陆续进入屈服。之所以会形成这样的受力发育过程，是因为与前面图 7-15（b）中无筋受扭构件处类似，作用在图 7-19（a）所示的空间扭曲裂面 $abcd$ 中的扭矩也可以如图 7-15（b）中所示的那样分解为大致垂直于该扭曲裂面作用的力矩 M_1^* 和大致平行于该扭曲裂面作用的力矩 M_2^*（请注意，图 7-15（a）中形成的空间扭曲裂面和图 7-19（a）中沿已有螺旋形斜裂缝形成的空间扭曲裂面虽在大的趋势上相似，但具体走势还是有差别的）。其中，使空间扭曲裂面两侧相互旋转研磨的力矩 M_2^* 会在该裂面中引起混凝土的骨料咬合效应以及与该裂面相交的纵筋和箍筋的销栓效应，并由这两类效应来抵抗；而作用在空间扭曲裂面中的 M_1^* 则相当于一个斜向弯矩，正是因为有它的作用才使沿图 7-19（a）所示的 bc 裂缝段中的纵筋和箍筋首先屈服（因弯曲受拉最充分），并因其屈服后的塑性伸长导致该空间扭曲裂面的塑性曲率增大，并使更多的纵筋和箍筋沿

裂缝 ba 和 cd 陆续进入屈服，直到构件"斜弯面"最终发生沿图 7-19(a) 中 ad 线的混凝土压碎，使构件最终失效。当然，由于 ad 线长度较大，故使得沿该线形成的混凝土受压区高度很小，在试验中要认真观察才能发现混凝土沿 ad 线的压溃现象。因此，国际学术界的主流认识均认可适筋受扭构件最终发生的主要是沿空间扭曲裂面的斜弯破坏。

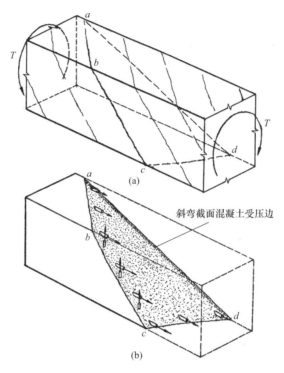

图 7-19　适筋受扭构件的空间扭曲破坏面及斜向弯曲失效

　　结合以上叙述可以看出，不配筋和配筋受扭构件的主要差别在于，不配筋受扭构件的受扭承载力由混凝土截面尺寸和强度决定，即只要构件混凝土在扭矩作用下受拉开裂，构件就将如图 7-15 所示迅速被扭断。而在配置了受扭纵筋和受扭箍筋后，混凝土一旦在扭矩作用下受拉开裂，构件内将形成图 7-18 所示的由受扭纵筋和受扭箍筋分别承担相应拉力，由斜裂缝之间的偏外层混凝土承担斜向压力的空间桁架式传力机构，即作用扭矩可以至少增大到受扭纵筋和受扭箍筋屈服或受扭斜裂缝之间的斜压混凝土压溃为止。这意味着，在偏外层混凝土的抗斜压能力足够时，受扭纵筋和受扭箍筋配置得越多，构件的抗扭能力就越大，即配筋受扭构件的抗扭能力根据受扭纵筋和受扭箍筋配置数量的多少可以以不同的幅度超过无筋混凝土构件的抗扭能力。

　　还需提及的是，不论是在无筋还是配筋受扭构件中，均未发现受扭承载力有类似于受剪承载力受剪跨比（跨高比）影响的现象存在。

7.7.2　受扭构件受扭纵筋与受扭箍筋的"配筋强度比" ζ

　　因在扭矩作用下形成的图 7-18(a)、（b）所示的空间桁架模型中需要纵筋和箍筋这两类钢筋共同工作来保持平衡，故受扭纵筋和受扭箍筋的用量，或者更准确地说它们在空间桁架中发挥的抗拉能力必须保持一个合理的协调关系。构件抗扭试验也证实，在钢筋强度等级已定的条件下，当纵筋和箍筋数量搭配适当时，在图 7-19(a)、（b）所示的受扭承载力极限状态下，即构件达到其最大抗扭能力时，纵筋和箍筋都已先后进入屈服，即充分发挥出了其设计考虑的抗拉能力。但若纵筋或箍筋中的某一类钢筋用量过大，则过多的这一类钢筋就会在承载力极限状态下始终达不到屈服，从而未被充分利用，造成材料浪费。因此，需要根据从大量试验观测结果中总结出的规律，对纵筋和箍筋的相对数量给出一个可以保证两类钢筋都能发挥出屈服强度的合理范围。

根据经验，各国研究界认为，可以约定用沿矩形截面核心面积单位周长上受扭纵筋（注意，指在矩形截面中符合对称布置原则的纵筋；当不符合对称布置原则时，只能取其中符合对称布置原则的那部分纵筋面积）的拉力设计值，即 $f_y A_{stl}/u_{cor}$ 来表达受扭纵筋的相对用量；其中，A_{stl} 为沿矩形截面周边布置的符合对称原则的受扭纵筋的总截面面积，f_y 为该纵筋的抗拉强度设计值；u_{cor} 为矩形截面核心面积的周长，即：

$$u_{cor} = 2(b_{cor} + h_{cor}) \tag{7-15}$$

式中 b_{cor} 和 h_{cor}——截面核心面积的短边和长边长度。根据《混凝土结构设计标准》GB/T 50010—2010（2024 年版）的规定，如图 7-20 所示，核心面积边长均按箍筋内边到内边计算，见该规范第 6.4.4 条。

与此同时，用沿构件截面周边布置的受扭箍筋一个箍肢的拉力设计值 $A_{st1}f_{yv}$ 与箍筋间距 s 的比值，即 $f_{yv}A_{st1}/s$ 来表达受扭箍筋的相对用量（A_{st1} 为一根箍肢的截面面积，f_{yv} 为该箍筋的抗拉强度设计值）。

这样，受扭纵筋和受扭箍筋的配筋强度比 ζ 就可以写成上述纵筋与箍筋相对用量的比值，即

$$\zeta = \frac{f_y A_{stl} s}{f_{yv} A_{st1} u_{cor}} \tag{7-16}$$

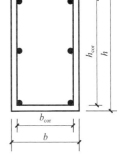

图 7-20 用矩形截面表示的截面核心面积及该面积的边长

根据《混凝土结构设计规范》GB 50010 受扭专题组收集的各国试验结果，认为当 ζ 取值在 0.6～1.7 之间变化时，一般都能保证受扭纵筋和箍筋在构件达到最大受扭承载力之前先后达到屈服强度，只不过当 ζ 更接近 0.6 时，即纵筋相对更偏少时，纵筋的屈服将早于箍筋；而当 ζ 更接近 1.7 时，即箍筋用量相对更偏少时，箍筋屈服将早于纵筋。ζ 的平均值大致在 1.2 左右。

7.7.3 钢筋混凝土受扭构件的扭矩-扭转角关系

由于在配筋受扭构件的受力过程中，随着作用扭矩的增大，构件会从准弹性受力状态进入混凝土开裂后的由空间桁架模型表示的非弹性受力状态，再待受扭纵筋和箍筋在与临界裂缝相交处陆续屈服后，构件会在经历一个屈服后塑性斜弯转角增大过程后达到其受扭承载力。在这个过程中，用扭矩-扭转角关系间接表达的构件抗扭刚度也将逐步退化。因此，在试验中测得的不同配筋量的受扭构件在整个受力过程中的扭矩-扭转角关系就成为了解受扭构件刚度变化特征和失效过程中延性特征的主要手段。

在图 7-21 中给出了美国 A. H. Mattock 和 Thomas T. C. Hsu（徐增全）在美国波特兰水泥学会结构实验室完成的能说明上述特征的 6 根受扭钢筋配筋量不同的受扭构件的扭矩-

扭转角关系量测结果。图中各构件的配筋量虽只用受扭箍筋配筋率表示，但其受扭纵筋用量也是随箍筋用量相应调整的；扭转角则是在构件受扭区段两端指定截面之间测得的相对转角。

从图 7-21 的实测结果可以得出的主要规律是：

（1）不同配筋量的受扭构件因截面及所用材料的强度不变，故开裂前的弹性抗扭刚度没有明显变化。

（2）随受扭配筋用量的增大，构件的开裂扭矩只有小幅度增长，即从图中 a 点增大到 a' 点；表明配筋率对开裂扭矩虽有影响，但幅度不大。

（3）若构件受扭箍筋和受扭纵筋配置数量过低，则当混凝土受扭开裂导致与裂缝相交的箍筋和纵筋中的拉力突然增大时，会像少筋受弯构件中那样，导致钢筋迅速进入屈服后受拉状态，混凝土相应裂缝会因钢筋迅速发生的塑性伸长而恶性加宽，构件抗扭刚度也会如图 7-21 中 $oabc$ 线所示陡然下降。这也再次证明钢筋混凝土受扭构件中配置某个最低数量受扭纵筋和受扭箍筋的必要性，即在防止开裂后受扭刚度陡降的同时，也防止相应裂缝宽度陡增。

（4）在图 7-21 的每条扭矩-扭转角曲线上都用带外圈的黑点标出了受扭纵筋或受扭箍筋开始屈服的位置。但从各条曲线的走势看，曲线在这些位置并未出现明显拐点。这是因为与单向受弯构件中成一排布置的受拉纵筋几乎同时达到屈服不同，如图 7-19（b）所示，与最终发生失效的空间扭曲裂面相交的受拉受扭纵筋和受扭箍筋分别处在裂面的不同位置，且拉力作用方向各异，导致这些钢筋的受拉屈服是在空间扭曲裂面受斜向力矩作用不断张开的过程中陆续发生的，其中有些钢筋可能直至构件扭转失效也未达到受拉屈服。因此，受扭钢筋开始进入受拉屈服状态后，构件的受扭刚度如图 7-21 中各条曲线所示是逐步下降的。而且，在第一根受扭钢筋屈服后，因其余受扭钢筋随扭转角增大陆续达到屈服，故构件的抗扭能力在钢筋进入其强化段之前仍有较大增幅。

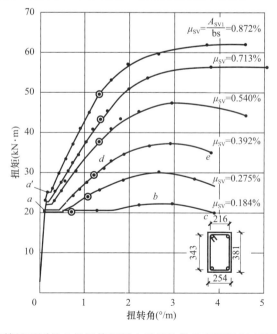

图 7-21　配筋量不同的 6 根钢筋混凝土受扭构件的实测扭矩-扭转角关系曲线

（5）图 7-21 中 6 个构件的实测结果证明，在构件受斜压的外层混凝土具有足够抗压能力的前提下，构件的受扭承载力（即每条曲线达到的最大扭矩）确是随受扭钢筋用量的增多而提高的。

（6）在构件受斜压的外层混凝土具有足够抗压能力的条件下，这 6 个构件从受扭钢筋开始进入屈服的状态到构件最终失效都表现出了一定的塑性变形能力，而且配筋数量对这种能力大小的影响不是很明显，这表明适筋受扭构件都具有一定的延性性能。这种延性虽然不及中等及较低配筋率的单筋受弯构件以及双筋受弯构件，但仍明显好于失效最终由剪压区混凝土脆性剪压型失效控制的剪压型受剪构件。

（7）从图 7-19（a）、（b）还可以看出，受扭构件一旦开裂，其拉裂区在空间扭曲破坏面中所占比例均较大，即明显大于适筋受弯构件正截面开裂的混凝土受拉区在整个受弯正截面中所占比例，故图 7-21 所示各条扭矩-扭转角曲线在扭曲面混凝土开裂后的刚度下降幅度一般均比适筋受弯正截面受拉区混凝土开裂后的刚度下降幅度明显偏大。

7.7.4 矩形截面纯扭构件受扭承载力计算公式的建立

根据前面第 7.6 节给出的构件受扭承载力设计方法的建立思路，要先给出只受扭矩作用构件的承载力计算方法，再进一步以此为基础给出工程设计中使用的扭矩与弯矩以及扭矩与剪力共同作用时的承载力设计方法。而在建立只受扭矩作用构件的承载力设计方法时，一般又是从最简单的矩形截面构件入手，再进一步扩展到 T 形、工字形这类组合截面构件以及箱形截面构件。本节首先讨论只受扭矩作用的矩形截面构件的承载力设计方法。

需要首先说明的是，在前面第 7.5 节中曾着重说明了适筋钢筋混凝土受扭构件在沿构件各表面螺旋形斜裂缝发育稳定后所形成的空间桁架传力模型，各国研究界也确实有人尝试利用这一传力模型来建立受扭构件的承载力计算方法，但我国《混凝土结构设计规范》GB 50010 相应专家组在认真研究了各国已有研究成果和受扭承载力设计方法后的主要认识是，空间桁架模型确是描述钢筋混凝土构件中扭矩传递方式的较为有效的模型，但在经大量试验确认的图 7-19 所示斜弯型扭转失效方式中，影响最终抗扭能力的各项因素及其影响规律不是只靠空间桁架模型就能完全体现的，故我国设计规范专家组更偏向于采用从国内外大量经过验证的受扭承载力试验结果中直接归纳出受扭承载力变化规律和计算公式的做法。

《混凝土结构设计规范》GB 50010 关于受扭承载力计算方法的另一个较为关键的决策是，由于影响受扭承载力的因素较影响其他内力下构件承载力的因素更为复杂，加之还要考虑例如扭矩与剪力共同作用时承载力计算方法的衔接，因此如何合理选择所需考虑的参数及其表达方式就成为对于受扭承载力计算方法有效性有重要影响的决策。经多种方案对比，《混凝土结构设计规范》GB 50010 接受了由前哈尔滨建筑工程学院王振东和天津大学康谷贻牵头的抗扭专题组专家提出的如图 7-22 所示的以 $T/(f_t W_t)$ 为纵坐标，以 $\sqrt{\zeta} f_{yv} A_{st1} A_{cor}/(f_t W_t s)$ 为横坐标的参数表达体系作为归纳整理矩形截面构件受扭承载力试验结果和建立此类构件受扭承载力表达式的坐标系。从图 7-22 中试验结果的分布情况看，离散性不大，规律性较好，表明坐标系的选择较为合理。在该坐标系的横坐标中虽然只出现与受扭箍筋有关的参数，但因其中包含有 $\sqrt{\zeta}$ 项，故同样能间接反映受扭纵筋对承载力的影响。

从图 7-22 中可以看出的主要规律是，矩形截面受扭构件试验结果的离散性明显小于有腹筋受剪构件试验结果的离散性，甚至小于受弯构件试验结果的离散性。从回归分析的角度看，用一条双折线 ABC 来反映图示试验结果的变化规律看来较为合理。这条双折线表现出的具体特征有：

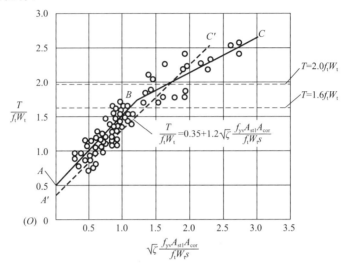

图 7-22　我国规范抗扭专题组在所建议的专用坐标系中表达的当时收集到的
国内外矩形截面受扭构件的承载力试验结果

（1）该双折线在纵坐标轴上有截距，即图中的线段 OA。这表明当受扭纵筋和受扭箍筋用量趋于零时，构件混凝土仍具有一定的抗扭能力；这也意味着，在配筋受扭构件中，除受扭纵筋和受扭箍筋的受扭能力外，混凝土受扭能力也是构件总受扭能力中不宜忽略的组成部分。

（2）随着受扭纵筋和受扭箍筋用量开始增长，在受扭纵筋和受扭箍筋抗拉能力比 ζ 处在合理范围内时，构件受扭承载力会随配筋用量的增大以大致线性方式增长，直到双折线 B 点所对应的配筋量为止。处在这一配筋量范围内的构件通常称为"适筋"受扭构件，也是工程设计中考虑使用的受扭构件。当然，其受扭纵筋和受扭箍筋的配置数量还应满足前面第 7.5 节所讨论过的从构造角度规定的最低用量。

（3）当受扭配筋量大致超过双折线上 B 点对应的水平后，构件受扭承载力随受扭配筋量加大的增长速度将明显放缓，即变为由双折线的 BC 段所表达的增长趋势。根据对试验现象的分析，发现这主要是因为受扭钢筋配置数量过多后，构件抵抗的扭矩已经颇大，导致构件截面偏外层裂缝间受斜向压应力作用的混凝土已可能在受扭钢筋受拉屈服前达到其抗压能力，并发生斜向压溃，导致受扭构件失效。由于不同构件中受扭纵筋和受扭箍筋数量的比例不同，当试验构件纵筋数量取的更多而箍筋数量略少时，发生混凝土斜向压溃时某些箍筋可能已经受拉屈服，但纵筋则未屈服；当试验构件箍筋数量取的更多而纵筋数量略少时，发生混凝土斜向压溃时有些纵筋可能已经受拉屈服，但箍筋则未屈服；若试验构件纵筋和箍筋均配置过多，发生混凝土斜向压溃时两类钢筋均未屈服。由于每个试件具体情况不同，以上三种情况在试验中都可能发生。在图 7-22 中 B 点以上的试验结果中，偏左侧的结果属于前两类情况的居多，偏右侧的属于后一类情况的居多；正因为失效改由混凝土的压溃控制，这个区域试验结果的离散性也变得偏大。研究界也常把纵筋或箍筋之一配置过多的受扭构件称为"部分超筋"受扭构件，把纵筋和箍筋都已超配的受扭构件称为"完全超筋"受扭构件。

为了给出一整套概念明确且设计使用较为简便的受扭承载力设计方法，《混凝土结构设计规范》GB 50010 专家组在以上试验获得的基本规律基础上又作了以下决定：

（1）国外有些设计规范以空间变角桁架模型（这里"变角"的含义是指构件表层裂缝间混凝土斜压杆的倾角并不总是 45°）为依据建立的受扭承载力计算方法都忽略了混凝土项对受扭承载力的贡献，计算出的受扭纵筋和箍筋用量人为偏多，即设计结果人为更偏安全。我国《混凝土结构设计规范》GB 50010 专家组则认为，如图 7-22 试验结果所示，混凝土项对于受扭承载力的贡献确实存在，且在截面尺寸相对较大构件的受扭承载力中占有不小份额，故决定在我国设计规范使用的受扭承载力计算方法中合理考虑混凝土项对于受扭承载力的贡献，这也是为了与受剪承载力设计方法在概念上保持一致，只不过在最后选定具体受扭承载力计算公式时，决定取图 7-22 坐标系中的斜直线 $A'C'$ 来代替双折线 ABC，这相当于偏安全地将反映混凝土贡献的纵轴截距 OA 减小为 OA'。

（2）在图 7-22 中选定的作为钢筋混凝土"适筋"受扭构件承载力计算公式依据的 $A'C'$ 线相当于试验结果的偏下限，在取值理念和安全性水准上与受剪承载力设计具有呼应性。

（3）将受扭承载力设计的截面控制条件，也就是避免钢筋强度未被充分利用，或者说避免发生由构件偏外层混凝土斜向压溃控制的失效方式的控制条件取为：

$$T = 2.0 f_t W_t \tag{7-17}$$

或

$$T = 0.2 f_c W_t \tag{7-17a}$$

这相当于所有"部分超筋"和"完全超筋"试验结果的大致平均水准。在《混凝土结构设计规范》GB 50010—2002 中把这一控制条件用于一般受扭构件，即 h_w/b（或 h_w/t_w）不大于 4.0 的受扭构件；而对于在抵抗混凝土斜向压溃上更为敏感的薄壁构件，即当 h_w/b（或 h_w/t_w）等于 6.0 时，该规范建议取更为严格的控制条件为：

$$T = 1.6 f_t W_t \tag{7-18}$$

或

$$T = 0.16 f_c W_t \tag{7-18a}$$

当 h_w/b（或 h_w/t_w）处于 4.0～6.0 之间时，控制条件则在式（7-17）和式（7-18）之间用线性插值法确定。

在以上叙述中用到的 h_w 按《混凝土结构设计标准》GB/T 50010—2010（2024 年版）第 6.4.1 条的规定为截面的腹板高度，对于矩形截面，规定 h_w 取等于截面有效高度 h_0；对于 T 形截面，取等于截面有效高度减去翼缘高度；对于工字形和箱形截面，取等于腹板净高。而 t_w 则为箱形截面的壁厚，其值不应小于 $b_h/7$，此处 b_h 为箱形截面的总宽度。

（4）图 7-22 中最后确定的由 $A'C'$ 斜线体现的"适筋"受扭构件的受扭承载力计算公式即可写成：

$$\frac{T}{f_t W_t} = 0.35 + 1.2\sqrt{\zeta}\,\frac{f_{yv} A_{st1} A_{cor}}{f_t W_t s} \tag{7-19}$$

或

$$T_\mathrm{u} = 0.35 f_\mathrm{t} W_\mathrm{t} + 1.2\sqrt{\zeta} f_\mathrm{yv} A_\mathrm{st1} A_\mathrm{cor}/s \tag{7-19a}$$

式中　　　　T_u——构件受扭承载力；

　　　　　　ζ——构件受扭纵筋与受扭箍筋的配筋强度比，见前面式（7-16）；

f_yv、A_st1 和 s——受扭箍筋的抗拉强度设计值、一根箍肢的截面面积和受扭箍筋的间距；

　　　　A_cor——按受扭箍筋内壁尺寸计算的构件核心区截面面积，对于矩形截面取

　　　　　　　　$A_\mathrm{cor} = b_\mathrm{cor} h_\mathrm{cor}$；

　　　　　f_t——混凝土的抗拉强度设计值；

　　　　　W_t——构件截面的受扭塑性抵抗矩，其算法见第 7.4.1 节。

在用以上二式进行计算之前，若为截面设计任务，则需要先行参照《混凝土结构设计标准》GB/T 50010—2010（2024 年版）第 6.4.4 条的建议，在 0.6~1.7 之间选择 ζ 值（平均水准一般认为在 1.2 左右），在算出所需受扭箍筋 A_st1/s 之后，再按式（7-16）算得所需受扭纵筋总截面面积 A_stl；若为截面复核任务，则可用已知的受扭纵筋和受扭箍筋的用量直接算出 ζ 值代入以上二式。

7.7.5　T 形和工字形组合截面纯扭构件受扭承载力的计算方法

T 形和工字形组合截面是工程中常见的构件截面形式。为了设计简便、合理，有关设计规范都是首先把截面划分为几个矩形基本单元，再将作用扭矩按一定规则分配给各个矩形基本单元，并对各矩形基本单元按上一节给出的方法完成受扭承载力设计，并获知各基本单元所需的受扭纵筋及箍筋数量；最后，再按受扭配筋基本构造要求从整个截面全局出发选定截面纵筋的布置方案，并在间距尽可能相等的前提下选定各基本单元箍筋的直径。

上述将截面分为多个矩形基本单元的做法虽然忽略了各基本单元之间的联系，但设计结果与试验结果相比误差不是太大，且偏于安全。

在上述设计方法中最关键的步骤是如何将作用扭矩合理分配给各个矩形基本单元。通过与已完成的试验结果对比发现，按各矩形基本单元受扭塑性抵抗矩的大小划分作用扭矩的办法比材料力学中对弹性材料组合截面提出的按各矩形基本单元弹性扭转角相同的原则划分作用扭矩的办法与试验结果有更好的呼应。为此，例如《混凝土结构设计标准》GB/T 50010—2010（2024 年版）第 6.4.3 条和第 6.4.5 条约定，先按例如图 7-23（b）将一个工字形截面划分为腹板部分（其高度取截面高度）、所余上翼缘部分和所余下翼缘部分，并建议按以下方法分别计算这三部分面积的受扭塑性抵抗矩 W_tw、W'_tf 和 W_tf，即：

$$W_\mathrm{tw} = \frac{b^2}{6}(3h - b) \tag{7-20}$$

$$W'_\mathrm{tf} = \frac{h'^2_\mathrm{f}}{2}(b'_\mathrm{f} - b) \tag{7-21}$$

$$W_\mathrm{tf} = \frac{h^2_\mathrm{f}}{2}(b_\mathrm{f} - b) \tag{7-22}$$

其中各符号的含义见图 7-23（a）。同时，认为整个工字形截面的受扭塑性抵抗矩 W_t 即为以上这三个局部单元各自的受扭塑性抵抗矩之和，即：

$$W_\mathrm{t} = W_\mathrm{tw} + W'_\mathrm{tf} + W_\mathrm{tf} \tag{7-23}$$

这样，各个基本矩形单元所分得的作用扭矩在本例中即可按下列三式计算，即：

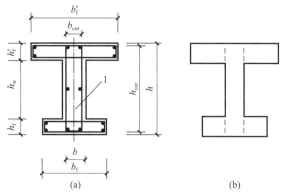

图 7-23 工字形截面所用符号及将其划分为基本矩形单元的方法

$$T_{w} = T \frac{W_{tw}}{W_{t}} \tag{7-24}$$

$$T'_{t} = T \frac{W'_{tf}}{W_{t}} \tag{7-25}$$

$$T_{t} = T \frac{W_{tf}}{W_{t}} \tag{7-26}$$

对于带现浇翼缘的 T 形或工字形截面，其计算受扭塑性抵抗矩时的翼缘宽度在没有更合适的规定之前可暂按《混凝土结构设计标准》GB/T 50010—2010（2024 年版）第 5.2.4 条规定的受弯构件受压区有效翼缘宽度取用。

以上分割截面基本矩形单元的方法原则上也可用于左、右不对称的 T 形或工字形截面受扭构件以及槽形或倒 L 形截面受扭构件。

在按截面各基本单元以及分到的作用扭矩逐一进行抗扭设计时，还应注意的是，约定整个截面内作用的单向弯矩和剪力只由腹板单元承担，而不影响上下翼缘，于是，只有腹板单元的配筋设计应考虑弯扭相关性及剪扭相关性，这样处理也会使截面设计更为方便。

7.7.6　箱形截面纯扭构件受扭承载力的计算方法

如前面第 7.2 节已经指出的，在构件混凝土尚未因扭矩引起的斜向主拉应力过大而开裂的准弹性阶段，由扭矩在构件横截面中引起的剪应力（以矩形截面构件为例）都是围绕横截面的扭心沿顺时针或逆时针方向作用的，而且扭转剪应力值从截面周边向内逐步减小到零。而在配筋混凝土受扭构件混凝土斜向开裂后形成的空间桁架式扭矩传递机构中，作用在抗扭纵筋和抗扭箍筋中的拉力都是沿构件表层作用的，而裂缝间混凝土继续承担的斜向压应力也是外层最大，越向截面中心越小。因此，若把矩形截面中心部分的混凝土去除，使构件由矩形截面变为单箱形截面（图 7-24），就不仅会降低构件自重，节省结构材料，而且只要截面外围壁厚保持足够尺度，则对比试验结果证明，当受扭纵筋和受扭箍筋用量不变时，箱形截面受扭构件的抗扭刚度和受扭承载力只比截面外围尺寸相同且材料强度等级

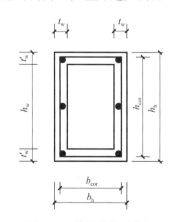

图 7-24　单箱形截面受扭构件的截面符号

443

相同的矩形截面构件略小，但差异已经不大，可以忽略不计。

但随着箱形截面构件壁厚的进一步减小，构件开裂后混凝土发挥的抗斜压能力还是会受到一定削弱，从而使抗扭刚度和受扭承载力逐步相应减小。

根据以上规律，《混凝土结构设计规范》GB 50010—2002 以矩形截面构件受扭承载力计算公式［前面式（7-19）］为出发点，保留了式中的受扭箍筋和受扭纵筋综合项不变（因在矩形截面构件和外轮廓尺寸相同的箱形截面构件中受扭箍筋和受扭纵筋所发挥的作用几乎没有变化），只在混凝土项中增加了一个系数 α_h，即取箱形截面构件受扭承载力公式为：

$$T_u = 0.35\alpha_h f_t W_t + 1.2\sqrt{\zeta} f_{yv} A_{st1} A_{cor}/s \tag{7-27}$$

$$\alpha_h = 2.5 t_w/b_h \ (\alpha_h \text{ 大于 } 1.0 \text{ 时取 } \alpha_h = 1.0) \tag{7-28}$$

式中　　t_w——箱形截面壁厚（当四周壁厚不等时，可近似取周边加权平均值），其值不应小于 $b_h/7$；

b_h——箱形截面的外轮廓截面宽度。

从式（7-28）可以看出，从 $t_w = b_h/2.5$ 开始，随着 t_w 的减小，箱形截面构件的受扭承载力与矩形截面构件相比就将逐步有所减小。

还需着重指出的是，式（7-27）的截面核心面积 A_{cor}，即受扭箍筋内缘以内的面积仍应按矩形截面处的相同方法取用，即取 $A_{cor} = b_{cor} h_{cor}$（$b_{cor}$ 和 h_{cor} 的取法见图 7-24），而不应减去截面中间的空洞面积。

借此机会还有必要提及的是，由于桥梁结构桥面大梁上正、反向车道的车辆荷载会出现显著差异（包括一个车道满载，另一个车道车辆荷载为零），导致桥面梁截面内除弯矩、剪力和轴力外都会出现有很大扭矩作用的受力状态。此时，比较合理的桥面梁截面形式当是箱形截面，因为箱形截面梁与外轮廓尺寸相同的矩形截面梁相比自重会大幅度下降（而在这类桥面梁中结构自重在总荷载中所占比重又相当大），同时又可通过受扭纵筋和箍筋与截面混凝土一起提供所需的较大受扭承载力和抗扭刚度。这类桥面梁根据桥面车道数和跨度大小可以选用如图 7-25(a)、(b)、(c) 所示的单孔箱梁、双孔箱梁或三孔箱梁。我国高铁大量使用了定型化的多向施加预应力的双孔预应力混凝土箱梁作为架空线路上桥梁的标准化构件。

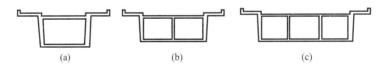

图 7-25　工程中使用的单孔、双孔和三孔箱梁的截面示意

借此机会还想强调的是，与在建筑结构中只有部分结构构件需要认真完成受扭承载力设计不同，在桥梁结构设计中，与弯矩、剪力同时存在的扭矩是每道大梁都必须考虑的作用内力；因此，受扭承载力设计在桥梁结构设计中占有更重要的位置。虽然到目前为止尚未见有人积极推动建筑结构和桥梁结构中抗扭设计做法的沟通和融合，但桥面大梁抗扭性能和设计方法方面的研究成果依然是建筑结构构件抗扭性能和设计方法研究方面的重要参考。

7.8 扭矩与轴力、弯矩及剪力的相关性规律及其在构件承载力设计中的体现方法

7.8.1 关于各类内力下构件承载力相关性的一般性说明

在本书第 6.1.2 节开始处曾对各类内力作用下钢筋混凝土结构构件受力性能的相关性作过概念性说明。本节拟结合构件受扭设计的需要再对相关性问题作更偏具体的讨论。

在各类结构构件需要进行承载力设计的控制截面中，四类内力，即轴力、弯矩、剪力和扭矩常会两两同时作用，或者三者同时作用，甚至四者同时作用。在工程常用的板、梁、柱和墙肢（筒壁）这四类主要构件中，上述四类内力的常见实际作用情况也各有不同。例如，在板类构件的截面设计中多数只考虑弯矩作用，对于可能同时作用的轴力、剪力和扭矩则因其数值足够小而常被忽略不计；在多数梁类构件（包括连梁类构件）的截面设计中，则主要需要考虑数值较大的弯矩和剪力的同时作用，而将数值较小的轴力或扭矩忽略不计；在柱和墙肢类构件中，则多数都需要考虑数值都不小的弯矩、轴力和剪力的同时作用，只忽略通常数值足够小的扭矩；当然，对于本章前面第 7.1 节提到的因作用扭矩较大而需进行受扭承载力设计的构件（主要是特定受力条件下的梁类构件，也包括某些特定柱类构件）的控制区段，则多数都有不小的弯矩和剪力与扭矩同时作用，甚至还可能出现数值都不小的扭矩、弯矩、剪力和轴力同时作用的情况，因此，就有必要考虑这些内力同时作用时构件承载力的相关性影响。

从开始研究钢筋混凝土构件承载力规律及截面设计方法起，研究界就已经注意到，当按四类内力各自单独作用整理出对应的承载力规律后，若有另外类型内力同时作用，这些同时作用的内力就有可能对这些单一内力下的承载力规律产生明显影响，因此必须在考虑其他类型内力对某种内力下的承载力可能产生影响的前提下，即考虑内力相关性的前提下，建立一个承载力变化规律的综合体系。由于除板类构件外的大量主导结构构件在进行承载力设计时其控制截面均处在需要考虑两类或两类以上内力同时作用的情况下，故可知内力相关性在钢筋混凝土构件承载力设计综合体系中所具有的关键作用。同样，在构件非弹性刚度性能及受力裂缝性能控制方面也存在内力相关性影响。

若先从各类内力的两两相关性说起，则在相关性关系中共包括轴力与弯矩、轴力与剪力、轴力与扭矩、弯矩与剪力、弯矩与扭矩以及剪力与扭矩等六类相关性关系，若再根据钢筋混凝土的受力特点考虑轴压力和轴拉力对其他内力下的性能产生的不同影响，并将其区别对待，则这种相关性关系将扩大到九类。如本书到这里为止已经讨论过的，受钢筋混凝土受力特性决定，其构件在不同内力单独作用下的受力方式和受力性能差异很大，故各类内力的两两相关性规律也各不相同。其中，有些内力的相关性是相互影响的，即具有双向相关性；而另一些内力之间的相关性则原则上只有单向影响，即只有其中一类内力影响另一类内力下的承载力性能，反过来则基本上没有影响，这种特征则称为单向相关性。

在四类内力中，因轴力和弯矩对构件承载力的影响都是通过正截面性能来体现的，故属于相互影响最为直接、最为紧密的两类内力。轴力和弯矩的相关性通常可以通过一个给定了截面参数和材料强度的矩形对称配筋截面的 $N\text{-}M$ 相关曲线来展示。在本书第 5 章的

图 5-4 中已经给出了这类曲线。从中可以看出，曲线大致具有二次抛物线特征和轴力与弯矩之间存在的明显双向相关性，即轴向承载力随弯矩变化，受弯承载力随轴力变化。在偏心受压状态下，因小偏心受压时的承载力主要由受压区性能控制，而大偏心受压时的承载力则主要取决于受拉纵筋的屈服，故曲线在这两类情况下的走势全然不同；而在偏心受拉状态下，因截面承载力原则上全由受拉纵筋达到屈服来控制，故这时的相关曲线走势较为稳定。

与以上所述同时作用的弯矩和轴力都只影响构件正截面从而相关关系密切不同，同时作用在例如梁类构件中的弯矩和剪力之间的相关关系就没有如此密切。这是因为构件的抗弯能力是由正截面性能来体现的，而构件的剪力则主要是由拉杆拱-桁架式机构传递的，它们之间的直接相互干扰不突出。就弯矩和剪力之间的相关性而言，首先已通过大量试验结果查明的是，在同一构件区段，剪力的大小对正截面承载力，其中包括受弯承载力，原则上没有影响。反过来，弯矩对剪力的影响则表现在，当弯矩和剪力的比值发生变化，或者也可以说相关构件区段内的广义剪跨比 $\lambda = M/(Vh_0)$ 发生变化时，传递剪力的拉杆拱-桁架机构的内部传力模式将发生一定变化，导致剪切失效模式和受剪承载力发生相应变化。因此，弯矩与剪力之间的相关性是单向的，即只有"弯"影响"剪"，而"剪"原则上不影响"弯"。

在偏心受压或偏心受拉的各类构件中，实际存在弯矩、轴力和剪力这三类内力的相关性。其中，除弯矩和轴力的相关性已如上述之外，弯矩与剪力之间的相关性也与上述梁类构件中相同，即同样具有只有"弯"影响"剪"的单向相关性特点，且影响也是由广义剪跨比来体现的。而轴力与剪力之间也具有只有"轴力"影响"剪"的单向相关性特点。这一单向相关性的原因在于，轴压力或轴拉力的存在主要会增大或减小剪切失效斜裂缝末端混凝土剪压区的面积，同时也会减小或增大各条斜裂缝的宽度，从而提高或降低受剪承载力。

结合这里提到的相关性规律还想指出的是，如果确认轴压力通过加大剪压区高度而增大了构件的受剪承载力，则可以联想到的是，当弯矩的增大使尺寸不变的受弯构件截面中的受拉纵筋用量加大且混凝土受压区增大时，是否也会像轴压力增大那样导致受剪承载力的提高。这一问题至今尚未见钢筋混凝土性能研究界给予关注和给出明确答案。

至于与扭矩有关的相关性，则虽然在各类建筑结构的设计中需要完成受扭承载力设计的结构构件所占比重不大，但一旦需要，扭矩就总是与弯矩、剪力同时存在，个别情况下还要考虑同时作用的轴力。由于扭矩在构件中是经空间桁架机构传递的，即要调动构件偏表层混凝土的抗斜压能力以及纵筋和箍筋的抗拉能力，而在决定构件受扭承载力的受扭失效空间扭曲面内，也需要扭曲面内混凝土抗研磨能力与抗压能力以及纵筋与箍筋的抗拉和销栓能力的配合，因此，同时作用的弯矩和剪力的大小变化都会从不同角度影响抗扭传力机构以及扭转破坏面中纵筋、箍筋和混凝土能力的发挥，这决定了扭矩与弯矩、扭矩与剪力之间的相关性都是显著的。但轴力与扭矩之间的相关性则与轴力和剪力之间的相关性相似，即只有轴力对扭矩的影响，而未见扭矩对轴压、轴拉及偏心拉、压承载力的明显影响。如前面第 7.5 节已经提到的，根据扭矩与弯矩、剪力和轴力相关性的不同特点，《混凝土结构设计规范》GB 50010 是用不同的设计手段来处理这三类相关性问题的，请见下面第 7.8.2 节～第 7.8.5 节的进一步讨论。

除去以上对各类内力相关性特点的综合叙述以及对相关性单向特征和双向特征的说明外，还有以下两个相关性的综合特征需要说明。

1. 线性相关和非线性相关

从以上叙述可知，因各类内力单独作用时导致构件承载力失效的机理不同，而使其两两同时作用时相互影响的方式和程度也各不相同。从概念上常可把相关性规律分为两类，即"线性相关"和"非线性相关"。

可以用来说明"线性相关"的典型例子是一根由单一弹性材料构成的矩形截面柱；该柱柱底截面例如受轴压力 N 和弯矩 M 同时作用；N 和 M 在柱底截面中引起的弹性应力分布分别如图 7-26(a)、(b) 所示。这时，N 和 M 在截面最终受压最重边缘形成的压应力分别为 σ_1 和 σ_2，其叠加关系如图 7-26(c) 所示。

若假定该弹性材料截面在受压最重边缘的叠加后压应力达到材料抗压强度 f' 时截面失效，即在满足下式条件时达到承载极限状态：

$$\sigma_1 + \sigma_2 = f' \tag{7-29}$$

则显然，当 N 和 M 的比值发生变化，即 σ_1 和 σ_2 的比值变化时，达到该失效状态的 N 和 M 即可用图 7-27 来表示。

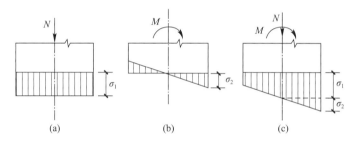

图 7-26　在某个轴压力 N 和弯矩 M 同时作用下的弹性材料构件控制截面受压边缘的应力线性叠加关系

图 7-27 采用表达相关性常用的坐标系 N/N_0-M/M_0，其中，N_0 和 M_0 分别为只有 N 作用和只有 M 作用时截面同一边缘压应力达到 f' 时的轴压力值和弯矩值；而 N 和 M 则为以不同比值同时作用的轴压力和弯矩在截面受压最重边缘形成的压应力之和达到 f' 时的数值。这时 N/N_0 随 M/M_0 变化的曲线为一条图 7-27 所示的从纵坐标轴上 $N/N_0=1.0$ 的 A 点到横坐标轴上 $M/M_0=1.0$ 的 B 点之间的 $135°$ 倾角的斜直线，因为经推导可以证明（推导简单，读者可自行完成），只有相关曲线为一条直线时，才能在 N/N_0-M/M_0 为不同取值时始终满足式（7-29）的极限状态条件。因这种受力失效条件下的 N/N_0 随 M/M_0 呈线性变化，故称此种极限状态下 N 和 M 达到的数值之间存在"线性相关关系"。

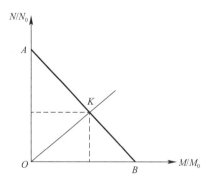

图 7-27　图 7-26 所示构件在承载极限状态下作用轴压力 N 和弯矩 M 的线性相关曲线

从上面图 7-26 和图 7-27 所示的例子可以看出，要形成这两类内力之间的线性相关关系需要满足的必要条件是：

（1）作为界限状态识别标准的物理指标应是唯一的。例如在上例中以应力之和达到材

料的抗压屈服强度 f' 为唯一标准。

（2）两类内力所形成的起控制作用的物理指标需出现在构件内的相同部位。例如在上例中由轴压力和弯矩形成的压应力均出现在构件控制截面的受压边缘。

（3）两类内力与其形成的作为控制标准的物理指标之间的关系均为线性。例如在上例中假定构件由弹性材料构成，故在作用轴压力 N 与边缘压应力 σ_1 以及作用弯矩 M 与边缘压应力 σ_2 之间均存在线性关系。

（4）两类内力形成的物理指标之间存在线性叠加关系。在上例中因构件控制截面受压边缘的材料处在弹性状态，故满足这一条件。

在各类钢筋混凝土结构构件中，除有些内力因传递方式不同，在它们之间本就不可能存在线性相关关系之外，即使存在所产生的应力或应变相互叠加的两类内力（例如轴力与弯矩），也因材料的非弹性特征而不会形成线性相关关系，故实际出现的线性相关关系很少。在钢筋混凝土结构中已知的按线性相关关系处理的只有以下两种情况：一种情况是，当构件区段内有剪力和扭矩同时作用时，在规范规定的不需作受剪和受扭承载力验算的条件下是把剪力影响和扭矩影响近似作为线性相关处理的；另一种情况是，同样在有剪力和扭矩同时作用的构件区段中，受剪和受扭承载力上限控制条件中的剪力和扭矩的影响也是近似按线性相关关系处理的。

除去以上提及的按线性相关处理的两类情况外，钢筋混凝土构件中的其余相关关系均为非线性。在图 7-28 中给出了具有双向相关特征的三种典型非线性相关曲线，即图 7-28（a）所示的轴压力-弯矩相关曲线、图 7-28（b）所示的弯矩-扭矩相关曲线和图 7-28（c）所示的剪力-扭矩相关曲线。其中，除轴压力-弯矩相关曲线已在本书第 5 章中作过说明外，弯-扭和剪-扭相关曲线的说明请见本章第 7.8.4 节和第 7.8.5 节。从这三条曲线与在各图中用虚线画出的线性相关曲线的对比可以看出，与线性相关状态相比，在非线性相关状态下，每两种内力都会发挥出相对更高的承载力。形成这种特征的原因看来在于，由于相应两种同时作用的内力，或因在构件中的传递方式不同，或因在截面中引起的受力状态不同，而使对方作用下的承载力在本方作用不是太大时能有更为有利的发挥。

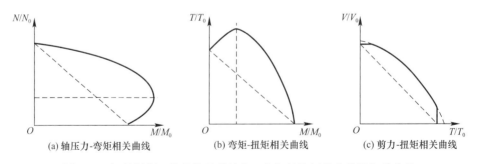

图 7-28 钢筋混凝土构件的几种具有双向相关特征的非线性相关曲线

2. 相关关系的"维度"

从概念上说，在各类内力之间的相关性关系中还涉及相关性的维度问题，即可以把其中每两类内力之间的相关性规律，即前面提到的共计六类（或九类）最基础性的相关性规律视为第一维度的相关性。

但问题并不仅限于此，因为通过试验发现，当在一个构件区段内有三类内力同时作用时，其中两类内力的相关性规律还可能受第三类内力的影响。如扭矩与剪力之间的相关性规律还可能受同时作用轴力的影响。这可以视为相关性的维度已从第一维度上升到第二维度。

从理论上说，当在同一个构件区段确有四类内力同时存在时，上述第二维度的相关性规律还可能受第四类内力的影响，即存在第三个维度的相关性规律问题。

从国内外到目前为止已经完成的试验研究成果和借助于模型分析所获得的研究成果来看，只有很少的研究项目涉及第二维度的相关性规律。例如，原机械电子工业部设计研究院殷芝霖和同济大学张誉对压弯扭和拉弯扭构件性能的研究中就曾涉及相应三类内力的第一个维度和第二个维度的相关性。但因相关性规律复杂，试验构件数量有限，加上试验结果不可避免的离散性影响，所得规律特别是第二维度的相关性规律尚不一定准确。

在钢筋混凝土建筑结构和桥梁结构设计中的确会遇到拉弯剪扭或压弯剪扭四类内力同时作用的情况，例如弯道桥梁的预应力箱形截面大梁以及荷载不沿结构中面作用的预应力下沉式桁架型托架中的相应弦杆截面；甚至某些高层建筑结构的柱还会处在双向弯曲、双向剪切以及轴压力和扭矩的共同作用状态。但各国设计规范在承认有这类构件工作状态可能出现的同时，为了使规范条文的总体结构不致过于复杂，也限于试验研究成果的不足，一般都只是给出四类内力两两相关时的相应承载力计算方法或设计做法，最多只在某些规定中反映某些有较明显影响的第二个维度的相关性特性（例如在剪扭相关性基础上再考虑轴力影响）；对于影响不大的第二个维度相关性一般都是通过配筋构造来覆盖。这也是与国内外学术界到目前为止所取得的相关性规律方面的研究深度相匹配的。这种处理手法也提醒结构设计人，当工程中确实遇到多类内力共同工作且各类内力数值都不宜忽略的构件设计时，一方面要尽量利用设计规范给出的涉及第一维度（个别情况涉及第二维度）相关性的计算规定；另一方面则要在尽可能了解研究界已经获得的涉及相关性的研究成果的基础上，通过适度加大构件尺度及配筋量来为尚无法准确考虑的第二维度甚至第三维度相关性的不利影响留出承载力裕量。

下面各节将结合构件受扭承载力设计，逐一对属于一维相关性的抗轴压能力-抗扭能力相关性、抗轴拉能力-抗扭能力相关性、弯-扭承载力相关性以及剪-扭承载力相关性和相应设计做法作进一步说明。

在这一领域有较重要参考价值的文献当推 1990 年由中国铁道出版社出版的殷芝霖、张誉、王振东合著的《抗扭》一书及该书汇集的中外文献索引。该书三位作者均为当时主持我国钢筋混凝土抗扭性能研究和《混凝土结构设计规范》抗扭条文制定的主要负责人，该书基本上汇集和说明了到成书之前国内外在这一领域的主要学术成果。

7.8.2 轴压力对于构件受扭承载力的影响及其设计表达方式

1. 无筋混凝土构件受扭承载力与轴压力的关系

到目前为止，国内外研究界都完成过一定数量作用有大小不等轴压力的不配筋混凝土构件的受扭承载力试验。轴压力通常或直接施加，或通过张拉预应力来施加。轴压力与扭矩的施加顺序则可分为先施加轴压力到位并保持恒定、再施加扭矩到构件失效，或轴压力与扭矩按固定比例加大直到构件失效的两种方案；其中以采用第一种方案者居多。国内外研究界由这些试验结果中得出的较为一致的结论是，根据轴压力大小不同，试件的失效方式可分为两类。在这两类失效方式下，轴压力也呈现对构件受扭承载力的两种不同影响方式。当以轴压比 σ/f_c 作为衡量轴压力大小的相对尺度时 [σ 为构件正截面内的平均压应力，f_c（或 f_c'）为混凝土轴心抗压强度（或圆柱体抗压强度）]，可以取 $\sigma/f_c' = 0.65$ 作为这两类失效方式的分界线 [Thomas T. C. Hsu（徐增全）则认为这一分界线可取 $\sigma/f_c' = 0.70$]。

如本书前面第 7.3 节已经指出的，当矩形截面无筋混凝土构件没有轴压力而只受扭矩作用时，构件的失效一般是从截面长边表面混凝土斜向受拉开裂开始，裂缝迅速沿斜向从长边贯穿两个相邻短边，并在斜向弯矩作用下把形成的空间扭曲裂面沿在另一个长边形成的受压边弯断，形成"斜弯型失效"（也有研究者称之为"三边拉裂、一边压溃的斜弯型失效"），而且整个失效过程发展迅速，即具有"一裂即断"的特点。当在构件内有轴压力同时作用且轴压力不是过大时（即属于上述轴压力第一类作用情况时），轴向压应力显然会减小由扭矩引起的主拉应力，即推迟构件的开裂和随之发生的迅速失效，从而加大构件的受扭承载力；而且，由于轴向压应力的存在，还会使斜裂缝与构件轴线的夹角变小（包括长边斜裂缝和相邻两个短边的斜裂缝），失效前的空间扭曲裂面的面积变大，从而也能进一步加大一些受扭承载力。因此，正如试验结果所证实的，随着轴压力增大，在其他条件不变的情况下，构件受扭承载力也会随之加大，但有一定的先快后慢的趋势。在图 7-29 中可以清楚地看到这种影响趋势。这张图中原则上包含到 20 世纪 80 年代末为止国内外已完成的所有已知的有轴力无筋混凝土矩形截面构件受扭承载力的试验结果。图中构件的抗扭能力（纵坐标）是用有轴力构件和同条件无轴力构件受扭承载力比值的形式给出的，从图中可以看出，轴压力对无筋混凝土构件受扭承载力的提高作用是较为明显的。这种随轴压力增大使无筋构件抗扭能力提高的趋势可以一直维持到 $\sigma/f_c' = 0.65$ 左右。

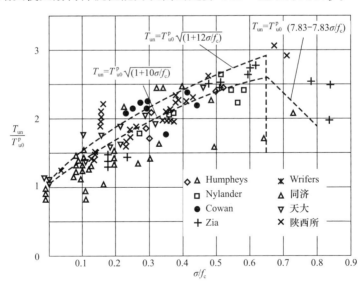

图 7-29　轴压力对无筋混凝土构件受扭承载力影响的试验结果
（引自殷芝霖、张誉、王振东《抗扭》一书）

当 σ/f_c' 进一步加大到超过 0.65 之后，试验结果表明，由于轴向压应力过大，已使扭矩引起的主拉应力减小到不会导致混凝土斜向开裂，或即使在构件长边出现斜裂缝，裂缝也难以向相邻两个短边发育的地步；与此同时，轴向压应力与扭矩主压应力叠加后形成的压应力则已足够大，并会最终导致构件混凝土在主压应力相对最大处压溃而使构件失效，即构件失效将由斜弯型转变为混凝土压溃型。这时可以设想，随轴向压应力的进一步加大，构件更容易发生压溃型失效，即构件受扭承载力会随轴压应力的进一步加大而减小，这从图 7-29 的试验结果中也可清楚看到。

2. 钢筋混凝土矩形截面构件受扭承载力与轴压力的关系

如前面已经指出的，若受扭构件中的抗扭纵筋及箍筋的配置数量尚未增大到至少能与混凝土一起抵抗能使构件受扭斜向开裂的作用扭矩，即构件的"开裂扭矩"的程度，则当作用扭矩一旦加大到使构件受扭斜向开裂时，试验结果表明，构件仍将像无筋混凝土受扭构件那样发生一旦开裂就迅速沿空间扭曲裂面斜向弯断的脆性失效。这意味着，对这种受扭配筋量的构件，轴压力对构件受扭承载力的影响规律会与对无筋构件的影响规律基本相同。

若构件的受扭配筋（纵筋和箍筋）用量进一步增大，则一旦作用扭矩使构件斜向开裂，构件内的受扭钢筋就能阻止上述脆性瞬时扭断的发生，而使构件在开裂后形成前面图 7-18 (a)、(b) 所示的空间桁架传力机构，即由受扭纵筋和箍筋作为拉杆，由构件偏表层的斜裂缝之间的混凝土作为压杆来承担更大的作用扭矩；直到作用扭矩增大到使受扭纵筋和（或）受扭箍筋达到受拉屈服后，构件方才沿相应空间开裂面在弯曲力矩 M_1 和"研磨"力矩 M_2 共同作用下发生斜弯型扭转失效。当受扭配筋处在这种"适筋"范围内时，构件失效过程具有延性特征。从国内外已完成的有一定数量的作用有不同大小轴压力的此类钢筋混凝土受扭构件的试验结果看，当其他条件不变时，构件受扭承载力会随轴压力增大而逐步提高，但承载力增速不如前面图 7-29 所示的无筋受扭构件那样显著；当轴压力加大到一定程度后，受扭承载力会停止增长，并在轴压力更进一步加大时随其加大而下降。

为了解释轴压力给受扭承载力带来的以上影响规律，国内外研究者所用的研究思路和手段不完全相同，故至今未取得完全一致的意见，但得到较多研究者认可的理由有以下几个方面：

(1) 从前面图 7-18(b) 所示的"适筋"受扭构件充分开裂后形成的传递扭矩的空间桁架模型可以清楚看出，当构件内作用有轴压力时，将在与构件轴线平行的空间桁架各个弦杆中，即受扭纵筋内形成相应的轴压应力，从而减小了由扭矩在这些纵筋中产生的拉力，提高了这些纵筋可以发挥的抗扭能力。天津大学康谷贻、丁金城曾完成了三组对比试验证明，当其他条件相同时，施加了一定轴压力的受扭构件和不加轴压力但增加了数量与轴压力对应的纵筋的受扭构件发挥出了基本相同的受扭承载力，虽然前者的开裂扭矩受轴压力影响高于后者（见图 7-30 所示的其中一组两根对比试件的截面特征及试验所得的两条扭矩-扭转角曲线），从而证明上述轴压力影响构件纵筋能力发挥的推断具有合理性。国内外还有多位研究者也认可这一推断。

(2) 多位研究者的试验证实，随着钢筋混凝土受扭构件内轴压力的增大，构件内主应力场将发生相应变化，使构件各个表面上形成的扭转斜裂缝与构件轴线的交角变小。这意味着构件受扭失效前形成的空间扭曲斜弯破坏面的面积相应变大，其中所交的受扭箍筋数量相应增大，从而导致构件抗扭能力有一定提高。当然，与前面轴压力对于受扭纵筋的影响程度相比，轴压力对于受扭箍筋能力发挥的这种影响程度相对偏小。

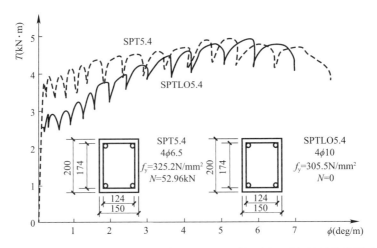

图 7-30　天津大学康谷贻、丁金城完成的考察轴压力对钢筋混凝土受扭构件性能影响的对比试验
（其中试件 SPT5.4 经张拉预应力钢丝对构件截面施加了轴压力）

（3）通过对相应试验现象和试验结果的观察分析还可发现，在钢筋混凝土受扭构件失效的空间扭曲斜面中最终形成的混凝土受压区宽度都比一般受弯构件明显偏大。根据与"适筋"受弯构件处相同的规则，该失效面中作用的轴压力越大，会导致斜弯效应下混凝土受压区高度的相应增大和经斜弯能力体现的抗扭能力的小幅度提高。除此之外，作用的轴压力还会加大失效空间扭曲斜面内裂面的骨料咬合效应和与该失效面相交的纵筋和箍筋的销栓效应，这也起到了进一步适度提高抗扭能力的作用。

至于轴压力增长到足够大后构件的受扭承载力已不再增长，甚至开始随轴压力增长而下降的原因则看来在于过大的轴压应力与传递扭矩的空间桁架机构中混凝土斜压杆内的斜向压应力叠加后会导致混凝土斜向压溃型的扭转失效更容易发生，这似应与受扭构件的抗扭能力上限［见前面式（7-17）或式（7-18）］属于同一类物理现象。

还想提请读者关注的是：

（1）轴压力对无筋受扭构件（包括过弱配筋受扭构件）失效扭矩的影响及其原因与轴压力对钢筋混凝土"适筋"受扭构件受扭承载力的影响及其原因从受力机理来看如上面所述是有实质性差异的，请勿混淆。

（2）虽然轴压力对于前面第 6 章讨论的构件受剪承载力和本章讨论的构件受扭承载力都具有在轴压力不是太大时发挥有利作用、在轴压力过大时发挥不利作用的类似趋势，但因构件抗剪和抗扭的传力机构和失效模式有较大差别，故在这两类构件中对轴压力影响规律的解释及理由也是有实质性差异的，请注意区别，不要串用。

3. 我国设计规范中考虑轴压力对于受扭承载力影响的方法

我国《混凝土结构设计规范》从首次全面给出构件受扭承载力设计条文的 1989 年版起，其专家组就在认真分析研究国内外试验及模型分析成果的基础上确认了轴压力对于受扭承载力表达式［前文式（7-19）］中的混凝土项和受扭钢筋项都有有利影响，并由试验及分析结果推断出可将轴压力的有利影响用偏安全的轴压力附加项 $0.07NW_t/A$ 来统一表达；于是，式（7-19）就进一步扩展为"在轴压力和扭矩共同作用下矩形截面钢筋混凝土构件受扭承载力"的表达式：

$$T_u = 0.35 f_t W_t + 1.2 \sqrt{\zeta} f_{yv} A_{st1} A_{cor}/s + 0.07 N W_t/A \tag{7-30}$$

从上式的轴压力项可以看出，N/A 体现了构件中轴压力引起的压应力的大小（其中 N 为轴压力设计值，A 为构件截面面积），然后再通过 $0.07W_t$ 转化为对于受扭承载力的影响，只不过为了简化而近似将这种影响用线性关系表示。在设计规范中还规定了轴压力的上限值取为 $0.3f_c A$。

这一表达式一直沿用到该规范的 2002 年版。到该规范的 2010 年版中，规范管理组出于将设计规范中有关表达式进一步统一化和使考虑轴压力影响的式（7-30）与该版规范新增的考虑轴拉力影响的表达式［见下面第 7.8.3 节的式（7-32）］在形式上相协调，又将式（7-30）改写成：

$$T_u = \left(0.35 f_t + 0.07 \frac{N}{A}\right) W_t + 1.2 \sqrt{\zeta} f_{yv} A_{st1} A_{cor}/s \tag{7-31}$$

对于这一调整后的表达式，本书作者只想强调，虽然式中将轴压力影响项与原混凝土项归到一起表达，但规范专家组认为轴压力的有利影响既涉及式中混凝土项、又涉及受扭钢筋综合项的观点并未改变。

7.8.3 轴拉力对于构件受扭承载力的影响及其设计表达方式

如果说考虑轴压力有利影响的受扭承载力设计方法在需要考虑扭转的柱类构件中尚会遇到，则考虑轴拉力不利影响的受扭承载力设计在实际工程中就更少遇到，例如只见于柱类构件受轴拉力作用的受力状态。我国研究界（殷芝霖、张誉）在 20 世纪 80 年代完成的拉-扭构件性能试验只是出于大型工业建筑中沿桁架平面偏心受力的桁架式工业厂房托梁上弦杆设计的极特殊需要。因此，《混凝土结构设计规范》GB 50010 直到其 2010 年版方才决定把有轴拉力与扭矩同时作用的矩形截面钢筋混凝土构件的承载力计算方法纳入规范。

已有试验结果表明，当钢筋混凝土受扭构件的截面尺寸及受扭纵筋、箍筋配置数量以及材料强度不变时，对构件施加的轴拉力越大，构件达到的受扭承载力就越小。从导致这种结果的机理上看，造成轴拉力不利影响的理由几乎与造成轴压力有利影响的理由是一一以相反效果对应的：

（1）当纵筋配筋量不变时，施加的轴拉力将占用纵筋的抗拉能力，从而减小纵筋为抗扭作出的贡献；但若在构件中按偏心受拉多配了纵筋，这项不利影响就需另作考虑。

（2）轴拉力会使构件斜裂缝与构件轴线的交角加大，从而减小最终形成的斜弯型扭转失效的空间扭曲裂面的面积，以及与其相交的受扭箍筋的数量，即减少形成最终抗扭能力的箍筋数量。

（3）减小了最终斜弯型失效时混凝土的受压区高度，减弱了最终失效裂面中钢筋的销栓效应和裂面的骨料咬合效应。

2010 年版《混凝土结构设计规范》GB 50010 修订组专家用只在前面式（7-19）的混凝土项中以最大主应力理论考虑截面轴拉力对开裂扭矩不利影响的思路给出了在轴拉力与扭矩共同作用下构件受扭承载力的计算公式为：

$$T_u = \left(0.35 f_t - 0.2 \frac{N}{A}\right) W_t + 1.2 \sqrt{\zeta} f_{yv} A_{st1} A_{cor}/s \tag{7-32}$$

在用国内研究界获得的共计 25 个拉-扭构件承载力试验结果对上式进行校核后证明，虽然试验构件数量不是太多，但上式与试验结果的符合程度尚好。

规范还提醒结构设计人在使用式（7-32）时注意以下限制条件：

（1）在计算式中的系数 ζ 时，所取 A_{stl} 只应包括截面中符合均匀、对称布置原则的那部分受扭纵筋，即超出均匀、对称原则的那部分纵筋不应计入 A_{stl}；而且，请注意 A_{stl} 中也不应包括按偏心受拉设计时所需的纵筋截面面积。

（2）当截面作用的轴拉力 N 较大时，式（7-32）等号右侧第一项不应出现负值。故经换算可知，N 最大只能取为 $1.75f_t A$；当 N 大于 $1.75f_t A$ 时，规范规定取 N 等于 $1.75f_t A$。

本书作者在这里想强调的是，规范在式（7-32）的混凝土项中通过最大主应力理论考虑截面轴拉力对开裂扭矩不利影响的处理手法，从概念上说似乎有待进一步讨论，具体理由请参见本书作者在后面第 7.8.5 节第 6 点中的讨论。

7.8.4　弯-扭承载力的相关性及其在设计中的实施方法

扭矩与弯矩、剪力同时作用是结构设计中各类需要进行受扭承载力设计的构件中最常遇到的相关性情况。根据已有研究成果可知，由于弯-扭承载力的相关性最终主要体现在纵筋的布置和数量上，而剪-扭承载力的相关性最终主要体现在箍筋的需要量上，故在设计中对这两类相关性可以近似按分开方式各自处理。因此，在本节和下一节中将分开讨论与弯-扭承载力相关性和剪-扭承载力相关性有关的问题。

到目前为止，对弯-扭承载力相关性的研究从手段上说可分为两类，一类是试验研究，即例如利用从两端施加等扭矩并在跨中由两个集中荷载形成"等弯矩区段"的单跨构件在不同比例的扭矩和弯矩作用下经试验求得在承载力极限状态下所能抵抗的扭矩和弯矩。另一类则是运用不同的理论模型或设计规范已为纯弯和纯扭建立的设计方法和弯、扭纵筋叠加原则经分析获得构件的弯-扭相关性规律。

从已经完成的扭矩和弯矩共同作用下的试验结果可以归纳出的弯-扭失效方式主要有以下三类：

（1）当矩形截面构件的"扭弯比" $\psi = T/M$ 较小，且构件截面下边缘纵筋也未人为超配时，随着扭矩和弯矩的按比例增长，弯矩仍对构件性能起主导作用，故构件仍会从底部弯曲受拉区开始开裂；但因构件各处混凝土内已有扭矩引起的主应力作用，故如图 7-31（a）所示，构件底边形成的裂缝已不再完全垂直于构件轴线。当这类受拉区混凝土的裂缝沿构件两侧边向上发展时，最初是如图 7-31（a）和图 7-32 所示垂直向上发育，但到一定高度后，因弯矩在混凝土中引起的拉应力相应减弱，使得扭矩在构件两个侧面混凝土内引起的斜向主拉应力的影响相应增大，导致裂缝改为朝相应斜向发展（因构件两个侧面扭矩引起的主拉应力是朝不同斜向作用的，故裂缝也分别折向不同的斜向，见图 7-32）。这是这类弯-扭构件中独具特点的裂缝走势；这种走势对于在工程中判断构件受"大弯矩和小扭矩"作用起关键作用。构件最终会因上边缘混凝土在弯矩作用下压溃而失效，但压溃区沿构件上表面的走向也变成斜向，见图 7-31（a）。

（2）当构件截面的高宽比偏大，沿截面上边和下边布置的纵筋偏多，但沿截面两个侧边布置的纵筋偏少时，若构件的扭弯比偏大，就会因扭矩的主导作用而使构件某个侧边的箍筋（或还包括该侧沿截面高度布置的多根纵筋）进入受拉屈服。这时构件内会形成与纯扭构件类似的空间扭曲裂面，即这一裂面如图 7-31（b）所示首先在构件某个侧面上发育，构件最后发生的是扭弯型失效，混凝土压溃线如图 7-31（b）所示发生在先屈服的箍筋或纵筋对面的构件侧面。在这类构件的侧面通常可以看到当扭矩和弯矩按比例增大时，仍是首先在构件下部弯曲受拉区形成垂直的弯曲裂缝（图 7-33）；在内力进一步增大后，才在构件侧面进一步形成与弯曲裂缝无关的扭转斜裂缝。由于构件中扭转作用占优势，故扭转斜裂缝会如图 7-33 所示较充分发育，沿垂直方向发育的弯曲裂缝的宽度在扭转斜裂缝充分发育后反而会逐渐变小。这种裂缝发育模式同样有助于结构设计人在有关工程质量事件中判断和识别构件的扭-弯受力特征。

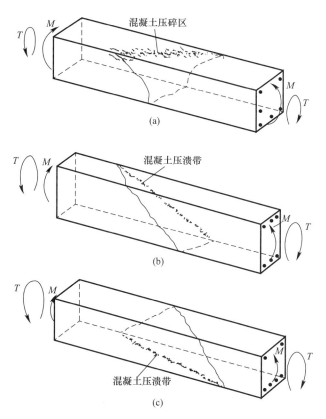

图 7-31　在扭矩和弯矩共同作用下矩形截面钢筋混凝土构件可能发生的三类失效方式

（图中只画出与破裂面有关的裂缝及压碎线，其余裂缝未画出）

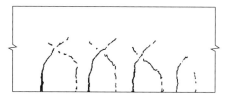

图 7-32　扭矩和弯矩共同作用下"扭弯比"偏小构件中弯曲裂缝的发育特点

（虚线所示为构件背面弯曲裂缝的走势）

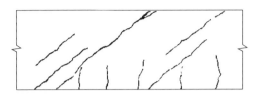

图 7-33　在扭矩偏大、侧边纵筋偏弱的弯-扭构件区段中
先形成的弯曲垂直裂缝和后形成的扭转斜裂缝

（3）在少数情况下还可能遇到的另一种扭-弯失效方式是，若构件的扭弯比 $\psi = T/M$ 较大，但按抗弯设计的传统习惯仍将受拉纵筋配置较多、而"受压"钢筋配置数量不足时，则在后续较大扭矩作用下，弯曲受压区混凝土和受压钢筋中的压应力都将被抵消，且会在构件顶部扭曲开裂后使顶部纵筋和箍筋首先受拉屈服；随后，构件会在扭矩发挥主导作用下，如图 7-31（c）所示发生扭-弯型失效，混凝土的压溃线则发生在构件底面。

除去试验研究外，国内外学术界在 20 世纪 60～80 年代还使用不同的理论模型推导了构件的弯-剪-扭承载力相关关系。其中，主要使用的有"空间变角桁架模型"和沿空间扭曲斜裂面的"斜弯理论模型"。限于篇幅，本书对这两类模型和用其完成的构件弯-剪-扭承载力相关关系的推导不作详细说明，有需要的读者可参阅例如殷芝霖等著的《抗扭》一书。

为了在需要考虑弯-扭相关性的构件承载力设计中尽可能避免直接使用形式总会较为复杂的相关关系方程，早在 20 世纪 70 年代的欧洲混凝土委员会和国际预应力混凝土联合会（CEB-FIP）的《模式规范》中就已根据当时的初步研究分析结果提出，当扭矩与弯矩共同作用时，为了保证在图 7-31 所示的各类可能形成的失效方式下的弯-扭承载力，只需在构件配置有足够箍筋的前提下（箍筋配置请见下一小节的讨论），用受弯承载力计算公式算出截面所需的受拉及受压纵筋 A_{sm} 和 A'_{sm}（图 7-34a）；再用受扭承载力计算公式算出所需受扭纵筋，并将受扭纵筋按均匀、对称原则布置于矩形截面周边（图 7-34b）；最后将构件截面各部位的这两类纵筋用量分别一一叠加（请注意，不问其是受拉钢筋还是受压钢筋），即得图 7-34（c）所示的最终用于设计的纵筋配置结果。由于这一做法简便、清晰，易于操作，故相继为各国设计规范、包括我国《混凝土结构设计规范》GB 50010 所使用。但请注意，我国规范要求抗扭纵筋用量按考虑剪-扭相关性后的受扭承载力计算公式计算。

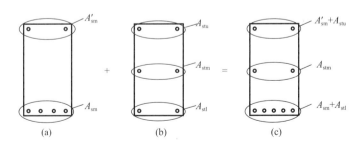

图 7-34　考虑弯-扭相关性的截面各部位纵筋数量的简单叠加法

在我国《混凝土结构设计标准》GB/T 50010—2010（2024 年版）中，对于上述确定弯-扭状态下纵筋用量的方法是在其第 6.4.13 条中用这样的文字表述的："矩形、T 形、I 形和箱形截面弯剪扭构件，其纵向钢筋截面面积应分别按受弯构件的正截面承载力和剪扭构件的受扭承载力计算确定，并应配置在相应的位置；……"

为了证实以上纵筋面积简单叠加设计方法的有效性，由原哈尔滨建筑工程学院王振东牵头完成了该设计方法与试验结果的对比工作。

该项工作首先按照我国规范使用的受弯承载力和剪扭构件的受扭承载力计算公式以及上述纵筋的简单叠加法推导了一个矩形截面构件的"弯-扭相关方程"，即算出在弯矩、扭矩同时作用条件下使用上述纵筋用量简单叠加法时预计构件在不同扭弯比下发挥出的受弯及受扭承载力。

在推导中发现，在可能出现的下述两类失效方式中，弯-扭相关关系具有不同的表现趋势。一种是当作用弯矩不大而扭矩足够偏大时，构件失效主要由扭矩控制，即如图 7-31（c）所示，一般会在构件弯曲受压区先形成扭矩作用下的纵筋和箍筋屈服，并在扭转空间斜裂面的受压区发生在构件底边时形成扭型失效。这时经推导得到的扭型弯-扭相关方程为：

$$\left(\frac{T-T_{c0}}{T_{u0}-T_{c0}}\right)^2=1+\frac{1}{r}\frac{M}{M_{u0}} \tag{7-33}$$

式中，T 为弯-扭相关条件下实际作用的扭矩，或预期的抗扭能力；T_{c0} 为规范受扭承载力计算公式中的"混凝土项"；T_{u0} 为纯扭条件下由规范受扭承载力计算公式表达的抗扭能力；M 为弯-扭相关条件下实际作用的弯矩，或预期的抗弯能力；M_{u0} 为纯弯条件下由规范受弯承载力计算式表达的抗弯能力；r 取为 $r=A_s'f_y'/A_sf_y$，当取 $f_y'=f_y$ 时，$r=A_s'/A_s$，其中 A_s' 和 A_s 分别为截面弯曲受压一侧和弯曲受拉一侧的弯、扭纵筋的总截面面积。

另一种失效状态是当作用弯矩偏大而扭矩较小或很小时，构件会以弯曲为主的方式失效，即构件底边受拉钢筋首先屈服。这时得到的弯型弯-扭相关方程为：

$$r\left(\frac{T-T_{c0}}{T_{u0}-T_{c0}}\right)^2=1-\frac{M}{M_{u0}} \tag{7-34}$$

限于篇幅，此处未给出式（7-33）和式（7-34）的推导过程，关心的读者可参见殷芝霖等著《抗扭》一书。

上面式（7-33）和式（7-34）中的 T 和 M 就是我国规范在用给出的受弯和受扭承载力计算方法及弯、扭纵筋简单叠加法预测出的在弯矩和扭矩共同作用时构件在不同扭弯比情况下达到的受扭和受弯承载力。

若将上面式（7-33）和式（7-34）表达的按《混凝土结构设计规范》GB 50010 所用设计思路得到的弯扭相关关系表示在 T_u/T_{u0}-M_u/M_{u0} 坐标系中，并考虑在我国工程设计中构件受扭配筋率的变化范围，或者说受扭承载力计算公式中混凝土项抗扭能力在总抗扭能力中所占比例的变化范围，则可画出两条表示边界状态的弯-扭相关关系曲线（图 7-35 中的曲线 B 和曲线 C）。其中，曲线 B 所用的 T_{c0}/T_{u0} 为 0.14（体现受扭配筋率达到常用上限水准的构件），该曲线在图中左侧的上升段为式（7-33），右侧的下降段为式（7-34）；而曲线 C 所用的 T_{c0}/T_{u0} 为 0.5（体现受扭配筋率接近常用下限，即最小配筋率附近的构件），

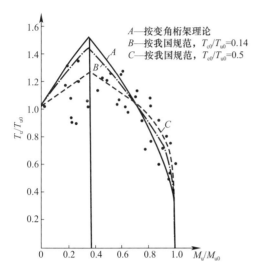

图 7-35 用我国规范给出的纯弯和剪扭承载力计算公式及弯、扭纵筋直接叠加法预测的弯、扭相关状态下的弯、扭承载力与试验结果的对比（引自殷芝霖、张誉、王振东《抗扭》一书）

同样左侧上升段和右侧下降段分别由式（7-33）和式（7-34）表示。图中的黑点则表示在不同的扭弯比条件下按我国规范给出的受剪扭和受弯承载力计算公式和上述纵筋简单叠加法设计的构件（这些构件的 r 值均在 0.26 左右）经试验测得的受扭、受弯承载力。从黑点与曲线 B、C 的对比关系可以看出，试验结果与用相关方程算得的预期值（曲线值）呼应尚好，表明上面图 7-34 所示截面对应部位弯、扭纵筋的简单叠加法还是可用的，但试验值看来尚未完全达到受扭承载力原有公式应体现试验结果偏下限的可靠性水准。

图中曲线 A 反映的则是用空间变角桁架模型预测的在扭矩和弯矩同时作用时构件的抗扭和抗弯能力。与图中试验结果相比，这一模型的预测结果在 M/M_{u0} 小于 0.64 时偏高，即偏不安全。

研究界还曾尝试对图 7-35 中的弯-扭相关曲线在弯矩为中等及偏低时体现的构件受扭承载力 T_u 高于纯扭状态受扭承载力 T_{u0} 的现象从构件截面受力的角度作了一定解释，即认为主要是因为弯矩所产生的截面受压区的压力减小了该部位受扭纵筋中的拉应力；另外，当有弯矩作用但弯矩值不大时，按受弯确定的受拉纵筋的实际用量也常会有一定裕量，从而为抵抗更大的扭矩提供了潜力。

7.8.5 剪-扭承载力的相关性及其在设计中的实施方法

到目前为止，各国学术界对剪-扭承载力相关性规律的研究也是从试验和模型分析两方面进行的。模型分析方面已完成的主要研究工作可见例如殷芝霖等著的《抗扭》一书。而已有试验研究成果更多集中于无腹筋构件方面；钢筋混凝土构件方面的试验结果则相对偏少。由于在受剪承载力和受扭承载力计算公式中都分别包含有混凝土项和受剪箍筋项（或受扭纵筋和箍筋的综合项），影响因素众多，且相关性为双向及非线性，是相关性中最复杂的一类，故到目前为止，除我国规范外尚未见有其他规范给出针对这类相关性的设计方法，即其他规范原则上都是使用受剪和受扭箍筋的简单叠加法来处理剪、扭情况下的箍筋用量问题。

《混凝土结构设计标准》GB/T 50010—2010（2024 年版）在处理钢筋混凝土构件剪-扭相关性问题时采用的具体思路是（以不考虑轴力的弯剪扭构件为例）：

（1）根据该设计标准第 6.4.12 条的规定，若作用剪力相当小，即剪力设计值 V 不大于 $0.7f_tbh_0$ 的一半，即 $0.35f_tbh_0$ 时，则可仅计算正截面受弯承载力和纯扭条件下的受扭承载力，而不再作受剪承载力计算；若扭矩相当小，即扭矩设计值不大于 $0.35f_tW_t$ 的一半，即 $0.175f_tW_t$（对于箱形截面构件则为 $0.175\alpha_hf_tW_t$），则可仅计算正截面受弯承载力和斜截面受剪承载力，而不再作受扭承载力计算。这意味着，当构件相应区段内虽有剪力和扭矩同时作用，但其中一方相当小时，即不需要采取考虑剪扭相关性的设计方法。

（2）当剪力和扭矩同时作用，但综合数值相对偏小，满足下面第7.8.7节给出的式（7-46）的控制条件时，则可不进行构件的考虑剪扭相关性的受剪和受扭承载力计算，而只按规范规定的构造要求配置相应的受扭纵筋和受扭箍筋。

（3）当构件中的剪力和扭矩足够大，不满足以上两条的规定时，则需考虑剪力和扭矩的相关关系，按调整后的受剪和受扭承载力计算公式分别完成受剪和受扭承载力设计。我国规范考虑剪扭相关性的具体做法是，在原只有剪力作用时的受剪承载力计算公式的混凝土项中通过专用方法考虑扭矩的存在对于受剪承载力的削弱作用，箍筋项则保持不变；而在原只有扭矩作用时的受扭承载力计算公式的混凝土项中也通过对应的专用方法考虑剪力的存在对于受扭承载力的削弱作用，受扭纵筋及箍筋的综合影响项则保持不变。将由上述调整后的受剪承载力计算公式得到的受剪箍筋用量与由上述调整后的受扭承载力计算公式得到的受扭箍筋用量相加，即得到受剪力和扭矩同时作用的构件区段所需配置的箍筋数量。这一设计方法的目标是使这样配置了箍筋（以及相应的受扭纵筋）的构件区段满足承担同时作用的剪力和扭矩的承载力要求。

下面对这一方法涉及的问题作必要说明。

1. 矩形截面构件剪-扭承载力相关性试验中反映出的有关受力特征

在说明考虑剪扭相关性的构件承载力设计方法之前，有必要先了解一下剪力与扭矩同时作用的构件区段在试验中表现出的以下独到受力特点，以便用于工程判断。

首先，在用无腹筋构件考察剪-扭相关性规律时，因弯矩总是同时作用的，故所用构件均需配置必要纵筋以防构件先期发生弯曲失效；当然，必须承认构件纵筋配置数量会对相关性规律的考察带来少许干扰。另外，考虑到无腹筋构件受剪承载力公式重点保证的是中、大剪跨比构件的受剪能力，也就是发生剪压型或斜拉型剪切失效从而受剪能力偏低的

构件的承载力，故试验中的剪-扭构件一般也都选用中、大剪跨比。构件常采用的加载方式如图7-37（a）所示。

按图7-37（a）加载的构件在试验中形成的受力特点是，因在剪力作用下未开裂混凝土正截面中的剪应力均沿同一方向作用（图7-36a），而在扭矩作用下同样正截面中的剪应力则为沿扭矩旋转方向作用（图7-36b），这就使构件截面的不同部位在剪力和扭矩共同作用下形成的剪应力处于不同的叠加关系下。例如，在图7-37（a）所示构件左半跨的正面部分和右半跨的背面部分，两类剪应力的作用方向相同，相互叠加；而在构件右半跨的前面部分和左半跨的背面部分，两类

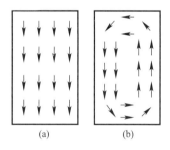

图7-36　未开裂试验构件中由剪力和扭矩在正截面中引起的剪应力的作用方向

剪应力的作用方向则相反，大部分相互抵消后所余剪应力不大；所余剪应力的作用方向则由两类剪应力中数值较大的一方决定。

在图7-37（b）中用构件四个表面连续展开图的形式给出了一根在剪力和扭矩共同作用下的无腹筋构件（$T/(Vb)=0.67$）达到失效状态时的裂缝发育图。从中可以看出，由于构件左侧正面部位剪力和扭矩分别形成的剪应力同号叠加，导致失效斜裂缝及伴生的其他剪、扭斜裂缝均在这个部位首先形成（这些裂缝未在所示构件右侧背面形成则纯属偶然，即如在大量已完成试验中所观察到的，在由脆性材料构成的构件中的受力相似部位，只要

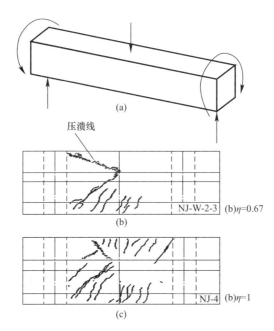

图 7-37 剪扭相关试验构件的加载方案及无腹筋和有腹筋构件形成的裂缝发育格局

裂缝在其中一个略偏弱的部位形成并发育，其余受力相似部位一般就难以再出现裂缝）。其中的失效裂缝向构件上表面和底面沿斜向发育，并在图示空间扭曲破坏面形成后沿构件背面形成的斜向混凝土压溃线失效。这表明该构件中扭转效应依然偏强，构件是在同时出现了一定的剪切斜裂缝的条件下以偏"扭型"的方式失效的。除此之外，正是因为构件中作用的扭矩仍然不小，在构件右段正面形成的斜裂缝的倾斜方向也与一般受剪构件在跨中集中荷载的两侧形成较为对称的斜裂缝的发育方向不同，即仍具有与扭转斜裂缝相似的倾斜趋势；但因有剪力引起的方向相反的剪应力存在，影响到该部位主拉应力的作用方向，故这几条斜裂缝有更偏向竖直方向发育的特点。

在图 7-37(c) 中则给出了另外一根有腹筋剪-扭构件 $[T/(Vb)=1.0]$ 在失效状态下四个表面的裂缝展开图。从图中同样可以看出，在图 7-37(a) 所示的加载方式和扭矩施加方向下，仍是构件左段正面部位和右段背面部位的扭-剪斜裂缝发育更充分（因构件配置箍筋后进一步提高了其承载力，故这两个部位的裂缝方能以大致对等的方式形成和发育）。因在这个构件中仍是扭转效应强于剪切效应，故构件最后发生的仍是从图中可以清楚看出的更具扭型的失效方式。而在这个构件的右段正面部位和左段背面部位，则同样是因为剪力和扭矩产生的剪应力反号，导致斜裂缝数量偏少，未充分发育，且走向与图 7-37(b) 所示的无腹筋构件左段正面处相似，即更接近于沿垂直方向发育。

在这里之所以借助图 7-37 较详细介绍一个不配箍和一个配箍剪-扭构件的裂缝发育特点及失效方式，是为了使读者对剪-扭构件中的这种独有的裂缝发育特点有一个较深刻印象。这也是因为以往工程经验表明，当在工程质量检查中遇到与这种情况类似的裂缝发育格局时，常可推断出构件处在剪力和扭矩共同作用的受力状态。

2. 矩形截面无腹筋构件的剪-扭相关性规律

如本节开始处所述，《混凝土结构设计规范》GB 50010 在有较大剪力和扭矩同时作用的构件区段是通过调整受剪承载力计算公式的混凝土项和受扭承载力计算公式的混凝土项来体现剪扭相关性的。其中的关键假定是，可以借用由剪力和扭矩同时作用的无腹筋构件获得的受剪和受扭承载力的相关关系作为考虑扭矩的存在对于受剪承载力计算公式中的混凝土项的相关性不利影响和考虑剪力的存在对于受扭承载力计算公式中的混凝土项的相关性不利影响的出发点。为此，首先需要给出由无腹筋构件获得的其受剪和受扭承载力之间的相关关系。

到目前为止，国内外研究界已完成了一定数量的无腹筋构件在不同剪-扭比条件下的剪-扭静力加载试验以获取这类构件的剪-扭承载力相关性规律。试件多为矩形截面，配有必要数量防止发生弯曲失效的纵筋。构件加载一般采用图 7-37(a) 所示方式，按规定的不同剪-扭比同步加载直至构件失效，并获取失效时对应的扭矩和剪力 T_c 和 V_c；再将收集到的不同剪-扭比下的试验结果画在以 T_c/T_{c0} 为纵坐标，以 V_c/V_{c0} 为横坐标的坐标系中（T_{c0} 和 V_{c0} 则分别为由学术界已归纳出的无腹筋纯扭构件的受扭承载力和无腹筋纯剪构件的受剪承载力），从中即可识别出这类构件的剪-扭相关性规律。

图 7-38 中给出了 U. Ersoy 和 P. M. Ferguson 在 20 世纪 70 年代收集的国外研究界利用无腹筋矩形截面构件完成的剪-扭承载力相关性试验结果，其中的 T_c 和 V_c 取用的是在该图中给出的由美国学术界归纳出的无腹筋构件纯扭和纯剪承载力的基本表达式。在图 7-39 中则给出了原哈尔滨建筑工程学院王振东、廉晓飞分别用剪跨比为 1.7 和 4.0 的两组试件获得的无腹筋构件剪-扭承载力相关性试验结果。其中，纵、横坐标中的 T_c 和 V_c 取用的是当时《混凝土结构设计规范》GB 50010—2010 抗扭公式中的混凝土项 $0.35f_tW_t$ 和一般构件抗剪公式中的混凝土项 $0.07f_cbh_0$（在随后的规范版本中改用 $0.7f_tbh_0$）。

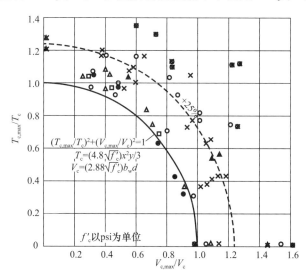

图 7-38　U. Ersoy 和 P. M. Ferguson 收集的国外研究界到 20 世纪 70 年代完成的
无腹筋矩形截面构件剪-扭承载力相关性试验结果及相关方程建议

从图 7-38 和图 7-39 可以清楚看出，钢筋混凝土无腹筋构件的剪-扭承载力相关关系大致可以用一条四分之一圆曲线来表示。在图 7-38 和图 7-39 中还分别给出了该二图完成人所建议的相关方程。其中，图 7-38 中的建议曲线相当于试验值的下包线，图 7-39 中的建议曲线大致反映了试验结果的平均值水准。

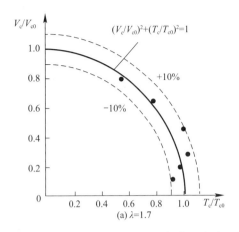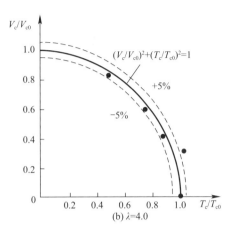

图 7-39　王振东、廉晓飞完成的无腹筋构件剪-扭承
载力相关性试验结果及归纳出的相关性规律

至于无腹筋构件的剪-扭相关性为什么会具有四分之一圆曲线的特点，则至今未见研究界给出从机理上的有效说明，故有待进一步讨论。

3. 我国设计规范使用的钢筋混凝土构件受剪和受扭承载力设计中反映剪-扭相关性的具体方法

为了在钢筋混凝土构件受剪承载力计算公式的混凝土项中和受扭承载力计算公式的混凝土项中考虑剪-扭相关性的影响，《混凝土结构设计规范》GB 50010 建议借用以上从试验求得的无腹筋构件剪-扭相关性规律作为出发点来反映这种影响；为了便于设计，还需要对试验所得的四分之一圆弧线规律作进一步简化，即改用图 7-40 所示的三折线近似表示这一规律。其中，AB 线为过纵坐标轴上 $V_c/V_{c0}=1.0$ 的点的水平线，CD 线为过横坐标轴上 $T_c/T_{c0}=1.0$ 的点的垂直线，BD 线则给定倾角为 45°，且其延长线与纵、横坐标轴分

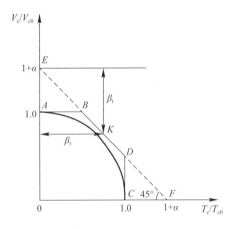

图 7-40　《混凝土结构设计规范》GB 50010—2010（2015 年版）取用的取代无腹筋构件剪-扭承载力四分之一圆弧线相关关系的简化三折线模型

别交于 E 点和 F 点，而距离 AE 和 CF 则用 a 表示。若再过图中 E 点作水平线，并取从该水平线到斜线 BD 上任意一点 K 之间的垂直距离为 β_t，则根据图示几何关系即可写出：

$$\beta_t = \frac{1+a}{1+\dfrac{V_c\,T_{c0}}{T_c\,V_{c0}}} \qquad (7\text{-}35)$$

式中　V_c 和 T_c——与斜线 BD 上 K 点坐标对应的剪力值和扭矩值。

从图中几何关系可知，这时从斜线 BD 上的 K 点到纵坐标轴的水平距离也等于 β_t。

这意味着，当在构件的某个截面中有扭矩和剪力同时作用时，若按《混凝土结构设计标准》GB/T 50010—2010（2024 年版）的设想只分别对于受剪和受扭承载力计算公式中的混凝土项用上述三折线简化规律考虑剪-扭承载力相关性影响，也就是考虑扭矩的存在对于受

剪承载力的不利影响和剪力的存在对于受扭承载力的不利影响，则根据图 7-40 所示几何关系，规范原给出的只考虑剪力作用的抗剪计算公式就应改写成：

对于一般剪扭构件

$$V_u = 0.7(1.0 + a - \beta_t)f_t bh_0 + f_{yv}\frac{A_{sv}}{s}h_0 \tag{7-36}$$

对于集中荷载作用下的独立剪扭构件

$$V_u = (1.0 + a - \beta_t)\frac{1.75}{\lambda + 1}f_t bh_0 + f_{yv}\frac{A_{sv}}{s}h_0 \tag{7-37}$$

而设计标准原给出的只考虑扭矩作用的抗扭计算公式就应改写成：

$$T_u = 0.35\beta_t f_t W_t + 1.2\sqrt{\zeta}f_{yv}\frac{A_{st1}A_{cor}}{s} \tag{7-38}$$

且在以上三式中，当 $\beta_t < a$ 时，应取 $\beta_t = a$；当 $\beta_t > 1.0$ 时，应取 $\beta_t = 1.0$。

然而到这里为止，图 7-40 中斜线 BD 的位置，或者说 a 和 β_t 的取值仍为待定。这是因为我国规范取用的这套考虑剪-扭相关关系的方法，其最终目的是要保证按式（7-36）或式（7-37）以及式（7-38）算出的有腹筋构件受剪需要的箍筋和受扭需要的箍筋经简单叠加后得到的箍筋总量确能保证剪力和扭矩同时作用时有腹筋构件考虑相关性后所需的承载力。而这一最终目的就要靠选择合适的 a 和 β_t 的取值来实现。具体做法见下面第 4 点中的说明。

还需要补充指出的是，当在式（7-36）~式（7-38）中将 β_t 用于公式的混凝土项时，实际上是默认了公式中的混凝土项体现的是无腹筋构件的受剪能力或受扭能力。但如第 6 章已经指出的，在规范抗剪设计有关专家主持对各版本抗剪公式进行逐步调整的过程后期，是希望逐步淡化抗剪公式中的混凝土项体现无腹筋构件受剪能力这样一个概念的。这表明在所用概念方面设计规范不同条文之间可能尚有不够协调之处。有关问题还将在下面第 6 点中进一步讨论。

4. 以保证钢筋混凝土构件剪-扭相关承载力为目标选定 β_t 合理取值的思路和做法

为了判断按以上建议方法所设计的有腹筋剪-扭构件是否在剪力和扭矩共同作用下具有所需的承载力，就必须首先给出判断标准，即有腹筋构件的剪-扭承载力相关方程。根据相关方程的一般定义，该相关方程一般应在图 7-41 所示的 $V_u/V_{u0} - T_u/T_{u0}$ 坐标系中表示，其中的 V_{u0} 和 T_{u0} 为规范在只有剪力作用和只有扭矩作用条件下给出的有腹筋构件受剪承载力和受扭承载力计算公式所表达的受剪承载力和受扭承载力。相应公式已在本书第 6 章和本章前面给出，V_u 和 T_u 则为在剪力与扭矩同时作用且剪-扭比不相同时有腹筋构件具有的受剪承载力和受扭承载力。

针对到这一设计方法制定时国内外有腹筋构件剪-扭承载力试验结果稀缺的状况，我国规范专家组只能先借用暂时未得到充分试验验证的利用空间变角桁架模型得到的理论推导结论，近似取有腹筋构件剪-扭承载力相关方程为一条图 7-41 所示的四分之一圆弧线，并以此曲线为基本依据来完成下面将要说明的 a 和 β_t 合理取值的识别工作。

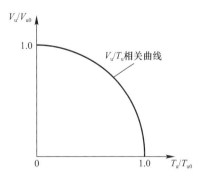

图 7-41 用有关分析模型推断的有腹筋构件剪-扭承载力相关方程

　　在建立这套设计方法时还面临的一个具体问题是，β_t 是在图 7-38 或图 7-39 所示的无腹筋构件试验结果的基础上提出的，故 β_t 表达式（式（7-35））中使用的是 V_c 和 T_c，即无腹筋构件在不同剪-扭比条件下能够同时承担的剪力和扭矩。但当把 β_t 表达式用于有腹筋构件考虑相关性影响的受剪或受扭表达式中时，为了便利设计操作，从确定剪-扭比的角度就宜改用有腹筋构件的 V_u 和 T_u 来确定剪-扭比。但是，当其他条件相同时，无腹筋和有腹筋构件的 V_c/T_c 和 V_u/T_u 在绝大多数条件下是数值不相同的。在找不到更好解决办法的条件下，规范专家组决定默认用有腹筋构件的剪扭比，也就是所设计构件区段的作用剪力设计值与作用扭矩设计值之比 V/T 来取代 β_t 计算式中的 V_c/T_c。

　　在设定了上述前提条件后，最后要完成的任务就是要找到能保证在剪力和扭矩共同作用下的有腹筋构件满足考虑剪-扭相关性后的承载力要求的 a 值和 β_t 的设计表达式。为此，我国规范抗扭专题组专家首先根据中国规范给出的剪力单独作用下和扭矩单独作用下的承载力计算公式以及前面式（7-36）和式（7-38）给出的剪力和扭矩同时作用下受剪和受扭承载力的计算公式模式以及考虑剪扭相关性后将抗剪所需箍筋数量与抗扭所需箍筋数量直接叠加的设计做法，导出剪-扭承载力相关曲线方程为（具体推导过程可参见例如殷芝霖等著《抗扭》一书）：

$$\left(\frac{T-T_c}{T_0-T_{c0}}\right)^2 = 1 - \left(\frac{V-V_c}{V_0-V_{c0}}\right) \tag{7-39}$$

式中　T 和 V——同时作用的扭矩和剪力；

　　　T_0 和 V_0——扭矩或剪力单独作用时按规范公式算得的受扭和受剪承载力；

　　　T_c 和 V_c——考虑剪-扭相关性后由混凝土项承担的扭矩和剪力；

　　　T_{c0} 和 V_{c0}——扭矩或剪力单独作用时由混凝土项承担的扭矩和剪力。

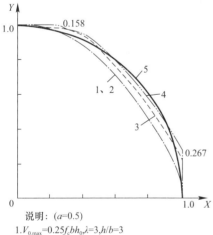

说明：$(a=0.5)$
1. $V_{0,\max}=0.25f_cbh_0,\lambda=3,h/b=3$
2. $T_{0,\max}=0.25f_cW_t,\lambda=3,h/b=3$
3. $V_{0,\min}=0.1f_cbh_0,\lambda=3,h/b=3$
4. $T_{0,\min}=0.7f_tW_t,\lambda=3,h/b=3$
5. 相关曲线$(T/T_0)^2+(V/V_0)^2=1$(四分之一圆曲线)

图 7-42　由式（7-39）算得的系数 a 取为 0.5 时的几条剪-扭承载力相关曲线与四分之一圆曲线之间的对应关系

　　然后，再把 β_t 表达式中的 a 值设定为从小到大的若干档，同时把受扭箍筋和受剪箍筋用量以及矩形截面的 b/h 也作为主要变量分成若干档来考虑，从而可以通过式（7-39）算出在 a 系数以及后面两组变量取值不同的条件下的相关曲线系列。从式（7-39）可以看出，这些相关曲线都是开口朝下的二次抛物线。规范专家组以由式（7-39）算得的曲线与四分之一圆曲线贴合最好作为选择系数 a 取值的标准，并最后选定 $a=0.5$。在图 7-42 中给出了由式（7-39）算出的系数 a 取为 0.5 时其他变量为不同取值时的几条剪-扭相关曲线与四分之一圆曲线之间的对应关系，可以看出贴合情况良好。

　　以上叙述表明，虽然根据受扭构件的模型分析推断剪-扭构件相关方程为四分之一圆曲线，但《混凝土结构设计标准》GB/T 50010—2010（2024 年版）实际使用的体现剪-扭相关的受剪和受扭承载力计算公式所形成的相关曲线是贴近四分之一圆曲线的二次抛物线。

若将 $a = 0.50$ 代入式（7-35）的 β_t 表达式，并将表达式中的 V_c/T_c 按上面约定用 V/T 代换，再取式中 $V_{c0} = 0.7 f_t b h_0$，$T_{c0} = 0.35 f_t W_t$，则式（7-35）中的 β_t 即可写成：

$$\beta_t = \frac{1.5}{1 + \dfrac{V(0.35 f_t W_t)}{T(0.7 f_t b h_0)}} = \frac{1.5}{1 + 0.5 \dfrac{V W_t}{T b h_0}} \tag{7-40}$$

这也就是《混凝土结构设计标准》GB/T 50010—2010（2024 年版）第 6.4.8 条中式（6.4.8-2）给出的一般剪扭构件的 β_t 设计用表达式，其中 V 取为所设计构件的作用剪力设计值，T 取为与 V 对应的作用扭矩设计值；且当 β_t 小于 0.5 时取 $\beta_t = 0.5$，当 β_t 大于 1.0 时取 $\beta_t = 1.0$，以便符合图 7-40 所示的简化三折线规律。

对于集中荷载作用下的独立剪扭构件，即例如左、右均不与现浇板连接的梁类剪扭构件，因 V_{c0} 应取为 $1.75 f_t b h_0 / (\lambda + 1)$，故代入式（7-36）后即得这类构件的 β_t 计算公式为：

$$\beta_t = \frac{1.5}{1 + \dfrac{V(0.35 f_t W_t)}{T[1.75 f_t b h_0 / (\lambda + 1)]}} = \frac{1.5}{1 + 0.2(\lambda + 1) \dfrac{V W_t}{T b h_0}} \tag{7-41}$$

且请注意，根据该设计标准的规定，λ 应取等于 a/h_0；且当 $\lambda < 1.5$ 时，取 $\lambda = 1.5$；当 $\lambda > 3.0$ 时，取 $\lambda = 3.0$。以上的式（7-41）也就是该设计标准第 6.4.8 条给出的式（6.4.8-5）。

5. 对我国规范考虑剪扭承载力相关性设计方法的试验验证

为了检验上述考虑剪扭承载力相关性设计方法的有效性，原哈尔滨建筑工程学院王振东、廉晓飞还按该方法设计了不同剪-扭比下的钢筋混凝土构件，并分别在不同剪跨比下完成了剪力、扭矩共同作用下的承载力静力试验，试验结果如图 7-43(a)、（b）中的各个圆点所示。从中可以看出，不论剪跨比大小，所设计的构件达到的受剪-受扭承载力总体来说均大于用四分之一圆弧线（图 7-43a、b 中的实线）预估的承载力和用空间变角桁架模型（图 7-43a 中虚线）预估的承载力。这一方面证明对规范所用方法可以放心，另一方面也证明，用四分之一圆弧线（或与圆弧线贴近的二次抛物线）表达剪扭承载力相关性规律还是可行的。当然，如果能有更多研究单位的试验结果用来证实这一结论，说服力会更强些，但至今尚未见有更多相关试验结果报道。

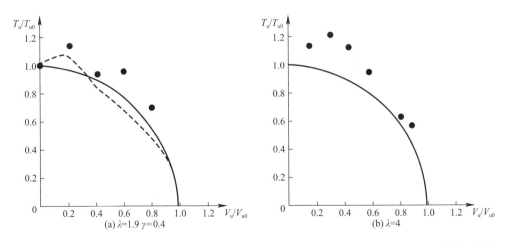

图 7-43 对《混凝土结构设计规范》GB 50010—2010 所用剪扭相关性设计方法的试验验证结果

6. 对我国规范采用的剪-扭相关性表达方案的讨论

上面分 5 步较详细地给出了我国规范现用的剪-扭相关性表达方案建立的主导思路和具体方法，目的是使读者能如实了解在这一方案建立过程中相应专家组所作的研究和思考。但相信读者与本书作者会对这一方案有下列共同感觉：

（1）方案建立的过程颇显烦琐；

（2）无箍筋构件剪扭相关性试验结果相对较丰富，且覆盖面较完整（例如见图 7-38），但钢筋混凝土构件剪扭相关性试验结果数量尚嫌不足，且参数覆盖范围不够完整（见例如图 7-43）；

（3）自我国规范抗剪专家组宣布钢筋混凝土无腹筋构件受剪承载力计算方法与腹筋为零时有腹筋受剪承载力计算方法不再相互衔接之后，上述剪扭相关性表达方案建立的基本逻辑思路也变得不再完整。

针对以上情况，似可考虑在进一步完成相应数量不同参数的钢筋混凝土梁类构件的剪扭承载力相关性试验的前提下，绕过经无腹筋构件建立混凝土项相关性表达方案的过程，直接"抬出"钢筋混凝土构件剪扭相关性的表达方案，并用这些钢筋混凝土构件剪扭承载力相关性的试验结果对这一表达方案的合理性作出验证。

当然，也应欢迎有研究者提出更好的剪扭承载力相关性表达方案。

7.8.6　受扭承载力上限的设计表达方法

如前面第 7.7.4 节所指出的，《混凝土结构设计规范》GB 50010—2002 还从已有抗扭试验结果中归纳出了针对不同条件构件的受扭承载力上限表达式，即式（7-17）和式（7-18）。这两个公式体现的是当构件所受扭矩较大、抗扭纵筋和箍筋配置数量较多时，在传递扭矩的空间桁架模型中发挥斜压杆作用的构件各条斜裂缝之间的偏表层混凝土会在受扭纵筋和箍筋达到受拉屈服前因斜压力过大而发生压溃。这种压溃可以认为体现的是截面形状、尺寸及混凝土强度等级已定的构件所能发挥出的最大受扭能力；同时，也体现了当一个构件的截面形状、尺寸及材料强度不变时，该构件中可以配置的受扭纵筋和箍筋的最高数量以及在混凝土强度给定时构件为抵抗对应扭矩所需的截面最小尺寸（截面尺寸限制条件）。

但因构件内一般均有剪力与扭矩共同作用，而如第 6 章所述，在构件受剪承载力设计中也给出了由剪力传递机构中混凝土斜压杆在受剪箍筋受拉充分屈服之前因斜压力过大而压溃所形成的最大受剪承载力限制条件，因此，设计规范认为应给出在剪力和扭矩共同工作条件下保证构件混凝土不发生上述斜向压溃的综合控制条件。

从试验结果可知，在构件抗剪性能试验中，混凝土的斜向压溃主要发生在矩形截面的腹部和特别是 T 形、工字形截面构件的腹板内（参见第 6 章的图 6-53），且斜向压应力的作用特点是沿构件截面宽度均匀分布。而在受扭构件中，混凝土的斜向压溃也较多发生在矩形截面构件的腹部和 T 形、工字形截面构件的腹板内；但因扭矩的作用方式，这种压溃只发生在截面宽度的一侧。而从构件在剪力和扭矩同时作用下的受力状态可知，剪力形成的斜向压应力和扭矩形成的斜向压应力是有可能以相同作用方向出现在构件中某个相同部位的。因此，从偏安全的角度可以按这两类斜向压应力叠加的思路，即线性相关性思路给出剪力和扭矩共同作用下防止混凝土斜向压溃的控制条件。

从前面第 6 章第 6.3.9 节的式（6-40）和式（6-41）可知，受剪构件的防混凝土斜压破坏条件可以写成：

当 $h_w/b \leqslant 4$ 时

$$V_u/bh_0 = 0.25\beta_c f_c$$

当 $h_w/b \geqslant 6$ 时

$$V_u/bh_0 = 0.2\beta_c f_c$$

而从受扭承载力试验归纳出的防混凝土斜向压溃的条件则为本章前面的式（7-17a）和式（7-18a），即：

当 $h_w/b \leqslant 4$ 时

$$T_u/W_t = 0.2\beta_c f_c$$

当 $h_w/b \geqslant 6$ 时

$$T_u/W_t = 0.16\beta_c f_c$$

为了用斜压应力叠加思路写出剪力、扭矩共同作用下的控制条件，就可以在控制标准不变的条件下先将上面这两个受扭构件防混凝土斜压破坏的条件改写成：

当 $h_w/b \leqslant 4$ 时

$$T_u/(0.8W_t) = 0.25\beta_c f_c$$

当 $h_w/b \geqslant 6$ 时

$$T_u/(0.8W_t) = 0.2\beta_c f_c$$

这样，在剪力和扭矩共同作用下的防混凝土斜向压溃的设计用条件即可按压应力叠加的思路写成：

当 $h_w/b \leqslant 4$ 时

$$\frac{V_u}{bh_0} + \frac{T_u}{0.8W_t} = 0.25\beta_c f_c \tag{7-42}$$

当 $h_w/b \geqslant 6$ 时

$$\frac{V_u}{bh_0} + \frac{T_u}{0.8W_t} = 0.2\beta_c f_c \tag{7-43}$$

当 h_w/b 在 4～6 之间时，按线性插值法确定。这也就是《混凝土结构设计标准》GB/T 50010—2010(2024 年版) 第 6.4.1 条给出的对于" h_w/b 不大于 6 的矩形、T 形、I 形截面和 h_w/t_w 不大于 6 的箱形截面构件的截面""在弯矩、剪力和扭矩共同作用下"必须满足的条件。以上各式中的 β_c 为该规范规定需要考虑的"混凝土强度影响系数"，其定义及取值详见第 6.3.9 节第 2 点结合式（6-40）和式（6-41）所作的说明。

7.8.7　可以不进行受剪及受扭承载力计算的条件

与前面第 6 章中处理只受弯矩、剪力作用构件承载力处相似，我国规范也认为，在扭矩单独作用的情况下，只要作用扭矩小于一定的界限值，即可不需再对相应构件区段进行受扭承载力计算，而只需按构造规定配置最低数量的受扭纵筋和受扭箍筋。

我国规范抗扭专题组建议，当构件区段内作用扭矩已小于开裂扭矩 T_{cr} 后，该构件区段在使用过程中已原则上不会形成扭转斜裂缝，故建议当作用扭矩不大于开裂扭矩时，即：

$$T \leqslant T_{cr} = 0.7 f_t W_t \tag{7-44}$$

即可不再作受扭承载力计算，而只需按构造要求配置受扭钢筋。

但因在构件区段中，总有弯矩、剪力与扭矩同时作用，而如前面第 6 章已经提及的，当构件内只有弯矩、剪力作用时，若作用剪力满足下列条件，即：

$$V \leqslant 0.7 f_t b h_0 \tag{7-45}$$

同样可以不对构件进行受剪承载力计算，而只按构造要求配置必要的受剪箍筋。式中的 $0.7 f_t b h_0$ 也就是受剪设计从偏安全角度在不考虑剪跨比影响的一般构件的受剪承载力计算公式中取用的数值偏低的混凝土项受剪能力。

虽然式（7-44）中的 $0.7 f_t W_t$ 和式（7-45）中的 $0.7 f_t b h_0$ 具有不完全相同的物理含义，我国规范抗剪专题组也从未说过 $0.7 f_t b h_0$ 与开裂剪力之间有什么关系（因为发生不同剪切失效方式的不同剪跨比的构件，其剪切斜裂缝开裂剪力的变化规律远为复杂，且数值变化很大），但为了设计实用，《混凝土结构设计规范》GB 50010—2002 仍决定在有剪力和扭矩同时作用的构件区段，取用 V/bh_0 和 T/W_t 线性相关的直接叠加方式作为不需再作受剪承载力和受扭承载力计算，而只需按构造要求配置最低数量受剪、扭箍筋和受扭纵筋的"作用"方，而取剪、扭共用（纯属偶然的）$0.7 f_t$ 作为这一控制条件的界限值（"抗力"方），其中还考虑了轴压力的有利影响。于是，界限条件即可写成：

$$\frac{V}{bh_0} + \frac{T}{W_t} \leqslant 0.7 f_t + 0.07 \frac{N}{bh_0} \tag{7-46}$$

在上式中，当 N 大于 $0.3 f_c A$ 时，取 $N = 0.3 f_c A$。对于受集中荷载作用为主的构件，虽然其受剪承载力计算公式与一般受剪构件不同，但为了设计方便，也不再另给界限条件，而仍使用式（7-46）作为界限条件。

虽然式（7-46）把剪力和扭矩设计中物理含义不完全相同的界限条件强拉在一起，概念上不够严密，但并无设计安全问题，故可权且如此。

7.8.8 剪扭构件中箍筋的最小配箍率和梁类构件中受扭纵筋的最小配筋率

首先需要说明的是《混凝土结构设计规范》GB 50010—2002 对于剪扭构件的箍筋配箍率和梁类构件受扭纵筋配筋率的定义。

考虑到弯剪扭构件中剪力与扭矩共同作用区段的箍筋最小配箍率是按受剪和受扭的共同需要统一给出的，故配箍率使用以下统一定义，即：

$$\rho_{svt, min} = \frac{A_{sv}}{bs} \tag{7-47}$$

式中 A_{sv}——梁内长度等于箍筋间距 s、宽度等于梁宽 b 的水平截面中竖向箍肢的总截面面积；当受剪箍筋使用双肢以上的多肢复合箍筋时，在有扭矩共同作用的条件下，从偏安全角度在 A_{sv} 中只应计入截面两侧的箍肢。

由于受扭纵筋是按均匀、对称原则沿构件相应区段截面周边布置的（不符合均匀、对称原则的多余受扭纵筋不计入受扭纵筋配筋率计算），而且其最小配筋率要求是单独给出的（同样，受弯承载力受拉纵筋最小配筋率也是另行单独给出的），故决定用全部符合均匀、对称原则的受扭纵筋截面面积和构件正截面的毛面积来确定受扭纵筋的配筋率。对于常用的矩形截面，这一最小配筋率即可写成：

$$\rho_{s, min} \frac{A_{stl}}{bh} \tag{7-48}$$

式中　A_{stl}——构件截面内符合均匀、对称原则的受扭纵筋的总截面面积；

　　　b、h——矩形截面的宽度和高度。

下面分别对弯剪扭构件箍筋的最小配箍率和梁类构件受扭纵筋的最小配筋率作进一步说明。

1. 弯剪扭构件中箍筋的最小配箍率

规定受剪力和扭矩同时作用构件区段的受剪、扭箍筋最小配箍率和受扭纵筋最小配筋率的目的与前面第 5 章讨论的规定受弯构件受拉纵筋最小配筋率的目的类似，也是为了使混凝土受拉开裂后构件的受剪和受扭能力至少不低于开裂前构件的受剪和受扭能力。

我国规范抗扭专题组在讨论箍筋最小配箍率时首先作出的假定是在剪力和扭矩同时作用时构件的开裂剪力和开裂扭矩之间存在线性相关关系，故当分别已知纯剪和纯扭条件下的箍筋最小配箍率时，即可通过线性相关关系求得剪力和扭矩以不同比例同时作用时箍筋最小配箍率的确定方法。（需要说明的是，这里所说的"开裂剪力"指的是受剪承载力计算公式中的混凝土项，即例如一般抗剪构件的 $0.7f_t bh_0$；就现在的理解来看，这一名称是不确切的，具体请见第 7.8.7 节的说明。在下面用到开裂剪力时都加了引号，但不再重复解释。）

《混凝土结构设计规范》受剪扭构件箍筋的最小配箍率是在 1989 年版的规范中首次给出的。该版规范抗扭专题组首先从抗剪专题组处引用了当时的规范版本取用的纯剪构件箍筋的最小配箍率 $\rho_{sv,min}$ 为：

$$\rho_{sv,min} = 0.02 f_c / f_{yv} \tag{7-49}$$

根据规范后来约定的混凝土强度指标 f_c 和 f_t 之间用于新、旧公式转换的换算关系，即 $f_c \approx 10 f_t$，上式也可写成：

$$\rho_{sv,min} = 0.2 f_t / f_{yv} \tag{7-49a}$$

同时，规范抗扭专题组根据上述定义从试验结果中归纳出的纯扭构件受扭箍筋的最小配箍率为：

$$\rho_{st,min} = 0.016(3-r) f_c / f_{yv} \tag{7-50}$$

或

$$\rho_{st,min} = 0.16(3-r) f_t / f_{yv} \tag{7-50a}$$

式中　r——矩形截面的截面宽度与高度之比，$r = b/h$。

然后，再根据"开裂剪力"和开裂扭矩之间的线性相关关系，即前面的式（7-46），即可由上面的式（7-49a）和式（7-50a）推导出考虑了剪扭相关性的箍筋最小配箍率表达式为：

$$\rho_{svt,min} = \alpha_{sv} \rho_{sv,min} = 0.2 \alpha_{sv} f_t / f_{yv} \tag{7-51}$$

其中

$$\alpha_{sv} = \frac{(3-r)(1-4.32\eta)}{3-r+5.4\eta} \tag{7-52}$$

式中 η 为"扭剪比"，即：

$$\eta = T/(Vb) \tag{7-53}$$

限于篇幅，本书在此不再给出根据"开裂剪力"和开裂扭矩线性相关关系推导式（7-51）和式（7-52）的过程。关心的读者可参阅例如殷芝霖等著的《抗扭》一书。在图 7-44 中用曲线①表示出了由式（7-52）表达的 α_{sv} 的变化规律。

钢筋混凝土结构机理与设计

在《混凝土结构设计规范》GBJ 10-89 定稿时为了使系数 α_{sv} 便于设计应用，又将其表达式简化为：

$$\alpha_{sv} = 1 + 1.75(2\beta_t - 1) \tag{7-54}$$

式中 β_t 按前面第 6.8.5 节的式（7-40）计算。在图 7-44 中用曲线②表示出了由式（7-54）表达的 α_{sv} 的变化规律。可以看出，1989 年版规范的 α_{sv} 取值是比式（7-51）更偏严格的。

到了 2002 年版规范再次修订时，修订组专家根据抗扭专题组专家的建议又同意把构件剪扭区段箍筋的最小配箍率改为取偏小的定值，即：

$$\rho_{svt, min} = 0.28 f_t / f_{yv} \tag{7-55}$$

在图 7-44 中用曲线③表示了由上式所体现的水平线。这一规定一直沿用至今。

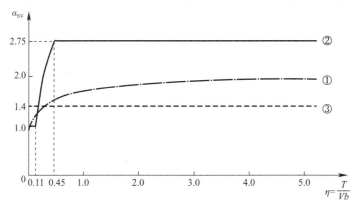

图 7-44　剪力、扭矩共同作用下的箍筋最小配箍率系数 α_{sv} 的几种取值方案
（计算中取 $r = b/h$ 为 0.43，b 取为 300mm）

2. 弯剪扭构件中受扭纵筋的最小配筋率

由于受扭纵筋与受扭箍筋在保证开裂后构件基本受扭能力不低于开裂前受扭能力时，其配筋数量需要相互协调，故《混凝土结构设计规范》在其 1989 年版首次确定这一最小配筋率时，采用的基本步骤是：

（1）以上面式（7-50）所示纯扭构件箍筋的最小配箍率为出发点，在取纵筋和箍筋的"配筋强度比"ζ 为平均水准 1.2 时，可得纯扭构件受扭纵筋最小配筋率的表达式为：

$$\rho_{t, min} = 0.173(1 + 0.85r)(3 - r) f_t / f_y \tag{7-56}$$

（2）认为在弯剪扭构件中以上受扭纵筋最小配筋率也随相应构件区段混凝土中由扭矩形成的剪应力与由剪力形成的剪应力的比值大小成比例变化，从而可得受扭纵筋最小配筋率的基本表达式为（推导过程可参见例如殷芝霖等著《抗扭》一书）：

$$\rho_{t, min} = 0.93 \frac{(1 + 0.85r)(3 - r)\eta}{3 - r + 5.4\eta} \frac{f_t}{f_y}$$
$$= \alpha_t f_t / f_y \tag{7-57}$$

（3）为了便于设计应用，在 1989 年版设计规范中实际取用的是经过简化的 α_t 取值方案，即取：

$$\alpha_t = 0.8(2\beta_t - 1) \tag{7-58}$$

在上式中，当 $\beta_t < 0.5$ 时取 $\beta_t = 0.5$；当 $\beta_t > 1.0$ 时取 $\beta_t = 1.0$。

（4）在2002年版规范中，又将α_t的表达式进一步简化为：

$$\alpha_t = 0.6\sqrt{\frac{T}{Vb}} \tag{7-59}$$

并规定，当$T/(Vb)$大于2.0时，取$T/(Vb)$等于2.0。这一α_t取值方案一直沿用至今。

在图7-45中，通过曲线①、②、③分别表示出了由基本表达式（7-57）、1989年版规范表达式（7-58）和2002年版规范表达式（7-59）表示的系数α_t的变化规律。由于曲线①的基本表达式是用$\zeta = 1.2$导出的，而ζ的实际取值会在一定范围内变化，故现行规范所用的取值为比曲线①偏高的曲线③预计是较为合理的。

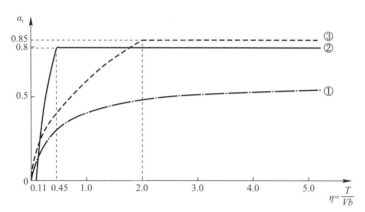

图7-45　与受扭纵筋最小配筋率系数α_t取值有关的几种方案

（计算中取$r = b/h$为0.43，b取为300mm）

总结以上讨论应能看出，从2002年版规范起取用的由上面式（7-55）表示的弯剪扭构件的箍筋最小配箍率至少可能存在以下两个问题，即：①从前面图7-44中曲线③与曲线①的对比关系可以看出，当作用扭矩相对于作用剪力略偏大后就已不再能保证开裂后的抗剪、扭能力不低于开裂前的抗剪、扭能力，而这是必须保证的；②该弯剪扭构件箍筋最小配箍率的取值规定与受扭纵筋取用的最小配筋率从确定思路上不协调。因此，可能有待规范专家组对这项规定重作考虑。

7.9　对"变形协调扭转"构件设计方法的讨论

7.9.1　概述

与从20世纪30～40年代就已经开始了的受弯和偏心受压钢筋混凝土构件的试验研究相比，受扭构件的试验研究晚了大约二十年。不过，从受扭构件研究之初就已经发现，导致构件受扭的原因来自两个不同的方面。一个是例如本章前面的图7-6所示，挑出的悬臂板上的均布荷载是通过板根部的垂直于连系梁轴线的均布力矩和均布荷载传入连系梁，并在梁内形成相应弯矩、剪力和扭矩。当悬臂板上荷载作用模式不变时，连系梁中的扭矩只根据平衡条件随悬臂板上作用的荷载成比例增长，故抗扭性能研究界常称此种情况下的扭转为"平衡扭转"。而在例如本章前面图7-3(a)和图7-4所示的情况下，边框架梁中的扭矩则主要是由与其在平面内直交且整体连接的楼盖次梁端传入的直交方向弯矩所引起的。也就是说，边框架梁中的扭矩大小不仅取决于楼盖上作用的荷载大小，还主要取决于次梁在此端所受边框架梁转动约束的强弱，或者说，主要取决于一侧带现浇板的边框架梁的增量扭转刚度与带现浇板的楼盖次梁增量弯曲刚度的相对强弱，即取决于边框架梁与次梁端之间的变形协调条件。因此，抗扭性能研究界也称这种情况下边框架梁类构件中的扭转为"变形协调扭转"。

在最早进行受扭构件的受扭承载力设计时，不论构件所受扭矩来自"平衡扭转"状态还是"变形协调扭转"状态，都是采用由结构弹性分析求得的扭矩作为作用扭矩。这时，在变形协调扭转状态下，若楼盖竖向荷载和次梁跨度都相对较大，边框架梁内扭矩最大区段的作用扭矩就常容易超过截面的最大扭矩限值［见本章前面给出的式（7-17）］；而且，进一步增大边框架梁的截面和（或）提高其混凝土强度等级，都会因增大了边框架梁的扭转刚度而使该梁中的作用扭矩也进一步增大，造成了不容易处理的设计困难。

但是，在随后完成的不同配筋率受扭构件的受力全过程扭矩-扭转角规律试验中（试验结果见前面图 7-21）发现了适筋受扭构件的这种规律与适筋受弯构件的弯矩-曲率规律的较重要区别（见下面图 7-46a 和图 7-46b）。形成这种区别的主要原因是由于在受弯构件中弯矩作用只会使混凝土在正截面的受拉区开裂，且开裂最初只出现在弯矩最大的构件局部区段内；只有待受力进一步增强后，开裂才会逐步向更大范围扩展。而受扭构件中混凝土一旦开裂，就会较迅速在扭矩较大的整个构件区段内形成遍布该区段偏表层混凝土的沿构件表面以螺旋线方式发展的多条斜裂缝。因此，如图 7-46（a）所示，适筋受弯构件的典型弯矩-曲率曲线体现的增量弯曲刚度（切线刚度）在开裂点之后虽有退化，但退化幅度有限；其增量弯曲刚度的主要退化如图所示是发生在构件正截面受拉钢筋的屈服之后。而在图 7-46（b）所示的扭矩-扭转角曲线中，一旦受扭开裂，构件的增量抗扭刚度就会发生远较受弯构件受拉区开裂时增量抗弯刚度退化幅度明显大得多的增量抗扭刚度退化。而在受扭配筋陆续达到受拉屈服状态时，增量抗扭刚度的退化反而不具备明显的突变性质，其理由已在前面第 7.7.3 节中结合图 7-21 作过说明。

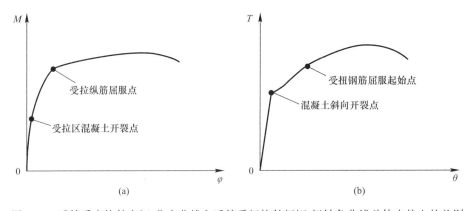

图 7-46　适筋受弯构件弯矩-曲率曲线和适筋受扭构件扭矩-扭转角曲线总体走势上的差别

正是由于适筋受扭构件的扭矩-扭转角规律具有以上特点，若仍以前面图 7-3（a）所示结构布置状况为例，则不论边框架梁的扭转开裂是出现在楼盖次梁受弯开裂之前还是之后，一旦边框架梁受扭开裂，其增量抗扭刚度就将根据其受扭纵筋和受扭箍筋数量的多少而出现不同程度的较明显退化，也就是使边框架梁对次梁端的转动约束能力出现程度不同的较明显下降；这样，当楼盖上的荷载进一步增大时，次梁端传给边框架梁的负弯矩增量，或者说边框架梁所受的由次梁传来的扭矩增量就会以不同程度明显变小；但与此同时，次梁中的跨内正弯矩增量和远端负弯矩增量则会相应变大；次梁各部位的剪力增量以及边框架梁的弯矩和剪力增量也会受到边框架梁受扭刚度较明显退化的影响而发生相应的变化，但变化幅度不如前面几项内力显著。这意味着边框架梁受扭开裂后，其作用扭矩虽仍可能有不同程度的增长，但最终距弹性分析扭矩仍会有大小不等的明显差距。

以上受力过程符合超静定结构的一般性受力规律，即在由次梁和边框架梁等构成的楼盖组合结构体系的受力过程中，次梁和边框架梁不论哪一方的增量抗弯刚度或增量抗扭刚度的变化都会在这两类构件的相应部位形成内力重分布；只不过因边框架梁受扭开裂引起的该梁增量扭转刚度的退化幅度较大且一般发生较早，从而导致由其引起的内力重分布更为显著。

当然，当楼盖有多根次梁与一跨边框架梁正交连接时，各根次梁与该跨边框架梁之间的内力重分布的概念是一致的，但影响幅度则各不相同。

从 20 世纪 70 年代起，美国和加拿大学术界开始关注边框架梁抗扭设计中的内力重分布现象，或称变形协调扭转现象，并利用系列试验初步探索和确认了这类体系中的上述内力重分布规律并提出了考虑这一问题的初步设计建议；这些建议已为美国和加拿大的混凝土结构设计规范以及随后的欧洲规范所接受；所提设计建议主要包括以下三方面的内容：

（1）只需取一个等于边框架梁开裂扭矩值或比其略偏大的扭矩值，也就是一个比弹性结构分析获得的作用扭矩设计值明显偏小的扭矩值完成边框架梁的抗扭承载力设计。这一做法的直接有利效果是避免了在次梁跨度较大和（或）楼盖荷载较大时边框架梁弹性扭矩有可能超出该构件抗扭能力上限的设计困难。

（2）为这样设计的边框架梁规定了适度的受扭纵筋及受扭箍筋的专用最小配筋率，目的是防止边框架梁受扭开裂后受力更充分时扭转裂缝宽度过大和受扭开裂后增量扭转刚度退化过多。

（3）由于边框架梁开裂扭矩形成较早，此时结构体系中次梁等结构构件尚处在离其受拉纵筋屈服较远的准弹性状态，故仍可在弹性假定下给出通过补充结构分析确定除边框架梁扭矩（或次梁与边框架梁连接端对应负弯矩）以外其余各构件内力的原则及方法。

但各国后续研究工作发现，在已提出的设计方法中可能还有某些关键性能（例如现浇板在其平面内的整体刚度对边框架梁开裂扭矩以及上述内力重分布效果的影响）尚未获得准确认识和理论解释，故美国和加拿大相应设计规范采用的设计方法可能尚待改善。

下面拟对各国研究界在这一领域先后完成的有一定参考价值的试验研究工作以及已有设计方法建议和其中可能存在的待解决问题作简要介绍和讨论。

7.9.2　边框架梁类构件变形协调扭转性能的试验验证

为了验证边框架梁与楼盖次梁构成的组合体在边框架梁受扭开裂后的内力重分布过程中的受力表现，20 世纪 70 年代加拿大的 M. P. Collins 及其合作者以及美国徐增全及其合作者先后各完成了一批试验。试验使用的构件如图 7-47（b）所示，这相当于从图 7-47（a）的框架模型中取出的一个能考察所需受力性能的脱离体（相当于图 7-47a 中的涂黑部分）。试验装置如图 7-47（b）所示，其中荷载均施加于次梁上，分为集中荷载（图 7-47b）和模拟均布荷载的多个竖向力（见图 7-48a 中的附图）两种加载方案。试验的 T 字形构件中次梁远端为简支；边框架梁两端由多向铰简支，且各经一个刚悬臂及悬臂外端的竖向作动器保持边框架梁各端在整个试验过程中无垂直于梁轴线方向的转动（刚性扭转约束）；同时，通过这两个作动器处的传感器即能准确测得边框架梁中不同受力阶段的作用扭矩。若以徐增全试验为例，其中共完成次梁上作用单一集中力且边框架梁受扭配筋量不同的试件试验3 个（A1、A3 和 A5），以及次梁上模拟均布荷载且边框架梁受扭配筋量不同的试件试验 5个（B1~B5）。这两批试件测得的荷载-边框架梁扭矩之间的关系曲线分别如图 7-48（b）和（a）所示。

从图 7-48（a）、（b）所示实测结果可以清楚看出，不论对次梁段施加集中荷载还是拟均布荷载，只要边框架梁抗扭配筋量偏弱，该梁在受扭开裂后所承受的扭矩就将在很长的扭转变形过程中保持在开裂扭矩水平或略高于开裂扭矩水平而不再明显增长，如试件 A5和试件 B3、B4、B5 处所示。但随着边框架梁受扭钢筋用量增长，在边框架梁受扭开裂后，其中的作用扭矩仍会随荷载增长持续有所增大，但增速已较开裂前明显减慢；而在抗扭配筋量很大时，其作用扭矩增幅还是很大的（如试件 B1）。上述规律显然与受扭构件开裂后的增量扭转刚度随抗扭配筋量增长而增大的特性有直接关系（参见前面图 7-21）。

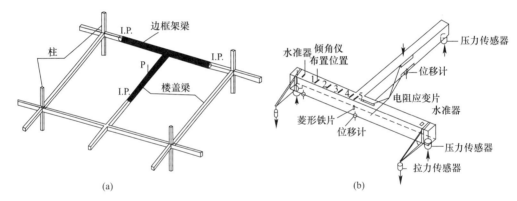

图 7-47　徐增全边框架梁扭转性能试验所取脱离体及试件试验装置

注：1~5 为倾角仪布置位置。

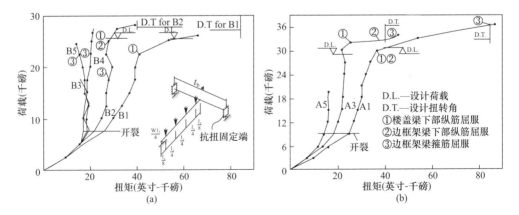

图 7-48　徐增全边框架梁扭转性能试验实测的荷载-边框架梁扭矩关系曲线

M. P. Collins 等人的试验结果与上述美国试验结果类似，这里不再多述。

到 20 世纪 80 年代，原哈尔滨建筑工程学院王振东及其合作者也利用与上述试验类似的试件形式及加载方法完成了边框架梁配筋量不同的两个试件的试验。有关试验情况还将在下面提及。

从以上试验可以看出，所有的试验使用的试件均未带现浇板。

7.9.3　到目前为止有关国家设计标准对变形协调扭转构件建议使用的设计方法

在上述初步试验研究工作的基础上，美国 ACI 318 规范从 20 世纪 70 年代起就接受了徐增全对变形协调扭转构件（主要是边框架梁）提出的"有限设计概念"（limit design concept）及相应的设计方法建议（中国学术界也称其为"开裂扭矩法"）；该规范的规定在中间曾作过一次局部调整，随后一直未变。同样从 20 世纪 70 年代起，加拿大国家标准《混凝土结构设计规范》接受了由 M. P. Collins 提出的用于变形协调扭转构件设计的"零刚度法"，这一方法随后也为欧盟 EC2 规范所接受。我国《混凝土结构设计规范》GB 50010 也曾在其 2002 年版本中对变形协调扭转构件的设计方法给出过原则性建议，但因其中有一些关键问题尚待澄清，故在后续版本中将其取消，至今仍留为空缺。下面拟对有关方法或建议作进一步说明。

1. 美国 ACI 318 规范采用的"有限设计理念"（或称"开裂扭矩法"）

根据前面图 7-47 和图 7-48 所示的美国直交梁试验结果和 M. P. Collins 等完成的加拿大直交梁试验结果，徐增全对于由变形协调条件控制其作用扭矩大小的边框架梁类受扭构件的设计方法向美国 ACI 318 委员会提出的建议是，可以取从试验获得的开裂扭矩 T_{cr} 作为这类构件受扭承载力设计用的作用扭矩的取值水准。根据试验结果，目前 ACI 318 规范使用的 T_{cr} 的计算方法是：

$$T_{cr} = 4\sqrt{f_c'}\,\frac{A_{cp}^2}{p_{cp}} \tag{7-60}$$

式中　f_c'——混凝土圆柱体抗压强度；

A_{cp} 和 p_{cp}——所设计边框架梁类构件的毛截面面积和毛截面周长（公式适用于英制单位）。

该规范在相应条款的说明中对上面式（7-60）取值水平的评价是，根据已有试验结果，在剪力、弯矩、扭矩共同作用的条件下，试验所得开裂扭矩对应的主拉应力值比式（7-60）中的 $4\sqrt{f_c'}$ 稍小，即式（7-60）中的 $4\sqrt{f_c'}$ 大致相当于离散的开裂扭矩试验值中比平均值稍偏高的水准。

式（7-60）表达开裂扭矩的手法有其独到特点，使用方便。这套方法也受到西欧和其他国家学术界的关注，故下面对其推导过程作简要说明。

如本章前面结合图 7-12 已经说明过的，在弹性假定下，构件正截面内由扭矩引起的剪应力的作用方向是围绕截面扭心旋转的，且剪应力值自截面扭心向外根据到扭心的距离按比例增大。显然，由这些剪应力形成的扭转效应主要来自靠近截面周边的较大剪应力，截面扭心附近的剪应力因数值小且到截面扭心的力臂小，对扭转效应作出的贡献也就相当小。为了简化计算，故可近似将构件的实心截面视为具有一定壁厚的空心截面，且如图 7-49 所示，假定在壁板截面内围绕扭心以旋转方式作用的单位壁长内的剪力 q 的数值沿空心截面周长保持不变（通常称 q 为"剪力流"），则作用扭矩 T 与剪力流 q 之间的关系按图 7-49 所示受力状态的平衡条件即可写成：

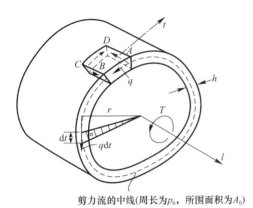

剪力流的中线(周长为p_0,所围面积为A_0)

图 7-49　空心截面内由扭矩引起的剪力流

$$T=q\oint r\,\mathrm{d}t \qquad (7-61)$$

上式中的 r 为图示壁板微长度段的形心到空心截面扭心的距离,$\mathrm{d}t$ 为壁板微段的长度。于是,根据几何关系可知 $r\,\mathrm{d}t$ 即为图示画了阴影线的三角形面积的两倍,而三角形面积沿截面一周的积分即为壁板内剪力流中心线所围成的面积 A_0,因此式(7-61)的积分结果即可表示为:

$$q=\frac{T}{2A_0} \qquad (7-62)$$

这也就是 Bredt 在 1896 年首次提出的受扭空心封闭筒截面剪力流的基本关系式。若取壁厚为 h,并将上式中的剪力流 q 用剪应力 τ 表示,上式即可改写成:

$$T=2\tau h A_0 \qquad (7-63)$$

为了能用上式表达开裂扭矩 T_{cr},徐增全又在近似认为空心截面各处壁厚相等的假定下,用已完成的配筋率偏高的"适筋"受扭构件的试验结果对 h 和 A_0 的取值方法作了校准,建议可取 $A_0=\dfrac{2}{3}A_{cp}$(其中 A_{cp} 为实心截面毛截面面积),取空心截面当量壁厚为 $0.8A_{cp}/p_{cp}$(其中 p_{cp} 为实心毛截面的周长)。此后,ACI 318 委员会将壁厚 h 调整为取 $(3/4)(A_{cp}/p_{cp})$,于是即可得:

$$T_{cr}=2\tau h A_0=2\tau\,\frac{3}{4}\,\frac{A_{cp}}{p_{cp}}\,\frac{2}{3}A_{cp}=\tau\,\frac{A_{cp}^2}{p_{cp}} \qquad (7-64)$$

再取 $\tau=4\sqrt{f_c'}$(注意,这里用的均为英制单位下的表达式)即得 ACI 318 规范现在取用的上面给出的式(7-60)。

在使用以上"有限设计理念"或"开裂扭矩法"进行变形协调扭转构件的具体设计时,美国 ACI 318 规范及有关技术文献还提醒结构设计人关注以下提示:

(1) 使用这一方法时,在结构分析中应将此类变形协调扭转构件(例如单侧受荷的边框架梁)的抗扭刚度设定为零,将与此类构件直交的楼盖次梁的直交端设定为铰接;

(2) 由于例如边框架梁在一跨内可能与一根、两根甚至三根次梁直交连接,故按开裂扭矩设计的应是指边框架梁的最大扭矩段;

(3) 次梁与边框架梁连接处的负弯矩可按与边框架梁开裂扭矩相对应的负弯矩取值,并据此确定次梁该部位负弯矩钢筋的数量(建议赋予其适度裕量);次梁跨中正弯矩和另一端负弯矩则可在弹性分析的基础上适度考虑与边框架梁连接端实际配置的抗负弯矩纵筋比弹性需求偏小所带来的影响;

(4) 边框架梁除按上面要求,即按式(7-60)给出的作用扭矩完成抗扭设计并在相应区段配置所需受扭纵筋和箍筋外,梁的各段均应保证受扭纵筋及箍筋数量不低于受扭最小配筋量的要求,且在构造及布置上应认真满足规范规定的抗扭构造措施,因为受扭配筋的最低数量和构造是保证按这一方法设计的变形协调扭转构件在荷载作用下不发生严重受扭开裂的关键。

（5）关注次梁上、下部纵筋在边框架梁内的充分锚固；在次梁与边框架梁的接头区设置必要数量的悬吊钢筋（既在次梁端，也在边框架梁内与次梁连接部位的两侧），特别是当次梁的截面高度接近或等于边框架梁的截面高度时，因为否则可能会在接头区充分受力时，发生图 7-50 所示的在徐增全试验中出现过的沿图示局部拉脱面的失效（参见第 6 章第 6.3.7 节），或图 7-51 所示的在 M. P. Collins 试验中出现的沿边框架梁下表面锚入边框架梁的次梁下部纵筋的撕裂型破坏。

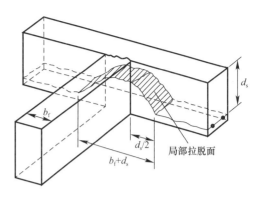

图 7-50　在徐增全直交梁试验中发生过的接头区局部拉脱失效的破坏面

（6）ACI 318 规范还提醒注意，当结构体系的水平位移通过框架梁柱节点有可能明显增大边框架梁靠近节点处的扭矩较大区段的扭转角时，可能需要对该区段扭转配筋数量作全面考虑，必要时予以增强，特别是当较大扭矩段的长度相对偏小时。

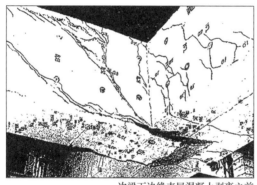

次梁下边缘表层混凝土剥离之前

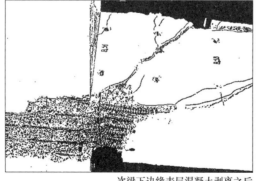

次梁下边缘表层混凝土剥离之后

图 7-51　在 M. P. Collins 的试验中发生的锚入边框架梁的次梁下部纵筋的撕裂-拉脱式失效

2. 零刚度设计法

加拿大的 M. P. Collins 在与美国的徐增全先后完成了上述直交梁试验后，根据在试验中观察到的边框架梁内的扭矩一般不会过分大于开裂扭矩的事实，认为还可以采用比上述 ACI 318 规范使用的开裂扭矩法更为简单的方法来设计这类变形协调扭转构件，即通过对于受扭纵筋和受扭箍筋的最小配筋量给出适度偏大的规定和抗扭配筋的其他构造规定，使这类构件的受扭承载力保持在开裂扭矩的水准，同时使构件在更大扭转变形下的扭转斜裂缝宽度不致恶性增大，从而可以对这类变形协调扭转构件完全不作受扭承载力验算。这意味着，在结构分析时亦取变形协调扭转构件的抗扭刚度为零，取与其直交的楼盖次梁类构件的连接端为铰接。除此之外，这类设计方法还必须按已有设计经验给出楼盖次梁与边框架梁连接端上部负弯矩受拉纵筋数量的确定方法。其余设计注意事项与前一种方法相似。

从以上叙述可以看出，上述两种方法虽然设计处理手法有一定差别，但基本思路是相似的。

目前，国内研究界部分人士包括本书作者对国外所用这类设计思路的保留意见是，虽然这类方法的总体思路符合这类结构体系在非弹性特征发育过程中的内力重分布规律，但因所依据的都是早期用不带现浇板的组合体试件完成的试验结果，所给出的确定边框架梁受扭承载力所用的作用扭矩值，或"零刚度法"所用的构造受扭配筋量是否会因未考虑现浇板可能起的进一步提高边框架梁开裂扭矩的不利作用而使边框架梁受扭承载力不足。

3. 我国《混凝土结构设计规范》及设计软件界对变形协调扭转构件设计方法的处理

我国《混凝土结构设计规范》抗扭专题组王振东等虽然在 20 世纪 80 年代中期就已经完成了与上述 M. P. Collins 以及徐增全的试验类似的两个直交梁构件的静力加载试验（其中两个构件中受变形协调扭转的梁分别按弹性扭矩的 60％和 34％设计；试验中 100％设计荷载下实测的两个试件中受协调扭转的梁承担的扭矩分别为弹性扭矩的 80.6％和 54.8％；两个试件在相当于正常使用水准的荷载下形成的扭转斜裂缝宽度均未超过 0.2mm），但在该规范 1989 年版的修订工作开始时，因有关准备尚不充分，故变形协调扭转构件的设计方法未能列入修订内容。

到该规范 2002 年修订时，虽然专家组对于变形协调扭转构件的设计方法已从理论思路上取得了一致认识，但仍未能对设计方法取得一致意见，故规范管理组决定，只在该版规范的第 7.6.16 条中给出以下原则性规定："对属于协调扭转的钢筋混凝土结构构件，受相邻构件约束的支承梁的扭矩宜考虑内力重分布。考虑内力重分布后的支承梁，应按弯剪扭构件进行承载力计算，配置的纵向钢筋和箍筋尚应符合本规范第 10.2.8 条、第 10.2.11 条和 10.2.12 条的规定。"并在这条规定之后加了一条"注"，即："当有充分依据时，也可采用其他设计方法。"与此同时，在该条条文说明中指出："由于相邻构件的弯曲转动受到支承梁的约束，在支承梁内引起的扭转，其扭矩会由于支承梁的受扭开裂产生内力重分布而减小，本条给出了宜考虑内力重分布影响的原则要求。""由试验可知，对于独立的支承梁，当取扭矩调幅不超过 40％时，按承载力计算满足要求且钢筋的构造符合本规范（注：指 2002 年版规范）第 10.2.5 条和第 10.2.12 条的规定时，相应的裂缝宽度可满足规范规定的要求。"同时还提到："为了简化计算，国外一些规范常取扭转刚度为零，即取扭矩为零的方法进行设计。此时，为了保证支承构件有足够的延性和控制裂缝宽度，就必须至少配置相当于开裂扭矩所需的构造钢筋。"

到该规范 2010 年版修订时，考虑到上述 2002 年版第 7.6.16 条及其条文说明只给出了有关原则性认识及某些主要试验结论，并未涉及具体设计方法，且到当时为止，也未见更有效设计方法提出，故该版规范决定取消该条规定。至今这部分设计内容在我国设计规范中依然留为空缺。

　　另外，据了解，在我国目前建筑结构设计中使用较多的国内编制的通用商品软件中，对于边框架梁这类需考虑变形协调扭转的构件使用的简化设计方法是，在结构分析中对于这类变形协调扭转构件取弹性扭转刚度，并按弹性假定考虑其与直交构件（例如楼盖次梁）之间的转动变形约束条件。在经弹性结构分析获得变形协调扭转构件的最大弹性作用扭矩 T 后，取 $0.4T$ 作为作用扭矩与弹性分析弯矩、剪力一起完成构件的受扭承载力设计，同时要求变形协调扭转构件的抗扭钢筋用量不小于《混凝土结构设计规范》规定的受扭纵筋和箍筋的最小配置数量及构造措施。

　　这一方法所用的系数 0.4 明显小于《混凝土结构设计规范》GB 50010—2002 有关条文说明中提到的系数 0.6（即前面相应规范条文说明引文中提到的"扭矩调幅不超过40%"）。据了解，系数 0.4 是国内有关设计研究单位专家在 20 世纪 90 年代根据手边常做的工程项目中的一般设计条件，参考国外设计规范的有关规定给出的粗略比值。本书作者担心这种取值在多数情况下有可能偏不安全。除此之外，这一方法也忽略了变形协调扭转带来的正交次梁跨内正弯矩与远端约束负弯矩的增大效应，其结果也是偏不安全的。

7.9.4　国内后续变形协调扭转构件试验研究提供的新启示

　　为了对 21 世纪初在我国部分低设防烈度区推广使用的大跨度预应力次梁楼盖结构的受力性能进行验证，重庆大学王正霖、黄音等在 2004 年完成了四榀大尺度预应力次梁楼盖结构模型的静力加载破坏试验。在图 7-52 中作为示例给出了使用此类楼盖结构的某工程项目的楼盖结构平面布置（已建结构预应力次梁跨度从 15~33m，使用大跨度楼盖的楼层数从 2~22 层）；在图 7-53 中给出了所试验的四榀试验结构模型的设计特点及试验加载方案。从图 7-53 中可以看出，每榀试验结构都由两根预应力次梁和与其整体连接的直交支承梁（边框架梁）构成；其中，试验结构 1、3 不带现浇板，试验结构 2、4 带有与预应力次梁和支承梁整体连接的现浇板；同时，试验结构 1、2 的次梁预应力筋采用直线型无粘结冷拉 400 级钢筋（直径 22mm）；试验结构 3、4 的次梁预应力筋采用曲线型无粘结高强钢丝束（12 根直径 5mm 钢丝）。

　　由于楼盖大跨度次梁所受竖向荷载均经次梁传给纵向边框架梁，故边框架梁接近框架柱的一段具有典型的变形协调扭转构件的受力特点，且属于在结构中起关键传力作用的变形协调受扭构件，因此，四榀试验结构模型中支承梁的变形协调扭转段也就成为试验中考察的重点。

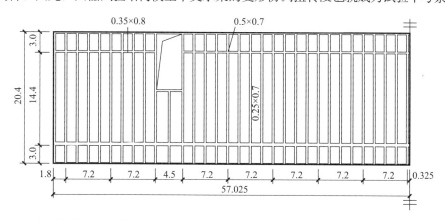

图 7-52　使用钢筋混凝土纵向边框架支承的大跨度预应力次梁楼盖结构的平面布置举例（m）

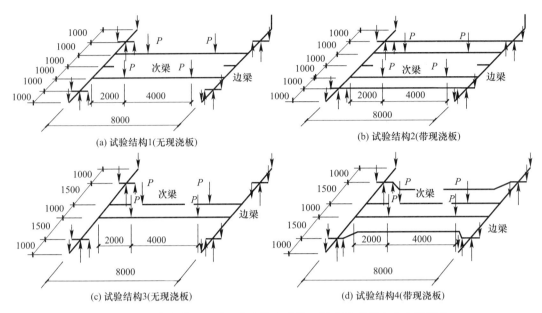

图 7-53　重庆大学王正霖、黄音等完成的四榀大跨度预应力次梁楼盖
结构试件的设计特征及试验加载方案

为了使试验结构的支承梁端形成与工程中边框架梁实际端约束相近的约束状态，各试验结构的支承梁端部均按图 7-54 所示方式形成端约束状态，即在各支承梁的支座处（图 7-54 支反力 R_A 和 R_B 的作用点处）设置多向铰支座，并将支承梁端从铰支座继续向外伸出形成悬臂，由悬臂外端竖向作动器向悬臂施加压力（图 7-54 中的竖向力 P_{mA} 和 P_{mB}），以便在支承梁支座截面内形成与实际工程边框架梁端相近的约束负弯矩；同时，通过设在支承梁铰支座处的整浇直交短梁（向左、右两侧挑出）和外侧短梁端的作动器对外侧短梁端施加向下的力（见图 7-54 短梁端的竖向力 R_{t2} 和 R_{t4}）以保持支承梁支座截面在整个试验过程中不出现转角；同时，通过 R_{t2} 和 R_{t4} 测得作用在支承梁靠近支座段内的作用扭矩。所试

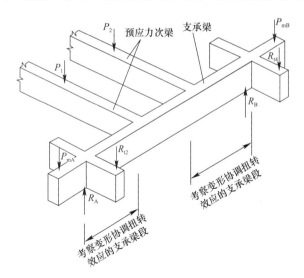

图 7-54　试验结构一端的支承梁和部分次梁以及支承梁端的约束装置

验的每个结构，其支承梁各端的受扭配筋均各按一种方法确定；即其中一端的受扭配筋按《混凝土结构设计规范》1989 年版的最小用量确定（如前面第 6.8.8 节指出的，1989 年版规范规定的受扭箍筋最小配箍量比现行规范明显偏高）；另一端支承梁的配筋按现行美国 ACI 318 规范的方法和欧洲混凝土委员会和国际预应力混凝土协会《模式规范》90（CEB-FIP Model Code 90）的方法分别计算并取其中的较大值。

在图 7-55 中分别给出了每个试验结构两端支承梁中各一个变形协调扭转段经试验实测所得的荷载-作用扭矩曲线，并在每条曲线上用箭头标出了该抗扭梁段出现扭转斜裂缝

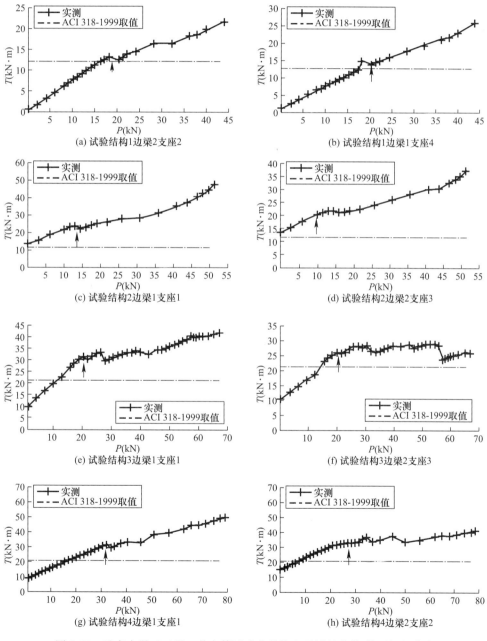

图 7-55　重庆大学王正霖、黄音等试验获得的支承梁的荷载-作用扭矩曲线

的受力状态。从这些曲线可以看出，在受扭段开裂前，荷载与该段扭矩大致呈线性关系增长，抗扭刚度相对较高且保持稳定；支承梁受扭开裂后，抗扭刚度有明显下降，但都没有出现下降到接近零的地步，即该段作用扭矩仍随荷载增大持续增长。同时也可看出，在预应力混凝土次梁受拉区混凝土开裂前后，曲线走势会因大跨度次梁与支承边梁之间线刚度比的变化和内力重分布而出现波动。

在图7-55的各条曲线处还用水平虚线逐一给出了美国ACI 318规范至今使用的相当于开裂扭矩水准的设计用扭矩值。与各支承梁实测开裂扭矩相比，只有不带现浇板的试验结构1的实测结果与美国规范规定符合程度较好；特别是带现浇板的试验结构2和4的实测结果均明显大于美国规范取值；这很可能是因为美国规范取值未考虑现浇板对支承梁开裂扭矩的不容忽视的贡献。

还需说明的是，图7-55中各条曲线均未从原点出发是因为在施加荷载前支承梁受扭段内已存在由试验结构自重形成的扭矩作用。上述试验带来的较重要启示是：

（1）受变形协调扭转效应作用的边框架梁在受扭开裂后虽会因扭转刚度下降而使其与直交次梁之间在后续加载过程中出现内力重分布，但如图7-55各条荷载-作用扭矩曲线所示，开裂后边框架梁中的作用扭矩仍会以一定速度随荷载增大，故虽可利用这种内力重分布特征取用折减后的弹性分析扭矩作为作用扭矩来完成边框架梁的受扭承载力设计，但折减幅度似不宜过大，以免受扭承载力的可靠性不足和在较大荷载下边框架梁的抗扭刚度下降过多（这意味着整个楼盖结构在竖向荷载下的刚度也下降较多）和扭转斜裂缝过宽。

（2）上述国外M. P. Collins和徐增全完成的直交梁试验以及国内王振东等完成的直交梁试验都未设现浇板；而王正霖、黄音的上述带现浇板的直交梁试验证实，这时边框架梁的开裂扭矩会明显大于无现浇板梁式构件的开裂扭矩。这表明，即使"开裂扭矩法"的思路可以继续使用，但也必须给出有效的考虑现浇板存在的开裂扭矩计算方法，以适应工程中绝大部分边框架梁带有现浇板的现状。这也说明，美国ACI 318规范按与无现浇板构件对应的理论模型和试验结果建立的公式［前面式（7-60）］从这一点看可能是考虑不够充分的，而与其具有相似配筋水准的"零刚度法"等其他设计方法也同样可能是考虑不够充分的。

7.9.5 本书作者对我国设计标准中变形协调扭转规定的建议

（1）由于在各类建筑结构的设计中需要考虑变形协调扭转效应的与楼盖次梁直交的边框架梁以及与大跨度楼盖双向板相连的边框架梁和板柱体系的边框架梁占有一定比重且均为起关键传力作用的结构构件，故其设计应引起《混凝土结构设计标准》的重视，并建议该规范给出对这类构件的设计规定。

（2）根据本节以上讨论可知，目前仍有必要进一步组织完成一批带现浇板的边框架梁-直交次梁组合体系和边框架梁-双向板组合体系的系列静力加载试验，以扩大建立变形协调扭转构件设计方法所依据的试验结果。

（3）在此基础上给出变形协调扭转构件的实用设计方法。该设计方法例如应包括以下内容：

1）以试验实测结果为主要依据给出边框架梁考虑内力重分布后需要承受的最大作用

扭矩与结构弹性静力分析所得作用扭矩之间的量化关系，即体现了作为其平面内膈板的楼盖现浇板对边框架梁变形协调扭转发挥了附加约束作用后的这类量化关系。在设计中可使用考虑了这一量化关系后经折减的弹性分析扭矩作为与边框架梁弹性分析弯矩及剪力共同作用的内力完成边框架梁的受弯-扭、剪-扭承载力设计。

2）给出防止这类边框架梁过度开裂及裂后刚度过度退化的可能不同于一般受扭构件的受扭纵筋及受扭箍筋的最低构造用量。

3）给出确定与边框架梁正交的楼盖次梁考虑了内力重分布后的各项内力的合理结构分析方法。

钢筋混凝土结构的二阶效应及稳定

8.1 一般性说明

　　虽然早在 18 世纪中叶由 L. 欧拉提出的单根轴心压杆弹性稳定验算方法中就已经明确用到了二阶效应概念，而且二阶效应伴随了此后所有的构件及结构稳定性验算内容，但在较长时期内，限于认识能力和分析手段，研究界一直未能把二阶效应作为一项独立的受力规律提出来作系统性研究。直到 20 世纪前半叶，欧洲学术界在进行钢筋混凝土结构中偏心压杆的性能试验时，方才确认二阶效应对较细长压杆的强度性能具有不可忽略的影响，并开始了对杆件二阶效应规律及其计算方法的研究。到 20 世纪中后期，又把研究扩展到各类建筑结构体系的二阶效应规律及其分析方法。到目前为止，在计算机和软件技术的支持下，国际研究界已对各类结构中的二阶效应规律有了较全面了解，找到了能较准确计算二阶效应的分析方法，并已陆续用于结构设计。

　　为了说明二阶效应对结构性能的影响，可先以图 8-1 所示的钢筋混凝土两端等偏心距

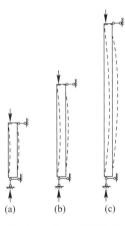

图 8-1　偏心受压柱的
细长效应

简支偏心压杆为例。在这类杆件中，只要有轴压力从两端以等偏心作用，杆件就会在初始弯矩作用下产生侧向挠曲；这时，在杆件各个截面中除作用有初始等弯矩外，还将作用有轴压力在已挠曲杆件中产生的各截面不等的附加弯矩，并出现对应的附加挠度。当如图 8-1(a) 所示杆件长细度较小时，随轴压力持续增大，杆件最终发生的将是由初始弯矩与杆件挠曲二阶弯矩增量之和以及相伴的轴压力所引起的正截面强度失效。若杆件长细度如图 8-1(b)、(c) 所示逐步加大，则当长细度增长到足够大时，杆件就会在发生正截面强度失效之前形成处在挠曲状态下的杆件内的"抗力"能量（或者说"回弹"能量）已不再大于轴压力在挠曲杆件中引起的包括二阶效应在内的"作用"能量的受力状态，从而使杆件因侧向挠曲的可能进一步增大而发生失稳，即丧失保持侧向挠曲变形状态的能力；这种失效则称为杆件的稳定失效。

　　从以上叙述可以看出，二阶效应将伴随这类偏心压杆的受力全过程；对于长细度较小的这类构件，决定其承载力大小的是二阶效应伴随下的强度失效状态；而对于长细度足够大的这类构件，决定其承载力大小的则是二阶效应伴随下的稳定失效状态。

　　若把以上概念扩展到受竖向及水平荷载作用的多、高层建筑结构，则竖向荷载也将在产生了侧向变形的整体结构中引起附加侧向变形，并在各个结构构件中引起附加内力增

量，即在整个结构中引起二阶效应。因此，从结构性能和安全控制角度，除应在结构层间位移控制中考虑二阶效应对层间位移的增大效应外，还应考虑可能形成的以下三类整体结构承载力极限状态。若结构不论高度大小，其侧向刚度足够大，且竖向荷载不是过大，结构最终发生的将是在二阶效应伴随下由若干受力相对较严酷构件陆续发生强度失效所导致的整体结构强度失效；若结构中某根或某些根偏心受压杆件长细度及轴压力均过大，则可能发生在二阶效应伴随下由这些杆件失稳所导致的结构第一类稳定失效；若结构高度大而侧向刚度偏弱，加之竖向荷载偏大，但各根偏心压杆又不存在单独失稳风险，则也有可能发生整体结构在二阶效应伴随下的侧向失稳，即第二类稳定失效。

采用不同材料的建筑结构在设计中虽然都面临上述同类问题，但因所用结构材料的强度和性能不同，适用的结构体系类型、构件截面形式以及设计做法和措施各异，故在设计中需要着重处理的问题和方法也不尽相同。

例如，在钢结构中，因钢材强度较高，结构构件长细度偏大，型钢截面各部分厚度偏小，故从其早期设计开始，就已注意到既要处理好构件的强度问题，又要处理好构件的稳定问题（在防失稳措施中又以防压屈失稳为主，同时兼顾大跨梁类构件防受压部位侧向失稳（或称扭转失稳）以及相对偏薄且主压应力偏大的钢腹板的防侧凸失稳等各类失稳方式）。对于工程中最常用的偏心钢压杆，多国设计规范长期以来都是把考虑了二阶效应的强度失效验算和稳定失效验算统一通过计算长度系数法来体现。同时，有些国家（包括我国）还对高层建筑钢结构体系提出了基于弹性假定的整体侧向稳定验算要求。近期由美国学术界首倡的"直接设计法"（或称"塑性二阶分析法"）则尝试放弃计算长度系数法所依靠的结构弹性分析结果，而改为在与承载力极限状态对应的有部分构件可能已进入钢材屈服后塑性变形状态的受力条件下直接建立考虑结构弹塑性性能、塑性内力重分布过程和结构二阶效应，且能作出强度极限识别和稳定极限识别的结构分析及验算方法。当然，要把这一方法推广到包括各类高层及超高层建筑结构体系的大范围工程项目设计中去，预计仍有大量研究和分析工作要做。

在钢筋混凝土结构中，因混凝土与配筋的综合材料强度与钢材相比明显偏低，结构构件长细度偏小，且截面更具实体特征，故各国设计规范至今都只对其强度设计（包括其中考虑二阶效应的方法）作出了较全面规定；在稳定验算方面，除给出了钢筋混凝土高层建筑结构整体侧向失稳的验算方法外，对单根偏压构件的稳定验算则至今均未给出具体规定。这反而促成了钢筋混凝土结构设计中考虑二阶效应方法的自成体系的发展。到目前为止，针对结构构件强度验算中的二阶效应和结构层间位移控制中的二阶效应，各国设计规范曾使用过多种不同的方法。其中，我国的《混凝土结构设计规范》GB 50010 则从其2010 年版起，在各国设计规范中率先采用了更为准确、合理地考虑二阶效应的统一计算方法体系，即基于几何刚度的有限元法（按构件单元建模）考虑各类建筑结构中的 P-Δ 效应，同时通过经我国研究界改进的 C_m-η 法考虑偏压构件内的 P-δ 效应（当然，如何在基于几何刚度的有限元法中考虑钢筋混凝土结构构件的非弹性性质则仍是有待解决的问题）。除此之外，虽然我国的《高层建筑混凝土结构技术规程》JGJ 3 从其 2002 年版起就已给出了高层建筑结构整体侧向稳定的简化验算方法，但随着在钢筋混凝土高层及超高层建筑中大长细度和高轴压力构件的出现，要求设计标准或技术规程给出此类单个构件非弹性压屈失稳验算方法的呼声也日趋强烈。

本章拟结合本书作者所在学术团队在钢筋混凝土二阶效应和稳定性方面的研究收获及本书作者参与我国有关设计规范二阶效应条文修订工作的体会，以主要篇幅说明二阶效应的基本概念、基本规律以及曾经使用过的和现用的（或推荐使用的）考虑二阶效应的方法；同时，也对钢筋混凝土结构及构件稳定验算的有关问题作了必要提示和介绍，并对结构中单根杆件的非弹性稳定验算方法提出了建议。

8.2　建筑结构中二阶效应的含义和分类以及二阶效应的基本规律

8.2.1　用两个简单例子说明二阶效应的基本含义

现以下面两个简单构件为例说明二阶效应的基本含义。

先看图 8-2 所示的受满跨均布荷载 q 和沿梁轴线的压力 N 作用的简支梁。由横向均布荷载引起的弯矩、剪力的分布以及作用轴压力 N 的分布即如图 8-2(b)、(c)、(d) 所示。梁在均布荷载下形成的初始挠曲线如图 8-2(a) 中实线所示（挠度用夸张比例画出）。通过进一步考察会发现，当梁形成上述初始挠曲变形后（变形中以弯曲变形为主，剪切变形所占份额很小），轴压力 N 会在已挠曲变形梁的各个截面内产生随挠度变化的附加弯矩 $\Delta M(x) = Ny(x)$，其中 $y(x)$ 为梁各部位在均布荷载下形成的初始挠度。这时梁各截面内的作用弯矩作为第一步将变成 $M(x) + Ny(x)$。在这种被增大的弯矩作用下，各截面曲率也将进一步增大，导致构件挠曲变形进一步增长；在挠曲变形增长后，又会在轴力 N 作用下引起各截面附加弯矩的进一步增大；于是形成了一个各截面作用弯矩与相应部位挠度相互攀附增长的过程。工程力学已推导证明，在弹性假定下，只要作用轴压力 N 未达到稳定临界力 N_{cr}，即：

$$N < N_{cr} = \frac{\pi^2 EI}{l_{cr}^2} \tag{8-1}$$

也就是不发生在轴压力作用下的稳定失效，这一攀附增长过程就始终是收敛的。上式中的 EI 为梁的弹性刚度，l_{cr} 为失稳两端铰支弹性杆长度，也可理解为弹性失稳等效长度，在本例两端简支单跨梁处即为梁的跨度。在图 8-2(a) 中用虚线表示攀附增长过程最终达到收敛状态时形成的挠曲线。此时，各部位挠度用 $y^*(x)$ 表示。在图 8-2(b) 中，用虚线表示收敛状态下的弯矩图。于是，针对收敛状态的微分方程即可写成：

$$M + Ny^* = -EI \frac{d^2 y^*}{dx^2} \tag{8-2}$$

利用这一微分方程即可用解析法或数值法解得梁各部位的挠度 $y^*(x)$ 和各截面的附加弯矩 $Ny^*(x)$。

在这个例子中，由轴压力 N 在已产生收敛状态挠曲变形的梁内形成的附加挠度 $\Delta y(x) = y^*(x) - y(x)$ 以及附加弯矩 $\Delta M(x) = Ny^*(x)$ 即统称为二阶效应。与之相呼应，把未考虑二阶效应之前的内力和挠曲变形称为一阶内力和一阶挠曲变形。另外，在本例中，因梁内形成二阶效应后，梁上作用荷载和梁的支反力未变，故梁各截面的剪力没有二阶增量。这意味着，在梁的一阶挠曲变形中大部分为弯曲变形，少部分为剪切变形；而在二阶挠曲变形增量中，则全为弯曲变形增量，没有剪切变形增量。梁各截面内的轴压力自然也没有二阶增量。

若本例梁内无轴压力 N 作用，也就不会形成上述二阶效应。

另一个例子是图 8-3 所示的柱顶受轴压力 N 和水平力 H 同时作用的单根等截面悬臂柱（下端固定、上端自由）。首先，按照传统工程力学定义，这根柱各截面只受柱顶水平力引起的三角形分布弯矩（图 8-3b 中的实线弯矩图）、不变剪力（图 8-3c 中的剪力图）和由柱顶轴压力引起的不变压力作用（见图 8-3d 的轴压力图，此时忽略柱自重影响）。但当柱在柱顶水平力作用下产生初始水平挠曲变形后（见图 8-3a 中的实线挠曲线），因有柱顶轴压力作用，各截面作用弯矩也会首先变为 $M(x)+\Delta M(x)=M(x)+N[f-y(x)]$，其中 f 为柱顶初始（即一阶）水平位移。但因各截面弯矩增大后又会导致柱水平挠曲变形的增长，并形成与前一个例子中类似的附加弯矩与侧向挠度相互攀附增长的过程，并在 N 未达到 N_{cr} 的前提下最终达到一个如图 8-3(a) 中虚线所示的收敛变形状态。但应注意，在本例用来计算 N_{cr} 的式（8-1）中，l_{cr} 应取为柱高的两倍，理由请见下面第 8.3.3 节的有关说明。收敛状态的求解思路与前一个例子处相似。

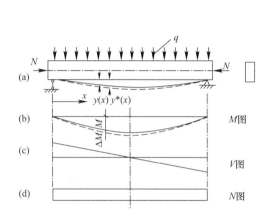

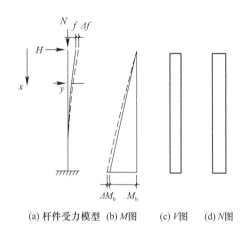

图 8-2 轴压力在一根受满跨均布荷载
作用的简支梁内引起的附加弯矩和附加挠度

图 8-3 在一根柱顶作用有水平力的等截面
悬臂柱内由柱顶轴压力引起的附加弯矩和附加挠度

在这个例子中，同样是把柱顶轴压力在侧向变形的柱内引起的在弯矩和侧向变形攀附增长过程达到收敛状态后形成的附加挠度和附加弯矩视为二阶效应。在这个例子中，柱各截面的作用剪力和作用轴压力同样也都未受二阶效应影响。

从以上二例中还可看到以下值得关注的规律：

（1）与静定构件中一阶内力的大小取决于荷载的大小和作用方式不同，二阶弯矩增量和二阶挠度增量的大小则取决于轴压力大小以及一阶挠曲变形的大小，而一阶挠曲变形又主要取决于构件的无支长度、端约束条件和挠曲刚度。

（2）构件内一阶弯矩图的变化取决于荷载作用方式及构件的端约束条件，而二阶弯矩的变化规律则更多地取决于构件挠曲线的形状。因此，在构件的不同截面处二阶弯矩与一阶弯矩的比值各不相同，且有可能差别很大。

（3）若以构件弯矩最大截面和挠度最大部位分别作为二阶弯矩增幅比例［即 $\Delta M/(M+\Delta M)$］和二阶挠度增幅比例［即 $\Delta f/(f+\Delta f)$］的取值部位，则同一构件的二阶弯矩增幅比例和二阶挠度增幅比例并不必然相等。

除此之外，还需提请注意的是：

（1）在以上两例中，构件内的剪力均未受二阶效应影响，但在各类超静定结构中，有些构件中的剪力也会因二阶效应而发生变化，请关注下面各节将要说明的考虑了二阶效应的结构分析结果。

（2）轴拉力在结构构件中引起的二阶效应与轴压力引起的二阶效应符号相反。

（3）在以上两个例子中，都忽略了数值很小的构件轴向变形对二阶效应的影响。考虑这类影响的结构分析方法，在工程力学中称为"大位移理论"。本书下面从钢筋混凝土结构工程设计角度讨论的二阶效应问题均未进入大位移理论的范畴。

正是因为二阶效应的上述性质，故在结构设计中从保证承载安全性和正常使用性能出发，就需要考虑二阶效应可能带来的不利影响。从以上两个简单例子中已可以看出这种不利影响主要表现在：

（1）当轴压力引起的二阶效应增大构件截面内的作用弯矩时（有时还可能增大作用剪力），若同一截面内的作用轴压力 N 不变，则不论截面处在大偏心受压还是小偏心受压状态，都需要更多的纵筋来形成截面所需的更大抗弯能力。

（2）当二阶效应增大结构或构件变形时，则应在变形控制验算中考虑其不利影响。

当结构或构件的挠曲刚度相对较大、轴压力相对较小，结构设计人能够判定二阶效应足够小时，自然也可决定在结构设计中对二阶效应忽略不计。不过，根据已有设计经验，在常用结构体系的各类偏心受压构件中，二阶效应对弯矩和变形的增大幅度一般都在百分之几到百分之十几（有时甚至更大）的范围内变化，轻易忽略这类二阶效应已是一般结构设计计算精度所不容许的。

8.2.2 建筑结构体系中的两类二阶效应——$P\text{-}\Delta$ 效应和 $P\text{-}\delta$ 效应

在通过以上两个简单构件实例了解了二阶效应的基本含义后，再来考察远比这两个构件复杂的各类建筑结构中的二阶效应，则可发现，结构体系虽然多种多样，建筑结构也可从单层、多层到高层、超高层，但其中的二阶效应始终可根据成因不同而简单分为以下两大类。

首先，几乎每个建筑结构都具有自地面向上悬伸且通常在其高度范围内无水平支点的特点，并承担分别作用于各个楼层的重力荷载（竖向荷载）和水平荷载。当结构体系在各层水平荷载等能够引起结构侧移的荷载作用下形成整体水平位移后，作用于各楼层的竖向荷载就会与前一节第二个例子中的柱顶集中竖向力类似，随结构形成侧向位移而引起大小不同的楼层倾覆力矩增量，从而使已产生侧移的结构进一步加大其侧向变形，同时增大结构有关构件中引起结构侧移的一阶弯矩（或还有某些一阶剪力），直到侧移和内力增量攀附增长到收敛状态为止（能够收敛的条件是总竖向荷载未超过结构总体侧向失稳的总临界荷载）。这种因结构重力荷载和整体侧移在各楼层一系列结构构件中形成的内力增量以及各楼层的侧移增量属于由整个结构体系受力导致的二阶效应，习惯上称其为"$P\text{-}\Delta$ 效应"，也称"结构体系重力二阶效应"或"结构体系侧移二阶效应"。这类二阶效应是建筑结构中二阶效应的主导形式。

与此同时，结构各个构件在各类荷载引起的弯矩、剪力作用下都将产生挠曲变形。若构件内同时有轴压力作用，轴压力就会在以构件初始轴线为基线已经产生了挠曲变形的构件截面中形成附加弯矩，导致构件挠曲变形和截面附加弯矩的攀附增长。习惯上把在这类已挠曲构件中当上述攀附增长过程达到收敛状态时由轴压力引起的附加弯矩和附加挠曲称为"$P\text{-}\delta$ 效应"或"杆件挠曲二阶效应"。如下面第 8.2.6 节将要进一步说明的，$P\text{-}\delta$ 效应对建筑结构设计的一般影响远较 $P\text{-}\Delta$ 效应为小。

从以上说明可以看出，各类结构体系中的 $P\text{-}\Delta$ 效应和 $P\text{-}\delta$ 效应从概念上分别具有各自的明确定义，从成因上是相互独立的，不应混淆，故在结构设计中可以分别建立各自独立的计算方法。但 $P\text{-}\delta$ 效应会对 $P\text{-}\Delta$ 效应产生少许附加影响，这将在下面第 8.2.6 节中进一步说明。

8.2.3 结构体系侧向变形的基本规律

结构在竖向及水平荷载作用下，将根据其构形以及构件的刚度特性和端约束条件产生相应的受力变形。从总体上看，可将结构的变形分为竖向变形和侧向变形两大类。其中，一般是把由各层倾覆力矩在竖向构件中形成的竖向拉伸和压缩变形也放在侧向变形规律中讨论。

由于在建筑结构中竖向变形通常不会对处在一般使用状态下的结构性能构成明显不利影响，而水平变形则是衡量作为结构主导受力性能之一的侧向刚度优劣的主要技术指标，同时也是决定结构中 $P\text{-}\Delta$ 效应大小的重要因素，而且各个楼层的水平变形特征也是决定结构体系中 $P\text{-}\Delta$ 效应作用规律的主要因素，故在每个建筑结构体系的设计中水平变形及其特征都会受到专门关注。

本节下面将主要说明与结构体系侧向变形特征及规律有关的问题，不再专门涉及结构体系的竖向变形，故借此机会拟先提请结构设计人关注与结构体系竖向变形有关的下列问题：

（1）在一般结构设计中，结构分析是针对已建成且各个构件的混凝土均已达到设计要求强度的整体结构在规范规定的各项荷载作用下完成的；但其中的重力荷载实际上是在结构自下向上逐层建造过程中逐步施加于已建造的局部结构的，且已建造局部结构中的构件可能处在有模板、支撑或已拆除模板和支撑状态，各构件混凝土的强度和弹性模量也处在逐步增长过程中。因此，严格来说，实际自重在结构中逐步形成的内力作用状态和构件变形状态会与结构分析时全部恒载一次性作用于已建成结构的状态存在差异。

（2）随着结构施工面的上升，有必要保证依次拆模后的结构部分已形成的构件承载力能足以承担当时及随后上升过程中依次作用的重力及施工荷载，同时需要时时确认已建成结构部分的空间坐标符合设计要求以保证施工和吊装所需的尺寸精度。

（3）施工中作用于各楼层的施工荷载不同于结构设计时取用的楼面活荷载。

在以上三点中，第一点属结构分析和设计中需要考虑的问题；在目前使用的结构分析及设计用商品软件中已提供了某些能近似考虑施工过程中自重逐步作用于逐渐增高的局部结构体系的分析方法。后两点则属于施工过程中时时监控技术需要考虑的问题，即施工技术学科需要考虑的问题；目前也已提出了用于高层和超高层建筑结构的能够跟踪和监控整个施工过程（包括结构时时变形状态）的专用三维定位技术并编制了适于这一用途的专用模拟软件。关心这些问题的读者可参阅有关著作及技术文献。

在本书前面第 5.5.3 节中，曾从结构设计角度对结构体系侧向变形（层间位移角控制）中的有关问题作过说明。本节下面将根据二阶效应和稳定验算的需要，从工程力学角度对涉及结构体系侧向变形特征的有关概念性问题作必要说明。

由于一根受梁上荷载作用的水平悬臂梁的挠曲变形特征与一个自地面向上悬伸且受水平荷载作用的建筑结构的侧向变形特征具有相似之处，故拟先利用图 8-4 所示弹性材料悬臂梁来说明由作用荷载引起的悬臂梁弯曲变形特征与剪切变形特征的主要区别。

在图 8-4(a) 所示的受竖向均布荷载作用的由弹性材料构成的矩形截面等截面悬臂梁内，由荷载形成的弯矩图和剪力图分别如图 8-4(b)、(c) 所示。为了便于考察，也为了与建筑结构中的"楼层"概念相呼应，如图 8-4(d)、(e) 所示，可将梁沿长度方向按数值法中常用的做法划分为一系列长度单元，并近似假定每个单元的变形由该单元长度中点截面中的弯矩和剪力确定。其中，在弯矩作用下，每个长度单元根据其弯曲刚度产生相应转角，即原在正视图中为矩形的一个长度单元侧立面如图 8-4(d) 和 (f) 所示近似变为梯形；在剪力作用下，每个单元根据其剪切刚度的大小产生相应的剪切角，即原在正视图中为矩形的长度单元如图 8-4(e) 所示变为平行四边形。因各长度单元的弹性弯曲刚度和剪切刚度不变，故根据梁内各截面弯矩和剪力的变化规律，用夸张手法画出的弯曲变形后和剪切变形后的梁即分别如图 8-4(d) 和 (e) 所示（此二图只分别表示梁内弯曲变形和剪切变形特征，未反映弯曲变形值与剪切变形值之间的真实比例关系）。

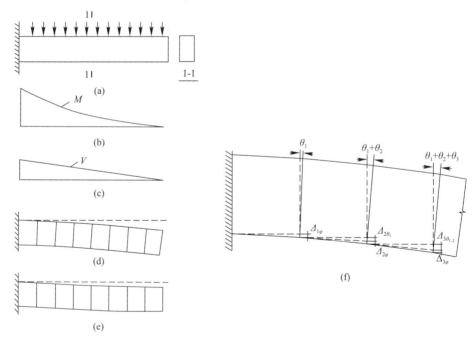

图 8-4　矩形等截面悬臂梁的弯曲变形及剪切变形特征

已有计算结果表明，在本例这类实体截面梁内，弯曲变形在总变形中占主导地位，剪切变形占比重很小（例如，在弹性条件下以梁外端的挠度为例，较细长悬臂梁的弯曲变形将占到总变形的 95% 以上，剪切变形常只占 3%～5%），若以竖向挠度为标识量，则梁各点的挠度即由图 8-4(d) 和 (e) 所示的该点的弯曲挠度和剪切挠度叠加而成。

若进一步观察悬臂梁弯曲变形和剪切变形的特点，则可发现，剪切变形沿梁长的变化规律（表现为剪切变形曲线）相对较为简单，即每个单元的剪切角只取决于该单元的作用剪力和剪切刚度；而且，只需将各单元的剪切变形从梁的固定端向悬出端依次累积（图 8-4e）即可得到梁的剪切变形曲线。剪切变形曲线的走势取决于每个长度单元剪切变形的大小。

但弯曲变形从梁的固定端向悬臂端的累积规律则略偏复杂。从图 8-4（f）所示放大后的单元弯曲变形规律可以看出，梁固定端第一个长度单元右侧截面处的竖向位移就只有该单元自身弯曲变形形成的位移 $\Delta_{1\varphi}$；但到第二个长度单元处，因该单元左侧截面已因第一个长度单元的弯曲变形而形成转角 θ_1，故第二个单元右侧截面处的竖向位移将在第一个单元已有位移的基础上由两部分组成，一部分为第一个单元右侧截面的转角 θ_1 使第二个单元产生刚体转动而在其右侧截面处形成的竖向位移 $\Delta_{2\theta_1}$，另一部分则为第二个单元自身弯曲变形在其右侧截面处形成的位移增量 $\Delta_{2\varphi}$；而到第三个长度单元处，其左侧截面处的转角已增大为第一、二两个单元转角之和，即 $\theta_1+\theta_2$，故第三个长度单元右侧截面处的竖向位移增量也将由两部分组成，一部分是其左侧截面已形成的转角 $\theta_1+\theta_2$ 使第三个单元发生刚体转动而在其右侧截面处形成的竖向位移增量 $\Delta_{3\theta_{1,2}}$，另一部分则为第三个单元自身弯曲变形在其右侧截面处形成的竖向位移增量 $\Delta_{3\varphi}$；依此类推，直到梁悬出端的最后一个单元。

从以上叙述可以看出，每个单元自身弯曲变形的大小取决于该单元弯曲刚度和作用弯矩的大小，因此，由其产生的竖向位移是从固定端向悬臂外端递减的；而由左侧各单元弯曲转角累积形成的各单元刚体转动导致的竖向位移增量则是从固定端朝悬臂外端因逐个单元累积而以递进方式迅速增大的，因此，到靠近悬臂梁外端处，各单元刚体转动形成的位移增量在单元总竖向位移增量中都已占绝对优势。这也是悬臂构件弯曲变形规律与剪切变形规律相比的一个重要独到特征。

在以上的弯曲变形和剪切变形中，由于除第一个长度单元外的其他各个长度单元由刚体转动形成的弯曲变形在不考虑二阶效应的条件下不会在单元内形成应力和应变，即不会引起或加重单元内的材料受力损伤，故也常把这部分弯曲变形及由其产生的构件位移称为"无害变形"或"无害位移"；与之相对应，则把其余能引起应力、应变的弯曲变形和剪切变形以及由其产生的构件位移称为"有害变形"或"有害位移"。

通过以上对悬臂梁内弯曲变形和剪切变形累积规律的叙述，是想加深读者对弯曲变形和剪切变形不同累积规律的印象。只要把图 8-4 中的悬臂梁"竖起来"，则其弯曲变形和剪切变形的基本累积规律也就适用于一幢受水平荷载作用的建筑结构。

工程中使用的钢筋混凝土建筑结构或构筑物结构，因其结构构成不同而具有不同的侧向变形特征。从研究结构侧向变形规律的角度，可以把各类发生了侧向变形的结构体系划分为各自具有不同侧向变形特征的竖向结构单元。其中，这些竖向结构单元又可以划分为以下两大类：一类是自地面向上悬伸的"单根实体截面构件基本单元"；另一类是由相互刚性连接的竖向构件和水平构件构成的由地面向上悬伸的"平面刚架基本单元"。这后一类基本单元又可分为由框架梁和框架柱构成的平面框架单元以及由竖向墙肢和水平连梁构成的联肢剪力墙单元或联肢核心筒壁单元；因这后两类竖向单元的侧向变形规律相似，故可作为"平面刚架基本单元"放在一起讨论。

下面先讨论上述两大类竖向基本单元各自单独受水平力作用时的侧向变形规律，然后再涉及各类竖向基本单元以不同方式组成结构体系后在共同工作条件下的侧向变形规律。

（1）竖向悬伸的实体截面构件基本单元

竖向基本单元属于这一类的典型结构例如有钢筋混凝土烟囱的外壁、电视塔塔身以及高位水箱下面筒形支承结构的筒壁等；除此之外，各类高层及超高层建筑结构体系中所包含的无孔洞或小开孔单肢核心筒壁和单肢剪力墙片也属于此类竖向基本单元。这类基本单元在单独承受水平荷载作用时的侧向变形特征与图 8-4 所示悬臂梁相似，即侧向变形以弯曲变形为主，剪切变形所占份额很小；且弯曲变形和剪切变形从基底向顶部的各自累积规律也分别与图 8-4 所示悬臂梁中这两类变形的累积规律相同；侧向挠曲线的形状则主要具有图 8-4（d）所示的弯曲变形曲线的特征（因剪切变形在总变形中占比重很小），挠曲线细部特征则取决于不同高度处竖向实体构件截面具有的挠曲刚度大小以及水平荷载沿竖向的分布规律。

（2）竖向悬伸的刚架基本单元

工程中使用的绝大部分建筑结构体系都是由沿结构各平面主轴方向布置且相互连接的这类刚架基本单元，即平面框架、联肢剪力墙或联肢核心筒壁构成的。这类基本单元的侧向变形特征主要取决于每个基本单元中各个楼层的单根竖向构件与对应跨度的单根水平构件的线刚度比。因在结构体系使用的各种刚架基本单元中竖向和水平构件的线刚度比会在很大范围内变化，导致对应结构体系呈现出不同的侧向变形特征，故下面需对竖向及水平构件线刚度比不同的这类基本单元的受力和侧向变形特征作必要说明。

为了讨论方便，拟先对竖向与水平构件线刚度比处于两种极端情况的竖向刚架基本单元的受力及侧向变形特征作简要说明，然后再讨论竖向及水平构件线刚度比介于这两种极端情况之间的工程常用竖向刚架基本单元的受力及侧向变形特征。

1）水平构件挠曲刚度为无穷大时刚架基本单元的受力及侧向变形特点

当如图 8-5 所示，将一个作为例子的单跨三层刚架的三层水平构件均假定为挠曲刚度无穷大时，则在图示各层水平荷载作用下，因各层水平构件不产生挠曲变形，导致在暂不考虑图 8-5（c）所示横梁整体转动的条件下各层竖向构件的上、下两个端截面也不会产生转动，故每层的竖向构件只能产生反弯点在各层层高中点的双曲率挠曲变形（图 8-5a）。因这种变形只使各层楼盖产生平移，而不产生转动，类似于前面图 8-4（e）所示的悬臂梁各长度单元的剪切变形，故通常称这类楼层变形为"层剪切型变形"。这时，各层水平构件虽因自身挠曲刚度无穷大而不产生挠曲变形，但根据平衡条件，各水平构件仍将如图 8-5（b）所示受图示弯矩和剪力作用，并在左、右支座处形成支反力；这类支反力将在左、右竖向构件中形成拉力和压力，并引起其伸长和缩短，从而使该刚架在图 8-5（a）所示层剪切型变形基础上再叠加图 8-5（c）所示的由各层竖向构件的伸长和压缩所形成的变形。这时，因各层楼盖发生的转动与图 8-4 中悬臂梁各长度单元的弯曲变形相似，故通常称之为"层弯曲型变形"（为了与下面图 8-6 所示情况下各单根竖向构件的挠曲变形相区分，也称这种变形为"刚架整体侧向弯曲变形"）。由于图示刚架左、右竖向构件内的拉伸或压缩都是自顶层向下逐层增大的，故当各楼层的竖向构件截面及材料强度不变时，各楼层的转角也是自上向下逐层增大的。与图 8-4 悬臂梁中弯曲变形自固定端向外伸端的累积规律相同，各楼层的整体弯曲转角也是自下向上逐层累积的。故各层楼盖与水平面的夹角是自下向上逐层增大的。但由于刚架左、右竖向构件的拉伸及压缩刚度通常偏大，拉伸及压缩量小，故在这类多层刚架中，由图 8-5（a）所导致的各楼层的剪切型变形依然会明显大于图 8-5（c）由各楼层弯曲型变形形成的层间位移。这使得这类多层刚架的侧向变形仍具有"以层剪切型变形为主"的特点。但因楼层整体弯曲变形是自下向上逐层累积的，故随着楼层数增多,层弯曲型变形会随楼层向上以越来越快的速度增长。这也意味着,层弯曲型变形对各竖向构件的反弯点位置会产生少许影响。

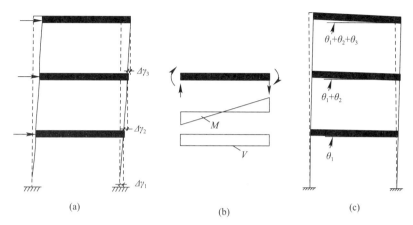

图 8-5 水平构件挠曲刚度极大时多层刚架基本单元的侧向变形特征

(图中变形均以夸张比例示意性画出)

在这类刚架中,如上面已经提到的,各楼层的侧向剪切型变形与侧向弯曲型变形自下向上的累积规则与图 8-4 中悬臂梁的剪切变形与弯曲变形自固定端向外伸端的累积规则分别相同。

2)水平构件挠曲刚度为零时刚架基本单元的受力及侧向变形特点

当刚架基本单元水平构件的挠曲刚度很小时,如图 8-6 所示,可近似取水平构件的挠曲刚度为零,即各层水平构件在相应竖向构件之间只起铰接连杆作用;这时,图中刚架就变成了由各层铰接连杆连接的两根自基底向上悬出的竖向悬臂构件。这种刚架基本单元在图示水平荷载作用下的侧向变形特征就全由左、右二竖向悬臂构件决定,即具有弯曲型变形为主的特征(因竖向构件中剪切变形在其总变形中所占份额很小)。根据平衡条件,这时的水平荷载将全由左、右两个悬臂竖向构件的抗弯和抗剪能力来抵抗,各个竖向构件抵抗水平荷载的比例由其挠曲刚度比决定。由于水平连杆只产生平移,不产生转角,故从层变形特征角度看,这类结构的层变形全为"层剪切型变形",而没有"层弯曲型变形"成分(图 8-6);且其"层剪切型变形"就等于该层高度内左、右竖向构件的上、下端点之间的水平位移差。为了把这里竖向构件在分担的水平荷载下形成的侧向变形状态与上面水平构件挠曲刚度极大时刚架基本单元的楼层弯曲型变形相区分,故将图 8-6 所示侧向变形状态称为"竖向构件束的侧向挠曲变形状态",也就是相当于"一束"由各水平铰接连杆相互连接的各自独立的竖向杆件在水平荷载下的侧向同步变形状态。

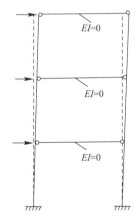

图 8-6 水平构件挠曲刚度为零(只起铰接连杆作用)时多层刚架基本单元(竖向构件束)的侧向变形特征

在这里需提请读者注意的是,对于图 8-6 所示的水平构件挠曲刚度为零的刚架基本单元,一方面其楼层的侧向变形特征如上面所述具有"层剪切型变形"特征;但另一方面其竖向构件束的总侧向变形特征又与再上面所述"竖向悬伸的实体截面构件基本单元"相同，即侧向变形具有以弯曲变形为主的特征。这是不矛盾的，也是图 8-6 所示的这类结构独具的侧向变形特征。

3）水平构件挠曲刚度介于以上两种极端情况之间的工程常用刚架基本单元的受力及侧向变形特点

工程中的大量建筑结构均为沿其水平面内主轴方向布置的多排平面结构相互交叉连接而成的三维结构，各层楼盖则主要起着使同一平面主轴方向各排平面结构按楼盖提供的水平约束条件（平面内的刚性楼盖或弹性楼盖）协同分担引起结构侧移的荷载和协调所产生的侧向变形的作用，多数建筑结构体系中的平面结构均为多层多跨，而且从侧向变形性能角度都具有以下两项主要特点：

① 根据需要，多跨多层平面结构通常是由在每个竖向平面内的某一类竖向基本单元或在同一平面内相互连接并共同工作的不同类型竖向基本单元构成的。例如，框架结构基本上全由梁柱框架型的刚架类基本单元构成；剪力墙结构则全由联肢墙型的刚架类基本单元构成；框架-剪力墙结构或框架-核心筒结构中的主要平面结构则由实体截面竖向构件基本单元（单片墙肢或筒壁）和梁柱框架型的刚架类基本单元构成，或由联肢墙型的刚架类基本单元和梁柱框架型的刚架类基本单元构成。当由两种及两种以上类型的竖向基本单元构成时，平面结构的侧向变形特征就将以这两类或多类基本单元各自的侧向变形特征为基础按共同工作的变形协调条件来形成。

② 当建筑结构中的平面结构包含有刚架类基本单元时，这些实际使用的刚架类基本单元的共同特点是，其中的水平构件和竖向构件的线刚度比都处在前面结合图 8-5 和图 8-6 所述的两种极端情况之间，而且可能具有各种大小不同的线刚度比，故其侧向变形也具有在这两种极端状态之间变动的特征，且特征随线刚度比的大小以及刚架类基本单元的高度（层数）而变。

下面对水平和竖向构件线刚度比处在两种极端状态之间的不同高度（层数）的刚架类基本单元在水平荷载下的侧向变形特征作必要的定性说明。

首先，之所以在前面结合图 8-5 和图 8-6 着重说明在水平构件刚度过强状态下形成的"层剪切型变形模型"和"层整体弯曲型变形模型"（图 8-5a 和 c）以及在水平构件刚度过弱状态下形成的"竖向构件束的侧向弯曲型变形模型"（下面简称"竖向构件束模型"，见图 8-6），是因为当水平及竖向构件线刚度比处在两种极端状态之间时，上述三种模型都会以不同比例参与构成刚架型基本单元的侧向变形，并影响其侧向变形特征。下面仍以一个单跨三层刚架型基本单元为例（图 8-7）说明当竖向构件挠曲刚度原则上保持不变，但水平构件挠曲刚度从相对极强逐步变到相对极弱的过程中，上述三种侧向变形模型在总侧向层间变形中参与程度的变化规律及原因。

① 当结构高度（层数）、水平荷载以及竖向构件挠曲刚度保持不变时，随着水平构件挠曲刚度从极强状态逐步减弱，刚架基本单元各层的侧向变形会相应逐步增大。

② 在其他条件不变的前提下，随着水平构件挠曲刚度的逐步减小，即竖向与水平构件线刚度比的逐步增大，水平构件在弯矩、剪力作用下的挠曲变形将逐步增长；这时，竖向构件中的弯矩、剪力以及相应挠曲变形会根据结构力学规律逐步稍有减小，但每个楼层由水平构件和竖向构件挠曲变形形成的层剪切型变形会逐步较明显增长（图 8-7a），这也是上面第 1）点所述各楼层侧向变形逐步增大的主要原因。

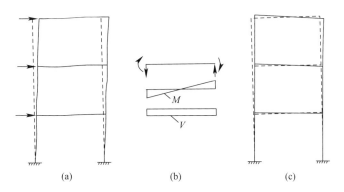

图 8-7 水平构件挠曲刚度处在相对极强和相对极弱两种极端状态
之间时刚架型基本单元的侧向变形特征

③ 在水平构件挠曲刚度逐步下降的过程中，当水平构件中的弯矩、剪力根据结构力学规律逐步有所减小时，将导致各层水平构件的支反力以及左、右竖向构件的拉力、压力和拉伸及压缩变形的逐步减小，从而使楼层整体弯曲变形也逐步减小。这也意味着，如图 8-8 所示，当水平构件刚度为零时（图 8-8a），虽然左、右竖向构件侧向弯曲变形很严重，但各层楼盖都未产生水平转角，因此直到顶层，左、右竖向构件顶点仍处于同一标高。而当各水平构件刚度为无穷大时（图 8-8c），各层楼盖的转角都会自下向上以递进方式增大，且每层楼盖在产生转角后始终与左、右竖向构件轴线在各楼层节点处保持垂直，顶层亦然；而当水平构件的刚度处在这两种极端状态之间时，则如图 8-8（b）所示，楼层转角将比图 8-8（c）所示情况减小，即各楼盖左、右端连线不再能如图 8-8（c）所示与左、右竖向构件轴线在各节点处保持垂直；这说明左、右竖向构件的拉伸和压缩变形比图 8-8（c）状态减小，或者也可以说各楼层形成了竖向剪切变形，或形成了竖向剪切滞后（vertical shear lag）。

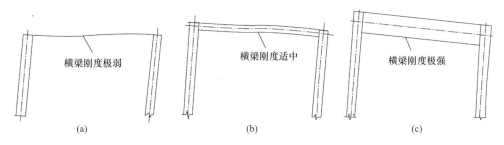

图 8-8 在水平构件刚度不同的情况下刚架基本单元顶部的不同变形状态

④ 随着水平构件刚度的逐步减小，图 8-6 所示的竖向构件束的侧向变形机构就会以逐步增长的比例参与到各楼层的侧向变形中来，并以先慢后快的递增方式增长，这导致在水平构件的刚度变得很弱时，图 8-5（a）和（c）所示的那种形式的层剪切变形和层整体弯曲变形都将接近消失，并形成"竖向构件束"侧向弯曲变形几乎独占刚架基本单元全部侧向变形的状态。

⑤ 由于水平构件刚度极强时，左、右竖向构件的弯矩图反弯点都将接近各楼层高度中点，而当水平构件刚度极弱时，左、右从下到上的整个竖向构件中的弯矩图将不再受楼层影响而形成在竖向悬臂构件内的自下向上逐步持续减小到零的变化趋势，因此，当水平

构件的刚度逐步增大时，各层柱弯矩图的反弯点也会出现图 8-9（a）～（d）所示逐步向层高中点下移的特征。

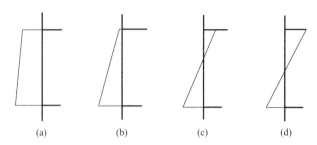

图 8-9　在水平构件刚度不同的情况下刚架基本单元各层竖向构件弯矩分布规律的变化趋势
（图中所示为水平荷载自左向右作用时的框架左侧边柱）

除去上述水平与竖向构件线刚度比这个影响刚架基本单元侧向变形特征的主要因素外，另外一个影响这类基本单元侧向变形特征的因素是建筑结构的高度或层数。这是因为从前面的图 8-4 可知，悬臂梁单元由弯曲变形形成的单元转角是从梁的固定端向悬出端逐步积累的，从而使弯曲变形在总变形中的比重从固定端向悬出端以递增方式增长。刚架基本单元的层整体弯曲变形在楼层变形中所占比重虽然远不及弯曲变形在实体截面悬臂构件中所占的比重，但当楼层数增大到一定程度后，由于层整体弯曲变形转角自下向上逐层累积，到中部特别是上部楼层后，层整体弯曲变形在总的层侧向变形中仍会占到一定比重。

当然，本节以上对实体截面竖向构件基本单元和刚架基本单元侧向变形基本规律的讨论都是以结构的侧向变形具有第一弯曲振型侧向变形模式，即侧向变形自下向上单调增大为前提的，当在结构的动力反应过程中因有高阶振型介入而使侧向变形出现其他更复杂形式时，虽然上述基本规律依然成立，但具体变形状态就只能通过动力反应分析结果来识别。

从以上叙述不难看出，具有不同结构构成的各类从单层到多层、高层、超高层的三维结构体系的侧向变形特征是相当复杂的。不过，目前使用的各类结构弹性静力或动力分析软件以及结构非弹性静力和动力分析软件都已能较准确给出结构在对应受力状态下各构件单元轴线节点处沿结构三个主轴方向的位移和转角供结构设计人调用（结构动力分析中给出的则是各个反应时点的变形值）。但不少结构设计人为了把握结构体系的总体侧向变形特征，依然愿意用例如"具有层剪切型变形特征""具有层弯曲型变形特征"或"具有弯、剪型变形特征"等概念性表达方式来描述所面对的结构体系。与此同时，在使用计算某些类型结构 P-Δ 效应的简化方法时，设计规定也常以结构侧向变形符合某些主导特征为前提。例如，对于具有"以层剪切型变形特征为主的"侧向变形特征的结构，如多层框架结构，可以使用"层增大系数法"来近似考虑 P-Δ 效应；对于具有"以层整体弯曲型变形特征为主的"侧向变形特征的结构，如高层的剪力墙结构、框架-剪力墙结构和筒体结构（含框架-核心筒以及内筒-外框筒结构），可以使用"整体增大系数法"来近似考虑 P-Δ 效应等（对这两类简化方法，即层增大系数法和整体增大系数法的说明见下面的第 8.4.4 节和第 8.4.5 节）。因此，本节上面对结构体系侧向变形基本特征的叙述希望能有助于结构设计人把握结构体系侧向变形的基本规律，同时也有助于理解考虑 P-Δ 效应的各种简化方法建立的前提条件。

8.2.4 "引起结构侧移"的构件弯矩与"不引起结构侧移"的构件弯矩的区分

由于如前面第 8.2.2 节所述，结构体系中的 P-Δ 效应是由竖向荷载在受各类荷载作用而产生了侧向位移的结构体系中引起的，故 P-Δ 效应除去将增大各楼层的侧向变形外，对于结构构件所受的各项内力而言，就只会增大各构件弯矩中引起结构侧移的那部分弯矩以及对应的某些剪力或轴力，但不会增大不引起结构侧移的那部分弯矩及对应的其他内力。故在进一步讨论 P-Δ 效应规律之前，先在本节说明构件内这两部分弯矩的区分方法。

在各类无侧向支点的常用建筑结构体系（以往也称"侧移结构"或"有侧移结构"）中，因水平荷载总会引起结构侧移，故由水平荷载在结构中引起的弯矩就都应属于会被 P-Δ 效应增大的"引起结构侧移"的弯矩。

而当竖向荷载以非对称方式作用于对称或非对称结构，或对称竖向荷载作用于非对称结构时，结构也将产生侧移。但这时由竖向荷载在结构构件中形成的弯矩并非都是"引起结构侧移"的弯矩；通常只有其中一部分属于"引起结构侧移"的弯矩，并被 P-Δ 效应增大；另外的则属于"不引起结构侧移"的弯矩，且不会被 P-Δ 效应增大。

为了区分这种情况下的"引起结构侧移"的弯矩和"不引起结构侧移"的弯矩，在图 8-10(a) 中给出了一个任意选择的左、右不对称的平面框架，其上面作用的竖向荷载同样为左、右不对称。这时，即可按下列步骤算得相应梁、柱构件中"引起结构侧移"的弯矩和"不引起结构侧移"的弯矩；这两部分弯矩可笼统地用 M_s 和 M_{ns} 分别表示；而这两部分弯矩之和则可用 M 笼统表示。

区分的具体步骤为：

（1）用一般的计算机辅助弹性结构分析方法算出图 8-10(a) 中平面框架各杆件在图示竖向荷载下的弯矩（笼统用 M 表示）；

（2）对图示平面框架分别在屋盖梁轴线和楼盖梁轴线标高处的一侧加设水平不动铰支座（图 8-10b），并在竖向荷载不变的条件下再用计算机辅助弹性分析方法算出此时"无侧移"的不对称平面框架各杆件中的弯矩，这也就是这一结构在相应竖向荷载下的"不引起结构侧移"的弯矩（笼统用 M_{ns} 表示）；

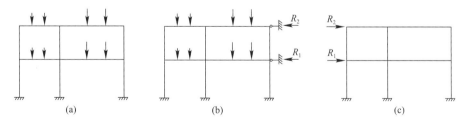

图 8-10 在一个受不对称竖向荷载作用的不对称平面框架中区分"引起结构侧移"的弯矩和"不引起结构侧移"的弯矩的思路

（3）从各杆件每个截面由（1）算得的总弯矩 M 中减去由（2）算得的"不引起结构侧移"的弯矩 M_{ns}，即得各截面的"引起结构侧移"的弯矩 M_s。

也可以将由以上（2）中算得的屋盖和楼盖标高处水平不动铰支座的支反力 R_1 和 R_2

（图 8-10b）在同样标高处作为水平荷载反向作用于无水平侧向支点的该框架（图 8-10c），并用计算机辅助的弹性分析法算得只有这两个水平力作用时框架各杆件的弯矩，这也就是相应杆件的"引起结构侧移"的弯矩 M_s。从由（1）算得的各杆件截面的总弯矩 M 中减去相应截面的 M_s，即可得相应截面的"不引起结构侧移"的弯矩 M_{ns}。

在计算竖向荷载引起的 M_s 和 M_{ns} 的过程中，与之对应的剪力也可分别随之算得。

值得指出的是，在早期考虑二阶效应的有些设计方法中，例如 $\eta\text{-}l_0$ 法中，曾采用过不区分"引起结构侧移"的弯矩和"不引起结构侧移"的弯矩的做法，即直接用考虑 $P\text{-}\Delta$ 效应的"弯矩增大系数"（或称"偏心距增大系数"）η 乘以各截面组合弯矩 M。这种做法虽偏安全但不合理。结构设计人遇到此类情况时应注意识别。

8.2.5 各类结构体系中 $P\text{-}\Delta$ 效应的基本规律举例

在目前的结构设计中，虽然使用的结构分析与设计商品软件已能例如通过基于几何刚度的有限元法（按构件基本单元建模）较准确地算出各类结构体系在弹性假定下的 $P\text{-}\Delta$ 效应（包括 $P\text{-}\Delta$ 效应对各层层间位移和各结构构件有关内力的增大效应），但结构设计人不宜仅停留于简单利用这类分析结果来完成结构设计，而有必要从把控结构体系总体受力特征出发，较全面了解 $P\text{-}\Delta$ 效应对结构反应性能的影响规律，从而在必要时对结构反应性能进行调整、控制。为此，本节下面拟分别以一个单跨多层平面框架、一片实体墙、一片双肢剪力墙和一个平面框架-剪力墙组合模型为例来简单展现 $P\text{-}\Delta$ 效应在各类基本结构体系中的不同影响规律，并简要分析其原因。

在每个例子中，为了获取 $P\text{-}\Delta$ 效应引起的各个楼层层间位移的增幅和构件相关内力的增幅，都是各完成两次结构分析。即一次通过使用基于几何刚度的有限元法（按构件基本单元或有限元基本单元建模）完成的考虑了 $P\text{-}\Delta$ 效应的结构分析，和一次使用常规结构弹性分析方法完成的结构分析，即不考虑 $P\text{-}\Delta$ 效应影响的结构分析。将两次分析获得的某一楼层的层间位移值或某一构件截面的某项内力值相比较，即可得到 $P\text{-}\Delta$ 效应对这项物理量的影响大小。相关影响可通过常用的 $P\text{-}\Delta$ 效应增大系数 η 来表示。例如，$P\text{-}\Delta$ 效应对层间位移的增大系数 η_Δ 即可写成：

$$\eta_\Delta = \Delta^* / \Delta_0 \tag{8-3}$$

$P\text{-}\Delta$ 效应对构件控制截面中引起结构侧移的作用弯矩的增大系数 η_m 即可写成：

$$\eta_m = M^* / M_0 \tag{8-4}$$

式中　　Δ^* 和 Δ_0——某个楼层考虑 $P\text{-}\Delta$ 效应后和未考虑 $P\text{-}\Delta$ 效应的层间位移；

　　　　M^* 和 M_0——结构某构件控制截面内考虑 $P\text{-}\Delta$ 效应后和未考虑 $P\text{-}\Delta$ 效应时引起结构侧移的作用弯矩。

1. 单跨三层平面框架算例中的 $P\text{-}\Delta$ 效应规律

图 8-11 给出了一个同时受作用在各层左、右梁柱节点上的集中竖向荷载和作用在各层左侧梁柱节点上的集中水平荷载的单跨三层对称平面框架。因竖向荷载不在梁柱内形成弯矩，故框架只受水平荷载在梁柱内形成的引起结构侧移的弯矩及对应剪力作用（弯矩分布见图 8-11c）。水平荷载引起侧移后的梁、柱变形曲线如图 8-11（b）中细实线用夸张比例所示。显然，竖向荷载将在产生了侧向位移的框架内形成 $P\text{-}\Delta$ 效应。在图 8-11（b）框架右侧分别给出了 $P\text{-}\Delta$ 效应引起的各层倾覆力矩与各层层间位移攀附增长达到收敛状态时

的层间位移角 θ_i^*（不带括号的层间位移角值）和不考虑 $P\text{-}\Delta$ 效应时的层间位移角 θ_{0i}（带括号的层间位移角值）以及它们的比值 $\eta_{\Delta i}=\theta_i^*/\theta_{0i}$。而在图 8-11（c）的各层梁端和柱端，则分别给出了 $P\text{-}\Delta$ 效应达到收敛状态时的梁、柱端弯矩 M^*（不带括号的弯矩值）和不考虑 $P\text{-}\Delta$ 效应时的梁、柱端弯矩 M_0（带括号的弯矩值）以及它们之间的比值 $\eta_m=M^*/M_0$。

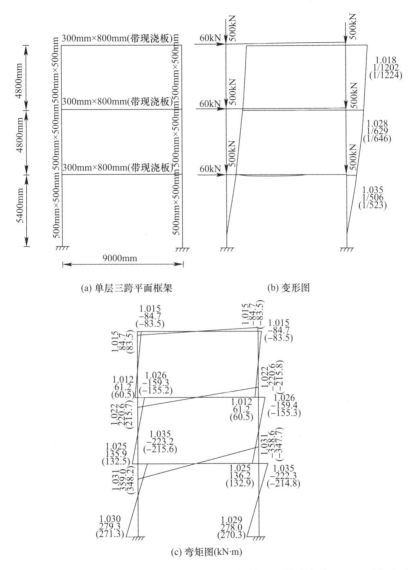

图 8-11　展示结构中 $P\text{-}\Delta$ 效应的单跨三层平面框架模型及其中各楼层的一阶侧向变形和
考虑 $P\text{-}\Delta$ 效应后的侧向变形值以及各梁、柱端的一阶弯矩及考虑 $P\text{-}\Delta$ 效应后的弯矩值

从图中给出的 η_Δ 值和 η_m 值可以看出 $P\text{-}\Delta$ 效应的影响具有以下特点：

（1）如前面第 8.2.3 节已经指出的，柱和梁的线刚度比处在工程常用值的多层框架结构的楼层侧向变形以"层剪切型变形"为主导成分，"层弯曲型变形"占比重颇小，"竖向构件束侧向弯曲变形"占的比重更小。从"层剪切型变形"特征出发可以判定，$P\text{-}\Delta$ 效应的影响以增大所考虑的那个楼层的"层剪切型变形"为主要特点，而不再明显波及其他楼层（或者说，某一楼层的 $P\text{-}\Delta$ 效应基本上不受上部楼层和下部楼层 $P\text{-}\Delta$ 效应的影响）。而各楼层 $P\text{-}\Delta$ 效应的大小则主要取决于该层竖向荷载 $\sum N_{ij}$ 形成的楼层倾覆力矩 $\sum N_{ij}\Delta_i^*$ 与该层层剪力 V_i 形成的倾覆力矩 $V_i h_i$ 之间的比值，即 $\sum N_{ij}\Delta_i^*/V_i h_i$（$\Delta_i^*$ 为所考虑楼层包括 $P\text{-}\Delta$ 效应增量在内的层间位移；h_i 为层高）。因此，也可以说这类结构的 $P\text{-}\Delta$ 效应原则上具有"层模型特征"（图 8-12）。

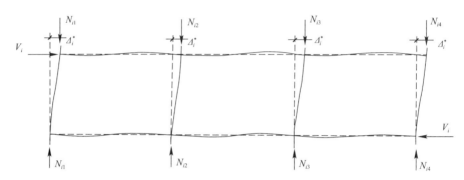

图 8-12　以"层剪切型变形"为层侧向变形主导成分的多层框架某个楼层的受力特征

（2）由于一个楼层由 $P\text{-}\Delta$ 效应引起的侧向位移增量主要是由本层梁、柱的挠曲变形所引起的，故某个楼层的侧移增大系数 η_Δ 与该楼层各柱端的弯矩增大系数 η_m 应是基本相同的。之所以说"基本"相同，是因为在梁柱节点处，上、下柱端弯矩增量还会因需满足转角协调条件而发生少量弯矩重分布。各层楼盖处的框架梁因各处在两个楼层之间，故其弯矩增大系数 η_m 值也应处在上、下楼层的 η_Δ 系数值之间。以上增大系数之间的数量关系可以从图 8-11(b)、(c) 给出的计算结果中得到证实。

（3）各楼层 η_Δ 的变化规律如上面所述主要取决于每个楼层 $\sum N_{ij}\Delta_i^*/V_i h_i$ 值的大小，也就是取决于各楼层竖向荷载、各楼层剪力、各楼层侧向刚度以及层高这几个参数的自上向下的变化规律，即每个平面框架都有自己的 η_Δ 自上向下的变化特点。

（4）若任意取本例中某层的一根柱为例，因左、右柱对称，若假定同层各柱内的作用轴力基本相等，则如图 8-13 所示，一根柱中的 $N\Delta^*$ 恰等于上、下柱端水平荷载弯矩增量 ΔM_{s1} 和 ΔM_{s2} 之和（Δ^* 为该层考虑 $P\text{-}\Delta$ 效应后的层水平位移）。因此，在考虑和不考虑 $P\text{-}\Delta$ 效应的两种情况下，柱内水平荷载剪力值不发生变化；这与该层层剪力在考虑和不考虑 $P\text{-}\Delta$ 效应时没有变化的前提条件是相协调的。当然，若同层各柱分配到的轴力不等、各柱挠曲刚度不等或底层柱柱底固定端标高不一致时，同层各柱内考虑 $P\text{-}\Delta$ 效应后的水平荷载剪力与一阶水平荷载剪力相比也会发生少量变化；但因各层层剪力未变，故各柱水平荷载剪力虽会分别有所增减，但水平荷载剪力之和应始终等于该层层剪力。

（5）如图 8-14 所示，当某跨框架梁的两个引起结构侧移的端弯矩也被 $P\text{-}\Delta$ 效应增大后，梁内作用剪力（在本例中即相当于该跨梁的支反力）也将根据梁的平衡条件被 $P\text{-}\Delta$ 效应增大。这意味着对应框架柱中的轴力值也会受 $P\text{-}\Delta$ 效应影响而发生少许变化。

2. 实体等截面剪力墙算例中的 $P\text{-}\Delta$ 效应规律

实体截面剪力墙很少在建筑结构中单独使用，即使使用也是与框架共同构成框架-剪力墙结构或框架-核心筒结构，这后两类结构的 $P\text{-}\Delta$ 效应规律将在下面第 4 类结构实例中

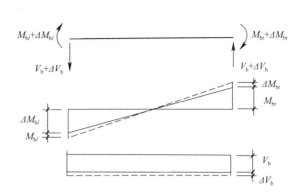

图 8-13　在考虑 P-Δ 效应后的侧向
变形状态下图 8-11 中某层框架柱所处的平衡状态

图 8-14　某跨框架梁在梁两端引起结构
侧移的弯矩被 P-Δ 效应增大后所处的平衡状态

说明。工程中与独立工作的实体截面剪力墙性能相近的只有构筑物中的钢筋混凝土电视塔塔身和烟囱中起结构作用的钢筋混凝土外壁（均为有开洞的环形截面构件）。在这里之所以要专门讨论实体截面剪力墙的 P-Δ 效应问题，主要是因为其侧向变形具有典型的"层弯曲型特征"，从而可以揭示其中的 P-Δ 效应规律与具有"层剪切型特征"的平面框架中的 P-Δ 效应规律的原则性差异。

　　所考察的实体截面剪力墙选为 60m 高，分为 20 个等高楼层，见图 8-15。分析时取用的壳单元划分方案亦见该图。墙水平截面为 6000mm×400mm 的矩形。悬臂墙的水平荷载按风荷载沿高度的变化规律确定，竖向荷载按各层数值不变取用。

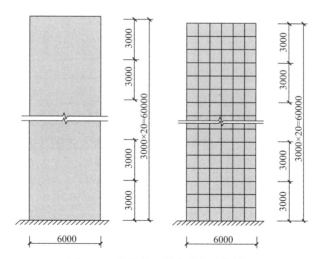

图 8-15　实体截面剪力墙的计算模型

　　为了使读者对这一剪力墙构件在给定水平荷载下形成的具有典型"层弯曲型"特征的侧向变形获得更具体的印象，在表 8-1 中给出了在未考虑 P-Δ 效应的条件下经弹性分析结果求得的各层层间位移 Δ_i 以及从中识别出的层剪切变形 Δ_γ、层弯曲变形 Δ_φ 和由以下楼层弯曲转角逐层向上累积而成的楼层刚体转动导致的层间位移 Δ_θ；还给出了这三类变形成分在各层层间位移中各占的百分比，即 $\Delta_\gamma/\Delta_i(\%)$、$\Delta_\varphi/\Delta_i(\%)$ 和 $\Delta_\theta/\Delta_i(\%)$。从表列结果可以看出，由楼层弯曲变形和楼层刚体转动形成的楼层总弯曲变形，即 $\Delta_\varphi + \Delta_\theta$，在各层层间位移中所占比重从下面第二层起就已占到层间位移的 60% 以上；此后向上更是在层间位移中占压倒优势。其原因已在前面第 8.2.3 节中作过说明。

实体截面剪力墙在未考虑 P-Δ 效应的水平风荷载
作用下各楼层层间位移中不同位移成分所占的百分比   表 8-1

楼层序号	Δ_i(mm)	Δ_γ(mm)	Δ_φ(mm)	Δ_θ(mm)	Δ_γ/Δ_i(%)	Δ_φ/Δ_i(%)	Δ_θ/Δ_i(%)
20	3.053E-03	0.002215E-03	0.0003936E-03	3.050E-03	0.07	0.01	99.90
19	3.052E-03	0.004320E-03	0.003130E-03	3.045E-03	0.14	0.10	99.77
18	3.046E-03	0.006314E-03	0.006616E-03	3.033E-03	0.21	0.22	99.57
17	3.031E-03	0.008197E-03	0.01134E-03	3.012E-03	0.27	0.37	99.37
16	3.006E-03	0.009969E-03	0.01719E-03	2.979E-03	0.33	0.57	99.10
15	2.969E-03	0.01163E-03	0.02410E-03	2.933E-03	0.39	0.81	98.79
14	2.917E-03	0.01318E-03	0.03201E-03	2.872E-03	0.45	1.10	98.46
13	2.849E-03	0.01462E-03	0.04084E-03	2.793E-03	0.51	1.43	98.03
12	2.762E-03	0.01595E-03	0.05052E-03	2.695E-03	0.58	1.83	97.57
11	2.655E-03	0.01717E-03	0.06099E-03	2.576E-03	0.65	2.30	97.02
10	2.526E-03	0.01828E-03	0.07218E-03	2.436E-03	0.72	2.86	96.44
9	2.375E-03	0.01927E-03	0.08402E-03	2.271E-03	0.81	3.54	95.62
8	2.199E-03	0.02016E-03	0.09641E-03	2.083E-03	0.92	4.38	94.72
7	1.998E-03	0.02094E-03	0.1093E-03	1.868E-03	1.05	5.47	93.49
6	1.771E-03	0.02160E-03	0.1227E-03	1.627E-03	1.22	6.93	91.87
5	1.517E-03	0.02215E-03	0.1364E-03	1.358E-03	1.46	8.99	89.52
4	1.235E-03	0.02260E-03	0.1504E-03	1.062E-03	1.83	12.18	85.99
3	0.9245E-03	0.02293E-03	0.1647E-03	0.7369E-03	2.48	17.82	79.71
2	0.5859E-03	0.02315E-03	0.1793E-03	0.3834E-03	3.95	30.60	65.44
1	0.2045E-03	0.02326E-03	0.1812E-03	0	11.37	88.61	0

在将考虑了 P-Δ 效应的实体截面墙的弹性有限元分析结果与不考虑 P-Δ 效应的一阶弹性有限元分析结果进行对比后，即可得到图 8-16 所示的 P-Δ 效应对各个楼层层间位移 Δ_i 的增大系数 η_Δ 和 P-Δ 效应对各个楼层底部横截面作用弯矩的增大系数 η_m 的数值及其沿结构高度的变化规律。在图 8-16 中还同时给出了用后面第 8.4.5 节将要讨论的整体增大系数法得到的本例整体截面墙的整体增大系数 η_c 值沿高度的变化规律，以供后文讨论该方法时使用。

从 P-Δ 效应形成方式的角度看，以层弯曲型变形为层间位移主体形式的实体截面剪力墙与以层剪切型变形为层间位移主体形式的多层框架结构是有实质性差别的。如本节前面所述，对于以层剪切型变形为主的多层框架结构，虽然一阶层剪力的大小和分布规律仍要取决于水平荷载大小及其沿结构高度的分布规律，但因 P-Δ 效应的影响几乎全部体现在每个楼层的剪切变形增长上，故各楼层的 P-Δ 效应大小就主要取决于每个楼层侧向变形后竖向荷载形成的倾覆力矩与层剪力在楼层内形成的倾覆力矩的比值，而与该层以上各楼层的 P-Δ 效应原则上无关。而 P-Δ 效应在这类结构中表现出的具体特点是，每个楼层体现 P-Δ 效应对层间位移影响的增大系数 η_Δ 在数值上总是原则上等于 P-Δ 效应对该层各

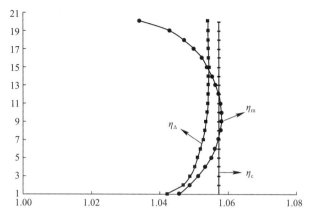

图 8-16 图 8-15 实体截面剪力墙算例中由 $P\text{-}\Delta$ 效应形成的各楼层层间
位移增大系数 η_Δ、截面弯矩增大系数 η_m 和整体增大系数 η_c

柱弯矩的增大系数 η_m。但是在本例的实体截面墙中，因 $P\text{-}\Delta$ 效应主要由各层墙的弯曲变形增长来体现，故情况要比在具有层剪切型变形特征的多层框架处更偏复杂。即例如实体截面墙的一阶弯矩主要由所考虑楼层以上各层作用的水平荷载大小及分布规律决定（形成的弯矩图形状如图 8-17b 所示），而 $P\text{-}\Delta$ 效应倾覆力矩则由所考虑楼层以上各层的竖向荷载大小以及相应楼层的侧向变形大小所决定。侧向变形如图 8-17(c) 所示；$P\text{-}\Delta$ 效应的倾覆力矩图则如图 8-17(d) 所示。请注意，图 8-17(b) 和图 8-17(d) 中的弯矩图未按相同比例画出。通过图 8-17(b) 和 (d) 更多地是想表示这两类弯矩沿结构高度的不完全相同的分布规律。而实体墙的各层层间位移虽然总体上说是由各层作用弯矩导致的（剪切变形如表 8-1 所示占比重极小），但因各层墙的一阶层间位移都是由表 8-1 所示的三种成分构成的，特别是其中的 Δ_θ 是由所考虑楼层以下各层的弯曲转角向上逐层积累而成的，使得各层作用弯矩与同层层间位移之间不再存在像以层剪切型变形为层间位移主导成分的框架结构中那样的简单相互呼应关系。同样，在 $P\text{-}\Delta$ 效应倾覆力矩与层间位移的 $P\text{-}\Delta$ 效应增量之间自然也不再存在简单的数量上的相互呼应关系。这意味着各楼层由 $P\text{-}\Delta$ 效应导致的层弯矩增大系数 η_m 和层间位移增大系数 η_Δ 各具有自己的不同取值，或者说在实体墙内 η_m 和 η_Δ 将各有自己的沿结构高度的变化规律。图 8-16 中的 η_m 曲线和 η_Δ 曲线的不同走势证实了这一推断。

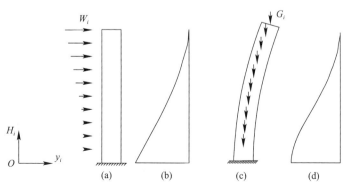

图 8-17 实体截面墙内形成的水平荷载一阶弯矩图和重力荷载 $P\text{-}\Delta$ 效应倾覆力矩图
（均为示意图，左右二弯矩图未按相同比例画出）

图 8-16 中的 η_m 和 η_Δ 曲线虽然受以上复杂因素影响，但仍能看到一些主要影响趋势。例如，η_Δ 值在中、上部楼层变化不大是因为图 8-17(b)、(d) 分别表示的一阶弯矩图和 P-Δ 效应倾覆力矩（或称弯矩增量）图在中、上部楼层的变化趋势具有一定的相似性；而 η_Δ 值在下部楼层越向下数值越小则主要是因为结构的侧向变形（图 8-17c）自上向下的减小速度由快变慢，导致 P-Δ 效应弯矩增量的变化幅度相应减小（图 8-17d）。η_m 值在上部楼层越向上越小（图 8-16），主要是因为水平荷载越向上越大，而引起 P-Δ 效应的重力荷载值则在各个楼层变化不大；η_m 值在下部楼层越向下越小，则主要是因为 P-Δ 效应弯矩增量在底部楼层随楼层下降而增大的速度赶不上一阶弯矩随楼层下降而增长的速度，其原因仍在于侧向位移越向下递减的速度越慢。

3. 联肢剪力墙算例中的 P-Δ 效应规律

联肢剪力墙是目前我国用量很大的高层钢筋混凝土剪力墙结构中的主导竖向构件单元。本例使用的联肢墙计算模型仍取为 60m 高，20 层，各层开洞尺寸见图 8-18(a)，墙肢及连梁均设定为 400mm 厚，混凝土强度等级取为 C40。计算用的壳单元划分见图 8-18(b)；竖向及水平荷载施加方式见图 8-18(c)，其中，各层竖向荷载值取为相同，水平荷载沿结构高度按风荷载作用规律变化。

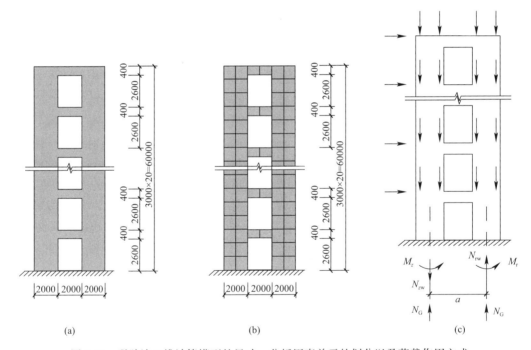

(a)   (b)   (c)

图 8-18 联肢墙二维计算模型的尺寸、分析用壳单元的划分以及荷载作用方式

如前面第 8.2.3 节已经指出的，平面框架和联肢墙均属结构竖向构件单元中的竖向平面刚架单元，只不过对于图 8-18 所给的联肢墙计算模型来说，因连梁线刚度属相对偏小，而每层墙肢的线刚度则已足够大，故在这类竖向构件单元的侧向变形中"竖向构件束的侧向弯曲变形"已成主导成分，"层剪切型变形"和"层弯曲型变形"所占比重已颇小。这一特点从图 8-19(a) 所示该联肢墙模型在水平荷载下形成的墙肢弯矩图中也进一步得到证实，即中、下部楼层墙肢在楼层范围内都已不存在反弯点，弯矩在各层墙肢范围内变化梯

度小，楼层间弯矩图的跳跃值也相当小。这种特点的联肢墙在我国不同抗震设防烈度区的高层剪力墙结构中恰好是常用的。

但也需注意，由于各层连梁的线刚度还不算过小，各层连梁受弯矩、剪力作用后传给左、右两侧墙肢的支反力数值仍不是太小，故水平荷载在各层引起的倾覆力矩除有相当一部分由左、右墙肢内的作用弯矩抵抗外，其余部分都是由左、右墙肢的拉力和压力形成的各层整体截面的抗弯能力来抵抗的。如下面将要提及的，这一现象对联肢墙的 $P\text{-}\Delta$ 效应会有重要影响。

这类联肢墙内的 $P\text{-}\Delta$ 效应规律同样可以用由考虑和不考虑 $P\text{-}\Delta$ 效应的弹性二维有限元分析结果对比所得的图 8-20 所示的右墙肢层间位移增大系数 $\eta_{\Delta r}$ 以及左墙肢和右墙肢的弯矩增大系数 η_{ml} 和 η_{mr} 沿高度的变化规律来表示（假定水平荷载自左向右作用）。具体特征可归纳为，本算例算得的由 $P\text{-}\Delta$ 效应引起的层间位移增大系数 $\eta_{\Delta r}$ 与前一实体截面墙算例的 η_{Δ} 沿结构高度的分布规律相似，其原因应仍然在于本算例联肢墙的层间位移主要受"竖向构件束的侧向弯曲变形"控制，即与实体截面墙有相似的以弯曲变形为主的侧向变形特征（本例模型用夸张比例表示的侧向变形状态见图 8-19b）。故如图 8-17 所示，至少在模型的中、上部楼层由竖向荷载在已侧向变形的结构中引起的 $P\text{-}\Delta$ 效应弯矩（图 8-17d）与这部分楼层中由水平荷载引起的楼层一阶倾覆力矩（图 8-17b）之间的比值变化不

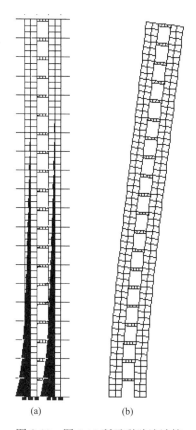

图 8-19　图 8-18 所示联肢墙计算模型中由水平荷载引起的各层墙肢弯矩图及联肢墙模型的侧向变形特征（侧向变形值已按比例放大）

大，这是 $\eta_{\Delta r}$ 在这类模型中、上部楼层数值变化不大的主要原因。而在下部楼层，因结构自上向下的侧向变形增幅逐步减小，而水平荷载倾覆力矩则继续保持原中、上部楼层的增长趋势，甚至增幅还稍有增大，从而导致 $\eta_{\Delta r}$ 在下部这些楼层范围内自上向下逐步减小（图 8-20）。

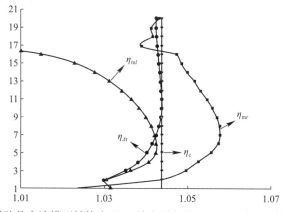

图 8-20　双肢联肢剪力墙模型结构由 $P\text{-}\Delta$ 效应引起的 $\eta_{\Delta r}$、η_{ml} 和 η_{mr} 沿高度的变化规律

从图 8-20 所示的左、右墙肢弯矩增大系数 η_{ml} 和 η_{mr} 沿模型高度的变化规律看，都具有数值自底层到顶层先小后大再重新减小的总体趋势（这与图 8-16 中实体墙算例 η_m 曲线的总体走势具有相似性），但 η_{mr} 值从总体上明显大于 η_{ml}（前提是水平荷载自左向右作用）。因此，两条曲线的走势所具有的共同特点可以用在实体截面墙算例处的相似理由来解释，这里不再重复。而 η_{mr} 值普遍大于 η_{ml} 值则主要是因为在竖向和水平荷载共同作用下，右墙肢的轴压力将明显大于左墙肢，从而使右墙肢由压力引起的 $P\text{-}\Delta$ 效应力矩明显大于左墙肢。这是联肢墙 $P\text{-}\Delta$ 效应规律中与单片实体墙不同的一个主要特点。

4. 框架-剪力墙算例中的 $P\text{-}\Delta$ 效应规律

框架-剪力墙结构和框架-核心筒结构均属于由框架部分和剪力墙部分（或核心筒部分）共同承担水平荷载和共同形成结构侧向变形的结构体系，是高层和超高层建筑结构中常用的结构体系。在此类结构中主要由框架部分为各楼层提供空旷的使用空间，由剪力墙（或核心筒壁）提供框架部分不足的侧向刚度。

根据不同建筑结构的具体情况，剪力墙（核心筒）部分的侧向刚度与框架部分的侧向刚度的比值可以在较大范围内变化。当剪力墙部分的侧向刚度很强时，除体系中、下部楼层的大部分水平荷载由剪力墙承担外，因剪力墙单独承担水平荷载时具有的弯曲型侧向变形特点，故当其与框架部分共同工作时，整个结构体系的侧向变形虽会增加少许剪切型侧向变形的特点，但主体侧向变形特征仍为弯曲型。随着剪力墙部分侧向刚度的逐步下降，剪力墙部分（特别是中、下部楼层）分担的水平荷载比例也相应下降（但所承担的部分在大多数情况下仍大于 50%），侧向变形中的剪切型特征也会逐渐略有增长（但整个结构的侧向变形仍以弯曲型特征为主）。

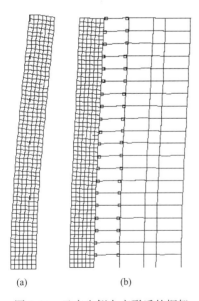

不论剪力墙部分的侧向刚度相对强弱，因剪力墙单独承担水平力时侧向变形为层弯曲型，而框架部分单独承受水平力时侧向变形以层剪切型为主，故在其共同工作时，根据各楼层侧向变形协调条件，框架部分在中、下部楼层所受的一部分水平荷载将传给剪力墙（核心筒）部分；在上部楼层，剪力墙（核心筒）承担的一部分水平荷载将反过来传给框架部分。所形成的侧向变形曲线根据剪力墙部分的相对强弱，仍分别具有层剪切型特征占比重略少或占比重稍多的层弯曲型特征（见图 8-21b 用放大比例画出的所计算模型的侧向变形特征）。

为了能展示这类结构体系中 $P\text{-}\Delta$ 效应的主导规律，本书选用了图 8-21(b) 所示的由一片剪力墙（6000mm×400mm 截面，混凝土强度等级为 C40，高度仍为 60m，20层）和一个同高同层数的三跨框架（梁、柱截面分别为 250mm×600mm 和 700mm×700mm，跨度为 6000mm＋3000mm＋6000mm，混凝土强度等级为 C40）共同通过水平铰接构成的平面体系。就总体水平变形特征而言，该体系属于剪力墙部分的侧向刚度仍比框架部分明显偏大的结构体系。为了节省版面，计算模型是按已侧向变形状态画

(a)   (b)

图 8-21 已产生侧向变形后的框架-剪力墙计算模型（包括剪力墙的单元划分）以及为了对比用的已产生侧向变形的前述实体截面剪力墙计算模型

出的。为了对比,在该模型左侧的图 8-21(a) 中还画出了在相同水平荷载下前面第二个模型算例(实体截面剪力墙)的变形后状态。经对比不难看出,本模型因有框架协助受力,侧向位移已比单片剪力墙明显减小,但仍看得清楚其侧向变形曲线所具有的层弯曲型为主的变形特征。

在对图 8-21(b) 所示模型完成了考虑 $P\text{-}\Delta$ 效应的弹性有限元分析和不考虑 $P\text{-}\Delta$ 效应的弹性有限元分析后,通过分析结果对比即可获得 $P\text{-}\Delta$ 效应在该模型结构中形成的层间位移增大系数 η_Δ、各层框架柱弯矩增大系数 η_{mf}(同层各柱平均值)和各层剪力墙弯矩增大系数 η_{mw} 沿模型结构高度的变化规律,见图 8-22。

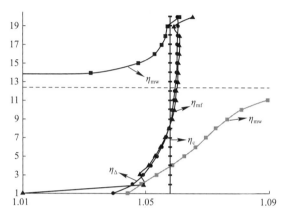

图 8-22 图 8-21 所示框架-剪力墙模型结构由 $P\text{-}\Delta$ 效应引起的 η_Δ、η_{mf} 和 η_{mw} 沿高度的变化规律

从图 8-22 所示 η_Δ、η_{mf} 和 η_{mw} 沿高度的变化规律可以得出的主要结论是,虽然在共同工作的框架和剪力墙之间从承担水平荷载的角度存在明显的内力重分布,即最终形成的模型结构侧向变形曲线的走势既不同于单独受力的框架,也不同于单独受力的剪力墙;但因本例中剪力墙的侧向刚度与框架部分相比依然足够强,故模型体系最终形成的侧向变形仍具有层弯曲型为主的特征,因此,所得层间位移增大系数 η_Δ 沿结构高度的变化规律仍与前面实体截面剪力墙(图 8-16)和联肢剪力墙(图 8-20)的 η_Δ 变化规律相似;具体理由同前,这里不拟重复。

就 $P\text{-}\Delta$ 效应对框架部分的影响而言,虽然水平荷载在框架部分和剪力墙部分之间已在不同楼层完成了不同程度的重分配,但因框架部分所具有的层剪切型侧向变形特征,即其各层柱的弯矩原则上只随所在楼层的层间位移按比例变化,故各层柱由 $P\text{-}\Delta$ 效应引起的弯矩增幅也就必然与所在楼层层间位移增幅按相似规律变化;也就是说,η_Δ 与 η_{mf} 沿结构高度的变化规律是基本一致的(图 8-22)。这应是这类二元结构中框架部分 $P\text{-}\Delta$ 效应规律的一项重要特性。

与前面几个模型结构相比差别最大的应是本例中剪力墙截面弯矩增大系数 η_{mw} 沿结构高度的变化特点。从图 8-22 可以看出,底部楼层剪力墙截面的 η_{mw} 数值略偏小,但 η_{mw} 值随楼层上升迅速增大,直到第 13 层;从第 14 层起又以跳跃方式降至很小值,再向上逐层增大,但增速逐步放缓。造成这种变化趋势有一个主要原因和一个次要原因。主要原因是,因剪力墙部分和框架部分之间所承担的水平荷载存在重分配现象,当水平荷载中的相应部分在中、下部楼层由框架转给剪力墙时,会导致墙内一阶弯矩相应增大,且越到底部增幅越大，故导致 η_{mw} 越向底部数值相对越小。而第 13 层和第 14 层恰是本例剪力墙中弯矩反号的楼层（或者说一阶弯矩值很小的楼层），因此，当 $P\text{-}\Delta$ 效应引起的弯矩增幅有一定数值时，因 η_{mw} 表达的是二阶弯矩增幅与一阶弯矩比值的大小，故 η_{mw} 值出现从正极大值到负极大值的跳跃也就不足为奇了。次要原因则是当框架部分和剪力墙部分共同工作时，由于框架部分承担的总重力荷载通常比剪力墙部分承担的总重力荷载偏大，故形成 $P\text{-}\Delta$ 效应的重力荷载倾覆力矩中的一部分也会从框架部分转移到剪力墙部分（内力重分配）。因此，上述主要原因虽会使 η_{mw} 在中、下部楼层随楼层的降低而逐步减小，但上述次要原因又会使 η_{mw} 随楼层向下而减小的幅度适度放缓，即 η_{mw} 值在底层仍未显过小。

通过以上四种不同模型结构中 $P\text{-}\Delta$ 效应影响规律的展示和对其形成原因的分析，是想使读者进一步理解 $P\text{-}\Delta$ 效应与不同结构层间位移基本特征之间的关系以及复杂结构的构成对 $P\text{-}\Delta$ 效应的不同影响，或者说从物理概念上了解可能影响 $P\text{-}\Delta$ 效应的各种因素，从而为评价各类考虑 $P\text{-}\Delta$ 效应的工程设计实用方法提供概念依据。

以上 $P\text{-}\Delta$ 效应增量分布规律的分析结果是由本书作者所在学术团队刘毅完成的。

8.2.6　结构体系中的 $P\text{-}\delta$ 效应及其基本规律

在受竖向和水平荷载作用的各类建筑结构中，除去重力荷载在产生了侧移的整体结构中形成的 $P\text{-}\Delta$ 效应外，不论结构是否产生侧移，每个构件都还会在竖向或水平荷载引起的弯矩、剪力作用下形成各自的挠曲变形。若构件内同时作用有轴压力，则会导致构件的附加挠曲变形以及弯矩的变化；当附加挠曲变形和弯矩变化相互攀附影响的过程达到收敛状态时，所形成的挠度变化和弯矩变化即统称为 $P\text{-}\delta$ 效应。因为这类二阶效应都是由各单个构件挠曲引起的，故也称"构件挠曲二阶效应"。

与由整个结构体系形成的 $P\text{-}\Delta$ 效应会全面增大结构构件中"引起结构侧移"的弯矩（及其他相关内力）以及结构各层的层间位移这类全面影响相比，$P\text{-}\delta$ 效应只具有局部意义；而且如下面将要说明的，在各类建筑结构的多数钢筋混凝土构件中，都因结构所具有的常见弯矩分布规律和构件的长细度不够大而不会因 $P\text{-}\delta$ 效应导致构件内对正截面承载力起控制作用的弯矩的增大，从而不需要在结构设计中考虑 $P\text{-}\delta$ 效应的影响。但即使如此，结构设计人仍有必要作为基本知识了解 $P\text{-}\delta$ 效应的影响规律，以便了解 $P\text{-}\delta$ 效应在大多数受压构件中不对正截面承载力产生不利影响的原因，和全面把控结构设计中的二阶效应问题，同时具有在需要考虑 $P\text{-}\delta$ 效应的构件设计中正确处理此类问题的能力。

为了便于说明 $P\text{-}\delta$ 效应的影响规律，下面将首先讨论 $P\text{-}\delta$ 效应在"不引起结构侧移"的弯矩单独作用下的表现形式，再讨论 $P\text{-}\delta$ 效应在"不引起结构侧移"的弯矩和"引起结构侧移"的弯矩共同作用下的表现形式。

1. 在"不引起结构侧移"的弯矩作用下 $P\text{-}\delta$ 效应的影响方式

在"不引起结构侧移"的弯矩作用下，结构中的受压构件通常均处在两端无侧移的弹性约束状态下，且因其所属的结构体系不同和所处的受力状态不同，沿构件长度的一阶弯矩分布也将可能处在图 8-23（a）以及（c）~（f）所示的从 $M_1/M_2 = +1.0$ 到 $M_1/M_2 = -1.0$ 的各种线性分布状态（其中的 M_1 和 M_2 分别为绝对值较小和绝对值较大的一阶端弯矩）。在这些弯矩分布状态下，$P\text{-}\delta$ 效应都表现为使受压构件的挠度和弯矩的分布及大小发生相应的变化，但变化规律随构件弯矩分布的不同和构件长细度以及作用轴压力的不同而各不相同。

为了了解 P-δ 效应引起的构件挠度增量和弯矩增量的分布规律，具体做法是，可以先设定一个无侧移单元封闭刚架，通过在刚架上、下横梁上施加大小和作用方向不同的对称竖向荷载而在刚架柱内形成不同的一阶弯矩分布状态；再在每一种荷载作用情况下对该刚架各完成一次用弹性杆系有限元法（即将每个杆件沿其长度划分为必要数量的长度单元但不考虑二阶效应的有限元法）实施的不考虑 P-δ 效应的结构分析和用基于几何刚度的有限元法（按沿构件轴线划分的长度基本单元建模）实施的考虑 P-δ 效应（即考虑几何非线性）的结构分析；对比两次分析结果中各杆件的挠曲变形以及弯矩分布和大小，即可获得 P-δ 效应在相应结构构件中引起的挠曲状态的变化和各截面弯矩的变化。

在图 8-23（a）以及（c）～（f）中给出了本书作者所在学术团队经上述分析获得的具有工程常用长细度的受压构件在不同一阶弯矩分布下由 P-δ 效应引起的弯矩增量分布特征。现简要依次说明形成相应弯矩增量分布规律的原因。

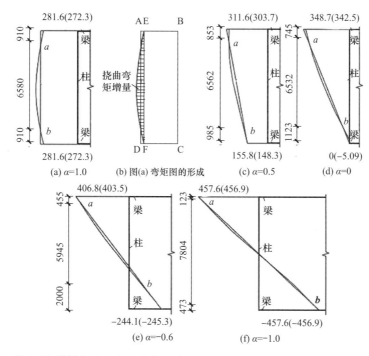

图 8-23　"不引起结构侧移"的一阶弯矩分布规律不同的无侧移框架柱中的 P-δ 效应弯矩增量分布规律举例（图中长度单位为 mm，弯矩单位为 kN·m，括号内的端弯矩为考虑了 P-δ 效应后的弯矩，$\alpha = M_1/M_2$）

图 8-23(a) 所示为一根各截面受一阶等弯矩作用的两端弹性约束受压构件。显然，构件在弯矩作用下会产生相应侧向弯曲，轴压力也自然会根据构件一阶挠曲线的形状引起在构件长度中部为最大、越向两端越小的 P-δ 效应弯矩增量；但图示分析结果表明，这类弯矩增量只分布在构件长度中部较长的一段范围内，在构件两端则出现减小一阶弯矩的反向弯矩增量。形成这一现象的原因在于，当这根构件在轴压力作用下形成附加侧向挠曲变形时，相当于相对减小了构件的线刚度；根据基本力学规律，这会使这根受压构件在其上、

下端梁柱节点处对相邻梁端转动的约束能力下降，导致相应梁端负弯矩值随之减小；根据梁柱节点处的弯矩平衡条件，这根受压构件的上、下端弯矩自然也将相应减小；与此同时，相应梁跨中部的正弯矩则将相应增大，梁内的正弯矩作用范围也会有小幅度扩展。

从图 8-23(a) 可以看出，在这类一阶弯矩均匀分布的受压构件内，$P\text{-}\delta$ 效应不论大小都将增大构件中间一段的一阶弯矩，故在这类构件的截面设计中都应考虑 $P\text{-}\delta$ 效应的这种不利影响。

为了与下面的讨论相呼应，图 8-23(a) 中的考虑 $P\text{-}\delta$ 效应影响后的受压构件弯矩图也可分解为图 8-23(b) 所示的三个部分；即首先用该图中的面积 ABCD 表示作用的一阶"不引起结构侧移"的弯矩；再用面积 AEFD 表示 $P\text{-}\delta$ 效应引起的上述一阶弯矩负增量；然后再用图中画了阴影线的面积表示由 $P\text{-}\delta$ 效应引起的杆件挠曲附加弯矩；在本章下面的讨论中均约定称这部分弯矩为杆件的"挠曲弯矩增量"。这种弯矩图分解方法同样适用于 (c)、(d)、(e) 和（f）各图，这里不再逐一画出。

从图 8-23(c) 可以看出，一旦构件两端同号弯矩的差值逐步拉大，虽然 $P\text{-}\delta$ 效应增大构件中段一阶弯矩、减少构件两端一阶弯矩的总趋势没有变化，但从图示几何关系可以看出，被 $P\text{-}\delta$ 效应增大后的中段一阶弯矩超过构件端部绝对值较大一阶弯矩 M_2 的可能性就越来越小，除非构件长细度加大或（和）轴压力加大。这表明，在长细度和轴压力给定的前提下，可通过计算判断出构件两端同号弯矩差值增大到何种程度时，被 $P\text{-}\delta$ 效应增大后的构件长度中部截面中的弯矩就不再会超过 M_2，从而不再需要在构件截面设计中考虑 $P\text{-}\delta$ 效应的影响。

在图 8-23(d) 和图 8-23(e) 中，分别给出了构件一端一阶弯矩为零和两端弯矩已经反号但另一端的弯矩绝对值 M_1 仍未超过绝对值较大端的弯矩 M_2 时的 $P\text{-}\delta$ 效应影响。从中可以看到，$P\text{-}\delta$ 效应增大构件长度中段的一阶正、负弯矩，减小 M_2 一端的一阶弯矩的趋势依然未变；但在另一端则会形成不大的反向增量；原因则是 $P\text{-}\delta$ 效应在图 8-23(d) 所示构件中引起的附加变形会增强弯矩为零一端受压构件对节点处梁端的转动约束。同样，图 8-23(e) 所示构件反弯点以上柱段的较大 $P\text{-}\delta$ 效应变形，也会增强该构件弯矩绝对值较小端对该端节点处梁端的转动约束。在这两种情况下，构件长度中部截面弯矩超过 M_2 的可能性自然会比图 8-23(c) 所示情况更小。

在图 8-23(f) 所示的 $M_2/M_1 = -1.0$ 情况下，$P\text{-}\delta$ 效应的影响则变成沿构件长度具有反对称双曲率特征，即 $P\text{-}\delta$ 效应会如图所示增大构件上半段和下半段接近长度中部一段的一阶弯矩，但减小其外端的一阶弯矩。这时，构件长度中间部分各截面考虑 $P\text{-}\delta$ 效应影响后的弯矩超过 M_2 的可能性已经极小。当然，需要注意的是，在这类从理论上说严格沿构件长度方向反对称受力的构件中，特别是当轴压力较大时，还可能在试验中发生因上、下两半段构件材料受力性能的随机性差异以及笔直性差异等而使随机偏弱（即挠曲刚度随机偏小）的那半段构件的侧向挠度相应增大，导致反弯点离开长度中点向另一端偏移，使偏弱的这半段构件中的 $P\text{-}\delta$ 效应超常发育，从而增大了这半段构件被 $P\text{-}\delta$ 效应增大后的弯矩超过绝对值较大端弯矩 M_2 的可能性。这种现象被国际工程界根据其最早发现人的姓氏称为齐莫曼效应（Zimmermann effect），这种不利影响是需要在这类受压构件设计中顾及的，具体做法请见下面第 8.4.8 节的进一步说明。

除去以上图 8-23 所示两端均为弹性约束的具有不同一阶弯矩分布的受压构件外，工程中也常会遇到底端为固定、顶端为弹性约束的受压构件。作为举例，图 8-24 所示单层单跨框架的左、右柱即属于此类构件。当这类框架受对称竖向荷载作用而处在无侧移状态时，也就是框架柱处在只受"不引起结构侧移"的弯矩作用状态时，经基于几何刚度的有限元法（按沿构件轴线划分的长度基本单元建模）分析证实，因为这类结构受力后的一阶变形曲线如图 8-24(a) 中的细实线所示，故轴压力在这种变形特征的柱内形成的 P-δ 效应就不仅将增大柱中上部的一阶弯矩和减小柱顶端一段的一阶弯矩（理由同图 8-23a 处），而且柱底段直到固定端的一阶弯矩也会因为 P-δ 效应将会全面增大这一段的曲率而被全面加大（见图 8-24a 中虚线所示的考虑 P-δ 效应后的柱挠曲线以及图 8-24b 中虚线所示考虑了 P-δ 效应影响后的弯矩图）。因这一现象与图 8-23 所示两端均为弹性约束的受压构件端部不同，故应引起结构设计人的关注。这一现象同样会出现在各类多层框架底层柱的底端。不过需要指出的是，在不引起结构侧移的弯矩作用下，底层柱底端一阶弯矩的绝对值通常都小于顶端一阶弯矩的绝对值，故底端弯矩被 P-δ 效应增大后通常仍不会超过顶端一阶弯矩的绝对值。

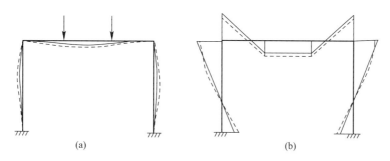

图 8-24 底端固定的无侧移单层单跨框架柱中的 P-δ 效应影响

以上有关 P-δ 效应规律的分析结果是由朱爱萍在本书作者所在的学术团队中完成的。

2. 在"不引起结构侧移"弯矩及"引起结构侧移"弯矩共同作用下 P-δ 效应的影响方式

在常用建筑结构的各类受压构件中，"不引起结构侧移"的弯矩总是与"引起结构侧移"的弯矩以不同的大小或方向同时作用的。为了说明在这两种弯矩同时作用时受压构件中 P-δ 效应的影响方式，在图 8-25(a) 和（b）中分别给出了两种有代表性的受压构件受力状态。其中，图 8-25(a) 给出的是某个框架结构的某层边柱在其正截面承载力设计中通常取用的最不利组合弯矩状态。因其"不引起结构侧移"的弯矩（M_{ns}）与"引起结构侧移"的弯矩（M_s）的弯矩零点均在杆件高度的中间部分，故柱上、下端的最不利组合弯矩都是由 M_{ns} 和 M_s 同号叠加而成的；其中，弯矩下标的"2"和"1"分别表示较大和较小的端弯矩绝对值。而在图 8-25(b) 中则给出某框架-核心筒结构中一根周边框架柱正截面承载力设计时取用的最不利组合弯矩状态。这时，因 M_{ns} 的弯矩零点仍多在杆件高度中部，但 M_s 的弯矩零点已移至柱高范围之外，故在该杆件两端出现 M_{ns} 和 M_s 在一端同号叠加（组合弯矩绝对值较大端），另一端反号叠加的情况。在该图所示的这两种情况下，均约定将杆端一阶组合端弯矩分别用 $M_{ns1}+M_{s1}$ 和 $M_{ns2}+M_{s2}$ 表示，其中各弯矩值均根据其正、负号定义及实际作用方向以其代数值代入。组合弯矩沿杆件长度按线性分布。

由于在以上两例有代表性杆件受力状态下都有"引起结构侧移"的弯矩作用，即其所在的整体结构均已产生侧向位移，故在结构竖向荷载同时作用下将形成相应的 $P\text{-}\Delta$ 效应，并将相应增大杆件中的"引起结构侧移"的弯矩。在考虑 $P\text{-}\Delta$ 效应弯矩增量后，如图 8-25(a)、(b) 所示，杆件端弯矩即增大为 $M_{ns1}+M_{s1}+\Delta M_{s1}$ 和 $M_{ns2}+M_{s2}+\Delta M_{s2}$；其中 ΔM_{s1} 和 ΔM_{s2} 即分别为由 $P\text{-}\Delta$ 效应引起的杆端弯矩增量（同样以代数值代入）。这时沿杆件长度的弯矩分布仍为线性。

在包括 $P\text{-}\Delta$ 效应弯矩增量的上述一阶弯矩作用下，图 8-25(a)、(b) 所示的受压构件将产生相应的挠曲变形，并在杆件轴压力作用下形成 $P\text{-}\delta$ 效应，其直接效果是在杆件的大部分长度范围内进一步增大其曲率和挠度，这也意味着杆件线刚度将相应下降。

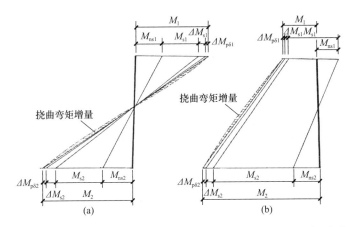

图 8-25 在"不引起结构侧移"弯矩及"引起结构侧移"弯矩的最不利组合状态下考虑了
$P\text{-}\Delta$ 和 $P\text{-}\delta$ 效应影响后的受压构件弯矩图

如前面结合图 8-23 讨论受压构件在"不引起结构侧移"弯矩作用下的 $P\text{-}\delta$ 效应时已经提到的，$P\text{-}\delta$ 效应导致受压构件线刚度的降低会引起的一项追加影响是减小了受压构件两端的一阶弯矩；同样，在图 8-25(a)、(b) 所示的两个有"引起结构侧移"弯矩参与作用的有代表性的受力状态下，$P\text{-}\delta$ 效应造成的受压构件线刚度的降低也会因这些杆件在上、下节点处对相连梁类构件端头转动约束能力的下降而导致该受压构件上、下端作用的包括 $P\text{-}\Delta$ 效应弯矩增量在内的一阶弯矩值（即 $M_{ns1}+M_{s1}+\Delta M_{s1}$ 和 $M_{ns2}+M_{s2}+\Delta M_{s2}$）有所下降，即对杆件作用弯矩形成了一个"负增量"。这应该视为在图 8-25(a)、(b) 所示受力状态下 $P\text{-}\delta$ 效应除去增大受压构件挠曲变形及增大沿大部分杆长的挠曲弯矩增量之外对杆件作用弯矩的第一类追加影响。

除此之外，在图 8-25(a)、(b) 所示的受压构件中，还会因 $P\text{-}\delta$ 效应导致的受压构件线刚度降低而引起第二类的 $P\text{-}\delta$ 效应追加影响。这是因为在"不引起结构侧移"弯矩单独作用的受力状态下，处在结构左、右侧受压构件的 $P\text{-}\delta$ 效应挠曲变形原则上是左、右对称的，即左、右构件分别向相反方向形成挠曲变形，故由 $P\text{-}\delta$ 效应导致的受压构件线刚度退化对结构整体侧向刚度不会形成什么明显影响；但在主要由水平荷载形成的"引起结构侧移"的弯矩作用后，结构中全部受压构件的 $P\text{-}\delta$ 效应挠曲变形增量就都是朝水平荷载作用方向发生的；这时，由对应的 $P\text{-}\delta$ 效应导致的各受压构件线刚度退化就将使整个结构在该方向的侧向刚度出现一定程度的下降，并使 $P\text{-}\Delta$ 效应引起的侧向变形及构件内力增量有所增大；其中包括图 8-25(a)、(b) 中两个受压构件杆端弯矩中的 ΔM_{s1} 和 ΔM_{s2} 的相应增大（已有分析结果表明，ΔM_{s1} 和 ΔM_{s2} 的增幅在常用框架结构中可达 13%～15%）；这也就是在有"引起结构侧移"弯矩同时作用的结构受压构件中 P-δ 效应导致的构件线刚度退化所引起的第二类追加影响。在本书后面第 8.4.4 节讨论考虑 P-Δ 效应的层增大系数法时还将提及 P-δ 效应的这项追加影响。

由于 P-δ 效应导致受压构件线刚度下降所引起的上述第一类追加影响是减小构件内弯矩的，而第二类追加影响则是增大构件内弯矩的，故两项追加影响的弯矩增量叠加后，不论合成后的增量是正是负，其值都已颇小。为了表示方便，在图 8-25(a)、(b) 中都统一用一个更小的弯矩增量 $\Delta M_{p\delta 1}$ 和 $\Delta M_{p\delta 2}$ 来表示这一合成后的增量（实际上则可能是正增量也可能是负增量）。

于是，在考虑 P-Δ 效应和 P-δ 效应的综合影响后，受"不引起结构侧移"弯矩和"引起结构侧移"弯矩同时作用的受压构件的上、下端弯矩即可分别写成 $M_2 = M_{ns2} + M_{s2} + \Delta M_{s2} + \Delta M_{p\delta 2}$ 和 $M_1 = M_{ns1} + M_{s1} + \Delta M_{s1} + \Delta M_{p\delta 1}$（其中下标"2"表示较大端弯矩）。在此基础上再叠加上图 8-25(a)、(b) 中用画了阴影线的面积表示的由 P-δ 效应引起的沿受压构件长度分布的"挠曲弯矩增量"，即得这类构件的最终弯矩图。

从图 8-25(a)、(b) 所示的这两个分别处在对受压构件正截面承载力设计最不利受力状态的组合弯矩图即可看出，从概念上说，在受压构件承载力设计中之所以要考虑 P-δ 效应的影响，就是为了识别出在最不利受力状态下受压构件各截面考虑 P-δ 效应后的弯矩是否有可能大于上列端弯矩 M_2；如果大于，则还应包括如何确定沿构件长度的考虑了 P-δ 效应后的最大弯矩 M_{max}（当然也包括其作用位置）。有关这一设计方法的讨论请见下面第 8.4.8 节。

8.2.7 P-Δ 效应对多遇水准地震作用的双重影响

在以上讨论的非抗震设计情况下，P-Δ 效应对建筑结构只产生一类影响，即只是增大结构各构件中"引起结构侧移"的弯矩及对应的其他内力以及增大结构各楼层的层间位移。但在结构抗震设计中，P-Δ 效应除继续发挥与非抗震设计情况相同的上述影响外，还存在叠加在这第一类影响之上的第二类影响，这就是由于 P-Δ 效应使结构的侧向刚度相应有所降低，导致结构第一振型自振周期相应加长（第二振型及以上各阶振型因振动形态更趋复杂，由结构侧向刚度退化导致的自振周期加长现象会逐步减弱，甚至出现某些振型周期的减短）。由于第一振型在结构的地震反应中起主导作用，故根据例如《建筑抗震设计标准》GB/T 50011—2010(2024 年版) 第 5.1.5 条水平地震影响系数曲线的走势，由振型分解反应谱法或底部剪力法算得的用于结构抗震承载力设计的地震作用对于绝大多数建筑结构（即第一振型自振周期不是过短的结构）就都将有小幅度的下降。这意味着，在建筑结构的抗震承载力设计中，P-Δ 效应一方面在其本来意义上增大了结构各有关构件中"引起结构侧移"的弯矩及其他相应内力以及各楼层的层间侧向位移，同时又通过减小水平地震作用而在不同程度上把这些增大了的内力和层间位移重又以某种程度减小。根据已有初步分析，对于工程常用的各类结构，因 P-Δ 效应减小水平地震作用所导致的构件有关内力和层间位移的降幅尚不致完全抵消 P-Δ 效应在其本来意义上引起的有关内力及层间位移的增幅，但至少已经起到了减小 P-Δ 效应内力增幅和层间位移增幅的作用；或者说，在抗震承载力设计中 P-Δ 效应的作用已不如非抗震承载力设计中那样明显。这是结构非抗震设计中和多遇水准地震作用下结构抗震设计中 P-Δ 效应表现的一项重要差异。

我国《建筑抗震设计标准》GB/T 50011—2010(2024 年版)在确定其多遇水准地震作用下的结构抗震承载力设计方法时已经考虑到了 P-Δ 效应的影响。而在《混凝土结构设计规范》GB 50010 的 2010 年版以及我国自编的各类用于建筑结构分析与设计的商品软件中均已改用基于几何刚度的有限元法表达结构中弹性 P-Δ 效应的影响之后，在多遇水准地震作用下的抗震结构承载力设计中，相应软件也已经通过在结构各振型周期的计算中考虑了 P-Δ 效应对结构侧向刚度的影响，从而在弹性条件下较充分反映了上面所述的 P-Δ 效应对这类结构分析的双重影响。这意味着，当采用这类商品软件辅助完成结构设计时，《建筑抗震设计标准》GB/T 50011—2010(2024 年版)第 3.6.3 条所给出的"当结构在地震作用下的重力附加弯矩大于初始弯矩的 10% 时，应计入重力二阶效应的影响"的规定实际上已经不再起作用，因为重力二阶效应（即 P-Δ 效应）不论大小其影响都已经被较仔细计入了。

8.3　有关建筑结构稳定性的几个基本概念以及用于框架结构柱稳定验算的"分离杆件法"

与钢结构中相比，钢筋混凝土建筑结构中涉及的稳定性问题的范围相对较小。但因稳定失效与因材料达到强度而形成的强度失效不同，是因例如细长压杆在过大轴压力作用下不再能保持稳定的挠曲变形状态而失效，即有其独特的失效方式和物理（力学）背景，故准确理解稳定失效的实质及其与二阶效应的联系与区别，则是从事钢筋混凝土建筑结构设计人士正确判断和处理这类问题的必要理论基础。近年来在我国钢筋混凝土建筑结构领域公开发表的研究成果和学术论文中曾多次发生错用稳定性基础概念的事件，也从一个角度说明正确理解失稳现象实质和准确掌握稳定性基本概念的重要性。

为此，本节将对稳定失效的实质和与稳定性有关的几个基本概念再逐一作简要说明，同时，把将在考虑框架结构 P-Δ 效应的"等代柱法"（ η-l_0 法）中借用的求算框架结构柱失稳等效长度的"分离杆件法"也放在本节中一并介绍。

8.3.1　失稳现象的简要物理（力学）背景

到目前为止，在弹性稳定理论教程中曾使用过多种分析途径来说明失稳现象的成因。而本书作者的体会是，对于从事结构设计的读者，用能量概念说明失稳现象的成因可能是说明成因的多种途径中最为直观且便于记忆的一种。下面拟按这种途径沿袭工程力学的习惯做法用图 8-26(a)、（b）所示的两端铰支笔直轴压杆作为说明"稳定""随遇平衡"和"丧失稳定"（失稳）这三种状态力学含义的基本模型。

如图 8-26(a) 所示，当一根两端铰支无轴力笔直弹性材料杆受水平向扰动力作用产生侧向挠曲变形后，只要不产生弯曲破坏，一旦撤去水平扰动力，杆件的侧向挠曲就将恢复，即杆件将回弹。回弹的动力来自侧向变形杆各个截面的曲率形成的回弹弯矩 $M_r(x)$。这种回弹弯矩（或称"恢复弯矩"）也就是水平扰动力在杆件各截面内形成的作用弯矩的反作用。$M_r(x)$ 可以写成：

$$M_r(x) = -\varphi(x)EI \tag{8-5}$$

式中　$\varphi(x)$ ——杆件各截面曲率；

　　　EI ——杆件弹性弯曲刚度。

在讨论中还需作的假定是，杆件受水平扰动力作用后以挠曲变形能的形式储存在杆件中的势能在杆件回弹过程中将逐步充分释放，也就是不再产生动能和动力效应，这样，杆件就将逐步回弹并停止在其初始的笔直位置。

若在笔直杆上如图 8-26(b) 所示作用有轴压力 N，则当杆件受水平扰动产生侧向挠曲变形后，轴压力 N 就会在杆件的每个截面中产生附加的二阶弯矩 $M_n(x)$，其值可表述为：

$$M_n(x) = Ny(x) \tag{8-6}$$

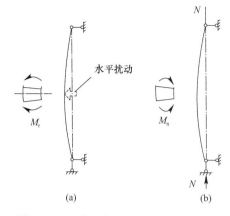

图 8-26　两端铰支笔直压杆在水平扰动力形成的侧向挠曲状态下的"回弹效应"和"轴压力二阶效应"

式中　$y(x)$ ——水平扰动在杆件各截面处引起的侧向位移。

从图 8-26(a) 和 (b) 可以看出，由于 M_r 和 M_n 是相互反向作用的，故当水平扰动撤除后，M_n 就起着减小回弹弯矩 M_r 的作用。

当杆件上作用的轴压力 N 尚偏小，由 M_n 体现的反向二阶效应能量尚不足以全部抵消由 M_r 体现的变形回弹能量时，未被抵消的残余回弹效应就总能把杆件推回到其初始笔直状态。从杆件是否失稳的角度看，这时的杆件即处于稳定状态；其中"稳定"的含义是，处在侧向扰动导致的挠曲状态的杆件，一旦撤去扰动，杆件始终具有恢复到其初始变形状态的能力。

当杆件上作用的轴压力增大到由 M_n 体现的二阶效应总能量恰好等于由 M_r 体现的回弹效应总能量时，一旦水平扰动撤除，由水平扰动导致的杆件挠曲状态就将保持不变；也就是杆件既不会恢复到原始笔直状态，但其侧向挠曲也不会进一步增大而使杆件丧失稳定。学术界称这种介于"稳定"与"不稳定"之间的界限状态为"随遇平衡状态"。

一旦杆件上作用的轴压力 N 增大到超过上述随遇平衡状态下的轴压力值，则当杆件受水平扰动形成侧向挠曲后，因轴压力 N 的二阶效应能量已大于杆件的回弹能量，即使水平扰动随即去除，杆件也已失去在该挠曲状态下保持平衡的能力，并在 N 引起的多余能量作用下经侧向弯曲迅速增大而丧失稳定。

从以上叙述可知，随遇平衡状态下对应的轴压力从概念上说即可视为能使图 8-26 所示两端铰支杆保持稳定的最大轴压力，也称"失稳临界力"，用 N_{cr} 表示。若从随遇平衡状态下该杆件的挠曲变形状态出发，根据平衡条件建立微分方程，则在假定杆件挠曲线近似为正弦曲线的条件下，即可通过求解微分方程获得失稳临界轴力 N_{cr} 的表达式，见本章前面式（8-1）。这里不拟重复该式推导过程，有需要的读者可翻阅大学本科的《材料力学》教材。

从前面的式（8-1）可知，影响轴心压杆弹性失稳临界力 N_{cr} 大小的两个主要参数是杆件长度（即杆件两个端铰支座之间的距离）l_{cr} 和杆件截面沿水平扰动方向的弹性弯曲刚度 EI。N_{cr} 的大小之所以受这两个因素影响，可以很容易地从图 8-26(a)、(b) 中得到以下解释。

从该图可以看出，若其他条件不变，只是杆长增大，则在某个水平扰动挠度 $y(x)$ 下，轴压力二阶效应引起的 $M_n(x)$ 沿杆长形成的总能量会因杆件变长而稍有增长；但根据几何关系，这一状态下的杆件曲率会相应变小，即由 $M_r(x)$ 构成的总回弹能量会相应下降，这自然会使 N_{cr} 值相应下降。

若其他条件不变，但杆件 EI 下降，则意味着在轴压力二阶效应总能量不变的条件下回弹总能量的相应下降；这当然也会导致 N_{cr} 值的相应减小。

以上图 8-26 所示的压杆失稳形式统称为"屈曲失稳"（buckling），因这种轴压杆件失稳时水平扰动可向左作用，也可向右作用，其对应的轴压力-侧向挠度曲线也就可以出现下面图 8-27（b）中向左和向右的两种走势，故在经典稳定理论中也称这种失稳为"分支失稳"。

以上用两端铰支轴心压杆建立的求算弹性稳定临界力 N_{cr} 的思路同样也适用于其他形式的稳定问题，例如端约束条件不同的轴心或偏心压杆的稳定问题，大跨度梁受压翼缘的侧向稳定问题（也称梁的扭曲稳定问题）、构件薄腹板在剪力引起的主压应力下的稳定问题、开口薄壁杆件在压弯剪扭综合作用下的稳定问题等，因为这些稳定问题的实质都是相应构件或构件部位在受扰动产生变形后是否有能力在扰动撤除后重回初始变形状态的问题。或者从稳定判别条件的量化方面来看，就是受扰动变形后构件或构件部位的回弹总能量（或称恢复总能量）与轴压力（或其他对应内力或压应力）引起的二阶效应总能量谁大谁小的问题。这也就是本书上面提到的稳定问题背后的"物理（或力学）实质"。

从以上叙述可以看出，图 8-26 所示两端铰支弹性轴心压杆因丧失稳定导致的失效实质上是一种因丧失保持挠曲状态能力（或称丧失挠曲状态下的平衡）而形成的"屈曲失效"，且失稳的前提条件是杆件在此之前尚未达到其强度失效状态。这也说明，任何一根结构构件的强度失效和稳定失效的条件是各不相同的，且没有相关性，故在设计中原则上都必须分别完成强度验算和稳定验算，并以其中较小承载力作为构件受压承载力。

8.3.2 弹性偏心压杆和非弹性偏心压杆的屈曲失稳

若把前面图 8-26 所示两端铰支弹性轴心压杆的受力行为画在下面图 8-27 中的轴压力 N 与杆件高度中点侧向挠度 Δ 的坐标系中，则可看出，只要杆件作用轴力未超过前面式（8-1）给出的弹性失稳临界力（或称欧拉临界力）N_{cr}，则当杆件在例如图示 $N_1 < N_{cr}$ 作用下受水平扰动产生了侧向挠曲变形 AB 后，一旦扰动去除，侧向挠曲变形即会完全恢复（即挠度从 B 点回到 A 点）。但一旦 N 略超过 N_{cr}，则在出现水平扰动时，杆件挠度就会如图 8-27（b）所示沿水平方向经 D 点趋于无穷大。当然，水平扰动也可沿反方向作用，杆件挠度就将朝 E 点方向趋于无穷大。

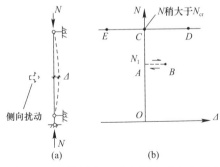

图 8-27 在轴压力 N 和杆件高度中点侧向挠度 Δ 坐标系中表示的两端铰支轴心压杆的稳定状态受力特点和失稳状态受力特点

根据前面的叙述，所有 N 不大于 N_{cr} 的情况均属于稳定状态，N 大于 N_{cr} 的情况则为不稳定状态或失稳状态。

但在实际工程中，绝大多数受压杆件均为偏心受压构件。从稳定性角度，它与上面所述轴心压杆的主要区别是，从受轴压力作用开始两端铰支偏压杆件就处在一阶弯矩和二阶弯矩导致的挠曲状态下。因此，水平扰动是在这种受力状态的基础上作用的。早在 20 世纪初期，德国的 F. Engesser 就已通过分析证实，在已产生一阶和二阶初始挠曲的前提下，两端铰支等偏心距弹性压杆的失稳临界力仍然等于前面式（8-1）给出的欧拉临界力，只不过如图 8-28 所示，不论压杆一阶偏压弯矩的大小，因杆件从开始受力就处在有挠曲变形状态，故失稳都将以对 N_{cr} 水平线渐近的方式发生。

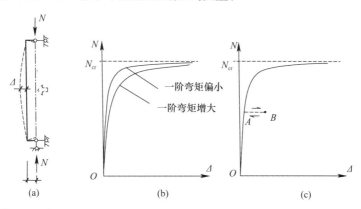

图 8-28　在 N-Δ 坐标系中表示的两端铰支等偏心距弹性压杆的稳定状态
受力特点及失稳状态受力特点

而从稳定性判别的角度，只要轴压力 N 尚未趋近于 N_{cr}，则如图 8-28(c) 所示，任何水平扰动产生的杆件侧向挠曲（例如图示 AB 段的挠曲），都会在扰动去除后如图所示立即恢复。只有当轴压力 N 趋近于 N_{cr} 时，杆件挠度方才会以渐近方式趋近于无穷大而使杆件丧失稳定。

如本书前面章节已经指出的，钢筋混凝土偏心压杆在受力逐步增大到一定程度后，会随受力进一步增大表现出越来越明显的非弹性，即构件的初始弹性刚度会在受力达到一定程度后随受力进一步增大而逐步下降；当压杆偏心距较大时，非弹性主要来自受拉区混凝土的开裂以及受压区混凝土自身开始表现出的非弹性性质；而当压杆偏心距较小时，杆件的非弹性则主要来自受压区混凝土自身的非弹性。在图 8-29 中用曲线 OA 近似展示了一根偏心距偏小的两端铰支等偏心距钢筋混凝土压杆直到在 A 点发生正截面强度失效时的较典型 N-Δ 曲线，从中可以看出非弹性从杆件受力到一定程度后逐步明显发育的过程。

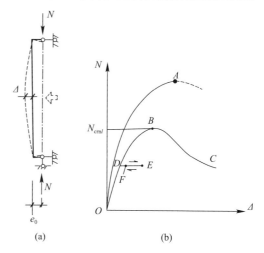

图 8-29　在 N-Δ 坐标系中表示的一根发生正截面非弹性强度失效的钢筋混凝土压杆和一根发生非弹性失稳的钢筋混凝土压杆的 N-Δ 曲线

随着钢筋混凝土偏心压杆长细度的增大，当压杆所受轴力增大且使压杆表现出越来越明显的非弹性特征后，与上面所述弹性压杆处相似，在杆件因水平扰动产生某个侧向挠度后，杆件的非弹性回弹能力与弹性状态相比也将相应下降；当杆件长细度增大到足够程度时，杆件就会在尚未达到其正截面承载力之前因杆件回弹能量不再大于轴压力二阶效应能量而如图 8-29 中 B 点所示达到承载力的峰值点；超过峰值点后，杆件承载力将随挠度增大而如图所示迅速下跌。这也就是非弹性偏心压杆的失稳模式。在下面的讨论中，这种失稳模式的峰值点荷载用 N_{crnl} 表示。

显然，根据以上所述基本规律，细长偏心压杆的 N_{crnl} 值必然小于同截面偏短粗的偏心压杆发生正截面强度失效时的承载力（对应于图中 A 点的承载力）；同时，由于杆件的非弹性弯曲刚度总是小于对应的弹性弯曲刚度，故 N_{crnl} 也将小于初始弯曲刚度及其他条件相同的弹性偏心压杆的失稳临界力 N_{cr}。此外，与上述弹性轴心受压和偏心受压杆件的失稳临界荷载只与轴力这一项内力相关不同的是，在非弹性偏心压杆处，因作用弯矩同样会影响杆件非弹性性能的发育，故弯矩也会对 N_{crnl} 值产生明显影响。

非弹性偏心压杆的失稳峰值点荷载值 N_{crnl} 从原则上说与钢筋混凝土构件的其他承载力值类似，都可以通过构件试验或相应的非弹性性能模拟分析获取。但到目前为止的研究经验表明，因钢筋混凝土偏心压杆的非弹性失稳一般都只发生在 l_0/h 例如大约不低于 25 的特细长偏心压杆中（l_0 为试验杆件长度，h 为沿弯曲方向的杆件截面高度），这类构件在试验中为了避免在从水平制作位置起吊和扶直安装过程中因混凝土受拉过度而开裂，一般都要在此过程中临时沿构件两侧捆绑通长的型钢或钢管；但即使如此，当构件在试验机上就位并拆除起扶持作用的钢管或型钢后，即使构件制作尺度严格控制，仍难以避免出现偏大的初始弯曲，故试验实测非弹性失稳峰值点荷载的准确性常有可能不及常规中等长细度偏心受压构件正截面强度失效荷载的准确性，即实测结果的离散程度可能会更偏大。

经本书作者认真检索，至今仍未发现国外研究界完成过此类大长细度钢筋混凝土偏心压杆非弹性失稳性能的试验。国内已知也只有陆竹卿和路湛沁 20 世纪 80 年代受《混凝土结构设计规范》管理组委托完成的钢筋混凝土偏心受压构件系列性能试验中包括的两根 l_c/h 为 28 的超细长杆试验以及本书作者学术团队许绍乾在 20 世纪末完成的三根 l_c/h 在 28～32 之间的超细长杆试验（其中 l_c 为杆长，h 为杆件截面沿受力方向的高度）。由于在后面的三根试件中经纵筋应变测试证明在构件达到最大承载力时控制截面内两侧纵筋均未达到屈服应变，故这三根构件也是至今唯一因此能判明确实发生了非弹性失稳的构件。这三根构件的实测轴压力-侧向挠度曲线的走势与图 8-29 中曲线 OBC 相似。

鉴于通过足够数量大长细度偏压钢筋混凝土构件的试验结果来建立非弹性失稳峰值点荷载 N_{crnl} 计算公式存在的上述难度，故目前学术界更倾向于利用杆件非弹性性能模拟技术来给出 N_{crnl} 的计算公式，但其中的模拟分析必须使用以弧长法为计算模型的杆系非弹性有限元法。

而从稳定性识别的角度，只要杆件所受的轴压力未达到 N_{crnl}，则由水平扰动形成的杆件附加挠度（例如图 8-29 中的挠度 DE）就都会在扰动去除后得到恢复。但需要指出的是，若图中 D 点对应的轴压力已较大，即杆件受力已进入明显的非弹性阶段，则由水平扰动引起的挠度在扰动去除后会因非弹性残余变形而不可能完全恢复，即例如只能恢复到图中的 F 点。

8.3.3 不同端约束条件下弹性压杆的"失稳等效长度"

早在提出两端铰支弹性轴心压杆失稳临界力计算方法的同期，L. 欧拉就已经提出了表 8-2 所示的不同端约束条件下的轴心压杆"失稳等效长度"l_{cr} 的概念，也就是当杆件截面参数和材料的力学性能参数不变时，按杆长等于失稳等效长度 l_{cr} 的两端铰支弹性轴心压杆经前面式（8-1）算出的 N_{cr} 即为对应端约束条件弹性轴心压杆的失稳临界力。其中，失稳等效长度 l_{cr} 取为端约束条件不同的杆件的侧向绕曲线反弯点之间的距离。

在表 8-2 中还给出了不同端约束条件下弹性轴心压杆失稳等效长度系数 μ 的取值，该系数取为失稳等效长度与杆件实际长度的比值。

但需指出的是，进一步研究表明，失稳等效长度 l_{cr} 与杆件长度 l_c 具有固定比值 μ 的情况只适用于表 8-2 中端约束条件不变的各类杆件。这是因为，在表中这类杆件中，因端约束条件不变，在轴力不断增大的条件下，反弯点位置是始终不变的。但若改为考察框架柱类构件的失稳等效长度 l_{cr}，则会发现，即使是在弹性假定下，因框架柱的变形曲线除与实际作用的弯矩及剪力有关之外，还与该柱内的二阶效应有关，这导致柱变形曲线以及曲线反弯点的位置是随杆件所受轴力，或者说杆内二阶效应的发育而不断变化的，这从下面第 8.3.4 节用"分离杆件法"推导框架柱弹性失稳等效长度的过程中也可清楚看出。因此，失稳等效长度 l_{cr} 的更准确定义应是"在失稳临界状态下（即失稳临界力 N_{cr} 作用下）杆件变形曲线反弯点之间的距离"。

不同典型端约束条件下轴心弹性压杆的失稳等效长度 l_{cr}

及失稳等效长度系数 μ

表 8-2

支承条件	两端简支	两端固支	一端固定 另一端自由	一端固定 另一端简支
变形曲线及失稳 等效长度 l_{cr}				
失稳等效长度 系数 μ	1.0	0.5	2.0	0.7

注：表中失稳等效长度系数 $\mu = l_{cr}/l$，l_{cr} 如表中附图所示，l 为杆件两端点之间距离。

失稳等效长度 l_{cr} 的概念曾在用弹性稳定理论解决工程设计中各类结构受压杆件稳定验算中发挥过重要作用。这是因为，只要按照以上思路给出了相应杆件失稳等效长度的计算方法，即可将失稳等效长度作为该杆件的替代杆长，并用具有该杆长的两端铰支杆（杆件截面及材料与所设计杆件相同）经前面的式（8-1）算得所设计杆件的弹性失稳临界力，从而解决了该杆件的稳定验算问题。从下面第 8.3.4 节推导框架结构柱弹性失稳等效长度 l_{cr} 的实用计算方法中,可进一步领会这种利用"失稳等效长度"完成压杆弹性稳定验算的思路,以及在工程设计中应用这一思路的便捷之处。

8.3.4 求算框架结构柱弹性失稳等效长度 l_{cr} 的"分离杆件法"

为了展示在出现计算机辅助的各类采用数值法的结构分析方法之前如何利用经过一定简化的结构模型通过解析法按照上一节给出的定义找到框架结构柱失稳等效长度的计算方法,本节将较完整地给出求算框架结构柱失稳等效长度 l_{cr} 的"分离杆件法"的推导过程;这也是因为,只有较准确了解了分离杆件法的建立背景,才能对在考虑框架结构 $P\text{-}\Delta$ 效应的"等代柱法"(或称 $\eta\text{-}l_0$ 法)中借用由分离杆件法算得的框架结构柱失稳等效长度作为其考虑 $P\text{-}\Delta$ 效应等代柱长度的这一做法的适宜性作出正确评价。

分离杆件法是 20 世纪 50 年代为了满足当时已大量修建的钢框架结构柱稳定验算的需要,由美国的 O. G. Julian 和 J. S. Lawrance 提出的。该方法是把多层多跨规则平面框架(等跨度、等层高,且只受作用在各个节点上的数值相等的集中力作用)划分成"有侧移"和"无侧移"两种典型受力状态,并对框架柱的受力条件进行一定简化后给出的一种用解析法求解框架柱失稳等效长度的近似方法。

1. 分离杆件法的基本假定

该方法首先利用最小势能原理找到只受各节点等值集中竖向荷载作用的有侧移和无侧移规则多跨多层平面框架的失稳最不利状态,见图 8-30(a) 和 (b);再分别从框架中取出某中间楼层的一根中柱及与其在上、下节点处相连的左、右跨梁段作为确定框架柱失稳等效长度的有代表性的基本单元(或脱离体),如图 8-31(a) 和图 8-32(a) 所示。

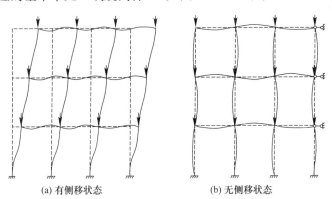

(a) 有侧移状态　　　　　　　　　　(b) 无侧移状态

图 8-30　"有侧移"和"无侧移"多层多跨规则平面框架的失稳前最不利变形状态

在从图 8-30(a)、(b) 的框架中分别取出图 8-31(a) 和图 8-32(a) 的分离杆件单元时,相当于又对这两个分离杆件单元作了以下进一步简化:

(1) 近似假定所取出分离杆件单元中的柱段与其上层柱段和下层柱段同时到达失稳临界状态;这意味着分离杆件单元中的柱段在上、下节点处与节点另一方的柱段互不构成转动约束;这也意味着,在上、下节点处,每侧梁的线刚度 i_b 中都只是相当于其 $i_c/\sum i_c$ 的部分参与对所考察柱段的端约束作用,其中 i_c 为所考察柱段的线刚度,$\sum i_c$ 则为相应节点处上、下柱段线刚度之和。

（2）认为图 8-31（a）有侧移分离杆件模型上、下节点处左、右横梁的挠曲线各具有左右反对称特征，故可将该分离杆件模型进一步简化为图 8-31（b）所示形式；同样，因图 8-32（a）无侧移分离杆件模型上、下节点处左、右横梁的挠曲线各具有左、右对称特征，故可将该分离杆件模型进一步简化为图 8-32（b）所示的形式。

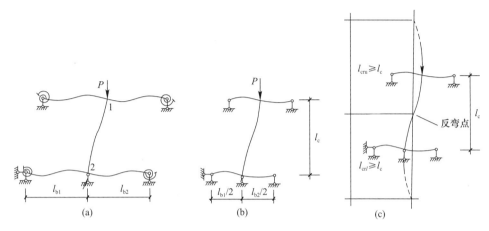

图 8-31　从有侧移规则框架中取出的分离杆件单元（a）和简化后的该单元（b）
以及对应的失稳等效长度（c）

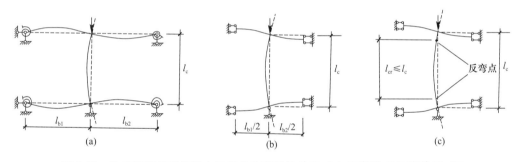

图 8-32　从无侧移规则框架中取出的分离杆件单元（a）和简化后的该单元（b）
以及对应的失稳等效长度（c）

（3）对于图 8-31（a）、（b）所示的有侧移分离杆件模型还有一项隐含的基本假定是，该平面框架竖向各柱列之间均不存在侧向相互扶持作用。

在获得图 8-31（b）和图 8-32（b）所示的有侧移和无侧移框架柱的基本分析模型后，即可利用传统结构力学中的形变法求解模型中柱段的变形曲线表达式，并从中算得与失稳临界状态对应的柱段失稳等效长度。这时，分别与图 8-31（b）和图 8-32（b）的基本分析模型对应的计算简图即如图 8-33（a）和图 8-34（a）所示；在形变法中用到的柱一端无转动，而另一端产生单位转角时分离杆件模型中的弯矩图即分别如图 8-33（b）、（c）和图 8-34（b）、（c）所示。

在推导有侧移和无侧移基本分析模型中的柱段失稳等效长度的表达式之前，还有以下几点需要提示：

（1）如图 8-32（b）所示，根据无侧移基本分析模型的受力特点，由于上、下节点处的横梁对侧向挠曲后柱段上、下端的转动起约束作用，故柱段在失稳临界状态下将形成两个一般分别位于柱段上部和柱段下部离节点不远处的反弯点（图 8-32c），即柱段的失稳等效长度（挠曲线反弯点之间的距离）l_{cr} 总小于柱段长度 l_c；而如图 8-31(b) 所示，根据有侧移基本分析模型的受力特点，因柱段上、下端之间形成侧移，故其挠曲线只出现一个位于柱高中部的反弯点，这意味着柱段的失稳等效长度只能根据经分析求得的柱挠曲线的数学表达式用"外延法"求得（图 8-31c），即取失稳等效长度为从柱段高度内的反弯点到挠曲线理论外延段上的反弯点之间的距离；且由于节点已产生相应转角（在图 8-31 所示受力状态下，上、下柱端节点的转角均为顺时针方向），故这样确定的上、下柱段的失稳等效长度 l_{cru} 和 l_{crl} 都将大于柱段长度 l_c（图 8-31c）。于是，从这一方法所设定的有侧移和无侧移基本分析模型即可在推导失稳等效长度计算公式之前推断出对于无侧移柱段 l_{cr} 总不会大于 l_c、对于有侧移柱段 l_{cr} 总不会小于 l_c 这一趋势性结论。

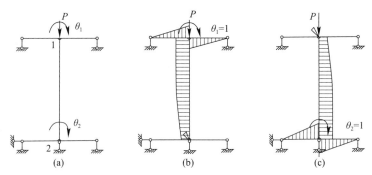

图 8-33　有侧移框架梁-柱基本单元的计算简图及 $\theta_1 = 1$ 和 $\theta_2 = 1$ 时梁段和柱段内的弯矩图

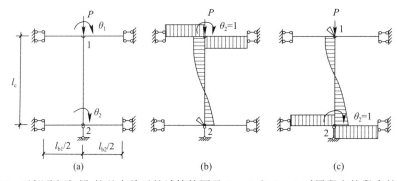

图 8-34　无侧移框架梁-柱基本单元的计算简图及 $\theta_1 = 1$ 和 $\theta_2 = 1$ 时梁段和柱段内的弯矩图

（2）从图 8-31(b) 和图 8-32(b) 的基本分析模型可以看出，柱段的侧向挠曲都会受到上、下节点处左、右横梁的转动约束，因此，上、下节点处的"柱-梁线刚度比"是影响所考察柱段失稳等效长度 l_{cr} 的重要参数。根据结构力学，可以写出任何一个节点处柱段和梁段的线刚度 i_c 和 i_b 分别为：

$$i_c = \frac{E_c I_c}{l_c} \tag{8-7}$$

$$i_b = \frac{E_b I_b}{l_b} \tag{8-8}$$

式中　　E_c、E_b——柱段和梁段混凝土的弹性模量；

　　　　I_c、I_b——柱段和梁段的截面惯性矩；

l_c、l_b——柱段和梁段的轴线长度和轴线跨度。

于是，上、下节点（节点 1 和节点 2）处的"柱-梁线刚度比"ψ_1 和 ψ_2 即可分别写成：

$$\left.\begin{aligned}\psi_1 = \frac{\sum i_{c1}}{\sum i_{b1}}\\\psi_2 = \frac{\sum i_{c2}}{\sum i_{b2}}\end{aligned}\right\} \tag{8-9}$$

2. 有侧移框架柱失稳等效长度 l_{cr} 计算公式的推导

首先根据图 8-33(a) 给出的计算简图以及图 8-33(b) 和（c）给出的在柱段 1、2 端分别形成单位转角 $\theta_1 = 1$（此时 $\theta_2 = 0$）和 $\theta_2 = 1$（此时 $\theta_1 = 0$）时该梁-柱基本单元内的弯矩分布，即可根据形变法的变形协调条件写出在失稳临界状态下的转角联立方程组：

$$\left.\begin{aligned}M_{11}\theta_1 + M_{12}\theta_2 = 0\\M_{21}\theta_1 + M_{22}\theta_2 = 0\end{aligned}\right\} \tag{8-10}$$

式中 θ_1 和 θ_2——需要求算的上、下节点转角；

M_{11} 和 M_{12}——把柱在节点 2 处的远端视为固定时由节点 1 处的 $\theta_1 = 1$ 引起的各杆端（包括梁端和柱端）弯矩之和以及节点 2 处由 $\theta_1 = 1$ 引起的柱固端力矩；

M_{21} 和 M_{22}——把柱在节点 1 处视为固定时由 $\theta_2 = 1$ 在节点 2 处引起的梁、柱端力矩之和以及在节点 1 处引起的柱固端力矩。

由于对于式（8-10）的联立方程组 $\theta_1 = \theta_2 = 0$ 这组解无意义，故有意义的只有非零解：

$$\begin{vmatrix} M_{11} & M_{12} \\ M_{21} & M_{22} \end{vmatrix} = 0$$

或

$$M_{11}M_{22} - M_{12}^2 = 0 \tag{8-11}$$

在计算 M_{11}、M_{22} 和 $M_{12} = M_{21}$ 时，各节点处的梁端弯矩可采用结构力学中给出的传统方法计算，但柱因受有轴压力，故其在挠曲变形下的弯矩应包括二阶效应影响，因此在上述 $\theta_1 = 1$、$\theta_2 = 0$ 或 $\theta_2 = 1$、$\theta_1 = 0$ 的受力状态下的柱端弯矩应按考虑二阶效应的条件求算。这也是"分离杆件法"中求算柱失稳等效长度的关键步骤，故下面需先行讨论这一问题。

在图 8-35 中给出了挠曲变形后考虑二阶效应影响时所用的柱单元基本受力模型。下面给出利用这一模型求算式（8-10）中 M_{11}、M_{22} 和 $M_{12} = M_{21}$ 所需的考虑了二阶效应后的柱 1、2 端弯矩的方法。

先从图 8-35 柱单元左支座向右截出长度为任意值 x 的脱离体，则根据脱离体平衡条件可以写出该脱离体右端截面内的弯矩为：

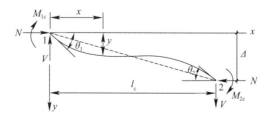

图 8-35 分离杆件法柱构件考虑二阶效应影响的基本受力模型

$$M = M_{1c} + Ny + Vx \tag{8-12}$$

式中　M_{1c}——节点 1 处的柱端弯矩；

　　　N 和 V——脱离体右端截面的轴压力及剪力；

　　　　y——脱离体右侧截面相对于柱单元左支座的垂直于杆轴方向的位移。

同时，根据柱单元的平衡条件还可写出：

$$V = -\frac{M_{1c} + M_{2c} + N\Delta}{l_c} \tag{8-13}$$

式中　Δ——柱单元左、右端的相对位移；

　　　l_c——柱单元长度。

在写出工程力学的通用表达式：

$$EIy'' = -M \tag{8-14}$$

之后，即可将式（8-12）、式（8-13）代入其中得：

$$EIy'' = -M_{1c} - Ny + \frac{M_{1c} + M_{2c} + N\Delta}{l_c}x \tag{8-15}$$

若取

$$k = \sqrt{\frac{N}{E_c I_c}} \tag{8-16}$$

并代入式（8-15），则得柱单元考虑二阶效应影响后的微分方程为：

$$y'' + k^2 y = \frac{k^2}{N}\left(-M_{1c} + \frac{M_{1c} + M_{2c} + N\Delta}{l_c}x\right) \tag{8-17}$$

这一微分方程的通解为：

$$y = A\sin kx + B\cos kx + \frac{1}{N}\left[(M_{1c} + M_{2c} + N\Delta)\frac{x}{l_c} - M_{1c}\right] \tag{8-18}$$

对于有侧移梁-柱基本单元求算相应特解的边界条件即为：

当 $x = 0$ 时，$y = 0$

当 $x = l_c$ 时，$y = \Delta$

将第一个边界条件代入式（8-18），得系数 $B = M_{1c}/N$；将第二个边界条件代入式（8-18），得系数 $A = -\left(\dfrac{M_{1c}}{N}\cot kl_c + \dfrac{M_{2c}}{N}\dfrac{1}{\sin kl_c}\right)$；将系数 A、B 的值代入式（8-18），即得柱单元挠曲线的方程为：

$$y = -\left(\frac{M_{1c}}{N}\cot kl_c + \frac{M_{2c}}{N}\frac{1}{\sin kl_c}\right)\sin kx + \frac{M_{1c}}{N}\cos kx + \frac{1}{N}\left[(M_{1c} + M_{2c} + N\Delta)\frac{x}{l_c} - M_{1c}\right] \tag{8-19}$$

对上式求导即可得到转角方程为：

$$\theta = y' = -\left(\frac{M_{1c}}{N}\cot kl_c + \frac{M_{2c}}{N}\frac{1}{\sin kl_c}\right)k\cos kx + \frac{M_{1c}}{N}k\sin kx + \frac{1}{N}\frac{M_{1c} + M_{2c} + N\Delta}{l_c} \tag{8-20}$$

再将 $x = 0$ 和 $x = l_c$ 分别代入上式，即得柱单元 1 端和 2 端的转角表达式为：

$$\theta_1 = -\frac{M_{1c}}{N}\left(\frac{1}{l_c} - k\cot kl_c\right) + \frac{M_{2c}}{N}\left(\frac{1}{l_c} - k\frac{1}{\sin kl_c}\right) + \frac{\Delta}{l_c} \tag{8-21}$$

$$\theta_2 = -\frac{M_{1c}}{N}\left(\frac{1}{l_c} - k\,\frac{1}{\sin kl_c}\right) + \frac{M_{2c}}{N}\left(\frac{1}{l_c} - k\cot kl_c\right) + \frac{\Delta}{l_c} \tag{8-22}$$

如果再把 1 端作用单位转角和 2 端转角为零的条件（图 8-33b），即 $\theta_1 = 1$ 和 $\theta_2 = 0$ 代入以上二式并加整理即可得：

$$N = -M_{1c}k\cot kl_c + M_{2c}\frac{k}{\sin kl_c} + \frac{M_{1c} + M_{2c} + N\Delta}{l_c}$$

$$0 = -M_{1c}\frac{k}{\sin kl_c} + M_{2c}k\cot kl_c + \frac{M_{1c} + M_{2c} + N\Delta}{l_c}$$

若如前面所述认定框架各柱之间无相互扶持作用，即可得到图 8-35 的柱单元内剪力为零的结论，也就是：

$$V = \frac{-M_{1c} + M_{2c} + N\Delta}{l_c} = 0 \tag{8-23}$$

将以上条件代入上面二式后可进一步得到：

$$\left.\begin{array}{l} M_{1c}k\cot kl_c + M_{2c}\dfrac{k}{\sin kl_c} = -N \\[3mm] M_{1c}\dfrac{k}{\sin kl_c} + M_{2c}k\cot kl_c = 0 \end{array}\right\} \tag{8-24}$$

解以上联立方程并加整理后可得：

$$M_{1c} = \frac{EI_c}{l_c}\,\frac{kl_c}{\tan kl_c} = i_c\,\frac{kl_c}{\tan kl_c} \tag{8-25}$$

$$M_{2c} = \frac{EI_c}{l_c}\,\frac{kl_c}{\sin kl_c} = -i_c\,\frac{kl_c}{\sin kl_c} \tag{8-26}$$

同样，也可以在柱单元 2 端 $\theta_2 = 1$、而 1 端 $\theta_1 = 0$ 的条件下，写出相应 1、2 端的弯矩表达式，这里不再重复。

这样，就可以根据以上推导结果最终写出前面式（8-11）中 M_{11}、M_{22} 和 $M_{12} = M_{21}$ 的表达式为：

$$M_{11} = i_c\,\frac{kl_c}{\tan kl_c} + 6\,\frac{i_c}{\sum i_{1c}}\sum i_{1b} \tag{8-27}$$

$$M_{12} = M_{21} = -i_c\,\frac{kl_c}{\sin kl_c} \tag{8-28}$$

$$M_{22} = i_c\,\frac{kl_c}{\tan kl_c} + 6\,\frac{i_c}{\sum i_{2c}}\sum i_{2b} \tag{8-29}$$

将以上三式代入前面的式（8-11）即得：

$$i_c^2\left(\frac{kl_c}{\tan kl_c} + 6\,\frac{\sum i_{1b}}{\sum i_{1c}}\right)\left(\frac{kl_c}{\tan kl_c} + 6\,\frac{\sum i_{2b}}{\sum i_{2c}}\right) - i_c^2\,\frac{(kl_c)^2}{\sin^2 kl_c} = 0 \tag{8-30}$$

若再把前面式（8-9）定义的所考察柱段 1 端和 2 端节点处的"梁-柱线刚度比" ψ_1 和 ψ_2 引入上式，则上式可简化为：

$$\left[\frac{36}{\psi_1\psi_2} - (kl_c)^2\right]\sin kl_c - 6\left(\frac{1}{\psi_1} + \frac{1}{\psi_2}\right)kl_c\cos kl_c = 0 \tag{8-31}$$

上式为一超越方程，在已知柱单元两端柱-梁线刚度比 ψ_1 和 ψ_2 之后，只能通过试算法

从上式求得 kl_c 值。

由于所考察柱段的失稳等效长度对应于失稳临界状态，故从前面式（8-16）得出的 kl_c 表达式即为：

$$kl_c = \sqrt{\frac{N}{E_c I_c}} l_c \tag{8-32}$$

式中的 N 即应取为前面式（8-1）的失稳临界力。若将式（8-1）中的失稳等效长度 l_{cr} 取为：

$$l_{cr} = \mu l_c \tag{8-33}$$

则由式（8-32）即可写出：

$$kl_c = \sqrt{\frac{N}{E_c I_c}} l_c = \sqrt{\frac{\pi^2 E_c I_c}{E_c I_c (\mu l_c)^2}} l_c = \frac{\pi}{\mu l_c} l_c = \frac{\pi}{\mu} \tag{8-34}$$

这意味着，在式（8-31）经试算法求得 kl_c 后，即可从式（8-34）方便算得 μ 值，再经式（8-33）即可算出所需的柱段失稳等效长度 l_{cr}。通常称 μ 为"失稳等效长度系数"。

3. 无侧移框架柱失稳等效长度系数 l_{cr} 计算公式的推导

推算图 8-32(b) 无侧移梁-柱基本单元的失稳等效长度表达式（首先是 kl_c 表达式）也是从式（8-10）的变形协调联立方程组开始的。由于无侧移柱段两端的边界条件与上面有侧移柱段不同，故最终得出的 kl_c 表达式也不相同，但因推导思路和总的步骤与有侧移柱段相似，故推导过程从略。最后得到的无侧移柱段 kl_c 的表达式为：

$$\left[(kl_c)^2 + 2\left(\frac{1}{\psi_1} + \frac{1}{\psi_2} - 4\frac{1}{\psi_1\psi_2}\right) \right] kl_c \sin(kl_c)$$
$$- 2\left[\left(\frac{1}{\psi_1} + \frac{1}{\psi_2}\right)(kl_c)^2 + 4\frac{1}{\psi_1\psi_2}\right] \cos kl_c + 8\frac{1}{\psi_1\psi_2} = 0 \tag{8-35}$$

同样，利用上面由式（8-34）给出的 kl_c 与 μ 之间的关系和式（8-33）给出的 μ 的定义，即可从由式（8-35）求得的 kl_c 值算得 μ 或 l_{cr} 值。当然，式（8-35）也是超越方程，其 kl_c 也只能用试算法求得。

4. 获取有侧移及无侧移柱段失稳等效长度系数 μ 的诺模图法

由于根据分离杆件法最终求得的有侧移状态下柱段的 kl_c 表达式［式（8-31）］和无侧移状态下柱段的 kl_c 表达式［式（8-35）］都是超越方程，都只能用试算法求得 kl_c 值，计算不便（精度要求越高，试算次数越多），故随后美国的 Jackson 和 Moreland 又根据式（8-31）和式（8-35）以及式（8-34）的 $kl_c - \mu$ 关系作出了图 8-36(a)、（b）所示的分别用于求算有侧移和无侧移条件下柱段失稳等效长度系数 μ 的诺模图（列线图）。

这一诺模图的方便之处在于，只要按上述定义算得了所考察框架柱上、下端节点处的柱-梁线刚度比 ψ_1 和 ψ_2，即可在相应诺模图左侧竖线和右侧竖线上分别找到与 ψ_1 和 ψ_2 值对应的点，再将这两点连直线，则该连线与中间竖线交点对应的即为要找的失稳等效长度系数 μ 值。

从图 8-36(a) 和（b）可以分别看出，图（a）中的 μ 值均不小于 1.0，图（b）中的 μ 值均不大于 1.0。这与前面图 8-31(c) 中的"失稳等效长度"均不小于柱高、而图 8-32(c) 中的"失稳等效长度"均不大于柱高是相互呼应的。

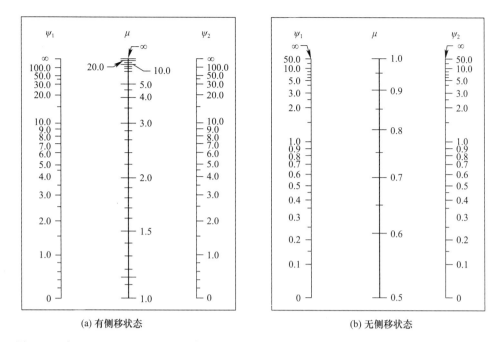

(a) 有侧移状态　　　　　　　　　　(b) 无侧移状态

图 8-36　由 Jackson 和 Moreland 根据式（8-31）和式（8-35）作出的搜寻有侧移及无侧移框架柱段失稳等效长度系数的诺模图（引自美国 ACI 318—19 规范，并根据本书表述需要对表中符号作了局部调整）

该诺模图是在手算设计年代出现的，对手算设计而言使用方便，但不便于计算机编程，故随后各国研究界又以上面式（8-31）和式（8-35）为依据拟合出了分别用于有侧移和无侧移框架柱的仍以 ψ_1 和 ψ_2 为主要变量的失稳等效长度系数 μ 的函数表达式供计算机编程使用。系数 μ 的函数表达式的具体形式例如可见下面第 8.4.2 节最后的《混凝土结构设计规范》GB 50010—2002 的引文。

5. 分离杆件法小结

从以上推导过程可以看出，在建立计算框架结构柱失稳等效长度的分离杆件法时，虽然对基本分析模型作了一系列必要简化，但就简化后的基本模型而言，推导框架结构柱失稳等效长度的方法不论从理论概念还是推导过程上都是严密的，因此在有关国家规范的钢框架柱稳定验算中该方法一直从 20 世纪 60 年代使用至今。至于用"分离杆件法"求得的框架失稳等效长度是否能在考虑建筑结构 P-Δ 效应的 η-l_0 法中作为考虑 P-Δ 效应的等代柱长度使用，则将在下面第 8.4.2 节中阐述 η-l_0 法时进一步讨论。

8.3.5　建筑结构稳定性验算的两个层面

持久设计状况下的结构承载力验算包括强度验算和稳定验算两个方面。由于这两类验算的物理背景（或者说力学背景）不同，故从原则上说都只能各自独立完成。这意味着，对于某个特定结构或特定结构构件（一般是偏心受压构件）而言，最终的承载力总是由强度承载力和稳定承载力中的较小者所控制。当然，对于确认没有失稳风险的构件，稳定验算也可不必进行。

强度验算与稳定验算的一个重要区别是，当一个结构中每个构件分别在其最不利受力状态下都已满足各类内力（或内力组合）作用下的强度要求后，整体结构的强度承载力也就必然得到保证。但对于稳定验算，则当结构中的各个构件（主要是偏心受压构件）分别满足了其稳定承载力要求后，仍不一定能保证整体结构的侧向稳定；即当整体结构总竖向力较大，但侧向刚度不足时，仍具有整体侧向失稳风险。故从原则上说，结构设计既要保证每个结构构件（或部位）具有足够的抗失稳能力［即满足"构件（或部位）层面的稳定验算"要求］，又要保证整体结构具有足够的抗侧向失稳能力（即满足"整体结构层面的稳定验算"要求）。

还需指出的是，因钢结构构件在进入屈服状态之前始终处在理想弹性状态，其失稳又多可近似假定发生在屈服之前，故钢结构的"构件（或部位）层面的稳定验算"以及其"整体结构层面的稳定验算"所用的方法就都可以按理想弹性假定来建立。而钢筋混凝土构件在发生例如受压屈曲失稳时，通常均已明显进入屈服前的非弹性受力状态，故其稳定验算方法的建立因需考虑构件的非弹性性能，自然要比弹性结构复杂得多。

到目前为止，建立在弹性假定基础上的钢结构偏心受压构件的"构件（或部位）层面的稳定验算"都是按"逐个压杆的稳定验算法"来实现的，即结构中的每个偏心压杆在其承载力验算中除需满足强度验算要求外，都需满足稳定验算要求；目前各国钢结构设计规范中对每个偏心压杆验算使用的"计算长度系数法"即属于此类验算内容。当然从原则上说，对于符合弹性假定的结构，"构件（或部位）层面的稳定验算"也可以由例如杆系结构的屈曲失稳分析专用程序来完成。这种分析可以得出某一给定弹性结构因其中某个关键压杆或有侧移状态下某个关键楼层的各个压杆丧失稳定而引起的结构失效状态下的临界荷载；通过将设计取用的荷载设计值与这一临界荷载进行对比，即可以完成"构件（或部位）层面的稳定性验算"。但请注意，当在这后一类稳定验算中涉及稳定模态概念时，对工程设计有意义的（或者说可用的）就只有第一阶失稳模态。

如本书第 8.1 节已经指出的，针对钢筋混凝土结构中偏心受压构件的"构件（或部位）层面的稳定验算"则至今未见有规范给出实用方案。在本书第 8.5.2 节给出了本书作者及其合作者按"逐个压杆的稳定验算"的思路提出的一种建议方法。

到目前为止，我国设计规程对钢结构高层建筑和钢筋混凝土结构高层建筑的"整体结构层面的稳定验算"使用的都是基于弹性假定的近似方法。在本书的第 8.5.1 节对高层钢筋混凝土建筑结构使用的此类验算方法作了简要介绍。

8.4 钢筋混凝土建筑结构设计中考虑 $P\text{-}\Delta$ 效应和 $P\text{-}\delta$ 效应的各种实用方法

为了如前面第 8.2 节所述，在钢筋混凝土构件的正截面承载力设计中考虑 $P\text{-}\Delta$ 效应的不利影响，以及必要时在偏心受压构件的正截面承载力设计中考虑 $P\text{-}\delta$ 效应的不利影响，和在各类建筑结构体系的层间位移控制中考虑 $P\text{-}\Delta$ 效应的不利影响，随着研究界对二阶效应规律认识的深入、结构分析及计算技术的发展以及工程中使用的主导建筑结构体系的逐步多样化，各国先后提出了多种考虑 $P\text{-}\Delta$ 效应和 $P\text{-}\delta$ 效应的实用设计方法。由于各国设计规范在不断允许使用更先进方法的同时，也多保留了以往提出的多种实用设计方法至今，故本章拟在对二阶效应实用设计方法的发展历程作简要叙述后，逐一对考虑 $P\text{-}\Delta$

效应的等代柱法（或称 $\eta\text{-}l_0$ 法）、层增大系数法、整体增大系数法、基于几何刚度的有限元法和在这些方法中考虑钢筋混凝土构件非弹性性能的思路和做法以及考虑 $P\text{-}\delta$ 效应的实用设计方法逐一作进一步说明。

8.4.1 钢筋混凝土建筑结构中考虑二阶效应的实用设计方法的发展历程

钢筋混凝土建筑结构中考虑二阶效应的实用设计方法的发展历程可大致分为以下三个阶段。

1. "等代柱法"（$\eta\text{-}l_0$ 法）阶段

钢筋混凝土结构性能研究界早在 20 世纪 40～50 年代开始的偏心受压构件正截面承载力性能系列试验中就已经察觉到二阶效应的不利影响，即在试验常用的两端铰支等偏心距压杆的试验结果中发现，随着构件长细度的增大，如本书前面结合图 8-1 已经提到的，在构件未发生失稳的条件下，二阶效应会使构件挠度以及各截面的作用弯矩以越来越大的比例增大，且挠度和弯矩的增大幅度在柱长细比偏大时已到了在设计时无法忽略的地步。当时各国研究界都接受了用试验构件长度中点截面的弯矩增大系数（我国规范习惯称"偏心距增大系数"，并用 η 表示）来表达构件中二阶效应弯矩增幅比例的做法，即取：

$$\eta = \frac{M + \Delta M}{M} \tag{8-36}$$

式中的 M 为由构件两端等偏心距轴压力在试验构件中点截面形成的一阶弯矩，即：

$$M = Ne_0 \tag{8-37}$$

以上二式中　　e_0——压力 N 在柱端的偏心距；

ΔM——二阶效应同样是在构件长度中点截面形成的弯矩增量。

之所以规定 M 和 ΔM 都取自构件长度中点截面，是因为如前面第 8.2.1 节已经指出的，沿构件长度各截面中的二阶弯矩增幅比例是不完全相同的。与此同时，从 20 世纪 50～60 年代起，各国研究界已经在试验结果的基础上给出了承载力极限状态下系数 η 的计算公式。对于二阶效应给结构层间位移带来的影响，当时则尚未及给予关注。

但当尝试把由试验中获得的 η 系数用来例如反映某个需要进行承载力设计的框架柱控制截面中作用弯矩的二阶效应增幅比例时，发现所设计结构构件的端约束条件与试验用模式偏压柱（两端铰支等偏心距压杆）并不相同，因此必须在用模式偏压柱的试验结果获得的 η 值与实际设计的结构柱控制截面内由二阶效应引起的实际弯矩增幅之间找到一种"联系渠道"。当时，美国研究界首先想到的办法是对例如图 8-37（a）所示的需要进行正截面承载力设计的某个有侧移框架结构柱上端截面（图中截面 B）给出一根如图 8-37（b）所示的"考虑 $P\text{-}\Delta$ 效应的两端铰支等偏心距等代柱"，该等代柱的截面几何及配筋特征以及材料性能特征均要求与所设计框架柱截面相同，且其中作用的一阶轴力和弯矩 N 和 M 也应与所设计框架柱截面中考虑的最不利一阶组合内力 N、M 分别相等；然后应设法给出该等代柱的柱长 l_0，使该等代柱高度中点截面用上述已给出的计算公式算得的弯矩增大系数 η（美国用 δ_s）恰能反映所设计框架柱截面中由 $P\text{-}\Delta$ 效应引起的弯矩增幅。从这一构想中可以看出，这一方法涉及的两个关键参数即为 η 和 l_0。但因当时（20 世纪 60 年代）各国学术界尚未对各类结构中的二阶效应规律开展过系列研究，无法从其他分析渠道获知框架柱有关截面中由 $P\text{-}\Delta$ 效应引起的弯矩增幅大小，故无法找到直接确定"考虑 $P\text{-}\Delta$ 效应等代柱"长度 l_0 的有效方法,从而使这一方法的研究一度陷入僵局。最终找到的打破这一僵局的近似做法则是通过概念推断想到似可以取当时由 Julian 和 Lawrance 提出不久的用于钢框架柱稳定验算的经"分离杆件法"求得的失稳等效长度 l_{cr}(见前面第 8.3.4 节和图 8-37c)作为这里"考虑 P-Δ 效应等代柱"的长度 l_0。当然,如下面第 8.4.2 节还将进一步讨论的,这两类等效长度从定义上来看是有实质性差异的,但在有侧移框架柱的这一具体结构受力条件下,因建立上述两类等代柱的结构变形状态相近,导致这两类等代柱的取值大小相近和影响取值变化的因素相似且取值变化规律相近,从而使以上建议方法作为近似方法基本可用。

这意味着,如图 8-37 所示,当所设计的有侧移框架柱截面为图 8-37(a)中 B 点所示的右边柱的上端截面时,本应按上述"考虑 P-Δ 效应的等代柱"(图 8-37b)来确定 η,并用 η 表达 B 点截面中的弯矩增幅,但实际取用的则是由"分离杆件法"算得的长度为 l_{cr} 的"失稳等代柱"(图 8-37c)来确定 η。在暂未找到其他更有效方法的情况下,当时的 ACI 318 规范专家委员会接受了这套建议做法,并在未作深入理论验证的情况下推荐在"有侧移"和"无侧移"条件下失稳等代柱的长度系数均直接由前面图 8-36(a)、(b)所示的诺模图查用。

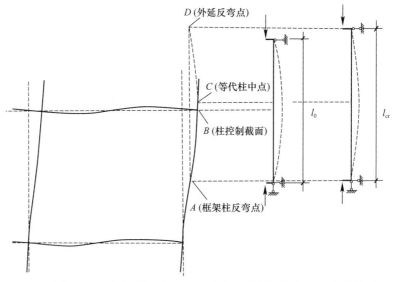

(a) 侧向变形后的框架结构(局部)   (b) 考虑 P-Δ 效应的等代柱   (c) 失稳等代柱

图 8-37　进行正截面承载力设计的某框架结构柱的控制截面和与它对应的考虑 P-Δ
效应的"等代模式柱"以及由"分离杆件法"确定的失稳等代柱

在美国 ACI 318 规范给出了由上述偏心距增大系数(美国称"弯矩增大系数",用 δ_s 表示)和等代柱长度(借用"分离杆件法"求得的失稳等效长度)组成的"等代柱法"之后,该方法很快为当时的一些欧洲国家规范所接受。在随后的使用过程中,美国规范又对这一方法作了一些关键性改进。

苏联规范从 20 世纪 50 年代起开始使用等代柱法,其中采用的 η 计算公式基本模型与美、欧国家相似,但具体表达式的形式有差别;等代柱长度则根据其国情特点按楼盖为整体式或装配式给出较为简单的固定取值;从取用的具体数值看,由于当时世界范围内(包括苏联)

均尚未对结构中的二阶效应规律展开分析研究，故可推断，美国上述等代柱长度的取值建议对苏联规范的等代柱取值也应发挥过一定的参考作用。我国规范从 1966 年的第一版起开始使用的等代柱法的具体做法则是从苏联规范直接借用来的，随后又对这一方法作了逐步改进。

从以上叙述可以看出，等代柱法（$\eta\text{-}l_0$ 法）曾是 20 世纪 80 年代之前各国规范用来考虑二阶效应对框架结构柱中弯矩增大效应的唯一方法。对这一方法的进一步讨论见下面第 8.4.2 节。

在此期间，苏联研究界还把这一方法推广用于考虑单层钢筋混凝土排架结构柱中的二阶效应。具体做法见下面第 8.4.3 节中的进一步讨论。用于排架结构的这套做法随后也传入我国和某些东欧国家。

2. 层增大系数法和整体增大系数法阶段

从 20 世纪 70 年代初到 80 年代，北美学术界利用经典结构力学的概念和手段对框架结构中的二阶效应规律作了开创性研究，其主要贡献表现在，首次指明了在框架结构中存在性质不同的 $P\text{-}\Delta$ 效应和 $P\text{-}\delta$ 效应的事实，并根据框架结构以楼层为单元形成侧向变形的剪切型侧向变形特征给出了这类结构 $P\text{-}\Delta$ 效应的基本规律，同时说明了框架结构中 $P\text{-}\delta$ 效应对"引起结构侧移"的一阶弯矩和"不引起结构侧移"的一阶弯矩以及各层层间位移的不同影响规律；并给出了在此类二阶效应的分析方法中使用按构件类型划分的刚度折减系数考虑钢筋混凝土构件非弹性性能的方法。这些研究成果相当于首次从理论上给出了针对框架结构的二阶效应理论体系。这些研究团队还在以上学术成果的基础上为在框架结构设计中考虑 $P\text{-}\Delta$ 效应提出了"基于楼层等代水平力的迭代法"和"层增大系数法"，并与其他学术团队先后提出和完善了考虑 $P\text{-}\delta$ 效应对"不引起结构侧移"弯矩影响规律的 $C_m\text{-}\eta$ 法和考虑 $P\text{-}\delta$ 效应对 $P\text{-}\Delta$ 效应弯矩增量放大作用的设计措施。

若与等代柱法（$\eta\text{-}l_0$ 法）相比较，则可看出等代柱法是在对框架结构二阶效应规律缺乏理论认识的条件下通过概念推断找到的一种借用失稳等效长度作为考虑 $P\text{-}\Delta$ 效应的等代柱长度的近似方法，而层增大系数法和 $C_m\text{-}\eta$ 法则是在对框架结构中的二阶效应规律已经获得了理论认识后最早提出的对框架结构中 $P\text{-}\Delta$ 效应和 $P\text{-}\delta$ 效应的直接计算方法；在这些算法的基本条件中虽也作了某些简化假定，但计算结果的精确程度经后续用更精确方法所作的验证证明是足够高的。

到 20 世纪 80 年代，随着高层建筑结构中使用的侧向变形具有明显弯曲型优势的各类建筑结构体系的应用，美洲学术界又结合这些类结构的侧向变形特点提出了考虑其中 $P\text{-}\Delta$ 效应的"整体增大系数法"；但可惜的是，经用更精确方法验证，发现这一方法在体现 $P\text{-}\Delta$ 效应对这类结构层间位移的增大效应上精度较好，但在体现 $P\text{-}\Delta$ 效应对复杂结构构件内力的增大效应上精度不足。

以上提及的层增大系数法已作为比等代柱法（$\eta\text{-}l_0$ 法）更优先推荐的方法为美国 ACI 318 规范从 20 世纪 90 年代起开始采用；这一方法及整体增大系数法在 2002 年和 2010 年也先后为我国《高层建筑混凝土结构技术规程》JGJ 3 和《混凝土结构设计规范》GB 50010 所采用。

关于这两种方法的进一步说明请见下面第 8.4.4 节和第 8.4.5 节。

3. 基于几何刚度的有限元法阶段

随着计算机结构分析技术的发展，到 20 世纪 80 年代，在计算力学界的支持下，国际结构工程界终于发现可以通过在结构矩阵分析中嵌入几何刚度矩阵的办法直接在结构分析中一次性地考虑二阶效应，从而可以一劳永逸地解决所有类型结构的二阶效应分析问题，且增加的分析工作量皆在可接受范围内。学术界称这一方法为"基于几何刚度的有限元法"。

需要说明的是，根据这一方法建模时基本单元划分的精细程度不同，在用这一方法进行分析时会形成以下两个层次的操作方式。当以每个构件单元（相应端约束条件下的柱单元、墙肢单元、梁或连梁单元）作为建模的基本单元时，所完成的是各类结构中的 P-Δ 效应分析；当再把每个构件沿长度方向划分为若干个长度单元作为建模时的基本单元时，该方法则可完成包括 P-Δ 效应和 P-δ 效应在内的更细化的全套二阶效应分析；当然，考虑到目前常用台式计算机的运算能力，采用后一种建模方式的结构不宜过于复杂。

在书前面和以下讨论中统称第一种建模层次为"基于几何刚度的有限元法（按构件基本单元建模）"，称第二种建模层次为"基于几何刚度的有限元法（按沿构件轴线划分的长度基本单元建模）"。

到目前为止，只有我国《混凝土结构设计规范》GB 50010 从其 2010 年版起采用了上述第一种建模层次的"基于几何刚度的有限元法"作为各类结构考虑 P-Δ 效应的正式方法；该方法已在我国国内结构分析与设计用商品软件中得到体现。

与此同时，《混凝土结构设计规范》GB 50010 还从其 2010 年版起采用了经我国改进的 C_m-η 法来考虑各类结构框架柱中 P-δ 效应对组合弯矩的影响，从而与上述"基于几何刚度的有限无法（按构件基本单元建模）"一起形成了一个考虑二阶效应的较为完整的分析体系。不过，因基于几何刚度的有限元法是在弹性假定下实现的，如何在不对现有结构设计分析体系形成过大冲击的条件下，在该方法中考虑钢筋混凝土构件非弹性性能的影响，则是尚待进一步解决的问题。

8.4.2　考虑框架结构 P-Δ 效应的等代柱法（η-l_0 法）

在通过上一节对等代柱法（η-l_0 法）的基本思路作了介绍和通过第 8.3.4 节对利用"分离杆件法"推导框架结构柱失稳等效长度的过程作了介绍之后，为了使读者对等代柱法这一曾在各国设计规范中占据主导地位的考虑框架结构 P-Δ 效应的方法有更完整的了解，本节拟对以下四项内容作进一步提示，即：①模式柱偏心距增大系数的两类基本表达方式；②借用失稳等效长度作为考虑 P-Δ 效应的等代柱长度的必要条件；③等代柱法在美国规范 ACI 318 中的实施方式；④等代柱法（η-l_0 法）在我国《混凝土结构设计规范》GB 50010 中的实施方式。现分述如下。

1. 模式柱偏心距增大系数 η（或 δ_s）的两类基本表达方式

等代柱法中使用的标准化的钢筋混凝土偏心压杆称为"模式柱"。到目前为止，各国用来研究细长偏心压杆二阶效应规律的模式柱有图 8-38（a）和（d）所示的两类。其中，图 8-38（a）模式柱中的轴压力和一阶弯矩是由作用于柱两端的等偏心距压力一次性产生的，一阶弯矩为沿柱长的等弯矩（图 8-38c）；而图 8-38（d）模式柱中的轴压力和一阶弯矩则由柱两端作用的轴心压力以及作用在柱长中点的水平集中力分别产生，一阶弯矩沿柱长按对称三角形分布（图 8-38f）。因图 8-38（a）模式柱的加载方案在试验中更便于实施，故这类柱的试验结果相对较多；而图 8-38（d）模式柱的优势则在于其中的弯矩分布与实际设计的框架结构柱中"引起结构侧移"弯矩在柱所考虑长度内的分布规律更为一致。

在以上这两类模式柱中，当轴压力在已经出现一阶挠曲变形的构件内引起的附加弯矩和附加挠曲的相互攀附增长过程达到收敛状态时，两类模式柱形成的考虑了二阶效应后的挠曲状态即分别如图 8-38（b）和（e）所示。这时，构件高度中点的挠度 f_1 或 f_2 中就都既包括了一阶弯矩产生的挠度，也包括了二阶效应产生的挠度。在二阶效应收敛后，如图 8-38（c）和（f）所示，构件高度中点的弯矩增大系数（也称"偏心距增大系数"）η 的表达式即可作为被二阶效应增大后的该处作用弯矩与原一阶弯矩的比值分别写成：

$$\eta = \frac{Ne_0 + Nf_1}{Ne_0} = 1 + \frac{f_1}{e_0} \tag{8-38}$$

$$\eta = \frac{Pl_0/4 + Nf_2}{Pl_0/4} = 1 + \frac{Nf_2}{Pl_0/4} \tag{8-39}$$

式中　N——构件轴压力；

　P——第二类模式柱高度中点作用的水平集中力；

　l_0——模式柱长度，即构件两端铰支点之间的距离。

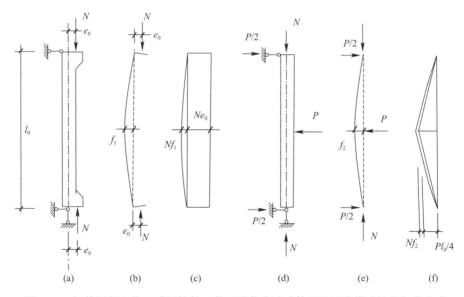

图 8-38　钢筋混凝土偏心受压构件正截面承载力试验使用的两类模式柱的加载方式

为了给出 η 系数的设计用表达式，需先行给出上面式（8-38）和式（8-39）中已考虑二阶效应的构件侧向挠度 f_1 和 f_2 的计算方法。为此，可先以图 8-38（a）所示第一类模式柱为例。通过图 8-39 即可给出这类构件在考虑了二阶效应的挠曲状态下的微分方程为：

$$EIy'' = -N(e_0 + y) \tag{8-40}$$

若如前面式（8-16）那样，同样取：

$$k = \sqrt{\frac{N}{EI}}$$

则式（8-40）可进一步写成：

$$y'' + k^2 y = -k^2 e_0 \tag{8-41}$$

对这一微分方程求解（求解过程从略），即得考虑二阶效应后构件挠曲线的精确表达式为：

$$y = -e_0 \left(\tan \frac{kl_0}{2} \sin kx + \cos kx - 1 \right) \tag{8-42}$$

从上式可得构件高度中点考虑二阶效应后的侧向挠度 f_1 为：

$$f_1 = e_0 \left(\frac{1}{\cos \dfrac{kl_0}{2}} - 1 \right) = e_0 \left[\frac{1}{\cos\left(\sqrt{\dfrac{N}{EI}} \dfrac{l_0}{2} \right)} - 1 \right] \tag{8-43}$$

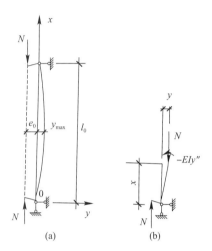

图 8-39　推导第一类模式柱考虑二阶效应后的挠曲线表达式的基本模型

这也就是不少材料力学教材中作为举例给出的两端等偏心距铰支压杆高度中点侧向弹性挠度的精确表达式。

若将上式中的 f_1 带入前面弯矩增大系数或偏心距增大系数 η 的表达式（8-38），则可得图 8-38（a）或图 8-39 受力状态下杆件高度中点的 η 表达式为：

$$\eta = \frac{1}{\cos\left(\sqrt{\dfrac{N}{EI}} \dfrac{l_0}{2} \right)}$$

上式也可写成：

$$\eta = \sec\left(\sqrt{\frac{N}{EI}} \frac{l_0}{2} \right) \tag{8-44}$$

但为了简化当时的手算设计，同时也因为式（8-44）不适用于一阶等弯矩杆以外（包括图 8-38d）的其他受力状态，故工程设计界对式（8-44）作了进一步简化，即建议改用以下较简单的正弦曲线 [式（8-45）] 来表示图 8-38 中两类模式柱考虑二阶效应后的挠曲线。对比验算结果表明，这一简化措施形成的误差不大，在工程可接受范围内，且构件内作用轴压力 N 相对越大误差越小。这里所用的正弦曲线取为：

$$y = f \sin\left(\frac{\pi x}{l_0} \right) \tag{8-45}$$

式中　x ——从构件一端坐标原点到所考虑构件截面的距离，如图 8-39 所示。

在作了以上简化后，即可用工程力学中的图乘法分别算得两类模式柱高度中点考虑二阶效应后的挠度 f_1 和 f_2（计算过程从略），再将 f_1 和 f_2 分别代入前面的式（8-38）和式（8-39），即得简化后这两类模式柱弯矩增大系数 η_1 和 η_2 的表达式分别为：

$$\eta = \frac{1 + 0.2377 N / N_{cr}}{1 - N / N_{cr}} \tag{8-46}$$

$$\eta = \frac{1 - 0.178 N / N_{cr}}{1 - N / N_{cr}} \tag{8-47}$$

以上二式中 N_{cr} 按本章前面给出的式（8-1）计算。

结构设计界为了使弯矩增大系数 η 的表达式更便于设计应用，又在以上式（8-46）和式（8-47）的基础上将 η 的表达式进一步简化为：

$$\eta = \frac{1}{1 - N/N_{cr}} \tag{8-48}$$

比较简化式（8-48）与前面的式（8-46）和式（8-47），可看出式（8-48）的 η 取值处在前面两式之间，且简化后的 η 公式的误差仍可接受，从而使这一表达式被多国设计规范采用。我国工程界称这一表达式为 η 的"轴力表达式"。它也是各国设计规范开始考虑 $P\text{-}\Delta$ 效应对框架结构柱的影响时最早使用的 η 表达式。

到 20 世纪 80 年代初，欧洲研究界又提出可以通过模式柱的截面曲率来对图 8-38 所示的两种模式柱建立另一种弯矩增大系数的表达式。其基本思路是，若对两类模式柱仍统一取考虑二阶效应后的简化挠曲线为正弦曲线［见前面的式（8-45）］，则根据构件各截面的曲率为同截面侧向位移二阶导数的规则，即可写出曲率 φ 沿构件长度的表达式为：

$$\varphi = y'' = -\frac{\pi^2}{l_0^2} f \sin\left(\frac{\pi x}{l_0}\right) \tag{8-49}$$

将上式与前面正弦曲线表达式相比后，即可写出构件高度中点处曲率 φ_0 与挠度 f 之间的关系为：

$$\varphi_0 = -\frac{\pi^2}{l_0^2} f$$

或

$$f = -\varphi_0 \frac{l_0^2}{\pi^2} \tag{8-50}$$

将上式代入第一类模式柱弯矩增大系数 η 的表达式（8-38），即可得 η 的另一类表达式为：

$$\eta = 1 + \frac{\varphi_0}{e_0} \frac{l_0^2}{\pi^2} \tag{8-51}$$

若将第二类模式柱 η 表达式中的构件高度中点截面作用弯矩 $Pl_0/4$ 与轴压力 N 之比改用 e_0 表示，则由式（8-39）和式（8-50）也可得到式（8-51）。

η 的这种不同于式（8-48）"轴力表达式"的另一种表达式在我国工程界称为 η 的"曲率表达式"。这一表达式目前也已被几个国家的混凝土结构设计规范所采用。

从上述 η 的两类表达式，即式（8-48）的"轴力表达式"和式（8-51）的"曲率表达式"的推导过程看，其基本条件是完全一致的，即这两类表达式本身在力学上是同义的，没有优劣之分。由于通过"等代柱法"或"$\eta\text{-}l_0$ 法"反映的二阶效应影响是用来增大柱控制截面作用的"引起结构侧移"弯矩的，即用于柱控制截面承载力设计的，这时构件的非弹性特征已表现得较为充分，故在上述两类 η 表达式中还需反映框架柱类构件的相应非弹性特征。这将在下面介绍美国及我国有关设计规范使用"等代柱法"的具体做法时进一步说明。

2. 借用失稳等效长度作为考虑框架结构柱 $P\text{-}\Delta$ 效应的等代柱长度的必要条件

自等代柱法从 20 世纪 60 年代先从美国再到欧洲各国开始使用以来，随着学术界对结构中二阶效应规律认识的逐步明朗化，在是否能直接借用失稳等效长度作为考虑二阶效应的等代柱长度问题上取得的最重要学术进展是，认识到只有当用来确定失稳等效长度的临界状态结构模型的受力特点和变形状态都与所设计结构（即考虑二阶效应的结构）的受力特点和变形状态相同或至少足够相近时，这种借用方才是有意义的。

当美国 ACI 318 规范专家组在 20 世纪 70 年代用这一认识重新审视此前该规范在等代柱法中的具体做法，也就是不论是在"有侧移"状态下还是"无侧移"状态下均分别取由"分离杆件法"求得的失稳等效长度，也就是前面图 8-36(a) 和（b）诺模图分别给出的对"有侧移"状态下总是不小于所设计框架柱段轴线长度的失稳等效长度和对"无侧移"状态总是不大于所设计框架柱段轴线长度的失稳等效长度来计算这两种状态框架柱截面设计所用的弯矩增大系数 δ_s（相当于我国规范的 η 系数）的做法时，发现其中可能存在部分问题。

对于"有侧移"状态，通过对比本书前面图 8-30(a) 所示的"分离杆件法"所取的有侧移框架结构在模型化失稳临界状态下的变形状态，发现它与图 8-37(a) 所示的所设计框架结构的侧向变形状态是足够接近的，因此根据上述使用失稳等效长度作为考虑二阶效应的等代柱长度的前提条件，这种状态下的失稳等效长度可以继续使用（此后认识到的其中的不准确性将在后面说明）。

但是在"无侧移"状态下，若比较图 8-30(b) 所示的"分离杆件法"为这一状态下的框架柱段找到的在失稳临界状态下的变形曲线，则发现它与工程中实际框架柱在无侧移状态下由竖向荷载引起的弯矩作用下的变形状态（图 8-25a）没有任何共同特点。这意味着在"无侧移"状态下已不宜再使用由图 8-36(b) 的诺模图得到的失稳等效长度作为计算系数 δ_s 使用的等代柱长度。

在以上认识的基础上，美国 ACI 318 规范在其 1977 年版中对其使用的等代柱法作了以下重要调整，即：

（1）决定对"有侧移"状态下（也就是在竖向及水平荷载的最不利组合作用状态下）的框架结构柱继续使用由图 8-36 所示的"有侧移"状态诺模图求得的失稳等效长度作为计算弯矩增大系数 δ_s 的等代柱长度，所求得的 δ_s 反映的是 P-Δ 效应对所设计框架结构某柱段控制截面中"引起结构侧移"一阶弯矩的增大幅度比值；

（2）停止使用"无侧移"状态下由图 8-36(b) 所示的"无侧移"状态诺模图求得的失稳等效长度。对于设计中出现的"无侧移"状态规定一律取框架柱段的轴线长度作为计算该柱段二阶效应影响的等代柱长度，并改用当时已提出的 C_m-δ_s 法（即本书前面所说的 C_m-η 法）来考虑 P-δ 效应对这类柱内一阶弯矩的影响。

以上修订后做法的具体执行方法请见下面对美国规范具体执行方法的说明。

美国规范以上重要修订对后续研究界的启示是，在涉及借用失稳等效长度或失稳有关概念讨论或表达二阶效应规律的问题上，重要的是厘清失稳现象的物理（力学）背景和二阶效应的物理（力学）背景，以防错用。

还要指出的是，虽然经判断证实等代柱法仍可用来反映"有侧移"框架结构中 P-Δ 效应对构件内"引起结构侧移"弯矩的增大效应，但它与后续更精确方法相比仍存在以下不足：

（1）因框架结构边柱总是只有一侧有梁，而中柱则两侧有梁，故边柱上、下端的柱梁线刚度比 ψ_1 和 ψ_2 在同一框架中总比中柱偏小，由此算得的失稳等效长度和 δ_s 系数也都比中柱偏大；但在实际结构中，同层各柱的 δ_s 值应基本相同。故这一差异应设法消除，具体做法请见下面对美国 ACI 318 规范执行方法的说明。

（2）"分离杆件法"在建立简化模型时采用了若干简化假定，如假定各节点处上、下柱段均同时失稳和同一平面框架各柱列之间无相互侧向扶持作用等，都会使分离杆件法算得的 δ_s 值与框架中实际 δ_s 值相比存在误差。

（3）除去横梁线刚度为无穷大的情况外，其余情况用"分离杆件法"算得的"有侧移"框架柱失稳等效长度都将大于框架相应柱段的轴线长度。从图 8-37 中可以看出，这时，长度取等于失稳等效长度的等代柱长度中点的位置（图 8-37a 中的 C 点）与所设计柱段控制截面的位置（图 8-37a 中的 B 点）并不重合，故由等代柱算得的长度中点的 δ_s 值也将存在一定误差。

这说明，取由"分离杆件法"算得的"有侧移"框架柱失稳等效长度作为考虑 $P\text{-}\Delta$ 效应的等代柱长度的做法只是一种误差在工程可接受范围内的近似方法。

3. 现行美国 ACI 318 规范使用的考虑框架柱 $P\text{-}\Delta$ 效应的具体做法

美国 ACI 318 规范曾在很长一段时间内在二阶效应的设计规定上走在世界各国规范前列。其中，如本节前面已经指出的，该规范在其 1977 年版本中以当时获得的对框架结构二阶效应规律的认识为依据，对原使用的等代柱法作过一次认真订正，建立了以订正后的等代柱法以及 $C_\mathrm{m}\text{-}\delta_\mathrm{s}$ 法为主导方法的一套相对较周密考虑框架结构 $P\text{-}\Delta$ 效应和 $P\text{-}\delta$ 效应的方法体系。到 20 世纪 80 年代，又进一步把层增大系数法纳入了这一方法体系，同时给出了配套的考虑钢筋混凝土梁、柱和板类构件非弹性性能的构件刚度折减系数的取值方案。这套方法一直使用至今。

下面给出该规范最近一版，即 ACI 318—19 中有关"有侧移"框架 $P\text{-}\Delta$ 效应的主体规定，并对相应内容作简要提示。

该规范首先规定，对于"有侧移"框架结构，柱控制截面内考虑 $P\text{-}\Delta$ 效应后用于正截面承载力设计的作用弯矩应取为：

$$M = M_\mathrm{ns} + \delta_\mathrm{s} M_\mathrm{s} \tag{8-52}$$

式中　M_ns ——不引起结构侧移的弯矩；

　　　M_s ——引起结构侧移的弯矩；

　　　δ_s ——相当于我国规范的系数 η 。

同时还规定，梁内引起结构侧移弯矩及剪力被 $P\text{-}\Delta$ 效应增大的幅度应根据节点处上、下柱端截面已被 $P\text{-}\Delta$ 效应增大后的 M_s 按平衡条件确定。

该规范对"有侧移"状态下的框架结构给出了下列三种考虑 $P\text{-}\Delta$ 效应的方法，依规范给出的顺序为：

（1）层增大系数法

该规范给出的由层增大系数法计算 $P\text{-}\Delta$ 效应对"引起结构侧移"弯矩 M_s 的增大系数 δ_s 的表达式为：

$$\delta_\mathrm{s} = \frac{1}{1 - \dfrac{\sum N \Delta_0}{V_\mathrm{us} l_\mathrm{c}}} \geqslant 1.0 \tag{8-53}$$

式中　$\sum N$ 和 V_us ——楼层总轴压力和楼层剪力的设计值，由弹性结构分析获得；

　　　Δ_0 ——层间位移，但在其计算中需考虑钢筋混凝土结构非弹性性能的影响（根据该规范规定，可以采用按构件分类给出的刚度折减系数，也可采用统一的刚度折减系数 0.5），关于构件刚度折减系数的进一步说明请见下面第 8.4.7 节；

　　　l_c ——层高。

式（8-53）的推导过程请见下面第 8.4.4 节。

（2）等代柱法

美国规范在等代柱法中从一开始就对弯矩增大系数 δ_s 采用了轴力表达式［参见本节前面的式（8-48）］，具体形式为：

$$\delta_s = \frac{1}{1 - \dfrac{\sum N}{0.75 \sum N_{cr}}} \geqslant 1.0 \tag{8-54}$$

上式中，$\sum N$ 为所考虑楼层各柱段内在所考虑的同一受力状态下所受的轴压力设计值之和；$\sum N_{cr}$ 为同一楼层各柱段按本节前面式（8-1）算得的弹性失稳临界力 N_{cr} 之和。在计算 N_{cr} 时，l_0 取为由本章前面图 8-36(a) 的诺模图给出的"有侧移"状态失稳等效长度，且在计算诺模图所需的柱段上、下端柱-梁线刚度比 ψ_1 和 ψ_2 时，梁和柱的弯曲刚度应分别乘以 ACI 318 规范建议的构件刚度折减系数（见本章后面的表 8-6）；而在计算 N_{cr} 时，公式（8-1）中的柱段刚度应按 ACI 318 规范建议由该规范给出的专用公式（6.6.4.4.4a）～公式（6.6.4.4.4c）根据不同设计精度要求算得，其目的是考虑框架柱的非弹性性能以及长期作用竖向荷载引起的柱受压混凝土徐变对其弯曲刚度的进一步影响。上面式（8-54）分母第二项中的 0.75 则是考虑到 P-Δ 效应是按"层效应"处理的，但其中某根柱的混凝土强度出于一般离散性规律可能低于楼层各柱的平均水准，故从可靠性角度引入了这一折减系数。

（3）考虑"有侧移"框架柱 P-Δ 效应影响的弹性分析法

在这项方法下面，美国规范未给出具体方法的名称。但如美国规范相应条文说明中所指出的，这是指所有可以更准确计算框架结构 P-Δ 效应且考虑了钢筋混凝土结构非弹性性能的结构分析方法。

综合美国 ACI 318 规范给出的考虑钢筋混凝土框架结构 P-Δ 效应有关方法的条文规定，可以看出其中想表达的以下思路：

（1）与等代柱法相比，层增大系数法在反映框架结构 P-Δ 效应方面不论从理论依据角度还是精确性角度均更具优势，故放在最前面以示优先推荐。

（2）尊重原有结构设计人的习惯，继续保留多年来使用过的等代柱法供熟悉该方法的设计人继续选用（同时也是对等代柱法继续可用的表态）。而且在式中通过用同层各柱的 $\sum N / \sum N_{cr}$ 取代原型 δ_s 轴力表达式［前文式（8-48）］中各单根柱 N/N_{cr} 的做法，体现了同层各柱的 δ_s 本应大致相同的规律，避免了单根柱用 N/N_{cr} 计算 δ_s 时，边柱因其 ψ_1 和 ψ_2 小于中柱而使其 δ_s 大于中柱的不合理结果。

（3）始终为在建筑结构设计中使用考虑二阶效应的更精确结构分析方法留出余地。

除此之外还需指出的是，ACI 318—19 规范在相应条文说明中还特别强调，因 P-δ 效应对 P-Δ 效应有增大效应（参见本书前面第 8.2.6 节的说明），故上面式（8-53）分母第二项前面本应再加一个系数 1.15 来考虑这项增长效应，但为了简化设计，最终未引入这一系数。

4. 我国《混凝土结构设计规范》中采用过的等代柱法的具体做法

我国《混凝土结构设计规范》从其最早的 1966 年版起就借用了苏联 1962 年钢筋混凝土结构设计规范中等代柱法（η-l_0 法）的有关规定来考虑框架结构柱正截面承载力设计中的二阶效应影响；因当时国内对结构二阶效应规律的研究尚属空白，且我国规范除去苏联规范文本外未从苏联方面获得过任何有关规范内容的背景信息，故当时无从判断所借用方法的是非优劣。在 1966 年版我国规范借用的方法中，η 系数采用轴力表达式。限于篇幅，本书在这里不再给出该表达式的具体形式。等代柱长度 l_0 则采用苏联规范的下列简单取值规定，即：

具有两跨及两跨以上，且房屋总宽度不小于房屋高度 1/3 的多层房屋中的柱：

1. 现浇式楼盖：顶层，$l_0 = 1.0H$ ；其余各层，$l_0 = 0.7H$ ；

2. 装配式楼盖：顶层，$l_0 = 1.25H$ ；其余各层，$l_0 = 1.0H$ 。

以上规定中 H 为楼层高度。对于单跨房屋或房屋宽度小于高度 1/3 的情况，l_0 取值应大于以上数值（未给出具体数值）。

1974 年版的《钢筋混凝土结构设计规范》TJ 10—74 除根据中国建筑科学研究院沈在康完成的我国第一批细长钢筋混凝土偏心受压杆的试验结果对苏联规范的 η 系数轴力表达式的形式作了相应修正之外，对 l_0 取值则保持上面给出的规定未变。

到 20 世纪 80 年代《混凝土结构设计规范》1989 年版修订之前，该规范专家组在根据当时对二阶效应问题的理解对 1966 年版规范和 1974 年版规范借用的苏联规范的上述规定进行回顾时，作出的基本判断是：

（1）我国 1966 年版《钢筋混凝土结构设计规范》BJG 21—66 所用的 η 轴力表达式是以当时苏联学术界掌握的国内外已有试验研究结果为依据的，表达式原则上是合理的，但未能反映同层各柱 η 值应近似相等的受力特点；

（2）从所给的 l_0 取值变化规律看，反映的应是有侧移框架结构中 $P\text{-}\Delta$ 效应对柱内作用的整个一阶弯矩的放大效应，但未明确 η 增大的应只是其中"引起结构侧移"的弯矩；

（3）根据苏联大部分国土冬季严寒，从而外墙砖砌体明显偏厚的特点，有可能在考虑外围墙体与主体钢筋混凝土框架结构整体空间作用的有利影响后，对 l_0 取值作了一定降低；

（4）使用装配式楼盖房屋的柱 l_0 取值大于使用整体式楼盖的房屋，主要原因在于整体式楼盖的现浇板增大了框架梁的线刚度，即减小了框架柱上、下端的柱-梁线刚度比。

总体来看，应对这套做法给予积极评价。

到 1989 年版《混凝土结构设计规范》GBJ 10—89 修订前，该规范管理组已统一组织了全国有学术实力单位对规范可能修订的重大问题进行了系列研究。在此基础上，该版规范完成了对等代柱法（$\eta\text{-}l_0$ 法）有关规定的较全面修订。修订内容主要为，一是把 η 表达式由轴力表达式调整为曲率表达式，新的表达式体现了已收集到的国内外已完成的数量较大的细长偏心受压柱的试验研究结果；二是根据专家组当时的认识和我国的设计经验，重新给出了与苏联规范不同的等代柱长度 l_0 的取值表。因这套修订后的规定一直用到 2010 年版《混凝土结构设计规范》GB 50010 决定停止使用等代柱法（$\eta\text{-}l_0$ 法）时为止，故拟对其中有关问题作以下进一步说明。

（1）调整后的 η 系数曲率表达式

导致我国 1989 年版《混凝土结构设计规范》GBJ 10—89 调整 η 系数表达式的主要原因是，当时欧洲研究界提出不久的 η 曲率表达式方案恰好传到我国，且我国规范修订专家组相关专家认为 η 的曲率表达式从概念上能与当时决定在各类构件正截面承载力设计中开始使用的"平截面假定"更好呼应。

在设计中使用 η 曲率表达式遇到的核心问题是，如何在原形式［前面式（8-51）］的基础上考虑钢筋混凝土正截面在承载力极限状态下的非弹性性能对极限曲率 φ_0 的影响。

从本书第 5 章的说明中可知，在最大承载力状态下，截面达到的曲率会随截面偏心距从小到大发生很大变化。参照当时欧洲规范已有的做法，我国规范决定先统一取大、小偏心受压分界状态的截面极限状态曲率作为 η 曲率表达式中 φ_0 的基本值，再通过一个系数 ζ_1 对小偏心受压构件的 φ_0 进行修正，使其接近 φ_0 在小偏心受压状态下随偏心距 e_0 的变化规律；但对处在大偏心受压状态的构件，则因取大、小偏压分界状态的极限曲率已能与大部分此类细长构件的试验结果相呼应，故决定不再考虑对 φ_0 进行修正。根据试验实测结果及前面图 5-10 所示的正截面中的应变分布（平截面假定），即可将前面式（8-51）中给出的等效模式柱柱高中点截面的曲率 φ_0 写成该截面在承载力极限状态下的曲率 φ_u，即取：

$$\varphi_0 = \varphi_u = \frac{1.25\varepsilon_{cu} + \varepsilon_{yk}}{h_0}\zeta_1 \tag{8-55}$$

式中　ε_{cu}——《混凝土结构设计规范》GBJ 10—89 规定的与大偏心受压截面最大抗弯能力对应的截面受压边缘压应变，并建议取 $\varepsilon_{cu} = 0.0033$，这一取值自然也适用于大、小偏压分界状态；

ε_{yk}——与构件纵向钢筋屈服强度标准值对应的应变，按当时最常用的 335 级钢筋考虑，$f_{yk} = 340\text{N/mm}^2$，钢筋弹性模量为 $E_s = 200000\text{N/mm}^2$，故 $\varepsilon_{yk} = f_{yk}/E_s = 340/200000 = 0.0017$；

1.25——为了考虑在恒载轴压力持续作用下混凝土徐变导致的压应变增大效应。

将以上数据代入式（8-55）即得：

$$\varphi_0 = \varphi_u = \frac{1.25 \times 0.0033 + 340/200000}{h_0}\zeta_1 = \frac{0.00583}{h_0}\zeta_1 \tag{8-56}$$

再将这一结果代入 η 曲率表达式原型公式（8-51），并加上一个系数 ζ_2 即得：

$$\eta = 1 + \frac{0.00583l_0^2}{\pi^2 e_0 h_0}\zeta_1\zeta_2 = 1 + \frac{1}{1400e_0/h_0}\left(\frac{l_0}{h}\right)^2\zeta_1\zeta_2 \tag{8-57}$$

在这步计算中，取 $h/h_0 = 1.1$ 和 $\pi^2 = 10$。

上式中表达小偏心受压状态中极限曲率 φ_0 变化规律的系数 ζ_1 的表达式，在《混凝土结构设计规范》GBJ 10—89 中是参考欧洲研究界在实测基础上建议的形式给出的，即取：

$$\zeta_1 = \frac{0.5f_c A_c}{N} \tag{8-58}$$

式中　f_c——构件混凝土轴心抗压强度设计值；

A_c——构件混凝土截面面积；

N——构件控制截面轴力设计值。

当算得的 ζ_1 大于 1.0 时，取 $\zeta_1 = 1.0$。

在式（8-57）中后加了系数 ζ_2，则是因为我国研究界从本国完成的细长偏压钢筋混凝土构件系列试验中发现，当矩形截面构件的 l_0/h 在 15～30 之间变化时（其中，l_0 为试验柱两端铰支点之间的距离，h 为构件沿偏心方向的截面高度），即当构件长细度偏大时，常因侧向挠度在荷载较大时增长较快而达不到同截面、同材料短柱的极限承载力，故需对上述根据短柱达到的极限承载力取用的由式（8-56）表达的极限曲率 φ_u 再乘以一个折减系数 ζ_2。根据试验结果，其表达式取为：

$$\zeta_2 = 1.15 - 0.01\frac{l_0}{h}，当 l_0/h < 15 时取 \zeta_2 = 1.0 \tag{8-59}$$

从这一表达式可以看出，随偏压柱 l_0/h 的增大，ζ_2 取值逐步减小。

经与已有的细长偏压柱的试验结果对比，证实我国规范使用的上述 η 表达式与试验实测结果符合良好。

另外，还需指出的是，采用 η 系数曲率表达式的设计规范实际上还都面临一个尚待认真解决的问题，这就是由于在框架结构中的 $P\text{-}\Delta$ 效应只增大控制截面内引起结构侧移的弯矩 M_s，故严格来说，体现 $P\text{-}\Delta$ 效应影响的 η 系数也应只与这部分截面弯矩相呼应，即 η 系数表达式中的曲率 φ_0 不应是承载能力极限状态下的总曲率，而应是只与作用的 M_s 对应的那部分曲率 φ_s（图 8-40）。但要在例如已知极限曲率 φ_0 的前提下算得 φ_s，就需要先确定非弹性 $M\text{-}\varphi$ 曲线的基本表达式和不引起结构侧移弯矩 M_{ns}

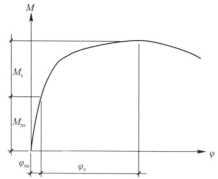

图 8-40　在非弹性 $M\text{-}\varphi$ 关系的前提下与 M_{ns} 和 M_s 分别对应的 φ_{ns} 和 φ_s（假定 M_{ns} 先行发生）

与引起结构侧移弯矩 M_s 的作用顺序（例如 M_{ns} 先行发生，M_s 随后发生）以及 M_{ns} 和 M_s 的比值。由于各柱截面 $M\text{-}\varphi$ 关系的特征不同，且 M_{ns} 和 M_s 的比值各异，因此会明显增加在使用等代柱法时确定 η 系数的难度。

由于中国《混凝土结构设计规范》在使用 η 曲率表达式的两个版本中都采用了如式（8-60）所示的用 η 统乘 $(M_{ns}+M_s)$ 的虽然并不合理但偏安全的做法，即取控制截面设计用弯矩为：

$$M = \eta(M_{ns} + M_s) \tag{8-60}$$

这一做法虽然暂时回避上述 η 应只与 M_s 对应的问题，但问题本身依然存在。

到目前为止，在国内外有关研究成果中，除本书作者所在学术团队提出的初步建议方案外，均未见与解决这一问题有关的研究建议发表。

（2）自 1989 年版起中国规范自主给出的考虑 $P\text{-}\Delta$ 效应的等代柱长度 l_0 的取值规定

1989 年版《混凝土结构设计规范》GBJ 10—89 首次自主给出的考虑 $P\text{-}\Delta$ 效应的等代柱长度 l_0 的取值规定，是由规范管理组委托丁祖堪主持的由修订专家组部分成员组成的小组负责提出的。

当时的背景情况是，虽然我国学术界尚未完成过独立、系统的对结构二阶效应的分析研究工作，但除了丁祖堪学术团队所做的准备工作外，规范管理组还责成本书作者所在学术团队对当时国内外有关钢筋混凝土结构二阶效应问题的规范规定及研究成果作了搜集整理，特别是对美国 ACI 318 规范使用的分离杆件法作了重新推演，并对该规范确定失稳等效长度系数的诺模图取值作了认真复算。

在这一背景下，专家小组当时已能确认框架结构中 $P\text{-}\Delta$ 效应和 $P\text{-}\delta$ 效应的总体作用趋势，并明确意识到 $\eta\text{-}l_0$ 法反映的应是 $P\text{-}\Delta$ 效应对框架结构柱控制截面中引起结构侧移弯矩 M_s 的增大效应。而 $P\text{-}\delta$ 效应则因数值较小，在我国尚未形成自己独立的研究成果之前可暂缓在框架柱控制截面的承载力设计中考虑其影响。

当时专家小组对 l_0 取值所归纳的原则性看法是：

1）由于 $\eta\text{-}l_0$ 法反映的均为 $P\text{-}\Delta$ 效应对框架结构柱控制截面中引起结构侧移弯矩的增大效应，而有侧移框架的各节点在侧移状态下均产生了相应转角，故如前面图 8-31(c) 和

图 8-37(a) 所示，其等代柱长度总会大于相应框架柱段的轴线长度，即总会大于相应楼层的层高。

2）鉴于我国气候条件下房屋外墙明显偏薄，且根据我国工程设计的习惯做法，对一般框架结构房屋均不考虑外围砖砌体与主体钢筋混凝土框架的整体空间效应，故新提出的 l_0 取值必然应比苏联规范的取值（也就是 1966 年版和 1974 年版我国规范的取值）偏大。

3）美国 ACI 318 规范借用由"分离杆件法"求得的有侧移框架柱失稳等效长度作为考虑 $P\text{-}\Delta$ 效应等代柱长度的做法虽已正式实施，但到当时为止，我国学术界一直未找到美国学术界或规范修订界对这一借用做法给出的理论说明，因此专家组认为我国规范直接采用这一方法的理论依据尚不充分，但作为有影响的大国规范已经正式取用的方法，其取值水准仍可作为我国规范确定等代柱长度 l_0 取值时的参考。

4）再考虑到限于当时的技术发展水平，我国设计中所用的结构分析手段尚不能保证在每一项结构设计中都能分别给出结构中每个柱控制截面作用弯矩中"引起结构侧移"的弯矩 M_s 和"不引起结构侧移"的弯矩 M_{ns}，故看来在此后的一个时期内还不得不在结构设计中继续使用虽不合理但较为方便的不划分 M_s 和 M_{ns} 的做法，即前面公式给出的用偏心距增大系数乘总作用弯矩的做法。而这一做法的后果将使所得的考虑 $P\text{-}\Delta$ 效应影响后的柱截面弯矩人为偏大。规范修订组则提出希望通过适度减小等代柱长度 l_0 的取值来抵消这一作用弯矩偏大的不合理后果。因此，我国规范新提出的"有侧移"条件下的 l_0 取值将相应小于美国 ACI 318 规范由前面图 8-36 的诺模图给出失稳等效长度的取值。

由于我国当时尚不具备经结构二阶效应分析获知框架结构柱中引起结构侧移弯矩 M_s 的 $P\text{-}\Delta$ 效应增幅的分析能力，故 1989 年版《混凝土结构设计规范》GBJ 10—89 的具体 l_0 取值是由丁祖堪根据以上原则性思路和我国框架结构工程设计实践，从经验角度综合归纳后提出的。经专家小组讨论后，形成了 1989 年版《混凝土结构设计规范》GBJ 10—89 第 7.3.1 条的以下条文规定。

7.3.1　轴心受压和偏心受压柱的计算长度 l_0 按可列规定采用：

一、（规范的这款条文仅适用于排架结构柱，故将在本书下面第 8.4.3 节中引出和讨论，此处从略）

二、对梁与柱为刚接的钢筋混凝土框架柱，其计算长度按下列规定取用：

1. 一般多层房屋的钢筋混凝土框架柱

现浇楼盖

底层柱　　　　$l_0 = 1.0H$；

其余各层柱　　$l_0 = 1.25H$；

装配式楼盖

底层柱　　　　$l_0 = 1.25H$；

其余各层柱　　$l_0 = 1.5H$；

2. 可按无侧移考虑的钢筋混凝土框架结构，如具有非轻质隔墙的多层房屋，当为三跨及三跨以上或为两跨且房屋的总宽度不小于房屋总高度的三分之一时，其各层框架柱的计算长度：

现浇楼盖　　$l_0 = 0.7H$；

装配式楼盖　$l_0 = 1.0H$。

3. 不设楼板或楼板上开孔较大的多层钢筋混凝土框架柱以及无抗侧向力墙体的单跨钢筋混凝土框架柱的计算长度，应根据可靠设计经验或按计算确定。

注：对底层柱，H 取为基础顶面到一层楼盖顶面之间的距离；对其余各层柱，H 取为上、下两层楼盖顶面之间的距离。

从现在认识的角度来看 1989 年版我国规范对 l_0 取值的以上规定，可得出以下看法：

1）规定第 1 点给出的相当于对"有侧移"状态下 l_0 的取值规定；这些规定符合前面所提到的原则性看法。如果与前两版规范引自苏联的 l_0 取值规定相比，作了调整的是，l_0 取值不再按"顶层"和"其余各层"划分，而改为按"底层"和"其余各层"划分。这是因为，我国工程界根据本国设计构造做法，认为顶层框架柱和其余中间各层框架柱的端约束状态差别不大，而底层柱因底部假定为固端，端约束条件反而比其他各层柱有利。

2）规定第 2 点给出了"无侧移"条件下框架柱 l_0 的取值规定；这看来是受 1977 年以前版本美国规范中相应做法的误导。如前面讨论美国规范做法时已经指出的，这种做法并不可取。

3）规定第 3 点是因我国规范方案中未考虑框架柱上、下端柱-梁线刚度比的影响而想作出的弥补。

4）值得庆幸的是，因我国规范上述 l_0 取值未区分中柱和边柱，故无需再从"层效应"（即同层各柱 η 值应大致相等）的角度采取调整措施。这也恰是因为在我国规范 1989 年版改用 η 的曲率表达式后，已无法像美国 ACI 318 规范那样通过在 δ_s 的轴力表达式中用 $\sum N / \sum N_{cr}$ 取代 N / N_{cr} 来对中柱和边柱因 l_0 取值不同所造成的缺口进行弥补。

从 20 世纪 80 年代后期开始，本书作者所在学术团队在《混凝土结构设计规范》管理组的支持下，开始了对钢筋混凝土结构二阶效应的系列研究工作。在随后确认了层增大系数法能更准确地表达框架结构的 $P\text{-}\Delta$ 效应影响之后，曾以该方法为校准点，取工程设计中常用的现浇式框架结构实例为对象，在相同的前提条件下，对美国 ACI 318 规范的等代柱法和我国 1989 年版《混凝土结构设计规范》GBJ 10—89 的上述等代柱法作了对比验算。验算结果表明，在设计常用柱-梁线刚度比取值条件下，中、美规范等代柱法算得的 η 值或 δ_s 值与层增大系数法算得的 η 值的误差都还在设计可接受范围内。到《混凝土结构设计规范》GB 50010 的 2002 年版修订时，由中国建筑科学研究院白生翔主持的专家小组又根据已有认识对 $\eta\text{-}l_0$ 法的 l_0 取值条文作了重新审视。根据本书作者所在学术团队提供的上述对比分析结果，专家组又进一步作出了以下决定：

1）继续保留 1989 年版规范中对"有侧移"条件下框架柱的 l_0 取值规定；

2）不再保留 1989 年版规范中对"无侧移"条件下框架柱的 l_0 取值规定，理由与美国 ACI 318 规范在其 1977 年版中作出的决定相同；

3）在规范正式条文中不再保留为了弥补我国规范在"有侧移"条件下的 l_0 取值中因未考虑柱上、下端柱-梁线刚度比所造成的缺口而作的提示，而改为在 2002 年版规范该条的条文说明中较详细列出在结构设计中针对上述缺口所应注意的事项；

4）当继续使用以偏心距增大系数 η 统乘 $M_{ns}+M_s$ 的做法，即前面式（8-60）所示的做法时，若一旦在所设计的柱控制截面中出现 M_s 在 $M_{ns}+M_s$ 中占比过大的情况，就会因我国规范的 l_0 是根据工程中常见的 $M_s/(M_{ns}+M_s)$ 条件取值而使经式（8-60）算得的被 $P\text{-}\Delta$ 效应增大后的弯矩比实际弯矩偏小，从而影响设计安全性。由于通过本书作者所在学术团队完成的前述中、美规范方法和层增大系数法对比分析已经明显提高了我国规范专家小组对美国规范使用的经"分离杆件法"确定的 l_0 取值的认可程度，故决定当柱控制截面的 M_s 在 $M_{ns}+M_s$ 中的占比超过一定限度后，即直接改用美国 ACI 318 规范的 l_0 取值作为我国规范的取值；但专家小组考虑到经图 8-36(a) 的诺模图算得的 l_0 值不便于计算机编程，故决定取用当时我国学术界已经提出的根据分离杆件法计算结果拟合出的 l_0 函数表达式作为 M_s 占比偏大时的我国规范 l_0 取值依据。

根据以上 4）点的思路，2002 年版我国规范在其规定柱计算长度 l_0 取值的第 7.3.11 条第 3 款中给出了下列规定。

3. 当水平荷载产生的弯矩设计值占总弯矩设计值的 75% 以上时，框架柱的计算长度 l_0 可按下列两个公式计算，并取其中的较小值：

$$l_0 = [1 + 0.15(\psi_u + \psi_l)]H \tag{7.3.11-1}$$

$$l_0 = (2 + 0.2\psi_{\min})H \tag{7.3.11-2}$$

式中　　ψ_u、ψ_l——柱的上端、下端节点处交汇的各柱线刚度之和与交汇的各梁线刚度之和的比值；

　　　　$\psi_{\min}$——比值 ψ_u、ψ_l 中的较小值；

　　　　H——柱高度，按表 7.3.11-2 的注采用。

以上规定所用的两个公式的原型是本书作者所在学术团队李照民根据美国"分离杆件法"的 l_0 取值经拟合给出的，经规范专家组作少许调整后形成了以上公式。

5）如前面结合美国 ACI 318 规范使用的考虑框架柱 P-Δ 效应影响的设计方法时已经指出的，美国规范在进入 21 世纪后的各个版本中已要求在用"分离杆件法"确定失稳等效长度时，考虑梁、柱非弹性刚度退化程度不同所带来的影响；但我国 2002 年版规范对这种影响尚未给出任何体现。

到我国规范进行其 2010 年版的修订时，考虑到当时已提出的基于几何刚度的有限元法已能准确完成各类多层建筑结构体系的 P-Δ 效应分析，而 η-l_0 法只适用于框架结构和排架结构，加之我国规范在 l_0 取值上所作的简化较多，影响 η-l_0 法的总体准确性，故决定除因特殊原因在排架结构 P-Δ 效应分析中继续保留 η-l_0 法外，在框架结构的 P-Δ 效应分析中则由基于几何刚度的有限元法取代 η-l_0 法。

8.4.3　对排架结构柱考虑二阶效应方法的讨论

1. 单层排架结构房屋的一般特点

钢筋混凝土排架结构房屋曾大量用于我国的单层大跨度工业厂房和公共建筑（单跨跨度多为例如 15～36m），且目前仍在使用。排架结构房屋中的平面排架一般按等间距（例如 6m）沿房屋横向布置（参见图 8-44）；平面排架可为单跨或多跨；当为多跨时可做成等高或不等高。个别情况下也可将排架结构用在多层框架结构房屋的顶层，以形成大跨度空间（排架柱下端与其下面对应的框架结构整体连接）。

为了便于施工，我国的钢筋混凝土单层排架结构除排架柱下的独立基础外其余结构构件均采用预制装配式做法。

单层排架结构房屋中沿横向布置的平面排架结构通常由屋盖主承重构件（屋架或屋面梁）和顶端与屋盖主承重构件铰接、底部固定于独立基础的排架柱以及柱下独立基础共同构成；屋盖主承重构件在相应排架柱之间起铰接刚性连杆作用（图 8-41 和图 8-43）。为了与钢结构中排架柱顶与屋架刚性连接的全钢排架相区分，这里的钢筋混凝土排架也常被称为"铰接排架"。沿房屋纵向则在各横向排架之间布置与其有效连接的屋面构件（钢筋混凝土倒槽形的大型屋面板，更早也使用过钢筋混凝土檩条）、位于排架柱之间的吊车梁、纵向连系梁和基础梁以及屋盖支撑系统和柱间支撑。

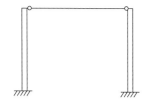

图 8-41　无桥式吊车单层房屋单跨平面排架的计算简图

从受力特征看，单层排架结构可分为房屋内无桥式吊车和房屋内设置桥式吊车两类。在第一类排架结构中，排架柱通常做成等截面，形成的平面排架的计算简图即如图 8-41 所示。在第二类排架结构中，因桥式吊车需要在一定高度处沿房屋内纵向两侧布置的通长吊车梁上的轨道行驶，为了支承吊车梁和保证桥式吊车无阻碍行驶，排架柱一般会做成如图 8-42(a)、(b) 和图 8-43 所示的截面高度不同的上柱和下柱两段，并将吊车梁支承在下柱上端专设的短悬臂（牛腿）的顶面。这类平面排架的计算简图与第一类情况相似，只不过排架柱变为双阶，具体参见下面的图 8-43。

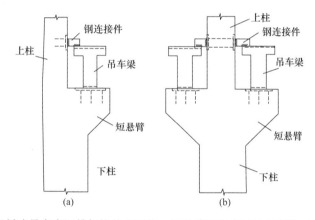

图 8-42　设置桥式吊车房屋排架柱的上下柱、短悬臂及所支承的吊车梁（局部高度截图）

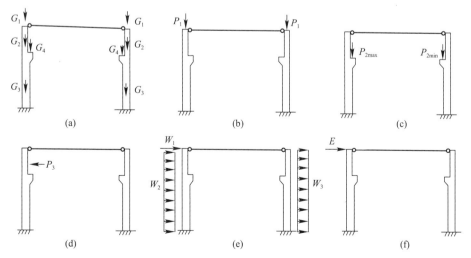

图 8-43　设有桥式吊车单层厂房单跨排架结构左侧排架柱对应的荷载类型及作用方式

根据设计经验，对于单层排架结构房屋只要求在结构设计中对沿房屋横向布置的平面排架完成结构分析，并按分析得到的最不利组合内力完成排架柱和柱下独立基础沿房屋横向的承载力设计。至于参与构成平面排架的屋盖主承重构件（屋架或屋面梁）以及屋面板或檩条，则只要求按承担屋盖恒载和屋面活荷载（或雪荷载）完成设计，且已由责任设计单位制定了通用图集供设计单位选用。沿房屋纵向，一般不要求对由排架构件、屋面构件、柱间纵向连系构件、屋盖支撑系统以及柱间支撑共同构成的纵向结构体系进行整体结构分析，但其中除每根排架柱要按规范规定完成垂直于平面排架方向的轴心受压承载力计算外，柱间支撑则需按满足沿纵向传递水平荷载（包括吊车纵向制动力、纵向风荷载或纵向地震作用）的要求完成承载力设计；吊车梁需按承担吊车荷载要求完成设计；其余纵向连系梁和基础梁也需按其具体受力条件完成设计；屋盖各类支撑则按设计经验和构造需要选定布置方式、角钢型号及连接做法。这些构件也都已做成通用图集供设计选用。

我国各有关结构设计规范至今都未给出过排架结构在正常使用极限状态下沿排架受力平面的侧向变形限制条件（已知的只有冶金工业系统曾对设有大吨位高运行频率桥式吊车的钢结构或钢筋混凝土结构厂房的侧向变形给出过限制条件建议），但从图 8-41 和图 8-43 所示平面排架计算简图不难看出，不论是单跨还是多跨排架结构，因其超静定次数都很低，故侧向受力性能先天偏弱；这类结构的侧向刚度显然全要靠排架柱沿排架平面的挠曲刚度来保证。幸好我国钢筋混凝土排架柱通用图集责任编制单位专家已意识到这一问题，在通用图集中已为排架柱规定了较为充裕的截面尺寸。至于此类结构沿纵向的侧向刚度，则因屋面板和各类柱间纵向连系构件虽都与排架构件具有有效连接，但都远未达到刚性连接的地步，故结构沿纵向的侧向刚度主要靠分别设在各列排架柱中某两根排架柱之间的柱间支撑以及排架柱和纵向连系构件来共同保证；柱间支撑通常做成钢桁架式，可只设在柱列中部的某个柱间，也可分别设在每个柱列两端的第二个柱间。屋盖的各类支撑（均采用由角钢构成的"剪刀撑"形式，其中包括屋架下弦横向水平支撑、屋架下弦纵向水平支撑以及屋架之间的竖向支撑；当屋面采用钢筋混凝土檩条或钢檩条方案时，尚应沿屋架上弦布置横向及纵向水平支撑）也是传递纵向水平荷载、保证屋盖结构在水平方向的整体刚度以及屋架的出平面刚度及稳定性所必需的，在设计中应根据屋盖结构特点和厂房结构的受力需要来选择以上各类支撑的不同组合。对于突出屋面的天窗结构也应按需要布置横向水平支撑和竖向支撑。

另外，还有若干结构构件，如房屋山墙的钢筋混凝土山墙柱及水平连系梁、屋盖天窗的结构构件、厂房大门的雨篷及雨篷梁等，也需逐一根据其具体受力需要完成专门设计。

2. 单层排架结构的受力特点

在非抗震设计条件下，无桥式吊车房屋的排架结构不论单跨或多跨都只受各部位的恒载、屋面活荷载（或屋面雪荷载）以及风荷载作用，荷载类型相对简单；其中由恒载和屋面活荷载产生的排架柱内弯矩均可近似视为不引起结构侧移的弯矩，只有排架柱内的风荷载弯矩属于引起结构侧移的弯矩。在抗震设计条件下，从考虑风荷载变为考虑水平地震作用（因对单层排架结构不要求考虑风荷载和水平地震作用的同时作用），荷载类型简单的特点并未改变。

在设有桥式吊车的单层房屋内，排架结构的受力会变得较为复杂。在非抗震设计条件下，其所受荷载因作用方式和性质不同，可分为图 8-43（a）～（e）所示的五类。其中，

图 8-43(a) 所示的恒载包括由屋盖传到排架柱顶的屋盖恒载 G_1，上柱和下柱及相应纵墙面的自重 G_2 和 G_3 以及吊车梁及其上面轨道与垫层的自重 G_4（作用在牛腿顶面吊车梁支座中线处）；图 8-43(b) 表示屋面活荷载或雪荷载传到排架柱顶的支反力 P_1；图 8-43(c) 表示当桥式吊车起吊的重物达到约定的最大值且吊重恰好移动到最靠近所考虑排架的左侧柱时，在该柱吊车梁支座中线处形成的吊车桥自重和吊重的较大支反力 P_{2max} 和同时在同一排架右侧柱吊车梁支座中线处形成的对应的较小支反力 P_{2min}（还需考虑 P_{2max} 和 P_{2min} 作用位置左右对调的荷载情况）；图 8-43(d) 表示当桥式吊车行驶到所考虑排架的轴线位置时，因吊有重物的吊车小车横向制动而形成的吊车水平制动力 P_3（需考虑该制动力沿正、反方向作用的可能性），该制动力由吊车梁端部上表面与上柱之间的钢连接件传入排架柱的上柱（图 8-42）；图 8-43(e) 表示的则是向右作用于厂房的风荷载，其中包括所考虑排架对应的一个开间内作用在左侧墙面上的均布风压力 w_2、作用在右侧墙面上的均布风吸力 w_3 以及作用在整个屋盖上的水平风荷载合力 w_1（当把屋盖主承重构件视为对应排架柱顶之间的刚性水平系杆时，把 w_1 视为作用在左侧还是右侧排架柱顶其作用效果是相同的），风荷载向左作用时的受力情况不再画出。风荷载值按《建筑结构荷载规范》GB 50009—2012 的有关规定确定。另请注意，上面提到的吊车竖向荷载 P_{2max} 和 P_{2min} 以及吊车水平制动力 P_3 在设计中均按不考虑排架结构房屋整体空间作用的情况假定全由所考虑的那一个平面排架承担。

在抗震设计条件下，因规范规定不需同时考虑风荷载作用，故相当于用 8-43(f) 所示作用在排架柱顶的集中水平地震作用 E 取代图 8-43(e) 中的各项风荷载，该集中地震作用通常体现的是在所考虑排架的相应开间范围内由排架柱高度中点以上的全部有效质量（包括屋盖系统有效质量）按排架结构的自振周期和阻尼比通过《建筑抗震设计标准》GB/T 50011—2010(2024 年版) 给出的地震影响系数曲线确定的多遇水准水平地震作用。同样，当把屋盖主承重构件视为水平刚性系杆时，集中地震作用加在左、右哪个排架柱顶，效果都是相同的。

编制钢筋混凝土排架柱通用图集的责任单位还需负责给出以上各类荷载效应的组合规则。这些规则除应符合由《建筑结构可靠性设计统一标准》GB 50068—2018 给出的基本规定外，还需包括吊车竖向荷载与水平制动力对应效应的组合规则、同一跨内设有不同起重量桥式吊车时竖向荷载及水平制动力的确定规则以及多跨排架考虑相邻两跨吊车作用时吊车竖向荷载及水平制动力的确定规则。

根据以上荷载作用特点和各类荷载在排架柱内形成的弯矩分布特点和剪力分布特点，当在无桥式吊车房屋的排架中取用等截面排架柱时，通常即可取柱下端截面作为控制截面，并将由该截面确定的配筋沿柱全高布置。在设有桥式吊车厂房的排架中，因排架柱均至少为由上、下柱构成的双阶柱，且吊车竖向荷载和水平制动力均或作用在上、下柱交界处或离该交界处不远的上柱内，故上柱可只取其下端截面作为控制截面，并将该截面所需配筋沿上柱全高布置；下柱的控制截面则取为其上端截面及下端截面；由这两个控制截面确定的较大配筋一般亦按下柱通高布置。

此外，因排架柱各截面均为偏心受压截面，且所受弯矩和轴力来自上述多种荷载作用，故根据钢筋混凝土大、小偏心受压截面在不同偏心距下所能抵抗的轴力和弯矩的变化规律（参见本书第 5.2.3 节的说明），为了找到每个控制截面中所需纵筋用量最多的 $N\text{-}M$

组合状态（也称最不利 N-M 组合），在柱各个起控制作用的正截面的承载力设计之前还必须至少逐一算出该正截面的"最大弯矩及对应轴力""最小弯矩及对应轴力""最大轴压力及对应弯矩"以及"最小轴压力及对应弯矩"这四类内力组合，以便从中找到所需纵筋配筋量最大的内力组合。

3. 单层排架结构的二阶效应特点

首先，不论是无桥式吊车房屋的排架，还是有桥式吊车厂房的排架，因结构的侧向刚度都要靠排架柱的弯曲刚度来保证，故排架柱的截面尺寸都必须选得较为充裕；因此，根据已有验算结果，排架柱在各类荷载作用下的 $P\text{-}\delta$ 效应均很小。

在图 8-43 所示各类荷载或作用中，除前两类荷载，即恒载和屋面活荷载（或雪荷载）在排架柱中形成的弯矩一般均属于或近似属于不产生结构侧移的弯矩外，吊车竖向荷载 $P_{2\max}$ 和 $P_{2\min}$ 将在排架柱中同时产生不引起结构侧移的弯矩和引起结构侧移的弯矩；而其余几类荷载，即吊车水平制动力、风荷载以及水平地震作用在排架柱中引起的弯矩则均属于引起结构侧移的弯矩。

排架结构在以上各类引起结构侧移荷载下形成侧向变形后，同时作用的恒载、屋面活荷载（或雪荷载）以及可能参与组合的吊车竖向力就都会在排架柱中引起 $P\text{-}\Delta$ 效应弯矩增量；因验算表明该弯矩增量数值不小，故在排架柱正截面承载力设计中不宜忽略此类弯矩增量。

当排架结构处在无桥式吊车房屋中时，在排架柱中产生引起结构侧移弯矩的就只有水平风荷载或水平地震作用这唯一一种作用情况，故其 $P\text{-}\Delta$ 效应不论是用基于几何刚度的有限元法（按沿构件轴线划分的长度基本单元建模）计算，还是用 $\eta\text{-}l_0$ 法计算（其中 l_0 可取为对应受力状态下的失稳等效长度），都能取得较满意的结果。但若厂房内设有桥式吊车，则排架柱将变成双阶，且能够在排架柱内引起 $P\text{-}\Delta$ 效应的作用就增加到包括吊车竖向荷载、吊车水平掣动力和水平风荷载（或水平地震作用）这三类可变作用；这时，若仍使用传统的简单叠加原理来从各类荷载产生的内力算得截面设计所需的最不利组合内力，就会遇到这些内力各自所带的 $P\text{-}\Delta$ 效应增量的简单叠加结果与相应多种荷载组合作用时的实际 $P\text{-}\Delta$ 效应增量不相等的问题，或者说简单叠加原理对于多类可变荷载分别作用下由 $P\text{-}\Delta$ 效应引起的弯矩增量不再适用的问题。

之所以出现这类问题，是因为不论是在吊车竖向荷载、吊车水平制动力或风荷载（或水平地震作用）与各自对应的有关竖向荷载分别共同作用下，还是在多种可变荷载与对应竖向荷载按组合规则共同作用下，所形成的 $P\text{-}\Delta$ 效应增量都取决于每种受力状态下的竖向荷载作用方式及大小（这里所说的"作用方式"例如是指屋盖传来的竖向荷载与吊车竖向荷载的作用位置不同）以及各自弯矩作用下柱侧向变形达到收敛状态时所形成的挠度大小及挠曲线的形状。从这里不难看出，多种可变荷载组合与对应的竖向荷载共同作用时形成的 $P\text{-}\Delta$ 效应弯矩增量之所以不等于各项可变荷载分别与其对应竖向荷载共同作用时形成的 $P\text{-}\Delta$ 效应弯矩增量叠加结果的原因可归纳为以下三项：

（1）可变荷载分别单独作用时对应的竖向荷载并不总等于多种可变荷载组合作用时所对应的竖向荷载；

（2）排架柱各截面在多种可变荷载组合作用下，当挠曲变形（含 $P\text{-}\Delta$ 效应）增长达到收敛状态时的侧向挠度通常不等于各项可变荷载单独与对应竖向荷载共同作用时在同样柱截面内产生的侧向挠度之和；

（3）各项可变荷载组合作用下排架柱内一阶弯矩加 P-Δ 效应弯矩增量所形成的最大弯矩出现的位置与每种可变荷载分别作用时这种最大弯矩出现的位置不一定相同。

因此，若在这种情况下仍坚持使用叠加原理，就会使排架柱各截面所算得的包括 P-Δ 效应弯矩增量在内的组合弯矩值依受力条件不同而出现相应误差。

为了在有多种可变荷载作用的有吊车排架结构的二阶效应分析中不再使用内力直接叠加法，本书作者所在学术团队在近期完成了相应研究，并提出了一套较为有效的分析方法，详见下面第 7 点中的进一步说明。

以上所述的在多种可变荷载组合状况下对 P-Δ 效应弯矩增量不宜使用内力简单叠加原理的问题，是所有可能受两类及两类以上可变荷载同时作用的结构体系在考虑 P-Δ 效应时都需要面对的共同性问题，故需要在这里专门作以上提示，以引起结构设计界的关注。

4. 单层钢筋混凝土铰接排架结构房屋的整体空间作用

与近年来在我国多、高层建筑结构中使用的各类建筑结构体系都是把承重结构至少沿房屋的两个平面主轴方向布置，且各楼层多使用整体式楼盖不同，如前面所述，单层装配式排架结构房屋的主体结构只沿房屋的横向布置，排架结构的超静定次数低，且单个排架结构的侧向刚度又主要靠排架柱的抗弯刚度来保证，房屋的纵向刚度则主要靠与横向排架连接的纵向支撑系统来保证。因此，与其他结构体系相比，单层排架结构房屋的纵、横向侧向刚度显得总体相对偏弱。但若进一步考察整个排架结构房屋，则会发现，如图 8-44 所示，就房屋横向受力而言，还存在一个与各个横向平面排架结构相连的由房屋的屋盖结构和房屋纵向的两端山墙这三块"大平板"连接而成的空间整体式"折板结构"。这一折板结构在采用传统做法的单层排架结构房屋中也对结构的侧向刚度作了一定贡献。我国工程界习惯于把各个横向平面排架与这一空间折板结构沿房屋横向的共同工作称为单层装配式排架结构房屋的"整体空间作用"。下面拟将我国研究界以往就这一问题做过的思考简要介绍如下。

在 20 世纪后半叶我国大量修建的单层钢筋混凝土排架结构房屋中，其屋面构件大多采用倒槽形的大型屋面板（每块长 6m、宽 1.5m），并要求其四角支点中有三个支点通过钢预埋件与屋盖主承重构件上表面的对应钢预埋件焊牢，且板缝用细石混凝土填实，并在大型屋面板表面铺设厚度不大的混凝土现浇面层及相应防水措施。同时，在房屋纵向两端的山墙平面内也布置了多根钢筋混凝土山墙柱和多条钢筋混凝土水平连系梁，并在各道连系梁之间砌筑强度不低的砖砌体。这些做法使得屋面和每片山墙都成为在自身平面内有足够大刚度的平面构件；当屋面和山墙相互有效连接并经屋盖主承重构件与房屋各横向排架结构有效连接后，就会形成一个整体刚度偏大且能在横向为各个平面排架提供附加侧向支撑作用的折板式山墙-屋面体系。

进一步考察发现，因风荷载和吊车荷载（包括吊车竖向荷载和吊车水平制动力两种荷载作用状况）的作用方式不同，引起的整体空间作用也有实质性差别。下面拟对这两种荷载作用情况下的整个排架结构沿房屋横向的整体空间作用特点作必要说明。

当风荷载沿房屋横向作用时，设计中都是假定它以相同的强度同时作用于每个平面排架所在的开间。若考虑上述山墙-屋面体系对各平面排架的水平扶持作用，就相当于在每个平面排架的柱顶标高处各加设了一个水平弹性支座（图 8-44a）；这意味着，在图 8-43（e）所示沿一个水平方向作用给平面排架的风荷载中，除一部分根据变形协调条件由该平面排架本身承担外，其余部分将由柱顶标高处的水平弹簧承担（弹簧支反力为 R_{wi})，再由该弹簧将这部分水平风荷载 R_{wi} 传入屋面这块水平刚度很大的平板（图 8-44b)，该平板再作为水平放置的深梁把这些由各个平面排架柱顶传来的水平风荷载 R_{wi}（每个平面排架传来的 R_{wi} 值各不相同，理由见下面）经弯、剪作用传给作为其支座的两端山墙，再经作为悬臂剪力墙的山墙将这些水平风荷载传入山墙基础和地基。

在这一传力过程中，作为悬臂剪力墙的山墙和作为平置深梁的屋面将分别发生图 8-44（b）中虚线所示的挠曲变形，根据其挠曲变形特征可得出以下两项结论：

（1）山墙和屋面的平面内刚度越大，图 8-44（b）虚线所示的侧向变形就越小。这意味着图 8-44（a）所示平面排架柱顶标高侧向弹性支座的弹簧刚度越大，山墙-屋面体系承担的风荷载的总体份额就越大，各平面排架承担的风荷载的总体份额就越小，即山墙-屋面体系对各个平面排架所起的扶持作用就越强。

（2）如图 8-44（b）所示，当房屋两端均有山墙时，整个山墙-屋面体系由风荷载引起的侧向变形沿房屋纵向原则上是对称分布的；这时，屋面在山墙侧向变形基础上产生的侧向挠曲变形就会使山墙-屋面体系对不同位置平面排架的扶持作用大小不一；在房屋纵向中部因屋面侧向位移最大，相当于该处平面排架柱顶侧向弹性支座的弹簧刚度最小，由山墙-屋面体系协助这里的平面排架承担的风荷载比重也就相对最小；随着平面排架离山墙的距离越近，因屋面的侧向位移逐渐变小，山墙-屋面体系对该处平面排架的侧向扶持作用也将逐步相对加强。

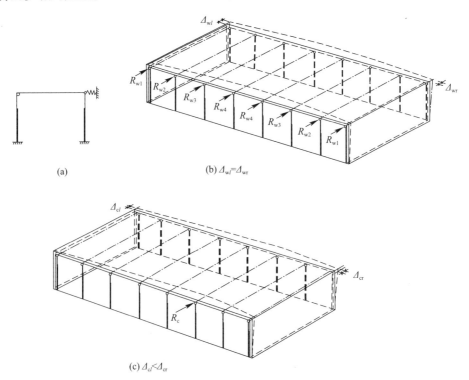

图 8-44　反映排架结构房屋整体空间作用的柱顶标高设有水平弹性支座的平面排架的计算简图以及单层排架结构房屋在风荷载和吊车荷载作用下其中的山墙-屋面体系的受力和变形特征
（其中山墙-屋面体系的侧向变形用夸张手法表示）

以上两项受力特征意味着，当在排架结构设计中或 $P-\Delta$ 效应分析中考虑这类房屋结构在风荷载作用下的整体空间作用时，应把握的总体规律是，山墙-屋面体系对各个平面排架水平扶持作用的大小随该体系侧向刚度的大小而不同。因此，对山墙-屋面体系侧向刚度的考察是正确估计房屋结构整体空间作用强弱的主要依据。20 世纪后期，我国研究界还曾以山东省的某些大型工业厂房为对象对其整体空间作用进行过实地试验量测。此外，因在风荷载作用下山墙-屋面体系对平面排架的扶持作用在房屋纵向中间部分最弱，故从对平面排架设计偏安全的角度宜以房屋纵向中部的侧向扶持作用作为依据来考虑山墙-屋面体系对平面排架受力的有利作用。

与水平风荷载作用特点不同的是，吊车竖向荷载和水平制动力都假定为只直接作用于吊车行驶到的那一榀平面排架。当考虑设有桥式吊车的单层排架结构房屋的整体空间作用时，直接受吊车荷载作用的平面排架也是自身只承担一部分吊车竖向荷载和吊车水平制动力，并通过分别在图 8-44(a) 所示平面排架柱顶标高水平弹性支座处形成的支反力 R_{cv}（由吊车竖向荷载引起）或 R_{ch}（由吊车水平制动力引起）将吊车竖向荷载和吊车水平制动力形成的这部分水平力传给屋面深梁（图 8-44c）；与风荷载作用情况不同的是，R_{cv} 或 R_{ch} 是随吊车位置不同以运动方式作用于屋面深梁的不同位置的；而且，只有 R_{cv} 或 R_{ch} 作用在房屋纵向中部时，山墙-屋面体系在 R_{cv} 或 R_{ch} 作用下的侧向变形才是沿房屋纵向对称分布的；在其他 R_{cv} 和 R_{ch} 作用位置，山墙-屋面体系的侧向变形沿房屋纵向都是不对称分布的（图 8-44c）。

吊车荷载作用下排架结构房屋的整体空间作用与风荷载作用下此类房屋整体空间作用的另一个关键区别是，不论吊车行驶到哪个位置，由直接受吊车荷载作用的平面排架传给山墙-屋面体系的水平弹性支反力 R_{cv} 或 R_{ch} 所引起的山墙-屋面体系的侧向变形都将强迫与该体系在不同位置相连的所有各个不直接承担吊车荷载的平面排架产生对应的水平位移。这意味着，所有不直接承受吊车荷载作用的平面排架都会与山墙-屋面体系一起为直接承受吊车荷载作用的平面排架提供水平扶持作用。因此，这时的总体水平扶持作用会比风荷载作用下的水平扶持作用明显增强。

由于吊车荷载作用位置的移动性特征、山墙-屋面体系侧向变形沿纵向的非对称分布特征以及非直接受荷平面排架参与构成侧向扶持作用所形成的更为复杂的房屋结构整体空间作用，使得直接受荷平面排架受侧向扶持作用相对最弱的状态已不能像在风荷载作用下那样直接通过概念分析来判定，从而只能通过对吊车荷载作用在不同平面排架上时的整个空间结构体系逐一完成沿房屋横向的伪三维分析来识别。

在需对由各个平面排架和山墙-屋面体系组成的整个房屋结构体系完成沿房屋横向的水平伪三维分析时，通常均假定各平面排架在其柱顶标高处与山墙-屋面体系通过水平铰接方式连接。

当屋面设有天窗时，因屋面需开洞，使屋面平置深梁的侧向刚度被削弱，从而也将削弱山墙-屋面体系对受力平面排架的侧向扶持作用。

还需关注的是，以上对排架结构房屋整体空间作用的讨论是以到 20 世纪末为止工程中使用的前面提到的屋面和山墙的传统做法，即平面内的刚度相对较大的做法为依据的。进入 21 世纪后，这类房屋屋面和山墙的做法随着材料和工艺技术的更新以及社会经济能力的提高，正在不断发生变化。例如，屋面已可能改用异形钢板和混凝土的组合结构或钢檩条加异形钢板的做法；山墙也改用钢筋混凝土外挂组合墙板或钢组合墙板的做法。其共同趋势都是使屋面和山墙的平面内刚度有不同程度的下降，这对排架结构的整体空间作用而言肯定是颇为不利的。因此，若在排架结构设计或其 P-Δ 效应分析中考虑此类房屋结构的整体空间作用，首当其冲的应是在确定了工程项目屋面和墙面的做法后对屋面和山墙的平面内刚度作出合理评价。

5. 我国《混凝土结构设计标准》GB/T 50010—2010 (2024 年版)采用的考虑排架结构 P-Δ 效应的 η-l_0 法及其中存在的待解决问题

我国《混凝土结构设计规范》从其最早的 1966 年版至今一直使用"等代柱法"，即"η-l_0 法"来考虑排架结构中 P-Δ 效应对柱各控制截面组合弯矩的增大效应。

该方法中的偏心距增大系数 η 在前期各版本中一直取用与框架柱完全相同的表达式；直到该规范的 2010 年版，在框架结构已停用 η-l_0 法，而排架结构继续使用该方法的情况下，考虑到引起排架结构侧移的各类荷载绝大部分为短期作用，故决定取消在 η 系数表达式推导中使用的考虑长期荷载引起混凝土徐变从而加大柱挠曲变形的系数 1.25；加之结构工程使用的钢筋强度也有所提高，使表达式中钢筋屈服应变相应增大，故决定将原 η 表达式第二项分母中的 1400 调整为 1500；这样，用于排架结构 η-l_0 法的 η 表达式就变成：

$$\eta = 1 + \frac{1}{1500 e_i/h_0}\left(\frac{l_0}{h}\right)^2 \zeta_c \qquad (8\text{-}61)$$

上式中的系数 ζ_c 也就是前面式（8-55）中的 ζ_1，而取消式中原有系数 ζ_2 则是因为可能出现 ζ_2 所体现的大长细度构件的情况在排架结构中一般不会遇到，加之 ζ_2 起的是减小 η 取值的不利于安全性的作用。

我国规范排架结构 η-l_0 法所用的柱计算长度 l_0 从 1966 年版起就一直是按下面的表 8-3 取值，该表当时是直接引自苏联 1962 年规范。

刚性屋盖单层房屋排架柱、露天吊车柱和栈桥柱的计算长度 l_0 表 8-3

柱的类别		l_0		
		排架方向	垂直排架方向	
			有柱间支撑	无柱间支撑
无吊车房屋柱	单跨	$1.5H$	$1.0H$	$1.2H$
	两跨及多跨	$1.25H$	$1.0H$	$1.2H$
有吊车房屋柱	上柱	$2.0H_u$	$1.25H_u$	$1.5H_u$
	下柱	$1.5H_l$	$0.8H_l$	$1.0H_l$
露天吊车柱和栈桥柱		$2.0H_l$	$1.0H_l$	—

注：1. 表中 H 为从基础顶面算起的柱子全高；H_l 为从基础顶面至装配式吊车梁底面或现浇式吊车梁顶面的柱子下部高度；H_u 为从装配式吊车梁底面或从现浇式吊车梁顶面算起的柱子上部高度；

2. 表中有吊车房屋排架柱的计算长度，当计算中不考虑吊车荷载时，可按无吊车房屋柱的计算长度采用，但上柱的计算长度仍可按有吊车房屋采用；

3. 表中有吊车房屋排架柱的上柱在排架方向的计算长度，仅适用于 H_u/H_l 不小于 0.3 的情况；当 H_u/H_l 小于 0.3 时，计算长度宜采用 $2.5H_u$。

对于上表需要作的提示是：

（1）经查证，1966 年版和 1974 年版规范上表最后一栏是写的"露天吊车栈桥柱"；到 1989 年及以后版本被错改成上表中的"露天吊车柱和栈桥柱"即从"一类柱"变成了

"两类柱"。实际上凡是未被屋盖覆盖的桥式吊车都是沿支承在柱列顶部的吊车梁行驶的，这类由柱列和吊车梁构成的纵向结构统称为"栈桥"。因此上表表名及最后一栏均应按1966年版规范改正为"露天吊车栈桥柱"。

（2）1989年版和2002年版规范的条文说明中都提到上面表8-3柱计算长度取值"是在弹性分析和工程经验的基础上给出的"；这种提法与表8-3中的 l_0 值直接引自苏联规范，且从未从苏联方面获得过有关此表取值的文献或研究信息的历史事实不符。不过，2002年版规范条文说明中说的"近年对排架柱计算长度取值未做过更精确的校核工作，故本条表7.3.11-1（即指上面表8-3）继续沿用原规范的规定"则是实事求是的。

（3）虽然至今未见到苏联规范推导表8-3中排架柱计算长度的依据，但因该表中"无桥式吊车房屋"的排架结构取用的是前面图8-41所示的计算简图，而根据前面第8.4.2节给出的判断是否能取失稳等效长度作为考虑 $P\text{-}\Delta$ 效应等效长度的基本思路可知，对于图8-41所示下端固定上端侧向弹性支承的等截面排架柱是可以取其侧向失稳时的等效长度作为考虑 $P\text{-}\Delta$ 效应等效长度的；而根据弹性稳定理论，这类柱的侧向失稳等效长度应为 $2.0H$，但表8-3对"无吊车单跨房屋"柱所取的沿排架方向的计算长度为 $1.5H$；这只能说明苏联规范对排架柱的 l_0 取值是考虑了房屋结构沿排架方向的整体空间作用的，并对排架柱计算长度 l_0 考虑了一个取值为 0.75 的降低系数。由此推断，表中其他情况的柱计算长度取值应也是考虑了整体空间作用的降低系数后的取值。

（4）表8-3中还给出了"垂直排架方向"的 l_0 取值。这是因为我国《混凝土结构设计规范》GB 50010的2002年版在其第7.3.13条中规定，当排架柱类构件沿排架方向按偏心受压完成截面承载力设计后，还应沿垂直排架方向按轴心受压完成一次承载力设计，而"垂直排架方向"的 l_0 取值就是为了确定轴心受压验算时公式中的系数 φ 所需的（轴心受压验算见该规范2010年版及此后版本中的第6.2.15条及表6.2.15）。但在其2010年版及以后版本中又遗漏了其2002年版中的这项规定，且未对上述"垂直排架方向" l_0 取值的用途作补充说明。

我国规范使用的以上规定存在的主要问题是至今未对上面表8-3所示的排架柱计算长度 l_0 的取值从规范角度作过分析评价。而要进行分析评价，就需要有相应的研究积累。因此类装配式钢筋混凝土铰接排架结构在西方国家未见普遍使用，在相应设计规范中也未见规定，故至今也暂未检索到这些国家研究界针对这一领域的研究成果。我国研究界在20世纪70和90年代虽先后作过一些研究尝试，但因其中使用的一些基本假定不够准确，故所得结果无助于对上面表8-3取值的分析评价（见下面第6点所作说明）。进入21世纪后，本书作者所在学术团队用基于几何刚度的有限元法（按沿构件轴线划分的长度基本单元建模）对排架结构的二阶效应规律作过一定的分析，其结果可能有助于对表8-3取值的分析评价（见下面第7点的进一步介绍）。

6. 我国研究界20世纪后期针对排架柱 $P\text{-}\Delta$ 效应设计方法所作的分析工作简介

20世纪70和90年代先后有两篇关于钢筋混凝土铰接排架柱失稳等效长度的研究成果分别发表在《吉林建筑技术通讯》1977年第2期（该期刊物集中刊登了我国研究界为1974年版《钢筋混凝土结构设计规范》TJ 10—74修订所完成的研究成果）和《建筑结构学报》1992年第6期上。这两篇文章的内容都是根据弹性稳定理论用"初参数法"求解由不同截面高度的上柱和下柱段构成的单根排架变阶柱在柱顶和变截面处分别作用的轴压力

N_1 和 N_2 按不同的固定比例逐步增大过程中导致该排架柱失稳时的"失稳等效长度"。所不同的是，第一篇文献取排架柱顶为不动铰支（图 8-45a）；第二篇文献则假定柱顶具有侧向弹性支座（图 8-45b），以考虑同一排架各柱之间不同程度的相互侧向扶持作用以及厂房整体空间作用。根据这两篇文献的叙述，其目的都是以这样确定的"失稳等效长度"作为排架柱考虑 $P\text{-}\Delta$ 效应的 $\eta\text{-}l_0$ 法中的柱计算长度 l_0。

包括本书第一作者在内的《混凝土结构设计规范》2002 年版修订专家组在审视这两篇文献所得的结果时，就已初步意识到其中可能存在的概念性问题，故未采用文献分析结果来评价上面表 8-3 所列的排架柱 l_0 取值，这也是 2002 年版规范宁可继续使用表 8-3 规定的原因之一。在近年来对各类结构中 $P\text{-}\Delta$ 效应规律及其设计方法所涉及的有关概念性问题的认识逐步深化的基础上，本书作者认为这两篇文献所用的研究思路可能存在下列问题。

（1）如前面第 8.4.2 节已经讨论过的，当希望借用结构或构件在某种受力状态下的失稳等效长度作为其考虑 $P\text{-}\Delta$ 效应的等效长度时，所选用的失稳等效长度对应的该结构或构件的侧向变形状态就需要与该结构或构件在设计取用的荷载作用下的侧向变形状态（即考虑 $P\text{-}\Delta$ 效应时的变形状态）相一致或足够接近。但图 8-45(a) 所示排架柱顶为水平不动铰支承的假定肯定与图 8-43（c）～(f) 所示的几种可变荷载下柱顶产生水平位移的 $P\text{-}\Delta$ 效应评价条件不符。图 8-45(b) 所示柱顶具有水平弹性支承的情况虽与图 8-43(e) 和 (f) 所示水平风荷载和水平地震作用引起的排架柱变形状态相近，但与图 8-43(c) 和 (d) 所示吊车竖向荷载及水平制动力作用下排架柱的变形状态仍相差甚远。因此，用第一篇文献的基本模型获得的全部失稳等效长度和用第二篇文献的基本模型获得的一部分失稳等效长度就都不能作为考虑排架柱 $P\text{-}\Delta$ 效应的等代柱长度 l_0 使用。

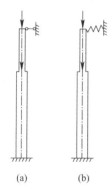

图 8-45　我国研究界 20 世纪后期研究排架柱失稳等效长度时使用的简化分析模型

（2）上述两篇文献中分别取用的如图 8-45 所示的由上、下柱组成的变阶排架柱，因下柱和上柱的截面及所受轴压力各不相同，故根据弹性稳定理论，这类排架柱应属于由两个单元构成的"结构体系"。由于这两个单元的受力和端约束条件各不相同，两个单元一般不可能同时达到失稳临界状态，故体系的失稳临界状态总是由先达到临界状态的那个单元决定的；这意味着，这时另一个单元尚未达到失稳临界状态。上述两篇文献中分别用初参数法求得的就是这种某个单元先达到的临界状态。这时，若体系的临界状态是由例如达到失稳的下柱所决定的，则用下柱失稳时的临界力 N_{cr} 及其 $E_{c2}I_2$ 经前面式（8-1）求得的失稳等效长度 l_{cr2} 对于下柱就是有意义的；但此时上柱并未达到其自身的临界状态，即此时其中作用的轴力 N_1 尚未达到其失稳临界力，若用这一 N_1 作为 N_{cr} 并与上柱的 $E_{c1}I_1$ 一起代入式（8-1），则所求得的失稳等效长度自然就没有实际意义，且必然导致求得的 l_{cr1} 值虚假偏大。上述两篇文献均未发现这一问题，而是直接用体系失稳时上柱和下柱的轴压力分别代入式（8-1）并算得上、下柱的"失稳等效长度"，这其中自然有一半结果是不可用的。就本书作者所知，在我国已发表的讨论结构体系失稳等效长度的其他早期研究成果中，也出现过与上述情况类似的概念性缺陷，值得研究界及工程设计界关注。

（3）在这两篇文献中都未讨论到如何处理在多种可变荷载参与组合的条件下简单叠加

原理对于二阶效应已不再适用的问题，这也应是一个关键疏漏。

7. 本书作者所在学术团队近期完成的对排架结构 P-Δ 效应规律的分析研究成果

为了用更准确的概念和分析方法考察设有桥式吊车厂房的排架结构柱在不同设计条件下的 P-Δ 效应规律和尝试对我国《混凝土结构设计规范》GB 50010 使用的如表 8-3 所示的引自苏联设计规范但不了解其确切取值背景的排架柱计算长度 l_0 的合理性进行评价，本书作者所在学术团队在 2005～2010 年间曾以基于几何刚度的有限元法（按沿构件轴线划分的长度基本单元建模）为手段对我国通用图集《单层工业厂房钢筋混凝土柱》(05G335) 所覆盖的设计条件下的双阶排架柱的 P-Δ 效应规律及对应排架柱上柱和下柱计算长度（考虑 P-Δ 效应的等效长度）l_0 的所需取值在弹性假定下作了较系统的验算；验算包括了单跨排架和双跨等高及不等高排架。下面先以单跨排架为例，说明验算所用的思路、方法以及验算结果。

（1）先按上述通用图集的覆盖范围选取结构跨度（18m、24m、30m）、吊车吨位（100kN、200/50kN、320/50kN 和 500/100kN）、基本风压（0.3kN/m²、0.5kN/m² 和 0.8kN/m²）和排架柱的上下柱长度比 $\beta = H_u/H_l$（β 取 0.38～0.62）作为分析验算中考虑的设计参数；其中 H_u 和 H_l 分别为排架柱的上柱和下柱长度（下柱下端算到底部固定端）。后经分析，发现风荷载在上述范围内变化时对排架柱内的 P-Δ 效应和上、下柱计算长度的影响颇小，故决定在正式分析验算中只考虑其余三项设计参数。通过将这三项设计参数的各个分档值进行组合即可得到需要进行分析验算的"设计参数取值组合"的相应组数，并将每个设计参数组合下的算例称为一个"分析实例"（例如对于单跨排架，选用的"分析实例"共计 34 个，最后取用的有效"分析实例"共计 24 个，见后面的图 8-46 和图 8-47）。每个"分析实例"排架柱上柱和下柱的截面形状、尺寸以及混凝土强度等级均按上述通用图集取用。

（2）从前面结合图 8-43 所作的说明可知，在非抗震设计条件下，因排架结构受图 8-43（a）～（e）所示的各类恒载及可变荷载作用，故在排架柱上柱和下柱各控制截面的承载力设计中需考虑这些类荷载效应的各种可能组合，并以能在不同控制截面中形成最不利内力组合，即导致最大配筋量需求的荷载效应组合作为相应控制截面承载力设计的依据。这意味着，不同控制截面对应的这种起控制作用的荷载效应组合并不一定是同一种荷载效应组合。与此相呼应，在求算每个"分析实例"排架上柱或下柱的计算长度 l_{0l} 和 l_{0u} 时，同样也应分别以上述能在其控制截面中形成最大配筋需求量的荷载效应组合为依据。

为了在可能有多种可变荷载以不同组合方式作用的条件下寻找这样的荷载效应组合时不使用上面所述的对于二阶效应分析不适用的内力直接叠加法，这项研究对每个"分析实例"中排架柱最不利荷载效应组合的搜索都改用了以下思路。即首先，从原则上说，先根据规定的荷载效应组合原则和控制截面偏不利组合内力的计算需要，排列出每个"分析实例"的全部荷载效应组合，再按每个荷载效应组合用基于几何刚度的有限元法（按沿构件轴线划分的长度基本单元建模）算得在该荷载效应组合的各项荷载同时作用于排架结构时所考察的排架柱各控制截面中包括二阶效应附加值在内的各种内力；最后从这些荷载效应组合算得的同一控制截面各组组合内力中经截面设计找到所需配筋量最大的那一组荷载效应组合。但在执行上述思路时要解决的最主要问题是，按上述规则对每一个"分析实例"排列出的荷载效应组合仅对单跨排架就多达近百种，计算工作量过于庞大。该研究项目想出的办法是先不顾计算量庞大，对少数"分析实测"完成试算，再从中筛查出数量明显减少了的"偏不利荷载效应组合"，即导致截面配筋偏多的荷载效应组合（例如 8～10 组），再对所有 34 个"分析实例"各用这 8～10 组荷载效应组合逐一完成结构二阶分析和截面设计，并以其中导致某控制截面配筋最多的荷载效应组合和由它引起的包含二阶效应影响在内的截面内力作为求算这一截面对应的上柱或下柱计算长度的依据。

（3）在求算上柱或下柱的计算长度时所用的基本步骤是，先根据上述这组内力中的一阶弯矩 M 和二阶效应弯矩增量 ΔM，由下式算得这一控制截面的偏心距增大系数 η：

$$\eta = \frac{M + \Delta M}{M} \tag{8-62}$$

再通过由系数 η 的精确轴力表达式改写出的式（8-63）算得所考虑"分析实例"η 从属截面所在排架柱上柱或下柱的计算长度，也就是考虑二阶效应的等效长度 l_0。

$$l_0 = 2\sqrt{\frac{EI}{N}} \arccos\left(\frac{1}{\eta}\right) \tag{8-63}$$

在这项研究中，用上述方法对所选的 34 个单跨排架"分析实例"分别算得了排架柱的上柱和下柱的计算长度系数 $\mu_u = l_{0u}/H_u$ 和 $\mu_l = l_{0l}/H_l$；再把其中 24 个设计参数对应关系变化较连续的"分析实例"中算得的计算长度按与上下柱长度比 β、排架结构跨度以及吊车吨位的关系画出，即得到图 8-46 和图 8-47 所示规律。

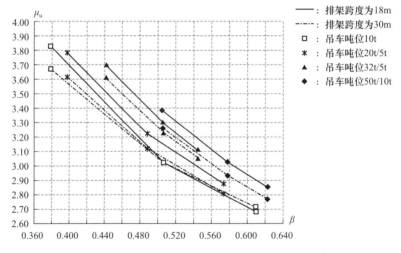

图 8-46　分析所得单跨排架的排架柱上柱计算长度系数 μ_u 与排架结构跨度、吊车吨位及
排架柱上下柱长度比 β 的关系

从图 8-46 和图 8-47 可以看出，在我国通用图集覆盖的设计参数范围内，对单跨排架用较为准确的基于几何刚度的有限元法（按沿构件轴线划分的长度基本单元建模）通过考虑二阶效应的结构分析算得的上柱等效长度在 2.7～3.8 倍上柱长度的范围内变化；而下柱等效长度则在 1.9～2.5 倍下柱长的范围内变化。从工程力学的角度看，这些分析结果是符合单跨排架柱上柱和下柱受力特点的。这是因为若先假定排架柱下柱为一根独立悬臂柱，则其二阶效应等效长度应为下柱高度的两倍；而当有上柱与下柱刚性连接时，由上柱受力引起的下柱上端的转角和位移会因可能形成的方向不同而分别增大或减小下柱的等效长度；由于上述柱等效长度推导思路是取对截面承载力最不利的受力状态下的等效长度，

故大部分分析结果比两倍下柱高略偏大就是容易理解的了。而对于上柱，因其上端与屋盖主承重构件铰接，下端与下柱顶截面处在可以形成转角和水平位移的刚性连接状态，若先假定上柱下端为固定端，则其等效长度也应等于两倍上柱长。而实际情况是，当下柱受力充分时，其上端会发生正向或反向的转动以及正向或反向的平移；在不利情况下，下柱上端的转角就会明显增大上柱的等效长度；而且，上下柱长度比 β 越小，这种不利影响就越发明显。因此，在分析中出现大于三倍上柱长的等效长度也就不足为奇了。

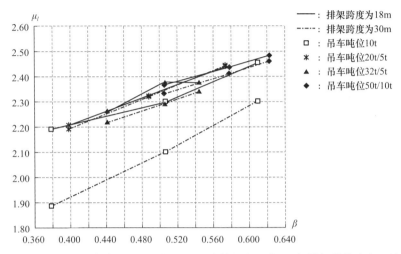

图 8-47　分析所得单跨排架的排架柱下柱计算长度系数 μ_l 与排架结构跨度、吊车吨位及排架柱上下柱长度比 β 的关系

在前面的讨论中已推断出表 8-3 中给出的排架柱计算长度通过大约为 0.75 的折减系数考虑了传统排架结构房屋的整体空间作用，这相当于未考虑整体空间作用时有吊车房屋排架柱沿排架方向的上柱计算长度即变为 $(2.0/0.75)H_u = 2.67H_u$；下柱计算长度即变为 $(1.5/0.75)H_l = 2.0H_l$；而这大致相当于以上分析结果的偏低水准。这表明，苏联规范在表 8-3 中的取值虽普遍相对偏低，但取值变化的总体趋势与以上分析结果还是大致相似的。

这一分析研究项目还对双跨等高排架和双跨不等高排架中各排架柱上柱和下柱的计算长度取值作了系列分析，分析思路和方法与上述单跨排架的思路和方法相同。所获主要结论为，不论双跨等高还是不等高排架，其边柱上柱和下柱的计算长度值分别与单跨排架柱的上柱和下柱的计算长度相差不大，完全可按单跨排架取值；中柱上柱和下柱的计算长度则明显偏小，其中上柱计算长度在 1.0 倍上柱高左右变动，下柱计算长度则在 1.6~1.8 倍下柱高左右变动。

在以上叙述基础上还需要指出的是，由于上述研究项目对排架柱上、下柱计算长度的分析是在排架柱结构产生侧向变形的条件下用基于几何刚度的有限元法（使用 ETABS 软件）完成的，其中都是通过将每根排架柱沿其长度方向细分为足够数量的长度基本单元的做法来体现各根柱在考虑二阶效应条件下的挠曲变形特征，故所得的上、下柱计算长度应判定为体现了相应排架柱段在产生侧向变形条件下的 P-Δ 效应和 P-δ 效应的综合效果，当然，其中 P-δ 效应的影响在整个二阶效应影响中所占比重颇小。

以上分析研究工作是由本书作者所在学术团队刘毅、潘斯完成的。

8. 对我国规范排架结构考虑二阶效应方法的修订建议

综合以上分析研究成果可以得出的主要看法是，在由钢筋混凝土柱参与构成的排架结构中，排架柱所受的二阶效应影响原则上可以用 $\eta\text{-}l_0$ 法或基于几何刚度的有限元法（按沿构件轴线划分的长度单元建模）来完成。现对这两种方法的具体使用思路及存在问题再作以下提示。

（1）$\eta\text{-}l_0$ 法

在本书作者所在学术团队通过上述结构弹性二阶分析识别了常用排架结构钢筋混凝土双阶柱的上柱和下柱在不同设计参数下所需计算长度 l_{0u} 和 l_{0l} 合理取值的基础上，再来看目前《混凝土结构设计标准》GB/T 50010—2010（2024 年版）附录 B 的第 B.0.4 条所使用的 $\eta\text{-}l_0$ 法，即可发现其中可能存在的两个主要问题。第一个问题是，在排架结构的一阶分析中，我国工程界一直使用的是不考虑房屋整体空间作用的偏安全做法，但在该设计标准的表 6.2.20-1，也就是本书的表 8-3 引自苏联混凝土结构设计规范的排架柱计算长度 l_0 的取值中，根据前面的推断则应是已考虑了房屋结构的整体空间作用，因此，这两部分计算内容的基本假定是不协调的。为此，本书作者建议，考虑二阶效应这项"第二位"的设计内容所用的基本假定应与一阶内力分析这项"第一位"的设计内容所用的基本假定相协调，即都不再考虑房屋结构的整体空间作用。这也符合近年来我国单层排架结构房屋屋盖和山墙平面内刚度普遍下降的总体趋势。第二个问题是，上述分析研究结果证实我国现行《混凝土结构设计标准》GB/T 50010—2010（2024 年版）表 6.2.20-1（即本书表 8-3）有桥式吊车房屋排架结构上柱和下柱计算长度的取值偏小，故建议改按前面图 8-46 和图 8-47 所示的新分析结果取值。从这二图的分析研究结果可以看出，为了进一步简化设计操作，除如前面所述可将风荷载对排架柱计算长度的影响忽略不计之外，排架跨度的影响也因不够显著亦可忽略不计。又因为吊车吨位不宜用连续变量的方式表示，故本书建议以下面表 8-4 和表 8-5 的形式分别给出双阶排架柱上柱和下柱计算长度的取值建议。无吊车房屋排架柱的计算长度则可在原设计标准取值的基础上出于不再考虑房屋整体空间作用的理由作相应调整。

用于 $\eta\text{-}l_0$ 法的排架结构柱上柱计算长度 l_0 的取值建议 　　　　表 8-4

	β	0.38	0.42	0.46	0.50	0.54	0.58	0.62
吊车吨位	100kN	$3.7H_u$	$3.5H_u$	$3.3H_u$	$3.1H_u$	$2.9H_u$	$2.8H_u$	$2.7H_u$
	200kN/50kN	$3.8H_u$	$3.6H_u$	$3.4H_u$	$3.2H_u$	$3.0H_u$	$2.8H_u$	$2.7H_u$
	320kN/50kN	—	$3.7H_u$	$3.5H_u$	$3.3H_u$	$3.1H_u$	$2.9H_u$	$2.8H_u$
	500kN/100kN	—	—	$3.3H_u$	$3.1H_u$	$2.9H_u$	$2.8H_u$	

注：1. β 为排架柱上下柱长度比，$\beta = H_u/H_l$；其中 H_u、H_l 分别为上、下柱长度；
　　2. 表中画有短横线处属工程中不会遇到的 β 取值状态。

用于 $\eta\text{-}l_0$ 法的排架结构柱下柱计算长度 l_0 的取值建议 　　　　表 8-5

β	0.4	0.5	0.6
l_0	$2.2H_l$	$2.4H_l$	$2.5H_l$

注：1. 表中 l_0 建议值适用于各类吊车吨位；
　　2. β 定义同表 8-4；
　　3. 当吊车起重量为 100kN 且排架跨度为 30m 时，l_0 的建议值在 β 等于 0.4、0.5 和 0.6 时可分别取为 1.9m、2.1m 和 2.3m。

在以上方法研究结束后，还曾按表8-4和表8-5的增大后的计算长度取值做了一系列排架柱实例的截面设计，发现虽计算长度 l_0 的取值看起来较大，但因通用图集中排架柱截面尺寸出于保证排架结构侧向刚度的需要都选得偏宽裕，故用新方法算得的 η 值与原方法算得的值相比增幅均较小。

这意味着，当设计中使用新建议的 η-l_0 法考虑排架柱内的二阶效应时，从结构完成沿排架方向的分析起，直到从各类荷载下的分析结果中经简单叠加原理和传统的最不利内力组合规则获得各组内力组合为止，均按原有传统方法进行，只是在按我国现行《混凝土结构设计标准》GB/T 50010—2010(2024年版)第 B.0.4 条计算相应内力组合下的 η_s 值时，其中的 l_0 方才改按本书表8-4和表8-5的建议取值。沿垂直排架方向对排架柱的设计要求可保留现行设计标准的做法不变，并弥补现行设计标准在此项验算规定中存在的上面所指出的疏漏。

（2）基于几何刚度的有限元法（按沿构件轴线划分的长度基本单元建模）

前面介绍的在本书作者所在学术团队完成排架柱计算长度合理取值的研究分析中使用的基于几何刚度的有限元法（按沿构件轴线划分的长度基本单元建模）也可用来在排架结构设计中考虑二阶效应。

在排架结构二阶效应分析中采用这一方法的优点在于，可以在排架柱分为截面不同的上、下柱的情况下，较准确反映其中 P-Δ 效应和 P-δ 效应的影响，同时也是因为平面排架结构中的排架柱数量较少，细分长度基本单元尚不会给计算机运算带来过大负担。但如在前面介绍对排架柱计算长度合理取值的研究分析工作时已经提到的，在把这一方法用于排架柱设计时同样会需要提供一项"前提条件"和遗留一项"设计缺口"。

这里的"前提条件"是指，由于简单内力叠加原理已不再适用于包含有二阶效应的各项内力的组合，因此当在排架结构设计中直接使用基于几何刚度的有限元法来体现二阶效应影响时，从原则上说就需要对可能出现的每种荷载组合情况都各完成一次对所设计平面排架的考虑二阶效应的结构分析和排架柱各控制截面的截面设计，再根据每个截面在各种荷载组合情况下分别算得的配筋量最大值作为选择相应控制截面配筋的依据。但如本节前面所述，每个排架因作用可变荷载类型多，作用方式复杂，导致需考虑的荷载组合情况的数量过多，设计无法承受，因此需要先通过试分析给出设计中需要考虑的少数几种对配筋起关键作用的荷载组合情况供设计使用。这也就是所说的"前提条件"。

这里所指的"设计缺口"是指由于基于几何刚度的有限元法是在弹性假定下建立并实施的，但钢筋混凝土排架柱的非弹性表现对二阶效应有重要影响，若例如利用已提出的构件刚度折减系数法来考虑这种影响，则会对我国目前的设计体系带来"冲击"，详见下面第8.4.7节的进一步说明。由于这一问题目前尚未找到解决办法，故称之为尚留待解决的"设计缺口"。

（3）小结

综合对以上两种方法的说明，本书作者认为，在排架结构设计中采用基于几何刚度的有限元法的主要优点是，在排架结构考虑二阶效应的方法体系上与我国设计标准中其他各类结构采用的方法保持一致，且分析结果本身的精确性好。但因其中可能需按所设计工程项目主要设计参数的不同分档给出不同的在设计中需要考虑的"偏不利荷载组合情况"，设计操作并不方便，且分析工作量大；加之其中的上述"设计缺口"至今未找到合适解决办法，故从目前情况看，仍以采用上文经表8-4和表8-5给出的建议计算长度取值的改进 η-l_0 法可能更为可行。但应意识到，在 η-l_0 法中，虽然 η 计算公式中已反映了排架柱的非弹性性能影响，但在表 8-4 和表 8-5 的建议 l_0 取值中依然尚未考虑到排架柱非弹性性能的影响。

8.4.4 考虑框架结构 P-Δ 效应的层增大系数法（及"基于楼层等代水平力的有限元迭代法"）

框架结构因侧向刚度不是很大，且因从抗震设计角度对框架柱轴压比所设置的限制条件，故其修建层数不可能太多。如前面第 8.2.3 节已经指出的，这类结构具有层剪切型变形成分在层侧向变形中占主导地位的特征，即当框架结构修建到其允许的最大高度后，在层弯曲变形占比重最大的顶层，层剪切变形在层侧向变形中所占的比重一般依然不会低于 80% 左右。

根据框架结构的这种侧向变形特征，美国 E. Rosenblueth、L. K. Stevens 和 F. Cheong siat-may 等人在 20 世纪 60 年代先后提出了可以以楼层为单元逐层近似计算 P-Δ 效应影响的方法，可统称其为"层增大系数法"。

为了说明这一方法，在图 8-48 中给出了从一个规则平面框架中截取出的某个楼层脱离体。如图所示，该楼层所受的总轴压力为由上部楼层在四个节点处传来的轴压力之和，即：

$$\sum N_i = N_{i1} + N_{i2} + N_{i3} + N_{i4}$$

该层由结构一阶分析得到的层剪力如图所示为 V_i，楼层在荷载作用下形成的一阶弹性层间位移为 Δ_{0i}。

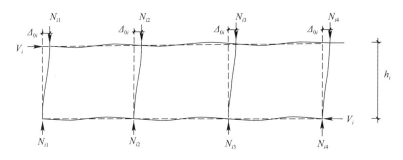

图 8-48 规则平面框架内截出的一个已产生了一阶层间位移的楼层脱离体

在楼层产生一阶侧移后，相当于该层所受的竖向力 $N_{i1} \sim N_{i4}$ 在图示水平荷载作用方向都已向右移位，从而会在楼层内引起首轮 P-Δ 效应，即引起这些竖向力对楼层下边缘的附加"层倾覆力矩" $\Delta_{0i} \sum N_i$。这一附加倾覆力矩又会增大这一楼层的层间位移，从而进一步加大竖向力的倾覆力矩；即形成了一个楼层附加倾覆力矩与楼层侧移之间攀附增长的过程。已有分析证明，只要该楼层总竖向力未超过该楼层侧向弹性失稳的临界荷载值，这一攀附增长过程就始终是收敛的，即楼层侧向变形会在攀附增长之末因形成了新的平衡状态而停止增长。

为了便于描述这一攀附增长过程，提出这一方法的国外研究者又建议可以把楼层总竖向力对楼层底面的倾覆力矩 $\Delta_i \sum N_i$（图 8-49a）用一个"虚拟层剪力增量" ΔV_i 对楼层底面的力矩 $\Delta V_i h_i$（图 8-49b）来代替。于是可写出：

$$\Delta V_i = \frac{\Delta_i \sum N_i}{h_i} \tag{8-64}$$

其中，h_i 为层高。

在这里需要提请读者特别注意的是，这一虚拟层剪力增量只起与楼层层高一起在推导层增大系数法的增大系数表达式过程中暂时取代楼层总竖向力倾覆力矩的作用，并不是真的起了增大楼层剪力 V_i 的作用。因为从框架结构体系的总平衡条件可知，各楼层剪力 V_i 的大小只取决于结构体系上作用的荷载，特别是水平荷载，而与 P-Δ 效应无关。

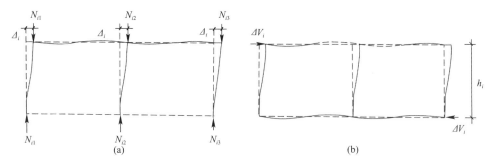

图 8-49 用虚拟层剪力增量形成的楼层弯矩代替楼层总竖向力形成的楼层倾覆力矩

根据楼层"虚拟层剪力增量"ΔV_i 的上述定义，即式（8-64），由第 i 个楼层的总竖向倾覆力矩 $\Delta_{0i} \sum N_i$ 引起的第一轮虚拟层剪力增量 $\Delta V_{i(1)}$ 即可写成：

$$\Delta V_{i(1)} = \Delta_{0i} \sum N_i / h_i \tag{8-65}$$

此时对应的楼层层间位移的第一轮增量 $\Delta_{i(1)}$ 即可写成：

$$\Delta_{i(1)} = \Delta_{0i} \Delta V_{i(1)} / V_i = \Delta_{0i}^2 \sum N_i / (V_i h_i) \tag{8-66}$$

同理，当形成了层间位移增量 $\Delta_{i(1)}$ 后，由楼层总竖向荷载 $\sum N_i$ 形成的第二轮虚拟层剪力增量即可写成：

$$\Delta V_{i(2)} = \sum N_i \Delta_{i(1)} / h_i = \Delta_{0i}^2 (\sum N_i)^2 / (V_i h_i^2) \tag{8-67}$$

与之对应的该楼层层间位移的第二轮增量 $\Delta_{i(2)}$ 即可写成：

$$\Delta_{i(2)} = \Delta_{0i} \Delta V_{i(2)} / V_i = \Delta_{0i}^3 (\sum N_i)^2 / (V_i h_i)^2 \tag{8-68}$$

以此类推，即可写出以后各轮虚拟层剪力增量和对应的层间位移增量。

按照以上迭代思路，即可把最终在收敛状态下考虑 P-Δ 效应的第 i 个楼层的层间位移写成：

$$\Delta_i = \Delta_{0i} + \Delta_{i(1)} + \Delta_{i(2)} + \Delta_{i(3)} + \cdots$$
$$= \Delta_{0i} + \Delta_{0i}^2 \sum N_i / (V_i h_i) + \Delta_{0i}^3 (\sum N_i)^2 / (V_i h_i)^2 + \Delta_{0i}^4 (\sum N_i)^3 / (V_i h_i)^3 + \cdots$$
$$\tag{8-69}$$

于是，由 P-Δ 效应引起的第 i 个楼层弹性层间位移的增大系数 η_s 即可写成：

$$\eta_s = \frac{\Delta_i}{\Delta_{0i}} = 1 + \frac{\Delta_{0i} \sum N_i}{V_i h_i} + \left(\frac{\Delta_{0i} \sum N_i}{V_i h_i}\right)^2 + \left(\frac{\Delta_{0i} \sum N_i}{V_i h_i}\right)^3 + \cdots \tag{8-70}$$

若用 y 表示 η_s，用 x 表示 $\Delta_{0i} \sum N_i / (V_i h_i)$，则上式即可写成无穷级数：

$$y = 1 + x + x^2 + x^3 + \cdots \tag{8-71}$$

该无穷级数在 x 小于 1.0 时即可写成：

$$y = \frac{1}{1-x} \tag{8-72}$$

若再改回用原技术符号表示，则可写成：

$$\eta_{si} = \frac{1}{1 - \dfrac{\Delta_{0i} \sum N_i}{V_i h_i}} \tag{8-73}$$

这也就是由 P-Δ 效应导致的楼层层间位移的增大系数 η_s 的一般表达式。

同样，若按虚拟层剪力增量的概念亦可把 η_s 写成：

$$\eta_{si} = \frac{V_i + \Delta V_i^*}{V_i} \tag{8-74}$$

则按上面推导出的各轮虚拟层剪力增量的表达式，也可把上式写成级数形式，这样也可得到与式（8-73）相同的 η_{si} 表达式，这里不再重复推导。式（8-74）中的 ΔV_i^* 为攀附增长过程收敛时的虚拟层剪力增量。

在把上述层增大系数法用于工程中的框架结构设计时，尚有以下问题需要关注：

（1）应逐层按式（8-73）算得层增大系数 η_{si}，并首先将其视为各层弹性层间位移受 P-Δ 效应影响的增大系数；其次，由于同层各柱上、下端之间的侧向位移都等于层间位移，故亦可近似取 η_{si} 作为相应楼层各柱内引起结构侧移弯矩的增大系数；而且如前面结合图 8-13 已经讨论过的，在受 P-Δ 效应影响的框架柱内，与一般框架柱一阶剪力随一阶弯矩而增大不同的是，柱剪力一般不会随 P-Δ 效应增大。另外，由于上、下相邻楼层算得的 η_{si} 值会有一定差异，故用其分别增大各层柱弯矩后，会使节点处的弯矩平衡出现少许误差。这时，作为简易设计措施，可将节点处梁端引起结构侧移的弯矩及对应剪力近似按其上、下两个楼层 η_{si} 的平均值来增大。近年来用较准确的基于几何刚度的有限元法对层增大系数法作的核算表明，层增大系数法虽具有以上近似性，但用它表达框架结构中 P-Δ 效应影响的准确性仍高于前面所述的 η-l_0 法。

（2）20 世纪 80 年代美国和加拿大的 L. K. Stevens、S. M. Lai 和 J. G. MacGregor 在研究层增大系数法时就已经发现，当框架结构同时受"不引起结构侧移"弯矩和"引起结构侧移"弯矩作用时，因"引起结构侧移"弯矩所形成的结构内柱类构件的挠度都是朝水平荷载作用方向发生的，故其在柱轴压力作用下的 P-δ 效应会导致这些柱类构件线刚度的退化并降低整个框架结构的侧向刚度，从而使结构的 P-Δ 效应有所增大（这一现象在前面的第 8.2.6 节中称为结构中 P-δ 效应的第二类追加影响）。以上研究人通过分析确认在工程常用的钢筋混凝土框架结构中这种效应增大结构 P-Δ 效应侧向位移的幅度一般为 13～15%，故建议在上面式（8-73）的分母第二项中对 Δ_{0i} 增加一个"柔度系数" γ，并建议取 $\gamma = 1.15$。这样，式（8-73）即变为：

$$\eta_{si} = \frac{1}{1 - \dfrac{\gamma \Delta_{0i} \sum N_i}{V_i h_i}} \tag{8-75}$$

但根据目前的认识，正如本书前面第 8.2.6 节已经指出的，在受"不引起结构侧移"弯矩和"引起结构侧移"弯矩同时作用的各类结构中，除上述研究人考察的 P-δ 效应增大 P-Δ 效应的第二类追加影响外，还存在 P-δ 效应导致各受压杆件线刚度下降所形成的受压构件端弯矩的减小现象，即前面所称的 P-δ 效应的第一类追加影响。由于这两类追加影响形成的杆件内弯矩增量符号相反，相当部分已相互抵消，故在层增大系数法的 η_{si} 计算公式中引入柔度系数反而并不合适。从这个角度看，有关国家规范在层增大系数法的计算公式中未引入柔度系数的做法应是合适的。

（3）层增大系数 η_{si} 的表达式（8-73）是在弹性假定下推导出的；但在考虑 $P\text{-}\Delta$ 效应的受力状态下，钢筋混凝土结构构件的受力已进入非弹性状态，故还应在 η_{si} 的表达式中考虑结构构件非弹性性能的影响；具体做法请见下面的进一步说明以及第 8.4.7 节所作的专门讨论。

美国 ACI 318 规范中对框架结构使用"层增大系数法"的具体做法已如前面第 8.4.2 节所述。下面简要说明我国设计标准和规程使用层增大系数法时的具体做法。

我国《高层建筑混凝土结构技术规程》JGJ 3 从其 2002 年版起引入了层增大系数法来考虑 $P\text{-}\Delta$ 效应在框架结构中的影响，并给出了计算层增大系数 F_{1i} 和 F_{2i}（相当于本节上面用的 η_{si}）的两个计算公式：

$$F_{1i} = \frac{1}{1 - \sum_{j=i}^{n} G_j / (D_i h_i)} \tag{8-76}$$

$$F_{2i} = \frac{1}{1 - 2\sum_{j=i}^{n} G_j / (D_i h_i)} \tag{8-77}$$

在以上二式中，$\sum_{j=1}^{n} G_j$ 相当于前面式（8-73）中的 $\sum N_i$，按照该技术规程的规定，第 j 层的重力荷载设计值 G_j 按 1.2 倍该楼层永久荷载标准值与 1.4 倍该楼面可变荷载标准值计算，而 $\sum_{j=1}^{n} G_j$ 即为所考虑的第 i 层到顶层（第 n 层）的 G_j 之和；二式中的 D_i 即相当于式（8-73）中的 V_i / Δ_{0i}，也就是第 i 层的弹性等效侧向刚度。

以上二式中的式（8-76）是层增大系数的弹性表达式，其含义与上面式（8-73）完全相同；该式用于考虑在正常使用极限状态下 $P\text{-}\Delta$ 效应对层间位移角的增大效应（因我国规范规定的楼层层间位移角限值是按弹性分析结果给出的）。而式（8-77）则通过分母第 2 项中的"2"考虑了结构构件非弹性性能的影响，即相当于将楼层的等效弹性侧向刚度降低了一半；具体理由请见下面第 8.4.7 节的有关说明。式（8-77）则规定用来考虑在承载力极限状态下 $P\text{-}\Delta$ 效应对构件内力的增大效应。

在该技术规程的相应规定中要求用式（8-77）算得的增大系数增大相应楼层结构构件的弯矩和剪力，但这种增大框架柱剪力的规定与前面说明的 $P\text{-}\Delta$ 效应一般不增大柱剪力的事实不符。同时，该规程未指明在框架柱、梁的截面弯矩中增大的应是引起结构侧移的那部分弯矩。这些均可视为该规程规定中虽不准确但偏安全的处理手法。

该规程在相应条文说明中还建议，当取结构刚度折减系数为 0.5 时，设计中 $P\text{-}\Delta$ 效应对内力的增幅宜控制在 20% 以内，以免距发生楼层侧向失稳的状态过近；对这一问题的进一步讨论请见第 8.5.1 节。

我国《混凝土结构设计规范》GB 50010 在其 2010 年以及其后版本的附录 B 中同样给出了层增大系数法的有关规定；其中除了指出 $P\text{-}\Delta$ 效应只增大引起结构侧移的构件截面弯矩（这也可以理解为对 $P\text{-}\Delta$ 效应不增大柱剪力的表态）外，其余规定的内容与上述技术规程相同。但该规范在这里遗漏了对如何考虑 $P\text{-}\Delta$ 效应给框架梁截面弯矩和剪力带来影响的说明。

借此机会还想指出的是，如第 8.4.1 节已经提到的，在由计算机执行的框架结构 $P\text{-}\Delta$

效应分析中，还曾使用过一种"基于楼层等代水平力的有限元迭代法"。该方法的基本原理是利用上面式（8-64）所表示的"楼层虚拟层剪力增量"ΔV_i的概念和与其对应的"楼层等代水平力"，通过迭代计算直接算出考虑$P\text{-}\Delta$效应后的框架各楼层的弹性层间位移和各构件的弹性内力。具体做法是，先通过一阶分析算出各楼层的一阶层间位移及各构件的一阶内力；再按式（8-64）算出各层的虚拟层剪力增量ΔV_i，并根据水平向的平衡条件由各层的ΔV_i算得作用在各层节点标高处的等代水平荷载；然后，由各层等代水平荷载经一阶弹性结构分析算得各层层间位移的第一次增量和各构件内力的第一次增量；再由各层层间位移的第一次增量经式（8-64）算得各层虚拟层剪力以及相应的等代水平荷载的第一次增量，并经结构分析算出框架结构在这一等代水平荷载第一次增量下的各层层间位移的第二次增量和各构件内力的第二次增量；依此类推，直到把这一迭代过程进行到所得层间位移和构件内力增量足够小为止；最后，将对应楼层的一阶层间位移和各次迭代增量逐一叠加，将对应构件的一阶内力和各次迭代增量逐一叠加，即得到考虑$P\text{-}\Delta$效应后的最终各层层间位移和各构件内力。

显然，这一方法在框架结构中反映$P\text{-}\Delta$效应的准确性比层增大系数法更好，但若误将这一方法用于其他弯曲型变形在层间变形中占主导地位的结构，则自然会误差偏大。

这一方法曾在20世纪末的我国自编建筑结构分析与设计商品软件中作为考虑$P\text{-}\Delta$效应的方法使用，但其中未给出考虑钢筋混凝土结构非弹性性能的方法；后为基于几何刚度的有限元法所取代。

同样需提醒关注的是，这一方法中的等代水平荷载增量只是考虑$P\text{-}\Delta$效应的一种手段，实际并不存在，因为在结构所受各层水平荷载不变时，其各层层剪力也是不变的。

8.4.5 考虑侧向变形具有弯曲型优势的各类高层建筑结构$P\text{-}\Delta$效应的整体增大系数法

在高层建筑结构使用的各类结构体系如框架-剪力墙结构、框架-核心筒结构、剪力墙结构和内筒-外框筒结构的楼层侧向变形中，层剪切型变形虽然依然存在，但由下部各楼层的层弯曲型变形逐层向上累积所形成的楼层整体转动导致的楼层侧向变形（也属于层弯曲型变形）会在除底部极少数楼层外的各个楼层的总侧向变形中占有越向上越大的比重，即除底部少数楼层外，在其余各楼层的侧向变形中都是层弯曲型变形占压倒优势。

20世纪90年代，哥伦比亚的F. J. Perrez在对多种高层建筑结构在水平荷载下的受力和变形特征进行考察后，认为对于以层弯曲型变形为层侧向变形主要成分的各类高层建筑结构，在考察其中的$P\text{-}\Delta$效应影响时可作以下两项假定：

（1）经验算证明，对于这些类型的高层建筑结构，当水平荷载沿高度的分布发生一定变化时，对其侧向变形曲线形状的影响很小，可以忽略不计。因此，在考察这类结构的$P\text{-}\Delta$效应时，由于$P\text{-}\Delta$效应主要是由各层重力荷载和各层侧向位移决定的附加弯曲效应，就可以以各层水平力对结构基底形成的总弯矩M_B作为量化$P\text{-}\Delta$效应相对大小的基准物理量，并用$P\text{-}\Delta$效应对基底的附加弯矩与M_B的比值作为标定整个结构$P\text{-}\Delta$效应的主要尺度。这类似于在侧向变形具有层剪切型变形特征的结构中用各个楼层的$\Delta_i\sum N_i$与V_ih_i的比值来衡量$P\text{-}\Delta$效应的做法。

（2）从前面第 8.2.3 节图 8-4（b）和（d）可以清楚看出，当悬臂梁在其上面荷载作用下产生弯曲变形时，在小变形的前提下，梁悬臂端的挠度以及各单元对应的挠度肯定都是随梁固定端的弯矩按比例增大的。故当假定一个从基础向上悬伸的高层建筑结构各楼层只产生层弯曲型变形时，其顶点水平位移以及各个楼层的水平位移也都会随基底总弯矩按比例增长。

于是，若假定某高层建筑结构受图 8-50（a）所示的任意分布的水平荷载作用，并产生基底倾覆力矩 M_B 和图 8-50（b）所示的某种分布规律的一阶侧向变形曲线时（其中第 i 层的一阶侧向位移为 Δ_{0i}），则利用前面第 8.4.4 节中已经用过的迭代概念即可把各层竖向荷载 G_i 在已产生了一阶侧向位移 Δ_{0i} 的结构中形成的第一轮对基底的倾覆力矩增量写成：

$$\Delta M_{B(1)} = \sum_{i=1}^{n}(G_i \Delta_{0i}) \tag{8-78}$$

式中 n——结构的楼层数。

在 $\Delta M_{B(1)}$ 作用下各楼层将产生对应的第一轮水平位移增量 $\Delta_{i(1)}$；而按照上面的第（2）项假定，$\Delta_{i(1)}$ 即可写成：

$$\Delta_{i(1)} = \Delta_{0i}\left[\frac{\sum_{i=1}^{n}(G_i \Delta_{0i})}{M_B}\right] = \Delta_{0i}C \tag{8-79}$$

上式中的系数 C 称为竖向悬臂式建筑结构的"稳定系数"，即：

$$C = \sum_{i=1}^{n}(G_i \Delta_{0i})/M_B \tag{8-80}$$

在形成了各楼层的第一轮水平位移增量后，各层竖向荷载又会在这些水平位移增量的基础上在结构基底产生第二轮倾覆力矩增量 $\Delta M_{B(2)}$；根据式（8-79）所示 $\Delta_{i(1)}$ 与 Δ_{0i} 之间的关系，$\Delta M_{B(2)}$ 即可写成：

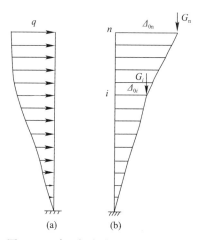

图 8-50　建立侧向变形具有弯曲型为主要特征的各类高层建筑结构使用的整体增大系数法所用的基本模型

$$\Delta M_{B(2)} = \sum_{i=1}^{n}(G_i \Delta_{i(1)}) = C\sum_{i=1}^{n}(G_i \Delta_{0i}) = C\Delta M_{B(1)} = C^2 M_B \tag{8-81}$$

与这第二轮倾覆力矩增量对应的各层第二轮水平位移增量即为：

$$\Delta_{i(2)} = \Delta_{0i}\Delta M_{B(2)}/M_B = \Delta_{0i}C\Delta M_{B(1)}/M_B = C^2 \Delta_{0i} \tag{8-82}$$

依此类推，最后即可将 P-Δ 效应达到收敛状态时的各层侧向位移 Δ_i^* 写成：

$$\begin{aligned}\Delta_i^* &= \Delta_{0i} + \Delta_{i(1)} + \Delta_{i(2)} + \cdots \\ &= \Delta_{0i} + C\Delta_{0i} + C^2 \Delta_{0i} + \cdots \\ &= \Delta_{0i}(1 + C + C^2 + \cdots)\end{aligned} \tag{8-83}$$

把上式右侧括号内的无穷级数改写后，上式即变为：

$$\Delta_i^* = \Delta_{0i}\left(\frac{1}{1-C}\right) \tag{8-84}$$

于是，在以层弯曲型变形为主的建筑结构中，由 P-Δ 效应引起的各层层间位移的增大系数就都是相同的，并取为：

$$\eta_c = \frac{\Delta_i^*}{\Delta_{0i}} = \frac{1}{1-C} = \frac{1}{1 - \left[\sum_{i=1}^{n}(G_i\Delta_{0i})/M_B\right]} \tag{8-85}$$

因此，我国工程界也习惯称 η_c 为"整体增大系数"。

式（8-85）的整体增大系数 η_c 表达式还可以通过另外的途径导出，这里不再赘述，感兴趣的读者可参阅有关文献。

在能较准确表达各类结构中二阶效应规律的基于几何刚度的有限元法尚未提出之前，为了满足在各类层间位移主要具有层弯曲型特征的高层及超高层建筑结构的设计中考虑 $P\text{-}\Delta$ 效应的需要，我国《高层建筑混凝土结构技术规程》JGJ 3 自其 2002 年版起就与用于框架结构的层增大系数法同时为剪力墙结构、框架-剪力墙结构和各类筒体结构考虑 $P\text{-}\Delta$ 效应引入了整体增大系数法，并一直使用至今。

为了便于设计应用，该规程还对上面式（8-85）的整体增大系数 η_c 表达式作了以下实用化调整。

首先，如图 8-51 所示，取一根等截面悬臂杆作为所考虑高层建筑结构的等代杆；该等代杆总高为 H，且受自下向上为倒三角形分布的水平荷载作用（顶端水平分布荷载最大值为 q），并假定其侧向变形曲线为一条斜直线（图 8-51b），且顶点一阶位移为 Δ_{0n}，则前面式（8-85）的 η_c 表达式对于处在这一受力状态下的经过上述简化的结构体系即可改写成：

$$\eta_c = \frac{1}{1 - \Delta_{0n}\sum_{i=1}^{n}G_i/(2M_B)} \tag{8-86}$$

从材料力学可知，对于这一简化模型，上式中结构的顶点侧向位移 Δ_{0n} 可以写成：

$$\Delta_{0n} = 11qH^4(120E_cI_0) \tag{8-87}$$

基底总倾覆力矩 M_B 可以写成：

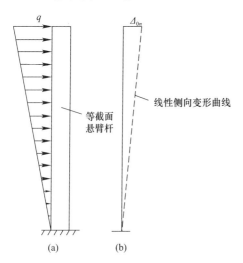

$$M_B = qH^2/3 \tag{8-88}$$

将以上二式代入式（8-86）即可写出：

$$\eta_c = \frac{1}{1 - (11qH^4\sum_{i=1}^{n}G_i)/(2\times120E_cI_0qH^2/3)}$$

$$= \frac{1}{1 - (0.14H^2\sum_{i=1}^{n}G_i)/E_cI_0} \tag{8-89}$$

图 8-51 建立整体增大系数 η_c 的工程实用表达式所用的简化结构模型及简化侧向变形特征

q

等截面悬臂杆

线性侧向变形曲线

Δ_{0n}

（a） （b）

在使用整体增大系数 η_c 考虑剪力墙结构、框架-剪力墙结构和各类筒体结构的 $P\text{-}\Delta$ 效应时，我国《高层建筑混凝土结构技术规程》JGJ 3—2002 及以后版本使用了与前一节结合层增大系数法所介绍的完全相同的原则性规定，即：

（1）由于我国高层建筑结构的层间位移是按正常使用极限状态下由弹性分析获取的数值进行控制的，故其中 $P\text{-}\Delta$ 效应对层间位移的增大效应

即可用在弹性条件下求得的 η_c，也就是由式（8-80）所表达的 η_c 来体现；但 $P\text{-}\Delta$ 效应对

结构构件内力的增大效应则发生在承载力极限状态，此时钢筋混凝土构件的非弹性性能已经表现得相对较为充分，故该规程仍采取与在层增大系数法处相同的做法，即把结构构件的挠曲刚度平均下降一半来体现构件的总体非弹性特征。故规定用来放大内力的 η_c 改按下式计算。

$$\eta_c = \cfrac{1}{1 - (0.28H^2 \sum_{i=1}^{n} G_i)/E_c I_0} \tag{8-90}$$

该规程还建议，设计中用上式算得的 η_c（即规程条文中的 F_2）不宜超过 1.2，以免离可能发生整体侧向失稳的临界受力状态距离过近。进一步讨论请见第 8.5.1 节。

（2）该规程还规定，与在使用层增大系数法处相同，用 η_c 统乘构件各控制截面的组合弯矩设计值，而不区分"引起结构侧移的"和"不引起结构侧移的"弯矩；同时规定，各构件作用剪力也应全部乘以 η_c。

（3）由于实际结构都不是等截面悬臂杆，故该规程建议，在假定水平荷载为三角分布的前提下，用顶点水平位移相等为条件，算出等截面等代悬臂杆的刚度 EJ_d 作为实际结构的"弹性等效侧向刚度"来取代式（8-89）和式（8-90）中的 $E_c I_0$（此处 E 与 E_c 同义）。

与在层增大系数法处类似，以上第（2）项所作的两点规定虽偏安全但概念上不准确。

进入 21 世纪后，本书作者所在学术团队刘毅曾在弹性假定前提下用能较准确计算 $P\text{-}\Delta$ 效应影响的基于几何刚度的有限元法对整体增大系数 η_c 在设计规程推荐使用的各类结构中的有效性作过对比验证。主要验证结果已在前面图 8-16、图 8-20 和图 8-22 中给出。现结合该三图的验证结果再作以下补充提示。

（1）从图 8-16 所示针对一片高层实体墙的验证结果中可以看出，用较准确的方法算出的体现各个楼层的层间位移被 $P\text{-}\Delta$ 效应增大的系数 η_{sd} 均比整体增大系数略偏小，说明用 η_c 来反映实体墙的弹性层间位移被 $P\text{-}\Delta$ 效应增大的幅度还是较为准确且略偏安全的；而用 η_c 反映 $P\text{-}\Delta$ 效应对实体墙截面内作用弯矩的增大效应虽在顶部楼层和底部楼层数值偏大，但总体是偏安全的。这表明，η_c 对于实体墙是一种可用的简化系数。

（2）从图 8-20 可以看出，在一片高层联肢剪力墙处，大部分楼层的 η_c 都与精确算得的层间位移被 $P\text{-}\Delta$ 效应增大的系数 $\eta_{\Delta r}$ 符合良好，且在底部少数楼层 η_c 还比 $\eta_{\Delta r}$ 明显偏大，这表明用 η_c 表达联肢剪力墙的层间位移增大幅度是可行的。但因整体弯曲效应会在联肢墙的左、右墙肢内分别引起附加轴拉力和轴压力，从而使左、右墙肢由 $P\text{-}\Delta$ 效应引起的弯矩增幅相应减小或增大（当水平荷载自左向右作用时），且减小或增大的幅度较大。对于这种效应整体增大系数 η_c 是无力反映的。因此，当例如水平荷载由左向右作用时，受附加轴拉力作用的左墙肢中由较精确分析得到的由 $P\text{-}\Delta$ 效应引起的弯矩增大系数 η_{ml} 在大部分楼层都明显小于 η_c，但受附加轴压力作用的右墙肢由较精确分析所得的 η_{mr} 则几乎在全部楼层内均明显大于 η_c。这是通过对比验算发现的整体增大系数法的第一个严重不足。

（3）从图 8-22 可以看出，在所分析的框架-剪力墙平面结构算例中，η_c 与结构各层弹性层间位移增大系数 η_{sd} 的符合程度也还是较好的，只不过上部楼层的 η_{sd} 比 η_c 略偏大，但偏大幅度有限。此外，因结构中的剪力墙和框架分别单独受力时侧向变形特征不同，在共同工作后相互之间在结构不同高度形成不同的内力重分布，导致剪力墙墙肢内重分布后

的弯矩增大系数 η_{mw} 与 η_c 的数值已没有任何相似性可言（详见图 8-22 中 η_c 自下向上的变化规律与 η_{mw} 变化规律的巨大差异）。这应是整体增大系数法的又一个严重不足。不过，因框架部分的梁、柱水平荷载弯矩原则上与层间位移成比例变化，即框架构件水平荷载弯矩增大系数 η_{mf} 与层间位移增大系数 η_Δ 变化规律一致，故与 η_c 值较为接近。

综合上述几个高层建筑结构简化模型的对比分析结果，可对整体增大系数法作以下评价，即 η_c 能基本上较好地反映常见各类高层建筑结构中 P-Δ 效应对层间位移的增大效应以及对独立墙肢以及框架-剪力墙结构中框架梁、柱水平荷载弯矩的增大效应，但对 P-Δ 效应给联肢剪力墙墙肢弯矩和框架-剪力墙中的剪力墙墙肢弯矩带来的增大效应则无法准确表示，且误差过大。

我国《混凝土结构设计规范》GB 50010 在 2010 年版和此后版本的附录 B 中也对剪力墙结构、框架-剪力墙结构和筒体结构给出了整体增大系数法来考虑 P-Δ 效应的影响，并对《高层建筑混凝土结构技术规程》JGJ 3—2002 及以后版本中的规定作了局部调整（具体调整方式与上一节结合层增大系数法所作的介绍类似，这里不再重复），但整体增大系数法的上述较严重不足依然存在。

综上所述，针对我国高层建筑结构中联肢剪力墙结构以及框架-剪力墙结构和框架-核心筒结构大量使用的现状，整体增大系数法已不应再视为一种值得继续推荐的考虑相应结构 P-Δ 效应的方法。

8.4.6 用于各类建筑结构弹性二阶分析的基于几何刚度的有限元法

1. 基于几何刚度的有限元法的建立思路及其分析用"基本单元"的两种划分层次

由于 P-Δ 效应将增大结构各楼层的层间位移和对应的各构件内力，而 P-δ 效应的初始趋势也是增大受压构件的侧向挠曲变形和对应弯矩，因此可以设想通过在结构分析中将相应的构件基本单元或沿构件轴线方向划分的长度基本单元的弯曲刚度相应下降来体现 P-Δ 效应或 P-δ 效应的影响。工程力学界建议的一种做法是，根据二阶效应的基本规律导出结构分析所设定基本单元的几何刚度矩阵，并从相应单元的弹性刚度矩阵中减去对应的几何刚度矩阵，从而得到各基本单元的考虑二阶效应后的弹性刚度矩阵，再经例如矩阵位移法或杆系有限元法解得结构各节点的变形和内力供设计使用，这样就可以通过结构分析一次性地解决二阶效应问题。

在执行这一方法时，如前面第 8.4.1 节中已经提到的，根据对结构二阶效应分析精确程度的不同要求，一般会形成以下两种划分"基本单元"的层面。

第一种基本单元的划分层面是，当二阶效应分析只需考虑 P-Δ 效应影响时，即可与例如通常使用的结构矩阵分析相适应，把结构按构件（一个楼层内的一个柱单元或一个墙肢单元、一跨梁单元或一跨连梁单元）划分为基本单元，称"构件基本单元"，并按各节点处汇集的各构件基本单元端的变形量经变形协调条件求解结构的变形和各杆件内力。这时，几何刚度矩阵就需要按"构件基本单元"的二阶效应规律建立。随后，即可通过从各个"构件基本单元"的弹性刚度矩阵中分别减去几何刚度矩阵（即将每个"构件基本单元"弹性刚度矩阵中的每一项分别减去其几何刚度矩阵中的对应项）而获得各"构件基本单元"考虑了 P-Δ 效应的刚度矩阵，并以这样的刚度矩阵为依据完成结构的矩阵分析，从而获得已考虑了 P-Δ 效应影响的结构变形和构件内力。

第二种基本单元的划分层面是，当在二阶效应分析中需同时考虑 $P\text{-}\Delta$ 效应和 $P\text{-}\delta$ 效应影响时，或在无侧移结构中需考虑 $P\text{-}\delta$ 效应影响时，则需再把每个"构件基本单元"沿其轴线方向划分为数量足够的"长度基本单元"，并按照弹性刚度矩阵减去几何刚度矩阵的总思路分别求出每个"构件基本单元"和其中的每个"长度基本单元"的考虑对应二阶效应影响后的弹性刚度矩阵；再以在这两个基本单元层面上分别求得的考虑了二阶效应后的弹性刚度矩阵为依据完成结构的杆系有限元分析，从而获得已包括 $P\text{-}\Delta$ 效应和 $P\text{-}\delta$ 效应的结构变形（包括节点位移、转角和各构件考虑二阶效应后的挠曲变形）以及各构件的内力及其分布规律。

下面简要介绍"构件基本单元"和构件内的"长度基本单元"的几何刚度矩阵建立的基本思路。

2. "构件基本单元"几何刚度矩阵的建立思路

为了说明"构件基本单元"几何刚度矩阵的建立思路，可先以图 8-52 所示的两端与其他构件刚性连接的"构件基本单元"为例。这时，该单元的杆端变形向量和杆端内力向量如图 8-52(a)、(b) 所示，同时在图 8-52(c)～(f) 中分别给出了该基本单元一端分别发生单位位移 $v_1=1$ 和单位转角 $\theta_{z1}=1$ 时以及另一端分别发生单位位移 $v_2=1$ 和单位转角 $\theta_{z2}=1$ 时，该基本单元挠曲线的形状（挠度用夸张比例画出）以及对应的形函数表达式。若在不考虑杆件轴向变形的条件下从图 8-52(c)～(f) 所示的杆件中取出任意一个单元杆长 $\mathrm{d}x$，则变形后的单元杆长 $\mathrm{d}s$ 与曲线斜率 $\dot{v}_x$ 之间的几何关系即如图 8-53 所示。这一几何关系也可以写成：

$$\mathrm{d}s = \sqrt{1+\dot{v}_x}\,\mathrm{d}x \tag{8-91}$$

若近似取上式展开式的前两项，则上式可进一步简化为：

$$\mathrm{d}s = \left(1+\frac{1}{2}\dot{v}_x^2\right)\mathrm{d}x \tag{8-92}$$

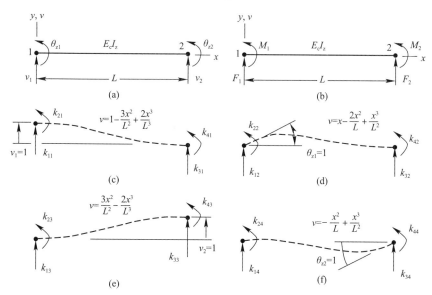

图 8-52　两端与其他杆件刚性连接的杆件单元的杆端自由度、杆端变形下的
挠曲线及其对应的形函数

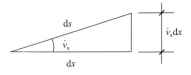

图 8-53　杆件微长度段
变形前后的几何关系

这时杆件内的对应轴向薄膜应变 ε_m 即可写成：

$$\varepsilon_m = \frac{ds - dx}{dx} = \frac{ds}{dx} - 1 \tag{8-93}$$

或可根据上面的式（8-92）进一步写成：

$$\varepsilon_m = \left(1 + \frac{1}{2}\dot{v}_x^2\right) - 1 = \frac{1}{2}\dot{v}_x^2 \tag{8-94}$$

在广义坐标系中可将每个自由度的杆端变形下的杆件挠曲变形进一步汇总表达为：

$$\nu_x = [N]\{d\} \tag{8-95}$$

$$\dot{\nu}_x = [G]\{d\} \tag{8-96}$$

其中

$$[G] = \frac{d}{dx}[N] \tag{8-97}$$

以上三式中的 $\{d\}$、$[N]$ 和 $[G]$ 分别为杆端自由度、单位杆端变形下的形函数以及该形函数的一阶导数。于是，即可进一步写出：

$$\{d\} = [\nu_1 \quad \theta_{z1} \quad \nu_2 \quad \theta_{z2}]^T \tag{8-98}$$

$$[N] = \left[1 - \frac{3x^2}{L^2} + \frac{2x^3}{L^3} \quad x - \frac{2x^2}{L} + \frac{x^3}{L^2} \quad \frac{3x^2}{L^2} - \frac{2x^3}{L^3} \quad -\frac{x^2}{L} + \frac{x^3}{L^2}\right] \tag{8-99}$$

$$[G] = \left[-\frac{6x}{L^2} + \frac{6x^2}{L^3} \quad 1 - \frac{4x}{L} + \frac{3x^2}{L^2} \quad \frac{6x}{L^2} - \frac{6x^2}{L^3} \quad -\frac{2x}{L} + \frac{3x^2}{L^2}\right] \tag{8-100}$$

在以上推导的基础上，可以通过能量原理得到表达上述杆件单元中二阶效应的几何刚度矩阵，具体步骤如下。

首先假定有一轴压力 P 作用于这一杆件单元，则该轴压力在杆件中形成的总应变能 U_m 即可表达为：

$$U_m = \int_0^L P\varepsilon_m dx \tag{8-101}$$

根据上面的式（8-94），上式可进一步写成：

$$U_m = \frac{1}{2}\int_0^L P\dot{v}_x^2 dx = \frac{1}{2}\int_0^L \dot{v}_x^T P \dot{v}_x dx \tag{8-102}$$

而在广义坐标系中轴压力 P 在各杆端变形下形成的变形能，也就是轴压力 P 在各杆端形成的内力向量在相应杆端位移方向所做的功即可写成：

$$U_E = \frac{1}{2}\{d\}^T[K_G]\{d\} \tag{8-103}$$

由于从一般意义上说 $U_m = U_E$，故可将上式中的几何刚度矩阵 $[K_G]$ 写成：

$$[K_G] = \int_0^L [G]^T P[G]dx \tag{8-104}$$

根据上面的式（8-100），在不考虑轴向自由度 u_1 和 u_2 的情况下，"构件基本单元"的几何刚度矩阵即可表达为：

$$[K_G] = \frac{P}{30L}\begin{bmatrix} 36 & 3L & -36 & 3L \\ 3L & 4L^2 & -3L & -L^2 \\ -36 & -3L & 36 & -3L \\ 3L & -L^2 & -3L & 4L^2 \end{bmatrix} \tag{8-105}$$

若进一步考虑"构件基本单元"的轴向自由度，则其几何刚度矩阵即可改写成：

$$[K_{\mathrm{G}}] = \frac{P}{30L} \begin{bmatrix} 0 & 0 & 0 & 0 & 0 & 0 \\ 0 & 36 & 3L & 0 & -36 & 3L \\ 0 & 3L & 4L^2 & 0 & -3L & -L^2 \\ 0 & 0 & 0 & 0 & 0 & 0 \\ 0 & -36 & -3L & 0 & 36 & -3L \\ 0 & 3L & -L^2 & 0 & -3L & 4L^2 \end{bmatrix} \qquad (8\text{-}106)$$

3. "长度基本单元"几何刚度矩阵的建立思路

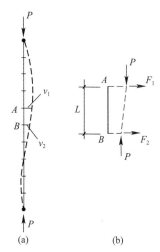

图 8-54   在已产生了侧向变形的"长度基本单元"上维持平衡的单元两端侧向力 F_1 和 F_2

当需要把每个构件基本单元沿其轴线方向再划分为一定数量的"长度基本单元"时，则如图 8-54 所示，当构件基本单元受力产生相应挠曲变形后，某个图示长度基本单元 AB 的两端因产生的侧向位移不同（分别为 ν_1 和 ν_2）而需在其两端通过两个侧向力 F_1 和 F_2 来保持该长度基本单元的平衡。根据平衡条件即可写出：

$$F_1 = F_2 = \frac{P}{L}(\nu_1 - \nu_2) \qquad (8\text{-}107)$$

或者说这两个侧向力可由以下平衡方程表示：

$$\begin{bmatrix} F_1 \\ F_2 \end{bmatrix} = \frac{P}{L} \begin{bmatrix} 1 & -1 \\ -1 & 1 \end{bmatrix} \begin{bmatrix} \nu_1 \\ \nu_2 \end{bmatrix} \qquad (8\text{-}108)$$

这意味着所考察长度基本单元的几何刚度矩阵即可写成：

$$[K_{\mathrm{G}}] = \frac{P}{L} \begin{bmatrix} 1 & -1 \\ -1 & 1 \end{bmatrix} \qquad (8\text{-}109)$$

上式中，P 为作用在"构件基本单元"内的不变轴力，L 为所考虑长度单元的长度。

当在结构分析中使用弹性二维有限元分析时，亦可通过在结构分析刚度矩阵中嵌入几何刚度矩阵来考虑二阶效应的影响，具体方法不拟赘述。

4. 基于几何刚度的有限元法用于结构分析时可能出现的几种情况及其在我国建筑结构设计及研究分析中的应用

根据以上说明可知，在结构分析中，不论结构处在产生侧移的受力状态还是不产生侧移的受力状态，只要要求考虑 P-δ 效应，就需要把各个"构件基本单元"再各划分为必要数量的"长度基本单元"，并按本节上面所述的方法和步骤用对应的基于几何刚度的有限元法完成结构分析。本书前面第 8.2.6 节结合图 8-23 讨论的无侧移单元封闭刚架柱中的 P-δ 效应规律分析以及第 8.4.3 节对排架结构考虑 P-Δ 效应和 P-δ 效应的分析，就都是按这种方法用国际通用商品软件 ETABS 完成的。

但当结构中构件数量稍微增多后，若仍用上述按"长度基本单元"建模的基于几何刚度的有限元法完成考虑 P-Δ 效应和 P-δ 效应的结构分析，其计算工作量通常就将难以承受。因此，当在除排架结构以外的其他各类建筑结构中考虑 P-Δ 效应时，目前使用的都是用上述只按"构件基本单元"建模的基于几何刚度的有限元法来考虑 P-Δ 效应的影响，再在有需要的构件中用其他简化方法（例如本书后面第 8.4.8 节所述的改进后的 C_{m}-η 法）来考虑 P-δ 效应的附加影响。

基于几何刚度的有限元法是在 20 世纪 70～80 年代提出并陆续成型的；到 20 世纪末，国际通用商品软件 ETABS 首先引入了这一方法，其中包含了按上述两种基本单元建模的具体计算程序；进入 21 世纪后，我国自编的建筑结构分析与设计用商品软件也引入了按"构件基本单元"建模的基于几何刚度的有限元法供设计使用。在我国《混凝土结构设计规范》GB 50010 的 2010 年版中正式把基于几何刚度的有限元法（按构件基本单元建模）确认为除排架结构外的各类结构考虑 P-Δ 效应的首选方法。但其中存在的主要问题是，至今未找到在基于几何刚度的有限元法中不影响我国目前整个建筑结构设计方法体系的考虑钢筋混凝土结构构件非弹性性能对 P-Δ 效应影响的有效方法，具体请见下面第 8.4.7 节对这一问题的进一步讨论。

8.4.7　在考虑 P-Δ 效应的各类弹性方法中表达钢筋混凝土构件非弹性性能的做法

钢筋混凝土结构构件的受力性能与钢结构构件的一项主要区别是，钢结构构件的弯曲刚度和剪切刚度在其受力达到钢材屈服之前会始终保持其弹性值不变；而钢筋混凝土构件的弯曲刚度和剪切刚度则从构件受力偏大之后就会表现出越来越明显的非弹性特点，即这两类刚度会在构件受力到一定程度后以越来越显著的方式逐步下降，而且受力状态和纵筋配筋率不同的构件以及剪弯比不同的构件其非弹性性能的发育规律也不完全相同。

若先以受弯构件为例，则试验及模拟分析结果均证实，其正截面的非弹性受力性能主要来自受拉区混凝土开裂后拉力向受拉钢筋的转移以及受压区混凝土自身非弹性性能的逐步显现和受拉区裂缝之间混凝土与受拉钢筋粘结性能的逐步退化（粘结刚度的逐步下降）；而在受弯构件作用剪力较大的部位，对非弹性的贡献则还来自斜裂缝的发育和由其带来的斜向拉力从混凝土向箍筋的转移以及箍筋与混凝土之间的粘结退化，再加上斜裂缝之间受斜压的混凝土和构件剪压区混凝土自身非弹性的发育。但因在工程常用的较细长构件中非弹性剪切变形在总的非弹性变形中所占比重依然较小，故这类构件的非弹性变形主要由正截面的非弹性性能决定。但当出现小跨高比或小高宽比构件时，剪切非弹性变形在构件总非弹性变形中所占比重会有所增长，故亦应受到重视。

当构件内有明显轴压力与弯矩、剪力同时作用时，随着轴压力的加大，即构件正截面从大偏心受压状态向小偏心受压状态的转变，受拉区在整个截面中所占份额会逐步减小，由受拉区开裂和裂缝发育引发的非弹性性能会受到轴压力越来越强的抑制，从而使构件弯曲刚度的退化程度逐步减轻。

在考虑结构的 P-Δ 效应时，因该效应主要取决于结构中的竖向荷载及结构的侧向变形，而钢筋混凝土结构构件的上述非弹性性能会使结构的侧向变形在考虑 P-Δ 效应的受力状态下与弹性条件相比明显增大，因此，结构构件的非弹性性能就成为钢筋混凝土结构 P-Δ 效应分析中不容忽略的因素。同样，受压构件中的 P-δ 效应也将受构件非弹性性能的影响。在以下叙述中，为了便于理解，拟按考虑 P-Δ 效应的各类方法形成的先后顺序说明当时提出的各种考虑结构构件非弹性性能的实用方法。在 P-δ 效应计算中考虑构件非弹性影响的方法则将在第 8.4.8 节中说明。

1. 在等代柱法（η-l_0 法）中考虑结构构件非弹性性能的做法

如前面第 8.4.2 节已经指出的，等代柱法（η-l_0 法）中的偏心距增大系数 η 的基本表达式，不论是"轴力表达式"还是"曲率表达式"，最初都是在弹性假定下按力学规律导出的。同样，柱的计算长度（或称"考虑 P-Δ 效应的等效长度"）l_0 借用的理论表达式也是用例如"分离杆件法"的框架柱-梁基本单元模型在弹性假定下导出的。

但是各国研究界在陆续完成的细长钢筋混凝土模式偏压柱的试验中都观察到了构件的非弹性性能对试验构件二阶效应的显著影响，故研究界的一致看法是首先需要在偏心距增大系数 η 的表达式中充分反映在承载力极限状态下的构件非弹性特性（因 η 的作用是体现 P-Δ 效应对用于柱控制截面承载力设计的"引起结构侧移"弯矩的增大效应），具体做法是在 η 的轴力表达式中通过降低构件的弹性弯曲刚度，在 η 的曲率表达式中通过把曲率取成非弹性的"极限曲率"来反映构件非弹性性能的影响，详见前面第 8.4.2 节已作过的说明。

在采用分离杆件法求算柱计算长度 l_0 的美国 ACI 318 规范中曾长时间停留在只使用 l_0 的弹性分析结果的状态。直到进入 21 世纪后，方才规定在分离杆件法中对柱-梁基本单元模型中的梁段和柱段刚度分别取用前者小后者大的刚度折减系数，从而把梁段的非弹性发育比柱段更严重的非弹性性能特点反映到了 l_0 的计算中（即算得的 l_0 比弹性假定下的 l_0 更大）。通过这一措施，方才使该规范使用的 η-l_0 法从概念上达到了较充分反映钢筋混凝土结构构件非弹性性能的地步。

在我国《混凝土结构设计规范》使用 η-l_0 法的几个版本中（1989 年版和 2002 年版），因 l_0 使用由综合判断确定的表格式取值法，在其使用过程中未见规范专家组对其中是否反映了钢筋混凝土结构构件非弹性性能影响问题作过明确表态。

2. 在层增大系数法和整体增大系数法使用期间提出过的考虑结构构件非弹性性能的"构件弯曲刚度折减系数法"

在 20 世纪后期陆续被建筑结构设计界接受的用来考虑不同类型建筑结构中 P-Δ 效应影响的层增大系数法和整体增大系数法中，增大系数的原型公式都是在弹性假定下导出的（见前面第 8.4.4 节和第 8.4.5 节中的相应说明）。显然，当把这两类方法用于钢筋混凝土结构的 P-Δ 效应弯矩增量（引起结构侧移弯矩的增量）及其他相关内力增量的计算时，也必须找到考虑结构构件非弹性性能的办法。

由于当时钢筋混凝土结构的非弹性有限元分析已经发展到了工程应用阶段，相应分析软件也已提供使用，故研究界想到可以利用这一分析方法作为识别各类结构非弹性性能的基本方法。这意味着，只要对处在考虑 P-Δ 效应的受力状态的建筑结构完成非弹性有限元分析，从其分析结果中找到层增大系数或整体增大系数计算公式中所需的各层非弹性层间刚度或整体结构的非弹性侧向刚度，并将其分别取代层增大系数或整体增大系数弹性计算式中的弹性层间刚度或整体结构的弹性侧向刚度，即可由相应算式算得已考虑了构件非弹性性能的反映 P-Δ 效应的相应增大系数。

但因完成一次非弹性有限元分析的工作量远大于完成一次传统的结构弹性分析，故研究界又提出了以上思路的简化实施方案。具体做法是，考虑到构件非弹性性能对 P-Δ 效应的影响最终反映在构件弹性刚度的下降上，因此可以结构的非弹性有限元分析结果为依据，依次找到各类结构中每个构件在所考虑的受力状态下与自身实际非弹性弯曲刚度对应的"弯曲刚度折减系数"，即非弹性等效割线刚度与弹性刚度的比值 α。如果把结构中每个构件的这种折减后的弹性刚度代入结构的弹性分析，则分析所得内力分布及大小以及各部位的变形值就应与同一受力条件下的非弹性有限元分析结果相同。

在建立这种"构件刚度折减系数法"时，对于框架可以取每跨梁和每个楼层中的每根柱分别作为一个构件单元；对于联肢剪力墙和联肢核心筒壁则可以取每跨连梁和每个楼层中的每个墙肢分别作为一个构件单元。下面以图 8-55 所示的一跨框架梁为例，说明其"构件刚度折减系数"的获取方法。

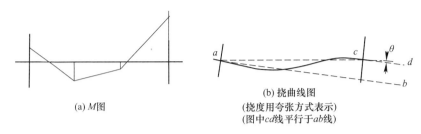

图 8-55   求算某跨钢筋混凝土非弹性框架梁折减后弹性弯曲刚度的基本模型

首先对该跨梁所属的框架结构通过非弹性静力分析得到在考虑 P-Δ 效应的受力状态下的结构内力和变形；再从中提取出图 8-55(a) 所示的该跨梁在所达到的非弹性受力状态下的弯矩分布图。为了表示该跨梁在这一受力状态下的变形特征，可将梁左端假定为相对固定，梁跨的非弹性挠曲线即如图 8-55(b) 中粗实线所示意；这时梁右端的转角 θ 即为该跨梁左、右端的相对转角。这一转角可从非弹性有限元分析结果中该跨梁左、右端截面转角的差值算得；当分析结果未提供转角时，亦可根据图 8-55(a) 的弯矩图用该跨梁自身长度内的非弹性有限元分析求得，此时仍可假定梁左端为相对固定。

在算得该跨梁左、右端非弹性相对转角 θ 后，即可把该跨梁进一步假定为弹性等刚度梁，并在同样假定梁左端为固定且受图 8-55(a) 弯矩作用的条件下用不同的截面等刚度取值经弹性有限元法一次次试算梁右端的转角，直到算得的梁右端转角等于 θ 时的截面弹性刚度即为该跨梁的"等效弹性刚度"，而等效弹性刚度与该跨梁弹性刚度的比值即为该跨梁的刚度折减系数 α。

对一个框架结构中各层的每跨梁和每根柱逐一完成以上刚度折减系数的计算，即可获知在给定的非弹性受力状态下刚度折减系数值在该框架结构算例各构件之间的分布规律。若再对设计参数不同的足够数量的框架结构算例完成这类计算，即可获知构件刚度折减系数值在工程常用各类框架结构中的一般变化规律。对于其他各类建筑结构同样可以用这类方法完成对其中构件刚度折减系数值变化规律的考察。

到目前为止，美国、新西兰等国研究界以及本书作者所在学术团队都曾按以上思路对不同类型钢筋混凝土建筑结构内各类结构构件与其在相应受力状态下的非弹性表现相对应的等效弹性刚度作过系列验算，所得等效弹性刚度或刚度折减系数的变化规律比较一致，可概括如下：

(1) 因钢筋混凝土受弯和偏心受压构件的正截面刚度会在受拉区混凝土开裂后随弯矩增大明显退化，故这类构件的非弹性刚度主要由弯矩较大的受力区段控制；特别是当弯矩最大截面的受拉纵筋进入屈服状态后，后续刚度退化会更主要来自这些部位纵筋的屈服后塑性延伸。

(2) 在由工程常用长细度的梁、柱构成的框架结构中和框架-剪力墙、框架-核心筒结构的框架部分中，虽然每跨梁和每段柱的等效弹性刚度折减系数因受多种因素影响而各不相同，但从宏观角度看，因各跨梁的纵筋配筋率通常都选在经济范围内，从而受力都较为

充分，故其刚度折减系数的变化范围不大（例如一般多在 0.25～0.4 之间变化）；而柱的
等效弹性刚度或刚度折减系数则受柱轴压比的影响很重，从顶层柱到底层柱的刚度折减系
数可从 0.3～0.35 增大到 0.6～0.7，甚至可达 0.8 及以上。

（3）在联肢剪力墙（含联肢核心筒壁）中，细长连梁的非弹性刚度折减特征与框架梁
相似；但跨高比偏小的连梁因其剪切变形在总变形中所占比重加大，加之可能采用专门的
抗剪配筋形式，故其刚度折减特征应作专门考察和规定。联肢墙的墙肢则与框架柱类似，
其非弹性刚度特征也受轴压比显著影响；但因墙肢中的轴压比普遍比框架柱中偏小，故其
刚度折减系数从顶层到底层多在 0.3～0.65 的范围内变化。

在完成了以上分析后，各国设计规范根据分析结果给出的钢筋混凝土构件考虑非弹性
性能的刚度折减系数取值方案首先可按考虑 $P\text{-}\Delta$ 效应的需要分为以下两大类：

一类是当既需要按正常使用极限状态考虑 $P\text{-}\Delta$ 效应对结构层间位移的增大效应，又
需要按承载力极限状态考虑 $P\text{-}\Delta$ 效应对结构构件中引起结构侧移弯矩及其他相应内力的
增大效应时，则应按这两种极限状态对应的非弹性性能发育程度分别给出针对这两种极限
状态的构件刚度折减系数取值方案。多数国外规范均属于此类情况。

另一类是我国设计标准。这是因为我国设计标准对各类建筑结构的层间位移采用按结
构弹性分析结果进行控制的做法，故只需给出考虑在承载力极限状态下 $P\text{-}\Delta$ 效应对构件
内引起结构侧移弯矩及相关内力的增大效应所需的构件刚度折减系数取值方案。

在具体给出各类构件刚度折减系数的取值方案时，根据其精细程度又可分为以下几类
做法：

（1）精细程度最高的当属直接给出用于不同类别构件的包含有各主要影响参数的刚度
折减系数计算公式的做法，这些公式是以已有构件性能试验结果和构件性能的非弹性有限
元模拟分析结果为依据归纳出的，如美国最近两版 ACI 318 规范所给的对应公式，见下文
的表 8-7。

（2）按相对偏细的分档以表格形式给出各类构件在不同极限状态下的刚度折减系数固
定取值规定，如新西兰 NZS3101 规范建议的做法，见下文的表 8-8。

（3）按大类，例如梁类、柱类、墙肢类构件等给出的较粗略的每类构件一个的固定刚
度折减系数取值规定，如各版美国 ACI 318 规范（见后文表 8-6）和我国 2002 年及以后各
版《混凝土结构设计规范》GB 50010 中分别给出的刚度折减系数取值方案。

（4）最粗略的做法是对整个结构只给出唯一一个不分构件类别的构件刚度折减系数，
也可称之为结构整体刚度折减系数。采用这一做法的例如有我国《高层建筑混凝土结构技
术规程》JGJ 3—2002 及以后版本在用层增大系数法和整体增大系数法分别表达 $P\text{-}\Delta$ 效应
对不同结构中构件控制截面有关内力的增大效应时使用的统一取为 0.5 的刚度折减系数。
美国 ACI 318 规范的近期几个版本对层增大系数法也同意在粗略情况下取所有构件的刚度
折减系数均为 0.5。

为了更好地理解以上几种构件刚度折减系数取值方案的不同使用效果，还需先从工程
力学角度对以下概念性问题作必要梳理，梳理中取框架结构为例。

若先取某个框架结构实例并在给定的竖向及水平荷载下各完成一次传统的结构弹性一
阶分析和一次不考虑二阶效应的非弹性有限元分析，则由于非弹性有限元分析反映了不同
结构构件在这一受力状态下实际发生的程度各不相同的刚度退化，因此对于框架结构即可

通过这两次分析结果的对比得到以下有关构件一阶内力和各楼层一阶层间位移的一般性规律：

（1）同一结构在同样荷载作用下由弹性分析和非弹性分析得到的各构件内力（可主要考察弯矩）会有明显差异。在竖向荷载作用下，因各层梁的刚度退化幅度比中部楼层和特别是底部楼层柱的刚度退化幅度大，即在实际形成的非弹性受力状态下，中部和特别是底部楼层柱的相对刚度较弹性状态时变大，故这些楼层各跨梁端的非弹性负弯矩会较弹性负弯矩变大，跨中非弹性正弯矩则比弹性正弯矩减小；中部和特别是底部楼层柱的非弹性竖向荷载弯矩也会随之在弹性分析结果的基础上有所增大。在水平荷载作用下，基于同样原因，中部和特别是底部楼层的梁内非弹性弯矩会比弹性弯矩减小，这些楼层的柱内非弹性水平荷载弯矩会比弹性弯矩相应变大，其中包括前面第 8.2.3 节提到的由"竖向构件束的侧向挠曲变形"引起的柱内水平荷载弯矩的增大。

（2）由于在非弹性分析中各类构件发生的刚度退化幅度虽然不同，但所有构件的弹性刚度均有退化，故由非弹性分析得到的各层层间位移会明显大于弹性分析结果。但因各层梁的刚度退化幅度相差不是很大，而柱的刚度退化幅度则会从顶层到底层逐步减少，故各楼层非弹性层间位移大于弹性层间位移的程度也有差异，一般是楼层越向下差异会逐步有所减小。

在以上认识的基础上再来看上面列出的几种精确程度不同的构件刚度折减系数的取值方案，则可得到以下看法：

（1）若对某个受给定荷载作用的已知框架结构完成该受力状态下的非弹性有限元分析后，再从分析结果中用前面所述方法为每个梁单元和柱单元逐一算得与这一受力状态下的非弹性表现相对应的当量弹性刚度和刚度折减系数，则当把用这些折减系数算得的各个构件的折减后的弹性刚度代入传统的结构弹性分析时，如前面已经指出的，所算得的结构各构件内力及各层层间位移从理论上说就应与非弹性有限元法算得的构件内力和层间位移一致。这意味着，若上述用公式表达结构刚度折减系数的第一类方案作得较为细致，即公式能较准确反映具有不同参数取值的杆系构件在给定受力状态下的真实非弹性刚度，则当用具有这类构件折减刚度的结构完成传统的结构弹性分析时，所得的各构件内力以及各层层间位移就会与非弹性有限元分析结果非常接近。

（2）若对框架结构采用上述第二类构件刚度折减系数取值方案，即梁类构件的刚度折减系数取某个一致的不变值，柱类构件的刚度折减系数取值则自顶部楼层向底部楼层按轴压比的大小分段逐步由小变大，因这种取值方法能反映此类结构中构件非弹性当量刚度变化的主导规律，故虽然每个构件的刚度折减系数取值会变得偏粗略，但若不同类型构件的刚度折减系数取值总体较为恰当，则用具有这些折减后刚度的构件完成的结构弹性分析所得的构件内力和层间位移与非弹性有限元分析结果相比就仍不会有过大差异。由于这一方案的刚度折减系数取值方法明显比上述第一种方案更便于设计操作，且不需先行估计刚度折减系数公式中大部分影响参数的取值，故会比第一种方案更受设计界欢迎。

（3）若为了更简化设计而在框架结构中只对梁类和柱类构件各取一个一致的折减系数值（即上述第三种方案），则与上面第二种取值方案相比，这个方案虽然省去了在确定各层柱刚度折减系数时需预估轴压比的麻烦，但因这一方案未能反映柱刚度折减系数随各层轴压比明显变化的事实，故将对顶部楼层柱的刚度折减估计不足，对底部楼层柱的刚度折减又考虑过度，从而使按这种刚度取值经结构弹性分析算得的层间位移在顶部和底部楼层与非弹性分析结果相比会出现一定差异，即顶部楼层所得的层间位移会比非弹性有限元分析结果偏小，底部楼层则偏大；同时，顶部和底部楼层的梁、柱内力与非弹性有限元分析结果相比也会出现相应误差。故当决定采用这种构件刚度折减系数取值方案时，必须默认其中存在的以上不足。

（4）最后一种方案，即全部构件均取一个统一的刚度折减系数的方案，虽然折减系数取值最为简便，但从反映构件非弹性性能对结构侧向变形影响的角度看，即使刚度折减系数取值恰当，按这一刚度折减方案经结构弹性分析所得的框架结构各层层间位移也会与以上第三种方案类似，只能接近于经结构非弹性有限元分析所得的各层层间位移的平均值。其中，顶部楼层层间位移同样会小于非弹性有限元法算得的层间位移，底部楼层则同样会大于非弹性有限元法算得的结果。而在内力计算结果方面，因各构件刚度在乘了统一的刚度折减系数后，各个构件之间的弹性刚度比未变，因此，用折减后刚度完成的结构弹性分析求得的各构件内力与用构件弹性刚度进行结构分析求得的各构件内力将会完全相同；或者也可以说，所得内力与非弹性有限元法算得的内力之间的差异是各种构件刚度折减方案中最大的。

下面简要介绍国内外几本设计规范中先后提出的各类钢筋混凝土构件刚度折减系数的取值规定，并作必要评述。

（1）美国 ACI 318 规范的有关规定

美国 ACI 318 规范为了能在等代柱法之后提出的建立在结构弹性分析基础上的各种表达 P-Δ 效应的方法中考虑钢筋混凝土结构构件的非弹性性能影响，从其 1983 年版起就在各国同类设计规范中率先给出了各类钢筋混凝土构件的刚度折减系数（美国规范称"构件毛截面惯性矩折减系数"α_r）的取值规定。其中最早只分别给出梁类、柱类和墙肢类构件使用的每类构件一个的折减系数，也就是取用的上面所述的按精确程度排列的第三种折减系数取值方案。这些折减系数值是根据 MacGregor 和 Hage1977 年完成的研究分析结果给出的。到 20 世纪 90 年代又给出了钢筋混凝土板柱体系的板类构件使用的固定折减系数值。这些规定一直保留至今，详见表 8-6。

美国 ACI 318 规范采用的按构件类别划分的折减后的毛截面惯性矩 表 8-6

构件类型及条件		折减后的毛截面惯性矩
柱		$0.70I_g$
墙肢	未开裂	$0.70I_g$
	已开裂	$0.35I_g$
梁		$0.35I_g$
带柱帽和不带柱帽的板柱体系的板		$0.25I_g$

注：表中的 I_g 为构件按混凝土毛截面计算的不包括钢筋的惯性矩。

到该规范的 2008 年版，为了给有需要的使用者提供能考虑更多因素影响的柱和墙肢类构件以及梁和板类构件的毛截面惯性矩折减系数 α_r 更偏准确的取值建议，又根据 Khuntia 和 Ghosh 2004 年发表的两篇分析研究成果给出了表 8-7 所示的这两大类构件建议使用的折减后毛截面惯性矩 I 的计算公式；这些建议公式同样保留至今。

美国 ACI 318 规范给出的折减后毛截面惯性矩 I 的计算公式 表 8-7

构件类型	在弹性结构分析中可以使用的折减后毛截面惯性矩 I 的另一种计算方法		
	最低值	I 的计算公式	最高值
柱、墙肢	$0.35I_g$	$\left(0.8 + 25\dfrac{A_{st}}{A_g}\right)\left(1 - \dfrac{M_u}{Ph} - 0.5\dfrac{P_u}{P_0}\right)I_g$	$0.875I_g$
梁或带柱帽或不带柱帽的板柱体系的板	$0.25I_g$	$(0.10 + 25\rho)\left(1.2 - 0.2\dfrac{b}{h_0}\right)I_g$	$0.5I_g$

注：表中 I_g 为构件按混凝土毛截面计算的不包括钢筋的惯性矩；A_{st} 为构件全部非预应力纵筋（包括型钢）的截面面积；A_g 为构件混凝土的毛截面面积；M_u 和 P_u 分别为构件中按该规范确定的截面弯矩及轴力的组合值（轴力中压力取正值）；P_0 为偏心距为零时构件截面抗轴压能力的名义值；其余与我国规范相同的符号不再专门说明。

根据该规范的相关条文说明，需对以上表 8-6 的规定作以下提示：

1) 美国规范更早期有关构件非弹性变形性能的参数都是针对正常使用极限状态的受力性能给出的。例如，MacGregor 和 Hage1977 年根据对比分析结果建议的用于柱类和梁类构件的毛截面惯性矩非弹性折减系数就是针对正常使用极限状态给出的，取值分别为 0.8 和 0.4。因此在完成承载力极限状态下的 P-Δ 效应分析时，需对这类折减系数进行调整。对比分析表明，在美国相应规范规定的承载力极限状态与正常使用极限状态下，刚度折减系数之间的比值可取为 $\Phi = 0.875$。于是，即可得表 8-6 中用于承载力极限状态下的构件毛截面惯性矩的折减系数对于柱类构件为 $\alpha_r = 0.8 \times 0.875 = 0.7$，对于梁类构件为 $\alpha_r = 0.4 \times 0.875 = 0.35$。这也意味着，若要把表 8-6 中的各个折减系数值用于美国规范正常使用极限状态下的 P-Δ 效应分析，只需把表中给出的相应构件的 α_r 值除以 0.875 即可。

2) 因 20 世纪后半叶美国设计界也曾把联肢剪力墙用于层数不多的建筑结构，且这一做法一直持续至今，而这类建筑结构中的剪力墙受力较小，但从施工角度和构造角度又不宜把墙肢做得过薄，故这类墙肢在承载力极限状态下仍可能处在未开裂状态，所以在表 8-6 的墙肢 α_r 系数取值中把"未开裂状态"放在了前面；根据美国规范的条文说明，当结构在第一次分析中取用了未开裂状态下的 α_r 值，但分析后的开裂验算证明墙肢已开裂时，则应改取已开裂状态下的墙肢 α_r 值再作一次结构分析。

根据美国规范的相应条文说明，还需对以上表 8-7 内容作以下提示：

1) 因表中给出的折减后毛截面惯性矩的计算公式是按承载力极限状态下构件的非弹性受力特征给出的，故柱和墙肢类构件计算公式中的 M_u 和 P_u 即应取为承载力极限状态下的组合值。对于正常使用极限状态下的 P-Δ 效应分析，式中的 M_u 和 P_u 则应改取为这一极限状态下的组合值。当有多种组合时，应选用使公式计算出的折减后毛截面惯性矩为最小的组合。对于上表中不含 M_u 和 P_u 的折减后毛截面惯性矩的取值，当用于正常使用极限状态时，可将表中给出的数值直接除以 0.875。

2) 对于连续梁和框架梁以及连续板，I 值可取为正、负弯矩区控制截面 I 值的平均值。

3) 另外，本书作者还需提示的是，因我国与美国的结构设计可靠性水准及表达方式不完全相同，故当在我国结构设计中直接使用上表公式时请关注这一差别。

本书作者还想提请读者注意的是，因美国土木工程师协会 ASCE7 规范明确指出，美国建筑结构设计中的结构分析应按弹性假定完成，故 ACI 318 规范提出的上述通过使用折减后的构件毛截面惯性矩反映构件真实非弹性性能的做法必然会对 ASCE7 规范的上述原则性规定形成冲击。这也是以上做法未在美国建筑结构设计中广泛推行的主要原因。在下面说明我国规范做法时还将对这一问题作进一步讨论。

（2）新西兰 NZS3101.1&2：2006 规范的有关规定

当各国设计规范虽然在二阶效应设计条文中给出了各类构件截面惯性矩（或弯曲刚度）折减系数的取值建议，但都未明确在设计中给使用这些折减系数"开绿灯"时（即仍坚持结构按不考虑刚度折减的弹性假定进行分析时），新西兰 NZS3101 规范是唯一给出了这类折减系数的较细致的取值建议，同时又规定了使用条件的设计规范。从 20 世纪 80 年代起该规范即作出规定，为了在抗震承载力设计考虑地震作用的结构弹性分析中使用"与实际情况接近的"结构各振型的自振周期、结构变形以及超静定结构中的构件内力，明确要求在结构的非抗震设计中继续使用不考虑构件惯性矩折减的弹性结构分析的同时，在抗震设计的结构弹性分析中使用规范给出的分别针对承载力极限状态和正常使用极限状态的构件截面惯性矩的折减系数。这一规定一直沿用至今。

与美国规范和我国规范相比，新西兰规范的这套构件截面惯性矩折减系数方案的主要特点是对各类构件的折减后的毛截面惯性矩又作了进一步分档，其中主要表现在对梁类构件考虑了所用纵筋强度等级及构件截面形状的差别；对柱类和墙肢类构件则考虑了轴压比的差别，同时还专门给出了小跨高比连梁使用交叉暗柱配筋方案（相当于我国《混凝土结构设计标准》GB/T 50010—2010（2024 年版）图 11.7.10-3 所示的"对角暗撑配筋方案"）时的折减后毛截面惯性矩取值建议（用于抗弯）和折减后的截面面积取值建议（用于抗剪）。这种做法无疑会明显提高考虑构件非弹性性能的结构分析结果的准确程度。虽然其中需预估各层柱和墙肢的轴压比值，但这对有一定经验的结构设计人应是容易做到的。为了节省本书篇幅，在表 8-8 中只引出了新西兰 NZS3101 规范 2006 年版给出的用于承载力极限状态的折减后构件截面惯性矩取值规定；对正常使用极限状态折减后构件截面惯性矩取值感兴趣的读者请查阅该规范。

新西兰 NZS3101.1&2：2006 规范用于承载力极限状态的各类钢筋混凝土
构件的毛截面惯性矩折减方案建议　　　　　　　　　　　　表 8-8

构件类型	构件纵筋屈服强度标准值	
	$f_y = 300\text{MPa}$	$f_y = 500\text{MPa}$
矩形截面梁	$0.40I_g$（使用 E_{C40}）[①]	$0.32I_g$（使用 E_{C40}）[①]
T 形及 L 形截面梁	$0.35I_g$（使用 E_{C40}）[①]	$0.27I_g$（使用 E_{C40}）[①]
柱 $N^*/A_g f'_c > 0.5$	$0.80I_g(1.0I_g)$[②]	$0.80I_g(1.0I_g)$[②]
柱 $N^*/A_g f'_c = 0.2$	$0.55I_g(0.66I_g)$[②]	$0.50I_g(0.6I_g)$[②]
柱 $N^*/A_g f'_c = 0$	$0.40I_g(0.45I_g)$[②]	$0.30I_g(0.35I_g)$[②]
墙 $N^*/A_g f'_c = 0.2$	$0.48I_g$	$0.42I_g$
墙 $N^*/A_g f'_c = 0.1$	$0.40I_g$	$0.33I_g$
墙 $N^*/A_g f'_c = 0$	$0.32I_g$	$0.25I_g$

构件类型	构件纵筋屈服强度标准值	
	$f_y = 300\text{MPa}$	$f_y = 500\text{MPa}$
斜向交叉暗柱配筋连梁	受弯用 $0.6I_g$； 受剪用折减后截面面积 A_{shear}，A_{shear} 算法见注③。	

① 在计算梁类构件折减后的抗弯刚度时规定混凝土的弹性模量 E 全按 C40 混凝土取用，这是为了使不同强度等级混凝土的梁类构件均可使用表中给出的统一的折减后的毛截面惯性矩；

② 柱和墙肢类构件轴压比计算中的 N^* 为承载力计算中使用的构件截面轴压力组合值，括号内的折减后的毛截面惯性矩仅用于从抗震设计角度采用了防塑性铰形成措施的柱；

③ 斜向交叉配筋连梁的抗剪用折减后的截面面积按下式计算：

$$A_{sh} = V_y / (GL\delta_y)$$

上式中连梁钢筋达到屈服时的剪切变形 δ_y 按下式计算：

$$\delta_y = \left(\frac{L}{\sin\alpha} + \frac{f_y d_b}{15} \right) \frac{f_y}{E_s}$$

在以上二式中，V_y 为连梁纵向钢筋受拉屈服时对应的作用剪力；G 为混凝土剪变模量，可近似取 $G = 0.4E_c$；L 为连梁净跨；d_b 为交叉斜向配筋的直径；α 为交叉斜向配筋与连梁轴线的交角；f_y 和 E_s 分别为连梁纵筋及交叉斜向钢筋的抗拉屈服强度设计值及其弹性模量。

这里需要专门提醒读者关注的是，由于新西兰规范规定在抗震承载力设计的结构分析中取用构件刚度折减方案，其计算的地震作用将比按弹性刚度计算出的偏小，因此，根据抗震延性设计理念，其各类抗震措施也取得比按弹性刚度确定地震作用时相对偏严。

（3）欧洲规范 EC 2 的做法

欧洲规范 EC 2 虽然在条文中也明确提出可以使用考虑了结构非弹性性能的 $P\text{-}\Delta$ 效应分析，但遗憾的是，从其给出的刚度折减系数有关规定看，尚未像美国、新西兰和我国规范那样，从各类结构非弹性有限元分析结果中归纳出各类构件所应取用的刚度或毛截面惯性矩的折减系数，而只是继续使用该规范以往版本从试验结果中归纳出的传统细长偏心受压构件的非弹性刚度计算公式（针对承载力极限状态），而且受试验数据限制，公式只能用于全截面纵筋配筋率不大于 0.02（较精确公式）或 0.01（简化公式）的条件下。除此之外，为了设计需要，又给出了一个估算梁类构件用于承载力极限状态的非弹性刚度计算公式与之配套。本书作者认为，EC 2 规范的这部分规定从成熟程度上看不如以上提及的几本规范，故不拟再引出其相应计算公式，需要的读者请直接查阅该规范。

（4）我国设计标准和规程的有关做法

到 20 世纪末，我国《混凝土结构设计规范》给出的考虑 $P\text{-}\Delta$ 效应的方法只有用于框架结构和排架结构的 $\eta\text{-}l_0$ 法；在这一方法中考虑构件非弹性性能的做法已如前述。到该规范 2002 年版修订时，虽尚未正式引入其他已知的国外学术界已经提出的各类考虑 $P\text{-}\Delta$ 效应的新一代方法，但决定在该版规范的第 7.3.12 条中为设计界使用这些方法提供考虑结构非弹性的按构件类型划分的刚度折减系数取值规定。规定的取值方案与前面表 8-6 所示的美国 ACI 318 规范方案类似，具体规定如下。

7.3.12 当采用考虑二阶效应的弹性分析方法时，宜在结构分析中对构件的弹性抗弯刚度 E_cI 乘以下列折减系数；对梁，取 0.4；对柱，取 0.6；对剪力墙及核心筒壁，取 0.45。

注：当验算表明剪力墙或核心筒底部正截面不开裂时，其刚度折减系数可取 0.7。

以上规定是在中国建筑科学研究院白生翔主持下综合国内外试验研究结果及分析信息

确定的；其中框架结构梁、柱的刚度折减系数取值参考了本书作者所在学术团队魏巍完成的分析成果。

对我国规范的以上规定还有必要作以下提示：

1）构件抗弯刚度 $E_c I$ 中的截面惯性矩 I 应取不考虑纵筋的构件混凝土毛截面惯性矩。

2）所取折减后刚度值对应的是承载力极限状态；但考虑结构可靠度影响后，对应的实际是从截面纵筋即将进入屈服到屈服后不久的受力状态范围。

3）由于我国建筑结构中剪力墙和核心筒壁中的墙肢通常均为延伸很多层的高层墙肢，在与 $P\text{-}\Delta$ 效应对应的受力状态下墙肢底部受力均较充分，即多数会处于已开裂状态，故我国规范在上列条文中首先给出的是已开裂墙肢的刚度折减系数，而把未开裂墙肢的折减系数放在注中处理。另外，考虑到高层墙肢中的轴压比值虽不及柱中那样大，但对刚度折减仍有明显有利影响，故开裂墙肢的刚度折减系数取值比美国 ACI 318 规范（见表 8-6）偏大。

与此同时，我国《高层建筑混凝土结构技术规程》JGJ 3 在 2002 年修订时，考虑到我国高层钢筋混凝土结构大量修建的需要，已准备将国外提出的层增大系数法（用于多层框架结构）和整体增大系数法（用于剪力墙结构、框架-剪力墙结构和各类筒体结构）引入该规范作为考虑这些类结构中 $P\text{-}\Delta$ 效应的主导方法。但当该规程专家组进一步落实把例如上述《混凝土结构设计规范》GB 50010—2002 提出的构件刚度折减系数直接引入结构分析来考虑在承载力极限状态下构件非弹性性能对 $P\text{-}\Delta$ 效应的影响时，发现这相当于将钢筋混凝土结构设计中使用弹性分析的传统做法统一改为考虑构件折减刚度的结构分析法，而这将会给我国建筑结构界使用多年的设计基本原则带来以下多项冲击。

第一项冲击是，当在结构非抗震承载力设计中用采用各类构件折减刚度的结构弹性分析取代现行规范规定的传统结构弹性分析时，若各类构件的刚度折减系数取值不同，则会导致算得的结构各构件内力（主要是弯矩及对应的剪力）的比例与原弹性分析相比会有一定变化，从而使构件配筋，或者说结构不同部位的不同类型构件的承载力与原设计相比会在一定程度上有增有减。但好在经已有研究工作中的对比分析证明，按新方法设计的同一个结构与按传统方法设计的相比，其非抗震的总体承载力并未发生实质性变化；而且，当在结构分析中引入构件刚度折减系数后，也不需对设计规范有关构件承载力设计的其他规定作任何调整。因此，这第一项冲击尚不会对引用构件刚度折减系数的做法形成阻碍。

第二项冲击是，当在结构弹性分析中引入构件的刚度折减系数后，在正常使用极限状态下算得的结构楼层层间位移角都将相应增大；为了使结构层间位移角控制措施所形成的性能控制效果不变，《建筑抗震设计标准》GB/T 50011—2010(2024 年版) 和《高层建筑混凝土结构技术规程》JGJ 3—2010 就需将其现行的结构层间位移角控制指标相应调大。

第三项冲击是，若在抗震承载力设计的现用弹性结构分析中（不论是使用振型分解反应谱法还是底部剪力法）同样引入构件刚度折减系数，就将导致结构的整体侧向刚度与弹性假定下相比明显下降，从而主要使结构第一振型的自振周期相应加长（平均约加长 40％ 左右）。而根据我国《建筑抗震设计规范》GB 50011—2010(2016 年版) 第 5.1.5 条的地震影响系数曲线及各类结构主要振型自振周期的分布范围，就会使结构在抗震承载力设计中使用的地震作用取值有程度明显的下降。这当然属于结构抗震设计关键基本条件的变动。虽然根据现代抗震延性设计的主导原理，即 $R\text{-}\mu\text{-}T$ 规律，是允许同一地点同一结构在抗震承载力设计中取用的地震作用在一定的合适范围内变动的，但条件是，若所取地震作用下降，结构各类构件在当地相应水准地震地面运动激励下的反应量就会加大，故其对应的抗震措施就必须相应加强，以便结构在所在地相对强度不同的地震作用下始终能分别表现出预期的动力反应性能；而这意味着我国《建筑抗震设计规范》GB 50011—2010 第 6 章的内容几乎必须全面修订。可以想象，在该规范第 6 章内容的合理性未受到质疑的情况下，仅为了 P-Δ 效应分析中考虑非弹性性能影响的局部需要而对该章内容进行全面修订会很难使有关方面对其必要性作出肯定响应。这应该也是世界各国试图通过构件刚度折减来反映结构非弹性对 P-Δ 效应的影响时所遇到的主要障碍。（如本章前面所述，目前只有新西兰相关设计规范通过全局性考虑和安排突破了这项障碍。）

面对以上不易排除的障碍，该规程专家组转而考虑采用一个统一的较为粗略的刚度折减系数 0.5 来折减所有构件刚度的方案，这是因为当各类构件采用的刚度折减系数取值不同时，不论取值分档划分得是粗还是细，都需要从结构的弹性分析开始就统一引入各构件的折减后刚度，以便在层增大系数法中算得前面式（8-76）或式（8-77）中考虑了构件刚度折减的"楼层弹性侧向刚度" D_i，或在整体增大系数法中算得前面式（8-89）或式（8-90）中考虑了构件刚度折减的等效整体弹性刚度 $E_c I_0$。由于在结构弹性分析中已经引入了构件刚度折减系数，也就会导致前面所述的对结构抗震设计基本条件的重要干扰。而若对结构中各构件的刚度折减系数均统一取为 0.5，就可以不必将系数 0.5 引入结构分析，而只在前面式（8-77）中将 D_i 值减小一半，或在前面的式（8-90）中将 $E_c I_0$ 减小一半即可。这样处理，既在层增大系数法和整体增大系数法用于承载力极限状态的 P-Δ 效应内力增大系数中考虑了构件折减刚度的影响，又不会对我国非抗震及抗震结构设计的整个体系造成任何冲击。具体做法已在前面第 8.4.4 节和第 8.4.5 节中作过说明，这里不再重复。

3. 在《混凝土结构设计规范》 GB 50010—2010 对二阶效应设计方法进行全面修订后遇到的问题及采取的解决方案

在我国《高层建筑混凝土结构技术规程》JGJ 3—2002 和《混凝土结构设计规范》GB 50010—2002 颁布实施的前后，当时在中国建筑科学研究院负责继续开发和管理建筑结构分析与设计商品软件的以李云贵为主的专家组已经注意到国外新提出的基于几何刚度的有限元法通过把反映二阶效应的几何刚度矩阵嵌入结构分析弹性刚度矩阵而成为可以预见的能更便捷、更准确完成各类结构 P-Δ 效应弹性分析的新一代方法；而且，该专家组以及本书作者所在学术团队在此期间先后用基于几何刚度的有限元法和已推广使用的层增大系数法和整体增大系数法所作的结构对比分析表明，虽然推荐用于框架结构的层增大系数法能较准确反映这类结构中的 P-Δ 效应规律，但用于其他大量使用的各类高层建筑结构的整体增大系数法只能较准确反映 P-Δ 效应对结构侧向位移的放大效果，但反映的 P-Δ 效应对构件内力的放大效果则在不少情况下误差过大。这一对比分析结果进一步增强了我国《混凝土结构设计规范》二阶效应问题专家组在建筑结构设计中用基于几何刚度的有限元法取代其他各种考虑 P-Δ 效应方法的共同意愿。

但当在 2003～2006 年期间中国建筑科学研究院有关专家尝试将基于几何刚度的有限元法引入建筑结构分析设计商品软件并推荐给建筑结构设计界试用时，问题仍出在当用这一方法考虑各类钢筋混凝土建筑结构中的 P-Δ 效应时如何体现构件非弹性性能影响的问题上。这是因为若将构件刚度折减系数引入已经考虑了几何刚度的弹性结构分析，自然仍无法避免前面结合层增大系数法和整体增大系数法提到的对传统结构设计体系的三项实质性冲击,特别是其中的第三项冲击;这是由于在使用基于几何刚度的有限元法时,因几何刚度矩阵已嵌入结构分析的单元刚度矩阵,故已无法像在当时《高层建筑混凝土结构技术规程》JGJ 3—2002 已经使用的层增大系数法或整体增大系数法中那样把刚度折减系数从结构分析中提出来,并将其直接放在这两类方法的内力增大系数公式中来体现。因此,只能把这一问题留给 2010 年版《混凝土结构设计规范》GB 50010 修订的二阶效应问题专家组来最后决策。

在中国建筑科学研究院李云贵主持的研究组和重庆大学土木工程学院秦文钺、白绍良、傅剑平等主持的研究组完成的有关二阶效应问题的范围广泛的研究工作基础上,2007年由规范修订组召集了有这两个单位共计 9 位研究人参加的负责构建 2010 年版《混凝土结构设计规范》GB 50010 与二阶效应有关的整个条文体系的专题磋商会。经认真讨论,与会人员达成以下共识:

(1) 虽然在我国《混凝土结构设计规范》中引入基于几何刚度的有限元法仍存在未找到既不致对现有结构设计基本体系构成冲击,又能充分考虑钢筋混凝土结构构件非弹性性质对 $P\text{-}\Delta$ 效应影响的有效方法的这样一个重要缺口,但因全面引用基于几何刚度的有限元法将最终结束在结构二阶效应分析中分别使用各种不够准确的近似或简化方法的状态,而进入使用有较精确理论依据的统一分析方法的更为理想的局面,故磋商会参加人一致同意从 2010 年版起在我国《混凝土结构设计规范》GB 50010 中以及相应的结构分析与设计商品软件中全面使用基于几何刚度的有限元法作为除排架结构外的各类建筑结构考虑 $P\text{-}\Delta$ 效应的主导方法。为了避免对现有结构设计基本原则形成冲击,同意在该方法的使用中暂不考虑钢筋混凝土结构构件非弹性性能对 $P\text{-}\Delta$ 效应内力增量的影响,而把这一问题留待下一步研究解决;同时,在反映以上共识的规范条文中(见下面引出的现行规范第 5.3.4条)仍强调了在使用弹性分析方法考虑 $P\text{-}\Delta$ 效应时体现钢筋混凝土刚度退化影响从结构设计概念上的必要性。与此相呼应,在现行规范的附录 B 中也继续保留了以往版本给出的各类构件的刚度折减系数的取值建议,以备设计需要时使用。由于在 2010 版及以后版本的设计规范中未考虑构件刚度折减对 $P\text{-}\Delta$ 效应的影响,故在 $P\text{-}\Delta$ 效应影响较为明显的结构中,柱类构件的纵筋配筋量与 2010 年以前设计的结构相比在有些设计条件下会略有下降,这一点是有必要提醒结构设计人给予关注的。在必要的工程项目设计中,可通过人为适度调高受 $P\text{-}\Delta$ 效应影响较为明显的框架柱类构件的配筋量来弥补这一不利影响。

以上共识体现在《混凝土结构设计规范》GB 50010 的 2010 年版及以后版本的第5.3.4 条中。现将该条条文引出如下。

5.3.4 当结构的二阶效应可能使作用效应显著增大时,在结构分析中应考虑二阶效应的不利影响。

混凝土结构的重力二阶效应可采用有限元分析方法计算,也可采用本规范附录 B 的简化方法。当采用有限元分析方法时,宜考虑混凝土构件开裂对构件刚度的影响。

其中的"有限元分析法"即指基于几何刚度的有限元法。

(2) 磋商会所取得的第二项主要共识是,为了考虑高层建筑框架-剪力墙结构和框架-核心筒结构中、下部楼层的框架柱中 $P\text{-}\delta$ 效应有可能对柱的正截面承载力设计形成不利影响的设计需要,在《混凝土结构设计规范》GB 50010 的 2010 年版及以后版本的第 6.2.3

条、第 6.2.4 条中增加了考虑 $P\text{-}\delta$ 效应的具体方法。有关说明请见下面第 8.4.8 节。

（3）与上面第一项共识相呼应，《混凝土结构设计规范》GB 50010 的 2010 年版取消了以前版本中用来考虑框架结构中 $P\text{-}\Delta$ 效应影响的 $\eta\text{-}l_0$ 法；但对于钢筋混凝土排架结构柱，在有关问题尚未得到研究解决之前，同意在附录 B 中继续保留原规范用于钢筋混凝土单层排架结构的 $\eta\text{-}l_0$ 法，具体说明请见前面第 8.4.3 节；另外，因我国《高层建筑混凝土结构技术规程》JGJ 3—2010 尚未取消考虑 $P\text{-}\Delta$ 效应的层增大系数法和整体增大系数法，故在《混凝土结构设计规范》GB 50010—2010 的附录 B 中也与之相呼应继续给出了这两种方法，只是计算公式形式有所改进，规定所用概念也有所改善，可见前面第 8.4.4 和8.4.5 节的相应说明。

还值得提出的是，早在我国《混凝土结构设计规范》GB 50010—2002 修订前讨论在二阶效应分析中引入钢筋混凝土结构按构件分类的刚度折减系数时，包括中国建筑设计研究院吴学敏在内的有关人士就曾建议，由于如前面第 8.2.7 节已经指出的，因 $P\text{-}\Delta$ 效应在抗震设计的多遇水准结构分析中的影响已不如在非抗震结构分析中那样明显，为了避免考虑构件刚度折减给我国抗震设计现有规定带来不必要的冲击，可考虑在占我国国土面积比例较大的偏低设防烈度区，也就是非抗震设计对结构构件的承载力设计起控制作用的地区，采用以下"双轨制"的做法：即在非抗震设计的结构分析中，通过引入构件刚度折减系数，用基于几何刚度的有限元法更充分考虑钢筋混凝土结构构件的非弹性性能经 $P\text{-}\Delta$ 效应对结构构件承载力的不利影响；而在多遇水准的抗震结构分析中，则不再引入各结构构件的刚度折减系数，可以仍用基于几何刚度的有限元法来考虑 $P\text{-}\Delta$ 效应的影响，甚至还可以不再考虑 $P\text{-}\Delta$ 效应对多遇水准地震作用下结构分析的影响。而在高设防烈度区，因一般是抗震结构分析结果对构件承载力设计起控制作用，故在抗震和非抗震分析中即使不考虑构件刚度折减系数，甚至不考虑二阶效应影响，一般也不会对结构设计结果产生明显影响。本书作者认为，这一建议值得我国有关设计规范、规程的管理机构和专家组关注。

借此机会还应指出的是，《混凝土结构设计规范》GB 50010—2010 专门用第 6.2.20条给出轴心受压和偏心受压柱的计算长度 l_0 的做法，应视为一项在条文编排上有必要作出进一步改进的处理手法。这是因为，该条中表 6.2.20-1 的内容属于排架柱设计，本应移入该规范附录 B 的第 B.0.4 条；而该条中表 6.2.20-2 的内容引自该规范 2002 年版的 $\eta\text{-}l_0$法，因为该规范 2010 年版虽已将框架柱所用的 $\eta\text{-}l_0$ 法正式取消，但为了 2010 年版规范第7 章公式（7.1.4-8）计算正常使用极限状态下 η 系数的需要而保留了上一版规范的 l_0 取值规定，故表 6.2.20-2 本应移入 2010 年版规范的第 7.1.4 条。

8.4.8 我国《混凝土结构设计标准》GB/T 50010—2010（2024 年版）对除排架柱外的偏心受压柱类构件给出的考虑 $P\text{-}\delta$ 效应的设计方法

与 $P\text{-}\Delta$ 效应相比，$P\text{-}\delta$ 效应对结构的变形特征及内力分布特征的影响明显偏小，其作用规律已在前面第 8.2.6 节中作过原则性说明。从这些作用规律中可知，对于钢筋混凝土框架结构，因在常规受力状态下各层柱的组合弯矩反弯点大多在柱高中部，考虑 $P\text{-}\delta$ 效应后的柱各截面弯矩一般很难增大到超过柱端控制截面中组合弯矩的地步，故在 2002 年版以前的《混凝土结构设计规范》中未规定框架结构 $P\text{-}\delta$ 效应附加弯矩的设计计算方法并不会在结构设计中留下缺口。但在高层框架-核心筒结构和框架-剪力墙结构大量使用后，因结构层弯曲型变形的比重增大，结构中、下部楼层柱的组合弯矩反弯点已在相当一部分情况下移至层高以外，这使得 P-δ 效应附加弯矩对柱截面承载力的不利影响严格来说已不能在设计中完全忽略不计；为此，《混凝土结构设计规范》GB 50010 自其 2010 年版起增加了框架柱 P-δ 效应附加弯矩的设计计算方法，其中首次使用了在各国混凝土结构设计规范中有首创意义的由我国自行提出的考虑钢筋混凝土构件非弹性性能影响的调整后的弯矩调节系数 C_m 的计算方法。

根据前面第 8.2.6 节结合图 8-25(a)、(b) 的两个典型示例归纳出的基本规律，结构设计中的 P-δ 效应验算应以单根受压构件为对象进行。其中所依据的主要背景条件是，一根结构中的受压构件在考虑 P-Δ 效应和 P-δ 效应影响后，其所处受力状态的主要特点包括：

(1) 受压构件考虑了 P-Δ 效应和 P-δ 效应综合影响后的最不利组合端弯矩可表达为：

$$M_2 = M_{ns2} + M_{s2} + \Delta M_{s2} + \Delta M_{p\delta 2}$$
$$M_1 = M_{ns1} + M_{s1} + \Delta M_{s1} + \Delta M_{p\delta 1}$$

(8-110)

其中，M_2 为绝对值较大的组合端弯矩；其余各组成成分的含义分别为：

M_{ns2}、M_{ns1}——对应的不引起结构侧移的端弯矩；

M_{s2}、M_{s1}——对应的引起结构侧移的端弯矩；

ΔM_{s2}、ΔM_{s1}——M_{s2} 和 M_{s1} 中由 P-Δ 效应引起的弯矩增量；

$\Delta M_{p\delta 2}$、$\Delta M_{p\delta 1}$——由 P-δ 效应引起的结构各受压构件线刚度退化所导致的对所考察受压构件弯矩的第一类和第二类追加影响所形成的两类对应弯矩增量的代数和（对 P-δ 效应两类追加影响的解释见前面第 8.2.6 节）。

式（8-110）中各弯矩值均以其代数值代入。

(2) 认为受压构件在上列端弯矩作用下沿其长度的弯矩仍呈线性分布。

(3) 在以上线性分布弯矩的基础上再叠加由 P-δ 效应在受压杆件内引起的沿杆件长度分布的挠曲弯矩增量〔前面图 8-25(a)、(b) 中用画了阴影线的面积表示的弯矩增量〕后即得到所考察受压构件的基本受力状态。

在这类受压构件的承载力设计中进行 P-δ 效应验算的目的则应是，判明在上述基本受力状态下是否可能出现在沿构件长度的某部分截面内的作用弯矩有超过绝对值最大端弯矩 M_2 的可能。若存在这种可能，则应找到确定沿柱长最大弯矩 M_{max} 的方法，当然顺便也应给出 M_{max} 的作用位置；并以 M_{max} 作为最不利内力组合中的作用弯矩完成受压构件的截面设计。

为了在不影响验算精度的前提下简化上述验算方法，学术界认可对以上基本条件作下列简化：

(1) 在每个受压构件中，只针对在其正截面设计中起控制作用的最不利组合内力状态完成 P-δ 效应验算；

(2) 由于在式（8-110）的端弯矩 M_2 和 M_1 的表达式中 $\Delta M_{p\delta 2}$ 和 $\Delta M_{p\delta 1}$ 项表示的是由 P-δ 效应导致的构件线刚度退化所引起的两项追加影响形成的端弯矩增量的代数和；而这两项增量在工程常用最不利内力组合状态下都是反号的，且其数值的量级相同，故其代数和必然足够小，故作为简化可将式（8-110）中的 $\Delta M_{p\delta 2}$ 和 $\Delta M_{p\delta 1}$ 忽略不计。这样，式（8-110）即变为：

$$M_2 = M_{ns2} + M_{s2} + \Delta M_{s2}$$

$$M_1 = M_{ns1} + M_{s1} + \Delta M_{s1}$$
$$(8\text{-}111)$$

经已有分析研究可知，P-δ 效应在偏压杆件中的挠曲弯矩增量主要受以下三个因素的影响，即：

1）杆件长细度；

2）杆件轴压力；

3）杆端组合弯矩比 α，取 α 为

$$\alpha = \frac{M_1}{M_2} \qquad (8\text{-}112)$$

其中 α 从 $+1.0$ 变到 -1.0。

在图 8-56 中拟分别用 α 值不同的三种典型情况来说明以上三个因素所起的不同作用。

在图 8-56(a) 所示的 $M_1/M_2 = +1.0$ 的情况下，也就是与前面第 8.4.2 节所述 η-l_0 法中第一类"模式柱"相同的受力状态下，不论杆件侧向刚度和轴压力大小，考虑 P-δ 效应挠曲附加弯矩后在杆长中点形成的最大弯矩 M_{max} 都将大于相等的两个杆端弯矩 M_2 或 M_1，故从杆件承载力设计角度对于这种情况都需要考虑由 P-δ 效应引起的 M_{max} 大于端弯矩 M_2 和 M_1 的不利受力特点。

若杆件长细度及轴压力保持不变，但 M_2 和 M_1 在保持同号的前提下其比值 α 减小，则如图 8-56(b) 所示，P-δ 效应形成的杆件挠曲弯矩增量必然会因 M_1 的减小而变小，且所形成的最大弯矩 M_{max} 的作用位置也会随 α 的减小而从杆长中点向 M_2 作用一端移动。当 α 减小到一定程度后，杆件各截面中考虑 P-δ 效应引起的杆件挠曲弯矩增量后的弯矩就都不再会超过较大端弯矩 M_2。若 α 进一步减小而其他条件不变，则意味着在这一杆件的承载力设计中已不再需要考虑 P-δ 效应的不利影响。当然，从图中也可以看出，若杆件作用轴压力和（或）杆件长细度进一步增大，则因由 P-δ 效应引起的杆件挠曲弯矩的增大，进入可以不考虑 P-δ 效应影响状态的界限 α 值也就会随之减小。

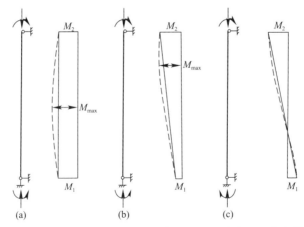

图 8-56　两端铰支压杆中 P-δ 效应挠曲附加弯矩在不同端弯矩比的条件下的不同影响

在工程项目中，当在水平荷载较强的条件下使用框架-剪力墙结构或框架-核心筒结构时，中、下部楼层框架柱中就常可能出现 α 小于 $+1.0$ 但仍为正值的组合弯矩作用状况；当轴压力偏大而杆件长细度也相对偏大时，就有可能出现需要在正截面设计中考虑 P-δ 效

应引起的杆件挠曲弯矩影响的受力状态。

从图 8-56(c) 中可以看出，随着杆件端弯矩比 α 变为负值，由 $P\text{-}\delta$ 效应引起的杆件挠曲弯矩沿杆长的分布也将变成具有"双曲率特点"，且其值与前面两种情况相比会变得更小；因此，若不是杆件长细度和（或）轴压力变得很大，杆件内任何一个截面考虑 $P\text{-}\delta$ 效应后的弯矩值都已不会超过较大杆端组合弯矩 M_2。在工程项目中，多、高层框架结构的各层柱以及框架-剪力墙结构或框架-核心筒结构的中、上部楼层柱一般都会处在这种在截面承载力设计中通常不必再考虑 $P\text{-}\delta$ 效应影响的状态。

为了找到在考虑了 $P\text{-}\delta$ 效应的偏压杆件中能够识别出实际沿杆长形成的最大弯矩（图 8-56a、b 中的 $M_{\max}$）是否超过了绝对值较大的端弯矩（图 8-56 中的 M_2）的方法以及这一最大弯矩值 $M_{\max}$ 的计算方法，美国的 C. Massonet 和 W. J. Austin 以及 L. Duan 和 W. F. Chen 在图 8-56 所示模型基础上按弹性解析法的思路完成了推导，提出了在弹性假定下解决上述问题的 $C_m\text{-}\eta$ 法。这一方法随后被美国钢结构设计规范所采用；然后，再被美国 ACI 318 规范不加改造地引入到钢筋混凝土结构设计中来并使用至今。直到我国在 20 世纪 80 年代由原重庆建筑工程学院秦文钺主持完成了世界上首次钢筋混凝土两端不等偏心距细长压杆的 $P\text{-}\delta$ 效应系列试验之后，方才发现根据钢筋混凝土构件的特定性能需对由弹性推导得出的 $C_m\text{-}\eta$ 法作必要修正。这项研究为包括本书第二作者在内的 2010 年版《混凝土结构设计规范》GB 50010 修订专家组提出用于该版规范的改进后的 $C_m\text{-}\eta$ 法提供了试验依据。

下面分两个步骤介绍我国规范 2010 年及以后版本使用的经过改进的 $C_m\text{-}\eta$ 法。第一步介绍基于弹性解析解的原始弹性假定下的 $C_m\text{-}\eta$ 法；第二步介绍我国规范所用的基于试验结果的经过改进的 $C_m\text{-}\eta$ 法。

1. 基于弹性解析解的原始 $C_m\text{-}\eta$ 法和对其中有关规律的讨论

若以图 8-57 所示两端具有不等偏心距的不动铰支柱在轴压力作用下考虑了 $P\text{-}\delta$ 效应的受力状态作为基本出发点，则可将距下端支座为 x 处截面中的弯矩写成：

$$M = M_2 + Ny - Vx \qquad (8\text{-}113)$$

上式中的 M_2 即为图 8-57 中的 Ne_{02}；又因：

$$M = -EIy''$$

故式（8-113）可改写成：

$$EIy'' + Ny = Vx - M_2 \qquad (8\text{-}114)$$

对上式微分两次，并按传统习惯［参见前面式（8-16）］取：

$$k^2 = N/EI$$

则得：

$$y^4 + k^2 y'' = 0 \qquad (8\text{-}115)$$

代入边界条件后即可求得：

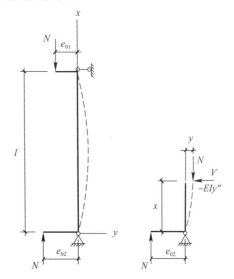

图 8-57　推导原始 $C_m\text{-}\eta$ 法所用的两端不等偏心距弹性压杆基本模型

$$y = \frac{M_2}{N}\left[\frac{x - \cos kl}{\sin kl}\sin kx + \cos kx + \frac{x}{l}(1-\alpha) - 1\right] \qquad (8\text{-}116)$$

$$M = -EIy'' = M_2 \left(\frac{\alpha - \cos kl}{\sin kl} \sin kx + \cos kx \right) \tag{8-117}$$

利用 $dM/dx = 0$ 的条件，即可得到杆件最大弯矩截面所在的位置 x_0（自一阶弯矩绝对值较大的杆端计起）的表达式以及该处最大弯矩 M_{max} 的表达式：

$$\tan kx_0 = \frac{\alpha - \cos kl}{\sin kl} \tag{8-118}$$

$$M_{max} = M_2 (\tan kx_0 \sin kx_0 + \cos kx_0) = M_2 \sec kx_0 \tag{8-119}$$

对于图 8-56(a) 所示的两端等偏心距压杆，因 $\alpha = 1.0$，故经式（8-119）可求得在杆件高度中点，即 $x = l/2$ 处的经 P-δ 应增大后的杆件最大弯矩 M_{max} 为：

$$M_{max} = M_2 \sec \frac{kl}{2} \tag{8-120}$$

如果与前面第 8.4.2 节讨论 η-l_0 法处相同，取偏心距增大系数 $\eta = M_{max}/M_2$，则可得：

$$\eta = \frac{M_{max}}{M_2} = \sec \frac{kl}{2} = \sec \left(\frac{\pi}{2} \sqrt{\frac{N}{N_{cr}}} \right) \tag{8-121}$$

上式与前面第 8.4.2 节中的式（8-44）是等效的，上式中的 N_{cr} 按前面式（8-1）计算。

而在两端偏心距不等的不动铰支压杆中，若将上面的式（8-118）代入式（8-119），则可得这类压杆中考虑 P-δ 效应后的最大弯矩 M_{max} 表达式为：

$$M_{max} = M_2 \frac{\sqrt{\alpha^2 - 2\alpha \cos kl + 1}}{\sin kl} = M_2 \sec \frac{kl}{2} \frac{\sqrt{\alpha^2 - 2\alpha \cos kl + 1}}{2\sin(kl/2)} \tag{8-122}$$

上式中的 $\sec(kl/2)$ 也就是前面式（8-121）中的偏心距增大系数 η，若再取

$$C_m = \frac{\sqrt{\alpha^2 - 2\alpha \cos kl + 1}}{2\sin(kl/2)} = \frac{\sqrt{\alpha^2 - 2\alpha \cos \left(\pi \sqrt{\frac{N}{N_{cr}} + 1} \right)}}{2\sin \left(\frac{\pi}{2} \sqrt{\frac{N}{N_{cr}}} \right)} \tag{8-123}$$

并称 C_m 为"弯矩（或偏心距）调节系数"，则式（8-122）即可写成：

$$M_{max} = M_2 \eta C_m \tag{8-124}$$

这也就是用弹性解析法解得的 C_m-η 法的基本表达式，或者说用来判断在杆长范围内考虑 P-δ 效应后的作用弯矩是否会超过较大端弯矩 M_2 的基本判别式，其中系数 η 主要反映杆件的长细度和作用轴压力对这一判别条件的影响，而系数 C_m 则主要表达杆件端弯矩比 $\alpha = M_1/M_2$ 对判别条件的影响。在上式中，当 $\eta C_m > 1.0$ 时，就意味着由 P-δ 效应促成的杆长范围内的作用弯矩会在全部或一部分杆长范围内大于 M_2，即 M_{max} 大于 M_2，这时就需要在杆件正截面设计中取 M_{max} 为作用弯矩；若算得的 $\eta C_m \leqslant 1.0$，则意味着在杆长范围内不会出现考虑了 P-δ 效应后的作用弯矩大于 M_2 的情况，即在杆件正截面设计中不再需要考虑 P-δ 效应的影响。

为了进一步展示上面式（8-123）所示的 C_m 系数与式中杆端弯矩比 $\alpha = M_{max}/M_2$ 以及 N/N_{cr} 之间的关系，同时展示 C_m、α 和 N/N_{cr} 与式（8-118）中 x_0 之间的关系（如前面所定义的，x_0 为从两端不动铰支压杆弯矩绝对值较大端到考虑 P-δ 效应后形成杆件截面最大弯矩 M_{max} 处的距离），在图 8-58(a) 中先在 C_m-α 坐标中给出了在 N/N_{cr} 取值不同的条件下的各条 C_m-α 关系曲线。从中可以看出，不论 N/N_{cr} 取值大小，随着 α 从 $+1.0$ 逐

渐下降，C_m 值也将逐步减小，且每条 C_m-α 曲线向左均只延伸到 C_m 值达到该曲线最低点处，即各条 C_m-α 曲线的"谷底值"处而不再向左延伸。而且，随着 N/N_{cr} 值的增大，各条 C_m-α 曲线的谷底值点也在不断向左下方移动。

图 8-58(b) 则给出了在 N/N_{cr} 的不同取值下 x_0 随 α 的变化规律。从中可以看出，每条 x_0-α 曲线都是从在 $\alpha=1.0$ 处 $x_0=0.5l$（l 为按两端不动铰支点计的杆长）随 α 从 $+1.0$ 的下降而逐步下降的，且随 N/N_{cr} 的增大，x_0-α 曲线的下降梯度逐步减小，即 x_0 达到零时的 α 值逐步减小；而且 x_0 达到零所对应的 α 值与相同 N/N_{cr} 条件下图 8-58(a) 中 C_m-α 曲线的谷底点处的 α 值是一一对应的。

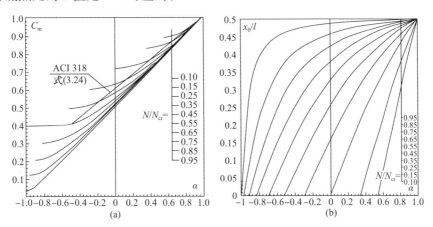

图 8-58　C_m 值和 x_0 值随 α 及 N/N_{cr} 值的变化规律

为了进一步解释图 8-58(a)、(b) 中的上述规律，在图 8-59 中分别给出了当 N/N_{cr} 取为某个固定值且 $\alpha=+1.0$ 时（等弯矩压杆，见图 8-59a）以及 α 从 $+1.0$ 下降不同幅度时的几种有代表性状态下的初始弯矩图（各图中的实线弯矩图）和考虑了 P-δ 效应后的弯矩图（各图中的虚线弯矩图）；同时，还给出了从弯矩绝对值较大的杆端到考虑 P-δ 效应后的柱内弯矩最大截面之间的距离 x_0。

从图 8-59(a) 可以看出，当 $\alpha=+1.0$，即弹性假定下的两端不动铰支杆受等弯矩和轴压力作用时，形成的 P-δ 效应附加弯矩是沿杆长对称分布的；此时，由前面式（8-123）算得的 C_m 系数恰应为 1.0，也就是最大弯矩截面经 P-δ 效应增大后的总弯矩与一阶弯矩 $M_1=M_2$ 之比恰为式（8-121）中的 η。这意味着，在 α 具有不同取值的各种情况下，以这种情况下的 P-δ 效应对杆件初始弯矩的增大作用为最大；这时的 x_0 恰为杆长的一半，即 $x_0=0.5l$，这也就是 x_0 可能出现的最大值，见图 8-58(b)。而且，因为这种情况下沿构件全长考虑 P-δ 效应后的各个截面弯矩均大于初始等弯矩 $M_1=M_2$，且越向杆长中点弯矩值越大，故杆件考虑 P-δ 效应后的弯矩图（图 8-59a 中虚线）在杆端的切线与水平线的夹角 θ 必然小于 90°（图 8-59a）。

随着比值 α 从 $+1.0$ 开始下降，如图 8-59(b) 所示，杆件内的初始弯矩（图中实线弯矩图）变成从较大弯矩一端向另一杆端逐步线性减小，P-δ 效应引起的杆件挠曲弯矩也变得沿杆长不再对称，且最大值增幅也会比图 8-59(a) 所示情况有所下降。于是，考虑 P-δ 效应后最大弯矩出现的位置也将从图 8-59(a) 中的杆长中点向初始端弯矩较大的杆端方向移动，即 x_0 将比图 8-59(a) 中的 $l/2$ 相应减小，最大弯矩 M_{max} 值也将比图 8-59(a) 所示情况减小。而且，随着初始弯矩图沿杆长的变化梯度加大，即 α 以及 $P\text{-}\delta$ 效应附加弯矩的减小，从几何关系上也可以看出，考虑 $P\text{-}\delta$ 效应后的弯矩变化曲线（图中虚线）在弯矩较大杆端的切线与水平线的夹角 θ_2 也将比图 8-59（a）所示状态下的 θ_1 有所增大；但只要 α 减小的幅度不是过大，θ 仍将小于 $90°$；这就意味着 x_0 尚未减小到零，杆件内考虑 $P\text{-}\delta$ 效应后的最大弯矩 M_{max} 仍将大于较大端弯矩 M_2。

随着比值 α 的进一步减小，当 x_0 恰等于零时，也就是图 8-59（c）中的夹角 θ_3 恰等于 $90°$ 时，经 $P\text{-}\delta$ 效应增大后的杆件内的最大弯矩 M_{max} 就恰好等于杆端较大初始弯矩 M_2；或者说，此时的 ηC_m 值就恰好等于 1.0。

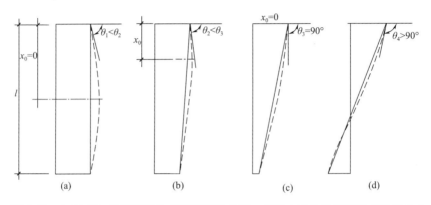

图 8-59 在 N/N_{cr} 取值不变的前提下随着比值 α 的减小杆件长度范围内考虑 $P\text{-}\delta$ 效应后弯矩分布曲线的变化及该曲线在弯矩较大杆端的切线与水平线夹角 θ 的变化

在这里还想提示的是，若杆件的长细比和轴压力更大，形成的二阶挠曲变形和 $P\text{-}\delta$ 效应杆件挠曲弯矩也就会随之加大，也就是 η 会变得更大，这时，要想达到 $x_0=0$ 的这一界限状态，α 就要从 $+1.0$ 下降得更多；反之，若杆件 η 较小，$x_0=0$ 的状态所对应的 α 也就不需要从 $+1.0$ 下降过多。

当如图 8-59（d）所示 α 变得更小，甚至变成负值后，若不是杆件长细度过大和（或）N/N_{cr} 过大，经 $P\text{-}\delta$ 效应增大后的杆件各截面弯矩就都已无法超过较大杆端弯矩 M_2，因此也就没有在杆件截面设计中考虑 $P\text{-}\delta$ 效应的必要；从图 8-59（d）可看出，这时的夹角 θ_4 自然都已大于 $90°$。

在 θ 大于 $90°$ 后，由前面式（8-123）表示的弯矩（或偏心距）调节系数 C_m 也就失去了其力学意义和工程意义；由于在 $\theta=90°$ 时 x_0 恰好等于零，这也就是图 8-58（b）中各条 $(x_0/l)\text{-}\alpha$ 曲线与水平 α 轴的交点。由于如前面已经提到的，这些交点恰好与图 8-58（a）中各条对应 $C_m\text{-}\alpha$ 曲线的"谷底点"相对应，这就恰好说明为什么每条 $C_m\text{-}\alpha$ 曲线只需延伸到"谷底点"，因为再向左侧延伸，虽然每条曲线又会改为弯向上方，但对应的 C_m 如上面所述已失去力学意义和工程意义。

从以上图示和分析推导都不难看出，在弹性假定下，整个 $C_m\text{-}\eta$ 法在受压杆件考虑 $P\text{-}\delta$ 效应后的最大弯矩大于绝对值较大的一阶杆端弯矩的所有情况下都是合理的、严密的。但是，在设计中都用式（8-123）来计算系数 C_m 确实过于烦琐，特别是在只能使用手算的早期年代。因此，美国钢结构学会在 20 世纪 70 年代决定将这一方法引入钢结构设计规范时，就对系数 C_m 的计算作了大幅度简化。具体做法是将 C_m 的实用表达式取为：

$$C_m = 0.6 + 0.4\alpha \geqslant 0.4 \tag{8-125}$$

在图 8-58(a) 中已经用一条粗实线绘出上式表示的 C_m-α 关系。总的来看，上式表达的 C_m-α 关系与严密推导得到的趋势还是大致相符的，特别是用 0.4 作为保底值，可以保证在常见的钢框架柱的 α 多为负值的情况下由简化式算得的 C_m 值不至于过低。当然，在钢结构中使用根据弹性分析获取的 C_m-α 规律归纳出的简化式的另一个重要理由是，因为钢结构构件在未进入屈服状态之前均可认为符合弹性法则。

美国混凝土学会的 ACI 318 规范未加改造地引用了式（8-125）来考虑 P-δ 效应，并一直沿用至今，这一做法是否合适是有待通过试验来检验的。

2. 钢筋混凝土不等偏心距受压构件 P-δ 效应影响效果的试验验证

为了考察受不等端弯矩作用的两端铰支细长钢筋混凝土受压构件内 P-δ 效应的影响规律和影响程度，原重庆建筑工程学院秦文钺和研究生李新荣、刘利达在 20 世纪 80 年代完成了一组两端弯矩比从 +1.0 到 -1.0 的钢筋混凝土细长两端铰支偏心受压构件的静力加载试验系列，其中包括不等端弯矩构件 27 根和等弯矩的对比构件 6 根。试验中用垂直于构件轴线的密排水平位移计较准确量测了每级荷载下的构件侧向位移曲线。试验加载方式及位移计布置如图 8-60 所示，其中图 8-60(a) 和（c）分别表示当两端弯矩比为正值和负值时构件的加载方式和位移计布置方法，图 8-60(b) 和（d）则为(a)、(c) 二图构件测得的挠曲线示意图。其中各水平位移计均安装在与构件分开的固定支架上。

据本书作者所知，这是到目前为止国内外学术界唯一完成的此类系列试验。

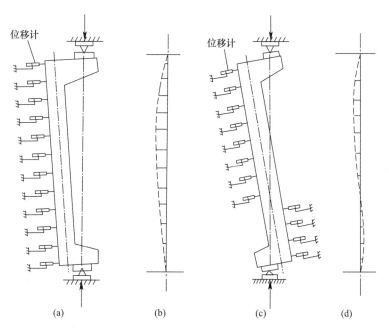

图 8-60　两端铰支不等偏心距受压构件的加载方式及侧向变形测试方法示意

在完成这批试验时，我国《混凝土结构设计规范》有关专题研究组已根据所收集到的国内外试验结果归纳出了等偏心距细长钢筋混凝土构件偏心距增大系数 η 的模式表达式，因此，在完成了每根具有不同端偏心距比 α 的构件试验之后，即可知其在承载力即将失效前达到的最大轴压力 N_u 和该构件破坏部位的位置以及该位置在构件即将失效时形成的侧

向位移 Δ_u。然后，即可按该构件的几何参数和材料强度参数，在取较大端偏心距 e_{02} 为等偏心距的条件下，用上述已有的 η 模式表达式算得与这一试验构件相对应的等偏心距构件的 η 值；再以 $N_u\Delta_u$ 作为该试验构件的 M_{max}，以 N_ue_{02} 作为该试验构件的 M_2，就可以从前面的式（8-124）算出该构件由试验结果得出的 C_m 系数。

经魏巍和本书第一作者对这批试验中的有效试验结果用上述方法算得各试验构件的 C_m 系数值后，画出了图 8-61 所示的由钢筋混凝土不等偏心距构件试验获得的 C_m-α 关系。

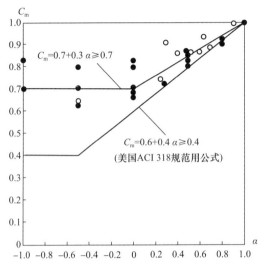

图 8-61　原重庆建筑工程学院秦文钺等完成的两端不等偏心距钢筋混凝土细长压杆
试验系列获得的 C_m 系数实测结果（用 C_m-α 关系表示）

有必要指出的是，图 8-61 中给出的各个有效试验结果的构件破坏部位位置都与图 8-59（a）～（c）中 M_{max} 出现的位置有较好的呼应关系，这也说明了试验结果是有效的。当然，如后面还要讨论的，由于构件非弹性性质的影响，构件破坏位置与弹性分析判断出的 M_{max} 作用位置有一些出入也是必然的。

若再进一步观察图 8-61 给出的经构件系列试验得到的 C_m-α 关系试验结果，则可看出，试验结果具有相对较明显的离散性；从这类相关影响因素较多的试验结果来看，这样的离散程度仍属正常。从图中 C_m 随 α 的变化趋势来看，与图 8-58（a）所示弹性理论分析结果的基本趋势也是一致的，即系数 C_m 值随 α 从 $+1.0$ 向 -1.0 的变化而从 1.0 逐步减小，但图 8-61 所示的试验 C_m 值比图 8-58（a）的分析结果或前面给出的美国钢结构设计规范采用的式（8-125）的 C_m 取值都明显偏大。国内学术界对这种偏大趋势的较为一致的解释是，当把 C_m-η 法从屈服前符合弹性假定的钢结构构件用到受力较大时反映出越来越明显的非弹性性质的钢筋混凝土结构构件时，不论是在 η 表达式中还是在 C_m 表达式中，都需要反映结构构件非弹性性质的不利影响。其中，通过偏心距增大系数 η 主要反映的是等偏心距压杆中的非弹性对 P-δ 效应挠曲弯矩增量的影响，这在前面第 8.4.2 节中已结合模式柱的偏心距增大系数作过说明；而通过 C_m 系数反映的则是在 η 已经反映的非弹性影响的基础上当杆端弯矩比 α 发生变化时构件的非弹性性质对 P-δ 效应导致的曲率以及弯矩增量沿杆件分布规律的影响。形成这种影响的原因可以分为以下两种情况来说明：

（1）当 α 处在小于 $+1.0$ 但仍为正值的状态时，杆件内的初始弯矩分布已随 α 的减小变得越来越不均匀，这导致构件的非弹性性能在初始弯矩相对较大的区段，即靠近绝对值较大端弯矩的区段发育较充分，曲率增幅变得比弹性增幅更大；而随着初始弯矩向杆件另一端的减小，临近该端杆件区段的非弹性发育程度将随之减弱。因此，当 α 保持不变时，非弹性 $P\text{-}\delta$ 效应挠曲线与弹性 $P\text{-}\delta$ 效应挠曲线相比除去在初始弯矩较大一段的曲率增长加快外，还包括将挠曲线饱满部分的范围向弯矩绝对值较小端方向扩展的影响，从而使杆件内的 M_{max} 超过较大端弯矩 M_2 的可能性增大，并成为考虑非弹性后的 C_m 值比弹性 C_m 值增大的一个原因。当然，在 α 只比 $+1.0$ 稍小的状态下，C_m 的这种增长并不明显，这从图 8-61 的试验结果以及 C_m 的弹性及非弹性设计用建议曲线之间的关系中也可以看得清楚。

（2）当 α 进入负值但距 -1.0 尚有一定差距时，虽然杆件已处于双曲率挠曲状态，但反弯点两侧杆件受力不对称，故总是弯矩绝对值相对较大一侧的非弹性发育更为充分，这必然导致弯矩绝对值相对较大一侧不仅挠度增速偏快，还将使反弯点向弯矩绝对值较小一侧移动，从而加大了非弹性 C_m 系数的实测值。即使是在 α 值理论上恰为 -1.0 或与 -1.0 差距很小时，也会因为反对称受力的两段构件实际材料强度和截面尺寸（含纵筋配筋位置）的天然离散性而仍然会形成一侧构件的挠度和 $P\text{-}\delta$ 效应挠曲弯矩增量比另一侧构件增长偏快，从而使反弯点向弱势一侧移动的情况；且显然轴压力越大，这种非对称趋势就越加明显。这是在这类受力状态下 C_m 值加大的另一个原因。

在图 8-62 中给出了这批试验中一个 α 为负值的试验杆件在施加的轴压力增大过程中实测侧向挠曲线的变化情况。从中可以看到弯矩较大的一段构件因非弹性发育更充分导致的挠曲增长加快以及相伴的反弯点向另一端方向移动的现象（反弯点由图中 a 点移至图中 b 点）。这种反弯点移位现象如前面第 8.2.6 节已经提到的是德国 Zimmermann 在 20 世纪早期研究两端不等偏心距木结构压杆的抗压性能时首次注意到的，故也称其为"齐莫曼效应"。在随后各国研究界完成的两端不等偏心距钢压杆试验中也同样观察到了这一现象。

根据前面图 8-61 所示的由这批系列试验得到的考虑钢筋混凝土构件非弹性性能后的系数 C_m 随 α 的变化规律，魏巍和本书第一作者建议的用于钢筋混凝土偏心压杆的 $C_m\text{-}\alpha$ 关系式为：

$$C_m = 0.7 + 0.3\alpha \geqslant 0.7 \tag{8-126}$$

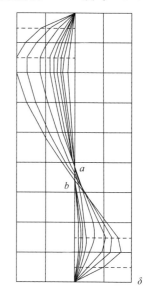

图 8-62　在原重庆建筑工程学院完成的两端不等偏心距钢筋混凝土细长压杆系列试验中从一根两端偏心比 α 为负值的构件中实际测得的挠曲线随轴压力增长的变化规律（侧向挠度用夸张的比例画出）

在把这一表达式画入前面的图 8-61 后可以看出，该表达式以及所给的 C_m 取值下限 0.7 大致相当于试验所得的 $C_m\text{-}\alpha$ 关系平均值的变化趋势，虽不属于偏安全的取值水准，但已在很大程度上纠正了使用前面在弹性解析解基础上给出的简化曲线，即前面的式（8-125）来反映钢筋混凝土构件 $C_m\text{-}\alpha$ 关系时存在的不安全性。

3. 我国《混凝土结构设计规范》 GB 50010 从其 2010 年版起取用的除排架柱外的偏心受压柱类构件考虑 $P\text{-}\delta$ 效应的设计规定

在 2010 年版之前，因我国《混凝土结构设计规范》面对的主要结构形式是框架结构和排架结构，而其中的排架结构因柱截面尺寸选择较为充裕，$P\text{-}\delta$ 效应影响一般可以忽略不计；而多层框架则因柱大多处于反弯点位于各层层高中间部分的受力状态，即图 8-59(d) 所示的受力状态，$P\text{-}\delta$ 效应一般不会给正截面承载力设计带来不利影响，故规范专家组一直未建议将有关 $P\text{-}\delta$ 效应的设计规定纳入规范。

在《混凝土结构设计规范》GB 50010—2010 对二阶效应设计方法进行较全面修订时，其中增加了考虑 $P\text{-}\delta$ 效应的设计方法，这主要是因为从该版规范起使用的基于几何刚度的有限元法只考虑了结构中的 $P\text{-}\Delta$ 效应，加之在中国近期大量使用的框架-剪力墙结构和框架-核心筒结构中，当水平荷载较大时，常会在中、下部楼层框架柱中形成反弯点已在楼层高度以外的同号组合弯矩作用状态，从而使 $P\text{-}\delta$ 效应增大柱内弯矩的可能性加大。现将我国《混凝土结构设计标准》GB/T 50010—2010(2024 年版) 给出的有关 $P\text{-}\delta$ 效应的条文规定引出如下，并作必要提示。

6.2.3 弯矩作用平面内截面对称的偏心受压构件，当同一主轴方向的杆端弯矩比 M_1/M_2 不大于 0.9 且轴压比不大于 0.9 时，若构件的长细比满足公式（6.2.3）的要求，可不考虑轴向压力在该方向挠曲杆件中产生的附加弯矩影响；否则应根据本标准第 6.2.4 条的规定，按截面的两个主轴方向分别考虑轴向压力在挠曲杆件中产生的附加弯矩影响。

$$l_c/i \leqslant 34 - 12(M_1/M_2) \tag{6.2.3}$$

式中　M_1、M_2——分别为已考虑侧移影响的偏心受压构件两端截面按结构弹性分析确定的对同一主轴的组合弯矩设计值，绝对值较大端为 M_2，绝对值较小端为 M_1，当构件按单曲率弯曲时，M_1/M_2 取正值，否则取负值；

　　　　l_c——构件的计算长度，可近似取偏心受压构件相应主轴方向上、下支撑点之间的距离；

　　　　i——偏心方向的截面回转半径。

6.2.4　除排架结构柱外，其他偏心受压构件考虑轴向压力在挠曲杆件中产生的二阶效应后控制截面的弯矩设计值，应按下列公式计算：

$$M = C_m \eta_{ns} M_2 \tag{6.2.4-1}$$

$$C_m = 0.7 + 0.3 \frac{M_1}{M_2} \tag{6.2.4-2}$$

$$\eta_{ns} = 1 + \frac{1}{1300(M_2/N + e_a)/h_0} \left(\frac{l_c}{h}\right)^2 \zeta_c \tag{6.2.4-3}$$

$$\zeta_c = \frac{0.5 f_c A}{N} \tag{6.2.4-4}$$

当 $C_m \eta_{ns}$ 小于 1.0 时取 1.0；对剪力墙及核心筒墙可取 $C_m \eta_{ns}$ 等于 1.0。

式中　C_m——构件端截面偏心距调节系数，当小于 0.7 时取 0.7；

　　　　η_{ns}——弯矩增大系数；

　　　　N——与弯矩设计值 M_2 相应的轴向压力设计值；

　　　　e_a——附加偏心距，按本标准第 6.2.5 条确定；

ζ_c——截面曲率修正系数，当计算值大于 1.0 时取 1.0；

h——截面高度；对环形截面，取外直径；对圆形截面，取直径；

h_0——截面有效高度；对环形截面，取 $h_0=r_2+r_s$；对圆形截面，取 $h_0=r+r_s$；

　　此处 r、r_2 和 r_s 按本标准第 E.0.3 条和第 E.0.4 条确定；

A——构件截面面积。

以上引出的第 6.2.3 条是该设计标准给出的可以不考虑 $P\text{-}\delta$ 效应的条件。条件式（6.2.3）的形式与美国 AIC 318 规范所用条件相似。需要说明的是，该条文所说"轴向压力在该方向挠曲杆件中产生的附加弯矩"指的就是由 $P\text{-}\delta$ 效应引起的杆件挠曲弯矩增量；该条在 M_1、M_2 定义中所说"已考虑侧移影响的偏心受压构件"指的就是已考虑了 $P\text{-}\Delta$ 效应影响的偏心受压构件。上述式（6.2.3）是本书作者所在学术团队魏巍受规范专家组委托参考美国 ACI 318 规范经验算提出的。

以上引出的第 6.2.4 条一开始就指明排架柱不需考虑 $P\text{-}\delta$ 效应影响；在条文中则进一步规定对剪力墙墙肢和核心筒壁的墙肢取 $C_m\text{-}\eta_{ns}$ 等于 1.0，这意味着也不需考虑 $P\text{-}\delta$ 效应影响。这说明，以上引出的这两条规定只适用于框架柱类构件。另外，根据已作验算可知，工程中大部分框架结构柱均能满足第 6.2.3 条可以不考虑 $P\text{-}\delta$ 效应的条件，故主要是高层建筑结构中框架-剪力墙结构和框架-核心筒结构中、下部楼层的某些框架柱才有可能需要按以上引出的第 6.2.4 条的规定进行设计。

第 6.2.4 条的系数 C_m 计算公式使用的就是前面所述根据国内试验结果给出的式（8-126）。

第 6.2.4 条使用的偏心距增大系数 η_{ns} 的计算公式引自我国《混凝土结构设计规范》GB 50010—2002，只是考虑构件所用钢材强度提高而将原式第二项分母中的 1400 改为 1300，同时取消了原公式中的系数 ζ_2，理由见前面第 8.4.3 节结合式（8-61）所作的说明。另外，本书作者还想指出的是，如上述设计标准条文所规定的，弯矩 M_1 和 M_2 均指柱截面相应组合弯矩值，故 η_{ns} 本应写为 η，以免脚标"ns"使使用者误认为 η_{ns} 与"不引起结构侧移的弯矩"M_{ns} 有关。

特别需要提请注意的是，由于在建立考虑 $P\text{-}\delta$ 效应的设计方法时都是将偏心受压柱作为两端铰支来考虑的，理由已在本节开始处作了说明，因此设计标准这两条规定中使用的计算长度 l_c 如条文中所说均应取为杆件上、下支撑点之间的距离。这项规定与《混凝土结构设计规范》GB 50010—2010（2015 年版）第 6.2.20 条第 2 款表 6.2.20-2 给出的"框架结构各层柱的计算长度"无关，请结构设计人注意切勿用错。

8.5　钢筋混凝土建筑结构中稳定性验算的实用方法

如本书前面第 8.3.5 节所指出的，根据弹性稳定理论，多、高层建筑结构的稳定验算包括"整体结构层面的侧向稳定验算"和"杆件（或部位）层面的稳定验算"这两个层面。对于各类钢筋混凝土建筑结构而言，还应在这两个层面的稳定验算中分别考虑其非弹性受力性能的影响。

根据以上需要，本节的第一部分，即第 8.5.1 节将首先对我国《高层建筑混凝土结构技术规程》JGJ 3—2002 及以后版本中已经采用的第一个层面的侧向稳定验算方法，即高层混凝土建筑结构的"整体结构层面的侧向稳定验算方法"作简要说明；但限于研究工作进展，这一方法仍处在按弹性思路建立的偏安全的简化验算方法阶段。本节的第二部分，即第 8.5.2 节，则给出了本书作者及其合作者对钢筋混凝土结构"杆件（或部位）层面的稳定验算"按第 8.3.5 节提到的传统的"逐个压杆的稳定验算法"的思路提出的考虑了钢筋混凝土非弹性性能的验算方法建议；其设想是从结构非弹性分析所得的设计验算受力状态出发，找到求算所设计构件考虑非弹性性能的失稳等效长度的方法（其中顺便给出了当结构采用弹性分析时从有侧移框架结构对失稳最不利的实际受力状态出发求算柱单元失稳等效长度 l_0 的方法），再按长度等于该等效长度的等代压杆从其已有受力状态出发通过使用"弧长法"的杆件非弹性有限元分析求得其失稳极值点荷载 N_{crnl}。最后，还将对我国《混凝土结构设计规范》GB 50010—2010 中的轴心受压构件的正截面承载力计算公式及其中的稳定系数 φ 作必要提示。

8.5.1　高层钢筋混凝土建筑结构整体侧向稳定的设计控制条件

从 20 世纪 80～90 年代起，我国的高层钢筋混凝土建筑结构开始大量兴建。与此相适应，我国《高层建筑混凝土结构技术规程》JGJ 3 在其 2002 年版中首次给出了钢筋混凝土高层建筑结构抵御整体侧向失稳的设计控制条件，并一直沿用至今。根据该规程的条文说明，这项规定的目的在于防止各类高层建筑钢筋混凝土结构在风或地震作用下因重力荷载偏大、侧向刚度偏小而整体丧失侧向稳定。这类稳定控制属于前面第 8.3.5 节所述的"整体结构层面"的稳定控制。现将该规程的有关规定引出如下。

5.4.4　高层建筑结构的整体稳定性应符合下列规定：

1. 剪力墙结构、框架-剪力墙结构、筒体结构应符合下列要求：

$$E_c J_d \geqslant 1.4 H^2 \sum_{}^{n} G_i \qquad (5.4.4\text{-}1)$$

2. 框架结构应符合下列要求：

$$D_i \geqslant 10 \sum_{}^{n} G_i / h_i \quad (i = 1, 2, \cdots, n) \qquad (5.4.4\text{-}2)$$

以上二式中各技术符号的含义已在前面第 8.4.4 节和 8.4.5 节中说明，这里不再重复。下面对以上条文作必要提示。

《高层建筑混凝土结构技术规程》JGJ 3—2002 把高层建筑结构整体侧向稳定控制条件按结构的侧向变形特征和整体侧向失稳发生的方式不同分为两类：一类是层间位移具有弯曲型为主要特征的剪力墙结构、框架-剪力墙结构和筒体结构；另一类是层间位移具有剪切型为主要特征的多层框架结构。由于在结构整体侧向失稳的特定条件下（类似于悬臂单杆），这两类结构中的每一类结构考虑整体侧向失稳时的受力及变形状态都分别与其考虑 $P\text{-}\Delta$ 效应时的受力及变形状态相似，故在考虑整体侧向失稳时也就可以分别使用其考虑 $P\text{-}\Delta$ 效应时用过的基本模型；即侧向变形以层弯曲型为主的几类结构可使用第 8.4.5 节讨论整体增大系数法时用到的基本模型和基本表达式，而侧向变形以层剪切型为主的框架结构则可使用第 8.4.4 节讨论层增大系数法时使用的基本模型和基本表达式；并以 $P\text{-}\Delta$ 效应趋近于无穷大作为识别侧向整体失稳的基本条件。

1. 对剪力墙结构、框架-剪力墙结构和筒体结构的整体侧向稳定设计控制条件的提示

剪力墙结构、框架-剪力墙结构和筒体结构这类高层建筑结构在各层竖向及水平荷载

作用下的侧向变形都具有以层弯曲型变形为主的弯-剪型变形特征；如前面第 8.2.3 节结合图 8-4 和第 8.2.5 节结合图 8-16 已经指出的，这类结构在同一受力状态下结构顶点水平位移的 P-Δ 效应增幅比例与各个楼层水平位移的 P-Δ 效应增幅比例总是大致相同的，即各楼层的侧向变形增幅比例具有同步增长趋势；因此，此类结构的 P-Δ 效应特征就可以用一根等效悬臂杆来体现。根据《高层建筑混凝土结构技术规程》JGJ 3—2002 的建议，这一等效悬臂杆的长度取与结构总高相同，悬臂杆为等截面，其混凝土弹性模量 E_c 取为与结构中有代表性混凝土强度等级相对应；悬臂杆的弹性弯曲刚度 E_cJ_d 则按等效悬臂杆的顶点水平位移在相同倒三角形水平荷载下与所考虑结构顶点水平位移相同的原则确定，并称其为该结构的"弹性等效侧向刚度"E_cJ_d〔见前面结合图 8-51 和式（8-89）作的相应说明〕。根据以上说明，该规程同样建议用这一等效悬臂杆来体现所考虑高层结构的整体侧向稳定性能。

如前面第 8.3.2 节结合图 8-28 已经指出的，对于像上述等效悬臂杆这样一根弹性偏心压杆而言，弹性失稳临界力可由杆件侧向变形趋近于无穷大的条件来体现，或者可以说由杆件的 P-Δ 效应整体增大系数 η_c 值趋近于无穷大的条件求得，前提条件当然是结构整体侧向失稳的受力状态与考虑 P-Δ 效应的受力状态原则上相同。

若再重新写出第 8.4.5 节给出的整体增大系数 η_c 的原始弹性表达式，即：

$$\eta_c = \frac{1}{1 - 0.14 H^2 \sum_{i=1}^{n} G_i / (E_c J_d)}$$

则从中很容易看出，当：

$$E_c J_d / \left(H^2 \sum_{i=1}^{n} G_i \right) = 0.14 \tag{8-127}$$

时，η_c 将趋近于无穷大，即等效悬臂杆达到侧向失稳临界状态。在图 8-63 中用实线给出了 η_c 与 $E_c J_d / \left(H^2 \sum^{n} G_i \right)$ 的关系曲线；从中可以清楚地看到，随着综合参数 $E_c J_d / \left(H^2 \sum^{n} G_i \right)$ 的减小，η_c 逐步迅速增大，且在 $E_c J_d / \left(H^2 \sum^{n} G_i \right)$ 达到 0.14 时 η_c 趋近于无穷大。

但因高层钢筋混凝土结构表现出的非弹性性能，若也与《高层建筑混凝土结构技术规程》JGJ 3—2002 在整体增大系数法处使用的做法相同，即用一个统一的刚度折减系数 0.5 来考虑结构的非弹性导致的等代悬臂杆侧向刚度的降低，则 η_c 趋近于无穷大的条件即可写成：

$$0.5 E_c J_d / \left(H^2 \sum_{i=1}^{n} G_i \right) = 0.14$$

或

$$E_c J_d / \left(H^2 \sum_{i=1}^{n} G_i \right) = 0.28 \tag{8-128}$$

对应于上式的 η_c-$E_c J_d / \left(H^2 \sum^{n} G_i \right)$ 关系曲线即如图 8-63 中的虚线所示。

我国结构设计界常把以上的综合性变量 $E_c J_d / \left(H^2 \sum^{n} G_i \right)$ 称为侧向变形具有弯曲型

为主特征的高层建筑结构的"刚重比"。

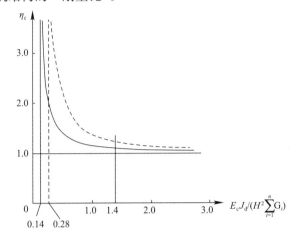

图 8-63　由标准等截面悬臂杆在弹性和考虑刚度折减系数为 0.5 的非弹性状态下

得到的 $\eta\text{-}E_c J_d / \left(H^2 \sum_{i=1}^{n} G_i \right)$ 关系曲线

　　在作了综合考虑后,《高层建筑混凝土结构技术规程》JGJ 3—2002 修订专家组决定对侧向变形以弯曲型为主的各类高层建筑结构取防止结构整体侧向失稳的设计控制条件为使综合性变量 $E_c J_d / \left(H^2 \sum_{i=1}^{n} G_i \right)$ 不小于 1.4,即界限控制条件取为:

$$E_c J_d \geqslant 1.4 H^2 \sum_{i=1}^{n} G_i \qquad (8\text{-}129)$$

这也就是上面规程引文中的式(5.4.4-1)。

　　从图 8-63 中虚线可以看出,当 $E_c J_d / \left(H^2 \sum_{i=1}^{n} G_i \right) = 1.4$ 时,$E_c J_d / \left(H^2 \sum_{i=1}^{n} G_i \right)$ 值与考虑非弹性后等代悬臂杆发生失稳时的 $E_c J_d / \left(H^2 \sum_{i=1}^{n} G_i \right)$ 值 0.28 相比大了 4 倍。这时对应的 η_c 等于 1.25。修订专家组认为,这样水准的可靠性差距对于高层建筑侧向失稳这样的重大风险事件来说是必要的。

　　经研究界对比,这一 4 倍的可靠性差距与国外有关规定大致处在同样水准。例如,美国混凝土结构设计规范在其 2014 年版本中就曾提到,有研究者建议可以把 $\eta = 1.2$(接近于上述 $\eta_c = 1.25$)作为使偏压构件远离失稳的 η 值上限。

　　2. 对高层框架结构整体侧向稳定设计控制条件的提示

　　与以上几类层间侧向变形主要具有弯曲型特征的高层建筑结构不同,高层建筑中使用的框架结构的层间侧向变形在规范允许的层数范围内都具有以层剪切变形为主的特点,即各层层间位移分别由该层的作用层剪力和由该层梁、柱决定的层间刚度所控制;上、下楼层对本层侧向变形的影响颇小;其 $P\text{-}\Delta$ 效应也就基本上具有"各层 $P\text{-}\Delta$ 效应由各层自行控制"的特点。故如在前面第 8.4.4 节讨论"层增大系数法"时就已经指出的,框架结构侧向位移和梁、柱内力的 $P\text{-}\Delta$ 效应增量都是从底到顶按楼层逐层分别计算的。

　　由于实际工程中高层框架结构的受力情况各异,各层梁、柱截面尺寸和材料强度的选择不可能完全保证各层侧向刚度恰好都按各层作用剪力大小的规律变化，故框架结构各层层间位移和内力的 $P\text{-}\Delta$ 效应增大系数 η_{si} 就不可能像在以层弯曲型变形为主的高层建筑结构中那样原则上各层同步增长，这导致各个楼层都有可能因本层作用竖向力偏大和侧向刚度不足而发生层剪切型失稳，即层间位移趋近于无穷大。这意味着框架结构每个楼层的侧向失稳均应被视为结构的整体侧向失稳。在这一认识下，我国《高层建筑混凝土结构技术规程》JGJ 3—2010 规定，针对高层框架结构需对其每个楼层都分别完成一次侧向稳定验算，以保证整体结构的侧向稳定。

各楼层的侧向失稳设计控制条件仍可以该层的"层增大系数"η_{si} 趋近于无穷大作为条件来确定。从前面第 8.4.4 节可知，层增大系数的考虑了整体刚度折减系数 0.5 后的原型公式为：

$$\eta_{si} = \cfrac{1}{1 - \cfrac{2\Delta_{0i}\sum\limits_{j=i}^{n}G_j}{V_i h_i}}$$

若将其中每个楼层的层剪力 V_i 除以一阶层间位移 Δ_{0i} 取为弹性层侧向刚度，并用 D_i 表示，则上式可进一步写成：

$$\eta_{si} = \cfrac{1}{1 - \cfrac{2\sum\limits_{j=i}^{n}G_j}{D_i h_i}} \tag{8-130}$$

从上式不难看出，当：

$$\frac{D_i}{2} = \sum_{j=i}^{n}G_j/h_i \tag{8-131}$$

时，η_{si} 将趋近于无穷大。因此，在设计中使框架结构各楼层的 D_i 均不小于用上式算得的 D_i 值就是保证各楼层不发生侧向剪切型失稳的基本条件。

我国《高层建筑混凝土结构技术规程》在上面式（8-131）的基础上，也是把式中的 $D_i/\left(\sum\limits_{i}^{n}G_i/h_i\right)$ 值增大 4 倍作为框架结构防止各层侧向失稳的设计控制条件，这样，设计控制条件即可写成：

$$D_i = 10\sum_{j=i}^{n}G_j/h_i \tag{8-132}$$

这也就是上面引出的规程条文中的式（5.4.4-2）。

但近期，设计界也有人对上述框架结构整体侧向稳定控制条件提出质疑，即认为框架结构柱在有侧移受力状态下的失稳，不论是从"构件（或部位）失稳层面"看，还是从"整体侧向失稳层面"看，都是以楼层各柱原则上同时侧向失稳的方式发生的，故不论用传统的失稳等效长度系数法逐根柱验算柱的稳定性能，还是用上述框架结构整体稳定控制条件验算各楼层的稳定性能，其稳定控制效果本应是一致的或非常接近的。在这一前提下，为什么设计规范和规程赋予这两类验算以如此悬殊的可靠性要求（即结构整体侧向稳定验算的可靠性潜力要求比单根偏压框架柱稳定验算的可靠性潜力高出 4 倍）。本书作者支持这一质疑，期望《高层建筑混凝土结构技术规程》JGJ 3 专家组和《高层民用建筑钢结构技术规程》JGJ 99 专家组关注此事。

8.5.2　钢筋混凝土框架柱类构件非弹性稳定验算方法建议

如前面已经指出的，因以往各类钢筋混凝土建筑结构中柱类构件的长细度均偏小，在达到正截面承载力之前原则上不存在失稳风险，故到目前为止除去如第 8.5.1 节已经提到的，美国 ACI 318 规范 2014 年版的条文说明提醒设计人将 δ_s（相当于我国规范的 η）控制在 1.2 以内，以便远离有失稳风险的受力状态之外，均未见有规范给出钢筋混凝土受压构件非弹性稳定验算的方法。

随着多、高层及超高层建筑结构中建筑功能和形式的多样化以及钢筋混凝土结构构件所用混凝土和钢筋材料强度的普遍提高，在这些结构的框架部分出现了设置长细比和轴压比都相对较大的钢筋混凝土柱单元的情况。其中较为突出的例子是根据建筑功能需要设置的"越层柱"，即穿过几个楼层，且在这几个楼层内沿一个平面主轴方向或同时沿两个平面主轴方向不与楼盖梁连接的柱单元。于是，即使这类柱单元因所选截面尺寸足够而仍不存在失稳风险，结构设计人也会面对来自多方面的对这类柱单元是否会面临失稳风险的质疑，故希望《混凝土结构设计规范》GB 50010 能考虑给出此类柱单元非弹性稳定的验算方法。

在近期国内学术刊物上曾先后有研究者结合工程设计需要发表过有关钢筋混凝土受压构件稳定验算方法的建议。本书作者所在学术团队的研究人认真研读了这些建议，并提出了另一种理论性较严密且概念和方法较为简单的框架柱非弹性稳定验算方法，现介绍如下。

这一建议方法的基本思路是首先给出确定所考察框架柱单元失稳等效长度 l_0 的方法。考虑到工程设计中的结构分析可能用弹性方法完成，也可能用非弹性方法完成（如我国目前大部分"超限"建筑结构设计需要完成的非弹性动力反应分析），故失稳等效长度 l_0 也需要给出分别适用于结构弹性分析和非弹性动力反应分析的两种形式相似但各有区别的确定方法。依靠结构分析技术的进步，现已可以不再使用前文介绍的依然含有若干近似假定的弹性"分离杆件法"来确定框架柱单元的失稳等效长度，而是改以通过结构弹性分析或非弹性动力反应分析获得的相应柱单元在对失稳最不利的受力状态下的杆端变形分量和内力分量为出发点，通过较准确的直接分析即可获得失稳等效长度。与以往用"分离杆件法"获得的失稳等效长度相比，这样算得的失稳等效长度可以视为在不对结构分析模型作任何简化假定的前提下给出的在最不利受力条件下结构杆件由实际挠曲线反弯点之间距离所定义的失稳等效长度。在此基础上，即可将弹性分析下或非弹性动力反应分析下的相应柱单元分别用长度等于对应失稳等效长度 l_{cr}、截面特征与相应柱单元控制截面相同的两端铰支轴心压杆来取代，并用这里建议的方法根据这一等代柱所处的受力状态算得考虑钢筋混凝土等代柱非弹性性能的失稳极值点荷载 N_{crnl}。最后以该柱单元在最不利受力状态下的作用轴压力 N 是否达到或超过 N_{crnl} 来评价柱单元是否存在失稳风险。

与以往用"分离杆件法"算得的弹性失稳等效长度只适用于框架结构不同，这里提出的计算弹性或非弹性失稳等效长度的方法同样也适用于框架-剪力墙结构或框架-核心筒结构中的框架柱。

现依顺序简要说明本建议方法各个步骤所用的具体做法。

1. 弹性结构分析条件下钢筋混凝土框架柱单元失稳等效长度 l_{cr} 的计算方法

根据我国目前建筑结构设计的习惯做法，弹性分析条件下的失稳等效长度主要针对的是非抗震承载力设计和抗震承载力设计，即使用弹性结构分析的设计情况下相应柱单元的稳定验算需要。

在讨论具体方法之前首先需要提及的一个问题是，如前面结合图 8-27 和图 8-28 已经指出的，在单根两端铰支弹性轴心受压或偏心受压杆件中，与失稳临界荷载 N_{cr} 有关的外部作用只有轴向压力，而与作用弯矩大小无关；而到计算偏心受压杆件非弹性失稳的极值点荷载 N_{crnl} 时，因作用弯矩大小将影响到杆件非弹性性能的发育，故杆件作用弯矩的大小也将成为决定 N_{crnl} 值的因素之一（见前面第 8.3.2 节结合图 8-29 所作的说明）；而在这里所要讨论的框架柱单元失稳验算中，即便是在弹性假定下，柱单元的失稳等效长度 l_{cr} 的大小如下面将要说明的也将与柱单元内的作用弯矩或对应的挠曲变形有关；如果框架柱单元所在结构采用的是非弹性结构分析方法，则不论失稳等效长度还是对应等代柱的非弹性失稳极值点荷载的计算就都将与作用弯矩或对应的杆件挠曲变形有关。因此，在下面讨论框架柱单元的稳定验算方法时，不论是在弹性假定条件下，还是在非弹性假定条件下，即均应以对所考察框架柱单元的失稳最为不利的轴压力及弯矩的组合作用状态为依据。一般来说，这相当于所规定的结构竖向荷载全部作用，同时水平荷载按最大值以最不利方向（即在所验算柱单元中产生轴压力正增量的方向）作用的结构受力状态。

还需说明的是，在一般多层框架结构中以及框架-剪力墙结构或框架-核心筒结构的中、上部楼层的框架部分，当竖向及水平荷载组合作用时，各层框架柱弯矩图的反弯点通常都仍位于层高范围内；但在后两种结构的底部楼层，荷载组合作用下各层柱弯矩图的反弯点多已超出该楼层之外并进入上一楼层范围。本书将首先按反弯点位于楼层范围内的情况建立失稳等效长度的计算方法，在此基础上再给出反弯点超出楼层后的改进算法。

作为例子，首先在图 8-64（a）中给出了一根在上述最不利组合受力状态下受力的反弯点位于层高范围内的框架边柱用夸张方法表示的变形状态；这时，该杆件经结构弹性分析获得的杆端内力参数和变形参数即如图 8-65（a）、（b）所示。请注意，图 8-65（a）中的上、下柱端转角 θ_t 和 θ_b 的定义为杆件挠曲线在杆端的切线与铅直线之间的夹角。另外，由于结构弹性分析结果中的结构侧向变形是按各楼层层间位移 Δ 给出的，当假定某楼层各柱的侧向位移都等于层间位移 Δ 时，所考察框架柱单元上、下端的侧移 Δ_t 和 Δ_b 即可按几何关系由以下二式算得：

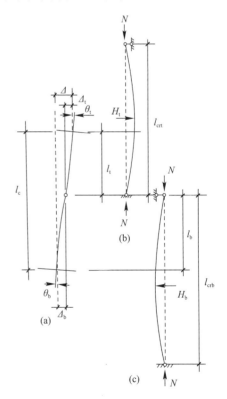

图 8-64　反弯点在层高范围内的某层框架边柱在结构竖向及水平荷载组合作用下用夸张比例画出的变形状态及与其上柱段和下柱段对应的两端铰支弹性失稳等代柱

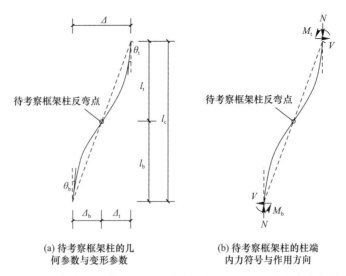

(a) 待考察框架柱的几
何参数与变形参数

(b) 待考察框架柱的柱端
内力符号与作用方向

图 8-65　图 8-64 所示框架边柱单元在所示受力状态下柱上、下端的内力参数及变形参数

$$\Delta_t = \frac{M_t \Delta}{M_t + M_b} \qquad \Delta_b = \frac{M_b \Delta}{M_t + M_b} \qquad (8\text{-}133)$$

同样，由反弯点划分的上柱段和下柱段的长度 l_t 和 l_b 即可根据同样几何关系由以下二式算得：

$$l_t = \frac{l_c M}{M_t + M_b} \qquad l_b = \frac{l_c M_b}{M_t + M_b} \qquad (8\text{-}134)$$

这里建议的框架柱稳定验算方法的特点是首先根据所考察框架柱单元在最不利受力条件下的内力分布特征和变形特征找到分别与上柱段和下柱段对应的失稳等效长度 l_{crt} 和 l_{crb}；这意味着，若以上柱段为例，则如图 8-64（b）所示，与上柱段对应的失稳等效长度就应是一根两端铰支压杆的长度，该压杆在与上柱段对应的长度 l_t 内的内力分布特征及变形特征应与上柱段的内力分布特征及变形特征完全相同。这一压杆也可称为上柱段的失稳等代柱，即其稳定特征与上柱段完全相同。为了实现这种等代关系，该两端铰支等代柱还必须如图 8-64（b）所示，在其高度中点处一水平集中力 H_t 作用，且根据平衡条件，H_t 值应等于上柱段内（也就是图 8-65a 所示的上柱端）作用剪力的两倍。由于框架柱上、下柱段内作用剪力相等（假定框架柱单元长度范围内无水平荷载作用），即 $V_t = V_b = V$，故水平集中力 H 即可写成：

$$H = 2V \qquad (8\text{-}135)$$

为了算得上柱段的失稳等效长度 l_{crt}，可先按平衡条件给出图 8-64（b）所示失稳等代柱长度范围内在考虑轴压力 N 二阶效应条件下的弯矩表达式，即：

$$M(x) = \frac{Hx}{2} + Ny \qquad (8\text{-}136)$$

取以上作用弯矩 $M(x)$ 与等代柱对应截面抵抗弯矩 $-EIy''$ 相等后即可将上式改写为：

$$EIy'' + N_y = -\frac{Hx}{2} = -Vx \qquad (8\text{-}137)$$

若与前面章节处相同取：

$$k = \sqrt{\frac{N}{EI}}$$

则式（8-137）可进一步写成：

$$y'' + k^2 y = -\frac{Vx}{EI} \tag{8-138}$$

以上微分方程的通解为：

$$y = A\sin kx + B\cos kx = -\frac{Vx}{N} \tag{8-139}$$

当边界条件 $x=0$ 时，$y=0$，故得：

$$B = 0$$

当 x 等于柱长一半时，即 $x = l_{crt}/2$ 时，$y'=0$，即可得：

$$A = \frac{V}{kN}\frac{1}{\cos(kl_{0t}/2)} \tag{8-140}$$

将上面参数 A、B 代入式（8-139）即得上柱段失稳等代柱的变形曲线方程为：

$$y = \frac{V}{kN}\left[\frac{\sin kx}{\cos(kl_{crt}/2)} - kx\right] \tag{8-141}$$

对上式求导即得沿上柱段失稳等代柱变形曲线各点的转角表达式：

$$\theta = \frac{V}{N}\left[\frac{\cos kx}{\cos(kl_{crt}/2)} - 1\right] \tag{8-142}$$

将上柱端的位置参数引入上二式，即取 $x = l_t$，并把上二式中的 y 和 θ 改写为上柱端的变形参数，即取 $y = \Delta_t$ 和 $\theta = \theta_t$，则从以上二式即可写出：

$$\Delta_t = \frac{V}{kN}\left[\frac{\sin kl_t}{\cos(kl_{crt}/2)} - kl_t\right] \tag{8-143}$$

$$\theta_t = \frac{V}{N}\left[\frac{\cos kl_t}{\cos(kl_{crt}/2)} - 1\right] \tag{8-144}$$

从以上二式即可分别写出上柱段失稳等效长度 l_{crt} 的两个同时有效的表达式：

$$l_{crt} = \frac{2}{k}\arccos\left[\frac{V\sin(kl_t)}{k(N_{0t} + Vl_t)}\right] \tag{8-145}$$

$$l_{crt} = \frac{2}{k}\arccos\left[\frac{V\cos(kl_t)}{kN + V}\right] \tag{8-146}$$

从以上推导可以确认，图 8-64（b）所示的框架柱上柱段的长度为 l_{crt} 的失稳等代柱在其等于 l_t 长度内的内力和变形特征确与框架柱单元上柱段（图 8-64a）完全相同，故可认为具有这样外延长度的两端铰支轴压柱确实具有与框架上柱段相同的稳定性能。

用同样方法可以求得框架柱单元下柱段失稳等代柱的长度 l_{crb}，显然，应以上柱段与下柱段失稳等代柱长度 l_{crt} 和 l_{crb} 中的较大值作为所考察的这个框架柱单元在弹性分析条件下的"失稳等效长度" l_{cr}。

另外，因在框架-核心筒结构或框架-剪力墙结构的中、下部楼层框架柱中结构的整体侧向弯曲效应增强，各层柱单元的弯矩图会自上而下发生按图 8-66（a）～（c）顺序的变化。当出现图 8-66（c）所示的反弯点超出楼层范围的情况时，通常可将弯矩图边线向上延伸，找到其与弯矩图基线的交点，并以图示 A、B 两点之间的距离作为此时的下柱长 l_b 进行

失稳等效长度 l_{cr} 的计算。但当一层柱单元上、下端弯矩值已较为接近时，尚有待提出更有效的处理方法。

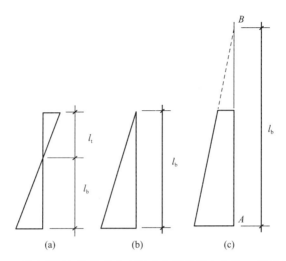

图 8-66　所验算框架柱单元中弯矩分布规律的变化及 l_b 取值的建议

2. 非弹性结构分析条件下钢筋混凝土框架柱单元失稳等效长度 l_{cr}^* 的计算方法

由于在例如地震地面运动输入下的结构非弹性动力反应分析（也称"非弹性时程分析"）中，是把地面运动的整个输入过程分解为一系列地面运动加速度增量，并在每个增量下（或时程的每个时点下）按各构件当时达到的瞬时切线刚度经结构弹性动力分析求得该地面运动增量下或该时点下结构构件的内力及变形增量，再把这些增量依次累积后获得整个地面运动输入下结构动力反应过程中的构件内力及变形变化过程，故所有适用于弹性结构分析的各类概念和方法对于非弹性结构分析的各个瞬时受力状态也都是适用的；因此，上面在弹性状态下使用的失稳等效长度的概念原则上也适用于结构非弹性分析结果中的各个瞬时状态，但必须注意所用方法中的构件刚度必须始终与所考察瞬时状态下结构构件达到的非弹性刚度状态相协调。

根据以上思路，本书作者所在学术团队刘绪超在他给出的以上钢筋混凝土框架柱单元弹性稳定等效长度计算方法的基础上，进一步对框架柱单元的非弹性失稳等效长度的计算方法提出了以下建议：

根据对足够数量工程实例的对比验算发现，对于采取了抗震"强柱弱梁"措施从而在罕遇水准地震地面运动激励下即使能进入屈服后受力状态的柱单元，其纵筋屈服后塑性变形的发挥通常都不很充分。在这种情况下，虽然所考察柱单元在非弹性分析中达到的变形量都比在弹性分析下明显偏大，但其变形曲线的走势（几何特征）仍与弹性分析结果足够接近。故建议可以对非弹性稳定验算继续使用前面式（8-141）的变形曲线表达式和式（8-145）及式（8-146）的失稳等效长度计算公式；只不过因这些公式中的系数 k 在弹性状态下与柱单元弹性弯曲刚度 EI 直接相关，而在现在的非弹性分析状态下，就必须给出能从通过非弹性分析算得的在验算失稳的瞬时状态下的杆端内力参数和变形参数求算考虑非弹性性能后的 k 系数（用 k^* 表示）的方法。这一方法的具体步骤如下。

从前面的式（8-143）和式（8-144）可以写出：

$$\frac{\sin(k_t^* l_t)}{\cos(k_t^* l_{crt}/2)} = \frac{k_t^* N \Delta_t}{V} + k_t^* l_t \tag{8-147}$$

$$\frac{\cos(k_t^* l_t)}{\cos(k_t^* l_{crt}/2)} = \frac{N \theta_t}{V} + 1 \tag{8-148}$$

将以上两式左、右侧各相除，并用系数 ξ 表示相除后再略经调整的结果，则可写成：

$$\xi_t = \frac{\tan(k_t^* l_t)}{k_t^* l_t} = \frac{N \Delta_t + V l_t}{(N \theta_t + V) l_t} \tag{8-149}$$

上式中的 ξ_t 为上柱段的 ξ 系数。于是，即可由上式的右侧分式根据所考察框架柱单元上柱端的内力参数 N、V 和变形参数 Δ_t、θ_t 算得系数 ξ_t 值。而为了从系数 ξ_t 进一步算得系数 k_t^*，还可对上式第一个分式作如下简化，即取：

$$\xi_t = \frac{\tan(k_t^* l_t)}{k_t^* l_t} = \frac{\sin(k_t^* l_t)}{k_t^* l_t \cos(k_t^* l_t)} \tag{8-150}$$

再将 $\sin(k_t^* l_t)$ 和 $\cos(k_t^* l_t)$ 分别按泰勒级数展开，并分别取其前两项，则上式即可写成：

$$\xi_t = \frac{k_t^* l_t - \frac{1}{6}(k_t^* l_t)^3}{k_t^* l_t \left[1 - \frac{1}{2}(k_t^* l_t)^2\right]} = \frac{1 - \frac{1}{6}(k_t^* l_t)^2}{1 - \frac{1}{2}(k_t^* l_t)^2} \tag{8-151}$$

于是可进一步利用下式由 ξ_t 算得所需的 k_t^*：

$$k_t^* = \sqrt{\frac{6(\xi_t - 1)}{3(\xi_t - 1)}} \frac{1}{l_t} \tag{8-152}$$

对于下柱段，以上各式中的 l_t、ξ_t 和 k_t^* 则均应改为 l_b、ξ_b 和 k_b^*。

在通过以上方法从式（8-152）算得 k_t^* 或 k_b^* 和从前面的式（8-145）式（8-146）算出所考察柱单元上柱段和下柱段在所处瞬时受力状态下的非弹性失稳等效长度 l_{crt}^* 和 l_{crb}^* 后，即可取两者中的较大值作为所考察柱单元失稳等代柱在所处瞬时受力状态下的长度，并用这一等代柱进一步求得其非弹性失稳极值点荷载 N_{crnl}。

3. 柱单元失稳极值点荷载 N_{crnl} 的计算

由于钢筋混凝土框架柱单元在较充分受力状态下已表现出较充分的非弹性性质，故如前面第 8.3.1 节已经指出的，其抗失稳能力应使用其非弹性失稳极值点荷载 N_{crnl} 来衡量，且同一柱单元的 N_{crnl} 总小于用前面式（8-1）算得的弹性失稳临界力 N_{cr}。从结构安全性角度考虑，应取用可能出现的较小的 N_{crnl} 来衡量柱单元的抗失稳能力。

由于目前结构设计中使用的结构分析方法存在弹性分析和非弹性动力反应分析两种可能性，因此，不论结构分析使用哪种方法，钢筋混凝土柱单元的稳定验算按上述思路就都应取 N_{crnl} 作为判别标准。当然，这样做，当结构分析采用非弹性方法时，前后分析模型是相互呼应的；当结构分析按弹性方法完成时，前后分析模型存在不够一致的缺点，但目前只能默认这种做法。

于是，在柱单元稳定验算时应根据结构分析是按弹性完成还是按非弹性完成而分别取等代柱（两端不动铰支柱）的长度为前面说明的弹性失稳等效长度或非弹性失稳等效长度；等代柱截面及材料强度则应取与所验算柱单元的对应控制截面相同。在建立等代柱模型并利用该模型计算失稳极值点荷载 N_{crnl} 时的具体思路和建议方法是：

（1）由于 N_{crnl} 的计算不是以零受力状态，而是以已达到的受力状态为起点的，故等代柱模型的运算应考虑这种已成状态。较好的办法是把等代柱的初始受力状态取成如图 8-67（a）所示的有初挠曲变形的状态（也就相当于图 8-67b 中 a 点所示意的受力状态），而这一状态应与所考察柱单元的挠曲状态相对应。也就是说，图 8-67（a）等代柱的中点挠度 y_0 应根据公式所给的变形曲线表达式从等代柱在距其一端为 l_t 或 l_b 处的挠度分别等于柱单元上柱端或下柱端的水平位移 Δ_t 或 Δ_b 的前提条件下算得（参见图 8-64b 和 c）。

（2）该等代柱的 N_{crnl} 通常可以采用国际通用大型结构分析商品软件中具有相应功能的非弹性分析软件完成，条件是其中的有限元分析程序必须使用弧长法模型，以便准确描述失稳等代柱在非弹性失稳极值点前后切线刚度由正变负的过程，从而才能较准确找到非弹性失稳的极值点荷载 N_{crnl} 值。对于大型结构分析商品软件中使用弧长法的杆件有限元分析模型，本书在这里就不拟再作专门介绍了。

4. 小结及提示

（1）在对"超限"结构完成的罕遇水准地面运动输入下的结构非弹性动力反应分析中，所考察框架柱的内力参数和变形参数是按分析时程的各个时点给出的；因为到底哪个时点的内力参数和变形参数是整个时程中对所考虑框架柱非弹性稳定验算最为不利的参数组合无法事先准确判断，故一般只能从非弹性动力反应分析结果中找出若干组内力或变形偏大的参数组合按以上给出的方法逐一进行该框架柱的非弹性稳定验算，再按其中最不利的验算结果作出稳定评价。由于对结构输入的地震地面运动不只一条，故需要完成的非弹性稳定验算的次数会是不少的。

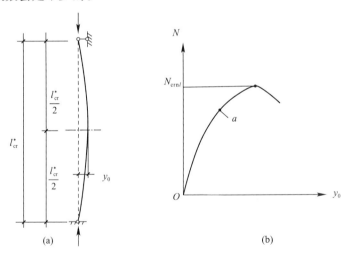

图 8-67　计算所考察柱单元非弹性失稳极值点荷载 N_{crnl} 所用的等代柱模型的起始变形状态

（2）从图 8-67 所示的求算所考虑框架柱非弹性失稳极值点荷载 N_{crnl} 的非弹性杆系有限元分析的起始变形状态可知，在多数情况下，这一起始状态下的框架柱轴力 N 与 N_{crnl} 之间尚有较大差距，即框架柱在这一起始状态下尚未失稳；但因需求出 N_{crnl} 值，以便对是否失稳给出量化判断结果；这意味着求算 N_{crnl} 的非弹性杆系有限元分析程序会把失稳等代柱带入一个比所验算受力状态更为严酷的受力状态，而这一受力状态又是罕遇水准地面运动输入下的非弹性动力反应分析结果尚未展示的。这意味着，按图 8-67（a）所设定的受力模型，当轴力 N 进一步增大时，等代柱高度中点产生的始终是由起始变形状态的该点初始偏心距 e_0 以及轴力二阶效应所形成的弯矩，而这一弯矩只能反映等代柱内弯矩随轴力相应增长的趋势，但并不能体现该框架柱在更严酷时程环境中实际进一步经历的挠曲效应的变化规律。这也是本书提供的框架柱非弹性稳定验算方法中必然存在的局部不足。其实，这种类似的局部不足在例如普通钢筋混凝土偏心受压构件的承载力验算中就已经存在，即验算所得的截面所能承担的 N_u 和 M_u 的比例永远都只能是验算状态下所作用的 N 和 M 的比例；但当验算所得 N_u 大于验算状态下作用的轴力 N 时，由于弯矩 M 在 N 增大到 N_u 的过程中并不一定按验算状态下 N 与 M 的比例同步增长，故验算所得的 N_u 和 M_u 也是不准确的。在稳定验算中要想清除上述不足，看来只有等待包含非弹性失稳判别条件的"直接设计法"能够用到高层及超高层结构分析与设计的那一天。

8.5.3 对我国《混凝土结构设计标准》GB/T 50010—2010（2024 年版）有关轴心受压构件正截面承载力计算公式的提示

在目前使用的《混凝土结构设计标准》GB/T 50010—2010(2024 年版)中仍保留了一条关于轴心受压构件正截面承载力计算方法的规定（第 6.2.15 条），其中给出的轴心受压构件正截面承载力的计算公式为：

$$N \leqslant 0.9\varphi(f_c A + f_y' A_s') \tag{8-153}$$

式中，φ 称为"稳定系数"，其取值是在规范的表 6.2.15 中按构件长细度的大小给出的，式中其余技术符号的含义请见该规范。

因《混凝土结构设计规范》在其各个版本的条文说明中均未对这条规定的背景作过必要说明，故本书作者认为有必要对这条规定作简要提示。

该公式从我国最早的《钢筋混凝土结构设计规范》的 1966 年版起就开始使用，公式形式为当时各国规范所通用。我国历届规范版本中虽对该公式形式作过少许调整（如 0.9 的系数是 2002 年版规范为了与当时调整后的偏心受压构件正截面承载力计算结果相衔接而后加上去的），但基本形式一直保留至今。

早期的设计规范之所以设置这一公式，是因为在 1966 年版和 1974 年版设计规范使用的年代，为了简化用手算完成的结构设计，对于受压构件中作用弯矩足够小（或者说轴压力偏心距足够小）的构件允许按轴心受压构件近似完成其正截面承载力设计，因为轴心受压构件的正截面承载力设计公式［例如上面的式（8-153）］远比大、小偏心受压构件正截面承载力计算公式的形式和步骤更为简单。

但在 1989 年版的《混凝土结构设计规范》GBJ 10—89 对受压构件引入了附加偏心距 e_a 之后，从概念上说在工程设计中已不再存在轴心受压构件。基于同样原因，这一时期的各国混凝土结构设计规范都陆续停止使用轴心受压构件的正截面承载力计算公式。我国规范之所以在此后的版本中继续保留这一公式，据 2002 年版规范修订组责任专家的正式解释主要是因为一部分结构设计人仍习惯于用形式简单的轴心受压承载力计算公式在初步设计阶段估算某些作用弯矩相对偏小的框架柱类构件的截面尺寸。由于自 1989 年版规范，特别是 2002 年版规范起已明确所有受压构件均按偏心受压构件计算，故上面的式（8-153）虽列在规范内，但已失去了构件正截面承载力正式计算公式的含义。

我国规范所用的式（8-153）中的稳定系数 φ 的取值，是根据如图 8-68 所示的由中国建筑科学研究院李明顺于 20 世纪 60 年代主持完成的钢筋混凝土轴心受压构件的系列试验结果给出的。试验用试件的长细比 l_0/b 从 8 变更到 50（其中，l_0 为试件两端加载点之间的距离，b 为试件正方形截面的边长），各试件的截面尺寸均为 120mm×120mm，各试件纵筋强度及配置数量相同，混凝土强度等级也大致相等。其中，φ 的定义即为不同长细比试件实测最大承载力与由 $f_cA + f_y'A_s'$ 算得的实测值之间的比值。从图 8-68 各圆点代表的实测结果看，φ 值随 l_0/b 的增大而持续下降。

在图 8-68 中还用实线给出了规范 1966 年版和 1974 年版取用的 φ 值和用虚线给出了取值稍有下降的规范 1989 年版及以后版本中取用的 φ 值。可以看出，规范所取均为试验结果的偏下限值。

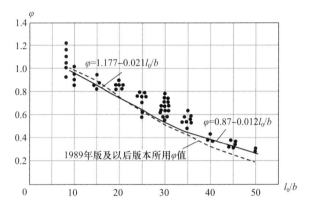

图 8-68　我国 20 世纪 60 年代完成的不同长细比钢筋混凝土轴心受压构件的承载力
试验结果及《混凝土结构设计规范》各版本使用的 φ 值

根据目前的理解，当上述试件的长细比相对偏小时，导致轴心受压试件承载力（或 φ 系数值）下降的主要原因可能来自各类试验误差，其中包括荷载作用点的位置偏差、试件笔直度的偏差以及试件各截面材性及纵筋布置的不均匀性等；而从试件承载力随 l_0/b 的增大而迅速下降的趋势看，笔直性偏差，即因构件不可避免的微小侧向挠曲引起的二阶效应附加弯矩可能是导致 φ 系数随 l_0/b 增大而下降的主要原因，即侧向挠曲形成的杆件中部最终失效截面的二阶效应附加弯矩随杆件长细比的增大而加大，使杆件在以偏心受压方式失效时能承担的轴压力不断下降（参见本书第 5 章的图 5-4）。而在试件长细度足够大之后，φ 系数下降除以上原因之外可能还应考虑试件最终的失效方式已由强度失效转变为稳定失效。

但到目前为止，尚未见到试验主持者或其他研究人对这批试验结果所得上述轴压承载力或 φ 值随 l_0/b 变化规律的进一步分析说明或论证。

本书作者认为，根据以上简单介绍，我国《混凝土结构设计规范》GB 50010 在以后版本中似已不再需要继续保留这一有关轴心受压构件正截面承载力设计方法的条款。

参 考 文 献

［1］中华人民共和国建筑工程部. 钢筋混凝土结构设计规范：BJG21—66［S］. 北京：技术标准出版社，1966.

［2］中华人民共和国建筑工程部. 钢筋混凝土结构设计规范：TJ10—74（试行）［S］. 北京：中国建筑工业出版社，1974.

［3］中华人民共和国建设部. 混凝土结构设计规范：GBJ 10—89［S］. 北京：中国建筑工业出版社，1990.

［4］中华人民共和国建设部. 混凝土结构设计规范：GB 50010—2002［S］. 北京：中国建筑工业出版社，2004.

［5］中华人民共和国住房和城乡建设部. 混凝土结构设计规范：GB 50010—2010［S］. 北京：中国建筑工业出版社，2011.

［6］中华人民共和国住房和城乡建设部. 混凝土结构设计规范：GB 50010—2010（2015 年版）［S］. 北京：中国建筑工业出版社，2016.

［7］中华人民共和国住房和城乡建设部. 高层建筑混凝土结构技术规程：JGJ 3—2010［S］. 北京：中国建筑工业出版社，2011.

［8］中华人民共和国住房和城乡建设部. 工程结构可靠性设计统一标准：GB 50153—2008［S］. 北京：中国计划出版社，2009.

［9］中华人民共和国住房和城乡建设部. 建筑结构可靠性设计统一标准：GB 50068—2018［S］. 北京：中国建筑工业出版社，2019.

［10］中华人民共和国住房和城乡建设部. 建筑结构荷载规范：GB 50009—2012［S］. 北京：中国建筑工业出版社，2012.

［11］中华人民共和国住房和城乡建设部. 建筑抗震设计规范：GB 50011—2010［S］. 北京：中国建筑工业出版社，2010.

［12］ACI Committee 318. Building code requirements for structural concrete（ACI318-19）and Commentary［S］. American Concrete Institute，Farmington Hills，MI，2019.

［13］Comite Europeen de Normalisation. Eurocode 2，Design of concrete structures-part 1-1，general rules and rules for building（EN 1992-1-1）［S］. Comite Europeen de Normalisation（CEN），Brussel，2004.

［14］New Zealand Standard. NZS 3101：Part 1：1995［S］. Concrete structures standard part 1-the design of concrete structures.

［15］New Zealand Standard. NZS 3101：Part 2：1995［S］. Concrete structures standard part 2-commentary on the design of concrete structures.

［16］Fédération internationale du béton/International Federation for Structural Concrete（fib）. fib model code for concrete structures 2010［S］. Wilhelm Ernst & Sohn，2010.

［17］J K Wight，J G MacGregor. Reinforced concrete：mechanics and design［M］. 6th ed. 2012 by Pearson Education，Inc.

［18］王传志，滕智明. 钢筋混凝土结构理论［M］. 北京：中国建筑工业出版社，1985.

［19］G Franz. Konstruktionslehre des Stahlbetons［M］. Springer-Verlag Berlin Heidelberg New York，1980.

［20］Federation internationale du béton（fib），bulletin 51，manual-textbook，Structaral Concrete，

Textbook on Behaviour，Design and Performance［M］．Second edition，DCC Document Competence Center，Siegmar Kästl e. k. Germany，2009.

［21］国家建委建筑科学研究院．钢筋混凝土结构研究报告选集［M］．北京：中国建筑工业出版社，1977.

［22］中国建筑科学研究院．钢筋混凝土结构研究报告选集 2［M］．北京：中国建筑工业出版社，1981.

［23］中国建筑科学研究院．混凝土结构研究报告选集 3［M］．北京：中国建筑工业出版社，1994.

［24］王铁梦．工程结构裂缝控制［M］．北京：中国建筑工业出版社，1997.

［25］Fédération internationale du béton（fib），bulletin 57，Shear and punching shear in RC and FRC elements［R］．Workshop 15-16 October 2010，Salò（Italy），Dcc Document Competence Center Siegmar Kästl e. K. Germany，2010.

［26］殷芝霖，张誉，王振东．钢筋混凝土结构理论丛书——抗扭［M］．北京：中国铁道出版社，1990.

［27］钢筋混凝土柱（美国混凝土学会公开发表论文选编）［M］．丁祖堪，翁大厚，译．北京：中国建筑工业出版社，1984.

［28］E Thorenfeldt，et al.，Mechanical properties of high-strength concrete Applicationin Design，Proceedings of the symposium utilization of high strength concrete［M］．Tapir Trondheim. 1987.

［29］D C Kent，R Park．Flexural members with confined concrete［J］．ASCE，Jul. 1971.

［30］S A Sheikh，S H Uzumeri．Analytical model for concrete confinement in tied columns［J］．Journal of the Structural Division，ASCE，Vol. 106，No. ST5，Dec. 1980.

［31］G Ozcebe，M Saatcioglu．Confinement of concrete columns for seismic loading［S］．ACI Jul. -Aug. 1987.

［32］J B Mander，M J N Priestley，R Park．Observed stress-strain behaviour of confined concrete，Journal of the Structural Engineering［J］．ASCE，Vol. 114，No. 8，Aug. 1988.

［33］杨华，钱稼茹，赵作周．钢筋混凝土梁-墙平面外连接节点试验［J］．建筑结构学报，2005，26（4）.

［34］王志浩，黄才广，钱稼茹．强墙弱梁钢筋混凝土梁-墙平面外连接节点试验［J］．建筑结构学报，2008，29（6）.

［35］杨幼华．高强混凝土局部承压问题的研究［D］．成都：西南交通大学. 1995.

［36］A Dazio，T Wenk，H Bachmann．Versuche an Stahlbetontragwänden unter zyklisch-statischer Einwirkung，Institat für Baustatik und Konstruktion（IBK）［R］．ETH Zürich，Bericht No. 239，Birkhäuser Verlag，Basel，1999.

［37］T A Tran．Experimental and analytical studies of moderate aspect ratio reinforced concrete structural walls（PhD Disertation）［D］．Universityof California，Los Angeles，2012.

［38］Hisahira Hiraishi，Evaluation of shear and flexural deformations of flexural type shear walls［J］．Bulletin of the New Zealand National Society for Earthquake Engineering，Vol，17，No，2，Jun. 1984.

［39］Thomas T C Hsu，Kenneth T Burton．Design of reinforced concrete spandrel beams［J］．Journal of the Structural Division，Proceedings of the ASCE，Vol. 100，No. STI，Jan，1974.

［40］M P Collins，P Lampert．Redistribution of moments at cracking～The key to simpler torsion design?［R］．Civil Engineering Publication，71-21，University of Toronto，Canada，1971.

［41］J G MacGregor，S E Hage．Stability analysis and design of concrete frames［J］．Journal of the Structural Division，ASCE，V. 103，Oct. 1977.

［42］S M A Lai，J G MaeGregor．Geometric nonlinearities in unbraced multistory frames［J］．Journal of Structural Engineering，ASCE，Vol. 109，No. 11，Nov. 1983.

［43］Avigdor Retenberg．A Direct P-Delta Analysis Using Standard Plane Frame Computer Programs［J］．Computer and Structures，Vol. 14，No. 1-2，1981.

后　记

在本书的各章内容中曾先后引用或提及了本书作者所在学术团队以下各位博士研究生和硕士研究生在其学位论文中提供的试验研究成果或分析研究成果。这些研究生是（按涉及章节的顺序）：慕遂峰、吴从超、周兴杰、邹昭文、姬淑艳、康绪聪、袁吉星、朱锡均、黄雄军、钱叶长、漆瑞典、邹昀、柏洁、吴雁江、杨星星、黄音、高晓莉、朱爱萍、王志军、魏巍、刘毅、全汉聪、潘斯、许绍乾、李欣荣、刘利达、杨光磊和刘绪超。本书作者谨向他们表达诚挚谢意。

在本书各版初稿的多次修订、删补过程中，修改内容的录入，插图的录入，文稿的版面编排、调整，以及书中有关表格和插图中曲线数据的计算等项工作是由本书作者所在学术团队的研究生向上、刘洋、刘绪超、杨星星、孙蕾和刘春玲等分别协助完成的；全书文稿送出版前修改内容的录入，文稿编排、整理工作是由研究生刘春玲、陈蔓和周钰蝶协助完成的。本书作者谨向他们表示最衷心的感谢。

本书作者谨向长期以来推动本书写作和出版的中国建筑科学研究院有限公司朱爱萍研究员致以诚挚谢意。

中国建筑工业出版社对本书的出版提供了大力帮助和支持，特致以衷心感谢。